Schädigung von Waldökosystemen

Wolfram Elling, Ulrich Heber, Andrea Polle,
Friedrich Beese

Schädigung von Waldökosystemen

Auswirkungen anthropogener Umweltveränderungen und Schutzmaßnahmen

Spektrum
AKADEMISCHER VERLAG

Zuschriften und Kritik an:
Elsevier GmbH, Spektrum Akademischer Verlag, Dr. Ulrich G. Moltmann, (e-mail: g.moltmann@elsevier.com)
Slevogtstraße 3–5, 69126 Heidelberg

Autoren:
Wolfram Elling, Ulrich Heber, Andrea Polle, Friedrich Beese

Wichtiger Hinweis für den Benutzer
Der Verlag und die Autoren haben alle Sorgfalt walten lassen, um vollständige und akkurate Informationen in diesem Buch zu publizieren. Der Verlag übernimmt weder Garantie noch die juristische Verantwortung oder irgendeine Haftung für die Nutzung dieser Informationen, für deren Wirtschaftlichkeit oder fehlerfreie Funktion für einen bestimmten Zweck. Der Verlag übernimmt keine Gewähr dafür, dass die beschriebenen Verfahren, Programme usw. frei von Schutzrechten Dritter sind. Der Verlag hat sich bemüht, sämtliche Rechteinhaber von Abbildungen zu ermitteln. Sollte dem Verlag gegenüber dennoch der Nachweis der Rechtsinhaberschaft geführt werden, wird das branchenübliche Honorar gezahlt.

Bibliografische Information der Deutschen Nationalbibliothek
Die Deutsche Nationalbibliothek verzeichnet diese Publikation in der Deutschen Nationalbibliografie; detaillierte bibliografische Daten sind im Internet über http://dnb.d-nb.de abrufbar.

Planung und Lektorat: Dr. Ulrich G. Moltmann, Jutta Liebau
Copy-Editing: Annette Heß
Herstellung: Detlef Mädje
Umschlaggestaltung: SpieszDesign, Neu-Ulm
Titelfotografie: Montane Vergilbung mit Magnesium-Mangel an einem Fichtenwald. Nationalpark Bayerischer Wald, 1140m üNN, 26. 6. 1983, Wolfram Elling
Satz: Mitterweger & Partner, Plankstadt
Druck und Bindung: Stürtz GmbH, Würzburg

ISBN 978-3-8274-1765-7 (Hardcover)
ISBN 978-3-8274-3069-4 (Softcover)

Aktuelle Informationen finden Sie im Internet unter www.elsevier.de und www.elsevier.com

Anschriften der Autoren

Prof. Dr. Wolfram Elling
Fakultät Wald und Forstwirtschaft
Fachhochschule Weihenstephan
Am Hochanger 5
85354 Freising

Prof. Dr. Ulrich Heber
Julius-von-Sachs-Institut
Universität Würzburg
Mittlerer Dallenbergweg 64
92082 Würzburg

Prof. Dr. Andrea Polle
Institut für Forstbotanik
Universität Göttingen
Büsgenweg 2
37077 Göttingen

Prof. Dr. Friedrich Beese
Institut für Bodenkunde und Waldernährung
Universität Göttingen
Büsgenweg 2
37077 Göttingen

Vorwort

Wer erfahren will, wie es dem Wald in Mitteleuropa geht, der hat es schwer. Anhand der veröffentlichten Meinung ist das kaum herauszufinden. Die Frage: „Patient Wald – sterbenskrank oder kerngesund?" (Haury et al. 1996) ist typisch für eine Diskussion in der Öffentlichkeit, die mehr als zwei Jahrzehnte weithin von extremen Positionen aus geführt wurde. Es begann mit Artikeln in den Magazinen *Stern* und *Spiegel* im Herbst 1981, in denen eine Umweltkatastrophe unvorstellbaren Ausmaßes vorausgesagt wurde, eben das „Waldsterben". Dass sich diese Horrorvision nicht bewahrheitet hat, ist erfreulich. Aber es hat dadurch auch die Glaubwürdigkeit von Aussagen über den Gesundheitszustand des Waldes grundsätzlich gelitten. Auf der anderen Seite forderte die Vorhersage eines großflächigen Absterbens von Wäldern von Anfang an heftigen Widerspruch heraus und tut das immer noch. Das „Waldsterben" ist gestorben, stellte die *Automobil Revue* (Bern 1998) fest. Wenn alljährlich im Herbst der Waldzustandsbericht veröffentlicht wird, dann erfährt man aus den Medien Richtiges oder Falsches, es ist aber nicht leicht, das eine vom anderen zu unterscheiden; manche Berichte sind sorgfältig recherchiert und geben die Befunde zutreffend wieder, andere verkehren diese geradezu ins Gegenteil.

Die Forschung stand zunächst sehr im Blickfeld der Medien. Schnell verkündete vorläufige Ergebnisse erwiesen sich manchmal als unhaltbar. Innerhalb der letzten zwei Jahrzehnte sind beträchtliche Fortschritte erzielt worden. Jedoch ist es nicht gelungen, die Befunde zusammenzufassen und darüber hinaus auch die Öffentlichkeit angemessen zu informieren. Die Flut von wissenschaftlichen Publikationen in Sammelbänden, Zeitschriften und der „grauen Literatur" ist kaum mehr zu überblicken. Noch immer gilt die Kritik, die Wentzel (1992) geäußert hat: »Die Masse dieses umfangreichen Materials, großenteils wertvolle Arbeiten, lässt jegliche Bemühung vermissen, seine Ergebnisse und Folgerungen mit anderen kompetenten oder aktuellen Aussagen zum gleichen Thema zu vergleichen, in ein Gesamtbild einzuordnen, Widersprüche aufzuklären und an einem für gültig erachteten Wissensstand zu messen. Sie werden einfach in der Literatur abgelegt«.

In einer Zusammenschau des derzeitigen Kenntnisstandes will dieses Buch die aufgezeigte Lücke schließen. Dazu ist es notwendig, natürliche und anthropogene Einflüsse sowie deren Wirkungen auf Wälder zunächst einzeln darzustellen. Darüber hinaus ist es aber das zentrale Anliegen dieses Buchs, die Verflechtung der Einzelfaktoren in hochgradig vernetzten Waldökosystemen deutlich zu machen, soweit der heutige Wissensstand das zulässt. Selbstverständlich müssen dabei auch jene Probleme zur Sprache kommen, die in der Öffentlichkeit unter Schlagworten wie „Saurer Regen", „Ozonsmog", „Waldsterben" oder „Neuartige Waldschäden" bekannt sind.

Will man altbekannte und neuartige Erscheinungen in Waldökosystemen trennen, so kann man sich nicht allein auf die zahlreichen neueren Veröffentlichungen stützen. Es ist vielmehr notwendig, auch die ältere Literatur zum Vergleich heranzuziehen.

Die Initiative zu diesem Buch-Projekt ging von Herrn Dr. Ulrich Moltmann (seinerzeit Gustav Fischer Verlag, jetzt Spektrum Akademischer Verlag/Elsevier) aus. Ihm möchten wir hier für sein stetes Interesse und seine Hilfestellung besonders danken. Auch Herrn Dr. Christoph Dittmar (UFB – Umweltbildung und -forschung) gebührt Dank für seine wertvolle Hilfe bei der Fertigstellung des Manuskripts.

Freising-Weihenstephan, Würzburg, Göttingen, im Juli 2006

Wolfram Elling
Ulrich Heber
Andrea Polle
Friedrich Beese

Inhaltsverzeichnis

1 Einleitung

Seit dem Auftauchen des Begriffs „Waldsterben" im Jahre 1981 wird darüber diskutiert, ob Wälder in Mitteleuropa durch luftgetragene Schadstoffe oder andere, vom Menschen ausgehende Umweltveränderungen beeinträchtigt werden. Manche halten dies für ausgemacht, Andere bestreiten dies nach wie vor vehement – außer für einige besonders stark belastete Gebiete. Zwischen diesen beiden extremen Positionen hört man Urteile in allen Schattierungen. Jedoch ist die Unsicherheit groß. Handelt es sich denn hier um ein echtes Problem? Oder sind wir nicht womöglich einem gewaltigen Medienspektakel aufgesessen? Wird der Wald „krankgeschrieben" oder wird er „gesundgebetet"?

Nach anfangs öffentlich geführten, spektakulären Diskussionen um diese Frage ebbte das Interesse der Medien bald ab. Es wurden dann in Deutschland, der Schweiz und Österreich sowie in anderen Ländern Europas beachtliche Geldsummen zur **Erforschung von Waldschäden** bereitgestellt. Wissen wir nun, ob Luftschadstoffe unsere Wälder geschädigt haben oder schädigen? Von der Öffentlichkeit kaum wahrgenommen, sind in den vergangenen zwei Jahrzehnten große Fortschritte beim Verständnis physiologischer Prozesse und ökosystemarer Abläufe in Waldökosystemen erzielt worden.

Dieses Buch wendet sich nicht nur an Biologen, Forstleute, Landespfleger, sondern auch an eine breitere Öffentlichkeit, die sich um ein tieferes Verständnis der durch anthropogene Umweltveränderungen in Waldökosystemen ausgelösten Vorgänge bemüht und dazu eine differenzierte Darstellung komplexer Zusammenhänge benötigt. Vereinfachung führt allzu leicht zu einem Fehlurteil. Das Buch möchte auf der Grundlage einer kritischen Sichtung der vorliegenden Einzelinformationen zeigen, dass wir Prozesse, die zur Schädigung von Wäldern führen, heute wesentlich besser verstehen, als vor zwei Jahrzehnten. Diese Prozesse sollen möglichst anschaulich dargestellt werden, und das soll die Grundlage für eine objektive Beurteilung des umstrittenen Themas bilden. Ein besonderes Anliegen dieses Buchs ist es, die Einzelvorgänge in **ökosystemare Zusammenhänge** einzuordnen, soweit der heutige Kenntnisstand dies zulässt. Das Buch will aber auch die noch immer gravierenden Lücken in unseren Kenntnissen offen legen und zeigen, wo es bisher nicht möglich ist, vorhandene Einzelerkenntnisse in ein Gesamtbild einzufügen.

Nach dieser Einleitung kommen auf der Grundlage von Struktur, Funktion und Besonderheiten von **Waldökosystemen** zunächst Störungen durch natürliche Umweltfaktoren zur Sprache. Im Zusammenhang mit der Belastung und Schädigung durch anthropogene Umweltfaktoren werden wichtige Grundbegriffe geklärt (Abschn. 2).

Wälder in Mitteleuropa sind das Produkt natürlicher Umweltbedingungen sowie vor allem auch einer Jahrhunderte bzw. oft Jahrtausende zurückreichenden Nutzung durch den Menschen. Eine **Chronologie des Waldzustands** bildet daher eine weitere Grundlage der Darstellung. Folgen der Waldnutzung kommen dabei ebenso zur Geltung wie die Ausbreitung der „Rauchschäden". Bereits seit der Mitte des 19. Jahrhunderts gab es in Deutschland eine fundierte Forschung zu dieser Problematik. Die Entwicklung der Einwirkung von Luftschadstoffen auf Wälder sowie die wechselvolle Geschichte ihrer Erforschung bis zur Diskussion um das „Waldsterben" schließen sich an. Möglichkeiten und Grenzen der Waldzustandsaufnahme sind Gegenstand einer gründlichen Erörterung. Die – bisher vernachlässigte – große Aussagekraft dendrochronologischer und dendroökologischer Methoden für die langfristige Entwicklung des Gesundheitszustands von Waldbäumen wird abschließend belegt (Abschn. 3).

Die Schilderung der für Wälder relevanten **anthropogenen Umweltveränderungen** fußt auf einer Darstellung ökotoxikologischer Grundlagen und behandelt dann einzelne Faktoren. Chemische Umweltfaktoren in Form der Emission von Spurengasen (z. B. Schwefeldioxid, Stickstoffoxide, Ammoniak) oder deren Bildung in der Atmosphäre (z. B. Ozon und andere Photooxidantien) werden beschrieben; selbstverständlich gehört hierher auch der „saure Regen". Ebenso kommen physikalische Umweltfaktoren (z. B. natürlicher und anthropogener Treibhauseffekt, Ozonloch und UV-Strahlung) hier zur Sprache. Aussagen über den Transport von Gasen zum Wirkort und deren Reaktivität leiten über zum nächsten Thema (Abschn. 4).

Wirkungsmechanismen, welche die Effekte einzelner Umweltveränderungen in Waldökosystemen bestimmen, werden ausführlich behandelt. Im Vordergrund stehen Immission, Aufnahme, Toxizität, Entgiftung und schließlich Gesamtwirkung von Spurengasen auf Pflanzen, insbesondere Waldbäume. Auch Wechselwirkungen zwischen einzelnen Spurengasen finden Beachtung. Der zweite Kernbereich beschäftigt sich mit den Veränderungen von Böden unter den Wirkungen des Eintrags von Säuren, Säurebildnern, Schwermetallen und Nährstoffen aus der Atmosphäre. Die Folgen dieser Veränderungen für Pflanzen werden erörtert. Abschließend kommen die Auswirkungen eines Wandels physikalischer Umweltbedingungen zur Sprache (Abschn. 5).

Schließlich ist die konkrete Frage zu beantworten, inwieweit **Veränderungen der Waldgesund-**heit kausal durch **Umweltveränderungen** erklärbar sind. Dabei sind die Reaktionen von Waldökosystemen mit verschiedenen Baumarten und auf unterschiedlichen Standorten getrennt zu betrachten. Denn das Ausmaß einer Schädigung variiert von Baumart zu Baumart und von Standort zu Standort. Knappe Absätze behandeln Veränderungen der Bodenvegetation, der Vegetation epiphytischer Flechten sowie Beispiele für Veränderungen der Tierwelt von Waldökosystemen. Die Bedeutung einzelner Umweltfaktoren sowie deren komplexes Zusammenwirken in Waldökosystemen kommen in einer zusammenfassenden Darstellung zum Ausdruck. Dabei gilt der begrifflichen Erfassung komplexer Schädigungsprozesse besonderes Augenmerk (Abschn. 6).

Schließlich werden Grenzen der **Belastbarkeit** von Waldökosystemen beschrieben (Abschn. 7). Aus den kausalanalytischen Erkenntnissen abgeleitete **Schutzmaßnahmen** für Waldökosysteme bilden dann den Schluss der Darstellung (Abschn. 8).

Es ist das Hauptanliegen dieses Buchs, das **komplexe Zusammenspiel** natürlicher Faktoren und anthropogener Umweltveränderungen bei den in **Waldökosystemen** ausgelösten Wirkungen deutlich zu machen, soweit das beim heutigen Stand der Kenntnisse möglich ist.

2 Waldökosysteme

2.1 Struktur und Funktion von Waldökosystemen

Waldökosysteme haben mit anderen Ökosystemen viel gemeinsam, sie weisen jedoch auch einige Besonderheiten auf. »Kurz gesagt, versteht man unter einem **Ökosystem** eine Lebensgemeinschaft einschließlich ihres Lebensraumes: Biozönose + Biotop = Ökosystem« (Ellenberg et al. 1986). Oder ausführlicher formuliert: Als Ökosystem bezeichnet man ein Wirkungsgefüge aus Organismen und unbelebten natürlichen sowie anthropogenen Umweltfaktoren, die untereinander und mit ihrer Umgebung in energetischen, stofflichen und informatorischen Wechselwirkungen stehen (Bick 1998, Nentwig et al. 2004). Ökosysteme sind demnach **offene Systeme**, die – vor allem von der Sonne – Energie erhalten und in verschiedenen Formen wieder abgeben. Sie nehmen zahlreiche anorganische und organische Stoffe von außen auf und leiten diese oder ihre Umwandlungsprodukte teilweise wieder an ihre Umgebung weiter. Quantitativ spielt dabei der Umsatz an Wasser meist eine herausragende Rolle. Daneben werden eine Reihe von Stoffen innerhalb von Ökosystemen in Kreisläufen gehalten – teilweise unter Einschluss der Atmosphäre. Lebewesen tauchen in Ökosystemen auf und können auf verschiedene Arten wieder aus ihnen verschwinden.

Sieht man ab von Einzelfällen, in denen nur wenige Arten von Lebewesen in einem Ökosystem vorkommen, so ist die verwirrende, schwer zu durchschauende **Vielfalt der Beziehungen** der Lebewesen untereinander sowie zwischen der Lebensgemeinschaft und ihrem Lebensraum, also der hohe Grad der **Vernetzung** allgemein charakteristisch für Ökosysteme. Solche verwickelten Verbindungen haben sich meist über lange Zeiträume durch die Koevolution der beteiligten Lebewesen und die spezielle Entstehungsgeschichte des einzelnen Ökosystems herausgebildet. Ökosysteme verfügen über – zwar begrenzte, jedoch vielfältige – Fähigkeiten zur **Regulation**. Unter Regulation werden Vorgänge zusammengefasst, die nach einer **Störung** auf die Wiederherstellung des alten funktionellen Zustands abzielen. Störungen bedeuten vorübergehende oder dauerhafte Veränderungen in Ökosystemen (Bick 1998). Es ist sinnvoll, zwischen den verursachenden **Störfaktoren** und deren Wirkung, eben der Störung, zu unterscheiden, denn Störfaktoren führen nicht zwangsläufig zu einer Störung (Gigon und Grimm 1997). Als Störfaktoren in diesem Sinn definiert man alle Abweichungen der Umweltfaktoren eines Ökosystems von den gegebenen Normalwerten (Bick 1998) oder alle Faktoren, die nicht zum normalen Haushalt des betreffenden ökologischen Systems gehören (Gigon und Grimm 1997); es ist klar, dass es bei diesen Definitionen im Einzelfall zu Abgrenzungsproblemen kommen kann. Der Begriff Störung bezieht sich ausdrücklich auf Veränderungen **natürlichen** und **anthropogenen** Ursprungs (Nentwig et al. 2004). Bleibt ein Ökosystem trotz des Einwirkens eines Störfaktors im Wesentlichen unverändert, so spricht man von **Resistenz**. Die Fähigkeit zur Rückkehr in die Ausgangslage nach vorübergehender Einwirkung eines Störfaktors und Veränderung eines Ökosystems wird als **Resilienz (Elastizität)** bezeichnet (Gigon und Grimm 1997).

All diese Aussagen gelten auch für **Waldökosysteme**. Insbesondere sind Waldökosysteme immer hochgradig komplex organisiert, weisen also eine besonders große Vielfalt der Beziehungen auf. Das gilt auch schon für Pionierwälder, die am Anfang einer Sukzession stehen. Es gilt in noch weit höherem Maße für ausgereifte Wälder, die als vorläufige Endglieder einer Sukzession betrachtet werden können. Die Waldvegetation lässt sich meist in **Schichten** untergliedern: Eine Baumschicht (Kronen- und Stammraum, kann auch feiner unterteilt werden), eine Strauchschicht, eine Kraut-/Grasschicht und eine Moosschicht. Da die Bäume mit ihren Kronen meist den größten Teil der von der Sonne kommenden Strahlung abfangen, sind vor allem sie als **Primärproduzenten** wirksam. Die grünen Pflanzen der unteren Schichten liefern, entsprechend dem geringeren Strahlungsgenuss, nur einen weit geringeren Anteil an der Produktion. Neben den photoautotrophen spielen die chemoautotrophen Lebewesen zwar energetisch nur eine geringe Rolle, nehmen aber wichtige Funktionen wahr. Sie sind zu den Sekundärproduzenten zu rechnen, soweit sie Energiequellen nutzen, die auf den Abbau organischer Substanz zurückgehen (z. B. NH_4^+) (Bick 1998).

Zahlreiche **Sekundärproduzenten** benötigen als heterotrophe Lebewesen energiereiche organische Substanzen, die sie sich auf verschiedenen Wegen beschaffen. Zu ihnen gehören die **Pflanzenfresser (phytophage Tiere)**, die sich als Konsumenten 1. Ordnung von lebendem Pflanzenmaterial (z. B. Blättern, Wurzeln, im weiteren Sinn auch Pilzen, Bakterien) ernähren sowie die **räuberisch lebenden Tiere (zoophage Tiere)** als Konsumenten 2. und weiterer Ordnung. So entstehen zahlreiche Nahrungsketten und Räuber-Beute-Beziehungen, die sich insgesamt zu vielfach verzweigten **Nahrungsnetzen** zusammenfügen.

Sekundärproduzenten sind auch die **Bestandsabfallfresser (saprophagen Tiere)**, die zusammen mit dem Bestandsabfall auch die hier lebenden Bakterien und Pilze verzehren. **Destruenten** (= **Reduzenten**) bauen tote organische Substanzen ab und tragen dazu bei, dass diese in ihre anorganischen Bestandteile zerlegt, d. h. mineralisiert werden und somit den grünen Pflanzen erneut als Nährstoffe zur Verfügung stehen. Oder die organischen Substanzen werden in relativ stabile Huminstoffe überführt und dienen dann als Speicher für zahlreiche Stoffe im Boden. Wichtige Destruenten sind insbesondere die **sapropytisch lebenden Bakterien** und **Pilze**.

Große Bedeutung haben in Waldökosystemen Pilze, die symbiontisch mit den Wurzeln der Bäume zusammenleben, am häufigsten in Form der **Ektomykorrhiza**: Die Hyphen dieser Pilze umschließen die Spitzen der Feinwurzeln mit einem dichten Mantel und dringen von dort aus in die Interzellularen der Wurzelrinde ein, wo sie die Zellen mit dem Hartigschen Netz umspinnen. Hier findet der Stoffaustausch zwischen Pilz und Baum statt: Der Pilz erhält vom Baum leicht lösliche Kohlenhydrate und liefert dem Baum Wasser und mineralische Nährstoffe, die er mit seinem weit in den Boden ausstrahlenden Hyphensystem aufgenommen hat. Jede Baumart kann mit zahlreichen Pilzarten eine solche Symbiose eingehen. Dies führt zu einem hohen Grad an Komplexität, die das Verständnis der Mykorrhiza-Systeme außerordentlich erschwert. Die neuartigen Waldschäden haben das Interesse an Mykorrhiza-Symbiosen belebt (Agerer et al. 1986, Agerer 1987–1995, 1997, Varma und Hock 1999), denn es leuchtet ein, dass die ausbalancierte Symbiose der Mykorrhiza durch Umwelteinflüsse gestört werden kann. Bakterien und Protozoen, die in der unmittelbaren Umgebung mykorrhizierter Wurzeln leben, stehen mit diesen ebenso in vielfältigen Beziehungen wie Tiere (z. B. Collembolen), die sich von Mykorrhiza-Pilzen ernähren.

Die Wurzeln höherer Pflanzen und natürlich auch der Bäume haben es im Boden mit dem Angriff zahlreicher **parasitischer Pilze** zu tun. Diese sind in unterschiedlichem Ausmaß pathogen. Es wird darüber diskutiert, inwieweit der intakte Pilzmantel um die Spitzen mykorrhizierter Feinwurzeln einen wirksamen Schutz gegen Infektionen darstellen kann (Abschn. 6.5.2.2). Feinwurzeln von Bäumen sterben ständig ab und werden laufend erneuert. Das Verhältnis von Absterbe- und Erneuerungsrate der Feinwurzeln ist für Bäume von lebensentscheidender Bedeutung. Bleibt die Neubildung von Feinwurzeln längere Zeit hinter deren Absterben zurück, so läuft das auf eine allmähliche Reduktion des Wurzelsystems hinaus. Ohne Zweifel spielen hierbei unter anderem parasitische Pilze eine wichtige Rolle. Ihrer pathogenen Leistungsfähigkeit stehen die Widerstandsfähigkeit des Baums entgegen und auch dessen Fähigkeit, abgestorbene Wurzeln zu ersetzen (Abschn. 6.5). Da all diese Faktoren durch Umweltbedingungen modifiziert werden, ist eine starre Trennung von primären und sekundären Pathogenen (wobei die letzteren nur geschwächte Pflanzen befallen) grundsätzlich nicht möglich (Gäumann 1951). Sie könnte nur eine grobe Annäherung an die vielfältigen Beziehungen zwischen den Wirten und Parasiten darstellen und ist deshalb unzureichend.

Neben dem Gesundheitszustand der Wurzeln sind die Bedingungen im **Boden** wichtig für die

Ernährung der Waldpflanzen. Abgestorbene Pflanzenteile sammeln sich im Wald als Auflagehumus in Form einer Decke über dem Mineralboden an. Durch bodenwühlende Tiere und abgestorbene Wurzeln gelangt organische Substanz in den Mineralboden und bildet hier den Mineralbodenhumus. Die Gesamtheit der toten organischen Substanzen wird als Humus bezeichnet. Die Vorgänge der Verwesung und Mineralisierung, die durch die Tätigkeit der Destruenten (Reduzenten) in Gang gehalten werden, liefern in der Hauptsache die Nährstoffe, von denen die Waldpflanzen zehren. Daher sind der Auflagehumus und der humusreiche obere Mineralboden dicht durchwurzelt – vor allem durch mykorrhizierte Baumwurzeln. Pflanzennährstoffe, die in Form von Kationen von den Wurzeln aufgenommen werden (z. B. K^+, Ca^{2+}, Mg^{2+}, NH_4^+) können je nach dem Gehalt eines Bodens an Austauschern mehr oder minder gut durch **Adsorption** im Boden gespeichert und derart vor einer Auswaschung mit dem Sickerwasserstrom bewahrt werden. Auch bestimmte Nährstoff-Anionen werden infolge spezifischer Adsorption im Boden gut festgehalten (z. B. $H_2PO_4^-$, HPO_4^{2-}). Die pH-Werte und die Basensättigung, die weithin über die Lebensbedingungen der verschiedenen Gruppen von Destruenten entscheiden, sind abhängig von den im Boden vorhandenen **Puffersystemen** (Abschn. 5.2.2.1). Je nach ihrem Gehalt an **verwitterbaren Mineralen** können Böden die im humiden Klima durch Auswaschung zwangsläufig auftretenden Nährstoffverluste mehr oder weniger gut ausgleichen.

Heute ist die Ermittlung von **Stoffbilanzen** für Waldökosysteme schon fast zur Routine geworden. Jedoch werden die ökosystemaren Zusammenhänge dadurch nicht erschöpfend erfasst. Die vielfältigen, hier nur angedeuteten Verbindungen – vor allem der Lebewesen untereinander im Rahmen von Biozönosen – machen deutlich, dass sich Ökosysteme allein durch die Flüsse von Stoffen, Energie und Informationen nicht hinreichend beschreiben lassen (Haber 1993). Das gilt ganz besonders für die verwickelten Beziehungen der Lebewesen innerhalb der Rhizosphäre (Abschn. 6.5).

2.2 Störung von Waldökosystemen durch natürliche Umweltfaktoren

Schon die grobe Darstellung ökosystemarer Zusammenhänge im vorigen Abschnitt lässt zahlreiche Ansatzpunkte erkennen, an denen Veränderungen von Umweltfaktoren in das Gefüge und die Abläufe innerhalb von Waldökosystemen eingreifen können. Umweltveränderungen führen zu Reaktionen auf verschiedenen Ebenen, bei einzelnen Lebewesen, bei Populationen und bei ganzen Ökosystemen einschließlich ihrer abiotischen Bestandteile. In der natürlichen Umwelt sind Lebewesen Einflüssen ausgesetzt, die sich ständig in Dauer und Intensität ändern. Durch **Stressfaktoren** können sie **Stress** erfahren. Darunter wird speziell bei Pflanzen »ein Beanspruchungszustand ..... verstanden, der zunächst Destabilisierung, dann Normalisierung und Resistenzsteigerung bewirkt, bei Überschreiten der Anpassungsfähigkeit und Überforderung der Reparaturmechanismen zum Absterben der ganzen Pflanze oder Teilen davon führt« (nach Larcher aus Brunold et al. 1996). Die **Resistenz** von Lebewesen gegenüber Stress kann auf vielfältige Art durch Stresstoleranz oder Stressvermeidung bewirkt werden. Solange die Resistenz von Pflanzen oder Tieren nicht überfordert wird, gehen von Umwelteinflüssen keine Veränderungen der Lebensgemeinschaften in Ökosystemen aus, es liegt demnach Resistenz des Ökosystems vor. Diese kann auf Resistenz von Pflanzen beruhen etwa dann, wenn Bäume oder andere Pflanzen eines Waldökosystems Fröste unbeeinträchtigt überstehen. Von Resistenz des Ökosystems ist auch dann auszugehen, wenn nur einzelne Individuen geschädigt werden und sich anschließend regenerieren oder aber absterben.

Erst wenn Abweichungen von den Normgrößen der ökologischen Faktoren zu vorübergehenden oder dauerhaften Veränderungen eines Ökosystems führen, spricht man von einer **Störung**. Eine solche kann grundsätzlich von **natürlichen** oder **anthropogenen Faktoren** (Abschn. 2.2 und 2.3) ausgehen (Bick 1998, Nentwig et al. 2004). Wenn etwa Orkane den Baumbestand eines Waldes zu Boden werfen oder Insekten die

Blattorgane der Bäume vertilgen, handelt es sich um **Störungen durch natürliche Umweltfaktoren**; allerdings kann die Empfindlichkeit gegenüber derartigen Eingriffen bei vom Menschen beeinflussten Waldökosystemen erhöht sein (Abschn. 3.1.2.1).

2.2.1 Dynamik und Erneuerung von Waldökosystemen

Die Unterscheidung von Störungen infolge anthropogener Umweltveränderungen einerseits und von natürlichen Abbau- und Absterbevorgängen in Waldökosystemen andererseits ist nicht einfach und gibt deshalb immer wieder Anlass zu kontroversen Diskussionen und vielfach auch falschen Interpretationen. Es ist deshalb notwendig, **Dynamik** und **Erneuerung** von **Naturwäldern** und von **Wirtschaftswäldern** als eine wichtige Grundlage für weitere Überlegungen in knapper Form darzustellen. Selbstverständlich gehören **Erkrankungen** und **Schädigungen** von Waldbäumen, die auf natürliche Faktoren zurückzuführen sind, schon immer zur Funktion von Waldökosystemen. Denn schon von jeher wurden Bäume beispielsweise von Pathogenen infiziert oder durch Frostereignisse geschädigt.

2.2.1.1 Struktur und Entwicklung von Urwäldern

Die Erforschung der europäischen Urwaldreste hat in den letzten Jahrzehnten wichtige Erkenntnisse über Dynamik und Erneuerung vom Menschen kaum beeinflusster Wälder zutage gefördert. Vor allem Leibundgut (1959, 1978, 1982) sind wichtige Einblicke zu verdanken. Aufbauend auf seiner programmatischen Arbeit von 1959 hat er 1978 Struktur und Entwicklung von **Urwaldbeständen** auf eine inzwischen weithin akzeptierte Weise dargestellt.

Die **einzelnen Bäume** durchlaufen ein **Jugendstadium**, ein **Hauptwachstumsstadium** und ein **Altersstadium**. Diese Entwicklung wird durch Lichtgenuss und Konkurrenz auf vielfältige Weise modifiziert. Waldbestände innerhalb von Urwäldern verhalten sich verschieden je nach ihrer Altersstruktur: Je größer die Altersspanne ist, desto eher neigen sie zu einer kleinflächigen Auflösung und auch Erneuerung. Je mehr sie sich der Gleichaltrigkeit nähern, desto eher brechen Waldbestände mehr oder weniger rasch auf größeren Flächen zusammen. Unter besonderen Bedingungen – offenbar nur nach starken Veränderungen des Oberbodens durch Waldbrände (Fischer et al. 1990), Muren, Erdrutsche und dergleichen – können sie sich auch im Rahmen einer **Sukzession** erneuern, also in einer Abfolge verschiedener Waldgesellschaften. Dabei verjüngen sich zuerst lichtbedürftige Baumarten mit Pioniercharakter (z. B. Salweide, Aspe, Birkenarten) und bilden einen **Anfangswald**. In diesem siedeln sich dann nach und nach die schattenertragenden Baumarten (z. B. Weißtanne, Rotbuche, Fichte) an. Ein **Übergangswald** leitet so über zu einem **Schlusswald**, der nur noch von Schattbaumarten gebildet wird.

Die Baumartenzusammensetzung hat großen Einfluss auf die Form der Erneuerung von Urwaldbeständen. In den von der **Fichte beherrschten Wäldern** der subalpinen Stufe und auf Nassböden (z. B. Niedermooren, „Auen" des Bayerischen Waldes) kommen offenbar relativ häufig flächige Zusammenbrüche vor – insbesondere durch Windwurf. Selbst dann erfolgt die Erneuerung des Fichtenwaldes weithin aus Jungwüchsen, die zuvor schon in Wartestellung vorhanden waren (Fischer et al. 1990, Fischer 1996, Fischer und Jehl 1999). Liegende moderne Baumleichen bilden zusätzlich bevorzugte Ansamungsorte junger Fichten. Pionierbaumarten (Weiden- und Birkenarten, Aspe) können sich nach einem Windwurf vor allem im Bereich der aufgeklappten Wurzelteller ansamen, wo der Mineralboden freigelegt ist. Sie wachsen zwar rasch in die Höhe, bilden auch einen gewissen Schutz für die jungen Fichten, werden aber wohl in wenigen Jahrzehnten von diesen verdrängt und abgelöst. Nur bei diesen kleinen Teilflächen der Wurfböden kann man demnach von einer Sukzession im Sinn der Abfolge verschiedener Pflanzengesellschaften sprechen (Fischer und Klotz 1999). Vor allem in licht stehenden Fichtenwäldern der subalpinen Stufe gibt es daneben auch die Form einer sehr kleinflächigen Verjüngung, insbesondere auf Moderholz. Es sind demnach vielfältige Formen der Erneuerung, teils auf sehr kleinen, teils auf größeren Flächen von etwa 0,3 bis 3 ha belegt

(Fröhlich 1940, 1954, Mayer und Ott 1991, Smejkal et al. 1997).

Die Befunde der Urwaldforschung lassen keinen Zweifel daran, dass die Erneuerung über eine Sukzession in den von Buche, Tanne und Fichte und in den von Buche und Tanne gebildeten **Mischwäldern** sowie in den von der **Buche** allein beherrschten Urwäldern als eine seltene Ausnahme zu betrachten ist; dazu kommt es wohl nur nach Zerstörung des Oberbodens durch Waldbrand, Muren oder Erdrutsche. In solchen Urwäldern wird die Erneuerung vorwiegend durch trupp- und gruppenweise Auflösung gealterter Waldteile angetrieben. Diese durchlaufen dann innerhalb der Schlusswaldgesellschaft die von Leibundgut (1959, 1978) definierten **Entwicklungsphasen** (Tab. 2-1). Einförmige, jedoch ungleichaltrige Waldbestände in der Optimal- und Altersphase bedecken entsprechend ihrer langen Dauer den überwiegenden Teil der Fläche. Geringe Durchbrechungen des Kronendachs ermöglichen schon während der Alters- und noch mehr während der Zerfallsphase die Verjüngung der Baumarten des Schlusswaldes. Diese jungen Bäume sind daher meist in Wartestellung vorhanden, wenn sich alte Bestände während der Zerfallsphase durch Absterben von Einzelbäumen oder Baumgruppen lichten oder gelegentlich auch auf größerer Fläche durch Sturm geworfen werden. So entsteht in der Regel ein kleinflächiges Mosaik verschiedener Entwicklungsphasen auf der Fläche eines Urwaldes (Mauve 1931, Fröhlich 1954, Zukrigl et al. 1963, Mayer et al. 1979, Mayer et al. 1980, Mayer und Neumann 1981, Leibundgut 1982, Mayer und Ott 1991, Zukrigl 1991).

Wesentliches Kennzeichen solcher Urwälder ist das hohe Alter von mehreren Jahrhunderten, das vor allem die Tanne und nach ihr die Fichte erreichen. Auch die als etwas kurzlebiger betrachtete Buche wird 300 bis 400 Jahre alt und erreicht manchmal sogar ein Alter über 500 Jahren (Piovesan et al. 2003).

Ohne Zweifel ist demnach ein solcher Urwald nichts Einheitliches, sondern er setzt sich aus einem meist kleinflächigen, manchmal auch größerflächigen Mosaik von Waldteilen zusammen, die sich in unterschiedlichen Entwicklungsphasen befinden (Leibundgut 1959, 1982, Remmert 1992, Bick 1998). Die Vorstellungen jedoch, die Remmert darüber hinaus von seinen Beobachtungen in Buchen-Wirtschaftswäldern abgeleitet hat und die unter dem Begriff **Mosaik-Zyklus-Konzept** bekannt geworden sind (Remmert 1992, S. 222), widersprechen in zahlreichen Punkten den Ergebnissen der Urwaldforschung. Ein Urwald „ähnelt einem Altersklassenwald" nur im Ausnahmefall, in der Regel jedoch trifft das eben nicht zu, weil die Bäume keineswegs „fast gleich alt" sind. Denn wenn sich auch – vor allem die Buche – häufig in annähernd gleichaltrigen Gruppen verjüngt, so wachsen diese doch kaum je über längere Zeiträume ungestört auf. Immer wieder wird der Jungwald durch Nassschnee und stürzende Bäume durchbrochen oder durch das Kronenwachstum von Altbuchen ausgedunkelt. Auch gleichförmig erscheinende Urwaldteile in der Optimalphase weisen große Altersunterschiede auf (Mauve 1931, Zukrigl 1991). Ein Urwald aus Buchen, aus Buchen und Tannen oder aus Buchen, Tannen und Fichten bricht in der

Tabelle 2-1   Entwicklungsphasen in Urwäldern nach Leibundgut (1978)

Jungwaldphase	Bestände, die sich zur Hauptsache aus Jungwald zusammensetzen, also aus Jungwüchsen, Dickungen und Stangenhölzern bis zur Kulmination des Höhenwachstums.
Optimalphase	Mehr oder weniger geschlossene Bestände von der Kulmination des Höhenwachstums bis zu derjenigen der Basalfläche.
Altersphase	Bestände mit abnehmender Basalfläche bis zum beginnenden Zerfall (Zerfallsphase) oder dem Beginn ihrer allgemeinen Wiederverjüngung.
Verjüngungsphase	In allgemeiner Verjüngung stehende Bestände bis zu deren Ablösung durch einen mehr oder weniger geschlossenen Jungwald.
Plenterwaldphase	Bestände mit einer vorübergehend oder dauernd plenterwaldähnlichen Struktur.

Regel nicht „mehr oder weniger großflächig zusammen" sondern erneuert sich kleinflächig nach Ausscheiden eines mächtigen Altbaums oder einer Gruppe von Altbäumen. Jungwuchs der vorhandenen Schlusswaldbaumarten spielt die Hauptrolle bei der Erneuerung derartiger Wälder. Er ist meist schon vorhanden, wenn bleibende Durchbrechungen des Kronendachs entstehen. Lichtbedürftige Pionierbaumarten können sich hier kaum ansiedeln (oben zitierte Literatur sowie speziell Zukrigl et al. 1963, Mayer et al. 1980, Mayer und Neumann 1981, Korpel 1995, Borrmann 1996, Fischer 1997). Selbst wenn – ausnahmsweise – alte Waldbestände auf größerer Fläche durch Stürme geworfen werden, haben lichtbedürftige Pioniergehölze allenfalls kurzfristig im Bereich aufgeklappter Wurzelteller neben den Schattbaumarten eine Chance (Jehl 1995, Fischer und Jehl 1999). Sind Schattbaumarten zum Zeitpunkt eines Windwurfs bereits verjüngt, so setzen sie sich rasch durch. Eine Ausweitung von Lücken in buchenreichen Wäldern infolge von Rindenbrand, wie sie Remmert (1992) annimmt, ist in Urwäldern nirgends beobachtet worden (Tabaku und Meyer 1999).

Neben der Erneuerung nach Ausfall von Baumtrupps oder Baumgruppen spielen Zusammenbrüche auf größeren Flächen durch Windwurf oder Borkenkäfer in **natürlichen Fichtenwäldern** eine größere Rolle als in den Wäldern, an denen die Buche nennenswert beteiligt ist. Selbst dann kommt es – entgegen dem Mosaik-Zyklus-Konzept – meist zu artgleichem Jungwuchs, da dieser bereits vor dem Zusammenbruch eines alten Waldbestandes vorhanden war. Keinesfalls darf von Flächen, auf denen das Holz genutzt worden ist, auf die Vegetationsentwicklung in Naturwäldern geschlossen werden (Fischer et al. 1990, Fischer 1996, Jehl 1995, Fischer und Jehl 1999). Die Postulate des Mosaik-Zyklus-Konzepts, angewandt auf **Schlusswaldgesellschaften**, wie sie Remmert und ihm folgend auch andere (Scherzinger 1996) vertreten haben, finden demnach in den Ergebnissen der europäischen Urwaldforschung keine Stütze. Auch die Überprüfung der Ansichten von Remmert anhand pollenanalytischer Befunde und einer Reihe anderer Kriterien führte zum selben Urteil (Zoller und Haas 1995).

Dagegen ist das Absterben von gleichaltrigen **Pionierwäldern**, die ihr natürliches Höchstalter erreicht haben, durchaus wahrscheinlich. Für einen relativ raschen Zerfallsprozess in einem Bergföhrenwald, den Brang (1989) beschrieben hat, dürfte dies zutreffen. Auch die Absterbevorgänge in Regenwäldern auf Hawaii, deren obere Kronenschicht von einer einzigen Art (*Metrosideros polymorpha*) beherrscht wird, sind hier einzuordnen. Es handelt sich dort um gleichaltrige Pionierwälder, die sich nach Vulkanausbrüchen angesiedelt haben. In beiden genannten Beispielen sterben alternde Bestände kurzlebiger Pionierbaumarten relativ rasch auf größeren Flächen ab. Abiotische Standortsfaktoren einschließlich schwankender Witterungsbedingungen sowie Pathogene sind an dem komplexen Absterbe-Prozess beteiligt (Mueller-Dombois 1993). Jedoch ist es nicht sinnvoll, hierfür den anderweitig vergebenen Begriff „Waldsterben" zu verwenden, und dann von einem „natürlichen Vorgang" (Mueller-Dombois 1987) zu sprechen.

2.2.1.2 Struktur und Verjüngung von Wirtschaftswäldern

Die heutigen Wälder Mitteleuropas sind fast ausschließlich Wirtschaftswälder, die meist schon seit langer Zeit (Abschn. 3.1.1 und 3.1.2) vom Menschen genutzt werden. Nieder- und Mittelwald als historische Nutzungsformen (Abschn. 3.1.1.3) sind heute nur noch auf geringen Restflächen anzutreffen. Hochwälder, deren Bäume nicht durch Stockausschläge, sondern als Kernwüchse aus Samen erwachsen sind, prägen heute den Wirtschaftswald. Nur selten handelt es sich um Plenterwälder, in denen Bäume aller Altersstufen auf engem Raum vorkommen. Es herrschen Wälder vor, die natürlich oder künstlich auf Kahlschlägen oder unter dem Schirm des Altbestandes verjüngt werden, also um **schlagweise bewirtschafteten Hochwald**. Dieser setzt sich demnach aus Waldbeständen zusammen, deren Bäume annähernd gleich alt sind, seltener treten Altersspannen von einigen Jahrzehnten auf. Hinzu kommt eine sehr starke Ausbreitung der Nadelbaumarten Waldkiefer und Fichte, teils als ungewollte Folge von Nutzungseingriffen, teils infolge gezielter Begünstigung im Zuge der Forstwirtschaft (Abschn. 3.1.2.1).

Zieht man den Vergleich mit Urwäldern, so sind die Bäume in Wirtschaftswäldern stets relativ jung. Sie werden jeweils geerntet – häufig auch durch Sturm, Nassschnee oder starke Vermehrung von Insekten ausgeschaltet (Abschn. 3.1.2.1) – lange bevor sie ihre natürliche Altersgrenze erreicht haben. Ein Zusammenbruch „nach der Altersphase", der »in Europa vielfach als beginnendes „Waldsterben" angesehen« wird (Remmert 1991), ist deshalb in Wirtschaftswäldern ausgeschlossen (Abschn. 2.3.1), gerade auch bei den Fichtenwäldern in den Hochlagen der europäischen Mittelgebirge. Dieser Einwand gilt ebenso gegenüber ähnlichen Aussagen von Mueller-Dombois (1987).

2.3 Belastung von Waldökosystemen durch anthropogene Umweltfaktoren

Als Wirkungen von **Störfaktoren** natürlichen Ursprungs können in Waldökosystemen vielfältige Veränderungen auftreten. Diese werden als **Störungen** bezeichnet (Gigon und Grimm 1997, Abschn. 2.2). Anthropogene Umweltveränderungen können ebenfalls als Störfaktoren wirksam werden. Wenn sie in Ökosystemen Veränderungen auslösen, werden sie entsprechend als **Belastungsfaktoren** bezeichnet. Bleibt ein Ökosystem trotz der Einwirkung eines Belastungsfaktors im Wesentlichen unverändert, so handelt es sich um **Resistenz** gegenüber diesem Belastungsfaktor. Zeigt das System nach der vorübergehenden Einwirkung eines Belastungsfaktors Veränderungen, so liegt eine **Belastung** vor. Gehen diese Veränderungen vorüber, kehrt also das System ohne weitere Einwirkung des Belastungsfaktors wieder in seine Ausgangslage zurück, so ist **Resilienz** gegeben (Gigon und Grimm 1997, Abschn. 2.2). Solange beispielsweise eine kurzfristige Belastung durch Schwefeldioxid in der Luft von den Entgiftungsmechanismen der Pflanzen aufgefangen werden kann (Abschn. 5.1.1.3), kommt es zwar zu einer vorübergehenden, aber nicht zu einer bleibenden Veränderung im Ökosystem. Aus der Empfindlichkeit und der Regenerationskraft eines Ökosystems ergibt sich seine **Belastbarkeit** (Ellenberg 1972).

Wird bei der Belastung durch anthropogene Schadstoffe die Fähigkeit von Pflanzen zur Entgiftung überfordert, so kann es zu einer **akuten**, einer **chronischen** oder einer **latenten Schädigung** kommen. Die genannten Begriffe, die sich im Laufe von etwa 150 Jahren in der Rauchschadensforschung entwickelt haben (Abschn. 3.2), sind in Tabelle 2-2 näher erläutert. Diese Begriffe sind in der Anwendung auf geschädigte Pflanzen entstanden. Die ökosystemaren Zusammenhänge erfordern heute eine Erweiterung des Inhalts dieser Begriffe. Auch wenn sich eine Schädigung zunächst nur an einem einzelnen Kompartiment eines Ökosystems manifestiert – etwa der Pflanzendecke oder dem Boden – liegt eine **Schädigung des Ökosystems** vor. Diese wird definiert als anhaltende Veränderung von Struktur oder Funktion eines Ökosystems infolge der Einwirkung eines oder mehrerer Belastungsfaktoren. Werden Belastungsfaktoren abgestellt oder deutlich vermindert, so kann es zur **Regeneration** von Ökosystem-Kompartimenten bzw. Ökosystemen kommen.

Die Belastung durch einen mäßigen **Eintrag von Schwefelsäure** in den karbonathaltigen und daher stark gepufferten **Boden** eines Waldökosystems stellt einen Grenzfall dar. Zwar verhindert hier der Karbonatpuffer ein Absinken des pH-Werts, jedoch kommt es zu einem Verbrauch von Säureneutralisierungskapazität und insofern zu einer bleibenden, anthropogenen Veränderung des Ökosystems. Erreicht jedoch der Eintrag starker Mineralsäuren in Waldökosysteme ein Ausmaß, dem die – sehr unterschiedlich wirksamen – Puffersysteme der Böden nicht mehr gewachsen sind, so kommt es zum Absinken der pH-Werte und damit zur Veränderung zahlreicher Bodeneigenschaften. Damit ist eindeutig eine Schädigung des Ökosystems gegeben (Abschn. 5.2.2.1).

In der Regel lässt sich nur bei der akuten Einwirkung eines Belastungsfaktors – wie sie heute nur noch als seltene Ausnahme vorkommt – eine direkte, monokausale Schädigung eines Waldökosystems feststellen. Fast immer liegen **komplexe Erkrankungen** vor, die durch das Zusammenwirken einer ganzen Reihe von Faktoren verursacht werden. Kommt eine komplexe Erkrankung unter Mitwirkung eines oder mehrerer **Belastungsfaktoren** zustande, so handelt es sich um eine **komplexe Schädigung**. Die begriffliche Erfassung komplexer Schädigungsprozesse wird in Abschnitt 6.7.1 näher erörtert.

Tabelle 2-2   Symptome der Schädigung von Waldbeständen durch Immissionen

Bei den „klassischen" Beschreibungen von „Rauchschäden" sind im wesentlichen Symptome berücksichtigt worden, die sich durch direkte Einwirkung von Luftschadstoffen auf die Krone von Bäumen - insbesondere auf die Blattorgane - herausbilden. Seit Reuß (1893) werden „akute" und „chronische" Schädigung unterschieden. Die ursprünglichen Definitionen sind seither im Zug der Diskussion unter den Forschern mehrfach abgewandelt und präzisiert worden. Anstatt des missverständlichen Begriffs „unsichtbare Rauchschäden" (Wieler 1897, Sorauer und Ramann 1899, Wieler 1903, Stoklasa 1923) hat Keller (1977) den Begriff der „latenten Immissionsschädigung" geprägt; dieser hat seither allgemein Eingang in die Literatur gefunden. In Anlehnung an Guderian et al. (1960), Keller (1977) und Däßler (1991) werden folgende Definitionen gebraucht:

Akute Schädigung	Rasche Ausbildung von Chlorosen und Nekrosen, vor allem an Nadelspitzen, Blatträndern und Intercostalfeldern infolge der Einwirkung von Schadstoffen in hoher Konzentration. Extreme Belastung durch Schadstoffe kann zum raschen Absterben von Bäumen und Waldbeständen führen. Drastische Beispiele sind im 19. Jahrhundert beschrieben worden. Heute kommen Symptome akuter Schädigung nur noch selten vor, sie treten jedoch auf bei Ozoneinwirkung.
Chronische Schädigung	Keine Nekrosen an Blattorganen. Vorzeitiges Absterben der älteren Nadeljahrgänge führt bei Nadelbäumen zur Verlichtung der Krone. Bei Laubbäumen Vergilbung von Blättern, verfrüht gegenüber der herbstlichen Laubverfärbung; ebenfalls Verlichtung der Krone. Holzzuwachs vermindert, bei stärkerer chronischer Schädigung häufig Jahrringausfälle. Lang anhaltende Schädigung kann zu teilweisem oder vollständigem Absterben von Waldbeständen führen. Zeitweilig auftretende Spitzenbelastungen können zusätzlich Symptome einer akuten Schädigung hervorrufen.
Latente Schädigung	Umfasst alle Formen einer anhaltenden Beeinträchtigung von Pflanzen, welche nicht mit bloßem Auge wahrgenommen werden können. »Dazu gehören alle physiologischen Reaktionen,....., gleichgültig ob sie Wachstumseinbußen, Vitalitätsminderungen, erhöhte Anziehungskraft für Schadinsekten, vermehrte Anfälligkeit für Pilzkrankheiten oder klimatische Extremeinflüsse, Beeinträchtigung der sexuellen Fortpflanzung oder anderer Lebensäußerungen verursachen .....«. Latente Schädigungen können durch ständig oder durch wiederholt episodisch wirkende Belastungsfaktoren verursacht werden. Diese Definition folgt weitgehend Keller (1977), weicht jedoch insofern ab, als kurzfristige, reversible Veränderungen, nach denen das System wieder in seine Ausgangslage zurückkehrt, nicht als Schädigung aufgefasst werden. Ausgeklammert sind also reversible physiologische Störungen, für die Härtel (1976) den Begriff Auslenkung vorgeschlagen hat.

Die hier aufgeführten Symptome sind in der Regel unspezifisch und lassen daher keinen direkten Schluss auf die Ursache einer Erkrankung oder Schädigung zu.

Mehrfach ist überzeugend dargelegt worden, dass der ökonomisch geprägte Begriff „Schaden" mit dem Nutzungswert von Pflanzen verbunden ist und daher nicht gleichbedeutend mit dem Begriff „Schädigung" verwendet werden sollte (Guderian et al. 1960, Wentzel 1967, Keller 1977). Das trifft auch die Bezeichnung „neuartige Waldschäden". Jedoch ist dieser Begriff so geläufig, dass man kaum von ihm abgehen kann.

2.3.1 Verletzlichkeit von Waldökosystemen

Ganz vordergründig unterscheiden sich Waldökosysteme durch die Größe der Bäume von allen anderen Ökosystemen. Die Höhe der Bäume, verbunden mit der sehr großen Oberfläche der Laub- bzw. Nadelblätter, der Zweige und der

Stämme, hat wesentliche Bedeutung für den Stoffaustausch von Waldökosystemen mit ihrer Umgebung, insbesondere mit der Atmosphäre. So übersteigt die **Gesamtoberfläche** einer Fichte das 25-fache der überschirmten Bodenfläche, diejenige der Buche erreicht bei voller Belaubung immerhin das 16- bis 17-fache. Während immergrüne Nadelbäume sich das ganze Jahr über etwa gleich verhalten, geht die Gesamtoberfläche der laubabwerfenden Buche im Winter auf das 6-fache der überschirmten Bodenfläche zurück (Ellenberg et al. 1986). So sind Wälder wegen ihrer enormen Oberflächenentwicklung und ihrer aerodynamischen Rauhigkeit bevorzugte Senken für luftgetragene Stoffe. Die **Deposition** von natürlichen Bestandteilen der Atmosphäre und auch von Luftverunreinigungen spielt für sie eine besonders große Rolle. Neben dem Begriff Deposition wird für die Zuführung von Schadstoffen seit langem auch der juristische Begriff **Immission** gebraucht; dieser wird heute auch in naturwissenschaftlichen Zusammenhängen verwendet. So spricht man nicht nur von „**Immissionsschäden**", was einen wirtschaftlichen Schaden voraussetzt, sondern auch von einer „**Schädigung durch Immissionen**".

Aus messtechnischen Gründen hat man seit langem die nasse und die trockene Deposition unterschieden. Jedoch werden die Teilkomponenten der Gesamtdeposition bis heute nicht einheitlich definiert. Die **nasse Deposition** umfasst die Gesamtheit der Stoffe, die mit den Niederschlägen (Tau, Regen und Schnee) auf die Erdoberfläche gelangen. Meist werden mit den verwendeten Auffangvorrichtungen nicht nur Stoffe erfasst, welche die Niederschläge aus der Atmosphäre auswaschen, sondern auch gröbere Staubteilchen, die durch **Sedimentation** niedersinken. Nasse Deposition im engeren Sinn und Sedimentation werden zusammen auch als **Niederschlagsdeposition** bezeichnet. Die **trockene Deposition** erfolgt ohne Mitwirkung von Niederschlägen. Sie gliedert sich in partikuläre Substanzen, wie feine Staubteilchen sowie Wolken- bzw. Nebeltröpfchen; zwischen diesen beiden Formen kann wegen der Wasserhüllen um feste Partikel keine klare Grenze gezogen werden. Ihre Deposition wird auch als **Impaktion** bezeichnet und – nur teilweise einleuchtend – zur trockenen Deposition gerechnet. Zu dieser gehören auch **Gase**, die an Pflanzenoberflächen adsorbiert

oder im Benetzungswasser gelöst werden. Je nach der Konzentration in der Luft und der Leitfähigkeit der **Stomata** gelangen Gase in größerem oder geringerem Umfang ins Innere der Blattorgane; auch dies zählt zur trockenen Deposition. Die Deposition von festen Partikeln, Tröpfchen und Gasen an einer Vegetationsdecke, beispielsweise einem Wald, wird auch als **Interceptions-Deposition** oder **Ausfilterung** bezeichnet. Diese erreicht bei Wäldern die Größenordnung der Niederschlagsdeposition (Ulrich et al. 1979, Ellenberg et al. 1986, Forschungsbeirat Waldschäden/Luftverunreinigungen 1989, Winkler und Pahl 1993, Peters 1995). **Wälder** sind deshalb stärker als andere Vegetationsformen durch die Ausfilterung von Luftschadstoffen **gefährdet**.

Wälder sind in Gebirgslagen großflächig vor der Rodung verschont und daher erhalten geblieben. Mit der Seehöhe nehmen die **Windgeschwindigkeiten** stark zu. Waldökosysteme in den Kamm- und Gipfellagen der Gebirge sind bei einem starken Durchsatz von Luftmassen einer sehr hohen trockenen Deposition (Gase, Aerosolartikel einschließlich Nebeltröpfchen) ausgesetzt (Flemming 1992, Winkler und Pahl 1993). Bei reichlichen Niederschlägen ist hier meist auch die nasse Deposition besonders groß. In höheren Gebirgslagen haben Waldbestände – es handelt sich hier teilweise um natürliche Fichtenwälder – darüber hinaus mit der **Ungunst des Klimas** zu kämpfen. Lange Winter und eine kurze und zugleich kühle Vegetationsperiode schränken die Möglichkeiten von Lebewesen ein, Beeinträchtigungen durch natürliche und anthropogene Umweltfaktoren auszugleichen. Solche Waldökosysteme sind daher besonders verletzlich gegenüber bestimmten anthropogenen Umweltveränderungen.

Auch die **lange Lebensdauer von Bäumen** erhöht ihre Verletzlichkeit. Zwar werden Bäume in Wirtschaftswäldern bei weitem nicht so alt wie in Naturwäldern, aber man erntet sie doch erst mit etwa 100 bis 150, manchmal auch 250 Jahren. Jahrzehntelang oder noch länger sind sie unter Umständen den Einflüssen toxisch wirkender Substanzen ausgesetzt. Auch Änderungen der physikalischen Umwelt, insbesondere Klimaänderungen verlaufen eventuell so rasch, dass langlebige Bäume sich nicht mit der notwendigen Geschwindigkeit an die neuen Bedingungen anpassen können.

2.3.2 Ökosystemarer Charakter der Schädigung von Wäldern: das Lehrbeispiel Erzgebirge

Das mittlere und östliche Erzgebirge ist mit keinem anderen Waldgebiet ohne weiteres vergleichbar, denn es ist wesentlich früher und weit stärker großflächig durch Luftschadstoffe – vor allem Schwefeldioxid – getroffen worden als irgend ein anderes Gebirge in Mitteleuropa. Aber selbst unter diesen extremen Bedingungen ist es nicht zu einem Absterben dieser Wälder allein durch die Belastung mit **Schwefeldioxid** gekommen, es haben vielmehr eine Reihe **anderer Faktoren** dabei mitgewirkt. Entsprechendes gilt auch für andere bisher beobachtete Schädigungs- und Absterbeprozesse: Wir haben es nicht mit monokausalen, sondern mit **komplexen Vorgängen** zu tun (Abschn. 6, besonders 6.7.1).

Von Natur aus waren nur in den Kammlagen des Erzgebirges von der Fichte beherrschte Waldgesellschaften verbreitet. Unterhalb schlossen sich Bergmischwälder aus Buchen, Tannen und Fichten an (Scamoni et al. 1976, Hunger 1994). In beiden Bereichen wird der Wald seit langer Zeit durch den Menschen intensiv genutzt und ist schließlich großflächig in **Reinbestände der Fichte** umgewandelt worden. Diese wurden auch teilweise auf zuvor entwaldeten Flächen begründet.

Schon Anfang des 20. Jahrhunderts ist für zahlreiche Waldteile in der Nähe von Emittenten die Schädigung von Fichten und vor allem von Weißtannen belegt. Bereits 1907 wies Schröter auf die „**böhmischen Nebel**" in den Kammlagen des Erzgebirges hin und erkannte diese an ihrem Geruch und an der Windrichtung als Abgase aus den Kohleabbaugebieten des Egertals. In den folgenden Jahrzehnten verschwand die Tanne fast völlig aus den Wäldern (Materna 1987 a). Die **Schädigung** und das **Absterben** der **Nadelbaumbestände** in den höheren Lagen sind in Tabelle 2-3 dokumentiert.

Unmittelbar südlich des Erzgebirges, in Nordböhmen, gingen in den Jahren 1963 bis 1968 große **Kraftwerke auf Braunkohlebasis** in Betrieb (Vins und Kucera 1974, Zimmermann et al. 1998). Dadurch verschärfte sich die Immissionsbelastung im Erzgebirge nochmals beträchtlich.

In den Kammlagen ging ab 1953 der Zuwachs der Fichten deutlich zurück und es begann ab 1955 im östlichen Erzgebirge das **Absterben** von **Fichtenbeständen**, schubweise verstärkt durch **Temperaturstürze** und **scharfe Fröste** in den Wintern 1955/56, 1976/77, 1978/79 und 1995/96. Von dem heftigen Zuwachseinbruch des Jahres 1956 haben sich vielerorts Fichten nicht mehr erholt (Vins und Kucera 1974), sondern sind in den folgenden Jahren abgestorben. Örtlich erreichten die Absterbeerscheinungen 1956 einen ersten Höhepunkt (Pelz 1962). Schon während der 1950er Jahre ergab eine Inventur der durch Immissionen geschädigten Waldflächen innerhalb der DDR eine deutliche Häufung an der Nordabdachung des Erzgebirges.

Jahrringbreitenkurven überlebender Fichten aus dem Forstamt Altenberg (Kammlage im Sächsischen Erzgebirge, 800 m Seehöhe) zeigen ebenfalls die Auswirkungen der genannten Frostereignisse und liefern zusätzlich wichtige Informationen zum Verlauf der Schädigung. Nach 1970 zeigen diese Fichten, die sich vom Einbruch des Jahres 1956 nochmals erholt hatten, einen Verfall des Zuwachses für zwei Jahrzehnte (Abb. 2-1). Auf der Grundlage **luftanalytischer Untersuchungen** stellten Däßler und Stein bereits 1968 fest: »Nachgewiesen wird, dass zwischen der fortschreitenden Entwaldung der oberen Lagen und Kammlagen des Erzgebirges sowie der grenznahen Teile des Elbsandsteingebirges einerseits und der Einwirkung industrieller Immissionen, insbesondere SO_2, aus dem nordböhmischen Industriegebiet andererseits ursächliche Zusammenhänge bestehen«. Vermutlich waren bei Winden aus nordwestlichen Richtungen auch die Industriegebiete im Bereich von Halle und Leipzig wesentlich an den Immissionen beteiligt. Innerhalb eines Messjahres fanden die genannten Autoren eine mittlere SO_2-Konzentration von 100 $\mu g/m^3$ Luft. »Grundsätzlich hat sich diese Situation in den vergangenen 40 Jahren nicht wesentlich geändert«, schrieben Liebold und Drechsler (1991). Aus der von ihnen veröffentlichten Karte sind für das Erzgebirge Jahres-Durchschnittswerte der **Schwefeldioxid-Konzentrationen** zwischen etwa 85 und 120 $\mu g/m^3$ Luft zu entnehmen. Nie wieder erreichte Spitzenwerte der SO_2-Konzentrationen sind im Böh-

Tabelle 2-3   Chronik der Schädigung und des Absterbens von Nadelwäldern im sächsischen und böhmischen Teil des Erzgebirges

Schröter 1907	Rauchschäden in der Nähe von Emittenten für zahlreiche Waldteile dokumentiert. Immer wieder Hinweise auf die bevorzugte Schädigung der Weißtanne
Schröter 1907	In Kammlagen des Erzgebirges »beginnende lästige Einwirkung des Rauches aus dem südlich benachbarten Braunkohlengebiete mit seinen zahlreichen Schächten und reger Industrie bei Teplitz, Dux, Brüx«. Ebenso durch die »aus den Kohlengebieten des Egertales (Schlacken-werth-Karlsbad-Falkenauer Becken) ankommenden, schon durch den Geruch bemerkbaren Rauchschwaden, die „böhmischen Nebel"«. Auch Berußung der Bestände und schmutzig-graue Färbung des Schnees wurden beobachtet, jedoch noch keine Schädigung des Waldes. Es ist somit wahrscheinlich, »dass selbst die höchst gelegenen Reviere des Landes einer wenn auch zunächst nur lästigen Einwirkung seitens der Industrie aus bedeutender Entfernung unterliegen«.
Gerlach 1922	»Auf der Höhe angelangt, bemerkte ich im Süden, wie sich über dem Kamme des Erzgebirges dicke braune Nebel bildeten, die allmählich auf uns zuzogen. Und nun klärte sich mir der Ursprung des Geruches nach Industriegasen auf. „In Böhmen kochen sie Kaffee", sagt man hierzulande, wenn der Südwind die Rauchschwaden der böhmischen Braunkohlenwerke über den Gebirgskamm treibt«. »Wenn nun der Industrierauch so große Hindernisse, wie es das Erzgebirge bildet, überwindet, so große Entfernungen wie im vorliegenden Falle in einer Konzentration zurücklegt, dass das menschliche Geruchsorgan es noch wahrnimmt, sollten da nicht die Abgase in unserm industriereichen Sachsenlande das Absterben der Tanne ..... neben anderen Ursachen mit verschulden?«.
Stoklasa 1923	»In den Kohlebergwerken wird die minderwertige, nicht verkäufliche Kohle, die oft 3-5 % Schwefel in Form von Schwefelkies enthält, auf Halden geworfen, ... die sich stets in brennendem Zustande befinden«. Brennende Halden werden belegt für die Orte Falkenau, Karlsbad, Brüx, Bilin, Dux und Teplitz.
Bernhard 1924 (In: Mayer und Stephani 1924)	Weißtanne im sächsischen Erzgebirge schon 1919 weitgehend ausgestorben.
Némec 1952	Schädigung und Absterben von Fichtenbeständen ab dem Frühjahr 1947 in der Nähe von Most. Später Ausdehnung in die angrenzenden Gebiete teilweise mit dem Charakter einer Kalamität. Sehr hohe Schwefelgehalte in Fichtennadeln. SO_2 aus Industrie, von Kohlengruben und von brennenden Halden wird als Ursache genannt.
Zieger 1956/57	Eine Inventur der durch Immissionen geschädigten Waldflächen in der DDR ergibt eine deutliche Häufung an der Nordabdachung des Erzgebirges; diese wird vor allem lokalen Emittenten zugeschrieben, obwohl Abgasschäden „heute bis zu 40 km Reichweite haben".
Vins 1962	Am Südhang und in den Kammlagen ab 1953 deutlicher Rückgang des Zuwachses von Fichtenbeständen. Absinken umso stärker, je deutlicher äußerlich erkennbare Schädigungsmerkmale. Abfallen des Zuwachses in der Periode 1959–1963 weit deutlicher als in der Periode 1954–1958.
Pelz 1962	»Seit 1955 wurden im östlichen Teil des Erzgebirges und im angrenzenden Teil des Elb-sandsteingebietes erhebliche Absterberscheinungen in den Fichtenbeständen beobachtet«. Nadeln örtlich stark mit Ruß behaftet. »Die Untersuchungen ergaben insofern ein Novum, als damit Rauchschäden über große Entfernungen von 30 bis 35 km zu den Immissionsquellen nachgewiesen wurden«. Im Verlauf der nächsten Jahre dehnten sich die Schäden aus, vorläufiger Höhepunkt im Jahr 1956.
Pelz und Materna 1964	Nadelproben von Fichten aus dem gesamten erzgebirgischen Schadgebiet zeigen sehr hohe Schwefelgehalte, die eindeutig eine Immissionsschädigung anzeigen.

2

Däßler und Pelz 1964	In den oberen Lagen des Erzgebirges seit 1953 zunehmend Immissionsschäden. 1958 im böhmischen Teil bereits 15 km² Fichtenbestände vernichtet. Auf der sächsischen Seite örtlich, aber auf beträchtlichen Flächen, bereits Schädigungsmerkmale, „die einen vollkommenen Zusammenbruch der Fichtenwirtschaft" erkennen lassen.
Däßler und Stein 1968	Nachweis kausaler Zusammenhänge zwischen Immissionen (besonders SO_2) aus dem nordböhmischen Industriegebiet und der fortschreitenden Entwaldung der oberen Lagen und Kammlagen des Erzgebirges.
Stein und Däßler 1968	»Die Schädigung der Fichtenbestände im Erz- und Elbsandsteingebirge hat in den letzten Jahren immer bedrohlichere Formen angenommen«. Es wird »nachgewiesen, dass die großräumigen Vegetationsschäden in den oberen und Kammlagen auf außergewöhnlich hohe SO_2-Immissionskonzentrationen im Zusammenwirken mit Klimaextremen zurückzuführen sind«. Zuwachseinbruch nach dem Frostwinter 1955/56.
Kluge 1993	Der Inhaber des Forstreviers Deutscheinsiedel seit 1966: »In den ersten Jahren meines Wirkens starben die älteren Fichtenbestände schnell ab, und Mitte der 70er und Anfang der 80er Jahre befanden sich sämtliche über 40-jährigen Fichtenbestände des Reviers in Auflösung«.
Materna 1987 b	Verschärfte Schädigung in stark durch SO_2-belasteten Fichtenwäldern nach einem Temperatursturz am 28.3.1977 und Absterben größerer Flächen von Fichtenbeständen nach dem extremen Temperatursturz Silvester 1978/Neujahr 1979.
Liebold und Drechsler 1991	Entwicklung der Schäden im sächsischen Erzgebirge seit 1956 nicht kontinuierlich, sondern in Schüben. Diese wurden ausgelöst durch extreme Fröste, Dürrephasen und Massenvermehrungen von Insekten (Buchdrucker, Grauer Lärchenwickler, Fichtengespinstblattwespe). 1963 erst wenige 1'000 ha Fichtenwald sichtbar geschädigt. In den letzten zwei Jahrzehnten im sächsischen Teil mehr als 80 km² Wald als Folge von Immissionsschäden kahlgeschlagen. SO_2-Konzentration im Erzgebirge derzeit zwischen 85 und 120 $\mu g/m^3$.
Kubelka et al. 1993	Im Mittel der Jahre 1975–1990 sehr hohe Belastung durch SO_2 (82 $\mu g/m^3$), in den Jahren 1976–1984 extreme Werte bis 104 $\mu g/m^3$, leichter Rückgang ab 1988. 1947–1965: Schäden in Nadelbaumbeständen mit zunehmendem Auftreten toter Bäume noch beschränkt auf kleinere Flächen. Gegen Ende der Periode Übergang zu großflächigen Schäden. 1965 Waldbestände auf 10 km² geräumt. 1966–1977: Schäden dehnen sich auf das gesamte Gebiet aus, besonders in den Hochlagen. Zunächst nur Fällung toter Bäume, dann Übergang zu großflächigen Kahlschlägen, 1977 bereits 107 km² abgeräumt. 1978–1987: Großflächiges, rasches Absterben von Fichtenbeständen, verschärft durch den Temperatursturz 31.12.1978/1.1.1979. Kahl geschlagen 1987: 244 km². 1988–1993: Langsamerer Fortschritt der Schädigung. An jüngeren Beständen Anzeichen einer Regeneration. Mit dem Jahr 1991 sind auf der böhmischen Seite des Erzgebirges 271 km² Fichtenwald abgetrieben. Massenvermehrungen des Grauen Lärchenwicklers, des Buchdruckers und der Fichtengespinstblattwespe beschleunigten das Absterben der Bestände.
Umweltbundesamt 1991	Flugzeugmessungen zeigen den Transport erheblicher SO_2-Mengen aus relativ nahen Quellen über den Kamm des Erzgebirges hinweg, bei Nordwestwind aus dem Bereich Halle-Leipzig-Bitterfeld, bei Südostwind aus dem nordböhmischen Industriegebiet.
Krämer und Nolte 1995	Ab Sommer 1992 auf der sächsischen Seite Rückgang der SO_2-Konzentrationen auf Werte von nun 30–50 $\mu g/m^3$. Zunehmende Ozonbelastung.
Reuter und Wienhaus 1995	Bei Winden aus südlichen Richtungen strömen aus dem Böhmischen Becken »die mit hohen SO_2-Konzentrationen belasteten Luftmassen in einer relativ dünnen Schicht von 200–300 m Mächtigkeit über den Gebirgskamm« ein. Dann entstehen »in Kerben und Mulden im Gebirge Immissionsbelastungen, die auch gegenwärtig eine akute Gefährdung der Waldökosysteme ..... bedeuten«.

Raben et al. 1996, Wienhaus 1996, Zimmermann et al. 1997, Eisenhauer et al. 2001, Wentzel 2001	Im Winter 1995/96 in den Hoch- und Kammlagen des sächsischen Anteils des mittleren und östlichen Erzgebirges rotbraune Verfärbung aller Nadeljahrgänge an Fichten-beständen auf einer Fläche von etwa 500 km². Auf einer Fläche von 30 km² überwiegender Teil der Fichten abgestorben, vermutlich ausgelöst durch Kombination von hoher Schadstoffbelastung (Tagesdurchschnitte der SO_2-Konzentration um 100 μg/m³) und Frost.
Ngo et al. 2001	Ab Mitte der 1990er Jahre anscheinend Wandlung des Immissionstyps von der Dominanz des Schwefeldioxids zu der des Ozons.
Eisenhauer et al. 2001	Seit 1991 allmähliche und seit 1998 starke Reduktion der SO_2-Immissionen. Seit etwa 1998 leichter Trend zur Regeneration der Fichtenkronen.

mischen Erzgebirge im Jahre 1987 aufgetreten (Srámek 1998). Seither sind die durchschnittlichen Werte deutlich zurückgegangen. Sie erreichten jedoch im Winter 1995/96 mit Tagesmitteln um 100 μg/m³ nochmals einen Höhepunkt (Wentzel 2001). In den Jahren 1999 und 2000 blieben sie unter 20 μg Schwefeldioxid/m³ Luft (Eisenhauer et al. 2001). Beachtenswert ist, dass der Eintrag an Calcium und Magnesium über Stäube rascher vermindert worden ist als der Eintrag von Säuren. Die Tendenz zur Versauerung der Böden hat sich dadurch verschärft. Zudem liegt auch noch eine beträchtliche Belastung durch lösliche Fluoride vor (Wienhaus 1996, Raben et al. 1998, Srámek 1998). Zunehmende Entbasung der Böden könnte zu einer Ausbreitung der mit Magnesiummangel verbundenen montanen Vergilbung (Abschn. 6.1.2.1) führen. Insgesamt scheint sich ein Wandel des Immissionstyps von der Dominanz des Schwefeldioxids zu der des Ozons zu vollziehen (Zimmermann et al. 1998, Ngo et al. 2001).

Die enorme **Steigerung** der **Emissionen** gegen Ende der 1960er Jahre entfaltete eine **verheerende Wirkung** auf die Fichtenwälder in den Hoch- und Kammlagen. Kluge (1993), der seit 1966 das Forstrevier Deutscheinsiedel innehatte, schildert die Entwicklung anschaulich: »In den ersten Jahren meines Wirkens starben die älteren Fichtenbestände schnell ab, und Mitte der 70er und Anfang der 80er Jahre befanden sich sämtliche über 40-jährigen Fichtenbestände des Reviers in Auflösung«. Zeitweise traten auch Symptome einer akuten Schädigung an den Nadeln des jüngsten Jahrgangs auf (Abb. 6-18, hier vermutlich ausgelöst durch die Spitzenbelastung im Winter 1987/1988). Bis zum Jahr 1991 waren

auf der sächsischen und böhmischen Seite in den höheren Lagen des Erzgebirges **Fichtenwälder auf einer Fläche von etwa 350 km² abgestorben** (Tab. 2-3). Zuwachsrückgänge um 20–25 % wurden auch bei Fichtenbeständen ohne äußerlich erkennbare Symptome einer Schädigung festgestellt (Vins und Kucera 1974). Zuwachsverluste sind bei einer lang andauernden Einwirkung von Schwefeldioxid ab einer durchschnittlichen Konzentration von 12 μg/m³ während der Vegetationszeit nachgewiesen worden (Materna 1973). Auch die Jahrringbreitenkurven der Fichten aus dem Forstamt Altenberg zeigen die Periode des Zuwachsverfalls zwischen 1970 und 1990 deutlich (Abb. 2-1). Nach 1992 waren Erholungsreaktionen zu beobachten, die Zahl der Nadeljahrgänge nahm wieder zu. Das erneute Auftreten heftiger Schädigungs-Symptome auf großen Flächen nach dem Winter 1995/96 (Tab. 2-3) zeigte jedoch, wie kritisch die Lage dieser Ökosysteme noch immer war (Wienhaus 1996, Zimmermann et al. 1997, Eisenhauer et al. 2001).

Unbestritten ist die extrem hohe Belastung durch **Schwefeldioxid** die ausschlaggebende Ursache des großflächigen Absterbens von Nadelwäldern im Erzgebirge (Pfanz und Beyschlag 1991). Jedoch wird gerade unter diesen Bedingungen deutlich: Es handelt sich auch hier nicht um einen monokausalen Vorgang, sondern um einen **komplexen**, einen **ökosystemaren Prozess,** an dem eine Reihe weiterer Faktoren beteiligt sind. So spielen die **Standortsbedingungen** eine wichtige Rolle. In den höheren Lagen, bei kurzen und kühlen Vegetationsperioden, ist die Fichte derart hohen Belastungen noch weniger gewachsen als unter günstigeren Umweltbedingungen. Hinzu kommt hier die hohe **Windge-**

2

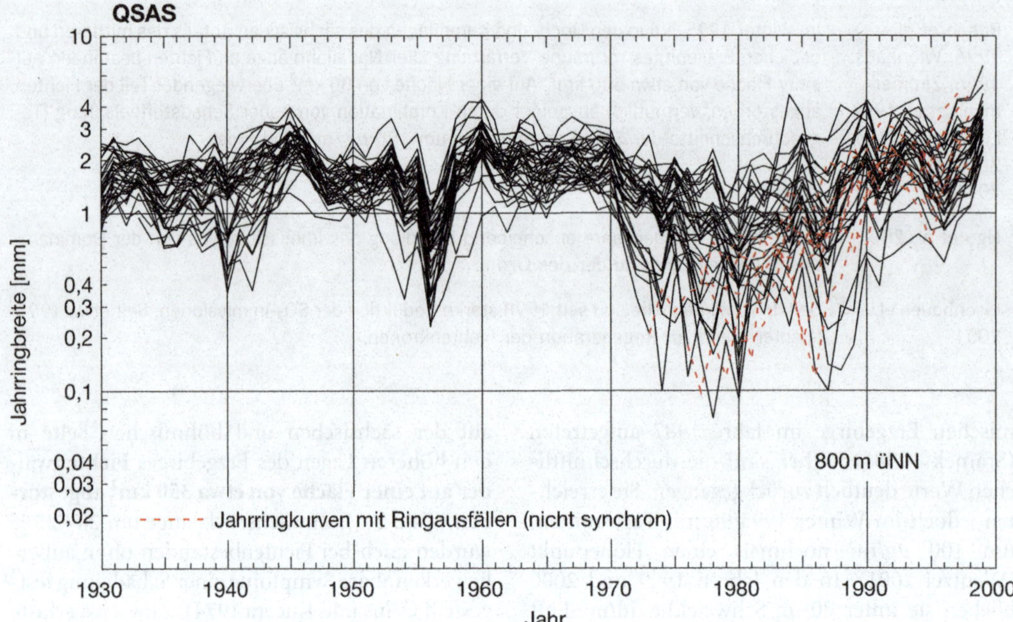

Abb. 2-1   Jahrringbreiten (40 Radienkurven von 20 Bäumen, halblogarithmische Darstellung) eines überlebenden, etwa 100 Jahre alten Fichtenbestandes in einer Kammlage des Osterzgebirges (Forstamt Altenberg, 800 m üNN). Während der heftigen Zuwachsdepression zwischen 1970 und 1990 sind auch Jahrringausfälle aufgetreten (rot gestrichelte Kurvenabschnitte). Die Belastung durch Schwefeldioxid ist im Osterzgebirge erst in den 1990er Jahren deutlich zurückgegangen; jedoch traten auch später noch wiederholt Spitzenkonzentrationen auf. Am Zuwachsanstieg nach der Depression ist neben der Entlastung von SO_2 vermutlich auch Lichtungszuwachs durch Ausscheiden konkurrierender Bäume beteiligt. Auch wurde der Bestand in den Jahren 1974 und 1984 mit N, P und K gedüngt sowie zwischen 1988 und 1996 mehrfach gekalkt. Nach Triebenbacher (2001).

schwindigkeit als Faktor, welcher die Schädigung verstärkt (Flemming 1992, Wienhaus et al. 1994). Das Absterben dieser Wälder vollzog sich nicht gleichmäßig, sondern schubweise. Da die Frostresistenz der Fichten durch Einwirkung von SO_2 herabgesetzt wird (Abschn. 6.1.2.7) lösten **Temperaturstürze** im Winter immer wieder das Absterben von Waldbeständen auf großen Flächen aus, beispielsweise nach dem Februar 1956, nach dem März 1977 und nach der Silvesternacht 1978/Neujahr 1979 (Materna 1987 b, Flemming 1992). Besonders belastend war der Winter 1955/56. Der Dezember 1955 und der Januar 1956 waren ziemlich warm. Ein Temperatursturz Anfang Februar 1956 leitete dann eine Periode mit sehr strengem Dauerfrost ein. Diesem Witterungsverlauf waren langjährig durch SO_2 belastete Fichten mit offenbar verminderter Frostresistenz weithin nicht gewachsen (Abschn. 6.1.2.7) und starben ab. Es gibt Hinweise darauf,

dass massive Veränderungen der **Feinwurzeln** und ihrer **Mykorrhizen** an dem Schädigungsvorgang beteiligt sind (Sobotka 1967), jedoch ist dieser Bereich – wie auch andernorts – bisher zu wenig untersucht worden. Wurzelschäden könnten auch die Beobachtung erklären, dass Trockenperioden im Sommer den Schädigungsprozess gefördert haben sollen (Zimmermann et al. 1997). Es ist aber zweifelhaft, ob das wirklich zutrifft. Denn Materna (1987 b) wies darauf hin, dass sich der Zustand der jungen Fichtenbestände in den höheren Lagen während der trockenen Jahre 1983 – 1985 deutlich verbesserte; darauf deutet auch die Entwicklung der Jahrringbreiten in Abbildung 2-1 hin. Denn es sind hier in der Zeit vor 1970 keine nennenswerten Zuwachsabfälle infolge von Trockenperioden aufgetreten (1930, 1934, 1942, 1947/48, 1962, 1964). Nur während des raschen Zuwachszusammenbruchs ab 1970 ist im Trockenjahr 1976 bei einigen Fichten ein starker Abfall der Ringbreite zu erkennen. Dieser könnte mit Wurzelschäden zusammenhängen. Grundsätzlich sind nennenswerte Zuwachseinbrüche infolge von Trockenheit bei ungeschädigten Fichten in den Hochlagen des Erzgebirges nicht zu erwarten (Koch 1958, Dittmar und Elling 1999), es sei denn bei extremer Dürre.

Massenvermehrungen verschiedener **Insektenarten** – sicherlich auch begünstigt durch die große Ausdehnung der Fichten-Reinbestände – beschleunigten die Auflösung des Waldes: Der Graue Lärchenwickler (*Zeiraphera diniana* Gn.), die Fichtengespinstblattwespe (*Cephalcia abietis* L.) und vor allem der **Buchdrucker** (*Ips typographus* L.) waren beteiligt. Massenvermehrungen des Buchdruckers können auch in kühlen Gebirgslagen vorkommen, wenn nach Windwürfen reichlich liegendes Holz als Brutmaterial zur Verfügung steht (Elling et al. 1987). Die Massenvermehrung des Buchdruckers, die sich hier ohne vorausgehenden Windwurf entwickelte, bekam man auch durch umfangreiche Bekämpfungsmaßnahmen nicht wieder in den Griff. Deutliche Hinweise sprechen für eine Begünstigung des Buchdruckers durch langjährige Immissionsschädigung der Fichten (Kubelka et al. 1993, Lanz et al. 1993). Auch die Bodenvegetation dieser Wälder lässt als Folge der enormen Sulfat-Einträge eine starke Oberbodenversauerung erkennen; dies ist für mitteleuropäische Verhältnisse – wegen der hier gleichzeitig angestiegenen Stickstoff-Deposition – ungewöhnlich (Schmidt 1996).

Dieses noch überschaubare Beispiel zeigt, wie eine Reihe natürlicher und anthropogener Umweltfaktoren im Zusammenwirken an dem Schädigungs- und Absterbevorgang beteiligt sind. Zwar treibt in diesem Fall ohne Zweifel die hohe Belastung durch Schwefeldioxid das Geschehen an, dieses wird aber erst durch die Mitwirkung von Frostereignissen, vermutlich von Wurzelschäden und von Insektenbefall in seinem Ablauf verständlich. Die Wirkung einzelner Faktoren ebnet im Sinne einer **Prädisposition** den Weg für das Eingreifen weiterer Faktoren. So entfalten etwa Frostereignisse erst infolge der Verminderung der Frostresistenz durch die Belastung mit SO_2 ihre schädigende Wirkung. Wir haben es also auch in diesem relativ einfachen Fall mit einem **Ursachenkomplex** und demnach mit einer **komplexen Schädigung**

(Abschn. 6.7.1) zu tun. »Witterungsextreme (Frost, Eis, Trockenjahre, Sturm) verstärken oder beschleunigen die Erkrankung, in deren Verlauf ein Befall der geschwächten Bäume durch Pathogene und sekundäre Insekten hinzutritt und damit einen ausgesprochenen Verursacherkomplex bewirkt. ... Schließlich scheinen sie in der Endphase des Krankheitsbildes zu dominieren und verleiten dazu, die die Schwächung und Erkrankung des Waldes auslösende Ursache Immissionswirkung zu übersehen oder gering zu achten« (Wentzel 1983 c).

Vor großen **Schwierigkeiten** steht die **Forschung**, wenn es um das Entwirren eines solchen Ursachengeflechtes, um das Herausarbeiten der Wirkung einzelner Teilursachen geht. »Mit der Waldschadensforschung hat die Umweltforschung endgültig den Bereich der mehr oder weniger einfachen Ursachen-Wirkungs-Forschungen verlassen, an deren Verlässlichkeit und relativ leicht erreichbare Resultate die Öffentlichkeit seit Jahrzehnten gewöhnt war« (Forschungsbeirat Waldschäden/Luftverunreinigungen 1986). Die Forschung geht hier nicht nur einen mühsamen und langwierigen Weg, sondern sie kann über **hochgradig vernetzte Ökosysteme** auch nie Aussagen mit jener Sicherheit treffen, wie sie sich aus der experimentellen Untersuchung von Dosis-Wirkungs-Beziehungen bei einzelnen Schadstoffen unter kontrollierten Bedingungen ergibt.

2.3.3 Zeitliche Dimension der Schädigung von Waldökosystemen durch Immissionen

Trotz der ungewöhnlich hohen Belastung der höheren Lagen des Erzgebirges mit Schwefeldioxid verging etwa ein halbes Jahrhundert, bis das **großflächige Absterben der Nadelbaumbestände** begann (Tab. 2-3). Die ersten Beobachtungen zu den Immissionen teilte Schröter 1907 mit. Über Absterbeerscheinungen größeren Umfangs ab 1955 berichtete erstmals Pelz (1962).

Das deckt sich mit der Einschätzung von Reuß (1893), der auf der Grundlage seiner umfangreichen Beobachtungen und Untersuchungen in anderen geschädigten Nadelwäldern geschrieben hatte: »Hier gebrauchen die chronischen Schäden zu ihrer Entwicklung vom schwächsten Grade – Erkrankung der Blattorgane – bis zum stärksten – Absterben der Bäume – häufig **Zeiträume von mehr als einem Menschenalter**, so dass nur selten der Forscher in der Lage ist, in ein und demselben Waldteile die Entwicklung der chronischen Beschädigung vom Anfang bis zum Ende zu beobachten«.

3 Chronologie des Waldzustands

3.1 Nutzungsgeschichte des Waldes

Die Waldökosysteme Mitteleuropas sind relativ naturnah – verglichen mit landwirtschaftlich oder gartenbaulich genutzten Flächen. Wer sich jedoch heute mit den Auswirkungen anthropogener Umweltveränderungen auf den Wald beschäftigt, der darf die **direkten Eingriffe des Menschen** während langer Zeiträume nicht außer Acht lassen. Denn diese prägen vielfach noch jetzt wichtige Eigenschaften von Waldökosystemen.

3.1.1 Eingriffe in den Wald durch Rodung und Nutzung

Nach der letzten Kaltzeit mit großflächiger Vereisung bewaldete sich Mitteleuropa wieder allmählich. Klimaschwankungen sowie die unterschiedlichen Einwanderungs-Geschwindigkeiten der Baumarten beeinflussten die ablaufende Sukzession der Waldformen. Solange die Menschen als Jäger und Sammler lebten, blieb ihr Einfluss auf den Wald noch gering. Als mit dem Beginn des Neolithikums im 6. Jahrtausend v. Chr. die Bandkeramiker eine sesshafte Lebensweise einführten sowie **Ackerbau und Viehzucht** trieben, begannen in den altbesiedelten Landschaften bereits erste, stärkere Eingriffe in den Wald (Rozsnyay 1994). Beweidung und Rodung des Waldes zur Gewinnung von Ackerland gingen dabei Hand in Hand. Noch bevor also die natürliche Abfolge verschiedener Waldgesellschaften im Sinne einer Sukzession abgeschlossen war – die Wiedereinwanderung der Buche und der Tanne vollzogen sich in der Hauptsache während

des Neolithikums und der Bronzezeit – hat der Mensch natürliche Wälder umgestaltet. Eine zusammenfassende Darstellung dieser Einflüsse (Mantel 1990) hat unsere Kenntnisse präzisiert und teilweise auch korrigiert. Wenn auch Waldökosysteme vielfach noch heute als relativ naturnah angesehen werden können, so ist doch dieser mindestens einige Jahrhunderte – häufig jedoch einige Jahrtausende – umfassende menschliche Einfluss stets mit zu bedenken (Küster 1998).

Mitteleuropa war von Natur aus fast vollständig bewaldet. Ausnahmen bildeten nur die alpine Stufe oberhalb der Waldgrenze sowie Bereiche in steilen Lagen von Gebirgen, in denen durch starke Abtragung bzw. Ablagerung von Schuttmassen keine Ausreifung der Böden erfolgen konnte. Auch in Flussauen wurde die Bodenentwicklung durch Erosion und Sedimentation immer wieder unterbrochen. Auf Hochmooren sind die Wachstumsbedingungen für Waldbäume zu ungünstig.

Die **Rodung** von Wald, d. h. die »Zurückdrängung des Waldes, um die frei werdenden Flächen für Siedlung und Feld zu gewinnen« (Mantel 1990), setzte mit dem Neolithikum auf bedeutenden Flächen ein. Der Rodung gingen wohl häufig eine Beweidung sowie die Nutzung von Holz in den siedlungsnahen Zonen voraus. Abbrennen des Waldes nach Ringelung der Bäume war vermutlich ein häufig für die Rodung angewandtes Verfahren. Schon in vor- und frühgeschichtlicher Zeit weiteten sich die gerodeten Flächen beträchtlich aus. Die Schilderungen römischer Schriftsteller lassen geschlossene Waldgebiete in den Gebirgen erkennen; daneben gab es offenbar bereits umfangreiche Rodungsflächen in tieferen Lagen.

In mehreren Rodungsperioden – unterbrochen von Zeitabschnitten, in denen der Wald wieder an Boden gewann – wurde vom Neolithikum bis zum Hochmittelalter die Waldfläche etwa auf den Anteil zurückgedrängt, den sie heute noch einnimmt. Nur in den Gebirgen gingen Rodungen vereinzelt bis ins 18. Jahrhundert weiter. Heute ist Mitteleuropa zu etwa einem Drittel bewaldet (Deutschland zu 30 %, Österreich zu 46 %, Schweiz zu 29 %). Weithin stehen waldreiche Gebirge waldarmen Tieflagen und der waldfreien Region oberhalb der Waldgrenze gegenüber.

3.1.1.1 Waldnutzung zugunsten der Landwirtschaft

Die zunehmende Dichte einer Bevölkerung, die vor allem von der Landwirtschaft lebte, erzwang vom Neolithikum bis ins 19. Jahrhundert die **Nutzung des Waldes in steigender Intensität.** Manche Nutzungsformen waren für den Wald so einschneidend, dass ihre Auswirkungen bis heute den Zustand von Waldökosystemen prägen. Die wichtigsten Arten der Nutzung im Dienst der Landwirtschaft waren die Waldweide, die Futterlaubgewinnung im Wald, der Waldfeldbau und die Streunutzung bzw. der Plaggenhieb.

Mit dem Sesshaftwerden im Neolithikum begann der Mensch durch den Weidegang seines Viehs den Wald in der Nähe seiner Wohnsitze stärker zu beeinflussen. Die Zunahme der Bevölkerung ließ die Bedeutung der **Waldweide** mit Rindern, Schafen, Ziegen, Pferden und Schweinen ständig wachsen; der Höhepunkt wurde erst gegen Ende des 18. Jahrhunderts erreicht. Neben ganzjährig ausgeübter Weide in den tieferen Lagen wurde in den höheren Mittelgebirgen und in den Alpen bereits seit vorgeschichtlicher Zeit die Sommerweide weit ab vom Wohnsitz betrieben (z. B. die bis heute betriebene **Almwirtschaft** in den Alpen). Die Waldweide war unentbehrlich, da es anderweitig nicht genügend Möglichkeiten für die Fütterung des Viehs gab. Wenn auch die Abschätzung der Viehbestände schwierig und unsicher ist, so lassen sich doch die Auswirkungen der Weide deutlich an Beschreibungen des Waldzustandes ablesen. Das Vieh weidete nicht nur Gräser und Kräuter, sondern auch Blätter und Zweige junger Bäume ab. Auch das Schlagen oder Ringeln von Bäumen und das gezielte Abbrennen durch die Hirten waren üblich. So entstanden lichte, von offenen Flächen durchbrochene **Weidewälder.** Großkronige Eichen und Buchen, welche mit ihren Früchten die begehrte Mast für die Schweine lieferten, wurden häufig

geschont. Der größte Teil unserer Wälder ist über Jahrtausende oder wenigstens Jahrhunderte durch die Viehweide verändert worden. Der Verbiss hat vielfach die Laubbaumarten benachteiligt. Hinzu kommt ein zwar nicht allzu hoher, aber über lange Zeiträume wirksamer Export von Bioelementen aus Waldökosystemen. Erst mit dem Aufkommen gepflegter Wiesen und der Stallhaltung des Viehs während des 18. Jahrhunderts verlor die Waldweide an Bedeutung. Großen Umfang hatte auch die **Gewinnung von Futterlaub.** Teils streifte man das Laub von Zweigen mit der Hand ab (Laubstreifen, Lauben, Ablauben). Teils brach oder schnitt man auch ganze Äste ab (Schnaiteln, Stümmeln). Das getrocknete Laub diente zur Winterfütterung des Viehs, solange es noch zu wenig Wiesen gab. Diese Nutzung des Laubes im Wald hielt sich bis ins 18. Jahrhundert, in den Alpen noch wesentlich länger.

Der **Waldfeldbau,** also der Wechsel von Holznutzung, Weidenutzung und Ackernutzung, ist bis über das Mittelalter hinaus auf großen Flächen ausgeübt worden. In manchen Gebieten hat sich diese Nutzungsform bis in die 30er Jahre des 20. Jahrhunderts gehalten. »Umfang und Verbreitung dieser Nutzungsform sind in der Agrar- und Forstgeschichte nicht genügend erkannt worden« (Mantel 1990). Den Waldbestand beseitigte man durch Schlagen und Abbrennen, übrig blieben nur die Stöcke. Nach Bearbeitung des Bodens mit der Handhacke oder einem leichten Pflug wurde Buchweizen, Waldstaudenroggen oder Roggen eingesät und später geerntet. Meist schon nach einem Jahr ging man zur Weidenutzung über, bis aus Stockausschlägen oder aus Samen stammende Bäume erneut in die Höhe wuchsen. Diese Art der Bewirtschaftung hat die Baumartenzusammensetzung und den Aufbau der Wälder entscheidend verändert. Sie hat außerdem stark in die Böden eingegriffen und beachtliche Entzüge an Bioelementen verursacht (Abschn. 3.1.2.2).

Noch viel einschneidender sind die Auswirkungen **Streunutzung** bzw. **Plaggenhieb.** »Die Bodenstreunutzung im Wald gewann erst mit dem Ausgang des Mittelalters durch das Anwachsen der Viehbestände und die allmähliche Einführung der Winterstallhaltung Bedeutung und Umfang« (Mantel 1990). Das in zu geringen Mengen vorhandene Stroh diente weithin der

Winterfütterung. Deshalb musste der Wald die Einstreu für die Ställe liefern. Zusammen mit dem Stallmist ergab diese dann den Dünger für die Felder. Noch stärker wirkte sich die Streunutzung vom Beginn des 19. Jahrhunderts an aus, als man begann, das Vieh ganzjährig im Stall zu halten. Während die Rechte auf Nutzung der Waldstreu in den meisten deutschen Ländern im 19. Jahrhundert abgelöst wurden, hielten sich diese in Baden und vor allem in Bayern wesentlich länger (Mantel 1990) und wurden teilweise noch bis etwa 1950 ausgeübt (Mittelfranken, Oberpfalz); ähnlich war es in der Lüneburger Heide (Delfs 1999).

Die Streunutzung erfolgte durch Zusammenrechen der von den Bäumen abgefallenen Blätter und Nadeln sowie sonstiger abgestorbener Pflanzenteile und ihrer mehr oder weniger zersetzten Rückstände (Auflagehumus). Mit dem Auflagehumus ging auch die gesamte lebende, flach wurzelnde Bodenvegetation (Besenheide, Heidelbeere, Preiselbeere, Sämlinge von Bäumen usw.) in die Waldstreu ein. Der Plaggenhieb in norddeutschen Heidegebieten war eine entsprechende Nutzung, die mit einer Hacke durchgeführt wurde (Delfs 1999). Bis heute sind große Waldgebiete durch die **Auswirkungen der Streunutzung** geprägt, insbesondere durch den Entzug an Bioelementen (Kreutzer 1972, zusammenfassende Darstellung bei Rehfuess 1990, Abschn. 3.1.2.2). Streunutzung führte auch zu einer einseitigen Begünstigung der Waldkiefer und hat daher wesentlich an der Entstehung großflächiger, fast reiner Kiefernforsten mitgewirkt. Auch die genügsame Kiefer kam vielfach nicht über einen „Krüppelwald" hinaus oder wies zumindest eine deutlich verringerte Wuchsleistung auf (Oberpfalz, Mittelfranken). Nach der **Einstellung der Streunutzung** – meist im Laufe der ersten Hälfte des 20. Jahrhunderts – hat sich auch in den am stärksten betroffenen Bereichen erneut langsam Auflagehumus gebildet. Diese Regeneration lässt sich weithin an Änderungen der Bodenvegetation (Ablösung von Flechten, Preiselbeere und Besenheide durch Heidelbeere und Drahtschmiele) sowie an rascherem Höhenwachstum der Kiefer ablesen. Die erhöhten Stickstoffeinträge der jüngsten Zeit haben Anteil an dieser Entwicklung (Abschn. 6.2.2).

3.1.1.2 Nutzung des Waldes für die Jagd

Einen nennenswerten Einfluss auf den Wald übte die Jagd erst vom späten Mittelalter an aus. Die großen Raubtiere Bär, Wolf und Luchs wurden stark zurückgedrängt und schließlich im 18./19. Jahrhundert ausgerottet. Dadurch und durch die gezielte Förderung von Seiten der adeligen Jagdherren wuchsen ab dem 16. Jahrhundert die **Schalenwildbestände** (Rehe, Hirsche, Gämsen) stark an. Die feudale Gesellschafts- und Hofjagd zeigte „im 17. und 18. Jahrhundert dann ihre schlimmsten Auswüchse". »Massentötung von Wild in grausamen Formen und im Rahmen prunkvoller Veranstaltungen war für den barokken Fürstenstaat bezeichnend. ... Die Französische Revolution von 1789 bewirkte in den linksrheinischen Gebieten, die Bewegung von 1848 in den meisten anderen deutschen Ländern die Aufhebung des Jagdrechtes an fremdem Grund und Boden« (Mantel 1990). Durch die Freigabe der Jagd an alle Eigentümer von Grundstücken gingen die Wildbestände kurzfristig deutlich zurück. Aber bereits um 1850 führten neue Jagdgesetze der einzelnen Länder Revierjagdsysteme ein. Das Reichsjagdgesetz von 1934 und auf diesem aufbauend die heutigen Jagdgesetze des Bundes und der Länder ermöglichten in Deutschland den **Aufbau hoher Schalenwildbestände** in privaten, kommunalen und staatlichen Jagdrevieren. Erst in jüngster Zeit ist von zahlreichen Fachleuten eine deutliche Reduktion dieser Wildbestände gefordert und teilweise auch realisiert worden.

Der **selektive Verbiss** an jungen Waldbäumen durch die genannten Schalenwildarten ist seit dem 16. Jahrhundert und noch mehr seit der Mitte des 19. Jahrhunderts wesentlich an **Veränderungen der Baumartenzusammensetzung** fast aller Waldgebiete Mitteleuropas beteiligt. Allgemein werden die Fichte und die Waldkiefer nur wenig verbissen und sind demnach im Vorteil. Die Weißtanne, die Eibe und die Laubbaumarten leiden stärker und wurden daher zurückgedrängt. Dies ist durch Untersuchungen für verschiedene Gebiete belegt (Meister 1969, Feldner 1981).

3.1.1.3 Holzgewinnung im Wald

Seit frühester Zeit deckt der Mensch seinen Bedarf an **Feuerholz**, an **Werkholz** zur Herstellung von Geräten und seit dem Neolithikum auch an **Bauholz** im Wald. Bei noch geringer Bevölkerungsdichte hatte dies bis zum Mittelalter nur örtlich Auswirkungen. Während des Mittelalters wuchs mit der Zunahme der Bevölkerung der Holzbedarf rasch an. Siedlungstätigkeit trieb den Bedarf an Bauholz in die Höhe, zumal Brände in Friedens- und Kriegszeiten immer wieder Dörfer und Städte zerstörten. Ebenso nahm der Verbrauch an Brennholz ständig zu.

Vom 16. Jahrhundert an und in steigendem Ausmaß bis zum Ende des 18. Jahrhunderts konkurrierte dann der Holzbedarf der **frühkapitalistischen Großgewerbe**, der Bergwerke, der Hütten- und Hammerwerke, der Salinen, der Glashütten, der Erzeuger von Pottasche sowie des Holzexports für Hafen- und Schiffsbau mit dem örtlichen Bedarf der Bevölkerung. Die Landesherren, die im Zuge ihrer merkantilistischen Wirtschaftspolitik diese frühe Industrie förderten, beschränkten durch Verordnungen den örtlichen Bedarf auf das Notwendigste. So wurde die Versorgung der Industrie mit dem als Brennstoff (vor allem in Form von Holzkohle), Werkstoff und Baustoff unentbehrlichen Holz sichergestellt. Das „hölzerne Zeitalter" ging erst zu Ende, als während des 19. Jahrhunderts das Brennholz zunächst bei der Industrie und später auch in den Haushalten weitgehend **durch die Kohle abgelöst** wurde. An die Stelle des Brennholzbedarfs trat dann ein steigender Bedarf an Nutzholz verschiedener Art.

Die Bevölkerung gewann ihr **Brennmaterial** teilweise durch Reisig, Leseholz, Dürrholz und Abfallholz. Steigender Bedarf führte jedoch weithin zu Wäldern, die alle 10–20 Jahre kahl geschlagen und dann aus Stockausschlägen erneuert wurden („Niederwald"). Bildeten einzeln stehende, großkronige, meist aus Samen stammende Bäume über einem Niederwald eine lockere obere Schicht, so sprach man von „Mittelwald". Die Oberschicht setzte sich meistens überwiegend aus Eichen zusammen, die sowohl Mast für die Schweine als auch Bauholz lieferten. Der Stockausschlagbetrieb ist nur mit Laubbäumen möglich. Unter diesen hat er jene Baumarten begünstigt, die leicht vom Stock ausschlagen (Eichen,

Linden, Hainbuche). Die weniger ausschlagfähige Rotbuche ist auf großen Flächen weitgehend aus Wäldern verdrängt worden, in denen sie zuvor ohne Zweifel die dominierende Baumart gewesen war. Nieder- und Mittelwaldwirtschaft, die vor allem Schwachholz und Reisig mit einem hohen Anteil an Rinde nutzen, bewirken große Verluste an Bioelementen für Waldökosysteme. Verschärft wurde dies häufig noch durch Waldweide, Waldfeldbau und Streunutzung im Ausschlagwald (Abschn. 3.1.2.2).

Der Holzbedarf der Großgewerbe überstieg häufig die Leistungsfähigkeit der Wälder in ihrem Einzugsgebiet. **Holzmangel** zwang vielfach zur Ausdehnung der Liefergebiete durch Anlage von Transportsystemen für Holz und Holzkohle oder für Erz und Sole; Glashütten mussten immer wieder in holzreichere Gebiete weiter wandern. Große Holzmengen sind durch diese frühen Industrien aus den Waldökosystemen entfernt worden. Kahlschläge und Übernutzung haben vielfach die Baumartenzusammensetzung der Wälder verändert.

3.1.1.4 Nachhaltige Forstwirtschaft

Der **Grundsatz der Nachhaltigkeit** war von Anfang an leitend für die geregelte Forstwirtschaft, die sich in Mitteleuropa im Wesentlichen während des 18. Jahrhunderts entwickelte. Der Begriff Nachhaltigkeit ist durch die bekannte Formulierung von G. L. Hartig (1804) folgendermaßen bestimmt worden: »Denn es lässt sich keine dauerhafte Forstwirtschaft denken und erwarten, wenn die Holzabgabe aus den Wäldern nicht auf Nachhaltigkeit berechnet ist. Jede weise Forstdirektion muss daher die Waldungen des Staates ohne Zeitverlust taxieren lassen, und sie zwar so hoch als möglich, doch so zu benutzen suchen, dass die Nachkommenschaft wenigstens ebenso viel Vorteil daraus ziehen kann, als sich die jetzt lebende Generation zueignet«.

Der **Gedanke der Nachhaltigkeit** ist jedoch **wesentlich älter**, er bildete sich schon während des Mittelalters heraus (Mantel 1990). In den Genossenschafts- und Allmendwäldern war es frühzeitig notwendig, einen Raubbau am Wald zu verhindern, die gegenwärtigen Nutzungen zugunsten künftiger Nutzungsmöglichkeiten zu beschränken, »auff dass wir unsern Nachfahrn nichts wenigers, alß unsere Vorfahrn unß gelassen, unsern Fleiß gleich inen undt ein merers wo müglich befinden möchten«, wie etwa der Rat der Stadt Iphofen (Unterfranken) in seiner Waldordnung von 1583 formuliert hat (Hamberger 1991). Im Nieder- und Mittelwald war eine solche Regelung in übersichtlicher Weise zu verwirklichen, indem man beispielsweise die Fläche in zwölf Schläge einteilte. Alle Jahre konnte dann ein Schlag genutzt werden. Nach zwölf Jahren war der Ausschlagwald auf der ersten Fläche wieder soweit herangewachsen, dass erneut Brennholz gewonnen werden konnte. Dies ist der Grundgedanke all der ausgefeilten Verfahren, die nach und nach entwickelt worden sind, um auch im Hochwald oder gar im unübersichtlichen Plenterwald die Nachhaltigkeit der Holznutzung zu sichern.

Während des 18. Jahrhunderts nahm die Bevölkerung Mitteleuropas erneut stark zu und damit auch der Holzbedarf. Berg- und Hüttenwerke, Salinen und Glashütten verbrauchten gewaltige Mengen. Ungeregelte Holznutzung, Waldweide, Waldfeldbau und große Schalenwildbestände hatten die Wälder weithin ausgezehrt. **Heiden, Buschland und verlichtete Weidewälder** prägten die siedlungsnahen Lagen. Nur entlegene Gebirgswälder hatten teilweise ihren ursprünglichen Charakter bewahrt. Die Deckung des steigenden Holzbedarfs aus mehr und mehr ausgeplünderten Wäldern wurde immer ungewisser. Die **Angst vor der Holznot** und in manchen Gegenden auch wirklich drückende Holznot waren beherrschende Themen jener Zeit. Die gegen Ende des 18. Jahrhunderts entwickelte **Forstwirtschaft** hatte daher zwei zentrale Aufgaben: die Leistungsfähigkeit der heruntergewirtschafteten Wälder wiederherzustellen und die Nachhaltigkeit der Holzversorgung zu sichern.

Zur **Begründung neuer Waldbestände** wurden unterschiedliche Verfahren entwickelt. Bedeutung erlangte das „Dunkelschlagverfahren" von G. L. Hartig (1791) zur natürlichen Verjüngung der Rotbuche. Vor allem aber erfolgten vom Ende des 18. Jahrhunderts an auf großen Flächen Saaten und Pflanzungen in devastierten Wäldern. Die schon seit dem Mittelalter bekannten Verfahren der Pflanzung und Saat von Laubbaumarten (vor allem bei Eichen) wurden dabei nur wenig angewandt. Saaten von Kiefer und Fichte standen eindeutig im Vordergrund. Die Pflanzung der Nadelbaumarten begann erst um die Mitte des 19. Jahrhunderts in größerem Umfang und wurde dann im Laufe der Jahrzehnte zum vorherrschenden Verfahren. Parallel dazu ging die Naturverjüngung von einem nur grob abschätzbaren Anteil von etwa 70 % um 1880 auf etwa 5 % während der Weimarer Republik zurück (Mantel 1990).

Zur gleichen Zeit plante man in entlegenen, vom Menschen noch wenig veränderten Wäldern teilweise eine naturnahe Waldbehandlung. Von einem beachtlichen ökologischen Verständnis und auch von Weitblick zeugen beispielsweise die **„Wirthschaftsregeln für den bayerischen Wald"**: »Die Erfahrung, dass aus Fichten, Tannen und Buchen gemischte Bestände den Boden auf höherer Produktionskraft erhalten, und den ungünstigen elementarischen und anderen Einflüssen erfolgreicher Widerstand zu bieten vermögen, als reine Fichten- und Tannenbestände, und dass letztere Holzarten in der Untermischung mit der Buche den höchsten Grad ihrer Vollkommenheit in kürzester Zeit erreichen, bestimmt dazu, ... die Erhaltung – beziehungsweise die Erziehung gemischter Bestände als ersten und obersten Grundsatz gelten zu lassen, wenn gleich bei den voraussichtlich für die Zukunft sich gestaltenden Absatzverhältnissen die Nachfrage nach Nadelholz zu Bau- und Nutzholz stärker als jene nach Buchenholz werden möchte« (Königliches Ministerial-Forsteinrichtungs-Bureau, München 1849).

In der ersten Hälfte des 19. Jahrhunderts hatte man Saat und Pflanzung von häufig reinen Nadelholzbeständen noch meist als eine Sanierungsmaßnahme für die Waldbestände und auch für die vielfach verarmten Böden betrachtet. Ab etwa 1850 gewann dann die einseitig auf maximale Verzinsung des eingesetzten Bodenkapitals fixierte **Bodenreinertragslehre** zunehmenden Einfluss und begünstigte reine Nadelholzbestände, vor allem solche der Fichte. Als Beispiel kann eine besonders zugespitzte Formulierung des einflussreichen Münchener Professors für Forstpolitik und Forstliche Betriebswirtschaftslehre, Max Endres (1913) dienen. Er war der Meinung, dass » ... die reinen gleichaltrigen Fichtenbestände, die im letzten Jahrhundert durch die Kahlschlagwirtschaft entstanden sind, das Vollkommenste darstellen, was die zielbewusste forstliche Arbeit hervorgebracht hat. ... Welche andere Betriebsart kann bessere Ertragsverhältnisse aufweisen? Es wäre eine forstliche Sünde, in diese Fichtenbestände nur eine einzige Buche hineinzubringen oder sie im ungleichaltrigen Femelwald zu erziehen, nur um den Modeschlagwörtern „Mischbestand", „Ungleichaltrigkeit", „Zurück zur Natur" Rechnung zu tragen«. Bereits 1911 konnte Endres im Vorwort eines Buches feststellen: »Trotz aller Anstürme hat die wissenschaftlich unanfechtbare Bodenreinertragslehre ein Waldgebiet um das andere erobert, eine staatliche Forstverwaltung um die andere zu – oft ungeahnten – Zugeständnissen gezwungen«.

Der große Einfluss der Vertreter der Bodenreinertragslehre auf die Praxis der Forstwirtschaft ist eine wesentliche Ursache für den hohen Anteil an **Reinbeständen** der **Fichte**, die auf die Zeit um den ersten Weltkrieg zurückgehen (siehe Ergebnisse der Bundeswaldinventur zum 1.10.1987, Der Bundesminister für Ernährung, Landwirtschaft und Forsten 1992). Auch die Kahlschläge während der beiden Weltkriege und der Nachkriegszeiten haben vielfach zu sehr nadelholzreichen Beständen geführt. Obwohl nach dem zweiten Weltkrieg vielerorts große Mühe auf die Begründung von Mischbeständen verwendet worden ist, blieben die Erfolge bescheiden. Selektiver Verbiss der Laubbäume bei überhöhten Schalenwilddichten sowie mangelnde Pflege der Jungbestände führten wiederum zu einer **starken Vorherrschaft der Nadelbaumarten**. Diese verstärkte sich in den 1950er und 1960er Jahren nochmals deutlich. Bei nahezu stagnierenden Holzpreisen und stark steigenden Lohnkosten versuchte man, den zunehmenden wirtschaftlichen Schwierigkeiten der Forstbetriebe durch immer höhere Nadelholzanteile zu begegnen. So sind von 1948 bis 1967 im gesamten Wald der Bundesrepublik Deutschland mehr Reinbestände aus Nadelbaumarten – vor allem Fichte und Kiefer – entstanden als jemals zuvor in einem Zeitraum von 20 Jahren (Der Bundesminister für Ernährung, Landwirtschaft und Forsten 1992).

Daneben wurden weiterhin **naturnahe Methoden der Waldbehandlung** in der Praxis angewandt und in der Lehre vertreten (z. B. Gayer 1886, 1898, Möller 1920, 1922, Ammon 1937). Daran wird das ständige Ringen einerseits wirtschaftlich-technisch und andererseits naturnah orientierter Richtungen deutlich, das sich wie ein roter Faden durch die Geschichte der geregelten Forstwirtschaft zieht. Im Ergebnis gilt aber die Bilanz, die Gayer (1886) vor mehr als einem Jahrhundert gezogen hat, auch noch für die Zeitspanne bis zum Ende der 1960er Jahre: »Aber zu keiner Zeit hat der Wald eine drastischere, tiefer greifende Bestockungswandlung erfahren, als im gegenwärtigen Jahrhundert, denn während noch die letzten Reste der vorigen Mischwaldgeneration in die Gegenwart hereinragen, befinden wir uns gleichzeitig mit über Dreivierteilen unserer Waldflächen mitten im modernen Walde reiner Bestandsverfassung, – und was das Bedenklichste ist, mitten im einförmigen reinen Nadelholzwalde«. Seit dem Ende der 1960er Jahre sind dagegen große Anstrengungen zu Begründung von **Mischbeständen** und einer **stärkeren Beteiligung der Laubbaumarten** gemacht worden; dies ist an den Ergebnissen der ersten und noch deutlicher der zweiten Bundeswaldinventur abzulesen (Der Bundesminister für Ernährung, Landwirtschaft und Forsten 1992, aid infodienst Verbraucherschutz, Ernährung und Landwirtschaft 1334/2005) (Abschn. 3.1.2.1).

3.1.2 Wandel von Waldökosystemen durch Nutzungseingriffe

3.1.2.1 Veränderung der Baumartenanteile

Die **Baumartenzusammensetzung** der Wälder in Mitteleuropa hat sich durch die geschilderten Eingriffe des Menschen grundlegend gewandelt. Ein grober Überblick über die Vegetation zur Zeit der Geburt Christi, also noch vor stärkeren Veränderungen der Wälder durch den Menschen, ist in Abbildung 3-1 wiedergegeben (Ellenberg 1996). **Laubwälder**, vor allem solche mit vorherrschender Buche, nahmen weithin die tieferen Lagen ein. Wie sich die konkurrenzstarke Buche und die weniger konkurrenzstarken Eichen in Mitteleuropa das Areal aufteilten, das ist allein anhand der Standortsverhältnisse nicht ausreichend zu verstehen. Wirklich naturnahe Reste solcher Wälder sind nicht erhalten geblieben. Daher liegt die Dynamik ihrer Erneuerung

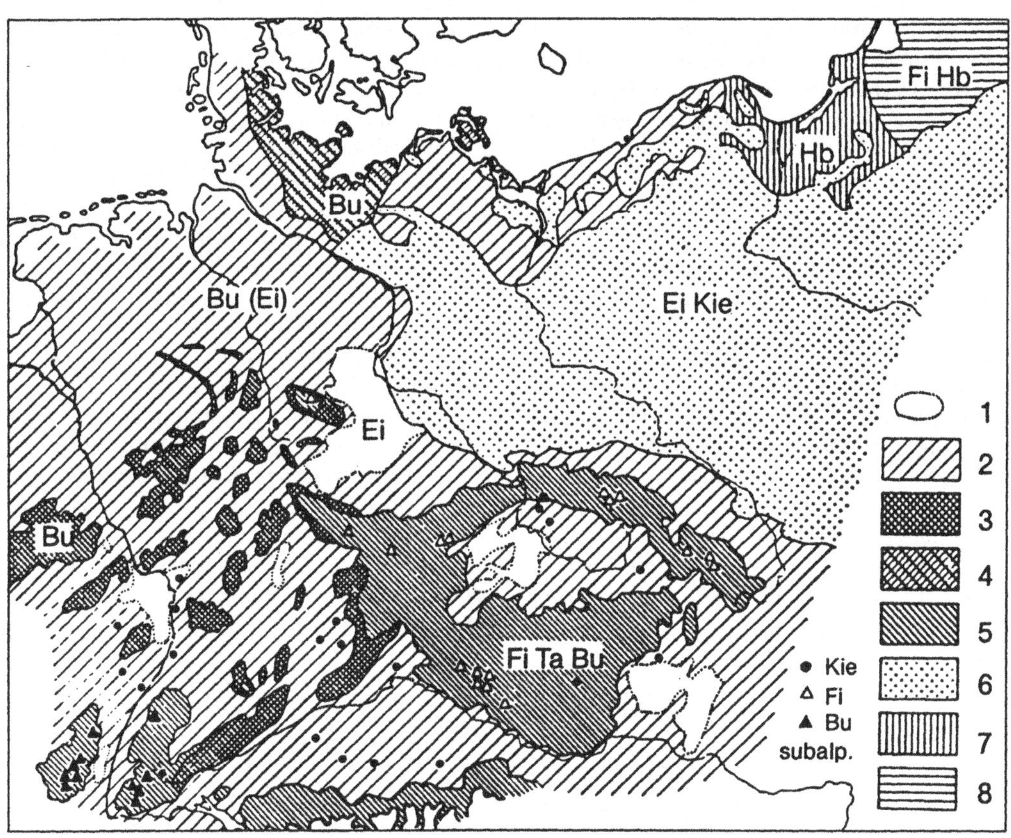

Abb. 3-1 Naturnahe Großgliederung der Vegetation Mitteleuropas ohne die Alpen um Christi Geburt, d. h. vor stärkeren Eingriffen des Menschen, nach pollenanalytischen Untersuchungen. 1 = Trockengebiete unter 500 mm Niederschlag, mit Eichenmischwäldern und wenig Rotbuche, 2 = Tieflagen mit Rotbuchen-Mischwäldern, z. T. mit starker Beteiligung der Eichen; an der Nordseeküste viel Schwarzerle; dicke Punkte = Kiefer lokal vorherrschend, 3 = niedrige Mittelgebirge mit Rotbuche, meist ohne Nadelhölzer, 4 = Moränengebiete mit Rotbuche, kiefernarm, 5 = Buchenwald-Berglagen mit Tanne und (oder) Fichte (weiße Dreiecke); schwarze Dreiecke = subalpiner Buchenwald, 6 = Sandbodengebiete, in denen Kiefern vorherrschen, z. T. mit Eichen und anderen Laubhölzern, 7 = Laubmischwaldgebiete mit viel Hainbuche, 8 = wie 7, außerdem mit Fichte; Flussauen, Moore und andere Sonderstandorte sind nicht ausgeschieden. Aus: Ellenberg, Vegetation Mitteleuropas mit den Alpen, © 1996, Verlag Eugen Ulmer KG, Stuttgart (1996).

noch weitgehend im Dunkeln. Das Vorherrschen der Kiefer, das für den Nordosten Mitteleuropas angenommen worden ist, geht wohl auch zu einem wesentlichen Teil auf Einflüsse des Menschen zurück. Nur in den höheren Mittelgebirgen und in den Alpen kamen großflächig **Bergmischwälder** aus Buchen, Tannen und Fichten vor. **Fichtenwälder** waren beschränkt auf die Hochlagen der höheren, östlich gelegenen Mittelgebirge sowie entsprechende Höhenlagen der Alpen. Berücksichtigt man den relativ geringen Flächenanteil der Gebirgslagen und billigt

man nach heutiger Anschauung der Kiefer nur wesentlich geringere Verbreitung zu als früher, so ergeben sich Flächenanteile für die Nadelbaumarten, die wesentlich unter bisher genannten Schätzwerten von etwa 30 % liegen (Mantel 1990).

Trotz des Rückgangs einzelner Nadelbaumarten (Tanne, Eibe) haben unter dem Einfluss des Menschen insgesamt **Nadelwälder** sehr stark zugenommen. Das beruht vor allem auf der Ausbreitung der Baumarten Fichte und Kiefer, die teils unbeabsichtigt und teils gezielt gefördert worden sind (Abschn. 3.1.1). Das Ergebnis der ersten Bundeswaldinventur in Westdeutschland zeigt den Flächenanteil der häufigeren Baumarten zum Stichtag 1.10.1987, also vor den gewaltigen Stürmen im Jahr 1990. Damals nahmen die Nadelbaumarten etwa zwei Drittel, die Laubbaumarten etwa ein Drittel der Waldfläche ein. In der zweiten Bundeswaldinventur zum Stichtag 1.10.2002, die Gesamt-Deutschland erfasst hat, zeigt sich ein höherer Anteil der Kiefer sowie eine leichte Verschiebung zugunsten der Laubbaumarten (Tab. 3-1). Die Inventuren machen deutlich, wie langsam sich die – während der letzten Jahrzehnte durchaus beachtlichen – Anstrengungen zur Einbringung von Laubbäumen auf die Baumartenzusammensetzung des gesamten Waldes auswirken. Nach wie vor ist die Fichte die häufigste Baumart; in Gebieten mit hohem Anteil an Gebirgswäldern dominiert sie noch stärker. Das gilt für die Schweiz und vor allem für Österreich.

Schon immer haben in den Wäldern Mitteleuropas Stürme und Nassschnee Bäume niedergeworfen oder gebrochen; schon immer haben Insekten und Pilze Bäume zum Absterben gebracht (Abschn. 2.2). Die nutzungsbedingte Ausbreitung von Nadelholzforsten mit gleichaltrigen Reinbeständen der Waldkiefer und der Fichte hat die **Anfälligkeit dieser Waldökosysteme** jedoch stark gesteigert. Die Zusammenhänge sind in Lehr- und Handbüchern ausführlich dargestellt (Borgmann 1930, Schimitschek 1969, Schwerdtfeger 1981, Schwenke 1972–1986). Eine Vorstellung von der Anfälligkeit solcher Nadelholzforste gewinnt man erst, wenn man die Geschichte bestimmter Waldgebiete durchleuchtet wie es Sperber (1968) für den „ältesten Kunstforst", den Nürnberger Reichswald, getan hat. Tabelle 3-2 enthält eine geraffte Zusammenstellung der „Kalamitäten", für die vor allem die Waldbehandlung durch den Menschen verantwortlich ist.

Tabelle 3-1   Baumartenanteile in Deutschland nach den Bundeswaldinventuren 1987[1] und 2002[2]

Baumart	1987	2002
	Flächenanteile in %	
Eiche	9,7	9,8
Buche	16,6	15,2
andere Laubbaumarten mit hoher Lebensdauer	4,2	6,0
andere Laubbaumarten mit niedriger Lebensdauer	6,9	10,0
alle Laubbäume	**37,4**	**41,0**
Fichte	37,5	28,9
Tanne	2,2	1,6
Douglasie	1,6	1,7
Kiefer	18,2	23,9
Lärche	3,2	2,9
alle Nadelbäume	**62,6**	**59,0**

1) Angaben nach der ersten Bundeswaldinventur für Westdeutschland zum Stichtag 1.10.1987 (Bundesministerium für Ernährung, Landwirtschaft und Forsten, o. J.)
2) Angaben nach der zweiten Bundeswaldinventur für Gesamtdeutschland zum Stichtag 1.10.2002 (Bundesministerium für Verbraucherschutz, Ernährung und Landwirtschaft 2005: Forst/Holz 2005, aid infodienst Nr. 1334)

Tabelle 3-2 Kalamitäten in den Kiefernforsten des Nürnberger Reichswaldes (nach Sperber 1968). Die Artangabe der Insekten ist teilweise unsicher

1368	Erste überlieferte Nadelwaldsaat durch Peter Stromer
1502 und 1533	Auftreten von „Holzraupen"
1599–1600	Raupenfraß. Kiefer ist teils abgestorben, teils hat sie sich wieder begrünt
1725–1726	„Im Wald um Nürnberg" 1600 Morgen tödlich kahl gefressen, vermutlich durch Forleule (*Panolis flammea* Schiff.)
1760 und 1783	Die „Forlraupe" richtet arge Verwüstungen an, besonders im Lorenzer Wald
1792–1797	„Großartige Waldverwüstungen" durch Raupenfraß, wohl vor allem durch die Nonne (*Lymantria monacha* L.)
1819	Spanner- und Eulenfraß
1836–1838	Insektenkalamität durch Nonne, Kieferneule und Kiefernspanner (*Bupalus piniarius* L.) Absterben mittelalter Kiefern- und Fichtenbestände auf 5 080 ha = 16,8 % der Gesamtfläche. 1 760 ha Kahlflächen
bis 1840	Vergrößerung der Kahlflächen durch Borkenkäfer (?) auf 3 000 ha
10.11.1868	Schneebruchkatastrophe
27.10.1870	Orkan
1874	Kieferneule (*Panolis flammea* Schiff.)
1875	Nonne
1879–1880	Kiefernspanner
1882	Kiefernspinner (*Dendrolimus pini* L.?) „außerordentlich stark"
1887	Kiefernspanner
1888	Kiefernspanner und Kiefernspinner
1890–1891	Nonne
1892–1896	Insektenkalamität: Massenvermehrung des Kiefernspanners
	Beteiligt sind auch Nonne, Kiefernspinner, Kiefernschwärmer (*Hyloicus pinastri* L.?), Borkenkäfer (?) und Waldgärtner (?)
1899	Gesamtbilanz: 9 585 ha Kahlflächen = 31,5 % der Fläche des Reichswaldes
1930–1931	Massenvermehrung der Kieferneule mit arsenhaltigem Fraßgift und Veratrin erfolgreich bekämpft

3.1.2.2 Einwirkung der Waldnutzung auf die Böden

In der Vergangenheit wurde der Wald lange Zeit in starkem Maße zugunsten der Landwirtschaft genutzt (Abschn. 3.1.1.1). Das hat nicht nur Baumartenanteile und Struktur der Wälder verändert, sondern auch die Waldböden derart beeinflusst, dass die Auswirkungen vielfach noch heute deutlich sind (Huettl 1993).

Waldweide, **Futterlaubgewinnung** und **Waldfeldbau** entzogen dem Wald bedeutende Mengen an Biomasse. Das führte zu einem Schwund der Humus- und Nährstoffvorräte

3

des Bodens. Abbrennen beim Waldfeldbau ist im Hinblick auf den Verlust an organischer Substanz und die Nährstoffauswaschung als ein besonders schwerer Eingriff zu betrachten (Ulrich 1980). Das Ausmaß, in dem Waldökosysteme durch derartige Nutzungen verändert worden sind, ist außerordentlich schwer abschätzbar. Glatzel (1991) vermutet, gleichzeitig betriebene Waldweide und Futterlaubgewinnung könnten in ihrem Nährstoffentzug etwa der Streunutzung gleichkommen. Mit Sicherheit haben diese Einflüsse je nach der Lage eines Waldgebietes zu Siedlungen und Weideflächen stark variiert.

Besser bekannt sind die Auswirkungen der ebenfalls der Landwirtschaft dienenden **Streunutzung** (Abschn. 3.1.1.1). Das ist vor allem das Verdienst des grundlegenden Werks von Ebermayer (1876). Auf diesem fußen weithin die neueren Darstellungen (Kreutzer 1972, Rehfuess 1990). Bei der Entnahme des Bestandsabfalls einschließlich der im Auflagehumus wurzelnden Bodenvegetation wird ein großer Teil der im Ökosystem erzeugten organischen Substanz entfernt. Je kürzer die Zeitabstände zwischen zwei aufeinander folgenden Streunutzungen sind, desto größer sind die Entzüge. So werden bei jährlicher Entnahme aus mittelalten und älteren Beständen verschiedener Baumartenzusammensetzung 3 000 bis 3 300 kg Trockenmasse je Hektar entnommen. Wird die Streu nur alle sechs Jahre genutzt, so werden jeweils zwischen 7 000 und 11 800 kg Trockenmasse je Hektar entzogen. Je länger die Zeitspanne zwischen zwei Streunutzungen, desto mehr organische Substanz kann verwesen, wird schließlich mineralisiert bzw. gelangt teilweise in den Mineralboden und kann dann nicht entfernt werden (Kreutzer 1972). Die Lebensbedingungen für die heterotrophen Bodenlebewesen verschlechtern sich durch die Streunutzung gravierend. Verarmung der Böden an Humus vermindert deren Wasser- und Sorptionskapazität. Die Streunutzung hat bedeutende Mengen an **Nährelementen** aus Waldökosystemen entzogen. Für Kiefernbestände, die etwa 50 Jahre verschont und dann bis zu einem Alter von etwa 90 Jahren der Streunutzung unterworfen wurden, sind die in Tabelle 3-3 aufgeführten Entzüge an Bioelementen ermittelt worden (Kreutzer 1972, Rehfuess 1990). Die Streunutzung ist spätestens um 1950 auf fast der gesamten Waldfläche Mitteleuropas endgültig eingestellt

Tabelle 3-3 Entzüge an Bioelementen bei Streunutzung von Kiefernbeständen im Alter von 50 – 100 Jahren in Kilogramm je Hektar (nach Kreutzer 1972, Rehfuess 1990)

Kilogramm je Hektar	bei jährlicher Entnahme	bei Entnahme alle 6 Jahre
Stickstoff	1 100 bis 1 700	850 bis 1 200
Phosphor	rund 200	rund 100 bis 150
Calcium	800 bis 1 100	500 bis 700
Magnesium	rund 200	100 bis 150

worden. Seither vollzieht sich eine langsame Regeneration der betroffenen Waldböden. Zweifellos haben die anthropogen gesteigerten Stickstoffeinträge in Waldökosysteme zur Abschwächung des ausgeprägten Stickstoffmangels beigetragen. Dennoch sind große Waldflächen bis heute durch die Streunutzung gezeichnet.

Trotz des Grundsatzes der Nachhaltigkeit ist in der Forstwirtschaft lange Zeit die Frage des **Entzugs von Bioelementen** durch die **Holznutzung** kaum beachtet worden. Man wusste von der fast vollständigen Nutzung der Biomasse in der Vergangenheit, wie sie durch Waldweide, Futterlaubgewinnung, Waldfeldbau, Streunutzung und Holznutzung betrieben worden war. Besonders auch die Holznutzung im Mittel- und Niederwald, mit ihren in rascher Folge wiederkehrenden Stockhieben und der fast vollständigen Entfernung des Reisigs, hatte sehr hohe Exporte an Nährstoffen zur Folge gehabt (Kreutzer 1979, Krapfenbauer und Buchleitner 1981). Diese können nach Glatzel (1991) jene Entzüge an Säureneutralisierungskapazität erreichen, wie sie bei der Streunutzung auftreten. Nachdem diese für die Wälder besonders schädlichen Eingriffe aufgehört hatten, beobachtete man eine allmähliche Regeneration der Humusvorräte und einen langsam verlaufenden Anstieg des Zuwachses der Waldbäume. Mit diesen beruhigenden Beobachtungen begnügte man sich lange Zeit. Zweifel kamen erst auf, als man begann, Waldökosysteme auf ihre **Stoffbilanzen** hin zu untersuchen. Man arbeitete mit Berechnungen (Kreutzer 1979, Krapfenbauer und Buchleitner 1981) sowie der Kombination von Messungen und Berechnungen (Ulrich 1972), wie beispielsweise im Solling-Projekt (Ulrich et al. 1975, Ulrich et al. 1979, Ulrich et al. 1986, Bredemeier 1987, Matzner 1988). Durch die neuartigen Waldschäden hat diese Forschungsrichtung dann starken Auftrieb erhalten (Schulze et al. 1989, Kreutzer und Göttlein 1991, Feger et al. 1993).

Vor allem Untersuchungen im Schwarzwald (Raisch 1983, Feger 1993) haben deutlich gemacht, dass der **Entzug an Nährelementen** durch die **Holznutzung** im Rahmen der Stoffbilanzen von Waldökosystemen eine wesentliche Größe darstellt (Rehfuess 2000). Heute wird das Holz üblicherweise mit der Rinde genutzt. Das gilt sowohl für das Schichtholz wie auch für das Stammholz, das fast immer an der Waldstraße maschinell entrindet wird. Dabei landet die anfallende Rinde im Wesentlichen auf den Böschungen und in den Straßengräben, wird also der Fläche des Waldes entzogen. Bereits die Nutzung von „Stammholz mit Rinde" bedeutet in Fichtenökosystemen etwa eine Verdoppelung der Nährelemententzüge gegenüber „Stammholz ohne Rinde". Wird die gesamte oberirdische Baummasse geerntet („Vollbaumnutzung"), so vervielfacht sich der Nährelemententzug beim Fichtenbestand Schluchsee je nach Element etwa auf das 6- bis 14-fache, und in dem weniger wüchsigen Bestand Villingen immerhin noch auf das 3- bis 8-fache; denn je wüchsiger die Waldbestände bei gleicher Baumart sind, desto höher fallen die Nährstoffentzüge aus. In den beiden genannten Ökosystemen vermindern sich bei den derzeitigen Auswaschungsverlusten bereits durch Nutzung von „Stammholz ohne Rinde" die Vorräte an Kalium, Magnesium und Mangan zu Lasten des Bodens (Feger 1993). Da anthropogen gesteigerte Auswaschung der Böden und Nährstoffexporte durch die Holznutzung weithin zusammentreffen, sind auf längere Sicht Versorgungsmängel bei Waldbeständen wahrscheinlich (Vejre 1999). Allerdings ist eine Bewertung all dieser Angaben bis jetzt unsicher, da nur ungenau bekannt ist, welche Mengen der genannten Elemente laufend durch die Verwitterung der im Boden enthaltenen Minerale freigesetzt werden (Matzner 1988).

Unter dem Blickwinkel des Nährstoffentzugs ist auch die **maschinelle Holzernte** mit so genannten Harvestern zu betrachten, bei der Äste und Nadeln auf die Rückegassen gepackt werden

und somit der Fläche des Waldes verloren gehen. Die dabei auftretenden **Nährstoffentzüge** sind beträchtlich (Habereder 1997). Noch einschneidender sind die Nährstoffverluste bei der **Gewinnung von Hackschnitzeln**, bei der ein großer Anteil des Ast- und Kronenmaterials geernteter Bäume aus dem Wald entfernt und anschließend als **Energieholz** verbrannt wird. Diese Art der Nutzung hat erst begonnen und wird wohl künftig stark expandieren. Dies ist sogar in Buchenbeständen einschneidend, in denen das Astmaterial ohne Laub gewonnen wird (Joosten und Schulte 2003). Noch weit kritischer ist eine solche Nutzung zu bewerten, wenn bei Koniferen Äste samt den Nadeln entzogen werden. Soll die Verpflichtung zur Nachhaltigkeit nicht nur ein Lippenbekenntnis sein, so muss die Forstwirtschaft die vorliegenden Forschungsergebnisse wirklich beachten und die noch beträchtlichen Wissenslücken auf diesem Gebiet durch gründliche Untersuchungen schließen. Dabei genügt es nicht, von grob geschätzten Nährstoffvorräten der Böden auszugehen (Wittkopf 2005). Vielmehr sind bei der Bilanzierung die durch Depositionen verursachten Verluste an Nährstoffen mit einzubeziehen.

Die Nutzung des Holzes wirkt auch in die Vorgänge hinein, die zur **Versauerung des Bodens** führen. Auch die Bäume nehmen mehr Kationen als Anionen aus dem Boden auf und legen beide im Zuwachs fest. Der Überschuss an Kationen über die Anionen entspricht dem in der Rhizosphäre an den Boden abgegebenen Äquivalent an Protonen. In nicht genutzten Waldökosystemen kehrt die gesamte Biomasse nach Absterben und Zersetzung wieder zum Boden zurück. Es besteht im internen Nährstoffkreislauf demnach eine ausgeglichene Bilanz. Wird jedoch Holz genutzt, so führt der Entzug an Säureneutralisierungskapazität zu einer entsprechenden Versauerung des Bodens.

In den beiden Fichtenökosystemen Schluchsee und Villingen übertrafen die atmogenen Protoneneinträge den bei der Nutzung von Stammholz mit Rinde bzw. ohne Rinde entstehenden Verlust an Säureneutralisierungskapazität. Der durch Vollbaumnutzung verursachte Entzug läge jedoch deutlich höher (Feger 1993). Zu berücksichtigen ist dabei die im Lee des Schwarzwaldes sehr niedrige Depositionsrate in den untersuchten Systemen sowie der Berechnungsmodus der Gesamtdeposition einschließlich NH_4^+ und Kronenpufferung (von Wilpert 1995, von Wilpert et al. 2000).

Die starke **Förderung der Nadelbäume**, insbesondere der Fichte in den Wäldern Mitteleuropas seit Anfang des 19. Jahrhunderts, hat immer wieder die Frage aufkommen lassen, ob dies mit der Nachhaltigkeit der Forstwirtschaft vereinbar sei oder zu irreversiblem Rückgang der Bodenfruchtbarkeit führe. Mehrere ältere Untersuchungen kamen auch zu dem Ergebnis, dass mit zunehmender Dauer des Anbaus reiner Fichtenbestände nachteilige Veränderungen des Bodens und ein Rückgang der Wuchsleistungen festzustellen seien. Hierbei sind vielfach die Eingriffe des Menschen durch Waldweide, Waldfeldbau und Streunutzung (Abschn. 3.1.1.1) zu wenig beachtet worden. Dasselbe gilt für natürliche Standortsunterschiede. Gerade auf weniger fruchtbaren Böden, auf denen Laubbäume nicht gut gediehen, sind diese besonders früh und in besonders großem Umfang durch Nadelbäume ersetzt worden. Unterscheiden sich die Böden unter Laub- und Nadelwaldbeständen, so darf das nicht kurzerhand auf die jeweiligen Baumarten zurückgeführt werden, denn »es ist der Verdacht nicht von der Hand zu weisen, dass oft Ursache und Wirkung verwechselt wurden« (Rehfuess 1990). Neuere, seit 1969 veröffentlichte Arbeiten, lassen nun eine differenziertere Beurteilung zu. Die befürchteten Veränderungen physikalischer Kenngrößen des Bodens, eine Abnahme der Porosität mit nachteiligen Auswirkungen auf den Luft- und Wasserhaushalt, haben sich in den bisherigen Untersuchungen nicht nachweisen lassen. Dagegen sind einschneidende chemische Veränderungen von schwach gepufferten Böden unter reinen Fichtenbeständen gefunden worden; reine Kiefernbestände haben vermutlich ähnliche Auswirkungen (zusammenfassende Darstellung bei Rehfuess 1990).

Die gegenüber Laubbaumbeständen verstärkte **Versauerung** äußert sich unter **Fichte** vor allem durch einen Rückgang der Basensättigung im humosen Oberboden und durch ein mehr oder weniger deutliches Absinken der pH-Werte. Verschiedene Faktoren sind hierfür verantwortlich. Ein weites C/N-Verhältnis, relativ geringe Anteile an Calcium, Magnesium und Phosphor sowie hohe Gehalte an schwer zersetzbaren bzw. abbauhemmenden Inhaltsstoffen (Gerbstoffe, Wachse, Harze) erschweren die Zersetzung der Fichtenstreu durch Bodenlebewesen. Infolge verminderter biologischer Aktivität kann der Auflagehumus

zu mächtigen Decken anwachsen, und es entstehen vermehrt organische Säuren als Zwischenprodukte der Abbauvorgänge im Auflagehumus. Zusätzlich zu dieser erhöhten internen Säureproduktion filtern immergrüne Fichtenbestände wesentlich größere Mengen an Säuren und Säurebildnern in Form der „trockenen" Deposition aus der Luft als winterkahle Laubbäume (Ulrich 1986). Säuren aus den beiden genannten Quellen verstärken die Verwitterung der Silikate. Dadurch freigesetzte Aluminiumionen (Al^{3+}) sowie aluminiumhaltige Komplexe werden an den Austauschern des Bodens adsorbiert bzw. zwischen die Silikatschichten von Dreischicht-Tonmineralen eingelagert. Das führt zu einer erhöhten Aluminiumsättigung der Austauscher, verbunden mit einer Verdrängung von Kalium-, Magnesium- und Calciumionen, und es verschärft die Wirkungen der Aluminiumtoxizität (Abschn. 6.5.1). Bei Humusformen mit starker Verzögerung des Abbaus, bei magnesiumarmen Bodensubstraten sowie bei starker Auswaschung infolge hoher Niederschläge und großer Säureeinträge kann dies einen Magnesiummangel begünstigen (Abschn. 6.1.2.5).

Eine bedeutsame Folge der Ablösung von Laubwaldbeständen bzw. Buchen-Tannen-Fichten-Beständen durch **Fichtenbestände** ist erst in jüngster Zeit erkannt worden (Kreutzer 1984, 1989, Feger et al. 1993): Die **Humusvorräte**, die sich unter ursprünglichen Laubwäldern im Unterboden gebildet hatten, werden unter Fichte **allmählich abgebaut**. Den dabei als Nitrat anfallenden Stickstoff kann die Fichte nur unvollkommen nutzen. Zusammen mit dem Nitrat-Anion werden auch die Kationen Calcium, Magnesium und Aluminium verstärkt ausgewaschen (Matzner 1988, Rothe 1997). Entsprechende Auswirkungen hat die Freisetzung von Sulfat infolge der Mineralisierung von Humus im Unterboden.

Zu besonders einschneidenden Veränderungen der Böden hat **kahlschlagartige Holznutzung** in Waldökosystemen geführt, in denen **mächtiger Auflagehumus** zentrale Bedeutung für Wasser- und Nährstoffversorgung von Waldbäumen hat. Dies gilt beispielsweise für die Block-Humus-Böden des **Inneren Bayerischen Waldes**. Mächtige Schüttungen von Granit- oder Gneisblöcken sind von Auflagehumus in wechselnder Dicke überzogen, und Humus füllt auch zum großen Teil die Hohlräume zwischen den Blöcken aus. Kahlschlag von Waldbeständen führt hier zu beschleunigtem Abbau des Humus. Dieser zerfällt krümelig und wird vom Regen verschwemmt. Dadurch wird eine Wiederbewaldung sehr erschwert. Waldbäume haben dann mit einer entscheidend verschlechterten Wasser- und Nährstoffversorgung zu kämpfen (Priehäußer 1953, Elling et al. 1987). Erst heute wird erkannt, wie gravierend die Auswirkungen früherer kahlschlagartiger Nutzungen in Waldökosystemen der **Kalkalpen** sind. Skelettreiche und flachgründige Böden aus Kalk- und Dolomitgesteinen sind hier in höheren Lagen vielfach von mächtigem Auflagehumus (so genanntem Tangelhumus) bedeckt. In derzeit laufenden Untersuchungen auf südexponierten Hauptdolomitstandorten werden naturnahe, 150–250 Jahre alte Bergmischwälder mit benachbarten 60–110-jährigen, nun absterbenden, Fichtenbeständen verglichen (Baier und Göttlein 2004, Baier 2005). In beiden Fällen waren ursprünglich gleiche Standortsverhältnisse gegeben, d. h. es gab mächtigen Auflagehumus. Jedoch hatte in den jüngeren Beständen der Verlust des Altbestandes – vermutlich durch kahlschlagartige Nutzung – zu beschleunigtem Abbau der Humusauflage (Humusschwund) geführt. Auf großen Flächen hat Beweidung das Problem durch Entzug von Biomasse sowie Erosion infolge von Viehtritt erheblich verschärft. Die Vorräte an Auflagehumus sind auf 6–21 % des Wertes in den benachbarten Bergmischwäldern geschrumpft. Dies bedeutet eine einschneidende Verschlechterung der Wasser- und Nährstoffversorgung – zumindest für Nadelbäume; inwieweit der eine oder der andere dieser beiden Faktoren wirksam ist, kann derzeit noch nicht entschieden werden. Südexponierte Hauptdolomitstandorte stellen einen Extremfall dar. Beobachtungen zeigen aber, dass ähnliche Bedingungen bei schwächerer Ausprägung in den Kalkalpen weithin zu finden sind. Charakteristisch ist daher eine allgemein unzureichende Versorgung von Fichten mit Stickstoff und Phosphor, teilweise auch mit Kalium, Eisen und Mangan (Polle et al. 1992, Gulder und Kölbel 1993, Webster et al. 1996). Ewald (2005) fasste dies unter dem „Karbonat-Faktor" zusammen und zeigte, dass mit diesem sowie mit dem Alter die Kronentransparenz der Fichte zunimmt. Jedoch sind bei Aussagen hierzu die dargestellten an-

thropogenen Veränderungen der Standorte durch Nutzungseingriffe mit im Auge zu behalten.

Über lange Zeiträume haben Waldweide, Futterlaubgewinnung und Streunutzung zu bedeutenden **Nährstoffverlusten** von Waldökosystemen geführt. In Gebirgen – vor allem in den Alpen – haben Kahlschläge und Beweidung einen gravierenden Abbau des Humusvorrats von Böden bewirkt. Auf großen Flächen sind in Mitteleuropa die von Natur aus vorherrschenden Laubwaldbestände, vor allem Buchenbestände, durch Fichtenbestände ersetzt worden. Dadurch sind **Veränderungen von Waldböden** in Gang gesetzt worden, die auch noch heute weiter ablaufen. Schließlich sind die Entzüge an Nährstoffen zu beachten, die durch die Nutzung von Holz, Rinde und Reisig entstanden sind und weiterhin entstehen. Solche – ebenfalls anthropogenen – Veränderungen der Umwelt von Wäldern darf man nicht übersehen, wenn Einflüsse während der letzten Jahrzehnte ins Auge gefasst werden (Huettl 1993).

3.2 Geschichte des Einflusses von Luftschadstoffen auf Wälder

3.2.1 Ausbreitung und Erforschung der Rauchschäden (1849 bis 1914)

Während des 19. Jahrhunderts schritt die Industrialisierung Mitteleuropas rasch voran. „Rauchschäden", die vereinzelt schon seit der Antike beschrieben waren, breiteten sich daher ebenfalls schnell aus. Besondere Verheerungen an der Vegetation richteten Hüttenbetriebe durch das „Rösten" sulfidischer Erze an (Stöckhardt 1871). In der Umgebung solcher Hütten entstanden **„Rauchblößen"**, in deren Kernbereich die gesamte Vegetation abstarb; als Folge trat an Hängen eine starke Erosion der Böden bis hin zu deren völliger Abtragung auf. Anschauliche Schilderungen solcher Rauchblößen im Oberharz und nahe Stolberg (östlich von Aachen) finden sich bei mehreren Autoren (Reuß 1881, von Schroeder und Reuß 1983, Haselhoff und Lindau 1903, Wieler 1905, 1912). In der zweiten Hälfte des 19. Jahrhunderts setzten sich dann allmählich Verfahren zur Erzeugung von Schwefelsäure durch. So konnten die großen Mengen an Schwefeldioxid, die bei der Verhüttung stark schwefelhaltiger Erze entstanden, gewinnbringend verwertet werden. Das brachte eine deutliche Entlastung jener Bereiche, welche zuvor durch die Immissionen von Hüttenbetrieben zu leiden hatten.

Weniger spektakulär, aber von weit größerer Ausdehnung waren die Vegetationsschäden der Abgase aus der **Verbrennung** von **Braunkohle** und **Steinkohle**, welche im 19. Jahrhundert nach und nach das Holz als Brennstoff ablösten. »Sind auf diese Weise in unserm engern Vaterlande die typischen Hüttenrauchschäden sowie nachteilige Einflüsse durch spezifische Industrieabgase auf ein dem derzeitigen Stande der Technik entsprechendes Maß eingeschränkt worden bzw. im Rückgange begriffen, so muss das Gegen-

teil von der durch verdünnte schweflige Säure, vor allem durch Kohlenrauch verursachten chronischen Erkrankung gesagt werden, die sich in bis jetzt unaufhaltsamem Vorwärtsschreiten in den betroffenen Gebieten und vielerorts im Anfangsstadium ihrer Schadenwirkung befindet« (Schröter 1907). Auffällige Folgen zeigten sich vor allem dort, wo sich **industrielle Ballungsgebiete** entwickelten: »Alle großen Industriezentren bei uns in deutschen Landen, die in Nachbarschaft mit bedeutenderem Forstbetrieb emporgewachsen sind, sind ausgesprochene Rauchschädengebiete: außer dem sächsischen Erzgebirge der industrielle Westen des Reiches, der Harz, die oberschlesischen, die böhmischen und die südösterreichischen Industrie- und Forstbezirke« schrieb Wislicenus (1908).

So entstand beispielsweise im **Ruhrgebiet** ab der Mitte des 19. Jahrhunderts eine Ballung von Bergwerken, Hüttenwerken und anderen Industrieanlagen. In den Jahren 1860–1890 beschleunigte sich die Entwicklung, und es entstand hier in nur wenigen Jahrzehnten das größte In-

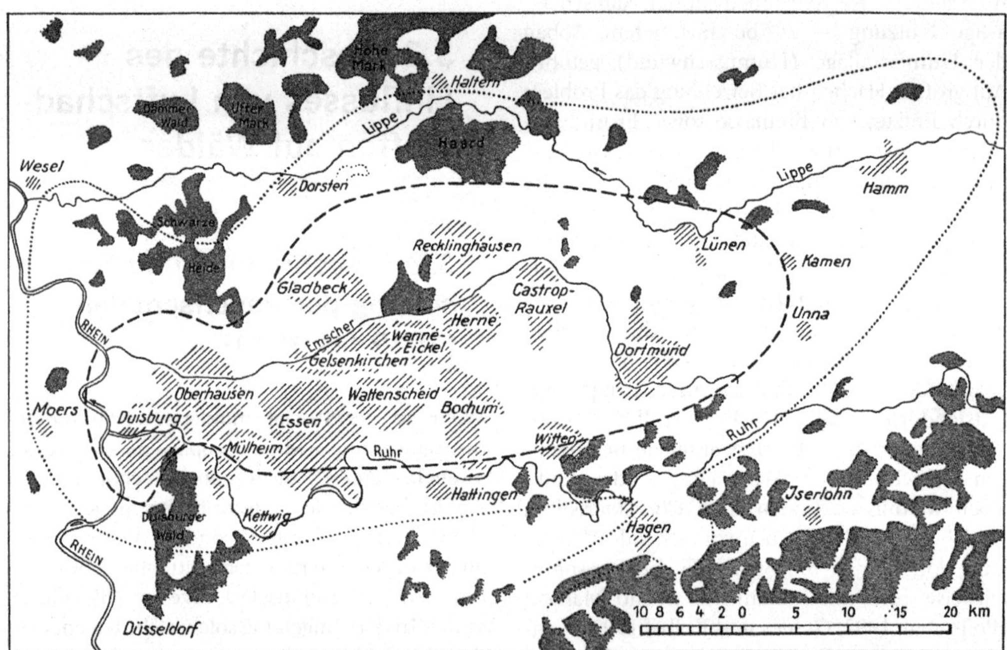

Abb. 3-2 Die Rauchschadensituation um 1960 im industriemassierten Ruhrgebiet (Versuch einer Abgrenzung). Im inneren Ring, wo noch etwa 6 200 ha Waldfläche vorhanden sind, fallen unsere wichtigsten einheimischen Holzarten Kiefer und Fichte sowie andere Nadelhölzer für die forstliche Nachzucht völlig aus. Der äußere Ring, in welchem rund 25 000 ha Waldflächen liegen, begrenzt den Hauptschadenbereich für Koniferen. Aus: Wentzel (1960).

dustriegebiet Europas. Während in anderen Bereichen mit nur einzelnen Emittenten Rauchschäden nachgewiesen und ihrem Verursacher zugeordnet werden konnten, war das hier nicht mehr möglich (Baltz 1900), weil sich schon vor dem ersten Weltkrieg die Einflussbereiche der zahlreichen Werke überdeckten (Abb. 3-2). Ein Grundsatzurteil des Reichsgerichts vom Jahre 1915 setzte dann den Schlusspunkt, indem es mit dem Hinweis auf die Ortsüblichkeit die Klage eines Grundbesitzers auf Ersatz von Rauchschaden abwies (Brüggemeier und Rommelspacher 1992).

Auch das **Königreich Sachsen** verfügte zur Mitte des 19. Jahrhunderts bereits über eine hoch entwickelte Industrie. Anders als im Ruhrgebiet war diese jedoch weit über das Land gestreut und befand sich daher in engem Kontakt mit landwirtschaftlich genutzten Flächen und Wäldern. Industrieanlagen hatten sich auch in die bewaldeten Täler am Nordabfall des Erzgebirges vorgeschoben (Schröter 1907, Wislicenus 1908). Hier brachen Konflikte auf, als in unmittelbarer Nähe von industriellen Anlagen Schäden an landwirtschaftlichen Kulturen, an Obstbäumen und vor allem an Nadelwäldern sichtbar wurden. Man schrieb die Ursache den Rauchgasen zu und sprach von „Rauchschäden".

3.2.1.1 Die führende Rolle der Sächsischen Forstakademie Tharandt

Der Chemiker Julius Adolph Stöckhardt, der 1847 an den Lehrstuhl für Agriculturchemie der Sächsischen Forstakademie Tharandt berufen worden ist, wird zu Recht als „Vater der Immissionsforschung in Europa" bezeichnet (Däßler 1987). Im Jahre 1849 wurde Stöckhardt »amtlich beauftragt, in Gemeinschaft mit einem landwirtschaftlichen Sachverständigen, nähere Untersuchungen über die Art und Größe der schädlichen Einwirkung, welche der Rauch der Freiberger Hüttenwerke auf die Vegetation der den letzteren nahe liegenden Feld-, Wiesen- und Waldstücke« ausübt, anzustellen (Stöckhardt 1871). Dies kann als die **Geburtsstunde der Rauchschadensforschung** an Waldbäumen aufgefasst werden.

Die Situation war einmalig und wie geschaffen für die Erforschung von Rauchschäden: Etwa 5 km westlich des ausgedehnten **Grillenburger Waldes** lagen die Berg- und Hüttenwerke von Freiberg, in denen vor allem Bleiglanz und Schwefelkies verarbeitet wurden. Zugleich war Freiberg der Sitz der Sächsischen Bergakademie. Am Ostrand des Grillenburger Waldes befand sich die Sächsische Forstakademie Tharandt mit ihren Fachleuten. Im Jahre 1861 beobachtete man im Grillenburger Wald ein „auffallendes Erkranken und Absterben der Hölzer", vor allem von Fichten. Die Hüttenwerke von Freiberg standen im Verdacht, diese Schäden zu verursachen. Sie hatten in den vorausgehenden Jahrzehnten ihre Produktion stark ausgeweitet und 1860 bei der Muldener Hütte einen 60 m hohen Schornstein in Betrieb genommen. Eine Verminderung der SO_2-Emission durch die gerade erst begonnene Produktion von Schwefelsäure war zu jener Zeit noch kaum wirksam (Stöckhardt 1871, Andersen et al. 1986).

Das Auftreten und die Entwicklung von Rauchschäden im Grillenburger Wald sind eng mit der Geschichte der **Forschung** verbunden. Hüttenwerke und Wald gehörten dem Königreich Sachsen. Dessen Finanzministerium konnte daher mehrmals die Forstverwaltung sowie die chemischen Labors der Hüttenwerke in Freiberg und an der Forstakademie Tharandt mit einer gemeinsamen Untersuchung des Problems beauftragen. Nach diesem Anstoß begann Stöckhardt dann mit viel weiter greifenden Forschungsarbeiten zum Problem der Rauchschäden (Stöckhardt 1871).

Zunächst war unklar, welche Bestandteile der Rauchgase die an der Vegetation – vor allem an Nadelbäumen – beobachteten Schadsymptome hervorriefen. In der Diskussion standen das Schwefeldioxid (SO_2 – damals allgemein als „schweflige Säure" bezeichnet), Arsendämpfe, fein zerteiltes Bleioxid sowie Ruß. Stöckhardt führte nun Versuche mit Pflanzen in Gehäusen aus Holz und Glas durch. Den jungen Bäumchen wurden die genannten Substanzen als Gase bzw. Stäube zugeführt. Das Ergebnis dieser Experimente wies eindeutig das **Schwefeldioxid** als den **entscheidenden Schadstoff** aus. Bei Fichten senkte Stöckhardt die Konzentration des SO_2 schrittweise bis in den Bereich um 1 ppm ab und erhielt bei längerer Dauer der Begasung selbst dann noch deutliche Symptome einer Schädigung: »Diese Versuche sprechen mit aller Entschiedenheit dafür, dass die schweflige Säure selbst in sehr großen Verdünnungen, welche bei kürzerer Einwirkungszeit nicht mehr sichtlich schaden, doch dann beizend und schädigend einzuwirken vermag, wenn die Einwirkungszeit bedeutend verlängert wird« (Stöckhardt 1871). Anhand dieser Versuche erkannte Stöckhardt, dass Laubbäume gegenüber SO_2-haltigen Abgasen weniger empfindlich sind als Nadelbäume; Beobachtungen in geschädigten Wäldern zeigten die größere Anfälligkeit der Tanne gegenüber der Fichte.

Zum Nachweis von Rauchschäden setzte Stöckhardt bereits den durch chemische Analyse bestimmten **Sulfatgehalt** der Nadeln geschädigter Bäume ein. Auch die Mitwirkung anderer Umweltfaktoren beim Zustandekommen der Rauchschäden hatte er schon beobachtet: starken Befall von rauchgeschädigten Fichten durch den Harzrüssler. Wenn dieser »auch nur in Folge der Erkrankungen aufgetreten ist, so lässt sich doch annehmen, dass er das Absterben vieler Bäume beschleunigt haben wird« (Stöckhardt 1871).

Der Nachfolger Stöckhardts, Julius von Schroeder, führte erneut eine Untersuchung der Rauchschäden im **Grillenburger Wald** durch. Dabei ergab sich ein Rückgang der Schäden gegenüber dem Jahr 1865 (von Schroeder und Schertel 1884), wohl infolge der nun emissionsmindernd wirkenden Produktion von Schwefelsäure aus den Abgasen der Freiberger Hütten (Stöckhardt 1871). Zusammen mit Carl Reuß führte er eine systematische Erforschung der Rauchschäden im Hüttengebiet des **Oberharzes** durch. Gemeinsam veröffentlichten die beiden Autoren ihre Ergebnisse in einem Buch, das erstmals das Wissen ihrer Zeit über Rauchschäden zusammenfasste (von Schroeder und Reuß 1883).

3.2.1.2 Ein Musterprozess um Rauchschäden im Wald

In diese Zeitspanne fällt auch ein „Riesenprozess", ein „Monsterprozess", der für die rechtliche Bewertung von Rauchschäden am Wald entscheidend werden sollte. Dieser Prozess fand seinerzeit große Aufmerksamkeit bei der Presse. Die damaligen Auseinandersetzungen erinnern in vielen Punkten an jene, die in den Jahren nach 1981 über das „Waldsterben" stattfanden. Es lohnt sich daher ein Blick zurück in die Vergangenheit. Der Prozess bezog sich auf den **Myslowitz-Kattowitzer Forst** (etwa 3 350 ha) im **oberschlesischen Industrierevier**. Dessen Eigentümer, der Königliche Landrat a. D. Franz Hubert von Thiele-Winckler reichte zu Ende des Jahres 1893 eine Klage gegen etwa 30 Besitzer von Berg- und Hüttenwerken wegen Rauchschäden im größten Teil seines Waldes ein. Es ging um eine Grundsatzentscheidung und es ging um viel Geld.

Als **Gutachter** des Klägers wirkte der durch einschlägige wissenschaftliche Arbeiten (von Schroeder und Reuß 1883) und zahlreiche Gerichtsverfahren bekannte Oberförster Carl Reuß. Sein sogleich als Buch veröffentlichtes Gutachten (Reuß 1893) kommt mit Hilfe von chemischen Analysen und Zuwachsermittlungen zum Ergebnis, dass nicht nur in einem kleinen Teil des Forstes **akute Rauchschäden** aufträten, sondern darüber hinaus auf dem größten Teil der Fläche **chronische Rauchschäden** beträchtliche Zuwachsverluste zur Folge hätten. Den entsprechenden Schaden hat Reuß anhand der geschätzten Emission der einzelnen Werke und ihrer Lage zum Wald auf die einzelnen Verursacher aufgeteilt. Die Unterscheidung akuter und chronischer Schädigung, wie sie noch heute üblich ist, geht ebenfalls auf Reuß (1893) zurück (Abschn. 2.3 und Tab. 2-2).

Die beklagten Parteien gewannen den ehemaligen Direktor der Forstakademie zu Hannoversch Münden, Professor Dr. Bernard Borggreve als **Gegengutachter**. Auch seine Ergebnisse liegen in Buchform vor unter dem Titel: „Waldschäden im Oberschlesischen Industriebezirk nach ihrer Entstehung durch Hüttenrauch, Insektenfraß etc.. Eine Rechtfertigung der Industrie gegen folgenschwere falsche Anschuldigungen" (Borggreve 1895). Er erkannte nur offenkundige, akute Rauchschäden im Nahbereich einer Zinkhütte an. Alle anderen Befunde von Reuß führte er auf die Verwechslung mit Insektenschäden bzw. methodische Mängel bei der Zuwachsermittlung zurück und lehnte sie deshalb vollständig ab. Borggreve ging darüber aber weit hinaus und stellte fast alles in Frage, was die Rauchschadensforschung bis dahin herausgefunden hatte (Ost 1896). Sein Buch erscheint heute als eine Mischung von berechtigten Einwänden und an den

Haaren herbeigezogenen, ja teilweise völlig verfehlten Gegenargumenten. Angesichts zahlreicher gehässiger und herabsetzender Bemerkungen ist es kein Wunder, dass seine angesprochenen Gegner empfindlich reagierten (von Schroeder 1895, Reuß 1896) und sich »eine ebenso lebhafte wie unfruchtbare literarische Fehde« (Borgmann 1930) entwickelte. Das kann man auch anders sehen: Obwohl Reuß die Gegenargumente Borggreves weitgehend entkräften konnte, ist es Borggreve gelungen, das Gutachten von Reuß und die Lehrmeinungen der Rauchschadensforschung soweit zu erschüttern, dass die Klage wegen der Rauchschäden im Myslowitz-Kattowitzer Forst nicht zum Erfolg kam. Denn schließlich zog – wohl 1897 – der Sohn des Klägers, Graf von Thiele-Winckler die Klage zurück und übernahm die Prozesskosten. Die Motive und Begleitumstände sind nicht bekannt.

Der Ausgang dieses Prozesses wirkte sich sehr nachteilig auf die Bemühungen zur Bekämpfung der Rauchschäden aus (Rubner und Landa 1987). Die überörtliche Presse, die sehr einseitig zugunsten der Industrie und Borggreves Stellung bezogen hatte (Frankfurter und Kölnische Zeitung 1895), war sich der Tragweite der anstehenden Entscheidung voll bewusst. So befürchtete die Frankfurter Zeitung im Hinblick auf den Gutachter Reuß: »Wird demgemäß nach seiner Stimme entschieden in dieser bedeutenden Sache, so wird künftig kaum mehr ein Fabrikschornstein rauchen können, ohne dem Besitzer Schadenersatzklagen einzubringen«. Seit der **Rücknahme der Klage** in diesem Prozess ist klar: Ein Waldbesitzer hat gegenüber zahlreichen beteiligten Emittenten keine Chance auf Ersatz seines Schadens, selbst dann nicht, wenn seine Forderungen zu Recht bestehen. Denn dass die Ergebnisse von Reuß – wenn nicht im Ausmaß, so doch im Grundsatz – berechtigt waren, geht aus der weiteren Entwicklung der Schäden im Revier Myslowitz-Kattowitz eindeutig hervor (Haselhoff und Lindau 1903, Borgmann 1930). Offenbar haben die Eigentümer der emittierenden Betriebe den am stärksten geschädigten Teil des Waldes später aufgekauft, »um den Prozessen wegen Schadenersatz ein Ende zu machen« (Haselhoff und Lindau 1903).

3.2.1.3 Starke Ausweitung der Rauchschadensforschung

Um die Wende vom 19. zum 20. Jahrhundert schalteten sich zahlreiche Wissenschaftler, neben Chemikern und Forstleuten vor allem Botaniker und Bodenkundler, in die Rauchschadensforschung ein.

Unter der Leitung von Hans Wislicenus wurden weiterhin in **Tharandt** grundlegende Erkenntnisse zur Entstehung von Rauchschäden gewonnen. Anknüpfend an die Versuche Stöckhardts konstruierte dieser zunächst 1897 ein kleines und dann 1912 ein technisch wesentlich besser ausgestattetes, großes **„Rauchversuchshaus"**. Hier führte seine Arbeitsgruppe umfangreiche Experimente durch. Im Mittelpunkt standen durch SO_2 verursachte Schädigungen an den Blattorganen von Waldbäumen. Wislicenus wies anhand seiner Versuche nach, dass die Fichte bei tätiger Assimilation gegenüber Rauchschäden weit empfindlicher ist, als bei ruhender Assimilation und korrigierte damit unrichtige ältere Ansichten. Er zeigte, dass im Sommer selbst SO_2-Konzentrationen von deutlich weniger als 1 ppm nach einigen Tagen Schädigungssymptome hervorbringt (Wislicenus 1898, 1914, 1918). Wislicenus war auch wesentlich an der Erforschung der hohen Toxizität von Fluorverbindungen beteiligt (Ost 1896, Schmitz-Dumont 1896, Wislicenus 1901 b).

Wichtige Beiträge zum besseren Verständnis der Rauchschadensproblematik hat auch der Botaniker Wieler in zwei Büchern und mehreren Aufsätzen veröffentlicht (1905, 1912, 1922). Er führte umfangreiche Begasungsversuche mit SO_2 in einem Räucherhaus durch und legte methodische Schwächen früherer Experimente offen. Anhand von **Messungen des Gaswechsels** wies er die Hemmung der Photosynthese durch SO_2 nach. Er zeigte auch, dass entsprechende Konzentrationen dieses Gases noch in weit größerer Entfernung von den Rauchquellen vorkommen, als man seinerzeit annahm. Beobachtungen, wie das Auftreten vegetationsloser Flecken am Stammfuß von Buchen, die in Rauchschadensgebieten durch das am Stamm abfließende Niederschlagswasser verursacht werden, führten ihn zu seiner Hypothese einer Beteiligung des **Bodens** am Zustandekommen von Rauchschäden. Er konnte jedoch diese Vorstellungen nicht eindeutig durch Versuche belegen. Seine Hinweise auf Bodenveränderungen und Ernährungsstörungen sind von anderen Forschern nur wenig beachtet worden. Dennoch hat Wieler sehr zum kritischen Durchdenken der Vorgänge bei der Entstehung von Rauchschäden beigetragen. So wies er auf die Unsicherheit der Übertragung der Ergebnisse von Begasungsversuchen mit jungen Pflanzen auf ältere Waldbestände in Rauchschadensgebieten hin. Zu Recht warnte er vor einer einseitigen Verwendung der Schwefelsäure-Analyse der Blattorgane zum Nachweis von Rauchschäden. Die großen Abweichungen bei der Reihung von Waldbäumen nach ihrer Resistenz gegenüber Rauchgasen führte er zum Teil darauf zurück, dass nicht klar zwischen der Resistenz der Blattorgane und der Resistenz des Baums unterschieden worden war; denn Bäume sind in unterschiedlichem Maße fähig, geschädigte bzw. abgestorbene Blattorgane zu ersetzen.

Auch bei der Erfindung von **Abhilfemaßnahmen** gab es große Fortschritte. Ein Verfahren zur Absorption des in den Rauchgasen enthaltenen SO_2 durch wasserüberrieselte Packungen gebrochenen Kalksteins wurde entwickelt und bereits am 20.10.1878 patentiert (Deutsches Reichs-Patent No. 7174, Winkler 1880). Es handelt sich im Prinzip bereits um eben das Verfahren der **Nassentschwefelung**, das heute allgemein bei SO_2-haltigen Abgasen angewandt wird. Der Kosten wegen wurde diese umweltfreundliche Erfindung aber kaum eingesetzt. Man verließ sich auf die Verdünnung der Schadgase in der Atmosphäre: »Das unendliche Luftmeer, welches unsere Wohnstätten umgibt, vermag diesen Schädling, die Säuren des Kohlenrauchs, bei richtiger Behandlung leicht unschädlich zu machen«, schrieb der Chemiker Ost (1907).

3.2.1.4 Stand der Kenntnisse über Rauchschäden bei Beginn des ersten Weltkriegs

Von der Mitte des 19. Jahrhunderts bis zum Ausbruch des ersten Weltkriegs war mit steigender Intensität an der Erforschung der Auswirkungen von industriellen Emissionen gearbeitet worden (Haselhoff und Lindau 1903). Besonders in den zwei Jahrzehnten vor dem Krieg wird ein starkes Bemühen um die Entwicklung objektiver Verfah-

ren zur Erkennung und Bewertung von Rauchschäden deutlich (Hartig 1896, Wieler 1905, Wislicenus 1908, 1914, Gerlach 1909, 1910, Sorauer 1911). Der beachtliche Kenntnisstand vor dem Ausbruch des ersten Weltkriegs soll anhand einiger Beispiele illustriert werden:

- Bereits seit Stöckhardt (1871) steht fest, dass **Laubbäume** gegenüber relativ niedrigen Konzentrationen von Schwefeldioxid weniger empfindlich sind als **Nadelbäume**. Stöckhardt beschreibt an einem typischen Beispiel aus der Umgebung von Tharandt die Auswirkungen von Steinkohlenrauch: »Die ersten Störungen zeigten die Tannen, die erst vereinzelt und dann zahlreicher erkrankten und abstarben; jetzt sind dieselben sämmtlich vernichtet. Ihnen folgten die Fichten in gleicher Progression; die wenigen jetzt noch vorhandenen Exemplare sind in so entschiedenem Rückgange begriffen, dass auch ihre Vernichtung in nächster Zeit vollendet sein wird, während an dem Laubholze dieser Parzellen weder eine Schädigung des Laubes noch ein Zurückbleiben des Wachsthums wahrzunehmen ist«.

- Wieler (1905) wies deutlich darauf hin, »… dass man die Resistenz der Pflanzen von der Resistenz ihrer Organe gegen schweflige Säure unterscheiden muss …«. »Die Pflanze hat in höherem oder geringerem Grade die Fähigkeit, abgestorbene Organe zu ersetzen, und von dieser Fähigkeit wird in erster Linie ihre **Resistenz** abhängen«. Differenzen bei der Einordnung von Baumarten in „Resistenzreihen" durch verschiedene Autoren seien teilweise auf mangelnde Beachtung dieses Grundsatzes zurückzuführen.

- Die Kenntnis von **Unterschieden** der **Resistenz** bei einzelnen Individuen einer Baumart in Rauchschadensgebieten war Allgemeingut. Ein Beispiel: »Neben anscheinend ganz gesunden oder nur schwach beschädigten Bäumen werden stark beschädigte oder solche, die dem Tode nahe sind, angetroffen« (Reuß 1893).

- Bei »verdünnten SO_2-Gasen, die an Koniferen die **chronischen Schäden** erzeugen«, sind diese »meist nur in der Richtung der vorherrschenden Windströmungen erkennbar«, sie breiten sich also bei überwiegenden Westwinden von der Rauchquelle in östliche Richtungen aus (Wislicenus 1908).

- »Die **Gesamtmenge** der **Abgase** hat nur Einfluss auf die räumliche Ausdehnung, kaum aber auf die Intensität der Schäden ...« (Wislicenus 1908).
- »Die **hohen Kamine**, welche dazu bestimmt sind, die Säure (gemeint ist SO_2) durch Verteilung auf einen weiten Raum so zu verdünnen, dass sie den Pflanzen nicht mehr schädlich sind, werden nur den einen Faktor beeinflussen, werden ihren Zweck nur hinsichtlich der Beschädigung der Blattorgane erreichen, hinsichtlich des Bodens nicht. Seine Verschlechterung wird zwar erst später auftreten, sich dafür aber über ein größeres Areal erstrecken« (Wieler 1905).

3.2.2 „Die Zeit der öffentlichen Lethargie und des beschleunigten Tannensterbens (1914 bis 1959)" (nach Rubner 1983)

Mit dem Beginn des ersten Weltkriegs ging die Erforschung der Rauchschäden schlagartig zurück. Die geringe Intensität bei der Untersuchung der Auswirkungen von Immissionen sollte vier Jahrzehnte anhalten. Veröffentlichungen geben vielfach im Wesentlichen das Wissen aus der Zeit vor dem ersten Weltkrieg wieder (Wislicenus 1918, 1933). Das gilt auch für die beiden Bücher, die noch einmal den Stand der Kenntnisse über Rauchschäden zusammenfassend darstellten (Haselhoff 1932, Haselhoff et al. 1932). Eine solche Bewertung trifft aber nicht zu für die Arbeiten von Wieler und Stoklasa.

Stoklasa veröffentlichte ein sehr ausführliches und eigenständiges Buch (1923). Darin stellte er seine umfangreichen Überlegungen und Versuche zu den biochemischen Wirkungen von SO_2 in **Pflanzen** vor. Er war sich darüber klar, dass es »wichtig sei, festzustellen, ob und in welchem Maße der **Boden** an den Rauchschäden beteiligt ist....«. Und weiter: »Kalium-, Natrium-, Calcium und Magnesiumionen werden durch die Sulfitionen und Sulfationen aus dem Boden ausgelaugt, auf welche Weise dann die Böden einen immer mehr sauren Charakter erhalten«. Stoklasa zeigte auch, wie unter dem Einfluss von Rauchsäuren die biologische Aktivität von Böden

absinkt. Besorgt äußerte er sich über sehr hohe Schornsteine, welche »die giftigen Gase in meilenweite Ferne« tragen. Die Erkenntnisse von Stoklasa hätten zur Untersuchung der Wirkungen von Immissionen auf Ökosysteme anregen können. Stoklasa wurde 1926 auf dem 1. Internationalen Forstkongress zum Vorsitzenden einer Kommission zur Verminderung der Rauchschäden gewählt (Rubner und Landa 1987); der zweite Weltkrieg beendete dann die internationale Zusammenarbeit und brachte die Rauchschadensforschung in Mitteleuropa zum Erliegen.

Wieler, der schon vor dem ersten Weltkrieg mit einschlägigen Büchern hervorgetreten war, publizierte (1932) eine grundlegende Arbeit über das Wesen der **Bodenazidität** und bezog sich dabei vor allem auf **Waldböden**. Er wies auf das verbreitete Vorkommen von Schwefelsäure und löslichen Aluminiumsalzen hin. Deren – bei niedrigem pH-Wert – schädliche Wirkungen auf die Keimwurzeln verschiedener landwirtschaftlicher Kulturpflanzen zeigte Wieler in Wasserkultur-Versuchen auf.

Die Arbeiten von Stoklasa und Wieler hätten die Grundlage bieten können für Untersuchungen mit dem Ziel eines vertieften Verständnisses von Immissionswirkungen und Bodenversauerung. Sie fanden jedoch in der damaligen Zeit kaum Beachtung. Däßler (1991) bemerkt lakonisch, dass »die Immissionsforschung in der Zeit des ersten und zweiten Weltkriegs stagnierte«. Diese Aussage macht aber noch nicht das ganze Ausmaß des **Niedergangs** bei der Erforschung von Immissionsschäden deutlich. In Tharandt wandte man sich nach dem ersten Weltkrieg anderen Fragestellungen zu. »Damit entstand leider eine Lücke für die mitteleuropäische Rauchschadensforschung« (Rubner und Landa 1887). Aber nicht nur in der Forschung, sondern vor allem auch in der Lehre zeigten sich deutliche Verfallserscheinungen. Lehrbücher hatten das Thema Rauchschäden als Bestandteil des Lehrgebiets Forstschutz noch bis in die 1930er Jahre hinein angemessen behandelt (Borgmann 1930, Tiegs 1934). Die zwischen etwa 1935 und 1955 erschienenen Darstellungen sind – natürlich auch als Folge des zweiten Weltkriegs – nur noch sehr knapp und teilweise fehlerhaft. So ist die Tradition, die vor dem ersten Weltkrieg begründet worden war, in den folgenden Jahrzehnten weitgehend verloren gegangen.

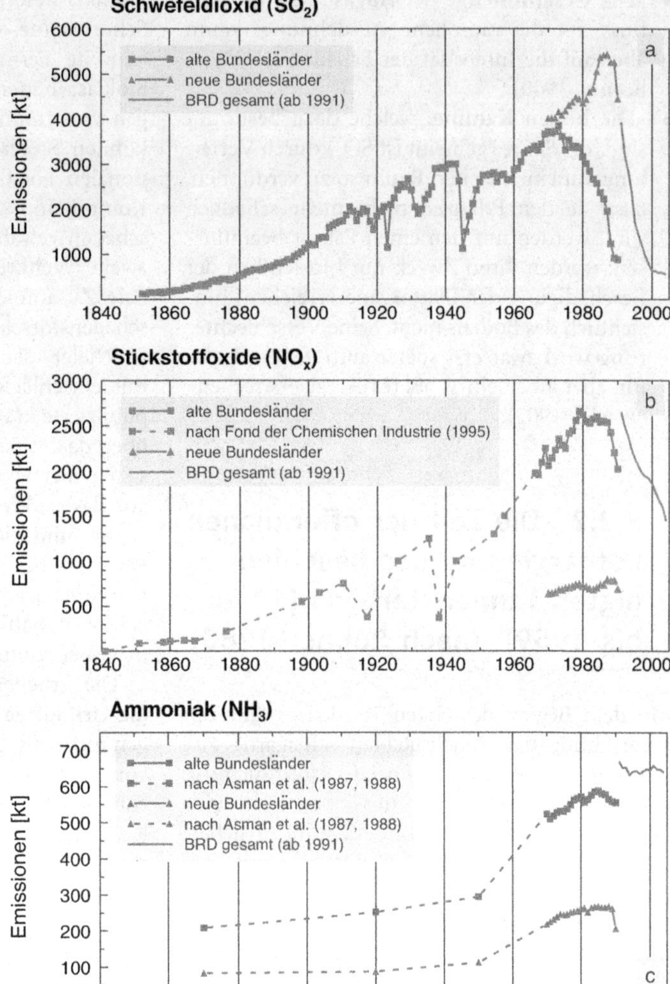

Abb. 3-3 Entwicklung von Emissionen in Deutschland (soweit nicht anders vermerkt, stammen die Daten vom Umweltbundesamt): **a)** Schwefeldioxid (SO$_2$) (Daten bis 1965 nach Häberle und Herrmann 1984), **b)** Stickstoffoxide (NO$_X$) (Daten vor 1960 geschätzt nach Fond der Chemischen Industrie 1995) und **c)** Ammoniak (NH$_3$) (Daten vor 1960 geschätzt nach Asman et al. 1987, 1988).

Eine intensive Beschäftigung mit den Problemen der Schadstoffbelastung wäre jedoch dringend notwendig gewesen. Der starke Anstieg der Emission von **Schwefeldioxid** zwischen 1914 und 1959 wurde durch den ersten Weltkrieg, die Besetzung des Ruhrgebiets im Jahre 1923, die Weltwirtschaftskrise und das Ende des zweiten Weltkrieges jeweils nur für einige Jahre unterbrochen (Abb. 3-3). Mit der Zunahme großer Feuerungsanlagen wuchs auch der Ausstoß an **Stickstoffoxiden**.

Ebenso stieg die Freisetzung von **Ammoniak** mit dem Anwachsen der Haustierbestände

(Abb. 3-3). Die Emission von Spurengasen wird in Abschnitt 4.2.2 ausführlich dargestellt. Hier geht es nur um eine geschichtliche Hintergrundinformation.

Als Folge der geballten Emissionen zahlreicher Industrieanlagen entwickelte sich **an der Ruhr „ein zusammenhängendes großes Rauchschadensgebiet"** (Spelsberg 1984) und es begann schon um das Jahr 1925 das flächige Absterben der Nadelwälder (Abb. 3-2). Der Siedlungsverband Ruhrkohlenbezirk gab 1927 eine Denkschrift heraus: »Diese Denkschrift soll in letzter Stunde zeigen, wie weit das Sterben der Wälder im Ruhrbezirk bereits fortgeschritten ist ...«: Das bezog sich zum einen auf den Flächenverbrauch, der die verbliebenen Wälder dezimierte und zum anderen auf die Rauchschäden. Es ergab sich nämlich, »dass bei einem beträchtlichen Teil der Wälder offensichtlich schwere Schäden vorhanden sind, die in absehbarer Zeit den Untergang dieser Bestände herbeiführen müssen«; dies wurde auf der Grundlage von Gutachten bekannter Fachleute festgestellt (Schmidt 1927). Das Verhandlungsergebnis eines eigens eingesetzten Ausschusses für Rauchbekämpfung lautet jedoch resigniert, dass »der Kampf gegen die durch die Großindustrie verursachten Rauchschäden wenig Aussicht auf Erfolg zu haben scheint« (Schmidt 1928).

In der Zeit nach dem ersten Weltkrieg wurden die meist mit Kohle befeuerten Wärmekraftwerke stark vergrößert. Das äußerte sich auch in einer gewaltigen **Steigerung** ihrer **Emissionen.** Vielfach erhöhte man in diesem Zeitraum Schornsteine beträchtlich, um die Nahbereiche der Emittenten zu entlasten. »Solche manchmal übermäßig hohe Schornsteine sind im Sinne der Abgas-Schadenverhütung nichts als lächerliche und möglichst unhygienische Abgaskanäle oder Riesengeschütze für die Fernbeschießung größerer Waldgebiete, sofern solche im Umkreis bis zu 10 km eben vorhanden sind« schrieb Wislicenus (1933). All das blieb weitgehend unbeachtet oder wurde verdrängt, es ist daher sehr treffend, von „öffentlicher Lethargie" (Rubner 1983) zu sprechen.

3.2.3 Wachsendes Umweltbewusstsein und verfehlte Konsequenzen (1959 bis 1981)

In den 1950er Jahren, als die schlimmsten Folgen des zweiten Weltkriegs überwunden waren, wandte sich die **Forschung** dem Problem der **Immissionsschäden** erneut zu – zunächst ohne jedes Interesse der Öffentlichkeit. Wesentliche Beiträge zum Problem der Wirkung von Immissionen auf die Vegetation haben die Vorläufer-Institute der Landesanstalt für Immissionsschutz in **Essen** (jetzt einbezogen in das Landesumweltamt Nordrhein-Westfalen) schon seit der ersten Hälfte der 1950er Jahre geleistet (Kilbinger et al. 1953, Stratmann 1955, Guderian et al. 1960, Guderian und Stratmann 1962, 1968, van Haut und Stratmann 1960, 1970, Koch 1983). Bedeutungsvoll ist beispielsweise der Befund, dass die Reaktion von Pflanzen auf die Einwirkung von Schwefeldioxid nicht dem Produkt aus Konzentration und Einwirkungsdauer folgt; die Schädigung nimmt vielmehr bei konstantem Produkt progressiv mit der Konzentration zu. Auch in **Hannoversch Münden** begannen wieder Untersuchungen zum Problem der Immissionsschäden (Themlitz 1960).

In **Tharandt** nahm man die vor dem ersten Weltkrieg begründete Tradition wieder auf und zog Bilanz über die während der letzten Jahrzehnte **eingetretenen Schäden** am Wald (Zieger 1955). So fand in der Deutschen Demokratischen Republik 1956 eine Erhebung der durch Immissionen geschädigten Waldflächen statt; deren Ergebnisse wurden dann in Form einer Karte veröffentlicht. Es zeigte sich beispielsweise eine deutliche Häufung der Schadflächen an der Nordabdachung des Erzgebirges (Zieger 1956/57). Zieger hat auch den Bau des **Immissions-Prüffeldes** initiiert, das dann 1963 in Betrieb genommen werden konnte und das wichtige Erkenntnisse ermöglicht hat (Däßler 1987, Börtitz und Däßler 1992). Hervorzuheben ist der Befund, dass sich bei hohen Konzentrationen von SO_2 andere „Resistenzreihen" für Waldbäume ergeben, als bei niedrigen (Enderlein und Vogl 1966). Aus Untersuchungen an Fichten im **Freiland** konnte ein wichtiger Schluss gezogen werden: »Es deutet sich an, dass sowohl die Absterbeerscheinungen als auch die Häufigkeit der phänotypisch rauchempfindlichen Probebäume mit zunehmender Güte des Standortes, zunehmender Wasserversorgung und Höhenbonität der Bestände« zunehmen (Pelz und Materna 1964). Zwar gilt dies offenbar nicht für das Nährstoffangebot des Bodens; dennoch ist diese Erkenntnis wichtig, weil die alte Rauchschadensforschung stets vom gegenteiligen Zusammenhang ausgegangen war (Wislicenus 1908).

Am Forstbotanischen Institut **München** setzte Bruno Huber die neuen technischen Möglichkeiten zur **Erfassung** des **Gaswechsels** von Pflanzen auch bei der Untersuchung der Auswirkungen von Schwefeldioxid ein (Koch 1957, Keller und Müller 1958).

Erstmals nach langer Pause erschien nun wieder ein **Handbuch**, das die Kenntnisse über Luftverunreinigungen und ihre Wirkungen aktualisierte und zusammenfasste (Garber 1967).

Besondere Verdienste um die Wiederbelebung der Immissionsforschung an Wäldern hat sich Karl Friedrich Wentzel erworben; er hat in nationalen und internationalen Gremien gewirkt und hat auf das Problem **immissionsbedingter Waldschäden** jahrzehntelang in zahlreichen Veröffentlichungen hingewiesen. Eigenständige Beobachtungen hatten für ihn stets großen Wert: »Ich habe die reine Luft (den blauen Himmel über der Ruhr) 1946–1950 erlebt, als der „Ruhrpott" infolge der zerbombten und demontierten Industrie sauber gewesen war. … Ich habe dann das große Sterben der Wälder 1951–1964 am Anfang des überraschenden Wirtschaftswunders im Ruhrgebiet erlebt und ab 1965 auch die Luftqualitäts-Verbesserungen in den Ballungsgebieten« (Wentzel 1982 b).

Wentzel befasste sich zunächst mit „klassischen Rauchschäden" im Nahbereich von Emittenten, da Immissionsschäden »selbst im **Ruhrgebiet** glatt geleugnet wurden« (1985). Frühzeitig legte er in einer grundsätzlichen Arbeit anhand des Kohlenverbrauchs den entscheidenden Anteil der **industriellen Großfeuerungen** an der Luftverschmutzung offen (1956 a). Deutlich wies er dann einige Jahre später auf die großräumigen Wirkungen von Immissionen hin: »Vor der Jahrhundertwende hatte man fast nur mit lokalen Herden zu tun. Heute sind ganze Landstriche betroffen. Durch den Ausbau der Industrie und den höher hinaufgetriebenen Schornsteinbau hat sich das Problem stark in die Breite und Weite verlagert«. Und weiter: »Nach den neuesten Erhebungen rechnen wir in Nordrhein-Westfalen mit 40 000 ha, in Mitteldeutschland mit 15 000 ha, in der Tschechoslowakei mit 50 000 ha, in Österreich mit 10 000 ha … von Rauchschäden betroffenen Wäldern« (Tab. 3-4). Eine Karte der Rauchschadensituation im Ruhrgebiet (Abb. 3-2) verdeutlicht die Aussagen (Wentzel 1960). Am **Erzgebirge**, in dem letale Waldschäden »bis zu 30 km von den Rauchquellen« entfernt auftreten, wird deutlich, dass die eng gezogenen Grenzen früherer Rauchschadensgebiete weit überschritten sind (Wentzel 1962). Schon vor einer Diskussion um das Waldsterben (1979) wies Wentzel deutlich auf die lichten Kronen, die verminderte Zahl der Nadeljahrgänge und die kürzeren Nadeln von älteren Fichten- und Kiefernbeständen im **Raum um Frankfurt am Main** hin; diese zeigen »seit etwa zehn Jahren deutliche Erkrankungssymptome«. Die dort gegebene Belastung durch SO_2 signalisiere »den Beginn einer großflächigen Vegetationsschädigung für einen bekannten deutschen Ballungsraum«.

Unermüdlich betonte Wentzel immer wieder: »Ein durchgreifender Erfolg in den Bestrebungen, die Luftreinheit zu verbessern, ist nur durch **radikale Einschränkung** des Auswurfes von **Emissionen** in den Industriebetrieben selbst zu erwarten« (1960); diese Formulierung ist in eine entsprechende Entschließung des Deutschen Forstvereins eingegangen (Deutscher Forstverein 1960). Ein gelungenes Beispiel der Absorption der Schadstoffe in Rauchgasen durch Kalksteinwäsche veröffentlichte er bereits frühzeitig und warf in diesem Zusammenhang der Industrie vor, sie habe die Förderung der Rauchgasreinigung »bisher leider sehr stiefmütterlich behandelt« (1963 b). Später schrieb Wentzel dann zur Rauchgas-Absorption (1978): »Sie ist in den letzten zehn Jahren erfreulicherweise fortentwickelt und zum Stand der Technik geworden, beginnt sich aber erst bei den allergrößten Emittenten allmählich einzubürgern«.

Bis zum Ende der 1950er Jahre wurden die Probleme der Luftverunreinigung nur unter Fachleuten diskutiert. Dann aber begannen – ausgehend von Nordrhein-Westfalen – ab 1959 ernsthafte Bemühungen um eine Verbesserung der gesetzlichen Bestimmungen zum Schutz des Menschen und der Vegetation (Rubner 1983). Als die Belastung durch Luftverunreinigungen im Ruhrgebiet am Anfang der 1960er Jahre einen neuen Höhepunkt erreicht hatte, entstand das politische Versprechen vom **„blauen Himmel über der Ruhr"** (Brüggemeier und Rommelspacher 1992). So begannen im Laufe der 1960er Jahre – stark beeinflusst auch durch die Technische Anleitung zur Reinhaltung der Luft (TA-Luft) aus dem Jahre 1964 – wirksame Maßnahmen zur Entlastung der Ballungsgebiete. Fernheizwerke ersetzten umweltschädliche Einzelheizungen. Entlastungen bewirkten die Ablösung von Kohle durch leichtes Heizöl und vor allem der Einsatz von Erdgas. Staubförmige Luftverunreinigungen wurden immer besser ausgefiltert und die verbleibenden Abgase über hohe Schornsteine abgeführt. Die Belastung durch Staub und Schwefeldioxid hat sich im Rhein-Ruhrgebiet zwischen 1964 und 1990 erheblich vermindert (Bruckmann und Pfeffer 1992). Jedoch hat die vor allem im Zeitraum von etwa 1960 bis 1983 betriebene **„Politik der hohen Schornsteine"** zu einer weiträumigen Verteilung gasförmiger Luftverunreinigungen geführt, also zu einer Problemverlagerung anstatt einer Problemlösung. Noch 1981 hielt der zuständige Minister eine Tagung ab unter dem Thema: „Hohe Schornsteine als Element der Luftreinhaltepolitik in Nordrhein-Westfalen" (Ministerium für Arbeit, Gesundheit und Soziales des Landes Nordrhein-Westfalen 1981).

Im Zeitraum von 1959 bis 1981 ist auf der Fläche der alten Bundesrepublik Deutschland die **Emission** von **Schwefeldioxid** wiederum stark angestiegen bis zu einem Höchstwert im Jahr 1973. Einschränkungen beim Energieverbrauch infolge der Ölkrisen und erste Maßnahmen zur Reinigung der Abgase brachten bereits einen erkennbaren Rückgang bis zum Jahre 1981. In Ostdeutschland nahm dagegen der Ausstoß weiter zu (Abb. 3-3). Vor allem durch den wachsenden Straßenverkehr ist der Ausstoß an **Stickoxiden** nach dem zweiten Weltkrieg rasch angestiegen und hat bis 1980 weiter zugenommen, besonders in Westdeutschland. Infolge der starken Vermehrung der Haustierbestände hat sich außerdem die Abgabe von **Ammoniak** von 1870 bis 1980 in ganz Mitteleuropa verdoppelt bis verdreifacht; die Steigerung ist in Österreich und der Schweiz derjenigen in Deutschland ähnlich (Asman et al. 1987, Asman und Drukker 1988, Abb. 3-3). Die Emission von Spurengasen wird in Abschnitt 4.2.2 ausführlich dargestellt. Hier geht es nur um das Verständnis der geschichtlichen Entwicklung.

Die Begrenzung von Emissionen und Immissionen durch **gesetzliche Bestimmungen** hielt Wentzel für völlig unzureichend. Er hatte an den Verhandlungen vor dem Erlass der Technischen Anleitung zur Reinhaltung der Luft – TA-Luft – in den Jahren 1964, 1974 und 1983 jeweils als Experte den Deutschen Forstwirtschaftsrat vertreten. Zu den Grenzwerten der Technischen Anleitung zur Reinhaltung der Luft aus dem Jahr 1974 (Tab. 7-1) gab er folgendes Urteil ab: »Bei einer von der TA-Luft zugelassenen SO_2-Immissionseinwirkung von 0,14 mg und 0,40 mg SO_2 pro m³ Luft lösen sich unsere Tannen- und Fichtenwälder bis zum Alter 40 und 60 allmählich auf, verschwinden also vorzeitig von der Fläche … Würde dieser „amtliche" Luftverunreinigungspegel überall voll ausgenutzt – was ja zum Glück nicht der Fall ist und selbst im Ruhrgebiet nur einen kleinen Flächenanteil betrifft – so wäre das der totale Ruin der Forstwirtschaft und Landeskultur« (Wentzel 1978). Insgesamt kennzeichnet den Zeitraum zwischen 1959 und 1981 eine sehr starke Zunahme der von einer Schädigung durch Immissionen betroffenen Waldflächen. Die vorliegenden Angaben können nur als relativ grobe Schätzungen angesehen werden, sie bringen aber immerhin die Größenordnung zum Ausdruck (Tab. 3-4).

Im Laufe der 1970er Jahre war bei großen Bevölkerungsgruppen das **Bewusstsein** für die **Gefährdung der Umwelt** als Folge der Tätigkeiten des Menschen wach geworden. Die Gesetzgebung hatte nur innerhalb der Ballungsgebiete Erleichterungen gebracht. Außerhalb dieser Bereiche war die Belastung durch Luftverunreinigungen weiter gestiegen. Infolge dieser Diskre-

Tabelle 3-4 Von Immissionsschäden betroffene Waldflächen (ha) in Mitteleuropa

nach Wentzel (1960):		nach Wentzel (1982 a und 1983 a):	
Nordrhein-Westfalen	40 000	Bundesrepublik Deutschland	25 000
Deutsche Demokratische Republik	15 000	Deutsche Demokratische Rebublik	223 000
Österreich	10 000	Österreich	120 000
Tschechoslowakei	50 000	Polen	379 000
		Tschechoslowakei	300 000
		Slowenien	15 000

panz hatte sich um 1980 ein **Konfliktpotential** angestaut, das nach Entladung drängte.

3.2.4 Öffentliche Diskussion um Waldsterben bzw. neuartige Waldschäden (seit 1981)

In Fachkreisen wurde während der 1970er Jahre die Ausbreitung des **Tannensterbens** intensiv diskutiert. Es gab aber nur sporadisch Berichte in den Medien. Das änderte sich im Herbst des Jahres 1981 von Grund auf, als erstmals ein großflächiges Waldsterben vorausgesagt wurde. Der Begriff **„Waldsterben"** ist schon in den vorausgehenden Jahren gelegentlich in der Presse aufgetaucht, er fand aber keine weitere Beachtung. Erst der *Stern* (40/1981) und *Der Spiegel* (47, 48, 49/1981) machten den Begriff Waldsterben populär. Der Spiegel brachte eine dreiteilige Serie, in der er den „Säureregen" für das Waldsterben verantwortlich machte und eine weltweite „Umweltkatastrophe von unvorstellbarem Ausmaß" befürchtete. Die Medien beriefen sich bei ihrer Berichterstattung auf Öffentlichkeitsarbeit und Publikationen von Wissenschaftlern (Ulrich et al. 1979, Schütt 1984, Schütt und Cowling 1985).

Nach den ersten Anstößen entwickelte das Thema Waldsterben in den deutschsprachigen Medien eine **„Karriere"** wie nie ein Umweltthema in der Zeit zuvor (Suda 1984, Leghissa 1986, Krämer und Suda 1987, Baumgartner 1991, Zimmermann 1991, Holzberger 1995, Zierhofer 1998). Die Berichterstattung der Medien lief 1981 langsam an, steigerte sich 1982 deutlich und nahm 1983 sprunghaft zu. Nach der Zahl der erschienenen Berichte erreicht die Karriere 1983–1984 ihren Höhepunkt. In der Schweiz begann die Medienkarriere etwas später (1983) und die Anzahl der Artikel kulminierte erst 1985; anschließend gleicht die Entwicklung derjenigen von Westdeutschland (Zierhofer 1998). Das Interesse ließ 1985 leicht und 1986 deutlich nach. Der Reaktorunfall von Tschernobyl verdrängte das Thema weitgehend aus den Medien. Seither ist nur noch gelegentlich vom Waldsterben die Rede, meist im Herbst, wenn die Waldzustandsberichte veröffentlicht werden.

Die Berichterstattung der Medien hat sich in dieser Zeit qualitativ deutlich verändert. Von Anfang an wurde das **Absterben großer Waldflächen** innerhalb der nächsten Jahre vorausgesagt. In den Jahren 1983 und 1984 überboten sich dann die Medien durch **„Horrorszenarien"** (Baumgartner 1991): „Noch 20 Jahre deutscher Wald?", „Wer den Wald liebt, kann nur noch beten", „Schauen Sie ihn nochmal an ... bald gibt es diesen Wald nicht mehr", „Der Wald stirbt jetzt überall", „Wir stehen vor einem ökologischen Hiroshima", „Deutschland ... bald ein Land ohne Wald?". Gegen Ende des Jahres 1985 sind dann erste kritische Töne zu hören: „Petrus war mit dem Wald". Dies kann als eine Trendwende aufgefasst werden (Holzberger 1995). Zugleich ließ das Interesse an dem stark strapazierten Thema allmählich nach. Von 1988 an mehren sich dann Stimmen, die das, was bisher über das Waldsterben geschrieben und gesagt worden war, weithin in Frage stellen: „Waldsterben: Fehldiagnose?", „Mythenreiches Waldsterben". Diese Richtung wird im Laufe der folgenden Jahre immer stärker: „Forschungsergebnis: kein „Waldsterben"", „Hypothesen über Waldsterben widerlegt", „Hypothese vom Waldkiller Auto widerlegt". Die Karriere des Themas war in den „Zersetzungsprozess" (Zierhofer 1998) eingetreten. Die Berichterstattung bleibt nun kontrovers, denn nach wie vor heißt es in anderen Artikeln, das Waldsterben gehe weiter. Vom Jahre 1995 an scheinen sich diejenigen durchzusetzen, die das Waldsterben für „ein Märchen", für „die Karriere einer Ente ..." halten, denn „nichts, aber auch gar nichts daran ist haltbar" (Holzberger 1995): Das „Klischee" ist einfach in sein Gegenteil umgeschlagen. Denn dem Wandel liegt keine argumentative Aufarbeitung der kontroversen Aussagen zugrunde. Es ist klar, dass derart divergierende Meldungen der Medien zu einer vollkommenen Verwirrung der Öffentlichkeit führen müssen. Dies ist auch vor dem Hintergrund einer kontrovers geführten Diskussion zwischen denjenigen Wissenschaftlern zu sehen, die den Medien Informationen lieferten.

Auch Bemühungen um eine Versachlichung der Diskussion dürfen nicht übersehen werden. Um in diesem Stimmengewirr den Standpunkt der Wissenschaft darzustellen, richteten 132 Angehörige von Universitäten und Fachhochschulen mit forstlicher Ausbildungsrichtung 1983 einen **Aufruf** an die Regierung und die Bürger der Bundesrepublik Deutschland unter dem Titel: „Gefährdung der Wälder durch Luftverunreinigungen" (Anonymus 1983). Im selben Jahr erschien ein Sondergutachten Waldschäden und Luftverunreinigungen des Rates von Sachverständigen für Umweltfragen. Darin wird der Begriff **„neuartige emittentenferne Waldschäden"** geprägt. Der Begriff „Waldsterben" war von Anfang an mit der Befürchtung eines großflächigen und raschen Absterbens von Wäldern verbunden und daher ungeeignet für eine differenzierte Erörterung der Probleme (Elling 1992).

Die heftigen Auseinandersetzungen in der Öffentlichkeit führten in Westdeutschland zu **längst überfälligen politischen Entscheidungen.** Noch 1978 – genau 100 Jahre nach der Patentierung des Winkler'schen Verfahrens zur Rauchgaswäsche (Abschn. 3.2.1.3) – hatte der anerkannte Fachmann Wentzel im Hinblick auf den unzureichenden Schutz von Wäldern durch die TA-Luft resigniert festgestellt: »Nach 24-jähriger immissionsökologischer Arbeit in den deutschen Ballungsgebieten halte ich eine solche notwendige Verschärfung aus gesamtwirtschaftlichen Gründen für praktisch derzeit nicht realisierbar«. Verbesserungen infolge »der seit Mitte der 1960er Jahre eingeleiteten Absenkung der SO_2-Konzentrationen« (Kandler 1994) gab es tatsächlich nur in den Ballungsgebieten und auch hier nur um den Preis der Verlagerung der Schadstoffe in den Ferntransport mithilfe hoher Schornsteine. Die Entschwefelung der Rauchgase bei großen Feuerungsanlagen spielte 1981 noch fast keine Rolle. Auch die Novelle der TA-Luft vom März 1983 führte nicht zu einem nennenswerten Fortschritt. Erst die **Verordnung über Großfeuerungsanlagen** vom Juni 1983 brachte einen Durchbruch: Sie erzwang eine rasche und starke Drosselung der Emission von **Schwefeldioxid** (Abb. 3-3). Großfeuerungsanlagen – insbesondere Wärmekraftwerke – mussten innerhalb einer Frist von fünf Jahren entschwefelt oder stillgelegt werden. So kam es in Westdeutschland zu einem deutlichen Rückgang der Immission. Das Ergebnis ist beispielsweise an den Schwefelgehalten von Fichtennadeln in Bayern während der Jahre 1977 bis 1995 abzulesen (Abb. 3-4). Die genannte Verordnung ist gegen den erklärten Widerstand starker Interessengruppen durchgesetzt worden. »Politischer Hintergrund der neuen Anforderungen ist die seit längerer Zeit anhaltende öffentliche Diskussion über den Sauren Regen und Waldschäden. ... Der Verordnungsentwurf, namentlich die vorgesehene Nachrüstungspflicht für Altanlagen, ist eine Reaktion der Bundesregierung auf diese erregte öffentliche Diskussion« stellte Anfang des Jahres 1983 Jochen Seeliger vom Gesamtverband des Deutschen Steinkohlenbergbaues eindeutig klar. In Ostdeutschland stieg die Emission von SO_2 dagegen noch bis in die zweite Hälfte der 1980er Jahre steil an, ging jedoch ab 1990 rasch zurück (Abb. 3-3). In Österreich und der Schweiz ist der Ausstoß ab 1980 sehr stark reduziert worden (Smidt et al. 1999, Bundesamt für Statistik und Bundesamt für Umwelt, Wald und Landschaft 1997). Zum Schutz von Ökosystemen ist seit 2001 durch eine Richtlinie der Europäischen Gemeinschaften für Schwefeldioxid ein Grenzwert von 20 μg/m^3 als Jahresmittel festgesetzt; dieser wird heute weithin eingehalten bzw. deutlich unterschritten.

Auch die **Emission** von **Stickoxiden** durch die Großfeuerungen ist mit dem Einbau von Entstickungsanlagen bei den Wärmekraftwerken erheblich zurückgegangen. Die Verschärfung der Abgas-Vorschriften für Kraftfahrzeuge (Einführung des bleifreien Benzins und des Katalysators in den Jahren 1984 – 1986) blieb jedoch infolge der starken Zunahme des Verkehrs weit weniger wirksam. Die Emission von **Ammoniak** durch die Landwirtschaft ist in Deutschland seit der Mitte der 1980er Jahre leicht rückläufig, vor allem wegen der Verringerung der Tierbestände in Ostdeutschland (Abb. 3-3).

Der Beginn der Diskussion um das Waldsterben ist eng verknüpft mit den Namen von Bernhard Ulrich (Göttingen) und Peter Schütt (München). Ihre Befürchtungen eines Waldsterbens auf großer Fläche und innerhalb weniger Jahre haben sich – glücklicherweise – nicht erfüllt. Es bleibt Ulrich und Schütt jedoch das Verdienst, frühzeitig und wirksam als Warner aufgetreten zu sein. Unkorrekt ist es, die damaligen Szenarien vom heutigen Standpunkt aus einfach als falsch abzutun. Denn diese galten ausdrücklich für den Fall, dass eine rasche und deutliche Reduktion der Luftverunreinigungen nicht gelinge. Auch kennt niemand das Ergebnis der Gegenprobe: Was wäre aus den besonders gefährdeten Wäldern in den Mittelgebirgen geworden, wenn die Emission von Schwefeldioxid in Westdeutschland vom Höchsstand im Jahre 1973

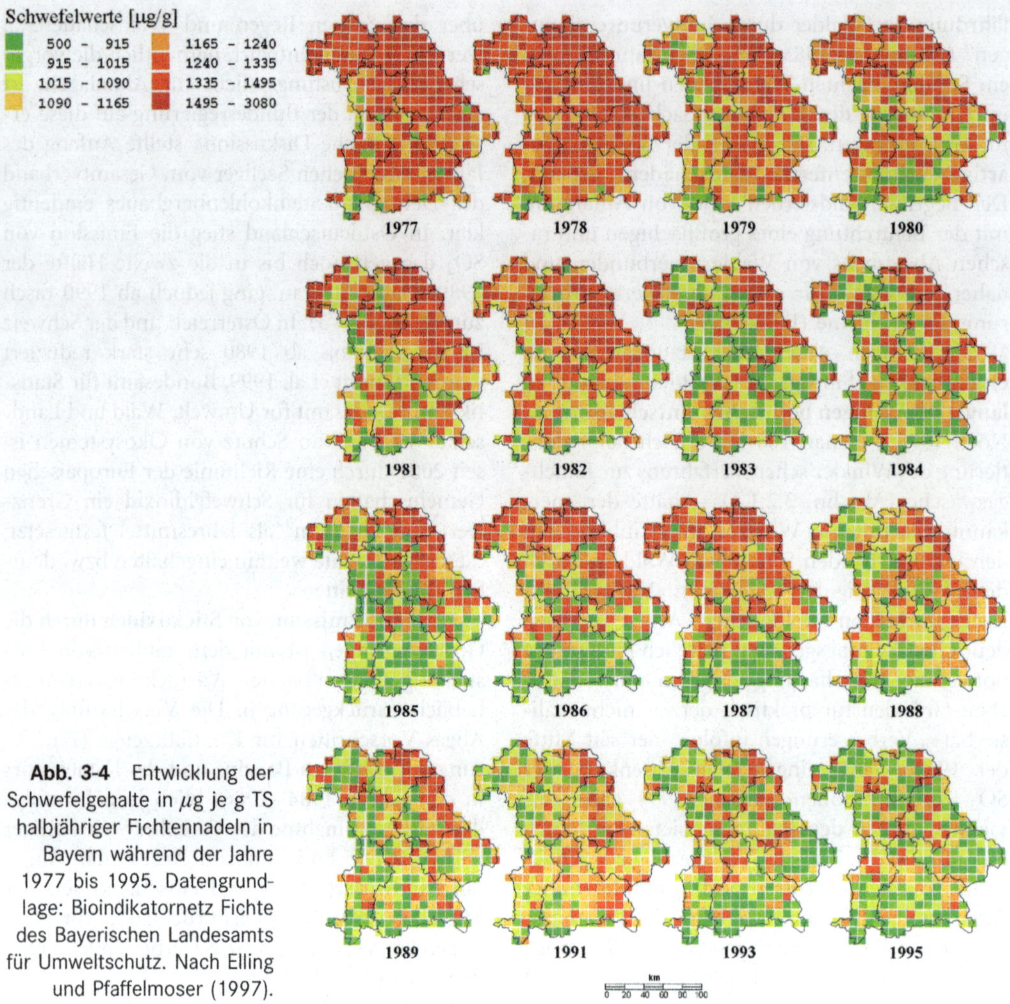

Abb. 3-4 Entwicklung der Schwefelgehalte in μg je g TS halbjähriger Fichtennadeln in Bayern während der Jahre 1977 bis 1995. Datengrundlage: Bioindikatornetz Fichte des Bayerischen Landesamts für Umweltschutz. Nach Elling und Pfaffelmoser (1997).

bis 1995 nicht um rund 85 % reduziert worden wäre?

3.3 Waldzustandserhebung

Umwelteinflüsse können in Waldökosystemen vielfältige Veränderungen an Böden, Pflanzen und Tieren auslösen (Abschn. 2). Die leicht zu beobachtenden Symptome einer Erkrankung oder Schädigung an den Kronen von Waldbäumen haben von jeher besonderes Interesse gefunden.

3.3.1 Symptome einer Erkrankung bzw. Schädigung von Waldbäumen

Bäume können auf negative Umwelteinflüsse mit **äußerlich sichtbaren Symptomen** reagieren: Ihre Krone kann auf unterschiedliche Art und Weise durch eine Verminderung des Besatzes mit Blattorganen verlichten. Vergilbung der Blattorgane führt zu Chlorosen verschiedenen Typs; diese sind häufig mit einem Mangel an bestimmten Nährelementen verbunden. Auch bronzeähnliche Verfärbungen kommen vor, insbesondere bei Laubblättern. Schließlich treten

Wachstumsanomalien – wie z. B. Verzweigungsanomalien und Triebverkrümmungen auf.

Die meisten Symptome können Bäume als Reaktionen auf ganz unterschiedliche Ursachen entwickeln. Diese sind also in der Regel **unspezifisch** und daher **mehrdeutig** (Pollanschütz und Halbwachs 1985). Auch ist eine Schädigung von Waldbäumen in der Regel nicht monokausal zu erklären, sondern geht auf mehrere nebeneinander bzw. nacheinander wirkende Ursachen zurück (Abschn. 2.3.2 und 6). Schlüsse von den beobachteten Symptomen auf deren Ursachen sind daher schwierig und häufig unsicher. Die Diskussion über die Ursachen der „neuartigen Waldschäden" hat das immer wieder gezeigt.

Wegen ihrer **Mehrdeutigkeit** können Symptome an Baumkronen keinesfalls allein zur Beurteilung des Gesundheitszustands von Waldbäumen herangezogen werden. Diese Symptome gewinnen aber an Aussagekraft, wenn man sie **zusammen mit anderen**, gleichzeitig an Bäumen erfassten **Merkmalen** interpretiert. Hier sind beispielsweise Fruktifikation, der Zustand der Feinwurzeln (einschließlich Mykorrhizabesatz) sowie Infektionen des Wurzelsystems durch Pathogene zu nennen. Ebenso liefern Größe und Verlauf des Holzzuwachses am Stamm wertvolle Informationen (Abschn. 3.4). Auch die **Standortsbedingungen** sowie **Witterungseinflüsse** sind zu berücksichtigen.

In der Ausprägung von Symptomen unterscheiden sich nicht nur **Laub- und Nadelbäume** deutlich voneinander sondern auch die **einzelnen Baumarten** innerhalb dieser Gruppen. Die Symptome an den Baumarten Weißtanne, Fichte, Buche sowie Stiel- und Traubeneiche werden im Abschnitt 6.1 ausführlich dargestellt und bewertet.

3.3.2 Durchführung der Waldzustandserhebung

Als man in den Jahren nach 1980 die „neuartigen Waldschäden" wahrnahm, musste in Deutschland unter starkem Zeitdruck ein Verfahren zu deren großflächiger Erfassung festgelegt werden. So entstand die seit 1984 alljährlich in der Bundesrepublik Deutschland durchgeführte **Waldschadenserhebung.** Zweifel an der Aussagekraft des Verfahrens im Hinblick auf die neuartigen Waldschäden führten 1990 zur Umbenennung in **Waldzustandserhebung.** Diese begutachtet den **Kronenzustand** von Bäumen anhand der beiden auffälligsten Merkmale, nämlich des Nadel-/Blattverlustes der Baumkrone und der Verfärbung (häufig Vergilbung) der Blattorgane.

Der Nadel-/Blattverlust einer Baumkrone wird zunächst nach 5 %- Stufen geschätzt. Dann erfolgt jeweils die Zuordnung der Baumkrone zu **so genannten Schadstufen** von 0 bis 4. Der Begriff Schadstufe ist problematisch (Abschn. 3.3.3). Diese Schadstufen sind in Tab. 3-5 zunächst allein nach der **Nadel-/Blattverlust-Stufe** definiert.

Als Bezugsgröße dient die Vorstellung von der zu 100 % benadelten/belaubten Baumkrone. Sind voll benadelte/belaubte Bäume in der Nachbarschaft vorhanden, so können diese als Referenzbäume verwendet werden. Fotoserien von Baumkronen mit unterschiedlichen Nadel-/Blattverlusten stehen außerdem als Hilfsmittel für die Einschätzung zur Verfügung (Müller und Stierlin 1990, Evers et al. 1997). Das Fehlen einer ein-

Tabelle 3-5 Definitionen der Schadstufen allein nach der Nadel-/Blattverluststufe (nach Bundesministerium für Ernährung, Landwirtschaft und Forsten 1995, leicht verändert)

Schadstufe	Nadel-/Blattverluststufe (%)	Bezeichnung
0	0 – 10	ohne sichtbare Schadsymptome
1	11 – 25	schwach geschädigt (Warnstufe)
2	26 – 60	mittelstark geschädigt
3	61 – 99	stark geschädigt
4	+100	abgestorben

Die Stufen 2 – 4 werden auch als „deutlich geschädigt" oder „deutlich verlichtet" zusammengefasst.

3

Tabelle 3-6 Definition der Schadstufen nach der Nadel-/Blattverluststufe und der Vergilbungsstufe (nach Bundesministerium für Ernährung, Landwirtschaft und Forsten 1995, leicht verändert)

Schadstufe	Vergilbungsstufe (nach Anteil der vergilbten Nadel/Blattmasse in %)		
	1 (11–25 %)	**2** (26–60 %)	**3** (61–100 %)
0	0	1	2
1	1	2	2
2	2	3	3
3	3	3	3

deutig definierten Referenz führt zu unterschiedlichen Einstufungen (Abschn. 3.3.3). Befall durch blattfressende Insekten oder andere biotische Schaderreger wird jeweils separat abgeschätzt, ist jedoch grundsätzlich im Ergebnis mit enthalten. Auch der Grad einer **Verfärbung (z. B. Vergilbung)** der Blattorgane wird nach 5 %-Stufen geschätzt. Sind mehr als 25 % der Nadel-/Blattmasse vergilbt, so erhöht sich die zunächst allein anhand der Nadel-/Blattverlust-Stufe ermittelte Schadstufe entsprechend dem Schema in Tab. 3-6. Die den Schadstufen 2 bis 4 zugeordneten Bäume werden auch unter der Bezeichnung **deutlich geschädigt** oder **deutlich verlichtet** zusammengefasst.

Deutschland ist für die Waldzustandsaufnahme seit 1984 mit einem von den Gauß-Krüger-Koordinaten abgeleiteten Gitternetz im Abstand von 4 x 4 km überzogen, durch das die Aufnahmepunkte in Form einer systematischen Verteilung der Stichproben festgelegt sind. Jeder Schnittpunkt dieser Gitterlinien, der in

den Wald fällt, dient als Aufnahmepunkt. Wegen des großen Arbeitsaufwands erfolgt eine derartige **Vollstichprobe** nur noch alle 2–3 Jahre. In den Jahren dazwischen werden nur die Punkte einer **Unterstichprobe** anhand eines nach Bundesländern unterschiedlich auf 8 x 8 bis 16 x 16 km erweiterten Gitternetzes herangezogen. An jedem **Aufnahmepunkt** wird jeweils in den Monaten Juli und August der Kronenzustand von 24–48 (Unterschiede zwischen den Bundesländern) zufällig ausgewählten und dauerhaft markierten Bäumen der oberen Kronenschicht (so genannte herrschende Bäume der Klassen 1–3 nach Kraft, Tab. 3-7) begutachtet. Außerdem wird ein Vielzahl anderer Daten erhoben – zur Charakterisierung des Standorts, des Waldbestands und der einzelnen aufgenommenen Bäume.

Die **Aufnahmetrupps** werden alljährlich speziell **geschult**. In jedem Jahr erfolgt durch andere Aufnahmetrupps zur Kontrolle eine Zweitauf-

Tabelle 3-7 Baumklasseneinteilung nach Kraft (aus: Kramer 1988, leicht verändert)

Das von Oberforstmeister Kraft 1884 entwickelte Baumklassensystem wurde und wird noch heute nicht nur in Deutschland, sondern in vielen Ländern Europas angewendet. Kraft (1884) unterscheidet:

1. **Vorherrschende Stämme:** mit besonders kräftig entwickelten Kronen.
2. **Herrschende, in der Regel den Hauptbestand bildende Stämme:** mit verhältnismäßig gut entwickelten Kronen.
3. **Gering mitherrschende Stämme:** Kronen zwar noch ziemlich normal geformt und in dieser Beziehung denen der 2. Stammklasse ähnelnd, aber verhältnismäßig schwach entwickelt und eingeengt, oft mit schon beginnender Degeneration. Die 3. Klasse bildet die untere Grenzstufe des herrschenden Bestandes.
4. **Beherrschte Stämme:** Kronen mehr oder weniger verkümmert, entweder von allen Seiten oder nur von zwei Seiten zusammengedrückt oder einseitig (fahnenförmig) entwickelt:
   a. zwischenständige, im Wesentlichen schirmfreie, meist eingeklemmte Kronen,
   b. teilweise unterständige Kronen. Der obere Teil der Krone frei, der untere Teil überschirmt oder infolge von Überschirmung abgestorben.
4. **Ganz unterständige Stämme:**
   a. mit lebensfähigen Kronen (nur bei Schattenholzarten)
   b. mit absterbenden oder abgestorbenen Kronen.

name an etwa 10 % der Aufnahmepunkte, damit die Sicherheit der Aufnahmedaten abgeschätzt werden kann.

Nach ganz ähnlichen Grundsätzen werden schon seit den 1980er Jahren in **Österreich** und der **Schweiz** Aufnahmen des Waldzustands durchgeführt. Seit 1987 erfolgt eine derartige Erhebung mit einem Abstand der Gitterlinien von 16 x 16 km in großen Teilen von **Europa**.

3.3.3 Kritik der Waldzustandserhebung

Das Verfahren der Waldschadenserhebung ist von mehreren Seiten mit ganz unterschiedlichen Argumenten kritisiert worden – teils zu Recht und teils zu Unrecht.

Bei der Waldzustandserhebung werden der Nadel-/Blattverlust sowie der Grad einer Verfärbung (z. B. Vergilbung) der Blattorgane erfasst. Folgende Vorgänge führen zu dem Ergebnis, das summarisch als **Nadel-Blattverlust** bezeichnet wird:

- Ausbildung einer nur geringen Anzahl von Knospen bzw. Unterbleiben des Austriebs von Knospen.
- Entwicklung kleiner Blattorgane oder Verkleinerung der Blattorgane über Jahre hin.
- Vorzeitiger Abwurf von Nadeln bzw. Blättern.
- Verstärkter Abwurf von Zweigabsprüngen bei Eichenarten.
- Ausbildung von Kurztrieben anstelle von Langtrieben (v. a. bei der Buche).
- Absterben von Zweigen und Ästen.
- Verlust von Blattorganen durch Einwirkung von Lebewesen (z. B. Pilze, blattfressende Insekten).

Es ist jedoch klar, dass der Begriff Nadel-/Blattverlust für einige der oben aufgeführten Erscheinungen nicht zutrifft. Insbesondere ist am Anfang einer Beobachtungsreihe nicht bekannt, ob ein Verlust überhaupt stattgefunden hat oder ob eine **Baumkrone schon von jeher schütter** war – etwa wegen ungünstiger Standortsbedingungen (Ellenberg 1995). Nur einzelne der oben genannten Vorgänge lassen sich eindeutig auf bestimmte Ursachen zurückführen, wie z. B. Insektenfraß. Aber auch in dem Fall ist

kaum quantifizierbar, in welchem Ausmaß diese Teilursache das Gesamtergebnis beeinflusst. Auch der Begriff **Kronenverlichtung** ist problematisch, denn auch er kennzeichnet Verluste.

Die **Dichte der Benadelung/Belaubung** von Baumkronen variiert von Natur aus in einem breiten Rahmen. Mehrfach ist gezeigt worden, dass sie mit steigendem **Baumalter** zurückgeht (Mayer 1999, Ewald et al. 2000). Jedoch ist für die Fichte in Norwegen auch gezeigt worden, dass dieser Effekt des Alters durch **Stresseinflüsse** überlagert und verstärkt sein kann (Solberg 1999). Sicherlich spielen auch **genetische Unterschiede** zwischen Individuen und Populationen eine Rolle. **Standortsunterschiede**, vor allem das Angebot an Wärme, Wasser und Nährstoffen, führen schon von jeher zu einer starken Variation der Dichte von Blattorganen: Je ungünstiger die Umweltbedingungen sind, desto geringer ist im allgemeinen die Dichte der Belaubung, die ein Baum erhalten kann. Daher ergeben sich häufig Korrelationen zwischen bestimmten Standortsmerkmalen und der Belaubungsdichte. Ein Nachweis derartiger statistischer Zusammenhänge kann aber die Mitwirkung weiterer Faktoren – z. B. von Umweltveränderungen – nicht ausschließen. Von Jahr zu Jahr kann die **Dichte der Nadeln** und vor allem der **Blätter** an Baumkronen beträchtlich **schwanken**. Die **Witterung** einzelner Jahre sowie ihrer Vorjahre hat hier großen Einfluss. Spätfröste können die Masse der Blattorgane reduzieren. Speziell bei der Fichte gehört der Abwurf älterer Nadeln in Dürreperioden mit angespannter Wasserversorgung zur Überlebensstrategie (Solberg 2004). Starke **Fruktifikation** führt insbesondere bei großfrüchtigen Baumarten (Eichen, Buche) zu einer Reduktion der Blattmasse. Das gilt jedoch anscheinend nicht für die Fichte (Herrmann et al. 1999). **Pilzbefall** und **Insektenfraß** vermindern – auch in Abhängigkeit von der Witterung – von Jahr zu Jahr die Blattorgane in unterschiedlichem Ausmaß.

Im Interesse korrekter Begriffe sollte daher nicht der Nadel-/Blattverlust, sondern die vorhandene **Benadelung/Belaubung** angeschätzt werden. Bezieht man diese auf die durch Bezugsbäume im Bestand oder durch Fotoserien definierte volle Benadelung/Belaubung, so kann man das mit den Begriffen **Benadelungsprozent** bzw. **Belaubungsprozent** zum Ausdruck bringen; so wird teilweise schon seit längerer Zeit verfahren (Elling 1987). Gleichbedeutend werden auch die Begriffe **Belaubungsgrad** (Heinsdorf und Chrzon 1997) und **Belaubungsdichte** (Mayer 1999) verwendet. Problematisch bleibt dagegen die Umsetzung solcher Schätzwerte in „Schadstufen" (Ellenberg 1995).

Verfärbungen der Blattorgane (z. B. Vergilbungserscheinungen) gehören zu den aussagekräftigsten Symptomen, denn sie sind häufig mit dem Mangel an bestimmten Nährelementen, mit bestimmten Erkrankungen oder mit der Einwirkung bestimmter Schadstoffe verbunden. Leider werden sie bei der Waldzustandserhebung nur sehr grob nach ihrem Grad, nicht aber nach Typen unterschieden.

So ließen sich beispielsweise bei der Fichte unterscheiden: **Innenvergilbung**, die vor allem die älteren Nadeln betrifft, häufig verbunden mit Mg- oder K-Mangel. **Außenvergilbung,** welche die jüngsten Nadeln erfasst und häufig auf Mn- und Fe-Mangel hinweist. **Einzelastvergilbung** betrifft einzelne Äste und ist besonders auffällig an Fichten des Kammtyps; möglicherweise Beteiligung von Pathogenen. **Diffuse Vergilbung** an Nadeln aller Altersstufen.

Treten **Verlichtung und Verfärbung** (z. B. Vergilbung) zusammen auf, so erhöht sich die Schadstufe entsprechend der Tabelle 3-6. Diese **Vermischung**, bei der anhand der Schadstufe nicht zu erkennen ist, welche Kriterien für die Zuordnung maßgeblich waren, ist zu Recht kritisiert worden (Kandler 1985). Verlichtung und Vergilbung sind bei der Fichte nicht voneinander unabhängig, sondern stehen im Zusammenhang; dabei läuft offenbar die Vergilbung den Nadelverlusten voraus (Herrmann et al. 1999).

Die **Waldzustandserhebungen** sind erst begonnen worden, nachdem man an mehreren Baumarten Nadel-/Blattdefizite in weiter Verbreitung wahrgenommen hatte. Sie reichen daher nur bis 1984 zurück. Aus ihnen kann demnach der **„Normalzustand"** von Baumkronen nicht entnommen werden. Verfehlt wäre aber sicherlich die Annahme, es seien vor Jahrzehnten alle Baumkronen vollkommen dicht mit Blattorganen besetzt gewesen. Das ist auch durch Fotos aus zurückliegender Zeit widerlegt worden (Kandler 1988, Schweingruber 1989).

Besonders problematisch ist die Festlegung einer voll mit Blattorganen besetzten Referenzbaumkrone. Wählt man am **Aufnahmeort** einen voll benadelten bzw. belaubten Bezugsbaum als

lokale Referenz aus, so hat das den Vorteil, dass dessen Krone die Standortsbedingungen sowie die von Jahr zu Jahr schwankende Belaubungsdichte widerspiegelt. Diese kann von der Witterung, vom Befall durch Parasiten und von der Fruktifikation geprägt sein. Damit **ändert sich** aber auch die **Bezugsbasis von Jahr** zu Jahr in einem gewissen Ausmaß. Ein langfristiger Trend der Belaubungsdichte kann bei dieser Vorgehensweise nicht erfasst werden. Gibt es in stärker geschädigten Waldbeständen überhaupt keine voll benadelten Bäume, so ist der Bezugswert zu gering und der Benadelungsgrad wird daher systematisch zu hoch geschätzt. Benutzt man statt standortstypischer Referenzbäume **Fotoserien**, in denen Bäume mit voller Benadelung/Belaubung als **absolute Referenz** enthalten sind als Hilfsmittel (Müller und Stierlin 1990, Evers et al. 1997), so hat man zwar eine allgemeingültige Grundlage, es fehlen aber der Standorts- und der Jahresbezug. Wird empfohlen, **sowohl örtlich ausgewählte Referenzbäume als auch Fotoserien** zu verwenden – wie es in den meisten Vorschriften geschieht (Expertengruppe Waldzustandserhebung in Bundesministerium für Ernährung, Landwirtschaft und Forsten 1997) – so kann das nur zu **Differenzen** führen. Der unterschiedliche Umgang mit diesen Referenzbäumen ist offenbar wesentlich mit dafür verantwortlich, dass die Ergebnisse der Waldzustandsaufnahme in Europa Brüche an den Staatsgrenzen aufweisen (de Vries et al. 2000, Redfern und Boswell 2004). Will man die Aufnahmeergebnisse über Europa hinweg vergleichen, so setzt das eine **einheitliche Definition** des **Referenzbaums** voraus (Mayer 1999). Redfern und Boswell (2004) haben in einer gründlichen Untersuchung gezeigt, dass die Reduktion der Belaubungsdichte bei Verwendung einer lokalen Referenz beträchtlich geringer ausfällt als bei einer absoluten Referenz. Sie schlagen eine absolute Referenz als Bezugsbasis vor, bei der sowohl der zeitliche Gang der Kronendichte als auch geographische Unterschiede zum Ausdruck kommen; dann wären auch die Ergebnisse der einzelnen Staaten Europas vergleichbar. Wenn auch das Problem des Referenzbaums noch nicht überzeugend gelöst ist, so steht doch der grundsätzliche Wert einer Schätzung der Kronenbelaubung außer Frage. Das zeigt beispielsweise auch die gute Übereinstimmung mit dem durch Messung bestimmten Blattflächenindex (LAI) (Bréda und Granier 1996).

Die **Genauigkeit** terrestrischer Waldzustandsinventuren ist immer wieder überprüft worden (Schöpfer 1985 a, Schadauer 1991). Auch das Problem der Objektivität der Beobachter hat man erörtert (Innes 1988, 1993, Ghosh et al. 1995, Innes 1998, Redfern und Boswell 2004); dabei lassen sich zwar signifikante, aber doch insgesamt nur geringe Abweichungen der Aufnahmeergebnisse nachweisen – gemessen an der mit einem solchen Verfahren erreichbaren Genauigkeit. Auf die **Schulung** der Beobachter und auf die systematische **Kontrolle** der erhobenen Daten ist von Anfang an Wert gelegt worden (Schöpfer 1985 b). Jedoch gibt es offenbar noch deutliche Unterschiede zwischen den Ansprachen durch Beobachtergruppen aus einzelnen europäischen Staaten (Köhl et al. 1997).

Bei der **Nutzung** von Wäldern entnimmt man bevorzugt Bäume mit stärker verlichteten Kronen (Dobbertin 1998). Immer wieder ist die Vermutung geäußert worden, dadurch werde das Ergebnis der Waldzustandsaufnahme verzerrt. Mehrere Untersuchungen haben ergeben, dass dies – bei der begrenzten Genauigkeit der Erhebung – auf die **Sicht von einigen Jahren** kaum der Fall ist (Dobbertin 1998). Offen ist aber, ob das in **längeren Zeiträumen** nicht dennoch Auswirkungen hat. Ganz offensichtlich ist ein solcher Effekt, wenn ein großer Anteil der stark erkrankten Bäume auf einmal entnommen wird. So kam es in Österreich bei der Aufnahme 2001 gegenüber dem Vorjahr zu einer „auffälligen Verbesserung des Kronenzustands" bei den Eichen. Das lag an der inzwischen erfolgten, enorm hohen Nutzung von 10 % der Bäume, wobei offensichtlich vor allem die am stärksten erkrankten Bäume eingeschlagen wurden (Kristöfel und Neumann 2001).

Schon seit dem 19. Jahrhundert wird angenommen, **Verlichtungserscheinungen** der Baumkronen seien mit einem **Rückgang** des **Wurzelsystems** verbunden (Hartig 1896). Neuere Untersuchungen haben dies in zahlreichen Fällen bestätigt. Denn wo immer an Bäumen mit verlichteten Kronen auch die Wurzelsysteme gründlich untersucht worden sind, haben sich Fehlentwicklungen gezeigt (Neger 1908, Puhe et al. 1986, Puhe 1994). Das gilt besonders für die Mykorrhizierung (Unestam und Damm 1994, van Driessche und Piérart 1995, Power

und Ashmore 1996). Auch Pathogene sind beteiligt, denn es ist ein deutlicher Zusammenhang zwischen dem Kronenzustand von Fichten und dem Auftreten von Stamm- und Wurzelfäulen festgestellt worden (Tomiczek 1995). Häufig treten Wurzelerkrankungen bereits Jahre vor sichtbaren Symptomen an der Krone auf (Donaubauer 1993, Korotaev 1993, Unestam und Damm 1994, Abschn. 6.5).

Immer wieder ist behauptet worden, die Waldzustandsaufnahme habe nur geringe Aussagekraft für die Vitalität von Bäumen, da sie **allein** von der **Dichte** der **Benadelung/Belaubung** ausgehe. Eine solche Ansicht verkennt die engen Beziehungen, die zwischen den verschiedenen Organen von Pflanzen bestehen. Belaubung, Stamm und Wurzel sind in Bau und Leistungen aufeinander abgestimmt. So haben sich enge Beziehungen zwischen der Menge der Blätter/Nadeln und der Fläche der wasserleitenden Zellelemente im Splintholz auf Querschnitten durch den Stamm von Bäumen ergeben (Rogers und Hinckley 1979, Kaufmann und Troendle 1981, Dean und Long 1986, Eckmüllner 1990). Die Allokation der Assimilate erfolgt so, dass sie die Gewinnung derjenigen Ressourcen maximiert, die das Wachstum am stärksten begrenzen (Chapin III 1991, Mooney und Winner 1991, Matyssek 1998). Untersuchungen während der beiden letzten Jahrzehnte haben gerade auch bei Bäumen ein **funktionelles Gleichgewicht** zwischen **Feinwurzelmasse** und **Blattmasse** bzw. eine Rückkoppelung zwischen Spross- und Wurzelwachstum ergeben (Schulze 1983, Santantonio 1989, Roloff und Römer 1989, Dickson und Isebrands 1991, Ericsson 1995, Ericsson et al. 1996, Gruber und Lee 2005 a, b). Damit verbunden ist eine **Anpassung** an die jeweiligen Umweltbedingungen. Je ungünstiger – zunächst ganz allgemein gesagt – die Bodenverhältnisse sind, desto höhere Anteile der Assimilate müssen in die Wurzelsysteme investiert werden (Persson 1983, Axelson und Axelson 1986, Santantonio 1989). Diese allgemeine Aussage kann weiter differenziert werden. Geringes Angebot an Wasser sowie an den Nährelementen N, P und S veranlassen eine verstärkte Allokation von Assimilaten an den Wurzeln. Umgekehrt führen Mangel an K, Mg, oder Mn zu einer Verminderung des Wurzelanteils an der gesamten Biomasse – möglicherweise infolge einer Absenkung der Fixierung von Kohlenstoff

3

und damit auch der Verfügbarkeit von Assimilaten. Denn eine solche führt immer zu einer Benachteiligung der Wurzel, unabhängig von der Ursache einer Verminderung der Photosynthese. Das trifft auch zu für die Einwirkung von Ozon oder Ammoniak. Eine Hemmung der Mykorrhizabildung bei Einwirkung dieser Gase kann auf dieselbe Weise erklärt werden (Ericsson et al. 1996).

Mit abnehmender **Kronenbenadelung/-belaubung** ist – nicht immer, aber häufig – bei verschiedenen Waldbaumarten ein Rückgang des **Durchmesserzuwachses** am Stamm nachgewiesen worden (Röhle 1987, Schöpfer und Hradetzky 1988, Schneider et al. 1988, Utschig 1989, Flückiger und Braun 1994, Schöpfer et al. 1994, Dobbertin 1998). Das bestätigt ebenfalls den Wert solcher Kronenaufnahmen als Weiser für die Vitalität von Bäumen. Systematische Untersuchungen in der Schweiz (Schmid-Haas 1990, 1991, 1993, Schmid-Haas und Bachofen 1991, Schmid-Haas et al. 1997, Schmid-Haas 1998) konnten bei verschiedenen Baumarten (vor allem Fichte und Tanne) Zusammenhänge zwischen dem Grad der Kronenverlichtung und anderen Weisern für die Vitalität eines Baumes aufdecken: Bäume mit geringerer Benadelung/Belaubung ihrer Krone haben geringeren Zuwachs am Stamm, eine höhere **Mortalität** und eine größere **Anfälligkeit gegen Sturmwurf**; das Sturmwurfrisiko von Fichten und Tannen ist schon bei relativ kleinen Nadelverlusten von 15–25 % stark erhöht. Dies ist eine gewichtige Aussage. Nach Schmid-Haas sind **Infektionen im Wurzelbereich** (insbesondere an den Stützwurzeln, die Feinwurzeln sind nicht untersucht worden) die gemeinsame Ursache all dieser Erscheinungen. Wahrscheinlich drückt daher ein Defizit an Blattorganen auch eine verminderte Funktionsfähigkeit der Wurzeln aus und ist demnach ein aussagekräftiger Indikator für die Vitalität eines Baums. Dafür sprechen auch die Ergebnisse anderer Untersuchungen. Bei Fichte, Tanne und Buche zeigte sich ein exponentieller Anstieg der **Sterberate** mit zunehmender Kronenverlichtung (Dobbertin 1998). Besonders hoch ist die Absterbewahrscheinlichkeit von Eichen mit geringen Belaubungsgraden (Dammann et al. 2000). Auch in anderen Untersuchungen ist eine Erhöhung der Mortalität mit abnehmender Benadelung der Krone nachgewiesen worden (Braun und Schrö-

ter 1997, Herrmann et al. 1999). Aus älteren Untersuchungen nach Hagelschlägen weiß man, dass Fichten absterben, wenn die Restbenadelung einen Wert von 30–40 % des ursprünglichen Werts unterschreitet (von Pechmann 1958).

Erfolgt die Begutachtung des Kronenzustands von Jahr zu Jahr an denselben Aufnahmepunkten, so haben **Standortunterschiede keine Bedeutung** für den **Trend** der **Beobachtungsreihen** des Waldzustands, die seit 1984 vorliegen. Ergibt sich bei gleicher Schätzmethode hier über einen längeren Zeitraum von einem Jahrzehnt oder mehr eine deutliche Zunahme oder Abnahme der Benadelung/Belaubung, so ist das eine außerordentlich wichtige Information. Schwankungen von Jahr zu Jahr dagegen sind wegen des Einflusses der Witterung mit größter Vorsicht zu interpretieren. Das gilt insbesondere für laubabwerfende Baumarten, die jeweils nur einen Jahrgang ihrer Assimilationsorgane tragen. Bei immergrünen Nadelbaumarten dämpft das Vorkommen mehrerer Nadeljahrgänge die jährlichen Schwankungen.

Für den Wert der Schätzung von Benadelungs- und Belaubungsgraden sprechen auch statistische Zusammenhänge zu **natürlichen** und **anthropogenen Stressoren**, wie sie in mehreren Ländern und auch für ganz Westeuropa ermittelt worden sind (Mayer 1999, de Vries et al. 2000a, Klap et al. 2000a, Seidling 2000).

Eine Expertengruppe hat die Bedeutung der Kronenbenadelung/-belaubung als Indikator für die Vitalität von Bäumen grundsätzlich bestätigt sowie Vorschläge zur **Weiterentwicklung** des Aufnahmeverfahrens erarbeitet (Expertengruppe Waldzustandserhebung in Bundesministerium für Ernährung Landwirtschaft und Forsten 1997). Sie hat empfohlen, die Waldzustandserhebung durch zusätzliche Informationen über Standort und Waldbestand zu ergänzen; dies eröffnet die Möglichkeit, Prüfungen auf statistische Zusammenhänge mit dem Kronenzustand durchzuführen. Hinderlich sind hierbei die nach wie vor deutlichen Defizite bei der Standardisierung der Aufnahmemethoden; das gilt ganz besonders für internationale Vergleiche. Zur Weiterentwicklung des Verfahrens gehört auch eine engere Verbindung zwischen der flächendeckenden Waldzustandsaufnahme und den zahlreichen **Dauerbeobachtungsflächen (Level II)** in Europa, auf denen intensive Erfassung der Umweltbedingungen und der Reaktion der Waldökosysteme (Boden-analysen, Nadel-/Blattanalysen, Zuwachsanaly-sen, Depositionsmessungen, meteorologische Messungen) stattfinden (Dammann et al. 2000, de Vries et al. 2000b).

Ohne Zweifel schwankt die Belaubungsdichte der Buche in Abhängigkeit von der Witterung. Die Berechnungsme-thoden jedoch, mit denen Gruber (2004 a und b) den Zusammenhang zwischen Witterung und Belaubung der Buche erfassen wollte, sind verfehlt (Dittmar et al. 2005 a und b); denn es ist begründet und gezeigt worden, wie anhand des Verfahrens von Gruber mit den Klimadaten anderer Jahrzehnte ebenso hohe Be-stimmtheitsmaße errechnet werden können wie mit den zutreffenden Klimadaten. Die von Gruber gezogene Schlussfolgerung, die Vitalität der Buche werde bei der Waldzustandsaufnahme falsch bewertet, ist damit hinfällig (Block et al. 2004).

Zusammenfassend und unter Berücksichtigung aller Einwände lässt sich sagen: Der Begriff „Schadstufe" ist eng mit der Vorstellung einer unmittelbaren Beeinträchtigung von Wäldern durch Luftschadstoffe verbunden. Er ist daher missverständlich und wird dem komplexen Cha-rakter von Schädigungsprozessen nicht gerecht. Man sollte ihn durch einen besser geeigneten Be-griff ersetzen, z. B. **Vitalitätsstufe**. Die Waldzu-standserhebung liefert alljährlich „kurzfristig ver-fügbare Aussagen über den Waldzustand". Diese sind nicht nur als Aussage über die Dichte der Benadelung/Belaubung zu verstehen, sondern ge-ben infolge von Rückkoppelungen zwischen ver-schiedenen Organsystemen auch **Auskunft über die Vitalität des gesamten Baums**. In längeren Beobachtungsreihen können sie tatsächlich „als Spiegelbild der Gesundheit" (Bundesministerium für Ernährung, Landwirtschaft und Forsten 1995) betrachtet werden. Mit einer **Darstellung der Benadelungs-/Belaubungsprozente** (anstatt der Nadel-/Blattverluste, die am Anfang einer Beob-achtungsreihe gar nicht bekannt sind) über den gesamten Beobachtungszeitraum könnte man auch der Forderung von Ellenberg (1995) gerecht werden: »An und für sich sind die regelmäßig wiederholten Schätzungen an Testbäumen ökolo-gisch durchaus aufschlussreich, vorausgesetzt, dass man sich ihrer Problematik bewusst bleibt«.

Wachstumsanomalien an den Kronenzweigen werden bei Buchen und Eichen für eine alternative Form der Vitalitätsansprache eingesetzt (Abschn. 6.1.3.1 und 6.1.4.1). **Triebverkrümmungen** von Nadelbäumen

sind bis jetzt kaum beachtet worden und werden auch bei der Waldzustandserhebung nicht erfasst.

3.3.4 Ergebnisse der Waldzustandserhebung

Berücksichtigt man die im vorigen Abschnitt dargelegten Gesichtspunkte, so kann man aus den Ergebnissen der Waldzustandserhebung die **Entwicklung des Benadelungs-/Belaubungszu-stands** seit 1984 entnehmen und beurteilen. Standortsunterschiede spielen dabei keine Rolle, da immer wieder dieselben Aufnahmepunkte angelaufen werden. Auch die Erhebungsmethode ist gleich geblieben. Der Anteil der deutlich ver-lichteten/deutlich geschädigten Bäume (Schad-stufen 2–4) – d. h. der Anteil der Bäume mit einer **Benadelung/Belaubung von weniger als 75 %** – ermöglicht eine verdichtete Darstellung. Dabei sind die Unterschiede von Jahr zu Jahr nur schwer interpretierbar, es sei denn es liegen klar erkennbare Ursachen vor, wie die Dürre im Jahr 2003. Aussagekräftiger ist die Entwicklung wäh-rend des ganzen Beobachtungszeitraums.

Abbildung 3-5 zeigt für **Deutschland** den An-teil der zu weniger als 75 % benadelten/belaubten Bäume am Gesamtbestand sowie dessen Verän-derung über die Zeit, zusammengefasst für alle Baumarten. Wie auch andere Aussagen, die für sämtliche Baumarten gemeinsam gelten sollen, enthält diese Darstellung kaum eine brauchbare Information. Dahinter verbirgt sich nämlich eine über viele Jahre gegenläufige Entwicklung bei den Nadel- und den Laubbaumarten (Cramer 1990, Elling 1992). Ein Vergleich der Abbildung 3-6 für die Nadelbaumarten und Ab-bildung 3-7 für die Laubbaumarten zeigt dies. Ausgehend von einem Maximum in den Jahren 1984/85 geht der Anteil deutlich geschädigter **Nadelbäume** bis 1989 zurück. Zu einem sprung-haften Anstieg führten dann die Stürme des Jahres 1990, die bei der Fichte und der Kiefer er-hebliche Zweigverluste verursacht haben. Das hat freilich nichts mit „neuartigen Waldschäden" zu tun, durch die Wirkung der Stürme ist vielmehr eine Phase der Zunahme der Benadelung unter-brochen worden. Anschließend ging der Anteil gering benadelter Fichten wiederum zurück. Von der Mitte der 1990er Jahre bis 2003 gab es

3

Abb. 3-5 Entwicklung des Anteils der Bäume mit einer Kronenbenadelung/-belaubung unter 75 % (Schadstufen 2 – 4) in Deutschland (bis 1990 nur alte Bundesländer). Die Darstellung bezieht sich auf alle Baumarten. Nach Bundesministerium für Ernährung, Landwirtschaft und Verbraucherschutz (2006).

Abb. 3-6 Entwicklung des Anteils von Nadelbäumen mit einer Kronenbenadelung unter 75 % (Schadstufen 2 – 4) in Deutschland (bis 1990 nur alte Bundesländer). Nach Bundesministerium für Ernährung, Landwirtschaft und Verbraucherschutz (2006).

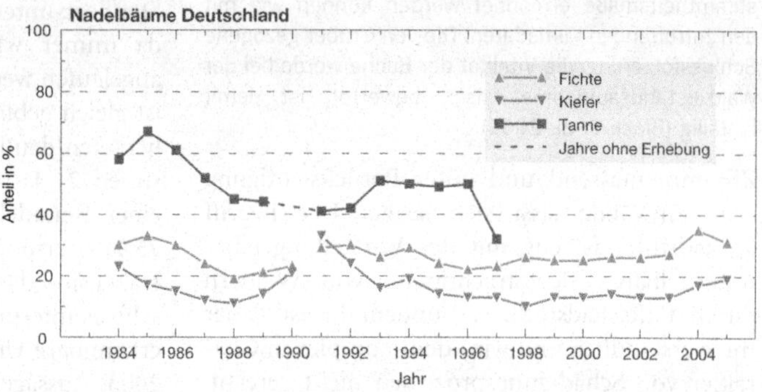

Abb. 3-7 Entwicklung des Anteils von Laubbäumen mit einer Kronenbelaubung unter 75 % (Schadstufen 2 – 4) in Deutschland (bis 1990 nur alte Bundesländer). Nach Bundesministerium für Ernährung, Landwirtschaft und Verbraucherschutz (2006).

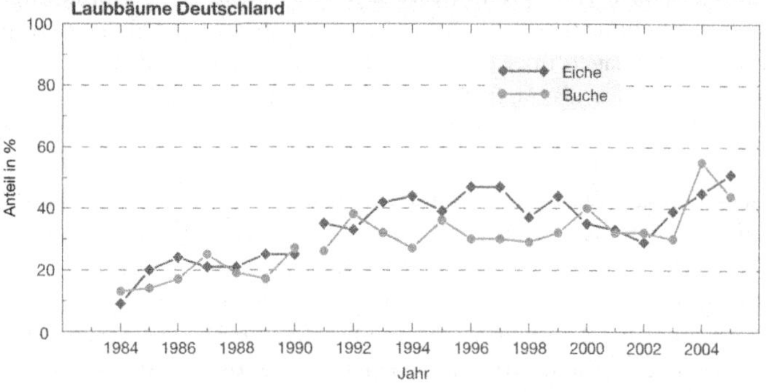

nur geringe Änderungen. Erst das Trockenjahr 2003 führte dann zu einer starken Zunahme des Anteils deutlich verlichteter Nadelbäume im Jahre 2004; für die Tanne gilt dies nicht. Bei den **Laubbaumarten** ist dagegen der Anteil der Bäume mit weniger als 75 % Belaubung von 1984 bis 1992 stark angestiegen. Gegenüber dem Stand von 1992 hat sich bis 2001 bei der Buche keine wesentliche Änderung ergeben. 2002 zeigte sich jedoch eine unterschiedliche Entwicklung: Einer weiteren Verbesserung des

Kronenzustands in Ostdeutschland steht eine deutliche Verschlechterung in Westdeutschland gegenüber. Trennt man nach dem Alter, so zeigt sich zwischen 1987 und 2001 bei den mehr als 60-jährigen Bäumen ein abnehmender Trend der Belaubung. Nur bei den Eichenarten ist nach dem Rückgang des Fraßes von Schmetterlingsraupen (Abschn. 6.1.4.7) zwischen 1997 und 2002 ein Rückgang der gering belaubten Bäume festzustellen. Auch bei den Laubbaumarten führte die Dürre von 2003 zu einer starken Zunahme der Baumkronen mit < 75 % Belaubung (Bundesministerium für Verbraucherschutz, Ernährung und Landwirtschaft 2002–2005, Bundesministerium für Ernährung, Landwirtschaft und Verbraucherschutz 2006). Der Zustand der Laubbaumarten nach wie vor beunruhigend. Fasst man alle Baumarten zusammen (Abb. 3-5), so folgt das Gesamtergebnis weitgehend dem der häufigsten Nadelbaumarten Fichte und Waldkiefer (Abschn. 3.1.2.1).

Die Ergebnisse einzelner **deutscher Bundesländer** weichen vielfach stark voneinander ab, wenn man den Trend seit 1984 betrachtet. In den süddeutschen Ländern nahm der Anteil zu weniger als 75 % benadelter Baumkronen bei den Nadelbäumen teils ab, teils blieb er etwa auf gleicher Höhe, wobei sich wiederum der Anstieg durch die Stürme von 1990 abzeichnet. Bei der Fichte überwiegt wohl insgesamt eine leichte Abnahme der Benadelung im Zeitraum 1983–1998 (Herrmann et al. 1999), bis 2002 ist jedoch wieder eine Zunahme zu erkennen, vor allem in Ostdeutschland. Bei den Laubbäumen dagegen – vor allem bei der Buche und den Eichenarten – nahmen die gering belaubten Baumkronen zwischen 1984 und 2000 beträchtlich zu. Die letztere Aussage gilt auch für die nordwestdeutschen Länder, jedoch sind hier bei den Nadelbaumarten nur geringe Veränderungen ohne einen klaren Trend zu erkennen. Die Beobachtungsreihen der ostdeutschen Länder reichen nur bis 1991 zurück. Eine auch von den Nachbarländern stark abweichende Entwicklung zeigt sich in Mecklenburg-Vorpommern: Bei allen Hauptbaumarten, vor allem auch bei der Buche und den Eichen ist nach den vorliegenden Daten der Anteil deutlich geschädigter Bäume zwischen 1991 und 1994 sehr stark zurückgegangen. Dieser Trend hat sich jedoch nicht fortgesetzt, sondern bis zum Jahr 2000 umgekehrt. Das beruht vor allem auf einer deutlichen Verminderung der Belaubungsdichte der Buche und der Eichen (Ministerium für Ernährung, Landwirtschaft, Forsten und Fischerei 2000); bis 2002 hat sich dann die Belaubung dieser Baumarten wieder deutlich verbessert.

Die gegenläufige Entwicklung bei Nadel- und Laubbaumarten während des ersten Jahrzehnts der Beobachtungen kommt besonders klar in den Daten das Landes **Bayern** (Abb. 3-8 und 3-9) zum Ausdruck. Seit Anfang der 1990er Jahre sind bei den Nadelbäumen bis 2002 nur geringe Veränderungen erfolgt. Bei der Buche zeigt sich nach einem Höchststand der Kronentransparenz 1992 ein Abwärtstrend bis 1998; anschließend gab es keine wesentlichen Veränderungen bis zu einer Verbesserung des Kronenzustands im Jahre 2002. Der extrem hohe Anteil zu weniger als 75 % belaubter Eichen

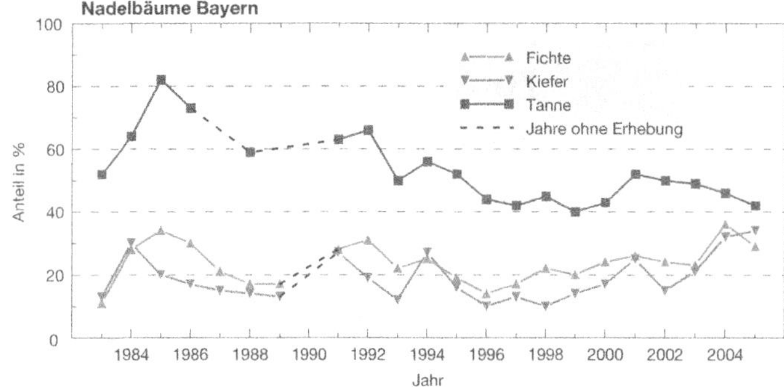

Abb. 3-8 Entwicklung des Anteils von Nadelbäumen mit einer Kronenbenadelung unter 75 % (Schadstufen 2–4) in Bayern. Nach Bayerisches Staatsministerium für Landwirtschaft und Forsten (2005).

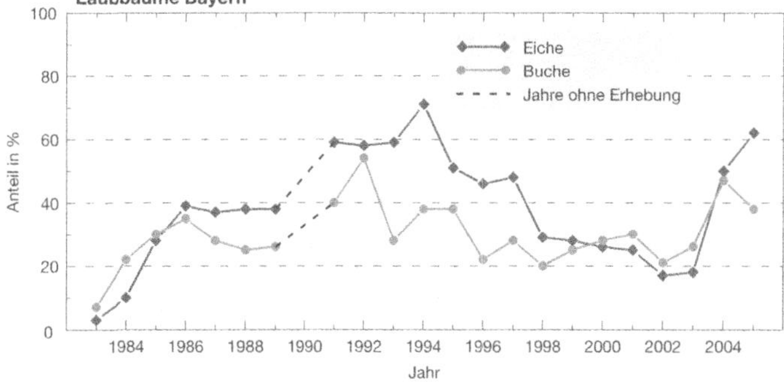

Abb. 3-9 Entwicklung des Anteils von Laubbäumen mit einer Kronenbelaubung unter 75 % (Schadstufen 2–4) in Bayern. Nach Bayerisches Staatsministerium für Landwirtschaft und Forsten (2005).

im Jahr 1994 war mit durch starken Raupenfraß bedingt; bis zum Jahre 2002 gab es einen deutlichen Rückgang. Auch innerhalb von Bayern treten Unterschiede zutage, wenn man von den Daten des gesamten Landes auf diejenigen einzelner **Wuchsgebiete** übergeht. So hat sich etwa in Nordostbayern der Zustand der Nadelbäume eher verschlechtert, obwohl innerhalb des Beobachtungszeitraums die Vergilbungserscheinungen an Fichten auf großen Flächen merklich zurückgegangen sind (Abschn. 6.1.2.1). Auch ist hier der Anteil deutlich geschädigter Fichten etwa doppelt so hoch wie in den nordwestdeutschen Ländern. In den **Bayerischen Alpen** dagegen veränderte sich der Anteil deutlich geschädigter (Schadstufen 2–4), also zu weniger als 75 % belaubter Bäume bei Fichte, Tanne und Buche zwischen 1991 und 2001 kaum (Abb. 6-21); das ist gerade bei der Buche erstaunlich, an der örtlich eine starke Erkrankung oder Schädigung – bis hin zum Absterben – zu beobachten ist. Die Nachwirkung des Trockenjahrs 2003 ist dann im Jahre 2004 bei Fichte und Buche sehr deutlich – nicht jedoch bei der Tanne (Bayerisches Staatsministerium für Landwirtschaft und Forsten 2004).

Den Ergebnissen aus dem Wuchsgebiet Bayerische Alpen ähneln diejenigen aus **Österreich**. Auffällig ist hier eine deutliche Verschlechterung des Kronenzustands aller Baumarten im nördlichen Randbereich der Alpen, vor allem in Tirol, zwischen 1984 und 1993 (Herman und Smidt 1995). Insgesamt lassen die seit 1989 durchgeführten Erhebungen bei allen Hauptbaumarten bis zur Mitte der 1990er Jahre einen leicht abnehmenden Trend des Anteils deutlich verlichteter Kronen erkennen – auch bei der Buche und bei den Eichen, die 1995 von allen Baumarten den schlechtesten Kronenzustand aufwiesen. Diese Entwicklung hat sich bei der Fichte bis 1998 fortgesetzt, anschließend kam es erneut zu einer Reduktion der Benadelung (Kristöfel 2000, Kristöfel und Neumann 2001). Bei Tanne, Buche und vor allem Eichen hat sich der Kronenzustand hingegen in den Jahren 1996–1998 erneut verschlechtert (Kristöfel und Neumann 1995, 1999); bei diesen Baumarten haben sich anschließend bis zum Jahr 2001 keine wesentlichen Veränderungen ergeben – mit Ausnahme einer durch hohe Einschläge an erkrankten Bäumen bedingten „auffälligen Verbesserung des Kronenzustands" der Eichen (Kristöfel und Neumann 2001, Abschn. 3.3.3). Die Nachwirkung der Trockenperiode von 2003 machte sich auch in Österreich in einer Abnahme der Benadelung/Belaubung bei der Aufnahme des Jahrs 2004 bemerkbar (Lorenz et al. 2005).

Die Ergebnisse der Kronenansprachen in der **Schweiz** zeigen – anders als diejenigen von Österreich – zwischen 1985 und 1992 bei allen Hauptbaumarten (Tanne, Fichte, Buche, Eichen) einen zunehmenden Trend des Anteils der Baumkronen mit einer Benadelung-/Belaubung von weniger als 75 %. Der Anstieg war im Berggebiet deutlicher als in den tieferen Lagen (Brang 1998). Das Trockenjahr 2003 führte auch in der Schweiz im folgenden Jahr 2004 zu einer starken Zunahme der Kronentransparenz bei Nadelbäumen wie auch bei Laubbäumen (Lorenz et al. 2005).

Zieht man weitere Staaten **Europas** mit in den Vergleich, so divergieren die Trends noch stärker als oben beschrieben (UN/ECE 2000). Eine Interpretation dieser Daten kann nur getrennt nach Baumarten und Baumalter sowie in Kenntnis der Standorte, der Witterung und natürlicher wie auch anthropogener Stressfaktoren erfolgen (Seidling 2000).

3.4 Erkenntnisse aus Zuwachsmessungen und dendrochronologischen Untersuchungen

3.4.1 Zuwachsanstieg von Wäldern in weiten Teilen Europas

Für die höheren Breiten der Nordhalbkugel ist im Zeitraum 1981 bis 1991 allgemein ein verstärktes Pflanzenwachstum nachgewiesen worden (Myneni et al. 1997). Mehrere Untersuchungen haben auch eine **Steigerung des Zuwachses** von **Wäldern in Mitteleuropa** während der letzten Jahrzehnte aufgedeckt (Pfadenhauer 1975, Eidgenössische Anstalt für das forstliche Versuchswesen 1988, Schieler und Schadauer 1993, Foerster et al. 1993, Kenk 1993, Schöpfer et al. 1994, 1997, Flückiger und Braun 1999 a, Untheim 2000).

Darüber hinaus hat ein im Jahre 1996 erschienenes Buch (Spiecker et al., Hrsg.) für die letzten Jahrzehnte beträchtliche Zunahmen des Wachstums in einem **großen Teil der Wälder Europas** belegt und über den engeren Kreis der Fachleute hinaus bekannt gemacht. Durch die Art der Weitergabe dieser Informationen an die Medien ist in der Öffentlichkeit der Eindruck entstanden, es gäbe so gut wie keine Schädigung von Wäldern (Abschn. 3.2.4). Das steht jedoch im Widerspruch zum Inhalt des Buchs, das sehr differenzierte Darstellungen enthält (Pretzsch 1996). Zwischen einem allgemeinen Trend der Zuwachssteigerung und schädigungsbedingten Zuwachsrückgängen besteht nur ein scheinbarer Widerspruch, denn es schließt »ein allgemein erhöhtes Zuwachsniveau einen relativen Zuwachsrückgang stärker geschädigter Teilkollektive keineswegs aus« (Schöpfer 1987, Schöpfer et al. 1994). Ein Gegensatz bestünde nur dann, wenn man von einem allgemeinen „Waldsterben" ausginge. Auf der anderen Seite ist zu Recht betont worden, dass hohe Zuwächse von Waldbäumen nicht ohne weiteres als Maßstab für Stabilität und Gesundheit anzusehen sind (Hildebrand und Hochstein 1993).

Den **Ursachen** der Zuwachsanstiege gilt derzeit verstärktes Interesse. Der erhöhte CO_2-Gehalt der Atmosphäre könnte die Photosynthese fördern. Folgen der globalen Erwärmung und einer dadurch ausgelösten Verlängerung der Vegetationszeit sind sehr wahrscheinlich. Auch die Erhöhung der Temperaturen im Wurzelraum kann sich zuwachssteigernd auswirken (Lyr 1996). Speziell in Mitteleuropa spielt offenbar die Deposition von Stickstoffverbindungen eine wichtige Rolle (Flückiger und Braun 1999 a). Außerdem fasst man die Erholung von Waldökosystemen nach der Einstellung ausbeuterischer Nutzungsformen (z. B. Streunutzung) sowie Änderungen der Waldbehandlung als Ursachen erhöhter Zuwächse ins Auge.

3.4.2 Bedeutung von Jahrringuntersuchungen

Bäume sind schwierige Objekte für die umweltbezogene Forschung. Ausgewachsen sind sie so groß, dass man sie kaum noch in Kammern unterschiedlichen physikalischen und chemischen Bedingungen aussetzen kann. Die meisten Bäume können sehr alt werden und unterliegen dabei langfristig wirkenden Umwelteinflüssen, die so **im Labor nicht nachvollzogen** werden können. Man untersucht deshalb hier meist junge Bäume über relativ kurze Zeiträume. Die Übertragung derart gewonnener Ergebnisse auf alte, ausgewachsene Wälder an ihren natürlichen Standorten bleibt grundsätzlich problematisch. Deshalb haben Experimente und Beobachtungen im Freiland als „Kontrollinstanzen" für die Übertragung von Laborbefunden große Bedeutung.

Bäume sind nicht nur schwierige Objekte, sie haben gegenüber anderen Pflanzen auch große Vorteile: Denn sie **zeichnen wichtige Informationen** über ihre Lebensgeschichte durch ihren Höhenzuwachs und ihre Jahrringe auf. Während der Höhenzuwachs nur in sehr aufwändigen Untersuchungen (Stammanalysen) zu verfolgen ist, kann der Jahrringbau an Stammscheiben oder Bohrkernen aus 1,3 m Höhe (konventionell festgelegt als Brusthöhe) leicht durch **Messung der Jahrringbreiten** erfasst werden. Vorteilhaft ist, dass die Jahrringbreiten auf Veränderungen der Umweltbedingungen erheblich stärker reagieren als der Höhenzuwachs (Kramer 1988). Von diesem Hilfsmittel ist bei den Untersuchungen zu Erkrankungen von Wäldern viel zu wenig Gebrauch gemacht worden bzw. es sind die vorliegenden Erkenntnisse zu wenig beachtet worden. Das hat vielfach zu der unzutreffenden Vorstellung geführt, „neuartige Waldschäden" seien erst etwa vom Jahre 1980 an aufgetreten, als man deutliche Verlichtungen der Kronen bei immergrünen Nadelbaumarten bemerkte. Bei starker Schädigung von Nadelbaumbeständen lässt sich dagegen ein Absinken der Jahrringbreiten um etwa ein bis zwei Jahrzehnte weiter zurückverfolgen. Die Jahrringbreiten reagieren offenbar früher als die Benadelung der Krone auf eine Erkrankung oder Schädigung. Erwiesen ist: Eine beginnende Erholung ist am Jahrringbau eher abzulesen, als an der Benadelung der Krone (Kandler 1990, Kontic et al. 1990, Schweingruber 1993, Strunz et al. 1999). Untersuchungen des Jahrringbaus sind daher nicht nur ein unerlässliches Hilfsmittel für die zeitliche Einordnung von Erkrankungen bei Waldbäumen, sie ermöglichen auch eine **Frühdiagnose** anhand einfacher Hilfsmittel. Auf diese Art lassen sich auch schleichende

Veränderungen der Vitalität von Bäumen erkennen, die noch nicht durch äußerlich sichtbare Symptome zum Ausdruck kommen.

3.4.3 Entwicklung der Jahrringbreiten

Die Breiten der Jahrringe von Bäumen hängen von zahlreichen Faktoren ab. Eine zentrale Rolle spielt die **Konkurrenz**. Benachbarte Bäume engen für ein Individuum den Genuss an Licht, Wasser und Nährstoffen ein. Deshalb erreichen Bäume im geschlossenen Bestand bereits bei einem Alter von wenigen Jahrzehnten ein Maximum der Jahrringbreiten. Anschließend sinken die Ringbreiten langsam ab. Dabei ist zu bedenken, dass sich der Mantel des Holzzuwachses um einen Stamm mit immer größerem Durchmesser legt. Bei einem ganz langsamen Absinken der Ringbreiten kann deshalb der jährliche Zuwachs an Holzvolumen bei einem Baum noch immer gleich bleiben oder leicht zunehmen. Solange die Jahrringbreiten über Jahrzehnte etwa gleich sind oder gar zunehmen – das ist bei großkronigen Bäumen nicht selten – steigt der Holzzuwachs des Einzelbaums auf jeden Fall an. Das allmähliche Absinken der Jahrringbreiten, das in der Regel mit zunehmendem Alter erfolgt, wird auch als „Alterstrend" bezeichnet. Dieser Begriff ist nicht glücklich gewählt, denn er weist nicht auf den Konkurrenzdruck als wichtigste Ursache hin.

Will man Jahrringbreiten als Indikatoren zeitweilig ungünstiger Umweltbedingungen heranziehen, indem man Zuwachsdepressionen nachweist, so können hierfür nur Bäume verwendet werden, die im betreffenden Zeitraum eine **vorherrschende oder herrschende Stellung** im Waldbestand hatten (Tab. 3-7). So lässt sich ausschließen, dass ein Zuwachstief während der letzten drei bis vier Jahrzehnte durch Konkurrenzdruck hervorgerufen worden ist. Im Übrigen vollziehen sich Rückgänge von Jahrringbreiten als Ergebnis eines sozialen Abstiegs meist ganz allmählich. Umweltveränderungen führen dagegen häufig zu einem abrupten Abfall des Holzzuwachses.

Der langfristige Trend von Jahrringbreitenkurven wird durch kurzfristige Schwankungen des Holzzuwachses überlagert. Entscheidende Bedeutung haben hierfür die von Jahr zu Jahr mit der **Witterung** wechselnden **Wachstumsbedingungen.** Begrenzend wirkt in Tieflagen vor allem das Wasserangebot, in Gebirgslagen vor allem das Wärmeangebot (Dittmar und Elling 1999). Witterungsextreme, wie Dürreperioden oder Temperaturstürze, können scharfe Einbrüche der Jahrringbreiten, „Stressreaktionen" (Elling 1990) hervorrufen. Solche Minima der Jahrringbreite werden in der Dendrochronologie von jeher als „Weiserjahre" bevorzugt zur Synchronisierung von Jahrringbreitenkurven verwendet (Schweingruber 1988, 1993). Auch zahlreiche andere Faktoren veranlassen Einbrüche der Ringbreiten: Hagelschlag, Verlust von Teilen der Krone durch Sturm, Schnee oder Eisanhang, Insektenfraß sowie starke Fruktifikation (Aichmüller 1962, Elling 1987, Abschn. 6.1).

Daher kann erst eine sorgfältige **Analyse des Komplexes der Umweltfaktoren** die jeweils verantwortlichen Ursachen deutlich machen. Hierbei ist es hilfreich, dieselbe Baumart auf ganz unterschiedlichen Standorten und auf der anderen Seite mehrere Baumarten auf dem gleichen Standort zu untersuchen. Das Fehlen solcher Vergleichsmöglichkeiten hat in letzter Zeit nicht selten zu falschen Interpretationen und Schlussfolgerungen geführt.

Aus Jahrringfolgen, die etwa 100 oder mehr Jahre umfassen, können durch Vergleiche **wichtige ökologische Informationen** gewonnen werden: Wie haben die Bäume vor dem Beginn einer umweltbedingten Belastung auf das von Jahr zu Jahr wechselnde Wasserangebot und Wärmeangebot reagiert? Wie hat sich extrem kühle oder trockene Witterung während der Vegetationsperiode ausgewirkt? Wie haben Temperaturstürze im Winter nach vorangegangener warmer Witterung den Jahrringbau beeinflusst? Sind scharfe Spätfröste für Zuwachseinbrüche in bestimmten Jahren verantwortlich? Es ist das Ziel der **Dendroökologie,** derartige Fragen zu beantworten (Schweingruber 1988, 1993, 2001, Kaennel und Schweingruber 1995, Pretzsch 2002). Dabei setzt eine durch anthropogene Umweltveränderungen – beispielsweise Luftschadstoffe – verursachte Zuwachsdepression selbstverständlich die Wirkungen natürlicher Standortsfaktoren nicht außer Kraft. Nach wie vor führen Wassermangel bzw. Frostereignisse in bestimmten Jahren zu besonders schmalen Jahrringen. Nicht selten verstärken sich sogar natürliche und anthropogene Stressoren gegenseitig (Abschn. 6.1). Die Trennung dieser beiden Ursachengruppen durch mathematisch-statistische Methoden bahnt sich erst allmählich an.

Die **Methoden** der **Zuwachserfassung** sind im Rahmen der Untersuchung von Immissionsschäden wesentlich verfeinert worden (Vins 1961, 1962, 1966, Vins und Pollanschütz 1977, Neumann und Pollanschütz 1982). Studien zum Tannensterben haben dann gezeigt, dass auch hier eine Aufhellung der Krankheitsgeschichte durch Jahrringanalysen dringend erforderlich ist (Bauch et al. 1979, Bauch 1983 a, b). Das Abgehen von den bei Zuwachsuntersuchungen üblichen **Jahrringbreiten-Mittelkurven** zahlreicher Bäume erhöht die Aussagekraft der Ergebnisse (Abb. 3-10). Denn die Mittelbildung eliminiert weitgehend die starken Reaktionen sensitiver Individuen und führt daher zu einem ausgeprägten Informations-

verlust. Deshalb bedeutete die Möglichkeit, die Jahrringbreiten der einzelnen Bäume eines Kollektivs in Form von **Kurvenscharen** darzustellen, einen wesentlichen methodischen Fortschritt (Eckstein et al. 1983, 1984).

Beispiele für die in Ostbayern zwischen der Mitte der 1960er und der Mitte der 1980er Jahre häufigen **Zuwachsdepressionen** zeigt Abbildung 3-10 für Tannen aus dem Bayerischen Wald und Fichten aus dem Fichtelgebirge. In beiden Fällen beginnt der Zuwachsabfall während der 1960er Jahre, als die Fichte bei günstiger Witterung im größten Teil Bayerns ein markantes „Zuwachshoch" aufwies (Franz 1983, 1988). Eine ausgeprägte Zuwachsdepression ist bei der Tanne aus dem Bayerischen Wald zwischen 1974 und 1981, bei der Fichte aus dem Fichtelgebirge zwischen 1974 und 1980 zu erkennen. Anschließend steigen in beiden Fällen die Jahrringbreiten wieder deutlich an. Bei diesen Beispielen kann man vom

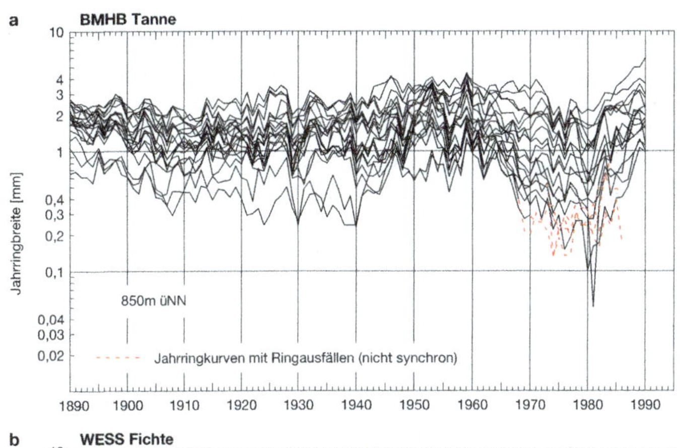

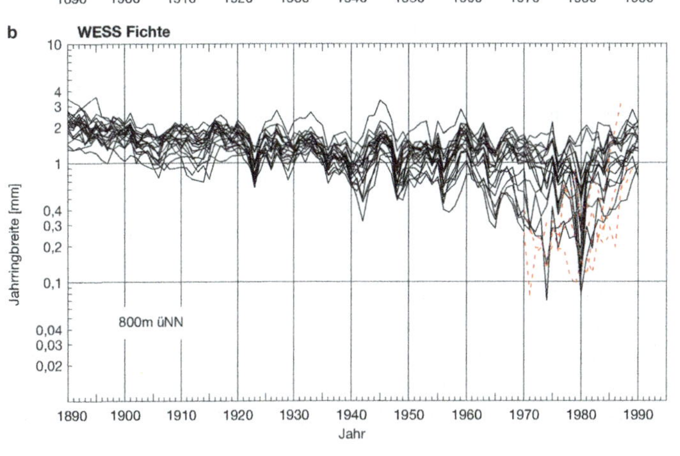

Abb. 3-10   a) Jahrringbreitenkurven (20 Baumkurven, halblogarithmische Darstellung) von Tannen im Vorderen Bayerischen Wald (Bodenmais/Harlachberg, 850 m üNN). Es handelt sich in diesem Fall nur um Bäume der Klasse 1 nach Kraft, mit besonders großen Kronen. Rot gestrichelt: Abschnitte mit Jahrringausfällen. Nach Kölbl und Neumann (1991). **b)** Jahrringbreitenkurven (20 Baumkurven, halblogarithmische Darstellung) von Fichten im Fichtelgebirge (Forstamt Weißenstadt, Abt. Sternseherin, 800 m üNN, Westnordwest-Hang). Rot gestrichelt: Abschnitte mit Jahrringausfällen. Nach Lochner und Schirbel (1991).

gravierenden Rückgang des Zuwachses auf eine Schädigung durch irgendwelche, zunächst nicht bekannte Ursachen schließen. Es lässt sich also aus der Entwicklung der Jahrringbreiten die **Krankheitsgeschichte** der Bäume ablesen, die auch eine Erholung einschließen kann. Eine solche **Anamnese** ist unerlässliche Vorraussetzung für Überlegungen zu den Krankheitsursachen. Leider ist das häufig nicht beachtet worden.

3.4.4 Abrupte Zuwachsreduktionen

Wenn infolge ungünstiger Wachstumsbedingungen als Stressreaktion ein besonders schmaler Jahrring entstanden ist, dann kehrt die Jahrringbreite im folgenden Jahr meist wieder etwa zum Ausgangswert zurück. Tritt dies ein, so ist das ein Zeichen für die Erholungsfähigkeit eines Baums. Verharrt jedoch die Jahrringbreite über mehrere Jahre auf stark abgesenktem Niveau, so muss das anders beurteilt werden. Entweder war der Stress so stark, dass er nachwirkt und eine sofortige Erholung ausschließt; das kommt beispielsweise bei der Schädigung der Tanne durch heftigen Winterfrost vor. Oder es liegen Jahr für Jahr infolge gleicher oder wechselnder Ursachen sehr ungünstige Bedingungen für das Wachstum vor. Ist eine Folge von mehr als drei Jahrringen eindeutig (d. h. größer oder gleich 40 %) schmäler als die vorausgehenden Ringe, dann liegt eine **abrupte Zuwachsreduktion** nach der Definition von Schweingruber et al. (1986) vor. Ebenso gibt es abrupte Anstiege des Zuwachses, jedoch finden Reduktionen im Hinblick auf die Auswirkungen von Stress und schädigenden Umwelteinflüssen besonderes Interesse. Sie sind wichtige ökologische Indikatoren, die eine **verminderte Erholungsfähigkeit** eines Baums nach Eintritt eines Stressereignisses anzeigen oder die auf **anhaltende Belastung** zurückzuführen sind. Im Zeitraum von etwa 1950 bis 1980 sind abrupte Zuwachsreduktionen weit häufiger aufgetreten als in den vorausgegangenen Jahrzehnten (Schweingruber et al. 1986). Der mit zunehmender Höhenlage ansteigende Grad der Schädigung von Fichten kommt ebenfalls in der Häufigkeit abrupter Zuwachsreduktionen deutlich zum Ausdruck. Auch zeigt sich seit etwa 1980 gebietsweise ein deutlicher Rückgang der Häufigkeit abrupter Zuwachsreduktionen (Worbes et al. 1995). Dass die genannten Befunde mit den Ergebnissen anderer Untersuchungsmethoden im Einklang stehen, spricht für ihre Aussagekraft.

Bei der Anwendung dendrochronologischer Methoden muss immer damit gerechnet werden, dass **Bäume** nach heftigen Stressereignissen **abgestorben** sind oder infolge deutlicher Erkrankungssymptome **gefällt** werden mussten. Diese Individuen fehlen dann in heute untersuchten Baumkollektiven. Wenn nicht alle Bäume abgestorben sind, ist aber die Information über solche Vorkommnisse nicht verloren gegangen. Denn die überlebenden Bäume zeigen ein solches Ereignis durch einen Abfall und einen verzögerten oder auch gestaffelten Wiederanstieg der Jahrringbreiten an. In Jahrringbreiten-Mittelkurven kommt dies nicht zum Ausdruck.

3.4.5 Jahrringausfälle

Die Einwirkung natürlicher und anthropogener Stressfaktoren kann bei Bäumen zum Rückgang der Jahrringbreiten, ja sogar zu ausgeprägten Depressionen des Holzzuwachses führen. Zu **Jahrringausfällen** kommt es erst bei sehr starker Drosselung des Wachstums. Die häufigste Ursache für Jahrringausfälle ist die Unterdrückung einzelner Bäume in Waldbeständen durch die **Konkurrenz** ihrer Nachbarn. Lichtbedürftige Baumarten neigen in dieser Situation wesentlich stärker zu Jahrringausfällen als schattentolerante. Aus diesem Grund treten Jahrringausfälle bei der Weißtanne – selbst bei starker Beschattung – nur extrem selten auf. Auch eine Reihe anderer Ursachen wie Kronenbruch, Hagelschlag, Raupenfraß sowie Rauchschäden und neuartige Waldschäden können zum Ausfall von Jahrringen führen (ausführlich bei Elling 1987).

Man darf sich nicht vorstellen, bei Ausfall eines Jahrrings werde am gesamten Stamm eines Baums kein Holz gebildet. Jahrringausfälle kommen bei Nadelbäumen im oberen Teil des Stamms seltener vor als in Brusthöhe (1,3 m). Aber auch in Brusthöhe fehlt ein Jahrring oft nicht am ganzen Umfang des Stamms, vielmehr ist hier oft streckenweise ein sehr schmaler Ring vorhanden, der dann beiderseits auskeilt. Deshalb findet man erstaunlich häufig **auskeilende Jahrringe** auf Bohrkernen von nur 5 mm Durchmes-

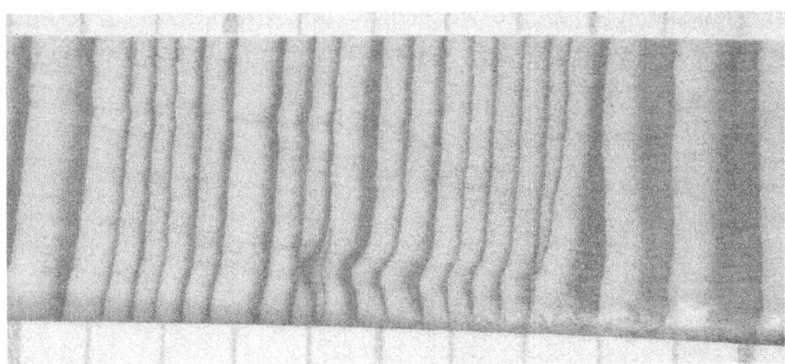

Abb. 3-11 Auskeilende Jahrringe an einer Weißtanne im Oberpfälzer Wald (Neunburg vorm Wald/ Stocka). (Foto: Elling).

ser (Abb. 3-11). Eine Abbildung von Nogler (1981) vermittelt eine räumliche Vorstellung von Jahrringausfällen im Stamm eines Baums.

Ausgefallene Ringe kann man durch Betrachten des Holzes selbstverständlich nicht erkennen. Zwar sieht man extrem schmale Ringe, die nur aus einer Reihe weiter Frühholztracheiden und einer Reihe enger Spätholztracheiden bestehen, noch unter dem Auflichtmikroskop; wäre dagegen nur noch eine Reihe von Spätholztracheiden vorhanden, so könnte diese nicht mehr als Zuwachsschicht eines Jahres erkannt werden und es würde demnach ein Ringausfall festgestellt. Der **Nachweis von Jahrringausfällen** erfolgt durch die Messung der Jahrringbreiten und Synchronisierung der Jahrringbreitenkurven mit den Hilfsmitteln der Dendrochronologie (Elling 1987, 1993). Daraus sind folgende Informationen zu gewinnen:

- Es kann sicher gesagt werden, ob ein Messradius auf einer Stammscheibe bzw. die Messstrecke auf einem Bohrkern eine vollständige Ringfolge aufweist oder ob es hier zu Jahrringausfällen gekommen ist.
- Sind Jahrringausfälle nachzuweisen, so kann ihre Zahl anhand der Synchronisierung sicher bestimmt werden; auskeilende Ringe werden dabei nicht als Ringausfälle aufgefasst.
- Anhand des Auseinanderlaufens der Jahrringkurven kann bei einer Unschärfe von einem bis zu drei Jahren der Zeitpunkt festgelegt werden, zu dem Jahrringausfälle begonnen haben (Elling 1987). Das bedeutet für ein Baumkollektiv das Einsetzen einer starken, mit Ringausfällen verbundenen Erkrankung oder Schädigung.

In neuerer Zeit hat Vins (1961, 1966) als erster auf Jahrringausfälle in Gebieten mit **Rauchschäden** hingewiesen. Jahrringausfälle können – wie auch Zuwachsrückgänge – verschiedene Ursachen haben. Ihre Verwendung als Indikatoren für eine immissionsbedingte Schädigung setzt den Ausschluss anderer Ursachen voraus. Das gilt insbesondere für die Konkurrenz durch Nachbarbäume und Einflüsse der Witterung. Für die einzelnen Baumarten muss dies getrennt diskutiert werden (Abschn. 6.1).

3.4.6 Darstellung der Ergebnisse

Die oben skizzierten Überlegungen haben zu einem standardisierten Verfahren für die Untersuchung des Jahrringbaus geführt (Elling 1987, 1993). Aus 20 herrschenden Probebäumen werden in Brusthöhe (1,3 m) je zwei Bohrkerne entnommen. Die Messung der Jahrringbreiten ermöglicht die Darstellung von Jahrringbreitenkurven. Die Kurven der beiden Bohrkerne von einem Baum werden als **Radienkurven** bezeichnet, aus der Mittelung von zwei Radienkurven eines Baums gehen dann **Baumkurven** hervor. Beide Formen können als **Kurvenscharen** dargestellt werden. Dies erfolgt halblogarithmisch, wie es in der Dendrochronologie allgemein üblich ist. Dadurch erscheinen prozentual gleiche Änderungen der Jahrringbreiten als gleiche Strecken – unabhängig von der absoluten Ringbreite. Die Wiedergabe der Jahrringbreitenkurven der 20 Stichproben-Bäume ermöglicht einen guten Einblick in die individuell unterschiedlichen Reaktionen eines Waldbestands.

Bei der Bildung von Mittelkurven aus den Daten zahlreicher Bäume ginge dieser weitgehend verloren. Insbesondere würden so die starken Reaktionen der besonders sensitiv reagierenden Bäume weitgehend unterdrückt; das hätte eine schwer wiegende Beseitigung von Information zur Folge.

4 Anthropogene Umweltveränderungen

4.1 Ökotoxikologische Grundlagen

Die **Ökotoxikologie** beschäftigt sich mit der Wirkung von Giftstoffen auf die Umwelt (griech.: *oikos* = Haus, Haushalt, Heimat; *toxikon* = Pfeilgift; *logos* = Gedanke, Kunde). Sie ist eine junge Wissenschaft, die erst in den letzten 20 oder 30 Jahren infolge der Sensibilisierung der Öffentlichkeit gegenüber Umweltveränderungen Profil gewonnen hat. Insbesondere versucht die Ökotoxikologie, anthropogene (griech.: *anthropos* = Mensch; *genesthai* = werden, entstehen) Gefahrenpotenziale abzuschätzen, die sich aus Wechselwirkungen zwischen Stoffen, die vom oder über den Menschen in die Umwelt gelangen, und den Organismen eines Ökosystems ergeben. Die **»Waldschadensforschung«** gehört in den engeren Bereich der Ökotoxikologie.

An der Entwicklung der Ökotoxikologie in den letzten Jahrzehnten sind die öffentlichen Medien nicht unbeteiligt gewesen. Publizistisch erfolgreiche Schlagworte wie „Waldsterben", „Luftschadstoffe", „Saurer Regen", „Treibhauseffekt" etc. haben in der Öffentlichkeit gemeinsam mit der Erfahrung von Geruchsbelästigungen oder der Beobachtung offensichtlich kranker oder absterbender Bäume Umweltbewusstsein geweckt und schließlich auch politisches Handeln bewirkt. Die ökotoxikologische Forschung, Ende des vorletzten Jahrhunderts zuerst in Deutschland etabliert, wurde schließlich gefördert. Ergebnisse geförderter Forschung haben Niederschlag auch in der **Gesetzgebung** gefunden.

Hier sollen lediglich einige **Grundprinzipien der Ökotoxikologie** diskutiert werden. Stoffe wirken auf Organismen, aber auch auf ein Ökosystem, über ihre Menge. Schon Paracelsus (1493–1541) hat gelehrt, dass die Dosis die Schadwirkung definiert: »Alle Ding' sind Gift, und nichts ohn' Gift; allein die Dosis macht, daß ein Ding kein Gift sey.« Eine Substanz, die unabhängig von ihrer Konzentration schädlich wirkt, gibt es nicht. Das gilt selbst für mutagene Verbindungen, wie sich aus der Erkenntnis der Möglichkeit der enzymatischen Genreparatur ergibt. Ökotoxikologie muss eine quantitative Wissenschaft sein. Qualitatives Denken hat keinen Platz in richtig verstandener Ökotoxikologie. Abbildung 4-1 zeigt eine übliche **Dosis-Wirkungsbeziehung** in halblogarithmischer Darstellung. Sie beschreibt die Wirkung eines hochwirksamen Stoffs auf einen Organismus. In geringer Konzentration des Stoffs ist zunächst keine Wirkung erkennbar. Erst von einem Schwellenwert an, der von der Natur des Stoffs, seiner Verfügbarkeit am Zielort und den Umgebungsbedingungen abhängt, kommt es zu messbarer Wirkung. Zur

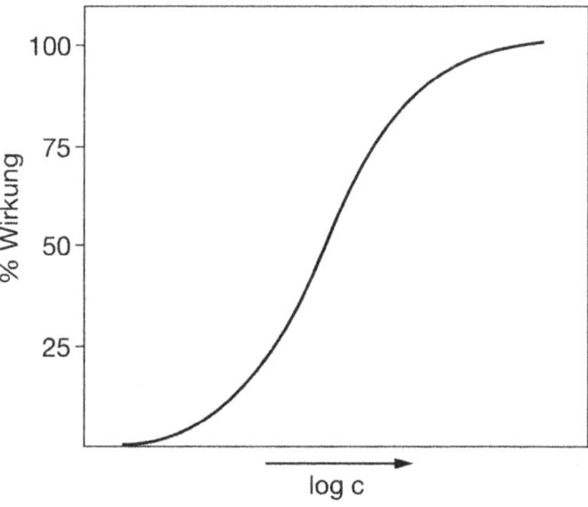

Abb. 4-1: Typische logarithmische Beziehung zwischen der Konzentration c eines toxischen Stoffs und seiner Wirkung auf einen Organismus. 100 % Wirkung entspricht der Sättigung einer Wirkung, doch kann Letalität schon weit unterhalb des Sättigungsbereichs (d. h. der völligen Hemmung eines wichtigen Stoffwechselwegs) eintreten.

Vollendung der Wirkung (zur „Sättigung") bedarf es in der Regel nicht unerheblicher Konzentrationen.

Es wird häufig verkannt, dass **Proportionalität** zwischen Konzentration und Wirkung **in komplexen Systemen nicht auftritt**. Biologische Systeme sind immer komplex. Das Fehlen von Proportionalität hat gute Gründe. Es führt zu wichtigen Konsequenzen. Wir wollen in Anlehnung an Kacser und Burns (1979) das Argument zunächst anhand einer einfachen enzymatischen Reaktionskette ableiten. Es gilt, differenzierter, für ganze Organismen, *mutatis mutandis* sogar für hochkomplexe Ökosysteme, wobei man allerdings geänderte Maßstäbe anwenden muss. In diesem Fall gelten als Wirkung auch Verschiebungen in der Balance eines Ökosystems.

In einem für das Verständnis der Einflussnahme potenziell schädlicher Stoffe stark vereinfachten Fall wollen wir verschiedene Enzyme einer Reaktionskette betrachten, die zusammen ein Substrat a über die Intermediate b, c, d etc. zum Endprodukt z umsetzen sollen. Enzym A produziert das Produkt b, das seinerseits dem Enzym B als Substrat dient. Dessen Produkt c wird vom Enzym C weiterverarbeitet etc.. Es ist offensichtlich, dass der Fluss von a zu z nicht funktionieren kann, wenn eines der Enzyme, gleichgültig welches, völlig ausfällt. Also sind alle Enzyme nötig.

Wenn alle Enzyme gleichzeitig um einen bestimmten Betrag in ihrer Aktivität reduziert werden, wird der Fluss durch das System offensichtlich um den gleichen Betrag reduziert werden, um den alle Enzymkonzentrationen reduziert wurden. Ein Gift, das alle Enzyme völlig unspezifisch und in gleicher Weise hemmt – ein in der Praxis nicht auftretender Fall – wird also lediglich den Fluss reduzieren, es sei denn, seine Konzentration sei so hoch, dass die Enzymaktivitäten auf null reduziert werden. Dann würde auch der Fluss null sein.

Wenn aber nur *ein* Enzym durch ein spezifisches Gift um einen bestimmten Betrag in seiner Aktivität reduziert wird, ist überhaupt nicht zu erwarten, dass der Fluss um den gleichen Betrag reduziert wird, da das ja heißen würde, dass alle anderen, durch das Gift nicht betroffenen Enzyme ohne Einfluss auf den Fluss wären. Damit wären wir sofort im Widerspruch zur Erkenntnis, dass jedes einzelne Enzym notwendig für den

Fluss ist. Mit anderen Worten: Alle Enzyme des Systems sind am Fluss beteiligt, wobei der Anteil eines bestimmten Enzyms an der Kontrolle des Gesamtflusses aber durchaus verschieden vom Anteil eines anderen Enzyms sein kann und in der Praxis auch sein wird. **Kontrolle** wird von allen Enzymen ausgeübt, aber in unterschiedlichem Maße. Nicht jedes Enzym ist gleich wichtig, aber alle sind gleich notwendig. Der Anteil eines Enzyms an der Kontrolle des Gesamtflusses lässt sich messen, indem man die Aktivität des betrachteten Enzyms um einen kleinen Betrag reduziert (um das System so wenig wie möglich zu stören) und dann den Effekt auf den Fluss misst. Dieser Effekt wird kleiner sein als die Aktivitätsreduktion des Enzyms, da ja auch andere Enzyme Einfluss auf den Fluss haben. Hemmt man ein Enzym lediglich um einen kleinen Betrag, wird man in der Regel wenig oder gar keinen Effekt beobachten, doch wird der verbleibende Anteil der Enzymaktivität nunmehr stärker als vorher an der Kontrolle des gesamten Flusses beteiligt sein.

Diese Erwägung gilt nun für jedes einzelne Enzym, das am Fluss beteiligt ist. Die Summe der Anteile aller einzelnen Enzyme am Fluss ist eins oder, in Prozenten ausgedrückt, 100 %. Der Anteil jedes einzelnen Enzyms am Fluss muss also kleiner als eins (oder als 100 %) sein, in der Regel sogar viel kleiner. Je größer die Zahl der Enzyme ist, die am Fluss teilnehmen, umso unwahrscheinlicher ist es, dass dieser Bruchteil auch nur annähernd an eins oder 100 % heranreichen kann, da das ja heißen würde, dass *ein* Enzym dominiert und viele Enzyme des Systems praktisch ohne Einfluss auf den Fluss, d. h. gar nicht nötig, wären. Wenn ein „unwichtiges" Enzym partiell gehemmt wird, wirkt sich das auf das Funktionieren des Systems kaum aus. Allerdings wird die Restaktivität des partiell gehemmten Enzyms nunmehr stärker als vorher beansprucht. Das partiell gehemmte Enzym ist also „wichtiger" geworden. Die Zahl der Enzyme, die den Stoffwechsel eines komplexen Organismus aufrechterhalten, ist nun außerordentlich groß. 1958, zu einem Zeitpunkt, als die Enzymologie am Beginn einer exponentiell verlaufenden Entwicklung stand, kannte man bereits 650 einzelne Enzymkatalysatoren (Dixon und Webb 1958). Heute sind es viel mehr. Das oben für **ein Enzym** abgeleitete Argument gilt nun für sehr viele Enzyme. Damit wird es verständlich, dass ein Gift, gleichgültig ob es hochspezifisch wirkt oder nicht, in sehr geringer Konzentration keinen messbaren Einfluss auf das Funktionieren eines Organismus nehmen kann, obgleich es durchaus an Wirkorte bindet und damit effektiv ist (Abb. 4-1). Es mag zwar ein Enzym oder, je nach Spezifität, mehrere Enzyme treffen, aber solange es nicht einen erheblichen Prozentsatz der Enzymaktivität hemmt (und damit die Restaktivität „wichtiger" für das Funktionieren des Systems macht), wird der Effekt auf den Fluss klein sein. Ist das Gift wenig spezifisch, wird einfach mehr gebraucht, um eine Wirkung zu erzeugen, und wieder sind geringe Konzentrationen ohne wesentlichen Effekt, obwohl das Gift „verbraucht", d. h. an Wirkungsorte gebunden wird.

Aus solchen Erwägungen lässt sich verstehen, warum die Belastung von Organismen durch nicht zu hohe Mengen an Giftstoffen häufig zunächst wenig Wirkung zeigt, es sei denn, ein spezifischer Giftstoff hemme ein Enzym, das wesentliche **Kontrollfunktion** im Stoffwechsel hat, d. h. ein Enzym in geringer Konzentration mit hohem Anteil an der Kontrolle eines essenziellen Stoffwechselwegs. Von Stoffen, die in geringer Konzentration hochgiftig sein sollen, ist also zu erwarten, dass sie „wichtige" Enzyme hochspezifisch treffen müssen, d. h. Enzyme mit erheblicher Kontrollfunktion in zentralen Stoffwechselwegen. Solche Stoffe werden im **Pflanzenschutz** von der Industrie intensiv als **Wirkstoffe** gesucht. Auch wenn ein solcher Stoff gefunden und das Zielenzym bekannt ist, gilt die Darstellung in Abbildung 4-1, nach der die Wirksamkeit erst nach dem Überwinden einer ineffektiven Schwellenkonzentration einritt.

Das ist aber nur *ein* Aspekt ökotoxikologischer Betrachtung. Noch wichtiger ist der Einfluss, den Organismen selbst auf einen **Störfaktor** ausüben. Gifte können in harmlose Verbindungen umgewandelt oder abgebaut werden. Tatsächlich werden im Pflanzenschutz verwendete hochaktive Verbindungen mit großem finanziellen Aufwand auf **Abbaubarkeit** überprüft. Dieser Abbau mag durch chemische Instabilität bedingt sein, doch ist er häufig durch Organismen katalysiert. Organismen verfügen über effektive **Schutzsysteme**, die der Detoxifizierung aufgenommener oder im Stoffwechsel entstehender aggressiver Verbin-

dungen dienen. Wirkstoffe können vom Organismus ausgeschieden oder an unschädlicher Stelle im Organismus deponiert werden. Auch diese Verhältnisse führen dazu, dass **Dosis-Wirkbeziehungen** in Richtung hoher Dosen verschoben werden. Überdies können Giftwirkungen, auch nachdem sie auftreten, wieder verschwinden. „Schaden" kann repariert werden. Es bedarf keiner besonderen Erwähnung, dass auch dies im Pflanzenschutz praktisch ausgenutzt wird.

Es ist also wichtig zu beachten, dass im biologischen Bereich das einfache Dosis-Wirkungsgesetz nicht gilt, nach dem das Produkt von Konzentration und Zeit die gleiche Wirkung erzielt, unabhängig davon, ob dieses Produkt aus kleiner Konzentration und langer Zeit oder hoher Konzentration und kurzer Zeit resultiert. Vielmehr ist im biologischen Bereich kurze Einwirkung bei hoher Konzentration wirksamer als niedrige Konzentration bei langer Einwirkungszeit, auch wenn die Produkte von Konzentration und Zeit identisch sind.

So lässt sich verstehen, warum es gerechtfertigt ist, nach **Toleranzgrenzen** gegenüber Giftstoffen zu suchen und bei Beachtung vernünftiger Kriterien auch festzulegen. Die populäre Forderung nach Giftfreiheit ist nicht nur unrealistisch, sondern auch – und nicht nur in Anbetracht der Kosten, die bei vorbeugender Giftbeseitigung entstehen – unvernünftig.

Obwohl somit Organismen ebenso wie Ökosystemen eine erhebliche **Flexibilität** gegenüber Giftwirkungen attestiert werden muss, wird doch, was der Mensch in anthropomorpher Sichtweise als Schaden diagnostiziert, bei Waldökosystemen seit Jahrzehnten beobachtet. Waldschäden werden hinsichtlich einzelner Baumarten nach bestimmten Kriterien klassifiziert und in den jährlichen **Waldzustandsberichten** der Bundesregierung der Öffentlichkeit bekannt gemacht. Wenn heute weithin Schäden an Waldökosystemen als eine Folge auch der Einwirkung chemischer „Schadstoffe" (Spurengase, „Saurer Regen", Nährstoffeinträge u. a.) betrachtet werden, muss gleichzeitig die Mitwirkung auch anderer Faktoren berücksichtigt werden. Dazu zählen die Folgen jahrhundertelanger Waldnutzung durch Holz- und Streuentnahme sowie durch Waldweide, die in weiten Gebieten der Mittelgebirge zu Nährstoffverarmung geführt haben, ebenso wie **klimatische Faktoren**, etwa Dürre und Frost (Abschn. 3.3). Das Ineinandergreifen einzelner Faktoren macht eine lückenlose ökologische Ursachenforschung schwierig, wenn nicht in Anbetracht der Komplexität des Problems unmöglich.

In einem **Vielfaktorensystem** ist Ursächlichkeit nur dann zu beweisen, wenn es gelingt, Einzelfaktoren herauszugreifen, alle anderen Faktoren konstant zu halten und dann die Wirkung dieses einen Faktors auf das System experimentell zu untersuchen. Das ist nur im **Laborexperiment** möglich. Eine volle Analyse verlangt solches Vorgehen aber nicht nur für jede Einzelkomponente des Systems, sondern auch für Wechselwirkungen zwischen den verschiedenen Komponenten. Experimentell arbeitende Wissenschaftler wissen, wie viel Aufwand zu treiben ist, um selbst simple Zweifaktorensysteme in ihrer gegenseitigen Abhängigkeit voll zu verstehen. Dreifaktorensysteme sind schon sehr schwierig zu beherrschen. Ökosysteme sind demgegenüber Vielfaktorensysteme, die einer **analytischen Bearbeitung** so, wie sie im Labor durchgeführt werden kann, gar nicht zugänglich sind. Es überrascht keineswegs, dass es in diesem Bereich **Meinungsvielfalt** auch bei Experten gibt. „**Wissenschaftsethik**" verlangt volle und klare Beweisführung von Ursachen, wenn gefragt wird, warum in den letzten Jahrzehnten Waldökosysteme in Mitteleuropa in Mitleidenschaft gezogen wurden. Damit sind wir gegenwärtig überfordert. „**Umweltethik**" kann es sich dagegen leisten, weniger anspruchsvoll zu sein. Hier fordern schon Wahrscheinlichkeiten zum Handeln auf. **Umweltschutzmaßnahmen** (Luft- und Wasserreinhaltung, Abfallwirtschaft, Strahlenschutz u. a.) wurden vom Gesetzgeber ergriffen, nachdem bekannt wurde, welche Wirkung hohe Konzentrationen bestimmter Stoffe auf Organismen haben. „Unschädliche" Grenzkonzentrationen wurden dann definiert, als in zeitlich begrenzten, einfachen Experimenten keine schädliche Wirkung mehr festgestellt werden konnte. Das kann indessen keineswegs heißen, dass geringe und zunächst als unschädlich betrachtete Konzentrationen nicht über lange Zeiten Änderungen in Ökosystemen bewirken, die in anthropomorpher Sicht als Schäden definiert werden müssen. Im zeitlich begrenzten Laborexperiment werden solche Wirkungen nicht sichtbar werden. Das ist ein Dilemma gegenwärtiger Erkenntnis.

Da es Aufgabe der Ökotoxikologie ist, zu einer möglichst realistischen Beurteilung der **Umweltrisiken** von Technologien zu kommen, ist es nicht verwunderlich, dass sie in das Spannungsfeld finanzieller, politischer und gesellschaftlicher Interessen gerät. Von dieser Problematik ist auch die Waldschadensforschung betroffen. Sie geriet unter den Zugzwang, kompetente und plausible Aussagen zu machen. Damit ist sie infolge der extremen **Komplexität, Diversität und Heterogenität von Waldökosystemen** zumindest gegenwärtig überfordert. Dennoch sind Vermutungen über kausale Prozesse beim Zustandekommen von Waldschäden legitim, soweit sie eine Basis in experimentellen Beobachtungen haben oder auf plausibler Deduktion aus solchen Beobachtungen beruhen. Das Phänomen erhöhter Protonen- und Stickstoffeinträge in mitteleuropäische Waldökosysteme ist sehr gut belegt und offensichtlich anthropogen bedingt. Auch ist unbestreitbar, dass die Tätigkeit des Menschen dazu geführt hat und weiterhin dazu führt, dass aggressive Verbindungen wie Schwefeldioxid oder Ozon in erhöhter Konzentration in die Luft und über den Gasaustausch in Organismen gelangen. Durch solche Einwirkungen können tatsächlich Waldökosysteme und ihre organismischen Komponenten „gestört", d. h. von einem vorher bestehenden Zustand ausgelenkt werden. Diese Auslenkung von Ökosystemkomponenten in eine „standortuntypische" Richtung nennt man **Drift**. Ob und inwieweit erhöhte Nährstoff- und Säureeinträge jedoch neben einer Einwirkung auf Bodenchemie, Bodenphysik und Grundwasserchemie, also realen **ökotoxikologischen Folgen**, zusammen mit einer Aufnahme von reaktiven Gasen in oberirdische Organe schließlich auch beobachtete Schäden an Gehölzkronen, also Waldschäden im Sinne der Waldschadensklassifizierung, auslösen können, bedarf weiterhin einer sorgfältigen Analyse.

4.2 Chemische Umwelt-faktoren

Seit Beginn der **industriellen Revolution** im 19. Jahrhundert werden ursprünglich ruhende Ressourcen wie etwa Stein- und Braunkohle, Erdöl, Erdgas, Erze, Mineralien, Holzvorräte etc. weltweit erschlossen und dem industriellen Wertschöpfungsprozess zugeführt. Sie werden vom Ort der Gewinnung an Bearbeitungsorte transportiert und dort komplexen **Umwandlungsprozessen** unterworfen. Bei dieser Umwandlung entstehen **Abfallprodukte**, die in mehr oder weniger konzentrierter Form entweder deponiert oder als Gase in die Umwelt entlassen werden und, wenn sie nicht chemisch inert sind, auf sie wirken. Auch industrielle Fertigprodukte sind keineswegs stabil. Auch sie werden unter der Tätigkeit des Menschen letztlich zu Abfall, der in konzentrierter Form gelagert und bei der Lagerung weiter umgewandelt wird. Wirtschaftsprozesse bewirken heute gewaltige **Umverteilungsprozesse** von festen, flüssigen und gasförmigen Stoffen, die aufeinander und auf ihre Umwelt einwirken. Aufgrund des Strebens der Menschheit nach Wohlstand entwickeln sich diese Prozesse viel schneller als es der **Bevölkerungsentwicklung** entspricht, deren erschreckendes und ihrerseits von Wissenschafts- und Wirtschaftsentwicklung abhängiges Wachstum Abbildung 4-2 zeigt.

4.2.1 Gase der Atmosphäre

Die Atmosphäre enthält sowohl inerte als auch potenziell **reaktive Gase**. Inert sind die Edelgase Argon, Neon, Helium, Krypton und Xenon, die zusammen mit nur 0,936 % an der Gaszusammensetzung der Luft beteiligt sind. Stickstoff, mit 77,08 % (Volumenprozent) in der Luft enthalten, ist weitgehend inert, kann aber mit Sauerstoff unter dem Einfluss elektrischer Entladungen (Blitze) oder hoher Temperaturen (Diesel- und Ottomotoren) zu Stickstoffmonoxid (NO) und weiter zu Stickstoffdioxid (NO_2) reagieren. Der Sauerstoffgehalt der Luft liegt bei 20,95 %. Molekularer Sauerstoff bedarf der Anregung (d. h. der Zufuhr von Anregungsenergie), um mit Reaktionspartnern Verbindungen einzugehen. Diese können ihrerseits durch Absorption energiereicher Quanten des Sonnenlichts angeregt werden, wobei kurzlebige außerordentlich **reaktive Radikale** entstehen, die zusammen mit Sauerstoff Stoffumwandlungen vermitteln. Die Photochemie der Atmosphäre ist außerordentlich komplex.

Andere Gase sind in wesentlich geringerem Maß an der Zusammensetzung der Luft beteiligt. Der durchschnittliche CO_2-Gehalt liegt gegenwärtig bei 0,035 %, doch ist die Tendenz steigend. Vor Beginn der industriellen Revolution, etwa in der Mitte des letzten Jahrhunderts, war Kohlendioxid (CO_2) nur mit 0,028 % an der Zusammensetzung der Luft beteiligt.

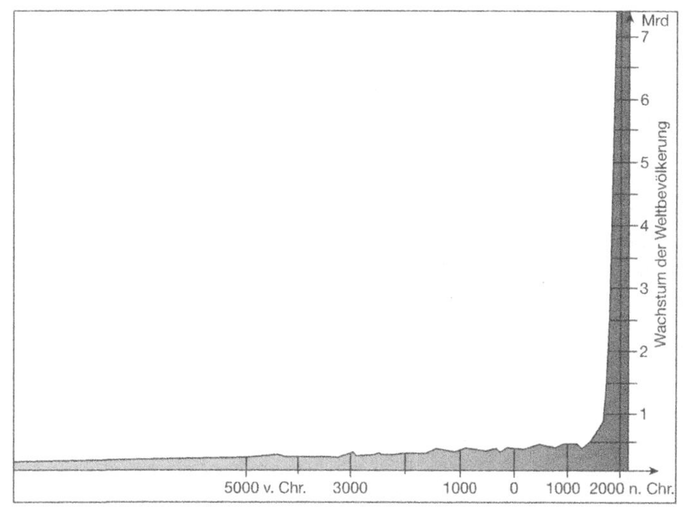

Abb. 4-2: Zahlenmäßige Entwicklung der Erdbevölkerung in vorgeschichtlicher und geschichtlicher Zeit (FCI 1995).

Wichtige **Spurengase** sind **Stickstoffmonoxid** (NO), das durch Sauerstoff zum Stickstoffdioxid (NO_2) oxidiert wird, **Schwefeldioxid** (SO_2) und **Ozon** (O_3). Abbildung 4-3 zeigt durchschnittliche Konzentrationen von NO, SO_2 und O_3 in der Luft, wie sie von Messstationen in den letzten Jahrzehnten in verschiedenen Gegenden Deutschlands aufgezeichnet wurden. NO_2 wirkt oxidativ. Seine Konzentration in durchmischter Luft, in Deutschland oft bei ca. 0,000001 % oder 10 ppb (10 ppb = ca. 20 $\mu g/m^3$), ist in der Regel höher als die des weniger reaktiven NO. SO_2 kommt häufig, aber keineswegs überall in einem ähnlichen Konzentrationsbereich wie NO_2 vor. In der Nähe von Emittenten oder unter dem Einfluss von Inversionslagen, wenn Kaltluft in Bodennähe unter höher gelegener Warmluft die Durchmischung von Luftschichten verhindert, kann seine Konzentration indessen zeitweise lokal 200 ppb erreichen und übersteigen. In Europa und den USA entsteht es vorwiegend bei der Röstung schwefelhaltiger Mineralien und der Verbrennung schwefelhaltiger Braun- und Steinkohle. In erheblichem Umfang kann es auch bei **Vulkanausbrüchen** in die Atmosphäre gelangen. So wird geschätzt, dass beim Ausbruch des Pinatubo im Jahre 1991 60 Millionen Tonnen SO_2 emittiert wurden. Ozon (O_3) wird tagsüber aus O_2 und dem reaktiven Sauerstoffradikal O˙ gebildet, das unter dem Einfluss langwelliger UV-Strahlung bei der Dissoziation von NO_2 zu NO und O˙ entsteht. Es zerfällt wieder in einer Umkehrung der Bildungsreaktion

$$O_3 + NO \rightarrow NO_2 + O_2 \qquad (1),$$

sodass sich ein Gleichgewicht zwischen den Reaktionspartnern ausbildet, das tagsüber unter dem Einfluss des Sonnenlichts in Richtung Ozon verschoben ist. **Ozon** ist eines der stärksten **Oxidationsmittel**, die es gibt. Ammoniak (NH_3), ein potenzieller Pflanzennährstoff, kann in der Nähe von Emittenten Konzentrationen in der Luft erreichen, die pflanzentoxisch sind.

Beispiele anderer Luftschadstoffe, die hinsichtlich ihrer unmittelbaren Einwirkung auf Pflanzen indessen lediglich lokale Bedeutung haben, sind Fluorwasserstoff (HF), Chlorwasserstoff (HCl) und reaktionsfähige organische Peroxide wie Peroxiacetylnitrat (PAN). Letzteres ist ein Bestandteil des so genannten Los Angeles Smogs. Es wird unter dem Einfluss des Sonnenlichts gebildet, dessen energiereiche Strahlung nicht nur Ozon, sondern auch eine Vielzahl an reaktionsfähigen Radikalen entstehen lässt. Durch radikalvermittelte Reaktionen kommt es in einer Atmosphäre, die kohlenwasserstoffhaltige Autoabgase enthält, intermediär zur Synthese von PAN und ähnlichen Peroxiden, bevor weitgehender Abbau zu CO_2 erreicht ist. Allerdings liegt die Konzentration der Peroxide in der Regel erheblich unter der des ähnlich reaktiven Ozons.

Kohlenmonoxid ist im Gegensatz zu den vorgenannten Gasen nur in sehr hoher Konzentration pflanzentoxisch. In durchmischter Luft werden schädliche Konzentrationen nie erreicht. Weitere Spurengase sind Lachgas (N_2O) und Methan (CH_4). Beide sind ebenso wie Kohlendioxid (CO_2) an der Ausbildung des so genannten **Gewächshauseffekts** beteiligt und haben somit klimatische, nicht aber unmittelbar pflanzenschädliche Bedeutung. Äthylen (C_2H_4), das als Phytohormon wirken kann, Benzol (C_6H_6) und andere flüchtige Kohlenwasserstoffe wie etwa Terpenoide, die indessen nicht anthropogenen, sondern pflanzlichen Ursprungs sind, kommen ebenfalls in geringen Konzentrationen in der Luft vor.

Tabelle 4-1 zeigt Mittelwerte für die Konzentration einiger Spurengase in der Luft an, die in-

Tab. 4-1: Globale Mittelwerte der Konzentrationen einiger Gase in der Atmosphäre

	chemisches Symbol	Volumenanteil (ppb)[1]
Kohlendioxid	CO_2	350 000
Methan	CH_4	1 700
Lachgas	N_2O	250
Wasserstoff	H_2	500
Kohlenmonoxid	CO	200
Ozon	O_3	10
Ammoniak	NH_3	7
Schwefeldioxid	SO_2	3
Stickstoffdioxid	NO_2	2
Stickstoffmonoxid	NO	1

1) 1 ppb = 1 nPa/Pa entspricht einer Verdünnung von 1:109 in Luft

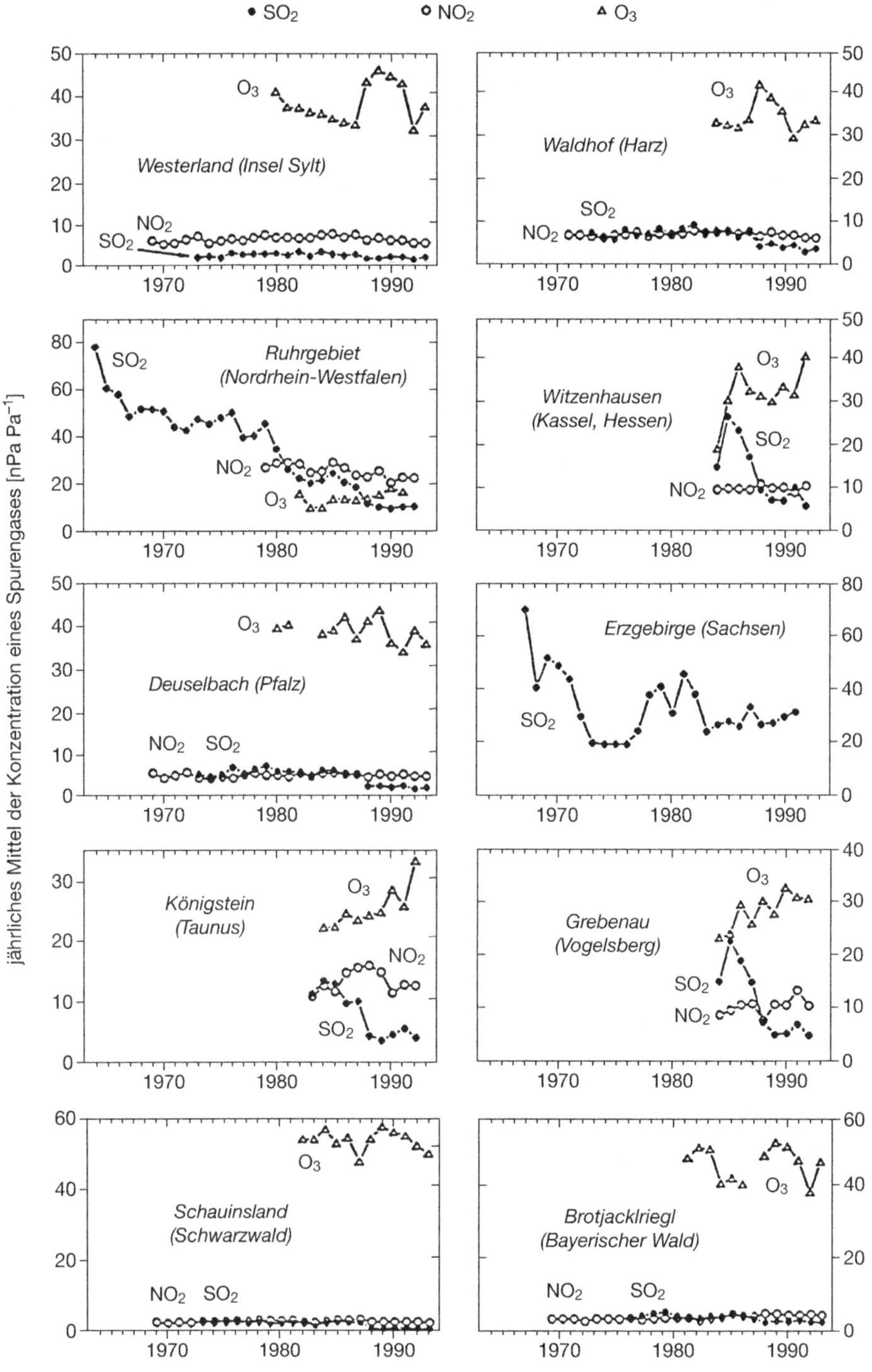

Abb. 4-3: Jährliche Durchschnittswerte für die Konzentration von SO_2, NO_2 und Ozon in ppb, gemessen von Messstationen in verschiedenen Gegenden Deutschlands seit 1964 oder später (Slovik et al. 1996b). Es ist zu beachten, dass die Standardabweichungen (nicht gezeigt) außerordentlich hoch sein können. nPa Pa⁻¹ = ppb = *ein Teil in einer Milliarde Teile Luft.*

dessen lediglich als Richtwerte zu betrachten sind, da lokal erheblich abweichende Konzentrationen auf die Umwelt einwirken können.

Abbildung 4-3 zeigt für drei potenziell pflanzenschädliche reaktive Spurengase Messwerte im **Jahresdurchschnitt** in Teilen pro Milliarden Teile Luft (ppb) aus verschiedenen Regionen der Bundesrepublik Deutschland. Dabei ist die unterschiedliche Skalierung innerhalb der Abbildung zu beachten. Die Abweichungen von den Durchschnittswerten der Tabelle 4-1 sind beträchtlich. So waren gemessene Ozonkonzentrationen während der Messperiode, die die sich über Jahre erstreckte, immer wesentlich höher als der in Tabelle 4-1 für Ozon angegebene Wert. Ähnliche Verhältnisse gelten auch für NO_2 und SO_2 zumindest in einigen Regionen. Dabei ist die Abnahme der Jahresmittelwerte für SO_2 besonders im Ruhrgebiet, aber auch in Hessen und selbst im Erzgebirge auffällig, obgleich SO_2 im Erzgebirge immer noch durch den Einfluss von Kraftwerksemissionen aus der Tschechischen Republik dominiert. Der Rückgang in den Messwerten für SO_2 ist eine Folge restriktiver Auflagen aus dem **Bundesimmissionsschutzgesetz** und nationaler wie auch internationaler Absprachen zur Reduktion industrieller Emissionen.

4.2.2 Emissionen

Unter Emissionen versteht man die Abgabe von in der Regel gasförmigen Stoffen in die Atmosphäre. Sie sind **natürlichen** oder **anthropogenen Ursprungs**. In ökotoxikologischer Sicht können industrielle Emissionen oder Emissionen, die aus starkem Verkehrsaufkommen resultieren, selbst dann ökotoxikologisch bedeutsam sein, wenn sie gegenüber natürlichen Emissionen zurücktreten, weil lokal zunächst hohe Konzentrationen an potenziell schädlichen Stoffen erreicht werden können. Nicht selten sind bei globaler Betrachtung natürliche Quellen produktiver als anthropogene Quellen. Tabelle 4-2 vergleicht die anthropogene Emission von Gasen mit der Gesamtemission, soweit solche Werte abschätzbar sind. Aufgrund unterschiedlicher Basisdaten weichen Schätzwerte erheblich voneinander ab.

4.2.2.1 Schwefeldioxid

Anthropogene Emissionen von SO_2 überwiegen in den Industriestaaten bei weitem die Emissionen aus anderen Quellen. Bei letzteren sind insbesondere vulkanische Eruptionen bedeutsam. Auch reduzierte Schwefelverbindungen werden an die Atmosphäre abgegeben. Sie sind vulkani-

Tab. 4-2: Vergleich anthropogener Emissionen mit globalen Emissionen in der Bandbreite publizierter Werte (FCI 1995)

Verbindung	Emissionen in 10^6 t pro Jahr		
	anthropogen	insgesamt	anthropogene Emissionen in %
CO_2	20 000 – 30 000	700 000 – 1 000 000	ca. 3
CO	400 – 1 000	1 500 – 5 800	ca. 20
Schwefelverbindungen[1]	160 – 240	290 – 500	ca. 50 oder mehr
CH_4	140 – 500	268 – 973	ca. 50
Kohlenwasserstoffe ohne CH_4	40 – 70	640 – 1 400	ca. 7
$NO + NO_2$	50 – 180	70 – 320	ca. 60
NH_3 [2]	20 – 40	> 1 200	3

1) SO_2 plus reduzierte Schwefelverbindungen, gerechnet als SO_2
2) schließt Methan- bzw. Ammoniakemission aus Tierhaltung und beim Methan auch aus Reisanbau ein

schen oder biologischen Ursprungs. Dabei handelt es sich um Schwefelwasserstoff (H_2S), Dimethylsulfid (($CH_3)_2S$) und in geringerem Maße Schwefelkohlenstoff (CS_2). Global handelt es sich dabei um durchaus bedeutsame Mengen, die sekundär in der Atmosphäre unter dem Einfluss des Sonnenlichts oxidiert werden, wobei SO_2 intermediär entsteht. Endprodukte sind SO_3 bzw. Schwefelsäure. **Schätzwerte für anthropogene Emissionen von SO_2** gehen global von mehr als 160 Millionen Tonnen aus. In den industrialisierten Ländern Europas und Nordamerikas kann man rechnen, dass mehr als 95 % des emittierten SO_2 anthropogenen Ursprungs sind. SO_2 gelangt vor allem bei der Verbrennung schwefelhaltiger fossiler Brennstoffe in die Atmosphäre. Abbildung 3-3 demonstriert die Entwicklung der Emissionen von SO_2 und von NO_x (Summe von NO plus NO_2) in Deutschland seit der Mitte des letzten Jahrhunderts. Die **Industrialisierung** des Landes hat zu einer dramatischen Erhöhung des SO_2-Ausstoßes geführt, die nur in Kriegszeiten und Zeiten ökonomischer Krise unterbrochen wurde. Allerdings haben dann in den 1970er Jahren auch in der Öffentlichkeit diskutierte **Waldschäden** zusammen mit einem entwickelten Umweltbewusstsein den Gesetzgeber veranlasst einzugreifen. Nationale und internationale Auflagen zur Reduktion von Emissionen haben vor allem in den alten Bundesländern Deutschlands seit 1973 zu einer sehr erheblichen Reduktion der Emissionen geführt. Tabelle 4-3 zeigt Emissionen aus verschiedenen Ländern im Jahre 1990 oder kurz davor im Vergleich zu entsprechenden Emissionen zehn Jahre früher. Danach haben es die ökonomischen Grunddaten nur in wenigen Ländern nicht erlaubt, freiwillig übernommene Verpflichtungen zur Reduktion der Emissionen zu erfüllen oder über diese Verpflichtung hinauszugehen. Allerdings ist keineswegs klar, ob die nationaler Kontrolle unterworfenen publizierten Daten die Tatsachen wirklich korrekt wiedergeben. Im **Helsinki-Protokoll** wurde die internationale Vereinbarung getroffen, SO_2-Emissionen bis zum Jahre 1993 um mindestens 30 % gegenüber dem Niveau von 1980 zu senken, doch wecken **kritische Analysen** Skepsis, ob nicht auch nationale Interessen in einzelnen Ländern dazu geführt haben, die Vereinbarung zu unterlaufen (Ringquist und Konstantinova 2005).

Tab. 4-3: SO_2-Emissionen aus verschiedenen Ländern 1988[a)], 1989[b)] oder 1990[c)]

Land	SO_2-Emissionen (10^6 t pro Jahr)	Änderung gegenüber 1980
Belgien	0,443[c]	−46 %
Bulgarien	1,27[b]	+22 %
frühere CSFR	2,44[c]	−21 %
Dänemark	0,18[c]	−60 %
Bundesrepublik Deutschland (vor der Wiedervereinigung)	0,98[c]	−71 %
frühere Deutsche Demokratische Republik	4,75[c]	+10 %
Finnland	0,26[c]	−55 %
Frankreich	1,26[c]	−62 %
Großbritannien	3,77[c]	−23 %
Irland	0,17[c]	−24 %
Italien	2,18[b]	−43 %
Kanada	3,7[c]	−20 %
Niederlande	0,21[c]	−55 %
Norwegen	0,05[c]	−61 %
Österreich	0,09[c]	−77 %
Polen	3,21[c]	−22 %
Portugal	0,2[a]	−23 %
Rumänien	1,8[b]	keine
Russland, europäischer Teil	4,46[c]	−38 %
Spanien	2,3[c]	−30 %
Schweden	0,17[c]	−67 %
Schweiz	0,06[c]	−51 %
Ungarn	1,0[c]	−38 %
Ukraine	2,8[c]	−28 %
Vereinigte Staaten	21,2[c]	−9 %
Weißrussland	0,6[b]	−19 %
Jugoslawien	1,48[c]	+14 %

Tab. 4-4: Schwefeldioxidemissionen im Jahr 1990 in Bezug auf Bodenfläche und Einwohnerzahl in der Bundesrepublik Deutschland (alte und neue Bundesländer), der früheren CSSR (jetzt Tschechische Republik und Slowakische Republik) und in Polen

Land	SO_2-Emission (kg/Einwohner)	SO_2-Emission (mmol/m² Bodenfläche)
Bundesrepublik Deutschland, alte Bundesländer	15,3	58
Bundesrepublik Deutschland, neue Bundesländer	280	735
frühere CSSR	150	300
Polen	83	160

Indessen ist die absolute Höhe der Emissionen in einem Land für sich selbst noch wenig aufschlussreich. Von Interesse ist vielmehr die Beziehung zur Bodenfläche oder zur Bevölkerungszahl, wie sie Tabelle 4-4 zeigt. Demgemäß war die durchschnittliche SO_2-Belastung der Luft bezogen auf die Einwohnerzahl in den neuen Bundesländern auch noch nach der Wiedervereinigung im Jahre 1990 noch nahezu 20-mal höher als in den alten Bundesländern. 1991 war dann der Faktor von fast 20 auf etwa 13 abgesunken. Die östlichen Nachbarländer der Bundesrepublik nahmen in der durchschnittlichen Belastung eine Mittelstellung zwischen den alten und den neuen Bundesländern der Bundesrepublik Deutschland ein.

Jedoch sind auch die Zahlen der Tabelle 4-4 kritisch zu betrachten. Sie berücksichtigen nicht die **Verfrachtung von Emissionen** durch Luftströme. Die dominierende Windrichtung in Mitteleuropa verläuft von West nach Ost. Abbildung 4-4 gibt eine Übersicht über die Import/Exportsituation für SO_2-Emissionen. Danach ist die Bundesrepublik immer noch ein Netto-Exporteur von Schwefeldioxid, obwohl sich die Emissionssituation in den letzten Jahren ganz wesentlich gewandelt hat.

Emittiertes Schwefeldioxid ist auch in der Luft nicht stabil. In der Gasphase vermag es durch Hydroxylradikale zu SO_3 oxidiert zu werden. Die mittlere Konzentration von Hydroxylradikalen in der Luft wird mit 5×10^5 cm^{-3} angegeben (FCI 1995). Das erscheint zunächst viel, doch wenn man auf ppb-Basis rechnet, sind es lediglich etwa 0,00001 ppb. SO_2 ist leicht wasserlöslich und reagiert in der Atmosphäre dort, wo Wasserdampf zu Wolken kondensiert, mit Wasser zu schwefliger Säure:

$$SO_2 + H_2O \rightarrow H_2SO_3 \tag{2}.$$

In dieser Form unterliegt es der langsamen Oxidation zu Schwefelsäure durch Wasserstoffperoxid und Ozon bzw. reaktiven Abbauprodukten von Ozon und trägt zu **saurem Regen** bei. Wasserstoffperoxid ist ein Produkt der Kombination zweier Hydroxylradikale oder zweier HO_2-Radikale. Die mittlere Verweilzeit von SO_2 in der Luft beträgt einen Tag bis maximal vier Tage. Damit ist allerdings lediglich die Zeit gemeint, in der die Konzentration zunächst emittierten Schwefeldioxids um die Hälfe abgesunken ist. Da das Absinken der Konzentration als Folge natürlicher Oxidationsprozesse formal weitgehend einer Reaktion erster Ordnung gemäß

$$d(SO_2)/dt = k(SO_2) \tag{3}$$

entspricht, wobei (SO_2) die Konzentration angibt und k die Geschwindigkeitskonstante ist, bedarf die vollständige Oxidation in der Atmosphäre langer Zeiten. Während dieser Zeit sind Verlagerungen über Tausende von Kilometern in Luftströmungen möglich.

4.2.2.2 Stickstoffoxide

Die bei der Verbrennung von fossilen Brennstoffen in der Luft entstehenden hohen Temperaturen führen zur Bildung von Stichstoffmonoxid (NO) vorwiegend aus dem Stickstoff der Luft, aber auch aus dem des Brennstoffs. Anschließend wird NO in der Atmosphäre radikalvermittelt zu Stickstoffdioxid (NO_2) oxidiert, das dann häufig dominiert. Beide Oxide werden häufig zu NO_x zusammengefasst, obwohl sie sich erheblich in ihrer Reaktivität unterscheiden. NO_2 wird in der Luft unter dem Einfluss von Hydroxylradika-

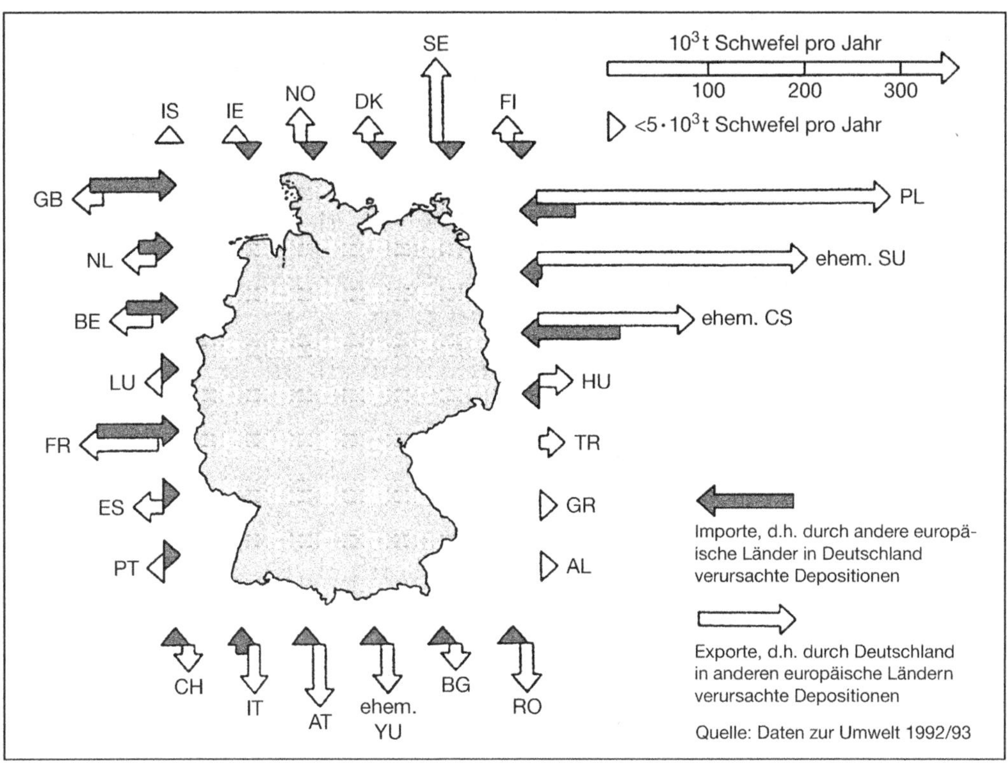

Abb. 4-4: Grenzüberschreitende atmosphärische Transporte von emittiertem Schwefel im Jahr 1990. (Umweltbundesamt 1994).

len langsam zu **Salpetersäure** (HNO_3) oxidiert, die, da sie außerordentlich wasserlöslich ist, mit den Niederschlägen in den Boden gelangt. Dadurch ist die mittlere Verweilzeit in der Atmosphäre kürzer als die von SO_2.

In Abbildung 3-3 ist im Vergleich zu SO_2 gezeigt, wie sich NO_x-Emissionen mit fortschreitender Industrialisierung und Entwicklung des Verkehrs entwickelt haben. Während Kraft- und Fernheizwerke wesentlich zur Emission von SO_2 beitragen, sind Verbrennungsvorgänge in Diesel- und Ottomotoren primär verantwortlich für die Emission von Stickstoffoxiden. Bis ca. 1960 trat die Emission von NO_x hinter der von SO_2 zurück. Mit der rapiden **Entwicklung des Kraftverkehrs** stiegen dann die NO_x-Emissionen stärker als die von SO_2. Entschwefelungsanlagen in den Kraftwerken konnten ab ca. 1973 den SO_2-Ausstoß stark absenken. Trotz der Propagierung des Einbaus von Katalysatoren in Fahrzeuge gelang es nicht, den NO_x-Ausstoß vergleichbar zu reduzieren, sodass nunmehr die NO_x-Emission die SO_2-Emission in den alten Bundesländern deutlich übersteigt. Das gilt indessen nicht für die neuen Bundesländer, in denen die SO_2-Belastung trotz stark gestiegenen Kraftverkehrs höher ist als die NO_x-Emission (Abb. 3-3). In Tabelle 4-5 sind die jährlichen NO_x-Emissionen auf die Fläche der Bundesrepublik einschließlich der neuen Bundesländer in Hektar (ha) bezogen. Dabei ist zu beachten, dass es sich um Durchschnittswerte

Tab. 4-5: NO_x-Emissionen der Bundesrepublik Deutschland plus frühere DDR von 1955 bis 1990 in Millionen Tonnen bzw. in kg pro Hektar (Umweltbundesamt 1994 und FCI 1995)

Gesamt-emissionen	1955	1975	1985	1990
in 10^6 t	1,35	3,24	3,7	3,15
in kg/ha	40	91	104	88

handelt. Das Ausmaß von Verlagerungen in der Atmosphäre und von Depositionen aus der Atmosphäre hängt von den Wetterbedingungen ab und kann lokal sehr unterschiedlich sein.

Stickstoffoxide sind nicht nur **potenzielle Luftschadstoffe**, sie sind auch **potenzielle Dünger**. Für ein Verständnis der Düngerwirkung ist es wichtig zu wissen, dass Landwirte bis zu 150 kg Stickstoffdünger pro ha zur Düngung von Feldern ausbringen, während Waldflächen landwirtschaftliche Stickstoffdüngung in vergangener Zeit lediglich über die Waldweide erhielten.

In internationalen Vereinbarungen hat sich die Bundesrepublik verpflichtet, NO_x-Emissionen gegenüber den Emissionen zwischen 1980 und 1985 erheblich zu senken. 1991 betrug der Rückgang der Emissionen ca. 15 %. 1998 sollten 30 % erreicht sein. Für 2001 war ein Jahresgrenzwert für den Schutz der Vegetation von 30 $\mu g/m^3$ NO_x, entspricht etwa 20 ppb, vorgesehen.

4.2.2.3 Lachgas

Lachgas (N_2O) entsteht unabhängig von menschlicher Einwirkung durch den mikrobiologischen Abbau von organischen Stickstoffverbindungen im Boden. Wesentliche anthropogene Kompo-

nenten in Deutschland sind Emissionen während der industriellen Produktion von Adipinsäure und aufgrund des Einsatzes von Stickstoffdüngern in der Landwirtschaft, die Pflanzenwachstum fördern und damit den Umsatz organischen Materials im Boden erhöhen (Tab. 4-6). Aus diesem Grund erhöht Stickstoffdüngung natürliche N_2O-Emissionen. **Anthropogen erhöhte N_2O-Emission** wird global auf 1,4 bis 6,5 Millionen Tonnen pro Jahr geschätzt, während für die Bundesrepublik Deutschland 0,2 bis 0,3 Millionen Tonnen angegeben sind (Tab. 4-6). Die globale Gesamtemission soll sich auf bis zu 600 Millionen Tonnen belaufen (FCI 1995).

4.2.2.4 Ammoniak

Protein enthält 16 Gewichtsprozent Stickstoff in reduzierter Form. Bei der bakteriellen Zersetzung abgestorbener Organismen oder entsprechender Zersetzung tierischer Ausscheidungen in Form von Kot, Urin, Gülle oder Mist kann dieser Stickstoff in Form von Ammoniak (NH_3) an die Atmosphäre abgegeben werden. NH_3 ist ein außerordentlich gut wasserlösliches Gas, das nach Hydratisierung eine basische Reaktion zeigt. Es vermag Säure zu neutralisieren.

Tab. 4-6: Abschätzung der jährlichen N_2O-Emissionen in der Bundesrepublik Deutschland um 1990 (Umweltbundesamt 1993)

Bereich	Emission in kt	Anteil an Gesamtemission in %
Gewässer einschl. Abwässer aus Kläranlagen	24 – 64	12 – 23
Landwirtschaft (gesamt)	78 – 88	32 – 38
davon: – Bodennutzung	60 – 70	
– Weidewirtschaft	7	
– Abfälle	11	
industrielle Prozesse (gesamt)	83 – 102	37 – 40
davon: – Salpetersäureproduktion	5 – 11	
– Adipinsäureproduktion	78 – 86	
Verkehr	4	1 – 2
Feuerungsanlagen	17	6 – 8
Summe	**206 – 276**	**100**
zum Vergleich: globale anthropogene Emissionen gemäß Enquete-Kommission (1990)	1 400 – 6 500	

Tab. 4-7: NH_3-Emissionen der Bundesrepublik Deutschland plus frühere DDR von 1970 bis 1990 in Kilotonnen bzw., bei Flächenbezug, in kg pro Hektar (Umweltbundesamt 1994)

Gesamt-emis-sionen	1970	1975	1980	1985	1990
in 10^3 t	770	780	830	860	760
in kg/ha	21,5	21,8	23,2	24,1	21,3

Anthropogene Ammoniak-Emissionen stammen in der Bundesrepublik zu etwa 85 % aus der Tierhaltung, wobei Mist- und Gülleausbringungen einbegriffen sind. Etwa 10 % werden bei der Anwendung mineralischer Dünger frei, während der Rest bei der Düngerproduktion und anderen Prozessen anfällt. Tabelle 4-7 zeigt, dass die NH_3-Emissionen zwar hinter den NO_x-Emissionen (Tab. 4-5) zurücktreten, doch keineswegs unerheblich sind (Abb. 3-3). Lokal können sie erhebliche Bedeutung haben. Akute Belastung mit hohen Konzentrationen von NH_3 ($2-28$ mg/m^3!) in der direkten Umgebung von NH_3-Quellen führt zu morphologisch sichtbaren Schäden an Blättern, aber nicht notwendigerweise zu einer Reduktion des Wachstums (Fangmeier et al. 1994).

Die mittlere Verweildauer von Ammoniak in der Atmosphäre ist kürzer als die von SO_2 und den Stickoxiden. **Deposition** in Gasform erfolgt häufig in der unmittelbaren Nachbarschaft der Emittenten. Jedoch bildet Ammoniak in der Atmosphäre durch Reaktion mit Säuren Salze (NH_4NO_3 und $(NH_4)_2SO_4$), die als Feinstaubpartikel oder als Kondensationskerne in feinen Wassertröpfchen über große Entfernungen transportiert werden können (Krupa 2003, Abschn. 4.2.6.1).

4.2.2.5 Ozon und andere Photooxidantien

Ozon ist eine außerordentlich aggressive oxidierende Verbindung, die auch in sauberer Luft in geringer Konzentration vorkommt. Es wird in der Stratosphäre (ein Bereich, der etwa 12 km über der Erdoberfläche beginnt und sich bis etwa 50 km Entfernung erstreckt) unter dem Einfluss energiereicher Strahlung aus Sauerstoff gebildet (Abschn. 4.3). Durch eine – wenngleich geringe – Durchmischung zwischen Troposphäre (Atmosphärenbereich bis zu 12 km über dem Meeresspiegel) und Stratosphäre gelangt Ozon in die erdnahen Schichten. Der „natürliche" Ozongehalt der Luft kann mit $5-15$ ppb angegeben werden. Bis in die 1960er Jahre hinein glaubte man, dass die Einmischung von stratosphärischem Ozon die einzige Bildungsquelle für erdnahes Ozon darstellt.

Heute ist bekannt, dass anthropogene Emissionen wesentlich zur Produktion des troposphärischen, d. h. des bodennahen Ozons beitragen. Anders jedoch als andere Luftschadstoffe wie Stickoxide oder Schwefeldioxid, die direkt von ihren Emittenten in die Umwelt abgegeben werden, entsteht Ozon, und daneben einer Reihe weiterer Verbindungen, erst durch **photochemische Reaktion mit Vorläuferverbindungen.** Eine Schlüsselrolle für die Bildung von Ozon spielen dabei Verbindungen wie Stickstoffdioxid (NO_2), Stickstoffmonoxid (NO), Kohlenwasserstoffe (z. B. Olefine), Methan (CH_4) und Kohlenmonoxid. Diese Verbindungen sind z. B. in Abgasen enthalten, die bei der unvollständigen Verbrennung von Benzin und anderen fossilen Energieträgern entstehen.

Autoabgase setzen sich folgendermaßen zusammen: CO_2 (9 %), O_2 (4 %), H_2 (2 %), CO (1 %), NO (600 ppm), SO_2 (6 ppm), Aldehyde (400 ppm), Alkane (Methan, Ethan etc., 178 ppm), Olefine (Ethen, Propen, Buten) sowie weitere aromatische Verbindungen (zusammen 570 ppm) (Fabian 1992).

Tabelle 4-8 zeigt, dass der Straßenverkehr im Vergleich zu anderen Quellen zwar einen erheblichen Beitrag zur Freisetzung von Substanzen liefert, die bei geeigneten Bedingungen weiter reagieren und dann zur Produktion von so genanntem „photochemischen Smog" führen, aber keineswegs die einzige Quelle dafür ist. Neben dem Straßenverkehr verursacht besonders die Verwendung von Lösungsmitteln eine erhebliche Freisetzung von organischen Kohlenwasserstoffverbindungen (Tab. 4-8). Es sollte nicht vergessen werden, dass Pflanzen auch selbst in der Lage sind, flüchtige Kohlenwasserstoffe herzustellen und diese in die Atmosphäre abzugeben. Von diesen biogenen Emissionen sind mehr als 350 verschiedene organische Verbindungen nachgewiesen worden. Hauptsächlich handelt es sich um Terpene und Isopren. Abschätzungen zeigen, dass die biogene Emission von Isopren in der Größenordnung von 4,4 Megatonnen pro Jahr liegt und damit gegenüber anthropogenen Emissionen flüchtiger Kohlenwasserstoffe (27 Megatonnen pro Jahr) nicht zu vernachlässigen ist (Stockwell et al. 1997). Auch landwirtschaftliche Praktiken, z. B. Stickstoffdüngung, intensive Tierhaltung etc., resultieren in der Freisetzung verschiedener Spurengase (NH_3, N_2O, CH_4, CO, NO_2 und CO_2, siehe auch die entsprechenden Kapitel), wobei NO_2 als direkte Vorläufersubstanz für die Produktion von Ozon bedeutsam ist. Weltweit liegt der Beitrag der landwirtschaftlichen Stickoxidemissionen bei 35 %, während die Verbrennung fossiler Energieträger etwa 65 % der Gesamtmenge ausmacht.

Unter dem Einfluss von Licht entstehen aus den Vorläufersubstanzen durch nachgeschaltete Reaktionsketten sekundäre, photochemisch gebildete Spurengase, die als **„photochemischer Smog"** oder **„Photooxidantien"** bezeichnet werden. Photooxidantien sind eine heterogene, nicht genau definierte Gruppe von Verbindungen. Neben Ozon gehören hierzu z. B. Peroxyacetylnitrat (PAN), Wasserstoffperoxid (H_2O_2) und organische Peroxide, Aldehyde, Ketone, Säuren (insbesondere Salpetersäure) und viele weitere. Ozon kommt in photochemischem Smog im allgemeinen mit der höchsten Konzentration vor und gilt daher auch als Leitsubstanz für Photooxidantien. Beispielsweise liegen Peroxide und PAN in der Luft in 10- bis 100-mal geringeren Konzentrationen vor als Ozon (Abb. 4-5). Das Maximum der Ozonkonzentration wird in der Regel nach der Mittagszeit gemessen. Dabei können je nach den meteorologischen Verhältnissen Spitzenwerte erreicht und überschritten werden, die in Deutschland bis zum Dreifachen der in Abbildung 4-5 dargestellten Maximalkonzentration betragen. Das ist indessen nur selten der Fall. Abbildung 4-6 zeigt Schwellenwertüberschreitungen von 180 $\mu g/m^3$ = 90 ppb Ozon in Zahl der Stunden während der Zeit von Mai bis September 2003. Spitzenwerte der Belastung wurden während weniger Tage im Hochsommer erreicht. Gemäß gültiger Richtlinien der Europäischen Gemeinschaft erforderten sie die Unterrichtung der Bevölkerung über die Belastungslage.

In der Stratosphäre entsteht Ozon unter dem Einfluss von energiereicher Strahlung ($\lambda < 240$ nm) durch Spaltung von Sauerstoff (O_2) in seine atomaren Bestandteile (2 O*) und nachfolgende Reaktion von atomarem mit molekularem Sauerstoff zu O_3 (Abschn. 4.3). Da nur längerwellige Sonnenstrahlung in die Troposphäre eindringt ($\lambda < 295$ nm), können die oben beschriebenen Reaktionen in erdnahen Atmosphärenbereichen nicht ablaufen. Jedoch ist die Energie des Sonnenlichts ausreichend, um Stickstoffdioxid (NO_2) in Stickstoffmonoxid (NO) und atomaren Sauer-

Tab. 4-8: Beitrag verschiedener Emittenten zur Emission von potenziellen Ozonvorläufersubstanzen über Deutschland (ohne die neuen Bundesländer)[1]

Emittent	CO	Stick-oxide	organische Verbindungen
Kraftwerke (in %)	0,6	13,0	0,3
Industrie (in %)	18,3	9,7	4,9
Haushalte (in %)	9,4	4,2	1,4
Straßenverkehr (in %)	67,9	58,4	44,4
übriger Verkehr (in %)	3,7	14,7	3,4
Lösungsmittelverwendung (in %)			45,5
Gesamtmenge in Mio. t (1980)	12,1	3,1	2,7
Gesamtmenge in Mio. t (1990)	7,3	2,6	2,3
Reduktion (in %)	39	16	15

1) nach Enquete-Kommission des Deutschen Bundestages (1994 b)

Abb. 4-5: Tagesgänge und Jahresgänge von Photooxidantien. (a) Anreicherung von Ozon, H_2O_2 und Hydroxymethylhydroperoxid im Verlauf eines Tages auf 1 175 m üNN (Kalkalpen, Wank bei Garmisch-Partenkirchen, Oberbayern, mit freundlicher Genehmigung von Dr. W. Junkermann, IFU, Garmisch-Partenkirchen). (b) Unterschiedliche Tagesgänge von Ozon in großer Höhe (1 700 m üNN) und in Tallage (735 m üNN); (c) Ozonjahresgänge in den Kalkalpen von 1987 bis 1999 mit monatlichen Maximal- und Minimal-Konzentrationen. Nach Rennenberg et al. (1997).

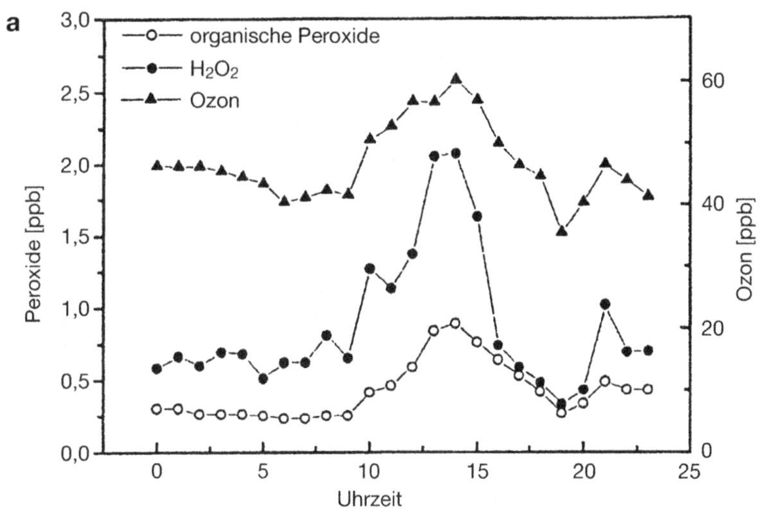
a
organische Peroxide
H₂O₂
Ozon
Peroxide [ppb]
Ozon [ppb]
Uhrzeit

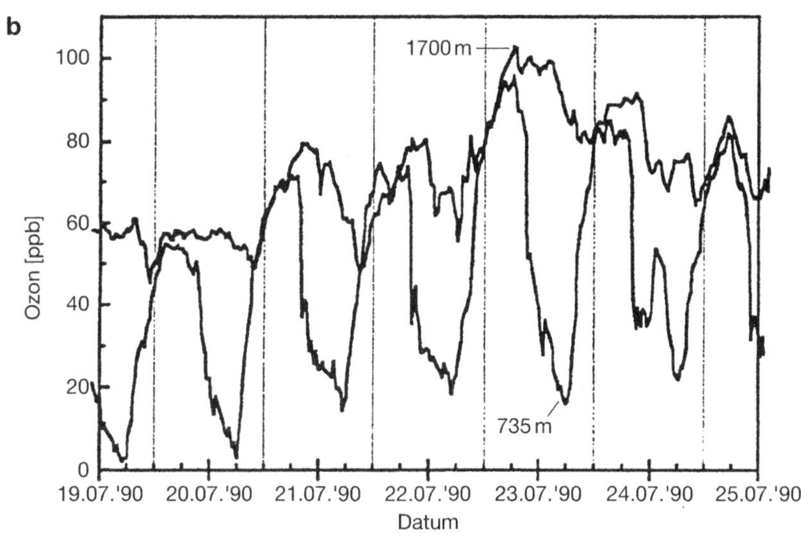
b
1700 m
735 m
Ozon [ppb]
19.07.'90   20.07.'90   21.07.'90   22.07.'90   23.07.'90   24.07.'90   25.07.'90
Datum

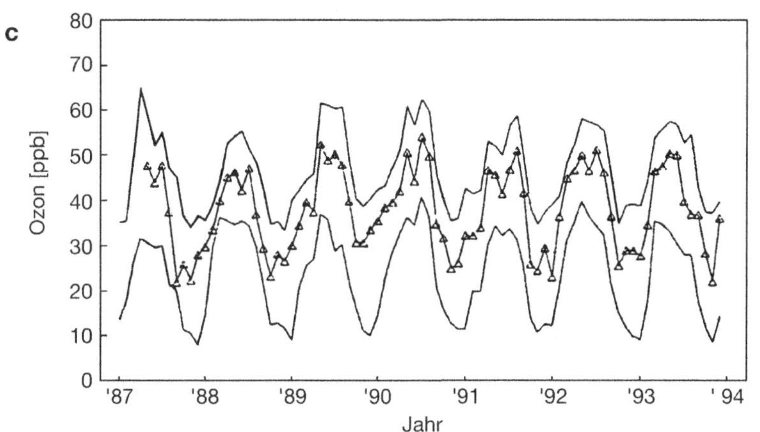
c
Ozon [ppb]
'87   '88   '89   '90   '91   '92   '93   ' 94
Jahr

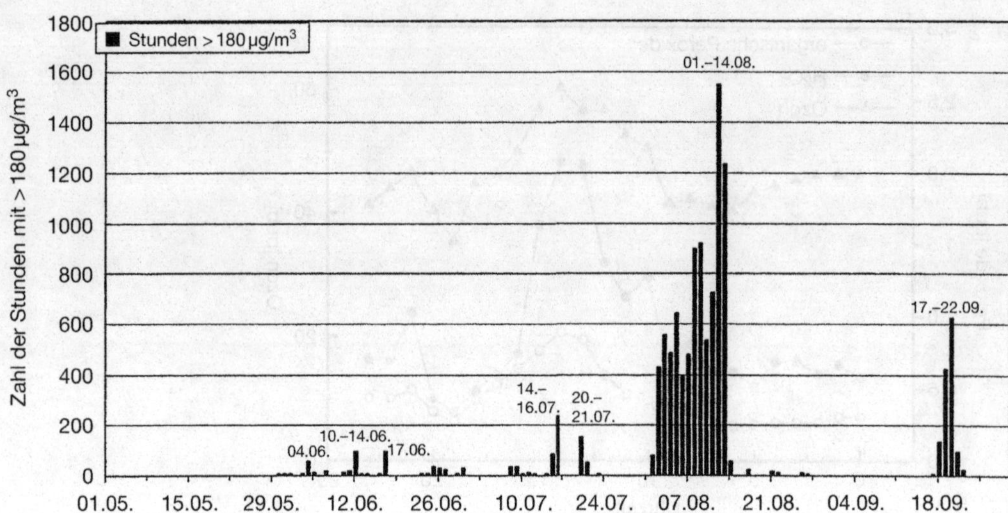

Abb. 4-6: Zeitliche Verteilung der Häufigkeit der Schwellenüberschreitungen (Stunden) von Ozon mit $> 180\,\mu g/m^3 = > 90$ ppb im Jahr 2003 in der Bundesrepublik Deutschland (Umweltbundesamt 2003).

stoff zu spalten. Die Bildung von Ozon kann daher in der Troposphäre durch folgende Reaktionen vorangetrieben werden:

$$NO_2 + h\nu \rightarrow NO + O^*; \quad \lambda < 420 \text{ nm} \qquad (4)$$

$$O^* + O_2 + M \rightarrow O_3 + M \qquad (5)$$

$$O_3 + NO \rightarrow NO_2 + O_2 \qquad (6).$$

Zunächst wird NO_2 durch Licht ($\lambda < 420$ nm) in NO und atomaren Sauerstoff zerlegt (Gleichung (4)). Atomarer Sauerstoff ist hochreaktiv und bildet mit Sauerstoff Ozon (Gleichung (5)). Bei dieser Reaktion muss ein Stoßpartner vorhanden sein (Komponente M, in der Luft meistens N_2), der die Stoßenergie aufnimmt. In Reaktion (6) oxidiert Ozon NO zu NO_2, wobei aus Ozon wieder molekularer Sauerstoff entsteht. Zwischen NO und NO_2 stellt sich in Abhängigkeit von der Lichteinstrahlung ein photostationäres Gleichgewicht ein. Es kommt nicht mehr zu einer Nettoproduktion von O_3, da immer gleich viel Ozon produziert wie auch verbraucht wird. Ein Anstieg der Ozonkonzentration kann nun nur noch dann beobachtet werden, wenn NO zu NO_2 umgewandelt wird, ohne dass Ozon selbst an diesem Vorgang beteiligt ist. Die Rolle dieser Vorläufer übernehmen Kohlenwasserstoffe, Methan oder Kohlenmonoxid, die jeweils durch komplexe Reaktionsketten mit Hydroxylradikalen ihrerseits NO ohne Beteiligung von Ozon zu NO_2 oxidieren können. Auf diese Weise steht nun zusätzlich NO_2 zur Verfügung, das wiederum die Nettoproduktion von Ozon antreiben kann (Gleichungen (4) und (5)). Die Situation wird dadurch zusätzlich kompliziert, dass Ozon selbst auch mit organischen Kohlenwasserstoffen reagieren kann und dadurch die Bildung von organischen Peroxylradikalen einleitet (Abb. 4-7). Bei geringen NO-Konzentrationen, d. h. in Reinluft, entstehen dabei organische Peroxide. So wurden z. B. in den Kalkalpen in Oberbayern fernab von starkem Verkehrsaufkommen, Hydroxymethylhydroperoxid und Methylhydroperoxid in Konzentrationen bis zu 1,5 ppb beobachtet (Fels und Junkermann 1994). In verschmutzter Luft können die entstehenden organischen Zwischenprodukte noch weiter umgesetzt werden und zur Bildung von Aldehyden und Wasserstoffperoxid führen (Abb. 4-7). Spitzenkonzentrationen von H_2O_2 in der Gasphase liegen um 5 bis 10 ppb und damit stets weit unter den maximal zu findenden Ozonkonzentrationen.

Wichtig ist festzuhalten, dass die Ozonbildung durch das Vorhandensein der Katalysatoren NO und NO_2 begrenzt wird. Aufgrund des Zusammenhangs von O_3 mit dem Gleichgewicht von NO und NO_2, sowie anderen Vorläuferverbindungen und der Lichteinstrahlung treten in Ballungsgebieten häufig die höchsten Ozonkon-

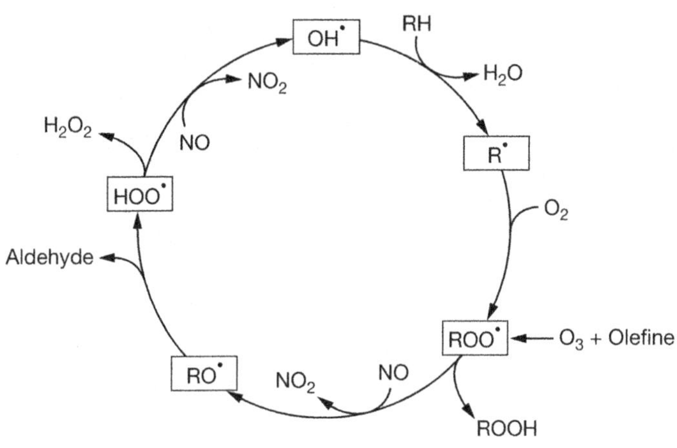

Abb. 4-7: Die Bildung sekundärer Photooxidantien bei Reaktion von Ozon mit organischen Verbindungen. Nach Mehlhorn und Wellburn (1994).

zentrationen erst am frühen Nachmittag auf (Abb. 4-8). Ozonspitzenwerte werden aber nicht nur in städtischen Gebieten beobachtet, wie man zunächst vermuten könnte, sondern können auch in ländlichen Gebieten nachgewiesen werden. Dies liegt daran, dass durch den Kraftfahrzeugverkehr primär NO emittiert wird, welches zunächst zum Abbau von Ozon führt (Gleichung (6)). Aus diesem Grund findet man auch morgens in der Stadt trotz hoher Stickoxidemissionen nicht sofort die höchsten Ozonkonzentrationen. NO breitet sich vom Quellort ausgehend aus. Die Wanderung solcher „Smogfahnen" ist durch Ballon- und Flugzeugmessungen nachgewiesen worden und hängt von Windgeschwindigkeit und Windrichtung ab. Während der Wanderung

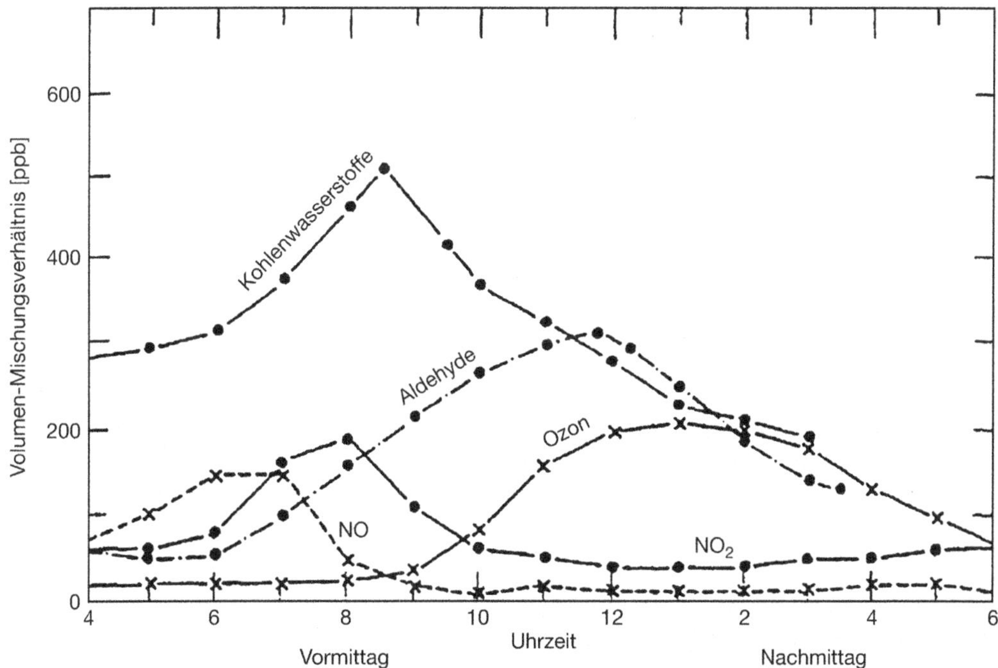

Abb. 4-8: Abnahme von Stickoxiden und Bildung von Ozon im Tagesgang in verschmutzter Luft in Ballungsräumen (Fabian 1992).

wird NO in NO_2 umgewandelt. Ein Anstieg der Ozonkonzentration erfolgt mit Verzögerung erst dann, wenn genügend NO_2 vorliegt und bei entsprechender Lichteinstrahlung nun die Bildung von Ozon gegenüber dem Abbau überwiegt. Dies geschieht häufig über ländlichen Regionen, weil hier der Ausstoß von NO gering ist und so bei Einträgen von verschmutzter Luft, in der NO_2 angereichert ist, das Gleichgewicht in Richtung der Ozonbildung verschoben wird.

Besonders hohe Ozonkonzentrationen sind in Reinluftgebieten wie z. B. im Schwarzwald, im Bayerischen Wald und in den Alpen beobachtet worden (Abb. 4-3 und 4-9). Die Ozonkonzentration nimmt auch mit zunehmender Höhenlage zu. Da die NO und NO_2-Einträge in großer Höhe generell niedriger sind, sind die Tagesgänge von Ozon im Gebirge weniger stark ausgeprägt oder fehlen ganz (Abb. 4-5**b**). Auch zeigen die Ozonkonzentrationen deutliche Jahresgänge und erreichen in den mitteleuropäischen Breiten ihre Höchstwerte im Sommer (Abb. 4-5**c**). Dieser saisonale Zyklus ist insofern ungünstig als auch die Vegetation in dieser Zeit am aktivsten ist und somit einer besonderen Gefährdung ausgesetzt ist.

Da die Reaktion zwischen Ozon und flüchtigen Kohlenwasserstoffen zur Bildung von Peroxiden führt, ist der zeitliche Verlauf dieser Komponenten in der Luft häufig parallel. Dies gilt grob sowohl für die Saisonalität als auch für den Tagesgang. Abbildung 4-5**a** zeigt dazu ein Beispiel. Manche dieser flüchtigen Kohlenwasserstoffe treiben überwiegend die Produktion von organischen Peroxiden an (z. B. Ethen, 1-Buten, Isopren), während andere, insbesondere Terpene, vornehmlich zur Bildung von Wasserstoffperoxid führen (Ethylen, α- und β-Pinen, 2-Caren und Limonen) (Hewitt und Kok 1991).

Aufgrund steigender Landnutzung, Industrialisierung und zunehmenden Verkehrsaufkommens sind die Emissionen von Vorläuferverbindungen für die Bildung von Photooxidantien angestiegen. In den Tropen führt das Abbrennen von Regenwäldern zur Freisetzung von Ozonvorläufern und damit lokal und zeitlich befristet zu einem Anstieg von Ozon. Die **Lebensdauer von Ozon** und der an seiner Bildung beteiligten Substanzen liegt im Bereich von Tagen. Diese Verbindungen können sich somit innerhalb eines gewissen Bereiches ausbreiten und damit regional zu stark unterschiedlichen Ozonkonzentrationen

führen (Abb. 4-9). Die **wichtigste Vorstufe für Ozon** ist NO_2 , das sich sehr gut in Wasser löst und daher bei Regen aus der Luft ausgespült wird. Das ist unter anderem ein Grund dafür, dass die Ozonkonzentrationen nach einem Regenguss absinken. Im Vergleich zu der regionalen Bedeutung von Ozon und Stickoxiden wird die Konzentration von extrem kurzlebigen Verbindungen, wie z. B. von Hydroxylradikalen ($\tau^1/_2$ < 1 Stunde), nur durch lokale Ab- und Aufbauprozesse bestimmt. Zum Vergleich: Ein Spurengas wie Distickstoffoxid (N_2O), das durch mikrobielle Umsetzungen aus Böden freigesetzt wird und das besonders bei der landwirtschaftlichen Landnutzung entsteht, existiert mehr als 100 Jahre. Eine solche Verbindung kann sich über den ganzen Globus ausbreiten und bis in die Stratosphäre gelangen.

Die relativ kurze Lebensdauer von Ozon selbst und seinen Vorstufen ist auch der Grund dafür, dass es trotz erheblicher Emissionen nicht zu einem gleichmäßigen globalen Ozonanstieg kommt. **Ozonepisoden** treten in mitteleuropäischen Breiten wegen der Strahlungsabhängigkeit normalerweise im Sommer auf (Abb. 4-5**c**). Aufgrund dieser Abhängigkeit ist Ozonbelastung nicht nur lokal und saisonal, sondern auch in verschiedenen Jahren unterschiedlich ausgeprägt. Abbildung 4-9 zeigt Jahresmittelwerte der Ozonkonzentration in Deutschland von 1990 bis 2003. Besonders starke Belastungen traten 1990 und 2003 auf. Selbst in den gemittelten Werten waren sie örtlich sehr hoch. Jedoch haben die Mittelwerte wenig Aussagekraft für kurzzeitige Spitzenbelastungen. Diese sind bedeutsam, da Pflanzen mit Detoxifizierungsmechanismen ausgestattet sind, die Ozon reduktiv abzubauen vermögen, solange sie in ihrer **Detoxifizierungskapazität** nicht überlastet sind. Nicht nur in den USA sind Spitzenwerte bis zu 300 ppb gemessen worden (Stockwell et al. 1997), auch in Deutschland wurden solche Höchstwerte erreicht. Im Jahre 2003 wurden sie auch überschritten.

Trotz der großen **Fluktuationen** von Ozon gibt es eine Reihe von Hinweisen darauf, dass

Abb. 4-9: Jahresmittelwerte von Ozon und unterschiedliche Verteilung der Belastung mit Ozon in Deutschland von 1990 bis 2003 (Umweltbundesamt 2003).

Ozon-Jahresmittelwerte 1990–2003 in Deutschland

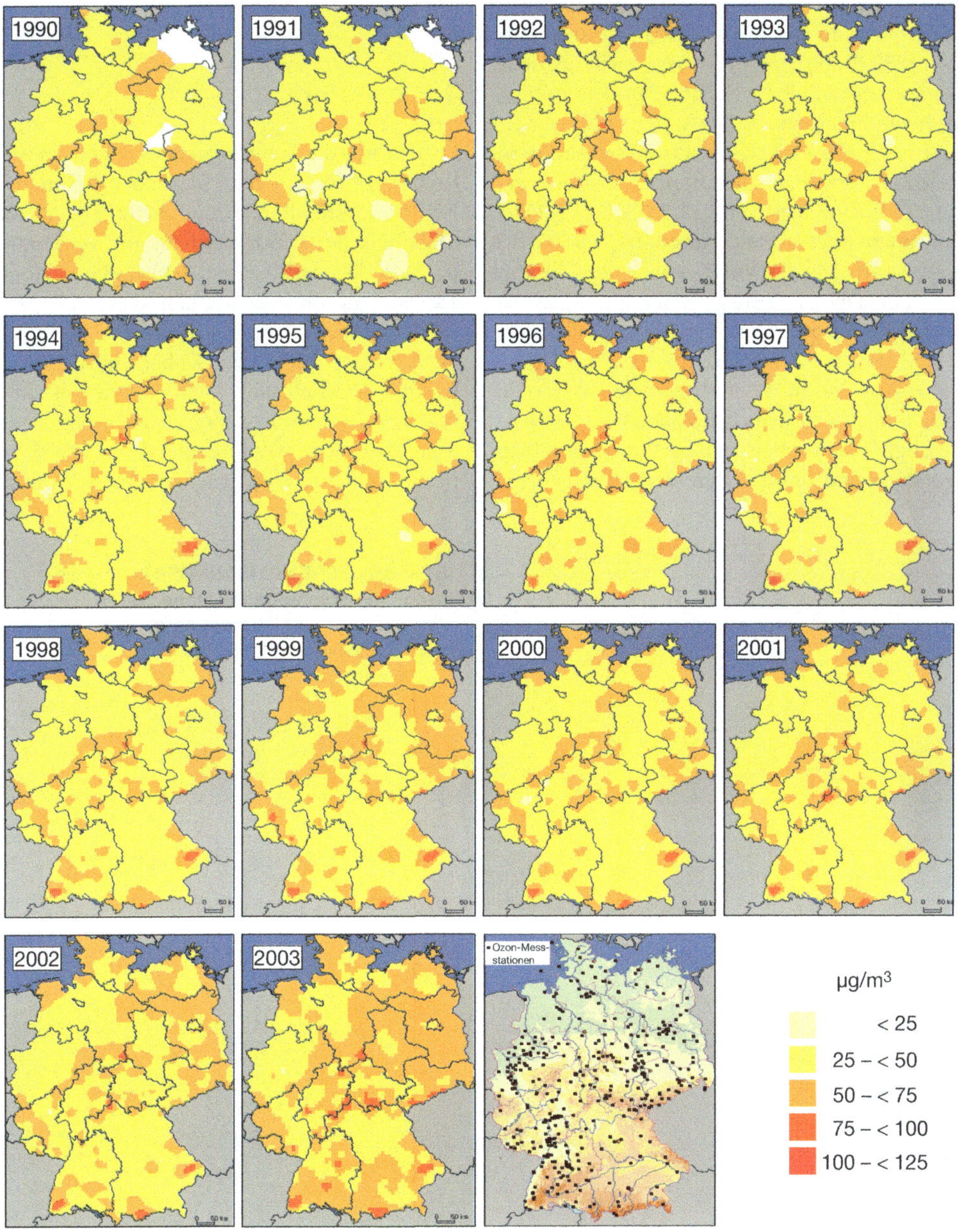

Daten: Messnetze der Bundesländer und des Umweltbundesamtes

Aufgrund des verwendeten Interpolationsverfahrens
ist eine kleinräumige Interpretation nicht zulässig.

UBA II 5.2 (Bräuniger)   C:\Cordat\Corrast\Ozon\OZ90-03de.cdr

4

auch die mittlere troposphärische Ozonkonzentration in der nördlichen Hemisphäre angestiegen ist, und dass sich dieser Trend fortsetzt. Die Auswertung von historischen Ozonmessungen (1750–1800) zeigte, dass vorindustrielle Ozonkonzentrationen zwischen 5 und 15 ppb lagen; heute hingegen werden um 30 ppb gemessen, d. h. die troposphärische Ozonkonzentration hat sich in den letzten 100 Jahren mindestens verdoppelt (Stockwell et al. 1997). Für die nördliche Hemisphäre werden Steigerungsraten von 0,5 bis über 2 % pro Jahr berichtet, wobei es so zu sein scheint, dass dieser Anstieg immer schneller wird (Stockwell et al. 1997). An einigen Orten können aus langfristigen Zeitreihen deutlich zunehmende Ozonkonzentrationen nachgewiesen werden (Abb. 4-10). Es ist jedoch festzuhalten, dass globale langfristige Vorhersagen für Ozon wesentlich schwieriger sind als für andere Verbindungen, die

eine längere Lebensdauer besitzen und einer weniger komplexen Atmosphärenchemie unterliegen.

4.2.2.6 Methan

Ebenso wie die Ammoniakemissionen stammen bakteriell verursachte **Methanemissionen** in der Bundesrepublik Deutschland in starkem Maße aus der Landwirtschaft. Im Verdauungstrakt der Wiederkäuer entsteht durch bakterielle Tätigkeit gasförmiges Methan, das in die Atmosphäre entweicht. Jedoch spielen auch Emissionen aus Deponien, dem Kohlebergbau und der Energiewirtschaft eine wichtige und mit zunehmenden Einsatz von Erdgas als Energiequelle wahrscheinlich zunehmende Rolle (Tab. 4-9). In der Luft unterliegt Methan wie auch andere

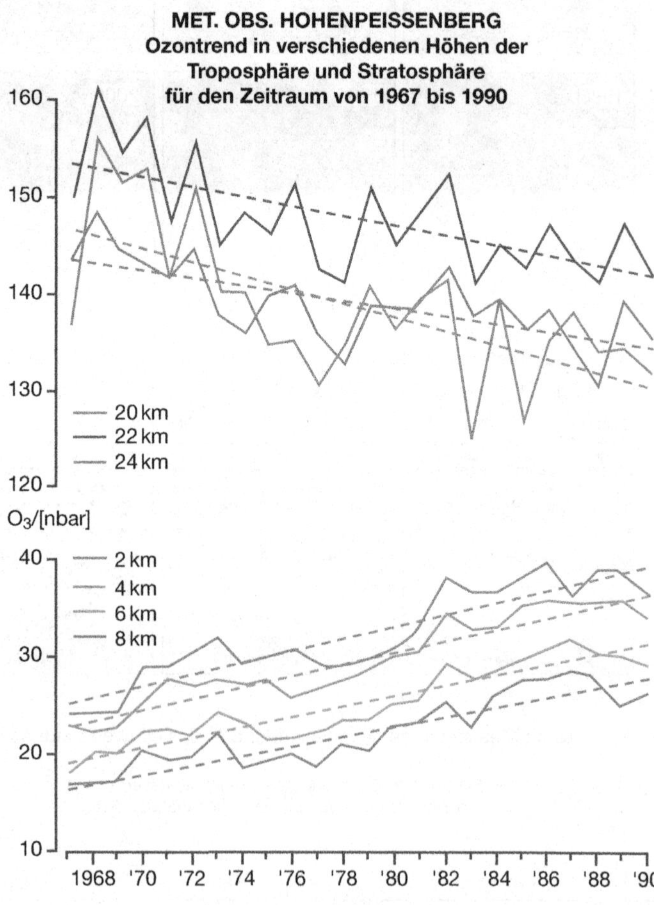

Abb. 4-10:   Ozontrends in verschiedenen Höhen für den Zeitraum von 1967 bis 1990 (Wege und Vandersee 1992, zitiert nach Enquete-Kommission 1994 a).

Tab. 4-9: Abschätzung der jährlichen Methanemissionen in der Bundesrepublik Deutschland um 1990 (Umweltbundesamt 1993)

Bereich	Emission in kt	Anteil an Gesamtemission in %
Gaswirtschaft	338	4–6
Mineralölwirtschaft	4	0,1
Abfalldeponien mit Abwasserreinigung	1 850 bis 3 200	34–42
Gewässer	252 bis 383	5
Viehhaltung	1 900	25–35
Feuerungsanlagen	60	1
Verkehr	35	1
Summe	**5 400 bis 7 700**	**100**
zum Vergleich: globale anthropogene CH_4-Emissionen gemäß Enquete-Kommission (1990)	350 000	

Kohlenstoffverbindungen strahlungsabhängiger Radikaloxidation, doch ist es ansonsten reaktionsträge. In unveränderter Form zählt es zu den **Treibhausgasen**. Für 1991 wird die Emission von Methan seitens der Bundesrepublik Deutschland mit 3,55 Millionen Tonnen beziffert (Umweltbundesamt 1994). Eine unabhängige Studie kommt für 1993 mit 5,4 bis 7,7 Millionen Tonnen zu wesentlich höheren Werten. Globale Vergleichswerte sind in Tabelle 4-2 angegeben. Die Enquete-Kommission rechnet 1990 global mit 350 Millionen Tonnen. Die Schwankungen in den Angaben illustrieren die Schwierigkeit, weiträumig zu zuverlässigen Angaben zu gelangen.

4.2.2.7 Emissionen flüchtiger organischer Verbindungen

Flüchtige organische Verbindungen, die in die Atmosphäre abgegeben werden, werden als **VOCs** bezeichnet, wobei VOC für *volatile organic compounds* steht. Es handelt sich um eine breite

Tab. 4-10: Emissionen von flüchtigen organischen Verbindungen in der Bundesrepublik Deutschland mit den Ländern der früheren DDR von 1970 bis 1990 in Kilotonnen bzw. bei Flächenbezug in kg pro Hektar (Umweltbundesamt 1994) – ohne Methan

Gesamt-emissionen	1975	1980	1985	1990
in 10^3 t davon FCKW u. ähnl. Verbindungen	3 330 75	3 370 76	3 310 73	3 050 40
in kg/ha	93,3	94,4	92,7	85,4

Palette von Verbindungen, aus denen unter dem Einfluss der Sonnenstrahlung, von Radikalen, Ozon und Sauerstoff Photooxidantien entstehen können. In der Gruppe enthalten sind auch **Fluorchlorkohlenwasserstoffe** (FCKWs), die als stabile Treibhausgase Bedeutung besitzen.

Unter den photochemischen Bedingungen der Atmosphäre werden die meisten VOCs langsam zu CO_2 oxidiert. Sie entstammen in Deutschland etwa zur Hälfte unvollständig ablaufenden Verbrennungsprozessen in Kraftfahrzeugen. Eine weitere wichtige Quelle sind Lösemittel und Produktionsprozesse in der erdölverarbeitenden Industrie. Tabelle 4-10 zeigt das Ausmaß von VOC-Emissionen in Deutschland zwischen 1975 und 1995 und Tabelle 4-11 eine Aufschlüsselung

Tab. 4-11: Aufschlüsselung der anthropogenen Emission von flüchtigen organischen Verbindungen in Deutschland im Jahr 1990 nach Quellen (Umweltbundesamt 1994)

	kt	%
Gesamtemission	3 050	100
Straßenverkehr	1 250	41
Lösemittelverdunstung	1 150	38
Brennstoffwirtschaft	10	7
Kraftwerke etc.	160	5
Industrieprozesse	100	3,3
FCKWs u. verwandte Verbindungen	40	1,3
anderes	120	4,4

4

nach Quellen aus den verschiedenen Bereichen der Wirtschaft, wie sie für das Jahr 1990 angegeben wurde.

4.2.3 Transport von Gasen zum Wirkort

Die **Wirkung** potenziell phytotoxischer Komponenten der Luft auf die Vegetation hängt im Wesentlichen von zwei Faktoren ab. Bedeutsam sind sowohl die **Konzentration** als auch die **Reaktivität**. Ein Stoff kann nur wirken, wenn er auch zum Wirkort gelangt. Am Wirkort angelangt, muss er spezifische oder unspezifische Reaktionen eingehen, um eine Schadwirkung entfalten zu können. Die Kombination dieser Faktoren entscheidet über die Wirkung.

Emissionen werden auf dem Wege über **Massentransport** schnell über weite Strecken verteilt. Luftdruckdifferenzen bewirken Massenströme, die der generellen **Flussgleichung** gehorchen. Es gilt

$$\Phi = \Delta P/R \tag{7},$$

wobei Φ den Fluss eines Schadstoffs bzw. seinen Transport darstellt, ΔP den Luftdruckunterschied zwischen zwei örtlich verschiedenen Punkten und R den Flusswiderstand, der bei Luft immer klein ist, sodass geringe Luftdruckdifferenzen ΔP große Luftströme bewirken. Wind repräsentiert Fluss. Er verteilt Luftschadstoffe schnell und über weite Bereiche. Auch lokale Lufterwärmung führt zu Druckunterschieden. Konvektion durchmischt warme Luft, die aufsteigt, mit kälterer, die absinkt. Umgekehrt kann kalte Luft lange nahe dem Erdboden verharren, wenn sie von wärmerer Luft überlagert ist und ΔP nahe null ist. In dieser **Inversionssituation** können sich Luftschadstoffe aufgrund von Industrietätigkeit und Verkehrsaufkommen so weit anhäufen, dass **phytotoxische Konzentrationen** erreicht werden.

Auch im Bereich der Pflanzenorgane gilt natürlich Gleichung (7) ebenso wie überall sonst, doch sind selbst unter Windbedingungen Druckdifferenzen an der Grenzfläche zwischen Gewebe und Luft nahe null, sodass dem von Druckdifferenzen getriebenem Gastransport Grenzen gesetzt sind und der Weg von Luftschadstoffen

aus der Atmosphäre in die Pflanze vorwiegend über **Diffusion** erfolgt. Im mikroskopischen Bereich bewirkt Diffusion schnellen Transport, während sie im makroskopischen Bereich als Massentransporteur ineffektiv ist. Es gelten die **Diffusionsgesetze**. Eine vereinfachte Form des 1. Fickschen Gesetzes lautet analog zu Gleichung (7)

$$\Phi' = \Delta c/R' \tag{8},$$

wobei Φ' nunmehr der durch Diffusion bewirkte Fluss ist, Δc die Konzentrationsdifferenz des Schadstoffs zwischen Außenluft und Zielort und R' der Diffusionswiderstand.

Oberirdische Organe der Pflanzen wie Blätter oder Nadeln sind für den effektiven Gasaustausch konstruiert, der indessen komplexer Regulation unterliegt. **Stomatäre Kontrolle** optimiert den photosynthetischen Stoffgewinn gegenüber dem Verlust von Wasser durch Transpiration. Wenn Stomata geöffnet sind und CO_2 als Substrat der Photosynthese durch Diffusion in das Innere der Blätter oder Nadeln gelangt, kommen in gleicher Weise auch Schadstoffe der Luft in das Blattinnere. Allerdings ist deren Transport viel langsamer als der Transport von CO_2, da Konzentrationen und daher auch die Konzentrationsgradienten Δc viel kleiner sind (Tab. 4-1 versus Gleichung (8)).

Selbstverständlich können Luftschadstoffe auch durch Diffusion über die Abschlussgewebe in die Pflanzen gelangen, doch sind diese sehr effektive Diffusionshindernisse. Werte für **Diffusionswiderstände** R' lassen sich experimentell bestimmen. Beispielsweise wurden für *Citrus*-Blätter für den Diffusionstransport von Gasen durch die Cuticula R'-Werte in der Größenordnung von 50 000 s/cm gemessen, während geöffnete Stomata dem Diffusionsfluss lediglich einen Widerstand von ca. 5 s/cm entgegensetzen. Das heißt, dass Gasdiffusion aus der Luft in Blattgewebe bei geschlossenen Stomata um einen Faktor in der Größenordnung von 10 000 kleiner ist als bei geöffneten Stomata. Ganz ähnliche Verhältnisse wurden auch für Ozon festgestellt (Kerstiens und Lendzian 1989). Pflanzliche Abschlussgewebe sind also **hocheffektive Barrieren** für Gastransport aus der Luft in das Innere der Pflanzen. Wenn toxische Luftschadstoffe bei geöffneten Stomata innerhalb einer Expositionszeit von Stunden oder Tagen sichtbare Schäden produzieren können, müssten Jahre oder sogar Jahrzehnte für vergleichbare Schäden bei geschlossenen Stomata und einer Aufnahme der Gase durch intakte Abschlussgewebe verstreichen. Diese Erwartung gilt für den Fall des Fehlens von Entgiftungs- oder Reparaturmechanismen. Da wir aber wissen, dass **metabolische Entgiftung** tatsächlich stattfindet, ist klar, dass Schäden überhaupt nicht zu erwarten wären, wenn die Stomata geschlossen blieben. Allerdings kann es unter diesen Umständen auch nicht zu photosynthetischer Stoffproduktion durch höhere Pflanzen kommen.

Geöffnete Stomata oder analoge Strukturen wie etwa Lentizellen sind also überaus wichtige Eintrittspforten für Luftschadstoffe in die Pflanzen. In diesem Zusammenhang ist es interessant und informativ zu wissen, dass sehr viele Pflanzen (aber nicht alle!) die Stomata nachts weitgehend schließen und nur tagsüber öffnen. In der kalten Jahreszeit, während des Winters, werden Stomata auch tagsüber nur partiell geöffnet. Abbildung 4-11 zeigt berechnete Mittelwerte der stomatären Öffnungsweite für die Fichte, gemessen als die Summe von stomatärer und Grenzflächenleitfähigkeit für Wasserdampf, als Funktion der Jahreszeit. Die in Abbildung 4-11 gezeigte Leitfähigkeit ist dem Diffusionswiderstand R' in Gleichung (8) umgekehrt proportional. In den Sommermonaten ist die Leitfähigkeit im Durchschnitt um einen Faktor von mehr als vier höher als während der Wintermonate. Das heißt natürlich, dass bei gleicher Schadstoffkonzentration in der Luft im Sommer und im Winter (eine wenig realistische Annahme!) der Eintritt von Schadstoffen in die Nadeln im Sommer um einen Faktor von mehr als vier höher sein muss als im Winter. Allerdings ist die Stoffwechselaktivität im Sommer temperaturbedingt höher als während der Wintermonate, sodass auch **stoffwechselabhängige Entgiftungsreaktionen** im Sommer schneller ablaufen als im Winter.

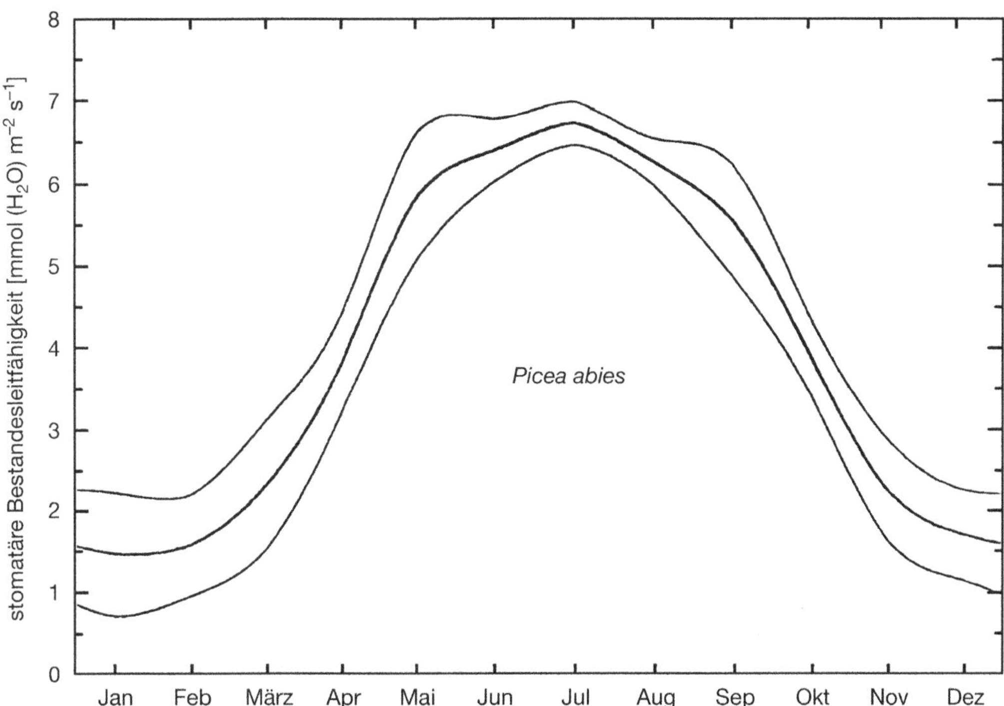

Abb. 4-11: Mittlere stomatäre Leitfähigkeit für Wasserdampf in g_{H2O} unter den klimatischen Bedingungen Deutschlands bei Berücksichtigung auch nächtlicher Schließbewegungen der Stomata. Die Leitfähigkeit g ist dem Diffusionswiderstand R' umgekehrt proportional: $g = 1/R'$ (Gleichung (6b); Slovik et al. 1998).

4.2.4 Reaktivität: Schadwirkung versus Entgiftung

Die Verfügbarkeit eines potenziellen Schadstoffs am Wirkungsort ist nur eine Voraussetzung für dessen Wirksamkeit. Noch wichtiger ist die Reaktivität. Ein Beispiel soll das Problem verdeutlichen. Ozon vermag die verschiedensten reduziert vorliegenden Verbindungen zu oxidieren. Dabei ist die **Reaktionsgeschwindigkeit** wichtig. Ein Maß dafür sind Geschwindigkeitskonstanten. Jedoch spielen auch die Konzentrationen der Reaktionspartner eine wichtige Rolle. Eine bimolekulare Reaktion zwischen Ozon (O_3) und der reduzierten Verbindung B, die zur Zerstörung von B unter Verbrauch von Ozon führt, läuft nach dem Schema

$$d(O_3)/dt = k_B(O_3)(B) \qquad (9)$$

ab, wobei $d(O_3)/dt$ die Geschwindigkeit des Verbrauchs von Ozon (und gleichzeitig der Zerstörung von B) anzeigt, k_B die Geschwindigkeitskonstante ist und (O_3) und (B) die Konzentrationen der Reaktionspartner sind. Je größer k_B ist, umso schneller verläuft die Reaktion. Nun kann Ozon nicht nur B, sondern auch C, D, E etc. oxidieren. Für alle diese Fälle gilt Gleichung (9) in analoger Weise, doch sind naturgemäß die Geschwindigkeitskonstanten k_C, k_D, k_E etc. ebenso wie die Konzentrationen C, D, E etc. verschieden. Wenn nun C eine für zelluläres Überleben weniger „wichtige" Verbindung ist als das „wichtige" B, und wenn überdies C nach Oxidation durch Reduktion im zellulären Stoffwechsel schnell regeneriert werden kann, dann vermag es eine erhebliche Zerstörung des „wichtigen" B zu verhindern, sofern seine Konzentration hoch genug und die Geschwindigkeitskonstante k_C groß genug ist, um die kompetitive Reaktion zwischen Ozon und B marginal werden zu lassen. In diesem Fall ist die Reaktion zwischen Ozon und C eine wirksame Entgiftungsreaktion und das wichtige B wird geschützt. C fängt Ozon ab. Ist allerdings die Geschwindigkeitskonstante k_B größer als k_C, kann effektiver Schutz nicht eintreten und Schaden wird unvermeidlich. Nach Gorbatchov gilt auch für Schutzreaktionen: »Wer zu spät kommt, den bestraft das Leben«.

Schutz durch Entgiftungsreaktionen setzt also in der Regel eine Geschwindigkeit von Schutzreaktionen voraus, die viel größer sein muss als die Geschwindigkeit der Schadreaktion. Im Idealfall ist die Schutzreaktion der Schadreaktion vorgelagert, sodass der Schadstoff abgefangen wird, bevor er überhaupt an den Ort gelangt, wo er mit B reagieren kann. Tatsächlich scheint es, dass Ozon im Vorfeld der Zelle, d. h. im apoplastischen Bereich, durch Reduktion abgefangen wird, sodass die Oxidation wichtiger zellulärer Bestandteile erst dann stattfindet, wenn die **apoplastische Entgiftung** überfordert ist.

Ist die partielle Oxidation des „wichtigen" Stoffs B unvermeidlich, kann persistenter Schaden immer noch vermieden werden, wenn B durch Reduktion regeneriert werden kann. In diesem Fall folgt die **Reparatur** auf den „Schaden". Im Experiment sieht man zunächst einen partiellen Stoffwechselzusammenbruch nach kurzfristiger Schadstoffeinwirkung und dann Erholung.

Sind nun zwei verschiedene potenzielle Schadstoffe wie etwa Ozon und PAN ähnlich reaktiv, liegen aber in unterschiedlicher Konzentration in der Luft vor, dann wirkt natürlich der Stoff, der aufgrund von Konzentration und Diffusionsverhalten schneller an den Reaktionsort gelangt. Das ist Ozon, das auch im Los Angeles Smog nicht nur in höherer Konzentration als PAN vorliegt, sondern auch mit $MG = 48$ das niedrigere Molekulargewicht ($MG_{PAN} = 121$) besitzt und demgemäß schneller diffundiert.

Konzentration, Diffusionsverhalten und **Reaktivität** sind also zentrale Parameter, die bei der Beurteilung möglicher Schadwirkungen durch einen gasförmigen Wirkstoff beachtet werden müssen. Im zellulären Bereich sind kompetitive Abfangreaktionen und Reparaturreaktionen Voraussetzung für die Aufrechterhaltung der Vitalität.

4.2.5 „Saurer Regen"

Der Versauerung limnischer und terrestrischer Ökosysteme als Umweltproblem wurde erst in den späten 1960er Jahren verstärkte Aufmerksamkeit geschenkt. Der Prozess begann jedoch schon sehr viel früher, und seit langem war bekannt, dass die Emission von Säurebildnern, hauptsächlich Schwefeldioxid (SO_2) und Stickoxide (NO_x), schädlich für den Menschen, für

Tab. 4-12: Entwicklung der SO_2-, NO_x- und NH_4-Emissionen seit 1990 in Tausend Tonnen. Die Werte für 2010 entsprechen den Zielen gemäß des Göteborg-Protokolls (Elvingson and Ågren 2004).

	SO_2			NO_x als NO_2			NH_3		
	1990	2000	2010	1990	2000	2010	1990	2000	2010
Deutschland	5 322	638	550	2 728	1 584	1 081	736	596	550
EU-15	16 273	6 067	4 044	13 255	9 952	6 648	3 561	3 285	3 128

die Natur und für Bauwerke sein können. Betrachtet man die terrestrischen Ökosysteme, so muss auch die Ammoniakemission mit in den Kanon der versauernd wirkenden Verbindungen einbezogen werden.

Dass es sich bei den emittierten Gasen nicht um marginale Mengen handelt, verdeutlichen die in der Tabelle 4-12 aufgeführten Zahlen. Es soll aber gleichzeitig dargestellt werden, dass die Emissionen aufgrund gesetzgeberischer Maßnahmen einer erheblichen Dynamik unterworfen sind, die bereits zu deutlichen Reduktionen geführt haben und weiter führen sollen.

Werden die vereinbarten Ziele erreicht, so würde dies eine Emissionsreduktion um 90 % bei SO_2, 60 % bei NO_x und 25 % bei NH_3 für Deutschland in der Zeit von 1990 bis 2010 bedeuten. Die entsprechenden Werte für die EU-15 lauten 63 % bei SO_2, 40 % bei NO_x und 17 % bei NH_3.

Säuren im Niederschlagswasser entstehen durch Reaktionen mit den Gasen CO_2, SO_2 und NO_x. Durch Dissoziation erhöht sich die Konzentration der Protonen (H^+, H_3O^+). Der pH-Wert sinkt. Er ist ein logarithmisches Maß für die Protonenkonzentration und ist definiert als der negative Logarithmus der Wasserstoffionenkonzentration in Mol pro Liter. Der pH-Wert ist umso kleiner je größer die Protonenkonzentration ist. pH 7 entspricht 10^{-7} Mol H^+/Liter und damit völliger Neutralität.

Der Regen ist natürlicherweise schwach sauer und weist pH-Werte im Bereich 5,0 bis 5,6 auf. Dies hat seine Ursache hauptsächlich im CO_2 der Atmosphäre, welches zur Bildung von Kohlensäure (H_2CO_3) führt:

$$CO_2 \rightarrow CO_2 \cdot H_2O \rightarrow HCO_3^- + H^+ \qquad (10).$$

Diese unter Reinluftbedingungen im Regen enthaltenen $2,5 \times 10^{-5}$ Mol H^+/Liter stellen nur eine sehr kleine Säuremenge dar. Der pH-Wert reinen

Wassers beträgt bei den in der Atmosphäre herrschenden Partialdrucken des CO_2 ungefähr 5,6. Ihre Anwesenheit ist ökologisch als positiv zu bewerten, da sie zur Verwitterung von Mineralen und zur Freisetzung von Nährstoffen beiträgt. Von „saurem Regen" wird erst gesprochen, wenn die Konzentration der Protonen durch die Anwesenheit starker Säuren wie H_2SO_4, HNO_3 oder HCl um den Faktor 10 bis 1 000 über den natürlichen H^+-Konzentrationen liegt.

Die Schwefelsäure stammt aus der Verbrennung fossiler Energieträger und der Verarbeitung sulfidhaltiger Erze. Der größte Teil des freigesetzten SO_2 entstammt der Verbrennung schwefelhaltiger Kohle. Ein großer Teil der Kohle enthält mehr als 2 % Schwefel von dem ungefähr eine Hälfte in organischer Form, die andere Hälfte als Pyrit vorliegt. In der Atmosphäre wird in Abwesenheit von Wolken in einem komplexen Umsetzungsgeschehen und unter Mitwirkung von OH-Radikalen, das SO_2 in SO_4^{2-} umgewandelt (Legge 1990). Der dabei beschrittene Weg lässt sich wie folgt beschreiben:

$$SO_2 + OH^{\cdot} \rightarrow HSO_3 \qquad (11)$$

$$HSO_3 + O_2 \rightarrow SO_3 + HO_2 \qquad (12)$$

$$SO_3 + H_2O \rightarrow H_2SO_4 \qquad (13).$$

Die Gesamtreaktion lautet:

$$SO_2 + \tfrac{1}{2} O_2 + H_2O \rightarrow H_2SO_4 \qquad (14).$$

Die einzelnen Reaktionsschritte sind noch etwas unklar, es ist jedoch bekannt, dass die Sonnenstrahlung und der Wassergehalt der Atmosphäre sowie Stickoxide (NO_x) die Umsetzungsraten beschleunigen.

Sind Wolkentröpfchen vorhanden, löst sich das SO_2 in diesen unter Bildung von HSO_3^-:

$$SO_2 \rightarrow SO_2 \cdot H_2O \rightarrow H^+ + HSO_3^- \qquad (15).$$

4

Unter Mitwirkung weiterer Oxidantien (H_2O_2, O_3) wird anschließend H_2SO_4 gebildet:

$$H^+ + HSO_3^- + Oxidant \rightarrow SO_4^{2-} + H^+ \qquad (16).$$

Stickstoffmonoxid (NO), Stickstoffdioxid (NO_2), Distickstoffoxid (N_2O) werden unter der Größe NO_x zusammengefasst. Sie entstehen unter natürlichen und anthropogenen Bedingungen. Sind für erstere Blitze, so sind für letztere Verbrennungsprozesse in Kraftwerken und Heizungen sowie in Kraftfahrzeugen verantwortlich.

$$N_2 + O_2 \rightarrow 2\,NO \qquad (17)$$

Stickstoffmonoxid wird in Stickstoffdioxid umgewandelt, das bei Sonnenlicht mit dem Hydroxylradikal zu HNO_3 reagiert.

$$OH^\cdot + NO_2 \rightarrow HNO_3 \qquad (18)$$

Nachts erfolgt eine Bildung von HNO_3 über das Nitratradikal, das bei Sonnenlicht instabil ist.

$$NO_2 + O_3 \rightarrow NO_3 + O_2 \qquad (19)$$

$$NO_2 + NO_3 \rightarrow N_2O_5 \qquad (20)$$

$$N_2O_5 + H_2O \rightarrow 2\,HNO_3 \qquad (21)$$

Die Oxidation der Säurebildner in der Atmosphäre verläuft über freie Radikale mithilfe der Sonnenenergie. Dabei spielt das OH-Radikal eine hervorragende Rolle. Andere beteiligte Oxidantien sind O_3 und H_2O_2. Die Abbildung 4-12 zeigt das Geschehen schematisch.

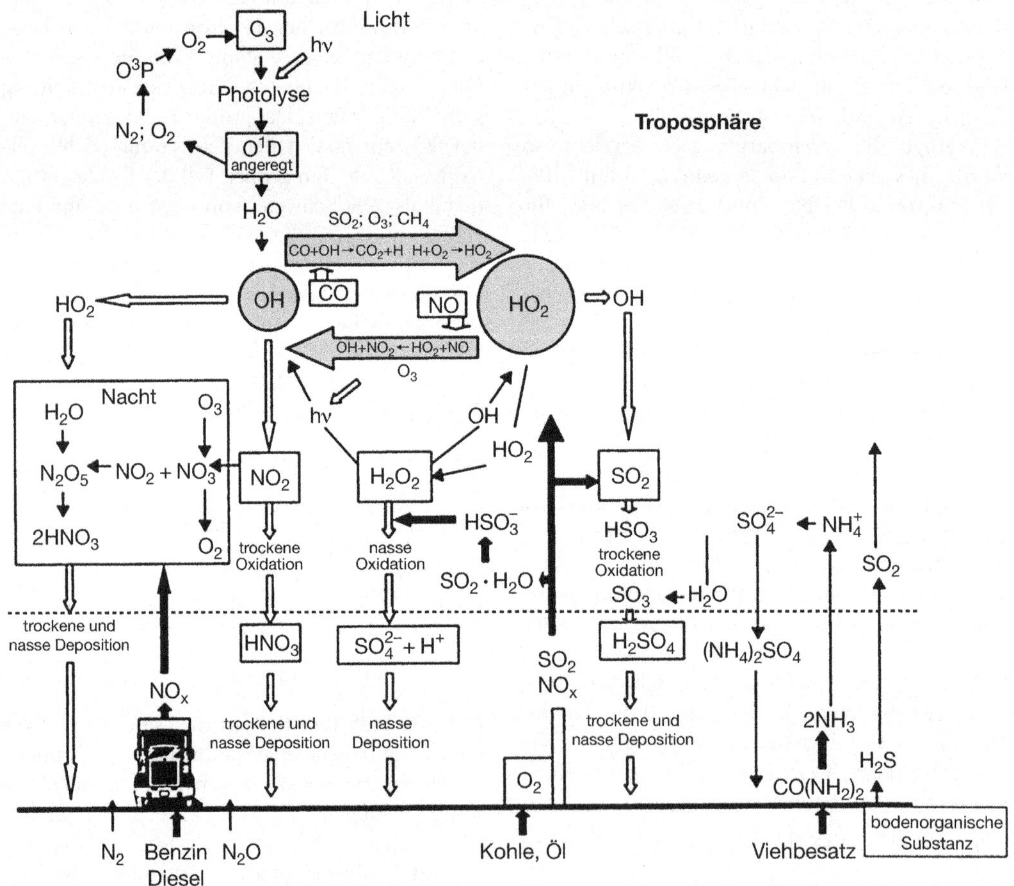

Abb. 4-12: Umsetzungen von Stickstoff- und Schwefelverbindungen in der Atmosphäre (verändert nach Blake 2005).

Eine weitere wichtige Quelle der Versauerung von Ökosystemen ist die Oxidation des Ammoniumions (NH_4^+) im Zuge der Nitrifikation. Das Ammonium im Niederschlag stammt aus der Umwandlung von Ammoniak (NH_3), das bei der Stickstoffdüngung und der Massentierhaltung aus den Exkrementen freigesetzt wird. Bei diesen Reaktionen tritt eine Neutralisierung der Säure im Niederschlagswasser ein.

$$NH_3 + H_2O \rightarrow NH_4^+ + OH^- \qquad (22)$$

$$NH_3 + HNO_3 \rightarrow NH_4^+ + NO_3^- \qquad (23)$$

$$2\,NH_3 + H_2SO_4 \rightarrow 2\,NH_4^+ + SO_4^{2-} \qquad (24)$$

$$NH_3 + H_2CO_3 \rightarrow NH_4^+ + HCO_3^- \qquad (25)$$

Gelangen die NH_4-Ionen in den Boden, erfolgt ihre Oxidation im Zuge der durch Mikroorganismen verursachten Nitrifikation, dabei werden zwei Protonen freigesetzt, z. B.:

$$(NH_4)_2SO_4 + 4\,O_2 \rightarrow$$
$$2\,NO_3^- + 4\,H^+ + SO_4^{2-} + 2\,H_2O \quad (26)$$

Im Gesamtgeschehen entsteht in der Reaktionskette von NH_3 zum NO_3^- netto ein Proton. Wird das NH_4^+ von Mikroorganismen oder Pflanzen aufgenommen und in eine organische Form überführt, ist die H^+-Bilanz ausgeglichen. Betrachtet man jedoch den Boden allein, so wird ein Proton freigesetzt. Dieses Beispiel macht bereits deutlich, dass die Betrachtungsebene bezüglich der Bemessung der Versauerung entscheidend für das Resultat ist.

In der Atmosphäre können neben dem NH_3 auch noch andere basisch wirkende Luftinhaltsstoffe auftreten. Diese bestehen überwiegend aus bodenbürtigen Stäuben, aber auch aus Aschen von Kraftwerken und Heizungen.

$$Boden\text{-}Ca^{2+} + H_2SO_4 \rightarrow$$
$$Boden\text{-}2\,H^+ + CaSO_4 \quad (27)$$

$$CaO + H_2SO_4 \rightarrow CaSO_4 + H_2O \qquad (28)$$

Durch diese Reaktionen kann die Säure bereits in der Atmosphäre partiell gepuffert werden. Da die Emittenten der Basen jedoch ein anderes Verteilungsmuster aufweisen als die der Säurebildner, ergibt sich ein räumlich sehr heterogenes Bild der mit den Niederschlägen deponierten Säuremengen.

4.2.6 Aerosole und Schwermetalle

4.2.6.1 Quellen, Transport und Deposition von Aerosolen

Die Umgebungsluft enthält neben der Gasphase in geringem Umfang auch Aerosole, d. h. Partikel von 0,01 bis 100 μm. Die **natürlichen Aerosole**, die aus Bodenstäuben, Vulkantätigkeit, Meersalzen und organischen Partikeln (Pollen, Sporen) bestehen, liegen überwiegend in einem Größenbereich von 2 bis 100 μm und werden als grobe Partikel bezeichnet. Sie gelangen über Sedimentation in die Waldökosysteme (trockene Deposition). Die **anthropogen freigesetzten Partikel** dagegen sind überwiegend kleiner als 2 μm und gehen kontinuierlich in die Gasphase über. Sie werden entweder partikulär emittiert oder bilden sich durch Kondensation und Koagulation oder durch Tröpfchenbildung infolge von Kondensationswachstum von Keimen (Whitby und Sverdrup 1980).

Partikel mit einem Durchmesser < 10 μm stellen die Hauptmasse der Aerosole dar. Diese PM 10- (*particulate matter*) Fraktion des Aerosols ist aus lufthygienischen Gründen von großem Interesse, da sie vom Menschen eingeatmet werden kann. Allgemein wird zwischen dem **Grobstaub** ($2-10\,\mu$m) und dem **Feinstaub** ($< 2\,\mu$m) unterschieden. Die Grobstäube sedimentieren bereits nach wenigen Stunden und variieren stark in Abhängigkeit von der Art und vom Ort des jeweiligen Emittenten. Dagegen haben Feinstäube Verweilzeiten in der Atmosphäre von $3-7$ Tagen und können über weite Strecken transportiert werden, bevor sie deponiert werden. Da die anthropogenen Aerosole überwiegend im Feinstaubbereich auftreten, sind sie besonders dem Ferntransport unterworfen.

Diese feine Aerosolfraktion wird vor allem über Ausregnen und Auswaschen aus der unteren Troposphäre entfernt (nasse Deposition). Je nach den lokalen Gegebenheiten und Witterungsbedingungen können die Anteile zwischen der trockenen und nassen Deposition stark variieren. Als dritte Form der Deposition ist noch die **Interzeptionsdeposition** zu nennen, welche das Auskämmen der Atmosphäre durch Pflanzenbestände beschreibt. Aufgrund ihrer großen Blatt- und Nadeloberflächen, der Beschaffenheit dieser Oberflächen und der Rauhigkeit der Bestände sind Wälder in besonderem Maße geeignet, Aerosole auszufiltern. Verstärkt wird dieser Prozess noch dadurch, dass die Oberflächen zeitweise benetzt sind und die Nadelbäume ganzjährig diese Filterwirkung zeigen. Wälder stellen daher sehr effektive Senken für Aerosole dar, was in Umkehr zu überproportionalen Depositionen von Aerosolen und ihrer Inhaltsstoffe führt. Waldgebiete zeichnen sich daher durch geringe Staubanteile in der Luft aus, was einerseits von den Menschen zu Erholungszwecken genutzt wird, andererseits aber zu höheren Belastungen der Böden und Bäume führt.

Die Aerosole enthalten nicht nur **erwünschte Puffersubstanzen** und Nährstoffe wie Calcium, Magnesium und Kalium, sondern auch **anorganische und organische Schadstoffe**, insbesondere auch Schwermetalle. Ein Teil dieser Stoffe gelangt, nachdem sie von den Oberflächen abgewaschen werden, mit dem Bestandesniederschlag (Kronendurchlass und Stammabfluss) in den Boden, ein anderer Teil mit der Nadel- und Blattstreu. Hier werden sie den biogeochemischen Umsetzungsprozessen unterworfen, können dabei in lösliche Formen überführt und damit bioverfügbar werden. Da es sich bei den Staub- und Aerosoldepositionen um bedeutende Mengen handeln kann, je nach Entfernung der Emittenten und der Exposition der Waldbestände, ist diese Belastungskomponente nicht zu vernachlässigen.

Als Quellen für die wichtigsten **anthropogenen Schwebstaubkomponenten** sind zu nennen (Heinrichs und Brumsack 1997): Ruß aus Diesel- und Benzinfahrzeugen, Reifenabrieb, Bremsabrieb, Teer, Ziegel- und Zementabrieb, Ruß aus leichtem Heizöl und Verbrennung von Biomassen, Reingasstäube aus der Zementindustrie, aus Stein- und Braunkohlekraftwerken und aus Heizkraftwerken auf der Basis von schwerem Heizöl, Stahl- und Eisenindustrie sowie Müllverbrennungsanlagen.

Toxische Bestandteile treten in relativ geringen Mengen auf. Entsprechend der unterschiedlichen Wirkungsweise kann aus der Gesamtemission allein nicht direkt auf die Umweltrelevanz geschlossen werden. Von 1990 bis 1999 war ein Rückgang der Emissionen um nahezu 1,6 Mio. t zu verzeichnen. Diese Minderung wurde überwiegend durch die Emissionsentwicklung in den neuen Ländern verursacht. Hier wurden viele veraltete Feuerungs- und Industrieanlagen stillgelegt sowie die vorhandenen Entstaubungsanlagen in den Kraft- und Fernheizwerken in ihrer Wirksamkeit verbessert. Weiteren Einfluss hatte die Umstellung von festen auf emissionsärmere flüssige und gasförmige Brennstoffe, insbesondere in den kleineren Feuerungsanlagen. Hauptverursacher der Staubemissionen sind bei stark zurückgegangenen Gesamtemissionen die Industrieprozesse. Ihr relativer Emissionsanteil stieg auf über 38 %.

In der Tabelle 4-13 ist die Entwicklung der Staubemissionen seit 1990 für unterschiedliche Verursacher dargestellt. Dabei wird der drastische **Rückgang** aufgrund von Luftreinhaltemaßnahmen und Stilllegungen sichtbar.

4.2.6.2 Entwicklung der Schwermetallemissionen

Schwermetalle sind – in unterschiedlichem Umfang – in den staub- und gasförmigen Emissionen fast aller Verbrennungs- und vieler Produktionsprozesse enthalten, sie werden staubförmig oder bei hohen Temperaturen auch gasförmig emittiert. Die Gesamtstaubemissionen bestehen zwar in der Regel überwiegend aus relativ ungefährlichen Oxiden, Sulfaten und Karbonaten von Aluminium, Eisen, Calcium, Silicium und Magnesium; aufgrund schwermetallhaltiger, toxischer Inhaltsstoffe wie Cadmium, Blei, Quecksilber u. a. können diese Emissionen dennoch ein hohes Gefährdungspotenzial erreichen.

Nach Semb und Pacyna (1988) wurden Mitte der 1980er Jahre auf dem Gebiet der alten Bundesrepublik Deutschland jährlich 80 t Cadmium, 108 t Kobalt, 530 t Chrom, 380 t Kupfer, 5 560 t Blei und 6 660 t Zink **durch anthropogene Aktivitäten emittiert.** Auf den Hektar bezogen ergeben sich Raten von 3,2 g Cadmium, 4,4 g Kobalt, 21,4 g Chrom, 15,3 g Kupfer, 22,2 g Nickel, 224 g Blei und 268 g Zink pro Jahr. Die Emissionen in der DDR lagen wesentlich über denen der Bundesrepublik.

Seit 1982 traten erhebliche **Reduktionen** der Emissionen ein. Die wesentlichen Emissionsminderungen erfolgten für Blei durch die Einführung

Tab. 4-13: Jährliche anthropogene Staubemissionen nach Emittentengruppen in Deutschland 1990 bis 1999, Stand: Januar 2001 (Umweltbundesamt 2001)

	1990	1992	1994	1995	1996	1997	1998	1999
	in kt							
insgesamt	1 858	625	364	329	303	286	270	259
Schüttgutumschlag[1]	115	70	50	49	47	45	45	44
Industrieprozess[2]	431	129	113	110	103	105	102	99
übriger Verkehr[3]	27	22	21	20	19	20	20	19
Straßenverkehr	42	44	45	45	40	38	36	35
Haushalte	153	73	61	49	50	41	32	31
Kleinverbraucher[4]	183	50	16	13	8	6	5	4
Industriefeuerungen[5]	438	69	15	9	7	7	7	6
Kraft- und Fernheizwerke[6]	469	167	43	34	28	24	22	20

1) Umschlag staubender Güter mit Berücksichtigung von Minderungsmaßnahmen
2) ohne ernergiebedingte Emissionen
3) Land-, Forst- und Bauwirtschaft, Militär-, Schienen-, Küsten- und Binnenschiffsverkehr
4) einschließlich militärische Dienststellen
5) übriger Umwandlungsbereich, verarbeitendes Gewerbe und übriger Bergbau, Erdgasverdichterstationen; bei Industriekraftwerken nur Wärmeerzeugung
6) bei Industriekraftwerken nur Stromerzeugung

von bleifreiem Benzin und für die weiteren Schwermetalle durch die Sanierung der Anlagen entsprechend den Anforderungen der Großfeuerungsanlagenverordnung (13.BlmSchV) und der TA-Luft 1986. Insbesondere die dabei angewandten hochwirksamen Staubminderungsmaßnahmen führten zu einer erheblichen Minderung der Schwermetallemissionen in den alten Ländern. Die für 1995 für die alten Bundesländer errechnete Emissionsminderung betrug im Vergleich zu 1985 für Arsen -84 %, Blei -82 %, Cadmium -70 %, Chrom -61 %, Kupfer -64 %, Nickel -52 %, Quecksilber -63 % und Zink -68 %. Die nach 1990 in den neuen Ländern einsetzende deutliche Abnahme der Schwermetallemissionen ist auf die Nachrüstung, aber auch Stilllegung von Altanlagen zurückzuführen. Die für 1995 für die neuen Länder errechnete Emissionsminderung betrug für Arsen 84 %, Blei 93 %, Cadmium 82 %, Chrom 68 %, Kupfer 91 %, Nickel 82 %, Quecksilber 78 % und Zink 80 %, jeweils bezogen auf das Jahr 1985. Diese Reduktionen setzten sich bis heute mit deutlich geringeren Raten fort.

Ballungsgebiete stellen die **Hauptemissionsgebiete** dar, während Wälder als **Immissionsgebiete** betrachtet werden können. Ein Vergleich zwischen den Zusammensetzungen der Schwebstäube in Ballungsgebieten mit denen in einem industriefernen Gebiet (Solling) zeigt, dass es kaum eine Differenzierung gibt (Abb. 4-13, Heinrichs und Brumsack 1997, Pleßow und Heinrichs 2001, Pleßow 2000). Dies zeigt, dass die überwiegend im Feinstaubbereich angesiedelten Schwebstäube weit transportiert werden und deren Zusammensetzung kaum eine räumliche Differenzierung aufweisen. Dies spiegeln auch die Zusammensetzungen von Humusauflagen in Nordwestdeutschland wider (Abb. 4-13, Pleßow und Heinrichs 2001). Durch mineralische Beimengungen aus Böden sind hier die Konzentrationen jedoch wesentlich geringer.

In der Tabelle 4-14 ist die Schwermetalldeposition einiger Waldökosysteme in Nordwestdeutschland dargestellt (Andreae 1993, Schulz 1987, Büttner et al. 1986).

4

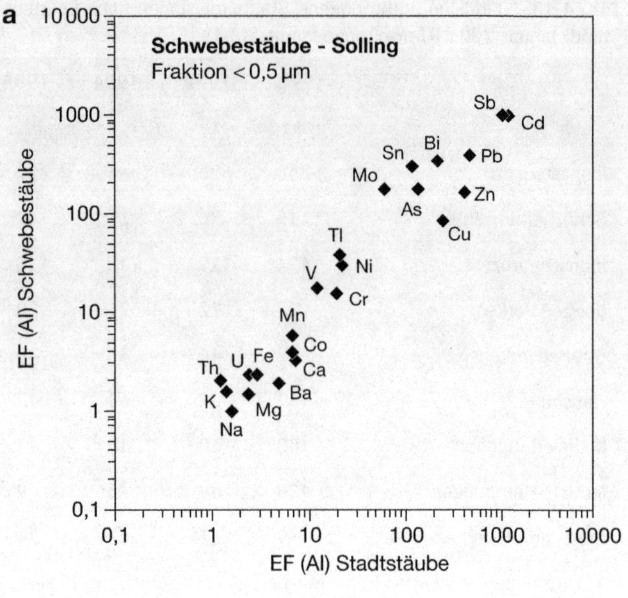

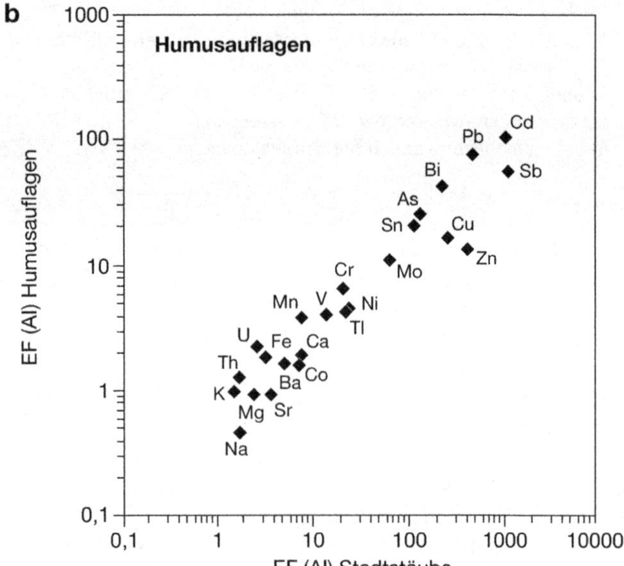

Abb. 4-13: Vergleiche der Zusammensetzung von Stadtstäuben und der Zusammensetzung von Stäuben im Solling (a) und in Humusauflagen (b) (Pleßow und Heinrichs 2001).

Diese Zahlen zeigen deutlich die **Filterwirkung der Bestände** und die vergleichsweise hohen Depositionsraten. Da sich die Schwermetalle in den oberen Bodenabschnitten angereichert haben, ist auch nach dem deutlichen Rückgang der Emissionen die Belastung der Waldböden zum Teil sehr hoch. Dies zeigen auch die Resultate der Bodenzustandserhebung der Waldböden.

Im Rahmen der **Bodenzustandserhebung** wurden für die Humusauflagen folgende Werte ermittelt: Im Durchschnitt lagen die Kupfergehalte bei 16,8 mg/kg (Median). 38,4 % der Standorte lagen über dem Vorsorgewert von Prüess (1994) und dem Grenzwert von Tyler (1992), die beide mit 20 mg/kg angegeben werden. Der Median der Zinkkonzentrationen lag bei 74,4 mg/kg. Der Vorsorgewert (85 mg/kg) wurde in

Tab. 4-14: Schwankungsbreiten der Schwermetallflüsse (g ha^{-1}a^{-1}) in Waldökosystemen Nordwestdeutschlands (Andreae 1994)

	Niederschlagsdeposition	Bodeninput
	in g ha^{-1} a^{-1}	
Cd	1,7 – 1,3	4,2 – 6,4
Co	0,43 – 1,8	2,1 – 7,1
Cr	2,4 – 8,1	7,1 – 26,1
Cu	20,6 – 39,3	58,0 – 96,4
Ni	4,5 – 10,9	18,0 – 31,0
Pb	84,1 – 194,0	180,0 – 389,0
Zn	112 – 316,0	369,0 – 643,0

41,7 % der Fälle überschritten, der Grenzwert (300 mg/kg) in 2 %. Für das Cadmium lag der Median bei 0,5 mg/kg. In 31 % der Fälle wurden der Vorsorgewert (0,7 mg/kg) und in 0,7 % der Grenzwert (3,5 mg/kg) überschritten. Mit 94 mg/kg wies das Blei die höchsten Durchschnittswerte auf. Der bei 130 mg/kg liegende Vorsorgewert wurde auf 32,5 %, der Grenzwert (150 mg/kg) auf 24,7 % der Standorte überschritten. Dies bedeutet, dass auf einen erheblichen Anteil der Waldböden **Schwermetallkonzentrationen** auftreten, bei denen es zu Beeinflussungen der Pflanzen und Bodenbiota und ihrer Aktivitäten kommen kann. Mischbelastungen durch verschiedene Metalle oder ungleiche Anreicherungen innerhalb der Bodenprofile wurden bei toxikologischen Untersuchungen wenig betrachtet, ebenso die Elemente Cr, Ni, Co, Hg, V, As und Sn (Schulte und Blum 1997). Aufgrund der fortschreitenden Akkumulation in einem sehr schmalen Abschnitt des O$_h$- und A$_h$-Horizonts entwickelt sich ein Gefährdungspotenzial, das weiterer Aufklärung bedarf.

4.2.7 Stoffdepositionen und -verteilung

Die mit den Luftmassen transportierten Gase und Partikel werden durch unterschiedliche **Depositionsprozesse** wieder aus der Atmosphäre entfernt. Man unterscheidet die „nasse" und die „trockene" Deposition. Die „nasse" Deposition, der Stofffluss mit den fallenden Niederschlägen (Regen, Schnee, Hagel), wird von den Prozessen in der Atmosphäre bestimmt (Abschn. 4.2.5). Die feuchte und trockene Deposition (Stäube, Aerosole, Gase) werden von der physikalischen und chemischen Beschaffenheit der Empfängeroberflächen geprägt. Die wichtigsten Teilprozesse sind die Sedimentation, die Impaktion, die turbulente Diffusion und die Interception. Die Sedimentation erfolgt aufgrund der Gravitation. Impaktion und Interception resultieren aus dem Auftreffen von luftgetragenen Partikeln und Aerosolen auf Hindernisse, was zu einer Akkumulation der Stoffe führt. Durch die erhöhte Turbulenz der Luftmassen, verursacht durch die Rauhigkeit von Pflanzenbeständen, wird die Diffusion und damit die Deposition von Gasen deutlich erhöht. Abbildung 4-14 zeigt die Reaktionen und die relative Spezifizierung schematisch.

In **Wäldern** werden die Raten der feuchten und trockenen Deposition von variablen Eigenschaften des Kronenraums beeinflusst. Belaubung oder Benadelung, die baumspezifische Beschaffenheit der Blatt- und Nadeloberflächen, die Kronengeometrie, der Befeuchtungsgrad der Blätter und Nadeln, der Öffnungsgrad der Stomata und der physiologische Zustand der Blattapparate, alle diese Faktoren wirken auf die Intensität der feuchten und trockenen Deposition. Die nasse Deposition dagegen ist davon unabhängig.

Um die Vielfalt der Prozesse zu handhabbaren Größen zusammenzufassen und um Stoffflüsse zu berechnen, fasst Ulrich (1983) die Deposition in zwei Größen zusammen: die **Niederschlagsdeposition** und die **Interceptionsdeposition**. Die Niederschlagsdeposition (engl.: *bulk deposition*) umfasst die Stoffeinträge mit den Niederschlägen und die sedimentationsbedingten Anteile der trockenen Deposition. Sie wird in Sammlern im Freiland erfasst. Die Interceptionsdeposition wird im Bestandesniederschlag gemessen und erfasst die durch Impaktion von Aerosolen und Partikeln und durch Lösung von Gasen an feuchten Oberflächen erfolgte trockene Deposition. Durch Verwendung interner Standards (Ulrich 1983) oder von Austauschprozessen (Draijers und Erisman 1995) lässt sich die Interaktion mit dem Pflanzenbestand (Aufnahme und Abga-

4 Reaktionen von Luftschadstoffen

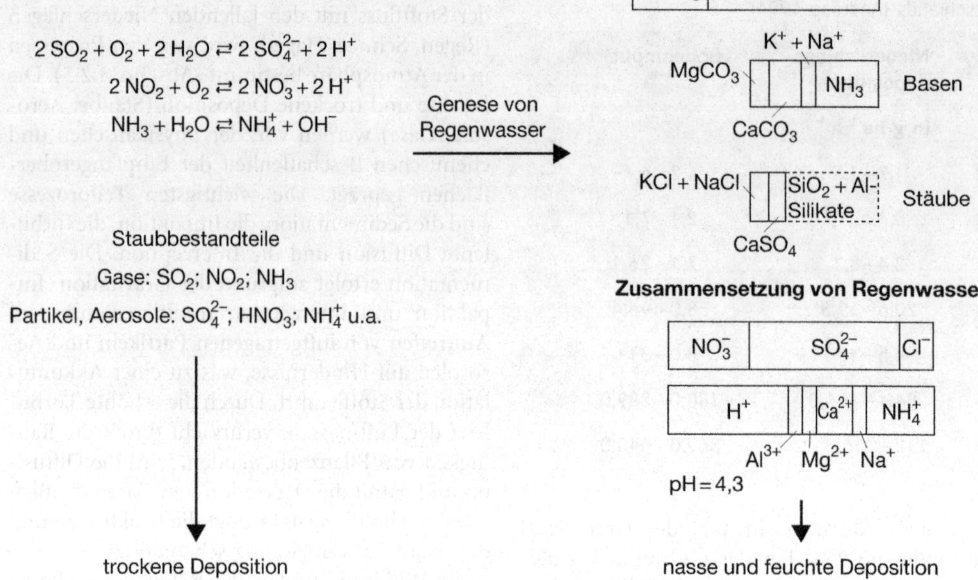

Abb. 4-14:   Reaktionen von Luftschadstoffen und relative Spezifizierung der atmosphärischen Deposition (Schnoor und Stumm 1985, verändert).

be durch die Blätter und Nadeln) errechnen (Gehrmann et al. 2001).

Wegen der Unsicherheiten, die mit Kronenraummodellen verbunden sind, sollten ergänzend auch **physikalische Depositionsmodelle** eingesetzt werden. Diese basieren auf Stoffkonzentrationen in der Luft und bestimmten Höhen sowie spezifischen Depositionsgeschwindigkeiten. Dabei hängt die Depositionsgeschwindigkeit von Übergangswiderständen eines Stoffs bis zur Akzeptoroberfläche ab, die auch strömungsabhängig sind (Gehrmann et al. 2001). Die Abbildung 4-14 fasst die Reaktionen, die die Deposition beeinflussen, zusammen.

Auch die **Topographie** beeinflusst die Deposition. In Hochlagen kann es zu direkter Ausfilterung von Säurebildnern und sauren Nebeltröpfchen kommen. In Luvlagen der Mittelgebirge kann diese Ausfilterung von Schadstoffen deutlich über der „nassen" Deposition liegen. In Umkehr stellen Leelagen regelrechte Schutzzonen mit deutlich reduzierten Depositionen dar.

Aus dieser knappen Darstellung lässt sich ableiten, dass die Höhe der **Schadstoffdepositionen** und die jeweiligen Anteile der „nassen" sowie der „feuchten" und „trockenen" Deposition standortspezifisch sind und kleinräumig extrem unterschiedlich sein können. Dies macht eine Übertragung punktuell erfasster Daten auf größere Regionen schwierig und ist nur über geeignete Modelle möglich.

Die Abbildungen 4-15 und 4-16 zeigen die **Verteilungen der Gesamtdeposition** potenzieller Säure und die Gesamtstickstoffdeposition für die maximalen Belastungen (1987 – 1989) und nach Wirksamwerden der Luftreinhaltemaßnahmen (1993 – 1995). Es sind deutliche Maxima in Nordwestdeutschland und im südlichen Teil der neuen Bundesländer zu erkennen. Der teilweise Zusammenbruch der auf Braunkohle basierten Energiewirtschaft der „DDR" und die Maßnahmen zur Luftreinhaltung führten zu einem raschen Rückgang der Schwefelsäuredepositionen. Die N-Depositionen mit ihrem hohen Anteil an Ammonium aus der Viehhaltung weisen ein anderes Muster auf und geringere Reduktionen.

Am Ende der 1980er Jahre des vergangenen Jahrhunderts wiesen große Teile West- und Ostdeutschlands saure **Depositionsraten** von mehr als 4 kmol_c ha^{-1} a^{-1} auf. Im Bereich der Großemit-

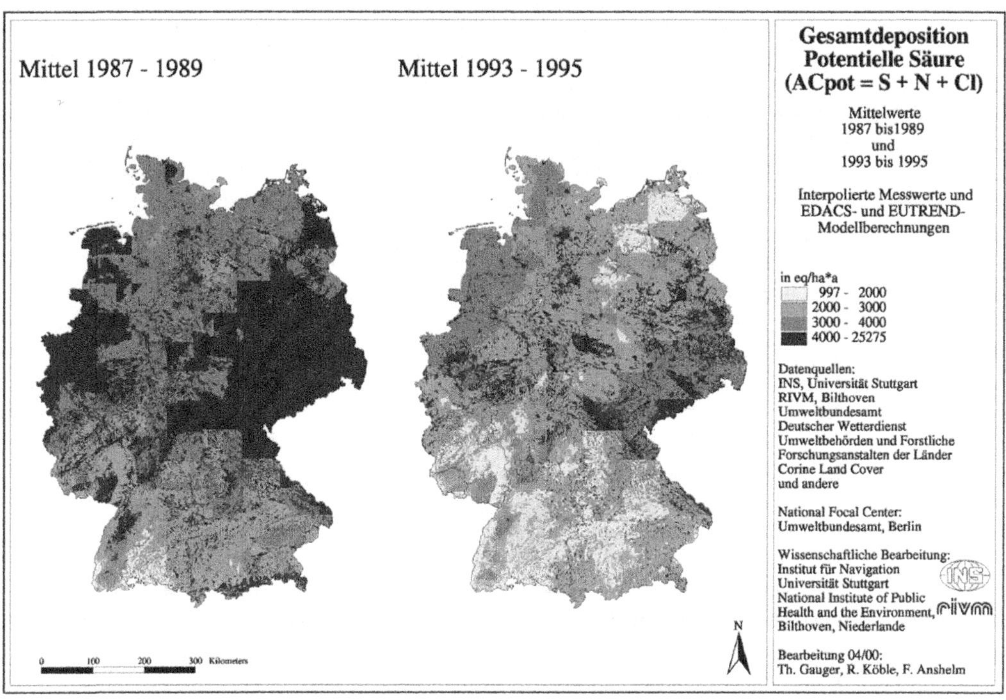

Abb. 4-15: Gesamtdeposition von Schwefel- und Stickstoffverbindungen 1987 bis 1995 (Daten zur Umwelt 2000 – Umweltbundesamt).

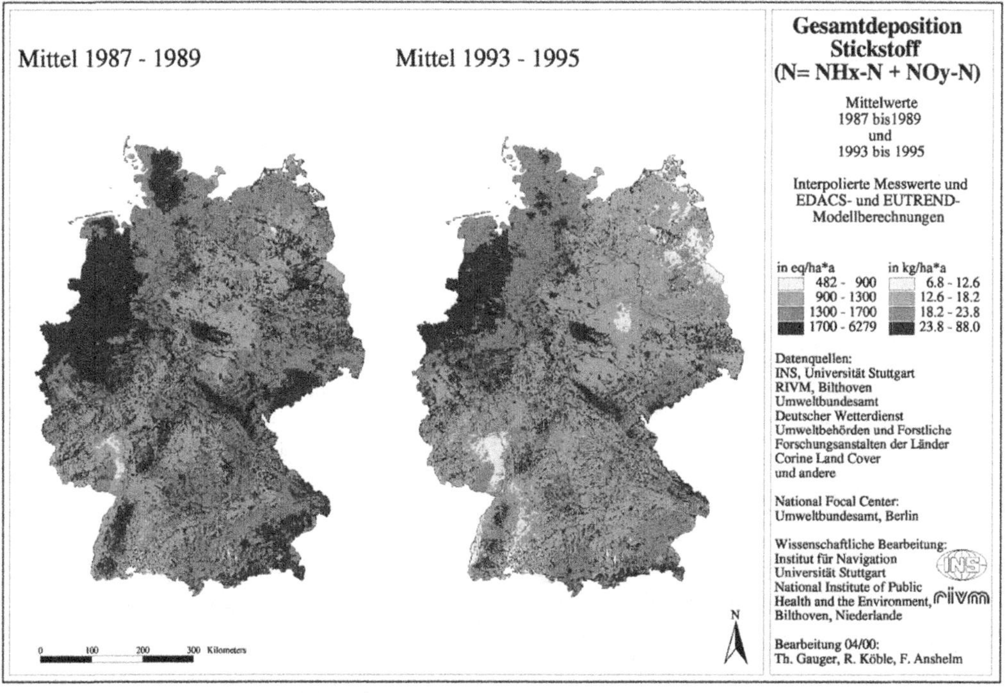

Abb. 4-16: Stickstoffdeposition in Waldböden 1987 bis 1995 (Daten zur Umwelt – Umweltbundesamt).

tenten traten sogar Raten bis 25 $kmol_c$ ha^{-1} a^{-1} auf. Im überwiegenden Teil Deutschlands betrugen die Raten 2–4 $kmol_c$ ha^{-1} a^{-1}. Nur in kleinen Teilen im Südwesten lagen die Raten zwischen 1–2 $kmol_c$ ha^{-1} a^{-1}. Deutlich wird auch, dass im Süden Deutschlands die Säurebelastung generell geringer war. Innerhalb weniger Jahre änderte sich die Situation aus den genannten Ursachen grundlegend. Depositionsraten von mehr als 3 $kmol_c$ ha^{-1} a^{-1} traten nur noch im Nordwesten und im Osten auf, sowie in den waldreichen Höhen der Mittelgebirge und des Berglands. Seither hat sich die Situation weiter verbessert, allerdings haben sich die Depositionsraten nur noch langsam reduziert.

Das Muster der **N-Depositionen** unterscheidet sich von dem der Säuredepositionen. Da neben den Verbrennungsprozessen in Industrie und Haushalten der Verkehr und die Landwirtschaft als wesentliche Emittenten auftreten, sind es die Gebiete mit hohem Viehbesatz, die die höchsten Werte aufweisen. Der Nitratanteil an der N-Deposition liegt in der Regel unter 15 kg ha^{-1} a^{-1}. Höhere Werte sind auf den Eintrag von Ammonium zurückzuführen. Analog den Emissionen ist auch bei der Stickstoffdeposition ein Rückgang zu verzeichnen. Die Abnahmen sind jedoch geringer als bei den Säureeinträgen, die von der Schwefelsäure dominiert waren.

Eine Beurteilung, in welchem Maße der „saure Regen" zu Belastungen von Waldökosystemen führt, muss nicht nur die **spezifischen Depositionsbedingungen** am jeweiligen Standort, sondern auch die **Depositionsentwicklung** berücksichtigen.

4.3 Physikalische Umweltfaktoren

4.3.1 Sonnenstrahlung

Die von der Sonne ausgehende Strahlung liefert die Energie für alle biologischen und geophysikalischen Prozesse. **Sonnenstrahlung** besteht aus energiereichen kurzwelligen Anteilen (Röntgenstrahlen $\lambda < 100$ nm, UV-Strahlung $\lambda = 100–380$ nm), sichtbarem Licht ($\lambda = 400–710$ nm)

und langwelliger Strahlung bis 100 000 nm (Infrarot $\lambda = 750–4\,000$ nm). Im UV-Bereich unterscheidet man noch folgende Strahlungsanteile: UV-A (315–380 nm Deutscher Industrie Standard DIN 5031, international ist auch gebräuchlich für UV-A: 320–400 nm), UV-B (280–315 nm) und UV-C (100–280 nm). Das Maximum der Sonnenstrahlung liegt im sichtbaren Bereich bei etwa 500 nm (Abb. 4-17). Aufgrund der unterschiedlichen Energiegehalte verschiedener Wellenlängen, ist die Sonnenenergie nicht gleichmäßig über das Spektrum verteilt, sondern es entfallen etwa 10 % auf den kurzwelligen Bereich, 45 % auf den sichtbaren Bereich und 45 % auf den langwelligen Bereich. Die Sonnenstrahlung gelangt jedoch nicht ungefiltert an die Erdoberfläche, sondern wird in unterschiedlichen Schichten der die Erde umgebenden Atmosphäre abgeschwächt (Abb. 4-18). Die extrem energiereiche Strahlung unter 100 nm wird bis über 100 km über der Erdoberfläche von N_2, O_2, N, und O absorbiert. Strahlung bis etwa 210 nm wird von Sauerstoff bis etwa 50 km über der Erdoberfläche absorbiert. Diese Vorgänge spielen sich in Atmosphärenbereichen ab, die auch als Mesosphäre und Thermosphäre bezeichnet werden. Zwischen 210 nm und 310 nm wird die einfallende Strahlung zum allergrößten Teil in der Stratosphäre absorbiert. Dies ist auf die speziellen Absorptionseigenschaften von Ozon zurückzuführen („Ozonschild"). Auf die Erdoberfläche gelangen nur Strahlungsanteile über 295 nm. Dabei wird in dem Bereich zwischen 295 und 310 nm nur ein Bruchteil der im Sonnenlicht vorhandenen Energie durchgelassen. Erst Strahlung oberhalb dieser Wellenlängen erreicht nur geringfügig abgeschwächt die Erdoberfläche und wird von uns als sichtbares Licht wahrgenommen (Abb. 4-17). Auch die langwellige Strahlung gelangt in die Troposphäre und an die Erdoberfläche, wenn auch in einigen Bereichen des Infrarotspektrums deutlich abschwächt.

Für alle lebenden Organismen ist die **Absorption der energiereichen Strahlung** durch die Stratosphäre und die weiter von der Erde entfernten Atmosphärenschichten essenziell, denn kurzwellige Strahlung, häufig als „harte" Strahlung bezeichnet, kann große Schäden verursachen, z. B. Krebs auslösen. Aber nicht nur für den Menschen, sondern auch für Pflanzen spielen die verschiedenen Strahlungsqualitäten eine wichtige

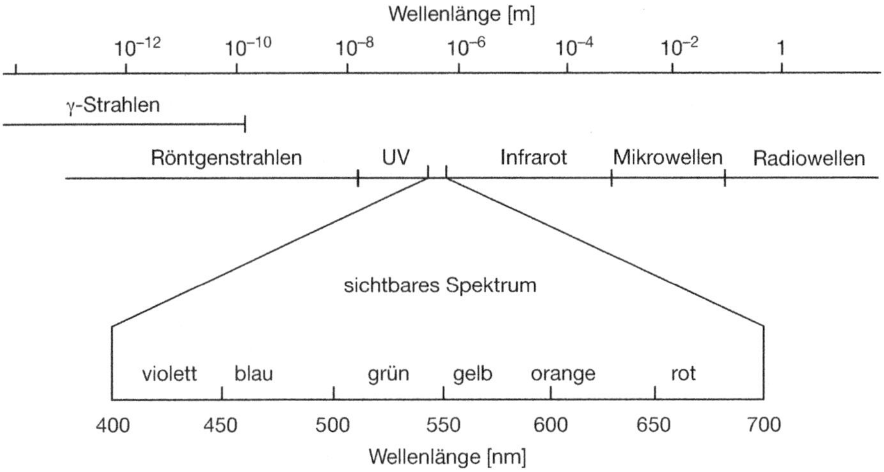

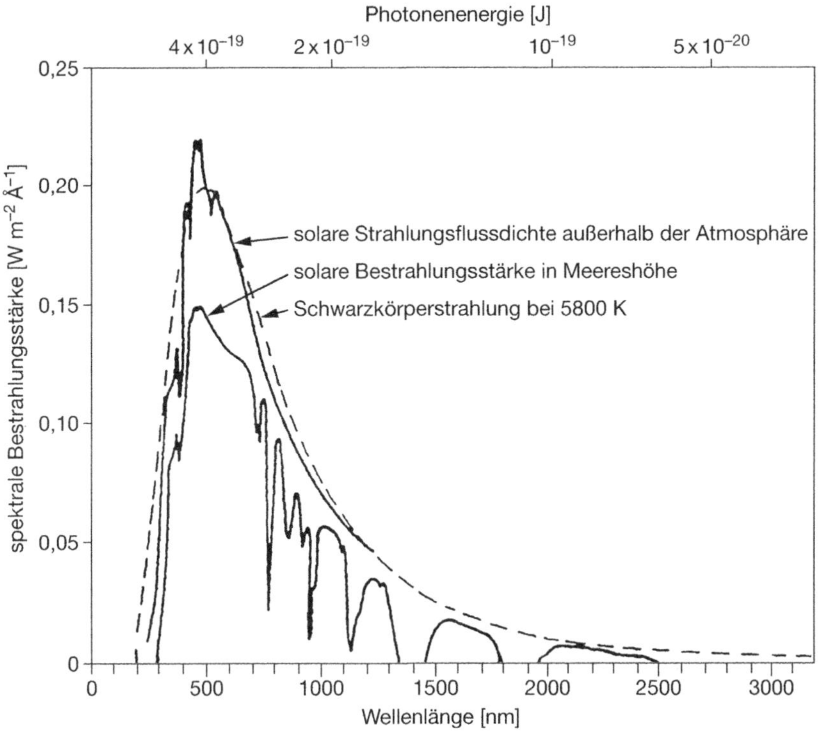

Abb. 4-17: Spektrum der elektromagnetischen Strahlung und Bestrahlungsstärke der Solarstrahlung am Oberrand der Atmosphäre und an der Erdoberfläche. Verändert nach Graedel und Crutzen (1994).

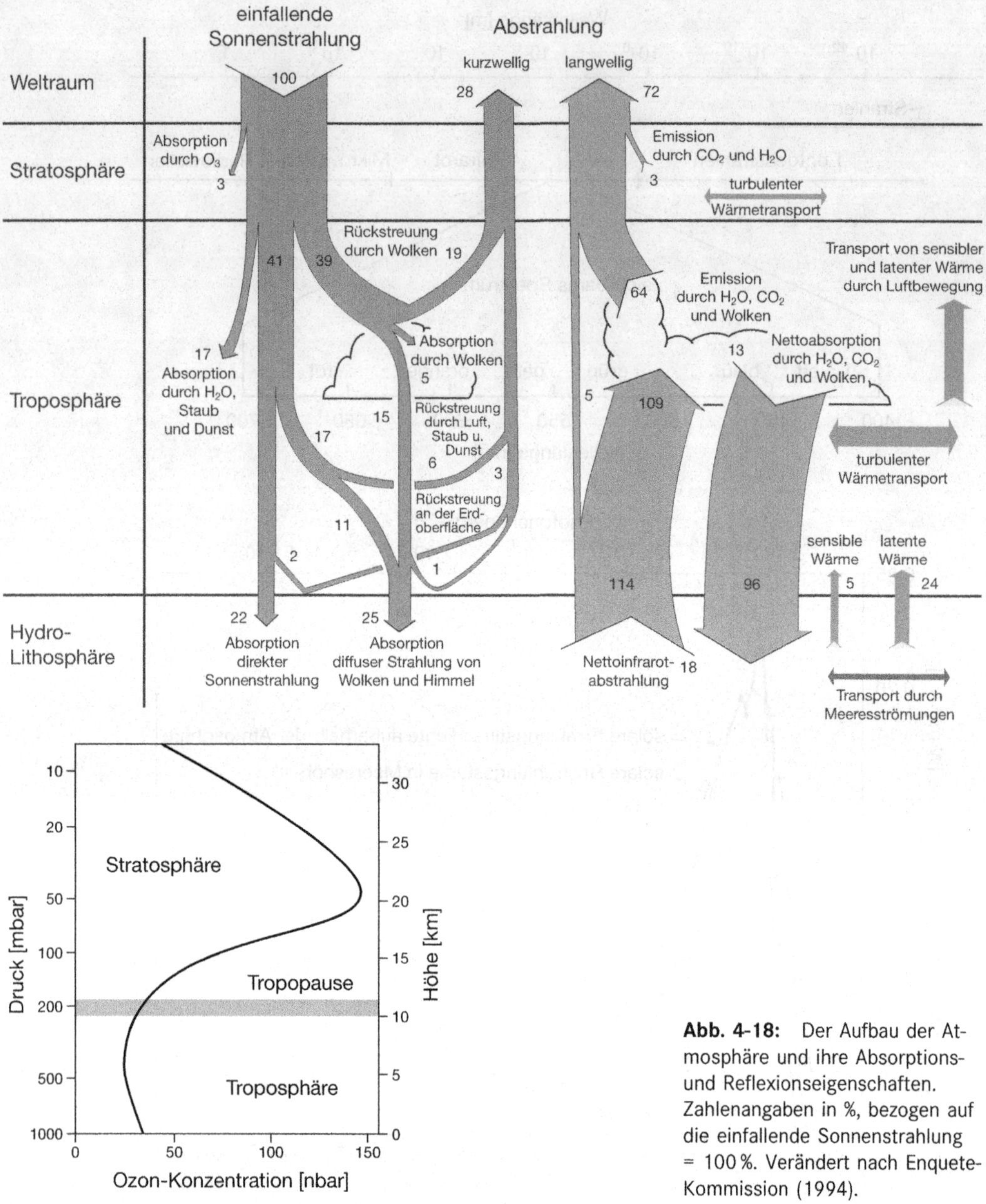

Abb. 4-18: Der Aufbau der Atmosphäre und ihre Absorptions- und Reflexionseigenschaften. Zahlenangaben in %, bezogen auf die einfallende Sonnenstrahlung = 100 %. Verändert nach Enquete-Kommission (1994).

Rolle. Erhöhte UV-Strahlung (UV-B, 280–315 nm) bremst das Streckungswachstum und kann Ernteverluste nach sich ziehen (Abschn. 5). UV-A-Strahlung (315–380 nm) wird von Photorezeptoren aufgenommen und spielt bei der Regulation physiologischer Prozesse eine Rolle. Die für die Photosynthese wichtige Strahlung liegt im Bereich von 380–710 nm. Am roten Ende des Spektrums absorbieren Phytochrome, die die Photomorphogenese von Pflanzen induzieren.

4.3.2 Das natürliche Treibhaus

Die in die Troposphäre gelangende Strahlung kann entweder absorbiert (70 %) oder reflektiert und in das Weltall zurückgestrahlt werden (30 %). Die Strahlungsabsorption erfolgt zu etwa 25 % durch die Atmosphäre und zu etwa 75 % an der Erdoberfläche (Abb. 4-18). Die terrestrische Abstrahlung erfolgt hauptsächlich im Wellenlängenbereich von 800 bis 2 000 nm (Infrarotstrahlung), d. h. als Wärmeverlust. Daher tragen sämtliche Gase in der Troposphäre, die in diesem Bereich absorbieren, dazu bei die **Abstrahlung von Wärme zu vermindern**. Infrarotstrahlung wird hauptsächlich durch Wasserdampf (H_2O) und Kohlendioxid (CO_2) in der Troposphäre absorbiert. Dieser Effekt macht die Erde erst bewohnbar, denn würde die einfallende Strahlung ohne Absorption wieder in das Weltall reflektiert, betrüge die mittlere Temperatur an der Erdoberfläche $-18\ °C$ anstatt $+15\ °C$. In der von Menschen unbeeinflussten Atmosphäre kommen auch Gase wie Methan (CH_4), Ozon (O_3) und Distickstoffoxid (Lachgas, N_2O) vor (Tab. 4-15, vorindustrielle atmosphärische Gaskonzentrationen). Aufgrund von Absorptionsmaxima im Infrarotbereich tragen auch diese Verbindungen zur Erwärmung der Erde bei. Zwar kommen sie in der Troposphäre in wesentlich geringerer Konzentration vor als Wasserdampf oder CO_2, aber sie besitzen deutlich höhere Absorptionseigenschaften für die Wärmestrahlung. Daher kann ihr Beitrag nicht vernachlässigt werden (Tab. 4-15). Der **natürliche „Treibhauseffekt"** ist somit auf die Infrarotabsorption von troposphärischen Spurengasen, d. h. hauptsächlich Wasserdampf, CO_2, O_3, N_2O und CH_4, zurückzuführen.

4.3.3 Der anthropogene Treibhauseffekt

Im Hinblick auf das Leben in der Biosphäre spielen also zwei Faktoren eine besonders wichtige Rolle: (1) Filterung von schädlicher Strahlung in der Stratosphäre und (2) Rückhalt von Wärmestrahlung durch die Spurengase in der Troposphäre. Dieses geophysikalische und geochemische System hat die Entstehung und Evolution der auf der Erde existierenden Lebensformen ermöglicht und bedingt unserer heutiges Klima und unsere jetzigen Lebensräume. In dieses System greift der Mensch durch seine Aktivitäten – unbeabsichtigt – in einer solchen Weise ein, dass mit **globalen Veränderungen des Klimas** zu rechnen ist. Tabelle 4-15 zeigt, dass die Konzentrationen von klimarelevanten Spurenstoffen, d. h. von solchen Verbindungen, die für die Erwärmung der Erde verantwortlich sind, in den

Tab. 4-15: Charakteristika atmosphärischer Spurengase

Mischungsverhältnis	CO_2	CH_4	N_2O	O_3	FCKW 11	FCKW 12
vorindustriell	280 ppm	800 ppb	288 ppb	5 – 15 ppb	0 ppt	0 ppt
1991	355 ppm	1 740 ppb	311 ppb	30 – 50 ppb	280 ppt	484 ppt
Anstieg pro Jahr	1,8 (0,5 %)	15 (0,75 %)	0,8 (0,25 %)	0,15 (0,5 %)	9,5 (4 %)	17 (4 %)
rel. GWP[1] (Mol)	1	21	206	2 000	12 400	15 800
Anteil %[2]	50	13	5	7	5	12
1998[3]	365 ppm	1 745 ppb	314 ppb	k. A.	268 ppt	k. A.
Änderung pro Jahr[3]	1,5	7	0,8	k. A.	-1,4	k. A.

1) rel. GWP = *relative global warming potential*, relatives Treibhauspotenzial bezogen auf das gleiche Volumen von CO_2

2) Anteil (%) am zusätzlichen Treibhauspotenzial in den 1980er Jahren (nach Enquete-Kommission des Deutschen Bundestages 1994 c)

3) nach IPCC-Report 2001

letzten 100 Jahren stark angestiegen sind. Dieser Anstieg hängt in vielen Fällen unmittelbar mit steigendem **Energiebedarf** in hochindustrialisierten Ländern zusammen, wodurch jährlich zunehmende Mengen an CO_2 in die Luft gelangen. Aber auch veränderte **landwirtschaftliche Praktiken** im Zusammenhang mit intensivem Ackerbau und Viehzucht, verursachen letztlich einen Anstieg von Treibhausgasen. Hier sind besonders CH_4 (Rinderzucht, Reisanbau) und N_2O (mikrobielle Prozesse) zu nennen.

Neben natürlichen Treibhausgasen, die heute in stark angereicherter Konzentration in der Luft vorkommen und noch weiter steigen, wurden darüber hinaus noch **weitere chemische, „treibhauswirksame" Verbindungen** in die Atmosphäre emittiert. Hierbei sind besonders die Fluorchlorkohlenwasserstoffe (FCKWs) zu nennen. FCKWs sind chemisch weitgehend inert, d. h. sie werden praktisch nicht umgesetzt und haben lange Verweildauern in der Atmosphäre. FCKWs wurden als Treibmittel in Sprays, Kühlmittel in Kühlschränken, Klimaanlagen etc. verwendet. Wegen ihrer scheinbaren Ungefährlichkeit wurden diese Verbindungen unkontrolliert in die Umwelt freigesetzt. Heute ist bekannt, dass FCKWs die Atmosphärenchemie nachhaltig beeinflussen. FCKWs besitzen ein hohes Treibhauspotenzial (Tab. 4-15) und können damit trotz ihrer geringen Gasphasenkonzentration zur Erwärmung der Troposphäre beitragen. Es wird geschätzt, dass ihr Beitrag zum Treibhauseffekt im Vergleich zu anderen anthropogenen Komponenten in der Größenordnung von 17 % liegt und damit ähnlich hoch ist wie der Beitrag von Methan und N_2O (Tab. 4-15). FCKWs werden in der Troposphäre nicht abgebaut. Sie verteilen sich langsam und gelangen schließlich mit großer zeitlicher Verzögerung in die Stratosphäre, wo sie an der Zerstörung der Ozonschicht beteiligt sind (Abschn. 4.3.4). Aufgrund dieser Zusammenhänge wurde die unkontrollierte Freisetzung von FCKW verboten. Heute ist ein geringer Rückgang dieser Verbindungen in der Troposphäre zu verzeichnen.

Eine Haupttriebkraft für den anthropogenen Treibhauseffekt ist die **zunehmende Emission von CO_2**. Dies hängt zum einen mit dem Anstieg des energiebedingten CO_2-Ausstoßes zusammen, der global, aber auch in Tonnen pro Kopf stark zugenommen hat (Abb. 4-19) und zum anderen mit der zunehmenden Zerstörung von Wäldern. Im Jahre 1993 wurden weltweit 22 Gigatonnen (10^9 t) CO_2 bei der Verbrennung von Erdöl, Kohle, Gas, Benzin etc. freigesetzt. Zusätzlich kamen 4 und 13 Gigatonnen durch Brandrodung und Zerstörung von Böden hinzu. Etwa die Hälfte dieser Kohlenstoffeinträge wurde der Atmosphäre durch Lösung des CO_2 in den Weltmeeren und durch die Photosyntheseaktivitäten der marinen und terrestrischen Pflanzen wieder entzogen. Die andere Hälfte verblieb in der Atmosphäre und trieb die CO_2-Konzentration weiter in die Höhe (Abb. 4-19). Während der vorindustrielle CO_2-Gehalt der Luft bei etwa 280 ppm lag, werden heute um ca. 30 % höhere Konzentrationen gemessen.

Anders als andere Treibhausgase, spielt CO_2 für Pflanzen eine wichtige physiologische Rolle als Nährstoff. CO_2 wird von Pflanzen als C-Quelle aufgenommen und in organische Verbindungen umgewandelt. Man kann davon ausgehen, dass in der gesamten terrestrischen Biomasse etwa 600 – 800 Gigatonnen Kohlenstoff festgelegt sind. Diese Biomasse unterliegt einem ständigen Kreislauf. **CO_2 wird durch die Photosynthese festgelegt** und **durch Atmung und Abbau von organischer Materie wieder freigesetzt.** Diese Aktivitäten sind auch die Ursache dafür, dass der atmosphärische CO_2-Gehalt deutliche zyklische, jahreszeitlich bedingte Fluktuationen aufweist. Im Winter liegt die CO_2-Konzentration der Luft um etwa 50 ppm höher als im Sommer. Die physiologischen Aktivitäten der Vegetation, die atmosphärischen Konzentrationen und der globale C-Kreislauf hängen somit eng zusammen. CO_2 ist nicht phytotoxisch und daher in seiner Auswirkung auf Pflanzen generell anders zu beurteilen als andere anthropogene Emissionen.

Erst bei einer **extremen Anreicherung von CO_2** auf mehrere Volumen-% setzen für Menschen, Tiere und Pflanzen toxische Effekte ein. Diese Effekte rühren einerseits vom Absinken des relativen Sauerstoffgehalts der Luft her und andererseits vom Ansäuern der Gewebe durch die zunehmend gelöste Kohlensäure. Derartige CO_2-Akkumulationen findet man an geothermischen Quellen. Diese liegen zumeist in Regionen mit vulkanischen Aktivitäten. Zum Beispiel sind in Italien über 100 solcher CO_2-Quellen gefunden worden. Das Gas tritt häufig aus Erdspalten aus, wo es unterirdisch durch heißes Wasser aus Kalkgestein gelöst wird und ausgast. Dieses natürlich erhöhte CO_2 kann besonders

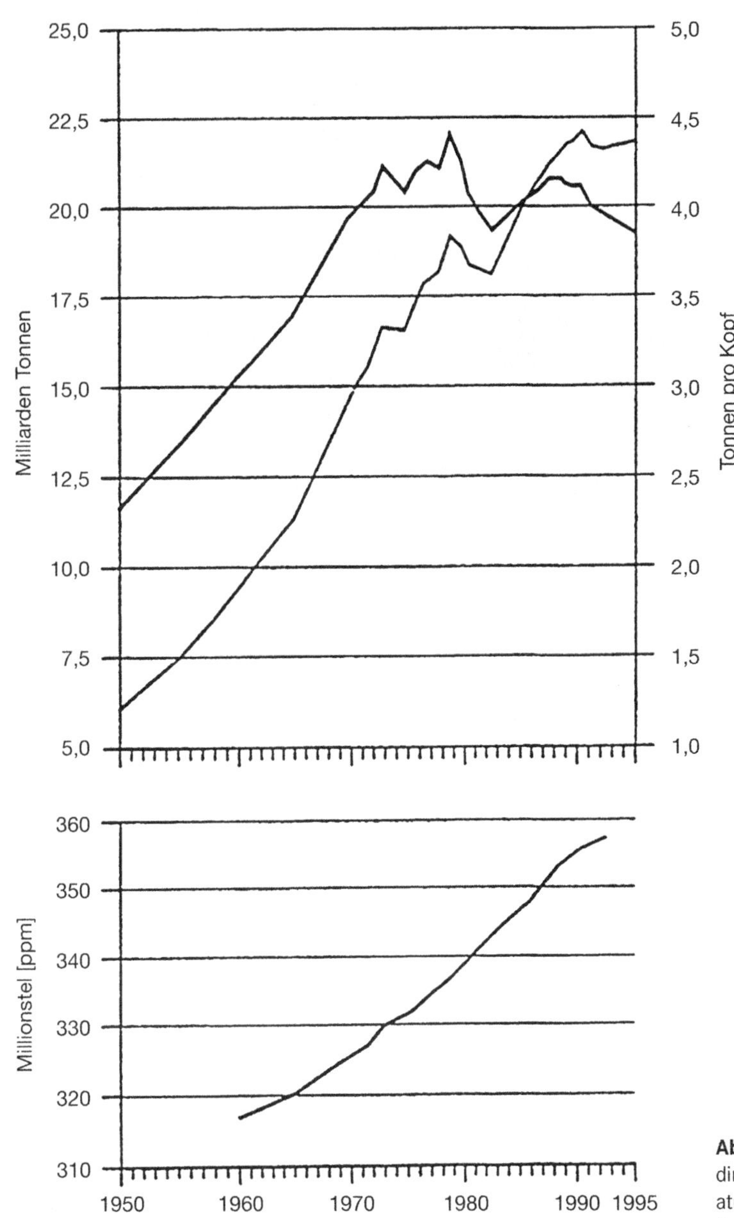

Abb. 4-19: Globale energiebedingte CO_2-Emission (oben) und atmosphärische CO_2-Konzentration (Enquete-Kommission 1994).

nachts bei fehlender thermischer Konvektion zu beträchtlichen Konzentrationen (> 10 000 ppm) akkumulieren. Tiere, die sich nächtlich in den Bereich solcher Quellen verirren, ersticken. Es ist vielleicht bezeichnend, dass im unmittelbaren Quellbereich an Standorten mit derartig hoher nächtlicher CO_2-Anreicherung nur überschwemmungstolerante, d. h. an Anaerobiose gewohnte, Pflanzen wachsen (z. B. *Scirpus lacustris*). Die

Vegetation im näheren Umfeld von relativ „sauberen" CO_2-Quellen, ist für die Untersuchung von langfristigen Auswirkungen natürlich erhöhter CO_2-Konzentrationen herangezogen worden. Häufig ist das Gas, das an diesen natürlichen Quellen austritt, durch schwefelhaltige Komponenten (SO_2, H_2S) stark verunreinigt und birgt auch dadurch die Gefahr von Vergiftungen.

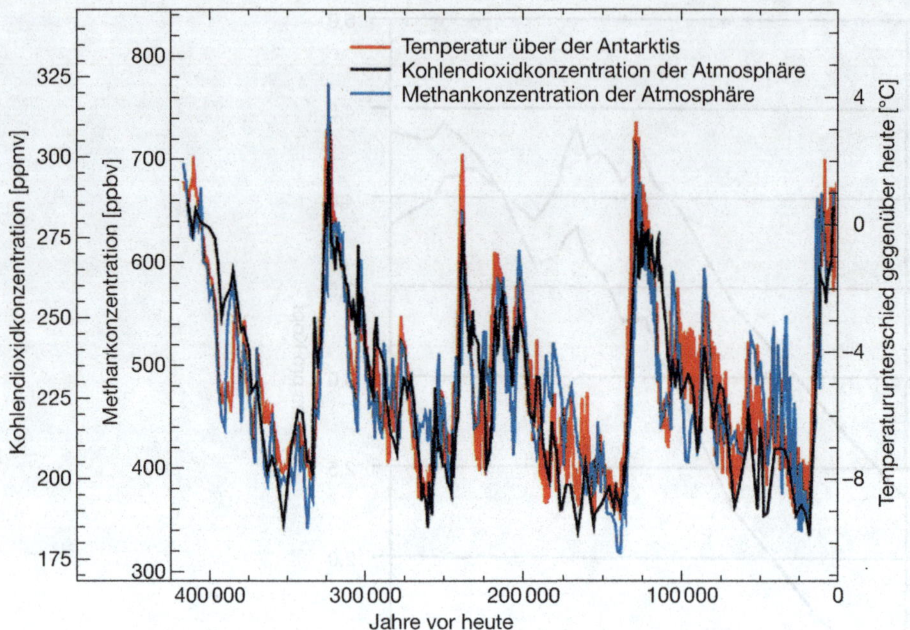

Abb. 4-20:   Variation von Temperatur, Methan und atmosphärischen CO_2-Konzentrationen. Die Daten sind aus Messungen der Luftzusammensetzung in Eisbohrkernen aus der Antarktis abgeleitet (Quelle: IPCC-Report 2001).

Aus Messungen an Eisbohrkernen ist bekannt, dass es auch in früheren erdgeschichtlichen Perioden hohe atmosphärische CO_2-Konzentrationen gab (Abb. 4-20). Im Unterschied zu früheren Veränderungen der Zusammensetzung der Luft, **steigt die CO_2-Konzentration heute mit beispielloser Geschwindigkeit** und wir messen heute die höchsten Werte während der letzten 160 000 Jahre. Die Prognosen darüber, wie der CO_2-Gehalt der Luft sich in den nächsten 100 Jahren entwickeln wird, sind unterschiedlich. Dies hängt vor allem damit zusammen, dass unsicher ist, ob und in welchem Umfang der starke Anstieg des Energieverbrauchs (und damit der C-Ausstoß) tatsächlich verringert werden kann. Deutschland hat sich verpflichtet bis zum Jahr 2005 den C-Ausstoß gegenüber dem des Jahres 1987 (1 076 Mio. t) um 25 bis 30 % zu mindern. Die Emissionen von Treibhausgasen, insbesondere von CO_2, sind jedoch ein internationales Problem, das nicht auf Landesebene gelöst werden kann. Weltweit ist derzeit noch nicht damit zu rechnen, dass die CO_2-Emissionen in Kürze stark gemindert oder gestoppt werden können. Daher sagen die meisten Prognosen voraus, dass der at-mosphärische CO_2-Gehalt sich bis zum Jahr 2100 etwa verdoppeln wird.

Oben wurde dargestellt, dass die troposphärischen Gase in Abhängigkeit von ihrer Konzentration und ihrem so genannten Treibhauspotenzial [GWP = *global warming potential*, definiert als die Wärmeaufnahme im Vergleich zu der Wärmeaufnahme der gleichen Menge (Mol) an CO_2] eine wichtige Rolle für die Oberflächentemperatur der Erde spielen. Kann man nun anhand des erwarteten Anstiegs an CO_2 und anderer Treibhausgase zukünftige Temperaturveränderungen vorhersagen und hat der Anstieg der CO_2-Konzentration schon zu einem globalen Temperaturanstieg geführt? Da die Temperatur der Erde von zahlreichen weiteren – häufig nicht berechenbaren – Faktoren abhängt (geringe Änderungen in der Umlaufbahn der Erde um die Sonne, Sonnenflecken, Vulkanausbrüche etc.), sind Vorhersagen generell mit Unsicherheitsfaktoren behaftet. Um zu untersuchen, ob es bereits zu einem Anstieg von Temperaturen gekommen ist, müssen Methoden eingesetzt werden, welche die großen „zufälligen" Schwankungen eliminieren. Eine hier vereinfacht dargestellte Technik erlaubt es, alle

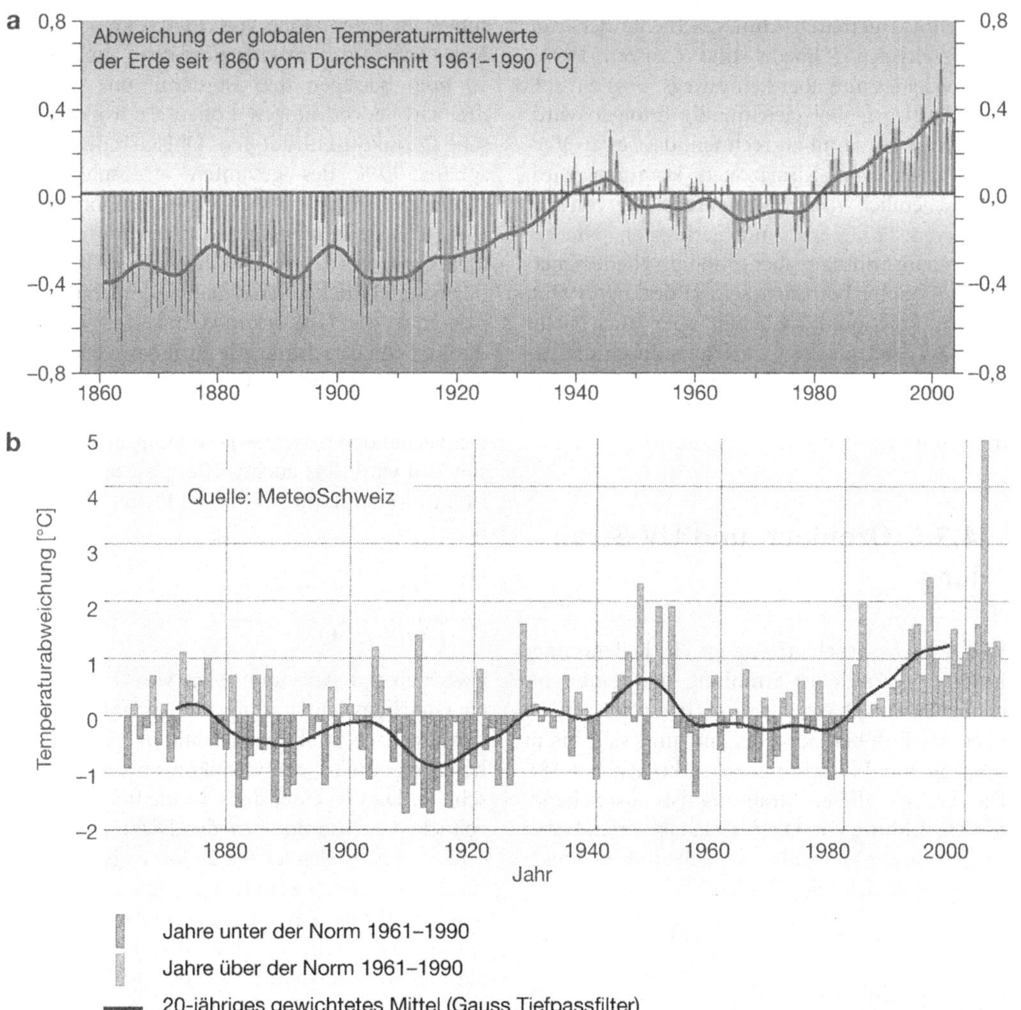

Abb. 4-21:   (a) Jährliche Abweichung der globalen Temperaturmittelwerte für Landmassen und Meere seit 1860 im Verhältnis zum Durchschnittswert der Jahre 1961–1990 (IPCC-Report 2001). (b) Jährliche Abweichung der Sommertemperatur (Juni–August) 1864–2005 in der Schweiz im Verhältnis zum Durchschnittswert der Jahre 1961–1990 (MeteoSchweiz 2005, www.meteosuisse.ch).

seit 1860 gemessenen Temperaturen zu mitteln. Das ermöglicht es zu prüfen, um welchen Betrag die tatsächlichen Temperaturen von einem willkürlich gewählten Mittelwert abweichen. Dies ist in Abbildung 4-21**a** dargestellt. Es zeichnet sich tatsächlich ein relativ gut abgesicherter **Anstieg der mittleren Temperatur** ab. Seit etwa 1980 gibt es in Mitteleuropa auch eine deutliche Zunahme der Sommertemperaturen (Juni-August), wie Abbildung 4-21**b** am Beispiel der Schweiz zeigt. Schätzungen, wie sich dies in Zukunft weiter entwickeln wird, bewegen sich zwischen prognostizierten Temperaturerhöhungen von 0,5 bis ca. 6 °C, d. h. schwanken in einem ähnlich großen Bereich wie die bisher aus erdgeschichtlichen Untersuchungen bekannten Mittelwerte. Gegenwärtig besitzt die Erde eine ungewöhnlich hohe Durchschnittstemperatur, die seit ca. 120 000 Jahren nicht mehr übertroffen wurde. Wenn die globale Temperatur durch den erwarteten Treibhauseffekt noch um einige Grade höher wird, so wären die höchsten Temperaturen in der rekonstruierbaren Klimageschichte der Erde zu verzeichnen (Graedel und Crutzen 1994). Dies bedeutet nun aber keineswegs, dass ein solcher Anstieg global gleichmäßig erfolgen wird, sondern es ist damit zu rechnen, dass es zu Verschiebungen von Klimazonen kommen wird. Wahrscheinlich wird **Mitteleuropa** hiervon mit wärmeren Sommern und geringeren Niederschlägen im Sommer, aber erhöhten Niederschlägen im Winter betroffen sein (Roeckner 1992). Andere Prognosen schließen aber auch nicht aus, dass der Lauf des Golfstroms durch die Beeinflussung des Klimas abgelenkt wird. Dies würde zu einer dramatischen Abkühlung in Mitteleuropa führen!

4.3.4 Ozonloch und UV-Strahlung

Wie oben besprochen, gelangt ein bedeutsamer Anteil energiereicher Strahlung der Sonne bis in die **Stratosphäre** (Bereich, der etwa 12 km über der Erdoberfläche beginnt und sich bis in etwa 50 km Entfernung erstreckt, Abb. 4-18). Die Energie dieser Strahlung ist ausreichend, um die **Bildung von Ozon** zu katalysieren. Dabei wird Ozon aus molekularem Sauerstoff (O_2) nach folgender Gleichung gebildet:

$$O_2 + h\nu \rightarrow O^* + O^* \quad (\lambda < 240 \text{ nm}) \qquad (29)$$

$$O^* + O_2 + M \rightarrow O_3 + M \qquad (30)$$

Das angeregte Sauerstoffatom wird als O^* bezeichnet. M ist ein Stoßpartner, der die freiwerdende Energie aufnimmt. Sonnenstrahlung von Wellenlängen, die kleiner als 240 nm sind, besitzen genügend hohe Energie ($h\nu$), um diesen Prozess zu katalysieren.

Die höchsten Ozonkonzentrationen der gesamten Atmosphäre befinden sich in der Stratosphäre in einer Höhe von 15–20 km über der Erde. Die Ozonkonzentration kann dort bis zu 10 ppm betragen und ist damit um zwei bis drei Größenordnungen höher als troposphärische Ozonkonzentrationen. Obgleich die Stratosphäre 90 % des gesamten atmosphärischen Ozons enthält, ist die Menge aber dennoch so gering, dass sie eine Schicht von nur 3 mm Dicke ergäbe, wenn man sie auf die Erdoberfläche bei normalem Druck und normaler Temperatur projizieren würde (Graedel und Crutzen 1994). Diese dünne Schicht **schützt die Erde vor der einfallenden UV-Strahlung**. Ozon wird in der Stratosphäre aber nicht nur produziert – dann müsste die vorhandene Menge ja ständig ansteigen – sondern wird dort auch wieder abgebaut. Hierzu ist Infrarotstrahlung ($\lambda > 1\,140$ nm) erforderlich:

$$O_3 + h\nu \rightarrow O^* + O_2 \qquad (31)$$

$$O^* + O_3 \rightarrow 2\,O_2 \qquad (32)$$

Zwischen dem Auf- und Abbau von Ozon besteht ein **Gleichgewicht**, das sich je nach Jahreszeit und damit je nach Strahlungsqualität in Richtung höherer oder niedrigerer Ozonkonzentrationen verschiebt. Dies ist einer der Gründe für die jahreszeitlichen Schwankungen der Dicke der Ozonschicht. Erst in den letzten 20 Jahren hat man gefunden, dass noch weitere Reaktionen in der Stratosphäre für die Zerstörung von Ozon eine Rolle spielen. Allgemein kann man dies durch eine Reaktionsfolge darstellen, an der Radikale (X^*, XO^*) beteiligt sind (Abb. 4-22).

Ozon reagiert hierbei mit einem Radikal X^* unter Freisetzung von Sauerstoff zu XO^*. Dessen Reaktion mit einem Sauerstoffradikal regeneriert X^*, sodass Ozon abgebaut wird. In der Stratosphäre übernehmen HO^*, NO und Cl^* die Funktion der beteiligten Radikale. Hydroxylradikale (HO^*) werden aus Wasserdampf durch Reaktion mit atomarem Sauerstoff (O^*) gebildet. Die Vor-

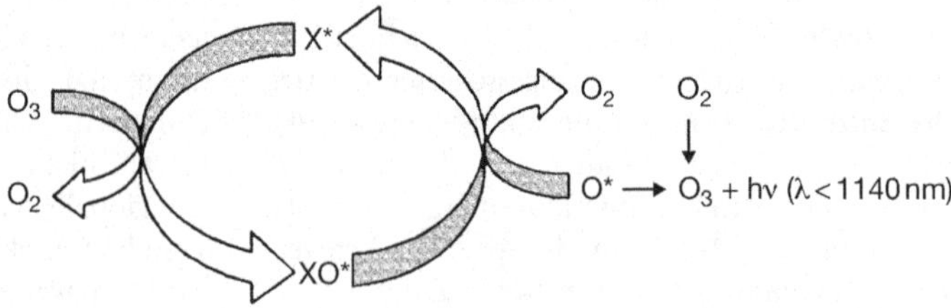

Abb. 4-22: Kreislauf des durch Radikale vermittelten Ozonabbaus in der Stratosphäre.

stufe für die Bildung von NO ist N_2O (Distickstoffoxid, Lachgas, Abschn. 4.2.2.3), das durch mikrobielle Prozesse im Erdboden freigesetzt wird (0,3 – 3 Tg/Jahr). Zusätzlich wird N_2O bei unvollständigen Verbrennungsprozessen in erheblichem Ausmaß produziert (0,4 – 1,6 Tg/Jahr). Da N_2O weder durch biologische noch durch chemische Prozesse in der Biosphäre oder Troposphäre in nennenswertem Maße abgebaut wird, kann es bis in die Stratosphäre transportiert werden. Dort wird es mit atomarem Sauerstoff (O^*) zu NO umgesetzt. Somit trägt N_2O nicht nur zum Treibhauseffekt bei (Abschn. 4.3.3), sondern beeinflusst auch die natürliche Kette des Ozonabbaus. Neben N_2O und Wasserdampf gelangen auch die stabilen FCKWs in die Stratosphäre (z. B. $CFCl_3$, $CFCl_2$). Diese Verbindungen werden in etwa 20 – 25 km Höhe durch energiereiche Strahlung ($\lambda < 260$ nm) in ihre Bestandteile zerlegt. Dabei entstehen Radikale des Chlors (Cl^*) und andere Oxidantien, die ebenfalls zum Abbau von Ozon beitragen.

Zwar können alle diese potenziellen „**Ozonkiller**" auch durch natürliche Prozesse in die Stratosphäre gelangen, z. B. infolge von Vulkanausbrüchen oder durch Ausgasen von CH_3Cl aus den Weltmeeren. Jedoch haben anthropogene Aktivitäten zu einer etwa 5-fachen Erhöhung der natürlichen Hintergrundkonzentration dieser Verbindungen in der Stratosphäre geführt. Somit kommt es über die normalen saisonalen Fluktuationen der Ozonschicht hinaus zusätzlich zu einem starken Ozonabbau. Dieser **Ozonverlust** betrifft hauptsächlich Regionen über den Polkappen, wobei der Südpol (-60 %) wesentlich stärker betroffen ist (Abb. 4-23) als der Nordpol (-10 %). Außerhalb der Polarkreise sind die Ozonverluste geringer. In den mittleren Breiten werden Verluste zwischen 5 und 8 % berichtet, die auch an Messstationen in Deutschland nachweisbar sind. In den Tropen gibt es keine Hinweise auf eine Abnahme des Ozons; jedoch scheint das tropische Band schmaler zu werden. Die Dicke der Ozonschicht wird in Dobsoneinheiten gemessen. Bei Standardtemperatur und -druck entspricht die Schichtdicke von 1 mm Ozon 100 Dobson. Die Ozonschicht der Erde liegt um 300 Dobson, wobei die Schwankungen in Abhängigkeit von Längen- und Breitengrad sehr hoch sind (50 bis 500 Dobson).

Die stratosphärische Ozonschicht ist deshalb so bedeutsam, weil sie einen wichtigen Anteil der **UV-Strahlung** von der Erdoberfläche fernhält. Am gesamten Energiespektrum der Sonnenstrahlung macht der Anteil der UV-B-Strahlung nur 1,5 % aus. Dieser Anteil wird durch das stratosphärische Ozon etwa um zwei Drittel reduziert. Obgleich dieser Effekt im Vergleich zur Gesamtstrahlung gering erscheint, ist er biologisch äußerst wichtig. Generell gilt, dass einfallende Strahlung für lebende Organismen um so gefährlicher ist, je kürzer ihre Wellenlänge ist. UV-C-Strahlung ist extrem gefährlich, da sie stark mit Zellbausteinen wie Proteinen und DNA interagiert. Sie wird jedoch bereits lange bevor sie die Troposphäre erreicht durch Sauerstoff und Ozon vollständig gefiltert. Da hierzu allein der stratosphärische Sauerstoffgehalt ausreichend wäre, stellen Veränderungen des Ozongehalts im Hinblick auf die UV-C-Strahlung keine Gefahr dar. Ozon ist jedoch die einzige Verbindung, die im Bereich um 300 nm noch eine nennenswerte Absorption besitzt. Daher wird die UV-B Strahlung nicht vollständig absorbiert, sondern noch zu einem geringen Teil bis auf die Erdoberfläche durchgelassen. Aus diesem Grund kommt es bei einer Abnahme des stratosphärischen Ozons zu einer **Erhöhung der UV-B-Strahlung**. Die beobachtete Verringerung der Ozonschicht spiegelte sich in der Antarktis bereits in einer deutlichen Zunahme der UV-B-Strahlung wider (Abb. 4-23). Erhöhte UV-Strahlung kann auch schon in Neuseeland gemessen werden. In den mittleren Breiten konnte bisher kein genereller Anstieg der UV-B-Strahlung nachgewiesen werden. Das liegt zum einen an der hohen natürlichen Variabilität der UV-B-Strahlung, sodass es schwierig ist, geringe Veränderungen gegen einen stark fluktuierenden Hintergrund abzusichern, und zum anderen auch an der fehlenden Sensitivität vieler Messinstrumente. Das gebräuchlichste Instrument zur Bestimmung der UV-Strahlung ist das Robertson-Berger-Meter. Es wurde entwickelt, um im medizinischen Bereich „Sonnenbrand"-Einheiten zu bestimmen, und misst die einfallende Strahlung zwischen 280 und 400 nm. Das natürliche Energiespektrum des einfallenden Sonnenlichts (Abb. 4-17) zeigt in diesem Bereich einen starken Anstieg in Richtung 400 nm. Deshalb dominiert bei Strahlungsmessungen von natürlichem Licht mit dem Robertson-Ber-

4

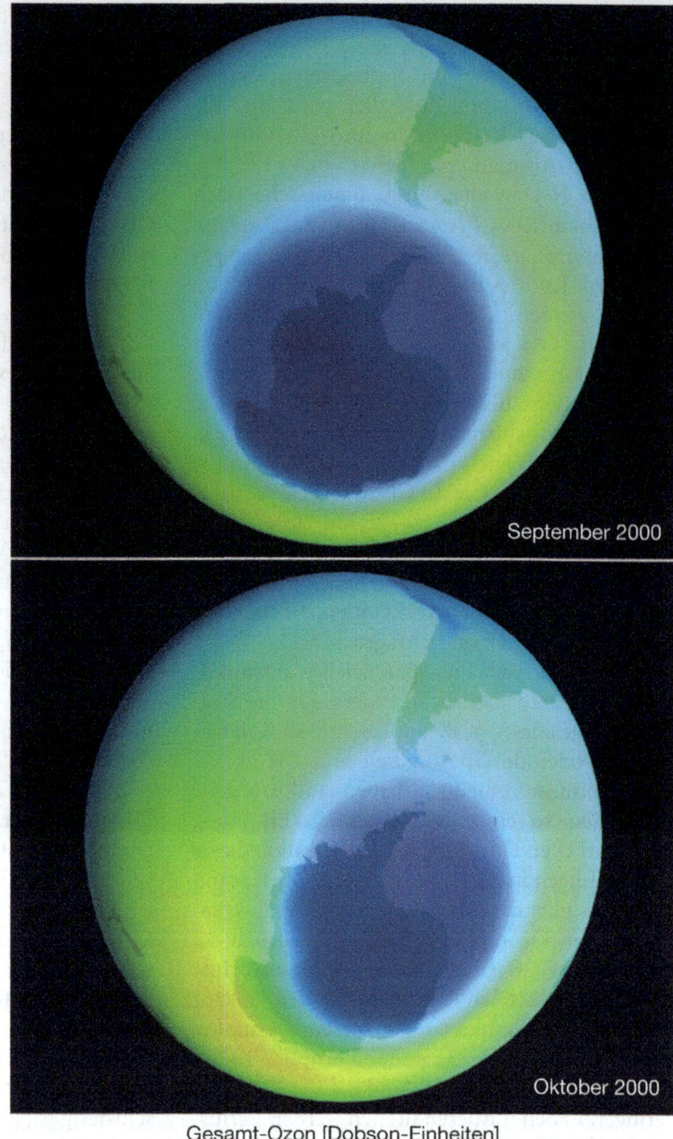

Abb. 4-23: Abnahme der stratosphärischen Ozonkonzentration über der Antarktis. (http://earthobservatory.nasa.gov/Newsroom/NewImages/images.php3?img_id = 4384). Bei Standardtemperatur und -druck entspricht die Schichtdicke von 1 mm Ozon 100 Dobson.

ger-Meter der UV-A-Anteil. Das wird nur durch eine geräteseitige Gewichtungsfunktion kompensiert, die dazu dient, Sonnenbranddosen (Erythem-wirksame Dosen in MED°h^{-1}) zu messen. Daher sind die Messwerte für andere Untersuchungen nicht direkt übertragbar. Für Pflanzen verwendet man heute eine Wichtungsfunktion, die sich auf das auf 300 nm normierte pflanzliche Aktionsspektrum bezieht (PAS-300, Madronich

et al. 1995). Die so gewichtete Strahlung wird als UV-B$_{BE}$ (BE = biologisch effektiv) bezeichnet und meist in kJ pro m^2 und Tag angegeben.

Von 280 zu 320 nm nimmt die Strahlungsabsorption durch Ozon um einen Faktor von mehr als 100 ab. Daher besteht kein linearer Zusammenhang zwischen auf dem Erdboden eintreffender UV-Strahlung und der Dicke der Ozonschicht. Berechnungen zeigen, dass eine 10-prozentige Abnahme des stratosphärischen Ozons

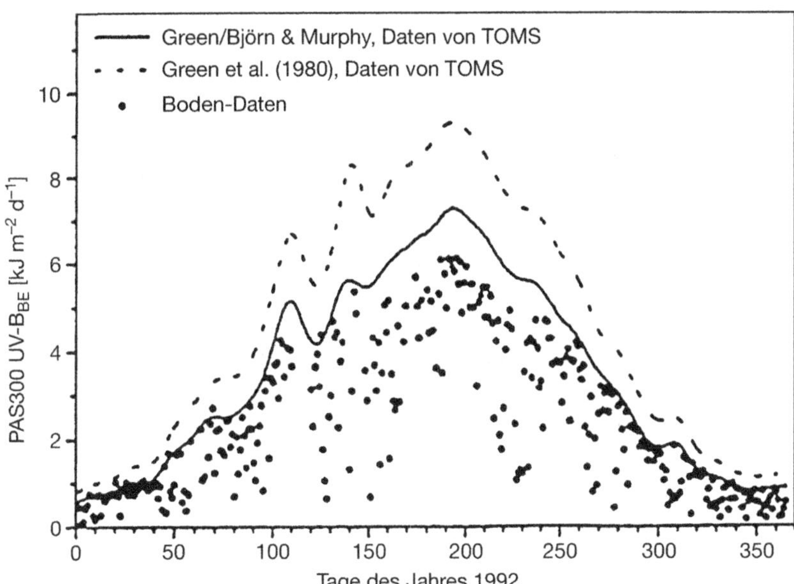

Abb. 4-24: Jahresgang der UV-Strahlung in Raleigh, USA (Messdaten (gestrichelte Linie, Punkte) und Berechnungen (durchgezogene Linie) nach Messungen des Total Ozone Mapping Spectrometer TOMS, aus: Fiscus and Booker 1995). Für Pflanzen verwendet man heute als Maß für die UV-Strahlung eine Wichtungsfunktion, die sich auf das auf 300 nm normierte pflanzliche Aktionsspektrum bezieht (PAS-300, Madronich et al. 1995). Die so gewichtete Strahlung wird als UV-B$_{BE}$ (BE = biologisch effektiv) bezeichnet und meist in kJ m^{-2} Tag^{-1} angegeben.

die Strahlung bei 305 nm um 2 %, bei 290 nm um 25 % und bei 287 nm um 50 % erhöhen würde. Anlässlich von Episoden stark abnehmender stratosphärischer Ozongehalte wie z. B. im Winter/Frühjahr 1997/98 konnte über Deutschland innerhalb kurzer Zeit ein bis zu 5-prozentiger Anstieg der UV-B-Strahlung gemessen werden.

Die **UV-B-Strahlung** zeigt, wie andere Strahlungsanteile auch, **jahreszeitliche und tageszeitliche Fluktuationen.** Ein typischer Jahresgang ist in Abbildung 4-24 dargestellt. In Europa können an klaren Tagen UV-B$_{BE}$-Strahlungsintensitäten bis zu 15 kJ pro m^2 und Tag beobachtet werden.

Mit der Unterzeichnung des **Montrealer Protokolls** verpflichteten sich die Industriestaaten die Verwendung von halogenierten Kohlenwasserstoffen, die maßgeblich am stratosphärischen Ozonabbau beteiligt sind, einzustellen. Tatsächlich kann ein Rückgang der atmosphärischen FCKW-Konzentrationen nachgewiesen werden (Tab. 4-15). Allerdings ist wegen der zeitlichen Lag-Phase zwischen Emission und Wirkung der FCKW in der Stratosphäre von ca. zehn Jahren auch in den nächsten Jahren noch mit steigenden UV-B-Intensitäten zu rechnen, wenn es nicht gelingt, den Anstieg der N$_2$O-Emissionen aufzuhalten.

5 Effekte von Umweltveränderungen auf den Zustand von Waldökosystemen: Wirkungs- und Schutzmechanismen

5.1 Immission von Spurengasen

5.1.1 Schwefeldioxid

Wie in Abschnitt 4.2.2.1 bereits ausgeführt wurde, ist SO_2 ein reaktives Gas, das nach Hydratisierung zunächst als Säure wirkt, deren Anionen dann aber eine Vielzahl nucleophiler Reaktionen einzugehen vermögen. Die Frage ist überhaupt nicht, ob SO_2 Organismen zu schädigen vermag – diese Frage ist längst im Sinne von Paracelsus, dass die Dosis das Gift definiert, bejahend beantwortet – sondern ob es in denjenigen erhöhten Konzentrationen in der Luft schädigend auf Organismen einwirkt, für die der Mensch durch seine Tätigkeit verantwortlich zu machen ist. **Schwefel ist ein essenzieller Bestandteil von Organismen.** Schwefelmangel im Boden kann dazu führen, dass Organismen den für sie als Baustein wichtigen Schwefel in Form von SO_2 aus der Luft aufnehmen müssen. In diesem Fall wirkt Schwefeldioxid als Dünger und kann Wachstum fördern. Die Frage ist also, wann und in welchen Konzentrationen SO_2 Wachstum zu hemmen und schließlich sogar zum Tode von Organismen zu führen vermag.

SO_2-Konzentrationen in der Luft schwanken wetterabhängig innerhalb weiter Grenzen. Das wird in den Jahresmittelwerten der Abbildung 4-3 nicht deutlich. Ein besseres Bild vermittelt Abbildung 5-1, die einen Jahresgang mit Standardabweichungen aus sechs hessischen Messstationen zeigt. Diese sind bemerkenswert groß, doch selbst diese Darstellung gibt keinen Einblick in **Spitzenbelastungen**. Diese sind dann schädigender als chronische Dauerbelastungen mit geringen Konzentrationen, wenn **Detoxifikationsmechanismen** überlastet werden, die gerade noch in der Lage sind, chronische Belastungen abzufangen. Da Kraftwerke und Fernheizwerke Hauptemittenten von SO_2 sind, erhöhen sich die Immissionen im Winterhalbjahr gegenüber der warmen Jahreszeit. Unter Inversionsbedingungen im Winter können während einer Reihe von Tagen Spitzenkonzentrationen von 200 ppb in der Luft lokal erreicht und überschritten werden. Nach den Richtlinien der UNE/CE (*United Nations Economic Commission for Europe*) sind als Grenzwert 20 $\mu g/m^3$ als Jahresmittel zum Schutz empfindlicher Arten von Bäumen und anderen Pflanzen festgelegt (Abschn. 7.1.1).

Allerdings ist bei hohen Winterkonzentrationen an SO_2 zu berücksichtigen, dass sommergrüne Gewächse ihre Blätter geworfen haben und die Stomata der Koniferen im Winter stärker geschlossen sind als im Sommer (Abb. 4-11), sodass der Fluss von SO_2 in das Nadelinnere gemäß

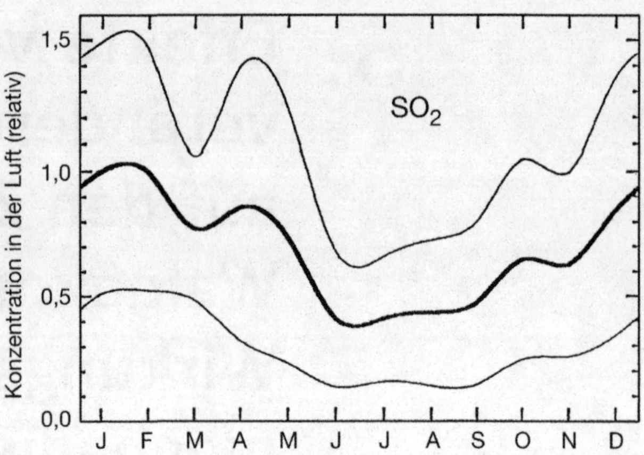

Abb. 5-1: Durchschnittliche relative SO$_2$-Konzentrationen in der Luft während eines Jahres mit Standardabweichungen (dünne Linien). Daten im monatlichen Durchschnitt aus sechs hessischen Messstationen mit 17 520 Einzelmessungen pro Station. Die Zahl 1 bezeichnet den höchsten monatlichen Durchschnitt aus acht Messjahren (Slovik et al. 1996).

Gleichung (7) durch den erhöhten stomatären Flusswiderstand herabgesetzt wird. Dem wirkt schadverstärkend entgegen, dass auch die metabolische SO$_2$-Entgiftung im Winter durch niedrige Temperaturen verlangsamt ist (Abb. 5-3).

In Abbildung 4-3 werden die höchsten Jahresmittelwerte der SO$_2$-Konzentration in Deutschland für das Erzgebirge angegeben. Auf der tschechischen Seite des Erzgebirges befinden sich Kraftwerke, die schwefelreiche Braunkohle verbrennen. Im Kammbereich des Erzgebirges sind ältere Fichtenbestände schwer geschädigt, während der Erzgebirgsabhang nach der tschechischen Seite zu weitgehend entwaldet ist. Allerdings ist auch im Erzgebirge die Belastung durch SO$_2$ seit 1990 stark zurückgegangen, nachdem **Rauchgasentschwefelung** die Luftqualität verbessert hat.

5.1.1.1 Aufnahme von SO$_2$ durch Fichtennadeln

Nach Gleichung (7) und mithilfe der Daten aus Abbildung 4-11 lassen sich Flüsse von SO$_2$ in das Nadelinnere von Fichten berechnen, wenn SO$_2$-Konzentrationen in der Luft bekannt sind. Solche Konzentrationen werden von Messstationen, die über Deutschland verteilt sind, laufend gemessen. Ein Beispiel einer einfachen Rechnung soll die **metabolische Belastung** verdeutlichen, die von Blättern zu ertragen ist, soll es nicht zum Stoffwechselkollaps kommen: Im Erzgebirge sei die mittlere SO$_2$-Konzentration in der Luft 30 ppb gewesen (Abb. 4-3). Wenn man, wie in der Che-

mie üblich, in Bruchteilen von Molen rechnet, sind das bei etwa 25 °C 1,25 $\times$ 10^{-12} Mole SO$_2$/cm^3 Luft, da ein Gas wie SO$_2$ bei 25 °C und einer Atmosphäre Luftdruck ein Molvolumen von etwa 24 Litern hat. Bei 0 °C ist das Molvolumen idealer Gase bekanntlich 22,4 Liter. Nach Gleichung (7) lässt sich dann die SO$_2$-Diffusion in Blätter hinein berechnen, wenn der Diffusionswiderstand der Stomata einschließlich der so genannten ungerührten Schicht über dem Blatt bekannt ist. Aus Messungen der Transpiration der Blätter, für die es geeignete Instrumente gibt, lässt er sich berechnen. Für Fichtennadeln gilt am Tage häufig ein Diffusionswiderstand von etwa 10 s/cm für H$_2$O bzw. von 18,8 s/cm für SO$_2$, da SO$_2$ mit einem Molekulargewicht von 64 Dalton schwerer ist als Wasser mit 18 Dalton und demgemäß langsamer diffundiert. SO$_2$ ist außerordentlich leicht wasserlöslich. Deshalb wird es unmittelbar nach Aufnahme in das Blattinnere von der wässrigen Phase des Apoplasten, d.h. im Zellwandbereich des Mesophylls, absorbiert. Somit kann die Konzentration von SO$_2$ in der Gasphase des Blattinneren in guter Näherung als null betrachtet werden. Dann ergibt sich der **Diffusionsfluss von SO$_2$** in das Blattinnere gemäß Gleichung (7) zu

$$(1{,}25 \times 10^{-12} \text{ Mol} \times \text{cm})/(\text{cm}^{-3} \times 18 \text{ s}) = 6{,}94 \times 10^{-14} \text{ Mol cm}^{-2} \text{ s}^{-1}.$$

Bei Umrechnung auf eine Stunde und 1 m^2 Blattfläche entspricht das einer Aufnahme von 2,5 Mikromolen. Dieser Wert bedarf der Korrektur für die reale Situation in einem Wald. In einem Bestand von Bäumen filtern Blätter und Nadeln un-

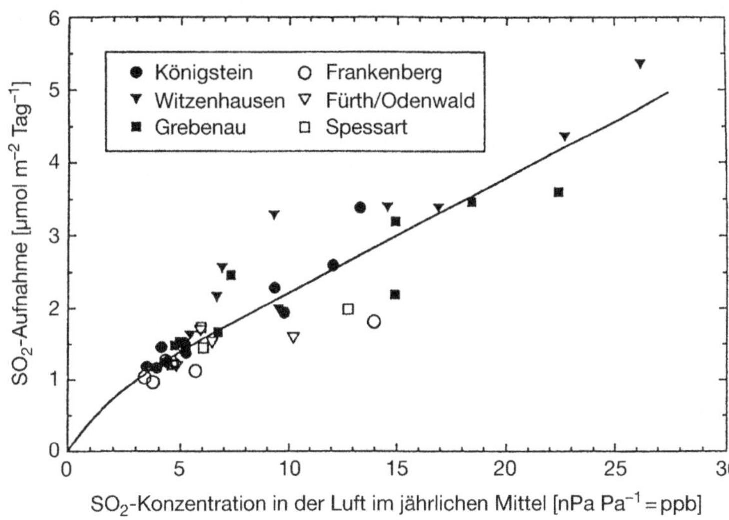

Abb. 5-2: Durchschnittliche tägliche Aufnahme von SO$_2$ durch die Stomata der Krone von Fichten, berechnet aus Feldmessungen der SO$_2$-Konzentration in der Luft, meteorologischen Daten und Daten zur Leitfähigkeit der Stomata. Messungen aus sechs Messstationen in Hessen während der Jahre 1984 bis 1992 (Slovik et al. 1996).

terschiedlicher Etagen SO$_2$ aus der Luft heraus. Das muss in eine für den Bestand geltende Flussrechnung eingehen. In den Daten der Abbildung 5-2 sind eine Vielzahl von Messungen verschiedener Messstationen in Hessen über Jahre hinweg berücksichtigt. Die resultierende SO$_2$-Aufnahme von Fichten wird als Tagesaufnahme während der Vegetationsperiode angegeben. Es ergibt sich eine weitgehend lineare SO$_2$-Aufnahme mit steigender jährlicher Durchschnittskonzentration an SO$_2$. Die mittlere SO$_2$-Aufnahme durch die Stomata liegt demgemäß im Bestand während der Wachstumsperiode bei 4,7 μmol SO$_2$ pro m^2 Nadelfläche pro Tag und einer Luftverunreinigung von 30 ppb.

Nach Hydratation im Blatt liegt das aufgenommene SO$_2$ zunächst vorwiegend als schweflige Säure H$_2$SO$_3$ im Zellwandbereich vor, viel weniger als gelöstes Gas. Abbildung 5-3 zeigt anhand der Registrierung der Fluoreszenzabnahme eines fluoreszierenden pH-Indikators im Cytoplasma der Mesophyllzellen, dass nach kurzzeitiger Begasung eines Blattes mit SO$_2$ innerhalb weniger Minuten im Cytoplasma eine Absenkung des pH-Werts sichtbar wird. Das ist nicht nur eine Folge des Einstroms von Protonen der gebildeten schwefligen Säure oder der Schwefelsäure aus dem Außenbereich, dem Apoplasten, in das Cytoplasma der Zellen, sondern auch eines vorübergehenden Zusammenbruchs der Kompartimentierung der Blattzellen (Hüve et al. 2000). Der Ansäuerung folgt eine metabolische Gegen-

reaktion. Noch während der Begasung verlangsamt sich die Absenkung des pH-Werts. Es folgt eine Alkalisierungsreaktion, die zunächst überschießt und schließlich den ursprünglichen pH-Wert im Cytoplasma wieder einstellt. Die dabei ablaufenden **Regulationsprozesse** sind stark temperaturabhängig (Abb. 5-3). Das heißt natürlich, dass SO$_2$-bedingte Ansäuerung in einer Inversionsperiode im Winter mit starker SO$_2$-Belastung viel länger aufrechterhalten wird als das im Sommer der Fall wäre.

1 m^2 Blattfläche entspricht häufig einem Frischgewicht des Blattgewebes von 250 g. Davon sind 30 % dem leicht alkalischen Cytoplasmabereich zuzuordnen, in dem schweflige Säure abgefangen wird. Dort spielt sich auch der Primärstoffwechsel ab. Aus der SO$_2$-Aufnahme lediglich eines Tages bei lediglich 30 ppb SO$_2$-Belastung errechnet sich nach Abbildung 5-2 dann formal eine Konzentration der Folgeprodukte von SO$_2$ im Cytoplasma in Höhe von etwa 70 mM. Wenn die aus schwefliger Säure gebildeten reaktionsfähigen Anionen nicht metabolisiert würden, müsste es bei solcher Konzentration aufgrund der Toxizität der Anionen innerhalb kurzer Zeit zu massiven Schadreaktionen und dann zu einem totalen Zusammenbruch des Stoffwechsels kommen. Das ist auch im Erzgebirge nicht der Fall. Schwere Schäden wurden auch im Erzgebirge erst nach langfristiger Einwirkung von SO$_2$ sichtbar. Neuanpflanzungen von Fichten nach Abholzen schwer geschädigter Bestände

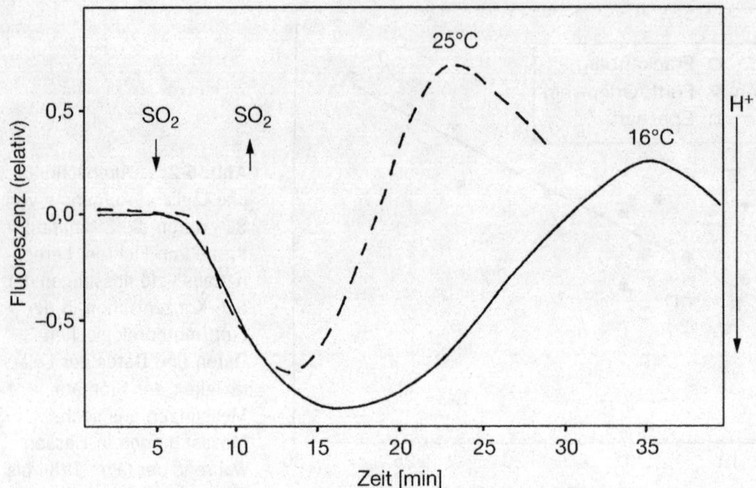

Abb. 5-3: Cytoplasmatische Ansäuerung (gemessen als Löschung der Fluoreszenz des pH-Indikators Pyranin nach Aufnahme des Indikators in das Mesophyll der Blätter) als Folge einer kurzfristigen Belastung von belichteten Geranienblättern mit einer hohen Konzentration von SO_2 (ca. 6 ppm) bei zwei verschiedenen Temperaturen. Die gesamte Aufnahme an SO_2 betrug 85 μmol pro m^2 Blattfläche innerhalb der Expositionszeit. Stoffwechselaktive pH-Regulation der Zellen führte zur Wiederherstellung des ursprünglichen pH-Wertes, nachdem zunächst überreguliert wurde (Yin 1990).

sind heute in der Regel gesund, nachdem die SO_2-Belastung zurückgegangen ist. Das hat seinen Grund auch darin, dass es zu einer Anhäufung der Anionen der schwefligen Säure nicht kommt. Pflanzen können in einer Situation, in der ständig Schadgase von ihnen aufgenommen werden, dann überleben, wenn sie zu ständiger Metabolisierung bzw. **Entgiftung der Schadstoffe** befähigt sind. Weiter ist auch die Fähigkeit zur Ablagerung oder Ausscheidung nicht metabolisierbarer Reaktionsprodukte von essenzieller Bedeutung.

5.1.1.2 Toxizität von SO_2 und seiner Folgeprodukte

Im Gewebe liegt SO_2 im Flussgleichgewicht mit seinen Anionen HSO_3^- und SO_3^{2-} vor. Die Henderson/Hasselbalch-Gleichungen

$$pH = pK_1 + lg\ HSO_3^-/SO_2 \tag{33}$$

und

$$pH = pK_2 + lg\ SO_3^{2-}/HSO_3^- \tag{34}$$

beschreiben die Relationen zwischen den Anionen und dem gelösten Gas. Im Cytoplasma wird der pH-Wert durch metabolische pH-Kontrolle im leicht alkalischen Bereich gehalten. Die pK-Werte der schwefligen Säure sind $pK_1 = 1{,}78$ und $pK_2 = 7{,}3$. Damit lässt sich errechnen, dass beim cytoplasmatischen pH-Wert die Konzentration der Ionen HSO_3^- und SO_3^{2-} zusammengenommen mehr als 60 000-mal höher ist als die Konzentration von gelöstem SO_2. Die Ionen sind nucleophile Agentien beträchtlicher Reaktivität. Sie sind weitgehend verantwortlich für die **primäre Toxizität** von SO_2, d. h. für Schäden bei akuter Belastung mit SO_2, die so hoch ist, dass Entgiftungsreaktionen eine Akkumulation der Ionen nicht verhindern können.

Sulfitolyse und undefinierte Additionsprodukte

Pflanzliche Proteine enthalten ca. 1 % Schwefel in reduzierter Form. SH-Gruppen der Proteine sind oxidierbar. Eine Reihe von Enzymen enthalten im Reaktionszentrum eine reaktionsfähige SH-Gruppe, die an der Katalyse beteiligt ist. Die Oxidation von SH-Gruppen führt zu S-S-Brückenbildung gemäß

$$P(SH)_2 + \tfrac{1}{2}\,O_2 \rightarrow P\!\!\begin{smallmatrix}\diagup S\\[-2pt] | \\[-2pt] \diagdown S\end{smallmatrix} + H_2O \tag{35},$$

wobei P für ein Protein steht. SH-Gruppenoxidation inaktiviert eine Reihe von Enzymen. Reduktion kann sie reaktivieren. Im Fall der Glukose-6-phosphatdehydrogenase führt allerdings Oxidation zur Aktivierung, da eine aktive Konformation entsteht.

Es ist nicht überraschend, dass sowohl Reduktion als auch Oxidation im Stoffwechsel zur **Enzymregulation** genutzt werden. Thioredoxine, selbst Proteine mit oxidierbaren Disulfidgruppen, sind im Stoffwechsel als Regulatoren wirksam. Diese Regulation kann durch Sulfit tief greifend gestört werden. HSO_3^- vermag sich an oxidierte Disulfide gemäß

$$P\begin{array}{c} \diagup S \\ \big| \\ \diagdown S \end{array} + HSO_3^- \rightarrow P\begin{array}{c} \diagup S\text{-}SO_3^- \\ \\ \diagdown SH \end{array} \tag{36}$$

thiolytisch anzulagern (Miszalski und Ziegler 1979). Es ist offensichtlich, dass dabei Enzymfunktion und Enzymregulation gestört werden. In der Photosynthese aktive Enzyme enthalten oxidierbare SH-Gruppen. Sie werden durch Thioredoxine reguliert, die durch Sulfit inaktiviert werden (Würfel et al. 1993). Auch die Photosynthese isolierter Chloroplasten ist sulfitempfindlich. Es liegt nahe zu vermuten, dass Sulfitolyse für die Hemmung der Photosynthese von Blättern durch hohe Konzentrationen an SO_2 verantwortlich oder wenigstens mitverantwortlich ist.

Sulfitolyse ist nicht irreversibel. Auch die Hemmung der Photosynthese von Blättern durch kurzzeitige Begasung mit hohen SO_2-Konzentrationen ist nicht irreversibel. Innerhalb überraschend kurzer Zeit wird nicht nur Aufhebung der SO_2-bedingten cytoplasmatischen Ansäuerung (Abb. 5-3), sondern auch Reaktivierung der Photosynthese beobachtet (Abb. 5-4). Wenngleich mit Verzögerung, öffnen sich dann auch die Stomata wieder, die unter dem Einfluss von SO_2 zunächst eine Schließreaktion gezeigt hatten.

Sulfit kann nicht nur Disulfide thiolytisch aufspalten. Es lagert sich auch an Aldehyde unter Bildung von a-Hydroxysulfonaten an, die Enzyme zu hemmen vermögen. Auf dieser Reaktion beruht die Unterbrechung der Hefegärung, die seit langem bekannt ist, heute aber nur noch selten bei der Weinbereitung praktiziert wird.

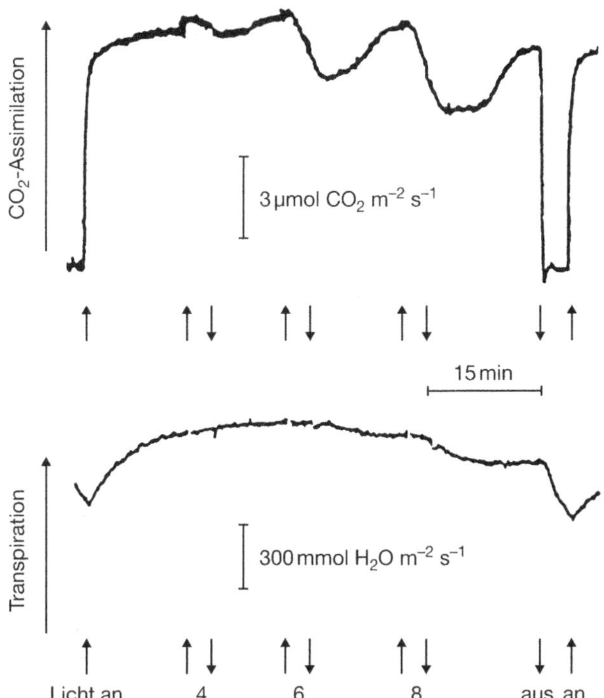

Abb. 5-4: Effekt von drei aufeinander folgenden kurzfristigen Begasungsperioden mit steigenden Konzentrationen an SO_2 auf CO_2-Assimilation und Transpiration eines Geranienblattes. Begasungsperioden sind durch Pfeile angezeigt. Zahlen innerhalb der Pfeile geben die SO_2-Konzentration in ppm an. Nach Hemmung der Photosynthese erfolgte rasche Erholung. Reduzierte Transpiration zeigte partiellen Stomataschluss erst bei hohen SO_2-Konzentrationen an (Veljovic-Iovanovic et al. 1993).

Im zellulären Bereich sind viele Additionsreaktionen nukleophiler Natur durch Sulfit möglich. Sie begründen weitgehend die primäre Toxizität von SO_2.

Radikalproduktion

Radikale sind in der Regel **außerordentlich reaktive Verbindungen** mit ungepaarten Elektronen. Meist sind sie kurzlebig, da sie in schnellen und häufig unspezifischen Reaktionen mit anderen Verbindungen verbraucht werden. Wenn diese Verbindungen eine wichtige Funktion im Stoffwechsel haben, kann es dabei zu Schäden kommen. Das gilt insbesondere dann, wenn solche Reaktionen ihrerseits Radikale erzeugen. Dann kommt es zu **Radikalkettenreaktionen**, die aufgrund der Aggressivität der Radikale außerordentlich destruktiv sind.

Radikale entstehen auch im normalen Zellstoffwechsel. In schnellen und spezifischen Reaktionen werden sie unschädlich gemacht. In einer Seitenreaktion der Photosynthese wird Sauerstoff univalent zum Superoxidradikal O_2^- reduziert:

$$H_2O + 2\,O_2 + 4\,h\nu \rightarrow {}^1\!/_2\,O_2 + 2\,H^+ + 2\,O_2^- \quad (37).$$

O_2^- wird durch ein spezifisches Enzym, Superoxiddismutase, rasch abgefangen, wobei das giftige Wasserstoffperoxid H_2O_2 entsteht:

$$2\,O_2^- + 2\,H^+ \rightarrow H_2O_2 + O_2 \quad\quad (38).$$

Das Wasserstoffperoxid wird schließlich in einer Reaktion mit Ascorbat rasch detoxifiziert.

Diese auch bei normaler Photosynthese mit niedrigen Raten im Blatt ablaufende Folge von Reaktionen kann durch Sulfit gestört werden, das mit dem Superoxidradikal unter Bildung von Sulfitradikalen und Hydroxylradikalen reagiert. Dabei kann es zu Radikalkettenreaktionen kommen. Der Reaktionsablauf lässt sich wie folgt verdeutlichen:

$$SO_3^{2-} + O_2^- + 3\,H^+ \rightarrow HSO_3^{\cdot} + 2\,OH^{\cdot} \quad (39)$$

$$SO_3^{2-} + OH^{\cdot} + 2\,H^+ \rightarrow HSO_3^{\cdot} + H_2O \quad (40)$$

$$HSO_3^{\cdot} + O_2 + H_2O \rightarrow H_2SO_4 + O_2^- + H^+ \quad (41).$$

Die Reaktionen (39) bis (41) summieren sich zu

$$2\,SO_3^{2-} + O_2^- + 2\,O_2 + H_2O \rightarrow$$
$$2\,SO_4^{2-} + 2\,O_2^- + OH^{\cdot} + H^+ \quad (42).$$

Insgesamt handelt es sich um eine radikalvermittelte Oxidation von Sulfit zu Sulfat. Aus Gleichung (42) wird Radikalvermehrung deutlich. Isolierte und gewaschene Chloroplastenmembranen oxidieren Sulfit im Licht außerordentlich schnell zu Sulfat (Asada und Kiso 1973). Durch unspezifische Radikalreaktionen werden dabei auch die Membranen in Mitleidenschaft gezogen. In intakten Chloroplasten verläuft allerdings die Sulfitoxidation langsam. Für die dramatische Verlangsamung der Reaktion sind **Kettenabbruch** und **Radikaldetoxifikation** verantwortlich. Beide spielen bei der Vermeidung von Schäden durch SO_2 eine überaus wichtige Rolle.

5.1.1.3 Metabolische Entgiftung von SO_2 und von schwefliger Säure

Aufgrund des ständigen Einstroms von SO_2 aus verunreinigter Luft durch die Stomata in Blätter oder Nadeln und der Reaktion des SO_2 mit zellulärem Wasser zu schwefliger Säure würde es – je nach SO_2-Gehalt der Luft – mehr oder weniger schnell zu zellulärer Ansäuerung und der Akkumulation von Sulfit und Bisulfit im Cytoplasma der Zellen und damit zu toxischen Reaktionen kommen, wenn zellulärer Stoffwechsel dem nicht entgegenwirkte. Tatsächlich wird auch in belasteten Beständen keine merkliche Azidifizierung der Gewebe gemessen. Lediglich bei extremer Belastung im Experiment mit hohen Konzentrationen an SO_2 ist cytoplasmatische Ansäuerung nachweisbar (Abb. 5-3), aber auch diese verschwindet bemerkenswert schnell nach Beendigung der Begasung. Auch eine Akkumulation von Sulfit und Bisulfit unterbleibt. Lediglich im Winter, bei kaltem Wetter, sind die Anionen der schwefligen Säure mit empfindlichen Methoden im Blattgewebe nachweisbar. Verantwortlich für das Ausbleiben von Akkumulation und Azidifizierung sind Stoffwechselreaktionen, die einströmendes SO_2 ebenso schnell entgiften wie es in Blätter oder Nadeln gelangt.

Reduktive Entgiftung von SO_2

Chloroplasten enthalten ein Enzym, Sulfitreduktase, das Sulfit zu reduzieren vermag. In isolierten Chloroplasten und bei Gegenwart von genügend Sulfit erfolgt die Reduktion im Licht mit bemerkenswert hohen Raten. Während bei einer Belastung mit 30 ppb SO_2 mit einem Einstrom von SO_2 in Blätter in Höhe von 2,5 μmol m^{-2} h^{-1} zu rechnen ist, wie sich aus einer Berechnung nach Gleichung (7) ergibt, wenn die Stomata offen sind, können isolierte Chloroplasten von Spinat unter optimalen Bedingungen viel mehr SO_2 entgiften als tatsächlich einströmt. Umgerechnet auf die Blattfläche entsprechen gemessene Reduktionsraten der Entgiftung von bis zu 700 μmol SO_2 m^{-2} h^{-1}. Allerdings herrschen im Blatt keine optimalen Bedingungen für eine reduktive Entgiftung. Solche Bedingungen lassen sich nur im kontrollierten Experiment mit isolierten Chloroplasten unter Substrat- und Lichtsättigung sowie bei Zugabe eines Akzeptors für das giftige Primärprodukt der Entgiftungsreaktion einstellen.

Die Elektronen für die **reduktive Entgiftungsreaktion** stammen aus der photolytischen Wasserspaltung in der Photosynthese. Primäres Produkt der Entgiftungsreaktion ist Schwefelwasserstoff, ebenso wie SO_2 ein giftiges Gas:

$$SO_3^{2-} + 2\,H^+ \rightarrow H_2S + 1^{1}/_2\,O_2 \qquad (43).$$

Tatsächlich lässt sich die **Emission von H$_2$S** aus Blättern oder Nadeln mit empfindlichen Methoden messen (Kindermann et al. 1995). Allerdings wird nur ein kleiner Teil des einströmenden SO_2, maximal etwa 10 %, wieder in Form von Schwefelwasserstoff an die belastete Luft zurückgegeben. Der größte Teil des reduzierten Schwefels wird bei Verfügbarkeit eines Akzeptormoleküls, von O-Acetylserin, in die Aminosäure Serin eingebaut. Dabei entsteht die schwefelhaltige Aminosäure Cystein, ein wichtiger Baustein der Proteine.

Ausgehend vom Sulfit lässt sich die Reaktionssequenz wie folgt aufsummieren:

$$SO_3^{2-} + 2\,H^+ + HOH_2CCH(NH_2)COOH \rightarrow$$
$$HSH_2CCH(NH_2)COOH + H_2O + 1^{1}/_2\,O_2 \qquad (44).$$

Vom Cystein gelangt der Schwefel in die Aminosäure Methionin und zusammen mit Methionin in neu synthetisierte Proteine. Weiter wird Cystein in Glutathion eingebaut, das im Zellstoffwechsel eine zentrale Rolle als Antioxidans spielt.

Wenn die Luft mit SO_2 belastet ist, können Cystein und Glutathion in sehr beschränktem Rahmen im Gewebe akkumulieren. Als Speicher für reduzierten Schwefel spielt diese Akkumulation keine wesentliche Rolle. Für aktives Wachstum erforderliches Protein braucht dagegen nicht unerhebliche Mengen an reduziertem Schwefel. Pflanzliche Proteine enthalten ca. 1 % Schwefel. So kann SO_2 als **Schwefeldünger aus der Luft** wirken, wenn der Boden den für die Proteinsynthese erforderlichen Schwefel nicht zu liefern vermag.

Aus der Reaktionsgleichung (44) ergibt sich, dass Reduktion nicht nur die potenziell toxischen Anionen der schwefligen Säure entgiften kann, sondern dass gleichzeitig auch die Protonen der schwefligen Säure verbraucht werden. **Reduktive Entgiftung** dient also gleichzeitig der Schwefelernährung der Pflanzen und der pH-Stabilisierung, ist aber in ihrer Entgiftungskapazität vor allem dann beschränkt, wenn die Pflanzen nicht wachsen. Das gilt natürlich insbesondere für das Winterhalbjahr.

Oxidative Entgiftung von SO_2

Schweflige Säure entsteht aus SO_2 zuerst im Zellwandbereich des Interzellularraums der Blätter oder Nadeln. Das Cytoplasma würde nicht belastet werden, wenn sie auch dort entgiftet würde. Tatsächlich kann schweflige Säure durch Peroxidasen der Zellwand zu Schwefelsäure oxidiert werden, wenn H_2O_2 als Oxidationsmittel verfügbar ist. Allerdings verläuft die apoplastische Oxidationsreaktion über phenolische Radikale. Diese werden schnell durch Ascorbat reduziert. Apoplastisches Ascorbat wirkt als Inhibitor der apoplastischen SO_2-Entgiftung (Takahama et al. 1992).

Aus dem Apoplasten gelangen sowohl die Protonen der schwefligen Säure als auch ihre Anionen über Translokatoren der Plasmalemmamembran in das Cytosol. Aus der Kinetik der intrazellulären Ansäuerung durch SO_2 in Abbildung 5-3 ist ein schneller Transport von Protonen ersichtlich. Er bewirkt, dass cytosolische Ansäuerung bereits kurz nach Beginn der SO_2-Begasung messbar wird. Der Phosphat-Translokator, ein Anionentransportprotein in der Chloroplastenhülle, vermittelt dann den weiteren Transport der Anionen in die Chloroplasten (Hampp und Ziegler 1977). Diese sind der bevorzugte Ort nicht nur der reduktiven, sondern auch der oxidativen SO_2-Entgiftung. Während allerdings isolierte Chloroplastenmembranen Sulfit im Licht mit au-

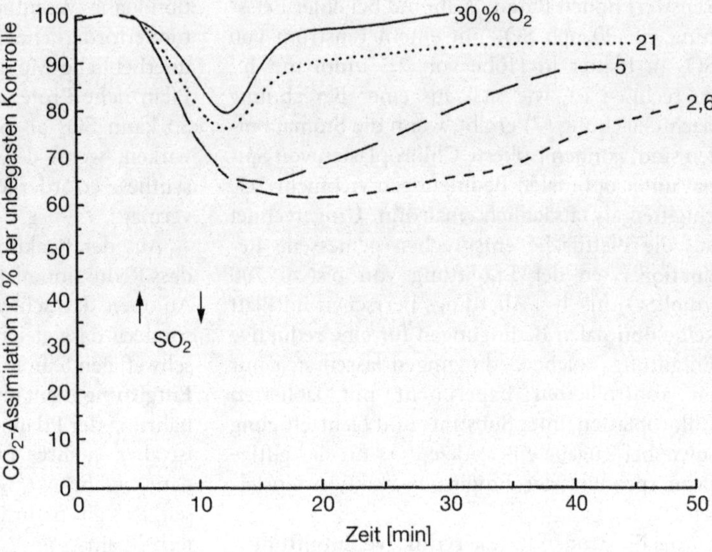

Abb. 5-5: Hemmung und Erholung der Photosynthese belichteter Buchenblätter nach kurzfristiger Belastung mit 5 ppm SO_2 in einer Atmosphäre mit verschiedenen Sauerstoffkonzentrationen (Hüve und Veljovic-Iovanovic, unveröffentlicht).

ßerordentlich hohen Raten über einen Radikalkettenmechanismus zu Sulfat oxidieren, ist die Rate der Oxidation in intakten Chloroplasten nicht höher als die Rate der Reduktion unter optimalen Bedingungen (Dittrich et al. 1992). Es scheint, dass die Chloroplasten eine Sulfitoxidase besitzen, die nicht-radikalische Oxidation gemäß

$$SO_3^{2-} + \tfrac{1}{2} O_2 \rightarrow SO_4^{2-} \qquad (45)$$

zu vermitteln vermag. Soweit **Radikalbildung** unvermeidlich ist, sorgen **Radikalfänger** wie etwa Ascorbat für schnellen Kettenabbruch, sodass Radikalvermehrung gemäß Gleichung (42) nicht zustande kommen kann. Auch diese Aussage gilt natürlich nur solange wie Radikalfänger verfügbar sind. **Überlastung** von **Entgiftungsreaktionen** führt dann notwendigerweise zu Schäden, wenn Schadreaktionen nicht mehr durch schnellere Entgiftungsreaktionen kompetitiv unterdrückt werden können.

Für die **oxidative SO_2-Entgiftung** ist Sauerstoff erforderlich. Abbildung 5-5 beschreibt die Hemmung der Photosynthese von Buchenblättern durch hohe kurzzeitige Belastung mit jeweils gleicher Dosis an SO_2 bei verschiedenen Sauerstoffkonzentrationen. Die geringste Hemmung trat in Gegenwart von 30 % O_2 auf. Am stärksten war sie in 2,6 % O_2 ausgeprägt. Dieser Effekt hat mit einer eventuellen Hemmung der Atmung durch niedrige Sauerstoffkonzentrationen nichts zu tun, da die Atmung von Blättern

auch bei 2,6 % O_2 noch O_2-gesättigt ist (Hüve et al. 2000).

Reaktivierung der Photosynthese nach Ende der Begasung war schneller in 21 % O_2 als in 1 % O_2. Offenbar zeigt sich hier eine Schutzfunktion der oxidativen Entgiftung von SO_2. Dass diese Entgiftung aber auch über Radikalreaktionen (Gleichungen (39) bis (42)) ablaufen kann, verdeutlicht die Problematik solcher Entgiftung. Unspezifische Oxidationsreaktionen der Radikale müssen reduktiv repariert werden, soweit solche Reparatur möglich ist. Beispielsweise führt radikalvermittelte SH-Gruppenoxidation von Enzymen, deren Katalyse über Reaktionen der SH-Gruppen abläuft, zur Inaktivierung der Enzyme. Reaktivierung bedarf dann der Regeneration der SH-Gruppen. Dafür zeichnet das Thioredoxinsystem der Zellen verantwortlich. Dass dieses selbst der SO_2-Inaktivierung unterliegen kann, wurde oben unter dem Abschnitt Sulfitolyse diskutiert.

Sequestrierung der Anionen und Protonen der Schwefelsäure

Das Produkt der oxidativen Entgiftung von SO_2 ist die Schwefelsäure. In SO_2-belasteten Fichtenwäldern kann die **durchschnittliche Sulfatkonzentration** in vierjährigen Nadeln bis zu 100 mM oder sogar mehr betragen (Pfanz und Beyschlag 1993). Der weitaus größte Teil des gemessenen Sulfats geht auf die Aufnahme von SO_2 aus der Luft zurück. Bliebe die Schwefelsäure im Cytoplasma, wo sie bei oxidativer Entgiftung des SO_2 entsteht, wäre die cytoplasmatische Schwefelsäurekonzentration weit höher als die in den Nadeln insgesamt gemessene Sulfatkonzentration, da das Cytoplasma nur einen kleinen Teil des gesamten Lösungsvolumens der Nadeln einnimmt. Dann käme es zu so starker zellulärer Ansäuerung, dass der Stoffwechsel zusammenbrechen müsste, da die Pufferkapazität der Nadeln bei weitem nicht ausreicht, derartige Mengen an Schwefelsäure abzufangen. Tatsächlich wurde Ansäuerung in Nadeln junger Fichten lediglich im kurzfristigen Begasungsexperiment mit SO_2 in Begasungskammern beobachtet, nicht aber im Freiland in SO_2-belasteten Fichtenwäldern, obwohl dort in den Nadeln gemessene Sulfatkonzentrationen häufig weit höher als im Begasungsexperiment waren (Kaiser et al. 1993). Das zeigt, dass bei **langfristiger Exposition** im Freiland die Protonen der Schwefelsäure aus den Nadeln entfernt werden konnten.

Das Sulfat reichert sich dagegen in Fichtennadeln an. Ganz offenbar spielt bei der Fichte **Sulfatexport** über den Kreislauf der Stoffe in den Leitgeweben des Xylem/Phloemsystems keine wesentliche Rolle. Sulfat akkumuliert in den Nadeln der Fichte. Jedoch ist auch beim Sulfat ebenso wie bei den Protonen eine Akkumulation im Cytoplasma der Zellen auszuschließen. In denjenigen Konzentrationen, die in den Nadeln gemessen werden können, würde das Sulfatanion Enzyme hemmen, deren Katalyse über die Bindung anionischer Substrate verläuft (Gimmler et al. 1984). Tatsächlich wird Sulfat in einer energieabhängigen Reaktion in die Vakuolen der Zellen transportiert, wo es stoffwechselunschädlich abgelagert wird (Kaiser et al. 1989). Auch überschüssige Protonen werden so aus dem Cytoplasma entfernt, soweit sie nicht im Gegentausch gegen Kationen aus den Nadeln exportiert oder im Stoffwechsel verbraucht werden können.

Auch heute noch ist es unbekannt, welche **Sensormechanismen** es den Zellen erlauben zu entscheiden, wie viel Sulfat und welche Protonenkonzentrationen im Cytoplasma den Stoffwechsel noch nicht beeinträchtigen und damit „erträglich" sind, und ab wann **energieabhängige Pumpreaktionen** dafür zu sorgen haben, dass überschüssige Protonen und überschüssiges Sulfat aus dem Cytoplasma entfernt werden.

Energiequellen für die Transportprozesse sind Atmung und Photosynthese, und hauptsächlicher Energieüberträger ist Adenosintriphosphat, ATP, das von den Ionenpumpen in Adenosinphosphat and Phosphat gespalten wird. Die Ionenpumpen sind Proteine, die im Tonoplasten der Vakuole und im Plasmalemma zwischen Zellwand und Cytoplasma lokalisiert sind. Jedoch kann Pumpaktivität im Tonoplasten auch durch einen Tonoplastentransporter vermittelt werden, der die für den Pump-Prozess erforderliche Energie aus der Spaltung von Pyrophosphat bezieht.

5.1.1.4 Beeinflussung der Kationenernährung durch SO_2

Eine Ansäuerung von Nadeln unterbleibt, obwohl Sulfat in den Nadeln akkumuliert, während Fichten im Freiland einer SO_2-haltigen Atmosphäre über Jahre hinweg ausgesetzt sind und dabei überleben. Das zeigt, dass die aus SO_2 gebildete Schwefelsäure neutralisiert werden konnte. Als Salz liegt die Schwefelsäure in den Vakuolen in Form des zweiwertigen Sulfatanions entweder zusammen mit zwei einwertigen Kationen wie etwa K^+ oder einem zweiwertigen Kation wie etwa Mg^{2+} oder Ca^{2+} vor. Zunächst müssen bei der Neutralisation von Schwefelsäure die erforderlichen **Kationen** als **Gegenionen des Sulfats** dem umgebenden Cytoplasma entzogen werden, während Protonen entweder zunächst im Cytoplasma verbleiben oder aus den Vakuolen im Gegentausch gegen Kationen in das Cytoplasma gelangen. Dessen Stoffwechsel ist indessen abhängig von einer ausgewogenen Versorgung mit Kationen und einem regulierten pH-Wert, d. h. einer sorgfältig regulierten Protonenkonzentration (Abb. 5-3). Cytoplasmatische Kaliumkonzentrationen liegen normalerweise im 100 mM-Bereich, Magnesiumkonzentrationen im Millimolarbereich und freie cytoplasmatische Calciumkonzentrationen im Mikromolarbereich. Natriumionen kommen als Gegenionen zum Sulfat bei Fichte höchstens in untergeordnetem Maße infrage, da Natrium von den Wurzeln kaum aufgenommen wird.

Sulfat im Bereich zwischen 50 und 100 mM in den großen Vakuolen der Zellen kann also schon aus Konzentrationsgründen gar nicht unmittelbar vom kleineren Volumen des Cytoplasmas mit Kationen versorgt werden, wenn es nicht zum Kationennachschub aus dem Transportgewebe kommt. Damit wird sofort klar, dass aus SO_2 gebildete Schwefelsäure, Stoffwechsel und darüber hinaus Wachstum um Kationen konkurrieren müssen.

Abbildung 5-6 vergleicht die Summe der Mg^{2+}- und K^+-Konzentrationen in Nadeln aus belasteten und unbelasteten Fichtenbeständen mit Sulfatkonzentrationen als Funktion des Nadelalters. Der Vergleichbarkeit wegen sind die Konzentrationen in Milliäquivalenten pro kg Trockengewicht angegeben. Von Ca^{2+} wird angenommen, dass es als Gegenion des vakuolären Sulfats keine erhebliche Rolle spielen kann, wie sich aus Löslichkeitsberechnungen ergibt (Slovik 1996). Kristalle des schwer löslichen Calciumsulfats sind in den Vakuolen von Fichtennadeln nicht nachweisbar. SO_2-Belastung ist in Würzburg vernachlässigbar. Demgemäß ist die Sulfatkonzentration in Fichtennadeln dort auch niedrig (Abb. 5-6). Die Belastung steigt in der Reihenfolge Schneeberg (Fichtelgebirge), Höckendorf (Erzgebirge) und Kahleberg (Erzgebirge, nahe der Tschechischen Grenze) an. In der gleichen Reihenfolge verringert sich die Differenz zwischen den Kationen und dem Sulfat, bis die schwer geschädigten Fichten am Kahleberg keine wesentliche Differenz mehr aufweisen. Bei der Wiederholung der Messungen im Folgejahr wur-

den am Kahleberg zwar ähnliche Sulfatkonzentrationen wie in Abbildung 5-6 gefunden, doch im Gegensatz zu dieser stiegen die Kationenkonzentrationen mit dem Nadelalter an. Das war zunächst unerklärlich, bis Rücksprache mit dem zuständigen Forstamt ergab, dass mit Kalium gedüngt worden war.

Nicht selten geben Nadelanalysen keinen Hinweis auf **Unterversorgung mit Kationen**. In der Regel wird nicht beachtet, dass im Nadelhomogenat gemessene Kationenkonzentrationen aus zwei analytisch nicht unterscheidbaren Anteilen bestehen, einem Anteil, der im Cytoplasma lokalisiert ist und für den Stoffwechsel zur Verfügung steht, und einem anderen, häufig größeren Anteil, der dem Stoffwechsel entzogen ist, wenn die Kationen in der Vakuole als Gegenionen des Sulfats dienen. Wenn gemessene Werte mit tabellarischen Angaben aus der Forstpraxis verglichen werden, die auf gute Kationenversorgung hindeuten, ist dann Skepsis am Platze, wenn die Analysen an Material durchgeführt wurden, das aus SO_2-belasteten Beständen stammt. Allgemein wird für Fichte angenommen, dass die Kaliumversorgung mangelhaft ist, wenn weniger als etwa 5 mg Kalium/g Trockengewicht (ca. 125 mMole K^+/kg Trockengewicht) in einjährigen Nadeln gefunden wird. Eine **optimale Kaliumversorgung** deuten Messungen jenseits von 6 mg/g an. Für Magnesium gelten als mangelhaft

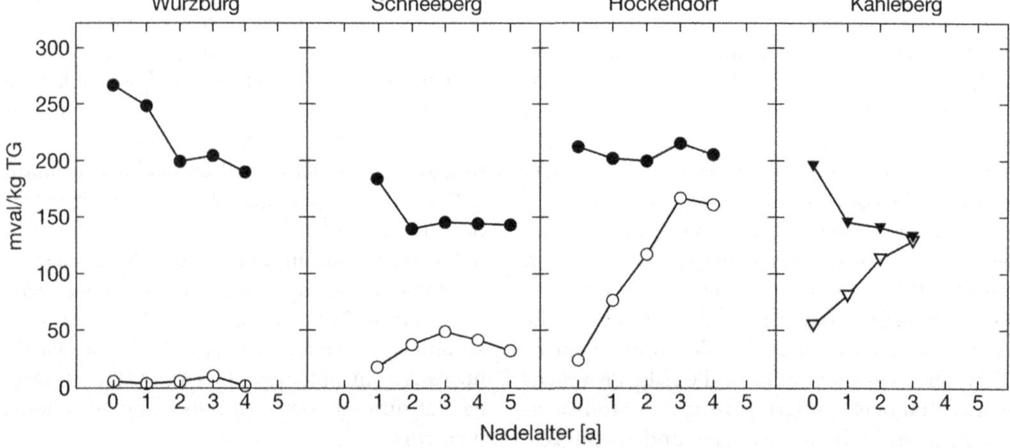

Abb. 5-6: Sulfatkonzentrationen und Summe von K^+- und Mg^{2+}-Konzentrationen als Funktion des Nadelalters in Fichten aus Beständen, die unterschiedlicher SO_2-Belastung ausgesetzt waren. Belastung ansteigend von links nach rechts. Am Kahleberg waren vierjährige Nadeln in für die Analysen genügender Menge nicht verfügbar (Kaiser et al. 1993). Gefüllte Symbole: Summe von K^+ und Mg^{2+}; offene Symbole: Sulfat.

weniger als 0,6 bis 0,8 mg/g Trockengewicht (25 bis 33 mMole/kg Trockengewicht) und als gute Versorgung mehr als 1 mg/g (Hüttl 1991). Summiert man die beiden erforderlichen Kationen und drückt die Summe in mVal pro kg Trockengewicht aus, ergibt sich für die beiden Kationen zusammen ein Minimalbedarf von 185 mVal/kg Trockengewicht. Zieht man davon die mVal Sulfat pro kg Trockengewicht ab, die für einjährige Nadeln in Abbildung 5-6 aufgelistet sind, ergibt sich lediglich für die unbelastete Würzburger Gegend eine gute Versorgung mit Kationen. Obgleich Sulfatwerte im Fichtelgebirge nicht sehr hoch erscheinen, ist schon dort die Kationenversorgung kritisch. Darauf weisen auch die Werte der Abbildung 5-6 für den Schneeberg hin. Tatsächlich wird im Fichtelgebirge **Nadelbleichung** (Montane Vergilbung) beobachtet, die durch **Unterversorgung mit Magnesium** verursacht wird. Dramatisch ist die Unterversorgung mit Kationen im stark durch SO_2 belasteten Erzgebirge vor allem bei den älteren Nadeln. Vorzeitiger Nadelwurf kann nicht verwundern, wenn der Kationenbedarf des Stoffwechsels nicht mehr gedeckt werden kann.

Bei fehlender Nadelansäuerung ergibt sich die Frage nach dem **Schicksal der Protonen der Schwefelsäure**, die bei der Oxidation des SO_2 entstehen. Lediglich in geringem Umfang ist ein Verbrauch im Stoffwechsel möglich, etwa über den Abbau von Säuren oder über die Reduktion von Nitrat, bei der Hydroxylgruppen frei werden. Nitrat wird in Fichtennadeln nicht gespeichert. Letztendlich muss der größte Teil der Protonen im Gegentausch gegen Kationen zunächst in den apoplastischen Bereich der Nadeln und schließlich über das zirkuläre Phloem/Xylem-Transportsystem des Organismus in Form organischer Säure in den Wurzelbereich gelangen, wo dann bei der Kationenaufnahme Ausscheidung in den Boden erfolgt. Letztendlich belasten also Säureäquivalente, die bei der Aufnahme von SO_2 in Pflanzen entstehen, den Boden.

Kationenverfügbarkeit im Boden ist dabei selbstverständliche Voraussetzung für Kationenaufnahme im Wege des Kationen/Protonenaustausches der Wurzeln. **Kationenverarmung** und **Säurebelastung** des Organismus sind dann notwendige Folgen eines Wachstums in SO_2-belasteter Atmosphäre, wenn der Boden verarmt oder Kationenaufnahme aus klimatischen Grün-

den erschwert ist. Ganz offensichtlich wird dabei primär die Pflanze belastet. Eine Säurebelastung des Bodens ist die Folge, wenn Kationen aufgenommen werden können. In diesem Fall wird der Boden belastet, da Säureeintrag in den Boden bei hohen Niederschlägen zur Nährstoffauswaschung führt. Es gilt die **Hoffmeistersche Reihe**

$$H^+ > Ca^{2+} > Mg^{2+} > K^+ > Na^+,$$

nach der Protoneneintrag in das Kationenaustauschersystem des Bodens zur Protonenbindung und zur Freisetzung von Kationen in der oben angegebenen Reihenfolge (von rechts nach links) führt. Dabei ist zu beachten, dass die angegebene Reihenfolge streng nur bei vergleichbaren Konzentrationsverhältnissen gilt. Nach dem **Massenwirkungsgesetz** muss sie sich unterschiedlichen Konzentrationsverhältnissen anpassen. Freigesetzte Kationen gelangen zusammen mit beweglichen Anionen bei starken Regenfällen in Flüsse und Seen und tragen zu deren **Eutrophierung** bei.

Für das Fichtelgebirge sind seit langem starke Vergilbungserscheinungen an den Nadeln von Fichten bekannt, die sich durch Magnesiumgaben beseitigen lassen (Lange et al. 1987). Auch im westlichen Erzgebirge tritt solche Vergilbung auf. Ganz offensichtlich handelt es sich hier um **Magnesiummangel** (Abschn. 6.1.2.5) Weniger offensichtlich ist es, dass solcher Mangel sekundäre Folge primärer Azidifizierung ist, für die häufig eine Belastung mit potenziell sauren Luftschadstoffen wie SO_2 verantwortlich ist. Dabei ist es letztlich gleichgültig, ob die Säurebelastung mit „saurem Regen" erfolgt oder über die trockene Deposition von SO_2, das von den Nadeln aufgenommen wird und schließlich zur Protonenabgabe durch die Wurzeln führt.

Streuentnahme und Holzbewirtschaftung über Jahrhunderte hat viele Waldböden ohnehin verarmt. **Säureeintrag** erhöht die **Verarmung**. Es kann gar nicht überraschen, dass neuartige Waldschäden, für die letztlich anthropogene Einwirkungen verantwortlich gemacht werden müssen, vor allem in den Höhenlagen von Mittelgebirgen beobachtet werden, wo hohe Niederschläge Nährstoffauswaschung begünstigen und niedrige Temperaturen Stoffwechselaktivitäten verlangsamen, die der Entgiftung und der Entfernung aus der Luft aufgenommener Schadstoffe aus den Organismen dienen.

5.1.1.5 Nadel- oder Blattwurf als Folge einer SO_2-Belastung

Fichtennadeln können in unbelasteter Atmosphäre und genügender Lichtexposition ein Alter zwischen sieben und zwölf Jahren erreichen. In SO_2-belasteter Atmosphäre am Kahleberg im Erzgebirge war es indessen schwierig, vierjährige Nadeln in der für Analysen erforderlichen Menge zu sammeln. Auch bei genügender Belichtung erfolgt Nadelwurf häufig bereits nach drei Jahren. Nadeln werden geworfen, wenn Sulfatakkumulation und Nährstoffversorgung nicht mehr in Einklang zu bringen sind. Es ist nicht unwahrscheinlich, dass die für Fichten erkannte Problematik im Prinzip auch für andere Baumarten gilt.

5.1.1.6 Unterschiedliche Mechanismen der Schädigung bei akuter und chronischer Belastung mit SO_2 und unterschiedliche Toleranz verschiedener Baumarten

Es wurde bereits darauf hingewiesen, dass gleiche Mengen an SO_2, die während unterschiedlicher Zeiten aufgenommen werden, nicht gleiche Wirkungen ausüben. Zunächst scheint plausibel, dass hohe Konzentrationen an SO_2, die innerhalb kurzer Zeit einwirken, bei gleicher Dosis toxischer sind als niedrige Konzentrationen, die über lange Zeit einwirken. Das ist aufgrund des Vorliegens von Detoxifikationsmechanismen zu erwarten, die von hohen Konzentrationen eines Schadstoffs überfordert werden können.

Tatsächlich sind aber die Verhältnisse komplexer. So wird die Tanne bei kurzfristigem Einwirken hoher SO_2-Konzentrationen weniger geschädigt als die Fichte. Expositionsexperimente weisen also zunächst auf eine bemerkenswert hohe Toleranz der Tanne hin. Unter chronischer Belastung ist demgegenüber die Tanne wesentlich empfindlicher als die Fichte, wie die Freilandbeobachtung eindeutig erweist. Hier liegt dann kein Widerspruch vor, wenn man berücksichtigt, dass die maximalen Raten der oxidativen Detoxifizierung und der Radikaldetoxifizierung bei der Tanne höher sein mögen als bei der Fichte. Akute Belastung mit unmittelbar toxischen Folgen mag es so bei der Tanne in geringerem Ausmaß geben

als bei der Fichte. Bei chronischer Belastung genügen dagegen in beiden Baumarten die **primären Detoxifikationsmechanismen** bei weitem, eine geringe unmittelbare Belastung zu bewältigen. Hier ist vielmehr die **Fähigkeit sekundärer Detoxifikationsmechanismen** wichtig, die Produkte primärer Entgiftung, die sich langsam anhäufen und dabei ihrerseits toxische Wirkungen zu entfalten vermögen, entweder unschädlich abzulagern oder aus dem Organismus zu entfernen. Bei der oxidativen Entgiftung handelt es sich hier um Sulfat und Protonen. Hier werden Fähigkeiten der Sequestrierung und des Abtransports gefordert, die offenbar bei der Fichte ausgeprägter sind als bei der Tanne, wie die höhere Empfindlichkeit der Tanne bei chronischer Belastung zeigt.

Während die Tanne bei chronischer Belastung empfindlicher ist als die Fichte, ist diese wiederum empfindlicher als die Stechfichte (*Picea pungens*) und die Kiefer (*Pinus sylvestris*). Die Analyse zeigt, dass Stechfichte und Kiefer die langsame Anhäufung von Sulfat in den Nadeln, die bei der Fichte beobachtet wird und dort Kationensequestrierung bedingt, zu vermeiden vermögen (Hüve et al. 1995). Offenbar ist bei beiden Organismen die Fähigkeit, Sulfat aus den Nadeln abzutransportieren, stärker ausgeprägt als bei der Fichte.

5.1.1.7 Zusammenfassung und Schlussfolgerungen

Abbildung 5-7 fasst **Entgiftungswege des SO_2** im Organismus zusammen. SO_2 gelangt über die Stomata in Blätter oder Nadeln. Die Anionen der zunächst gebildeten schwefligen Säure sind phytotoxisch. Entgiftung erfolgt durch **Reduktion** oder **Oxidation**. In Bäumen dominiert die oxidative Entgiftung, die zur Schwefelsäure führt. **Kompetition zwischen Schadreaktionen und Entgiftungsreaktionen** sowie **Reparaturreaktionen** entscheiden darüber, ob es zu primären Schäden kommt. Die **Kapazität** der zellulären Entgiftungsmechanismen der Blätter erscheint indessen ausreichend, primäre Schäden bei gegenwärtiger Belastung auszuschließen. Sekundäre Schäden sind jedoch möglich. Sie sind vor allem dort zu erwarten, wo die Kationenverfügbarkeit der Böden nicht ausreicht, die Azidifizierung

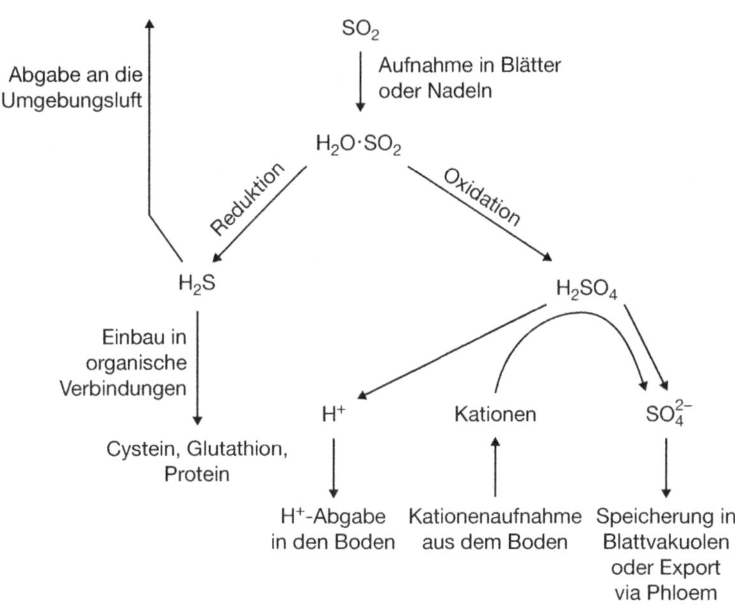

Abb. 5-7: Entgiftungswege für SO_2.

zu kompensieren, die Folge der Bildung von Schwefelsäure bei der oxidativen Entgiftung von SO_2 ist. Protonen/Kationenaustausch letztlich im Wurzelbereich verlagert die Protonenbelastung in den Boden und erhöht den Kationenbedarf im Kronenbereich. Wenn dieser nicht gedeckt werden kann, kommt es zu **sekundären Schäden**, die als **Kationenmangelsymptome** sichtbar werden oder zu vorzeitigem Blatt- oder Nadelwurf führen. Selbst in diesen Fällen wird zunächst Wachstum sistiert. Erst bei extremer Schädigung kommt es zu großflächigem Absterben. Dies wurde zuletzt für Fichtenbestände im Erzgebirge beobachtet, bevor die Belastung der Luft in den 90er Jahren des 20. Jahrhunderts erheblich reduziert werden konnte.

5.1.2 Immissionen oxidierten und reduzierten Stickstoffs

Unter den oxidierten Stickstoffverbindungen, die nicht nur durch elektrische Entladungen in der Atmosphäre bei Gewittern entstehen, sondern in hohem Ausmaß auch anthropogenen Ursprungs sind und stark oxidativ zu wirken vermögen, sind vor allem NO_2 und NO als potenzielle Luftschadstoffe bedeutsam. Demgegenüber tritt

reduzierter Stickstoff in Form von Ammoniak überall dort zurück, wo nicht Massentierhaltung lokale Immissionswirkungen entfalten kann, die deutliche Pflanzenschäden verursachen.

5.1.2.1 Stickstoffdioxid, NO₂

Hinsichtlich unmittelbarer Phytotoxizität steht NO_2 deutlich hinter SO_2 zurück. Das gilt auch für NO, dessen Konzentration in der Luft in der Regel deutlich unter der von NO_2 liegt (Tab. 4-1). Zwar gibt es Befunde, wonach die Toxizität von NO höher sein soll als die von NO_2 (Saxe 1994) doch ist nicht nur die Konzentration von NO in der Luft, sondern auch die Löslichkeit in wässriger Phase geringer als die von NO_2. Das bedingt höhere interzelluläre NO-Konzentrationen im Gasraum innerhalb der Blätter. Dadurch bedingte kleinere Gradienten zwischen Atmosphäre und Interzellularraum führen somit auch zu geringerer Aufnahme von NO in Blätter. Dazu kommt, dass Blätter selbst NO zu entwickeln vermögen und an die Atmosphäre abgeben. Emissionsraten bis zu 10^{-10} Mol pro m² Blattfläche und s sind gemessen worden (Wildt et al. 1997). Diese Raten sind zwar um den Faktor von etwa 100 000 niedriger als häufige Raten photosynthetischer CO_2-Assimilation und können auch keine große Rolle im Stickstoffhaushalt spielen, beleuchten indessen doch das Problem der Phytotoxizität dieses Stickstoffoxids.

Im Ausnahmefall mag indessen die Wirkung von NO auf Waldökosysteme in der Nähe von Ballungsgebieten mit hohem Verkehrsaufkommen nicht völlig vernachlässigbar sein. Das deuten gleichzeitige Messungen der NO- und der CO_2-Konzentration in einem Waldgebiet an, das ca. 40 km östlich von Hamburg vorwiegend westlichen Winden ausgesetzt ist (Michaelis 1997). Eine mehrere Stunden währende Spitzenbelastung mit NO war von einem deutlichen Anstieg auch der gemessenen CO_2-Konzentration im Ökosystem begleitet. Zwar ist es möglich, dass ein wesentlicher Teil der Beobachtungen durch gleichzeitigen Antransport von CO_2 aus dem Hamburger Ballungsgebiet zu erklären ist, doch deuten gemessene Höhengradienten tatsächlich auf eine gestiegene Abgabe von CO_2 aus dem Ökosystem hin. Sie trägt zum gemessenen CO_2-Anstieg zumindest bei. Atmungsanstieg als Folge gesteigerten Energiebedarfs für Detoxifizierungs- und Reparaturreaktionen oder, während der Tagesstunden, Stomataschluss als Folge oxidativer Schäden im Stomatabereich mögen für den gemessenen CO_2-Anstieg mitverantwortlich sein. Stomata sind bei der Aufnahme von Luftschadstoffen immer höheren Schadstoffkonzentrationen ausgesetzt als die Zellen des Mesophylls. Jedoch lässt sich erhöhte CO_2-Abgabe auch als Folge erhöhter Atmung deuten, die dann ansteigen muss, wenn der Energiebedarf von Reparaturreaktionen über die Atmung gedeckt werden muss.

Da Konzentrationsgradienten und Löslichkeit die Geschwindigkeit der Aufnahme von Luftschadstoffen in Blätter oder Nadeln bestimmen (Abschn. 4.2.3 und 5.1.1.1), die wiederum **Voraussetzung für phytotoxische Wirksamkeit** ist, entfällt jedoch für den Regelfall die Notwendigkeit, die Wirkung von NO auf Blätter zu betrachten. Es genügt, die Phytotoxizität von NO_2 zu erörtern.

Ebenso wie SO_2 ist NO_2 ein reaktives Gas, das nach Aufnahme durch die Stomata in Blätter und Nadeln hydratisiert wird. Dabei wird es zu salpetriger Säure und Salpetersäure disproportioniert. Jedoch wirkt NO_2 auch unmittelbar oxidierend. Im Apoplasten von Blättern vermag es mit Ascorbat unter Bildung von salpetriger Säure und Mo-

nodehydroascorbat zu reagieren (Ramge et al. 1993). Das beeinträchtigt die **antioxidative Kapazität des Apoplasten** und produziert gleichzeitig eine potenziell toxische Säure, die nach Aufnahme in den Symplasten der metabolischen Entgiftung bedarf. Wie bei SO_2 spielt die Aufnahme von NO_2 unmittelbar durch pflanzliche Abschlussgewebe, etwa durch die Cuticula der Epidermis, keine signifikante Rolle, obgleich die Durchlässigkeit der Cuticula für NO_2 um eine Größenordnung höher ist als die für SO_2 (Lendzian 1987). Jedoch führt epicuticuläre Deposition dazu, dass bei Regen erhöhte Nitratgehalte im Tropfwasser unter Bäumen gemessen werden. Wegen der saisonal unterschiedlichen Öffnungsweite der Stomata und der Häufigkeit von Niederschlägen, während der NO_2 aus der Luft ausgewaschen wird, ist die jährliche epicuticuläre Deposition von NO_2 ebenso wie die von SO_2 etwa doppelt so hoch wie die stomatäre Aufnahme (Slovik et al. 1996 a). **Epicuticuläre Depositionen potenzieller Säuren** tragen zum „sauren Regen" bei (Abschn. 4.2.5) und sind darüber hinaus verantwortlich für die Auswaschung von Kationen aus Blättern und Nadeln, wenn im cuticulären Bereich Protonen/Kationenaustausch stattfindet.

Stickstoff ist ein essenzieller Bestandteil aller Organismen. Proteine enthalten ca. 16 % Stickstoff. Wachstum von Holzgewächsen ist häufig durch die Verfügbarkeit von Stickstoff limitiert. Schon das zeigt, dass unter Stickstoffmangelbedingungen der **Luftschadstoff NO_2 als Dünger** zu wirken vermag, sofern es der Pflanze gelingt, die toxischen Wirkungen des NO_2 durch entsprechende **Entgiftungsmechanismen** zu beherrschen.

Ebenso wie SO_2-Konzentrationen schwanken NO_2-Konzentrationen in der Luft witterungsbedingt innerhalb weiter Grenzen. Während die Auflagen des Bundesimmissionsschutzgesetzes dazu geführt haben, dass der SO_2-Ausstoß in der gesamten Bundesrepublik drastisch gesenkt wurde, konnte es zu einer ähnlichen Entwicklung hinsichtlich des Ausstoßes von Stickstoffoxiden noch nicht kommen, da die Wirksamkeit der Einführung von Katalysatoren in den Kraftfahrzeugen, die NO_2 zu Stickstoff und Sauerstoff abbauen, durch die Zunahme des Verkehrs teilweise kompensiert wurde. Außerhalb der Ballungsräume liegen die Jahresmittelwerte der NO_2-Konzentration in der Luft seit 1970 zwischen 7 und 10 $\mu g/m^3$, wobei seit 1985 die Tendenz in Richtung zu 7 $\mu g/m^3$ hin fallend ist (Umweltbundesamt 1997). Konzentrationsmessungen für einzelne Messstationen in Deutschland sind in Abbildung 4-3 gezeigt. Allerdings kann die Belastung in Ballungsgebieten mit hohem Verkehrsaufkommen um mehr als eine Größenordnung höher sein als in den ländlichen Gebieten. Der von der Europäischen Gemeinschaft festgelegte Grenzwert von 30 $\mu g/m^3$ soll die Vegetation vor Schäden schützen (Abschn. 7.1.1).

Selbst die niedrigeren Konzentrationen an NO_2 in verkehrsarmen Gebieten haben zusammen mit dem aus der Landwirtschaft stammenden Ammonium eine beträchtliche Deposition an Stickstoff hervorgebracht. So konnten nitratbedürftige Pflanzen, so genannte Nitratanzeiger, sich ansiedeln, wo sie vor 50 Jahren noch nicht gefunden wurden. Das gilt insbesondere für die Brennessel, die heute häufiger Wegbegleiter auf Forstwegen ist, wo früher Nitratmangel die Ansiedlung dieser Pflanze verhinderte.

Aufnahme von NO_2 in Fichtennadeln

Die Löslichkeit von NO_2 in Wasser beträgt nur etwa 7 % der von SO_2. Aus diesem Grund ist nicht nur die NO-Konzentration im interzellulären Raum von Blättern oder Nadeln nicht vernachlässigbar, sondern auch die von NO_2. Demgemäß liefert die Berechnung von NO_2-Aufnahmeraten nach Gleichung (7) zu hohe Werte. Interessanter-

weise ergibt sich aus ausgedehnten Feldmessungen ein Kompensationspunkt für NO_2 (Abb. 5-8). Die Gründe dafür sind nicht völlig klar, doch spielt Stickoxidproduktion im Stoffwechsel dabei sicher eine tragende Rolle. Sie muss dann zur Abgabe von Stickoxid an die Atmosphäre führen, wenn dort die Konzentration niedriger ist als im Interzellularraum. Unterhalb einer NO_2-Konzentration in der Luft von 3,2 ppb (6 $\mu g/m^3$) ließ sich keine Nettoaufnahme von NO_2 in Nadeln von Fichten berechnen (Slovik et al. 1996 b). Darüber hinausgehende NO_2-Konzentrationen ergaben je ppb NO_2 Aufnahmewerte von etwa 0,5 μmol pro m^2 Nadelfläche und Tag während der Vegetationsperiode. Wenn das zum Gehalt der Nadeln an Proteinstickstoff und anderem reduzierten Stickstoff in Beziehung gesetzt wird, so bringt in ländlichen Gebieten der jährliche NO_2-Eintrag über die Stomata weniger als 1 % des schon vorhandenen Stickstoffs zusätzlich in die Nadeln hinein. In Anbetracht der Bandbreite des natürlichen N-Gehalts gesunder Nadeln ist das analytisch in der Regel kaum zu fassen, auch wenn der Eintrag von atmosphärischem Stickstoff mit zunehmendem Nadelalter zunimmt (Slovik 1996b).

Niedermolekulare reduzierte Stickstoffverbindungen sind phloemmobil. Sie werden im Organismus an Verbrauchsorte transportiert. Hier liegt ein wichtiger Unterschied zum SO_2 vor, das in Fichtennadeln nach Oxidation zur Schwefelsäure und Aufnahme des gebildeten Sulfats in

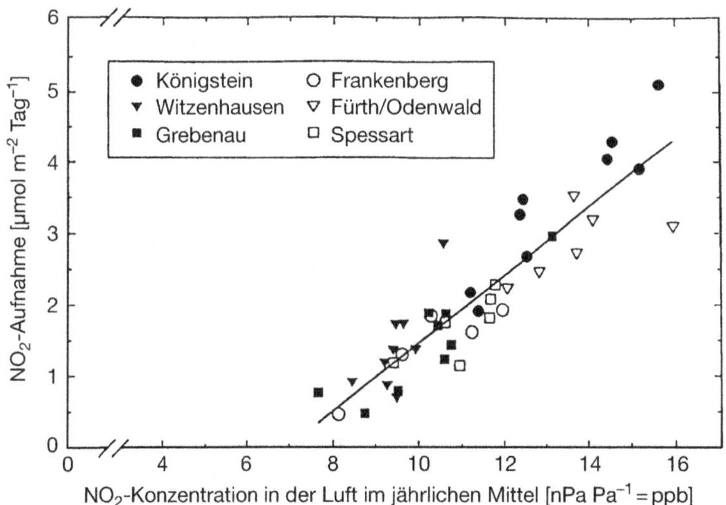

Abb. 5-8: Durchschnittliche tägliche Aufnahme von NO_2 durch die Stomata der Krone von Fichten, berechnet aus Feldmessungen der NO_2-Konzentration in der Luft, meteorologischen Daten und Daten zur Leitfähigkeit der Stomata. Messungen aus sechs Messstationen in Hessen während der Jahre 1984 bis 1992 (Slovik et al. 1996b).

Vakuolen von dort nicht mehr freigesetzt werden kann. Selbst dann ist mit einer Verteilung des über die Stomata aufgenommenen NO_2-Stickstoffs im gesamten Organsimus zu rechnen, wenn gebildetes Nitrat zunächst nicht reduziert, sondern in den Vakuolen gespeichert wird. Nitrat ist im Gegensatz zum Sulfat aus den Vakuolen abtransportierbar. In Fichtennadeln wird allerdings in der Regel kein Nitrat gefunden. Dort dominiert **reduktive Entgiftung**, nicht **vakuoläre Speicherung**, die bei mit Stickstoff gut versorgten Pflanzen beobachtet wird.

Toxizität und Entgiftung von NO_2 nach Aufnahme in Blätter oder Nadeln.

Selbst in Gegenwart außerordentlich hoher NO_2-Konzentrationen (bis zu 20 ppm) lässt sich nach kurzfristiger Exposition von Blättern noch keinerlei Schadwirkung feststellen, obwohl an der Oxidationswirkung von NO_2 und der erheblichen Toxizität des Anions der salpetrigen Säure, eines Folgeprodukts der Hydratisierung von NO_2, kein Zweifel besteht. Die **antioxidativen Entgiftungssysteme der Blätter** verhindern den Aufbau schädlicher Schadstoffkonzentrationen (Ramge et al. 1993). Die Photosynthese von Blättern bleibt auch bei NO_2-Konzentrationen unbeeinträchtigt, die um ein Vielfaches über zulässigen Grenzwerten liegen, obwohl sie in isolierten Chloroplasten durch hohe Konzentrationen an Nitrit gehemmt wird (Purczeld et al. 1978). Toleranzgrenzen sind nach UN/ECE abhängig von einer zusätzlichen Belastung durch SO_2 oder Ozon. Sie liegen zwischen and 30 und 50 $\mu g/m^3$ NO_2.

Im Inneren der Blätter disproportioniert NO_2 nach Hydratisierung zu Salpetersäure und salpetriger Säure, soweit es nicht im Apoplasten unmittelbar reduziert wird (Ramge et al. 1993), etwa durch Reaktion mit apoplastischem Ascorbat gemäß

$$NO_2 + Asc^- \rightarrow NO_2^- + MDA \qquad (46),$$

wobei Asc für Ascorbat und MDA für das instabile Monodehydroascorbatradikal stehen (Abb. 5-10). MDA disproportioniert rasch zu Dehydroascorbat und Ascorbat, wenn es nicht unmittelbar nach Bildung wieder zu Ascorbat reduziert wird. Dehydroascorbat muss zur Regeneration des Ascorbats in das Cytosol transportiert wer-

den, wo es reduziert wird (Horemans et al. 1997, Kollist et al. 2001). Das ist offenbar ein langsamer Prozess. Über einen Translokator des Plasmalemmas gelangt das regenerierte Ascorbat dann wieder in den Apoplasten.

Trotz der Säurebildung nach Hydratisierung oder Reduktion von NO_2 wird im Licht keine Azidifierung gefunden. Vielmehr zeigt der pH-empfindliche Fluoreszenzfarbstoff Pyranin, der nach Fütterung über den Blattstiel in das Cytoplasma des Mesophylls aufgenommen wird, cytoplasmatische Alkalisierung an (Abb. 5-9). Diese ist Folge der Reduktion des Anions der salpetrigen Säure zur Stufe des Ammoniaks durch die plastidische Nitritreduktase gemäß

$$NO_2^- + 3\ H_2O \rightarrow NH_4^+ + 2\ OH^- + \tfrac{1}{2}\ O_2 \quad (47).$$

Im Licht erfolgt die Bildung von Hydroxylionen schnell, da Elektronen für die Reduktion über die photosynthetische Wasserspaltung bereitgestellt werden. Sie führt zu rascher Alkalisierung. Im Dunkeln wird Alkalisierung nach einer Verzögerungsphase beobachtet. Offenbar müssen erst Elektronen für die Reduktion verfügbar gemacht werden. Aufgrund der Aktivität von pH-stabilisierenden Reaktionen ist die Alkalisierung vorübergehend. Nach Ablauf der Reduktionsreaktion wird der ursprüngliche pH-Wert des Cytoplasmas wieder eingestellt (Raven und Smith 1976).

Das aus NO_2 in der Dismutationsreaktion gebildete Nitrat wird im Cytosol der Blätter durch die Nitratreduktase zu Nitrit reduziert, das unter Vermittlung eines Transportproteins der Chloroplastenhülle in die Chloroplasten transportiert wird. Während die Aktivität der Nitratreduktase streng reguliert ist, liegt Nitritreduktase in den Chloroplasten in bemerkenswert hoher Aktivität vor. Beispielsweise kann die nitritabhängige Sauerstoffentwicklung isolierter Spinatchloroplasten (Gleichung (47)) in Gegenwart hoher Nitritkonzentrationen mit nahezu 100 μmol pro mg Chlorophyll und h Raten erreichen, die an die CO_2-Assimilationsraten heranreichen, welche in Abwesenheit von Nitrit beobachtet werden. Die hohe **Aktivität der Nitritreduktase** sorgt dafür, dass es *in vivo* auch in stark mit NO_2 belasteter Luft nicht zu toxischen Nitritkonzentrationen im zellulären Bereich kommen kann.

Nach **Reduktion zur Stufe des Ammoniaks** wird der Stickstoff des NO_2 durch das so ge-

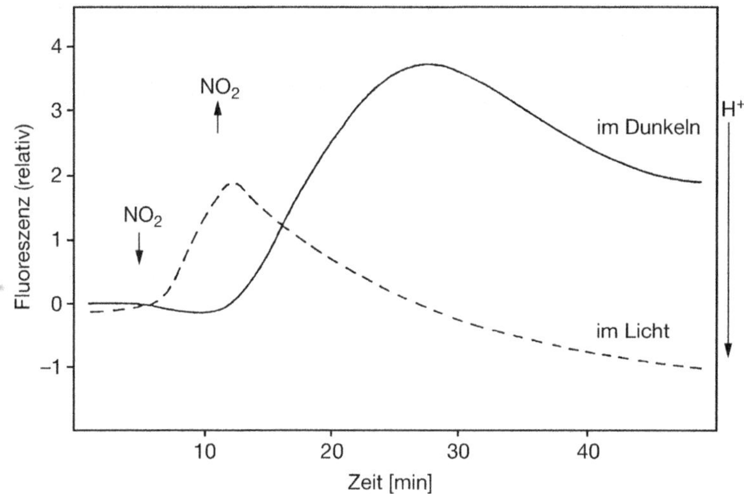

Abb. 5-9: Cytoplasmatische Alkalisierung (gemessen als Erhöhung der Fluoreszenz des pH-Indikators Pyranin nach Aufnahme des Indikators in das Mesophyll der Blätter) als Folge einer kurzfristigen Belastung von belichteten oder verdunkelten Geranienblättern mit einer hohen Konzentration von NO_2 (19 ppm) bei Zimmertemperatur. Bemerkenswerterweise erfolgte Entgiftung des NO_2 durch Reduktion, die zur beobachteten Alkalisierung führt, nicht nur unter Sauerstoffentwicklung im Licht gemäß Gleichung (24), sondern auch, verzögert, im Dunkeln. In diesem Fall ist primärer Elektronendonator wahrscheinlich NADPH, das im Dunkeln über die Oxidation von Glukose-6-phosphat bereitgestellt wird. Stoffwechselaktive pH-Regulation der Zellen führte zur Wiederherstellung des ursprünglichen pH-Wertes, nachdem zunächst überalkalisiert wurde (Yin 1990).

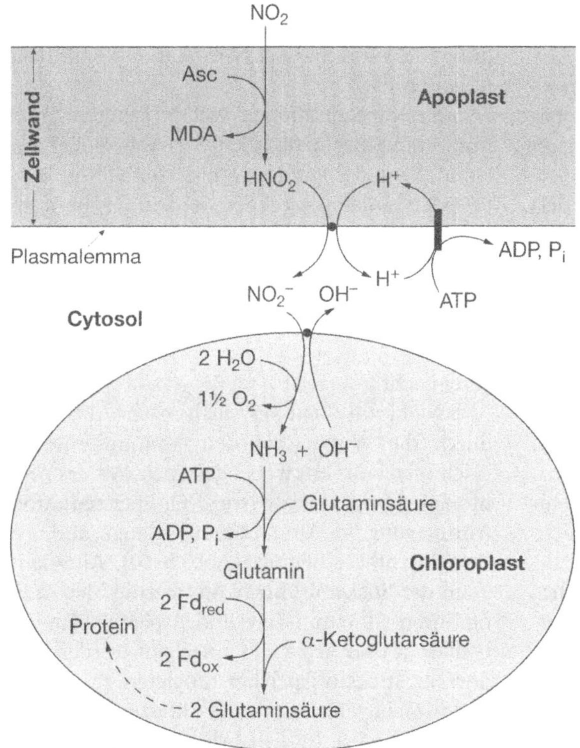

Abb. 5-10: Vorherrschende Entgiftungswege für NO_2 im Mesophyll von Blättern: Im Zellwandbereich erfolgt Reduktion durch Ascorbat gemäß Gleichung (46). Das Anion der gebildeten salpetrigen Säure wird in einer energieabhängigen Reaktion (hier dargestellt als Cotransport der Säure mit einem Proton) in das Cytosol aufgenommen. Von dort gelangt es über ein Carrierprotein der Chloroplastenhülle in die Chloroplasten, wo Reduktion zur Ammoniakstufe erfolgt. Im Licht geschieht das über die Elektronentransportkette der Photosynthese, wobei Sauerstoff entwickelt wird. Der reduzierte Stickstoff dient zur Synthese von Aminosäuren und schließlich Protein. Die mögliche Dismutation von NO_2 im Apoplasten, die neben salpetriger Säure Salpetersäure produziert, ist nicht gezeigt. Asc, Ascorbat; MDA, Monodehydroascorbat; Fd, Ferredoxin.

nannte GOGAT-Enzymsystem der Chloroplasten in α-Ketoglutarsäure eingebaut, wobei die Aminosäure Glutaminsäure entsteht (Abb. 5-10). Von dort gelangt der Stickstoff auch in andere Aminosäuren, sodass auf diese Weise NO_2 zur Synthese von Protein beiträgt.

Eine Zunahme von Enzymprotein verstärkt die Leistungsfähigkeit des Enzymapparats. Das kann zu erhöhter Photosynthese führen. Es ist bekannt, dass Stickstoffdüngung den CO_2-Gaswechsel von Fichten intensiviert (Führer et al. 1993). Tatsächlich wurde im vergangenen Jahrzehnt in der Regel **verstärkter Holzzuwachs** beobachtet, obwohl die **Waldzustandserhebung** gleichzeitig erhebliche Nadelverluste in belasteten Fichtenwäldern konstatierte.

Neben positivem Einfluss auf die Produktivität der Holzbildung in Waldökosystemen kann indessen eine durch NO_2 induzierte Zunahme der Wachstumstätigkeit auch Schadwirkungen verstärken, die anderweitig, etwa durch Schwefeldioxid, ausgelöst wurden. Insbesondere kann verbesserte Stickstoffversorgung zu **Kationenmangel** führen.

Beeinflussung der Kationenernährung durch NO_2

Baumwachstum ist in vielen Waldökosystemen in erheblichem Maße stickstofflimitiert. Atmosphärischer Eintrag oxidierten Stickstoffs, der dann im Organismus reduziert wird, verbessert die Stickstoffversorgung. Verstärktes Wachstum erfordert eine erhöhte Kationenversorgung. Durch **Kationensequestrierung** unter SO_2-Belastung auftretender **Kationenmangel** wird damit verstärkt. **Nährstoffungleichgewichte** können dann vorzeitigen Blatt- oder Nadelfall bedingen. Tatsächlich führt gleichzeitige Belastung mit SO_2 und NO_2 zu auffälliger Verstärkung der Schadwirkung des SO_2, die sich in vorzeitigem Nadelwurf äußert. Dabei handelt sich nicht um additive Wirkungen der beiden Luftschadstoffe. Zuwachseinbußen werden allerdings erst bei Kronenverlichtungen über 25 % sichtbar.

Insgesamt haben bisher die atmogenen Einträge von Stickstoff in Waldökosysteme unterschiedliche Resultate hinsichtlich der **Bestandesvitalität** geführt. **Wachstumssteigerung** ist in stickstofflimitierten Beständen die Regel. Dem wirken allerdings **Mineralstoffmängel** entgegen.

Eine allein auf NO_2 zurückgehende Minderung der Leistung von Wirtschaftswäldern ist nur in unmittelbarer Nähe von Emittenten und jenseits gesetzlich zugelassener Grenzwerte anzunehmen. Großflächig ist sie auszuschließen. Dass indessen Nitrateintrag – gleichgültig ob über die Krone oder über den Boden – Waldökosysteme in ihrer Zusammensetzung vor allem dort verändern muss, wo Stickstoffernährung vorwiegend über Ammoniumaufnahme erfolgt, daran kann kein Zweifel bestehen (Kronzucker et al. 1997).

5.1.2.2 Ammoniak

Wie andere gasförmige Inhaltsstoffe der Luft wird NH_3 aus trockener Luft durch die Stomata in Blätter oder Nadeln aufgenommen. Aufgrund seiner außerordentlich hohen Löslichkeit wird es jedoch auch leicht aus der Luft ausgewaschen und wirkt dann als Base gemäß

$$NH_3 + H_2O \rightarrow NH_4^+ + OH^- \qquad (48).$$

die saure Inhaltsbestandteile von Wassertröpfchen in Wolken, Nebel oder Regen zu neutralisieren vermag. Die Niederschläge gelangen in den Boden, wo Aufnahme der Ammoniumionen durch die Wurzeln oder Nitrifikation durch Bakterien erfolgt.

Sind Konzentrationen von NH_3 in der Luft und stomatäre Leitfähigkeiten (Abb. 4-11) bekannt, kann der Diffusionsfluss von NH_3 in Blätter oder Nadeln berechnet werden, da die Konzentration im Interzellularraum wegen der hohen Löslichkeit von NH_3 gleich null gesetzt werden kann und sich damit Gleichung (7) zu

$$\Phi' = c_{Luft}/R' \qquad (49)$$

vereinfacht.

Sowohl im Blatt als auch nach Aufnahme durch die Wurzeln werden Ammoniumionen rasch metabolisiert, wobei der Stickstoff des Ammoniaks ebenso wie der von NO_x über **reduktive Aminierung** in Aminosäuren gelangt und zur Proteinsynthese beiträgt (Abb. 5-10). Alternativ kann der Stickstoff durch Amidierung der Aminosäuren Glutaminsäure und Asparaginsäure in Glutamin und Asparagin eingebaut werden und dort als **Stickstoffspeicher** fungieren.

In Gebieten, in denen Massentierhaltung praktiziert wird, ist die jährliche Emission an reduziertem Stickstoff mit deutlich über 20 kg/ha (Tab. 4-5 für NO_x) bemerkenswert hoch. Damit kann eine erhebliche Düngungswirkung entfaltet werden. In Deutschland trifft das insbesondere auf das Grenzgebiet zu Holland und Belgien und den alpennahen Raum Bayerns zu. Solange NH_3-Konzentrationen in der Luft unter 10 μg/m^3 Luft liegen, spielt jedoch die NH_3-Aufnahme über oberirdische Pflanzenteile für die Stickstoffversorgung des pflanzlichen Organismus eine nur untergeordnete Rolle (Raven 1988). Unmittelbare Toxizität von NH_3 ist selten und kann nur in der unmittelbaren Nähe starker Emittenten beobachtet werden. Sie äußert sich in Ätzschaden und Nekrosen, die auftreten können, wenn die NH_3-Belastung im Bereich von mehreren mg pro m^3 Luft liegt, also tausendfach höher ist als in gering belasteten Gebieten.

5.1.2.3 Zusammenfassung und Schlussfolgerungen

Pflanzliche Schutzmechanismen, die der antioxidativen und der enzymatischen Detoxifizierung von NO_x dienen, sind in der Regel von **hoher Effektivität**. Ascorbat und andere antioxidative Schutzstoffe vermögen NO_x bereits im apoplastischen Bereich abzufangen. Soweit dort nicht Reduktion erfolgt, entstehen aus NO_2 nach Hydratation durch Dismutation salpetrige Säure und Salpetersäure. Die Aufnahme und weitere Verarbeitung in den Mesophyllzellen ist in Abbildung 5-10 schematisch skizziert.

Durch den Kraftverkehr bedingte Emissionen oxidierten Stickstoffs und durch die Landwirtschaft verursachte Emissionen von Ammoniak belasten stickstofflimitierte Ökosysteme seit Jahrzehnten. Über Eutrophierung und damit verbundener Änderung der Konkurrenzverhältnisse verändern sie die **Zusammensetzung der Ökosysteme**. Artenvielfalt wird zugunsten wüchsiger Arten reduziert. Bei allein wirtschaftlicher Orientierung ist indessen festzustellen, dass auf Holzertrag ausgerichtete Bewirtschaftung von Wäldern vom Stickstoffeintrag profitiert. Vorteile des Eintrags metabolisierbarer Stickstoffverbindungen können die Nachteile überwiegen. Letztere werden vor allem dort sichtbar, wo nicht Stickstoff- sondern Mineralstoffmangel Produktivität limitiert.

Bei der gegenwärtigen Belastung kann nur im Ausnahmefall (z. B. Autobahnrandgebiete, Abb. 5-9) davon ausgegangen werden, dass Immissionen von NO_x primär phytotoxisch wirksam werden. Schnelle und **effektive Entgiftungsreaktionen** sorgen in der Regel für die Umwandlung von NO_x in Metabolite, die im Stoffwechsel verwertet werden. Sekundäre Schäden entstehen großflächig nur dort, wo der erhöhte Kationenbedarf, der durch stimuliertes Wachstum induziert wird, aufgrund von Kationenmangel nicht gedeckt werden kann.

Diese Situation darf allerdings nicht dazu verleiten, gesetzliche Grenzwertkonzentrationen unter wirtschaftlichem Druck zu erhöhen. Emissionen von NO_x führen vor allem in Reinluftgebieten unter Sonneneinwirkung zu erhöhter Bildung von Ozon, das eines der stärksten Oxidationsmittel ist, die es gibt.

5.1.3 Ozon

Ozon ist ein überaus reaktives Gas, das eine Vielzahl von schnellen Oxidationsreaktionen einzugehen vermag. Die **hohe Aggressivität** des Gases führt dazu, dass ein breites Spektrum von Biomolekülen durch Ozon oxidiert werden kann. Die Aufnahme von Ozon in Pflanzen folgt den gleichen Transportprinzipien wie die Aufnahme anderer Gase wie etwa SO_2 oder CO_2. Die Abschlussgewebe der Pflanzen sind eine effektive Aufnahmebarriere für Gase. Wichtige Eintrittspforten sind die Stomata. Die Permeabilitätsdaten der Tabelle 5-1 zeigen, dass die Aufnahme durch geöffnete Stomata um einen Faktor von häufig mehr als 10 000 größer ist als die Aufnahme durch die Cuticula, deren Wachse relativ inert gegenüber Ozon sind (Wellburn und Wellburn 1997). Zwar können an Blättern ozonexponierter Pflanzen mikroskopische Veränderungen der Cuticula beobachtet werden, wie die Auflösung von Wachstubuli und deren Verschmelzung zu einem amorphen Überzug, doch eine Verschlechterung der Barriereeigenschaften gegen Ozon wurde nicht gefunden.

Ozon ist viel weniger wasserlöslich als SO_2 oder NH_3, aber nahezu zehnmal löslicher als Sauerstoff. Ozonkonzentrationen in der Luft von 125 μg/m^3 (oder 60 ppb), die relativ häufig erreicht werden, aber nie lange bestehen, entspre-

Tab. 5-1: Permeabilität der Cuticula für verschiedene Gase im Vergleich zu geöffneten Stomata (nach Kerstiens und Lendzian 1989, Lange et al. 1987)

Gas	Cuticula	Stomata
	in cm/s	
O_3	$10^{-6} - 10^{-8}$	$0{,}01 - 0{,}17$
SO_2	$2{,}01 \times 10^{-5}$	$0{,}12$
CO_2	$5{,}4 \times 10^{-6}$	$0{,}14$
H_2O	$1{,}09 \times 10^{-7}$	$0{,}22$

chen einer Gleichgewichtskonzentration in wässriger Lösung von weniger als 10^{-9} M (Tab. 5-2). Selbst diese niedrige Konzentration, 1 000-fach und mehr unterhalb der vieler Metabolite, würde, wenn sie sich denn einstellen könnte, zu raschem Zelltod führen. Wie auch bei SO_2 ist es für das Überleben der Zelle essenziell, Gleichgewichtseinstellungen durch Abfangen des toxischen Agens zu vermeiden. **Abfangreaktionen** müssen bei einem Oxidationsmittel wie dem Ozon von reduktiver Natur sein.

In wässriger Phase ist Ozon nicht stabil, sondern führt zur **Bildung sekundärer Oxidantien**, die ganz andere Löslichkeitseigenschaften haben können als Ozon. Die Henry-Konstanten der Tabelle 5-2 zeigen für Ozon, Wasserstoffperoxid und Hydroxymethylhydroperoxid dramatisch unterschiedliche Verteilungen zwischen Gasphase und wässriger Phase an. Das führt dazu, dass Konzentrationen in wässriger Phase für sekundäre Photooxidantien viel höher sein können als Konzentrationen für Ozon, obwohl die sekun-

dä...en Oxidantien in der Gasphase in der Regel gegenüber Ozon weit zurücktreten. Das darf allerdings nicht dazu verführen, die Bedeutung sekundärer Oxidantien als Schadstoffe zu hoch zu bewerten. Wichtiger als Konzentrationen in der wässrigen Phase, die niemals Gleichgewichtswerte erreichen, sind die Konzentrationen in der Luft. Neben der Reaktivität von Luftschadstoffen sind die Konzentrationen in der Luft entscheidend für das Ausmaß der Belastung von Pflanzen. Das ergibt sich aus den Gesetzmäßigkeiten der Gleichung (49), die es gestattet, Flüsse zu berechnen. Ozonflüsse können ebenso wie Flüsse anderer Photooxidantien in Blätter oder Nadeln berechnet werden, wenn stomatäre Leitfähigkeiten für Wasser aus Transpirationsmessungen bekannt sind. Die Flüsse sind entscheidend für das **Ausmaß einer Belastung**. Notwendig für die Berechnung ist neben der Leitfähigkeit lediglich die Kenntnis der Konzentration der Photooxidantien nahe der Blätter im Luftraum, da interzelluläre Konzentrationen im Gasraum im Blattinneren aufgrund der hohen Abbaugeschwindigkeit des Ozons in diesem Raum (Laisk et al. 1989) und der guten Wasserlöslichkeit anderer Photooxidantien (Tab. 5-2) als nahe null betrachtet und damit vernachlässigt werden können. Lediglich die im Vergleich mit Wasserdampf geringere Diffusionsgeschwindigkeit des Ozons und anderer Photooxidantien ist in Rechnung zu stellen. Neben der Kenntnis der Konzentration nahe der Pflanzenoberfläche sind aber auch die Transporteigenschaften der Luft zu berücksichtigen. **Konvektion** ist viel effektiver als Diffusion, um Photooxidantien an Pflanzen heranzuführen. Abbildung 5-11 zeigt für eine Grasfläche, wie sich

Tab. 5-2: Gasphasenkonzentrationen von typischen Photooxidantien und daraus resultierende Gleichgewichtskonzentrationen in wässriger Phase

Luftschadstoff	Henry-Konstante[1] in $M^{-1} s^{-1}$	Konzentration	
		Gasphase (ppb)	Wasser (μM)
O_3	$0{,}01$	60	$0{,}0006$
H_2O_2	$1{,}65 \times 10^5$	1	165
HMHP[2]	$5{,}00 \times 10^5$	$0{,}4$	200

1) für O_3 und H_2O_2 gemäß Wesely (1989), für HMHP gemäß Zhou und Lee (1992)
2) HMHP = Hydroxymethylhydroperoxid als Beispiel für organische Peroxide, die als Photooxidantien gebildet werden

der Atmosphärenwiderstand im Verlauf eines Tages ändern kann. In der Nacht ist der Atmosphärenwiderstand gegen den Transport dann hoch, wenn Windstille herrscht (Krupa et al. 1995). Mit zunehmender Lichteinstrahlung kommt es selbst bei Windstille zu einer Erwärmung der Luft und damit zu Turbulenzen. Damit nimmt der Transportwiderstand ab und Spurengase werden schneller an die Pflanzen herangeführt. Dazu kommt, dass die Spaltöffnungen der Blätter Tagesgänge zeigen. Bei vielen Pflanzen öffnen sie sich am Tag und sind damit für die Aufnahme von Photooxidantien zugänglich, während sie sich in der Nacht wieder schließen. Diese Verhältnisse komplizieren detaillierte Berechnungen der Ozonaufnahme über kürzere Zeiträume. Für Fichtenwälder stehen indessen globale Rechnungen über die Aufnahme von Ozon in Nadeln während der Vegetationszeit zur Verfügung. Sie ergaben, dass die Aufnahme praktisch linear mit der Ozonkonzentration in der Luft erfolgte (Abb. 5-12). Im Durchschnitt betrug sie knapp 0,5 μmol m^{-2} Blattfläche proTag und ppb Ozon während der Vegetationsperiode und war damit deutlich höher als die Aufnahme von SO_2 mit 0,16 μmol m^{-2} pro Tag und ppb SO_2.

Solche Zahlen sind allerdings bei Ozon viel weniger aufschlussreich als bei SO_2. Bei heute noch vorkommenden Konzentrationen spielt die akute Toxizität des SO_2 großflächig keine Rolle mehr. Viel wichtiger ist die langsame Akkumulation des Entgiftungsproduktes Schwefelsäure, die auf Dauer die Vitalität des Organismus beeinträchtigt und damit Schadwirkung entfaltet. Diese Akkumulation lässt sich leicht aus der Summierung von Aufnahmedaten berechnen, wie sie aus Abbildung 5-2 ersichtlich sind. Eine ähnliche Berechnung für Ozon nach Abbildung 5-12 ist dagegen viel weniger informativ, da bei Ozon völlig andere Verhältnisse vorliegen als bei SO_2. Niedrige Ozonkonzentrationen lassen sich so lange bewältigen wie die antioxidativen Mechanismen der Pflanze für die Detoxifikation von Ozon und seiner Folgeverbindungen nicht überfordert werden. Aus diesem Grund ist der Vergleich von Jahresmittelwerten der Belastung von Vegetation und Mensch durch Ozon, der für die Jahre von 1990 bis 2003 in Abbildung 4-9 vorliegt, von begrenztem Wert. Jedoch sind selbst diese Daten informativ, wenn man die meteorologischen Bedingungen berücksichtigt, die in den verschiedenen Jahren zu auch lokal sehr unterschiedlichen Belastungen mit Ozon geführt haben. Seit 1990 sind die **Emissionen der Ozonvorläuferstoffe** erheblich, bis zu 50 %, zurückgegangen. Wenn es nicht einen solchen Rückgang gegeben hätte, wäre 2003 eine erheblich größere Zahl an **Überschreitungen der Schwellenwerte von 180 μg/m^3** gemessen worden, als tatsächlich in Abbildung 4-6 dokumentiert ist. Das allein beleuchtet die Bedeutung des Bundesimmissionsschutzgesetzes, dessen Bestimmungen für einen

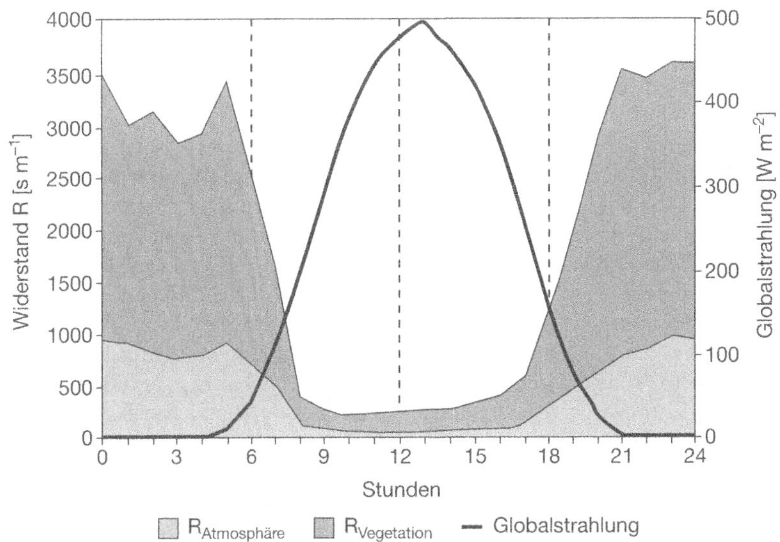

Abb. 5-11: Diurnaler Verlauf des Atmosphären- und Vegetationswiderstands für Ozon bei ruhender Luft sowie Tagesgang der Globalstrahlung (Krupa et al. 1995).

5

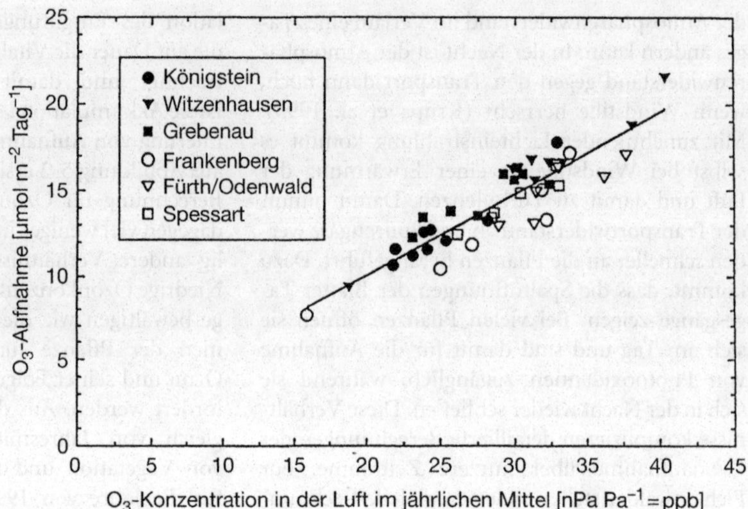

Abb. 5-12: Durchschnittliche tägliche Aufnahme von O_3 durch die Stomata der Krone von Fichten, berechnet aus Feldmessungen der O_3-Konzentration in der Luft, meteorologischen Daten und Daten zur Leitfähigkeit der Stomata. Messungen aus sechs Messstationen in Hessen während der Jahre 1984 bis 1992 (Slovik et al. 1996).

Rückgang der Emissionen verantwortlich sind. Wichtig für das **Ausmaß von Ozonschäden** sind aber nicht Durchschnittswerte der Belastung, sondern **Spitzenbelastungen**. Überschreitungen einer Ozonkonzentration von 180 µg/m^3 wurden in der Bundesrepublik 1995 an 54 Tagen großflächig registriert. Im Durchschnitt betrug die Dauer der Überschreitungen 20 Stunden an der jeweils betroffenen Messstation (Umweltbundesamt 1997). Besonders hohe Belastungen wurden für das Jahr 2003, das in Mitteleuropa durch lange Trockenperioden und hohe Temperaturen gekennzeichnet war, registriert. Insgesamt betrugen die Überschreitungen eines Wertes von 180 µg/m^3 in diesem Jahr 11 425 Stunden gegenüber einer entsprechenden Belastung im Vorjahr von nur 697 Stunden (Umweltbundesamt 2003). Abbildung 4-6 zeigt dies als die Summe von Einstunden-Mittelwerten in der Zeit von Mai bis September 2003. Vor allem die hohen Belastungen führen zu Schäden, die von empfindlichen Pflanzen nicht mehr kompensiert werden können. Sie können für lange Zeit nachwirken (Heath und Taylor 1997, Sandermann et al. 1998). Erhebliche Ozonschäden werden als **punktförmige Blattnekrosen** auch für das Auge sichtbar (Abb. 6-32). In einem Frühstadium der Schädigung ist verstärkte Oxidationswirkung schon in lokalisierten Bereichen des Apoplasten der Blätter nachweisbar, lange bevor Stoffwechselreaktionen des Cytoplasmas betroffen sind (Jakob und Heber 1998).

Eine Modellrechnung soll die Belastung aufzeigen, der zwei verschiedene Pflanzenarten bei unterschiedlicher Öffnungsweite der Stomata ausgesetzt sind, wenn die Ozonkonzentration in der Luft 180 µg/m$^3 \approx$ 90 ppb ist. Gut mit Wasser versorgte Kulturpflanzen weisen bei weit geöffneten Stomata einen Diffusionswiderstand für Wasserdampf von ca. 1 s/cm auf, während Waldbäume in der Regel die Stomata auch bei guter Wasserversorgung stärker geschlossen halten. Für die Modellrechnung sei ein Diffusionswiderstand für Wasserdampf von 1 s/cm bei Spinat und von 20 s/cm bei der Fichte angenommen. Ozon diffundiert langsamer als Wasserdampf. Dementsprechend ist der Diffusionswiderstand R_{Ozon} höher als R_{H2O}. Der Korrekturfaktor ergibt sich aus

$$R_{Ozon} = 1/V \; M_{H2O}/M_{Ozon} = 1{,}64 \qquad (50),$$

wobei M für Molekulargewicht steht. Damit ergibt sich nach Gleichung (49) bei lediglich dreistündiger Spitzenbelastung mit 90 ppb Ozon ein Ozonfluss durch die Stomata von Spinatblättern in das Blattinnere von 250 µmol/m^2 Blattfläche, wenn die Stomata weit geöffnet sind, und von 12 µmol bei der Fichte, wenn der aus Transpirationsmessungen berechnete Diffusionswiderstand für H_2O bei 20 s/cm liegt und damit stärkeren Spaltenschluss anzeigt. Es ist leicht ersichtlich, dass der höhere Ozonfluss die Entgiftungssysteme der Zellen viel stärker beansprucht als der geringere Fluss. Stomataschluss wirkt schützend. Die **Öffnungsweite der Stomata** ist also entscheidend für das Ausmaß einer Belastung durch Ozon. Sie ändert sich nicht nur saisonal (Abb. 4-11), sondern auch im Tagesgang und ist von verschiedenen Faktoren, nicht zuletzt von der Wasserversorgung, abhängig. Darüber hinaus ist die Bandbreite stomatärer Regulation auch genetisch determiniert. Die Belastung durch Ozon mag auch erklären, warum seit dem Rückgang der SO_2-Emissionen in den letzten Jahrzehnten des 20. Jahrhunderts Buchen und Eichen in den jährlichen Waldzustandserhebungen als stärker geschädigt bewertet werden als die Fichte.

Da der Diffusionsfluss des Ozons in Blätter und Nadeln hinein durch die Stomata limitiert wird, sind die Schließzellen höheren Ozonkonzentrationen ausgesetzt als die Zellen des Mesophylls. Stomatäre Öffnung ist abhängig von Stoffwechselenergie. Schädigung der Schließzellen führt automatisch zu Schließbewegungen, wenn der Stoffwechsel geschädigt wird und die Versorgung mit Energie in Form von Adenosintriphosphat (ATP) zusammenbricht. Das limitiert dann auch den Fluss des Schadstoffs zum Mesophyll hin und verringert damit die Ozonbelastung des Mesophylls. So lange oxidative Schließzellschädigung durch Reduktionsreaktionen repariert werden kann, kann durch Ozon bedingter Stomataschluss zum Schutz des Blattmesophylls beitragen (siehe auch Reversibilität des Stomataschlusses unter SO_2-Einwirkung, angedeutet für SO_2 in der Transpirationskurve in Abb. 5-4). Allerdings sind Angaben zur Einwirkung von Ozon auf die Stomata nicht einheitlich. Gelegentlich konnte kein Einfluss von Ozon auf die stomatäre Öffnungsweite oder sogar erhöhte Stomataöffnung festgestellt werden (Grams et al. 1999). Scheinbare Widersprüche in den Befunden haben ihren Ursprung in Unterschieden zwischen akuter Schädigung der Schließzellen, die zu Stomataschluss führt, und chronischen Ozoneffekten, welche die Regulation der Stomata betreffen. Diese ist komplex. Licht, der Spiegel an interzellulärem CO_2 und an Abscisinsäure sind wichtige Faktoren, die in ihrem Zusammenspiel die stomatäre Öffnungsweite bestimmen. Störung des Zusammenspiels auf sekundärer Ebene und unterhalb direkter Schädigung der Schließzellen kann dann zu erhöhter stomatärer Öffnung führen, die ihrerseits erhöhte Ozonflüsse in das Blattinnere und damit erhöhte Ozoneinwirkung auf das Blattinnere mit sich bringt.

Durch Ozon bedingte Oxidationsreaktionen im Blattinneren verlaufen unterschiedlich schnell je nach Verfügbarkeit und Natur oxidierbarer Verbindungen. Um schützend wirken zu können, müssen Antioxidantien so schnell mit Ozon oder seinen reaktiven Folgeprodukten (Hydroxylradikal, Superoxidradikal, Wasserstoffperoxid) reagieren, dass diese Verbindungen abgefangen werden, bevor sie schädliche Reaktionen einzugehen vermögen. Wenn Schutzreaktionen nicht viel schneller ablaufen können als Schadreaktionen, ist Schutz offensichtlich nur dann möglich, wenn er bereits außerhalb empfindlicher Zellstrukturen wirksam wird. Während Luftschadstoffe wie SO_2 und NO_2 vorwiegend intrazellulär detoxifiziert werden können, weil Schadreaktionen auf kompetitivem Wege durch schnelle Schutzreaktionen zurückgedrängt werden können, ist dieser Weg der Detoxifizierung beim Ozon nicht gangbar. **Extrazelluläre Detoxifikation** ist wichtig.

5.1.3.1 Toxizität von Ozon

Aus der Vielzahl schneller Oxidationsreaktionen, die Ozon einzugehen vermag, sollen nur einige herausgegriffen werden, um die Problematik zu illustrieren. Ozon oxidiert generell reduzierte Verbindungen, wobei die Reaktion mit SH-Gruppen große Bedeutung hat, da sich Enzymkatalyse häufig die Reaktivität funktioneller SH-Gruppen zunutze macht. Auch Transportproteine in Biomembranen besitzen häufig oxidierbare SH-Gruppen. Dazu kommt, dass auch die Aktivität einer Reihe von Enzymen im Stoffwechsel durch Redoxreaktionen von SH-Gruppen reguliert wird.

Ozon reagiert mit SH-Gruppen gemäß

$$O_3 + 2\,RSH \rightarrow O_2 + RSSR + H_2O \qquad (51),$$

doch kann die Reaktion auch zur Sulfonsäure erfolgen:

$$O_3 + RSH \rightarrow RSO_3H \qquad (52),$$

wobei R für einen beliebigen organischen Rest steht, also für ein Protein oder auch für die Aminosäure Cystein oder das Antioxidans Glutathion. Intermediär wird bei diesen Reaktionen **Singulettsauerstoff** $^1O_2$ gebildet, der ebenso wie Ozon äußerst reaktiv ist und rasche unspezifische

5

Tab. 5-3: Geschwindigkeitskonstanten der Reaktion von Ozon mit zellulären Komponenten (verändert nach Heath und Taylor 1998)

zelluläre Komponente	Geschwindigkeitskonstante ($M^{-1}\ s^{-1}$)	
	in apolarer Umgebung (CCl$_4$)	in polarer Umgebung (H$_2$O)
α-Tocopherol	$5,5 \times 10^3$	$1,0 \times 10^6$
Doppelbindung einer ungesättigten Fettsäure	$5,0 \times 10^5$	$1,0 \times 10^6$
Ascorbat		$6,0 \times 10^7$
SH-Gruppe, protoniert		$4,0 \times 10^4$
SH-Gruppe, deprotoniert		$2,4 \times 10^{10}$
Tryptophan		$2,0 \times 10^7$

Schadreaktionen eingeht. Ebenso wie Ozon ist Singulettsauerstoff überaus toxisch.

Eine andere biologisch wichtige Reaktion des Ozons ist die Anlagerung an die Doppelbindungen ungesättigter Fettsäuren gemäß

$$O_3 + RCH = CHR' \rightarrow RCH\underset{|}{-}CHR' \qquad (53).$$
$$O\text{-}O\text{-}O$$

Das gebildete Ozonid reagiert weiter zu einem Aldehyd RCHO und einem Peroxid, dem so genannten Criegeeschen Zwitterion, das seinerseits reaktionsfähig ist und Additionsreaktionen mit alkoholischen Gruppierungen oder Säuren einzugehen vermag, die ihrerseits wiederum reaktiv sind. Ungesättigte Fettsäuren sind essenzielle Bausteine der Phospho- und Glycolipide der Biomembranen. Ihre Zerstörung kann zu Permeabilitätsverlust und damit zum Zelltod führen.

Tabelle 5-3 zeigt Geschwindigkeitskonstanten der Reaktion von Ozon mit den Doppelbindungen einer ungesättigten Fettsäure, mit SH-Gruppen oder mit einer aromatischen Aminosäure, aber auch mit den wichtigen zellulären Antioxidantien Tocopherol und Ascorbat. Ungesättigte Fettsäuren und Tocopherol sind Bestandteile der Plasmamembran, die wichtige Transportproteine mit SH-Gruppen enthält. Im Blatt ist Ascorbat nicht nur im Symplasten lokalisiert. In niedriger Konzentration liegt es auch im Apoplasten von Blättern vor, wo Ozon und seine ebenfalls hochreaktiven Zerfallsprodukte durch Reduktion abgefangen werden müssen, soll es nicht zu schädigenden Oxidationsreaktionen im Bereich der Plasmamembran oder gar im Symplasten kommen. Schutzreaktionen und Schadreaktionen konkurrieren miteinander. Die **Geschwindigkeit von Schutzreaktionen** entscheidet darüber, ob Schadreaktionen zum Zuge kommen können. Darüber hinaus müssen Abfangreaktionen nach Möglichkeit dort stattfinden, wo die Gefahr zellulärer Schädigung gering ist, d. h. im Apoplasten. Die Zahlen der Tabelle 5-3 belegen, dass Abfangreaktionen durch die Antioxidantien Ascorbat

Tab. 5-4: Richtwerte der UN/ECE (1994) für die kritische akkumulierte Ozonbelastungsdosis über 40 ppb für Wälder/Forsten und landwirtschaftliche Pflanzen

	AOT40-Wert für Ozon	Zeitraum
Wälder/Forsten	10 ppm·h	April — September (6 Monate), im Licht
landwirtschaftliche Kulturen	3 ppm·h	Mai — Juli (3 Monate), im Licht
	0,5 ppm·h	5 Tage, Licht bei trockener Witterung
	0,2 ppm·h	5 Tage, Licht bei feuchter Witterung

Tab. 5-5: AOT40-Werte für Ozon und Ausmaß der Überschreitung eines kritischen AOT40-Werts von $10\,\mu l\,l^{-1}$ h in österreichischen Messstationen in Prozent (nach Schneider et al. 1996)

Jahr	Zahl der Messstationen	gemessene AOT40-Werte in $\mu l\,l^{-1}$ h und Erhöhung gegenüber AOT40 = $10\,\mu l\,l^{-1}$ h in %					
		Mittelwert	Erhöhung	Minimum	Erhöhung	Maximum	Erhöhung
1993	43	28,1	181 %	12,9	29 %	49,6	396 %
1994	43	32,6	226 %	13,1	31 %	55,3	453 %
1995	48	27,5	175 %	-	-	49,3	393 %

und Tocopherol nicht sehr viel schneller ablaufen als etwa die Oxidation ungesättigter Fettsäuren oder von Transportproteinen in der Plasmamembran. Das illustriert die Gefahr, die von erhöhten Ozonkonzentrationen in der Luft ausgeht. Auch wenn Oxidation stattgefunden hat, lässt sich Schaden dann vermeiden, wenn Reduktion durch zelluläre Reaktionen den ursprünglichen Zustand wiederherzustellen vermag. **Antioxidantien**, die beim Abfangen des Ozons verbraucht wurden, müssen durch Reduktion regeneriert werden.

5.1.3.2 Entgiftung von Ozon

Aufgrund der hohen Reaktivität des Ozons muss **effektive Detoxifizierung** des Ozons stattfinden, bevor dieses aggressive Agens Schaden anrichtet. Über Abfangreaktionen im Lösungsraum des Apoplasten, der im Wesentlichen mit wassergesättigten Zellwandstrukturen der Mesophyllzellen, der Epidermiszellen und der Leitgewebe identisch ist, wissen wir noch wenig. Bekannt ist indessen, dass der Apoplast vieler Blätter Ascorbat im Konzentrationsbereich von ca. 2 mM enthält. Cytoplasmatische Ascorbatkonzentrationen sind demgegenüber um bis zu eine Größenordnung höher. Ascorbat reagiert mit Ozon in einer schnellen Reaktion gemäß

$$O_3 + 2\ Asc \rightarrow 2\ MDH + O_2 + H_2O \qquad (54),$$

wobei das gebildete instabile Monodehydroascorbatradikal (MDH), sofern es nicht schnell wieder reduziert wird und Ascorbat damit regeneriert, zum stabilen Dehydroascorbat (DHA) und Ascorbat disproportioniert:

$$2\ MDH \rightarrow Asc + DHA \qquad (55).$$

Eine erhebliche Problematik besteht in genügend schneller Regeneration von Ascorbat. Sie ist erforderlich, um das antioxidative System des Apoplasten funktionsfähig zu erhalten. Dehydroascorbat wird über ein im Plasmalemma lokalisiertes Translokatorprotein in das Cytosol transportiert, wo Reduktion zum Ascorbat erfolgt, das dann wieder in den Apoplasten gelangt (Horemans et al. 1997, Kollist et al. 2001). Abbildung 5-13 zeigt für Blätter von Spinat den Zusammenbruch des apoplastischen Ascorbatsystems innerhalb einer Zeitspanne von sechs Stunden bei einer Belastung mit $600\,\mu g/m^3 \approx 300$ ppb Ozon. Das ist nicht viel mehr als das Doppelte der Spitzenbelastungen von $240\,\mu g\,m^{-3}$, die in der Bundesrepublik Deutschland in den Jahren 1990 25-mal, 1991 und 1992 je 20-mal und 1995 19-mal überschritten wurden. Auch in den Folgejahren wurden immer wieder hohe Konzentrationen gemessen. Das gilt in besonderem Maße für das Jahr 2003, in dem Luftkonzentrationen von mehr als $300\,\mu g/m^3$ gemessen wurden.

Zur Wahl der Belastung im kontrollierten Experiment im Vergleich zur realen Belastung der Vegetation, in die viele Faktoren eingehen, ist eine Aussage notwendig. Um klare und eindeutig interpretierbare Ergebnisse in überschaubarer Zeit gewinnen zu können, ist es häufig notwendig, im Experiment über im Freiland gemessene Belastungen hinauszugehen. Dabei darf allerdings die Belastung nicht so hoch angesetzt werden, dass beobachtete Schäden lediglich voraussehbare Folge eines massiven Eingriffs sind und nichts mehr mit den Folgen der tatsächlichen Belastung der Vegetation im Freiland zu tun haben. Leider wird diese einfache Forderung in vielen Versuchsansätzen verletzt.

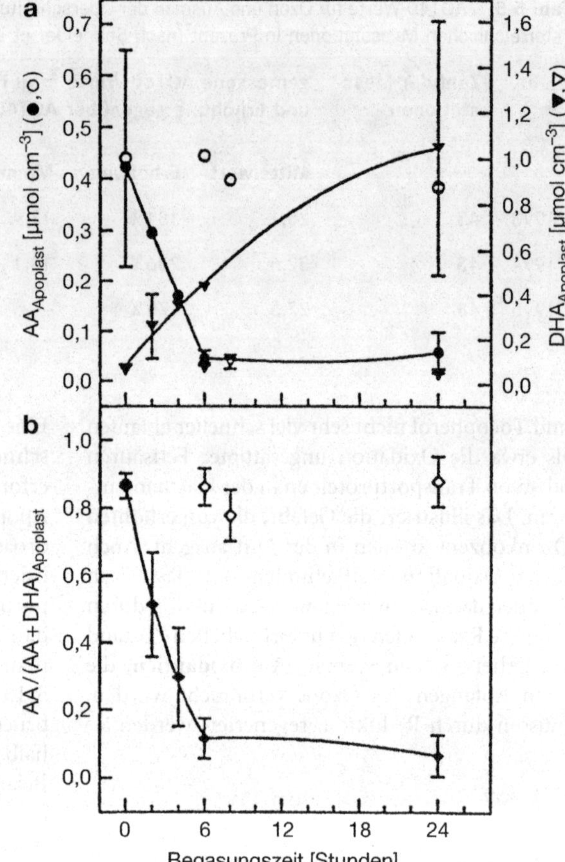

Abb. 5-13: (a) Änderungen der Konzentrationen von Ascorbat (AA) und Dehydroascorbat (DHA) im Apoplasten von Spinatblättern während einer mehrstündigen Begasung mit 300 ppb Ozon (600 $\mu g/m^3$). Offene Symbole zeigen Messungen an unbehandelten Kontrollblättern an. (b) Oxidation des apoplastischen Ascorbats während der Begasung, ausgedrückt als Quotient AA/(AA+DHA) (Luwe et al. 1993).

Zu Beginn der Belastung im Experiment von Abbildung 5-13 war das apoplastische Ascorbat nahezu völlig reduziert, während es nach wenigen Stunden unter dem Einfluss des Ozons in den oxidierten Zustand überging. Gleichzeitig häufte sich das Oxidationsprodukt Dehydroascorbat im Apoplasten an. Offenbar konnte es dort nicht schnell zum Ascorbat reduziert werden.

Erst nachdem das apoplastische Ascorbat weitgehend oxidiert war, sank die in den Blättern gemessene Konzentration von Glutathion (GSH) ab, während das Produkt der Oxidation von Glutathion, GSSG, anstieg (Abb. 5-14). Im Gegensatz zu Ascorbat kommt Glutathion im Apoplasten nicht oder jedenfalls nicht in leicht messbarer Konzentration vor. Es spielt eine zentrale Rolle bei der Regelung von Redoxvorgängen im Cytoplasma der Zellen und ist Elektronendonator für oxidiertes Ascorbat gemäß

$$2\ GSH + DHA \rightarrow GSSG + Asc \qquad (56).$$

Tatsächlich blieb intrazelluläres Ascorbat im reduzierten Zustand, während das extrazelluläre Ascorbat oxidiert wurde. Die Oxidation des im Inneren der Zellen vorliegenden Glutathion zeigt jedoch deutlich an, dass das antioxidative System des Apoplasten nicht mehr in der Lage war, die Belastung durch Abfangen des Ozons im Apoplasten zu kompensieren. Das Beispiel zeigt, dass das apoplastische antioxidative System einer nicht an oxidativen Stress angepassten Pflanze bei einer Belastung mit Ozon schnell erschöpft wird.

Es stellt sich die Frage, inwiefern diese Beobachtungen auch auf Bäume im Freiland zu übertragen sind. Untersuchungen an Fichten, die im Gebirge auf etwa 2 000 m Höhenlage wuchsen, zeigten bei kurzfristigen Spitzenbelastungen mit Ozon keine Erschöpfung des apoplastischen Ascorbatpools. Hohe Ozondosen führten sogar zu

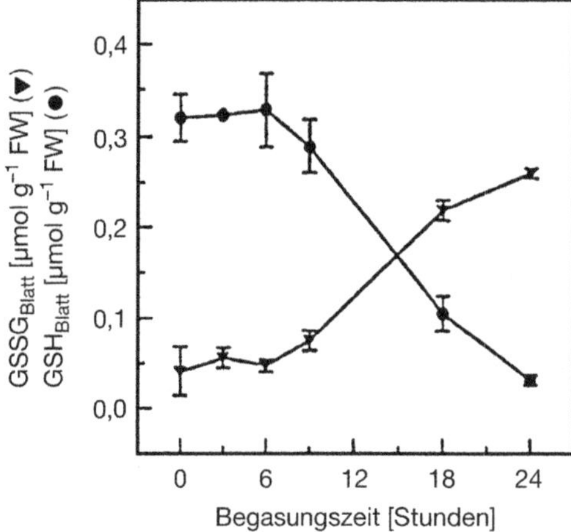

Abb. 5-14: Änderungen der zellulären Konzentrationen von reduziertem (GSH) und oxidiertem (GSSG) Glutathion in Spinatblättern während einer mehrstündigen Begasung mit 300 ppb Ozon (600 $\mu g/m^3$) im Experiment der Abb. 5-13 (Luwe et al. 1993). FW = Frischgewicht.

einer Erhöhung der Ascorbatkonzentration in der Zellwand (Abb. 5-15). Dies war nicht auf unspezifische Effekte wie Zerstörung des Plasmalemmas und Auslaufen von Zellinhaltsstoffen zurückzuführen, denn eine Erhöhung anderer Komponenten, z. B. des niedermolekularen Glutathions, wurde nicht beobachtet. Auch änderte sich der Redoxstatus des Ascorbatpools nicht (Polle et al. 1995). Obgleich alles dafür spricht, dass Ascorbat eine bedeutsame Rolle für die Ozonentgiftung spielt, ergab sich aus Messungen des Ozonflusses bei einer konservativen Annahme für die Regenerationsgeschwindigkeit des Ascorbats, dass nur etwa 6 % des in die Nadeln eingedrungenen Ozons mit apoplastischem Ascorbat reagiert hatte (Polle et al. 1995).

Die Situation wird noch komplizierter, wenn auch der Einfluss der Ernährung berücksichtigt wird. Hier scheinen Erhaltungsstrategien ins Spiel zu kommen (Matyssek et al. 1997a). So wurden bei Birken bei guter Stickstoffversorgung unter dem Einfluss von Ozon Blattverluste beobachtet. Die Blätter zeichneten sich durch geringe oder sogar unter Ozon abnehmende Antioxidantiengehalte aus. Im Gegensatz dazu wurden Blätter von Mangelbirken deutlich älter. Sie enthielten unter Ozoneinfluss die höchsten Antioxidantiengehalte. Bemerkenswert war auch, dass unbela-

stete Birkenblätter im Apoplasten überwiegend oxidiertes, ozonexponierte Blätter dagegen fast ausschließlich reduziertes Ascorbat enthielten (Polle et al. 2000). Auch dies spricht für die Aktivierung eines Schutzsystems. Wenngleich sicher ist, dass **Ascorbat** eine zentrale Rolle als **Antioxidans** im Zellstoffwechsel spielt, so ist seine Rolle als primärer Ozonfänger im Apoplasten unter realistischer Belastung mit Ozon dennoch keineswegs geklärt. Zwar hat sich gezeigt, dass eine Ascorbat-defiziente *Arabidopsis*-Mutante hypersensitiv auf Ozon reagiert (Conklin et al. 1996), doch war Ascorbatfütterung von Blättern nicht in der Lage, die Oxidation eines in den Apoplasten von Blättern eingebrachten oxidationsempfindlichen Fluoreszenzfarbstoffs durch niedrige Ozonkonzentrationen zu unterdrücken, obwohl das Ascorbat in den Apoplasten gelangte (Jakob und Heber 1998). Offenbar gibt es im Apoplasten neben dem Ascorbat andere **effektive Ozonfänger**, die noch nicht identifiziert sind. Von besonderem Interesse in diesem Zusammenhang ist dabei ein plasmalemmalokalisiertes Elektronentransportsystem, das in der Lage ist, verbrauchte Antioxidantien direkt im Apoplasten zu regenerieren (Asard et al. 1995).

Eine hohe **Effektivität der apoplastischen Entgiftung von Ozon** zeigt sich darin, dass zwar der in den Apoplasten eingebrachte oxidationsempfindliche Fluoreszenzfarbstoff durch Ozon schnell zerstört wird, ohne dass es indessen in vergleichbarem Zeitrahmen zu einer Hemmung oxidationsempfindlicher komplexer Stoffwechselvorgänge wie etwa der Photosynthese kommt, die in den Zellorganellen des Symplasten ablaufen. In Konzentrationen, wie sie auch bei hoher Ozonbelastung im Freiland gemessen werden können, wird Ozon im Blatt abgefangen, bevor es die Chloroplasten erreichen kann. Eine direkte Hemmung der Photosynthese lässt sich innerhalb kurzer Zeit nur bei Einsatz sehr hoher Ozonkonzentrationen erreichen. Solche Konzentrationen werden unter den Belastungsbedingungen der Atmosphäre nicht erreicht. Allerdings sind Störungen der Photosynthese nach langfristiger Einwirkung atmosphärischer Konzentrationen von Ozon auf Blätter dokumentiert, doch handelt es sich hierbei mit großer Wahrscheinlichkeit um sekundäre Folgen primärer Schäden, die im Bereich des Apoplasten und der Plasmalemmamembran gesetzt wurden,

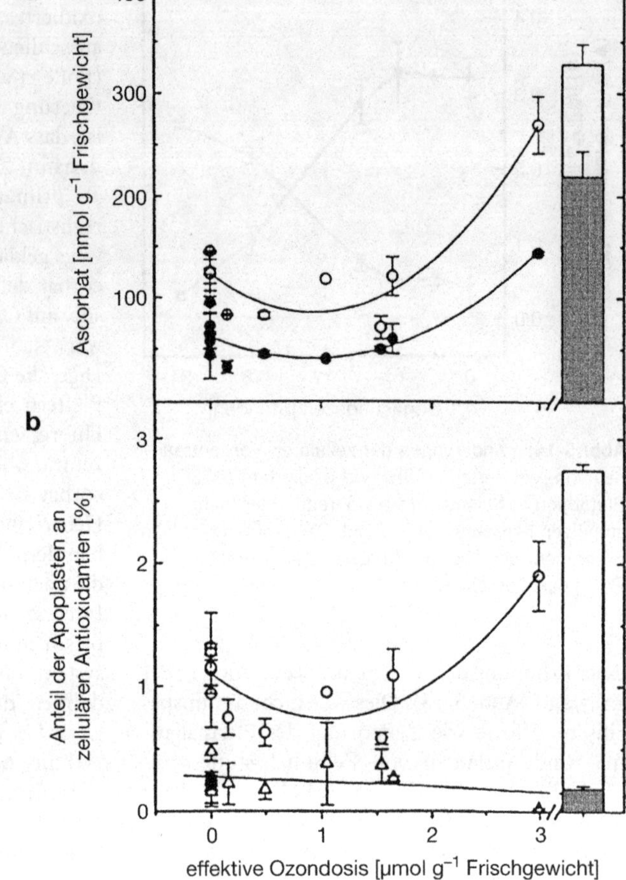

Abb. 5-15: Gesamtascorbat (o-o) und reduziertes Ascorbat (•-•) im Apoplasten von Fichtennadeln in Abhängigkeit von der effektiven Ozondosis (a) und apoplastisches Ascorbat sowie Summe von Thiolen (Glutathion, Cystein und γ-Glutamylcysteine) in Prozent der zellulären Gehalte an Ascorbat und Thiolen (b). Säulen zeigen Antioxidantiengehalte in Nadeln 26 Stunden nach Gabe einer Dosis von 3 μmol Ozon/g Nadelfrischgewicht. In (a): offene Säule: reduziertes Ascorbat; geschlossene Säule: oxidiertes Ascorbat. In (b): volle Säule: Gesamtascorbat; geschlossene Säule: Summe der Thiole. Nach Polle et al. (1995).

nicht aber um primäre Einwirkungen auf den Photosyntheseapparat selbst.

5.1.3.3 Lassen sich Belastungsgrenzen durch Ozon definieren?

Seit **Paracelsus** gilt, dass die Dosis das Gift macht. Was ist der Schwellenwert einer Dosis, die noch nicht als Gift wirkt? Abbildung 4-1 zeigt, dass der Zusammenhang zwischen Wirkung eines Giftes und seiner Konzentration komplex ist. Dazu kommt, dass metabolische Detoxifikation eine Akkumulation eines Schadstoffs in aktiver Form in vielen Fällen verhindert. Angesichts gemessener atmosphärischer Konzentrationen von Ozon können schädliche Wirkungen über die Abschlussgewebe der Pflanzen im Vergleich mit Wirkungen auf interne Gewebe vernachlässigt

werden (Kerstiens und Lendzian 1989). Nach seinem Eindringen in den pflanzlichen Organismus über die Stomata der Blätter oder andere Eintrittspforten wird Ozon zusammen mit seinen Folgeprodukten sehr schnell reduziert. Es kommt zu keiner Akkumulation in Form einer Dosis. Bei der Reduktion von Ozon konkurrieren **Schutz- und Schadreaktionen** miteinander. Deren Verhältnis zueinander wird von den entsprechenden Geschwindigkeitskonstanten bestimmt. Zusammen mit der Möglichkeit einer Reparatur von Schäden entscheidet es über Toleranz oder bleibende Schäden. Letztere schwächen den Organismus und können, in der Regel im Verein mit anderen Stressoren, zum Tod des Organismus führen.

Aus einer Vielzahl kontrollierter Kammer- und Feldexperimente ist bekannt, dass verschiedene Pflanzen unterschiedlich empfindlich gegenüber Ozon sind. Worauf das im Detail zurückzuführen ist, darüber wissen wir noch sehr wenig. Ein wirksamer Faktor gegen das Eindringen von Ozon ist eine Verminderung der Öffnungsweite der Stomata. Die stomatäre Leitfähigkeit von Koniferen ist unter vergleichbaren Bedingungen geringer als die krautiger Pflanzen. Tatsächlich sind letztere empfindlicher gegen Ozon als Koniferen.

Daher ist es problematisch, ein generell gültiges Maß für einen Ozonschwellenwert zu finden. Selbst innerhalb einer Art hängt Toleranz vom physiologischen Zustand des Organismus ab. Trotzdem gibt es Versuche, Grenzwerte der Toleranz zu definieren, die auf dem einfachen Dosis-Konzept aufbauen (Stockwell et al. 1997). Eine Aufsummierung aller stündlich gemessenen mittleren Ozonkonzentrationen in der Luft über definierte Zeiträume (z. B. Monate, Vegetationsperiode, Jahr) ergibt eine Gesamtdosis, die auf die Vegetation wirkt und SUMO genannt wird. Es ist offensichtlich, dass der entsprechende Index eine Richtzahl liefert, die keinen Bezug auf die Detoxifikationsmöglichkeiten der Organismen aufweist. Das wird aber anders, wenn angenommen wird, dass Schwellenkonzentrationen toleriert werden. SUMO7 summiert dementsprechend alle stündlich gemessenen Ozonkonzentrationen in der Luft auf, die einen Wert von 69 ppb überschreiten. Hier wird stillschweigend angenommen, dass 69 ppb Ozon toleriert werden. Wieder ist offensichtlich, dass das eine willkürliche Grenze darstellt. Ein interessanter Versuch, sich der physiologischen Situation anzunähern, besteht in der unterschiedlichen Wichtung verschiedener Ozonkonzentrationen. Der Index W126 summiert alle stündlich gemessenen mittleren Ozonkonzentrationen, wichtet sie aber mit einer sigmoidalen Funktion. Er versucht zu berücksichtigen, dass hohe Ozonkonzentrationen zelluläre Detoxifikationsmechanismen eher überfordern und die Schadschwelle zu überschreiten drohen als niedrigere Konzentrationen. Jedoch hat W126 bisher keine Bedeutung erlangt. Breitere Anwendung hat der Index AOT40 gefunden, in dem die Summe aller stündlich gemessenen mittleren Ozonkonzentrationen zusammengefasst werden, die einen Schwellenwert von 40 ppb Ozon überschreiten. Die entsprechende Einheit ist μl l^{-1} h, wobei die Zeitperiode der Aufsummierung anzugeben ist (Stockwell et al. 1997). Tabelle 5-4 gibt Schwellenwerte für die kritische akkumulierte Ozondosis gemäß AOT40 für Wälder und landwirtschaftliche Kulturen an. Letztere gelten als empfindlicher, offenbar aufgrund geringerer stomatärer Widerstände, die zu erhöhtem Ozonfluss in das Blattinnere führen. Für Wälder wurde angenommen, dass ein AOT40 von 10 μl l^{-1} h während der Vegetationsperiode (1. April bis 30. September, 24 h/Tag) die Biomasseproduktion um 10 % reduziert (UN/ECE 1994; Matyssek et al.

1997b). Diese Annahme hat ihre Basis in Begasungsexperimenten mit oben offenen Expositionskammern (OTC-Experimente). Tatsächlich wurden in Mitteleuropa immer wieder AOT40-Werte gemessen, die ganz erheblich über der angenommenen Schwellenkonzentration von AOT40 = 10 μl l^{-1} h liegen. Beispiele für Österreich sind in Tabelle 5-5 aufgeführt. Wenn also AOT40-Werte tatsächlich einen brauchbaren Hinweis auf Beeinträchtigung der Produktivität von Wäldern durch Ozon zu geben vermögen, zeigt Tabelle 5-5, dass Produktivitätsverluste durch Ozoneinwirkung in österreichischen Wäldern beträchtlich sein sollten. Sie wären gleichzeitig auch als Vitalitätsverluste zu betrachten. Allerdings berücksichtigt der AOT40-Wert nicht die komplexen Zusammenhänge zwischen der Belastung durch Ozon und der Öffnungsweite der Spaltöffnungen, z. B. deren Abhängigkeit vom Wasserhaushalt. So fallen etwa die Gebiete mit der höchsten Ozondosis nach AOT40 nicht mit den Bereichen der höchsten Ozonaufnahme durch die Blattorgane der Buche zusammen (Emberson et al. 2000 b, Abschn. 6.1.3.4). Auch berücksichtigt der AOT40-Wert nicht, dass einem produktivitätserniedrigenden Faktor wie Ozon, der oxidativen Stress bewirkt, auch produktionserhöhende Faktoren gegenüberstehen können, die eine Bilanz beeinflussen. Erhöhte Stickstoffdeposition in Wäldern und erhöhte CO_2-Konzentration der Atmosphäre können produktionssteigernd wirken. So ist bekannt, dass sich die Produktivität von Wäldern in Österreich erhöht hat (Neumann und Schadauer 1995, Nicolussi et al. 1995).

Tatsächlich konstatiert der jährliche **Waldzustandsbericht** der Bundesregierung Deutschland im Jahre 2002 ein erhöhtes Wachstum trotz teilweiser Kronenverlichtung. Seit dem Jahr 2001 sind die Krankheitssymptome bei den Koniferen eher rückläufig, doch sind die Symptome bei Buchen und Eichen zunehmend besorgniserregend (Abschn. 3.3.4). Nichts charakterisiert besser als scheinbare Widersprüchlichkeit eine komplexe Situation. Es kann kein Zweifel darin bestehen, dass das aggressive Agens Ozon dann ein wichtiger oxidativer Stressor ist, wenn es in Konzentrationen in der Atmosphäre auftritt, auf die sich Pflanzen in einer Jahrmillionen währenden Evolution nicht mit ihren Detoxifikationsmechanismen haben einstellen können. In einer Umwelt, die sich in rascher Änderung befindet und in der Stresseinflüsse anthropogener, edaphischer oder biotischer Natur zunehmend wirksam werden, muss sich das negativ auf die Vitalität langlebiger Organismen wie etwa der Bäume auswirken, deren Reproduktionszyklen schnelle Anpassung nicht zulassen.

5.1.3.4 Genaktivierung unter oxidativem Stress

Enzyme, die oxidativem Stress entgegenwirken und Radikale abfangen bzw. oxidativ wirkende Verbindungen wie etwa das Superoxidanion (O_2^-) oder Wasserstoffperoxid (H_2O_2) unschädlich machen, unterstehen der Kontrolle des genetischen Apparates der Zellen. Unter oxidativem Stress kommt es zur **Genaktivierung**, die erhöhter Synthese von Enzymen des antioxidativen Schutzsystems der Zelle dient. Tatsächlich ist nachgewiesen, dass nicht nur Ozon, sondern auch SO_2, unter dessen Einwirkung ebenfalls reaktionsfähige Radikale entstehen können, Genexpression stimuliert und über induzierte Proteinsynthese die **Detoxifikationskapazität des antioxidativen Enzymsystems** der Zelle verstärkt (Willekens et al. 1994). Darüber hinaus kommt es auch zur Akkumulation niedermolekularer Radikalfänger (Sandermann 1996). Schließlich gibt es Hinweise, dass auch die Synthese des kleinen Proteins Ubiquitin, das oxidativ geschädigte Proteine markiert und damit dem Abbau durch proteolytische Enzyme zuleitet, durch Ozon stimuliert wird (Sandermann et al. 1998). Damit wird auch das **Reparatursystem der Zelle** unter Ozoneinwirkung stimuliert. Unklar war lange die Beobachtung, dass nach einer kurzfristigen Spitzenbelastung mit Ozon Schadsymptome wie nekrotische Punkte, Stippeln, Blattabwurf erst nach mehreren Tagen beobachtet werden konnten, obgleich Ozon selbst im Gewebe nur kurzlebig ist. Heute weiß man, dass eine Ozonbelastung in empfindlichen Species, darunter eine Reihe von Pappelklonen, die Akkumulation von Oxidationsprodukten auslöst, die wiederum von der Zelle als ein Signal für den **programmierten Zelltod** erkannt werden. Dieses Signal löst in den betroffenen Zellen ein lokal begrenztes Suizidprogramm aus (Vahala et al. 2003). Typisch dabei ist, dass sich um die abgestorbenen Zellen herum ein Hof von phenolischen Verbindungen ablagert. Ein Vergleich zeigt, dass analoge Reaktionen auch beim Befall mit pathogenen Mikroorganismen ablaufen. Der Verdacht liegt nahe, dass die pflanzliche Abwehr Ozon und Pathogene nicht unterscheiden kann. Mechanismen, die in der Evolution das Überleben der Pflanzen trotz allgegenwärtigen Angriffs durch Schadorganismen ermöglicht haben, laufen bei Ozon ins Leere, ja füh-

ren indirekt als Fehlsignale sogar zu zusätzlichen Schäden.

5.1.3.5 Zusammenfassung und Schlussfolgerungen

Nachdem in der Evolution der Lebewesen oxidative Wasserspaltung in der Photosynthese zur Freisetzung von Sauerstoff in die Atmosphäre führte, entstanden unter der Einwirkung energiereicher Strahlung Ozon und andere Formen des aktiven Sauerstoffs. Die Entwicklung von Mechanismen zur Beherrschung der Schadwirkung unvermeidbarer Oxidationsreaktionen war Voraussetzung für organismisches Überleben. Entsprechende Mechanismen wurden in der Evolution der Lebewesen in Anpassung an existente Stresssituationen entwickelt. Unter der Einwirkung des Menschen sind die durchschnittlichen atmosphärischen Konzentrationen stark oxidativ wirkender Verbindungen, darunter vor allem Ozon, in den letzten Jahrzehnten erheblich angestiegen und drohen, die an niedrigere Belastung angepassten antioxidativen Schutzmechanismen der Organismen zu überlasten. Zu oxidativen Zellschäden kommt es vor allem dann, wenn Sonneneinstrahlung die Konzentration von Ozon in der Luft in Gegenwart von NO_2 nach den Gleichungen (4) und (5) auf Spitzenwerte ansteigen lässt. Ozonwerte von 200 $\mu g/m^3$ oder mehr sind eindeutig anthropogenen Ursprungs, wie sich aus der Entwicklung atmosphärischer Stickoxidkonzentrationen ableiten lässt (Abb. 3-3). Bei Spitzenwerten können Ozon und andere hochaggressive Photooxidantien nicht mehr außerhalb zellulärer Barrieren abgefangen werden. Sie gelangen in die Zellen und richten dort oxidative Schäden an, die zumindest zelluläre Leistungsfähigkeit reduzieren, wenn nicht gar zelluläres Leben auslöschen. Durch Ozon bewirkte **lokale Blattnekrosen** sind bekannte Zeichen letaler Ozoneinwirkung. Nachdem die Auflagen des Bundesimmissionsschutzgesetzes zu sehr erheblicher Reduktion der SO_2-Emissionen geführt haben, während es nicht zu entsprechender Reduktion der Stickoxidemissionen kam, müssen gegenwärtig **Ozon und andere Photooxidantien** als hauptsächliche Luftschadstoffe betrachtet werden. Dabei treten bei ähnlicher chemischer Aggressivität organische Photooxidantien gegenüber Ozon zurück, da ihre Konzentrationen in der Regel erheblich unter denen von Ozon liegen. Das bedingt, dass es zu entsprechend niedrigeren Diffusionsflüssen in pflanzliche Gewebe hinein kommt.

5.1.4 Wechselwirkungen zwischen verschiedenen Luftschadstoffen

In der Regel enthält schadstoffbelastete Luft nicht nur ein Schadgas. Vielmehr ist während einer Hochdrucklage an einem sonnigen Sommernachmittag mit einer Kombination von Ozon und Stickoxiden sowie, je nach Örtlichkeit, auch von Schwefeldioxid in unterschiedlicher und auch zeitlich wechselnder Zusammensetzung zu rechnen. Interesse an der Wirkung von **Schadstoffkombinationen** im Vergleich zur Wirkung der Einzelkomponenten hat zeitig zu entsprechenden Untersuchungen geführt (Rao et al. 1988, Wellburn 1990). Trotzdem hat sich kein widerspruchsfreies Bild ergeben. Das kann insofern nicht sehr überraschen, als komplexe Wechselwirkungen verstanden werden müssen. Zwar scheint es, dass insbesondere eine Kombination von NO_2 und SO_2 toxischer ist als aus der Kombination der Wirkung der Einzelkomponenten zu erwarten wäre, doch sind nicht einmal hier die Ergebnisse völlig einheitlich. Eine mögliche Erklärung für einander widersprechende Befunde ergibt sich aus der zentralen Rolle, welche die Stomata für das Eindringen von Schadstoffen in Blätter spielen. Die Öffnungsweite der Stomata kontrolliert den Diffusionsfluss von Schadstoffen in das Blattinnere gemäß Gleichung (8). Gleichzeitig unterliegen die Schließzellen der Stomata auch der Schadwirkung der Luftschadstoffe, deren Konzentration, ebenfalls aufgrund der Gesetzmäßigkeit von Gleichung (8), in der unmittelbaren Umgebung der Schließzellen höher ist als im Mesophyllbereich. Öffnungsbewegungen der Stomata sind komplex reguliert. Sie erfordern die Bereitstellung von Stoffwechselenergie. Auch Schließbewegungen unterliegen zellulärer Regulation, da Ionenkanäle im Plasmalemma und dem Tonoplasten der Schließzellen den Ionenfluss zwischen Schließzellen und

Nebenzellen kontrollieren müssen, der zum Stomataschluss führt. Jedoch ist metabolische Energie in Form von ATP nur für Öffnungs-, nicht aber für Schließbewegungen erforderlich. Unter der Einwirkung niedriger Konzentrationen von Luftschadstoffen wurden sowohl stomatäre Öffnungs- als auch Schließbewegungen beobachtet. Eine erhebliche Schädigung der Schließzellen muss dann zu Schließbewegungen führen, wenn die Energieversorgung der Zellen temporär zusammenbricht. Auch solcher Schaden kann jedoch reparierbar sein. Nachdem SO_2-Begasung zu partiellem Stomataschluss geführt hat, ist beginnende Stomataöffnung im Experiment der Abbildung 5-4 bereits 15 Minuten nach Abbruch der Begasung sichtbar.

Selbst wenn Stomataschluss aufgrund einer Schadreaktion erfolgt, kann er schützend wirken, da der Diffusionsfluss von Schadstoffen in das Blattinnere reduziert wird. Diese Verhältnisse erschweren die Analyse der Wirkung von Schadstoffkombinationen im Vergleich zur Wirkung der Einzelkomponenten.

5.2 Wirkungen von Säureeinträgen

Als offene Systeme sind alle Komponenten von Waldökosystemen externen Belastungen zugänglich. Das bedeutet, dass die biotischen Systemelemente nicht nur direkt betroffen werden können, sondern dass über abiotische Reaktionen indirekte Wirkungen induziert werden können. Dies gilt insbesondere für die Säurebelastungen (Abschn. 4.2.5) in ihren unterschiedlichen Ausprägungen und Umsetzungen in Böden.

Die direkten Wirkungen der Säurebildner sind in den vorangehenden Kapiteln dargestellt worden. Nachstehend werden vor allem die indirekten Säurewirkungen behandelt. In der Tabelle 5-6 sind die wichtigsten Folgen von Protoneneinträgen zusammengestellt. Dabei wird nach abiotischen und biotischen Wirkungen unterschieden.

5

Tab. 5-6 Folgen von Protoneneinträgen

im Ökosystem	
abiotische Wirkungen	• Verlust von M_b-Kationen (Ca^{2+}, Mg^{2+}, K^+) und Rückgang der Basensättigung • Abnahme des pH-Wertes und Freisetzung von Kationensäuren Mn^{2+}, Al^{3+}, Fe^{3+} • Abnahme der Kationenaustauschkapazität • Abnahme des M_b/Al^{3+}-Molverhältnisses in der Bodenlösung • Lösung von Schwermetallen • Abnahme der P- und Mo-Löslichkeit • Bildung von Auflagehumus und steilen chemischen Gradienten im Boden

biotische Wirkungen	*direkt*
	• Auswaschung von Nährstoffen
	• Erosion der Cuticeln
	indirekt
	• Schädigung der Feinwurzeln
	• Inhibierung der M_b-Kationenaufnahme
	• Nährstoffmangel und Nährstoffimbalancen
	• erhöhtes Risiko gegen Trockenheit und Windwurf
	• Reduktion der biotischen Vielfalt
	   – Pflanzengesellschaften
	   – Bodenbiota (Regenwürmer)

in Nachbarsystemen	
	• Versauerung und Toxifizierung des Grundwassers und der Oberflächengewässer • erhöhte Emissionen von Lachgas (N_2O) und NO_x

5.2.1 Direkte Schädigung von Blättern und Nadeln

Die verbreitet beobachteten Vergilbungen von Blättern und Nadeln führte zu der Hypothese, dass die säurebedingte Auswaschung von Nährstoffen wie Calcium, Kalium und insbesondere Magnesium als Ursache angesehen werden kann (Krause 1988). Experimente mit gesteigerten Säurebelastungen oder saurem Nebel zeigten, dass dadurch die Nährstoffauswaschung erhöht wurde und dass die Auswaschung vom Nährstoffstatus abhängt. Alle Untersuchungen kamen aber zu dem Ergebnis, dass diese Auswaschung den Nährstoffzustand der Blätter und Nadeln nicht deutlich verschlechterte (Mengel et al. 1987, Bosch et al. 1986, Roberts et al. 1988, Bredemeier und Matzner 1986, Hantschel et al. 1988). Fasst man diese Resultate zusammen, so kann die säurebedingte Nährstoffauswaschung nicht als eine wesentliche Ursache für die Schwächung der Vitalität der Bäume angesehen werden. Dies gilt auch für die Erosion der cuticulären Wachse und die Regulation der Stomata.

5.2.2 Säurewirkungen in Böden

Die Zufuhr von H^+-Ionen verursacht in Böden eine Kaskade von Prozessen (Abb. 5-16), die im pH-Bereich 8,0–2,5 (bei Messung in Wasser) das chemische Milieu von Böden in komplexer Weise verändern. Alle diese Veränderungen haben Einfluss auf die Ionenzusammensetzung und -stärke der Bodenlösung, welche die Umwelt der Wurzeln und Bodenbiota darstellt. Für die Bewertung der Versauerung im Hinblick auf die bodenbürtige Belastung ist es notwendig, die beteiligten Prozesse in ihrer zeitlichen und räumlichen Abfolge zu kennen und zu quantifizieren.

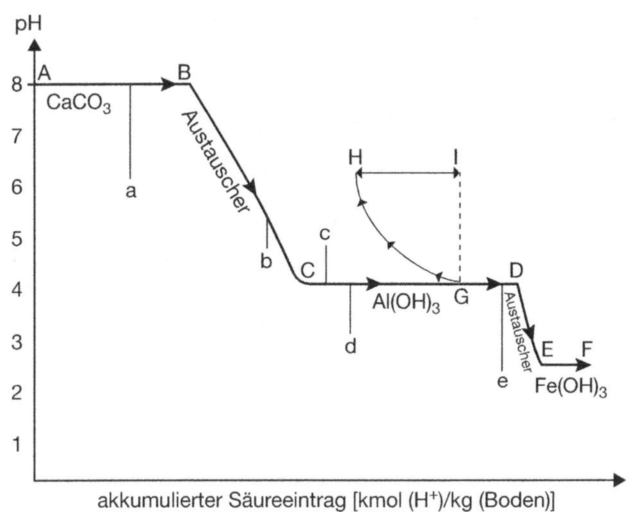

Abb. 5-16: Reaktionskaskade bei zunehmender Säureakkumulation.

5.2.2.1 Pufferreaktionen im Boden

Wenn die deponierten Protonen in den Boden gelangen, ist zu prüfen, ob sie stark genug sind, um bei dem vorhandenen pH-Wert zu einer weiteren Versauerung beizutragen (pKs < pH). Ist dies der Fall, so bleiben die Protonen im Allgemeinen nicht in der Bodenlösung, sondern reagieren mit den anorganischen und organischen Komponenten der Bodenmatrix. Durch Pufferreaktionen setzt der Boden der pH-Absenkung Widerstand entgegen. In der Abbildung 5-16 ist die Kaskade dargestellt, welche die Versauerung in Böden durchläuft (Prenzel 1985). Sie ist nach Pufferbereichen gegliedert, wie sie von Ulrich (1981), van Breemen et al. (1983 und 1984) und Schwertmann et al. (1987) beschrieben wurden (Tab. 5-7). Bedeutsame Puffersubstanzen sind Karbonate, primäre Silikate, austauschbar gebundene Kationen, sekundäre Tonminerale sowie Aluminium- und Eisenoxide, deren Pufferbereiche sich abgrenzen lassen. Die Versauerung ist mit einer Absenkung des pH-Werts in der Bodenlösung und der Abnahme der Säureneutralisationskapazität der Bodenmatrix verbunden (Krug und Frink 1983, de Vries und Breeuwsma 1984, Reuss und Johnson 1986).

Bei langsamer Säurezufuhr entwickelt sich der pH-Wert entlang der Linie A bis F. Die Plateaus verdeutlichen, dass die Versauerung fortschreitet, obwohl aufgrund von Pufferreaktionen sich der pH-Wert nicht ändert. Bei Anwesenheit von Calcit oder Dolomit bildet sich das Plateau A–B aus. Aufgrund der großen Löslichkeit wird der pH-Wert weniger vom Säureeintrag als vom CO_2-Partialdruck der Luft bestimmt. Er kann zwischen 6,5 und 8,3 schwanken. Die Karbonate im Karbonat-Pufferbereich puffern unter Bildung von Hydrogenkarbonationen, die mit dem Begleitkation (Ca^{2+}, Mg^{2+}) ausgewaschen werden. Dabei handelt es sich um eine irreversible Pufferung.

In den meisten Böden weisen die Silikate die größte Kapazität zur Pufferung von H^+-Ionen auf. Diese Reaktion läuft jedoch sehr langsam ab und erreicht in der Regel kein Gleichgewicht. Deshalb lässt sich ihr auch kein Plateau zuordnen. Die Silikatpufferung läuft in Böden in allen pH-Bereichen parallel zu den anderen Reaktionen ab. Im pH-Bereich 6,5 bis 5,0 stellt sie jedoch die dominierende Reaktion dar, daher wird dieser Bereich als Silikat-Pufferbereich bezeichnet. Die Reaktionsraten sind aufgrund ihrer Geringfügigkeit und der schlechten Definition der Bodenminerale nicht genau bekannt, liegen aber im Bereich zwischen 0,2 bis 2,0 kmol ha⁻¹ a⁻¹ (Fölster 1985, Ulrich 1981, Sverdrup und Warfinge 1995).

Tabelle 5-8 zeigt die Verwitterungsraten für die wichtigsten Silikate und Karbonate.

In Tabelle 5-9 ist eine Bewertung der Verwitterungsraten von Silikaten in verschiedenen Ausgangsgesteinen vorgenommen. Sie zeigt, dass insbesondere die Sedimentgesteine nur über ein ge-

Tab. 5-7: Puffersubstanzen, Pufferreaktionen, pH-Bereiche der Pufferung und bodenchemische Veränderungen (aus Schwertmann et al. 1987)

	Puffersubstanzen	Beispielreaktionen		Haupt-pH-Bereich der Pufferung	bodenchemische Veränderungen
Erdalkali-Karbonate	Karbonat	$CaCO_3 + H^+$	$\rightarrow HCO_3^- + Ca^{2+}$	8–6,5	Verlust von $CaCO_3$ als $Ca(HCO_3)_2$
	Hydrogenkarbonat	$HCO_3^- + H^+$	$\rightarrow CO_2 + H_2O$	7–4,5	
Austauscher mit variabler Ladung	Tonminerale	$TM\text{-}OH]M + H^+$ $TM\text{-}OH + H^+$	$\rightarrow TM\text{-}OH_2] + M^{+\ 1)}$ $\rightarrow TM\text{-}OH_2^+$	8–< 5 6–3	Verlust austauschbarer Kationen, Protonierung variabler Ladung
	Huminstoffe	$R\text{-}(COO)M + H^+$ $R\text{-}NH_2 + H^+$	$\rightarrow R\text{-}(COO)H + M^+$ $\rightarrow R\text{-}NH_3^+$	6- $\rightarrow$ 3 > 7–4	
Silikate	primäre Silikate	$(SiO)M + H^+$	$\rightarrow (SiOH) + M^+$	< 7	Freisetzung basischer Gitterkationen, Tonmineralbildung
	Tonminerale ohne permanente Ladung	$(SiO)_3Al + 3H^+$	$\rightarrow (SiOH)_3 + Al^{3+}$		Tonzerstörung, austauschbares Al, Al in der Bodenlösung Zwischenschicht-Al, Verlust von Kationenaustauschkapazität und austauschbaren Kationen, Freisetzen von Gitterkationen (Mg, Al)
	mit permanenter Ladung oktaedrisch tetraedrisch	$Mg(O,OH)^-]M + 3\ H^+$ $AlO_2^-]M + 4\ H^+$	$\rightarrow Mg^{2+} + M^+ + 2\ H_2O$ $\rightarrow Al^{3+} + M^+ + 2\ H_2O$	> 4,5	
Oxide/Hydroxide	Al-Hydroxide, Zwischenschicht-Al	$Al(OH)_3 + 3\ H^+$	$\rightarrow Al^{3+} + 3\ H_2O$	4,8–3	Al in der Bodenlösung austauschbares Al, Erhöhung der KAK, Sulfatfreisetzung
	Al-OH-Sulfate	$AlOHSO_4 + H^+$	$\rightarrow Al^{3+} + SO_4^{2-} + H_2O$	4,5–3	
	Fe-Oxide/Hydroxide ohne Reduktion mit Reduktion	$FeOOH + 3\ H^+$ $4\ FeOOH + CH_2O + 8\ H^+$	$\rightarrow Fe^{3+} + 2\ H_2O$ $\rightarrow 4\ Fe^{2+} + CO_2 + 7\ H_2O$	> 3 < 7	austauschbares Fe, Mn
	Mn-Oxide/Hydroxide	$2\ MnO_2 + 4\ H^+ + CH_2O$	$\rightarrow 2\ Mn^{2+} + CO_2 + 3\ H_2O$	< 8	Fe, Mn in der Bodenlösung

1) $M^+ = 1/2$ Ca, $1/2$ Mg, K, Na

Tab. 5-8: Verwitterungsraten wichtiger Silikate und Karbonate

Klasse	Minerale, die die Verwitterung kontrollieren	Pufferrate in mol/ha·a	Äquivalente S-Rate
1	Quarz, K-Feldspat	< 200	< 3
2	Muscovit, Plagioclas, Biotit (< 5 %)	200–500	3–8
3	Biotit, Amphibol (< 5 %)	500–1 000	8–16
4	Pyroxene, Epidot, Olivin (< 5 %)	1 000–2 000	16–32
5	Karbonate	> 2 000	> 32

ringes Potenzial zur Pufferung von Säuren verfügen.

Die freigesetzten M_b-Kationen (Na^+, K^+, Ca^{2+} und Mg^{2+}) sind wichtig für die Ernährung der Bäume, können aber im humiden Klimabereich im Zuge der Versauerung zusammen mit HCO_3^-, Cl^-, NO_3^- oder SO_4^{2-} ausgewaschen werden, was zur Nährstoffverarmung der Böden führt. Sind die H^+-Belastungen gering, d. h. im Bereich der Silikatpufferraten, kann sich im Silikat-Pufferbereich auch ein Plateau ausbilden, ein Zustand, der ökologisch als optimal angesehen werden kann, da eine Nährstoffnachlieferung erfolgt, aber eine Festlegung von Spurenelementen und eine Freisetzung von toxisch wirkenden Kationen nicht erfolgen. Bei höherer H^+-Belastung wird der Bereich jedoch rasch durchlaufen.

Das folgende Plateau C–D entspricht dem Aluminium-Pufferbereich. Dieser Bereich ist bestimmt durch die Auflösung von Aluminiumhydroxyverbindungen, die bei der Silikatverwitterung entstanden und akkumuliert wurden. Dieser Bereich ist durch hohe Pufferkapazitäten und hohe Pufferraten gekennzeichnet mit der Folge, dass bei hoher H^+-Belastung sich viele Böden im Al-Pufferbereich befinden. Ähnlich wie das Aluminium verhält sich auch das Eisen. Das Plateau E–F liegt allerdings sehr viel tiefer bei pH 2,5. Eisen trägt somit erst bei sehr niedrigen pH-Werten zur Pufferung bei.

Die Abbildung 5-16 verdeutlicht, dass die Übergänge zwischen den Plateaus nicht sprunghaft erfolgen. Durch die Silikatverwitterung und den Austausch von Kationen ist der Übergang fließend. Beim Kationenaustausch werden die primär vorherrschenden M_b-Kationen im Fall pH-variabler Ladung durch H^+-Ionen und sonst durch Kationensäuren (M_a-Kationen, Al^{3+}, Mn^{2+} oder Fe^{3+}) ersetzt. Der Abschnitt B–C wird daher als der Austauscher-Pufferbe-

Tab. 5-9: Bewertung der Silikatverwitterungsrate im Wurzelraum und Beispiele mittlerer Verwitterungsraten in Böden aus unterschiedlichen Ausgangsgesteinen (kalkuliert von Ulrich nach Sverdrup und Warfvinge 1988) (Arbeitskreis Standortskartierung 2003)

		0,2	0,4	0,8	1,6
					in kmol ha^{-1} a^{-1}
Bewertung	**sehr gering**	**gering**	**mittel**	**hoch**	**sehr hoch**
Beispiele von	Sandstein	Löss	Granit	Gneis	
Böden aus	Grauwacke			Granodiorit	
		kaolinitischem Ton	Rhyolith	Gabbro	
(bis 1 m Bodentiefe)		mittlerem Buntsandstein		Andesit	Basalt
		Geschiebelehm			
		Tonschiefer			

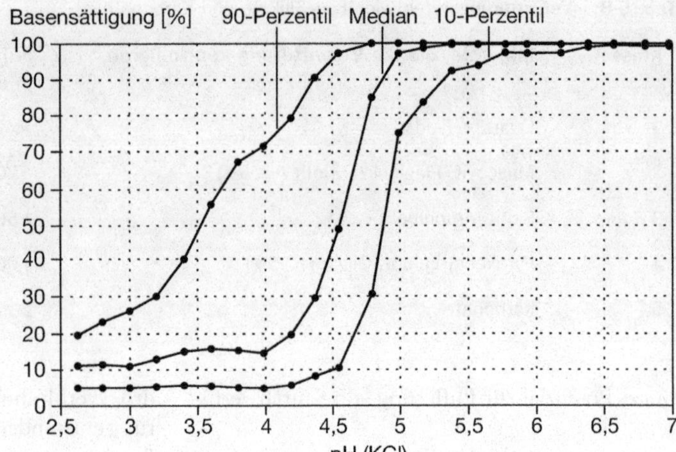

Abb. 5-17: Basensättigung in Waldböden bei unterschiedlichen pH-Werten (BMELF 1996).

reich bezeichnet. Durch Protonierung organischer Austauscher und die Blockierung permanenter Ladungen durch Polyaluminiumhydroxokationen wird die Kationenaustauschkapazität stark herabgesetzt. Die beim aktuellen pH-Wert vorhandene effektive Austauschkapazität (AK_e) macht daher nur noch einen Bruchteil der Gesamtaustauschkapazität (Ak_t) aus (Abb. 5-17). Im Zuge der Versauerung des Bodens nimmt nicht nur der Anteil der M_b-Kationen am Austauscher ab, sondern auch die Austauschkapazität sinkt. Damit wird die Speicherung leicht verfügbarer Nährstoffionen deutlich verringert (Abb. 5-18), wodurch die Versorgung der Bäume limitiert sein kann.

Beim Übergang zum Plateau C–D lösen sich **Manganoxide** auf, die bei der Silikatverwitterung entstanden sind. Dieser Puffer hat eine geringe Kapazität. Das Auftauchen von Mn^{2+} in der Bodenlösung ist ein Indikator für den bereits weit fortgeschrittenen Grad der Versauerung und für das verstärkte Auftreten von toxisch wirkenden M_a-Kationen und Schwermetallen.

Der **Eisen-Pufferbereich** tritt in reiner Form nur selten auf. In den Oberböden der Waldböden ist der Übergangsbereich D–E häufig anzutreffen und wird durch das Auftreten von organischen Säuren und Redoxprozessen gefördert.

Wie bereits erwähnt, entspricht die Kurve dem Verlauf bei langsamer Versauerung. Bei **plötzlicher Zugabe** oder bei **plötzlichem Entzug von Säuren** (Kalkung) kann es zu deutlichen Abweichungen kommen. Die Kurve G–H zeigt die Wirkung einer Kalkung. Die Menge der Säure, die austauschbar an der Matrix gebunden ist, überwiegend sind es M_a-Kationen, ist wichtig für die Bemessung von Kalkgaben. Sie wird durch die Bestimmung der Basenneutralisationskapazität (BNK) ermittelt (Meiwes 1984) (Abschn. 8.3).

Das Zusammenwirken der vorgenannten Prozesse hat beim größten Teil der Waldböden eine Tiefenverteilung der M_b- und M_a-Kationen am Austauscher (mobile Kationen) hervorgerufen, wie sie in der Abbildung 5-19 exemplarisch dargestellt ist (Ulrich 1997). Oberhalb der **Versauerungsfront**, d. h. im Bereich des Austauscherpuf-

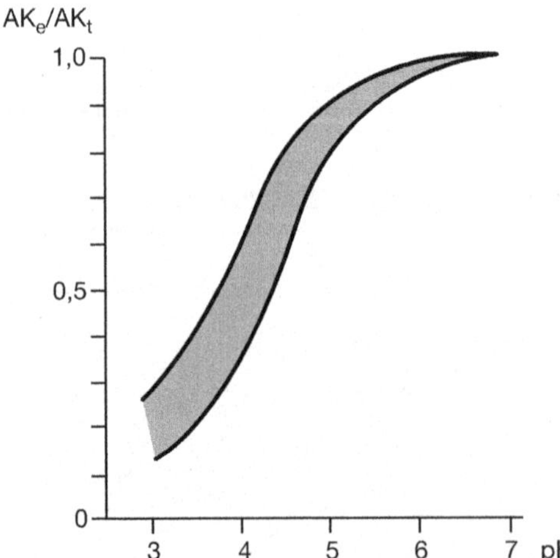

Abb. 5-18: Relative Anteile der AK_e an der AK_t bei verschiedenen pH-Werten.

fers bewirkt die Säurezufuhr einen annähernd äquivalenten Austausch der M_b-Kationen und deren Abfuhr zum Grundwasser. In der Folge reduziert sich die Basensättigung bei gleichzeitiger Verminderung der effektiven Austauschkapazität. Dieser Prozess endet bei Basensättigungen zwischen 5–15 %. Bodenabhängig können die noch vorhandenen M_b-Kationen als „eiserne Reserve" angesehen werden, die selektiv oder geschützt gebunden und nur noch extrem schwer austauschbar ist. Dies ist der Grund, warum die im Oberboden durch Protolyse aus den Tonmineralen freigesetzten Mn^{2+}- und Al^{3+}-Ionen und ihre Begleitanionen SO_4^{2-}, NO_3^- und Cl^- die-

sen Bereich passieren und im „Frontbereich" zur weiteren Verarmung an M_b-Kationen führen. Im oberen Bereich der Humusauflagen (O_L- und O_F-Horizonte) steigt die Basensättigung dagegen deutlich an. Die Ursachen sind die Alkalinität der Streu, die bei der Zersetzung der organischen Substanz frei wird, und die deponierten M_b-Kationen.

Die durch **organische Substanz geprägten Oberböden** weisen darüber hinaus geringere Anteile an Mn^{2+}- und Al^{3+}-Ionen am Austauscher auf, dagegen steigen die Anteile an H^+- und Fe^{3+}-Ionen. Aus diesen Gründen verbunden mit der biogenen N- und P-Freisetzung sind

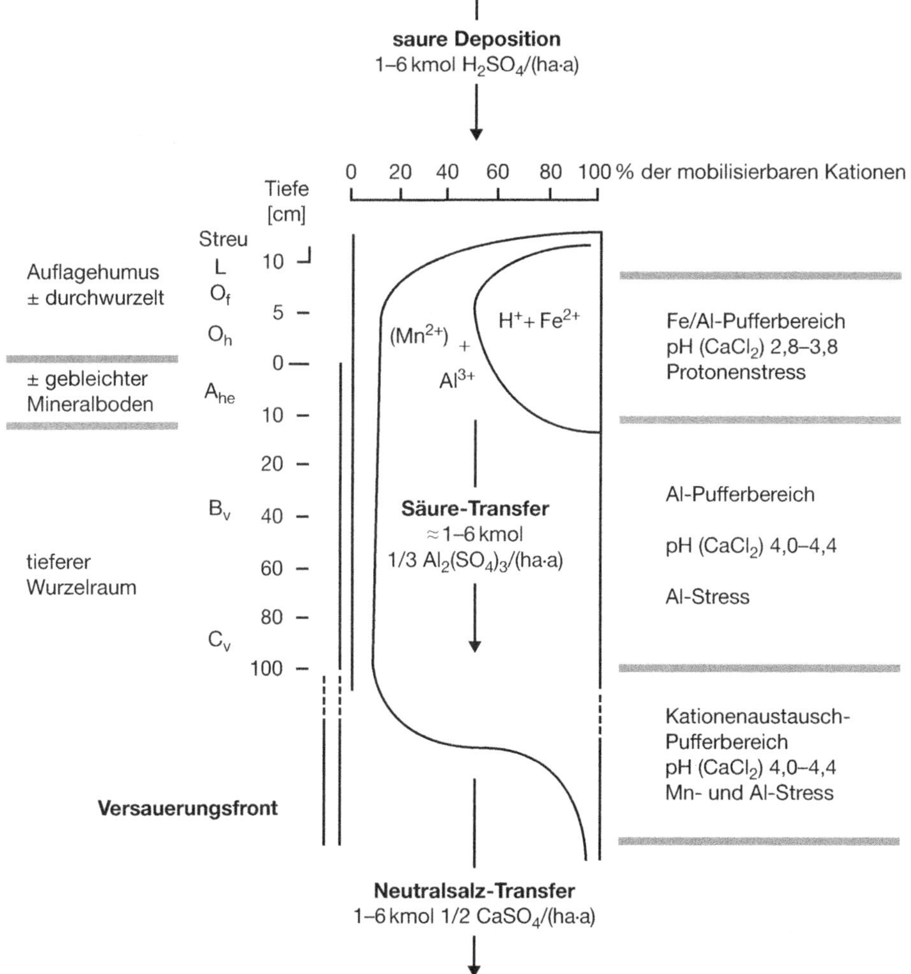

Abb. 5-19: Tiefenverteilung von Pufferbereichen und der Austauscherbelegung bei starker Säurebelastung (Ulrich 1997).

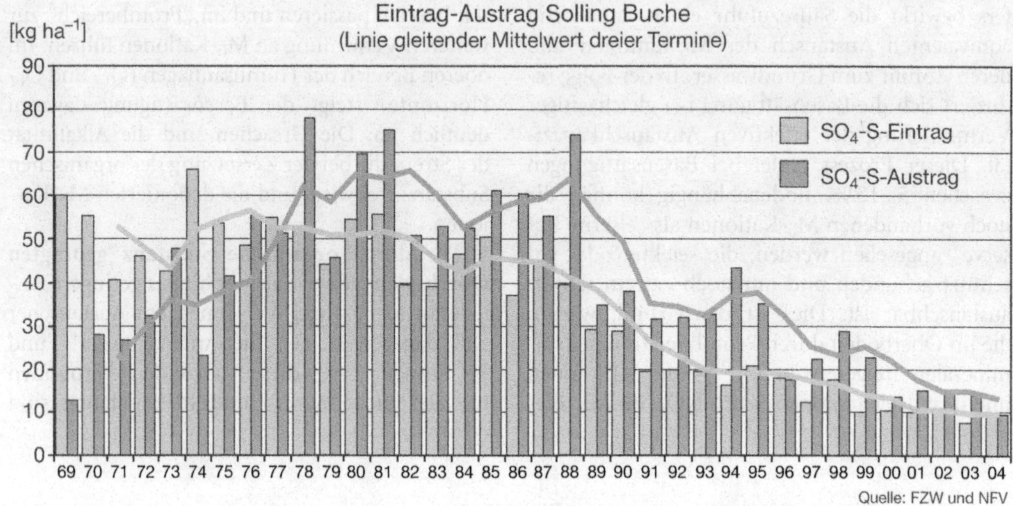

Abb. 5-20: Entwicklung der Jahresraten der Schwefeleinträge und -austräge unter Buchen im Solling.

die humusgeprägten Bodenkompartimente der bevorzugte Raum für Wurzeln und Bodenorganismen. Als weiterer Grund kommt hinzu, dass durch die Anwesenheit gelöster organischer Substanzen die M_a-Kationen überwiegend in komplexierter Form vorliegen, wodurch sie ihre Toxizität verlieren.

In vielen Böden ist die Versauerungsfront bereits so weit fortgeschritten, dass sie unterhalb des Wurzelraums liegt und in einigen Fällen bis in das oberflächennahe Grundwasser reicht mit der Folge, dass benachbarte **aquatische Systeme** in den Versauerungsprozess einbezogen werden. Letzteres ist auch bei sehr flachgründigen Böden der Fall, was in Skandinavien zu einer weit verbreiteten Versauerung der Flüsse und Seen führte.

In den nachfolgenden Abbildungen 5-20 bis 5-23 sind die Entwicklungen der Schwefel- und

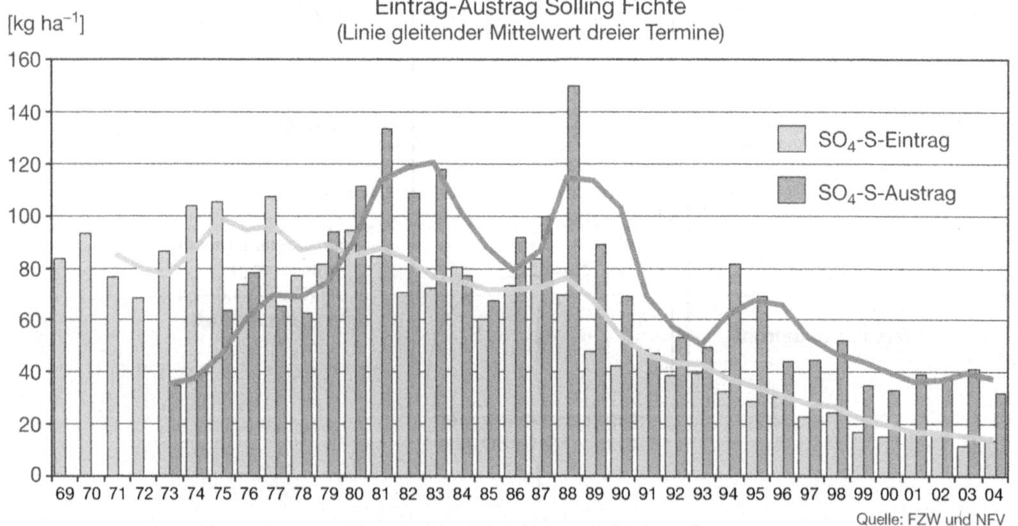

Abb. 5-21: Entwicklung der Jahresraten der Schwefeleinträge und -austräge unter Fichten im Solling.

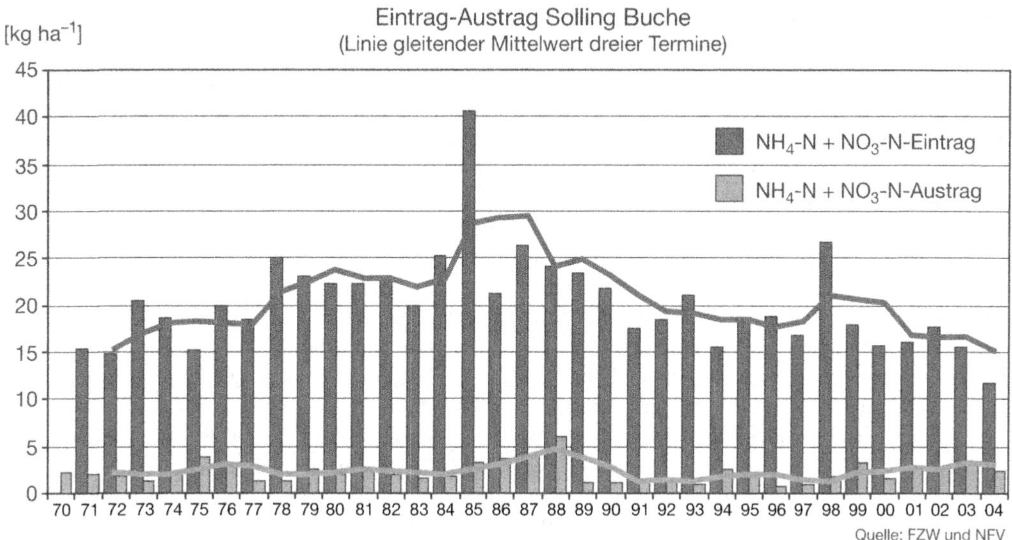

Abb. 5-22: Entwicklung der Gesamtstickstoffeinträge und -austräge unter Buchen im Solling.

Stickstoffeinträge sowie -austräge in 100 cm Tiefe für Buchen und Fichten im **Solling** über einen Zeitraum von 35 Jahren dargestellt. Sie verdeutlichen den unterschiedlichen Filtereffekt der beiden Baumarten ebenso wie annuelle Fluktuationen und langfristige Trends. Erkennbar sind auch die Verschiebungen in den Bilanzen aufgrund der oben beschriebenen Pufferreaktionen.

Beide Ökosysteme sind bis zum Ende der 1980er Jahre durch **hohe Schwefeleinträge** gekennzeichnet. Sie schwanken bei den Buchen um 50 kg S ha⁻¹ a⁻¹ und bei den Fichten um 80 kg S ha⁻¹ a⁻¹. Anfänglich speichern beide Böden Schwefel in Form von AlOHSO₄. Im Zuge fortschreitender Versauerung wendet sich die Situation. Die intermediär gespeicherten Schwefelverbindungen lösen sich wieder auf und führen zu **höheren Austrä-**

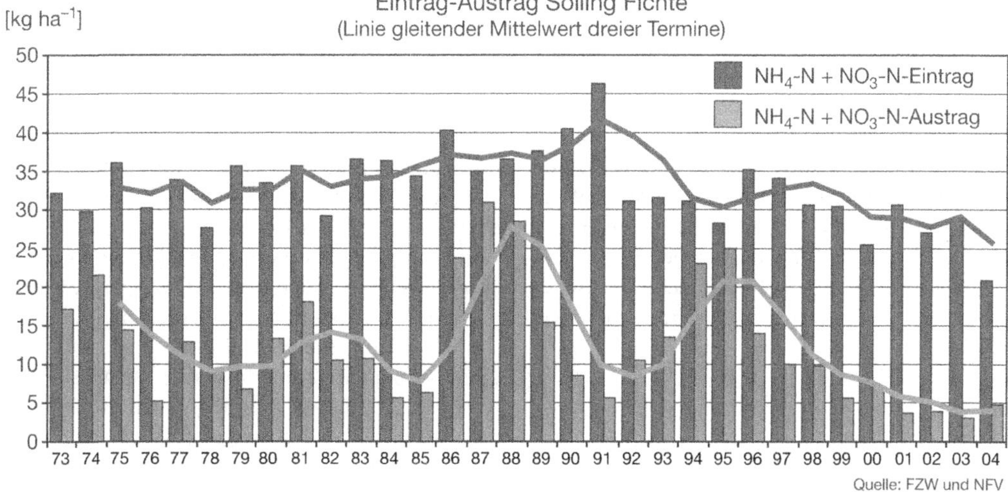

Abb. 5-23: Entwicklung der Gesamtstickstoffeinträge und -austräge unter Fichten im Solling.

gen als Einträgen. Dieser Vorgang hält auch an, nachdem die S-Einträge reduziert wurden. Da das dominierende Begleitkation des SO_4^{2-} das Al^{3+} ist, bleibt die Al^{3+}-Belastung auch weiterhin deutlich erhöht bei allerdings heute deutlich geringeren Konzentrationen in der Bodenlösung.

Auch der **Stickstoffumsatz** der beiden Waldökosysteme weist baumartenspezifische Unterschiede auf. Der Buchenbestand wies zur Zeit maximaler Belastungen Depositionsraten zwischen 20 und 25 kg N/ha.a auf mit abfallender Tendenz in den letzten 15 Jahren auf heute 15 kg N ha^{-1} a^{-1}. Die Nitratausträge waren mit ca. 2,5 kg N ha^{-1} a^{-1} gleich bleibend gering. Da Nitrat- und Ammonium-N annähernd in gleicher Rate eingetragen wurden und zum weitaus überwiegenden Teil in organische Bindungsformen überführt wurden, ist die N-bedingte Versauerung mit 0,2 $kmol_c$ ha^{-1} a^{-1} vergleichsweise gering. Anders stellt sich die Situation bei dem Fichtenbestand dar. Hier lag der Eintrag mit 35 kg N ha^{-1} a^{-1} deutlich höher und hat sich heute auf 25 kg N ha^{-1} a^{-1} erniedrigt. Die Nitratausträge sind deutlich erhöht und weisen erhebliche Schwankungen auf. Die durch den N-Umsatz verursachten bodeninternen H^+-Produktionen tragen mit Werten zwischen 0,3 und 2,0 $kmol_c$ ha^{-1} a^{-1} erheblich zur Säurebelastung dieses Ökosystems bei.

Mit diesen Darstellungen soll veranschaulicht werden, dass die **Versauerungsdynamik standortspezifisch** ist und nur bei sorgfältiger Analyse erfasst werden kann. Dies gilt auch für die von der Versauerung ausgehenden Wirkungen. Ein punktuell gefundenes Ergebnis kann daher nur bedingt oder nach sorgfältiger Prüfung aller beteiligten Prozesse verallgemeinert werden.

Der zeitliche Verlauf zeigt darüber hinaus in sehr anschaulicher Weise, in welch starkem Maße sich die **chemische Umwelt der Wälder** in dem Betrachtungszeitraum **geändert** hat. Sowohl hinsichtlich der Säurebelastung, aber auch der in der Bodenlösung auftretenden Ionenstärken sind die Bedingungen, die heute herrschen, nicht mehr mit denen vor 20 Jahren zu vergleichen.

5.2.2.2 Bodeninterne Versauerung

Wenn Böden versauern, werden nicht nur Aluminium- und Manganionen – bei starker Versauerung auch Eisenionen – freigesetzt, sondern auch die Löslichkeit von Schwermetallen wie Cadmium, Zink und Kupfer erhöht sich. Da sich Schwermetalle in den oberen Abschnitten von Böden angereichert haben, wirken sich erhöhte Konzentrationen verstärkt auf die Zersetzergesellschaft aus. Dies hat zur Folge, dass sich Zersetzungsprozesse verzögern und sich damit die Nährstoffversorgung von Bäumen verschlechtert.

Die Freisetzung von Aluminiumionen beeinflusst die Pflanzen auch indirekt durch die Festlegung von **Phosphor** in Form sehr schwer löslicher Aluminiumphosphate. Verstärkt wird die mangelnde Verfügbarkeit des Hauptnährstoffs Phosphor noch durch den gehemmten Abbau organischer Substanzen. Auch Spurenelemente wie Molybdän, Bor und Selen sind im sauren Milieu weniger verfügbar.

Neben dieser durch natürliche und anthropogene H^+-Einträge verursachten Bodenversauerung spielt auch die interne Versauerung eine große Rolle, die durch die **Entkoppelung** der Prozesse des Kohlenstoff-, Stickstoff- und Schwefelumsatzes hervorgerufen wird.

Die Menge an H^+- oder OH^--Ionen, die durch Wurzeln ausgeschieden werden, entspricht dem Überschuss an Kationen oder Anionen, die von der Pflanze aufgenommen und in der **Biomasse festgelegt** werden. In die Kation/Anion-Bilanz gehen die folgenden Kationen (NH_4^+, K^+, Ca^{2+}, Mg^{2+} und Na^+) und Anionen (NO_3^-, $H_2PO_4^-$, SO_2^{2-} und Cl^-) ein. Andere Ionen spielen in der Bilanz aufgrund der geringen Mengen eine untergeordnete Rolle. Silicium wird ungeladen als Kieselsäure aufgenommen und wird daher nicht berücksichtigt. Je nach Pflanzenart und Bodenbedingungen treten bei der Nährstoffaufnahme Versauerungen oder Alkalinisierungen der Rhizosphäre und des Bodens auf, die temporär wirksam werden. Gelangt die **Biomasse** wieder in den Boden und wird **mineralisiert**, so kehrt sich der Prozess um und die Ausgangssituation wird wieder hergestellt. Voraussetzung ist jedoch, dass es nicht zu einer räumlichen Entkoppelung der Prozesse kommt.

Tab. 5-10: Protonenproduktion und -konsumtion bei Prozessen des Kohlenstoff-, Stickstoff und Schwefelkreislaufs

Prozess	Reaktionsgleichung	H+-Produktion (mol$_c$ mol^{-1})
Kohlenstoffkreislauf		
Lösung von CO_2	$CO_2 + H_2O \rightarrow H_2CO_3 \rightarrow H^+ + HCO_3^-$	+1
Synthese org. Säuren	org. C $\rightarrow$ R-COOH $\rightarrow$ R-COO$^-$ + H$^+$	+1
Mineralisation org. Säuren	$HCOO^- + H^+ + \frac{1}{2} O_2 \rightarrow H_2O + CO_2 \uparrow$	
Stickstoffkreislauf		
N-Fixierung	$N_2 + H_2O + 2\ R\text{-}OH \rightarrow 2\ R\text{-}NH_2 + 1\frac{1}{2}\ O_2$	0
Mineralisation org. N	$R\text{-}NH_2 + H^+ + H_2O \rightarrow R\text{-}OH + NH_4^+$	−1
Harnstoff-Hydrolyse	$(NH_2)_2CO + 3\ H_2O \rightarrow 2\ NH_4^+ + 2\ OH^- + CO_2$	−1
NH_4-Assimilation	$NH_4^+ + R\text{-}OH \rightarrow R\text{-}NH_2 + H_2O + H^+$	+1
NH_3-Volatilisierung	$NH_4^+ + OH^- \rightarrow NH_3 \uparrow + H_2O$	+1
Nitrifikation	$NH_4^+ + 2\ O_2 \rightarrow NO_3^- + H_2O + 2\ H^+$	+2
Nitrat-Assimilation	$NO_3^- + 8\ H^+ + 8\ e^- \rightarrow NH_3 + 2\ H_2O + OH^-$	−1
Denitrifikation	$2\ NO_3^- + 2\ H^+ \rightarrow N_2 + 2\frac{1}{2}\ O_2 + H_2O$	−1
Schwefelkreislauf		
Mineralisation von org. S	org. S + $1\frac{1}{2}\ O_2 + H_2O \rightarrow SO_4^{2-} + 2\ H^+$	+2
SO_4^{2-}-Assimilation	$SO_4^{2-} + 8\ H^+ + 8\ e^- \rightarrow SH_2 + 2\ H_2O + 2\ OH^-$	−2
Oxidation von elem. S	$2\ S^0 + 2\ H_2O + 3\ O_2 \rightarrow 2\ SO_4^{2-} + 4\ H^+$	+2

Auf dieser Basis kann man den Stoffumsatz durch die folgende **Stoffhaushaltsgleichung** beschreiben (Ulrich 1994):

$$aCO_2 + aH_2O + xM^+ + yA^- + (y\text{-}x)\ H^+ + \text{Licht} \leftrightarrow (CH_2O)_a\ MxAy + aO_2 + \text{Wärme} \qquad (57),$$

wobei $\rightarrow$ die Photosynthese und Ionenaufnahme und $\leftarrow$ die Atmung, Zersetzung und Mineralisierung bedeuten.

Dieser Gleichung liegt das Gesetz von der Erhaltung und das Prinzip der Elektroneutralität zugrunde. Erkennbar ist weiter, dass die Biomasseproduktion mit einer Produktion und die Zersetzung mit einer Konsumtion von Protonen verbunden sind, die sich berechnen lassen.

In der Tabelle 5-10 sind die mit Einzelprozessen verbundenen H$^+$-Produktionen und H$^+$-Konsumtionen aufgelistet.

Die durch diese Prozesse verursachten Versauerungen wirken zum Teil lokal (Rhizosphäre, Oberböden) und auch nur temporär, da sie durch Folgeprozesse kompensiert werden können. Sie sind aber für die Bodenbiota von sehr großer Bedeutung, da sie in deren unmittelbarer Umgebung wirksam werden.

Wird die **Biomasse** jedoch **exportiert**, wie dies in unseren Wäldern über Jahrhunderte erfolgte, so führt dies zu einer Nährstoffverarmung und Versauerung der Böden mit deutlichen Rückwirkungen auf die biotischen Komponenten der Ökosysteme. Zur Verdeutlichung der durch Biomasseentzug und sauren Regen induzierten Veränderungen in Böden wurden Modellrechnungen für verschiedene Szenarien durchgeführt. Grundlage ist das geochemische Modell BEM (Prenzel 1985).

Die Abbildung 5-24 zeigt die Entwicklung einiger Kenngrößen von Böden über den Zeitraum von 800 Jahren, wobei in der zweiten Hälfte zusätzlich zum Biomasseentzug saure Depositionen auftraten. In der Abbildung 5-25 sind die Verläufe der pH-Werte, der Al-Konzentrationen und des Ca/Al-Verhältnisses in der Bodenlösung sowie die Ca-Sättigung am Austauscher über einen Zeitraum von 800 Jahren für die oberen 30 cm eines Standardbodens, der einer mittleren chemischen Ausstattung eines Waldbodens entspricht, dargestellt. In den ersten 400 Jahren wird ein vorindustrieller Regen simuliert, der anschließend durch einen sauren Regen abgelöst wird. Bei den Biomasseentzügen werden drei Varianten über die gesamte Zeit aufrecht erhalten. Bei der Referenz entspricht der Export der Verwitterungsrate 0,165 $kmol_c$ $ha^{-1}a^{-1}$, bei der niedrigen Variante ist der Biomasse-Export gleich 0 und bei der höheren Variante 1 $kmol_c$ $ha^{-1}a^{-1}$. Bei den erstgenannten Varianten findet während der ersten Phase keine nennenswerte Absenkung der Basensättigung statt, die pH-Werte bleiben im Silikat-

Pufferbereich und damit wird in sehr geringen Raten Al freigesetzt. Entsprechend sind die Ca/Al-Molverhältnisse weit. Liegt der Export deutlich über der Verwitterungsrate, sinkt die Ca-Sättigung extrem ab. Der pH-Wert sinkt auf 4,5 und Al erscheint in der Bodenlösung. Das Ca/Al-Molverhältnis sinkt auf Werte von 0,03 ab. Der saure Regen verstärkt bei allen Varianten die Indikatoren der Versauerung in sehr kurzer Zeit auf Werte, wie sie aus Waldböden bekannt sind. Diese Abbildung veranschaulicht, wie stark sich die **Biomassenutzung** auf die Waldböden auswirken kann und wie diese Entwicklung durch den **sauren Regen** verstärkt wird. Sie macht auch deutlich, dass die Jahrhunderte während Waldnutzung in Mitteleuropa die Böden für die rasche Versauerung durch saure Depositionen prädisponiert hat. Eine ausführliche Beschreibung des Modells findet sich bei Prenzel (2006).

Fasst man alle Ursachen der Bodenversauerung zusammen (Tab. 5-11), so ist erkennbar, dass Biomasseentzug und saurer Regen einen maßgeblichen Einfluss auf den chemischen Zu-

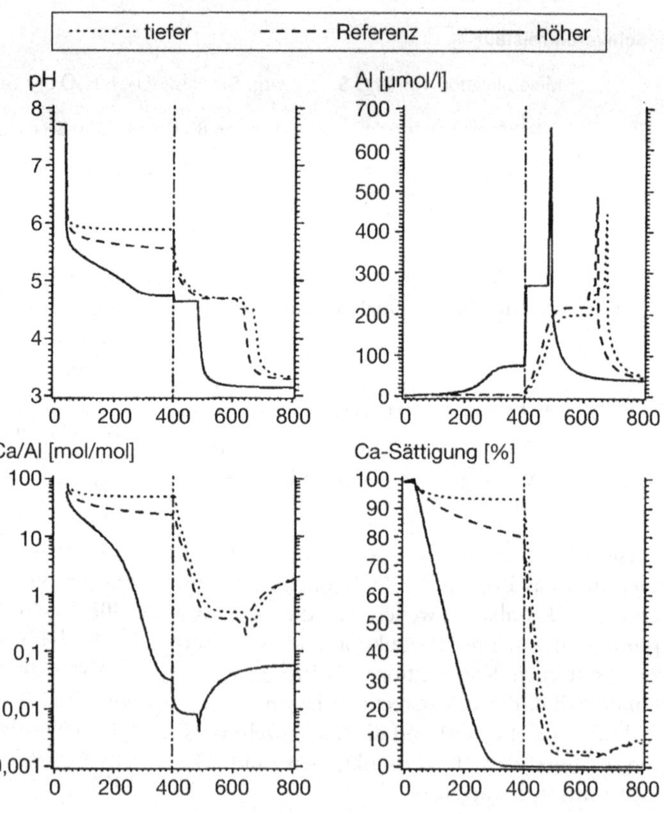

Abb. 5-24: Entwicklung der pH-Werte, Ca-Sättigung, Al-Konzentration und Ca/Al-Molverhältnisse über einen Zeitraum von 800 Jahren.

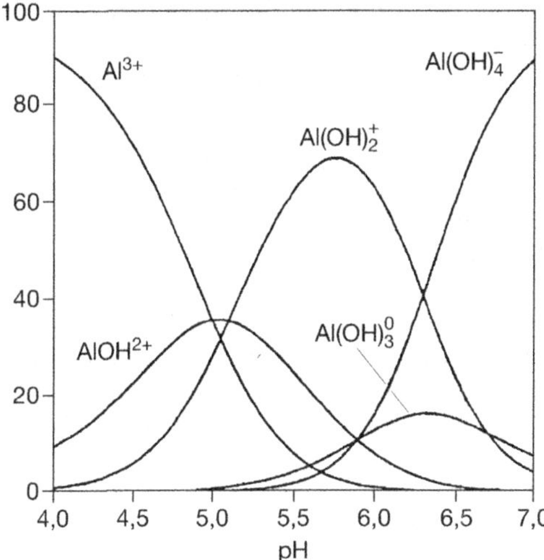

Abb. 5-25: Relative Aktivitäten mononuclearer Al-Species bei Abwesenheit von polynuclearem Aluminium und anderen Al-Liganden als OH⁻.

stand unserer Waldböden haben und die natürlichen Prozesse mit der Ausnahme bei Kalkböden bei weitem übertreffen.

Die Folge ist, dass die **Waldböden** in Deutschland, und hier besonders die Bereiche des Intensivwurzelraums von 0–30 cm Bodentiefe, **extrem versauert** sind. Die umfassenden Untersuchungen des Waldbodenzustands (BZE) haben dies bestätigt (BMELF 1997). So liegt der mittlere pH-Wert$_{KCl}$ (Median) in den O$_h$-Horizonten der Humusauflagen bei 3,0. Für 10 % werden Werte < 2,6 und für 25 % Werte < 2,75 ermittelt.

Im mineralischen Oberboden (bis 30 cm Tiefe) ist trotz der sehr unterschiedlichen Ausgangsbedingungen die Streubreite der pH-Werte gering. Dies weist auf eine Nivellierung auf niedrigem Niveau hin. Etwa 80 % der Böden weisen pH-Werte unter 4,2 auf. Sie befinden sich somit

Tab. 5-11: H⁺-Belastungen (kmol ha⁻¹a⁻¹) aufgrund natürlicher Prozesse, Landnutzungen und saurem Regen

natürliche Prozesse		Land-nutzung	saurer Regen
CO₂	RCOOH	Waldböden	
7–20	0,1–0,9	0,5–2,0	2,0–6,5

in einem Bereich, in welchem vermehrt **Kationensäuren** wie Mn^{2+}, Al^{3+} und Fe^{3+} sowie **Schwermetalle** in der Bodenlösung auftreten. Gleichzeitig gehen die Basensättigung (BS) und die Basenversorgung deutlich zurück. In der Abbildung 5-17 ist die Beziehung zwischen der Basensättigung, d. h. die Summe der M$_b$-Kationen (Na^+, K^+, Ca^{2+} und Mg^{2+}) am Austauscher gegen den pH-Wert$_{KCl}$ aufgetragen. Neben dem Median sind auch die 10 und 90 Perzentile abgebildet.

Deutlich wird der rapide Abfall der Basensättigung zwischen pH 5,0 und 4,2, in dem Bereich in welchem die verstärkte Freisetzung der austauschkräftigen M$_a$-Ionen erfolgt. Legt man die pH-Werte zugrunde, die überwiegend unter 4,2 liegen, so ist festzuhalten, dass der weitaus überwiegende Teil der Waldböden **Basensättigungen im Hauptwurzelbereich** aufweisen, die unter 15 % liegen und teilweise auf unter 5 % absinken. Verbunden mit dieser Versauerung und Nährstoffverarmung ist die Reduktion der effektiven Austauschkapazität und eine Minderung des Speichervermögens für pflanzenverfügbare Nährstoffe, wie dies oben beschrieben wurde.

Fasst man alle diese Erscheinungen zusammen, so kann festgehalten werden, dass sich die Waldböden zum überwiegenden Teil in Zuständen befinden, die als **labil** im Hinblick auf ihre **Funktionen für das Ökosystem** anzusehen sind, d. h. dass sie auf Umweltänderungen und anthropogene Eingriffe stark reagieren. Welche Wirkungen dies auf die Bäume hat, wird in nachfolgenden Abschnitten beschrieben.

5.2.2.3 Aluminiumwirkungen

Die Rhizotoxizität von Aluminium ist ein seit langer Zeit bekanntes Phänomen (Hartwell und Pember 1918). Insbesondere Kulturpflanzen sind aufgrund ihrer Herkunft häufig sehr empfindlich gegen **Al-Species in der Bodenlösung**. Viele Waldbäume dagegen sind besser an Bedingungen adaptiert, bei denen Aluminium in der Bodenlösung auftritt. Dabei ist von den beiden Strategien Toleranz und Vermeidung die Vermeidung die dominierende Strategie. Von den Wurzeln induzierte pH-Anstiege, die Ausscheidung von Al-Chelatoren, erhöhte Aktivität von Exoenzymen und die Vergrößerung der Wurzeloberfläche sind Beispiele für derartige Vermeidungsstrategien (Marschner 1991). Die Anpassungsstrategien finden somit in der Rhizosphäre statt, und nur eine genaue Kenntnis der dort ablaufenden Prozesse gibt Aufschluss über die Reaktion und Schädigung der Wurzeln. Als weiterer Mechanismus muss auch noch der „Rückzug" des Wurzelsystems auf Bodenpartien mit geringerer Belastung mit toxischen Al-Species in Betracht gezogen werden.

Aluminium (III) ist ein Hauptbestandteil von Mineralböden und kommt in einer Vielzahl von Primär- und Sekundärmineralen vor. Unter sauren Bedingungen gehen diese Aluminiumhydroxyverbindungen teilweise in Lösung. Das freigesetzte Al^{3+} reagiert mit Liganden, die in der Bodenlösung vorhanden sind wie OH^-, Phosphationen, F^-, SO_4^{2-} und Silikat, aber auch mit einer großen Zahl organischer Liganden (Carboxylgruppen, saure Hydroxyle, Amine, Fulvosäuren) (Lindsay 1979, Stevenson und Vance 1989). Diese mononuclearen Species mit einem Al-Atom können sich weiter zu polynuclearen Species umwandeln und nach Ausfällung neue Festphasen bilden (Bertsch 1989). Diese Vielzahl von Reaktionen führt zu dem Phänomen, dass in der Bodenlösung immer verschiedene Species auftreten (Abb. 5-25). Zum einen werden dadurch toxikologische Untersuchungen erschwert und zum anderen kann dies unter natürlichen Bedingungen zu widersprüchlichen Ergebnissen führen, da die Verteilung der Species in Böden selten untersucht wird und ihre Zusammensetzung insbesondere in der Rhizosphäre nicht konstant ist.

Calcium- und Magnesiummängel

Im Cytoplasma von Rhizodermiszellen ist die H^+-Konzentration (pH 7,0–7,5) um mehrere Größenordnungen geringer als im Apoplasten und in der umgebenden Bodenlösung. Dieser steile Potenzialgradient stellt die treibende Kraft für den Kationentransport dar. Die K^+-Aufnahme wird im Vergleich zu Mg^{2+} bevorzugt, da spezifische Kanäle in der Plasmamembran bestehen. Die Ca^{2+}-Aufnahme dagegen ist deutlich behindert, da die Ca^{2+}-Konzentrationen im Cytosol sehr viel niedriger sind, Ca^{2+} 0,2–0,3 μM, Mg^{2+} 0,5–5 mM und K^+ 100–150 mM (Gilroy et al. 1989). Der radiale Transport muss daher überwiegend über den apoplastischen Weg erfolgen (Marschner 1991). Für die Aufnahme und

den Transport von Mg^{2+} und Ca^{2+} ist deren Bindung an die Zellwände von Bedeutung, die als schwache Austauscher angesehen werden können. Nur durch eine hohe Belegung des Austauschers mit polyvalenten Kationen wie Mg^{2+}, Ca^{2+}, Zn^{2+} oder Mn^{2+} kann die Aufnahme dieser Elemente gewährleistet werden. Bei niedrigem pH und dem Vorhandensein austauschstarker Kationen wie Al^{3+} kann es zu Störungen bei der Versorgung kommen. Weiter wird durch eine Protonierung der Austauschplätze (Carboxylgruppen) die Ladungsdichte reduziert. Der negative Effekt der Aluminiumionenbelegung des Apoplasten der Wurzeln auf die Aufnahme ist vielfach belegt und die Belegung durch Röntgenmikroanalyse nachgewiesen (Horst 1987, Fritz et al. 1989, Godbold et al. 1988, Godbold 1994). Dies hat dazu geführt, dass molare Ca/Al-, Mg/Al- oder Mb/Al-Verhältnisse in der Nähr- oder Bodenlösung als bessere Indikatoren für Al-induzierte Mg- oder Ca-Mängel und Wachstumsstörungen herangezogen werden als die einzelnen Elementkonzentrationen (Krüger und Sucoff 1984, Wright et al. 1987 und 1989).

Rost-Siebert (1983) fand ein **Ca/Al-Molverhältnis** von 1,0 für Fichte und 0,1 für Buche als kritischen Wert für das Längenwachstum der Wurzeln. Sverdrup und Warfvinge (1993) leiteten für eine Vielzahl von Ökosystemen kritische Ca,Mg,K/Al-Molverhältnisse ab. Alewell et al. (2000) fanden im Fichtelgebirge Werte von 0,3. Cronan und Grigal (1995) legten in einer Studie einen Wert von 1,0 als kritisches Molverhältnis fest. Jorns und Hecht-Buchholz (1985) nannten Mg/Al-Molverhältnisse von kleiner als 0,2 als kritisch. In den Bodenlösungen unserer Waldböden werden diese Werte häufig unterschritten. Die Rolle des Ca,Mg/Al-Molverhältnisses als Indikator für die Wurzelaktivität und das Wurzelwachstum oder die Wurzelschädigung wird jedoch noch immer kontrovers diskutiert. Dies gilt besonders auch für die natürlichen Bedingungen im Freiland (Lokke et al. 1996, van Schöll et al. 2004, Högberg und Jensen 1994). Dessen ungeachtet werden Ca/Al-, Mg/Al- und Ca,Mg,K/Al-Molverhältnisse als Indikatoren für die Belastung von Bäumen durch Versauerung und für die Ableitung von *Critical Loads* (Abschn. 7.2) verwendet (Lokke et al. 1996, de Vries et al. 1994, Sverdrup et al. 1992).

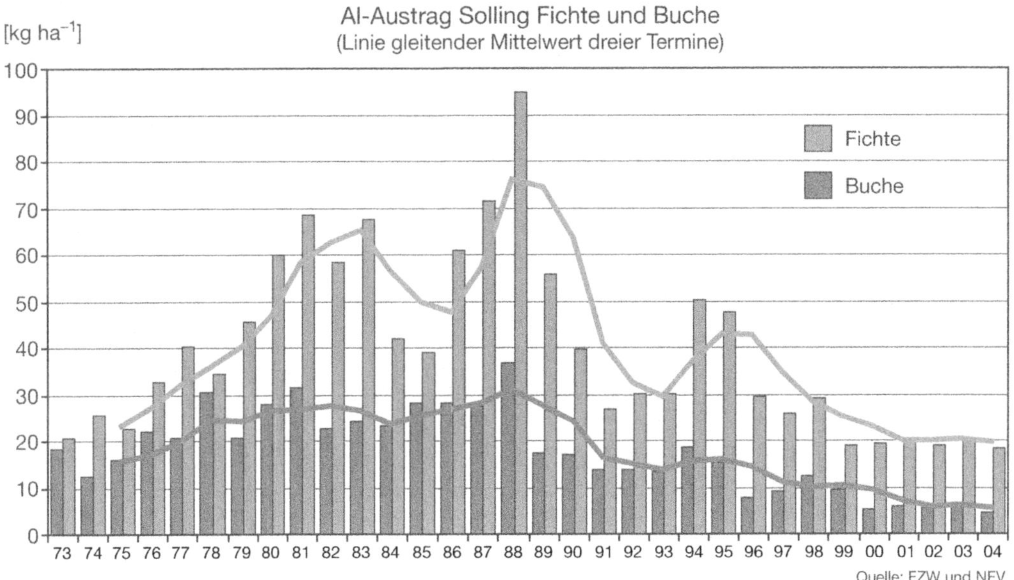

Abb. 5-26: Entwicklung der jährlichen Raten des Al-Austrags unter Buchen- und Fichtenaltbeständen im Solling

Die deutliche **Reduktion der Säureeinträge** hat eine Abnahme der Al-Konzentrationen in der Bodenlösung zur Folge. Dies zeigen die Verläufe der Al-Austräge der Buchen- und Fichtenökosysteme im Solling. Heute werden wieder Niveaus erreicht, wie sie zu Beginn der 1970er Jahre vorlagen (Fichte) oder diese werden sogar unterschritten (Buche). Die M_b/Al-Molverhältnisse (Abb. 5-26) spiegeln diesen Trend nicht in gleicher Weise wider. Sie bleiben bei einem Verhältnis von ca. 0,1 – 0,2 (Abb. 5-27 und 5-28). Nur bei der Buche sind leichte Tendenzen eines Anstiegs erkennbar. Die Ursachen liegen zum einen darin, dass auch die Einträge von Mg-Kationen deutlich zurückgegangen sind und zum anderen, dass Al^{3+} aus der Festphase zusammen mit SO_4^{2-} freigesetzt wird. Es muss aber festgestellt werden, dass sich die Belastung der Wurzeloberflächen durch Al^{3+} wesentlich verringert hat. Die Erholung der Bestände und Wurzelsysteme könnte mit dieser Entwicklung erklärt werden.

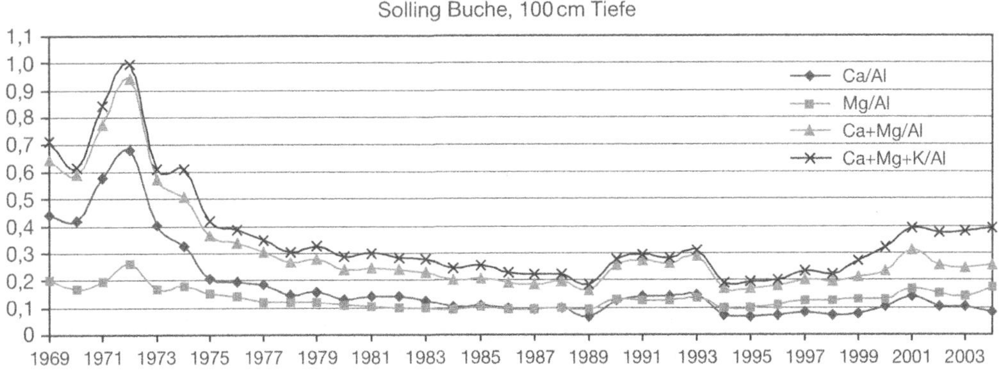

Abb. 5-27: Entwicklung der Ca/Al-, Mg/Al-, Ca+Mg/Al- und Ca+Mg+K/Al-Molverhältnisse im Boden unter Buchen im Solling.

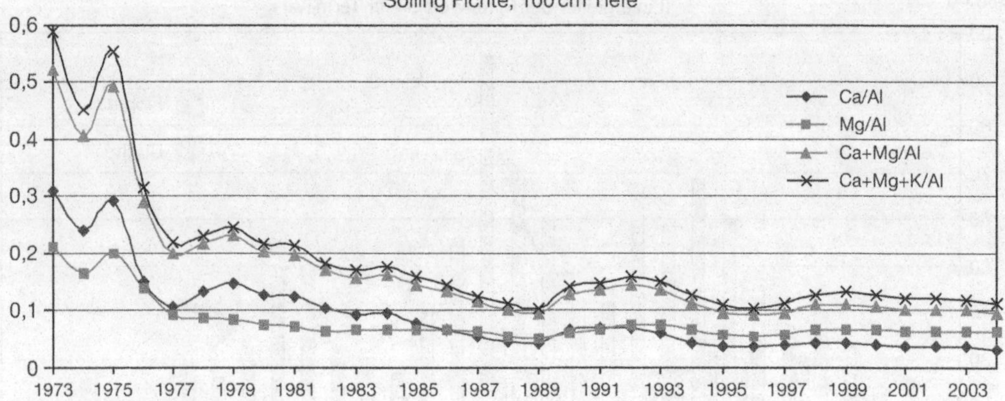

Abb. 5-28: Entwicklung der Ca/Al-, Mg/Al-, Ca+Mg/Al- und Ca+Mg+K/Al-Molverhältnisse im Boden unter Fichten im Solling.

Aluminiumtoxizität

Aufgrund der vielfältigen Reaktionen in der Bodenlösung und den pflanzenspezifischen Adaptationsmechanismen ist die **Toxizität** von Aluminium hinsichtlich des **Wurzelwachstums** und der Wurzelphysiologie kaum mit der Gesamt-Al-Konzentration der Wurzeln korreliert. Es ist generell akzeptiert, dass die Toxizität von Al gering ist, wenn es mit organischen oder anorganischen Liganden komplexiert ist (Taylor 1988, Kinraide und Parker 1987). Mononucleare und polynucleare Al-Species werden als toxisch eingestuft. Es bestehen jedoch noch immer Kontroversen darüber, ob Al^{3+}, $Al(OH)^{2+}$, $Al(OH)_2^+$ (Alva et al. 1986, Noble et al. 1988) oder die polynuclearen Species (Kinraide und Parker 1989, Gauer und Horst 1990, Kinraide 1990) stärker toxisch sind.

Hohe Al-Konzentrationen können das **Wurzelwachstum** direkt entweder durch Hemmung der Zellteilung oder des Zellwachstums beeinflussen. Die Hemmung der Zellteilung erfordert hohe Al^{3+}-Konzentrationen. Bei mittleren Konzentrationen ist die Hemmung des Zellwachstums und der Zellstreckung wahrscheinlich der primäre Effekt und die Reduktion der Zellteilung ein Folgeprozess. Dabei spielen Prozesse im Cytoplasma und Wirkungen auf die Struktur und Funktion der Plasmamembran eine entscheidende Rolle (Wagatsuma et al. 1987, Taylor 1988 a, b, Wagatsuma und Akiba 1989). Die Hypothese,

dass der Ersatz von Ca^{2+} von der Mittellamelle durch Al^{3+} einen schädigenden Prozess darstellt, konnte nicht bestätigt werden (Ryan et al. 1994).

Durch Störungen des Ionenhaushalts des Cytosols kann es in der Folge zu Kallusbildungen im Apoplasten kommen (Wissemeier et al. 1981), wie dies bei geschädigten Wurzeln zu beobachten ist.

5.2.2.4 Mangantoxizität

Mangan ist ein Mikronährstoff und für die Aufrechterhaltung der Lebensfunktionen von Pflanzen essenziell. Es ist ein wichtiger Bestandteil des wasserspaltenden Komplexes im Photosystem II und an der Aktivierung von Enzymen beteiligt. Mangan fungiert als Cofaktor verschiedener Enzyme, bei der Mn-Superoxid-Dismutase, der Mn-Peroxidase, der Pyruvat-Carboxylase und der Phosphoenolpyruvat-Carboxykinase (Horst 1988).

In Böden mit manganhaltigen Mineralen kommt es im Zuge der Versauerung im Bereich pH 5,0–4,0 zu einer **verstärkten Freisetzung von Mn^{2+}**, da die Löslichkeit von Mn-Verbindungen über der des Aluminiums liegt. Das Auftreten von Mn^{2+} in der Bodenlösung am Austauscher und in den Pflanzen ist somit ein Indikator für eine fortschreitende Versauerung des Ökosystems. Mn^{2+} wird von den Pflanzen aufgenommen und kann beträchtliche Konzentrationen in den Geweben erreichen. Die „normalen" Mn-Konzentrationen in Blättern und Nadeln variieren in einem weiten Bereich und liegen zwischen 30–500 mg Mn/kg Trockenmasse (Clarkson 1988). Wenn die Konzentrationen unter 10–20 mg/kg Trockenmasse fallen (Marschner 1995), tritt Mn-Mangel auf. Auch die Angaben über das Auftreten von Mn-Toxizität schwanken in einem weiten Bereich, je nach Pflanzenart, Genotyp und dem Nährstoffstatus (Si, Ca, Mg oder Fe). Als Toxizitätswerte werden Konzentrationen von 200–5 300 mg Mn/kg Trockenmasse angegeben (Edwards und Asher 1982). Im Schwarzwald wurden in Buchenblättern Konzentrationen von 1 % Mn gemessen (Beck und Mittmann 1982), was 10–100-mal höher war als in unbelasteten Systemen. Auch aus anderen Regionen Deutschlands und aus Schweden wurden überhöhte Werte bekannt (Schöne 1992, Gärtner et al. 1990, Nihlgard und Lindren 1977). Die hohen Mn^{2+}-Konzentrationen waren mit niedrigen Mg^{2+}- und Ca^{2+}-Konzentrationen korreliert. Die bisherigen Untersuchungen ergaben jedoch, dass mit Ausnahme der Lärche die anderen heimischen Waldbäume nicht von erhöhten Mn-Konzentrationen beeinflusst wurden. Im Gegensatz zum Aluminium liegen für das Mn^{2+} keine kritischen Konzentrationen für Waldbäume vor, sodass nicht sicher abgeschätzt werden kann, wann das Wachstum negativ beeinflusst wird (Goss et al. 1991).

In von Stau- und Grundwasser beeinflussten Böden kann es durch Reduktionsprozesse zu einer starken Erhöhung von Mn^{2+} in der Bodenlösung kommen. Die Differenzierung zwischen den Prozessen der Säurelösung oder Mn-Reduktion ist unter Feldbedingungen nicht einfach und bedarf der Untersuchung am jeweiligen Standort.

5.3 Nährstoffeinträge

5.3.1 Steigende atmosphärische CO_2-Konzentrationen

CO_2 ist für Pflanzen ein essenzieller Nährstoff. Es wird von der Pflanze aus der Luft aufgenommen, in den Chloroplasten im Zuge der **Photosynthese** reduziert und dabei in Zucker und andere C-haltige Metabolite umgewandelt. Die Assimilationsprodukte dienen dem Grund- und Erhaltungsstoffwechsel, dem Aufbau zelleigener Verbindungen oder werden im Cytoplasma in die Transportform, Saccharose, umgewandelt und zu so genannten „*Sink*-Organen" transportiert. *Sinks* sind Verbrauchs- oder Speicherorte für reduzierten Kohlenstoff, z. B. sich entwickelnde und wachsende Organe (Blätter, Früchte, Knollen). In Bäumen spielen diese *Sinks* eine wesentlich größere Rolle als in krautigen Pflanzen, denn für das sekundäre Dickenwachstum (Holzbildung) und die Produktion unterirdischer Biomasse, für die Ernährung von Symbiosepartnern (Mykorrhizapilze) und schließlich für die saisonale Einlagerung von Speicherverbindungen im Stamm und in der Wurzel werden beträchtliche Mengen an Assimilaten benötigt. In Koniferennadeln findet ebenfalls eine erhebliche Akkumulation von Speicherstärke statt.

Die Auswirkungen steigender atmosphärischer CO_2-Konzentrationen auf Bäume sind von großem Interesse, da **Wälder** ein **erhebliches Kohlenstoffreservoir** darstellen. Schätzungen besagen, dass die Wälder Europas etwa 9 Pg C in der Vegetationsdecke und etwa 25 Pg C im Boden speichern (Dixon et al. 1994). In Europa beträgt die bewaldete Fläche etwa 215 Millionen Hektar und stellt damit einen Anteil von etwa 37 % an der Gesamtfläche. Obgleich die Fläche weltweit im Vergleich zu den riesigen borealen und tropischen Wäldern klein erscheint, ist sie für die Versorgung Europas mit Holz und Holzprodukten sehr bedeutsam: Etwa ein Drittel der Massivholzprodukte aus Koniferen, etwa die Hälfte der Holzwerkstoffe (Spanplatten, Faserplatten) und etwa ein Drittel des Papiers stammen aus Rohstoffen der heimischen Wälder (FAOSTAT Datenquelle: http://apps.fao.org/). Mit der Holznutzung wird gleichzeitig Kohlenstoff aus den Wäldern exportiert. Dennoch scheint derzeit die Netto-C-Speicherung zuzunehmen. Die Bundeswaldinventuren in Deutschland zeigten, dass der Holzvorrat der Wälder in den 1990er Jahren deutlich angestiegen sind (http://www.bundeswaldinventur.de/enid/ 2e4dae296e0214344861def 8db0a824d,51519f6d6f6465092d09/2.html). Nach einem UN-ECE/FAO-Bericht (Liski und Kauppi 2000) steigt der Kohlenstoffvorrat europäischer

Tab. 5-12: Holz-, Biomasse- und Trockenmassezuwachs sowie geschätzte Kohlenstoff-Bindungsrate in Wäldern von zwölf europäischen Mitgliedstaaten (nach Löwe et al. 2000)

Land	Holzzuwachs (1 000 m³/a)	Biomassezuwachs (1 000 m³/a)	Trockenmassezuwachs (1 000 t/a)	Kohlenstoff-Bindungsrate (1 000 t/a)
Belgien	5 194	8 425	3 869	1 943
Dänemark	3 100	6 200	2 716	1 358
Finnland	77 200	129 150	52 953	27 307
Frankreich	105 392	164 287	80 051	40 025
Deutschland	84 854	99 016	43 296	21 648
Irland	8 834	11 484	4 345	1 874
Italien	28 303[1)	33 964	19 703	9 851
Niederlande	3 459	4 151	2 076	1 038
Portugal	1 005	17 640	9 506	4 278
Spanien	30 571	48 817	24 409	10 984
Schweden	95 332	124 064	52 266	23 520
Großbritannien	14 948	21 221	8 465	4 233
Summe	458 192	536 304	303 655	139 059

1) Zunahme des Holzzuwachses für Italien geschätzt mit 28 303 m³/a

Waldökosysteme um 0,11 Pg C pro Jahr. Diese Zahl entspricht etwa 10 % der jährlichen anthropogenen CO_2-Emission Europas. Tabelle 5-12 zeigt eine Übersicht über die Brutto-Zunahme der Kohlenstoffvorräte auf der Basis aktueller Wachstumsdaten. Aufgrund der Unsicherheit bei der Abschätzung von Holzvorräten, der Hochrechnung von Holzproduktion auf Biomasse und schließlich der Abschätzung des darin enthaltenen Kohlenstoffs, sind diese Zahlen allerdings mit relativ großen Fehlern versehen. Worauf die erhöhte Produktivität der Wälder in den letzten Dekaden im Einzelnen zurückzuführen ist, ist nicht ganz klar. Nutzungsänderungen, erhöhte Stickstoffeinträge und schließlich auch steigende CO_2-Konzentrationen selbst leisten hierbei vermutlich einen Beitrag (Spiecker 1998).

Wegen ihres Potenzials **Kohlenstoff zu binden**, gelten der Erhalt von Wäldern und Wiederaufforstungsmaßnahmen als wichtige Beiträge für die Begrenzung des atmosphärischen CO_2-Anstiegs (Kyoto-Protocol 1997). Sicher ist aber, dass der CO_2-Anstieg nicht allein durch veränderte Waldbewirtschaftungsmaßnahmen kompensiert werden kann (Dixon et al. 1994). Trotzdem ist die Stabilität von Waldökosystemen und damit ihre Fähigkeit Kohlenstoff zu sequestrieren von großer Bedeutung für den Kohlenstoffkreislauf. Es wird weltweit intensiv untersucht, wie sich der Stoffwechsel von Bäumen unter dem Einfluss erhöhter CO_2-Konzentrationen verändert und welche Konsequenzen dies für Wachstum, Produktivität, Interaktionen mit abiotischen und biotischen Faktoren sowie für Konkurrenz besitzt. Es hat sich bei Bäumen aufgrund ihres langen Lebenszyklus als besonders wichtig herausgestellt, zwischen Kurzzeit- und Langzeiteffekten zu unterscheiden. Im Folgenden werden kurz- und mittelfristige Effekte erhöhter CO_2-Konzentrationen auf den Stoffwechsel von Bäumen dargestellt. Über die langfristigen Auswirkungen auf adulte Bäume im Gefüge verschiedener Ökosysteme kann nur spekuliert werden. Jedoch zeigte ein Vergleich langfristig angelegter FACE-Experimente (*Free-Air-CO₂-Enrichment*) für verschiedene Baumarten, dass die Photosynthese und damit die C-Bindung im Verlauf mehrerer Jahre nicht abgesenkt wurde (Norby et al. 2005).

5.3.1.1 Einfluss erhöhter CO_2-Konzentrationen auf den Primärstoffwechsel und auf Stresstoleranzmechanismen

Die heutige ambiente CO_2-Konzentration der Atmosphäre von ca. 365 ppm stellt für die Photosynthese der C3-Pflanzen (Heldt 1998), zu denen die meisten einheimischen Baumspecies gehören, einen limitierenden Faktor dar. Eine **Erhöhung** der **atmosphärischen CO_2-Konzentrationen** führt daher zunächst zu einer Erhöhung der Photosyntheserate (Abb. 5-29) bei gleichzeitiger Verminderung der Photorespiration.

Biochemisch ist die Steigerung der Photosynthese dadurch zu erklären, dass das Schlüsselenzym der CO_2-Assimilation (Ribulose-1,5-Bis-Phosphat-Carboxylase/ Oxygenase = Rubisco) in den Chloroplasten in höherer Konzentration vorliegt als dies für die Photosynthese notwendig ist. Auch die Bereitstellung des Cosubstrats, Ribulose-1,5-Bis-Phosphat, ist nicht begrenzend. Ein erhöhtes Angebot an CO_2 kann daher unmittelbar biochemisch umgesetzt werden. Gleichzeitig besitzt die Rubisco auch die Aktivität einer Oxygenase. Bei einer Erhöhung der atmosphärischen CO_2-Konzentration verschiebt sich das Gleichgewicht zwischen gelöstem CO_2/O_2 zugunsten von CO_2. Damit wird die Oxygenase-zugunsten der Carboxylase-Funktion unterdrückt. Als Oxygenase oxidiert die Rubisco unter Verbrauch von Luftsauerstoff die C5-Verbindung Ribulose-1,5-Bis-Phosphat, zu einem C3-Körper (Glycerat-3-Phosphat) und einem C2-Körper (Glycolat). Glycolat wird aus Chloroplasten in die Peroxisomen transportiert und dort weiter zu Glyoxylat oxidiert. Dabei wird H_2O_2 gebildet, das durch eine Katalase entgiftet wird. Beim vollständigen Abbau von Glyoxylat zum CO_2 in einem Prozess, der als Photorespiration bezeichnet wird, wird Energie verbraucht. Durch die Photorespiration werden so bis zu 30 % des assimilierten Kohlenstoffs unmittelbar wieder freigesetzt. Nachdem man die Photorespiration lange Zeit als einen nutzlosen Mechanismus angesehen hat, der die Effizienz der Photosynthese erheblich vermindert, weiß man heute, dass dieser Stoffwechselweg in Pflanzen eine wichtige Schutzfunktion ausübt. Wenn die Zufuhr von CO_2 infolge geschlossener Stomata nicht

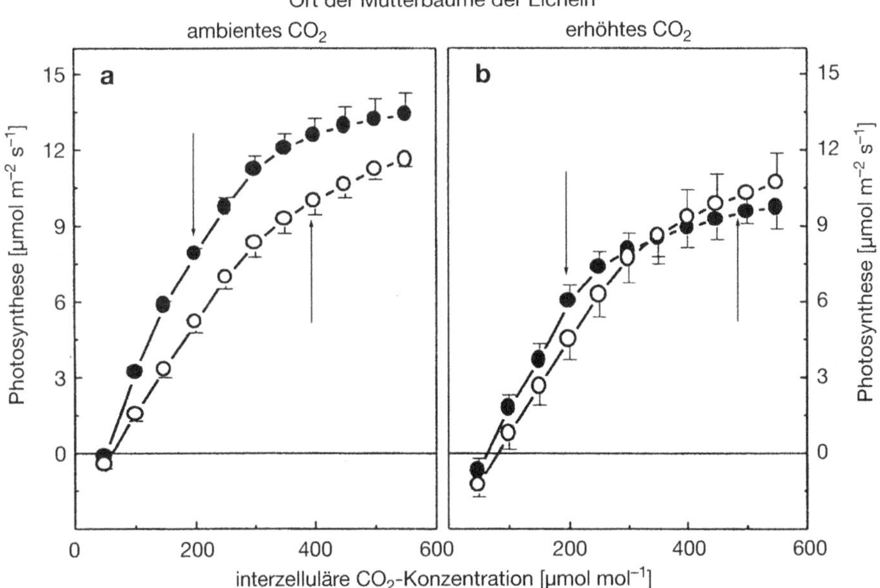

Abb. 5-29: Einfluss steigender CO_2-Konzentrationen auf die Photosynthese von Steineichen. Die Pflanzen wurden für acht Monate in Klimakammern unter ambienten CO_2-Konzentrationen von 360 ppm (•-•) oder erhöhten CO_2-Konzentrationen von 700 ppm (o-o) angezogen. Nach Polle et al. (2001a). Die Pfeile zeigen die aktuellen Photosyntheseraten bei der jeweiligen CO_2-Konzentration bei der Pflanzenanzucht an.

5

möglich ist, z. B. bei Trockenstress, können durch diesen Mechanismus Akzeptoren für reduzierende Äquivalente regeneriert werden (NADP[+]) und die lichtgetriebenen Primärprozesse der Photosynthese damit wie durch ein Ventil entlastet werden.

Eine Vielzahl an experimentellen Untersuchungen an Bäumen in Klimakammern, Gewächshäusern, in *Open-Top*-Kabinen und in so genannten FACE-Experimenten hat ergeben, dass eine **Verdopplung der atmosphärischen CO_2-Konzentrationen die Netto-Photosyntheserate** um etwa 60 % gegenüber der ambienten CO_2-Konzentration von etwa 360 ppm erhöht und zumindest in der Anfangsphase auch das Wachstum deutlich stimuliert (Saxe et al. 1998, Norby et al. 1999). Das gilt allerdings nur so lange als Wachstum nicht durch Nährstoffverfügbarkeit limitiert wird. Die Effekte auf Wachstum und Biomasse sind daher sehr variabel. Neben dem Einfluss auf Photosynthese können im Allgemeinen auch noch weitere physiologische Reaktionen beobachtet werden: Die erhöhte externe CO_2-Konzentration (C_a) führt zu einer erhöhten CO_2-Konzentration in den Interzellularen (C_i). Dies wiederum bedingt in vielen – wenn auch nicht allen – Fällen eine Verminderung der stomatären Leitfähigkeit. Hierdurch verringert sich die Transpiration, d. h. Wachstum unter erhöhtem atmosphärischen CO_2 führt zu einer erhöhten Wassernutzungseffizienz (Assimilation eines Mols CO_2 pro Mol Wasserverbrauch). Die Gesamttranspiration der Pflanze ist allerdings häufig gegenüber heutigen ambienten CO_2-Konzentrationen erhöht, weil die Blattfläche aufgrund der gesteigerten Biomasseproduktion erhöht ist.

Die **erhöhte Wassernutzungseffizienz** macht sich besonders bei Trockenheit dadurch positiv bemerkbar, dass die Bäume weniger empfindlich auf **Wassermangel** reagieren. Das *pre-dawn* Wasserpotenzial[1] sinkt unter erhöhtem CO_2 wesentlich langsamer als unter ambientem CO_2. Schäden durch Trockenstress treten daher generell erst deutlich später als unter ambientem CO_2 auf. Vergleicht man Pflanzen unter Trockenstress, die unter ambientem und erhöhtem CO_2 bei gleich niedrigen Wasserpotenzialen wuchsen, so fällt auf, dass Schäden wie eine verminderte Integrität der Membranen durch Lipidperoxida-

tion, Pigment- und Proteinverluste, in Pflanzen unter erhöhtem CO_2 weniger ausgeprägt sind als in Pflanzen, die unter ambientem CO_2 wachsen. Dies liegt an einer **erhöhten Reaktivität von zellulären Schutz- und Entgiftungsmechanismen** in Pflanzen unter erhöhtem CO_2 (Schwanz und Polle 2001). Ein Vergleich der relativ trockenstressempfindlichen Strandkiefer (*Pinus pinaster*) mit der weniger trockenstressempfindlichen Eiche (*Quercus robur*) zeigte, dass die Schutzwirkung von erhöhtem atmosphärischem CO_2 innerhalb eines bestimmten metabolischen Fensters begrenzt war und sich in der Eiche deutlicher bemerkbar machte als in der Kiefer. Über die ökologischen Folgen der Verschiebung der Stresstoleranzen von unterschiedlichen Species gibt es keine gesicherten Erkenntnisse. Es ist aber zu vermuten, dass derartige Auswirkungen erhöhter atmosphärischer CO_2-Konzentrationen langfristig Folgen für die Artenzusammensetzung haben können.

5.3.1.2 Pflanzeninterne Kohlen stoffverteilung unter erhöhten CO_2-Konzentrationen in Beziehung zu symbiontischen Interaktionen

Die gesteigerte Photosynthese unter erhöhtem CO_2 wirkt sich auf den **Kohlenstoffhaushalt** der Pflanzen aus. Während man in krautigen Pflanzen häufiger erhöhte Zuckergehalte oder Stärkeakkumulation in den Blättern finden konnte, wurde dies in Baumspecies eher selten beobachtet (Saxe et al. 1998). Bei Eichen, die an geothermischen Quellen (Abschn. 4.3) ihr Leben lang erhöhten atmosphärischen CO_2-Konzentrationen ausgesetzt waren, wurden zwar in Blättern keine erhöhten Kohlenhydratgehalte gefunden (Abb. 5-30), aber in Phloemsäften. Dies zeigt, dass der Abtransport von Kohlenhydraten zu „*Sink*-Organen" unter diesen Bedingungen erhöht wird. Wenn in Baumspecies ein Anstieg von Blattzucker oder -stärkegehalten beobachtet wurde, hing dies meistens damit zusammen, dass Nährstoffe, wie z. B. Phosphat oder Stickstoff aufgrund des erhöhten Wachstums in Mangel gerieten, sodass der Export gestört war oder neue *Sinks* nicht hinreichend gebildet werden konnten. Grundsätzlich spielt die Balance zwischen Stick-

---

1) *Pre-dawn* Wasserpotenzial ist das vor Sonnenaufgang, d.h. im entspannten Zustand, gemessene Wasserpotenzial.

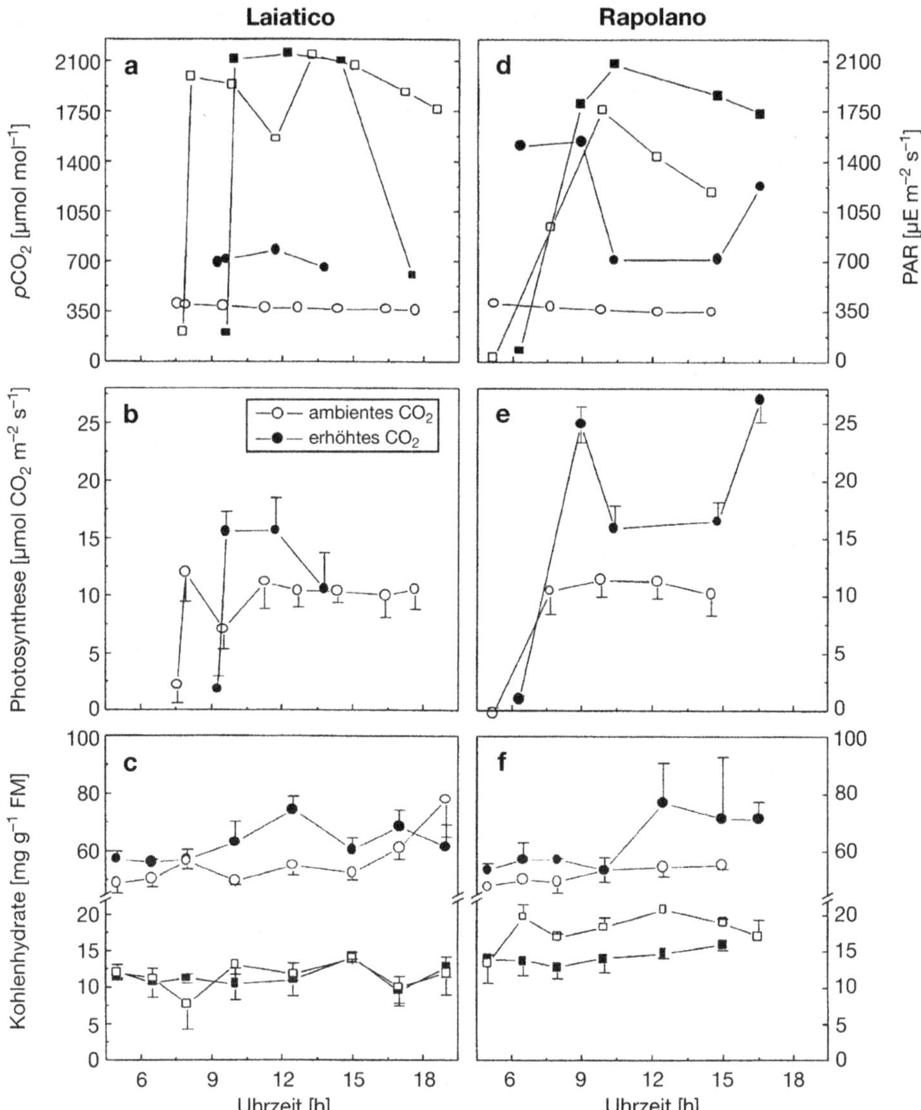

Abb. 5-30: Diurnale Fluktuationen von Netto-Photosyntheserate und Kohlenhydratkonzentrationen in Blättern von Flaumeichen (*Quercus pubescens*) in der Nähe von zwei CO_2-Quellen, Laiatico und Rapolano (Italien). Die schwarzen Symbole beziehen sich auf erhöhte, die weißen auf ambiente CO_2-Konzentrationen. (a), (d): eckige Symbole: photosynthetisch aktive Strahlung, Kreise: CO_2-Konzentrationen; (b), (e): Netto-Photosyntheseraten; (c), (f): eckige Symbole: lösliche Zucker, Kreise: Stärkegehalte in Glukoseeinheiten. Aus: Blaschke et al. (2001).

stoff- und Kohlenstoffhaushalt für die Auswirkung von erhöhtem CO_2 auf das Wachstum eine wichtige Rolle (Stitt und Krapp 1999, siehe unten).

Bei ausreichendem Nährstoffangebot und Platz im Wurzelraum, war das **Wurzelwachstum** meistens stärker stimuliert als das Wachstum oberirdischer Organe. Hierbei muss auch die Interaktion mit Symbionten berücksichtigt werden. In ihrer natürlichen Umwelt sind Bäume zu über 90 % mykorrhiziert. Der wachstumssteigernde Effekt von erhöhtem CO_2 war bei mykorrhizier-

Tab. 5-13: Einfluss erhöhter atmosphärischer CO_2-Konzentrationen auf Baum-Mykorrhizapilz-Assoziationen (aus Ceulemans et al. 1999, verändert)

Species	Anzuchtbedingungen	% Infektion	Wurzelresponse	andere Effekte auf Mykorrhiza
Betula halleghaniensis	Mesokosmen (700 ppm CO_2) Kompetition mit Betula papyrifera	↑	Masse ↑ Länge ↑	
Betula papyrifera	Mesokosmen (700 ppm CO_2) Kompetition mit Betula halleghaniensis	↑	Masse = Länge =	
Betula papyrifera	Töpfe, KK (700 ppm CO_2)	↑	Masse ↑	veränderte Zusammensetzung, längere Hyphen
Betula pendula	Töpfe, OTC (700 ppm CO_2)	↑	Masse ↑	veränderte Zusammensetzung
Liriodendron tulipifera	Töpfe, OTC (+150 oder +300 ppm CO_2)	= (24 Wochen)	Masse ↑	
Liriodendron tulipifera	OTC (+150 oder +300 ppm CO_2)	=		
Pinus caribea	49 Wochen, Töpfe, KK (660 ppm CO_2)	=		
Pinus echinata	41 Wochen, Töpfe, KK, 2x ambientes CO_2	=	Masse ↑	Zunahme Infektion zu Beginn, aber nicht bei Endernte
Pinus palustris	Töpfe, OTC (720 ppm CO_2)	↑	Länge ↑	Effekte bei N-Limitierung stärker
Pinus ponderosa	OTC (+175 ppm CO_2, +350 ppm CO_2)	↑	Dichte ↑	Myzel ↑, Turn-Over ↑
Pinus ponderosa	Töpfe, KK (700 ppm CO_2)	↑	Dichte ↑	
Pinus radiata	49 Wochen, Töpfe, KK (660 ppm CO_2)	=		

ten Bäumen besonders deutlich. Häufig wirkte sich die verbesserte Kohlenhydratversorgung der Wurzel auch positiv auf das Ausmaß der **Mykorrhizierung** aus (Tabelle 5-13). Durch ein vergrößertes Mycel wiederum kann der Boden besser erschlossen und die Versorgung der Pflanze mit Nährstoffen erhöht werden. Mykorrhizen konsumieren einen erheblichen Teil des assimilierten Kohlenstoffs – die genauen „Kohlenstoffkosten" sind aber nicht bekannt. Der Beitrag der Mykorrhizen ist insofern wichtig als hierdurch die gesamte Kohlenstoffdynamik der Rhizosphäre beeinflusst wird und sich dies wiederum auf die Produktivität des Bestandes auswirkt.

Neben den mobilen kohlenstoffhaltigen Metaboliten, ist der Einfluss erhöhter atmosphärischer CO_2-Konzentrationen auch auf Strukturkomponenten wie Zellulose, Lignin oder andere sekundäre Inhaltsstoffe untersucht worden. Diesen Verbindungen kommt im globalen Kohlenstoffkreislauf eine besondere Rolle zu, da sie relativ stoffwechselinert sind, d. h. im Gegensatz zu Zuckern, Stärke, Aminosäuren, Proteinen, Fetten etc. werden sie im pflanzeneigenen Stoffwechsel nicht und nach dem Absterben der Pflanze oder nach Blattfall durch Mikroorganismen nur langsam abgebaut. **Kohlenstoffhaltige Strukturverbindungen** können im Holz von Bäumen sogar Hunderte von Jahren überdauern und damit dem Kohlenstoffkreislauf langfristig entzogen werden. In juvenilem Holz liegen mehr als 80 % des Kohlenstoffs gebunden in Strukturver-

Tab. 5-13: Einfluss erhöhter atmosphärischer CO_2-Konzentrationen auf Baum-Mykorrhizapilz-Assoziationen (aus Ceulemans et al. 1999, verändert) (Forts.)

Species	Anzuchtbedingungen	% Infektion	Wurzelresponse	andere Effekte auf Mykorrhiza
Pinus strobus	Töpfe, KK (700 ppm CO_2)	↑	Masse ↑	veränderte Zusammensetzung
Pinus sylvestris	Petri-Schalen, KK (600 ppm CO_2)	↑	Masse ↑ Länge =	Myzel ↑
Pinus sylvestris	Töpfe, KK, 2x ambientes CO_2	=	Masse =	
Pinus taeda	120 Tage, Töpfe, KK, 2 ambientes CO_2	=	Masse =	
Populus tremuloides	Töpfe ohne Boden, OTC (700 ppm CO_2)	=	Masse ↑	Hyphenlänge unter N-Mangel ↑
Populus hybrids	2 Jahre, OTC (+350 ppm CO_2)	=	Masse ↑	
Quercus alba	24 Wochen, Töpfe, KK, 2x ambientes CO_2	↑	Masse ↑	Veränderung der Species-Häufigkeit
Quercus alba	OTC (+150 ppm CO_2, +300 ppm CO_2)	↑	Masse ↑	
Tsuga candensis	Töpfe, KK (700 ppm CO_2)	EM = AM ↑	Masse ↑	

KK = Klimakammer, OTC = *Open-Top*-Kammer / Kabine, EM = Ektomykorrhiza, AM = Arbuskuläre Mykorrhiz

bindungen vor, davon wiederum etwa 20–30 % in Form von **Lignin** (Polle et al. 2001b). Es gibt keine Hinweise darauf, dass Wachstum unter erhöhtem atmosphärischen CO_2 generell zu einer vermehrten Ligninbildung und damit erhöhten Ligninakkumulation und -konzentration im Holz führt. Im Gegenteil, entwicklungsphysiologische Untersuchungen zeigen sogar, dass die Ligninbildungsrate unter erhöhtem CO_2 in einigen Fällen, z. B. in Buchen- und Steineichenblättern verzögert war. Im Holz und im Bast dieser Species wurden unter bestimmten Bedingungen etwas verminderte Ligningehalte gefunden. Hierbei spielt jedoch die Balance zwischen Kohlenstoff- und Stickstoffhaushalt eine entscheidende Rolle. Wenn das Wachstum durch limitierte Stickstoffversorgung begrenzt war, wurden unter erhöhtem CO_2 erhöhte Konzentrationen phenolischer Verbindungen, darunter auch Lignin, gefunden. War die Stickstoffversorgung optimal oder sogar höher, enthielt das Holz verminderte Ligninkonzentrationen (Blaschke et al. 2002).

5.3.1.3 Einfluss erhöhter CO_2-Konzentrationen auf den Stickstoffhaushalt

Wachstum unter erhöhtem atmosphärischen CO_2 beeinflusst nicht nur den Wasser- und Kohlenstoffhaushalt, sondern die gesamte Nährstoffphysiologie, darunter besonders den Stickstoffhaushalt (Stitt und Krapp 1999, Drake et al. 1997). Die physiologischen Zusammenhänge, die zu diesen Veränderungen führen, sind nicht restlos geklärt. In vielen Fällen ist der Stickstoffgehalt in Blättern von Pflanzen unter erhöhtem CO_2 niedriger als unter den heutigen ambienten CO_2-Konzentrationen. Diese Verschiebung der C- und N-Zusammensetzung wird durch ein erhöhtes C/N-Verhältnis charakterisiert. Die **Verminderung des Stickstoffgehalts** kann verschiedene Ursachen haben. Sie kann schlicht ein „Verdünnungseffekt" sein, der auftritt, wenn es zu einer erheblichen Akkumulation von Kohlenhydraten, besonders von Stärke, im Blatt kommt. Auch kann die Ursache in einer beschleunigten Ontogenie liegen, wobei infolge einer schnelleren

Entwicklung und Reifung wiederum schneller eine altersbedingte Retranslokation von Reserven in wachsende Organe erforderlich wird. Häufig ist die Verringerung des N-Gehalts eine Folge einer verringerten Konzentration an Rubisco-Protein, das in Blättern bis zu 50 % des gesamten löslichen Proteinpools ausmachen kann. Da Rubisco in erheblichem Überschuss vorliegt, wirkt sich eine moderate Verminderung nicht zwangsläufig auf die Höhe der aktuellen Photosyntheserate aus. Daher wurde die Absenkung der Stickstoffgehalte bei gleichzeitig erhöhter Photosynthese unter erhöhtem CO_2 auch als erhöhte Stickstoffnutzungseffizienz bezeichnet (Drake et al. 1997). Die Ermittlung der maximalen Photosynthesekapazität zeigt jedoch, dass diese gegenüber Pflanzen, die unter ambientem CO_2 wachsen, verringert ist (Abb. 5-29).

Wachstum unter erhöhtem CO_2 wirkt sich besonders drastisch auf **pflanzeninterne Prozesse** aus, wenn die Stickstoffversorgung unter ambientem CO_2 gerade ausreicht. Dann führt ein gesteigertes Wachstum schnell in eine Stickstofflimitierung. Die aktuelle Photosyntheserate unter erhöhtem CO_2 nähert sich der an, die in Pflanzen unter ambientem CO_2 gemessen wird. Die Verminderung der Photosynthese unter erhöhtem CO_2 wurde als *acclimation* bezeichnet und ist ein Vorgang, der sich häufig nur sehr langfristig entwickelt. Zwar hat man auch in Blättern von Bäumen häufig verminderte Stickstoffgehalte (im Schnitt −19 %, Cotrufo et al. 1998) und auch verminderte Rubisco-Gehalte gefunden, jedoch gibt es kaum Hinweise, dass die aktuelle Photosynthese eine erhebliche *acclimation* erfährt. Auch in längerfristigen Versuchen blieb die Netto-Photosynthese unter erhöhtem CO_2 im Allgemeinen erhöht (siehe oben). In mediterranen Eichenbeständen, die in der Nähe von CO_2-Quellen wuchsen, d.h. bei Bäumen, die über viele Jahrzehnte erhöhten atmosphärischen Konzentrationen ausgesetzt waren, folgte die aktuelle Photosynthese den Veränderungen in der CO_2-Außenkonzentration und war höher als unter den heutigen mittleren ambienten CO_2-Konzentrationen (Abb. 5-30) trotz leicht verminderter N-Gehalte im Blatt (Körner und Miglietta 1994).

5.3.1.4 Wachstum unter erhöhten CO_2-Konzentrationen

Bislang zeigen fast alle Untersuchungen, dass Bäume unabhängig von ihrem Alter und der Dauer der CO_2-Exposition erhöhte Photosyntheseraten auf Blattebene beibehalten können. Dagegen sind klare Aussagen darüber, welche Konsequenzen dies langfristig für das Wachstum, den Eintritt in die Reproduktions- und Seneszenzphase von Baumspecies hat, nicht möglich. Hierbei spielt neben CO_2 der Einfluss anderer Umweltbedingungen eine wesentliche Rolle. Im Keimlings- und Jugendstadium wurde meistens ein beschleunigtes Wachstum unter erhöhtem CO_2 gefunden. Als relativ verlässlicher Parameter zur Ermittlung der Wachstumsbeschleunigung erwies sich die Bestimmung des radialen Zuwachses in Relation zur Blattfläche. Danach zeigten Bäume unter erhöhten CO_2-Konzentrationen einen um etwa 30 % erhöhten Jahreszuwachs (Norby et al. 1999). Die Beschleunigung ließ jedoch zumeist innerhalb der ersten Jahre nach, so dass ein kleiner Biomassevorsprung etwas älterer Bäume nur auf das anfänglich erhöhte Wachstum zurückzuführen war. Ergebnisse aus Freiland-CO_2-Begasungsexperimenten (FACE = *free air CO_2 enrichment*) zeigen, dass erhöhtes CO_2 auch im Freiland das **Wachstum stimuliert** und zwar sowohl bei schnell wachsenden Baumarten wie Pappeln als auch langsamer wachsenden Koniferen; aber auch hier war die ausreichende Verfügbarkeit von Stickstoff und Wasser entscheidend (Oren et al. 2001, Liberloo et al. 2006). Ob diese Effekte dann auch bei ausgewachsenen Bäumen zu erhöhten Biomassen führen oder ob in erster Linie der Lebenszyklus beschleunigt wird, ist noch offen. An geothermischen Quellen, wo die Bäume ihr Leben lang erhöhten atmosphärischen CO_2-Konzentrationen ausgesetzt sind, gibt es keine Hinweise auf eine erhöhte oberirdische Biomasseproduktion im Vergleich zu Standorten, wo die entsprechenden Species unter heutigen CO_2-Konzentrationen wachsen. Detaillierte Untersuchungen der Jahrringzuwächse von Bäumen an **geothermischen Quellen zeigten keine eindeutigen CO_2-Effekte**. In einem Fall wurden an den Quellen gleiche oder sogar geringere Jahrringzuwächse beobachtet, in einem anderen Fall in den ersten zwei bis drei Jahren etwas erhöhte Zuwächse (Tognetti et al. 2000, Hättenschwiler et al. 1997).

Es stellt sich somit die Frage, wofür die anhaltend erhöhte Assimilation der Blätter verwendet wird. Hierüber kann man nur spekulieren, vielleicht für eine vermehrte unterirdische Biomasseproduktion, vielleicht aber auch für eine erhöhte Respiration. Von den Steineichen der geothermischen Quellen gibt es Befunde, die belegen, dass die Blattfläche eines Baums bezogen auf die Bodenoberfläche unter erhöhtem CO_2 abnimmt. Dies könnte man als eine Anpassungsstrategie an das aride Klima durch verbesserte Wassernutzungseffizienz interpretieren. Des Weiteren wird bei einigen Baumarten auch der Kohlenstofftransport in den Boden über Mykorrhizenpilze erhöht (Godhold et al. 2006). Zusammenfassend muss man sagen, dass eine allgemeine Vorhersage darüber, wie Bäume langfristig auf erhöhtes CO_2 reagieren, noch nicht möglich ist. Dazu ist es notwendig die begonnenen FACE-Studien langfristig fortzuführen und die Bäume dabei in ihrem ökosystemaren Gefüge zu betrachten, d. h. gleichzeitig die Veränderungen anderer Umwelteinflüsse, wie erhöhte Temperaturen, veränderte Niederschlagsmuster, veränderte Nährstoffkreisläufe etc. einzubeziehen.

5.3.2 Stickstoffwirkungen

5.3.2.1 Stickstoff in Waldökosystemen

Lebende Materie enthält einen hohen Anteil an Stickstoff. Er ist Bestandteil von Aminosäuren/ Proteinen, Nucleinsäuren, Coenzymen, Pigmenten, Phytohormonen und einer Vielzahl anderer Biomoleküle. Dieser **organisch gebundene Stickstoff** liegt in der Oxidationsstufe −III vor, wie auch im NH_3. Pflanzen nehmen den Stickstoff, den sie für die Bildung von Zellsubstanz benötigen, in anorganischer Form auf.

Der weitaus größte Teil wird als NO_3^- über die **Wurzeln** aufgenommen. In versauerten Böden mit gehemmter Nitrifikation oder in N-defizitären Systemen mit starker Konkurrenz um den mineralischen Stickstoff erfolgt die Aufnahme auch als NH_4^+. Bei der Umwandlung in organi-

sche Bindungsformen wird im Fall von Nitrat ein Proton verbraucht, was mit der Abgabe eines OH^-- oder HCO_3^--Ions in die Rhizosphäre verbunden ist. Im Fall von NH_4^+ wird ein Proton freigesetzt, was zu dessen Abgabe in den Wurzelraum führt. Der N-Umsatz ist somit eng mit dem Protonenumsatz im Boden verbunden. Bei der Zersetzung der organischen Substanz kehren sich die Prozesse um.

Einige freilebend und symbiontisch lebende Bakterien sind in der Lage, den **Luftstickstoff (N_2)** zu fixieren. Diese Fähigkeit nutzen einige Pflanzen, um sich mittels Symbionten mit organisch gebundenem Stickstoff zu versorgen. Als Beispiel seien die Leguminosen und die mit ihnen in Symbiose lebenden Rhizobien genannt. In diesem Fall verläuft die N-Aufnahme protonenneutral.

Auch die **Blätter** können Ionen in gelöster Form aufnehmen. Dies macht man sich bei der Blattdüngung zunutze. In gewissem Umfang können daher auf den Blattoberflächen deponiertes Nitrat und Ammonium aufgenommen werden. Auf die Möglichkeit, NO_2, NO und NH_3 gasförmig durch die Stomata aufzunehmen und deren Wirkungen wurde bereits in den Abschnitten 5.1.2.1 und 5.1.2.2 hingewiesen.

Das **Anion NO_3^-**, das durch Einträge in den Boden gelangt oder im Zuge der Nitrifikation gebildet wird – dabei entstehen zwei Protonen –, kann bei Nichtaufnahme durch die Biota ausgewaschen werden. Das Kation NH_4^+ wird stark am Austauscher gebunden und ist in nur geringem Umfang der Auswaschung unterworfen. Weiter kann Stickstoff aber auch als NO, N_2O oder N_2 in Gasform an die Atmosphäre zurückgegeben werden. Diese Gase entstehen bei der Denitrifikation im Zuge mikrobieller Umsetzungen unter anoxischen oder partiell anoxischen Bedingungen im Boden. Dabei wird ein Proton verbraucht. NO und N_2O entstehen auch in kleinen Mengen bei der Nitrifikation. Die Abbildung 5-31 zeigt das Umsatzgeschehen des Stickstoffs im Ökosystem schematisch mit den damit verbundenen Protonenumsetzungen.

Der terrestrische **Stickstoffkreislauf** wird durch die Tätigkeit des Menschen zumindest auf regionaler Ebene massiv verändert. Zum einen wird Stickstoff in großen Mengen direkt in die Ökosysteme eingebracht, sei es durch Düngung mit N-haltigen Mineraldüngern oder dem gezielten Anbau von Leguminosen. Zum anderen

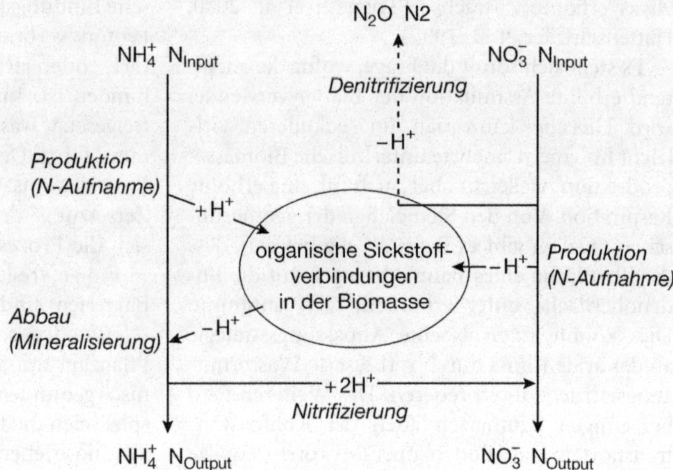

Abb. 5-31: Stickstoffumsatz und H⁺-Transfer.

wird NO_x, das bei Verbrennungsprozessen aller Art entsteht, diffus über die Atmosphäre verteilt und nachfolgend deponiert. Dies gilt auch für das NH_3, das als Folgeprodukt intensiver Stickstoffdüngung in der Landwirtschaft emittiert wird. Weltweit hat die anthropogene N-Zufuhr in die Biosphäre die natürliche terrestrische N-Fixierung deutlich überflügelt. In einigen Regionen übertrifft sie diese um ein Mehrfaches. In unbelasteten Wäldern des temperaten Klimabereichs liegt die N-Deposition in der Größenordnung von $2-5$ kg N ha^{-1} a^{-1}. Sie wird durch die biologische N-Fixierung und durch oxidierte Stickstoffverbindungen gespeist, welche bei elektrischen Entladungen in der Atmosphäre entstehen. Wie im Abschnitt 4.2.5 gezeigt wird, liegt in Deutschland die Gesamt-N-Deposition im Bereich von $10-90$ kg N ha^{-1} a^{-1}. Setzt man die $5-15$ kg N ha^{-1} a^{-1}. dagegen, die gut wachsende Baumbestände jährlich in der Biomasse festlegen, so wird deutlich, dass die Waldbestände gegenwärtig eine Phase der N-Eutrophierung durchlaufen, zumal der deponierte Stickstoff in direkt bioverfügbarer Form zugeführt wird. Dieser Prozess kann an manchen Standorten so weit gehen, dass die Ökosysteme N-gesättigt sind und der deponierte Stickstoff an Nachbarsysteme wie das Grundwasser, Oberflächengewässer oder die Atmosphäre weitergegeben wird.

Bis zu Beginn der 70er Jahre des vergangenen Jahrhunderts galten die Waldökosysteme in Deutschland überwiegend als **stickstofflimitiert**. Fragen der Stickstoffdüngung stellten bis zu die-

sem Zeitpunkt einen Schwerpunkt der forstbodenkundlichen Forschung dar. Diese Situation trat auf, obwohl in Waldböden im Mittel ca. 6 t N gespeichert sind (BMELF 1997) und die jährlichen Aufnahmen der Wälder nur in einer Größenordnung von $40-120$ kg N ha^{-1} a^{-1}. liegen. Ursache für die nur geringen Mineralisationsraten sind die sehr persistenten Bindungsformen des Stickstoffs in der organischen Substanz des Bodens. Dies erklärt, warum **Depositionsraten** pflanzenverfügbaren mineralischen Stickstoffs von $10-90$ kg N ha^{-1} a^{-1} **tief greifende Veränderungen** in Waldökosystemen hervorrufen. In der Tabelle 5-14 sind die wichtigsten Veränderungen zusammengestellt.

Wie bereits oben angeführt, ist der Umsatz von Stickstoff mit der **Bildung und Konsumption von Protonen** verbunden. Bis zu Eintragsraten von 30 kg N ha^{-1} a^{-1} sind die Anteile von NO_3^- und NH_4^+ annähernd gleich. Wird dieser Stickstoff in organische Form überführt, so findet keine Versauerung statt. Dies ist noch in vielen Waldökosystemen der Fall. Kommt es jedoch zur Nitratauswaschung, so bleibt eine äquivalente Menge an Protonen im Boden zurück. Höhere Depositionen sind auf NH_4^+ zurückzuführen. Beim Verbleib im Boden ist dem N-Anteil > 30 kg ha^{-1} a^{-1} eine entsprechende H$^+$-Menge zuzuordnen. Diese Menge erhöht sich um die Menge Stickstoff, die als Nitrat ausgewaschen wird. Dies verdeutlicht, dass die auf Stickstoffeinträge zurückzuführende Bodenversauerung nur bei genauer Kenntnis der standörtlichen Bedingungen

Tab 5-14: Folgen von Stickstoffeinträgen

im Ökosystem	
Wirkungen auf Böden	• Freisetzungen von Protonen (Abschn. 5.2)
	• Verengung des C/N-Verhältnisses der organischen Substanz
	• Erhöhung des N-Umsatzes und der N-Verfügbarkeit
Wirkungen auf Biota	• Stimulation des Pflanzenwachstums
	• Reduktion von Wurzelsystemen
	• Steuerung der Kationenaufnahme
	• Nährstoffimbalancen in Blättern und Nadeln
	• Minderung der Stresstoleranz
	• Veränderung der Mykorrhizen
	• Veränderung der Vegetationsgesellschaft
	• Veränderungen von Wirt-Parasit-Interaktionen
Wirkungen auf Nachbarsysteme	• Nitratbelastung des Grundwassers und von Oberflächengewässern
	• Belastung der Atmosphäre durch NO, NO_2 und N_2O

abgeschätzt und nicht verallgemeinert werden kann.

Die Untersuchungen im Rahmen der bundesweiten Waldboden-Zustandserhebung (BMELF 1997) ergaben, dass die **C/N-Verhältnisse** in den Humusformen typischer Moder, rohhumusartiger Moder und Rohhumus keine Unterschiede aufwiesen. Sie liegen bei etwa 24. Die Humusformen Mull und mullartiger Moder weisen mit Werten von 16 ein deutlich engeres C/N-Verhältnis auf. Dieser Befund bestätigt Beobachtungen, wonach die anhaltend hohen N-Einträge zu deutlichen Verengungen der C/N-Verhältnisse geführt haben, insbesondere bei den Humusformen mit ehemals weitem Verhältnis. Der Eintrag von Stickstoff in die Böden erfolgt direkt durch Deposition mit dem Bestandesniederschlag und indirekt über die bessere N-Versorgung der Blätter und Nadeln (McNulty et al. 1991, Gundersen 1995, Tietema und Beier 1995, Gundersen 1998). Damit erhöht sich die Möglichkeit höherer Netto-N-Mineralisation (Falkengren-Grerup et al. 1948, Tietema 1998, McNulty et al. 1991) und besserer N-Versorgung der Pflanzen. Die N-Speicherung ist jedoch begrenzt. Bei weiterer N-Zufuhr kann es zur „Sättigung" des Systems kommen mit der Folge, dass der Stickstoff zum Grundwasser ausgewaschen oder an die Atmosphäre abgegeben wird.

Auf die **Aufhebung der N-Limitierung** reagieren die Bäume mit einer Vergrößerung des Photosyntheseapparats und verstärktem Wachstum (Tamm 1991). Dies zeigen Beobachtungen in Deutschland (Röhle 1993, Forster et al. 1993, Riebeling 1992) in europäischen Wäldern (Klädtke 1995, Spiecker et al. 1996). Ob der Stickstoff der alleinige Faktor ist, bleibt zu prüfen. Untersuchungen in Schweden und den USA (Näsolm et al. 1997, Boxman et al. 1998 b, McNulty et al. 1996) zeigen, dass oberhalb baumspezifischer Grenzwerte Stickstoff als Arginin gespeichert wird und nicht zu verstärktem Wachstum beiträgt. Als weitere Ursachen kommen der erhöhte CO_2-Gehalt der Atmosphäre (Abschn. 5.3.1), Klima- und Witterungseinflüsse und veränderte Behandlung der Bestände in Betracht (Klädtke 1995). Das durch N-Zufuhr verstärkte Wachstum der Blätter und Nadeln führt auf nährstoffarmen Standorten zu Defiziten in der Mg- und P-Versorgung und Erweiterung der Mg/N- und P/N-Verhältnisse (Hüttl 1990, Hocke 1991, Heinsdorf 1993, Schulze 1989, Gundersen 1998). Auch kommt es auf Kalkstandorten und küstenfernen Regionen zu K-Mangel (Hüttl 1991, Hildebrand 1990, Moosmayer 1988). Ursache für diese Phänomene sind die sehr geringen Vorräte an verfügbaren M_b-Kationen in versauerten Böden, die säurebedingte Hemmung der Nitrifikation und damit erhöhte NH_4^+-Gehalte im Boden. NH_4^+/K^+-Antagonismen bei der Wurzelaufnahme (Roelofs et al. 1985, Boxman et al. 1991, Houdijk und Roelofs 1993) verringerten die M_b-Kationenaufnahme bei NH_4^+-Ernährung.

Auch die **Wurzeln** selbst reagieren auf die vermehrte N-Zufuhr. Sie ziehen sich verstärkt in den N-eutrophierten, generell nährstoffreichen, humosen Oberboden zurück (Schulze 1989, Eichhorn 1991, Matzner und Murach 1995) in Böden mit unterschiedlicher N-Versorgung. Kottke (1995) wies nach, dass die Verzweigungsdichte oberflächennaher Wurzeln vermindert ist.

Die Folge der Reduktion der Feinwurzeln und der **Verflachung des Wurzelsystems** ist, dass Bäume in Trockenperioden schneller und ausgeprägter an Wassermangel leiden, wodurch auch die Nährstoffaufnahme vermindert wird. Auch können die Bäume die Nährstoffe, die in den Unterboden transportiert wurden, nicht mehr erreichen. Die Bäume sind auf den „kleinen" Nährstoffkreislauf des Humusumsatzes und der Zufuhr aus der Atmosphäre angewiesen. In Umkehr konnten Boxman und Roelofs (1998) und Lamersdorf und Borken (2004) in Experimenten mit reduziertem Stickstoffeintrag nachweisen, dass sich das Feinwurzelsystem schon bald nach der Reduktion deutlich erholte.

5.3.2.2 Stickstoffausträge

Die N-Depositionen können aber nicht nur im Hinblick auf die Wirkung im Ökosystem betrachtet werden, sondern auch der **N-Austrag** ist von Bedeutung, da er Probleme in Nachbarsystemen verursachen kann. Mit einfachen statistischen Modellen ist der Austrag mit dem Sickerwasser abzuschätzen (Manderscheid 1999). Solche Mo-

delle zur Berechnung des Austrags von Stickstoff mit dem Sickerwasser (N_{out}) werden von verschiedenen Autoren vorgeschlagen, z. B. schlägt Dise (1998) als unabhängige Variable den pH und das C/N-Verhältnis (CN) vor. Damit können 61 % der Varianz erklärt werden.

$$N_{out} = 10^{-1,151\ pH\ -\ 0,09\ CN\ +\ 7,795}\quad r^2 = 0,61 \qquad (58)$$

Fast genauso gut kann der N-Eintrag (N_{in}) mit der Kronentraufe und das C/N-Verhältnis im Mineralboden als unabhängige Variable eingesetzt werden. Hierdurch werden 50 % der Varianz erklärt.

$$N_{out} = 10^{0,030\ Nin\ -\ 0.06\ CN\ +\ 1,493}\quad r^2 = 0,50 \qquad (59)$$

Augustin und Wolff (2003) berechneten den N-Austrag von mit Fichten bestockten Level II-Flächen unter Einbeziehung des Jahresniederschlags (ND) nach der Gleichung

$$\text{N-Austrag kg N ha}^{-1}\ a^{-1} = 68,157\ -\ 1,9539\ C/N$$
$$(Oh)\ -\ 0,0128\ ND\ (mm)\quad r^2 = 0,82 \qquad (60).$$

Es reicht aber auch aus, den N-Eintrag als unabhängige Variable einzusetzen:

$$N_{out} = 0,9506\ N_{in}\ +\ 0,0269\ N_{in}^2\ +$$
$$0,0004\ N_{in}^3\ -\ 3,0050\quad r^2 = 0,58 \qquad (60a).$$

Diese Relation ist in der Abbildung 5-32 für 198 Standorte in Europa dargestellt und zeigt, dass bereits in vielen Systemen ein **Durchbruch von Stickstoff** erfolgt. Es wird deutlich, dass im Einzelfall der errechnete N-Austrag und der tatsächliche Austrag erheblich voneinander abweichen können. Die Varianz in den Daten kann auf

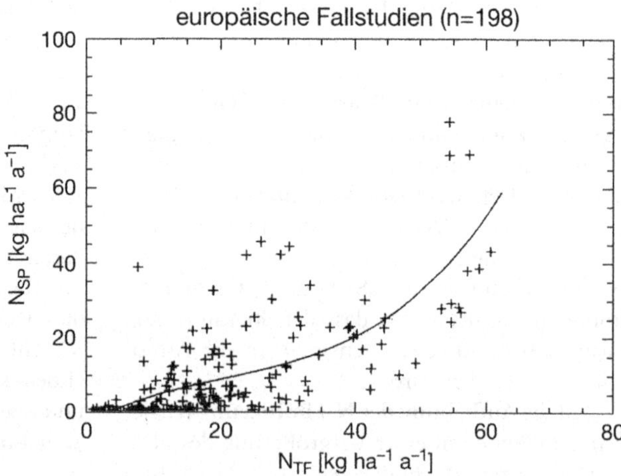

Abb. 5-32: Regressionsmodell des N-Eintrags und des N-Austrags.

die Bestandesgeschichte zurückgeführt werden, wie zum Beispiel der Ausbruch von Insektenkalamitäten, Sturmschäden, Kalkung, Durchforstung/Kahlschlag oder Bodenbearbeitung. Zum Teil hängt sie auch mit der Heterogenität der Wasserflüsse zusammen.

Während für ein überregionales Ökosystemmanagement ein hinreichend genaues Informationssystem geschaffen wird, besteht für ein lokales/forstliches Ökosystemmanagement bisher keine flächendeckende Datengrundlage.

5.3.3 Schwefelwirkungen

Der Makronährstoff Schwefel in Waldökosystemen stammt aus der Verwitterung S-haltiger Minerale und der Zufuhr als SO_4^{2-} oder SO_2 aus der Atmosphäre, über die Schwefel aus Vulkanen oder dem Meer über weite Entfernungen transportiert wird. Hinzu kommt in Europa in den vergangenen 150 Jahren ein nennenswerter Betrag aus der Verbrennung fossiler Energieträger. Durch die Aufnahme von Schwefel in Form von SO_4^{2-} gelangt dieser über den Bestandesabfall in organischer Form in den Boden und wird über die Mineralisation erneut in den Nährstoffkreislauf eingeschleust. Der Schwefel ist ein wichtiger Bestandteil von Aminosäuren und Proteinen sowie von Coenzymen. S-Mangel äußert sich in einer Hemmung der Proteinsynthese, verbunden mit sinkendem Chlorophyllgehalt. Optisch macht sich S-Mangel als Chlorose junger Blätter bemerkbar.

Aufgrund der geringen Entfernung zum Meer, aber insbesondere durch die sehr hohen S-Depositionen **tritt S-Mangel in den Wäldern nicht auf**. Mylona (1996) berechnete, dass in einem breiten Band, das sich von England über die Niederlande, Belgien, Nordfrankreich und den mittleren Teil Deutschlands bis nach Polen erstreckt, in der Zeit zwischen 1880–1991 zwischen 2 000 und 5 000 kg S pro ha deponiert worden sind. In einigen Regionen lagen die Werte noch deutlich darüber.

Direkte Beeinflussungen des Stoffwechsels der Bäume durch ein hohes SO_4^{2-}-Angebot in der **Bodenlösung** treten nicht auf, da die Aufnahme aktiv gegen ein Konzentrationsgefälle erfolgt und auch von anderen Ionen nicht beeinflusst wird. Die Wirkungen des Schwefels über den Böden sind indirekter Natur, da die Deposition einerseits mit dem Eintrag von Protonen verbunden ist, was zur Versauerung führt, andererseits SO_4^{2-} als Anion nur in geringem Umfang in Böden gebunden wird (Aluminiumhydroxyverbindungen), was zu einer Auswaschung von Kationen führt mit der Folge der Nährstoffverarmung.

In Waldböden war und ist SO_4^{2-} das **dominierende Anion** in der Bodenlösung und im Sickerwasser. Erfolgt die Aufnahme jedoch als SO_2 über das Blatt, so kann es zu direkten Schäden kommen, die sich als Verfärbungen (Chlorosen) oder als Nekrosen darstellen. Die SO_2-Wirkung ist in Abschnitt 5.1.1 umfassend beschrieben worden.

Die Waldbodenzustandserfassung (BMELF 1997) ergab, dass der Median der **S-Konzentration** im ersten Nadeljahrgang von Fichten 1,27 mg/g betrug, was einem mittleren bis hohen S-Gehalt entspricht. Aufgrund des Vergleichs junger und älterer Nadeln ließ sich ermitteln, dass 59 % der Fichten überhöhte S-Konzentrationen aufgrund von SO_2-Aufnahmen aufwiesen. Dabei gab es starke regionale Unterschiede durch die Entfernung zu S-Emittenten. Es muss also davon ausgegangen werden, dass SO_2 als zusätzlicher Stressor auf vielen Standorten nicht auszuschließen ist.

5.3.4 Sonstige Nährstoffe: austauschbare M_b-Kationen und Vorräte im Auflagehumus

Wälder zeichnen sich dadurch aus, dass sie im Verhältnis zur gebildeten Biomasse nur einen geringen **Nährstoffbedarf** haben, denn das Hauptprodukt Holz weist nur sehr geringe Nährstoffkonzentrationen auf. Die durchschnittlichen Nährstoffvorräte von Baumhölzern betragen 400 kg/ha Kalium, 400 kg/ha Calcium und 100 kg/ha Magnesium (AK-Standortkartierung 2003). Diese Mengen, die temporär gespeichert und überwiegend exportiert werden, müssen aus vier Quellen bereitgestellt werden: (a) aus den austauschbar gebundenen Vorräten im Wurzelraum, (b) aus der Mineralisation der organischen Bodensubstanz, (c) aus der Verwitterung von Silikaten und (d) aus der Deposition von M_b-Kationen (Ca, K, Mg).

Tab. 5-15: Bewertung der kurz- und mittelfristig verfügbaren Vorräte im effektiven Wurzelraum (organische Auflage und Mineralboden) als Vielfaches der durchschnittlichen Nährstoffvorräte von Baumhölzern (K = 400 kg/ha; Ca = 400 kg/ha und Mg = 100 kg/ha) (Arbeitskreis Standortskartierung 2003)

K (kg/ha) (Faktoren)	200 (0,5)	400 (1)	600 (1,5)	800 (2)	1 200 (3)	1 600 (4)
Ca (kg/ha) (Faktoren)	200 (0,5)	400 (1)	800 (2)	2 000 (5)	4 000 (10)	8 000 (20)
Mg (kg/ha) (Faktoren)	50 (0,5)	100 (1)	200 (2)	500 (5)	1 000 (10)	2 000 (20)
Bewertung	**sehr gering**	**gering**	**gering bis mittel**	**mittel**	**mittel bis hoch**	**hoch**	**sehr hoch**

In der Tabelle 5-15 ist eine Bewertung der mittelfristig verfügbaren Vorräte im effektiven Wurzelraum vorgenommen worden.

Die **Kaliumvorräte** im Intensivwurzelraum betragen im Mittel 234 kg/ha. Auch im Gesamtwurzelraum bis 60 cm liegen die Vorräte mit 345 kg/ha noch unter dem mittleren Bedarf von 400 kg K/ha der Bestände. Aufgrund der Versauerung und der Auswaschung von M_b-Kationen weisen sehr viele Standorte deutliche Defizite bei der K-Versorgung aus den Bodenvorräten auf. Insbesondere Podsole auf sandigen Substraten und Braunerden mit schwacher Silikatausstattung sind deutlich unterversorgt.

Im Wurzelraum liegen die **Calciumvorräte** mit 650 kg/ha im geringeren bis mittleren Bereich und nur knapp über dem mittleren Bedarf von 400 kg/ha. Dabei ist die Spannweite des Bedarfs sehr groß, da anspruchsvolle Laubwälder mehr als 2 000 kg Ca/ha in der Biomasse festlegen, wogegen es bei ertragsschwachen Kiefernwäldern nur 200 kg/ha sind. Auch hier sind es besonders die Podsole und Braunerden, bei denen die Calciumausstattung gering bis mäßig ist.

Mit im Mittel 100 kg/ha ist der in den Beständen gespeicherte Vorrat an **Magnesium** relativ gering, in schwachen Kiefernbeständen werden sogar nur etwa 50 kg/ha gespeichert. Die Mg-Vorräte im Boden weisen im Mittel 149 kg/ha auf. Ein Drittel der Standorte weist jedoch nur geringe bis sehr geringe Vorräte auf und befindet sich somit in einem Bereich mit potenziellem Mg-Mangel. Dies betrifft besonders Böden, die sich auf Sandsteinen und Sanden entwickelt haben und stark versauert sind wie Braunerden und Podsole.

Diese knappe Übersicht macht deutlich, dass aufgrund der **fortgeschrittenen Versauerung** mit dem damit verbundenen Rückgang der effektiven Austauschkapazität (Ak_e) und der Basensättigung in einem erheblichen Anteil unserer Waldböden die Vorräte an M_b-Kationen in den Böden nicht ausreichen, um den Bedarf eines neuen Bestandes zu decken. Eine ausreichende Versorgung kann nur sichergestellt werden, wenn die notwendigen Nährstoffe aus der Silikatverwitterung, der Deposition oder der gezielten Zufuhr durch Düngung erfolgt.

Die **Nachlieferung an M_b-Kationen** hängt von dem Vorhandensein primärer und sekundärer Silikate, deren Menge, Mineralzusammensetzung, Korngrößenverteilung und Verwitterungsgrad ab. Da die Freisetzungsraten darüber hinaus vom pH-Wert und vom Reduktions/Oxidations-Status der Böden gesteuert werden, lassen sich die elementspezifischen Nachlieferungsraten für die verschiedenen Standorte nur bei Kenntnis der jeweiligen Bedingungen ermitteln. Für die Abschätzung der Verwitterungsraten wird ein Ansatz von De Vries (1994) verwendet, bei dem die Rate eine Funktion des Ausgangsmaterials und der Textur darstellt mit einem Korrekturfaktor für die Temperatur (Umweltbundesamt 1996, 2003). Dabei ergeben sich Verwitterungsraten (ohne Temperaturkorrektur) zwischen 0,25 $kmol_c$ ha^{-1} a^{-1} und 2,75 $kmol_c$ ha^{-1} a^{-1}. Die Verwitterungsraten für Ca, Mg, K und Na werden als Fraktionen der Gesamtverwitterungsrate aus dem Ton- und Schluffanteil der Texturklassen der jeweiligen Böden ermittelt.

Für die Waldökosysteme in Nordwestdeutschland wurden Verwitterungsraten für eine 100-

jährige Umtriebszeit ermittelt, die für Kalium zwischen 280–950 kg/ha, für Calcium zwischen 22–260 kg/ha und für Magnesium zwischen 60–550 kg/ha lagen.

Die **Deposition von M_b-Kationen** ist nicht nur eine wichtige Größe bei der Kalkulation der *Critical Loads* für Säure, sondern sie spielen auch eine sehr wichtige Rolle bei der Versorgung der Bäume mit Nährstoffen. Diese aus natürlichen und anthropogenen Quellen wie Seesalz, Feuer, Vulkanen, Bodenerosion, Kohle- und Holzverbrennung sowie industriellen Emissionen stammenden Nährstoffe tragen in erheblichem Maße dazu bei, dass der Prozess der Nährstoffverarmung reduziert wird. So betrugen die Depositionen in nordwestdeutschen Wäldern für die Umtriebszeit von 100 Jahren beim Kalium zwischen 200–460 kg/ha, beim Calcium zwischen 380–630 kg/ha und beim Magnesium zwischen 110–230 kg/ha. Diese Depositionen weisen eine große räumliche Varianz auf und sind daher nur schwer zu ermitteln. Auch sind ihre Größen zeitlich nicht konstant. Die Luftreinhaltemaßnahmen der vergangenen 20 Jahre haben z. B. dazu geführt, dass sich die oben genannten Depositionen zum Teil um den Faktor 5 vermindert haben, wodurch sich die **Nährstoffbilanzen** deutlich verschlechtern.

Setzt man gegen die oben aufgeführten Zufuhren aus der Deposition und Verwitterung die Verluste aus der Versickerung und dem Holzexport, so weisen einige Standorte beim Calcium und Magnesium Defizite auf, die nicht aus den mobilen Vorräten des Bodens gedeckt werden können, während die Bilanzen für Kalium in dieser meernahen Region ausnahmslos positiv sind.

Fasst man diese Resultate zusammen, so muss festgestellt werden, dass die **Nährstoffverarmung** in einem erheblichen Anteil der Waldböden so weit fortgeschritten ist, dass eine ausreichende Versorgung eines Folgebestandes nicht gesichert ist. Die rückläufigen Depositionen werden zukünftig die Situation sogar noch verstärken. Auf vielen Standorten besteht besonders für Mg und Ca die Gefahr eines latenten Mangels. Dieser Mangel kann bei den auf diesen Standorten vorherrschenden geringen Verwitterungsraten nicht aus dem Bodenreservoir beseitigt werden. Zur Sicherung der Bestände und zur Erzielung ausreichender Wachstumsraten ist für derartige Standorte eine gezielte Zufuhr von Calcium und Magnesium unumgänglich. Dies gilt auch für Kalium auf meerfernen Standorten mit kalkreichen Böden (Abschn. 8.3).

5.4 Schwermetalle

Schwermetalle, das sind Elemente mit einer Dichte > 5 g/cm^3 (Cd, Cu, Fe, Mn, Zn, Ni etc.), können sowohl als Mikronährstoffe als auch als Schadstoffe in Böden vorhanden sein. Sie sind **lithogen** oder **stammen aus dem Eintrag von Stäuben** aus der Atmosphäre. Aus den Gesteinen werden die Schwermetalle durch Verwitterungsprozesse freigesetzt und durch biogene Prozesse (Wurzelaufnahme, Streufall, Mineralisation) umverteilt. Mineralische Formen werden auch an den Oberflächen der Austauscher sorbiert und sind der Auswaschung unterworfen. Schwermetalle mit einer starken Affinität werden im Humus des Bodens und im Auflagehumus angereichert, dies gilt insbesondere für Pb und Cu. Auch die staubförmig, überwiegend aus anthropogenen Quellen eingetragenen Schwermetalle sind den Bodenprozessen unterworfen und werden mit unterschiedlichen Raten in die systeminternen Kreisläufe und Prozesse einbezogen.

Zu den **ökotoxikologischen Risiken**, die mit einer Erhöhung der Schwermetallkonzentrationen in terrestrischen Ökosystemen gehören:

- Verminderte mikrobielle Biomasse oder Species-Diversität der Mikroorganismen und Pilze sowie Beeinflussungen mikrobieller Aktivitäten (Bååth 1989).
- Verminderte Zahl, Diversität und Biomasse der Bodenfauna, insbesondere der Invertebraten wie Nematoden und Regenwürmer (Bengtsson und Tranvik 1989).
- Im Verlauf der Nahrungskette kann es zur Anreicherung von Schwermetallen und negativer Wirkung in wichtigen Organen terrestrischer Faunenvertreter kommen. Dies gilt insbesondere für Cd, Cu und Hg (Jongbloed et al. 1994).

Schwermetalle reagieren mit Enzymen, besonders solchen, die SH-Gruppen enthalten und verändern deren Aktivitäten. Sie wirken auf die Struktur von Membranen sowie die Phosphor-Allokation. Dadurch rufen sie physiologische

Fehlsteuerungen hervor, die sich auf das Wachstum der Wurzeln oder über die Allokation von Kohlenstoff auf Sekundärprozesse negativ auswirken (Hock und Elstner 1995). Bäume verfügen über eine Reihe von Anpassungsmechanismen an Schwermetallbelastungen, die vom Ausschluss durch aktive Veränderung der Rhizosphärenchemie, über die Bindung an Zellwände der Wurzeln und Mykorrhizapilze sowie die Detoxifizierung mittels chelatisierender Stoffe oder Karbonsäurekomplexe bis hin zur Okklusion in Pilzhyphen und im Apoplasten der Wurzeln sowie dem Transport und der Speicherung in Vakuolen und der „Entsorgung" über den Streufall reichen. Für alle diese Prozesse gibt es baum- und elementspezifische Muster (Harborne 1995) der Wirkungsketten von Schwermetallen.

Da Schwermetalle über oberirdische Pflanzenteile nur sehr geringfügig aufgenommen werden, erfolgt die Wirkung überwiegend über die Bodenlösung. Dieser Weg ist umso bedeutender, als die meisten Schwermetalle stark im Oberboden akkumuliert werden. Daher wurden für Böden **Grenzwerte** abgeleitet. Für Humusauflagen erfolgte dies durch Tyler (1992) (Tab. 5-16). Für Kulturlösungen wurden Daten von Balsberg-Påhlsson (1989) zusammengestellt. Kritische Werte traten bei folgenden Konzentrationen auf: 20 μg/l Cd, 20–30 μg/l Cu, 100–200 μg/l Pb und 200–300 μg/l Zn. An mehreren Orten in Zentraleuropa werden diese Konzentrationen in Oberböden überschritten. Es ist jedoch zu beachten, dass hier die Schwermetalle in komplexierten Formen vorliegen, die generell eine geringere Toxizität aufweisen. Vergleiche zwischen Fichte und Buche zeigen, dass letztere – wie auch beim Aluminium – deutlich weniger empfindlich gegenüber Schwermetallbelastungen ist.

In Abhängigkeit vom Element, der spezifischen Bindungsform (sorbiert, austauschbar gebunden, komplexiert), sowie Bodenparametern wie dem Humusgehalt, dem Tongehalt, den Fe- und Al-Oxiden und dem pH-Wert des Bodens weisen die Schwermetalle unterschiedliche Löslichkeit, Mobilität, Bioverfügbarkeit und Toxizität auf. Alle diese Einflussgrößen und das Auftreten einer großen Zahl von Species macht die exakte Beschreibung des Schwermetallverhaltens in Böden sehr schwierig, zumal die Bestimmung der Species auch analytische Probleme aufwirft. Dennoch kann festgestellt werden, dass mit der Zunahme der Verfügbarkeit in Böden von den Schwermetallen ein wachsendes **Gefährdungspotenzial** ausgeht. Dies betrifft sowohl die Wurzeln als auch die Bodenorganismen und wurde von einer Vielzahl von Autoren gefunden (Andreae und Mayer 1989, Bååth 1989, Bengtsson und Tranvik 1989, Ebben und Avenhaus 1989, Godbold 1991, 1994, Godbold und Hüttermann 1986, 1988, Kahle et al. 1989, Tyler 1976, Welp und Brümmer 1989, Wilke 1988). Durch toxische Wirkungen bei den Zersetzerorganismen können sich Verzögerungen der Streuabbauprozesse und Freisetzung von Nährstoffen ergeben (Coughtrey et al. 1979, Jandl und Sletten 1999, Meiwes et al. 2002, von Zezschwitz 1995). Auch kann eine Beeinträchtigung der Aufnahme von Nährstoffen infolge gestörter Mykorrhizierung auftreten. Als mögliche Folgen können Nährstoffmangelsituationen eintreten. Mit zunehmender Schwermetallbelastung der Oberböden wächst in Abhängigkeit von weiteren Standorteigenschaften (Grundwasserflurabstand, Azidität, Bodenart u. a.) die Gefahr der Auswaschung von Schwermetallen in das Oberflächen- bzw. Grundwasser.

Tab. 5-16: Kritische Konzentrationen von Schwermetallen in Humusauflagen (μg/g trockener Boden) (nach Tyler 1992)

	Cd	Cu	Pb	Zn	Hg	Cr(III)	Cu + Zn
Aktivität Bodenenzyme	3,5–7	20	$\geq$ 500	600	–	> 30	200
Bodenatmung	3,5–7	20	$\geq$ 500	600	0,75	> 30	200
N-Umsatz	–	20	–	–	0,75?	–	200
Mikroflora	7	20–35	$\geq$ 500	300?	1,25	–	200–300
Bodeninvertebraten	> 10	< 100	150	< 500	< 2,5	–	< 600

Die Auswertung der **Bodenzustandserhebung (BZE) I** hat diese Gefährdungspotenziale anhand der Gehalte der Schwermetalle Zn, Cu, Cd und Pb in der Humusauflage nachgewiesen (Wolff und Riek 1997). Dabei wurden für die Bewertung der Schwermetallgehalte Vorsorgewerte von Prüess (1994) und Orientierungswerte von Tyler (1992) herangezogen. Bei den Orientierungswerten nach Tyler (1992) handelt es sich um wirkungsbezogene Angaben von Schwellenkonzentrationen (Tab. 5-16). Gemessen an den Schwermetallgesamtgehalten im Humus, bei deren Überschreitung nach Tyler (1992) mit einer zunehmenden Beeinträchtigung von Mikroorganismen und Invertebraten zu rechnen ist, liegen der Bodenzustandserhebung (BZE) (BMELF 1997) I-Auswertung zufolge kritische Konzentrationen bei 38 % (Kupfer) bzw. 25 % (Blei) der BZE-Punkte vor. Potenziell toxische Zink- oder Cadmiumgehalte wurden nur für 2 % bzw. 1 % der Untersuchungspunkte ermittelt, was aber vor dem Hintergrund der wesentlich leichteren Verlagerbarkeit und Auswaschung dieser mobilen Elemente bei niedrigem pH-Wert gesehen werden muss. So ist davon auszugehen, dass auf vielen BZE-Standorten bereits größere Mengen an Zink und Cadmium in den Mineralboden verlagert worden sind (Wolff und Riek 1997).

Da die Schwermetall-Gehalte stark von den Einträgen überprägt sein können, muss für die Bewertung festgestellt werden, ob es gegenüber der natürlichen Konzentration zu erhöhten Werten gekommen ist. Dazu werden Hintergrundwerte herangezogen. Zur ökotoxikologischen Bewertung verwendet man Orientierungswerte wie die von Bååth (1989), Tyler (1992), Kabata-Pendias und Pendias (1984) oder Witter (1992).

Waldbäume zeichnen sich in der Regel durch eine **hohe Toleranz** gegenüber Schwermetallen aus, wenn man sie mit Kulturpflanzen vergleicht (Walthert et al. 2004). Dies liegt zum einen an effektiven pflanzeninternen Immobilisierungsprozessen, zum anderen an der Mykorrhizierung der Wurzeln. Dadurch wird die spezifische Belastung aufgrund der großen Oberflächen stark vermindert.

Anders verhält es sich bei den **Bodenorganismen**, sie werden in unterschiedlicher Weise in ihren Lebenstätigkeiten beeinträchtigt. Dazu werden in der Literatur kritische Gehalte angegeben. Diese beruhen auf im Feld und Labor ermittelten

Tab. 5-17: Schwermetallgrenzwerte in Waldböden im Hinblick auf die Gefährdung von Mikroorganismen (nach Empfehlung von Van Mechelen et al. 1997)

	Cr	Cu	Ni	Pb	Zn
	in mg/kg				
Mineral-boden[1]	75 bis 100	60	95	100 bis 400	170

1) nach Witter (1992) oder Kabata-Pendias und Pendias (1984)

totalen Schwermetallgehalten, bei denen erste negative Effekte bei Mikroorganismen beobachtet wurden (*No Observation Effect Concentration*, NOEC). Tyler (1992) definiert für die Elemente Cu, Zn, Pb, Cd, Hg und Cr Orientierungswerte für kritische Schwermetallkonzentrationen im Humus, ab denen nachweislich mit schädigenden Effekten auf die Bodenlebewesen zu rechnen ist (Abschn. 4.5). Für den Mineralboden werden für Cu, Ni und Zn von Witter (1992) sowie für Cr und Pb von Kabata-Pendias und Pendias (1984) Schwermetallgrenzwerte im Hinblick auf die Gefährdung von Mikroorganismen empfohlen (Tab. 5-17). Diese werden auch im *Forest Soil Condition Report* der Europäischen Kommission (Van Mechelen et al. 1997) für die Schwermetallbewertung herangezogen.

Es muss jedoch festgestellt werden, dass diese Werte mit großen Unsicherheiten behaftet sind. Nach Literaturangaben sind bei folgenden Konzentrationen noch keine schädlichen Einflüsse auf Bodenorganismen zu beobachten: Cd < 1 mg/kg, Pb < 150 mg/kg, Zn < 100 mg/kg und Cu < 20 mg/kg. Negative Effekte auf Bodenorganismen sind in der Literatur für folgende Schwermetallkonzentrationen beschrieben: Cd 2–10 mg/kg, Pb 50–250 mg/kg, Zn > 500 mg/kg und Cu 20–100 mg/kg (Rademacher 2001). Die Tatsache, dass sich die Bereiche zum Teil überlappen, macht deutlich, dass die Bioverfügbarkeit und ökotoxische Wirksamkeit von weiteren Bodenkenngrößen abhängig ist. Sie hängt eng mit dem Löslichkeitsverhalten und der Mobilität der Schwermetalle im Boden zusammen und kann nur standortspezifisch sicher ermittelt werden.

In Waldökosystemen bestehen **Risiken vorwiegend für die Bodenorganismen** und die **Bio-**

akkumulation in der Nahrungskette (Bringmark et al. 1998), Bäume und ihr Wurzelsystem sind weniger gefährdet. Da Cu und Zn essenzielle Mikronährstoffe sind, treten in einigen Fällen auch Mängel auf. Es ist jedoch festzuhalten, dass die Wirkungen von Mischbelastungen, wie sie in der Regel in Böden auftreten, bisher nicht hinreichend untersucht wurden, sodass eine abschließende Bewertung der Schwermetallbelastungen noch nicht möglich ist.

5.5 Wirkung der UV-Strahlung auf Bäume

5.5.1 Wirkung auf Biomoleküle

Aufgrund des Abbaus der stratosphärischen Ozonschicht ist die Erdoberfläche einer **steigenden UV-B-Einstrahlung** ausgesetzt. Da die Dicke der Ozonschicht in Abhängigkeit vom Breitengrad stark variiert und auch die beobachteten Verluste ungleichmäßig sind, ist die Verteilung der zu erwartenden Erhöhung der UV-B-Strahlung sehr unterschiedlich (Abschn. 4.3). Am stärksten betroffen ist die Antarktis und angrenzende Regionen wie Ozeanien mit Australien und Neuseeland. Jedoch sind die Auswirkungen des Ozonlochs auch schon in Mitteleuropa messbar. Die durchschnittliche Abnahme der Ozonschicht über Deutschland beträgt 5 % pro Dekade (Harris et al. 1995).

Die UV-B-Strahlung ist potenziell gefährlich, weil sie die **Erbsubstanz** schädigen kann. Sie wird von **DNA-Molekülen** besonders gut absorbiert und führt dann auf zellulärer Ebene zu Chromosomenbrüchen, Dimerisierung von Nucleotiden und anderen negativen Effekten (Abb. 5-33). Anstelle der Strahlungsenergie wird der Einfluss der UV-B-Strahlung auch durch derartige biologische Auswirkungen gemessen. Die so genannte biologische Wirksamkeit hängt stark vom Bezugssystem ab und ist z. B. gemessen als DNA-Schaden *in vitro* wesentlich „wirksamer" als bezogen auf Pyrimidin-Dimerbildung *in situ* oder das Wachstum von Pflanzen (Abb. 5-33). Außer der DNA können auch andere biologische Moleküle, z. B. **Enzyme,** durch erhöhte UV-B-

Strahlung geschädigt werden (Strid et al. 1994, Rozema et al. 1997). Des Weiteren löst UV-B-Strahlung eine erhöhte Produktion reaktiver Sauerstoffspecies aus, die ihrerseits ein zellschädigendes Potenzial besitzen.

5.5.2 Wechselwirkung mit Licht und Abschirmung

Zu den **UV-B-sensitivsten Pflanzen** gehörten Species aus folgenden Familien: *Fabaceen, Curcurbitaceen* und *Brassicaceen* (Teramura 1998). Unter dem Einfluss von UV-B-Strahlung wurden eine verminderte Photosynthesekapazität, veränderte Stomatafunktionen, Veränderungen des Sekundärstoffwechsels, reduzierte Akkumulation von Biomasse, gedrungene Wuchshöhe und Verluste bei der Ernte infolge geringerer Samenproduktion gefunden. Jedoch waren derartige negative Effekte meistens unter stark überhöhter UV-Einstrahlung oder bei Kulturbedingungen mit unnatürlich niedrigen Lichtintensitäten sehr ausgeprägt und wurden weniger deutlich oder verschwanden, wenn die Pflanzen unter feldnahen Lichtbedingungen angezogen wurden. Offenbar hängt die Wirkung von UV-B stark davon ab, ob die Pflanzen unter Stark- oder Schwachlichtbedingungen, im Gewächshaus oder im Freiland angezogen werden (Teramura 1998, Tevini 2000).

In ihrer natürlichen Umwelt ist die Vegetation in Abhängigkeit von Höhenlage und Längengrad sowie in Abhängigkeit von der Jahreszeit einer fluktuierenden UV-B-Strahlung ausgesetzt und muss somit innerhalb eines gewissen Rahmens über Schutz- und Reparaturmechanismen verfügen. Die Frage ist daher, ob und wie sensitiv Bäume unter naturnahen Bedingungen gegenüber erhöhter UV-B-Strahlung sind. Zunächst ist festzuhalten, dass Baumspecies offenbar über sehr effiziente **Abschirmungsmechanismen** verfügen. Damit die UV-B-Strahlung empfindliche zelluläre Komponenten erreicht, muss sie durch die Epidermis in das Blatt eindringen. Es hat sich herausgestellt, dass die Epidermis zwar für photosynthetisch aktive Strahlung weitgehend transparent ist, nicht so sehr jedoch für UV-B (Abb. 5-34). Isolierte Cuticeln von unterschiedlichen Holzgewächsen weisen generell ein Transmis-

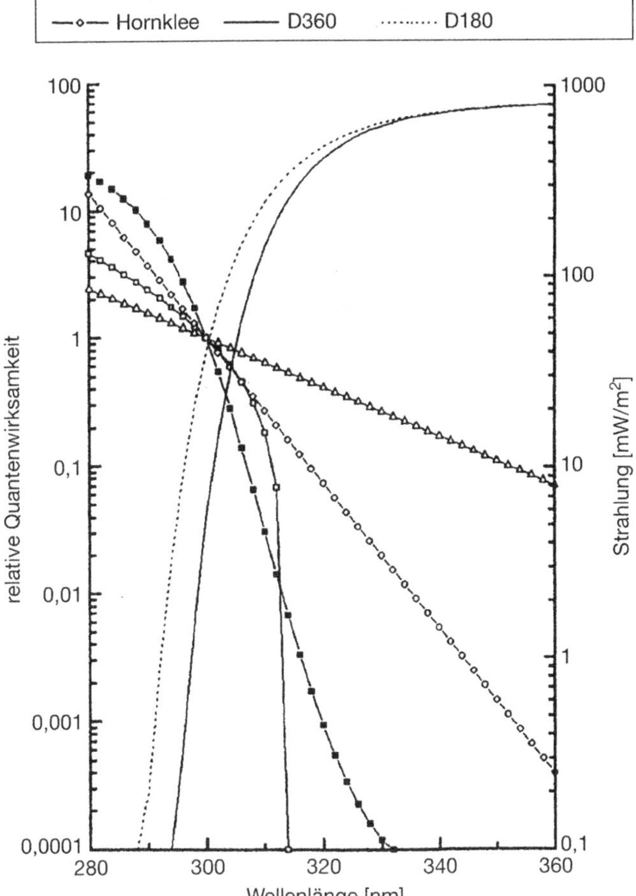

Abb. 5-33: Aktionsspektren für DNA-Schäden (DNA), Pyrimidin-Dimer-Bildung in Hornkleekeimlingen (Hornklee), Pflanzenschäden allgemein (Pflanze) und das Wachstum von Pflanzen (Pflanzenwachstum). Abhängigkeit der einfallenden Strahlungsenergie berechnet für 360 und 180 Dobson (= D360 bzw. D180, Abschn. 4.3) berechnet für 49 °N, 21. Juni, Ortszeit: 12 Uhr mittags. Nach Tevini (2000).

sionsminimum im Bereich zwischen 280 und 320 nm auf; das Ausmaß der UV-B-Transmission variiert dabei speciesspezifisch stark (Krauss et al. 1997). Außerdem wird auch die chemische Zusammensetzung der Wachsschicht selbst durch UV-B-Strahlung beeinflusst. Neben Cuticularwachsen wird die UV-B-Strahlung durch Verbindungen, die in die Zellwand eingelagert werden oder auch löslich in den Epidermiszellen vorkommen, abgeschirmt. Als Schirmpigmente wurden sekundäre Inhaltsstoffe wie z. B. Flavonoide und Hydroxyzimtsäureester identifiziert. In Koniferennadeln werden diese Schirmpigmente im Verlauf der ersten Vegetationsperiode mit unterschiedlichem zeitlichen Muster akkumuliert. Dabei ist die Pigmentmenge von der Intensität der UV-B-Strahlung abhängig. In Kiefern (*Pinus syl-*

vestris) wurden z. B. besonders effiziente UV-B-Schutzpigmente, glykosilierte Flavonole, zu 90 % in der Epidermis lokalisiert (Schnitzler et al. 1996). Ähnliche Befunde gibt es für die Fichte (*Picea abies*), wobei die Produktion von UV-B-Blockern in weniger vitalen Bäumen stark vermindert war (Hoque und Remus 1999). Untersuchungen an verschiedenen Birkenspecies zeigten, dass die Induzierbarkeit von Schirmpigmenten durch UV-B in Abhängigkeit der genetischen Konstitution der Population sehr unterschiedlich ist (Lavola 1998). Trotz der relativ hohen Variationsbreite der protektiven Pigmente sind Holzgewächse offenbar allgemein besser gegen das Eindringen der UV-B-Strahlung in das Blatt geschützt als krautige Pflanzen. Messungen des tatsächlich im Mesophyll auftreffenden UV-B-An-

5

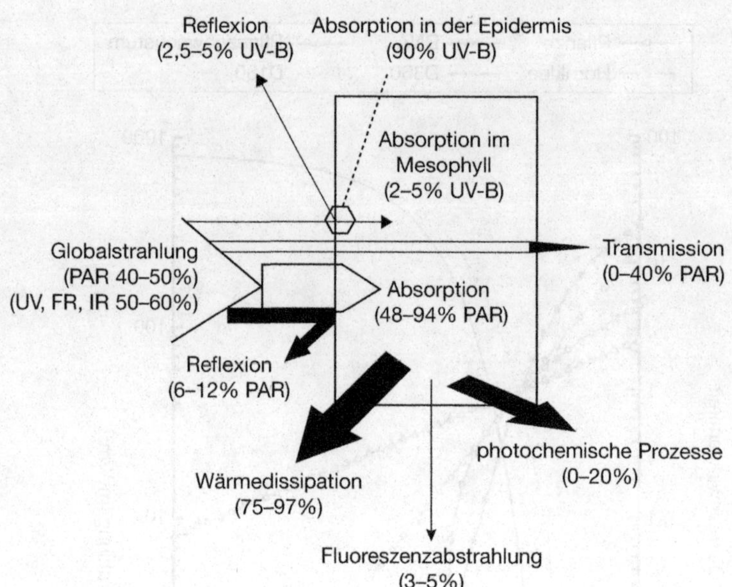

Abb. 5-34: Schicksal der auf ein Koniferenblatt auftreffenden Solarstrahlung. Die Strahlungsanteile sind getrennt nach UV-B- und photosynthetisch aktiver Strahlung dargestellt. Die Strahlung wird wellenlängenabhängig in unterschiedlichem Maße reflektiert, absorbiert und durchgelassen. Nach: Panten (1998), zusammengestellt nach verschiedenen Quellen.

teils mittels mikrofaseroptischen Lichtmessungen haben gezeigt, dass in Koniferenblättern weniger als 10 % der auf das Blatt auftreffenden UV-B-Strahlung das Mesophyll erreichen und dort absorbiert werden (Abb. 5-34). Einschränkend ist jedoch festzustellen, dass dieser hohe Schutz erst in älteren Blättern erreicht wird, während jüngere Blätter sowohl von Angio- als auch von Gymnospermen noch relativ UV-B-transparent sind (DeLucia et al. 1992, Ruhland und Day 1996).

5.5.3 Wirkung auf Photosynthese und Biomasse

Unter dem Einfluss von erhöhter UV-B-Strahlung ist häufig eine **Verminderung der pflanzlichen Biomasse** im Zusammenhang mit einer **verringerten Photosyntheseleistung** beobachtet worden. Dabei wurden verringerte Netto-Photosyntheseraten, verringerte Chlorophyllgehalte, Schäden am Photosystem II, beschleunigter Abbau von D1- und D2-Proteinen, verminderter Elektronentransport, verminderte Rubisco-Aktivität und Modifikation des Rubisco-Proteins beschrieben (Tevini 2000, Teramura 1998). Weitere Effekte manifestierten sich auf der morphologischen Ebene, z. B. **veränderte Blattstrukturen,**

gestauchte Sprossachsen etc.. Sensitiv scheinen Baumspecies vor allem im Keimlingsstadium zu sein. Es wurden Wachstumsreduktionen beobachtet, aber nicht bei allen untersuchten Species. Aufgrund von sehr unterschiedlichen Reaktionen, ist davon auszugehen, dass erhöhte UV-B-Strahlung nicht zwangsläufig zu negativen Effekten in Bäumen führen muss. So waren in einem Feldversuch Kiefern mit zusätzlicher UV-B-Strahlung besser gegen Trockenstress geschützt als die Kontrollen (Petropoulou et al. 1995). Andererseits ist nicht auszuschließen, dass sich negative Effekte in Bäumen durch kumulative Auswirkungen von UV-B erst langfristig entwickeln. Hierfür sprechen die Ergebnisse einer über Jahre dauernden Feldstudie in der *Pinus taeda*-Sämlinge mit UV-B supplementiert wurden (Sullivan und Teramura 1992). Unter diesen Bedingungen zeigten sich am Ende der Studie in allen Jungpflanzen unabhängig von Herkunft des Saatguts Biomassereduktionen in der Größenordnung von 15–20 %.

5.5.4 Reparatursysteme

Die wesentliche Gefahr steigender UV-B-Strahlung liegt vor allem in der möglichen **Schädigung der Erbsubstanz**. Jedoch verfügen Pflanzen auch

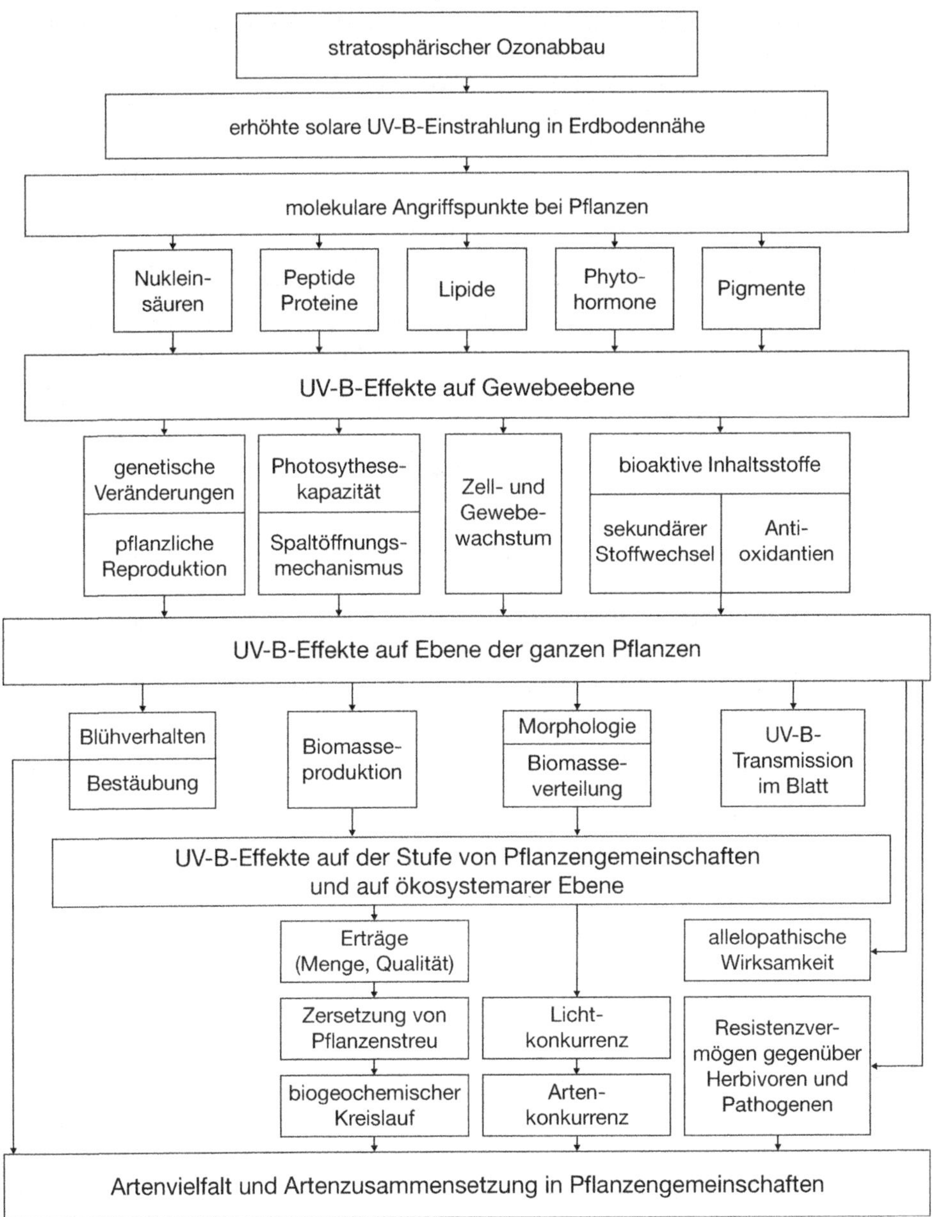

Abb. 5-35: Mögliche Auswirkungen des stratosphärischen Ozonabbaus auf unterschiedlichen Organisations-ebenen von molekularen Angriffspunkten auf zellulärer Ebene bis hin zu indirekten Wirkungen auf Ebene der ganzen Pflanze in ihrem ökosystemaren Zusammenhang. Nach Caldwell et al. (1989), verändert.

über effiziente **DNA-Reparatursysteme**. Dabei ist die Photolyase besonders erwähnenswert, die Thymidin-Dimere wieder spaltet und so UV-B-induzierte Schäden rückgängig macht. Dieser Reparaturmechanismus ist auch deshalb interessant, weil er selbst durch Strahlung (UV-A, Starklicht) induziert wird. Dies erklärt, warum UV-B-Schäden unter Schwachlicht stärker ausge-prägt sind als unter Starklicht. Es gibt Anzeichen dafür, dass die heutige, bereits gestiegene UV-B-

Strahlung die Reparaturkapazität übersteigen kann. So wurde in Südamerika eine signifikante Korrelation zwischen der UV-B-Strahlung und DNA-Schäden in der einheimischen Pflanze *Gunnera magellanica* nachgewiesen (Rousseaux et al. 1999).

5.5.5 UV-B-Wirkung auf Ökosysteme

Ökosystemare Studien zum Einfluss von UV-B-Strahlung sind selten; für Wälder liegen keine gesicherten Erkenntnisse vor. Fasst man die physiologischen Befunde zusammen, die auf unterschiedlichen Organisationsebenen angefangen von den molekularen Angriffspunkten über die zellulären Reaktionen bis hin zur ganzen Pflanze beobachtet wurden, so kann über eine weitere Fortpflanzung von UV-B-Effekten auf die nächst höhere Ebene spekuliert werden. Auswirkungen von UV-B auf Wachstum und Architektur haben Konsequenzen für die zwischenartliche Konkurrenz; die Verteilung von Kohlenstoff und die Bildung von Sekundärmetaboliten beeinflussen die Zersetzung der biogenen Materie und damit biogeochemische Kreisläufe und haben Rückwirkungen auf Herbivore und Pathogene. Somit kann sich unter dem Einfluss von steigender UV-B-Strahlung die Anzahl und Zusammensetzung der Artenvielfalt verändern. Diese Zusammenhänge wurden von Caldwell et al. (1989) in einem hypothetischen Modell zusammengefasst (Abb. 5-35). Obgleich diese Beziehungen einleuchtend sind, darf man nicht aus dem Auge verlieren, dass die Pufferung mit zunehmender Komplexität der Organisationsstufe im Allgemeinen zunimmt. Starke Effekte auf molekularer oder physiologischer Ebene müssen sich im Gesamtökosystem nicht unbedingt bemerkbar machen. Problematisch ist, dass schleichende Veränderungen kaum zu erfassen sind und dass sich gleichzeitig verändernde andere Umweltfaktoren wie Ozon, steigende Temperaturen, Trockenheit etc. in unbekannter Weise mit UV-B-Effekten interagieren. Eine realistische Einschätzung der ökologischen Wirkung steigender UV-B-Strahlung auf die Bäume und Wälder Mitteleuropas ist auf der jetzigen Datenbasis kaum möglich.

6 Lassen sich die Veränderungen der Waldgesundheit kausal durch Umweltveränderungen erklären?

Die **komplexen Vorgänge**, die zu Veränderungen der Waldgesundheit führen, können nur in einer **ökosystemaren Betrachtungsweise** angemessen erörtert werden (Abschn. 2 und 6.7). Eine solche Darstellung darf sich nicht in der Aufzählung möglicher Ursachen erschöpfen. Vielmehr ist es notwendig, die – in der Regel netzartigen – Beziehungen der einzelnen Kausalfaktoren offen zu legen soweit unser Kenntnisstand das zulässt. Ein solches Ursachengeflecht zu entwirren, ist gewiss weit schwieriger als die Klärung der Schädigung eines Lebewesens durch einen einzelnen Stressor. Während eine solche häufig eindeutig nachgewiesen werden kann, ist ein ebenso hoher Grad der Sicherheit bei der Analyse komplexer Zusammenhänge grundsätzlich nicht erreichbar.

Innerhalb von Waldökosystemen verhalten sich die einzelnen Baumarten so unterschiedlich, dass sie eine getrennte Behandlung erfahren müssen. Darüber hinaus ist nach den natürlichen Standortsbedingungen der Waldökosysteme zu differenzieren. Denn je nach den Klima- und Bodenverhältnissen können auch Reaktionen auf gleiche Umwelteinflüsse ganz unterschiedlich ausfallen. Anschließend werden Veränderungen der Bodenvegetation und der Vegetation epiphytischer Flechten sowie der Tierwelt von Waldökosystemen kurz behandelt.

6.1 Reaktionen einzelner Baumarten in Waldökosystemen

6.1.1 Weißtanne (*Abies alba* Mill.)

Schon immer sind Weißtannen abgestorben, einzeln, in Gruppen und sehr selten auch in ganzen Waldbeständen. Verschiedene Ursachen können dafür verantwortlich sein. Parasitische Pilze befallen die Wurzeln und töten Tannen ab oder bereiten ihren Sturz bei Stürmen vor. Extreme Witterungsereignisse wie Fröste oder Dürreperioden bringen Tannen zum Absterben oder schwächen sie derart, dass Borkenkäfer ihnen schließlich den Rest geben können. All das gehört von jeher zum **normalen Gesundheitszustand** der Baumart Tanne.

Seit der zweiten Hälfte des 19. Jahrhunderts wird dagegen – ausgehend von Sachsen – ein massenhaftes Absterben von Tannen auf großen Flächen beobachtet. Neger (1908) hat hierfür den Begriff **Tannensterben** geprägt. Eine Flut an Literatur mit meist kontroversen Aussagen ist seither zu diesem Thema erschienen (Wachter 1978, Krehan 1989). Unzählige Veröffentlichungen zu den Ursachen des Tannensterbens geben jeweils die Ansichten ihrer Verfasser wieder, jedoch sind diese häufig nicht durch überzeugende Argumente untermauert und mit den gegensätzlichen Meinungen anderer Autoren verglichen worden. Nur in einem Punkt besteht seit langem weitgehend Einigkeit: Es handelt sich nicht um eine einzelne Ursache, sondern um das **komplexe Zusammenwirken** mehrerer Teilursachen. Will man den Ablauf kausal verstehen, so genügt es selbstverständlich nicht, die einzelnen Teilursachen zu nennen, die erwiesenermaßen oder möglicherweise mitwirken. Es ist vielmehr notwendig, den Ursachenkomplex zu analysieren und die **Abfolge** sowie die **Wechselwirkungen** der Teilursachen zu erkennen und deutlich zu machen.

Die Ausbreitung des Tannensterbens nahm in Sachsen ihren Anfang und erweckte zunächst den Eindruck einer **Epidemie**, einer „ansteckenden Krankheit" (Münch 1924). Dagegen spricht die weitere Entwicklung in den folgenden Jahrzehnten. Etwa zwischen 1920 und 1960 war der nördliche Oberpfälzer Wald bereits vom Tannensterben betroffen, dieses drang jedoch nicht in den südlichen Oberpfälzer Wald und den Bayerischen Wald vor (Hörteis und Schmidt 1986). Nach 1960 trat dann das Tannensterben fast gleichzeitig in weit voneinander entfernt liegenden Kerngebieten der Tannenverbreitung auf. All das ist mit einer Epidemie kaum vereinbar (Abschn. 6.1.1.7). Zwar hatte Neger (1908) zunächst den **Hallimasch** (*Armillaria mellea s. l.*) als die eigentliche Ursache des Tannensterbens bezeichnet. Jedoch ist kaum beachtet worden, dass er später (1910) seine Ansicht korrigierte: »Das letzte Wort spricht in fast allen Fällen der Hallimasch«. Als primäre Ursachen benannte er nun einerseits **Trockenperioden** und maß andererseits – unter dem Eindruck des sich rasch ausbreitenden Tannensterbens – den **Immissionen** entscheidende Bedeutung zu.

Eine **kritische Sichtung** der vorliegenden Befunde sowie **neue methodische Ansätze** haben in den letzten Jahren zu einer weitgehenden Klärung der kausalen Zusammenhänge bei Schädigung und Absterben von Tannen geführt. Hilfreich war hierbei die starke Verminderung der Emission von Schwefeldioxid zwischen 1973 und 1993 in den alten Ländern und anschließend auch in den neuen Ländern der Bundesrepublik Deutschland (Abb. 3-3). Sie lässt Beobachtungen zu, die zuvor gar nicht möglich waren.

6.1.1.1 Tannensterben: Symptome und Ausbreitung

Die **Symptome** des Tannensterbens sind zuerst von Neger (1908) und später von Wiedemann (1927) sehr klar und in bis heute gültiger Form beschrieben worden. Die Kronen von Tannen werden zuerst von unten nach oben schütter, da sich die Zahl der Nadeljahrgänge von 8–10 auf 5–6 und schließlich 2–3 verringert. Das Absterben einzelner Äste von unten her führt zu Lücken und schließlich sterben die Äste im unteren Bereich der Krone weitgehend ab – auch bei vollem Freistand und demnach ausreichender Belichtung. Der Wipfel kann noch jahrelang normal benadelt bleiben, geht jedoch wegen starken Nachlassens des Höhenwachstums schon im mittleren Baumalter von einer spitzigen in eine abgeplattete Form über: Man spricht vom „**Storchennest**". Dem Absterben von Tannen geht ein jahrelanges Kümmern mit fortschreitendem Verlust von Nadeln voraus. Am Stamm von Tannen mit stark verlichteten Kronen erscheinen häufig zahlreiche Klebäste. Die beschriebenen Symptome erkennt man ab einem Baumalter von etwa 60 Jahren, jüngere Tannen sind nicht betroffen.

Im Holz der Haupt- und Seitenwurzeln, der Wurzelanläufe und des unteren Stammteils ist häufig ein **pathologischer Nasskern** (Bauch et al. 1979, Schütt 1981, Rademacher 1986) zu beobachten. Dieser zeigt gegen den Splint eine unregelmäßige, zackige Begrenzung. Die zwischen einem normalen Nasskern und dem Splint entwickelte Trockenzone kann beim pathologischen Nasskern an den Stellen fehlen, an denen dieser in den Splint ausufert (Schuck 1981). Der pathologische Nasskern enthält keine Pilzhyphen, jedoch eine überriechende Flüssigkeit. Kurzkettige Fettsäuren, wie Essig-, Propion- und n-Buttersäure, die von mehreren Bakterien-Gattungen produziert werden, sind die Ursache des üblen Geruchs und des auffallend niedrigen pH-Werts. Durch die Bildung eines pathologischen Nasskerns wird der Querschnitt des wasserleitenden Splints stark reduziert. Auch die Wasserleitfähigkeit des verbliebenen Splintholzes kann deutlich eingeschränkt sein (Rademacher 1986). Die Entstehung des pathologischen Nasskerns geht vermutlich von Wundstellen im Wurzelsystem aus (Bauch et al. 1979, Brill et al. 1980, Brill et al.

1981). Der **normale Nasskern** der Tanne ist dagegen kreisrund, ist vom Splintholz durch eine Trockenzone getrennt und nicht übelriechend (Michels 1943, Bauch et al. 1978, Schütt 1981). Während einerseits der pathologische Nasskern als ein zuverlässiges Symptom des Tannensterbens gilt, wird andererseits berichtet, er fehle häufig bei eindeutig erkrankten Tannen (Meyer 1957, Schmid-Haas 1989). Diese Aussage kann jedenfalls nur für den Stockabschnitt gefällter Tannen gelten, denn die Wurzelsysteme sind in den genannten Arbeiten nicht untersucht worden.

Geschädigte und absterbende Tannen zeigen – vor allem im unteren Teil des Stamms – fast immer einen drastischen **Rückgang der Jahrringbreite.** Auch keilen Jahrringe entlang des Umfangs häufig aus, sodass es streckenweise zu **Jahrringausfällen** kommt (Nogler 1981, Bauch 1983 b, Eckstein et al. 1983, Kenk 1983, Schweingruber et al. 1983, Rademacher 1986, Becker 1989, Eckstein und Saß 1989, Elling 1987, 1993). Der Zuwachsrückgang ist schon von Wiedemann (1927) dokumentiert worden. Jahrringausfälle konnten von ihm noch nicht dendrochronologisch nachgewiesen werden, müssen

aber in seinem Material vorgekommen sein, denn die von ihm abgebildeten Jahrringkurven sind offensichtlich zumindest teilweise asynchron.

Die beschriebenen **Symptome** gelten auch für die Schädigung der Tanne seit etwa 1960 in großen Teilen Mitteleuropas. Es besteht daher weithin Einigkeit darüber, dass diese nicht neuartig sind (Abb. 6-1 nach Neger 1908) (Schütt 1977, Kandler 1993).

Immer wieder ist behauptet worden, das Tannensterben sei in den letzten Jahrhunderten eine **episodisch** oder **periodisch** wiederkehrende Erscheinung gewesen (Cramer 1984, Kandler 1985, 1992 a, 1993). Obwohl hierfür nie überzeugende Belege beigebracht worden sind, hat diese Behauptung durch ständiges, kritikloses Wiederholen allmählich den Rang einer gesicherten Erkenntnis erhalten. Wie notwendig es ist, die Ansicht von einem in Wellen wiederkehrenden Tannensterben zu hinterfragen, hat Brandl (1985) gezeigt. Er stellt zunächst fest, dass der **Begriff Tannensterben** in der Literatur nicht einheitlich verwendet worden ist und präzisiert ihn folgendermaßen:

Abb. 6-1: Weißtannen im Fichtelgebirge mit verlichteten und absterbenden Kronen. Aus: Arbeit von Neger (1908).

- Qualitativ: Eine eindeutige Ursache für das Absterben der Tanne ist nicht zu erkennen.
- Quantitativ: Es muss sich um eine Erscheinung mit größerem Ausmaß handeln.

Im hier folgenden Text wird der Begriff Tannensterben im Sinne der von Brandl gegebenen Definition verwendet.

Brandl zeigt weiter auf, wie aus einem einzigen, im Jahre 1858 stark von Borkenkäfern befallenen Tannenbestand im Wolfacher Stadtwald in der Sekundärliteratur drei verschiedene Ereignisse und ein **„Tannensterben" im Schwarzwald** während des 19. Jahrhunderts entstanden sind. Er stellt abschließend fest, »dass es eine epidemieartige Erkrankung und ein umfangreiches Absterben der Tanne in einem ihrer Hauptverbreitungsgebiete im badischen Schwarzwald vor Auftreten der neuartigen Waldschäden nicht gegeben hat«. Einen gleichen Befund haben Hörteis und Schmidt (1986) für den **Inneren Bayerischen Wald** vorgelegt. Neue Untersuchungen anhand von Jahrring-Chronologien der Tanne und der Fichte aus dem **Vorderen Bayerischen Wald** über einen Zeitraum von 500 Jahren haben zu einem ähnlichen Ergebnis geführt. Aus diesen geht klar hervor, dass es hier nur eine einzige Phase des Tannensterbens mit Kern in der zweiten Hälfte des 20. Jahrhunderts gegeben hat (Wilson und Elling 2004).

Jahrzehntelang hatte man – speziell im Hinblick auf Sachsen – die Meinung vertreten, die Tanne sterbe nur an den **Rändern** ihres **natürlichen Verbreitungsgebiets** infolge ungünstiger klimatischer Bedingungen. Dass dies so nicht zutrifft, geht schlüssig aus vitalen künstlichen Anbauten der Tanne weit außerhalb ihres natürlichen Areals, beispielsweise in Nordwestdeutschland, Bornholm und Polen hervor (Olberg und Röhrig 1955, Gunia 1985).

Die **Ausbreitung** des Tannensterbens im oben genannten Sinn lässt sich anhand der Literatur gut nachvollziehen. Es trat zuerst im hoch industrialisierten Sachsen auf. **Schon um 1860** fiel im Tharandter Wald (Abschn. 3.2.1.1) das Absterben von Tannen auf und wurde auf Raucheinwirkung zurückgeführt (Stöckhardt 1871). Ab etwa 1880 breitete sich das Tannensterben stark aus (Münch 1924). Eine Umfrage von 1906 ergab dann, dass es in fast ganz Sachsen zu beobachten war, vor allem in sämtlichen Revieren der Säch-

sischen Schweiz und des Erzgebirges (Neger 1908). Schon 1924 stellte Bernhard (Tharandt) fest, dass die Tanne »keine sterbende Holzart mehr ist, sie ist in Sachsen vielmehr beinahe schon ausgestorben« (zitiert in Mayer und Stephani 1924). Im Jahre 1995 schließlich existierte in ganz Sachsen nur noch ein Rest von weniger als 2 000 Tannen mit einem Alter von mehr als 60 Jahren (Gomez und Braun 1995).

Seit etwa 1900 war »im ganzen Frankenwalde ein stärkeres Absterben der Weißtanne bemerkbar, das allerdings auch schon in früheren Jahren beobachtet worden war, jedoch in einem weit geringeren Maße« (Scheidter 1919). Etwa zur gleichen Zeit breitete sich das Tannensterben im Thüringer Wald und im Fichtelgebirge aus. Auch in Böhmen, Schlesien und im Riesengebirge trat die Krankheit auf (Neger 1908), ebenso ab 1910 und verstärkt ab 1917 im Wienerwald (Sedlaczek 1933, zu Leiningen 1924). Um 1920 griff das Tannensterben dann auf den nördlichen Oberpfälzer Wald über (Wiedemann 1927). Im mittleren und südlichen Oberpfälzer Wald und im Bayerischen Wald trat die Krankheit dagegen nicht auf (Hörteis und Schmidt 1986). Auch Müller (1921) betont, das Tannensterben sei im Bayerischen Wald, im Badischen Schwarzwald, in den Vogesen und in den Alpen nicht wahrgenommen worden. Dasselbe gilt nach Fröhlich (1942) für Südosteuropa. Vom ersten bis zum Ende des zweiten Weltkriegs ging das Absterben von Tannen weiter, fand aber nur wenig Beachtung (Abschn. 3.2.2). Erst als die Dürre des Spätsommers und Herbstes 1947 ein »Massensterben der Tanne im Wienerwald« (Berger 1949) auslöste, rückte das Problem hier und auch andernorts für kurze Zeit wieder ins Blickfeld. Die weiterhin fortschreitende Schädigung der Tanne in der Nähe von Ballungsräumen, die schon zwischen 1950 und 1960 zu Jahrringausfällen führte (Elling 1993) blieb meistens unbeachtet.

Ab der **Mitte der 1960er Jahre** traten deutlich sichtbare Schadsymptome in den Zentren des Tannenvorkommens auf. Im Schwarzwald bemerkte man erste Anzeichen des Tannensterbens im Jahre 1964 (Evers et al. 1979, König 1979). Mitte der 1970er Jahre häuften sich dann Nachrichten über Tannensterben aus dem Schwarzwald und dem Schwäbisch-Fränkischen Wald (Schröter 1983) sowie aus ganz Ostbayern, vor allem dem gesamten Oberpfälzer Wald, dem Bayerischen Wald und dem Tertiären Hügelland (Wagner 1981, Kandler 1993). Die Bayerischen Alpen waren weit weniger betroffen (Schütt 1977, Seitschek 1981, Elling 1987). Bis 1978 kam das Tannensterben etwa im nördlichen Drittel des Verbreitungsgebiets der Weißtanne mit unterschiedlicher Intensität vor (Schütt 1978). Kramer (1992), der den Zustand der Tanne in Ost-, Südost- und Südeuropa über 20 Jahre verfolgt hat, sah ein Kerngebiet der Schädigung im größeren Teil Polens und der Slowakei. Dazu gehörten auch Slowenien und Kroatien, jedoch nahmen hier die Schadsymptome nach Osten und Süden hin ab. Geringer war die Schädigung in Nordostpolen, Südjugoslawien, Rumänien und Bulgarien. Im südlichsten Bereich des Areals (südlich von Sarajewo, Kalabrien) traten Symptome des Tannensterbens nicht mehr auf.

6.1.1.2 Schwefeldioxid als zentrale Ursache von Tannenschädigung und Tannensterben

Schädigung von Tannen auf großen Flächen, verbunden mit massenhaftem Absterben von Alttannen, beruhen auf der Wirkung **SO_2-haltiger Immissionen.** Diese sind in Form eines **Ursachenkomplexes** mit weiteren Teilursachen netzartig verbunden (Elling 1993, Ellenberg 1996). Vermutungen, die Rauchwirkungen könnten entscheidenden Anteil am Tannensterben haben, sind seit etwa einem Jahrhundert immer wieder geäußert worden. Jedoch standen die unzutreffenden Vorstellungen über die Ausbreitung von gasförmigen Schadstoffen in der Atmosphäre einer konsequenten Verfolgung dieser Hypothese im Weg. Jahrzehntelang ging man nämlich davon aus, Rauchschäden könnten nur einige Kilometer von den Abgasquellen entfernt auftreten. Gerlach (1928), der sich intensiv mit der Ausbreitung industrieller Abgase befasst hatte, sprach dann erstmals deutlich davon, dass »Rauchsäuren die primäre Ursache des Tannensterbens« seien. In jüngerer Zeit hat Roether (1979 a, 1979 b) diese These erneut vertreten und eine ganze Reihe einschlägiger Argumente angeführt. Im folgenden Abschnitt werden die **Belege** dargestellt, die diese These untermauern.

Experimentelle Untersuchungen zur Toleranz von Waldbäumen gegenüber Schadgasen werden in der Regel unter kontrollierten Umweltbedingungen durchgeführt – über relativ kurze Zeiträume und an jungen Pflanzen. Die Übertragung so gewonnener Grenzwerte auf ältere Bäume, die im Freiland über lange Zeiträume und bei sehr unterschiedlichen Standortsbedingungen dem Einfluss von Immissionen ausgesetzt sind und die hier zusätzlich der Einwirkung zahlreicher natürlicher Stressoren (z. B. Frost, Dürre, Pathogene) unterliegen, hat sich als problematisch erwiesen. Auf diese Art in Experimenten gewonnene Befunde können daher nur mit großer Vorsicht interpretiert und auf Bäume im Freiland übertragen werden.

Begasungsversuche mit **hohen Konzentrationen** von **SO_2** über **kurze Zeiträume** (5 bzw. 9 mg/m^3, entsprechend 1,9 bzw. 3,4 ppm über mehrere Stunden) ergaben bei der Tanne eine erstaunlich geringe Reduktion der Photosynthese sowie wesentlich schwächere sichtbare Schadsymptome als bei Fichte, Kiefer und Esche (Brenninger und Tranquillini 1983). Entsprechende Ergebnisse hatten bereits Wislicenus (1918) sowie Enderlein und Vogl (1966) erhalten. Vermutlich gilt dies aber nur bei hohen Konzentrationen und für begrenzte Zeit (Abschn. 5.1.1.6). Bei ebenfalls recht hohen Konzentrationen von SO_2 (gestaffelt: zuerst 30, dann 750 und 1 280 und zuletzt 800 μg/m^3) in Begasungsperioden von jeweils einigen Wochen im Winterhalbjahr ist gezeigt worden, dass zwischen bestimmten **Provenienzen** der Weißtanne beträchtliche Unterschiede im Grad der Schädigung bestehen. Herkünfte aus Mittel- und Nordosteuropa zeigen größere Anfälligkeit und geringere Fähigkeit zur Regeneration im Vergleich zu Tannen aus Südosteuropa oder Italien (Kalabrien) (Larsen et al. 1988, Larsen und Friedrich 1988, Larsen 1994). Allerdings bleibt offen, ob sich diese Ergebnisse auch bei SO_2-Konzentrationen einstellen würden, wie sie für das Freiland typisch sind.

In **langfristigen Begasungsversuchen** mit relativ **niedrigen Konzentrationen** hat sich jedoch die Tanne gegenüber der Fichte stets als wesentlich anfälliger erwiesen. So fand Keller (1978 a) nach 10-wöchiger Begasung mit niedrigen SO_2-Konzentrationen zwischen 50 und 200 ppb (entsprechend etwa 13–53 μg/m^3) eine größere Empfindlichkeit der Tanne gegenüber der Fichte; allerdings ist nur je ein Klon der beiden Baumarten verwendet worden. In einem über fünf Jahre laufenden Modell-Ökosystem-Versuch an Tanne, Fichte (nur ein Klon) und Buche bei mäßigen SO_2-Konzentrationen (am Anfang höher, dann reduziert im Winterhalbjahr auf 60–100, im Sommerhalbjahr auf 30–50, ab 1985 nach Messungen im Freiland noch weiter reduziert auf 30–120 im Winter und 10–40 μg/m^3 im Sommer) hat sich ebenfalls eine wesentlich stärkere Schädigung der Tanne gegenüber der Fichte gezeigt. Diese drückt sich in einem deutlichen Rückgang der Photosynthese und der Transpiration, in Wachstumsreduktionen sowie in strukturellen Veränderungen an Chloroplasten und Siebzellen aus. Während Ozonbelastung allein bei der Tanne keine Wirkung zeigte, kam es bei gleichzeitiger Anwendung von SO_2, Ozon und saurem Niederschlag zu einer Verschärfung der Symptome (Ruetze et al. 1989, Seufert et al. 1990, Schweizer und Arndt 1990, Schmitt und Ruetze 1990, Arndt 1990). Außerdem mindert SO_2-Behandlung die Frostresistenz der Tanne (Abschn. 6.1.1.4).

Auch Beobachtungen in **Rauchschadensgebieten** nahe bei Abgasquellen ergaben bei sehr hohen Konzentrationen SO_2-haltiger Abgase – verbunden mit akuter Schädigung – eine höhere Widerstandskraft der Tanne gegenüber der Fichte (Baltz 1900, Schröter 1907). In größerer Entfernung von den Emittenten jedoch, wo stärker verdünnte Abgase auf Wälder einwirken, ist stets **die Tanne die zuerst und am stärksten geschädigte Baumart.** Unzählige Belege ließen sich hierfür erbringen (z. B. Stöckhardt 1871, Heß 1890, Wislicenus 1901 a, Haselhoff und Lindau 1903, Schröter 1907, Gerlach 1928, Jugoviz 1928, Donaubauer 1975). Sehr zu Recht hat daher Wentzel (1980) die Tanne als die gegenüber SO_2-haltigen Abgasen »empfindlichste einheimische Baumart« und als »besonders sensiblen **Bioindikator** der immer weiter um sich greifenden Abgas-Fernwirkungen« bezeichnet.

Fasst man die Ergebnisse von Belastungsexperimenten sowie von Beobachtungen und Untersuchungen im Freiland zusammen, so zeichnet sich eine **wesentlich höhere Anfälligkeit** der **Tanne** im Vergleich zur Fichte gegenüber Schwefeldioxid in relativ niedrigen Konzentrationen ab. Quantitative Überlegungen folgen in Abschnitt 6.1.1.3. Auch eine größere Empfindlichkeit von

Tannenherkünften aus Mittel- und Nordosteuropa gegenüber jenen aus Südost- und Südeuropa ist wahrscheinlich.

Die Ausbreitung des **Tannensterbens** (Abschn. 6.1.1.1) folgt eindeutig der Zunahme der **Immissionsbelastung**. So begann das Absterben in der zweiten Hälfte des 19. Jahrhunderts in Sachsen. Das ist kein Zufall. Sachsen war damals schon hoch industrialisiert – bis in die Täler des Erzgebirges hinein. Am Anfang des 20. Jahrhunderts war das Tannensterben bereits in ganz Sachsen verbreitet, vor allem in sämtlichen Revieren der Sächsischen Schweiz und des Erzgebirges (Neger 1908). Schätzt man anhand der von Schröter (1907) veröffentlichten Angaben über den Verbrauch an Kohle verschiedener Sorten im Jahre 1904 die Emissionsdichte des Königreichs Sachsen ab, so kommt man auf etwa 22 t SO_2 pro km^2 und Jahr. Das ist ein enormer Wert. Die Bundesrepublik Deutschland verzeichnete in der Zeit von 1960 bis 1965, als das Tannensterben auf die industriefernen Lagen der Mittelgebirge übergriff, eine Emissionsdichte von etwa 12 bis 13 t pro km^2, beim Höchststand der SO_2-Emission im Jahre 1973 wurde ein Wert von etwa 16 t pro km^2 erreicht. Im Anschluss an Sachsen breitete sich das Tannensterben in den Randgebirgen um die ausgedehnte Senke aus, die von Thüringen über Sachsen bis nach Schlesien reicht und ebenso in den Gebirgslagen um das nordböhmische Becken. In beiden Gebieten gaben Industrieanlagen mit starkem Einsatz von Braunkohle und Steinkohle große Mengen an Schwefeldioxid an die Luft ab. Als Auswirkung des Ferntransports dieser Abgase grassierte das Tannensterben im Frankenwald, Thüringer Wald, Fichtelgebirge, in der nördlichen Oberpfalz sowie in Nordböhmen, Schlesien und dem Riesengebirge (Abschn. 6.1.1.1). Im Böhmischen Erzgebirge fällt der Beginn des Tannensterbens zusammen mit einem starken Anstieg der Kohleförderung im Böhmischen Becken während der 1880er Jahre (Materna 1987 a). In eben den Revieren des von seiner Nord- und Südseite her belasteten Erzgebirges, in denen am Anfang des 20. Jahrhunderts das Tannensterben zuerst auftrat, begann etwa 50 Jahre später das Absterben der Fichtenbestände.

Mit der **Steigerung der Emission an SO_2** in Mitteleuropa (Abb. 3-3) breitete sich das Tannensterben vom Anfang des 20. Jahrhunderts bis zum zweiten Weltkrieg weiter in stärker belasteten Gebieten aus, so im Wienerwald und den Sudeten. Als der Ausstoß von Abgasen nach dem zweiten Weltkrieg zunächst auf etwas niedrigerem Niveau verharrte, schritt die Schädigung nur in Lagen nahe den Ballungsgebieten weiter voran, beispielsweise am Westabfall des Spessarts, nahe dem Industriegebiet Frankfurt-Hanau (Abb. 6-13 (**a**)). Der Schwarzwald und der Bayerische Wald waren während dieser Zeit noch nicht vom Tannensterben betroffen. Sie wurden erst erfasst, als zwischen 1960 und 1973 die SO_2-Emission in ganz Mitteleuropa nochmals gewaltig anwuchs. In stets nur wenig durch SO_2-Immissionen belasteten Gebieten – wie etwa Teilen des Allgäus – kam es nur zu einer geringen Schädigung der Tanne. In einzelnen geschützten Lagen im Inneren der Bayerischen Alpen ist die Tanne fast symptomfrei geblieben. Die Ausbreitung des Tannensterbens steht demnach in einer klaren Beziehung zur regionalen Belastung durch industrielle Abgase, die Schwefeldioxid enthalten.

Die durch Belastung mit SO_2 verursachte Schädigung von Tannen ist verbunden mit einer Absenkung der Gehalte an Indol-3-Essigsäure (IAA) in älteren Nadeln gegenüber entsprechenden Nadeljahrgängen ungeschädigter Tannen. Dadurch geht bei geschädigten Tannen offenbar der Schutz vor Nadelabwurf verloren und es kommt zu einer **Verlichtung der Kronen** (Christmann et al. 1996).

Gegenüber einer Belastung durch **Ozon** allein gilt die Tanne als wenig empfindlich (Krause und Prinz 1989). Die genannten Autoren erwarten demnach in Deutschland keine direkte chronische Schädigung der Weißtanne. Auch andere Befunde weisen auf die geringe Empfindlichkeit der Tanne hin (Gross 1987, Landolt und Lüthi-Krause 1991, Matyssek et al. 1997 b). Ebenso hat sich im Hohenheimer Langzeitversuch die Tanne im Vergleich zur Fichte als wesentlich toleranter gegen Ozon erwiesen. Jedoch verstärken Ozon und saure Niederschläge die Schädigung, wenn sie zum Schwefeldioxid hinzutreten (Schweizer und Arndt 1990).

6.1.1.3 Jahrringbau der Tanne und Belastung durch Schwefeldioxid

Die systematische Untersuchung des Jahrringbaus herrschender Tannen anhand spezieller Methoden der **Dendrochronologie** (Abschn. 3.4) hat die Kenntnisse über Ablauf und Ursachen der Schädigung und des Absterbens von Tannen wesentlich erweitert (Bauch et al. 1979, Eckstein et al. 1983, Elling 1986, 1993, Ellenberg 1996, Wilson und Elling 2004). Insbesondere die Wechselwirkungen der einzelnen Teilursachen innerhalb des komplexen Geschehens sind nun besser zu verstehen. Zunächst wird auf den Zusammenhang zwischen dem Jahrringbau und der Belastung durch Schwefeldioxid eingegangen, der anhand unterschiedlicher Methoden untersucht worden ist.

Auch die Tanne zeigt in den letzten Jahrzehnten eine **Steigerung** ihres **Höhen- und Durchmesserzuwachses**. Dem geht jedoch in Süddeutschland eine **ausgeprägte Zuwachsdepression** mit Schwerpunkt in den 1970er Jahren voraus (Schöpfer et al. 1997). Dies ist deutlich zu sehen an Beispielen für die Entwicklung der Jahrringbreiten herrschender Tannen (Baumklasse 2 nach Kraft) in Abbildung 6-2. Auch vorherrschende Tannen (Baumklasse 1 nach Kraft), die seit Jahrzehnten kaum beeinflusst durch die Konkurrenz von Nachbarbäumen wachsen können, lassen die Zuwachsdepression klar erkennen (Abb. 6-3).

Mit statistischen Methoden ist der Zusammenhang zwischen Jahrringbreite und wachstumsbestimmenden Umweltfaktoren auf der Grundlage einer **Modellierung der Jahrringbreiten** untersucht worden (Elling et al. 2005). Als unabhängige Variablen sind dabei die mit der Witterung von Jahr zu Jahr schwankenden Faktoren (Mittelwerte der Temperatur um 14 Uhr, Mittelwerte des Bodenwassergehaltsdefizits im Wurzelraum auf der Grundlage einer Wasserbilanz in Tagesschritten, beide bezogen auf die Vegetationszeit Mai bis August) sowie Winter mit extremen Frösten berücksichtigt worden. Für den Gang der Belastung durch schwefelhaltige Immissionen sind Immissions- und Emissionsdaten herangezogen worden. Außerdem ist der langfristige Trend der Jahrringbreiten in die Berechnung eingegangen. Das Ergebnis der Untersuchung weist die Schwefelbelastung als den Faktor mit der engsten statistischen Beziehung zu den Jahrringbreiten aus. Deren Einfluss tritt wesentlich deutlicher hervor als derjenige des gesamten Witterungskomplexes. Insbesondere ist die tiefe Zuwachsdepression der Tanne mit Kern in den 1970er Jahren anhand von Witterungseinflüssen nicht zu erklären; Abbildung

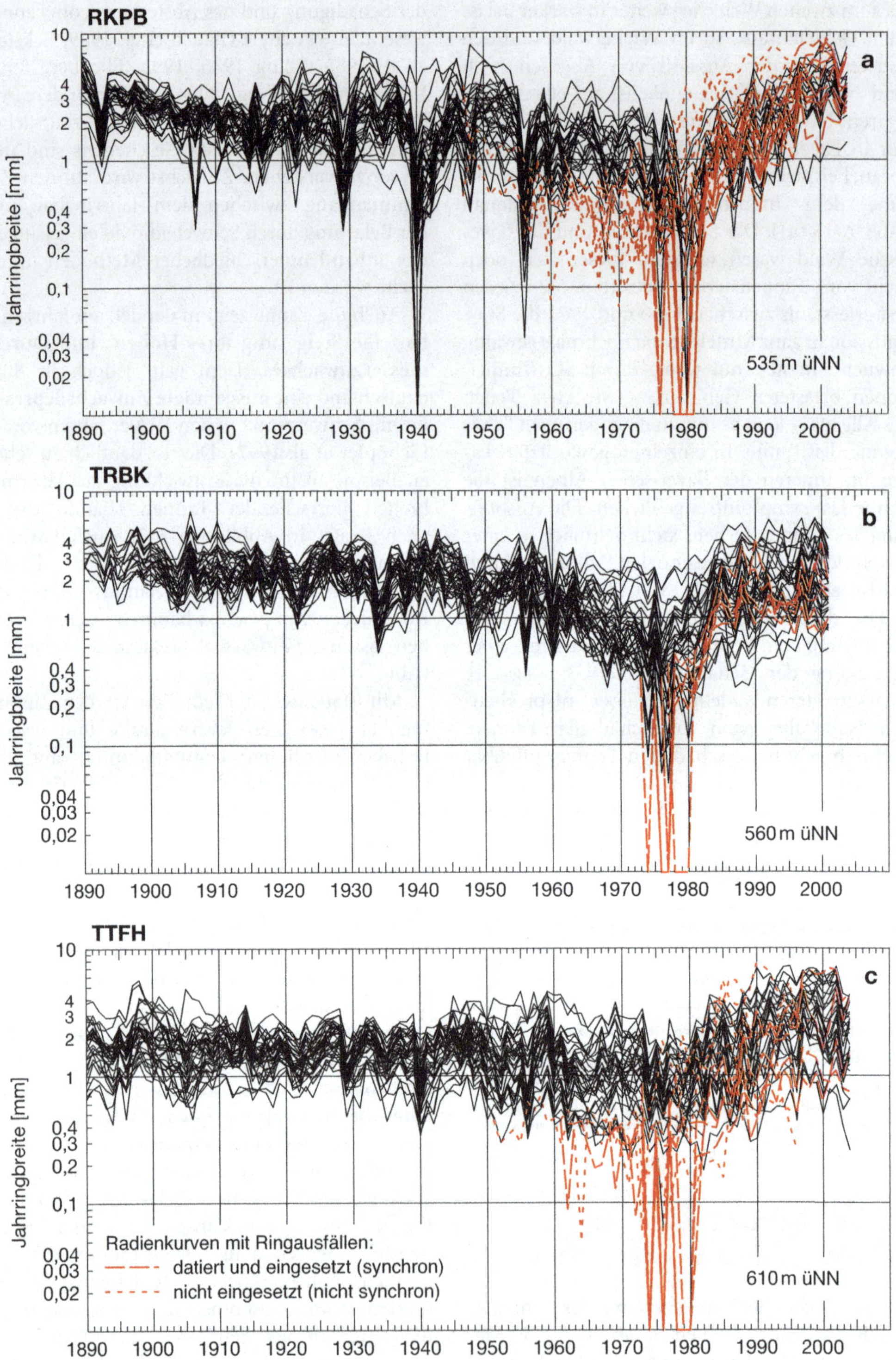

RKPB
a
535 m üNN
TRBK
b
560 m üNN
TTFH
c
Radienkurven mit Ringausfällen:
datiert und eingesetzt (synchron)
nicht eingesetzt (nicht synchron)
610 m üNN
Jahrringbreite [mm]
Jahr

◀ **Abb. 6-2:**   Jahrringbreiten (jeweils 40 Radienkurven von 20 Bäumen, halblogarithmische Darstellung) von herrschenden Tannen (Baumklasse 2 nach Kraft) im (a) Frankenwald (Rothenkirchen/Pfaffenberg, 535 m üNN), (b) auf der Südlichen Frankenalb (Treuchtlingen/Markt Berolzheim-Kessel, 560 m üNN, nach Maderer (2003)) und (c) im Vorderen Bayerischen Wald (Thurn und Taxis/Frather Hänge, 610 m üNN).

6-4 zeigt das deutlich. Dies steht im Gegensatz zu anderen Aussagen (Becker 1989, Becker et al. 1990), die der Belastung der Tanne durch schwefelhaltige Immissionen keine wesentliche Bedeutung zugemessen haben. Es ist nun darzulegen, dass dieses Ergebnis vollkommen im Einklang steht mit den Befunden weiterer Prüfungen, die anhand anderer Methoden durchgeführt worden sind.

Eine Schädigung von Nadelbäumen durch ganz verschiedene Ursachen kann zu einer deut-

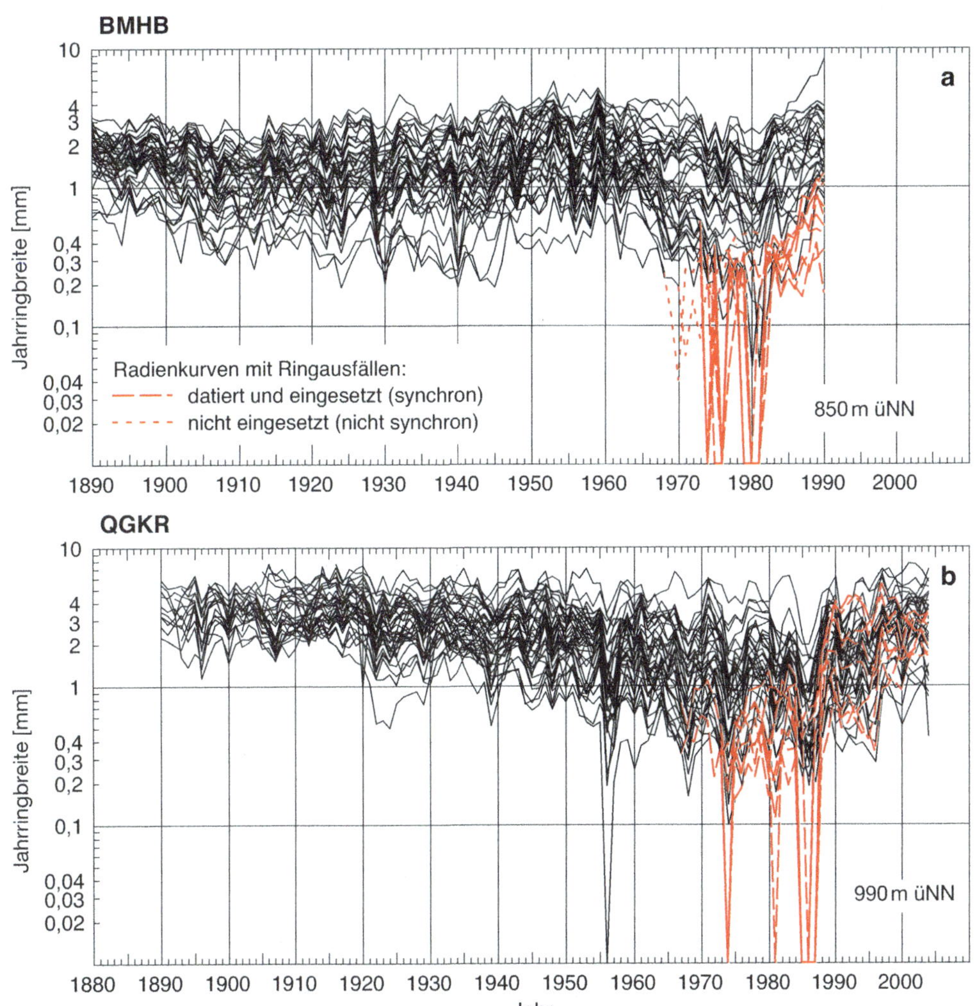

Abb. 6-3:   Jahrringbreiten (jeweils 40 Radienkurven von 20 Bäumen, halblogarithmische Darstellung) von vorherrschenden Tannen (Baumklasse 1 nach Kraft) im (a) Vorderen Bayerischen Wald (Bodenmais/Harlachberg, 850 m üNN, nach Kölbl und Neumann (1991)) und im (b) Westschwarzwald (Kirchzarten/Rappeneck, 990 m üNN). Rot gestrichelt: Abschnitte mit Jahrringausfällen.

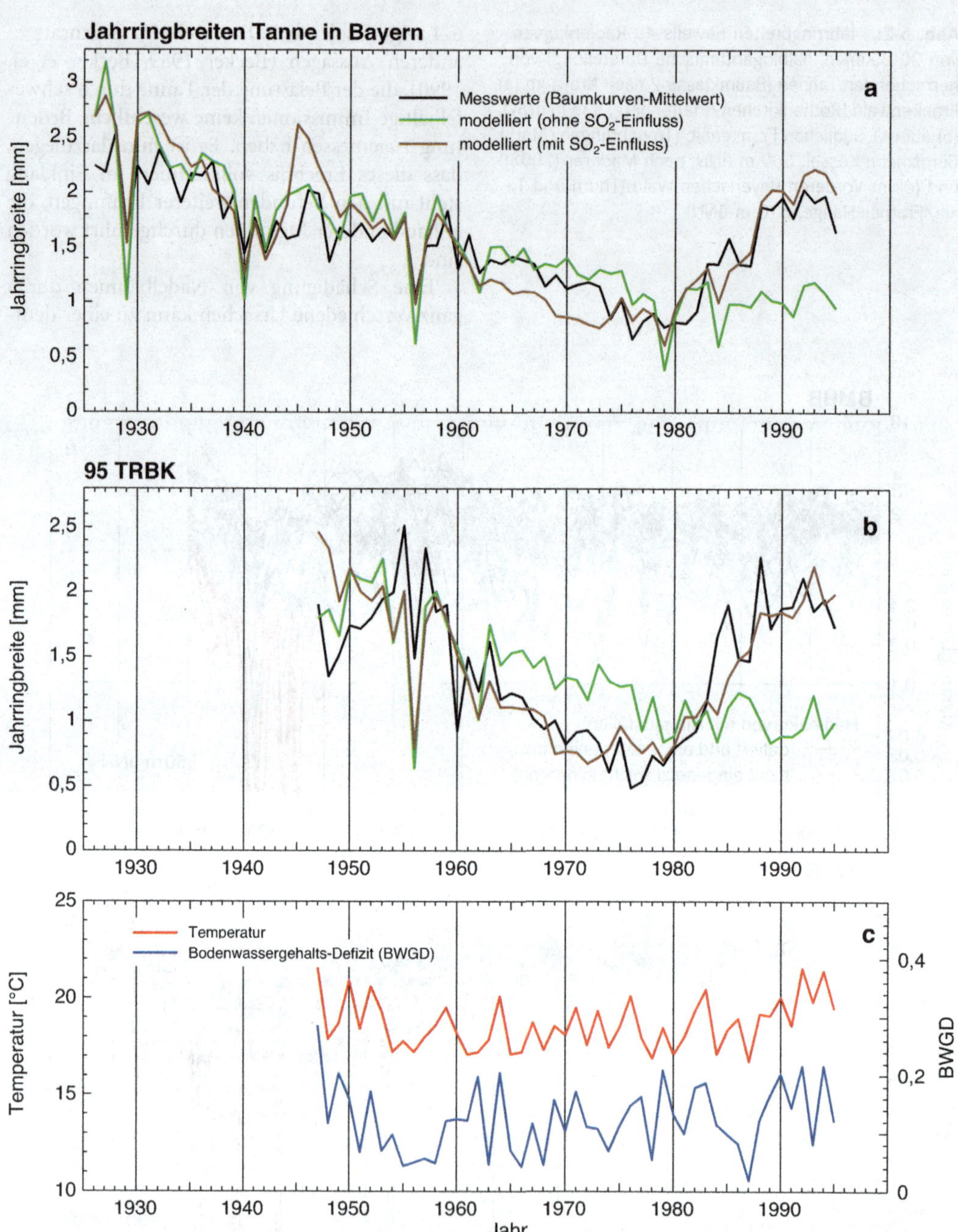

Abb. 6-4:   Vergleich gemessener und modellierter (mit und ohne SO₂-Einfluss) Jahrringbreiten der Tanne, (a) gemittelt für 42 Standorte (830 Bäume) in Bayern und (b) am Beispiel der Fläche Treuchtlingen/Markt Berolzheim-Kessel (560 m üNN). Mit Darstellung (c) der für diese Fläche (b) verwendeten Witterungseingangsdaten (14 Uhr-Temperatur, mit Wasserhaushaltsmodell ermitteltes Bodenwassergehalts-Defizit, jeweils aus Tageswerten gemittelt über die Vegetationsperiode Mai bis einschließlich August).

lichen Verminderung des Holzzuwachses führen. Erst eine sehr starke Schädigung hat bei herrschenden Bäumen **Jahrringausfälle** zur Folge (Elling 1987). Diese kommen jedoch bei der Schatten ertragenden Weißtanne von Natur aus nur äußerst selten vor – seltener als bei Fichten oder Waldkiefern. Selbst wenn jüngere Tannen durch ältere Bäume stark beschattet werden, ist nach bisherigen Erfahrungen (über 300 000 vermessene und datierte Ringe) nur dann mit Ausfällen zu rechnen, wenn die Breite der ausgebildeten Jahrringe einen Wert von etwa 0,2 mm unterschreitet. Jahrringausfälle bei herrschenden Tannen in Bayern sind in nennenswerter Zahl erstmals für das Jahr 1940 dendrochronologisch nachgewiesen worden (Abb. 6-5, einzige Ausnahme: ein Baum nahe dem Stadtrand von München ab 1932). Nach einer Pause von etwa einem Jahrzehnt setzten Ringausfälle dann in der Nähe von Ballungsräumen oder von starken Emittenten zu Anfang der 1950er Jahre erneut ein. Mit Ausnahme einiger Bereiche im Allgäu und im Inneren der Bayerischen Alpen nahm die Häufigkeit von Jahrringausfällen im Zeitraum von etwa 1960 bis 1980 dramatisch zu (Elling 1993). Zwischen 1 und 24 Jahrringausfälle je Messradius sind durch dendrochronologische Synchronisierung ermittelt worden (Abb. 6-5, Elling et al. 2005). Der Nachweis von Ringausfällen kann zur Quantifizierung der Schädigung herangezogen werden. Als **Schädigungsgrad** ist der Prozentsatz der Bäume definiert worden, bei denen anhand von je zwei Bohrkernen aus 1,3 m Höhe Jahrringausfall nachzuweisen ist. Unter stärkerem Konkurrenzdruck stehende Bäume (Baumklassen 3 bis 5 nach Kraft) sind hierbei nicht erfasst worden (Elling 1986, 1987, 1993).

Stellt man den **Schädigungsgrad der Tanne** für **Bayern** kartenmäßig dar (Abb. 6-6), so zeigen sich auf einem Großteil der Landesfläche mittlere Werte. Hohe Schädigungsgrade fallen auf in Nordwestbayern (Spessart), in ganz Nordostbayern (Frankenwald bis Bayerischer Wald) sowie im Donauraum östlich von Ingolstadt. In den Bayerischen Alpen und deren Vorland ist dagegen nur eine geringe Schädigung zu erkennen. Auf zwei der untersuchten Flächen (eine im Allgäu und eine bei Mittenwald) sind überhaupt keine Jahrringausfälle nachgewiesen worden. Die ermittelten Schädigungsgrade liegen demnach zwischen 0 und 95 %.

Die **räumliche Struktur des Schädigungsgrads** der Tanne ähnelt sehr derjenigen der Belastung durch schwefelhaltige Immissionen. Das Bayerische Landesamt für Umweltschutz erfasst seit 1977 anhand eines flächendeckend über das Land gelegten Bioindikatornetzes die Schwefelgehalte von Fichtennadeln. Die so gewonnen Werte, mit denen auch die starke Immission von SO_2 während der 1970er Jahre charakterisiert werden kann, ermöglichen die Quantifizierung der **regionalen Belastung** durch schwefelhaltige Immissionen (Abb. 3-4). Es kann demnach die Hypothese geprüft werden: Zwischen der regionalen Belastung durch schwefelhaltige Immissionen und dem Schädigungsgrad der Tanne besteht ein statistischer Zusammenhang. Das Ergebnis der Prüfung ist in Abbildung 6-7 dargestellt. Trotz einer beachtlichen Streuung ist der Zusammenhang hochsignifikant (Korrelationskoeffizient r = 0,66, Bestimmtheitsmaß B = 43 %, Irrtumswahrscheinlichkeit < 0,1 %). Es kommen weder hohe Schädigungsgrade bei geringer Belastung noch umgekehrt geringe Schädigungsgrade bei hoher Belastung vor. Obwohl es sich bei der Schädigung der Tanne ohne Zweifel um einen komplexen Vorgang handelt (Abschn. 6.1.1.4), ist Belastung durch schwefelhaltige Immissionen als entscheidender Stressor so stark, dass dieser sich statistisch fassen lässt (Elling 1993).

Der **zeitliche Gang der Schädigung** der Tanne ist an der Darstellung der Jahrringbreiten und insbesondere an der Zuwachsdepression und dem anschließenden Zuwachsanstieg in den Abbildung 6-2 und 6-3 beispielhaft abzulesen. Da die Entwicklung der Jahrringbreiten im größten Teil Süddeutschlands ähnlich verlaufen ist, kommt dies auch zum Ausdruck, wenn man die Ringbreiten der 2 020 Bohrkerne von 1 010 Tannen arithmetisch mittelt (Abb. 6-8). Die zugleich eingezeichnete Entwicklung der Emission von Schwefeldioxid in den alten Bundesländern von Deutschland macht die Gegenläufigkeit der beiden Kurven deutlich. Die geringsten Jahrringbreiten folgen mit einer Verzögerung von wenigen Jahren auf den Höchststand der Emission. Die starke Drosselung der Emission geht einher mit einem starken Zuwachsanstieg.

Die Zahl der einbezogenen Messradien geht zur Gegenwart hin deutlich zurück. Das hat zwei Gründe. Der Hauptgrund liegt darin, dass der Jahrringbau von Tannen schon seit 1983 auf zahlreichen Standorten unter-

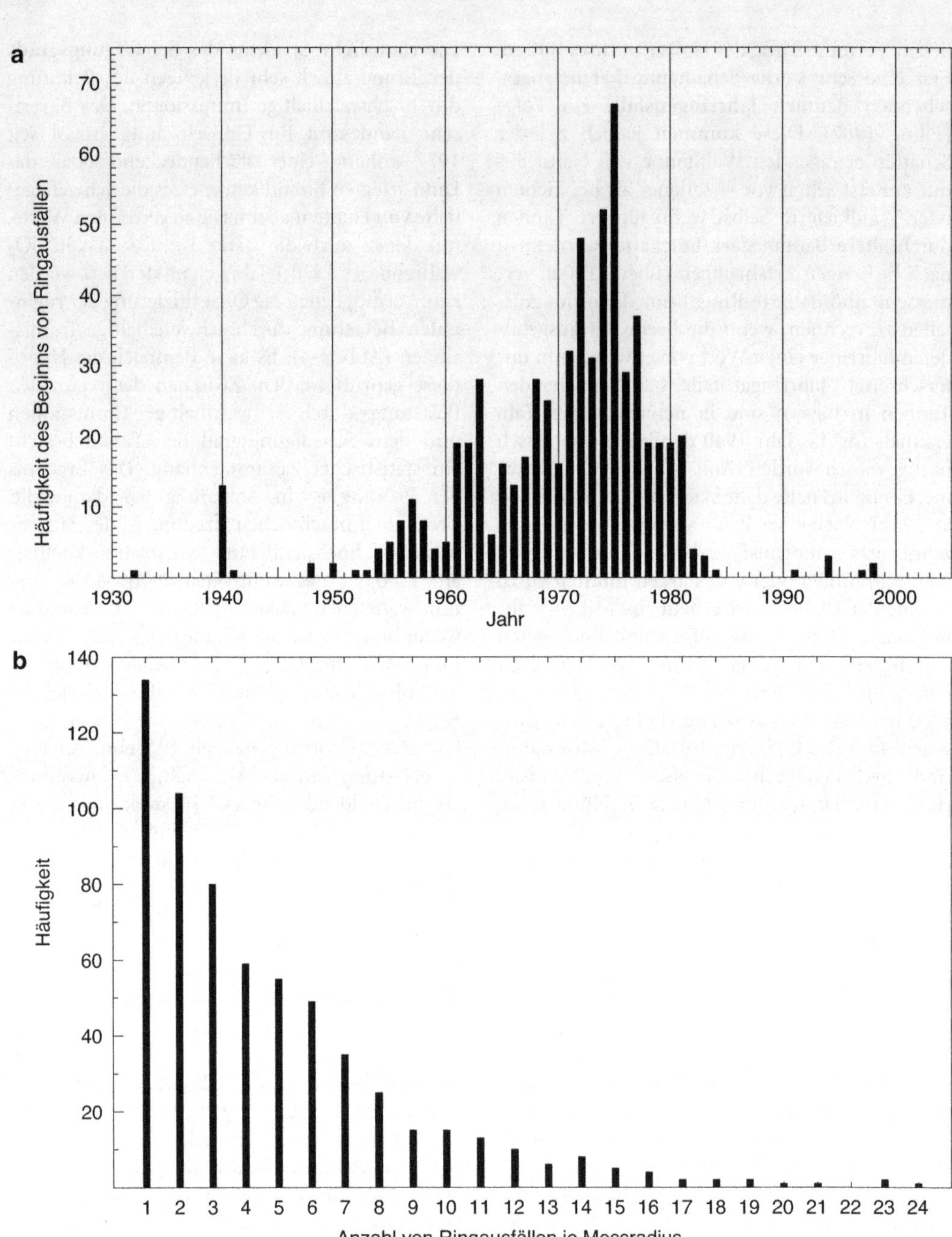

Abb. 6-5: Jahrringausfälle an Tannen in Süddeutschland nach dendrochronologischer Datierung: (a) Häufigkeit des Beginns von Jahrringausfällen nach Jahren und (b) Häufigkeitsverteilung der je Messradius festgestellten Anzahl von Jahrringausfällen auf 2 020 gemessenen Radien (1 010 Bäume).

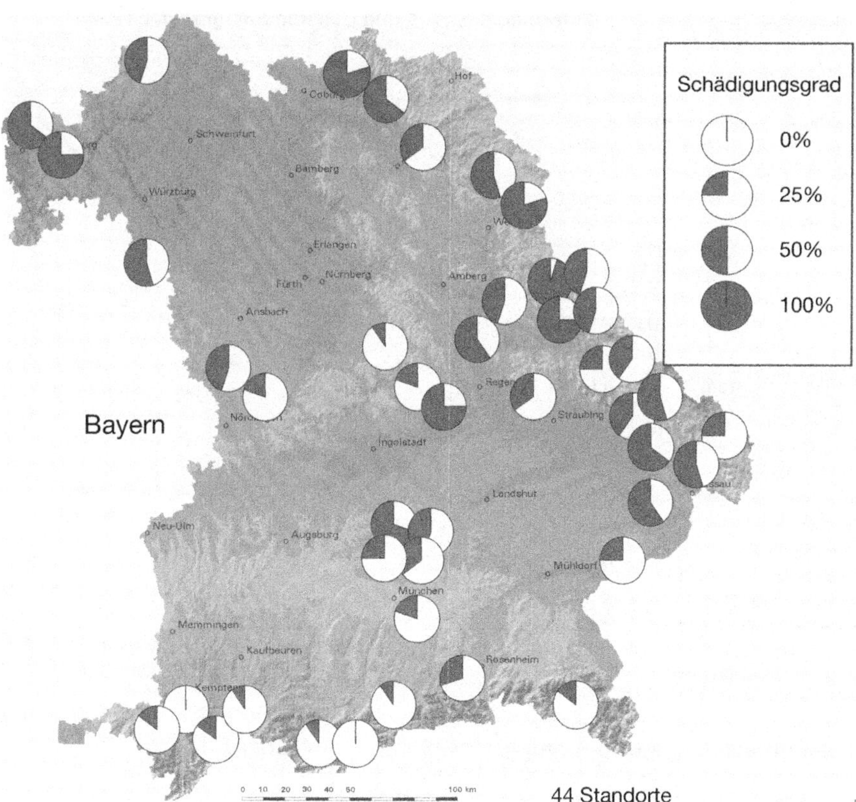

Abb. 6-6: Regionale Verteilung des Schädigungsgrads der Tanne in Bayern. Als Schädigungsgrad ist in Form von Kreisdiagrammen der Anteil der Bäume mit Ringausfällen in % des jeweiligen Untersuchungsbestandes dargestellt. Hohe Schädigungsgrade finden sich in Nordwestbayern, Ostbayern und im Donauraum. Nach Elling (1993), ergänzt und verändert.

sucht wird; daher enden die Jahrringkurven im jeweiligen Jahr der Probenahme zwischen 1983 und 2004. Rückgänge der Belegungskurve nach 1982 beruhen allein auf diesem Umstand. Zum anderen ist bei Jahrringkurven mit mehr als fünf Ringausfällen von einem Einsetzen ausgefallener Jahrringe abgesehen worden; dies betrifft 196 oder knapp 10 % der einbezogenen 2 020 Messradien (Abschn. 3.4.5) und nur den Zeitraum vor 1982. Rückgänge der Belegungskurve vor 1982 beruhen demnach auf dem Abbruch von Kurven mit über fünf Ringausfällen. Diese haben zugleich besonders geringe Jahrringbreiten. Daher überschätzt die Mittelwertkurve während der Zuwachsdepression und des anschließenden Zuwachsanstiegs die Jahrringbreite etwas.

Wiederanstieg des Holzzuwachses und Zunahme der Kronenbenadelung der Tanne sind in jüngster Zeit auch im östlichen Teil Mitteleuropas zu beobachten (Zawada 2003). Im Erzgebirge unterschreiten seit 1999 die SO_2-Konzentrationen im Jahresdurchschnitt den Wert von 10 $\mu g/m^3$, sodass auch hier die Tanne wieder eine Chance hat (Eisenhauer et al. 2003).

Es ist keine neue Erkenntnis, dass die Tanne im **Einflussbereich** von **thermischen Kraftwerken** mit hohem Ausstoß an SO_2 Schaden leidet (Wentzel 1980). Jedoch ermöglichen Gebiete, für die sich die Immissionen und deren zeitliche Entwicklung aus recht genau bekannten Emissionsdaten abschätzen lassen, weitere Prüfungen des Zusammenhangs zwischen SO_2-Belastung und Zuwachs der Tanne. Darüber hinaus sind aus diesen Vergleichen wichtige Schlussfolgerungen zur Rolle des Schwefeldioxids im komplexen Prozess der Schädigung der Tanne abzuleiten.

In **Penzberg**, unmittelbar nördlich des Anstiegs der Bayerischen Alpen, ist von 1951 bis 1971 ein relativ

6

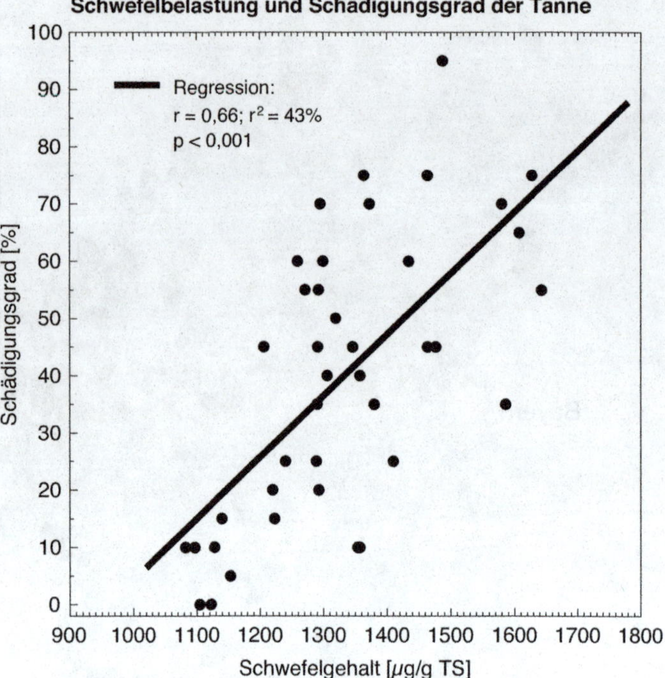

Abb. 6-7: Schädigungsgrad (= Anteil der Bäume mit Ringausfall in %) der Tanne in Abhängigkeit von der regionalen Belastung durch schwefelhaltige Immissionen, angezeigt durch den mittleren Schwefelgehalt von Fichtennadeln im Zeitraum 1977 bis 1982 (anhand von Daten des Bayerischen Landesamts für Umweltschutz) für 41 Standorte. Nach Elling et al. (2005).

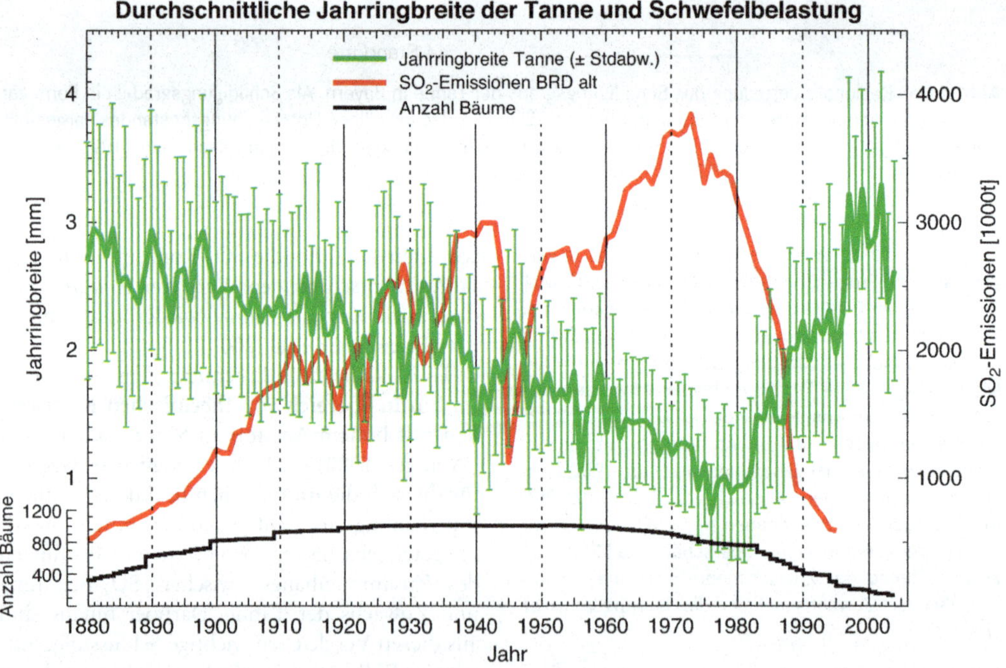

Abb. 6-8: Gegenüberstellung des Gangs der Schwefeldioxidemission in der Bundesrepublik Deutschland (alte Bundesländer, Daten bis 1965 nach Häberle und Herrmann (1984) und Umweltbundesamt Berlin) und der durchschnittlichen Jahrringbreite von 1 010 Tannen aus Süddeutschland (51 Bestände, 2 020 gemessene Radien. Erklärung der Belegungskurve im Text, Abschn. 6.1.1.3.).

kleines **Kraftwerk** auf der Grundlage der stark schwefelhaltigen oberbayerischen Pechkohle (4,5 bis 8 % Schwefel) betrieben worden. So kam in den angrenzenden Wäldern ein Freilandexperiment mit deutlichen Auswirkungen auf den Jahrringbau der Tanne zustande. Am Nordhang des Blombergs, im Wald der Stadt Bad Tölz, sind Tanne und Fichte in einem Mischbestand untersucht worden. Die Bearbeitungsfläche liegt 8,6 km in ostsüdöstlicher Richtung vom Kraftwerk entfernt. Bereits drei Jahre nach Betriebsbeginn ist bei einem Teil der Tannen ein Absinken der Jahrringbreiten zu erkennen (Abb. 6-9 (**b**)). Sehr heftig ist dann die Reaktion auf den Temperatursturz mit nachfolgendem, strengem Frost im Februar 1956. Die kombinierte Stresswirkung war so stark, dass es bei zahlreichen Bäumen zu einem weiteren Absinken der Ringbreiten im Jahre 1957 kam – ganz im Gegensatz zu dem unbelasteten Vergleichsstandort Mittenwald/Hinterer Schartenkopf (Abb. 6-9 (**a**)). Während der ausgeprägten Zuwachsdepression der Tannen von Bad Tölz/Blomberg (Abb. 6-10) traten bei zwei der untersuchten Bäume Jahrringausfälle auf. Auf die Emission des Kraftwerks reagiert die Tanne insgesamt leicht verzögert mit einem Zuwachstief von 1956 bis 1971. In den Jahren 1969 bis 1971 war die Emission des Kraftwerks bereits reduziert. Dieser Umstand ist sicherlich mit beteiligt am sofortigen Wiederanstieg der Jahrringbreiten im Jahre 1972 nach Beendigung des Kraftwerksbetriebs 1971 (Bretschneider und Schwarzfischer 1993, Elling et al. 1999, 2000, Elling 2001). Daten über die Immissionsbelastung am Blomberg während der Betriebszeit des Kraftwerks sind leider nicht vorhanden. Im Zeitraum 1977 bis 1982, als die Jahrringbreiten der Tanne wieder anstiegen, ermittelte das Bayerische Landesamt für Umweltschutz in der Umgebung an halbjährigen Fichtennadeln Schwefelgehalte von durchschnittlich 1 140 (1 350 bis 820) ppm. Damit ist offensichtlich die Schwelle für eine am Zuwachs erkennbare Schädigung der Tanne unterschritten, denn die Jahrringbreiten hatten zu dieser Zeit wieder Werte wie im Zeitraum vor der Schädigung erreicht. Auch andere untersuchte Standorte zeigen, dass bei Schwefelgehalten zwischen etwa 1 150 und 900 ppm – in halbjährigen Fichtennadeln und bezogen auf den Vergleichszeitraum 1977 bis 1982 – eine mit Zuwachsrückgang verbundene Schädigung der Tanne allmählich ausklingt (Abb. 6-7). Die Fichte lässt am Blomberg während der Betriebszeit des Kraftwerks keine Zuwachsreaktion erkennen.

Ein weiteres aufschlussreiches Beispiel ist bei **Kelheim an der Donau** gefunden worden. Die angrenzenden Waldgebiete unterlagen schon Jahrzehnte einer gewissen Immissionsbelastung durch Industriebtriebe in Kelheim und Saal. Dann wurden weiter südwestlich im Donautal, zwischen Ingolstadt und Neustadt, in den Jahren 1962 bis 1973 weitere **Betriebe mit hoher SO_2-Emission** eröffnet: fünf Erdölraffinerien, zwei Großkraftwerke auf der Grundlage von schwerem Heizöl sowie zwei Betriebe der Petrochemie. Die Emission der Raffinerien begann im Dezember 1963, die weitaus höhere der Großkraftwerke 1965. Zwischen 1972 und 1973 verdoppelte sich die Emission an SO_2 nochmals nahezu (Abb. 6-11 (**c**)). Nach den veröffentlichten Zahlen lag die tatsächliche Emission des gesamten Komplexes 1973 bei 10 bis 15 t je Stunde, die maximal genehmigte Emission betrug 28,5 t je Stunde (Kellner et al. 1974, Rudolph 1978, Eder 1978). Die Tannen von zwei untersuchten Mischbeständen, etwa 25 bis 35 km von den Emittenten im Raum Ingolstadt entfernt, reagierten ab Mitte der 1960er Jahre deutlich durch rasches Absinken der Jahrringbreiten (Abb. 6-11 (**a**) und (**b**)) (Wildfeuer und Parzefall 1988, R. Elling 2000, Elling 2001). Im Waldbestand Kelheim/Flussschlag sind bei 75 % der untersuchten Tannen ab 1967 Jahrringausfälle nachgewiesen, auf den 40 Bohrkernen insgesamt 118 an der Zahl. Bis zum Endjahr 1987 ist ein Wiederanstieg des Zuwachses nur andeutungsweise zu erkennen. Wie der Bestand Kelheim/Randeckerirlach zeigt, trat ein solcher erst gegen Ende der 1980er Jahre ein, nachdem die Emission stark reduziert war (Abb. 6-11 (**b**)). Die **Immissionsbelastung** kann hier durch frühzeitig begonnene Messungen des Bayerischen Landesamts für Umweltschutz an den nahe gelegenen Messpunkten Neustadt/Eining und Kelheim/Herzberg) recht gut charakterisiert werden. Die Jahresmittel der SO_2-Konzentration liegen im Zeitraum von 1980 bis 1987 zwischen 24 und 37 $\mu g/m^3$ (entspricht etwa 0,0089 – 0,0137 ppb). Da es sich hier nicht um einen ungünstigen Standort handelt, ist der Grenzwert von 50 $\mu g/m^3$ im Jahresdurchschnitt, der damals den Schutz der Nadelbäume sicherstellen sollte (Abschn. 7), deutlich unterschritten. Jedoch hat Wentzel (1983 b) darauf hingewiesen, dass die Tanne bereits SO_2-Konzentrationen von 10 bis 25 $\mu g/m^3$ (entspricht etwa 0,0037 – 0,0093 ppb) im Jahresdurchschnitt nicht ertragen kann. Ein deutlicher Rückgang der Immission ist im Gebiet um Kelheim erst ab 1988 zu erkennen. Für den Zeitraum 1988 bis 1995 wurden an den beiden Messstationen Jahresmittelwerte von 5 bis 13 $\mu g/m^3$ (entspricht etwa 0,0019 – 0,0048 ppb) festgestellt (Bayerisches Landesamt für Umweltschutz 1977 – 1995). Daraus lässt sich in Übereinstimmung mit Wentzel ein **Grenzwert von etwa 10 – 15 $\mu g/m^3$** für die Schädigung bzw. den Schutz der Weißtanne auf diesen für sie günstigen Standorten ableiten. Die Bioindikation anhand des Schwefelgehalts halbjähriger Fichtennadeln ergab in der Umgebung des untersuchten Bestandes im Zeitraum 1977 bis 1982 einen Wert von durchschnittlich 1 469 ppm und lag damit eindeutig in dem Bereich, der eine starke Schädigung der Tanne zur Folge hat (Abb. 6-7). In dem untersuchten Mischbestand Kelheim/Flussschlag reagiert zwischen 1965 und 1975 auch ein Teil der Fichten mit scharfem Rückgang der

Jahrringbreiten, obwohl diese Baumart zur gleichen Zeit im größten Teil Bayerns ein Zuwachshoch hatte. Ebenso trat im Kelheimer Raum seit dem Ende der 1960er Jahre auf stark kalkhaltigen Böden ein zuvor nie beobachtetes Kiefernsterben auf. Eder (1978) hat Zuwachsrückgänge in teilweise großem Ausmaß nachgewiesen. Kreutzer (1978) hat die Schädigung und das Absterben von Kiefern auf die Kombination von standortsbedingt gestörter Eisenernährung (Kalkchlorose) und Immissionsbelastung zurückgeführt.

Das **Kraftwerk Schwandorf** (etwa 30 km nördlich von Regensburg) wurde seit 1930 mit der am Ort vorkommenden Wackersdorfer Braunkohle beheizt. Diese hat zwar keinen besonders hohen Schwefelgehalt (um 2 % S), musste aber wegen ihres geringen Brennwerts in sehr großen Mengen eingesetzt werden. Ab etwa 1960 und nochmals zu Anfang der 1970er Jahre erhöhte sich die Emission von SO_2 drastisch (Abb. 6-12 (**b**)). Beim Höchststand um die Mitte der 1970er Jahre verursachte das Kraftwerk Schwandorf fast die Hälfte des SO_2-Ausstoßes im Land Bayern und fast ein Zehntel der SO_2-Emission in der Bundesrepublik Deutschland. Als 1983 die Wackersdorfer Braunkohle zu Ende war und durch Kohlen besserer Qualität (halber Schwefelgehalt, dreifacher Brennwert) ersetzt wurde, ging die Freisetzung von SO_2 stark zurück. Dies hat den ostbayerischen Raum deutlich entlastet (Abb. 3-4). Rauchgasentschwefelung senkte schließlich 1988 / 1989 die Emission auf unbedeutende Werte ab. Tannen in ostsüdöstlicher Richtung und einer Entfernung von etwa 21 km vom Kraftwerk zeigen bereits in der ersten Hälfte der 1960er Jahre einen deutlichen Abfall der Jahrringbreiten und anschließend einen regelrechten Zusammenbruch des Zuwachses (Abb. 6-12 (**a**)). Im Zeitraum 1977–1982 erreichte die durchschnittliche Schwefelbelastung halbjähriger Nadeln von Fichten im Umkreis von 12 km um die untersuchten Tannen einen Wert von 1 587 $\mu g/g$ TS und signalisiert damit eine starke Schädigung von Tannen (Abb. 6-7). Auf die Entlastung im Jahre 1983 reagieren die Tannen (Abb. 6-12 (**a**)) prompt durch raschen Anstieg der Ringbreiten.

Die Jahrringanalysen im Einflussbereich thermischer Kraftwerke liefern Informationen, die für das Verständnis der komplexen Schädigungsprozesse wichtig sind:

- Langjährige Zuwachsdepressionen folgen der SO_2-Emission der Kraftwerke und treten daher in unterschiedlichen Zeiträumen auf. Im Gegensatz zu Ereignis- und Weiserjahren (Kaennel und Schweingruber 1995) oder abrupten Zuwachsreduktionen (Schweingruber 1986) werden sie nicht durch Witterungsereignisse ausgelöst, wie früher vermutet (Rehfuess 1987, Becker et al. 1990).

- Belastung durch SO_2 vermindert die Winterfrosthärte von Tannen und führt zu Einbrüchen der Jahrringbreite in der folgenden und noch einer weiteren Vegetationsperiode (Penzberg 1956/1957).

- Der sofortige Anstieg der Jahrringbreiten nach Beendigung oder drastischer Reduktion der Emission zeigt, dass hier gasförmiges Schwefeldioxid in der Einwirkung auf die Nadeln wirksam war. Beim Umweg über eine verminderte Säurebelastung des Bodens müsste eine weit stärkere Verzögerung auftreten.

Einige weitere **Fallbeispiele** aus Bereichen, die als Brennpunkte der Tannenschädigung bekannt geworden sind, ermöglichen zusätzliche Einblicke in das komplexe Geschehen:

Im äußersten Nordwesten Bayerns, etwa **20 km östlich der Stadt Hanau**, war schon seit vielen Jahrzehnten die Belastung durch Immissionen aus dem Ballungsgebiet Frankfurt-Hanau sehr hoch. Bereits nach dem Frostwinter 1939 / 40 trat bei einer der Tannen von Schöllkrippen/Hangelstein ein erster Jahrringausfall auf (Abb. 6-13 (**a**)). Nach zögernder Erholung begann bei der Masse der Bäume schon in der ersten Hälfte der 1950er Jahre ein deutlicher Zuwachsrückgang und nach der extremen Frostperiode im Februar 1956 ein Zusammenbruch der Zuwachses. Nirgendwo sonst in Bayern sind Jahrringausfälle so zahlreich (263 nachgewiesene Ringausfälle auf 40 Bohrkernen). Trotzdem deutet sich bei noch erholungsfähigen Tannen ab etwa 1983 ein Wiederanstieg der Ringbreiten an. Die hohe Belastung durch SO_2 am Westabhang des Spessarts ist aus Untersuchungen von Gasch et al. (1988) bekannt. In der Umgebung der untersuchten Tannen sind während der Periode 1977 bis 1982 in halbjährigen Fichtennadeln Schwefelgehalte von durchschnittlich 1 399 ppm ermittelt worden (Bayerisches Landesamt für Umweltschutz). Das liegt klar im Bereich der Tannenschädigung (Abb. 6-7), entspricht aber sicherlich nicht dem Höchststand der Belastung, denn innerhalb der Ballungsgebiete sind die SO_2-Konzentrationen von den 1960er bis zu den 1980er Jahren deutlich zurückgegangen (Gasch et al. 1988).

Ein Bestand ganz im Nordosten von Bayern, am **Ostauslauf des Fichtelgebirges** gegen die Egersenke (Mitterteich/Altlinden) liegt in dem Gebiet, das durch lokale Emittenten, z. B. das Kohlekraftwerk Arzberg (seit 1915) und Immissionen aus Nordböhmen schon seit Anfang des 20. Jahrhunderts stark mit SO_2 belastet war und in dem schon seit etwa 1920 Tannensterben beobachtet wurde (Hörteis und Schmidt 1986). Der Zeitraum der Schädigung umfasst also hier viele Jahrzehnte. Bereits bei der Waldinventur von 1920 hatte der aufnehmende Beamte bei der Bearbeitungsfläche

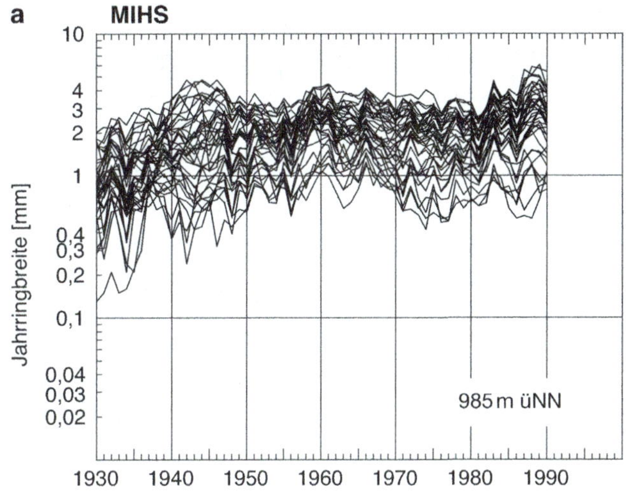

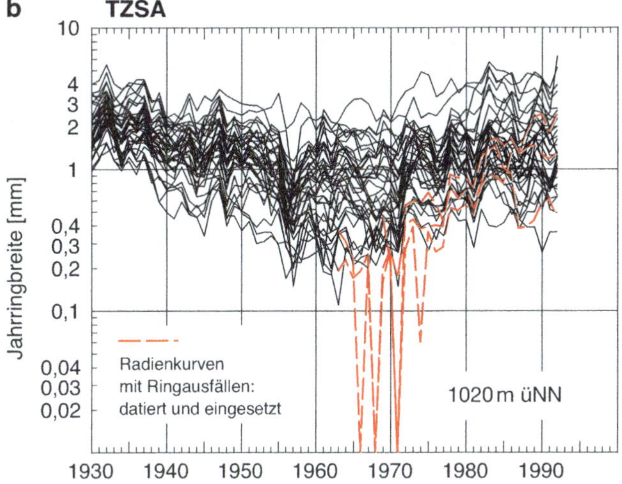

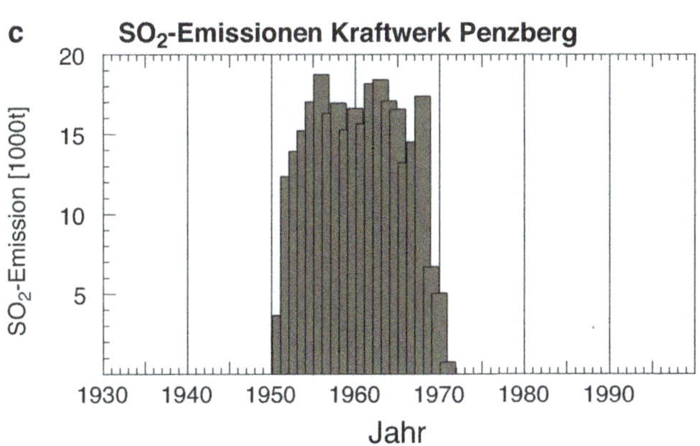

Abb. 6-9: (a) Jahrringbreiten (40 Radienkurven von 20 Bäumen, halblogarithmische Darstellung) von Tannen auf dem nahezu unbelasteten Standort Mittenwald/Hinterer Schartenkopf, 985 m üNN. Nach Feuchter und Schmidt (1991).
(b) Jahrringbreiten (40 Radienkurven von 20 Bäumen, halblogarithmische Darstellung) von Tannen auf dem durch SO_2 belasteten Standort (8,6 km ostsüdöstlich vom Kraftwerk) Bad Tölz/Blomberg (1 020 m üNN). Rot gestrichelt: Abschnitte mit Jahrringausfällen. Nach Bretschneider und Schwarzfischer (1993).
(c) SO_2-Emission des Kraftwerks Penzberg nach Vegetationsjahren (= September des Vorjahres mit August des laufenden Jahres) in Tonnen, berechnet aus dem Kohleverbrauch bzw. der Stromerzeugung. Nach Elling et al. (1999).

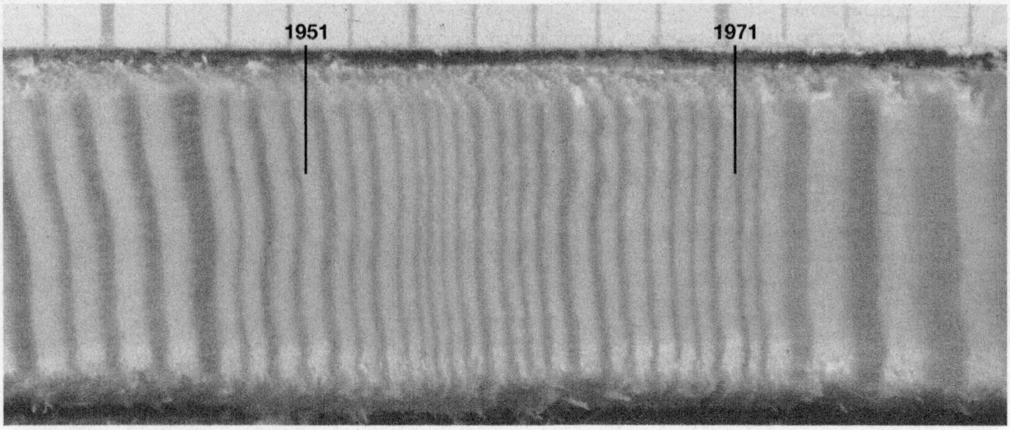

Abb. 6-10: Bohrkern einer Tanne vom belasteten Standort Bad Tölz/Blomberg mit einer deutlichen Zuwachsdepression im Zeitraum von 1951 bis 1971 (Foto Elling).

vermerkt: »3 % Tannensterben« (Zahn et al. 1988). Die Jahrringbreiten der überlebenden Tannen brechen nach den Wintern mit strengen Frostperioden (1928/29, 1939/40 und 1955/56) scharf ein (Abb. 6-13 (**b**)). Bei fast allen Bäumen gehen die Ringbreiten in den 1960er Jahren zurück und erreichen in den 1970er Jahren dann extrem niedrige Werte. Ringausfälle sind bei zwei Tannen bereits 1940 und während der Zuwachsdepression dann in großer Zahl nachweisbar. Ab 1983 zeigen die noch erholungsfähigen Tannen einen Wiederanstieg des Holzzuwachses. Die Belastung durch SO_2-haltige Immissionen ist nach den Schwefelgehalten halbjähriger Fichtennadeln im Durchschnitt der Jahre 1977 bis 1982 einschätzbar: Diese lassen mit durchschnittlich 1 633 ppm auf eine starke Schädigung der Tanne schließen (Abb. 6-7).

Auf dem Gipfel des **Brotjacklriegel** (1 016 m) im **Vorderen Bayerischen Wald** hat schon seit 1967 die Deutsche Forschungsgemeinschaft Messungen der SO_2-Konzentration durchgeführt; allerdings sind die Daten teilweise verschollen. Ab 1975 liegt eine durchgehende Messreihe des Umweltbundesamts vor (Abb. 6-14 (**b**)). In unmittelbarer Nähe der Messstation sind Tannen in einem Mischbestand (Freyung/Jackelriegel) dendrochronologisch untersucht worden. Es zeigt sich eine heftige Zuwachsdepression, die etwa 1966 beginnt. Zwischen 1983 und 1988 steigen bei allen Tannen die Ringbreiten an und erreichen dann ab 1989 wieder ein Niveau wie vor dem Zuwachseinbruch (Abb. 6-14 (**a**)). Zwischen den mittleren Jahrringbreiten und den an der nur 300 m vom Waldbestand entfernten Station Brotjacklriegel gemessenen und für 26 Jahre verfügbaren Jahresmittelwerten der SO_2-Konzentration ergibt sich eine höchst signifikante Beziehung. Die SO_2-Gehalte der Luft überschreiten im Zeitraum von 1976 bis 1986 immer wieder einen Wert von 10 μg/m^3,

der als Schwellenwert für eine Schädigung der Tanne auf ungünstigeren Standorten anzusehen ist (Abschn. 7). Im genannten Zeitraum sind wiederholt Monatsmittelwerte über 25 μg/m^3 aufgetreten. Da starke Bewindung die Wirkung von Schwefeldioxid auf Pflanzen verschärft (Flemming 1992), wiegt diese Belastung hier nahe dem Berggipfel schwerer als in geschützter Lage. Erst ab 1987 wird die Schwelle von 10 μg/m^3 nicht mehr überschritten, seit 1992 sind die Werte außerordentlich niedrig (Umweltbundesamt, persönliche Mitteilung). Belastung und Entlastung korrespondieren ganz deutlich mit der Zuwachsdepression und dem Wiederanstieg des Zuwachses bei der Tanne. Auch die durchschnittlichen Schwefelgehalte halbjähriger Fichtennadeln im Umkreis von 23 km um die Messstelle Brotjacklriegel sind von 1977 bis 1995 von etwa 1 400 auf etwa 1 000 μg/g TS zurückgegangen (Elling und Pfaffelmoser 1997, Abb. 3-4). Bei einem Absinken der Schwefelgehalte von Fichtennadeln auf Werte zwischen 1 150 und 900 μg/g klingt die Schädigung der Tanne allmählich aus. Die Ergebnisse stehen vollkommen im Einklang mit denen von Visser und Molenaar (1992 a, b) für Tannen im Bayerischen Wald, obwohl die genannten Autoren nur Emissionsdaten der alten Bundesrepublik verwendet haben. Die daran von Kandler (1992 b) geübte Kritik ist unberechtigt. Denn zum einen ist es durchaus typisch für eine chronische Schädigung von Waldbeständen durch Immissionen, dass die einzelnen Bäume unterschiedlich stark reagieren und es dadurch zu einem Auffächern der Jahrringbreitenkurven kommt. Zum anderen behauptet Kandler, die Befunde seien unvereinbar mit den örtlichen Daten der Luftbelastung; dabei berücksichtigt er die große Empfindlichkeit der Tanne gegenüber SO_2 in keiner Weise.

a **KHFS**

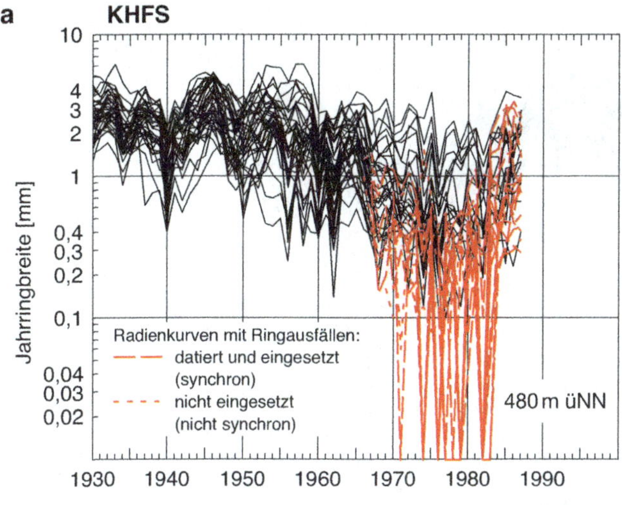

b **KHRI**

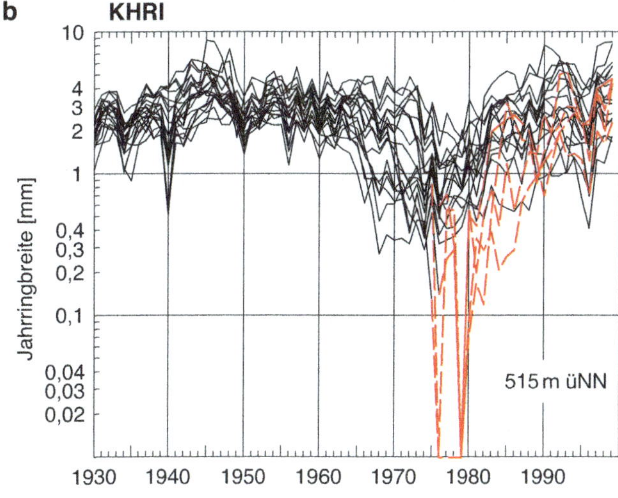

c **SO₂-Emissionen Ingolstadt-Neustadt**

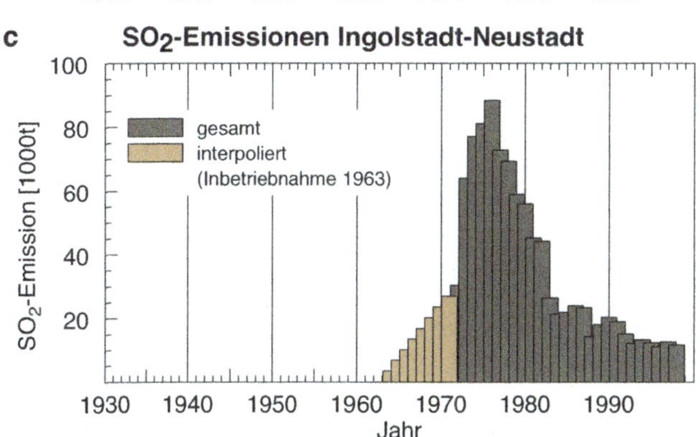

Abb. 6-11: (a) Jahrringbreiten (40 Radienkurven von 20 Bäumen, halblogarithmische Darstellung) von Tannen des Standorts Kelheim/Flussschlag. Rot gestrichelt: Abschnitte mit Jahrringausfällen. Nach Wildfeuer und Parzefall (1988).
(b) Jahrringbreiten (20 Radienkurven von 10 Bäumen, halblogarithmische Darstellung) von Tannen des Standorts Kelheim/Randeckerirlach. Rot gestrichelt: Abschnitte mit Jahrringausfällen. Nach R. Elling (2000).
(c): SO₂-Emission der Raffinerien, Kraftwerke und petrochemischen Werke im Raum Ingolstadt-Neustadt/Donau. Nach Daten des Bayerischen Landesamts für Umweltschutz.

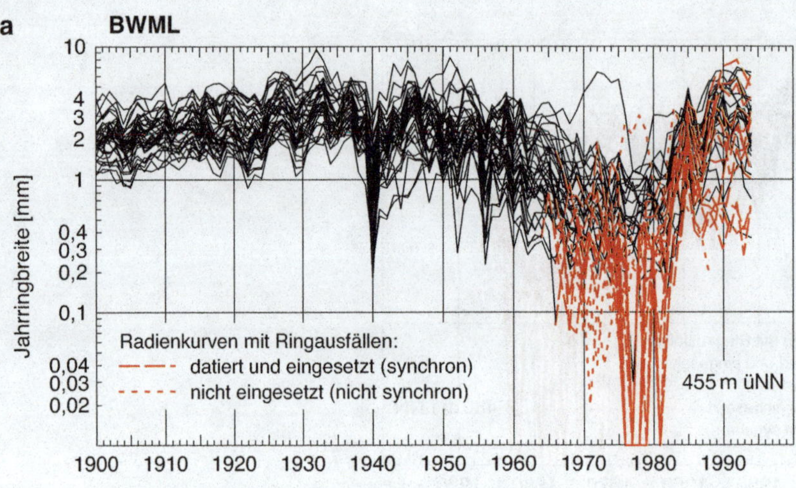

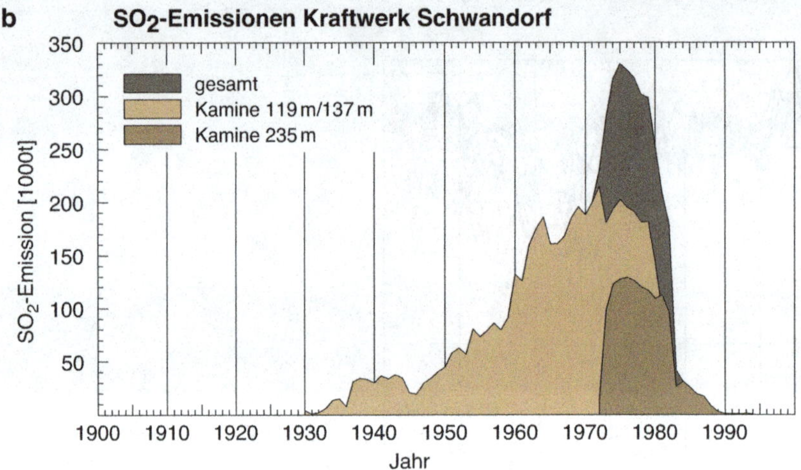

Abb. 6-12:   (a) Jahrringbreiten (40 Radienkurven von 20 Bäumen, halblogarithmische Darstellung) von Tannen in einer Entfernung von 21 km in ostsüdöstlicher Richtung vom Kraftwerk Schwandorf (Oberpfalz) am Standort Bodenwöhr/Moosleite. Rot gestrichelt: Abschnitte mit Jahrringausfällen. Nach Buckl und Lindner (1995).
(b) Gang der Schwefeldioxidemission des Kraftwerks Schwandorf in 1 000 Tonnen pro Jahr, getrennt nach niedrigen und hohen Kaminen. Berechnet nach Akten der Bayernwerke. Der Höchststand entspricht fast einem Zehntel der Gesamtemission der alten Bundesländer Deutschlands.

Schätzungen der Schwefeldioxidgehalte der Luft anhand nicht kontinuierlich erhobener Messwerte bewegten sich für den **mittleren** und **südlichen Schwarzwald** im Zeitraum von August 1980 bis Juli 1982 im Mittel zwischen 16 und 41 μg/m^3 (Obländer et al. 1983). Damit lag die Belastung der Tannenvorkommen des Schwarzwaldes damals eindeutig im Schädigungsbereich. Später – nach Absenkung der SO$_2$-Emission – gemessene, niedrigere Werte sind für den Zeitraum der Schädigung der Tanne nicht relevant. Becker et al. (1990) lassen dies außer Acht, wenn sie sich auf den IUFRO-Grenzwert von 25 μg/m^3 beziehen und fest-

stellen, dieser werde im Sommer eingehalten und auch im Winter oberhalb 500 m Seehöhe. Sie halten demnach immissionsbedingte Schädigungen allenfalls lokal für möglich und schließen solche ansonsten für Baden-Württemberg aus. Bei ihrer Argumentation berücksichtigen sie auch nicht, dass der genannte Grenzwert von 25 μg/m^3 im Jahresdurchschnitt den Schutz der Tanne nicht garantiert (Materna 1973, Wentzel 1983 b, Keller 1989). Dendrochronologische Untersuchungen am Westabhang des Schwarzwaldes ergaben in Höhenlagen von 390 bis 990 m deutliche Zuwachsdepressionen bei Tannen zur selben Zeit wie in Bayern (Beispiel in

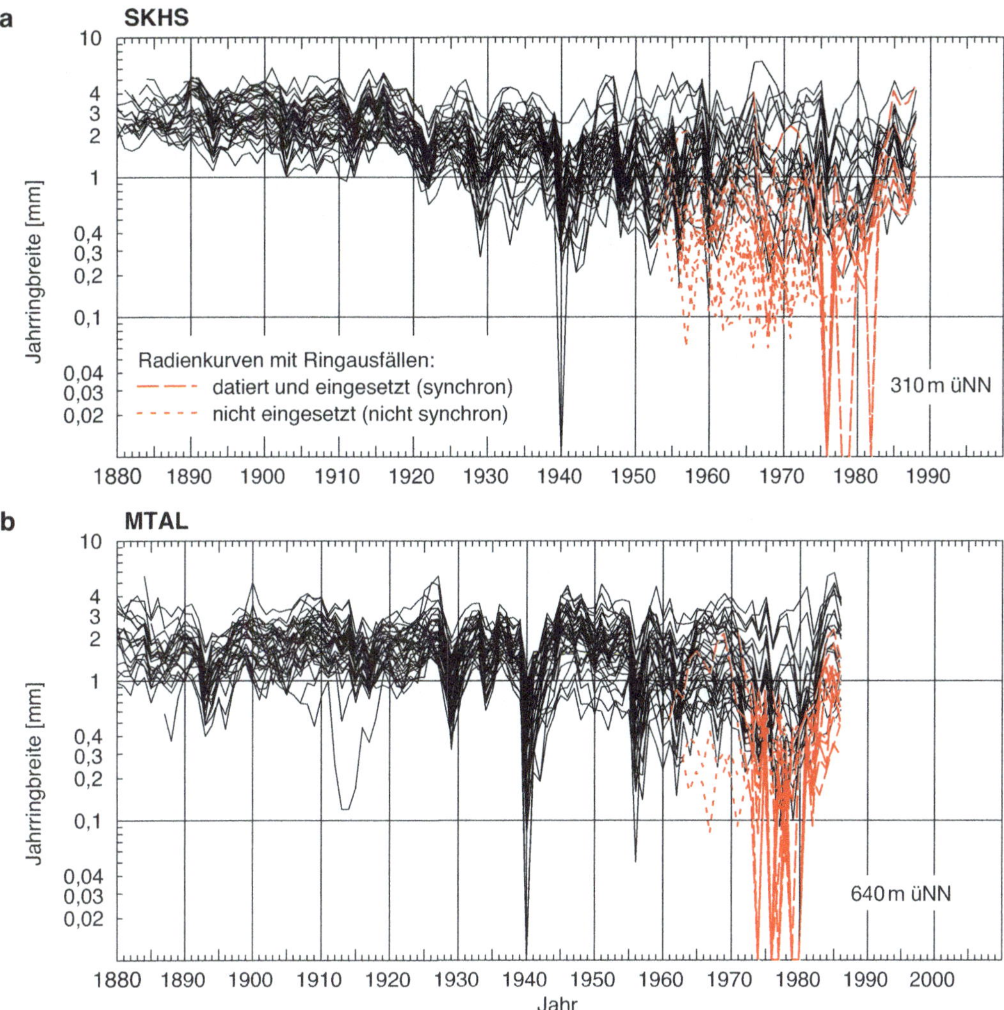

Abb. 6-13:   Jahrringbreiten (jeweils 40 Radienkurven von 20 Bäumen, halblogarithmische Darstellung) stark geschädigter Tannenbestände (rot gestrichelt: Abschnitte mit Jahrringausfällen):
(a) Jahrringbreiten von Tannen auf dem frühzeitig und hoch belasteten Standort Schöllkrippen/Hangelstein (20 km östlich vom Rand des Industriegebiets Frankfurt Hanau). Ein erster Jahrringausfall bereits 1940, ab 1954 insgesamt 263 Ringausfälle auf den 40 Bohrkernen. Nach Hellmold und Lampert (1989).
(b) Jahrringbreiten von Tannen auf dem stark belasteten Standort Mitterteich/Altlinden am Ostauslauf des Fichtelgebirges. Bei zwei Bäumen Jahrringausfälle schon 1940, ab 1962 wurden insgesamt 105 Ringausfälle festgestellt. Nach Zahn et al. (1988).

Abb. 6-3 (**b**)). Dies spricht dafür, dass sich die Bedingungen für eine Schädigung der Tanne im Schwarzwald und im Bayerischen Wald nicht grundsätzlich sondern nur graduell unterschieden haben.

Aus den aufgeführten Beispielen geht hervor, dass ein **Grenzwert**, der einen Schutz der Weißtanne auch auf ungünstigeren Standorten garantieren soll, bei einem **Jahresdurchschnitt der SO_2-Konzentration von ungefähr 10 μg/m^3** liegt. Dies deckt sich mit den Angaben von Wentzel (1983 b). Er hatte bereits darauf hingewiesen, dass die Tanne schon SO_2-Konzentrationen von 10 bis 25 μg/m^3 (entspricht etwa 0,0037 – 0,0093 ppb) im Jahresdurchschnitt nicht ertragen kann. Ver-

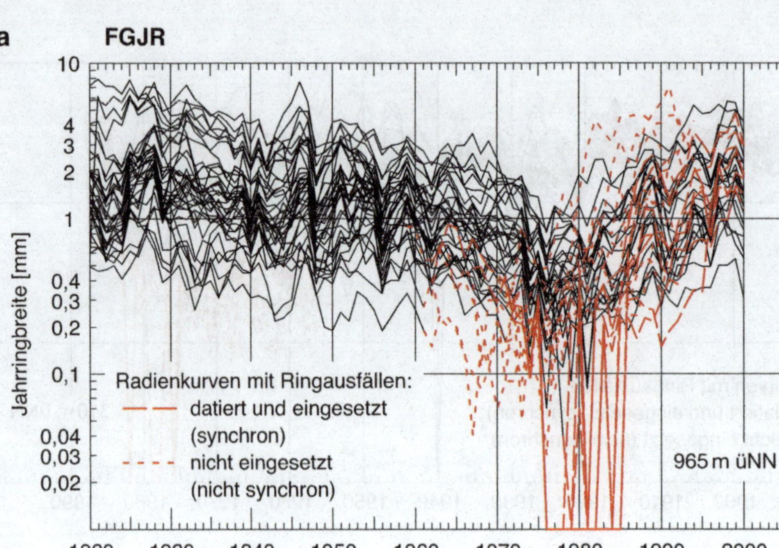

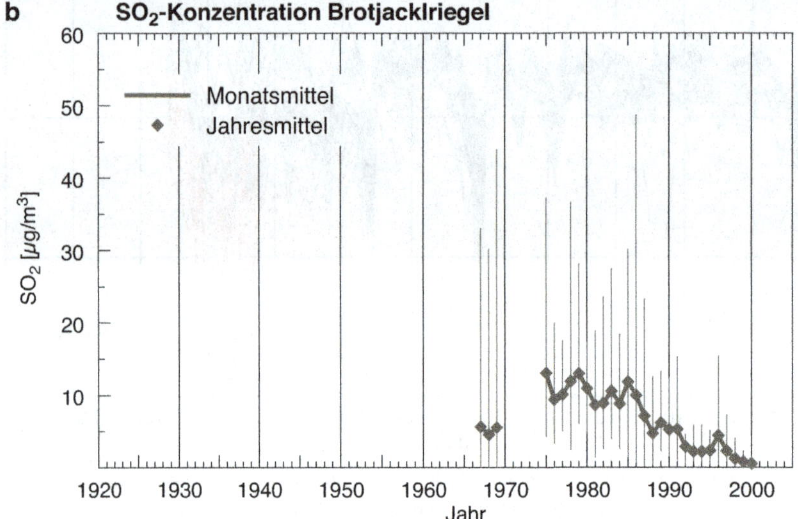

Abb. 6-14:   (a) Jahrringbreiten (40 Radienkurven von 20 Bäumen, halblogarithmische Darstellung) von Tannen nahe dem Gipfel des Brotjacklriegel (Vorderer Bayerischer Wald, Freyung/Jackelriegel, 965 m üNN). Rot gestrichelt: Abschnitte mit Jahrringausfällen. Nach Riffeser und Ambros (2001).
(b) Monats- und Jahresmittel der SO₂-Konzentration in der Luft an der Messstation des Umweltbundesamts auf dem Gipfel des Brotjacklriegel (1 016 m üNN).

wendet man die Schwefelgehalte halbjähriger Fichtennadeln als Belastungsindikator (für die Tanne stehen nicht ausreichend Daten zur Verfügung), so ergibt sich ein Grenzbereich zwischen 1 150–900 µg/g TS. Wird diese Spanne überschritten, so ist auf jeden Fall mit einer Schädigung der Tanne zu rechnen. Dies beruht jeweils auf der großräumig gegebenen **Grundbelastung** durch Schwefeldioxid, an welcher der Ferntransport einen wesentlichen Anteil hat, und auf der durch Emittenten örtlich oder regional darauf gesattelten **Zusatzbelastung**. Nur wenn diese Zusatzbelastung erfasst ist oder wenigstens abgeschätzt werden kann, wird der räumlich stark differenzierter Schädigungsgrad der Tanne verständlich.

Die gewaltige **Absenkung der Emission** von Schwefeldioxid in Mitteleuropa während der 1980er Jahre (Abb. 3-4) hat in weiten Gebieten einen kräftigen **Zuwachsanstieg** nicht allzu schwer geschädigter Tannen eingeleitet.

Alle aufgeführten Argumente weisen in die gleiche Richtung und stützen die Ansicht, dass hinter dem statistischen Zusammenhang zwischen der regionalen Belastung durch schwefelhaltige Immissionen und der Schädigung der Tanne ein **kausaler Zusammenhang** steht. Die große Empfindlichkeit der Tanne gegenüber Schwefeldioxid ist dafür verantwortlich, dass die Ausbreitung des Tannensterbens ganz deutlich der zunehmenden Immissionsbelastung gefolgt ist. Jedoch sind in das komplexe Geschehen eine Reihe weiterer Faktoren verwickelt. Dies wird im Folgenden diskutiert.

6.1.1.4 Mitwirkung von Frostereignissen

Die systematische Untersuchung des Jahrringbaus von Tannen auf unterschiedlichen Standorten hat die **Beteiligung weiterer Stressoren** bestätigt bzw. aufgedeckt (Elling 1993, Ellenberg 1996). Beim Betrachten der Jahrringkurven stärker geschädigter Tannen springen die Abstürze der Ringbreiten in den Jahren 1929, 1940 und 1956 ins Auge (Abb. 6-2). Diese beruhen auf **Stressreaktionen** nach Wintern mit besonderen **Frostereignissen**. Teils handelte es sich um extrem tiefe Temperaturen, teils auch um Temperaturstürze im Anschluss an vorausgegangene Wärmeperioden. Nach den genannten Wintern traten stets schwere Schäden an Obstgehölzen auf, denn diese sind im Allgemeinen anfälliger als Waldbäume. Die Weißtanne ist schon von jeher gegenüber sehr tiefen Wintertemperaturen empfindlicher als etwa die Fichte oder die Waldkiefer. Bei Temperaturen unter etwa -27 bis $-29\,^\circ$C kommt es zu Erfrierungen (Kahl 1930, Meyer 1957, Jahnel 1959). Das allein kann aber Stressreaktionen dieser Stärke nicht erklären. Mehrere Autoren haben darauf hingewiesen, dass Frostschäden an der Tanne häufig auf das Zusammenwirken von **Immissionsbelastung und Frost** zurückzuführen sind (Wentzel

1956 b, Huber 1956, Meyer 1957). Für diese Auffassung spricht auch, dass derart scharfe Einbrüche der Jahrringbreiten wie 1929, 1940 und 1956 in Jahrringkurven sehr alter Tannen zwischen 1781 und 1928 nicht zu finden sind – auch nicht nach den gut belegten Wintern mit gravierenden Frostereignissen. Im Hohenheimer Langzeitversuch zeigten sich ebenfalls infolge des Zusammenwirkens von SO_2-Belastung und Temperaturen um $-25\,^\circ$C im Februar 1985 bei Tannen Schädigungssymptome an den Nadeln des jüngsten Jahrgangs; die Immissionsbelastung hatte offenbar die Ausbildung einer hinreichenden Frostresistenz behindert (Arndt et al. 1990).

Besonders einschneidend waren die **Fröste im Winter 1955/1956**. In einem warmen Dezember und einem warmen Januar wurde offenbar die Frostresistenz der Tanne weitgehend abgebaut. Nach einem Temperatursturz Anfang Februar traten dann in fast ganz Bayern Temperaturen unter $-30\,^\circ$C auf. Überall in Mitteleuropa hat die Tanne durch eine **Stressreaktion** mit einem extrem schmalen **Jahrring 1956** reagiert, einzelne Tannen sind auch abgestorben (Elling et al. 1987). Diese Wirkungen können nicht allein dem Frost zugeschrieben werden, wie Beobachter der Ereignisse sofort betont haben (Wentzel 1956, Huber 1956). Hier liegt wahrscheinlich eine Kombinationswirkung vor: SO_2-Immission hat offensichtlich die Frostresistenz herabgesetzt und damit die Vorraussetzung für eine Schädigung geschaffen. Das lässt sich anhand der Jahrringkurven der Tannen vom Blomberg belegen, die durch die Immission des Kraftwerks Penzberg belastet waren (Abb. 6-9 (**b**)). Der scharfe Abfall der Ringbreiten im Jahre 1956 setzt sich bei 80 % der Bäume noch in der für das Wachstum sehr günstigen Vegetationsperiode 1957 fort. Dieses Nachhängen des Minimums ist ein Zeichen für eine starke Schädigung der Tannen im Jahre 1956; diese war 1957 noch nicht überwunden. Kein anderer in Bayern untersuchter Tannenbestand zeigt auch nur annähernd eine so starke Reaktion. Im Gegensatz dazu kommt es am kaum belasteten Vergleichsstandort bei fast allen Tannen im Jahre 1957 wieder zu einem Anstieg der Ringbreiten auf das Niveau vor 1956 (Abb. 6-9 (**a**)); die Frostwirkung allein kann demnach nicht verantwortlich sein (Elling et al. 1999, 2000, Abschn. 6.1.2.7).

Die extremen Fröste im **Winter 1939/1940** führten ebenfalls zu einer starken **Stressreaktion** in den Jahrringen der Tanne. In Mitteleuropa erreichten die Minimaltemperaturen von Südwesten gegen Nordosten hin immer tiefere Werte (Geiger 1948). Die Tanne ist schwer geschädigt worden, bis hin zum bestandsweisen Absterben: »Im Land Sachsen.....scheint der Winterfrost den Tannen den Rest gegeben zu haben« (Münch 1948). Heftige Zuwachseinbrüche zeigen Jahrringkurven von

Tannen aus dem Nordosten Bayerns im Jahre 1940 (Abb. 6-2 (**a**) und 6-13 (**b**)). In diesem Jahr sind für Mitteleuropa erstmals in nennenswerter Zahl Jahrringausfälle bei herrschenden Tannen nachgewiesen worden (Elling 1993, Abb. 6-5 (**a**)). Die Emission an Schwefeldioxid war damals bereits hoch (Abb. 3-3).

Im **Winter 1928/1929**, der zwar sehr niedrige Temperaturen aber keine Wärmeperioden mit nachfolgenden Temperaturstürzen aufwies, zeigen alle Tannen einen schmalen Jahrring 1929; der Einbruch ist aber weit geringer als nach den zuvor angesprochenen Wintern. Anders ist das im östlichen Teil Mitteleuropas, wo besonders niedrige Temperaturen erreicht worden sind. Hier kam es auch bei der Tanne zu einer Schädigung (Kahl 1930, Melzer 1931). Beim Zusammentreffen von hoher Immissionsbelastung mit den starken Frösten erholten sich Tannen offenbar nur noch schlecht (Elling 1993).

Der **Winter 1879/1880** hat ebenfalls sehr tiefe Temperaturen gebracht (Minimum München -26,0 °C). Den Frostschäden in der Schweiz hat Coaz (1882) ein Buch gewidmet. Bei der Tanne wird vom Absterben von Nadeln berichtet. Meist erholten sich die Bäume in der folgenden Vegetationsperiode. Nur vereinzelt gingen Tannen mittleren Alters ein, an Alttannen entstanden teilweise Frostrisse. Jahrringkurven von Tannen aus Bayern (hier traten noch tiefere Minimum-Temperaturen auf als in der Schweiz) lassen 1880 entweder gar keine Reaktion oder allenfalls einen geringen Rückgang des Zuwachses erkennen. Die Immissionsbelastung war seinerzeit in weiten Gebieten noch ganz gering.

Die angeführten Belege zeigen, dass das **Zusammenwirken** der **Belastung** durch **SO₂-Immission** und **Frost** offenbar eine große Bedeutung für Schädigung und Absterben von Weißtannen hat (Elling 1993, Ellenberg 1996).

6.1.1.5 Bedeutung von Dürreperioden und Wurzelerkrankungen

In der Diskussion um das Tannensterben haben **Dürreperioden** immer eine wichtige Rolle gespielt. Denn in oder nach Dürrejahren hat sich das **Tannensterben** jeweils **schubweise verstärkt**, ja es ist dann häufig zu einem massenhaften Absterben von Tannen gekommen, so etwa ausgelöst durch die Trockenjahre 1917, 1947 und 1976 (Scheidter 1919, Berger 1949, Seitschek 1981). Ohne Zweifel sind also Dürreereignisse in das Geschehen des Tannensterbens verwickelt. Es ist aber zu fragen: Handelt es sich um eine artbedingte Empfindlichkeit der Tanne oder haben Schädigungen anderer Art die Tanne erst dürreanfällig gemacht?

Auf zahlreichen Standorten sind Tannen und Fichten nebeneinander untersucht worden und können daher in ihrem Jahrringbau verglichen werden. Das Ergebnis ist eindeutig: Die **gesunde Tanne** schränkt in Jahren mit Wasserstress ihren Zuwachs weit weniger ein als die Fichte. Abbildung 6-15 zeigt hierfür ein Beispiel. Der Standort ist für beide Baumarten extrem hinsichtlich der geringen und von Jahr zu Jahr wechselnden Wasserversorgung. Im Trockenjahr 1934 und auch 1948 (Nachwirkung der Dürre im Spätsommer und Herbst 1947) vermindert sich die Jahrringbreite der Tanne weit weniger als jene der Fichte. Neuere Untersuchungen bestätigen diesen Unterschied (Weise 1991). In der gesamten älteren Literatur wird die gleiche Meinung vertreten. So schreibt etwa Rebel (1922): »Auf den heißen Südwest-Hängen des Jura gut aushaltend und hauptständig werdend, hat die Tanne auch im Trockenjahr 1911 keine Abgänge gehabt, sehr im Gegensatz zur Fichte«. Auch Wiedemann (1927), der häufig als Kronzeuge für die Meinung zitiert wird, Dürrejahre seien die entscheidende Ursache des Tannensterbens, hatte ganz klar ausgeführt: »Aus diesen Darlegungen folgt, dass die Ursache der Krankheit nicht in einer plötzlichen Häufung der Trockenjahre liegt. Nachdem die Tanne durch die früheren ähnlichen Trockenperioden nicht in gleicher Weise geschädigt worden ist, können die letzten Trockenjahre nicht die primäre Ursache der Krankheit sein, vielmehr muss die verschärfte Wirkung der Trockenjahre darauf beruhen, dass die Tanne durch irgend eine andere Ursache ihre ursprüngliche Unempfindlichkeit gegen Dürre verloren hat«. Gesunde Tannen können demnach dank ihrer tief in den Boden reichenden Wurzeln Trockenperioden weit besser überstehen als Fichten. **Kranke Tannen** jedoch, bei denen nach langjähriger Belastung durch Schwefeldioxid große Teile der Wurzelsysteme von pathogenen Pilzen befallen und deshalb außer Funktion sind, erleiden in Trockenjahren verstärkten Stress oder sterben gar ab, wie es in und nach dem Trockenjahr 1976 in großem Umfang geschehen ist. Solche Tannen sind dann tatsächlich „Mimosen" (Dannecker 1941). Das steht im Einklang mit den Ergebnissen der vergleichenden Gaswechselmessungen von Lautenschlager

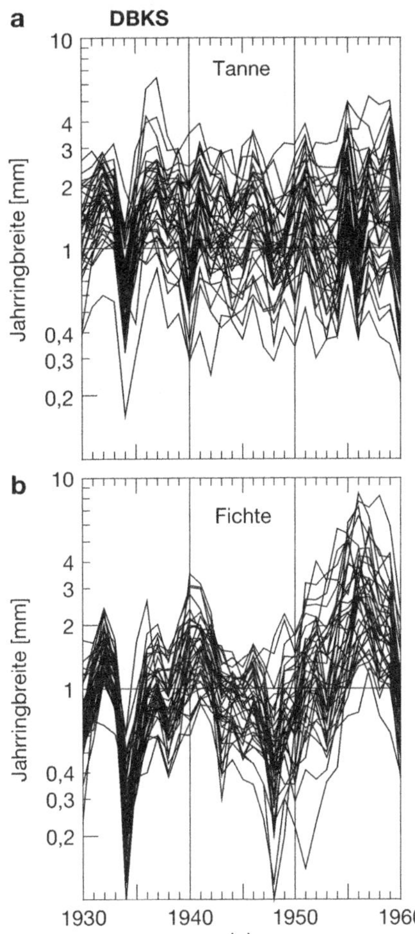

Abb. 6-15: Zuwachsreaktionen in Jahrringbreiten-kurven (jeweils 40 Radienkurven von 20 Bäumen, halblogarithmische Darstellung) von Tannen (a) und Fichten (b) auf demselben wasserarmen Standort (Dinkelsbühl/Kreuzschlag, Rückenlage, Pelosol aus Feuerletten, Jahresniederschlag 660 mm). Die Stress-reaktion der Fichte auf die Frühsommerdürre des Jahres 1934 reicht bis hart an die Grenze zum Jahrringausfall. Die Minima 1948 sind Nachwirkung der Spätsommerdürre von 1947. Die Tanne reagiert auf Trocken-jahre weit schwächer als die Fichte. Nach von Steen und Großmann (1986).

(1984). Zweige des erkrankten Baums wiesen eine verminderte Transpiration und demnach auch Photosynthese auf. Nadelbäume gleichen offenbar ihre Wasserbilanz durch Nadelabwurf aus, wenn die Wasserzufuhr nicht ausreicht. Das spricht für Probleme bei der Wasseraufnahme in-folge unzureichender Funktion der Wurzeln oder eine Behinderung der Weiterleitung des Wassers im Holz des Stamms infolge eines pathologischen Nasskerns. Die vorliegenden Befunde lassen keine sichere Entscheidung zwischen diesen bei-den Möglichkeiten zu. Jedoch spricht der im Splintholz kranker Tannen verminderte Wasser-gehalt (Bauch et al. 1979) eher für eine Ein-schränkung der Wasseraufnahme als für eine Be-hinderung der Wasserleitung. Die genannten Au-toren haben auch bereits 1979 darauf hingewie-sen, dass erkrankte Tannen schon vor dem tro-ckenen Sommer 1976 Zuwachseinbußen erlitten haben.

Der Befall der **Wurzeln** durch **parasitische Pilze** und andere **Pathogene** spielt vermutlich eine zentrale Rolle bei der Schädigung und dem Absterben von Tannen. Leider ist dieser Be-reich nicht systematisch untersucht worden. Schmid-Haas (1991) zog aus seinen gründlichen Überlegungen den Schluss, dass Nadelverluste, Zuwachsabfall und Sturmanfälligkeit wahr-scheinlich auf eine gemeinsame Ursache, nämlich Infektionen im Wurzelbereich zurückzuführen seien; die Frage nach den primären Ursachen die-ser Erscheinungen ließ er dabei ausdrücklich of-fen. Schmid-Haas bezieht sich auf die Ergebnisse der wenigen vorliegenden Untersuchungen. So hat Blaschke (1981, 1982) auf Veränderungen der Mykorrhiza an den Feinwurzeln und auf Pa-thogene – darunter auch Arten der Gattung *Phy-tophthora* – als Erreger von Wurzelfäulen hinge-wiesen. Schönhar (1985) konnte die Pilzarten *Cy-lindrocarpon destructans* (Zins.), *Trichoderma ha-matum* ((Bon.) Bain.) und *Trichoderma viride* (Pers. ex Gray) aus Wurzeln kranker Tannen iso-lieren. Deren parasitische Eigenschaften hat er durch Tests an Keimlingen der Fichte und der Waldkiefer belegt. Saprophytische Pilzarten, die offenbar als **Endophyten** in Feinwurzeln junger Tannen leben, sind fähig, beispielsweise Zellulose und Pektin abzubauen; es ist nicht auszuschlie-ßen, dass sie unter bestimmten Bedingungen pa-rasitischen Charakter annehmen (Courtois und Ruschen 1987). Auch die in der Rhizosphäre sie-delnden Pilze und Bakterien können an verwi-ckelten Wechselwirkungen beteiligt sein (Ab-schn. 6.5). Eine Beeinträchtigung der Photosyn-these führt zu einer Unterversorgung des ganzen Baums mit Assimilaten. Die verminderte **Zufuhr von Kohlenhydraten** an die **Wurzeln** muss deren

Wachstum und Regeneration beeinträchtigen. Parasitische Pilze, die bei einem gesunden Baum keine Bedeutung haben, können nun zu einem ernsten Problem werden: Hält die Erneuerung der Feinwurzeln mit deren Absterben nicht Schritt, so wird das gesamte Wurzelsystem rückgängig. Die Verminderung der Aufnahme an Wasser und Nährstoffen drosseln dann ihrerseits durch positive Rückkoppelung die Photosynthese.

Der **Pilzbefall** beschränkt sich nicht auf die Feinwurzeln, sondern erfasst auch **Wurzeln mit großem Durchmesser**, einschließlich der Pfahlwurzel. Daran liegt es auch, dass gerade jene Tannen häufig durch Stürme geworfen werden, die bei fortgeschrittener Wurzelfäule nur noch eine geringe Benadelung ihrer Krone aufweisen und die so dem Wind eigentlich nur wenig Widerstand bieten. Seit der grundlegenden Arbeit von Neger (1908) ist bekannt, dass **Hallimasch-Arten** (*Armillaria mellea sensu lato*) fast immer eine wichtige Rolle spielen. Neger hat den Angriff der Rhizomorphen des Hallimasch auf die Tannenwurzeln gründlich untersucht und in Abbildungen festgehalten. Der Hallimasch zerstört vor allem die Pfahlwurzel und befällt die horizontal streichenden Wurzeln erst kurz vor dem Tod des Baums. Nach Neger (1910) bestreitet der Hallimasch nur den letzten Akt des Krankheitsgeschehens, denn sein Angriff setzt eine Schwächung des Wirts voraus: »Das letzte Wort spricht in fast allen Fällen der Hallimasch«. So sieht es auch Wiedemann (1927): »Nach allem gibt der Hallimasch in der Regel nur den bereits absterbenden oder schwer kranken Tannen den Todesstoß, er ist aber nicht die primäre Ursache«.

Seither ist erkannt worden, dass „der Hallimasch" mehrere Arten enthält, von denen fünf in Europa vorkommen (Roll-Hansen 1985). Obwohl diese in unterschiedlichem Grad pathogen sind, gilt nach heutigem Kenntnisstand, dass die an der Tanne nachgewiesenen Arten *Armillaria cepistipes* und *obscura* (Holdenrieder 1986) als saprophytisch bis allenfalls schwach parasitisch einzustufen sind (Roll-Hansen 1985). In diese Richtung weisen auch Untersuchungen in Frankreich (Delatour und Guillaumin 1995).

Das Trockenjahr 1976 hatte in großem Stil zu einem Absterben von Tannen geführt. Dem gegenüber waren die Auswirkungen der ähnlich gravierenden Trockenperiode im Sommer 2003 weit geringer. Wohl kam es zum Absterben einzelner, kaum mehr erholungsfähiger Tannen.

Aber selbst jene Bäume, die eine gravierende Zuwachsdepression hinter sich hatten, zeigten meist nur eine geringe Verminderung ihres Holzzuwachses in den Jahren 2003 oder 2004 (Abb. 6-2**a** und Abb. 6-2**c**. Auch die Kronenbenadelung der Tanne ließ im Jahre 2004 keine Abnahme, sondern sogar eine geringe Zunahme erkennen (Bayerisches Staatministerium für Landwirtschaft und Forsten 2004). Offensichtlich finden die meisten Bäume mit fortschreitender Erholung wieder zurück zur der geringen Empfindlichkeit gegen Dürre, die für die Tanne in der älteren Literatur gut belegt ist.

6.1.1.6 Ernährungszustand von Tannen

Uneinheitlich sind die Befunde zum Ernährungszustand kranker Tannen. Mangel an **Magnesium** kommt bei diesen auffallend häufig vor. Zwischen 1965 und 1981 sanken zudem die Mg-Gehalte teilweise um mehr als ein Drittel (Evers 1994). Für Nordostbayern ist Magnesiummangel nicht nur nadelanalytisch nachgewiesen worden, sondern es ist auch eine Revitalisierung kranker Tannen nach entsprechender Düngung erfolgt (Zech 1983, Zech und Popp 1983). Neben einer mangelhaften Versorgung mit Magnesium ist auch wiederholt eine schwache Versorgung mit **Calcium** festgestellt worden. Jedoch sind diese Befunde sehr von den jeweiligen Standorten abhängig und gehören nicht durchgängig zum Krankheitsbild.   **Ernährungsschwierigkeiten** können demnach **nicht als allgemeine Ursache** der Tannenerkrankung angesehen werden (Rehfuess 1969, Evers 1979, 1981, Berchtold et al. 1981, Aldinger 1989, Reiter et al. 1989, Rehfuess 1995). Das schließt nicht aus, dass sie zusammen mit anderen Faktoren verschärfend wirken können.

Bauch und Schröder (1982) haben gezeigt, dass die **Rindenschicht** von **Feinwurzeln** erkrankter Tannen fast frei von Calcium und Magnesium sein kann – im Gegensatz zu gesunden Bäumen. Möglicherweise handelt es sich bei den beschriebenen Erscheinungen nicht um Ursachen, sondern um Wirkungen der Erkrankung, speziell ausgehend von Defekten im Wurzelsystem (siehe oben). In diese Richtung weist auch der akute Kaliummangel, der an extrem erkrankten Tannen (aus Kelheim, Abschn. 6.1.1.3) gefunden worden ist (Rademacher 1986). Experimentelle Untersuchungen anhand natürlicher Bodensubstrate belegten die besondere Bedeutung der Ernährung mit Magnesium und Calcium für das Wachstum von Tannensämlingen (Gonzáles Cascón et al. 1989). Die durch starke Versauerung von Böden ausgelöste Verminderung des Angebots an Magnesium und Calcium (Abschn. 5.3.4) kann deshalb die Schädigung von Tannen verstärken. Dass dies jedoch nicht der Kern der Sache ist, zeigen stark geschädigte Tannen auf karbonathaltigen Böden ganz klar. Gerade auf solchen Böden in den Alpen ist jedoch durch Kahlschlag und Beweidung vielfach ein deutlicher Humusschwund eingetreten (Abschn. 3.1.2.2). Das reduziert offenbar auch die Vitalität der Tanne, denn mit dem Kalkgehalt des Bodens nimmt auch die Kronentransparenz der Tanne zu (Webster et al. 1996) – ähnlich wie bei der Fichte.

Die genannten Untersuchungen ergaben keine klaren Hinweise auf die Schädigung von Feinwurzeln durch die toxische Wirkung freier **Aluminiumionen** im Sinne der Hypothese von Ulrich (1981 a). Jedoch liegt Al-Toxizität nicht nur dann vor, wenn destruktive Veränderungen an Feinwurzeln zu beobachten sind (Abschn. 6.5.1). Die Ergebnisse von Versuchen an Jungpflanzen von Tanne und Fichte in einem Bodensubstitut (Perlit) weisen auf einen durch **Ammoniumionen** verursachten Stress hin. Tannen reagierten hierbei viel empfindlicher als Fichten (Setzer und Mohr 1998). Diesen Problemen sollten anhand natürlicher Böden weiter nachgegangen werden.

6.1.1.7 Weitere als Ursachen diskutierte Faktoren

Der Befall durch **Insektenarten** ist immer wieder als die wesentliche oder eine der wesentlichen Ursachen des Absterbens von Tannen angesehen worden. So spielten nach der Ansicht von Wiedemann (1927) Tannenwollläuse *(Dreyfusia sp.)* die zentrale Rolle im Geschehen des Tannensterbens. Schimitschek (1969) machte für das Absterben von Tannen im Wienerwald einen Komplex verantwortlich, an dem falsche Standortswahl im warm-trockenen Randgebiet der Tannenverbreitung, Bewirtschaftung in Reinbeständen, Dürrejahre sowie das Auftreten von Insekten beteiligt sein sollten; vor allem der Tannentriebwickler *(Cacoecia murinana* H. B.*)* sowie sekundär auftre-

tende Bock- und Borkenkäfer waren hier aktiv. Das standörtlich sehr begrenzte Auftreten des Tannentriebwicklers sowie die sekundäre Natur der anderen genannten Insekten schließen jedoch eine Wirkung im Anfangsstadium einer Schädigung aus (Eichhorn 1981). Dass **massenhafter Befall** durch derartige Insekten einen zusätzlichen starken Stressor für die Tanne darstellt, ist jedoch nicht zu bezweifeln. Tritt dieser auf, so kann er wesentlich zur Schädigung und zum Absterben von Tannen beitragen. Er ist daher unter die fakultativ hinzutretenden Faktoren im Rahmen einer komplexen Schädigung (Abschn. 6.7.1) einzureihen. Denn die jüngste Entwicklung hat klar gezeigt, dass Tannensterben auch ohne wesentliche Beteiligung von Insekten ablaufen kann.

Für zahlreiche Eigenschaften der Weißtanne sind **genetisch bedingte Unterschiede** nachgewiesen. Das gilt auch für die Resistenz gegen Schwefeldioxidimmissionen. Denn durch Versuche – bei allerdings sehr hohen Konzentrationen – ist gezeigt worden, dass einige Tannen-Provenienzen aus Mittel- und Nordosteuropa empfindlicher sind als andere aus Südost- und Südeuropa (Larsen et al. 1988, Larsen und Friedrich 1988, Larsen 1994, Abschn. 6.1.1.2). Aus der von Larsen (1986, 1994) festgestellten geringeren genetischen Variation der Tanne Mittel- und Osteuropas lässt sich aber nicht ohne weiteres eine allgemeine Störanfälligkeit ableiten, wenn dies nicht im Einzelnen belegt ist. Vor der starken Steigerung der industriellen Emissionen war die Weißtanne hier eine weit verbreitete und robuste Baumart (Pfeil 1842). Offenbar hat erst ihre einseitige und hochgradige Empfindlichkeit gegen SO_2 sie für andere Stressoren verletzlich gemacht; erst dadurch ist sie zu einer „Mimose" geworden (Abschn. 6.1.1.5). Auch ist zu bedenken, dass die Tanne in Mittel- und Osteuropa viele Jahrzehnte einer scharfen Selektion durch das Tannensterben hinter sich hat. So gibt es beispielsweise in Sachsen nur noch 2 000 Alttannen (Abschn. 6.1.1.1); auch dadurch kann die genetische Variation verringert worden sein.

Fink und Braun (1978) haben eine **Virose** als Ursache des Tannensterbens postuliert. Auch Kandler (1983, 1985) hat eine **Epidemie-Hypothese** formuliert. Diese Hypothesen sind von Mehne (1990 a, b) durch Pfropfungsversuche widerlegt worden. Denn in keinem Fall ist es gelungen, Erkrankungssymptome von Pfropfreisern auf gesunde Unterlagen zu übertragen. Stattdessen ergrünten vergilbte Reiser, nachdem sie mit den grünen Unterlagenpflanzen verwachsen waren.

Zahlreiche Forstleute haben immer wieder eine falsche **waldbauliche Behandlung** zur zentralen Ursache des Tannensterbens erklärt. Ohne Zweifel sind kahlschlagartige Verjüngung und Wildverbiss am Rückgang der Tanne wesentlich beteiligt. Das darf jedoch nicht verwechselt werden mit der Schädigung und dem Absterben älterer Tannen im Sinne des Tannensterbens. Die letzten Jahrzehnte haben ganz klar gezeigt: Das Tannensterben hat auch vor ungleichaltrigen, stufig aufgebauten Beständen, Plenterwäldern und Urwaldresten nicht Halt gemacht, wie sich vielfach belegen lässt (Müller 1921, Wiedemann 1927, Meyer 1955, Schütt 1977, Seitschek 1981, Schöpfer und Hradetzky 1984). Unbestritten ist die deutliche Abhängigkeit des Holzzuwachses der Tanne von der Kronengröße (Spiecker 1991). So kann auch eine ungeeignete waldbauliche Behandlung, die zur Einengung der Krone führt, eine infolge anderer Ursachen ablaufende Schädigung verschärfen (Elling 1993). Bei Bäumen, die über Jahrzehnte eine herrschende oder vorherrschende Stellung im Bestand behaupten konnten, ist dies jedoch von untergeordneter Bedeutung. An Beispielen aus dem Vorderen Bayerischen Wald und dem westlichen Schwarzwald lässt sich das deutlich zeigen. Die Tannen von Bodenmais/Harlachberg (Abb. 6-3a) gehören alle der Baumklasse 1 nach Kraft an und haben besonders große Kronen; diese konnten sie bei weitem Stand und plenterartiger Behandlung seit etwa 1940 völlig unbehindert entwickeln. Dennoch erlitten sie zur Zeit der größten SO_2-Belastung zwischen 1965 und 1982 eine heftige Zuwachsdepression und weisen auf 40 Bohrkernen insgesamt 61 Jahrringausfälle auf. Auch auf der Fläche Kirchzarten/Rappeneck (Abb. 6-3b) handelt es sich um Bäume der Baumklasse 1, die sich seit vielen Jahrzehnten bei nur geringer Konkurrenz durch Nachbarbäume entwickeln konnten. Deshalb können die Einflüsse von Witterung und Kronengröße auf den Zuwachs der Tanne nicht losgelöst von anderen Ursachenfaktoren – beispielsweise der Belastung durch Immissionen – beurteilt werden, wie das wiederholt geschehen ist (Spiecker 1991).

6.1.1.8 Komplexes Zusammenwirken von Teilursachen

Als **prädisponierender natürlicher Faktor** (zu den Begriffen vgl. Abschn. 6.7.1) für Schädigung und Absterben von Tannen in großem Umfang wirkt offenbar nur die genetisch bedingte, hohe Empfindlichkeit der Tanne gegen Schwefeldioxid. Im Komplex der **antreibenden und auslösenden Faktoren** spielt die Belastung durch Schwefeldioxid die zentrale Rolle. Jahrzehntelang ist argumentiert worden, die Tanne sei vor allem in **Randgebieten** ihrer Verbreitung geschädigt worden (Sachsen, Wienerwald). Das trifft nicht zu. Die Tanne ist zunächst nur in denjenigen Randgebieten vom Tannensterben erfasst worden, die zugleich einer starken Belastung durch SO_2-haltige Immissionen unterlagen. Selbst auf Standorten mit sehr ungünstiger Wasserversorgung hat die Tanne relativ gut ausgehalten (Abschn. 6.1.1.5). Als Folge der Zunahme und des Ferntransports von Abgasen hat dann das Tannensterben während der 1960er Jahre auch die **Optimalgebiete** der Tanne erfasst und hat schließlich gegen Ende der 1970er Jahre seinen Höhepunkt erreicht. Die These, das Tannensterben sei ein Problem der Randgebiete der Tannenverbreitung, hat heute keine Grundlage mehr.

In den vom Tannensterben betroffenen Gebieten, die jahrzehntelang einer Steigerung der Belastung durch Schwefeldioxid ausgesetzt waren, lassen sich anhand von Jahrringkurven die folgenden **Phasen der Schädigung** erkennen: Eine Altschädigung, eine Neuschädigung und ein Zuwachsanstieg (Elling 1993, Ellenberg 1996). Die **Altschädigung** zeigt sich durch scharfe Stressreaktionen in den Jahren 1929, 1940 und 1956 (Abb. 6-2). In diesen Jahren ging die Ringbreite jeweils schlagartig zurück und es kam zu einer scharfen Bündelung der Kurvenscharen. Das beruht auf der Kombination von Verminderung der Frostresistenz durch SO_2-Belastung und Frostwirkung (siehe oben). Nach diesen Einbrüchen steigen die Ringbreiten sofort wieder an oder sie verharren jahrelang auf erniedrigtem Niveau. In Nordwestbayern und Nordostbayern ist die Altschädigung besonders deutlich (Abb. 6-13).

Während der Phase der **Neuschädigung** gingen ab etwa 1965 – bei gleichzeitig hohem Zuwachs der Fichte in den tieferen Lagen – die Ringbreiten der Tanne in fast ganz Bayern und auch im Schwarzwald zurück. Ein regelrechter Zusammenbruch des Zuwachses ereignete sich dann in den Jahren 1972 bis 1974 (Abb. 6-2 und 6-3). Jahrringausfälle, die während der Altschädigung nur vereinzelt aufgetreten waren, nahmen nun sprunghaft zu (Abb. 6-5a). Tiefstwerte der Ringbreiten wurden zwischen 1976 und 1981 erreicht. Beträchtliche regionale Unterschiede zeigen sich. Am frühesten setzt die Neuschädigung im Immissionsbereich des Ballungsgebiets Frankfurt-Hanau mit starkem Zuwachsabfall bereits zu Anfang der 1950er Jahre ein (Abb. 6-13a). Am spätesten reagieren die ältesten bisher untersuchten Tannen am Rachelsee im Nationalpark Bayerischer Wald. In den Alpen und ihrem unmittelbaren Vorland ist die Neuschädigung vielfach nur schwach ausgeprägt und kann auch ganz fehlen.

Ein **Zuwachsanstieg** zeigte sich 1982 noch zögernd und dann während der trocken-heißen Vegetationsperiode 1983 deutlich, jedoch nur bei erholungsfähigen Tannen. Der Anstieg der Ringbreiten ist auch durch andere Autoren belegt (Eckstein und Saß 1989, Schmid-Haas 1989, Becker et al. 1990). Er geht vermutlich ebenfalls auf einen Ursachenkomplex zurück, an dem Entlastung von schwefelhaltigen Immissionen, Stickstoffeinträge, günstige Witterung sowie Lichtungszuwachs beteiligt sein können.

Die Wirkungen der einzelnen **Teilursachen** und deren **Verflechtungen** sind nun in den wesentlichen Zügen erkennbar und fügen sich zu einem **Gesamtbild.** Der für das Tannensterben vielfach benutzte Begriff „Kettenkrankheit" suggeriert einen linearen Ablauf und wird daher den Wechselwirkungen der verursachenden Faktoren nicht gerecht. Der Begriff **Komplexkrankheit** bringt die Vernetzung besser zum Ausdruck. Diese ist im Schema der Abbildung 6-16 dargestellt. Neben den verursachenden Faktoren, die bekannt sind, kann es noch weitere, bisher unerkannte geben; das Fragezeichen links oben soll dies zum Ausdruck bringen. Massenhaftes Absterben von Tannen im Sinne des **Tannensterbens** (Abschn. 6.1.1.1) wird angetrieben durch die Einwirkung **relativ niedrig konzentrierten Schwefeldioxids** auf die Nadeln. Diese führt unter anderem zur Störung der Photosynthese. Inwieweit Nadelabwurf, der durch eine Absenkung der IAA-Gehalte älterer Nadeln gegenüber ungeschädigten Bäumen ausgelöst wird, unmittelbar durch Belastung mit SO_2 oder mittelbar infolge des Absterbens von Wurzeln nach Befall durch Pathogene zustande kommt, bleibt offen. Zwangsläufig müssen sich jedoch Nadelverluste, die zu einer Unterversorgung der Wurzeln mit Assimilaten führen und mangelnde Regeneration der Wurzeln infolge einer verminderten Nadelmasse gegenseitig im Sinne einer positiven Rückkoppelung verstärken. Die **Zerstörung von Wurzeln** aller Durchmesser durch parasitische Pilze kann unmittelbar oder bei Windwurf den Tod von Tannen bewirken. Belastung durch SO_2 vermindert die **Frostresistenz** von Tannen und führt nach Frostereignissen zu Nadelverlusten und scharfen Einbrüchen beim Holzzuwachs.

Durch extremen Kältestress sterben Tannen auch ab. Die gesunde Tanne ist wegen ihrer tief reichenden Wurzeln außerordentlich widerstandsfähig gegen Trockenstress. Tannen dagegen, die große Teile ihres Wurzelsystems durch den Angriff parasitischer Pilze oder anderer Pathogene verloren haben, **sterben nach Trockenperioden** regelmäßig in großer Zahl ab. Durch ihr großes Schattenerträgnis konnte sich die Tanne im Bereich ihres natürlichen Vorkommens auch gegen die Fichte und die Buche behaupten. Verminderter Zuwachs von Wurzel, Stamm und Krone reduziert jedoch ihre **Konkurrenzkraft** gegenüber anderen Baumarten. Insofern ist die jahrzehntelang geführte Diskussion, ob Immissionen oder mangelnde waldbauliche Pflege bzw. ungeeignete Bestandsstrukturen für das Tannensterben verantwortlich seien, gegenstandslos, denn die beiden Faktoren verstärken sich gegenseitig.

Als **fakultativ hinzutretende Faktoren** (Abschn. 6.7.1) können in der Endphase des Tannensterbens und besonders in Gebieten mit warm-trockenem Klima verschiedene **Insektenarten** die Tanne noch zusätzlich belasten und auch wesentlich zu ihrem Absterben beitragen (Schimitschek 1969, Kramer 1992). Der Befall durch Insekten gehört aber nicht notwendigerweise zum Symptomkomplex.

Ein starker Rückgang der SO_2-Belastung löst bei noch erholungsfähigen Tannen regelmäßig einen deutlichen **Anstieg des Holzzuwachses** aus. Dem Zuwachsanstieg im unteren Teil des Stamms (nur hierfür liegen ausreichende Befunde vor) folgt eine Zunahme der **Benadelung der Krone** mit einer beträchtlichen Verzögerung (Kandler 1993). Ein entsprechendes Ergebnis erhielten Strunz et al. (1999): Erst etwa ein Jahrzehnt nach dem Wiederanstieg des Holzzuwachses in 1,3 m Höhe setzte eine allmähliche Wiederbenadelung der Krone ein. Das könnte auf sekundäre Schadfaktoren hinweisen, möglicherweise auf Defekte am Wurzelsystem (Schmid-Haas 1991). Ob es wirklich zu einer **Regeneration** kommt, hängt vom **Grad der Schädigung** sowie vom **Alter** von Tannen ab: Jüngere und schwächer geschädigte Bäume erholen sich leichter als ältere und stärker geschädigte. Nach wie vor sterben stark geschädigte ältere Tannen ab. Das kann auch solche Bäume treffen, die zuvor einen deutlichen Wiederanstieg des Holzzuwachses erlebt haben. Ein **Zuwachsanstieg** darf demnach

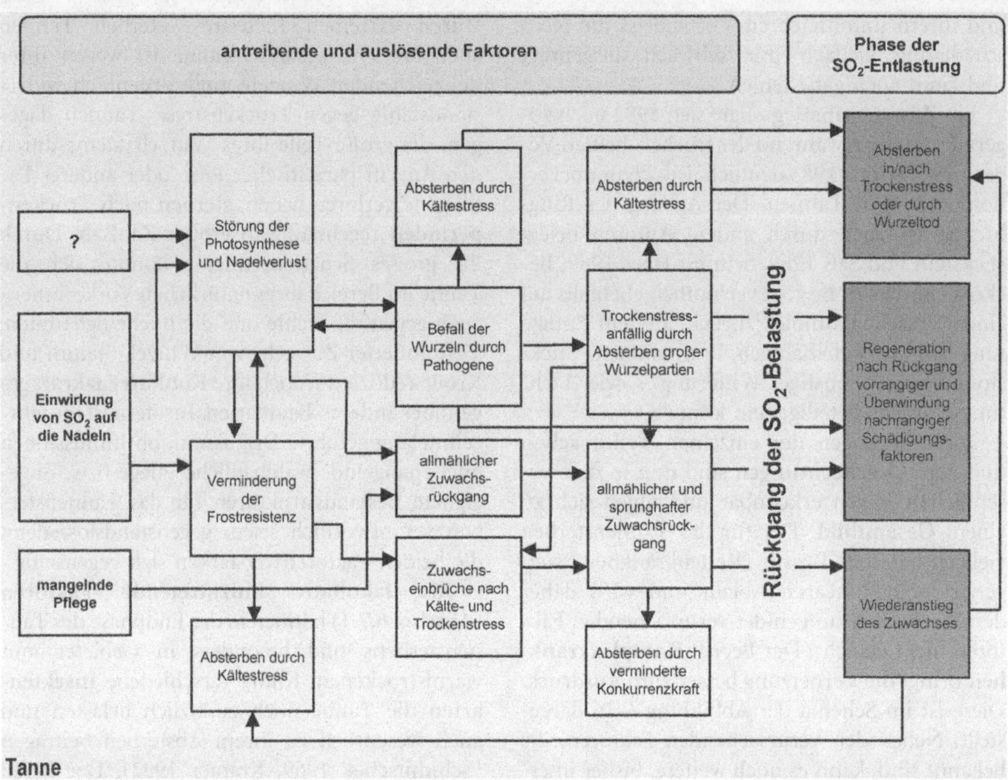

Abb. 6-16: Schema des Ablaufs von Schädigung, Absterben und Regeneration der Weißtanne. Es sind nur antreibende und auslösende Faktoren (Abschn. 6.7.1) aufgeführt. Als prädisponierender natürlicher Faktor ist nur die hohe Empfindlichkeit der heimischen Tannenherkünfte gegenüber Schwefeldioxid zu nennen. Fakultativ hinzutretende Faktoren siehe Text, Abschn. 6.1.1.7.

nicht ohne weiteres mit einer **Regeneration** gleichgesetzt werden.

Parallel zur Entwicklung des Tannensterbens haben sich die Ansichten der Forstleute über die **Eigenschaften** der Baumart **Weißtanne** grundlegend gewandelt. Noch Gayer (1898) hatte sie – schon nicht mehr ganz zeitgemäß – als eine robuste Baumart betrachtet: »Hat sie die Frostgefahr in der ersten Jugend überstanden, und ist sie hier vom Zahne des Wildes verschont geblieben, dann ist ihre weitere Existenz nur wenig bedroht«. Im Gegensatz dazu schrieb Dannecker (1941): »Die Weißtanne ist die feinfühlendste Holzart, die Mimose unserer Waldzonen«. Erst durch das **Fortschreiten der Schädigung** werden diese **gegensätzlichen Urteile** kompetenter Fachleute verständlich. Als das Tannensterben etwa zwischen dem Anfang der 1970er und dem Anfang der 1980er Jahre bedrohlich anschwoll,

dachte man über den vollständigen Verzicht auf die Tanne nach und man vollzog diesen in Gebieten mit besonders starker Schädigung auch zeitweise. Nach der sehr starken Absenkung der SO₂-Belastung zeigen in weiten Bereichen Mitteleuropas schwächer geschädigte Alttannen und mittelalte Tannen deutliche Zeichen einer Regeneration. Jungtannen waren vom Tannensterben von jeher kaum betroffen. So hat sich die noch vor zwei Jahrzehnten ganz düstere Situation der Tanne stark aufgehellt. Nachdem die Tanne sogar das Trockenjahr 2003 glimpflich überstanden hat, kann man annehmen, dass sie wieder zu ihrer artbedingten Widerstandkraft gegen Dürre zurückfindet. Daher kann die Tanne auf vielen – allerdings nicht auf extremen – Standorten die Fichte ersetzen, die bei fortschreitender Klimaerwärmung mehr und mehr durch Trockenperioden gefährdet ist.

6.1.1.9 Offene Fragen

Die Zunahme des Tannensterbens im Laufe der 1970er Jahre hat eine Reihe von **Forschungsaktivitäten** ausgelöst, die – erstmals in der Geschichte des Tannensterbens – teilweise koordiniert waren. Die Diskussion über das „Waldsterben" ab 1981 und insbesondere das Erkennen von Erkrankungen an der weit stärker verbreiteten Fichte haben Untersuchungen an der Tanne in den Hintergrund gedrängt. Wichtige Fragen sind deshalb offen geblieben.

So ist bis jetzt nicht klar geworden, warum **Begasungsversuche** mit SO_2 in relativ hoher Dosierung eine größere Empfindlichkeit der Fichte gegenüber der Tanne ergeben haben; denn aus Experimenten mit niedrigen Konzentrationen über längere Zeit sowie aus einer sehr großen Zahl von Beobachtungen und Befunden im Freiland geht das Gegenteil hervor (Abschn. 5.1.1.6). Unklarheiten bestehen auch beim **Wasserhaushalt** erkrankter Tannen, insbesondere was das Zusammenspiel von Wasserabgabe durch die Nadeln, Wasserleitung im Stamm und Wasseraufnahme durch die Wurzeln angeht. Im **Wurzelbereich**, besonders bei der Funktion von Mykorrhizen, den Auswirkungen von Endophyten, dem Angriff von Pathogenen sowie der Mitwirkung der Lebewesen innerhalb der Rhizosphäre liegen die schwerwiegendsten und zugleich schwierigsten ungelösten Probleme.

6.1.2 Fichte (*Picea abies* Karst.)

Von Natur aus wächst die Fichte in Mitteleuropa vor allem in Wäldern der Gebirge. Dort ist sie häufig bis hinauf zur Waldgrenze verbreitet. Nutzungseingriffe des Menschen haben die Baumart zunächst auch in tieferen Lagen ungewollt begünstigt. Seit dem 18. Jahrhundert hat dann die Forstwirtschaft die Fichte planmäßig weit über ihr natürliches Vorkommen hinaus großflächig in die Wälder eingebracht. So ist sie mit Abstand zur häufigsten Baumart in Mitteleuropa geworden (Abschn. 3.1). Die Fichte nimmt hier etwa ein Drittel der Waldfläche ein und hat deshalb eine besonders große wirtschaftliche Bedeutung. Mit Erkrankungen und Schädigungen der

Fichte hat sich die Forschung deshalb besonders intensiv beschäftigt, gerade auch in Projekten mit einem ökosystemaren Ansatz.

6.1.2.1 Erkrankungssymptome an der Baumkrone sowie deren räumliches und zeitliches Auftreten

Bevor Symptome einer Erkrankung an Kronen von Fichten näher betrachtet werden, ist auf einige grundlegende Tatsachen hinzuweisen. Schon seit langem ist anerkannt, dass bei der Fichte drei Typen der Verzweigung vorkommen. Beim **Kammtyp** hängen die Äste 2. Ordnung schlaff von den Hauptästen herab und bilden eine Art Vorhang. Dieses genetisch fixierte Merkmal allein ist nicht als ein Erkrankungssymptom anzusehen (Magel und Ziegler 1987). Beim **Plattentyp** entwickelt sich die Verzweigung der Hauptäste etwa in einer Ebene; dabei stehen die Hauptachsen häufig nicht horizontal, sondern weisen mehr oder weniger steil nach unten. Beim **Bürstentyp** entspringen die Äste 2. Ordnung horizontal bis schräg abwärts gerichtet an den Hauptästen, sind also bürstenartig angeordnet.

Darüber hinaus hat Gruber (1990) gezeigt, dass die Phänotypen der Verzweigung teilweise auf modifikatorischer Abwandlung der oben genannten Genotypen beruhen und dass dadurch unterschiedliche Verzweigungsformen entstehen. Weiter hat Gruber anhand seiner Untersuchungen Struktur und Entwicklung von Fichtenkronen eingehend dargestellt. Demnach sind **mechanisch bedingte Zweig- und Nadelverluste** (z. B. durch Sturm, Eis, Hagel) zu unterscheiden von einem **Nadelfall über die Trennzone** an der Basis der Fichtennadel. Dieser Vorgang setzt ein Vertrocknen der Nadel voraus und arbeitet dann mechanisch. Eine Vertrocknung kann auf verschiedene Art zustande kommen, etwa durch Wasserstress und – vom Baum gesteuert – durch Verschluss der Blattspur. So fallen zuerst die photosynthetisch wenig effektiven älteren Nadeln ab. Das kann bei Trockenstress zum Ausgleich der Wasserbilanz führen und stellt daher ohne Zweifel eine wirksame Überlebensstrategie der Fichte dar. Auch beim Austrocknungsversuch unter einem Dach im Rahmen des Solling-Projekts verloren die Fichten bis zu einem Drittel ihrer Benadelung (Dohrenbusch et al. 1999). Sieht man von extremen Standortsbedingungen ab, so schwankt die Lebensdauer von Fichtennadeln zwischen etwa 6 und 9 Jahren – solange keine anthropogenen Belastungen vorliegen. Die Äste 2. Ordnung erreichen aber auf jeden Fall ein höheres Alter von etwa 10 bis 20 Jahren und müssen deshalb von der Basis her nach und nach ihre Nadeln verlieren. Das gleicht die Fichte durch **Proventivtriebe** aus, die an der Oberseite der Hauptäste und teilweise auch der Seitenäste aus schlafenden Augen in Serien mit jeweils einigen Jahren Abstand gebildet werden. Die Zweige der verschiedenen Serien überlappen sich dachziegelartig. Infolge ihrer Schattenwirkung tragen die jüngeren Serien zur Entnadelung der älteren Serien bei. Durch das Spitzenwachstum regulärer Triebe und durch proventive Ersatztriebe kann die Fichte ihre Krone nach Ast- und Nadelverlusten sehr wirksam regenerieren. Zur **Kronenverlichtung** kommt es erst, wenn starke Verluste an Ästen und/oder Nadeln nicht mehr durch Ersatztriebe ausgeglichen werden können. Der Abwurf ineffektiver, an älteren Zweigen sitzender Nadeln kann nicht als Vitalitätsverlust aufgefasst werden und wirkt sich auch nicht auf den Zuwachs aus. Verlichten Fichtenkronen von innen heraus, so beruht das auf einer zu geringen Bildung von Proventivtrieben (Aichmüller 1962, Gruber 1990, Gruber et al. 1994). Insbesondere bei der Kammform der Verzweigung bilden sich nicht von Proventivtrieben überdeckte, von der Basis her verkahlte Äste 2. Ordnung (so genanntes Lamettasymptom). Die **Regenerationsfähigkeit** stark verlichteter Fichten ist **begrenzt**; bei einer Kronenbenadelung von weniger als 40 % ist sie offenbar zumeist überfordert (Arbeitskreis „Krone" der Bund-Länder Arbeitsgruppe Level II 2001). Auf Trockenperioden reagieren Fichten verstärkt mit Nadelabwurf, Nadelverfärbungen und auch mit erhöhter Mortalität. Außerdem fördern hohe Temperaturen während der Monate Juni und Juli die Fruktifikation im folgenden Jahr (Solberg 2004). Erst in Kenntnis dieser Zusammenhänge können Erkrankungssymptome an Fichtenkronen beurteilt werden (Abschn. 3.3.3).

Die Fichte hat – wie alle Pflanzen – nur **wenige Möglichkeiten** zur **Entwicklung von Symptomen** als Antwort auf Erkrankungen bzw. Belastungen. Diese sind daher meist wenig spezifisch, treten aber in bestimmten Kombinationen als Symptomgruppen oder Syndrome auf, die unbedingt getrennt zu betrachten sind. Auf der Grundlage von Vorarbeiten verschiedener Autoren ist eine Gliederung nach Typen erfolgt, die von den Symptomgruppen und deren Verbreitung ausgeht (Forschungsbeirat Waldschäden/ Luftverunreinigungen 1986). Diese Einteilung wird hier in abgewandelter und ergänzter Form zugrunde gelegt:

- Schädigung von Fichten bei hoher Schwefeldioxidbelastung (Syndrom 1).
- Montane Vergilbung (Syndrom 2).
- Kronenverlichtung in mittleren Höhenlagen der Mittelgebirge (Syndrom 3).
- Nadelverluste im Flach- und Hügelland (Syndrom 4).
- Nadelverluste in den Alpen (Syndrom 5).
- Kronenverlichtung in Küstennähe (Syndrom 6).

Die **Schädigung von Fichten bei hoher Schwefeldioxidbelastung** (Syndrom 1) ist verbunden mit **altbekannten Symptomen**, die in früherer Zeit jahrzehntelang aufgetreten sind (z. B. im Ruhrgebiet) oder die bis etwa 1990 noch deutlich zu beobachten waren (z. B. im Erzgebirge). Diese sind variabel, weil neben den Immissionen häufig noch andere Ursachen an ihrer Ausbildung mitwirken, etwa Frost oder Trockenheit. **Chronische Schädigung** führt bei der Fichte zur allmählichen Entnadelung (Abschn. 5.1.1.5). Diese beginnt am Übergang vom oberen zum mittleren Abschnitt der Krone und schreitet von dort nach unten und oben fort. Es vermindert sich nicht nur die Lebensdauer der Nadeln drastisch, sondern es werden zudem kleinere und schließlich größere Äste völlig kahl, sterben ab und fallen dann bei mechanischer Beanspruchung vom Baum. Der Wipfel kann zunächst noch weitgehend symptomfrei bleiben, wird aber später auch von der Entnadelung erfasst und kann vor anderen Teilen der Krone absterben. Durch unregelmäßig verteilte abgestorbene oder bereits abgefallene Äste erhält die gesamte Krone ein zerrupftes Aussehen (Abb. 6-17). Der Vorgang der Entnadelung kann sich über Jahrzehnte hinziehen und schließlich zum Tod des Baums führen. Fichten können aber auch ein rasches Ende finden, wenn **Temperaturstürze** oder die **Kombination** von **sehr niedriger Temperatur** und sehr **hoher Immissionsbelastung** zur Rötung der Nadeln und zum Absterben führen. Sehr hohe Immissionskonzentrationen können die Lebensdauer der Nadeln auf ein Jahr oder noch darunter verkürzen (Pelz und Materna 1964). Bei episodisch auftretenden Spitzenbelastungen bilden sich Nekrosen in Form rotbrauner Flecken oder rotbraun verfärbter Nadeln als Zeichen **akuter Schädigung** (Abb. 6-18). **Chronische Schädigung** macht sich durch eine Degradation der Epicuticularwachse bemerkbar; dieses Symptom ist nicht spezifisch für einen bestimmten Schadstoff, sondern entspricht einer beschleunigten Alterung der Nadeln (Schmitt et al. 1997).

Die Symptome waren am deutlichsten im nordöstlichen Teil des **Erzgebirges** und in den Hochlagen des **Riesen-**

Abb. 6-17: Durch hohe Schwefeldioxidbelastung geschädigte Fichten mit verlichteten Kronen (Syndrom 1). Tschechisches Erzgebirge, nahe dem Keilberg, etwa 1 000 m üNN (Foto: Elling, 4.6.1988).

Abb. 6-18: Zweig einer Jungfichte mit Symptomen einer akuten Schädigung (rotbraune Verfärbungen an Nadeln) am Nadeljahrgang 1987. Die Schädigung erfolgte vermutlich bei hoher Belastung durch Schwefeldioxid im Winter 1987/1988. Bis zu einer Höhe von 0,5 m über dem Boden waren die Fichtennadeln symptomfrei, offenbar durch den Schutz einer Schneedecke. Auf einer Freifläche, entstanden durch Absterben älterer Fichtenbestände. Tschechisches Erzgebirge, nahe dem Wirbelstein, etwa 1 000 m üNN (Foto: Elling, 4.6.1988).

6

gebirges, soweit die Waldbestände dort noch nicht völlig abgestorben waren. Allerdings hat sich im Laufe der 1990er Jahre im Nordosterzgebirge die Symptomatik teilweise geändert: Auch hier ist nun die montane Vergilbung (Syndrom 2) zu beobachten (Beer 1997, Ngo et al. 2001), was früher nicht der Fall war.

Neuartige Symptome wurden an der Fichte seit den 1970er Jahren beobachtet aber erst seit etwa 1980 wirklich beachtet. Ein gut definiertes Krankheitsbild stellt die **montane Vergilbung** (Syndrom 2) der Fichte dar; dieser Begriff (Krause und Prinz 1989) hat sich inzwischen eingebürgert.

Dasselbe Syndrom ist zuvor schon von verschiedenen Autoren (Bosch et al. 1983, Zech und Popp 1983, Zöttl und Mies 1983) als Hochlagenerkrankung der Fichte beschrieben worden. Allerdings wies Nebe (1991) darauf hin, dass diese Bezeichnung nur für das Anfangsstadium der Erkrankung zutreffend ist, weil sich die Symptome später zu den tieferen Lagen hin ausgebreitet haben. Kandler (1985, 1987) hat den Begriff „akute Vergilbung" geprägt. Der Forschungsbeirat Waldschäden/Luftverunreinigungen spricht von Nadelvergilbungen in den höheren Lagen der deutschen Mittelgebirge (1986).

Eine **Vergilbung (Chlorose) der älteren Nadeln** stellt das auffälligste Symptom dar (Abb. 6-19). Bei deutlicher Ausprägung erfasst die Vergilbung alljährlich mit dem neuen Austrieb die Nadeln der vorausgehenden Vegetationsperiode und schreitet von der Spitze der Nadeln (Goldspitzigkeit) zu deren Basis fort. Stets sind stark belichtete Zweige sowie die Nadeloberseiten besonders von der Chlorose betroffen. Typisch ist in der Anfangsphase ein nesterweises Auftreten vergilbter Fichten. Während eines lang anhaltenden Krankheitszustands kann die Intensität der Vergilbung mit den Jahren erheblich variieren (Kandler 1987). Die jeweils älteren vergilbten Nadeln verfärben sich schubweise rotbraun und fallen vorzeitig ab; dabei spielen parasitische Pilze eine Rolle, die nicht als Ursache sondern als Folge der Erkrankung aufgefasst werden (Abschn. 6.1.2.4). Der verstärkte Abwurf älterer Nadeln führt zu einer **Verlichtung** der Krone, die von unten nach oben und von innen nach außen fortschreitet. Betroffen sind alle Baumklassen und jedes Baumalter. Bei raschem Fortschreiten der Erkrankung kann die **Mortalität** hoch sein. Teil-

Abb. 6-19: Chlorose des Mg-Mangel-Typs (montane Vergilbung, Syndrom 2) an einer Fichte im Nationalpark Bayerischer Wald, am Böhmsteig, 1 140 m üNN (Foto: Elling, 24.6.1983).

erholungen kommen vor, ob spontane, endgültige Erholungen möglich sind, kann erst die Beobachtung über einen längeren Zeitraum zeigen.

Die **Symptome der montanen Vergilbung** werden seit der ersten Hälfte der 1970er Jahre im Riesengebirge (Kandler 1987), sowie im Fichtelgebirge und Oberpfälzer Wald (Kreutzer und Bittersohl 1986, Elling 1990) beobachtet und sind daher ohne Zweifel neuartig. Gegen Ende der 1970er und Anfang der 1980er Jahre haben sie sich dann in den Mittelgebirgen Zentraleuropas (z. B. Vogesen, Schwarzwald, Harz, Thüringer Wald, Bayerischer Wald, Mühlviertel) auf sauren Böden rasch ausgebreitet. Im Harz nahmen die Vergilbungssymptome zwischen 1983 und 1985 stark zu und dehnten sich von den hohen zu den mittleren Lagen aus (Hartmann et al. 1986, Stock 1988, Uebel und Nagel 1989, Kilian 1992, Liebold et al. 1997). Allgemein erreichten in Süddeutschland die Vergilbungserscheinungen in den Jahren 1983 und 1984 einen Höhepunkt und schwächten sich dann von 1985 an leicht sowie von 1986 an deutlich ab (Kandler 1987, Feger und Raspe 1992, Landmann und Bonneau 1995). Sie nahmen jedoch um 1990 und 1995 erneut zu und gingen dann 1997 wieder zurück (Kandler 1993, Herrmann et al. 1999). Mit dem Vergilbungsgrad von Fichten sinkt im Durchschnitt deren Benadelungsgrad deutlich, wie anhand von Dauerbeobachtungsflächen in Baden Württemberg gezeigt worden ist (Herrmann et al. 1999). Heute ist nur noch auf einem geringen Anteil der Anfang der 1980er Jahre betroffenen Flächen die Vergilbung zu beobachten. Zunächst trat die montane Vergilbung vor allem im Höhenbereich um 800 bis 1 200 m und an Westexpositionen auf. Später erweiterte sich die Verbreitung und reichte von den Gipfellagen der Mittelgebirge herunter bis zu einer Seehöhe von etwa 600 m und betraf dann alle Expositionen. Die beschriebenen Symptome kommen auch in den unteren Lagen des Riesengebirges (Kandler 1987) und im südwestlichen Teil des Erzgebirges vor; Ende der 1980er Jahre erreichten sie auch das Osterzgebirge (Nebe 1991). In den Westalpen gibt es keine deutlichen Beispiele der montanen Vergilbung (Haemmerli 1992); dasselbe gilt für die Zentralalpen.

Zu den tieferen Lagen hin schließt Syndrom 3 an: **Kronenverlichtung in mittleren Höhenlagen der Mittelgebirge** (Forschungsbeirat Waldschäden/Luftverunreinigungen 1986). Die zuvor beschriebenen Nadelvergilbungen treten hier nur noch vereinzelt und in schwacher Ausprägung auf, vor allem im Lichtkronenbereich vorherrschender Fichten. Typisches Symptom ist eine **Kronenverlichtung** durch Nadelverluste, die von den älteren zu den jüngeren Nadeln fort-

schreitet. Dies kann gleichmäßig über die Krone verteilt geschehen, oder es bilden sich infolge des Absterbens kleinerer Äste fensterartige Lücken (Schröter und Aldinger 1985). Rotbraun verfärbte Nadeln fallen nach ihrem Absterben rasch ab und sind daher nur zeitweise zu beobachten. Betroffen sind nur ältere Fichten. Der Verbreitungsschwerpunkt liegt im Bereich von etwa 400 bis 600 m Seehöhe. Die Bodenversauerung ist in der Regel weit fortgeschritten. Nach einem Höhepunkt um die Mitte der 1980er Jahre ist die Kronenverlichtung zurückgegangen, bei zahlreichen Fichten hat die Nadelmasse wieder zugenommen. Diese Entwicklung war allerdings unterbrochen durch die Orkane des Jahres 1990, die gerade bei der Fichte starke Verluste an kleineren Ästen zur Folge hatten.

In der ersten Hälfte der 1980er Jahre bemerkte man im größten Teil Mitteleuropas deutliche bis starke **Nadelverluste** älterer Fichten auch in tieferen Lagen, im gesamten **Flach- und Hügelland** (Syndrom 4). Diesen ging im Allgemeinen keine Vergilbung voraus. Es trat eine Rötung der Nadeln ein, die jeweils von den älteren zu den jüngeren Nadeln fortschritt. Der vom Forschungsbeirat Waldschäden/Luftverunreinigungen (1986) verwendete Begriff „Nadelröte" ist mehrdeutig und wird daher bewusst vermieden. Auch waren derartige Nadelverluste nicht auf Süddeutschland beschränkt. Durch anschließenden Abfall der geröteten Nadeln kam eine Entnadelung der Baumkronen von unten nach oben und von innen nach außen zustande. Die Kronentransparenz erreichte ihren Höhepunkt in der ersten Hälfte oder der Mitte der 1980er Jahre. Die Wiederbenadelung verlief relativ rasch (Abb. 6-20).

Bei den **Nadelverlusten** der Fichte **in den Alpen** (Syndrom 5) muss getrennt werden zwischen den Kalkalpen (einschließlich der aus Karbonatgesteinen gebildeten Bereiche der Westalpen, 5a) und den Zentralalpen (einschließlich der karbonatfreien Bereiche der Westalpen, 5b) mit ihren von Grund auf verschiedenen Bodenverhältnissen. In den nördlichen **Kalkalpen** kam es, meist auf karbonathaltigen Böden, in der ersten Hälfte der 1980er Jahre zu starken Nadelverlusten – mit abnehmender Tendenz vom nördlichen Alpenrand zum Inneren der Alpen hin. Im Zeitraum von 1984 bis 1993 verstärkte sich die Verlichtung deutlich (Herman und Smidt 1995). Vergilbungen an älteren Nadeln waren häufig nicht gleichmäßig über die Baumkrone verteilt, sondern konzentrierten sich auf einzelne Äste 2. Ordnung.

Abb. 6-20:   Entwicklung der Benadelung einer freistehenden Fichte bei Freising (Bayern), 490 m üNN. Die Kronentransparenz war im Beobachtungszeitraum nie wieder so deutlich wie am Anfang im Jahr 1983 (Fotos: Elling, jeweils vor Austrieb).

Auch dort waren sie meist nur kurzfristig zu beobachten, da sie schnell von einer Rotfärbung abgelöst wurden; auch der Abfall der Nadeln folgte dann relativ rasch, meist vom Spätsommer in den Herbst hinein. Die Entnadelung einzelner Äste führte häufig zu fensterförmigen kahlen Stellen. Ab der zweiten Hälfte der 1980er Jahre nahm in den Kalkalpen die Benadelung der Fichte teilweise wieder zu, teilweise ging sie weiterhin zurück (Herman und Smidt 1995, Innes et al. 1997). In den Bayerischen Alpen sank der Anteil der zu weniger als 75 % benadelten Fichten nach einem Höchststand in der Mitte der 1980er Jahre allmählich ab; er nahm dann von 1997 bis 2001 wieder leicht zu, erreichte aber nicht so hohe Werte wie 1985 und 1986. Auch hier kamen Nadel- und Astverluste infolge der Orkane im Jahre 1990 vor. Die Dürreperiode im Sommer 2003 wirkte sich bei der Fichte nach der Erhebung des Jahres 2004 erneut in einem Höchststand der zu weniger als 75 % benadelten Fichten aus (Abb. 6-21). Neuerdings im Werdenfelser Land durchgeführte Untersuchungen haben das hohe Niveau der Kronentransparenz bestätigt. Dieses ist zu einem wesentlichen Anteil auf die Eigenschaften der Böden und mit diesen verbundene Ernährungsstörungen zurückzuführen (Ewald 2005, Abschn. 6.1.2.5). In der Flyschzone mit ihren stärker verlehmten und auch stärker versauerten Böden sind die Benadelungsprozente der Fichte höher als auf karbonathaltigen Böden aus schwer verwitterbaren Kalk- und Dolomitgesteinen. Auf diesen hat der häufig mächtige Auflagehumus (der so genannte Tangelhumus) entscheidende Bedeutung für die Wasser- und Nährstoffversorgung der Fichte. Beschleunigter Abbau des Auflagehumus als Folge von kahlschlagartiger Holznutzung und häufig zusätzlich Beweidung hat auf großen Flächen die Lebensbedingungen für die Fichte einschneidend verschlechtert (Abschn. 3.1.2.2). Insbesondere Ernährungsstörungen treten hier auf (Abschn. 6.1.2.5). Einen Extremfall bilden sonnseitige Hänge mit Hauptdolomit als Ausgangsgestein und flachgründigen oder skelettreichen, basisch reagierenden Mineralböden. Der weitgehende Verlust des Auflagehumus durch Nutzungseingriffe hat hier zur Folge, dass Fichtenbestände von Wassermangel und vor allem von massiven Ernährungsstörungen betroffen sind und deshalb im Alter von 60 bis 110 Jahren allmählich absterben (Baier und Göttlein 2004, Baier 2005, Abschn. 3.1.2.2). In schwächerer Ausprägung sind ähnliche Bedingungen nicht nur auf sonnseitigen Hängen anzutreffen (Mössmer 1985). Diese Standortsbedingungen sowie ihre durch Nutzungseingriffe bewirkten Verän-

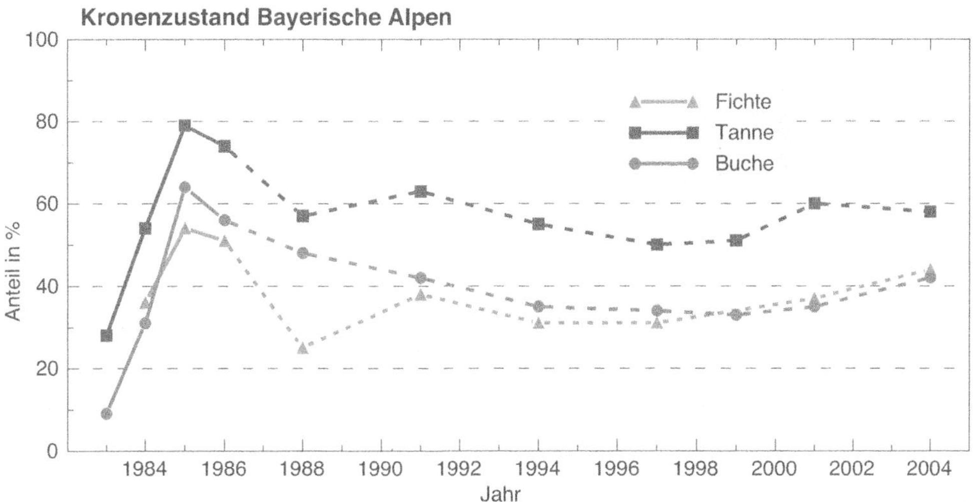

Abb. 6-21: Entwicklung des Anteils von Tannen, Fichten und Buchen mit einer Kronenbenadelung/-belaubung von weniger als 75 % (Schadstufen 2 – 4) in den Bayerischen Alpen. Mit gestrichelten Linien sind die Jahre ohne Erhebung interpoliert. Nach Bayerische Landesanstalt für Wald und Forstwirtschaft (2001) und Bayerisches Staatsministerium für Landwirtschaft und Forsten (2004).

derungen müssen bei der Beurteilung des Kronenzustands der Fichte unbedingt berücksichtigt werden.

In den **Zentralalpen** und im Inneren der Westalpen ist der Verlichtungsgrad von Fichtenkronen im Allgemeinen geringer als in den Kalkalpen (Herman und Smidt 1995). Die Entwicklung der Kronenbenadelung scheint regional unterschiedlich verlaufen zu sein. Während zwischen 1985 und 1996 in den Westalpen eher eine Zunahme der Kronentransparenz zu beobachten war (Brang 1998), haben sich in den Ostalpen keine wesentlichen Veränderungen ergeben.

Lokal auftretende Vergilbungserscheinungen (z. B. im Gleinalmgebiet) gingen zwischen 1986 und 1990 deutlich zurück. Hier handelt es sich jedoch um eine gleichmäßige Vergilbung der Nadeln (Rössler 1991, Donaubauer 1995), also um eine von der montanen Vergilbung abweichende Erscheinung. Die Kronenbenadelung hat sich hier zwischen 1985 und 1991 wieder deutlich verbessert (Führer und Neuhuber 1998).

Eindeutig setzt sich die **Kronenverlichtung in Küstennähe** (Syndrom 6) als Sonderfall ab. Unter Umweltbedingungen, die denjenigen in den Niederlanden ähneln und die durch außerordentlich hohe Einträge an Ammonium-Stickstoff (Kratz und Lohner 1997) sowie eine beachtliche Zufuhr an meerbürtigen Salzen gekennzeichnet sind (Abschn. 6.1.2.5), kam es zu starken Verlichtungen von Fichtenkronen. Gebietsweise werden die Immissionen aus der Landwirtschaft noch in erheblichem Ausmaß von Immissionen aus städtischen Ballungsräumen überlagert.

6.1.2.2 Aussagen zum zeitlichen Ablauf nach Zuwachsmessungen und dendrochronologischen Befunden

Beträchtliche **Steigerungen des Holzzuwachses** in einem großen Teil der Wälder Europas sind in jüngerer Zeit bekannt geworden (Pfadenhauer 1975, Spiecker et al. 1996, Abschn. 3.4.1). Ein Anstieg der Zuwächse ist gerade auch in Mitteleuropa bei der weit verbreiteten Baumart Fichte immer wieder festgestellt worden (Kenk 1993, Schöpfer et al. 1994, Röhle 1995, Pretzsch 1996, Pretzsch et al. 2000, Untheim 2000, Mäkinen et al. 2002). Stickstoffeinträge sowie Erhöhung der Temperaturen und Verlängerung der

Vegetationszeit scheinen daran ursächlich beteiligt zu sein (Hasenauer et al. 1999). Im folgenden Abschnitt wird gezeigt werden, dass ein solcher Zuwachsanstieg für bestimmte Standorte nicht zutrifft. Auch geht in manchen Gebieten einem Zuwachsanstieg ab etwa 1985–1990 eine **ausgeprägte Zuwachsdepression** voraus; der Zuwachsanstieg beschränkt sich dann auf eine Erholungsphase nach dieser Depression (Elling 1990, Mäkinen et al. 2002, Dittmar und Elling 2004). Eine regional-standörtliche und eine feinere zeitliche Differenzierung der Aussagen sind dringend geboten. Dann besteht zwischen einem allgemein steigenden Trend des Zuwachses und Zuwachsrückgängen bei Teilkollektiven nur ein scheinbarer Widerspruch (Schöpfer 1987, Schöpfer et al. 1994, Schöpfer et al. 1997, Pretzsch 1999, Pretzsch und Utschig 2000). Denn „geradezu hypertrophes Wachstum, Zuwachsrückgänge und Bestandsauflösungen" können zeitgleich nebeneinander auftreten (Pretzsch et al. 2000). Freilich lässt sich der Zustand von Waldökosystemen allein anhand des Holzzuwachses nicht beurteilen, wenngleich dieser einen wichtigen Weiser darstellt (Hildebrand und Hochstein 1993).

Die altbekannten Symptome der **Schädigung von Fichten bei hohen SO$_2$-Konzentrationen**, wie beispielsweise im nordöstlichen Erzgebirge, sind mit massiven Rückgängen des Zuwachses verbunden. Höhenzuwachs, Längenzuwachs der Äste und Durchmesserzuwachs des Stamms nehmen mit fortschreitender Schädigung ab, **Jahrringausfälle** werden immer häufiger. Drastische Einbrüche des Zuwachses sind insbesondere seit 1956 erkennbar (Pelz und Materna 1964, Vins 1962, Vins und Ludera 1967, Wentzel 1971). Bemerkenswert ist eine außerordentlich starke Entwicklung axialer **Harzkanäle** im Holz der Fichte (Wimmer et al. 2002) während der stärksten Zuwachsdepression in den 1980er Jahren; dies ist wohl als ein unspezifisches Symptom für starken Stress aufzufassen. Die Mitwirkung der Witterung führt zu einem Wechsel von **Zuwachseinbrüchen** und **Zuwachsanstiegen**. Im Osterzgebirge, wo vom Ende der 1960er Jahre an Fichtenbestände großflächig abstarben (Abschn. 2.3.2), zeigen überlebende Bäume nach 1970 einen markanten Zuwachszusammenbruch, verbunden mit zahlreichen Jahrringausfällen. Der Wiederanstieg der Ringbreiten in den 1990er Jahren ist sicherlich komplexer Natur:

Neben der Entlastung von SO$_2$ und der Witterung spielt hier vermutlich auch Lichtungszuwachs der verbliebenen Bäume eine Rolle (Dittmar und Elling 2004, Abb. 2-1).

Der Holzzuwachs von Fichten mit **neuartigen Symptomen** einer Schädigung ist in zahlreichen Vorhaben untersucht worden. Da vor allem ältere Nadeln abgeworfen werden, kommt es nicht zwangsläufig zu einem Rückgang der photosynthetischen Primärproduktion (Beyschlag et al. 1994). Solange nur eine mäßige Verlichtung der Baumkrone vorliegt, bestehen deshalb zwischen dem **Benadelungsprozent** (bzw. der Kronentransparenz) und dem **Zuwachs**, insbesondere dem Radial- oder Durchmesserzuwachs, nur relativ lockere statistische Zusammenhänge. Diese sind daher nur an einem umfangreichen Probenmaterial eindeutig nachzuweisen (Kramer 1988, Murri und Schlaepfer 1987).

Auch eine **regionale Differenzierung** wird deutlich. So lassen sich in Nord- und Ostbayern Zuwachsrückgänge bereits von Benadelungsprozenten von 70 % abwärts belegen, in Südbayern liegt die entsprechende Schwelle dagegen erst bei Benadelungsprozenten von 60 bis 50 % (Utschig 1989). Anhand einer landesweiten Untersuchung an vorherrschenden und herrschenden Bäumen in Baden-Württemberg (Terrestrische Waldschadensinventur 1983) ist festgestellt worden, dass sich Fichten auf gleichem Standort in ihrem Radial- und Höhenzuwachs statistisch gesichert voneinander unterscheiden, wenn sie in ihrem Benadelungsprozent um 20 oder mehr Einheiten differieren. Mit Recht ist dabei auf die durch natürliche Stressoren verursachte, räumliche und zeitliche Variabilität des Anteils kranker Individuen hingewiesen worden, die den Normalzustand kennzeichnet (Schöpfer 1987). Signifikante Zuwachsunterschiede sind bei stark entnadelten Bäumen – je nach deren Alter – seit dem Zeitraum 1967 bis 1977 nachzuweisen. Dabei ist zu betonen: Der Zuwachsrückgang geht den an der Krone beobachteten Symptomen um etwa ein Jahrzehnt voraus (Schöpfer und Hradetzky 1986, Franz 1983). Leider ist – vor allem bei den früheren Untersuchungen – **nur die Kronentransparenz** jedoch **nicht die Vergilbung** an den Nadeln erfasst worden. Das mindert die Aussagekraft der betreffenden Arbeiten. Denn Mangel an Nährstoffen (z. B. Magnesium), der eine Vergilbung hervorruft, ist aussagekräftiger als der Grad der Kronenbenadelung.

Geht man von der Entwicklung des **Holzzuwachses am Stamm** herrschender Fichten (1,3 m Höhe) aus, so ergeben sich deutliche Unterschiede zwischen den im vorigen Abschnitt beschriebenen Syndromen. Ein starker, zwischen 1965 und 1971 einsetzender Zuwachsrückgang ist bei allen Beständen mit **montaner Vergilbung** festzustellen. Stets leitet ein scharfer Zuwachseinbruch im Jahre 1974 eine länger anhaltende **Zuwachsdepression** ein (Abb. 6-22). Auf diesen reichlich mit Wasser versorgten Standorten führte das Trockenjahr 1976 nur zu einem wenig ausgeprägten Minimum der Jahrringbreiten (Dittmar und Elling 1999). Ein zweiter scharfer Einbruch erfolgte im Jahre 1980; dieser ist in Ostbayern wesentlich deutlicher als im Norden und Westen Deutschlands. Jahrringausfälle sind während der Phase des sehr geringen Zuwachses häufig. Gleichzeitig mit dem raschen Rückgang der Jahrringbreiten in der ersten Hälfte der 1970er Jahre bildeten sich im Fichtelgebirge bereits die äußerlich sichtbaren Symptome der montanen Vergilbung aus (Kreutzer und Bittersohl 1986, Elling 1990). Mit einem Rückgang der Photosynthese in vergilbten, an **Mg-Mangel** leidenden Nadeln ist ein verminderter Holzzuwachs am Stamm verbunden (Schulze et al. 1989, Schulze und Freer-Smith 1991). Weithin beginnen nach 1980 die Jahrringbreiten wieder allmählich oder deutlich anzusteigen. Das gilt jedoch nur eingeschränkt für ausgesprochene Hochlagen (Abb. 6-22 (**b**) und (**d**)). Am Westhang des Lusen im Nationalpark Bayerischer Wald verharrte ein Teil der Fichten bei sehr geringen Zuwächsen; eben diese Bäume sind zuerst vom Buchdrucker (*Ips typographus* L.) abgetötet worden; so sind zwischen 1992 und 1994 alle hier untersuchten Fichten abgestorben (Abb. 6-22 (**d**)). Am Osthang dagegen zeigt sich zwischen 1970 und 1980 nur eine schwache Depression; all diese Bäume hat der Buchdrucker erst im Zuge seiner Massenvermehrung 1996 abgetötet (Picard et al. 1999). Schon früher war mehrfach eine stärkere Schädigung an Westhängen gegenüber Osthängen festgestellt worden (Elling 1990, Freilinger und Weber 1995, Abschn. 6.1.2.5). Auch aus anderen Untersuchungen in den Hochlagen des Bayerischen Waldes sowie im Fichtelgebirge ergibt sich ein **massiver Zuwachsrückgang** seit Ende der 1960er oder Anfang der 1970er Jahre (Röhle 1987). In höheren Lagen des Schwarzwaldes ist eine Zuwachsdepression während der 1970er Jahre nachgewiesen, die durch einen scharfen Einbruch zwischen 1972 und 1974 eingeleitet wird (Spiecker 1987, 1995, Kahle 1994). Ein zweiter scharfer Einbruch im Jahre 1980, der im Osten Deutschlands den tiefsten Punkt der Depression markiert, ist hier wie in anderen Gebieten Westdeutschlands nur angedeutet. Im Eggegebirge, ostwärts vom Ruhrgebiet, entwickelten sich Symptome der montanen Vergilbung bis herunter zu niedrigen Höhenlagen von etwa 300 m. Fichten zeigen hier eine ausgeprägte Zuwachsdepression zwischen 1954 und 1965 sowie einen regelrechten Zuwachszusammenbruch in den Jahren 1972 bis 1974 (Athari 1983, Spelsberg 1987). An Bäumen mit geringer Kronenbenadelung sind Jahrringausfälle nachgewiesen.

Zur gleichen Zeit – aber in weit schwächerem Ausmaß – tritt beim Syndrom 3 **Kronenverlichtung in mittleren Höhenlagen der Mittelgebirge** eine Zuwachsdepression mit den Leitjahren 1974 und 1980 auf (Abb. 6-23). Die Reaktion im Jahre 1980 ist im Westen Deutschlands schwächer als im Osten (Spiecker 1987, 1995, Riebeling 1991). Auch in nordwestdeutschen Mittelgebirgen ist zur gleichen Zeit häufig ein Zuwachseinbruch festgestellt worden. Dieser beginnt in der Regel nach den Jahren 1968 bis 1972, erreicht 1974 einen ersten Tiefpunkt und währt zumindest bis 1980 (Kramer et al. 1985). In Nord- und Ostbayern lösen die Jahre 1974 und 1976 eine Phase ausgeprägter Zuwachsreduktion aus. Hier sind in der Regel auch deutliche Zuwachsverluste feststellbar (Utschig 1989). Bei Bäumen mit sehr schmalen Jahrringen sind Ringausfälle nicht selten; sie kommen jedoch weniger häufig vor als bei der montanen Vergilbung. Je geringer das Wasserangebot ist, desto deutlicher tritt gegenüber dem Zuwachsabfall von 1974 das Jahrringbreiten-Minimum des Trockenjahres 1976 hervor (Dittmar und Elling 1999). Die stark divergierenden Verhaltensmuster des Zuwachses hängen mit Unterschieden des Klimas, der Böden und der Immissionsbelastung zusammen (siehe folgende Abschnitte).

Beim Syndrom 4 **Nadelverluste im Flach- und Hügelland** kam es zwar in der ersten Hälfte der 1980er Jahre zu Kronenverlichtungen, jedoch wurden diese in den folgenden Jahren rasch wieder ausgeglichen (Abb. 6-20). Anhaltende Zuwachsdepressionen traten kaum auf (Spiecker 1987, Utschig 1989). Die Jahrringkurven werden beherrscht von Reaktionen der Fichte auf die von Jahr zu Jahr wechselnde Wasserversorgung (Dittmar und Elling 1999, Mäkinen et al. 2002). Ist diese eingeschränkt, so zeigen sich scharfe Minima in Trocken-

Abb. 6-22:   Jahrringbreiten (jeweils Baumkurven von ▶ 20 Bäumen, halblogarithmische Darstellung) von Fichten mit montaner Vergilbung (Syndrom 2). Typisch ist ein Verfall des Zuwachses zwischen 1970 und 1980. Rot gestrichelt: durch Ringausfälle auf einem (einseitig) bzw. auf beiden Radien (beidseitig) gestörter Kurvenverlauf.
(a) Rothaargebirge (Hochsauerland, Nordrhein-Westfalen), SW-Hang, 795 m üNN. Nach Heiß (1992).
(b) Fichtelgebirge, Gipfellage des Ochsenkopfs, NO-Hang, 990 m üNN. Nach Holzmann (1998).
(c) Fichtelgebirge, WNW-Hang, 800 m üNN. Nach Lochner und Schirbel (1991).
(d) Nationalpark Bayerischer Wald, Westhang des Lusen, 1 225 m üNN. Der Bestand wurde in den Jahren 1992 bis 1994 vom Buchdrucker abgetötet. Nach Picard et al. (1999).

jahren (Abb. 6-25b). Jahrringausfälle kommen nur vereinzelt vor, sind also nicht kennzeichnend. Die regionalen Unterschiede sind bedeutend. So fällt im Südwestdeutschen Alpenvorland bei gleichem Entnadelungsgrad der Rückgang des Radialzuwachses deutlich geringer aus als in anderen Bereichen Baden-Württembergs (Schöpfer 1987). Dasselbe gilt für Südbayern im Vergleich mit Nordbayern (Utschig 1989). Insbesondere in Südbayern hat um 1960 eine Phase sehr hohen Zuwachses eingesetzt (Röhle 1995, Pretzsch und Utschig 2000).

Auch beim Syndrom 5a **Nadelverluste in den Kalkalpen** lässt sich bis heute keine deutliche Zuwachsdepression erkennen (Abb. 6-24). Mit Annäherung an die Baumgrenze nehmen Ringausfälle an Häufigkeit zu; das war aber in den vorigen Jahrhunderten nicht anders. Eine deutliche Zunahme von Jahrringausfällen während der letzten Jahrzehnte hat es nicht gegeben, eine solche wäre auch ohne eine Zuwachsdepression nicht verständlich. Jahrringbreiten-Minima als Folge von Trockenjahren sind in den unteren Lagen wenig ausgeprägt und schwächen sich zu den hohen Lagen hin noch weiter ab (Dittmar und Elling 1999). Auch **waldwachstumskundliche Untersuchungen** haben bisher keine oder nur geringe Zuwachsverluste ergeben, obwohl die Benadelung häufig 70 % klar unterschreitet. Allerdings zeigt sich hier mehrfach ein deutlicher Abfall der Jahrringbreiten zwischen 1972 und 1974, der sich durch die Witterung nicht ausreichend erklären lässt (Utschig 1989). Defizite der Benadelung gehen offenbar zu einem wesentlichen Teil auf Bodenunterschiede (Ewald et al. 2000, Ewald 2005) sowie durch Nutzungseingriffe bewirkten Humusschwund zurück (Baier und Göttlein 2004, Baier 2005, Abschn. 3.1.2.2). Bemerkenswert ist die Kurvenschar eines Fichtenbestandes im Allgäu auf einem für das Wuchsgebiet ungewöhnlichen Stand-

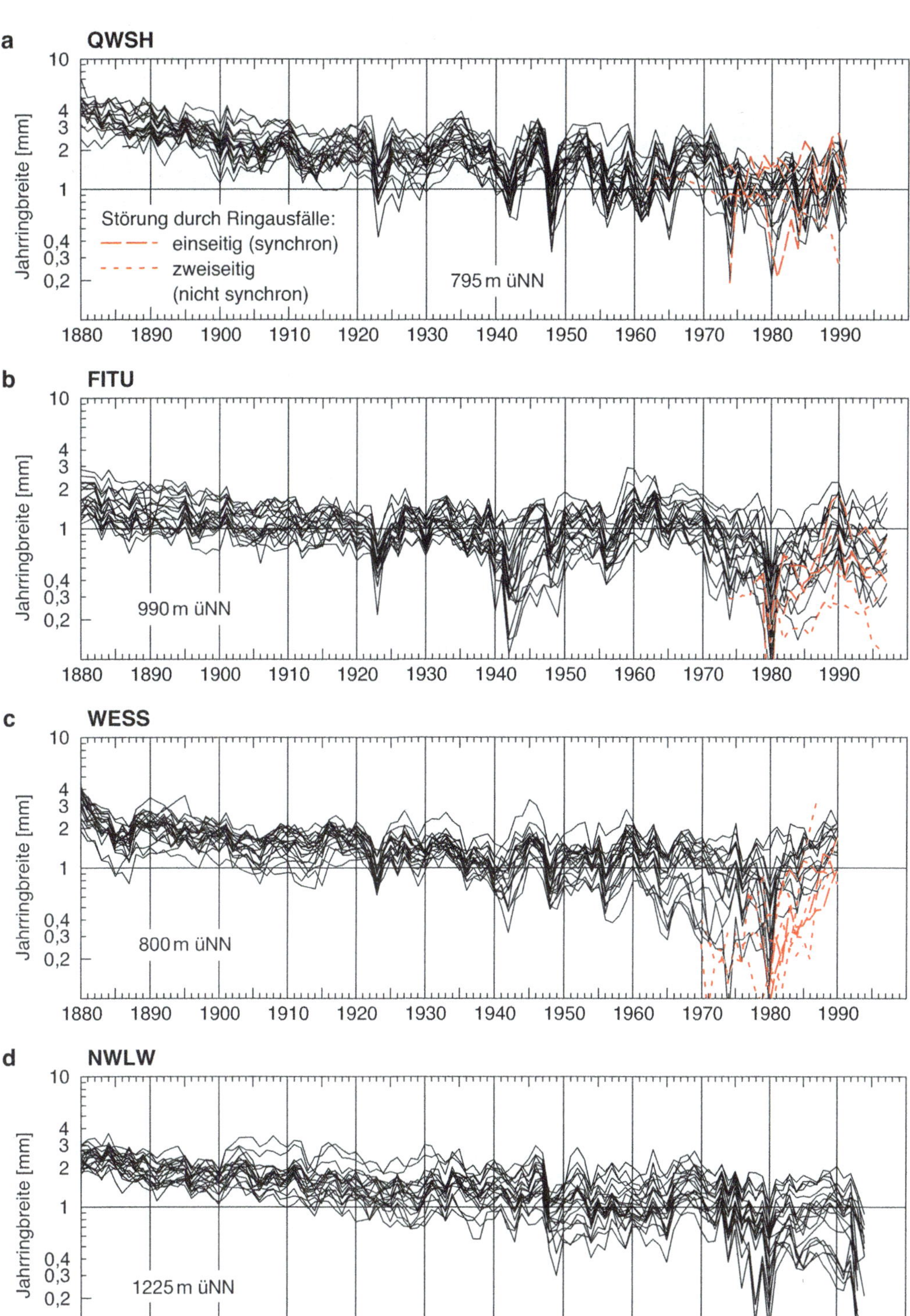
a QWSH
Jahrringbreite [mm]
795 m üNN
Störung durch Ringausfälle:
einseitig (synchron)
zweiseitig
(nicht synchron)

b FITU
Jahrringbreite [mm]
990 m üNN

c WESS
Jahrringbreite [mm]
800 m üNN

d NWLW
Jahrringbreite [mm]
1225 m üNN

Jahr

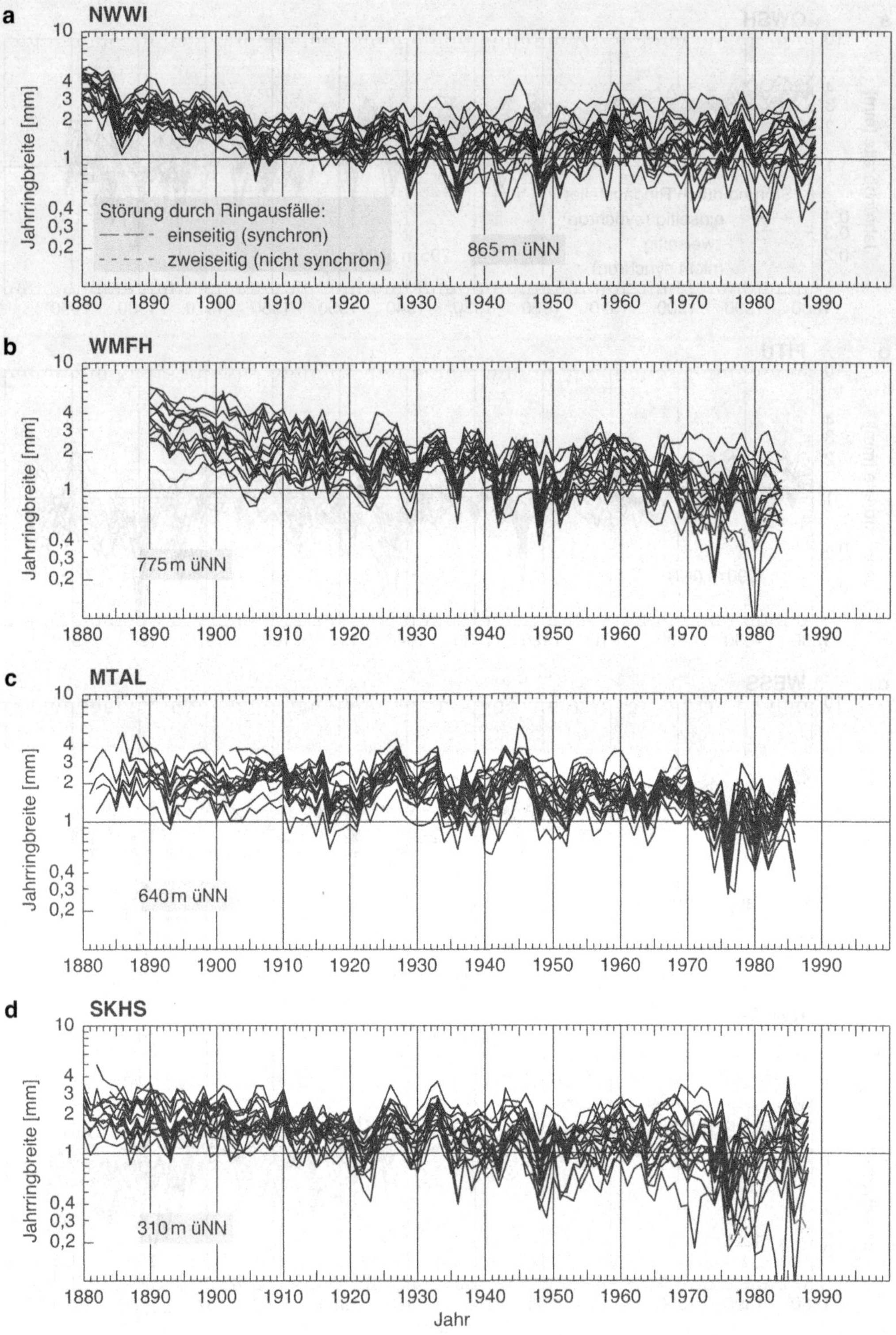

a NWWI

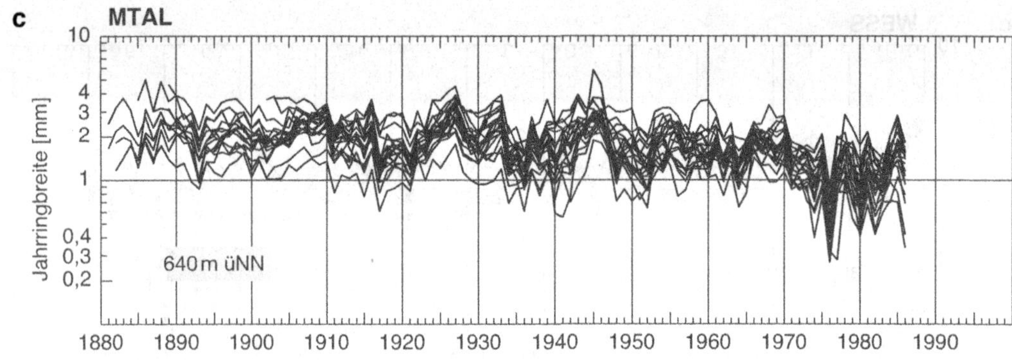

b WMFH

c MTAL

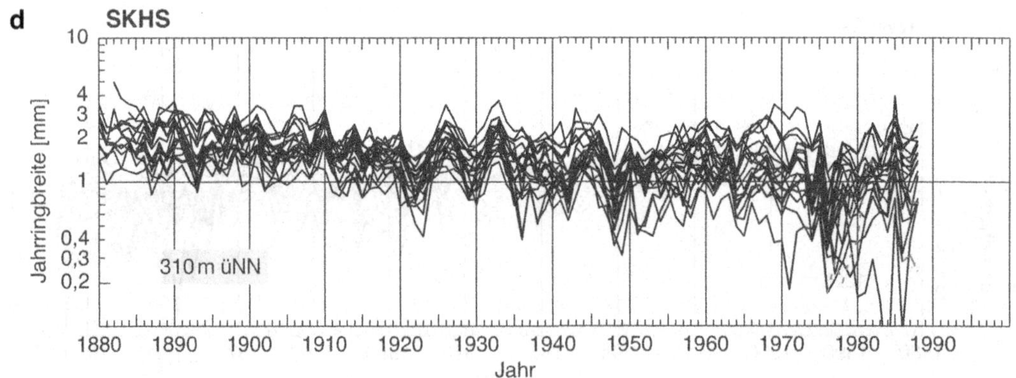

d SKHS

◀ **Abb. 6-23:** Jahrringbreiten von Fichten mit Kronenverlichtung in mittleren Höhenlagen der Mittelgebirge (Syndrom 3) (jeweils Baumkurven von 20 Bäumen, halblogarithmische Darstellung). Die Zuwachsrückgänge zwischen 1970 und 1980 sind schwächer als bei der montanen Vergilbung. Rot gestrichelt: durch Ringausfälle auf einem (einseitig) bzw. auf beiden Radien (beidseitig) gestörter Kurvenverlauf.
(a) Nationalpark Bayerischer Wald/Winkel, S- bis SO-Hang, 865 m üNN. Nach Nowak und Hunsdiek (1990).
(b) Oberpfälzer Wald, Waldmünchen/Fällerhänge, SSW-Hang, 775 m üNN. Nach Greiner et al. (1985).
(c) Ostauslauf des Fichtelgebirges, Mitterteich/Altlinden, S- bis SSO-Hang, 640 m üNN. Nach Zahn et al. (1988).
(d) Grundgebirgs-Spessart, Schöllkrippen/Hangelstein, N- bis NO-Hang, 310 m üNN. Nach Hellmold und Lampert (1989).

ort: Er stockt in 1 540 m Höhe auf einem sehr stark versauerten Braunerde-Podsol (Abb. 6-20 (**b**)). Die Bodenverhältnisse sind gut vergleichbar mit jenen in den Mittelgebirgen, in deren Hochlagen die montane Vergilbung auftritt. Mit Ausnahme eines einzigen Baums (der möglicherweise durch Wurzelfäule befallen war) lässt sich beim gesamten Kollektiv in den 1970er Jahren kein Zuwachseinbruch erkennen (Ewald et al. 2000, Ewald 2005). Jedoch sind bei unzureichender Versorgung mit Mg und auch K auf stark versauerten Böden im Bereich der Nördlichen Kalkalpen (Vorarlberg) Minderungen des Holzzuwachses nachgewiesen (Schwarzl und Weiss 1998).

Soweit aus den **Zentralalpen** (Syndrom 5b) Jahrringbzw. Zuwachsuntersuchungen vorliegen, lassen diese nur in einzelnen – wohl besonders gelagerten – Fällen deutliche Zuwachsrückgänge erkennen. Das gilt z. B. für das Gebiet der Gleinalm, in dem bei einer Kronenbenadelung von weniger als 70 % Zuwachsverluste nachgewiesen sind. Ein deutlicher Rückgang der Jahrringbreiten vollzog sich zwischen 1970 und 1980 (Rössler 1995). Im Übrigen ist allenfalls eine schwache Zuwachsdepression im Zeitraum 1970 – 1974 zu erkennen; diese ist anschließend rasch wieder ausgeglichen worden. Jahrringausfälle sind bei herrschenden Bäumen nicht belegt (Neumann 1993). In langfristiger Betrachtung gilt anscheinend auch für den überwiegenden Teil der Alpen ein ansteigender Zuwachstrend (Spiecker et al. 1996).

Zum Zuwachs beim Syndrom 6 **Kronenverlichtung in Küstennähe** sind kaum Aussagen möglich, da nur ein Projekt mit einem umfassenden Untersuchungsansatz durchgeführt worden ist (Standort „Postturm", etwa 30 km nordöstlich von Hamburg, Michaelis und Bauch 1992). An diesem Standort zeigen zahlreiche Bäume einen Zuwachseinbruch im Jahre 1954, dessen Ursachen nicht geklärt werden konnten. Die Vermutung, dass Immissionen aus dem Ballungsgebiet Hamburg und aus Ostdeutschland wirksam waren, liegt nahe; mangels langer Zeitreihen von geeigneten Daten ist eine Überprüfung nicht möglich. Jedoch konnte ausgeschlossen werden, dass Zuwachseinbrüche allein durch die Witterung bedingt sind. Zwar geht der scharfe Einbruch der Jahrringbreiten im Jahre 1976 auf Sommerdürre zurück, jedoch haben vergleichbare Trockenperioden in früherer Zeit nicht zu derart schmalen Jahrringen geführt. Anscheinend hat sich die Abhängigkeit vom Wasserangebot in den letzten Jahrzehnten verschärft (Eckstein und Krause 1989, Eckstein et al. 1989). Das könnte mit Störungen der Wurzelfunktionen zusammenhängen, wie sie für den betreffenden Standort nachgewiesen sind (Abschn. 6.1.2.6).

6.1.2.3 Schädigende Wirkungen von Gasen und saurem Nebel

In den beiden vorausgehenden Abschnitten sind äußerlich sichtbare Symptome und Zuwachsreaktionen von Fichten getrennt nach Symptomkomplexen beschrieben worden. Nun ist nach den Ursachen der genannten Erscheinungen zu fragen. Genauer: Inwieweit lassen sich die beschriebenen Symptome als Wirkungen von Umweltveränderungen erklären?

Das **Absterben der Fichtenwälder** in den **Hochlagen des Erzgebirges** ist nach einhelliger Meinung auf die dort jahrzehntelang herrschenden, sehr hohen Belastungen durch **Schwefeldioxid** zurückzuführen. Diese führen im Verlauf komplexer physiologischer und ökosystemarer Prozesse schließlich zum Absterben der Nadelbäume (Abschn. 2.3.2, siehe unten).

Umstritten ist dagegen seit Beginn der Diskussion um das „Waldsterben" die Beteiligung gasförmiger Schadstoffe am Zustandekommen **neuartiger Symptome**. Ihre Mitwirkung ist vielfach anhand vordergründiger Argumente – etwa mit dem Hinweis auf festgesetzte Grenzwerte (Abschn. 7) – im Bausch und Bogen abgelehnt worden. Die Schädigung von Fichten bei SO_2-Konzentrationen unterhalb offiziell anerkannter Toxizitätsgrenzen ist jedoch seit langem bekannt (Materna 1973, Keller 1989), wenn auch die Fichte weit weniger empfindlich ist als die Tanne (Seufert et al. 1990, Schweizer und Arndt 1990). In jüngster Zeit sind dazu weitere wichtige Befun-

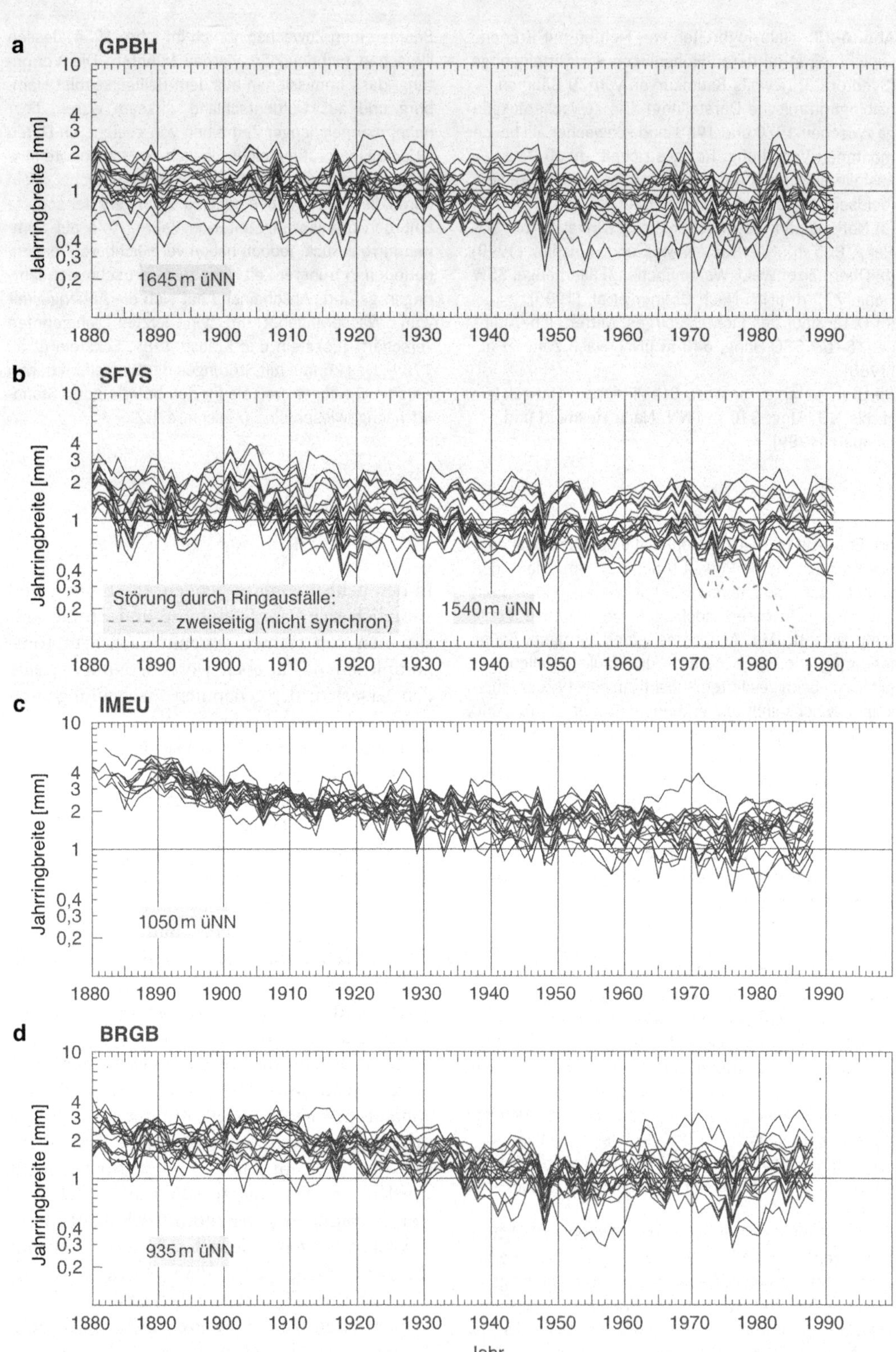
a
GPBH
Jahrringbreite [mm]
10
4
3
2
1
0,4
0,3
0,2
1645 m üNN
1880 1890 1900 1910 1920 1930 1940 1950 1960 1970 1980 1990

b
SFVS
Jahrringbreite [mm]
10
4
3
2
1
0,4
0,3
0,2
Störung durch Ringausfälle:
- - - - - zweiseitig (nicht synchron)
1540 m üNN
1880 1890 1900 1910 1920 1930 1940 1950 1960 1970 1980 1990

c
IMEU
Jahrringbreite [mm]
10
4
3
2
1
0,4
0,3
0,2
1050 m üNN
1880 1890 1900 1910 1920 1930 1940 1950 1960 1970 1980 1990

d
BRGB
Jahrringbreite [mm]
10
4
3
2
1
0,4
0,3
0,2
935 m üNN
1880 1890 1900 1910 1920 1930 1940 1950 1960 1970 1980 1990
Jahr

◀ **Abb. 6-24:** Jahrringbreiten von Fichten mit Nadelverlusten (Syndrom 5a) in den Bayerischen Alpen (jeweils Baumkurven von 20 Bäumen, halblogarithmische Darstellung). Während der 1970er Jahre und bis etwa 1990 zeigt sich keine Zuwachsdepression. Rot gestrichelt: durch Ringausfälle auf beiden Radien (zweiseitig) gestörter Kurvenverlauf (nur ein Baum).
(a) Garmisch-Partenkirchen/Bannholz, NNW-Hang, 1645 m üNN. Nach Grüner und Simbeck (1992).
(b) Sonthofen/Vorsäss, NW-Hang, 1540 m üNN. Bodentyp: Braunerde-Podsol. Nach Walter und Perfler (1992).
(c) Immenstadt/Eubele, NW- bis NNW-Hang, 1050 m üNN. Nach Vetter und Völkl (1990).
(d) Bad Reichenhall/Gransberg, NNW- bis NO-Hang, 935 m üNN. Nach Lutz und Zaiser (1989).

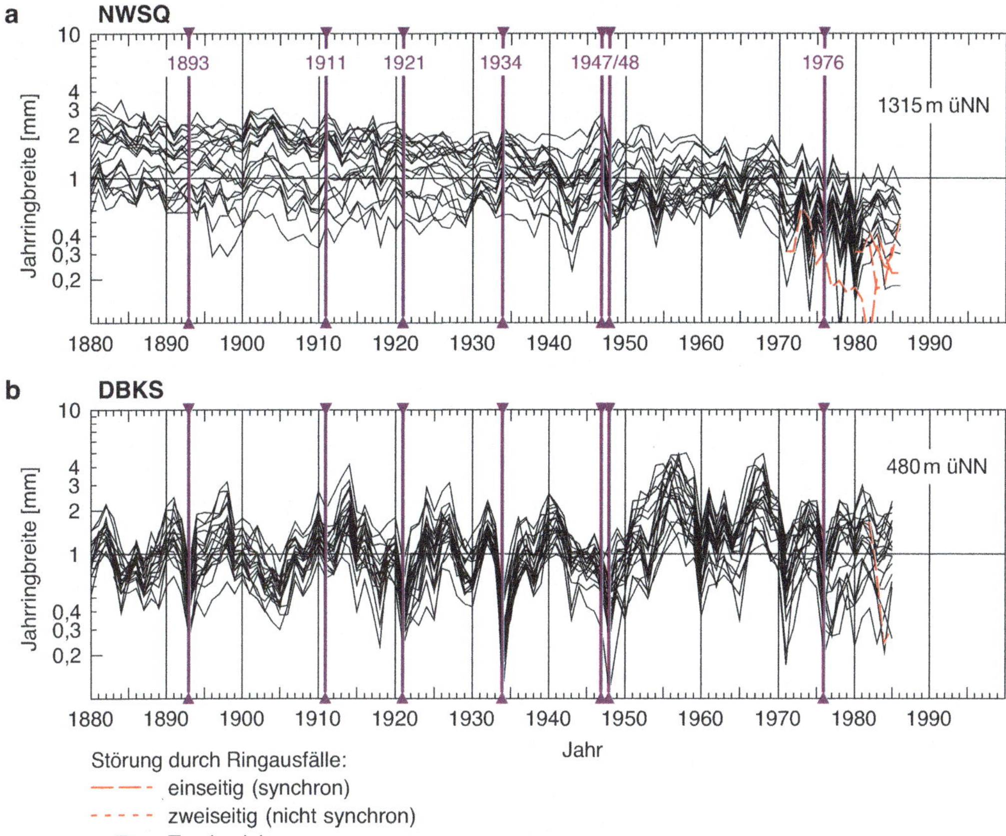

Abb. 6-25: Reaktionen auf Trockenjahre in den Jahrringbreitenkurven von Fichten auf einem kühl-feuchten und einem warm-trockenen Standort (jeweils Baumkurven von 20 Bäumen, halblogarithmische Darstellung). Rot gestrichelt: durch Ringausfälle auf einem (einseitig) bzw. auf beiden Radien (beidseitig) gestörter Kurvenverlauf.
(a) Nationalpark Bayerischer Wald, WSW-Hang, 1315 m üNN, Jahresniederschlag 1700 mm und Nebelniederschlag: schwach negative, indifferente oder positive Zuwachsreaktionen. Ab 1970 Auswirkungen neuartiger Waldschäden (montane Vergilbung). Nach Bart (1987).
(b) Keuper-Hügelland, Dinkelsbühl/Kreuzschlag, Rückenlage, 480 m üNN, Jahresniederschlag 660 mm, Pelosol aus Feuerletten: deutliche bis scharfe Zuwachseinbrüche in jedem Trockenjahr. Nach von Steen und Großmann (1986).

de vorgelegt worden. In einem Freiluft-Begasungsexperiment mit jungen Fichten über fast vier Jahre wurden bei SO_2-Konzentrationen zwischen 11 und 34 μg/m^3 signifikante Verminderungen des Wachstums festgestellt (McLeod 1995, McLeod und Skeffington 1995); auch eine Versauerung des Bodens trat bei diesen Behandlungen auf. In den Mittelgebirgen Nordostbayerns waren lange Zeit Jahresmittel des SO_2 in der Größenordnung von 20–40 μg/m^3 weit verbreitet, erst gegen Ende der 1980er Jahre trat eine Absenkung auf Werte unter 20 μg/m^3 ein. Dies hat vermutlich für die Fichte eine Entlastung gebracht und am Wiederanstieg des Zuwachses zur selben Zeit mitgewirkt (Abb. 6-22). Allerdings ist klar, dass die Auswaschung der Böden hier nicht nur durch Schwefel- sondern auch durch Stickstoffverbindungen angetrieben wird (Abschn. 6.1.2.5).

Beim Schwefeldioxid ist zusätzlich diskutiert worden, ob es **gasförmig** über die **Baumkrone** oder in Form seiner Folgeprodukte durch die **Versauerung des Bodens** wirksam sei. Inzwischen ist klar geworden, dass diese Alternative in so einfacher Form gar nicht besteht. Vielmehr wirken Belastungen durch gasförmige Schadstoffe und Veränderungen des Bodens durch anthropogene Einträge von Säurebildnern bei der Entstehung der beobachteten Symptome in komplexer Weise zusammen. Dafür hat die Forschung in den vergangenen Jahren überzeugende Belege erbracht.

Insbesondere ist ein vertieftes Verständnis der **Aufnahme** und **Entgiftung** von **Schwefeldioxid** durch die Nadeln der Fichte erreicht worden (Abschn. 5.1.1.3). Die Ansäuerung des Cytoplasmas durch die aus SO_2 gebildete schweflige Säure wird demnach durch reduktive bzw. oxidative Entgiftung vermieden. Bei der **reduktiven Entgiftung** entsteht die schwefelhaltige Aminosäure Cystein als Baustein von Proteinen. Zugleich werden die Protonen der schwefligen Säure verbraucht. Wenn kein Wachstum stattfindet – vor allem im Winter – ist jedoch die Entgiftungskapazität eng begrenzt. Zusätzlich verfügen Fichtennadeln über die Fähigkeit zur **oxidativen Entgiftung** von SO_2. Dabei entsteht Schwefelsäure, die neutralisiert werden muss. Sulfationen werden innerhalb der Fichtennadeln in die Vakuolen der Zellen transportiert und hier vor allem zusammen mit K$^+$-Ionen, weniger mit Mg^{2+}-Ionen,

unschädlich abgelagert – sofern der erhöhte Bedarf an diesen Kationen durch Aufnahme aus dem Boden befriedigt werden kann (Slovik et al. 1992, Zimmermann et al. 2000). In den **Hochlagen von Gebirgen** mit starker natürlicher sowie zusätzlich durch Säureeintrag verschärfter Auswaschung der Böden ist dies weithin nicht der Fall. Zugleich behindern hier niedrige Temperaturen die reduktive Entgiftung. Ältere Nadeln, bei denen die Versorgung an Kalium und Magnesium mit der Sulfatakkumulation nicht mehr Schritt halten kann, zeigen Mangelsymptome und werden schließlich abgeworfen (Abschn. 5.1.1.5). Die hier nur kurz angedeuteten Vorgänge spielen eine zentrale Rolle bei der Schädigung von Fichtenwäldern in allen Bereichen mit nennenswerter Belastung durch SO_2. Das betrifft auch Gebiete, in denen in zurückliegenden Jahrzehnten hohe SO_2-Konzentrationen wirksam waren. Zu beachten ist auch, dass hohe Windgeschwindigkeiten eine Schädigung durch SO_2 verstärken können (Liebold und Flemming 1989). Hingegen vermindert Spaltenschluss infolge von Trockenheit oder aus anderen Gründen die Aufnahme von SO_2 und damit den Stress (Tesche et al. 1989) – wie auch bei anderen Schadgasen.

Stickstoffoxide (vor allem NO, NO_2) wirken in weit geringerem Maße toxisch auf Pflanzen als Schwefeldioxid (Abschn. 5.1.2). Schädigungen sind deshalb im Allgemeinen nicht zu erwarten. Anders ist NO_2 zu beurteilen, wenn es zusammen mit SO_2 auftritt. Dann kann es eine Schädigung verschärfen, vermutlich durch Steigerung des Kationenbedarfs infolge verstärkten Wachstums. Denn Stickstoffoxide haben – noch ausgeprägter als Schwefeldioxid – ein Doppelgesicht: Sie dürfen nicht einfach als **Schadstoffe** betrachtet werden, sondern sie wirken auch als **Nährstoffe**. Wo eine Steigerung des Wachstums von Waldbäumen zu beobachten ist – das gilt weithin für die Zeit nach dem Abklingen einer starken Belastung durch SO_2 – kann eine verbesserte Versorgung mit Stickstoff daran beteiligt sein. Das geht aber auf die Dauer nur dann gut, wenn auch eine verstärkte Versorgung mit Nährstoff-Kationen möglich ist (Einzelheiten im Abschn. 5.1.2).

Eine Schädigung der Assimilationsorgane der Fichte wirkt sich selbstverständlich auf den ganzen Baum aus. So muss eine Minderung der Photosynthese auch Folgen für das Wachstum des **Stamms** und der

Wurzeln haben, wie schon lange bekannt ist. Junge Fichten, die in einem Begasungsexperiment eine Vegetationsperiode lang einer SO_2-Konzentration von 0,1 ppm (ca. 260 $\mu g/m^3$ Luft) ausgesetzt waren, zeigten in der folgenden Vegetationsperiode ein drastisch vermindertes Wurzelwachstum. Dies ist auf die Drosselung der Photosynthese und die dadurch verminderte Reservestoffbildung zurückzuführen. Eine solche latente Schädigung kann weitere Störungen der Wurzelfunktionen auslösen (Keller 1979).

Eine Schädigung von Fichten durch **Ozon** wird schon seit vielen Jahren diskutiert und untersucht, ohne dass in allen Fällen eindeutige Befunde erzielt werden konnten. Geklärt ist ein wichtiger Punkt: Die Gefährdung von Fichten (und anderen Pflanzen) durch Ozon kann weder allein anhand der Konzentrationen dieses Gases in der Luft noch anhand aufsummierter Konzentrationen oberhalb eines bestimmten Schwellenwertes (z. B. AOT40 als Kritische Dosis, Abschn. 5.1.3.3) abgeschätzt werden. Denn die Aufnahme von Ozon hängt sowohl von dessen **Konzentration** in der Luft als auch von der **stomatären Leitfähigkeit** einer Pflanze ab. Unzureichende Wasserversorgung führt beispielsweise zu geringerer Leitfähigkeit der Stomata und drosselt so die Aufnahme von Ozon. Umgekehrt steigert reichliches Wasserangebot das Eindringen von Ozon in die Blattorgane. Dies könnte vor allem in Gebirgslagen Bedeutung haben, wo die Wasserversorgung günstig ist und die Ozonkonzentrationen nachts nur wenig absinken (Wieser und Havranek 1993, Wieser et al. 2000). Die Abschätzung einer Gefährdung kann demnach nur auf der Grundlage von **Ozonflüssen** ins Innere der Blattorgane erfolgen (Grünhage et al. 2000, Emberson et al. 2000 a, Karlsson et al. 2000). Dies erfordert die Einbeziehung zusätzlicher Faktoren (Abschn. 5.1.3).

In Bereichen Mitteleuropas mit **besonders hoher Ozonbelastung** (z. B. Alpen, Schwarzwald) haben Messungen der Konzentrationen von Luftschadstoffen immer wieder ergeben, dass am ehesten vom Ozon eine Gefährdung der Vegetation ausgehen kann, insbesondere in höheren Lagen. Erwiesen sind Schädigungen **allein durch Ozon** aber bisher nur für die Südalpen, hier besonders im Tessin (Smidt 1989 a, Smidt 1989 c, Berger 1995, Herman und Smidt 1995, Liu et al. 1995, Bundesamt für Statistik und Bundesamt für Umwelt, Wald und Landschaft 1997, Innes et al. 1998).

Eine direkte Auslösung des **Abwurfs grüner Nadeln** unter dem Einfluss relativ hoher Ozondosen in den Kalkalpen wird als Ursache für die Kronenverlichtung der Fichte diskutiert. Die Mitwirkung günstiger **Wasserversorgung**, die zu einer stärkeren Öffnung der Stomata führt, sowie auch unzureichender P-Versorgung kommen in Frage (Liu et al. 1995). Jedoch konnte eine Studie im Werdenfelser Land dies nicht bestätigen (Ewald et al. 2000). Eher stützen die dort erzielten Ergebnisse die Befunde, nach denen Ozoneinwirkung die Regulation der Spaltöffnungen stört und dadurch bei geringer Wasserversorgung Trockenstress auslösen kann (Götz 1996, Maier-Maercker 1998). Allerdings gibt es dazu auch widersprechende Ergebnisse (Häberle 1995, Wieser et al. 2000). Dass es bei der Studie im Werdenfelser Land gerade für die Fichten auf „Trockenstandorten" der höchsten Lagen Hinweise auf eine Wechselwirkung mit der Ozonbelastung gibt (Ewald et al. 2000), ist vorerst nicht plausibel; denn dort ist zwar die Belastung durch Ozon hoch, dort sind aber auch die Niederschläge besonders reichlich und dort ist wegen niedrigen Temperaturen schon die potenzielle Verdunstung gedämpft. Ob die auf solchen Standorten belegten **Ernährungsstörungen** (Abschn. 6.1.2.5) prädisponierend für eine Schädigung durch Ozon wirken können, ist nicht bekannt. Obwohl sich nach Ozonbegasungen mit mäßigen Konzentrationen keine Effekte an den Nadeln gezeigt haben, sind in den letzten Jahren erhöhte Raten von **Chromosomendefekten** in den Meristemen der Wurzelspitzen nachgewiesen worden (Müller et al. 1996, Wonisch et al. 1999).

Die Fichte hat sich gegenüber der Belastung mit **Ozon allein** als ziemlich widerstandsfähig erwiesen. Das geht hervor aus Begasungsversuchen bei ziemlich hohen Ozonkonzentrationen. Das zeigen auch Freilanduntersuchungen in den Nordalpen bei relativ starker Belastung durch Ozon, in denen keine Schädigung nachzuweisen war (Krause und Prinz 1989, Wieser und Havranek 1993, 1996, Häberle 1995, McLeod und Skeffington 1995, Rennenberg et al. 1997, Matyssek et al. 1997 b, Sandermann et. al. 1997, Havranek und Wieser 1998, Landolt et al. 2000, Ewald et al. 2000, Abschn. 5.1.3). Dabei ist allerdings zu bedenken, dass die meisten Versuche nur über relativ kurze Zeiträume gelaufen sind, die Fichte aber erst nach zwei bis drei Jahren deutliche Unterschiede zur jeweiligen Kontrolle erkennen lässt (Wallin und Skärby 1992, Häberle 1995). So zeigten **Langzeitversuche** über fünf Jahre in Schweden Effekte in Fichtennadeln bei Freilandkonzentrationen von Ozon auf (strukturelle Veränderungen in Chloroplasten und anderen Organellen, Verminderung des Chlorophyllgehalts sowie der Photosynthese). Simulationsergebnisse weisen darauf hin, dass die Photosynthese des Kronenraums bei älteren Fichten durch Ozonbelastung weit stärker reduziert werden kann als bei jungen (Skärby et al. 1995). Subtile, offenbar erst langfristig wirksame Effekte der Ozonbelastung müssen im Auge behalten werden (Lütz und Czapalla 1996, Wieser et al. 2000, Polle et al. 2000). Berücksichtigt man das, so ergeben sich signifikante Zusammenhänge zwischen Ozonaufnahme und Reduktion der Biomasse junger Fichten (Karlsson et al. 2004). Negative Effekte treten auch schon auf bei Ozonkonzentrationen, wie sie etwa in Südschweden im Freiland gewöhnlich vorkommen (Wallin et al. 2002). Für Ozon spezifische Symptome in Fichtennadeln sind neuerdings bei relativ geringer Belastung (6 362 ppb·h in Südschweden) beschrieben worden (Kivimäenpää et al. 2004). Bereits diese mäßige Ozonbelastung führt bei der Fichte zu nennenswerten ökonomischen Verlusten (Karlsson et al. 2005).

Wesentlich empfindlicher reagieren Fichten, die unter **Mangel an Magnesium** leiden. In systematisch angelegten, gründlichen Untersuchungen – sowohl im Freiland als auch bei Experimenten unter kontrollierten Bedingungen – ist die komplexe Natur der Vorgänge weitgehend geklärt worden (Bittlingmaier et el. 1995, Siefermann-Harms 1996, Siefermann Harms et al. 1997, 2004, 2005). Bei Fichten, die allein unter Mg-Mangel stehen, zeigt sich während der Vegetationsperiode eine langsam verlaufende Vergilbung der Nadeln des Vorjahres. Die **kombinierte Wirkung** von **Mg-Mangel und Ozonbelastung** ($> 80\ \mu g/m^3$) setzt dagegen unter Lichteinfluss eine rasch verlaufende Abnahme des Clorophyllgehalts in Gang, die von einer Destabilisierung des Antennenkomplexes im Photosystem II (LHC II) begleitet wird. So kommt es innerhalb weniger Wochen zu ausgeprägten **Vergilbungsschüben** bei den Nadeln des Vorjahres. Das erfolgt bereits bei Ozonkonzentrationen, wie sie in Mitteleuropa bei sonnigem Wetter häufig auftreten. Diese Befunde sind außerordentlich bedeutsam für das Verständnis der **montanen Vergilbung**, die in Mitteleuropa bei einer deutlichen Variation sowohl der Mg-Versorgung als auch der Ozonbelastung auftritt und die in der Intensität ihrer Symptome mit wechselnden Witte-

rungsbedingungen von Jahr zu Jahr schwankt (Abschn. 6.1.2.8). Auch neue Befunde aus Südschweden weisen auf verstärkte Wirkung von Ozon bei unzureichender Ernährung von Fichten hin (Kivimäenpää et al. 2004).

Treten **Schwefeldioxid**, **Stickstoffoxide** und **Ozon** gemeinsam als Belastungsfaktoren auf, so ergibt sich dadurch ein deutlich erhöhtes Gefährdungspotenzial (Seufert et al. 1990, Schweizer und Arndt 1990). Jedoch waren und sind die Konzentrationen dieser Schadstoffe in Mitteleuropa – großflächig gesehen – zu gering, um eine wesentliche Schädigung von Fichtennadeln auszulösen. Das hat auch der Reinluft/Standortsluft-Vergleich gezeigt, bei dem in der Nähe von Regensburg ein Ast einer Fichte mit künstlicher Reinluft und ein anderer mit Außenluft begast wurde (Koch 1989, 1993). An der komplexen Schädigung sind jedoch weitere Faktoren beteiligt, beispielsweise eine unzureichende Nährstoffversorgung aus dem Boden. Besonders empfindlich reagieren Fichten bei Magnesiummangel (Krause und Prinz 1989, Klumpp und Guderian 1989, Guderian und Wienhaus 1997).

Unter der Einwirkung säurebildender Gase kommen in **Nebeltröpfchen** oft besonders niedrige pH-Werte zustande. Vor allem in Gebirgslagen tritt saurer Nebel häufig auf und trägt wesentlich zur Deposition von Säuren bzw. Säurebildnern bei (Winkler und Pahl 1993). Er ist daher einer der möglichen Schädigungsfaktoren für die Fichte. Zunächst maß man der **Auswaschung von Stoffen aus den Nadeln (_Leaching_)** entscheidende Bedeutung zu, beispielsweise bei der Auslösung der mit Mg-Mangel verbundenen montanen Vergilbung. Zwar führt die Behandlung mit verdünnten Säuren zu einer verstärkten Auswaschung von Kationen (K, Mg, Ca), jedoch kann dieser Verlust bei ausreichender Versorgung aus dem Boden leicht ausgeglichen werden (Mengel et al. 1987, Klemm et al. 1989, Wölfle et al. 2000). Auch Versuche mit Ozon und saurem Nebel unter kontrollierten Bedingungen haben das Phänomen bestätigt, aber zugleich relativiert: Die Auswaschungsraten lagen für wichtige Nährstoffe deutlich unter 3 % der in den Nadeln vorhandenen Mengen, und die im Freiland verbreiteten Symptome konnten nicht ausgelöst werden (Blank et al. 1990). Entsprechende Ergebnisse erhielten Seufert et al. (1997) bei Einsatz von Freilandluft in _Open-top_-Kammern. Jedoch wirkt saurer Nebel destruktiv auf die epicuticulären Wachse und verstärkt so die cuticuläre Verdunstung und damit die Gefahr von Frost-Trocknis im Frühjahr (Mengel et al. 1989, Esch und Mengel 1998). Ganz allgemein nimmt offenbar die Qualität epicuticulärer Wachse mit steigender Immissionsbelastung ab (Trimbacher und Weiss 1999). Allerdings ist die ökologische Bedeutung dieses Befundes bisher nicht klar.

In Waldökosystemen deponierte **Säuren und Säurebildner** sind nicht nur wegen ihrer unmittelbaren Wirkungen auf Fichten wichtig. Vielmehr tragen ihre Folgeprodukte zur **Versauerung und Nährstoffauswaschung von Böden** bei. Gerade für Fichten-Waldökosysteme hat sich dies als bedeutsam erwiesen (Abschn. 6.1.2.5).

6.1.2.4 Bedeutung von Pathogenen und Parasiten an Trieben und Nadeln

Während der 1970er Jahre bemerkte man auf großen Flächen Vergilbung und vorzeitigen Abfall der Nadeln bei der Tanne und ab Anfang der 1980er Jahre auch bei der Fichte. Rasch tauchten als **Epidemie-Hypothese** Vermutungen auf, nach denen die beobachteten Symptome auf Viren, Mykoplasmen oder Rickettsien (Fink und Braun 1978, Kandler 1983, 1985, Nienhaus 1985) zurückgeführt werden könnten. Diese Hypothesen sind durch Experimente (Mehne 1990, Mehne-Jakobs 1990) **überzeugend widerlegt** worden: Die Pfropfung vergilbter Reiser auf gesunde Unterlagen führte in keinem einzigen Fall zur Übertragung der Erkrankung. Vielmehr ergrünten ehemals vergilbte Reiser. Bei vollständiger Ergrünung erhöhte sich jeweils der Gehalt an Nährelementen, der zuvor im Mangelbereich gelegen hatte (K bzw. Mg) und es traten Regenerationserscheinungen im geschädigten Leitbündelbereich auf. Ganz allgemein haben sich keine Pathogene finden lassen, welche eine Epidemie an Fichten auslösen könnten (Paulus und Bresinsky 1989).

Nach der weit verbreiteten Zuwachsdepression der Jahre 1974 bis 1980 kam es vor allem im Jahre 1982 auf großen Flächen zu Vergilbung und starken Nadelverlusten bei der Fichte. In **Nadeln** und **Trieben** lebende **Pilze** verschiedener Arten wurden als Erreger der **so genannten Nadelröte** (der Begriff ist mehrdeutig und sollte daher vermieden werden) hierfür verantwortlich gemacht (Rehfuess und Rodenkirchen 1984). Mykologische Untersuchungen ergaben zwar häufig das Vorkommen von *Lophodermium abietis* Rostrup (bisher *Lophodermium piceae* (Fuckel) Höhn), *Rhizosphaera kalkhoffii* Bubák sowie anderer Pilzarten; der genannten Hypothese wurden

aber triftige Argumente entgegengehalten. So kann *Lophodermium abietis* mehrere Jahre als **Endophyt** in Fichtennadeln leben, ohne sichtbare Symptome auszulösen. Erst Seneszenz oder eine Schädigung kann dann zur Rötung der Nadeln führen. Der Pilz ist demnach nicht als pathogen anzusehen (Lehtijärvi und Barklund 2000). Auch *Rhizosphaera kalfhoffii* ist häufig auf vorgeschädigten Nadeln anzutreffen, eine ursächliche Beziehung zum Absterben von Nadeln war jedoch nicht nachzuweisen (Kowalski und Lang 1984, Schütt 1985, Butin und Wagner 1985, Kandler 1985, Sieber 1988, Suske und Acker 1989, Dotzler 1991, Butin 1996, Ewald et al. 2000). Die beim Absterben von Fichtennadeln angetroffenen Pilze sind demnach als Folge, nicht als Ursache einer Schwächung oder Erkrankung aufzufassen. Dafür spricht auch der Befund, dass ein hoher Anteil der verfärbten Nadeln nicht von Pilzen besiedelt war.

Seit langem bekannt (Hartig 1890) ist das **Fichtentriebsterben**, das durch den Pilz *Sirococcus conigenus* (DC.) P. Cannon und Minter verursacht wird. Diese Erkrankung spielte aber eine so geringe Rolle, dass sie in manchen einschlägigen Lehrbüchern gar nicht erwähnt wird (Schwerdtfeger 1981). Das Fichtentriebsterben kam vorwiegend in Baumschulen und an jungen Fichten vor (Halmschlager et al. 2000), war aber auch schon an älteren Fichten beobachtet worden (Rudolph 1912). Die Symptome sind: Bräunung und Abfallen der Nadeln von der Mitte der jüngsten Triebe zur Spitze hin, an der ein Büschel toter Nadeln verbleiben kann sowie Krümmung absterbender Triebe nach unten. Auf toten Nadeln und Trieben, oft auf den Nadelkissen, erscheinen braunschwarze, kugelförmige Fruchtkörper des Erregers (Hartmann et al. 1995, Butin 1996). Seit den 1980er Jahren hat sich die Krankheit auf beträchtlichen Flächen in Oberösterreich und in Ostbayern ausgebreitet und ist und auch im Schwarzwald beobachtet worden, in Höhenlagen von 500 m aufwärts bis in die Hochlagen. Jetzt waren in großem Umfang auch Altfichten bis zur Auflösung der erkrankten Bestände betroffen. Der Pilz kann in symptomfreien Nadeln als Endophyt leben. Verschiedene, noch nicht näher bekannte Faktoren können eine pathogene Entwicklung auslösen. Auffällig ist, dass dies vor allem auf basenarmen und oft zusätzlich durch Nutzungseingriffe verarmten Böden geschieht, auf denen Fichten unzureichend mit Calcium und vor allem Magnesium versorgt sind und erhöhte N/Ca- und N/Mg-Verhältnisse zeigen. Befallene Bäume können auch zugleich die für Mg-Mangel typische Vergilbung älterer Nadeljahrgänge aufweisen (montane Vergilbung). Bei erkrankten Bäumen sind die Spiegelwerte von Ca und Mg signifikant niedriger als bei symptomfreien, wenngleich nicht sicher ist, ob es sich hier um eine Ursache oder eine Wirkung der Krankheit handelt. Das Fichtentriebsterben tritt vor allem an westexponierten Oberhängen und in Kuppenlagen auf. Hier könnte einerseits das häufige Auftreten von Nebel die Infektion begünstigen. Andererseits ist hier die Deposition von Säurebildnern besonders hoch (Katzensteiner et al. 1992, Katzensteiner und Glatzel 1997). Basenarmut bzw. Basenverarmung und eine unausgewogene Ernährung scheinen die Erkrankung zu begünstigen. Denn es ist belegt, dass Zufuhr von Mg durch Düngung das Fichtentriebsterben abmildert. In manchen Gebieten ist während der letzten 15 Jahre keine weitere Ausbreitung der Erkrankung mehr zu beobachten (Fuchs und Pauli 1986, Klein 1987, Wulf und Maschning 1992, Halmschlager et al. 2000, Anglberger und Halmschlager 2003, Anglberger et al. 2003, Blaschke 2006).

Die Befallsgebiete der **Kleinen Fichtenblattwespe** (*Pristiphora abietina* Christ.) haben sich in Niederbayern und Oberösterreich während der letzten Jahrzehnte immer weiter ausgebreitet. Dort trägt der Fraß der Larven zur Verlichtung und oft auch Verkrüppelung der Oberkrone von Fichten bei. Nicht selten kommt es auch zum Absterben von Fichten jeden Alters. Das Insekt scheint vom Stickstoffeintrag zu profitieren, denn es findet in stickstoffreicheren Fichtennadeln eine Nahrung von höherer Qualität vor (Berger und Katzensteiner 1994, Führer und Nopp 2001, Abschn. 6.1.2.5).

6.1.2.5 Wirkungen von Eigenschaften und Veränderungen der Böden auf die Ernährung der Fichte

Verschiedene Formen von **Nährstoffmangel** spielen bei Erkrankungen bzw. Schädigungen der Fichte eine wichtige Rolle, haben aber bei den einzelnen Symptomkomplexen unterschiedliches Gewicht. Den Eigenschaften der Böden und deren Veränderungen sowie der Höhe der Deposition an Säuren und Säurebildnern kom-

men entscheidende Bedeutung zu (Abschn. 5.2). Die über Jahrzehnte sehr hohen Einträge an Schwefelverbindungen sind in Mitteleuropa seit den 1980er Jahren sehr stark zurückgegangen. Nach wie vor hohe Deposition von Stickstoffverbindungen spielt seither die entscheidende Rolle (Abschn. 5.3.2).

Gerade **Magnesium**, das aus den Verwitterungsdecken saurer Gesteine vielfach nur in geringem Maße nachgeliefert werden kann, befand sich auf solchen Standorten wohl schon längere Zeit im Bereich eines **latenten Mangels**, bevor großflächig die auffälligen **Vergilbungssymptome** an der Fichte auftraten: Gelbspitzigkeit bzw. Vergilbung, jeweils von den älteren zu den jüngeren Nadeln fortschreitend (Abschn. 6.1.2.1). Man spricht von der **montanen Vergilbung** (Syndrom 2). Rasch haben Bodenkundler herausgefunden, dass hier **Magnesiummangel** vorliegt (Zech und Popp 1983, Bosch et al. 1983, Zöttl und Mies 1983). Wenn auch Mangel an Magnesium allein durch die Armut des Bodens bzw. Nutzungseingriffe ausgelöst werden kann (Hüttl 1991, Huettl 1993, Evers 1994, Landmann et al. 1997), so war es doch zweifellos neuartig, dass die beschriebenen Symptome **plötzlich auf großen Flächen** auftraten (Hofmann et al. 1994). In den folgenden Jahren haben sich in zunehmendem Maße Freilandbeobachtungen und Experimente mit diesem Thema beschäftigt. Auch zusammenfassende Darstellungen sind dem Problem gewidmet worden (Schulze und Freer-Smith 1991, Glatzel et al. 1992, Hüttl und Schaaf 1997, Raspe et al. 1998, Riek und Wolff 1998). Der **Bereich akuten Mangels** lässt sich bei Gehalten an austauschbarem Magnesium von $< 2\,\mu$eq/g Boden abgrenzen (Liu und Trüby 1989).

Anhand von Vergleichen nadelanalytischer Daten mit solchen aus früherer Zeit lässt sich die **Entwicklung** verfolgen. Einen deutlichen **Rückgang der Mg-Gehalte** ab Mitte der 1960er bis zum Anfang der 1980er Jahre hat Reemtsma (1986) anhand 1–6-jähriger Nadeln aller Fichtenversuchsflächen in Niedersachsen belegt. In den ostdeutschen Mittelgebirgen war Mg-Mangel um 1960 auf Böden aus silikatischen Gesteinen gänzlich unbekannt. Nach 1980 traten dann großflächig Mg-Ernährungsstörungen auf. Das Absinken der Mg-Gehalte war von einem sehr deutlichen Anstieg der N-Gehalte begleitet

(Nebe 1991). Auch im Taunus ist für die Periode 1972 bis 1983 eine signifikante Verminderung der Mg- und Ca-Gehalte von Fichtennadeln nachgewiesen worden. Landmann et al. (1997) bringen eine Fülle weiterer Belege für die Verschlechterung der Mg-Versorgung während der 1960er und 1970er Jahre. Im Grundgebirgsschwarzwald ist für den Zeitraum 1975–1983 eine deutliche Abnahme der Mg-Spiegelwerte in Fichtennadeln nachgewiesen (Hüttl 1990). Durch Applikation von Ammoniumsulfat kann Mg-Mangel verstärkt und es kann das Elementverhältnis N/Mg in den Nadeln erhöht werden (Hüttl 1990). Wenn sich auch in einzelnen Fällen die N-Gehalte vermindern (Büttner 1997), so wird doch weithin der **Rückgang der Mg-Gehalte** von einer **Zunahme des Stickstoffs** in den Nadeln begleitet (Riek und Dietrich 2000, Mellert et al. 2004). Von wenigen Ausnahmen abgesehen, hat sich der Mangel an Mg bei Nadelbäumen in großen Teilen Mitteleuropas während der letzten Jahrzehnte verschärft. Eine entsprechende Entwicklung gilt insbesondere für die **Mittelgebirge** mit sehr sauren Böden und demnach ungenügendem Angebot an Mg (Evers und Schöpfer 1988, Zöttl 1990, Hüttl 1991, Glatzel et al. 1992, Kilian 1992, Hofmann et al. 1994, von Wilpert und Hildebrand 1994, Katzensteiner et al. 1995, Jandl 1996, Hüttl und Schaaf 1997, Riek und Wolff 1998, von Wilpert 2003). Mit Unterschieden von Gebiet zu Gebiet haben sich also zwischen dem Anfang der 1970er und dem Anfang der 1980er Jahre die **sichtbaren Symptome des Mg-Mangels** entwickelt. Im Osterzgebirge traten sie erst seit Ende der 1980er Jahre auf (Kreutzer und Bittersohl 1986, Matzner 1988, Schulze et al. 1989, Hüttl 1991, Nebe 1991, Evers 1994, Hofmann et al. 1994). Bemerkenswert ist, dass Mg-Mangel in den Zentralalpen nur vereinzelt vorkommt (Stefan 1991, Donaubauer 1995) – trotz saurer Böden, hoher Niederschläge und starker Entzüge an Biomasse durch Nutzungseingriffe.

In Nordostdeutschland sind vergleichbare Entwicklungen in **Kiefernbeständen** in einem sehr langen Beobachtungszeitraum von 1964 bis 1988 verfolgt worden: Hier war ein drastisches Absinken der Mg-Gehalte in Kiefernnadeln gekoppelt mit einem ständigen Ansteigen der Stickstoffgehalte (Hippeli und Branse 1992). Entsprechendes gilt weithin für Mitteleuropa (Mellert et al. 2004).

Fragt man nach den **Ursachen** des weit verbreiteten **Mg-Mangels**, so sind mehrere Faktoren zu berücksichtigen (Hüttl 1991, Marschner 1992, Huettl 1993). Armut des Ausgangsgesteins bzw. seiner Verwitterungsprodukte sowie von Natur aus große Auswaschungsverluste infolge hoher Niederschläge führen zu einem geringen Angebot an Mg. Sie sind als natürliche prädisponierende Faktoren für die Entstehung von Mg-Mangel anzusehen (Raspe et al. 1998). Hohe Verluste an Basenkationen gehen auch auf das Konto der Landnutzung in früherer und heutiger Zeit (Glatzel 1991, Kazda und Katzensteiner 1993, Katzensteiner und Glatzel 1997, Abschn. 3.1.2.2). Jahrzehntelang hohe Einträge an säurebildenden Schwefel- und Stickstoffverbindungen (Brechtel und Pohlmann 1990, Landmann et al. 1997, von Wilpert et al. 2000) haben entscheidend mitgewirkt (Abschn. 5.2). Während die Deposition an Schwefel sehr deutlich zurückgegangen ist, gilt dies für Stickstoffverbindungen nur in geringem Maße. So setzt sich die seit Jahrzehnten ablaufende Anreicherung des Waldhumus mit Stickstoff fort (von Zezschwitz 1985, 1987) und die Auswaschung von NO_3^- greift die Mg-Vorräte der Böden weiter an. Dabei erhalten Fichtenbestände – vor allem wegen ihrer Filterwirkung – an luvseitigen Expositionen von Gebirgen eine wesentlich höhere Deposition an Säurebildnern als an leeseitigen (von Zezschwitz 1985, Katzensteiner et al. 1992, Kazda und Katzensteiner 1993, Katzensteiner und Glatzel 1997, von Wilpert et al. 2000). In Fichten-Ökosystemen tieferer Lagen haben sich teilweise Nitrifikationsschübe nach natürlichen Trockenperioden nachweisen lassen (Matzner und Thoma 1983). Bei Versuchen unter einem Dach ist auch gezeigt worden, dass sich während der Trockenheit Ammonium im Humus anreichert und dass dieses nach Wiederbefeuchtung im Winterhalbjahr nitrifiziert und in hohem Maße als NO_3^- ausgewaschen wird (Weis 1997). In anderen Experimenten gab es keine Nitrifikationsschübe (Bredemeier et al. 1998, Lamersdorf et al. 1998). Hingegen kommt es bei Stickstoffsättigung in Hochlagen infolge warmtrockener Witterung offenbar regelmäßig zu verstärkter Nitratproduktion und -auswaschung der Böden (Kreutzer und Heil 1989, Kazda und Katzensteiner 1993). Schließlich stören hohe Konzentrationen vor allem der Kationen Al^{3+}, Mn^{2+} und nicht zuletzt NH_4^+ die Aufnahme von Mg^{2+} durch die Feinwurzeln. Hemmung des Wurzelwachstums – infolge Mangels an Kohlehydraten oder durch toxische Al-Species – kann verschärfend wirken (Stienen und Bauch 1988, Marschner 1992, siehe unten und Abschnitt 6.5.1).

Auch bei besonders niedrigen Eintragsraten, wie sie etwa im **Grundgebirgsschwarzwald** beim Projekt Schluchsee (Leelage) gemessen wurden (Feger 1993, von Wilpert und Hildebrand 1994, von Wilpert 1995, von Wilpert et al. 1996, Raspe et al. 1998), ist die Deposition entscheidend für den Stofftransport. Als Ausgangsgestein der Bodenbildung liegt hier ein besonders basenarmer Granit vor. Zwar gehen von der früheren und der heutigen Waldnutzung zweifellos wesentliche Einflüsse aus, jedoch darf dies nicht überbewertet werden; denn auch hier ist die auf Mg-Mangel beruhende **Vergilbung erst um das Jahr 1980** auf größeren Flächen aufgetreten – zur gleichen Zeit wie in natürlichen, autochthonen Fichtenbeständen der Hochlagen des Inneren Bayerischen Waldes, die nur wenig durch Nutzungseingriffe betroffen waren (Elling et al. 1987). Auch hatte die Deposition an S-Verbindungen im Schwarzwald ihren Höhepunkt wohl schon mehr als ein Jahrzehnt überschritten, als ab dem hydrologischen Jahre 1988 die Messungen im Projekt ARINUS begannen. Das geht noch ganz deutlich aus den an der Station Schauinsland gemessenen Sulfat-Depositionen hervor, die bis 1988 beträchtlich höher lagen als in den folgenden Jahren (Umweltbundesamt 1999 a). Die im Projekt ARINUS durchgeführten Depositionsmessungen können daher nicht den Zeitraum charakterisieren, in dem der mit Vergilbung einhergehende Mg-Mangel entstanden ist; sie treffen nur zu für die Phase, in der ein Wiederergrünen vergilbter Fichten (Raspe et al. 1998) eintrat. Nach den genannten Autoren sind Mg-Mangel und Symptome der montanen Vergilbung durch frühzeitig in der Vegetationsperiode aufgetretene **Dürreperioden** in den Jahren 1976 und 1983 ausgelöst worden. Austrocknung des Auflagehumus könnte die Nachlieferung von Mg blockiert haben. Ein erneutes Auftreten der Vergilbung in Gipfellagen des Schwarzwaldes (Belchen, Blauen) im Sommer 2004, wohl als Folge der Trockenheit vom Sommer 2003, stützt diese durchaus einleuchtende Auffassung. Jedoch reicht dieser Erklärungsansatz nicht aus. Zum einen sind die Symptome der montanen Vergilbung in anderen Gebieten schon vor 1976 in beträchtlicher Ausdehnung beobachtet worden (Kreutzer und Bittersohl 1986, Elling 1990). Zum anderen waren in den Hochlagen des Inneren Bayerischen Waldes im Jahre 1976 nur drei Wochen fast niederschlagsfrei (17. Juni bis 7. Juli), man kann also nicht von einer einschneidenden Trockenperiode sprechen. Im Sommer 1983, in dem die montane Vergilbung hier in massiver Form auftrat, gab es überhaupt keine nennenswerte Trockenheit, aber sehr strahlungsreiches Wetter. Auch am Schluchsee hat die Simulation nur sehr kurze Trockenphasen ergeben (Raspe et al. 1998). Weiter ist mit Recht darauf hingewiesen worden, dass die Vergilbung 1983–1986 weit ausgeprägter war als 1989–1991, obwohl der Trockenstress in der zweiten Periode vielerorts stärker war (Landmann et al. 1997). Schließlich ist mehrfach belegt, dass die stärkste Ausprägung der Vergilbung mit besonders hohen Stickstoffgehalten der Nadeln zusammentraf, was auf verstärkte Mineralisierung und **Nitrifikation** hinweist und nicht mit Auswirkungen von Trockenheit vereinbar ist (Rehfuess 1989, Hüttl 1990, Landmann et al. 1997). Am Schluchsee selbst führte ein Austrocknungsversuch nicht zu deutlichen Auswirkungen auf Biomasse und Aktivität der Bodenmikroben (Lorenz et al. 2001). Vermutlich hatte daher die hohe **Deposition an Säuren und Säurebildnern während der 1970er Jahre** einen entscheidenden Anteil am Entstehen der montanen Vergilbung.

Die Folgen der hohen Deposition von Säuren und Säurebildnern an der Luvseite des **Grundgebirgsschwarzwaldes** für die aus der Verwitterung von Gneisen hervorgegangenen Böden hat die Fallstudie Conventwald herausgearbeitet. Insbesondere unter Nadelwald kommt es zu rasch verlaufender Versauerung und Entbasung der Böden (von Wilpert et al. 1996, 2000). In Hochlagen des **Böhmerwaldes** und des **Bayerischen Waldes** liegt Stickstoffsättigung vor, obwohl bei starker Verdünnung infolge hoher Niederschläge nur mäßige Nitratgehalte im Sickerwasser gefunden werden (Katzensteiner et al. 1992, Kreutzer et al. 1998). Hier konnte in **Gefäßversuchen** mit granitischem Bodenmaterial bei hoher Al-Sättigung der Austauscher durch Düngung mit Ammoniumnitrat an Fichten **Magnesiummangel** mit seinen typischen Vergilbungssymptomen **ausgelöst** werden. Die Stickstoffdüngung führte zur Versauerung des Bodens und zur Auswaschung von Mg. Abhängig von der Stickstoffdosis entstanden Nährstoff-Ungleichgewichte, angezeigt durch Abnahme der Mg- und Zunahme der N-Gehalte in den Fichtennadeln; damit verbunden waren Vergilbung sowie vorzeitiger Abwurf älterer Nadeln als deutliche Anzeichen eines Vitalitätsverlustes. Neben dem Mg- und dem N-Angebot im Boden tragen wahrscheinlich auch noch andere Faktoren zur Auslösung von Magnesiummangel bei, etwa der antagonistische Effekt hoher Al^{3+}-Konzentrationen gegenüber der Aufnahme von Mg durch die Wurzeln sowie starkes Wachstum, das den Bedarf an Mg erhöht. In diesem Versuch kam es jedoch nicht zu einer Steigerung des Wachstums durch die N-Düngung (Kölling et al. 1997, Wölfle et al. 2000). Zwar wäre es durchaus einleuchtend, dass **durch Stickstoff gesteigertes Wachstum** zur Verdünnung eines knappen Mg-Angebots führt (Schulze et al. 1989), jedoch war dies bisher nicht nachzuweisen. Im Gegenteil: Die montane Vergilbung der Fichte hat sich zwischen dem Anfang der 1970er und der 1980er Jahre parallel zu einem massiven Zuwachsrückgang der Fichte an Zweigen und Stamm und zu starken Nadelverlusten herausgebildet. Nach der durchgreifenden Verminderung der Emission an Schwefeldioxid während der 1980er Jahre dominiert nun weithin Ammonium als Säurebildner im Eintrag. Dies differenziert ebenfalls die Mg-Gehalte in Fichtennadeln: Wird die N-Versorgung von Ammonium anstatt von Nitrat beherrscht, so vermindert das die Mg-Aufnahme deutlich (Marschner 1992, Mehne-Jakobs und Gülpen 1997).

Der **Harz** ist schon seit langer Zeit durch Deposition von Säuren und Säurebildnern relativ hoch belastet (Andreae 1994). Darauf ist die Tiefenversauerung der Böden und Sickerwasserleiter zurückzuführen (Malessa 1994). So ist im Einzugsgebiet der Langen Bramke die Bilanz der Nährstoffkationen Ca und Mg negativ, d. h. die Nachlieferung aus der Silikatverwitterung hält mit der Akkumulation in der Biomasse nicht Schritt. Die Verbreitung der hier großflächig auftretenden montanen Vergilbung zeigte gebietsweise auffällige Übereinstimmungen mit dem Vorkommen bestimmter Grundgesteine (Stock 1994).

Auch die **Ausfilterung von Stäuben** aus den Abgasen von Verbrennungsanlagen sowie bei industriellen Prozessen hat die Deposition von Ca und Mg in Waldökosystemen vermindert und dadurch den Mangel an Mg verschärft. So ist in den alten Bundesländern Deutschlands, besonders im Zeitraum 1965 bis 1975, und in den neuen Bundesländern ab 1990 die Deposition basenhaltiger Stäube stark zurückgegangen (Matzner 1988, Kaupenjohann 1989, Hallbäcken 1992, Umweltbundesamt 1994, Lukes et al. 1996, Katzensteiner und Glatzel 1997, Kreutzer et al. 1998, Warfwinge et al. 1998, Raspe et al. 1998). Ähnliches gilt für weite Gebiete in Europa und Nordamerika (Hedin et al. 1994). Anhaltend hohe Einträge an N-

Verbindungen bzw. Mobilisierung im Boden gespeicherter S-Verbindungen führen vielfach weiterhin zu hohen Konzentrationen an NO_3^- und SO_4^{2-}-Ionen in der Bodenlösung. Trotz der stark abgesenkten Deposition an Schwefel schreiten daher Bodenversauerung sowie Verluste an Ca und Mg weiter voran (Alewell et al. 2000).

Ein wichtiger natürlicher Faktor ist die Verfrachtung von **Meerwassertröpfchen** auf das Festland. In Küstennähe ist dieser Einfluss sehr stark. Hier können Wälder ihren Mg-Bedarf weitgehend aus den Einträgen durch die Luft decken. Deshalb ist es erstaunlich, dass selbst im westlichen Dänemark ein hochsignifikanter Zusammenhang zwischen dem Vorrat an austauschbarem Mg im Boden und dem Volumenzuwachs der Fichte nachgewiesen werden konnte; allerdings handelt es sich hier um arme Sandböden, die lange Zeit unter Heidevegetation lagen und die dann mit Fichte aufgeforstet wurden (Veijre 1999). Mit zunehmender Entfernung vom Meer wird der Mg-Eintrag immer schwächer und ist schließlich **ab etwa 600 km zu vernachlässigen.** So haben bereits relativ geringe Säureeinträge in Süddeutschland zu einer starken Verarmung von Böden geführt, wenn diese nur wenig Nachschub an Mg aus der Verwitterung erhalten und zugleich die Auswaschungsraten hoch sind (Matzner 1988, Büttner 1992, Kreutzer et al. 1998).

Auswirkungen des Mg-Mangels erstrecken sich in verschiedene Richtungen. **Anatomische Veränderungen** in vergilbten und auch grünen Nadeln von Fichten mit neuartigen Formen der Schädigung sind frühzeitig untersucht worden. Dabei ist klar geworden: Die beobachteten Symptome unterscheiden sich deutlich von denjenigen, die durch direkte Einwirkung von Schadgasen zustande kommen. Sie decken sich jedoch weitgehend mit solchen, wie sie durch Nährstoffmangel, insbesondere Mg-Mangel ausgelöst werden. Das gilt speziell für kollabierte Siebzellen, bei denen nach Düngung mit Mg eine Regeneration beobachtet worden ist (Schmitt et al. 1986, Hüttl und Fink 1988, Ruetze et al. 1989, Fink 1989, 1993). Der vorzeitige Kollaps von Siebzellen beruht allein auf der Wirkung des Mg-Mangels. Er erklärt nicht die Vergilbungsschübe, die unter Lichteinfluss durch die kombinierte Wirkung von Mg-Mangel und Ozonbelastung (Abschn. 6.1.2.3) entstehen, denn er geht diesen zeitlich voraus (Boxler-Baldoma et al. 2006). Die Auswirkungen des Mg-Mangels auf die **Physiologie** des gesamten Baums haben nun deutliche Konturen angenommen. Experimentell ausgelöster Mg-Mangel führt zu den bekannten Vergilbungserscheinungen entsprechend der Stärke des Mangels. Mg-Gehalte unter 0,3–0,4 mg/g Nadeltrockensubstanz bewirkten eine Reduktion des Chlorophyllgehalts, eine Erhöhung des Chlorophyll-a:b-Verhältnisses sowie eine Erniedrigung des Chlorophyll:Carotinoid-Verhältnisses. **Rückstau von Kohlenhydraten** in den Nadeln und dadurch ausgelöste Reduktion der Photosyntheseleistung führen zu einer mangelhaften Versorgung anderer Organe des Baums (Mehne-Jakobs 1994, 1995). Ein signifikant negativer Zusammenhang ist zwischen dem Magnesiumgehalt der Nadeln und dem **Nadelverlust** ist für den österreichischen Böhmerwald nachgewiesen worden (Katzensteiner et al. 1992). Damit stehen die Ergebnisse **dendrochronologischer Untersuchungen** in den gipfelnahen Lagen (960–1005 m) des Schneebergs (Fichtelgebirge) während der Jahre 1984–1986 im Einklang. In einem Kollektiv von 70 untersuchten Fichten zeigten sich bereits in der ersten Hälfte der 1970er Jahre deutlich die Symptome der montanen Vergilbung sowie ein Zusammenbruch des Zuwachses, begleitet von zahlreichen Jahrringausfällen (Abschn. 6.1.2.1 und 6.1.2.2). Zwischen dem Grad der Kronenvergilbung und der Häufigkeit von Jahrringausfällen ergab sich ein signifikanter Zusammenhang (Elling 1990): Je stärker die Vergilbung, desto häufiger waren Jahrringausfälle.

An Symptomen erkennbarer Magnesiummangel – häufig verbunden mit schwacher Versorgung an Ca und Zn – ist demnach kennzeichnend für die montane Vergilbung (Syndrom 2). Latenter Mangel an Mg spielt beim Syndrom 3: **Kronenverlichtung in mittleren Höhenlagen der Mittelgebirge** eine wichtige Rolle (Riek und Wolff 1998). Aufschlussreich ist eine Untersuchung anhand von 147 mittelalten Fichtenbeständen in Hessen. Hohe Nadelverluste der Fichte sind demnach statistisch verbunden mit Mg-Gehalten der Nadeln an der Grenze zu Mangelerscheinungen. Die Mg-Gehalte gehen außerdem mit steigender Seehöhe zurück. Starke Nadelverluste korrelieren auch mit hohen Mn-Gehalten der Nadeln sowie mit mangelhaften Gehalten an Zink. Die genannten Befunde stehen offensichtlich im Zusammenhang mit der **abgelaufe-**

nen Versauerung der Böden (Gärtner et al. 1990). Auf die Mobilisierung des austauschbaren Mangans durch die Bodenversauerung hatte bereits Hildebrand (1986) hingewiesen.

Bei den altbekannten Symptomen der **Schädigung von Fichten durch hohe Schwefeldioxidbelastung** (Syndrom 1), wie sie im nordöstlichen Erzgebirge auftreten, sind Fichtennadeln zwar nur kurzlebig, Mangelsymptome treten jedoch nicht auf. Auch Mangelerscheinungen bei einzelnen Nährstoffen sind nadelanalytisch nicht nachgewiesen (Pfanz und Beyschlag 1991). Dabei ist aber die Festlegung von K und Mg zusammen mit Sulfat in den Vakuolen der Mesophyllzellen zu berücksichtigen (Abschn. 5.1.1.4): Diese Kationen stehen der Fichte nicht mehr zur Verfügung. In einer neueren Untersuchung wird deutlich, dass größere akkumulierte Sulfatmengen den wasserlöslichen, physiologisch verfügbaren Anteil des Magnesiums herabdrücken; dieser sinkt auch mit zunehmendem Nadelalter. Sowohl K als auch Mg können hier im Bereich des latenten Mangels liegen (Zimmermann et al. 1999).

In tieferen Lagen, bei der **Kronenverlichtung im Flach- und Hügelland** (Syndrom 4), ist eine zu Beginn der 1980er beobachtete Kronenverlichtung rasch wieder ausgeglichen worden. Jedoch treten je nach der Höhe der Deposition und der nachschaffenden Kraft des Bodens Unterschiede auf. So ist das Wachstum der Fichten im Projekt Höglwald nicht durch eine unzureichende Nährstoffversorgung begrenzt, obwohl ein hoher anthropogener Stickstoffeintrag (vor allem NH_4^+) eine Nitratauswaschung etwa in gleicher Höhe zur Folge hat (Rothe 1997, Kreutzer et al. 1998). Die dadurch angetriebene Auswaschung an Ca und Mg hätte bei gleicher Deposition und basenarmen Böden längst zu Nährstoff-Ungleichgewichten geführt. So sind beispielsweise Fichten im Höglwald trotz eines stark versauerten Oberbodens ausreichend mit Magnesium versorgt, Fichten im Hils dagegen nur mangelhaft. Die im Hils gegenüber dem Höglwald doppelt so große Protonenbelastung (3 kmol ha^{-1} a^{-1}) sowie die im Höglwald sehr wirksame Lieferung von Basenkationen durch die Austauscher bei weit größerer Durchwurzelungstiefe erklären offenbar diesen Sachverhalt (Rothe und Vogelei 1991, Göttlein und Kreutzer 1991, Rothe 1997, Kreutzer et al. 1998). Die saure Beregnung (pH etwa 2,7) wirkte sich gegenüber normaler Beregnung (pH etwa 5,5) im Experiment Höglwald in einer deutlichen Verminderung des Wachstums der Langwurzeln im Auflagehumus aus, wahrscheinlich durch H^+-Toxizität (Marschner 1992). Im Mineralboden dagegen, besonders in 10–20 cm Tiefe, war eine Förderung festzustellen. Hier ergaben sich keine Hinweise auf eine Beeinträchtigung des Wurzelwachstums durch saure Beregnung (Häussling et al. 1991). Insgesamt reagierte der Fichtenbestand auf die Stickstoffsättigung und die gravierenden experimentellen Eingriffe kaum, ist gut ernährt und zeigt anhaltend hohes Wachstum (Huber et al. 2004).

Auch eine unzureichende Versorgung von Fichten mit anderen Nährelementen ist für bestimmte Gebiete nachgewiesen. So hat Hüttl (1985) die vielfach unzureichende **K-Ernährung** auf Moränenstandorten in Süddeutschland dargestellt und gezeigt, dass sich die Versorgung während der zurückliegenden Jahrzehnte deutlich verschlechtert hat. Dabei ist zu berücksichtigen, dass die Oberflächen der Bodenaggregate in lehmigen Böden vielfach an K verarmt sind, obwohl dies bei Analysen des Gesamtbodens nicht auftritt (Hildebrand und Hochstein 1993). Ein deutlicher Rückgang der **Phosphorkonzentrationen** in den Nadeln von Fichten ist für zahlreiche Standorte in Mitteleuropa nachgewiesen worden. Störungen der Mykorrhiza infolge von Stickstoffsättigung werden als Ursache vermutet (Huber et al. 2004).

Besondere Bedingungen sind in den Alpen gegeben. Die häufig karbonathaltigen Böden der **Kalkalpen** sowie der Bereiche mit Karbonatgesteinen in den Westalpen (Syndrom 5a) zeigen hohe pH-Werte und hohe Basensättigung; mit Bodenversauerung und deren Auswirkungen ist bei dem relativ geringen Eintrag an Protonen und Sulfatschwefel hier nicht zu rechnen (Herman und Smidt 1996). Hoch sind dagegen vielfach die Einträge an Gesamt-N (Hahn und Sladkovic 1993, Bäumler und Zech 1993, Flückiger und Braun 1993, Berger 1995), teilweise liegen diese auch nur im mittleren Bereich. Die Kritischen Belastungsgrenzen (*Critical Loads*) sind zwar häufig überschritten, es werden jedoch keine Anzeichen für eine unmittelbare Gefährdung von Waldökosystemen gesehen (Smidt 1996, Ewald et al. 2000). Bei flachgründigen oder skelettreichen Mineralböden aus schwer verwitterbaren Kalk- und Dolomitgesteinen hat der oft mächtige Auflagehumus (Tangelhumus) entscheidende Bedeutung für die Wasser- und Nährstoffversorgung. Insbesondere liefert er durch Mineralisierung pflanzenverfügbaren Stickstoff sowie Posphor, der bei den hohen pH-Werten der Mineralböden dort sehr fest gebunden ist. Beschleunigter **Abbau der Humusauflagen** als Folge kahlschlagartiger Holznutzung sowie häufig intensiver Beweidung haben das Wasser-

und Nährstoffangebot speziell für die Fichte entscheidend verschlechtert. Extreme Bedingungen finden sich an sonnseitigen Hängen mit flachgründigen bzw. skelettreichen Böden aus Hauptdolomit. Hier führt der Humusschwund bei der Fichte zu starkem Mangel an Stickstoff, Phosphor und Kalium; auch die Versorgung mit Mangan und Eisen ist oft unzureichend. Fichtenbestände können hier im Alter von 60 bis 110 Jahren allmählich absterben (Baier und Göttlein 2004, Baier 2005, Abschn. 3.1.2.2). In abgeschwächter Form herrschen auf großen Flächen in den Kalkalpen ähnliche Bedingungen. Diese Nutzungseingriffe erklären den heutigen Zustand der Böden sowie den vielfach auffallend geringen Benadelungsgrad der Fichte. So ist auf großen Flächen eine **mangelhafte Versorgung** von Fichten mit **Phosphor** und **Stickstoff** festgestellt worden. Die Nadelgehalte an Mn und Fe sind zwar relativ niedrig, liegen aber im Allgemeinen oberhalb des Mangelbereichs. Die Versorgung mit Kalium ist meist gut (Polle et al. 1992, Gulder und Kölbel 1993, Herman 1994, Liu et al. 1994, Liu et al. 1995, Mutsch 1995, Stefan und Herman 1995), es gibt nur einzelne Ausnahmen (Herman 1994). Eine Studie im Werdenfelser Land (Nördliche Kalkalpen) hat diese Ergebnisse an einem umfangreichen Material bestätigt. Je geringer der Auflagehumus, je stärker also der „Karbonateinfluss" ist, desto ungünstiger zeigt sich die Versorgung der Fichte mit den Nährelementen N, P und Mn und desto geringer ist auch die Benadelung der Baumkronen. Auf versauerten Böden der Flyschzone ergaben sich höhere Benadelungsprozente als auf karbonathaltigen Böden (Ewald et al. 2000, Ewald 2005). Im Gegensatz dazu sind auch für stark versauerte Böden im Bereich der Nördlichen Kalkalpen (Vorarlberg) bei unzureichender Versorgung mit Mg bzw. K sowohl eine geringere Kronenbenadelung als auch ein geringerer Holzzuwachs nachgewiesen worden (Schwarzl und Weiss 1998).

Auch in den **Zentralalpen** (Syndrom 5b) sowie den karbonatfreien Bereichen der Westalpen findet sich häufig Mangel an N und P, deren Angebot im Boden eng an den Umsatz des Humus gekoppelt ist. Auch hier hat vermutlich kahlschlagartige Holznutzung in langen Zeiträumen zu beträchtlichen Humusverlusten geführt und tut das auch heute noch. Die bisher untersuchten Gebiete sind hinsichtlich ihrer sauren Böden und ihres Klimas an sich durchaus mit denen der meisten Mittelgebirge vergleichbar (Huber und Englisch 1997). Jedoch ist im Inneren der Alpen großflächig gesehen die Deposition an Säurebildnern nochmals wesentlich geringer als in den Kalkalpen, wenn auch für empfindliche Ökosysteme auf lange Sicht bedenklich (Smidt und Mutsch 1993, Flückiger und Braun 1993). Obwohl in Teilen der Zentralalpen die Mg-Sättigung der Austauscher nur gering ist (Kilian 1993), kommt deutlicher Mg-Mangel nur selten vor. Auch K-Mangel ist nicht sehr verbreitet (Stefan 1991, 1994). Waldweide stellt hier nach wie vor einen ernsten Belastungsfaktor für Bergwald-Ökosysteme dar (Führer und Nopp 2001), zumal sie verstärkt zu Erkrankungen der Wurzeln führt (folgender Abschn.).

Beim Syndrom 6: **Kronenverlichtung in Küstennähe** spielen sehr hohe Stickstoffeinträge – vor allem als Ammonium – und eine starke Auswaschung von Nitrat die zentrale Rolle für das Geschehen im Boden (Büttner 1990, Meesenburg et al. 1994). Dass es auf den meist stark versauerten und entbasten Böden nicht zu einem deutlichen Mangel, sondern nur zu einer schwachen Versorgung mit Mg kommt, liegt an den hohen Einträgen vom Meer her (Matzner 1988, Kreutzer et al. 1998). Dennoch konnte auf armen Sandböden im westlichen Dänemark ein hochsignifikanter Zusammenhang zwischen dem austauschbaren Mg im Boden und dem Zuwachs der Fichte nachgewiesen werden. Noch straffer war die Abhängigkeit vom austauschbaren Ca (Vejre 1999). In anderen Fällen ist offenbar der Mangel an Kalium entscheidend. Insgesamt ist das Wachstum der Fichte eindeutig durch das geringe Nährstoffangebot begrenzt. Eine Schädigung der Wurzeln scheint daran beteiligt zu sein (folgender Abschn.).

Die infolge Deposition unharmonische Ernährung der Fichte – hohes Angebot an Stickstoff im Verhältnis zu Magnesium und Calcium – hat anscheinend weitere Folgen für die Ökosysteme. So sprechen die vorliegenden Befunde dafür, dass das Fichtentriebsterben auf diese Art gefördert wird (Abschn. 6.1.2.4). Auch die Kleine Fichtenblattwespe (*Pristiphora abietina* Christ.) scheint in den stickstoffreichen Fichtennadeln eine Nahrung von höherer Qualität zu finden und breitet sich deshalb aus (Berger und Katzensteiner 1994, Führer und Nopp 2001).

6.1.2.6 Wurzelentwicklung und Mitwirkung von Lebewesen in der Rhizosphäre

Die Entwicklung der Wurzeln, insbesondere der für die Wasser- und Nährstoffversorgung wichtigen **Feinwurzeln**, ist einerseits von den Bedingungen im Boden abhängig. So zeigten experimentelle Untersuchungen an Freiland-Fichten in Südschweden, bei denen die Deposition von N- und S-Verbindungen durch ein Dach stark vermindert war, einen erhöhten Anteil lebender gegenüber toten Feinwurzeln. Die lebenden Feinwurzeln wiesen höhere Ca/Al-Verhältnisse sowie erhöhte Konzentrationen an K, P, Ca, und Mg auf

(Persson und Ahlström 2002). Dies unterstreicht die Bedeutung der Deposition von Säuren und Säurebildnern. Andererseits steuert der Baum durch die Zufuhr von Kohlenhydraten, anderen Nährstoffen und Hormonen die Entfaltung des Wurzelsystems. So führte SO_2-Begasung bei Fichten zu einer drastischen Beeinträchtigung der Wurzelbildung im folgenden Frühjahr (Keller 1979, 1989).

Die Hypothese von Ulrich (1980), nach der die toxische Wirkung von Aluminiumionen zu einer Schädigung der Feinwurzeln führt, ist in Deutschland lange Jahre kontrovers – und oft genug heftig – diskutiert worden. Das Problem betrifft auch andere Baumarten und ist deshalb zusammenfassend in Abschnitt 6.5.1 behandelt. Von Anfang an ist in dieser Auseinandersetzung nicht definiert worden, was unter „Schädigung" der Feinwurzeln zu verstehen ist. Inzwischen haben sich die Dinge weitgehend geklärt – vor allem auch im internationalen Rahmen (Marschner 1987, 1992, 1998, Sverdrup und Warfvinge 1993 a,b, Cronan 1994, Godbold 1994, Cronan und Grigal 1995, Ulrich 1995, George und Marschner 1996, Puhe 2003). **Aluminiumtoxizität** liegt demnach nicht erst dann vor, wenn destruktive Veränderungen an Feinwurzeln bzw. Mykorrhizen zu beobachten sind, vielmehr hemmt Al-Toxizität bereits entscheidend deren Wachstum. Dadurch sinkt die Aufnahmerate von Ca und Mg, die in den apikalen Zonen wachsender Wurzeln besonders hoch ist. Stark mit toxischen Al-Verbindungen belastete Bodenbereiche werden daher kaum mehr durchwurzelt.

Es zeichnet sich insgesamt ab, dass die Fichte gegen **Al-Stress** empfindlicher ist als beispielsweise die Buche (Rost Siebert 1985). In einem Experiment mit Fichtensämlingen in Töpfen mit sehr unterschiedlichen natürlichen Böden ist gezeigt worden, dass die Biomassen von Wurzel und Sproß bei BC/Al-Verhältnissen < 1 signifikant erniedrigt sind (Brunner et al. 1999). Eine zusammenfassende Bearbeitung an 13 Fichtenbeständen zeigte sehr deutlich, dass sich die Masse der lebenden Feinwurzeln (g Trockenmasse je m^2) gerade in Fichtenbeständen mit sinkendem pH-Wert sehr stark verringert (Leuschner und Hertel 2003). Mehrere Untersuchungen im Freiland sprechen ebenfalls dafür, dass tatsächlich die Durchwurzelung des humusarmen Unterbodens durch die Fichte bei sehr niedriger Basensättigung und hohem Gehalt an austauschbarem Aluminium massiv behindert wird (Schulze et al. 1989, Ebben 1990, Marschner 1992, 1998, Puhe 1994, Murach und Parth 1999, Block und Meiwes 2000, Fritz et al. 2000, Gruber und Lee 2005 b, Braun et al. 2005). Möglicherweise ist dies auch beim Schluchsee-Projekt im Schwarzwald (Raspe et al. 1998) der Fall. Denn die sonstigen Bodenbedingungen liefern keine Erklärung für die auffällige Flachwurzeligkeit der Fichte.

In **Rinde** und **Holz** der **Feinwurzeln** kranker Fichten von stark versauerten Böden war Calcium nicht mehr und Magnesium nur noch in ganz geringen Mengen nachzuweisen – im Gegensatz zu gesunden Bäumen. Die Al-Konzentrationen dagegen lagen bei den kranken Bäumen sogar niedriger als bei den gesunden (Bauch und Schröder 1982). Wenn auch der Mangel an Ca und Mg mit der Versauerung der Böden zu tun hat, so sind doch die Zusammenhänge auf der Ebene der Bodenchemie allein nicht ausreichend zu verstehen.

Zahlreiche Untersuchungen haben sich den Auswirkungen der Bodenversauerung gewidmet. Dabei ist deutlich geworden, dass die Rolle von **Lebewesen in der Rhizosphäre** für die Funktion der Feinwurzeln nicht unterschätzt werden darf. Es handelt sich beispielsweise um Pilze als Mykorrhizabildner, Endophyten, Saprophyten oder Parasiten sowie Bakterien und andere Bodenlebewesen. Bei der Fichte sind Untersuchungen der Wurzeln in besonders großem Umfang vorgenommen worden; sie können jedoch noch längst nicht als abgeschlossen betrachtet werden.

Vitalität und Funktionsfähigkeit der **Ektomykorrhiza** stehen seit Anfang der 1980er Jahre im Blickpunkt des Interesses. Eine unzureichende Versorgung von Bäumen mit K, Mg oder Mn scheint die Fixierung von Kohlenstoff und infolgedessen die Verfügbarkeit von Assimilaten zu vermindern. So hat sich etwa bei Fichtensämlingen mit Mg-Mangel gezeigt, dass die Entwicklung der Mykorrhiza – die vollständig von der C-Lieferung des Baums abhängt – unterdrückt wird (Ericsson et al. 1996). Vor allem im Freiland ist die Beurteilung der Mykorrhizierung jedoch erschwert – wegen der großen Unterschiede von Pilzart zu Pilzart (Agerer 1986), von Jahreszeit zu Jahreszeit und von Standort zu Standort. Insbesondere die starke Abhängigkeit der Lebensdauer und des Umsatzes der Mykorrhiza von den Bodeneigenschaften behindert allgemein gültige

Aussagen (Kottke et al. 1993). Auch erlaubt die äußerliche Beobachtung der Ektomykorrhiza unter dem Mikroskop keine sichere Diagnose ihrer Vitalität. Deshalb müssen ältere Befunde kritisch geprüft werden. Das Verfahren der Vitalfluorochromierung mit Fluoresceindiacetat (Ritter et al. 1986) bedeutet demnach einen wesentlichen Fortschritt. So können lebende und abgestorbene Bereiche erkannt und es können mehrere **Vitalitätsklassen** ausgeschieden werden (Kottke et al. 1993). Bei der Untersuchung der Mykorrhizen in Fichtenbeständen Westdeutschlands ließen sich klare Beziehungen zu den Bodeneigenschaften erkennen (Kottke et al. 1993). Geringe Vitalität der Ektomykorrhiza tritt stets bei weit fortgeschrittener Versauerung der Böden auf.

Die Anwendung dieser Klassifizierung ergab ein deutliches Überwiegen mittlerer **Vitalität** von **Ektomykorrhizen** nur bei einer vor zwei Jahrzehnten mit Dolomitkalk gedüngten Fläche im Schwarzwald. Günstige Nährstofflieferung des Bodens ermöglicht hier offenbar eine lange Lebensdauer der mykorrhizierten Wurzeln. Daraus ergibt sich für die Fichten (diese zeigten keine Erkrankungssymptome) ein günstiges Verhältnis zwischen der Lieferung von Kohlenhydraten und dem Empfang von Nährstoffen. Eine geringe Produktionsrate bei den Mykorrhizen darf demnach nicht ohne weiteres im Sinne einer Schädigung interpretiert werden. Bei einer gleichmäßigen Verteilung der Mykorrhizen auf alle Vitalitätsklassen ist der Gesundheitszustand der Fichten recht unterschiedlich, die Böden zeigen jedoch einheitlich sehr niedrige pH-Werte und starke Basenarmut. Eine relativ kurze Lebensdauer der Mykorrhizen führt zu einer hohen Umsatzrate. So war im Eluvialhorizont (Ahe) von Podsolen die Vitalität der Mykorrhizen meist am geringsten. Höher war sie im Auflagehumus sowie in größerer Tiefe des Mineralbodens (untersucht nur bis 30 cm Tiefe). Die gute Entwicklung im Mineralboden spricht nach Ansicht der Autoren (Kottke et al. 1993) gegen eine Schädigung der Feinwurzeln durch Al^{3+}-Ionen. Überwog geringe Vitalität bei den Mykorrhizen, so waren stets deutliche Erkrankungssymptome an den Kronen der Fichten zu beobachten. Bei Benadelungsprozenten von nur noch 30 und demnach gedrosselter Photosynthese ist vermutlich die Bildung neuer Mykorrhizen vermindert, und es dominieren deshalb die wenig vitalen Stadien. Wenn es so weit gekommen ist, sind Feinwurzeln offensichtlich disponiert für den Angriff pathogener Pilze.

Die reduzierte Schutzwirkung einer nicht mehr vitalen oder gar abgestorbenen Mykorrhiza kann zum Befall der Feinwurzeln durch **pathogene Pilze** beitragen (Haug et al. 1988, Ritter et al.

1989). Dies kann in engem Zusammenhang mit der Versauerung der Böden stehen. Dabei hat bereits die Deposition von Stickstoffverbindungen in der weithin üblichen Größenordnung (etwa 20 kg N ha^{-1} a^{-1}) eine spezielle Bedeutung: Sie bewirkt eine starke Verminderung fungistatischer Phenole (Buscot et al. 1992, Tomova et al. 2005) und erleichtert dadurch pathogenen Pilzen den Angriff.

Im Nordschwarzwald untersuchte Tannen und Fichten wiesen auch an den Baumkronen sehr deutliche Symptome in Form von Vergilbung und Nadelverlusten auf. Wurzeln kränkelnder, älterer Fichten auf **stark versauerten Böden** zeigen regelmäßig Anomalien wie geringe Verzweigung, Nekrosen und einen nur spärlichen Mykorrhizabesatz. Oft sind gesunde Wurzeln nur noch im Auflagehumus zu finden. Häufig konnten aus geschädigten Feinwurzeln beispielsweise der aggressive parasitische Pilz *Trichoderma viride* (Pers. ex Gray) sowie die schwächer pathogene Art *Trichoderma hamatum* ((Bon.) Bain) isoliert werden. Besonders ausgeprägt war die Wurzelerkrankung an Altbeständen in den höheren Lagen des Schwarzwaldes, wo nicht nur Kronenverlichtung, sondern auch eine Vergilbung der Nadeln zu beobachten waren (montane Vergilbung). Zwischen dem Ausmaß der Wurzelerkrankung und der Häufigkeit des Befalls durch *Trichoderma viride* war ein deutlicher Zusammenhang festzustellen. Bei Infektionsversuchen erwies sich *Trichoderma viride* auf stark sauren Bodensubstraten als besonders aggressiv. Wesentlich besser war dagegen der Gesundheitszustand von Feinwurzeln aus **mäßig sauren bis neutralen Böden**. *Trichoderma viride* war hier nur relativ selten nachzuweisen, am häufigsten kam *Cylindrocarpon destructans* vor, ein schwächeres Pathogen (Schönhar 1987, 1989, 1991, Forbrig 1987, Kattner 1990, Kattner und Schönhar 1990). Auch nach einer mehr als drei Jahrzehnte zurückliegenden Kalkung war noch immer eine Zurückdrängung des als pathogen eingestuften Pilzes *Trichoderma viride* nachzuweisen (Schönhar 1993). Diese Pilzart konnte auch bei etwa 10 % der Feinwurzelproben gesund erscheinender 30–40-jähriger Fichten isoliert werden. Bei Fichten mit deutlichen Schädigungssymptomen an Kronen und Wurzeln sind dagegen Infektionsraten über 20 % festgestellt worden (Kattner und Schönhar 1990). Die aufgeführten Befunde weisen auf die Bodenversauerung als antreibende Ursache einer Veränderung des Artenspektrums in der Rhizosphäre, auf den infolge kühlen Klimas langsamen Umsatz sowie auf Humusverluste durch frühere Nutzung hin. Allerdings sind diese Ergebnisse noch kaum zu bewerten, solange nicht bekannt ist, wie häufig einzelne Pathogene in natürlich alternden Wurzeln gesunder Fichten vorkommen. Grundsätzlich kann der Befall von Fichtenwurzeln durch **Schwächeparasiten** wie die Hallimasch-Art *Armillaria ostoyae* (Romagn.) Herink beispielsweise durch hohe Schwefeldioxidbelastung begünstigt werden, wie durch Versuche an Sämlingen gezeigt worden ist; Mykorrhizierung der Sämlinge setzte hingegen die Infektionsrate deutlich herab (Horak und Tesche 1993).

Einen wichtigen Fortschritt beim Verständnis der **montanen Vergilbung** der Fichte brachten wohlüberlegte Experimente in Frankreich. Anhand von Sämlingen und Jungpflanzen, die im Gewächshaus mit sauren Bodensubstraten aus geschädigten und ungeschädigten Waldbeständen der Vogesen eingetopft waren, gelang es, im Freiland beobachtete Symptome experimentell auszulösen und einen **schädlichen biologischen Faktor** im Boden nachzuweisen (Estivalet et al. 1990, Devêvre et al. 1993, Devêvre et al. 1995). Im Bodenmaterial aus gesunden Beständen zeigten die jungen Bäumchen normales Wachstum, eine gute Mykorrhiza-Entwicklung und sie blieben frei von Erkrankungssymptomen. Eingetopft im Bodenmaterial aus erkrankten Beständen dagegen war ihr Wachstum geringer, sie waren nur wenig mykorrhiziert, ihre Nadeln waren vergilbt und unzureichend mit N, P, K, Ca und Mg versorgt (allerdings ist Mangel an N, P und K untypisch für das Freiland). Zugabe von Mehrnährstoffdüngern behob die Mangelerscheinungen nur teilweise und verminderte die Mykorrhizierung. Die Erkrankungssymptome, insbesondere die Vergilbung, traten nicht auf, wenn das Bodensubstrat durch Pasteurisierung oder den Zusatz bestimmter Fungizide behandelt war. Sie erschienen aber erneut, wenn nach diesen Behandlungen frisches Bodenmaterial aus dem erkrankten Bestand beigemischt wurde. Impfte man stattdessen danach mit einem Stamm des Mykorrhizapilzes *Laccaria laccata*, so kam es zu ungestörter Nährstoffversorgung. Kalkung förderte die Mykorrhizierung und unterdrückte Erkrankungssymptome und Nährstoffmängel. Die Versuche sind später auch auf Böden aus anderen Mittelgebirgen (Schwarzwald, Fichtelgebirge) ausgedehnt worden und haben entsprechende Ergebnisse erbracht. Die Autoren stellten eine Verminderung der Fähigkeit der Wurzeln zur Nährstoffaufnahme fest. Da Nekrosen an den Wurzeln nicht häufig sind, handelt es sich offenbar nicht um einen Befall der Wurzeln durch parasitische Pilze; es scheint vielmehr auf einer Verarmung der Wurzelumgebung an Nährstoffkationen infolge der

Ausscheidung komplexierender organischer Säuren durch Pilze in der Rhizosphäre vorzuliegen (Devêvre et al. 1996). Diese sind tolerant gegenüber niedrigen pH-Werten und hohen Al^{3+}-Konzentrationen. Die betreffenden Pilze kommen auch in Böden ungeschädigter Fichtenbestände vor, dominieren jedoch hier nicht und verursachen auch keine Schadsymptome. Die schädlich wirkenden Mikroorganismen sind wohl nicht die vorrangige Ursache der Erkrankung. Sie werden offenbar durch die Bodenversauerung begünstigt, verschärfen aber ihrerseits die Verarmung der Rhizosphäre an Ca und Mg. Offensichtlich ist das Gleichgewicht zwischen den hier siedelnden Organismen gestört.

Die Resultate von Untersuchungen an Feinwurzeln von Fichten aus den meist basenreichen Böden der **Kalkalpen** sind widerprüchlich. Auf der einen Seite haben sich im Vergleich zu sauren Mittelgebirgsböden hohe Feinwurzelmassen ergeben. Die Gehalte der lebenden Feinwurzeln wie auch der Nadeln an P, Fe und großenteils auch N sind ungenügend (Schönborn und Mößnang 1991, Sandhage-Hofmann und Zech 1993). Hinweise auf einen Rückgang von mykorrhizabildenden Pilzen gibt es bisher nicht (Peintner und Moser 1995). Abnorme Veränderungen an Feinwurzeln und Mykorrhizen konnten auf unbeweideten Standorten ebenfalls nicht nachgewiesen werden (Göbl und Thurner 1995). Im Weidebereich hingegen waren abgestorbene Feinwurzeln und Mykorrhizen sehr häufig (Göbl 1995 a, b). Auf der anderen Seite zeigte sich bei einer Studie im Werdenfelser Land ein signifikanter Zusammenhang zwischen Kronenzustand und Wurzeltracht: Schütter benadelte Fichten besaßen weniger Seitenwurzeln als dicht benadelte. Ob dies im Zusammenhang steht mit der verbreiteten Anwesenheit potenziell pathogener *Oomyceten* der Gattung **Pythium**, ist nicht geklärt (Ewald et al. 2000). Eine durch die beträchtlichen Stickstoffeinträge induzierte Verminderung fungistatischer Phenole in den Wurzeln könnte Pathogene begünstigen (Tomova et al. 2005). Gerade die Böden aus Karbonatgesteinen sind durch kahlschlagartige Holznutzung und Beweidung über lange Zeiträume stark verändert worden. Der Abbau von Auflagehumus-Decken hat hier die Wasser- und Nährstoffversorgung der Fichte drastisch verschlechtert (Abschn. 3.1.2.2).

Weite Bereiche der **Zentralalpen** unterlagen ebenfalls jahrhundertelang den Nutzungseingriffen des Menschen, z.B. durch Großkahlschläge, Brandwirtschaft und Waldweide (Führer und Nopp 2001). Im Gleinalmgebiet tragen offensichtlich Stamm- und Wurzelfäulen als Folgen der Waldweide, sowie Schäl- und Rückeschäden wesentlich zu den dort beobachteten Erkrankungssymptomen bei (Donaubauer 1995, Führer und Neuhu-

ber 1998). Jedoch können aus den bisher bekannten, divergierenden Befunden keine klaren Aussagen über den gesamten Ursachenkomplex abgeleitet werden (Majer 1989, Tomiczek 1990, 1995). Im Gegensatz zu den Ergebnissen aus den Kalkalpen sind auf sauren Böden die Feinwurzeln und Mykorrhizen in einem schlechten Zustand, was vermutlich unter anderem auf den Fraß von Nematoden zurückgeht. Dadurch kann die Aufnahme von Nährstoffen aus dem Boden beeinträchtigt sein. Eine Gabe von Kalksteinmehl regte das Feinwurzelwachstum an und drängte die Fraßschäden zurück (Göbl 1990, 1993, Donaubauer 1995). Dies spricht deutlich für Säureeintrag und Bodenversauerung als Teilursachen des dortigen Syndroms.

Fichtenbestände in Küstennähe, am Standort Postturm bei Ratzeburg, ergaben besonders geringe Feinwurzelbiomassen (Murach et al. 1988). Auch waren kaum vitale Mykorrhizen in den Humushorizonten zu finden (Kottke et al. 1993). Die Versorgung des Bestandes mit Ca ist schwach, jene mit K mangelhaft (Rademacher und Kriebitzsch 1992). Infolge der Einträge vom Meer her tritt kein Mg-Mangel auf, trotz der sehr hohen Deposition an Stickstoff (vor allem Ammonium-N) und der durch diese angetriebenen Auswaschungsverluste. So ist zwar einleuchtend, dass die Fichten mit einer relativ geringen Feinwurzelmasse ihren Nährstoffbedarf decken können. Jedoch ist unverständlich, warum sie nicht als Antwort auf häufigen Wasserstress ihr Feinwurzelsystem verstärken. Im Auflagehumus fanden sich kaum vitale Feinwurzeln. Die Erklärung, es sei die Austrocknung der oberen Bodenhorizonte durch häufige starke Winde für das fast völlige Fehlen vitaler Feinwurzeln im Auflagehumus zurückzuführen (Kottke et al. 1993), kann angesichts der Ergebnisse des Austrocknungsversuchs im Solling-Projekt (Bredemeier et al. 1998, Lamersdorf et al. 1998) kaum zutreffen (Abschn. 6.1.2.7). Möglicherweise spielen hier die hohen Einträge an Ammonium-Stickstoff im Zusammenhang mit Fehlentwicklungen der Mykorrhiza und Pathogenen eine Rolle (Abschn. 6.5.2.1).

Fasst man die vorliegenden Ergebnisse zusammen, so stehen der Rückgang der Vitalität der Mykorrhiza sowie der Befall der Feinwurzeln durch Pathogene und auch das Eingreifen schädigender Rhizosphärenpilze offensichtlich im Zusammenhang mit **Stickstoffeintrag** und fortgeschrittener **Bodenversauerung**, welche durch Deposition verschärft worden ist. In den Alpen ist dieser Einflussfaktor weniger ausgeprägt; hier hat die über lange Zeiträume geübte kahlschlagartige Holznutzung weithin zu **Humusschwund** geführt und die **Waldweide** wirkt als zusätzlicher Stressor. Allgemein gilt: Die Forstwirtschaft fördert in Form von **Durchforstungen** die Ausbreitung des Wurzelschwamms (*Heterobasidion annosum* [Fr.] Bref.), der als Parasit schwere Schäden in Fichtenbeständen verursacht. Die bei der Entnahme von Bäumen zurückbleibenden Baumstümpfe werden von dem Pilz besiedelt. Über die stets vorhandenen Wurzelverwachsungen befällt der Wurzelschwamm benachbarte Fichten, wie seit langem bekannt ist. Je früher, je stärker und je häufiger durchforstet wird, desto schneller breitet sich der Parasit aus (Vollbrecht und Agestam 1995, Schönhar 2001). Eine Behandlung der Baumstümpfe (z. B. durch Sporen antagonistischer Pilze) kann die Ausbreitung des Wurzelschwamms wirksam begrenzen. Davon wird in mehreren Ländern Europas Gebrauch gemacht – nicht aber in Mitteleuropa; hier sollte die Forstwirtschaft ihre Durchforstungsverfahren überdenken.

6.1.2.7 Mitwirkung der Witterung

Der ständige Wechsel der Witterung wirkt steuernd auf den Zustand der Böden und auf die Lebewesen in Waldökosystemen ein. Insbesondere **Dürreperioden** und **Frostereignisse** sind hier näher zu betrachten.

Seit Beginn der Diskussion über die Ursachen der neuartigen Waldschäden sind niederschlagsarme Perioden zu Recht immer wieder in die Überlegungen einbezogen worden. Jedoch finden sich in der Fachliteratur zahlreiche oberflächliche Urteile über die Auswirkungen angeblicher oder tatsächlicher **Trockenjahre** auf Zuwachs und Vitalität der Fichte. Vielfach hat man die Zeitfolge von Ursache und möglicher Wirkung zu unscharf gesehen und die großen Standortsunterschiede zwischen den Gebirgen und den tieferen Lagen zu wenig beachtet (Dittmar und Elling 1999, Mäkinen et al. 2002).

Auf Standorten mit knappem Wasserangebot reagiert die Fichte mit ihrer Jahrringbreite außerordentlich sensitiv auf **Trockenjahre** (Elling 1990, Ellenberg 1996). In Abbildung 6-25b ist dies deutlich zu erkennen, insbesondere in den Jahren 1934 und 1976, als die Dürre bereits in der ersten Hälfte der Vegetationsperiode wirksam war. Auffällig ist, wie rasch etwa nach dem Zuwachseinbruch von 1934 (auch 1935 hatte eine trockene Vegetationsperiode) die Jahrringbreite wieder auf das vorige Niveau angestiegen ist. Die extreme Trockenheit im Spätsommer und Herbst des Jahres

1947 ist offenbar ein Beispiel für gravierende Nachwirkung auf die Jahrringbreite des Folgejahres 1948. Für die Dürre im Herbst 1959 und den Zuwachs im Jahre 1960 gilt das in Süddeutschland nur in weit geringerem Maße. Die extreme Dürreperiode im Sommer 1976 hat bei Fichten im warm-trockenen Klima des Einzelwuchsbezirks Taubergrund mit Westrand der Fränkischen Platte (Baden-Württemberg, Forstamt Bad Mergentheim) an wüchsigen Fichten Jahrringausfälle hervorgerufen; selbst davon haben sich fast alle untersuchten Bäume rasch wieder erholt (Kaps und Stegmaier 2001). Nur bei extremen Dürreereignissen und nur im unmittelbar folgenden Jahr ist demnach eine Nachwirkung von Trockenjahren auf den Zuwachs zu erwarten; das gilt insbesondere, wenn Trockenperioden in den Spätsommer und Herbst fallen. Verständlich werden die Zusammenhänge anhand von Beobachtungen und Versuchsergebnissen im Rahmen des **Solling-Projekts**. So kam es infolge der Trockenperiode von 1983 in den Fichtenbeständen nicht zu Einbußen bei der Feinwurzelbiomasse (Murach 1991). Die beim Dach-Experiment ausgelösten Dürreperioden (Bredemeier et al. 1998, Lamersdorf et al. 1998, Murach und Parth 1999) übertreffen nach Dauer und Intensität bei weitem diejenigen, die in Mitteleuropa von Natur aus im Sommer auftreten. Trotzdem kam es nicht zu einem nachweisbaren Absterben von Feinwurzeln, wie immer wieder vermutet worden war. Nach Beendigung des Dürre-Experiments erholte sich das Höhenwachstum der Fichte bereits im folgenden Jahr. Treten Nachwirkungen einer Trockenperiode im Spätsommer und Herbst auf den Durchmesserzuwachs des folgenden Jahres auf, so sind diese demnach nicht mit dem Absterben von Feinwurzeln zu erklären. Vermutlich beruht dieser Effekt auf einer unzureichenden Reservestoffbildung während herbstlicher Dürreperioden.

Ganz anders reagiert die Jahrringbreite der Fichte in den **kühl-feuchten Hochlagen der Gebirge** auf warmtrockene Witterung (Elling 1990, Ellenberg 1996, Dittmar und Elling 1999, Mäkinen et al. 2002) wie Abbildung 6-25**a** anhand eines naturnahen Fichtenbestandes mit deutlichen Symptomen der montanen Vergilbung in den Hochlagen (1 315 m) des Nationalparks Bayerischer Wald zeigt. Das leichte Minimum im Jahre 1948 geht hier nicht nur auf die Dürre von 1947 zurück sondern auch auf sehr niedrige Temperaturen in der Vegetationsperiode 1948. Das Minimum im Trockenjahr 1976 fällt bereits in die Phase der neuartigen Schädigung und ist deshalb mit der Zeit zuvor nicht ohne weiteres vergleichbar; es ist jedoch weit schwächer ausgeprägt als die Minima der Jahre 1974 und 1980 mit ihren kühl-feuchten Vegetationsperioden. Keines der übrigen Trockenjahre hat hier eine negative Zuwachsreaktion ausgelöst. Im Jahre 1934 steht dem Minimum in der Tieflage sogar ein Maximum in der Hochlage gegenüber. Eine in Trockenperioden unzureichende Wasserversorgung kann demnach nicht für Zuwachsdepressionen in niederschlagsreichen Hochlagen verantwortlich sein. Bestätigt wird diese Auffassung durch Messungen im Versuchsgebiet Schluchsee im Schwarzwald in rund 1 200 m Seehöhe. Während der Messperiode 1987 bis 1995 wurde im Mineralboden nur eine maximale Saugspannung von 550 cm Wassersäule erreicht, direkter Trockenstress kann demnach für die Fichte ausgeschlossen werden (Zimmermann und Feger 1997). Entsprechend sind auch die Jahrringbreiten der Fichte nicht mit den Niederschlägen, jedoch signifikant positiv mit den Lufttemperaturen während der Vegetationsperiode desselben Jahres korreliert (Mäkinen 1997, Mäkinen und Spiecker 1998). Möglich sind jedoch Auswirkungen warm-trockener Perioden auf die Mg-Versorgung von Fichten (Abschn. 6.1.2.5).

Es überrascht nicht, dass sich in den **Nordalpen** mit ihren hohen und in der Vegetationsperiode konzentrierten Niederschlägen Auswirkungen von Trockenheit weder im Jahrringbau noch in der Kronenbenadelung der Fichte gezeigt haben (Ewald et al. 2000). Die starke Abhängigkeit der Jahrringbreite von **Fichten in Küstennähe** vom wechselnden Wasserangebot (Rademacher und Kriebitzsch 1992, Dünisch und Bauch 1994) ist möglicherweise mitbedingt durch Wurzelerkrankungen. Auch kann Trockenstress offenbar zu einem verstärkten Befall der Feinwurzeln durch **pathogene Pilze** führen, z. B. durch *Trichoderma viride* (Pers. ex Gray) (Kattner 1992). Hingegen bewirkt die durch Trockenheit erzwungene Verminderung der stomatären Leitfähigkeit eine geringere Schädigung durch Schwefeldioxid (Tesche et al. 1989).

Gegenüber **Frösten im Winter** ist die Fichte sehr widerstandsfähig. Dies gilt jedoch nicht mehr, wenn Fichten durch die Einwirkung von SO_2 beeinträchtigt sind. Der Zusammenhang ist vor allem durch Beobachtungen im stark belasteten Erzgebirge sowie aus experimentellen Arbeiten seit langem bekannt (Wentzel 1956, Keller 1978, 1981, 1989, Däßler und Ranft 1986, Materna 1987 b, Bosch und Rehfuess 1988). Winterfröste, vor allem in Verbindung mit Temperaturstürzen, haben beim schubweisen Absterben von Fichtenwäldern im Erzgebirge eine wichtige Rolle gespielt. Das wohl einschneidendste Frostereignis der letzten hundert Jahre fand im **Winter 1955/56** statt.

Nach warmer Witterung im Dezember 1955 und Januar 1956 (in Oberbayern blühte bereits der Seidelbast) trat Anfang Februar ein **Temperatursturz** auf. Danach wurden in ganz Bayern Temperaturen unter $-30\ °C$ erreicht. Massive Schäden an Obstbäumen und an der Tanne (Abschn. 6.1.1.4) waren die Folge. Nur in Nordostbayern zeigte auch die Fichte durch einen Einbruch

der Jahrringbreite im Jahre 1956 eine Stressreaktion. In Südbayern war dies eindeutig nicht der Fall (Ewald et al. 2000), mit Ausnahme des Bereichs nahe der Waldgrenze, wo die kühl-feuchte Vegetationsperiode 1956 eine Minderung des Zuwachses herbeiführte. Untersuchungen des Gangs der Temperaturen anhand täglicher Messwerte haben ergeben, dass der Unterschied zwischen Nordost- und Südbayern anhand der Witterung nicht zu erklären ist. Dagegen zeigte sich ein signifikanter Zusammenhang zwischen dem Schwefelgehalt von Fichtennadeln und der Stärke des Zuwachseinbruchs von 1956 (Abb. 6-26, Franz 1989). Zwar sind die Schwefeldaten erst im Zeitraum 1977 – 1982 verfügbar (Abb. 3-4), jedoch hat sich die Belastung verschiedener Teile Bayerns im betreffenden Zeitraum nicht grundsätzlich verändert. Demnach hat die Fichte nicht nur im Erzgebirge, sondern bereits bei wesentlich geringerer Vorbelastung durch SO_2 (wie etwa im Fichtelgebirge) unter dem extremen Frostereignis gelitten.

Der **Temperatursturz** in der **Nacht von Silvester 1978 auf Neujahr 1979** ist häufig als Auslöser der neuartigen Waldschäden in Nordostbayern angesehen worden. Dass dies so nicht zutreffen kann, weil Vergilbung und massive Zuwachseinbrüche im Fichtelgebirge schon in der ersten Hälfte der 1970er Jahre aufgetreten sind, geht aus den Abschnitten 6.1.2.1 und 6.1.2.2 hervor. Jedoch kam es im **Erzgebirge** bei der Fichte bereits bei SO_2-Belastungen von $20 – 30\ \mu g/m^3$ im Jahresdurchschnitt nach dem Temperatursturz zur Rötung und zum Abfall von Nadeln und teilweise auch zum Absterben von Knospen sowie zum flächigen Ausfall von Beständen (Materna 1987 b). Es muss daher die Frage nach den Auswirkungen dieses Temperatursturzes gestellt werden.

Die **Frostresistenz** der Fichte wird vor allem durch den Gang von Tageslänge und Temperatur gesteuert (Kandler et al. 1979). Im Mittwinter, bei minimaler Tageslänge, ist ein Abbau der Frostresistenz nur bei einer länger anhaltenden, starken Erwärmung möglich. Eine solche ist in tieferen Lagen nach den Messdaten des Deutschen Wetterdienstes vor dem Temperatursturz in der Silvesternacht nur für die Dauer etwa einer Woche aufgetreten. In hohen Lagen, etwa an der Station Großer Falkenstein (1 307 m) im Bayerischen Wald, lag das Minimum der Lufttemperatur nur an einem einzigen Tag (29.12.1978) knapp über dem Nullpunkt. Für diesen Höhenbereich kann daher ein Abbau der Frostresistenz ausgeschlossen werden.

6

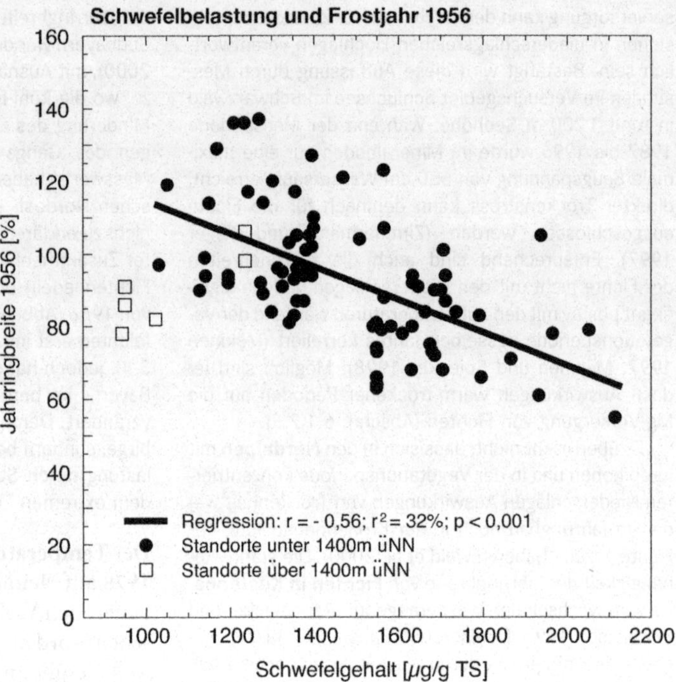

Abb. 6-26: Durchschnittliche Jahrringbreite von Fichten im Jahr 1956 (ausgedrückt in % des Wertes im Vorjahr 1955) (nach Daten der Fachhochschule Weihenstephan und des Ordinariats für Holzbiologie der Universität Hamburg) in Abhängigkeit von der Schwefelbelastung im Zeitraum 1977 bis 1982 (nach Daten aus dem Bioindikatornetz Fichte des Bayerischen Landesamts für Umweltschutz). Erklärung im Text.

Auf eine deutliche Schädigung durch Winterfrost, die sich auf den Holzzuwachs auswirkt, reagieren Nadelbäume mit einem markanten Abfall der Jahrringbreite im unmittelbar folgenden Jahr. Besonders auffällig ist das bei der Tanne (Abschn. 6.1.1.4). Dasselbe gilt für Fichten an der Nord- und Ostseite des Fichtelgebirges im Jahre 1956. Hingegen ist bei Fichten in den Hochlagen des Bayerischen Waldes der Jahrring 1979 wesentlich breiter als der des Vorjahres 1978 (Abb. 6-25a). Das stützt die Auffassung, dass hier keine Schädigung durch den Temperatursturz aufgetreten ist. Auch in tieferen Lagen war die Wirkung gering, da die Tanne, die weit empfindlicher reagiert als die Fichte, keinen deutlichen Abfall ihrer Ringbreite erkennen lässt.

Eine Schädigung der Fichte durch den Temperatursturz in der Silvesternacht 1978 ist demnach für Bayern auszuschließen, soweit nicht **besondere Bedingungen** vorlagen. So kommt ein heftiger Abfall der Jahrringbreite der Fichte im Jahre 1979, der als Folge des Temperatursturzes gedeutet werden kann, in Bayern nur beim Zusammentreffen folgender Umstände vor:

- Lage im äußersten Nordosten Bayerns. Dies bedeutet sowohl einen besonders großen **Temperatursprung** vom 31.12.1978 zum 1.1.1979 als auch eine besonders hohe Belastung durch **schwefelhaltige Immissionen.**

- **Seehöhe geringer als etwa 700 – 800 m.** Nur in tieferen Lagen hat vor dem Temperatursturz eine nennenswerte Erwärmung stattgefunden.
- **Kaliummangel** der Fichte, z. B. auf Braunerde aus Serpentinit bei zugleich reichlicher Mg-Versorgung (Ehlich und Pfadenhauer 1992). **Magnesiummangel** scheint schwächer, jedoch im selben Sinne zu wirken (Jönsson et al. 2001).

In den unteren Lagen des **Fichtelgebirges** sowie in dessen Umgebung ist auch bei ausreichender Kaliumversorgung, jedoch Mangel an Magnesium, ein mäßiger Abfall der Jahrringbreite 1979 gegenüber 1978 zu beobachten; der Rückgang ist bei jenen Beständen am deutlichsten, die schon 1956 besonders stark reagiert hatten. Diese Befunde stehen teilweise im Widerspruch zu den Ergebnissen von Experimenten unter kontrollierten Bedingungen (Senser 1990), in denen – überraschenderweise – keine Verminderung der Frostresistenz bei Kaliummangel nachgewiesen werden konnte; die betreffenden Fichtenpflanzen waren in Bodenmaterial aus den Kalkalpen mit Mg und Ca sehr gut versorgt. Mangel an diesen beiden Nährelementen auf stark versauertem Bodensubstrat aus dem Bayerischen Wald führte jedoch zu einer deutlichen Reduktion der Frostresistenz.

Modellrechnungen zeigen: Die **laufende Klima-änderung**, die jetzt bei mehreren Baumarten eher zu einer Steigerung der Zuwächse führt, kann bei weiterer Erwärmung in gravierende Zuwachsrückgänge umschlagen – insbesondere bei der Fichte in tieferen Lagen (Pretzsch et al. 2000).

6.1.2.8 Komplexes Zusammenwirken von Teilursachen

Fichtenwald-Ökosysteme sind bisher am gründlichsten untersucht worden. Je nach Standortsbedingungen weichen die erhaltenen Befunde weit voneinander ab. Auch sind Einblicke in die verwickelten Zusammenhänge bei den einzelnen Syndromen erst in sehr unterschiedlichem Maß gewonnen. Am weitesten gediehen ist das Verständnis von Ursachen und Zustandekommen der **montanen Vergilbung** (Syndrom 2). Ein Ablaufschema findet sich in Abbildung 6-27. Vergleichbare Darstellungen sind zuvor schon von Schulze et al. (1989) und Katzensteiner und Glatzel (1997) veröffentlicht worden. In Abbildung 6-27 wird unterschieden zwischen prädisponierenden natürlichen Faktoren (linke Spalte), antreibenden und auslösenden Faktoren natürlicher und anthropogener Art, die den Ablauf der komplexen Schädigung bestimmen und die untereinander vernetzt sind (die drei mittleren Spalten) sowie fakultativ hinzutretenden Faktoren, die hinzukommen können, jedoch nicht immer am Syndrom beteiligt sind (rechte Spalte). Treten Faktoren aus der zuletzt genannten Gruppe auf, so können sie Bäume schwächen, schwer schädigen oder sogar zum Absterben von Waldbeständen führen (Abschn. 6.7.1).

Als **prädisponierende natürliche Faktoren** der **montanen Vergilbung** (Syndrom 2) wirkt die Lage in höheren Mittelgebirgen mit großen Niederschlagsmengen, hohen Windgeschwindigkeiten und kurzen Vegetationsperioden. Nur auf

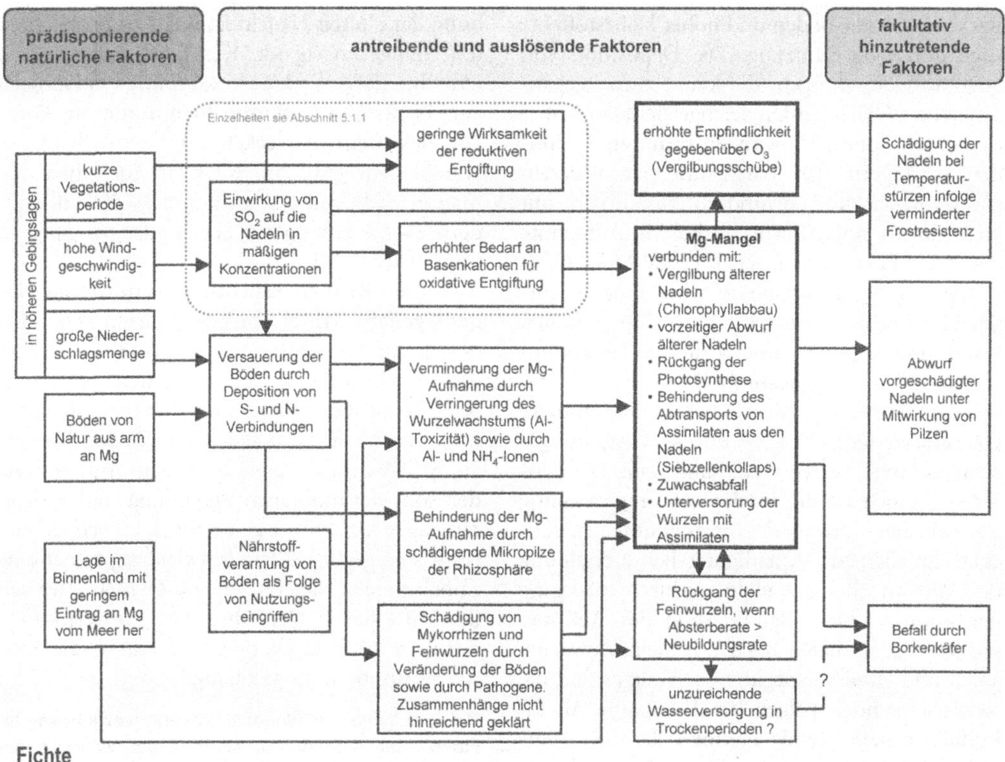

Abb. 6-27: Schema des Ablaufs der Schädigung der Fichte bei der montanen Vergilbung (Syndrom 2). Erläuterung in Abschn. 6.1.2.8.

Böden, die von Natur aus arm an Magnesium sind, entwickeln sich die Vergilbungssymptome. Hinzu kommt eine Lage im Binnenland mit geringem Mg-Eintrag vom Meer her. **Antreibende Faktoren** sind einerseits **Nutzungseingriffe** des Menschen, die zu einer Nährstoffverarmung der Böden geführt haben und andererseits die **Deposition von S- und N-Verbindungen**. Diese haben zum einen Auswaschung und Versauerung der Böden verschärft und derart den verfügbaren Vorrat an Mg (und manchmal auch K) dezimiert. Zum anderen nimmt die Fichte SO_2 – in unterschiedlichem Ausmaß – über die Spaltöffnungen auf. Da die reduktive Entgiftung bei niedrigen Temperaturen und kurzer Vegetationsperiode in Gebirgen nicht sehr wirksam ist, muss oxidative Entgiftung eintreten, die einen erhöhten Bedarf an neutralisierenden Kationen (vor allem K und Mg) nach sich zieht. Ein deutlich erhöhter Säureeintrag ist die Voraussetzung für das Zustandekommen dieses Syndroms. Dieses spielt daher in den Zentralalpen bei niedriger Säuredeposition keine wesentliche Rolle – trotz weithin stark versauerter Böden und hoher Nährstoffentzüge durch die Nutzung. Die Deposition von Stickstoffverbindungen, die kaum zurückgegangen ist, verschärft das Ungleichgewicht der Nährelemente. Hohe **Al^{3+}-Konzentrationen** im Boden verringern das Wachstum der Wurzeln (Al-Toxizität) und behindern zusammen mit NH_4^+-Ionen antagonistisch die Mg-Aufnahme durch die Feinwurzeln; schädigende Mikroorganismen in der Rhizosphäre wirken dabei entscheidend mit: So öffnet sich die Schere zwischen Bedarf und Angebot immer weiter und es kommt zu **Mangel an Magnesium**. Durch Mg-Mangel belastete Fichten reagieren bereits auf mittlere **Ozondosen** empfindlich durch **Vergilbungsschübe**. Hohe Säureeinträge und hohe Ozondosen – die sich auf der Fläche weithin gegenseitig ausschließen – tragen demnach in unterschiedlichen Anteilen zur Schädigung bei: Vergilbung und Abwurf älterer Nadeln, dadurch Rückgang der Photosynthese, Behinderung des Abtransports von Assimilaten aus den Nadeln, Zuwachsabfall und Unterversorgung der Wurzel sind die schwerwiegenden Folgen für den Baum. Als **fakultativ hinzutretende Faktoren** können Temperaturstürze bei herabgesetzter Frostresistenz Fichten schädigen. Fichten mit unausgewogen hohen Stickstoffgehalten im Verhältnis zu gerin-

gen Konzentrationen an Magnesium in ihren Nadeln sind anscheinend prädisponiert für das **Fichtentriebsterben** (Abschn. 6.1.2.4) sowie für Massenvermehrungen der **Kleinen Fichtenblattwespe** (Abschn. 6.1.2.5). Durch montane Vergilbung gezeichnete Fichten scheinen prädisponiert zu sein für Massenvermehrungen des Buchdruckers (*Ips typographus* L.) (Picard et al. 1999, Elling 2003); jedoch sind die zu diesem Problem vorliegenden Befunde bisher widersprüchlich (Führer und Nopp 2001).

Auch bei den altbekannten Symptomen der **Schädigung von Fichten bei hohen SO_2-Konzentrationen**, wie sie bis in die 1990er Jahre im nordöstlichen Erzgebirge vorgekommen sind, handelt es sich im Kern um eine **chronische Belastung**, gegen welche die Fichte durch reduktive und oxidative Entgiftung ankämpft. Mit der Alterung der Nadeln, mit dem Absinken der Summe der K^+- und Mg^+-Konzentrationen bei gleichzeitiger Zunahme der Sulfatgehalte ist eine Neutralisierung nicht mehr möglich (Abb. 5-7) und es kommt zum Nadelabwurf. Vergilbung der älteren Nadeln ist nicht zu beobachten und Mangel an Mg oder K ist nicht nachgewiesen (Abschn. 5.1.1.4). Jedoch kommt es **episodisch** zur Entwicklung **akuter Symptome** in Form von nekrotischen Flecken bzw. dem Absterben von Nadeln (Abschn. 6.1.1.2). Auch hier hat man es nicht mit einem monofaktoriellen, sondern einem komplexen Schädigungsvorgang zu tun (Abschn. 2.3.2).

Bei der **Kronenverlichtung in mittleren Höhenlagen der Mittelgebirge** (Syndrom 3) handelt es sich um eine abgeschwächte Form der montanen Vergilbung; es kommt noch nicht zur Vergilbung, wohl aber zum Abwurf älterer Nadeln. Dafür sprechen die allgemein schwache Mg-Versorgung (Abschn. 6.1.2.5) sowie eine Ausdehnung der Zone der montanen Vergilbung zu den tieferen Lagen hin, wie sie gelegentlich zu beobachten ist. Als entgegengesetzte Entwicklung findet eine Zunahme der Nadelmasse von Fichten etwa seit der Mitte der 1980er Jahre statt, die vermutlich mit dem Rückgang von SO_2-Belastung und Säuredeposition zusammenhängt.

Die Symptome von Syndrom 4: **Kronenverlichtung im Flach- und Hügelland**, sind bereits während der 1980er Jahre wieder weitgehend verschwunden. Ob sich diese auf einen durch zeitweise erhöhte SO_2-Konzentrationen verstärkten Bedarf an neutralisierenden

Kationen zurückführen lassen, der durch Aufnahme aus dem Boden nicht gedeckt werden konnte, ist nicht klar.

Immer deutlicher erkennt man nun auch die Ursachen schütter benadelter Fichtenkronen in den Alpen. Das gilt für die **Kalkalpen** (Syndrom 5a), wo kalkbeeinflusste Böden unmittelbare Folgen der Bodenversauerung weitgehend ausschließen. Die Deposition von Schwefel ist mäßig. Der Eintrag an Stickstoff ist beträchtlich. Dies könnte für den Befall der Feinwurzeln durch Pathogene eine Rolle spielen. In den aus Karbonaten gebildeten Böden ist die Wasser- und vor allem die Nährstoffversorgung von Fichten in hohem Maße vom Auflagehumus (Tangelhumus) abhängig. Auf großen Flächen und über lange Zeiträume haben **kahlschlagartige Holznutzung** und oft zusätzlich **Beweidung** zum Abbau dieser Humusdecken geführt. Das hat die Lebensbedingungen von Fichten so drastisch verschlechtert, dass im Extremfall Fichtenbestände bereits in mittlerem Alter absterben (Abschn. 3.1.2.2 und 6.1.2.5). In den **Zentralalpen** und den kalkfreien Bereichen der Westalpen (Syndrom 5b), wo stark versauerte Böden vorherrschen, ist die Deposition an Stickstoff noch geringer, diejenige an Schwefel zeigt große regionale Unterschiede; für empfindliche Ökosysteme sind die Einträge aber bedenklich. Dort wo Untersuchungen stattfanden, wurde stets ein schlechter Zustand der Feinwurzeln festgestellt. Dieser steht möglicherweise in Beziehung zur fortgeschrittenen Bodenversauerung, die wesentlich durch frühere und heutige **Waldnutzung** verschärft worden ist. Im ganzen Alpenbereich ist Mangel an Stickstoff und Phosphor verbreitet. Ob Nährstoffschwächen in Verbindung mit hohen Belastungen durch Ozon für Nadelverluste der Fichte verantwortlich sind, weiß man nicht. Trittschäden durch Weidevieh stellen zweifellos eine ernste Belastung der Baumwurzeln dar. Insgesamt spielen wohl im gesamten Bereich der Alpen Nutzungseingriffe des Menschen eine wichtige Rolle für die beobachtete geringe Kronenbenadelung der Fichte.

Bei der **Kronenverlichtung in Küstennähe** (Syndrom 6) liegen meist stark versauerte Böden vor. Ein hoher Ammoniumeintrag und eine starke Nitratauswaschung sind verantwortlich für große Verluste an Kationen. Verbreitet treten mangelhafte Versorgung mit K und Ca auf. Mg-Mangel wird durch hohe Einträge vom Meer her verhindert. Eine entscheidende Rolle spielt wahrscheinlich der desolate Zustand der **Feinwurzeln**, vor allem in den

Humushorizonten. Dabei ist an biologische Auswirkungen des N-Eintrags – beispielsweise Rückgang der Mykorrhiza – zu denken. Der gesamte Ursachenkomplex ist bis jetzt nicht hinreichend aufgeklärt.

6.1.2.9 Offene Fragen

Schwer wiegende Kenntnislücken betreffen vor allem die Vitalität der **Feinwurzeln**, den Zustand der **Mykorrhiza**, den Angriff **parasitischer Pilze** und die Aktivität **schädigender Mikroorganismen** in der Rhizosphäre in Abhängigkeit von Umweltfaktoren. Bodenbiologische Methoden sollten verstärkt angewandt werden. Offensichtlich sind Nährstoffmangelerscheinungen anhand chemischer Analysen der Böden und der Nadeln nicht ausreichend zu verstehen, da Fehlentwicklungen im Feinwurzelbereich mit beteiligt sind. Eine gute Versorgung mit reichlich vom Boden angebotenen Nährstoffen besagt noch nicht, dass die Feinwurzeln gesund sind; denn deren eingeschränkte Funktionsfähigkeit macht sich zunächst nur bei den minimal verfügbaren Nährelementen bemerkbar.

Unzureichend verstanden ist nach wie vor, warum es in den Mittelgebirgen mit sauren Böden im größten Teil Mitteleuropas fast gleichzeitig zu einer **Zuwachsdepression** mit Kern in den Jahren **1974 bis 1980** und zu **Vergilbungserscheinungen** und **Nadelverlusten** gekommen ist. Es fehlt an Hinweisen auf eine synchronisierende Wirkung der Witterung, denn außer dem Trockenjahr 1976, das sich in Hochlagen nur schwach ausgewirkt hat, sind in der betreffenden Zeit keine Extreme aufgetreten, die einen Zuwachseinbruch solchen Ausmaßes erklären könnten. Zudem geht der Zuwachseinbruch dem Trockenjahr 1976 deutlich voraus.

6.1.3 Rotbuche (*Fagus sylvatica* L.)

Zwischen den Nadel- und den Laubbaumarten bestehen im Hinblick auf eine Schädigung große Unterschiede. Auch Laubbäume reagieren nicht einheitlich, es ist deshalb notwendig, nach Arten zu trennen.

Die Rotbuche war infolge ihrer Fähigkeit, recht unterschiedliche Standorte einzunehmen und wegen ihrer großen Konkurrenzkraft von Natur aus die **vorherrschende Waldbaumart Mitteleuropas** (Ellenberg 1996, Leuschner 1998). Auch nachdem der Mensch Nadelwälder sehr begünstigt hat, ist sie weiterhin die häufigste Laubbaumart (Abschn. 3.1.2.1).

Während des 20. Jahrhunderts ist es immer wieder zu lokal begrenztem **Absterben von Buchen** gekommen. Als Ursachen waren herkömmliche abiotische und biotische Faktoren oder auch Kombinationen von beiden wirksam. Derartige Erkrankungsprozesse, die auch neuartige Formen der Schädigung überlagern können, bilden einen notwendigen Bestandteil der folgenden Erörterung.

Wenn hier auf der Ebene der Art von der Rotbuche die Rede ist, so schließt dies die **genetische Variation** von Individuen und Provenienzen mit ein (Konnert et al. 2000, Sander et al. 2000). Es ist beispielsweise belegt, dass genetisch bedingte Unterschiede für die Ausbildung von Symptomen einer Schädigung (Müller-Starck 1993) wie auch bei den Reaktionen auf Trockenstress (Schraml und Rennenberg 2000) eine Rolle spielen.

6.1.3.1 Symptome an der Baumkrone sowie deren Verbreitung und zeitliche Entwicklung

Als man ab Anfang der 1980er Jahre alle Baumarten schärfer als je zuvor auf Merkmale einer eventuellen Schädigung beobachtete, nahm man auch an Kronen von Rotbuchen **geringe Belaubungsgrade** wahr und interpretierte diese als Kronenverlichtung (Abschn. 3.3.3). Niedrige Belaubungsgrade sind vor allem auf vermindertes Triebwachstum, geringe Verzweigung und das Absterben von Ästen zurückzuführen (Roloff 1987). Die Flächengröße der einzelnen Blätter spielt für die Kronentransparenz nur eine untergeordnete Rolle, da sie mit abnehmendem Belaubungsprozent nur wenig zurückgeht. Die Größe der untersten Blätter schwach belaubter Buchen entspricht derjenigen der obersten Blätter stark belaubter Bäume. Dabei ist stets die Abnahme der Blattgröße innerhalb der Krone von unten nach oben – von den Schatten- zu den Lichtblättern – zu beachten (Flückiger und Braun 1984, 1994). Weil dies nicht immer geschehen ist und weil Verlichtung der Oberkrone zur Bildung

– kleinerer – Sonnenblätter in der mittleren Krone führt (Roloff 1988), müssen entsprechende Befunde kritisch hinterfragt werden. Außerdem unterliegt die Blattgröße starken Schwankungen von Jahr zu Jahr (siehe unten).

Bei der Kronentransparenz sind beträchtliche **regionale** und **zeitliche Unterschiede** innerhalb von Mitteleuropa zu erkennen. Wie aus der **Waldzustandsaufnahme** hervorgeht, nahm die Kronentransparenz in den Buchenbeständen der westdeutschen Bundesländer von 1984 bis 1992 beträchtlich zu und entwickelte sich damit gegenläufig zu derjenigen der Nadelbäume. Anschließend schwankte sie von Jahr zu Jahr auf diesem hohen Niveau, ohne dass ein klarer Trend auszumachen wäre (Abschn. 3.3.4). In Hessen zeigt die Beobachtungsreihe an der Buche eine gleichmäßige Zunahme der mittleren Kronentransparenz zwischen 1984 (15 %) und 1992 und verharrt dann bis 1994 (33 %) etwa auf gleicher Höhe; bei einer Transparenz von mehr als 40 % am Anfang der Beobachtungsperiode steigt das Absterberisiko stark an (Eichhorn et al. 1995). Bezieht man nur die Buchen mit einem Alter von mehr als 60 Jahren ein, so ergibt sich ein noch deutlicherer Anstieg von 14 % in den Schadstufen 2–4 im Jahre 1984 gegenüber 67 % im Jahre 1998 (Hessisches Ministerium des Innern und für Landwirtschaft, Forsten und Naturschutz 1998). Einen etwas abweichenden Verlauf zeigt die Entwicklung des Belaubungsprozents auf Beobachtungsflächen im Osten der Länder Mecklenburg-Vorpommern und Brandenburg. Nach einer raschen Abnahme des Belaubungsgrads von 1987 bis 1989 mit einem Tiefpunkt 1992/1993 nahm der Belaubungsgrad wieder deutlich zu und erreichte 1997 etwa das Ausgangsniveau von 1987 (Heinsdorf und Chrzon 1997). Bis zu den Jahren 2000 und 2001 nahm in Mecklenburg-Vorpommern die Belaubung der Buche im Landesdurchschnitt wieder deutlich ab (Ministerium für Ernährung, Landwirtschaft, Forsten und Fischerei 2001). In ganz Deutschland führten die Nachwirkungen der Trockenperiode von 2003 zu einem sprunghaften Anstieg der Kronentransparenz im Jahre 2004. Sieht man von diesem einen Jahr ab, so ist der Anteil der Buchen mit deutlicher Kronenverlichtung (Schadstufen 2–4) mit 44 % auch 2005 noch höher, als in allen Vorjahren seit Beginn der Waldzustandsaufnahme (Bundesministerium für Ernährung, Landwirtschaft und Verbraucherschutz 2006). In der Nordwestschweiz ging der Belaubungsgrad in den Jahren 1984 bis 1986 stark zurück, stieg dann anschließend an und erreichte 1991 wieder etwa den Wert von 1984; bis 1993 sank er dann erneut ab. Der Anteil der Bäume mit weniger als 75 % Kronenbelaubung nahm dann 1995 deutlich zu, ging aber bis 1998 wieder zurück, unter das Niveau von 1984 (Flückiger und Braun 1994, 1999 a). Auch aus der Waldzustandaufnahme in **Europa** (Level I) ist eine deutliche Abnahme voll belaubter Buchen von 18 auf 3 % von 1989 bis 1999 abzulesen. Angestiegen ist dagegen der Anteil der Bäume mit einer Belaubung von 70 bis 80 % (Eichhorn und Paar 2000). Belaubungsprozente unter 50 % waren dagegen jahrelang selten. Auch die Daten für ganz Europa lassen im Jahre 2004 einen sprunghaften Anstieg der Bäume mit weniger als 75 % Kronenbelaubung erkennen. Das ist wohl in erster Linie als Nachwirkung der Trockenheit von 2003 zu verstehen (Lorenz et al. 2005).

Der **Belaubungsgrad** der Buche wird durch eine **Reihe von Faktoren** beeinflusst und kann daher nicht kurzerhand als Maß für eine neuartige Schädigung verwendet werden (Ellenberg 1995, Abschn. 3.3.3). Die soziale Stellung der Bäume ist offenbar von untergeordneter Bedeutung. Auch unmittelbare Auswirkungen des Nährstoffangebots stehen nicht im Vordergrund, bedürfen aber einer differenzierten Betrachtung (Abschn. 6.1.3.5). Je niedriger die potenziell nutzbare Wasserspeicherung der Böden, desto geringer ist der Belaubungsgrad der Buche (Flückiger und Braun 1994); das kann allerdings nur insoweit gelten, als das Wasserangebot tatsächlich einen wachstumsbegrenzenden Faktor darstellt (Abschn. 6.1.3.7). Fruktifikation führt zu einem verminderten Belaubungsgrad im Mastjahr und teilweise auch noch später (Schmidt 1991, Innes 1994, Heinsdorf und Chrzon 1997). In dieselbe Richtung wirkt ein Befall der Blätter durch parasitische Insekten oder Pilze (Heinsdorf und Chrzon 1997). Schüttere Belaubung von Buchen kann auch auf starken Befall der Wurzeln durch die pilzähnlichen Organismen der Gattung *Phytophthora* zurückgehen (Jung 2005, Hartmann et al. 2005, Abschn. 6.1.3.6). Trockenstress während der Vegetationszeit einzelner Jahre wird für geringere Belaubungsgrade verantwortlich gemacht (Heinsdorf und Chrzon 1997). Demgegenüber

hat Roloff (1988) auch bei der Belaubung eine um ein Jahr verzögerte Reaktion auf die Trockenheit im Jahre 1983 dokumentiert; diese äußert sich in einer Verminderung der Anzahl und vor allem der Größe der Blätter. Durch Entnahme von herrschenden Nachbarbäumen freigestellte Buchenkronen zeigen eine geringere Belaubung als solche, in deren Umgebung nur unterdrückte Bäume ausgeschieden sind; der Belaubungsgrad wird demnach von Durchforstungseingriffen in die Bestände beeinflusst (Keller und Imhof 1987). Ohne Zweifel haben daher die genannten, von Jahr zu Jahr schwankenden Faktoren große Bedeutung für den Belaubungsgrad der Buche. Das gilt insbesondere auch für die Witterung. Jedoch lassen sich die Beziehungen nicht anhand ungeeigneter Methoden (Gruber 2004 a, b) analysieren, wie ausführlich dargelegt worden ist (Dittmar et al. 2005 a, b). Darüber hinaus haben Beobachtungen während der Trockenperiode 2003 belegt, dass der Belaubungsgrad ein wichtiger **Indikator** für die **Vitalität** ist. An Buchen mit vorher schon geringer Belaubung sind die Blätter im August 2003 fast vollständig verdorrt (Abb. 6-33). An benachbarten, voll belaubten Buchen ist dagegen das grüne Laub weitgehend unversehrt geblieben; nur an stark beschatteten Ästen sind Blätter vertrocknet (Elling und Dittmar 2004).

Laubverfärbungen in bronzenen oder gelben Farbtönen sind meist nur in der Oberkrone von Buchen zu beobachten; die Ausprägung dieser Symptome schwankt von Jahr zu Jahr beträchtlich. Besonders an strahlungsexponierten Blättern von Buchen in Gebirgslagen sind interkostal hellgrüne Verfärbungen, hellgrüne bis gelbe Punkte, gelbliche bis bronzene Verfärbungen der ganzen Blattspreite sowie nekrotische Punkte und Flecken beobachtet worden (Baumgarten 1998, Baumgarten et al. 2000, Günthardt-Goerg et al. 2000, Günthardt-Goerg und Vollenweider 2001, Innes et al. 2001, Dittmar et al. 2004). Jedoch stehen Blattvergilbungen allein offenbar nicht im Zusammenhang mit der Belastung durch Ozon (Günthardt-Goerg et al. 1999, Abschn. 6.1.3.4, bezüglich spezifischer, durch Ozon ausgelöster Symptome). Mit zurückgehendem Belaubungsgrad nimmt die Intensität von Blattverfärbungen hochsignifikant zu (Heinsdorf und Chrzon 1997). In der Nordwestschweiz wurden eine starke Zunahme der Laubverfärbungen von 1984 bis 1987 und anschließend ein deutlicher Rückgang bis 1993 festgestellt (Flückiger und Braun 1994). Blattverfärbungen in gelben bis bronzenen Farbtönen sind von Jahr zu Jahr in sehr unterschiedlicher Intensität zu beobachten. So waren nach den Kronenansprachen im Werdenfelser Land während des Sommers 1997 nur an 1 % der Buchen Vergilbungen festgestellt worden (Ewald et al. 2000). Im Sommer 2001 zeigten sich dagegen in diesem Gebiet bereits Mitte August Blattverfärbungen in großem Umfang – trotz ausreichender Wasserversorgung.

Die **Beurteilung des Kronenzustands** nach den üblichen Kriterien der Waldzustandsaufnahme – Kronentransparenz und Laubverfärbung – ist bei der Buche besonders problematisch. Denn die genannten Merkmale sind jeweils im oberen Teil der Lichtkrone am deutlichsten zu beobachten. Dieser ist jedoch wegen der gewölbten Form der Buchenkrone in geschlossenen Waldbeständen nur unzureichend oder auch gar nicht einsehbar. Gerade bei Buchen mit deutlichen Symptomen einer Erkrankung an der oberen Lichtkrone ist die Schattenkrone meist dicht belaubt und versperrt die Sicht. Zu Fehleinschätzungen kann auch das rasche Abfallen abgestorbener Äste führen. Die dadurch verkleinerte Krone kann einen höheren Belaubungsgrad vortäuschen (Möhring 1997). Es ist deshalb damit zu rechnen, dass bei der Waldzustandsaufnahme speziell die an der Rotbuche zu beobachtenden **Symptome** unzureichend erkannt und daher **unterschätzt** werden. In längeren Beobachtungsreihen geht eine gewisse „Stabilisierung" allein davon aus, dass sich Symptome einer verminderten Vitalität an Buchenkronen nach wie vor auf ältere Bestände konzentrieren und nicht in nennenswertem Ausmaß auf jüngere Bestände übergegriffen haben (Möhring 1987).

Auf der Grundlage sorgfältiger Beobachtung von Knospenentwicklung, Triebwachstum und Blattfall hat Roloff (1985, 1987, 1988, 2001) ein **Phasenmodell der Kronenentwicklung** und darauf aufbauend einen Schlüssel zur Bestimmung von **Vitalitätsstufen** bei der Buche entwickelt. Dieser ermöglicht eine differenziertere – jedoch in ihrer Aussage abweichende – Beurteilung von Buchenkronen als die Schätzung der Kronentransparenz („Kronenverlichtung"). Die abfallenden Knospenschuppen hinterlassen auf der glatten Rinde der Buche dicht gedrängte Rillen, die Triebbasisnarben. Mit deren Hilfe kann man über viele Jahre zurück die Jahrestriebe abgrenzen und deren Längen messen. In der Buchenkrone zeigt sich dann eine deutliche Differenzierung in Kurz- und Langtriebe. **Kurztriebe** erreichen nur Längen von wenigen Millimetern bis zu wenigen Zentimetern, tragen nur zwei bis fünf Blätter und bilden seitlich ausschließlich „schlafende" Proventivknospen. Kurztriebe verzweigen sich daher in den folgenden Jahren nicht. Bilden die Terminalknospen von Kurztrieben Jahr um Jahr immer nur Kurztriebe, so entstehen Kurztriebketten. Diese sind brüchig und gehen deshalb leicht verloren. **Langtriebe** hingegen werden deutlich länger und tragen seitlich normal entwickelte Knospen. Diese treiben in den folgenden Jahren aus und führen so zur Verzweigung (Abb. 6-28).

Das **Phasenmodell** von Roloff ist bei gesunden Bäumen als eine altersbedingte Abfolge zu verstehen. Für Buchen ab etwa 50 Jahren lassen sich folgende Phasen unterscheiden:

- **Explorationsphase** (Stadium der Eroberung), gekennzeichnet durch Bildung von Langtrieben aus den Terminal- und oberen Seitenknospen sowie Kurztrieben aus den unteren Seitenknospen (Abb. 6-28). Die Benennung knüpft an die wirksame Besetzung des Luftraums an, zu der vitale Buchen durch diese Art der Verzweigung fähig sind. Bei den Wipfeltrieben vitaler Buchen bleibt diese Phase bis ins hohe Alter erhalten.

- **Degenerationsphase** (Stadium der Verzweigungsverarmung): Die Terminalknospe bildet noch alljährlich verkürzte Langtriebe, jedoch entstehen aus den Seitenknospen fast ausschließlich Kurztriebe. Die Langtriebe ragen spießförmig aus der Krone heraus, zwischen ihnen bleibt der Luftraum ungenutzt. An den Wipfeltrieben vitaler Buchen zeigt sich dieses Stadium frühestens ab einem Alter von 150 Jahren, an den Seitenzweigen des Wipfeltriebes und bei stärker durch Konkurrenz bedrängten Seitenzweigen jedoch schon früher.

- **Stagnationsphase** (Stadium stagnierenden Wachstums): Nun beginnt auch die Terminalknospe mit der Bildung von Kurztrieben. Es kommt deshalb auch nicht mehr zu einer weiteren Verzweigung, das Längenwachstum stagniert. Diese Phase weist auf eine deutliche Vitalitätsminderung des Zweiges (z. B. infolge

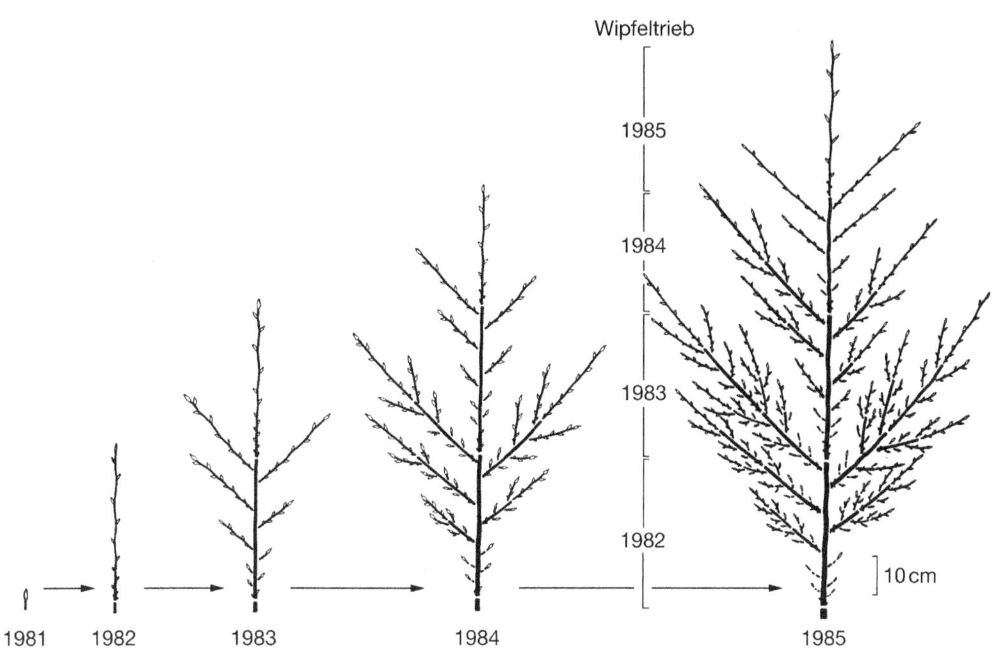

Abb. 6-28: Detaillierte Wiedergabe des 4-jährigen Wachstums eines typischen Buchenzweiges. Nach Roloff (1988).

starker Beschattung) oder bei Wipfeltrieben des ganzen Baums hin, sie ist jedoch noch reversibel.

- **Resignationsphase** (Stadium des Absterbens): Wenn die Stagnationsphase länger als nur wenige Jahre anhält, so beginnt das Absterben des Zweiges oder – bei Wipfeltrieben – des ganzen Baums. Jahrelange Bildung aufwärts, zum Licht gekrümmter Kurztriebe führt zur so genannten Krallenbildung. Kurztriebketten mit dichten Blattbüscheln an ihrem Ende gehen leicht durch Abbrechen verloren und tragen so zur Verlichtung der Krone bei.

Für Bäume innerhalb der Altersspanne von etwa 50 bis 150 Jahren lässt sich das Auftreten der einzelnen Phasen als Maßstab für neuartige Veränderungen der Vitalität einsetzen. Dabei darf jeweils nur der Wipfelbereich herangezogen werden, der durch Konkurrenz von Nachbarbäumen nicht beeinflusst ist. Roloff hat die folgenden **Vitalitätsstufen** (der Begriff Schadstufe wird bewusst vermieden) ausgeschieden (siehe Abb. 6-29):

- **Vitalitätsstufe 0:**
Vitale, ungeschädigte Buchen zeigen Wipfeltriebe in der Explorationsphase. Sowohl aus der Terminalknospe als auch aus den obersten Seitenknospen entwickeln sich alljährlich Langtriebe. Dadurch wird der eroberte Luftraum weitgehend durch die Verzweigung ausgefüllt und es entsteht ein geschlossener Umriss der Krone ohne größere Lücken.

- **Vitalitätsstufe 1:**
Geschwächte Buchen sind an Wipfeltrieben in der Degenerationsphase zu erkennen. Die Terminalknospen bilden noch alljährlich Langtriebe, die Seitenknospen jedoch fast ausschließlich Kurztriebe. Hält diese Form der Verzweigung über mehrere Jahre an, so entstehen Triebe, die spießförmig aus der Krone herausragen. Zwar ist die Krone noch voll belaubt, jedoch kann der eroberte Luftraum nicht mehr durch Kurztriebe ausgefüllt werden.

- **Vitalitätsstufe 2:**
An merklich devitalisierten Buchen beginnen auch die Hauptachsen der Wipfeltriebe zur Kurztriebbildung überzugehen und sind daher

in die Stagnationsphase einzureihen. Die Kurztriebketten krümmen sich krallenartig aufwärts zum Licht. Werden sie zu lang, so brechen sie bei mechanischer Beanspruchung häufig ab. Das führt zusammen mit mangelnder Verzweigung und dem Absterben von Zweigen zur Verlichtung der Oberkrone. Die verbliebenen Kurztriebketten sind häufig büschelförmig an der Kronenperipherie angeordnet; dazwischen bleiben größere Lücken frei.

- **Vitalitätsstufe 3:**
Bei stark devitalisierten bzw. absterbenden Buchen zerfällt die Krone durch Ausbrechen größerer Äste und Absterben ganzer Kronenbereiche in Bruchstücke, die unregelmäßig im Luftraum verteilt sind, oder es kommt zu einer Verkleinerung der gesamten Krone (Möhring 1997). Der Wipfel ist am Absterben oder schon abgestorben und hat die Resignationsphase erreicht.

Ein deutlicher Zusammenhang zwischen dem jährlichen Längenzuwachs der Zweige im Wipfelbereich und den von Roloff ausgeschiedenen Vitalitätsstufen ist auch von anderer Seite nachgewiesen und in einem Modell dargestellt worden (Woodcock et al. 1995). Eindrucksvoll ist die fotografische Dokumentation der **Entwicklung** einzelner **Buchenkronen** über längere Zeiträume, die Möhring (1997) vorgelegt hat. Ist ein rascher Verfall von Buchenkronen zu beobachten, so liegen häufig auch Rindenschäden am Stamm vor, die nicht auf mechanische Verletzungen zurückgehen sondern möglicherweise mit einem Befall durch pilzähnliche Organismen der Gattung *Phytophthora* zu erklären sind (Jung 2005, Hartmann et al. 2005).

Extreme **Trockenheit** kann sich infolge der bereits im Vorjahr entwickelten Triebanlagen erst ein Jahr später auswirken. Im Extremfall werden dann in der gesamten Krone nur Kurztriebe mit verminderter Blattzahl und kleineren Bättern gebildet (Roloff 1988, Power 1994, Gruber 2001). Außerdem sind die Auswirkungen der **Fruktifikation** zu beachten, denn auch diese wird häufig durch Trockenheit während der vorausgehenden Vegetationsperiode ausgelöst, insbesondere durch warm-trockene Witterung im Juni und Juli; Buchenmasten sind daher oft weiträumig verbreitet (Holmsgaard 1962, Wachter 1964); eine gründliche Untersuchung hat dies erneut bestätigt und darüber hinaus weitere Einflussfakto-

ren herausgearbeitet (Piovesan und Adams 2001). Kurzfristig kann sich die Fruktifikation deutlich auf die Belaubung der Krone auswirken; dagegen wird deren langfristige Entwicklung kaum beeinflusst, wie Untersuchungen an Dauerbeobachtungsflächen (Level II) in Hessen ergeben haben (Arbeitskreis „Krone" 2001).

Die von Roloff definierten **Vitalitätsstufen** sind in den letzten Jahren bei zahlreichen Untersuchungen eingesetzt worden. Dabei hat sich herausgestellt, dass die mit den üblichen Methoden der Waldzustandsaufnahme erzielten Ergebnisse mit denen nach Roloff (Vitalitätsstufen und Trieblängen) in einem engen statistischen Zusammenhang stehen (Flückiger und Braun 1994, Eichhorn et al. 1995, Heinsdorf und Chrzon 1997, Baumgarten 1998). Jedoch sind die Ergebnisse infolge unterschiedlicher Ansprachekriterien keineswegs deckungsgleich (Athari und Kramer 1989 a, b, Ling et al. 1993, Baumgarten 1998), sondern bringen unterschiedliche Aspekte zur Geltung. Die von Roloff herangezogenen Merkmale gehen auf die Einwirkung verschiedener Umweltfaktoren über **längere Zeiträume** zurück (Stribley und Ashmore 2002) und reagieren weniger auf jährlich wechselnde Umweltbedingungen als die Kriterien der Waldzustandsaufnahme; in beiden Fällen handelt es sich jedoch um Symptome, die nicht spezifisch auf bestimmte Ursachen hinweisen.

Die Symptome einer Schädigung von Buchen nehmen mit der **Seehöhe** eindeutig zu. Das gilt sowohl für die Ansprache nach den Kriterien der Waldzustandsaufnahme als auch anhand der Vitalitätsstufen nach Roloff (Heimerich 1993). Auffällig ist auch das starke Auftreten solcher Symptome in allen Geländelagen mit besonders hohem Luftdurchsatz (z. B. Kuppen, Rücken, Hangkanten). Zwischen dem durchschnittlichen **Wasserangebot** von Buchenstandorten und den jeweiligen Vitalitätsstufen nach Roloff haben sich hingegen anhand eines umfangreichen Materials keinerlei Beziehungen ergeben (Dittmar 1999).

Nach den bisherigen Erfahrungen wird der Buche eine besonders große **Erholungsfähigkeit** attestiert. Damit stehen die bei dieser Baumart besonders **niedrigen Mortalitätsraten** im Einklang (Dammann et al. 2000, Fischer et al. 2000, Arbeitskreis „Krone" 2001). Ist jedoch die Regenerationskraft der Buche überfordert,

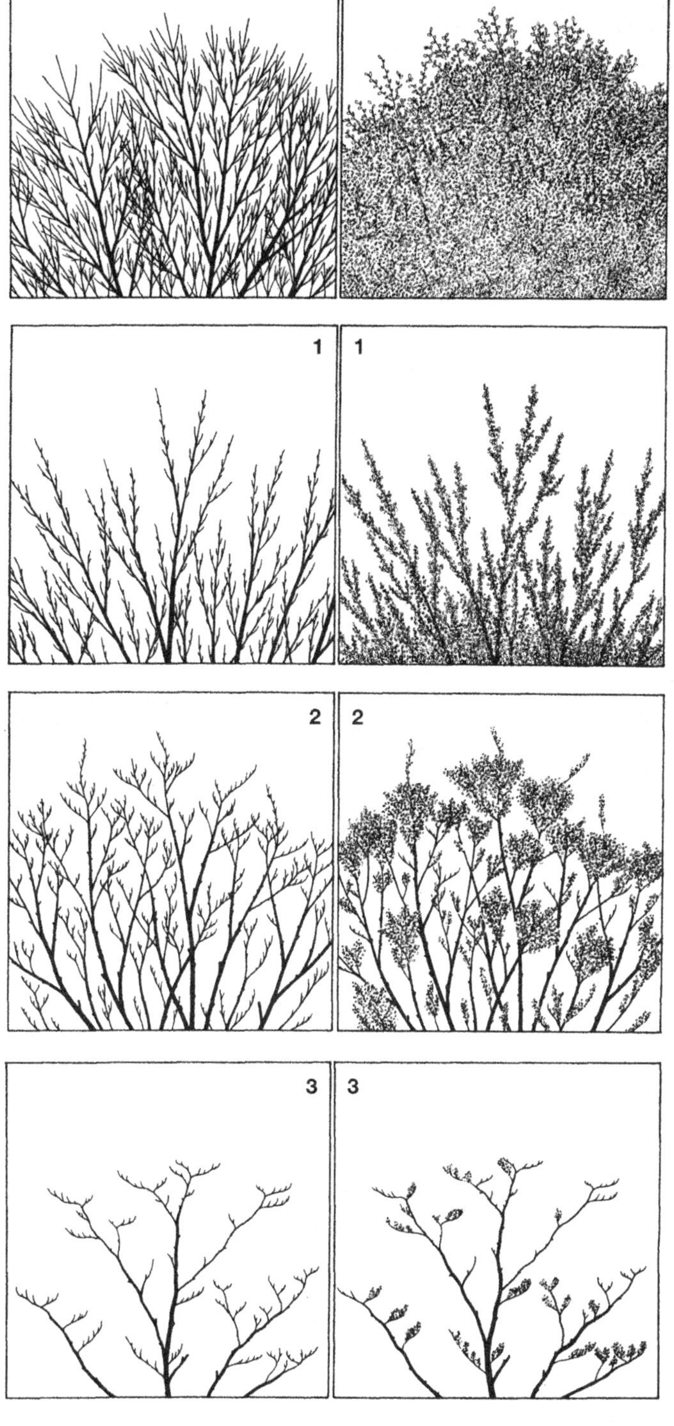

Abb. 6-29: Vitalitätsstufen-Schlüssel für die Buche nach Roloff (1988). Winter- und Sommeransichten der Oberkrone unterschiedlich vitaler Bäume.
Vitalitätsstufe 0: vitale, ungeschädigte Buche.
Vitalitätsstufe 1: geschwächte Buche.
Vitalitätsstufe 2: deutlich geschädigte Buche.
Vitalitätsstufe 3: absterbende Buche.

6

kann es zu langsamen (Elling und Dittmar 2003) oder auch rasch verlaufenden (Bauch 1983) Absterbeprozessen kommen. Gerade in diesem Zusammenhang ist auch eine gründliche Analyse der Wirkungen und Nachwirkungen der Trockenperiode von 2003 dringend erforderlich.

6.1.3.2 Chronologie von Vitalitätsverlusten nach Zuwachsmessungen und dendrochronologischen Befunden

Über die Entwicklung des **Zuwachses** von Zweigen und Stamm liegen sehr unterschiedliche Ergebnisse vor. So ist auch bei der Buche in tieferen Lagen während der letzten Jahrzehnte ein verstärktes Höhenwachstum, verbunden mit **größerem flächenbezogenem Holzzuwachs** festgestellt worden. Der Zuwachs übertrifft die Modellvorstellungen von Ertragstafeln teilweise beträchtlich und hält bis ins höhere Alter an (Abetz 1988, Hofmann et al. 1991, Franz et al. 1993, Skovsgaard und Henriksen 1996, Pretzsch 1996, Untheim 1996, 2000). Es gibt jedoch auch Befunde, die auf eine **Trendwende** mit Rückgang des Höhenwachstums seit etwa 1970 hindeuten (Hofmann et al. 1991, Abb. 6-30 (**c**)). Das gilt besonders für Gebirgsstandorte (siehe unten).

Anhand der Triebbasisnarben (Abschn. 6.1.3.1) lässt sich der Längenzuwachs der Wipfeltriebe über Jahrzehnte zurückverfolgen. Die Trieblänge geht jeweils ein Jahr nach den ausgeprägten **Trockenperioden** in der Vegetationszeit der Jahre 1947, 1959, 1964, und 1976 abrupt zurück, nimmt jedoch anschließend rasch wieder zu (Roloff 1988). Darüber hinaus ist in Norddeutschland bereits vor dem Trockenjahr 1976, in der ersten Hälfte der 1970er Jahre ein deutlicher Rückgang der Trieblängen zu erkennen, der durch die Witterung nicht ausreichend zu erklären ist. Trockenperioden verursachen nicht nur Wasserstress. Sie sind meist auch mit hohen Ozonkonzentrationen verbunden. Es ist daher nicht zulässig, beobachtete Zuwachsrückgänge kurzerhand dem Wassermangel zuzuschreiben (Abschn. 6.1.3.4). Neben Dürreperioden führt die **Fruktifikation** zu einer deutlichen Reduktion der Trieblängen, denn die Mast verbraucht erhebliche Mengen an energiereicher organischer

Abb. 6-30:   Jahrringbreiten (Baumkurven von jeweils ▶ 20 Bäumen, halblogarithmische Darstellung) von Buchen in tieferen Lagen (unterhalb etwa 700–800 m üNN). Bisher sind meist keine gravierenden Zuwachsdepressionen während der letzten Jahrzehnte zu erkennen; eine Ausnahme bildet der Bestand im Höglwald (c).
(a) Spessart, Mittelsinn/Schubertswald, N- bis NO-Hang, 465 m üNN. Nach Richter und Wohlmann (1996).
(b) Frankenwald, Kronach/Güldenstein, SW-Hang, 530 m üNN. Nach Haderlein und Ruppert (1986).
(c) Tertiäres Hügelland, Aichach/Tafel = Höglwald, eben, 530 m üNN. Einzelne Bäume – teilweise mit besonders großen Kronen – zeigen Zuwachsdepressionen nach 1990.
(d) Fränkische Platte, Würzburg/Gemeindewald Veitshöchheim, besonders trockener Standort: Hangkante über SW- bis W-Hang, 295 m üNN, Jahresmittel Lufttemperatur 9 °C, Jahressumme Niederschlag 650 mm, nur wenig Feinerde über Muschelkalk. Nach Reithmeier und Schrauder (2002).

Substanz (Gäumann 1935). Mit der Anzahl der Früchte je Kurztrieb geht der Längenzuwachs der Triebe im laufenden und im folgenden Jahr deutlich zurück; offenbar im Sinne einer Überkompensation zeigt sich zwei Jahre nach der Mast ein verstärkter Längenzuwachs (Flückiger und Braun 1994). Die in der Nordwestschweiz beobachtete deutliche Verminderung der Trieblängen 1992/93 kann jedoch weder durch Witterungsextreme noch durch Fruktifikation erklärt werden (Flückiger und Braun 1994). Neben den bekannten Ursachen verringerten Trieblängenwachstums müssen demnach noch andere Faktoren wirksam sein. Stammanalysen an Buchen aus dem mittleren Bereich Deutschlands haben ein seit mehreren Jahrzehnten vermindertes Höhenwachstum bei den als geschädigt angesprochenen Buchen ergeben (Athari und Kramer 1989 a, b).

Aus einer Reihe von Untersuchungen an umfangreichen Baumkollektiven geht hervor, dass auch bei der Buche zwischen dem **Belaubungsgrad** der Krone und dem **Holzzuwachs** am Stamm eine Korrelation besteht – allerdings bei großen Unterschieden von Baum zu Baum (Bräker 1991, Flückiger und Braun 1994). Jedoch ist es immer wieder zu gegensätzlichen Aussagen gekommen. Das liegt wesentlich daran, dass die Buche auf verstärkte **Belichtung** ihrer Krone mit rascher **Vergrößerung der Jahrringbreiten** reagiert, wie schon lang bekannt ist. Der Einfluss der Standraumerweite-

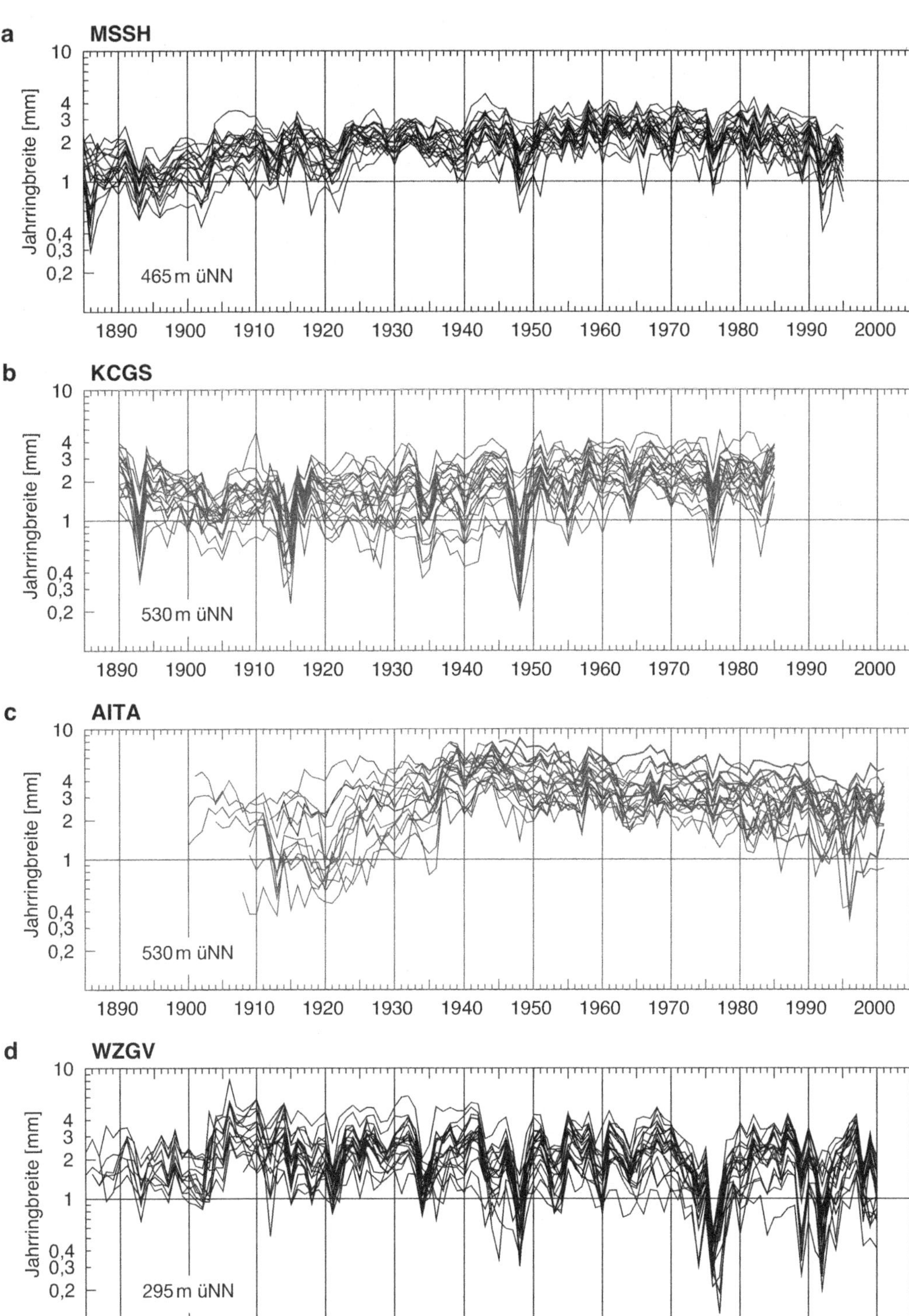
a MSSH
Jahrringbreite [mm]
10
4
3
2
1
0,4
0,3
0,2
465 m üNN
1890 1900 1910 1920 1930 1940 1950 1960 1970 1980 1990 2000
b KCGS
Jahrringbreite [mm]
10
4
3
2
1
0,4
0,3
0,2
530 m üNN
1890 1900 1910 1920 1930 1940 1950 1960 1970 1980 1990 2000
c AITA
Jahrringbreite [mm]
10
4
3
2
1
0,4
0,3
0,2
530 m üNN
1890 1900 1910 1920 1930 1940 1950 1960 1970 1980 1990 2000
d WZGV
Jahrringbreite [mm]
10
4
3
2
1
0,4
0,3
0,2
295 m üNN
1890 1900 1910 1920 1930 1940 1950 1960 1970 1980 1990 2000
Jahr

rung ist so stark, dass er die Wirkung einer verminderten Kronenbelaubung ohne weiteres überkompensieren kann. Buchen an Bestandsrändern, Lücken im Bestand oder in aufgelockerten Schirmstellungen zeigen häufig besonders geringe Belaubungsgrade (Keller und Imhof 1987). Eben diese Bäume haben nicht selten die höchsten Holzzuwächse. Erst wenn man den Zuwachs auf Maße für die Kronendimension und zusätzlich noch auf die den Bäumen zur Verfügung stehende Standfläche bezieht, ergibt sich mit absinkendem Belaubungsgrad auch ein deutlich zurückgehender Grundflächenzuwachs; zwischen den nach Roloff definierten Vitalitätsstufen und dem Zuwachs war jedoch keine eindeutige Beziehung zu finden (Athari und Kramer 1989 a, b). Abrupte Zuwachsrückgänge oder Jahrringausfälle traten bei diesen Untersuchungen (in Seehöhen von 280 bis 690 m) nicht auf.

Insgesamt sind die bei Buchen erzielten Befunde nicht einheitlich. Denn anders als bei Nadelbaumarten sind bei weniger vitalen Buchen nahe dem **Stammfuß** nur teilweise Zuwachsrückgänge oder Jahrringausfälle nachgewiesen worden (Mehringer et al. 1988). Manchmal zeigt sich nur im **oberen Teil des Schaftes** bzw. nur im **Kronenbereich** ein Abfall des Durchmesserzuwachses während der letzten Jahrzehnte (Wahlmann et al. 1986); an Ästen von Buchen mit geringer Belaubung wurden Jahrringausfälle nicht nur in Jahren mit Witterungsextremen, sondern auch in den Folgejahren belegt; diese Buchen zeigten auch einen deutlich stärkeren Rückgang der Leittrieblängen (Mehringer et al. 1988, Athari und Kramer 1989 a). Jedoch war an Buchen aus dem Bayerischen Wald, die 1981 abgestorben sind, bis 1980 kein deutlicher Zuwachsrückgang am Stamm erkennbar (Bauch 1983 a).

Neuerdings haben nun Untersuchungen des **Jahrringbaus** in Brusthöhe mit dendrochronologischen Methoden wichtige Aufschlüsse über die zeitliche Entwicklung der Vitalität von Buchenbeständen während der letzten Jahrzehnte erbracht. Dabei wird zunächst eine Differenzierung nach Standorten der höheren und der tieferen Lagen deutlich. Buchen aus **höheren Gebirgslagen** ab etwa 700 m lassen heftige **Zuwachseinbrüche** in der zweiten Hälfte der 1970er Jahre erkennen. Diese beginnen mit den Jahren 1976 bis 1978 und halten mehrere Jahre an. Sie unterscheiden sich nach Stärke, Dauer und überregionalem Auftreten deutlich von früheren Zuwachsrückgängen (Dittmar 1999, Dittmar et al. 2003, Elling und Dittmar 2003). Am Nordrand der Alpen sind solche Zuwachsdepressionen wesentlich deutlicher als in den Mittelgebirgen. Trockenperioden haben sich in Hochlagen von jeher eher fördernd als hemmend auf das Wachstum ausgewirkt (Dittmar und Elling 1999). Für den regelrechten Zusammenbruch des Zuwachses, wie er etwa am Nordhang des Herzogstands (Bayerische Alpen) (Abb. 6-31a und **b**) aufgetreten ist (Elling und Dittmar 2003), müssen andere Ursachen erwogen werden. Hier sind zwischen 1976 und 1979 sogar Jahrringausfälle vorgekommen; alle Buchen, die Mitte der 1990er Jahre am Absterben waren, hatten sich von diesem gravierenden Zuwachseinbruch nicht mehr erholt. Ganz ähnlich ist die Reaktion von Buchen auf anderen Standorten höherer Lagen in den Bayerischen Alpen, wie mehrere Untersuchungen ergeben haben. Gegen eine Erklärung dieses Zuwachszusammenbruchs durch die Dürreperiode von 1976 sprechen gewichtige Gründe. Zwar erhielt auch der Alpenrand in der Vegetationsperiode nur relativ geringe Niederschläge, jedoch gab es keine länger anhaltende Trockenperiode; die gegen Dürre sehr empfindliche Fichte zeigt hier daher auch nur ein schwach bis mäßig entwickeltes Minimum der Jahrringbreite. In einer vergleichbaren Höhenlage (1 190 m) des Inneren Bayerischen Waldes ist gegen Ende der 1970er Jahre kein deutlicher Zuwachseinbruch bei Buchen zu erkennen (Abb. 16-31c).

Anders verhält sich die Buche in **tieferen Lagen**. Auf einem besonders warmen und trockenen Standort mit sehr geringer potenziell nutzbarer Wasserspeicherung des Bodens (Würzburg/Gemeindewald Veitshöchheim) reagiert die Buche auf jedes Trockenjahr mit einer scharfen Verminderung ihrer Jahrringbreite, so auch auf die Dürre von 1976; jedoch ist es hier nicht zu Jahrringausfällen gekommen und die Ringbreiten sind rasch wieder angestiegen (Abb. 6-30**d**). Das gilt noch deutlicher für Buchen im feuchteren Klima des Spessarts auf einem ziemlich durchlässigen Sandboden (Abb. 6-30**a**). Wo in tieferen Lagen 1976 eine gravierende Dürreperiode stattfand, aber die Böden eine hohe potenziell nutzbare Wasserspeicherung aufweisen – wie im Höglwald – lässt die Buche nur ein ganz geringes Minimum der Ringbreite erkennen; allerdings zeigen hier einzelne Buchen starke Zuwachseinbrüche in den 1990er Jahren (Abb. 6-30 **c**). Zu

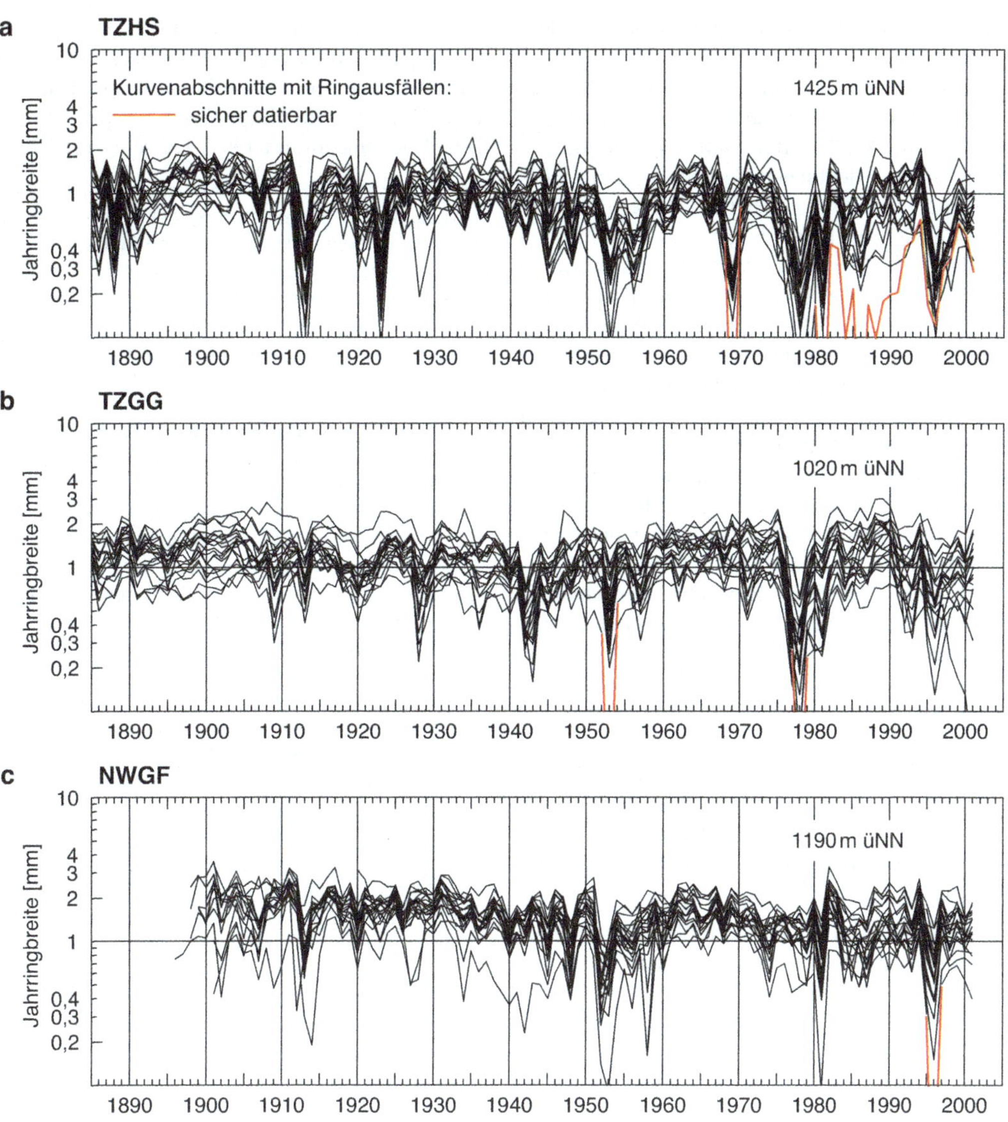

Abb. 6-31: Jahrringbreiten (Baumkurven von jeweils 20 Bäumen, halblogarithmische Darstellung) von Buchen in höheren Lagen (oberhalb etwa 700–800 m). Am Nordrand der Alpen findet man regelmäßig heftige Zuwachsdepressionen seit den 1970er Jahren. Rot: Kurvenabschnitte mit Ringausfällen.
(a) Bayerische Alpen, Bad Tölz/Herzogstand, NNO-Hang, 1 425 m üNN.
(b) Bayerische Alpen, Bad Tölz/Grenzgraben, NNO-Hang, 1 020 m üNN.
(c) Nationalpark Bayerischer Wald/Gfeichtet, SW-Hang, 1 190 m üNN. Nach Koch und Landgraf (2003).

einer überzeugenden Erklärung des Zuwachseinbruchs in **höheren Lagen der Bayerischen Alpen** kann nach all dem die Trockenheit von 1976 nicht herangezogen werden (Abschn. 6.1.3.7). Eine Beteiligung des Spätfrostes vom 29./30. April 1976 ist für Höhenlagen über 700 m unwahrscheinlich; für Lagen über etwa 1 000 m ist sie auszuschließen, denn die Blattentfaltung der Buche ist am Hohenpeißenberg (977 m) erst auf den 7. Mai 1976 datiert (Elling und Dittmar 2003,

Dittmar und Elling 2006, Dittmar et al. 2006, Abschn. 6.1.3.7).

Starke **Fruktifikation** macht sich infolge des Verbrauchs an Assimilaten (Gäumann 1935) bei der Buche während derselben Vegetationsperiode in einer deutlichen Verringerung der Jahrringbreite auf etwa die Hälfte des Wertes in den vorausgehenden Jahren bemerkbar. Auch in den beiden folgenden Jahren kann der Holzzuwachs noch vermindert sein (von Jazewitsch 1953, Holmsgaard 1962). Bei Buchen in höheren Lagen hat an den Jahrringbreiten-Minima der Jahre 1956, 1962, 1984, 1986, 1991, und besonders 1995 wahrscheinlich auch der Stoffverbrauch für eine Fruktifikation mitgewirkt (Abb. 6-30). Hingegen führt die Fruktifikation allein nicht zu stärkeren und länger anhaltenden Zuwachseinbrüchen; sie kann an diesen aber neben anderen Faktoren beteiligt sein (Dittmar 1999).

Buchen mit **heftigen Zuwachseinbrüchen** bis hin zu **Jahrringausfällen** während der letzten Jahrzehnte zeigen meist Symptome einer stark verminderten Vitalität an der Krone und sterben teilweise ab. Es gibt jedoch auch Bäume mit Zuwachseinbrüchen in den allerletzten Jahren, an deren Kronen keinerlei Verlichtung zu erkennen ist (Elling und Dittmar 2003). Umgekehrt ist ein schlechter Kronenzustand längst nicht immer mit Zuwachsdepressionen verbunden (Dittmar 1999).

Einen Sonderfall stellt offenbar das **Buchensterben** am südwestlichen Abhang des **Vogelsberges** in Seehöhen zwischen 180 und 335 m während der Jahre 1976 bis 1978 dar. Da ein rascher Zuwachsabfall – sogar verbunden mit Jahrringausfällen – bei einem Teil der Bäume bereits 1970 bis 1974 stattgefunden hat und da auf Vergleichsstandorten dieser Einbruch fehlt, kann keinesfalls das Trockenjahr 1976 allein für das Absterben verantwortlich sein. Auch eine Mast im Jahre 1974 bietet keine ausreichende Erklärung. Der mögliche Einfluss von Immissionen war jedoch nicht zu belegen (Eckstein et al. 1984).

6.1.3.3 Bedeutung von Parasiten und Pathogenen an Stamm und Krone

Da die Buche in der Regel keine Borke bildet, ist sie empfindlich gegen Rindenerkrankungen verschiedener Art. Solche altbekannten Erscheinungen überlagern vielfach neuartige Formen der Schädigung, müssen jedoch für sich betrachtet werden. Auch seit langem beschriebene Rindenerkrankungen sind häufig verwechselt worden (Flückiger und Braun 1994) (Abschn. 6.1.3.7).

Immer wieder ist es im 20. Jahrhundert lokal zu einem **so genanntem Buchensterben** gekommen, das auf die Komplexerkrankung **Buchen-Rindennekrose** zurückzuführen war. Der Krankheitsprozess wird offenbar durch die Buchenwollschildlaus (*Cryptococcus fagisuga* Lind.) eingeleitet (Braun 1976/1977, Schütt und Lang 1980, Lunderstädt 1992). Diese konditioniert einerseits den Baum für ihre Ernährung, andererseits löst sie eine gestaffelte Abwehr des Baums aus (Petercord 1999). Die **Schattenseiten** der Stämme werden bevorzugt befallen. Auch andere Insekten können entsprechende Verletzungen der Rinde herbeiführen (Schönherr 1980, Hartmann und Blank 1998 a). Auf diese Art wird der Befall durch *Nectria*-Arten (vor allem *N. coccinea* Pers. ex Fr.) ermöglicht. Nach einem stellenweisen Absterben des Kambiums führt aus dem Phloem des Baums austretender Saft zum Symptom des **Schleimflusses**. Ist der Holzkörper großflächig freigelegt, so können holzbrütende Käferarten und Weißfäulepilze das Holz rasch zerstören und zum Bruch des Stamms oder zum Tod des Baums führen. Für eine Prädisposition von Buchen durch Trockenstress im Sommer (Lonsdale 1980) sind bis jetzt keine überzeugenden Belege erbracht worden (Braun 1976). Als Auswirkungen der Buchen-Rindennekrose werden verspäteter Laubaustrieb, schüttere Belaubung und frühzeitiger Laubfall genannt (Schütt und Lang 1980, Petercord 1999) – ähnlich wie bei neuartigen Waldschäden.

Seit 1999 bis 2001 tritt in den Ardennen, in der Eifel und im Hunsrück, also im Grenzgebiet zwischen Belgien, Luxemburg und Deutschland ein **Absterben von Buchen in großem Umfang** auf. Auffällige Symptome sind rasches Abwelken von Blättern im unteren Teil der Krone, Schleimfluss, flächige Ablösung von Rindenpartien. Die Beteiligung von Buchenwollschildlaus und *Nectria coccinea* entspricht dem bekannten Krankheitsbild der Buchen-Rindennekrose. Ungewöhnlich ist jedoch das starke Auftreten holzbrütender Käfer, so des Buchennutzholzborkenkäfers (*Xyloterus domesticus* L.) und des Sägehörnigen Werftkäfers (*Hylecoetus dermestoides* L.), welche holzzerstörenden Pilzen den Weg ebnen. Es handelt sich um den Echten Zunderschwamm (*Fomes fomentarius* (L.) Fr.) und andere Pilze (Eisenbarth 2001, Eisenbarth et al. 2001). Ungewöhnlich ist auch das Absterben der Buchen auf **großen Flächen** und mit **hohen Mortalitätsraten**. Es wird zu klären sein, ob prädisponierende Faktoren hierbei eine Rolle spielen.

Verschiebungen der Nährstoffverhältnisse in den Blättern von Buchen, die durch erhöhtes Angebot an **Stickstoff** ausgelöst werden (Abschn. 6.1.3.7), verändern auch die Lebensbedingungen parasitischer und phytophager Organismen. Sowohl Feldbeobachtungen als auch Inokulationsversuche belegen einen verstärkten Befall durch den **Buchenkrebs** *(Nectria ditissima* Tul.*)* mit steigendem N/K-Verhältnis. Auch zeigt die **Buchenblatt-Baumlaus** *(Phyllaphis fagi* L.*)* auf Buchenkeimlingen in *Open-Top*-Kammern mit ozonhaltiger Umgebungsluft eine signifikant schnellere Populationsentwicklung als bei gefilterter Luft; das liegt offenbar am hochwertigeren Nahrungsangebot mit erhöhtem Gehalt an löslichen N-Verbindungen. Diese Auffassung wird gestützt durch Stickstoffdüngung in Topfversuchen: Die Stärke des Befalls stieg mit dem Stickstoffgehalt der Blätter kräftig an (Flückiger und Braun 1989, 1994, 1998, 1999 b). Entsprechend wirkte sich bei einem Experiment in einem Buchenbestand ein durch Düngung verstärktes Stickstoffangebot des Bodens aus, das ein erhöhtes N/P-Verhältnis, größere Konzentrationen freier Aminosäuren sowie eine deutliche Absenkung des Gehalts an phenolischen Verbindungen in den Blättern zur Folge hatte (Balsberg Påhlsson 1992). Buchen sind zu biochemischen Abwehrreaktionen gegen den Befall der Buchenblatt-Baumlaus befähigt. Zwar nimmt die Besiedlungsdichte durch die Laus mit allgemeiner Verbesserung der Nährstoffversorgung zu; jedoch leiden gut ernährte Pflanzen weniger unter diesem Befall als schlecht ernährte (Gora et al. 1994). Auch der **Buchenspringrüssler** *(Rhynchaenus fagi* L.*)* bevorzugte in einem Wahlfraßversuch die Blätter von Buchen, die mit ozonhaltiger Umgebungsluft behandelt waren (Flückiger und Braun 1994). Ob das fast flächendeckend starke Vorkommen dieses Insekts in Nordostdeutschland (Hofmann et al. 1991) mit Umweltveränderungen – insbesondere hohen Stickstoffeinträgen – zu tun hat, ist bis jetzt nicht klar.

Hypothesen, nach denen neuartige Waldschäden durch Viren, Mykoplasmen oder Rickettsien ausgelöst sein sollten (Fink und Braun 1978, Kandler 1983, 1985, Nienhaus 1985) sind auch bei der Buche durch Pfropfungsversuche widerlegt worden (Mehne 1990 a, Mehne-Jakobs 1990 b).

6.1.3.4 Schädigende Wirkungen von Gasen und saurem Nebel

Gegenüber einer chronischen Belastung durch **Schwefeldioxid** ist die Buche bekanntlich weit weniger empfindlich als die Tanne oder die Fichte. So haben etwa im Erzgebirge vereinzelt beigemischte Buchen das Absterben der Fichtenbestände überlebt. Bei Rauchschäden alter Art infolge hoher SO_2-Konzentrationen der Luft ist die Buche immer wieder zur Ablösung absterbender Nadelbaumbestände empfohlen worden (Wentzel et al. 1981, Däßler 1991). Auch **Stickoxide** (Abschn. 5.1.2.1) allein wären bei den in Mitteleuropa auftretenden Konzentrationen nicht in der Lage, die Buche zu schädigen; sie können jedoch in Schadgasgemischen eine Rolle spielen (siehe unten).

Laubbäume – speziell auch die Buche – reagieren auf **Ozon** deutlich empfindlicher als die meisten Nadelbäume, jedoch gilt diese Regel nicht allgemein (Reich und Amundson 1985, Klumpp et al. 1988, Pye 1988, Krause und Prinz 1989, Billen et al. 1990, Langebartels et al. 1993, Braun und Flückiger 1995, Guderian und Wienhaus 1997, Fuhrer et al. 1997, Skärby et al. 1998, Matyssek et al. 1997 b, Matyssek 1998, Landolt et al. 2000, Günthardt-Goerg et al. 2000) (Abschn. 5.1.3). Unter den in **Mitteleuropa** im **Freiland** auftretenden Luftschadstoffen ist heutzutage dem Ozon die stärkste Wirkung zuzutrauen. Das trifft speziell auch für die als ozonempfindlich geltende Buche zu (Smidt 1996, Guderian und Wienhaus 1997, Wienhaus 2003). Dabei scheint sich die Belastung hier in einem Grenzbereich zu bewegen (Günthardt-Goerg und Vollenweider 2001): Während in strahlungsarmen Sommern keine nennenswerte Schädigung erfolgt, sind nach starker Strahlung und demnach hoher Ozonbelastung in der Vegetationszeit mehrfach Blattverfärbungen und vorzeitiger Laubfall als **Symptome** im Freiland und in *Open-Top*-Kammern mit Umgebungsluft beobachtet worden; diese können nun nach experimenteller Überprüfung **spezifisch** dem **Ozon** zugeordnet werden. Blattverfärbungen beginnen mit hellgrünen Flecken an der Blattoberseite, zeigen später braunschwarz verfärbte Punkte und schließlich punktförmige Nekrosen von < 1 mm Durchmesser (engl.: *stipples*). Diese beruhen auf lokalem Zelltod, welcher durch Ozon ausgelöst wird. Dem unbewaffneten Auge erscheint dabei eine bronzene Verfärbung der Interkostalfelder, die Blattrippen bleiben jedoch grün. An älteren, dem Ozon schon länger ausgesetzten Blättern sind die Symptome gewöhnlich deutlicher als an jüngeren (Krause und Prinz 1989, Kangasjärvi et al. 1994, Flückiger und Braun 1994, Krause und Höckel 1995, Baumgarten 1998, Baumgarten et al. 1999, Skelly et al. 1999, Baumgarten et al. 2000, Innes et al. 2001). Bei chronischer Belastung entstehen solche Symptome innerhalb von Tagen oder Wochen.

Besonders deutliche Symptome einer hohen Ozonbelastung hat der strahlungsreiche und heiße **Sommer 2003** am Nordrand der Alpen in Höhenlagen oberhalb etwa 800 m hervorgebracht. Hier war nur bei flachgründigen Böden an Steilhängen und auf Graten eine ausgeprägte Dürre zu beobachten. Böden mit höherer nutzbarer Wasserspeicherung zeigten wegen wiederholter Niederschläge bis in den Spätsommer eine ausreichende Durchfeuchtung. Neben krautigen Pflanzen wiesen die Esche, der Bergahorn und die Buche (Abb. 6-32) in weiter Verbreitung ozonspezifische Schädigungssymptome auf (Dittmar et al. 2004).

Mikroskopisch lassen sich **spezifische Veränderungen** nachweisen, beispielsweise die Ansammlung von Stärkekörnern entlang der Blattnerven und tröpfchenförmige Pektinausscheidungen an den Wänden der Zellen des Schwammparenchyms (Günthardt-Goerg et al. 2000, Günthardt-Goerg und Vollenweider 2001, Vollenweider et al. 2003). Starke **Strahlung** begünstigt die Ausbildung der Symptome, wie der Vergleich mit beschatteten Blättern zeigt. Auch eine Reihe physiologischer und biochemischer Veränderungen (z. B. Verschiebung der Anteile von Chlorophyll a und b, Zunahme der Ligninkonzentrationen, starke Abnahme der Konzentrationen von Inositol und Stärke, Reaktionen des antioxidativen Systems) treten bei hohen Ozonbelastungen und sichtbaren Schädigungssymptomen an Buchenblättern auf. Sehr **junge Blätter**, bei denen die äußere Zellwand der Epidermis noch nicht verdickt ist, scheinen besonders empfindlich zu sein (Krause und Prinz 1989, Baumgarten 1998, Baumgarten et al. 2000, Polle et al. 2000).

Entsprechende Symptome haben **Ozonbegasungen** im Labor und in Gewächshäusern hervorgebracht (Krause und Prinz 1989, Hartmann

Abb. 6-32: Ozonsymptome an Blättern von Buchen in höheren Lagen an der Nordseite der Alpen (2003). Vgl. Dittmar et al. (2004).
(a) Fleckung zwischen den Blattnerven (*stippling*) und Überschattungseffekt (Pfeil). Buche am Nordhang des Herzogstands, Bayerische Alpen, ca. 1000 m üNN am 6.9.2003 (Foto: C. Dittmar).
(b) Bronzefärbung und Überschattungseffekt (Pfeil). Buche am Gipfel des Hohenpeißenbergs (Alpenvorland), 960 m üNN am 27.9.2003 (Foto: C. Dittmar).

et al. 1995, Matyssek 1998, Baumgarten 1998, Baumgarten et al. 1999, Gündthardt-Goerg und Vollenweider 2001, Innes et al. 2001). Selbst bei der relativ geringen Ozonkonzentration von 100 μg/m^3 (50 ppb) über 25 Tage zeigten sich nacheinander folgende Symptome einer Schädigung: Leichte Aufhellung der oberen Blätter, Interkostalchlorosen und punktförmige Interkostalnekrosen führten zu einer braungrünen, bronzeähnlichen Verfärbung; es folgten flächige Interkostalnekrosen und vorzeitiger Blattfall (Klumpp et al. 1988, Krause und Prinz 1989). Begasung mit Ozon allein führte im **Langzeitexperiment** zu verminderten Trieblängen und Blattgrößen (Billen et al. 1990, Polle et al. 2000). In einem anderen Experiment über die ganze Vegetationsperiode wurden Buchensämlinge verschiedenen Ozonregimen ausgesetzt. Bezugsbasis war der in Schönenbuch (Schweiz, bei Basel) gemessene Gang der Ozonkonzentration (1-fach). Darauf bezogen wurden die Konzentrationen 0,2-fach, 1,5-fach und 2-fach verwendet. Sichtbare Symptome traten bei der Variante 0,2-fach nicht und bei der Variante 1-fach nur schwach auf, zeigten sich aber bereits deutlich bei der 1,5-fachen Konzentration. Sie bestanden in zunächst sehr kleinen punktförmigen Nekrosen; diese vergrößerten sich später (wie oben beschrieben). Bereits bei einer **Ozondosis** entsprechend einem AOT40-Wert von 7 000 – 10 000 ppb·h (hier berechnet für einen 24 h-Tag, Abschn. 5.1.3.3) war der Stoffgewinn durch die Photosynthese um etwa 10 % vermindert (Braun und Flückiger 1995, Langebartels et al. 1997). Allerdings ist die Datenbasis für die Festlegung einer derartigen Grenzdosis bei Waldbäumen noch recht schmal (Grünhage et al. 1999). Die Interpretation solcher Ergebnisse ist erschwert durch die **komplexen Zusammenhänge**, die auch bei der Buche zwischen der Belastung durch Ozon, dem Verhalten der Spaltöffnungen und dem Wasserhaushalt bestehen. In Versuchen mit jungen Buchen, die einer umweltrelevanten, episodischen Belastung durch Ozon ausgesetzt waren, wurde bei guter Wasserversorgung der stomatäre Widerstand durch Ozon erhöht. Bei Buchen unter Trockenstress jedoch verringerte Ozon die Steigerung des stomatären Widerstands. Auf **zweierlei Weise** kann Ozon daher **nachteilig** auf Buchen wirken: Es verringert die Aufnahme von CO_2 für die Photosynthese bei guter Wasserversorgung und es

führt bei Wassermangel infolge gestörter Regulation der Spaltöffnungen zu einem unökonomischen Verbrauch von Wasser (Pearson und Mansfield 1993). Auf der anderen Seite ist nach Befunden an verschiedenen Pflanzenarten nicht mehr daran zu zweifeln, dass Erhöhung des stomatären Widerstands infolge **eingeschränkter Wasserversorgung** Pflanzen in einem gewissen Maße vor einer Schädigung durch Ozon **abschirmt** (Freer-Smith et al. 1989, Davidson et al. 1992, Wieser und Havranek 1993, 1995, Lee et al. 1999). So zeigten auch Buchen mit reichlichem Wasserangebot im folgenden Jahr eine deutliche Reduktion ihrer Trieblängen, im Gegensatz zu Buchen, die zeitweilig einem Wassermangel ausgesetzt worden waren (Pearson und Mansfield 1994, siehe unten). Außerdem muss die – zeitlich variable – Fähigkeit der Pflanzen zur Entgiftung berücksichtigt werden (Grünhage et al. 1999, Polle et al. 2000). Eine Phytotron-Studie an jungen Buchen und Fichten in Mischung spricht dafür, dass unter Ozonbelastung die weniger empfindliche Fichte auf Kosten der empfindlicheren Buche durch ihre überlegene Wurzelkonkurrenz profitiert (Luedemann et al. 2005).

Gemische potenziell toxischer Gase haben sich als weit gefährlicher erwiesen, vor allem bei betonter Ozonkomponente. Mehrfach sind synergistische Effekte von SO_2 und O_3 beobachtet worden. Selbst eine geringe Beteiligung von NO_2, die für sich allein eher eine Verbesserung der N-Versorgung als eine Schädigung herbeiführen würde, verschärft die Effekte (Klumpp et al. 1988, Billen et al. 1990, Guderian und Wienhaus 1997), offenbar infolge einer Förderung der Ozonaufnahme durch die Spaltöffnungen (Günthardt-Goerg und Vollenweider 2001). Gasgemische liegen in Europa fast immer vor, wenn in *Open-Top*-Kammern mit Umgebungsluft gearbeitet wird. Begasungsexperimente an Buchenkeimlingen mit **Umgebungsluft und Filterluft** haben gezeigt, dass das Längenwachstum der Sprosse erst bei erhöhter Belastung (> 60 000 h > 40 ppb) signifikant vermindert wird. Die Gesamtbiomassebildung kann jedoch bereits bei 7 000 – 8 000 h > 40ppb in der Vegetationsperiode (berechnet jeweils für 24 h-Tag, Abschn. 5.1.3) um 10 % vermindert sein. Dabei ist vor allem der Stoffgewinn der **Feinwurzeln** im Verhältnis zu demjenigen der **Sprossorgane** gehemmt. Verminderter Assimilattransport von den Blättern zur Wurzel, wie er für verschiedene Baumarten nachgewiesen ist (Polle et al. 2000), könnte auch die Mykorrhiza beeinträchtigen (Flückiger und Braun 1994). Vergleichbare Versuche im Eggegebirge (Nordrhein/Westfalen) zeigten in Umgebungsluft häufiger ozonspezifische Symptome an den Blättern, verfrühten Blattfall und eine deutlich verminderte Photosyntheserate (Köth-Jahr 1993, Prinz et al. 1994). Beeinträchtigungen der Buche – wohl vor allem durch die Ozonkomponente der Umgebungsluft – hat man auch in anderen Teilen Europas gefunden (Taylor und Davies 1990).

Auf der Grundlage von Experimenten und Freilandbeobachtungen an der ozonempfindlichen Baumart Buche und ausgehend von einer Minderproduktion an Biomasse von 10 % wurde 1996 für Waldökosysteme die **Grenzdosis für Ozon** in Form des AOT40-Werts, berechnet für die Tageslichtstunden (Globalstrahlung > 50 W/m^2) und die Monate April bis September (Abschn. 5.1.3.3) auf 10 000 ppb·h festgelegt (Fuhrer et al. 1997, Skärby et al. 1998, Nagel und Gregor 1999). Diese Grenzdosis wird in Europa **weiträumig überschritten**, besonders stark in Mitteleuropa und Italien (Smidt 1996, Posch et al. 1997, Skärby et al. 1998, Fischer 2000, Kirchner et al. 2000). Die Treffsicherheit der so definierten Grenzdosis ist jedoch begrenzt, da Unsicherheiten und ungelöste Probleme vorliegen (Braun und Flückiger 1995, Fuhrer et al. 1997, Skärby et al. 1998 et al., Matyssek 1998, Baumgarten et al. 1999, Grünhage et al. 1999). Man spricht daher heute von einer **ersten Festlegung (Level I)**. Diese kann durchaus im Sinne einer Arbeitshypothese verwendet werden. So nimmt in den Staaten Europas die Kronentransparenz der Buche mit steigender Ozonbelastung deutlich zu (Bundesforschungsanstalt für Forst- und Holzwirtschaft 1999). Für eine latente bis chronische Schädigung durch Ozon spricht auch die signifikant negative Korrelation zwischen der Ozondosis und dem Durchmesserzuwachs von Buchenstämmen, die an einem umfangreichen Datenmaterial nachgewiesen worden ist (Braun et al. 1999). Jedoch ist klar geworden, dass die Belastung von Pflanzen durch Ozon nicht allein anhand der Ozonkonzentrationen in der Luft und der Expositionszeiten charakterisiert werden kann. Es sind vielmehr Aussagen über die **Ozon-**

aufnahme der **Blattorgane** erforderlich. Diesem Ziel gelten Bemühungen, eine Grenzdosis von größerer Treffsicherheit festzulegen **(Level II)** (Emberson et al. 2000 b, Baumgarten et al. 2000, Günthardt-Goerg et al. 2000, Matyssek und Sandermann 2003, Wieser et al. 2003, Dittmar et al. 2005 c). Dafür ist eine zutreffende Kennzeichnung der **Flüsse** von Ozon ins Innere der Blätter erforderlich. Diese werden durch die Leitfähigkeit der Stomata und damit durch den Wasserhaushalt und andere Umweltbedingungen beeinflusst (Abschn. 5.1.3). Die Modellierung von Emberson et al. (2000 b) hat gezeigt, dass die Gebiete mit der höchsten Ozondosis im Sinne von AOT40 keineswegs mit den Bereichen der größten Ozonaufnahme durch die Blattorgane der Buche zusammenfallen.

Am **Südrand der Alpen** ist die regelmäßige Schädigung der Buche durch Ozon anhand von Freilandbeobachtungen und überprüfenden Laborversuchen eindeutig nachgewiesen. Dabei zeigt sich ein Einfluss von Geländeform und Höhenlage auf die Ausprägung von Symptomen (Rabotti und Ballarin-Denti 1998, Skelly et al. 1998, Gerosa et al. 1999, Matyssek und Innes 1999, Günthardt-Goerg et al. 2000, Vollenweider et al. 2003). **Mitteleuropa** liegt anscheinend in einem Grenzbereich: Die Belastung bleibt offenbar in kühl-feuchten, strahlungsarmen Vegetationsperioden unbedeutend, spielt aber bei warmtrockener, strahlungsreicher Witterung eine wichtige Rolle. So sind auch im Sommer 2003 am **Nordrand der Alpen** in Höhenlagen über etwa 800 m weit verbreitet ozonspezifische Symptome an Esche, Bergahorn und Buche aufgetreten (Dittmar et al. 2004).

Beträchtliche Unterschiede in der **Belastung** verschiedener **Regionen** und **Höhenlagen** fallen auf. Hohe Ozonkonzentrationen bauen sich vor allem im südlichen Mitteleuropa und im Alpenraum, abseits von den Ballungsgebieten auf (Schlager et al. 1993, Matyssek et al. 1997 b, Kirchner et al. 2000) (Abschn. 4.2.2.5). Mit der Höhenlage nimmt innerhalb des Verbreitungsgebiets der Bergwälder die Belastung zu (Paffrath und Peters 1988, Smidt 1993, 1996, Kirchner et al. 1994, Wieser et al. 2000, Kirchner et al. 2000). Damit ergeben sich folgenschwere Verbindungen zum **Wasserhaushalt** von Buchen. In warm-trockenen Tieflagen fallen die Zeitabschnitte hoher Ozonbelastung weitgehend mit geringem Wasserangebot, verminderter stomatärer Leitfähigkeit und demnach eingeschränktem Zuwachs (Abschn. 6.1.3.7) zusammen und schützen dadurch vermutlich die Blätter der Buche in hohem Maße vor der Aufnahme von Ozon (Matyssek et al. 1997 b). In kühl-feuchten Hochlagen dagegen fördert bei meist ausreichendem Wasserangebot warm-trockene, strahlungsreiche Witterung das Wachstum der Buche (Dittmar und Elling 1999). Wahrscheinlich sind dann über längere Zeiträume die Blätter bei hoher stomatärer Leitfähigkeit dem Angriff des Ozons ausgesetzt (Freer-Smith et al. 1989, Wieser und Havranek 1993, 1995, Pearson und Mansfield 1994). Die heftigen **Zuwachseinbrüche** bei Buchen in Hochlagen am Nordrand der Alpen während der letzten Jahrzehnte (Abb. 6-31**a** und **b**, Abschn. 6.1.3.2) folgen jeweils auf Jahre besonders hoher Ozonbelastung; das lässt einen entsprechenden Kausalzusammenhang vermuten. Verminderung der Biomasseproduktion sowie vorzeitige Seneszenz der Blätter und damit Rückgang der Speicherung von Reservestoffen müssen gerade für die unter suboptimalen Bedingungen wachsenden Bäume der Hochlagen einschneidend sein (Dittmar 1999, Dittmar et al. 2003, Elling und Dittmar 2003, Abschn. 6.1.3.8). Inwieweit bei Buchen im Freiland unter Ozonbelastung eine **Störung** der Reaktion der **Spaltöffnungen** und daher eine verstärkte Transpiration (Pearson und Mansfield 1993, Skärby et al. 1998, Polle et al. 2000) von Bedeutung sind, lässt sich derzeit nicht sicher sagen. Allgemein ist bei Bäumen mit **verzögerten Wirkungen** auf das Wachstum sowie deren Kumulation über mehrere Vegetationsperioden zu rechnen (Pearson und Mansfield 1994, Skärby et al. 1998). Verringertes Stamm- und Wurzelwachstum sowie eine Verminderung der Wurzel/Spross-Verhältnisse sind mehrfach belegt. Solche Veränderungen beruhen offenbar auf einer gehemmten **Verlagerung von Assimilaten** zu den betreffenden Geweben (Landolt et al. 2000, Polle et al. 2000). Auch eine einseitige Erhöhung des Stickstoffangebots verringert das Wurzel/Spross-Verhältnis (Abschn. 6.1.3.5).

Der Auswaschung von Nährstoffionen aus den Blättern von Buchen im Freiland geht man schon länger nach (Leonardi und Flückiger 1986). Experimente mit Buchenkeimlingen in Nährlösung haben wichtige Zusammenhänge erschlossen. Die Benetzung der Oberflächen von Buchen durch **säurehaltigen Regen oder Nebel** führt zu einer Aufnahme von Protonen. Diese hat unmittelbar eine Auswaschung von Ca-, K- und Mg-Ionen aus den Blättern und mittelbar eine verstärkte Aufnahme von Nährstoffkationen aus dem Nährmedium zur Folge. Im Gegenzug werden auch mehr Protonen durch die Wurzeln freigesetzt (Leonardi und Flückiger 1986). Die Säureeinwirkung auf die oberirdischen Organe wird demnach im Freiland letztlich an den Boden weitergegeben und führt hier vor allem zu einer Belastung der Rhizosphäre. Dies muss zusammen mit den unmittelbaren Einwirkungen säurehaltiger Niederschläge auf den Boden gesehen werden (Abschn. 6.1.3.5). In einem Langzeitexperiment verringerten sich Jahrestrieblänge und Blattfläche von Buchen infolge saurer Beregnung (Billen et al. 1990).

Insgesamt ist kaum mehr daran zu zweifeln, dass die **Vitalität der Buche** in Mitteleuropa sowie in anderen Bereichen Europas durch die großräumig auftretende **Ozonbelastung beeinträchtigt** wird (Abb. 6-32). Das gilt wahrscheinlich sogar weltweit (Emberson et al. 2003). Für städtische Gebiete, in denen eine ständig hohe Emission an Stickoxiden aus dem Verkehr den Abbau von Ozon fördert, trifft dies nur eingeschränkt zu (Gregg et al. 2003). Kommt zum Ozon gleichzeitig eine Belastung durch Schwefeldioxid, Stickoxide und sauren Regen hinzu, so wirkt das verschärfend. Über längere Zeiträume können Veränderungen wie z. B. Hemmung des Wurzelwachstums gegenüber dem Sprosswachstum, Hemmung des Stammdicken- gegenüber dem Stammlängenwachstum, verringerte Blattgrößen und vorzeitiger Blattverlust die Stabilität von Buchen-Ökosystemen gefährden (Matyssek 1998). Eine abschließende Beurteilung der Rolle des Ozons ist jedoch derzeit noch nicht möglich (Sandermann et al. 1997, Skärby et al. 1998, Polle et al. 2000).

6.1.3.5 Wirkungen von Eigenschaften und Veränderungen der Böden auf die Ernährung der Buche

Die **Bodenversauerung** der letzten Jahrzehnte (Abschn. 5.2) ist auch an Buchenwald-Ökosystemen nicht vorübergegangen (Rothe 1997, Innes et al. 1998, von Wilpert und Buberl 1998, von Wilpert et al. 2000). So sind in Hainsimsen-Buchenwäldern Südniedersachsens im Zeitraum von 1954 bis 1986 die Basensättigung und besonders die Vorräte an austauschbarem Calcium und Magnesium beträchtlich abgesunken (Ulrich et al. 1989). Auch für die Schweiz lässt sich am deutlichen Anstieg der Mn-Gehalte von Buchenblättern zwischen 1984 und 1995 ein Fortschreiten der Bodenversauerung – vor allem durch Stickstoffeintrag – aufzeigen. Dies gilt sogar bei kalkhaltigen Böden und könnte hier durch Versauerungsprozesse in der Rhizosphäre bedingt sein (Flückiger und Braun 1998). Ökosystembilanzen hessischer Buchen-Dauerbeobachtungsflächen (Level II) lassen auch ein Weiterwirken der in Waldböden gespeicherten Altlast an Sulfaten erkennen; deren allmähliche Auswaschung führt zu Verlusten an Mg und Ca als begleitende Kationen (von Wilpert et al. 2000). In stark versauerten Böden tritt zunehmend Al als Begleitkation auf (Jacobsen et al. 2001). Für Südschweden ist die Versauerung der oberen C-Horizonte von Böden unter Laubholzbeständen zwischen 1947 und 1988 belegt worden (Falkengren-Grerup und Eriksson 1990); leider erlauben die betreffenden Daten keine Ermittlung von Stoffbilanzen.

Wenn auch die Ergebnisse von **Versuchen** mit Buchenwurzeln in Nährlösungen oder in mit Nährlösung getränktem Quarzsand nur mit großer Vorsicht auf die Bedingungen in natürlichen Böden übertragen werden können, so scheint doch festzustehen: Die Buche hat eine wesentlich höhere Toleranz gegenüber der toxischen Wirkung von **Al-Ionen** als etwa die Fichte (Abschn. 5.2.2.3); das gilt offenbar sowohl für Keimlinge als auch für Altbäume. Unterhalb der Toxizitätsschwelle reagiert die Buche auf Al-Belastung sogar durch Steigerung des Wurzelwachstums. So zeigte die Masse der lebenden Feinwurzeln (g Trockenmasse/m^2) in 16 untersuchten Buchenbeständen mit sinkendem pH des Oberbodens eine signifikante Zunahme (Leuschner und Hertel 2003). Auch hat die Buche eine höhere Fähigkeit als die Fichte, bei hoher Belastung des Wurzelraums durch Al-Ionen die Aufnahme von Ca und Mg weitgehend aufrechtzuerhalten, der antagonistische Effekt ist bei ihr schwächer ausgeprägt. Bei Buchenbeständen kommt demnach allenfalls eine Minderung der Ca- und Mg-Versorgung in Betracht (Rost-Siebert 1985, Ebben 1990, Rapp 1991). Dagegen scheint nach Versuchen in Lösungskultur die Buche gegenüber der Toxizität

von **H$^+$-Ionen** empfindlicher zu sein als die Fichte (Rost-Siebert 1985). Je geringer das Mol-Verhältnis von Ca$^+$ zu H$^+$ bzw. Al^{3+} in der Bodenlösung ist, desto eher kommt es auch bei der Buche zu säurebedingten Beeinträchtigungen der Feinwurzeln und zu Störungen der Mg-Aufnahme (Cronan und Grigal 1995, Büttner 1999). Jedoch haben sich die experimentell in Nährlösungskulturen ermittelten Grenzwerte bei Untersuchungen im Freiland nicht bestätigen lassen. In einem Experiment an Keimlingen der Buche, die in humosem Bodenmaterial aus den oberen 5 cm von Ah-Horizonten unterschiedlicher Böden eingetopft und durch Zugabe verdünnter Schwefelsäure behandelt worden waren, ergab sich eine deutliche Reduktion des Längenwachstums der Hauptwurzel und der Seitenwurzelbildung mit zunehmendem Al-Gehalt und – noch enger korreliert – mit zunehmendem Al/Ca-Verhältnis im wässrigen Bodenextrakt (Neitzke und Runge 1985). Der Befund weist auf schädigende Auswirkungen des **Komplexes der Bodenversauerung** hin; dies umso mehr, als das hier gewählte humose Bodenmaterial vor toxischen Wirkungen von Al-Ionen durch Bildung von organischen Komplexen einen gewissen Schutz bieten sollte. Auch wurde jungen Buchen im Freiland eine signifikante Abnahme der relativen Länge der Feinstwurzeln (< 0,25 mm Durchmesser) bei abnehmender Basensättigung des Bodens festgestellt (Braun et al. 2005).

Bei **Freilandexperimenten** im Solling-Projekt konnte eine beginnende Differenzierung zwischen der Kontrollfläche sowie einer gekalkten Fläche mit höherer und einer gezielt versauerten Fläche mit geringerer Vitalität der Buchenkronen festgestellt werden (Roloff 1989). Jedoch hat die chemische Analyse von Feinwurzeln keinen Zusammenhang mit dem Schädigungsgrad anhand von Symptomen der Krone erkennen lassen (Wiedemann 1991). So ist eine widerspruchsfreie Darstellung eventueller Zusammenhänge zwischen Bodenversauerung und Vitalität der Buche bis heute nicht möglich.

Besondere Bedeutung hat in diesem Zusammenhang der hohe Anteil des **Stammabflusses** an der Wasserbilanz, der sich bei der Buche infolge der steil stehenden Kronenäste und der glatten Rinde einstellt. So kommen trocken, feucht und nass deponierte Fremdstoffe zusammen mit dem abrinnenden Niederschlagswasser am

Fuß der Buchenstämme konzentriert in den Boden. Anhand der veränderten Vegetation ist das schon frühzeitig erkannt und auf **Bodenversauerung** zurückgeführt worden (Glavac et al. 1970). Besonders bei Schwachregen- und Nebelereignissen ist das Stammablaufwasser stark mit säurebildenden Substanzen angereichert. Das liegt vor allem an der trockenen Deposition während der vorausgegangenen niederschlagsfreien Perioden (Glatzel und Puxbaum 1983). Deshalb nimmt die Protonenkonzentration im Laufe der Zeit ab, wenn Stammablaufwasser zeitlich gestaffelt aufgefangen wird (Hofstetter et al. 1990). Durch Vergleiche von Stoffkonzentrationen am Stammfuß und im Zwischenstammbereich kann daher die Belastung durch Eintrag von Fremdstoffen eingeschätzt werden (Wilcke und Zech 1997, Dittmar 1999).

Viel ausgeprägter als in Südeuropa (Wittig 1986, Werner et al. 1987) sind in Mitteleuropa durch den Stammablauf am **Stammfuß von Buchen** – mitten im Hauptwurzelraum – massive chemische Veränderungen der Böden zu beobachten. So betrug nach Messungen im Wienerwald die Abweichung des pH-Werts im Oberboden gegenüber der Zwischenfläche bis zu zwei Einheiten (Glatzel et al. 1983). Die starke Bodenversauerung äußert sich in einer drastischen Verarmung an Calcium, Magnesium sowie Mangan. Schwermetalle sind angereichert. Versuche mit Buchensämlingen, die zum Vergleich in Bodenmaterial aus dem Bereich des Stammabflusses bzw. der Zwischenfläche eingetopft waren, haben deutliche Unterschiede ergeben. Auf Bodenmaterial vom Stammfuß war das Wachstum der jungen Buchen deutlich geringer und es kam häufig zum Absterben von Haupt- und Seitenwurzeln. In den Blättern zeigten sich stark abgesenkte Gehalte an Ca und Mg, erhöhte Gehalte an N, P, Fe und Al. Trotz der Auswaschung von Mn aus dem Stammfußbereich waren die Mn-Gehalte in den Blättern außerordentlich hoch (Glatzel und Kazda 1985). Diese Befunde sind möglicherweise schwer wiegend im Hinblick auf die Vitalität von Buchen; sie sind jedoch kausal kaum zu interpretieren, da alle der Luft beigemischten **Fremdstoffe** am Stammfuß konzentriert werden (Nährstoffe, Säurebildner, Schwermetalle, Agrarherbizide u. a.). So stellte sich auch in Versuchen mit Gartenkresse als Bioindikator auf Stammfuß-Bodenmaterial eine Verminderung von Keimfä-

higkeit und Wachstum heraus. Da weder die pH-Werte noch die Ca/Al-Verhältnisse hierfür eine ausreichende Erklärung boten, wurde auf die Mitwirkung anderer Faktoren – vermutlich organischer Verbindungen – geschlossen (Glavac et al. 1991).

Anreicherung von **Schwermetallen** (Abschn. 5.4) wie Pb und Cd könnte insbesondere in sauren Böden zu einer Gefährdung werden, wenn auch mit akuter Toxizität nicht zu rechnen ist (Kahle und Breckle 1987, Kahle 1988). Da mit steigender Höhenlage sowohl die Belastung von Buchenökosystemen durch Schwermetalle als auch die Bodenversauerung zunehmen (Heimerich 1993, 1995), könnten am ehesten die Buchenwälder der Gebirgslagen mit sauren Böden unter Schwermetallen als einem zusätzlichen Stressor zu leiden haben.

Der **Ernährungszustand** hat auch bei der Buche besondere Bedeutung als Indikator für eventuelle Einschränkungen der Vitalität. Dabei sind allerdings die großen Unterschiede in den Nährstoffspiegelwerten von Baum zu Baum und von Jahr zu Jahr zu berücksichtigen; das gilt ganz besonders für das Element Kalium (Asche 1997). Auch von Standort zu Standort differieren die Werte erheblich. So kommen in der Nordwestschweiz (bei Kalkuntergrund) Flächen mit Mn-Mangel vor (Abschn. 6.1.3.6, Flückiger und Braun 1994). Dagegen sind auffällig **hohe Mangangehalte** in den Blättern allgemein charakteristisch für Buchen auf stark versauerten Böden (Asche 1997); bei sehr hohen Mn-Gehalten von mehr als 1 000 ppm in den Blättern reagieren Buchen mit deutlich verminderten Wuchsleistungen (Krauß 1992). Dasselbe gilt für **hohe Stickstoffgehalte** der Blätter bei tendenziell geringer Versorgung mit Phosphor, teilweise auch Magnesium und manchmal auch Kalium in verschiedenen Bereichen Mitteleuropas (Hochbichler et al. 1994, Asche 1997, Dittmar 1999). Im nordostdeutschen Tiefland sind N-Gehalte des Buchenlaubes bis etwa 3,5 % festgestellt worden. Mit so hohen Werten ist in der Regel eine deutlich herabgesetzte Wuchsleistung verbunden; deren Ursache ist jedoch nicht aufgeklärt (Krauß 1992). Auf den durchwegs stark versauerten Böden im Dreiländereck Böhmen-Oberösterreich-Bayern ergab sich **Magnesiummangel** auf allen untersuchten Flächen (Kirchner et al. 2000). Zunehmende Bodenversauerung verschlechtert den Versorgungsgrad von Buchenblättern mit Mg nicht selten bis in den Mangelbereich (Beese et al. 1991). In stark durch Säuredeposition belasteten Lagen (z. B. Hils, Solling, Fichtelgebirge oberhalb 700 m) waren sogar Mg-Mangelsymptome in Form von Interkostalchlorosen zu beobachten und es ist Mg-Mangel in den Blättern nachgewiesen worden (Zech et al. 1985, Büttner et al. 1993). Auch die Konzentrationen an Ca, Zn und K waren bei solchen Buchen niedrig (Zech et al. 1985). Allerdings legt das von Jahr zu Jahr schwankende Auftreten von Mangelsymptomen die Vermutung von Wechselwirkungen mit der **Witterung** nahe (Büttner et al. 1993). Auch hat sich nach Untersuchungen in Niedersachsen anhand von Blattproben aus dem Jahre 1996 die Ernährungssituation der Buche etwas entspannt. Das lässt sich am Rückgang der Gehalte an S und N sowie an einer Zunahme von K und Mg ablesen; allerdings haben sich auch die Spiegelwerte von P und Ca verringert (Büttner 1997). Andere Bedingungen liegen offenbar in den Bayerischen Alpen (Werdenfelser Land) vor. Auf schwach mit Mn, N und P ausgestatteten, meist skelettreichen Karbonatböden sind Buchen ausreichend bis gut mit N, K, Mg und Fe versorgt. Dagegen ist hier **Phosphormangel** verbreitet, verbunden mit sehr weiten N/P-Verhältnissen (Ewald et al. 2000). P-Mangel tritt einerseits unter den besonderen Bedingungen der kalkhaltigen Böden auf, wird aber andererseits auch durch die Bodenversauerung verschärft, die zur Freisetzung von Aluminium führt und die zugleich den Umsatz der organischen Substanz bremst (Abschn. 5.2.2.2); es bilden sich jeweils schwer lösliche Phosphate, im einen Fall mit Calcium und im anderen mit Aluminium. So ließ sich dann auch bei der Untersuchung von Buchen im gesamten europäischen Verbreitungsgebiet anhand der N/P-Relationen in weiten Bereichen auf eine im Verhältnis zum N-Angebot unzureichende Versorgung mit P schließen; zugleich zeigten die N/K-, und N/Mg-Verhältnisse Schwächen bei der K- und Mg-Versorgung an (Dittmar 1999). Auch eine Düngung mit Ammoniumnitrat in einem Buchenbestand Südschwedens führte zu einer deutlichen Verschlechterung der P-Versorgung (Balsberg Påhlsson 1992); dies kann verschiedene Ursachen haben.

Bei der Untersuchung von Buchen auf einem **stickstoffbelasteten Standort** (Höglwald) stellte sich heraus, dass die Nitrataufnahme durch die Feinwurzeln gedrosselt wird, wenn sich hohe Gehalte an löslichen N-Verbindungen im Baum – vor allem in den Wurzeln – finden. Hingegen scheint für Ammonium – das hier von Buchen bevorzugt aufgenommen wird – kein entsprechender Regulationsmechanismus zu existieren. Eine Überversorgung mit Stickstoff ist demnach nicht auszuschließen (Geßler 2001). Die einseitige Erhöhung des Stickstoffangebots durch Deposition bei gleichzeitiger Versauerung und Auswaschung von Waldböden kann auf die Dauer für Buchenwälder zu einer Belastung werden.

Längerfristige Beobachtungen lassen bei der Buche in der Nordwestschweiz im Zeitraum von 1984 bis 1995 deutliche **Trends** in der **Nährstoffversorgung** erkennen. Weithin steht einer steigenden Versorgung mit dem – ehemals knappen – Nährelement **Stickstoff** ein Rückgang der Blattgehalte an **Phosphor** gegenüber, was auf ein zunehmendes Ungleichgewicht in der Ernährung hinweist. Die **Mangangehalte** haben signifikant zugenommen. Beim Kalium und Magnesium ist kein deutlicher Trend erkennbar, jedoch sind das N/K- und das N/Mg-Verhältnis unausgeglichen hoch. Für diese Entwicklung spielt wahrscheinlich der Eintrag an Stickstoff in Waldökosysteme eine entscheidende Rolle, denn die Deposition derartiger Verbindungen hat sich in Wäldern der Schweiz zwischen 1900 und 1990 etwa verdreifacht (Flückiger und Braun 1994, 1998, 1999 b). Gestützt wird diese Auffassung durch Topfversuche mit einem sauren Waldboden: Verschiedene Baumarten wurden steigenden Stickstoffgaben in Form von Ammoniumnitrat ausgesetzt. Dabei reagierte die Buche in ihrem Nährstoffhaushalt besonders empfindlich durch Anstieg der Verhältnisse N/P, N/K und N/Mg in den Blättern. Die durch hohe N-Gaben ausgelöste Bodenversauerung führte zu einer deutlichen Zunahme der Mangangehalte. Eine starke Erhöhung des **Spross/Wurzel-Verhältnisses** als Folge der Stickstoffzufuhr war nachweisbar (Flückiger und Braun 1994, 1998). Entsprechend ist nach Untersuchungen an Buchen-Dauerbeobachtungsflächen in Hessen das Spross/Wurzel-Verhältnis negativ mit dem C/N-Verhältnis des Bodens korreliert (Eichhorn 1995, Eichhorn et al. 2001). Man sollte bedenken, dass Belastung durch Ozon in die gleiche Richtung wirkt.

Bei den gründlichen Untersuchungen in der Nordwestschweiz ist – abgesehen von besonderen Manganmangel-Flächen – kein Zusammenhang zwischen **Laubverfärbungen** und der Versorgung mit Nährstoffen (z. B. mit Kalium und Magnesium) gefunden worden. Jedoch zeigten Buchen auf den höher gelegenen Standorten, hier zumeist auf Kalkuntergrund, deutlich stärkere Vergilbungen. Auch ergab sich, dass die **Kronentransparenz** im Durchschnitt der Jahre 1984 bis 1993 bei Buchen auf Böden im Karbonat- und Silikat-Pufferbereich sogar höher war als bei solchen im Aluminium-Pufferbereich (Flückiger und Braun 1994). In diesem Sonderfall überlagern sich vermutlich die Effekte der Höhenlage mit denen der chemischen Eigenschaften der Böden gegenläufig; außerdem wirken Witterungseinflüsse mit. Denn im Allgemeinen bestehen Korrelationen zwischen Indikatoren für den Säuregrad des Bodens und dem Kronenzustand von Buchen (nach Roloff 1987, 1988) und sprechen für eine verminderte Vitalität infolge von Bodenversauerung, die gewöhnlich mit der Höhenlage zunimmt. Dabei spielen offenbar die **N-Einträge** eine zentrale Rolle. Denn Korrelationen zwischen Verhältnissen N/P, N/K und N/Mg einerseits und dem Kronenzustand von Buchen andererseits weisen auf eingeschränkte Vitalität von Buchen auf denjenigen Standorten hin, deren Versorgung mit P, K und Mg im Verhältnis zum N-Angebot unzureichend ist (Dittmar 1999). Das gilt bezüglich der P-Versorgung offenbar auch für Buchen auf Karbonatböden in den Bayerischen Alpen (Werdenfelser Land). Denn die geringen P-Spiegelwerte allein erklären nicht eine erhöhte Kronentransparenz, wie einzelne dicht belaubte Buchen mit dennoch niedrigen P-Spiegelwerten zeigen. Das Ca/P-Verhältnis der Blätter als Ausdruck hohen Ca- und geringen P-Angebots war statistisch am engsten mit der Kronentransparenz des Jahres 1997 verbunden; ein Verständnis der kausalen Zusammenhänge erfordert jedoch weitere Untersuchungen (Ewald et al. 2000). An umfangreichem Datenmaterial aus der Schweiz konnten Braun et al. (1999) einen signifikanten statistischen Zusammenhang zwischen der **Basensättigung** und dem **Durchmesserzuwachs** von Buchenstämmen in Brusthöhe nachweisen: Standorte mit einer Basensättigung von 40 % oder weniger zeigten vermindertes Wachstum. Auf der anderen Seite ergab sich auch eine signifikant positive Korrelation zwischen dem Stickstoffeintrag und dem Durchmesserzuwachs. Die **ambivalente Rolle** des **Stickstoffeintrags** – För-

derung des Wachstums und Verschärfung der Bodenversauerung – führt zu einer Überlagerung gegenläufiger Auswirkungen und erschwert dadurch das Verständnis der in Ökosystemen ablaufenden Prozesse.

Insgesamt lässt sich bis heute aus den relativ schwachen Zusammenhängen zwischen Bodenzustand und Ernährungszustand der Buche einerseits und den Weisern für die Vitalität der Buche andererseits (Kronenzustand, Zuwachsentwicklung) allenfalls auf eine untergeordnete Mitwirkung dieser Faktoren schließen – vielleicht im Sinne einer Prädisposition für andere schädigende Einflüsse (Prinz et al. 1994). Auf keinen Fall sind die heftigen Zuwachseinbrüche der Buche in höheren Lagen (Abschn. 6.1.3.2) allein durch die hier besprochenen Faktoren erklärbar.

6.1.3.6 Wurzelentwicklung und Mitwirkung von Lebewesen in der Rhizosphäre

Beim Fällen älterer Buchen erscheint an der Schnittfläche neben dem bekannten Rotkern in jüngster Zeit immer häufiger ein **abnormer Kern**. Dieser ist schwärzlich gefärbt, ufert auf dem Stammquerschnitt ähnlich Farbspritzern in den Splint aus und zeigt an den Rändern meist eine tiefschwarze Farbe (Sachsse 1991). Mag es solche abnorme Kerne auch in der Vergangenheit schon hin und wieder gegeben haben, so ist doch ihre jetzige **Häufigkeit** als **neuartig** zu bezeichnen. Die ausführliche Arbeit von Zycha (1948) erwähnt derartige Bildungen überhaupt nicht. Es wird vermutet, dass abnorme Kerne von Wurzelfäulen ausgehen, jedoch sind Ursachen und Genese nach wie vor unklar (Mehringer et al. 1988, Sachsse 1991, Walter 1993 a, b). Die Eigenschaften abnormer Kerne sind in den letzten Jahren näher beschrieben worden. So ist die Holzfeuchte am äußeren Rand regelmäßig stark erhöht (Nasskern), ein unangenehmer Geruch nach Buttersäure geht auf die Tätigkeit zahlreicher Bakterienarten zurück, die aus löslichen Zuckern Säuren bilden. Dadurch kommt es zur Absenkung des pH-Werts der Kapillarflüssigkeit. In der schwarzen Randzone zeigen sich Alkalisierung sowie extrem starke Verthyllung und hohe Gehalte an phenolischen Kernstoffen, sogar in Faser- und Gefäßlumina (Mehringer et al.

1988, Schmidt und Mehringer 1989, Sachsse 1991, Seeling 1992, Walter 1993 a, b). Wenn auch bisher zwischen Schädigungssymptomen an der Krone und dem Auftreten abnormer Kerne kein Zusammenhang gefunden worden ist (Mehringer et al. 1988, Seeling 1992), so sollte doch deren Entstehung näher untersucht werden; denn eine Reihe von Indizien spricht für Wurzelerkrankungen als Ursache.

Entgegen früheren Ansichten kann die Buche sauren Auflagehumus mit ihren **Feinwurzeln** gut erschließen. So kann sie bei einer ausreichenden Mächtigkeit der Auflage auch arme Sandböden besiedeln (Leuschner 1998). Untersuchungen an Feinwurzeln von Altbuchen wurden auf einer Reihe von Standorten durchgeführt, die sich in der Basensättigung ihrer Böden und in der Höhe der Niederschläge sehr stark unterscheiden (Leuschner et al. 2001). Die Ergebnisse zeigen (bis zu einer Bodentiefe von 40 cm) nur geringe Unterschiede in der gesamten Biomasse sowie der Dichte der Feinwurzeln je Volumeneinheit des Bodens, wenn man von einer Ausnahme absieht. Jedoch waren bei basenarmen Böden das Verhältnis Nekromasse:Biomasse sowie die Dichte der Feinwurzelspitzen je Einheit des Bodenvolumens wesentlich höher als bei basenreichen Böden. Die hohe Dichte der Feinwurzelspitzen hängt offenbar damit zusammen, dass in sehr sauren Böden infolge der widrigen chemischen Bedingungen die Nährstoffaufnahme erschwert ist und dass hier die Feinwurzeln nur kurzlebig sind und deshalb laufend ersetzt werden müssen (Leuschner et al. 2001). Eine erneute Auswertung der Wurzelinventuren von zahlreichen Buchenbeständen in Mittel- und Westeuropa ergab bei der Buche einen leichten, aber signifikanten Anstieg der Gesamtbiomasse der Feinwurzeln (bis 70 cm Tiefe) mit zunehmender Bodenazidität (Leuschner und Hertel 2003). Bezüglich der Ausbildung der Feinwurzelsysteme bei unterschiedlichem Wasserangebot liegen sehr divergierende Befunde vor (Leuschner et al. 2001). In einer umfangreichen Studie ergab sich eine signifikant positive Beziehung zwischen der Biomasse der Feinwurzeln und dem Jahresniederschlag; dieser einzelne Faktor hatte den stärksten Einfluss auf die Feinwurzelbiomasse von Buchenwäldern (Leuschner und Hertel 2003).

Grundsätzlich sind **Sprossgewicht** und **Wurzelgewicht** auch bei der Buche eng miteinander korreliert, wie Untersuchungen an 2 m hohen, jungen Buchen ergeben haben. Dadurch hat sich auch für die Buche erneut bestätigt, dass Krone und Wurzel nicht irgendwelche Dimensionen annehmen können, sondern im Sinne eines **Gleichgewichts** voneinander abhängig sind (Roloff und Römer 1989, Abschn. 3.3.3). Auch bei der Untersuchung von Altbuchen auf sehr unterschiedlichen Standorten hat sich gezeigt, dass Biomasse der Feinwurzeln (0–40 cm) und Blattmasse je Einheit der Bestandsfläche einander entsprechen; allerdings kommen Ausnahmen vor, deren Ursachen noch nicht klar sind (Leuschner et al. 2004). Auch kann das Spross:Wurzel-Verhältnis durch **Umwelteinflüsse abgewandelt** werden. Versuche mit jungen Buchen, die mit einem sauren Waldboden eingetopft waren und steigenden Gaben an **Stickstoff** in Form von Ammoniumnitrat ausgesetzt waren, zeigten eine signifikante Zunahme der Biomassebildung sowie eine deutlich stärkere Förderung des Sprosswachstums gegenüber dem Wurzelwachstum (Flückiger und Braun 1994, Abschn. 6.1.3.5). Im selben Sinne wirkt chronische Belastung durch **Ozon** (Polle et al. 2000, Abschn. 6.1.3.4).

Stickstoffeinträge in Waldökosysteme von 15 bis 20 kg N ha^{-1} a^{-1} kommen in weiten Bereichen Mitteleuropas vor. Bereits bei einer Gabe von 10 kg N ha^{-1} (als Ammoniumnitrat) zusätzlich zu einer Deposition von 12 kg N ha^{-1} ergaben Versuche mit jungen Buchen im Freiland in deren Feinwurzeln eine Abnahme mehrerer phenolischer Verbindungen. Die Reduktion fungistatischer Phenole kann die Anfälligkeit gegenüber Pathogenen steigern (Tomova et al. 2005). Dies ist auch bei Ergebnissen der Studie im Werdenfelser Land mit zu bedenken (Ewald et al. 2000, Nechwatal und Oßwald 2001). Dort ist eine Beteiligung von Pathogenen der Gattung *Pythium* an der Entstehung von Feinwurzelschäden wahrscheinlich. Auch eine Mitwirkung der in diesem Gebiet hohen Ozonbelastung an Abbauerscheinungen infolge einer Unterversorgung des Wurzelsystems mit Assimilaten ist nicht auszuschließen (Abschn. 6.1.3.4).

Vergleichende Untersuchungen an Buchen hoher und geringer Vitalität (nach der Kronentransparenz sowie anhand der Kriterien von Roloff 1987, 1988) auf recht unterschiedlichen Böden in England ergaben klare Unterschiede an den Wurzelsystemen: Vitale Bäume hatten einen signifikant höheren Anteil an lebenden **mykorrhizierten Wurzeln** als ihre weniger vitalen Nachbarn (Power und Ashmore 1996). Vergleichbare Ergebnisse erhielten auch andere Forscher (van Driessche und Piérart 1995). Erhöhte **Kronentransparenz** und veränderte **Kronenstruktur** geben daher nicht nur Auskunft über den Zustand der Krone, sondern sie sind zugleich Weiser für die Vitalität des gesamten Baums (Abschn. 3.3.3).

In einem südschwedischen Buchenbestand bewirkten Gaben von 60 kg Stickstoff je ha und Jahr als Ammoniumnitrat über vier Jahre – das entspricht etwa dem Dreifachen der Deposition – ein fast vollständiges Verschwinden der Fruchtkörper von **Mykorrhizapilzen**. Gefördert wurde hingegen die Fruchtkörperbildung von Streu- und Humuszersetzern; Holzzersetzer reagierten nicht (Rühling und Tyler 1991). Auch die Düngung mit Ammoniumsulfat verursachte in einem Buchenbestand des Solling-Projekts einen sehr deutlichen Rückgang der Mykorrhizierung (Rapp 1991). Längerfristig sind daher Veränderungen im System Feinwurzeln-Mykorrhiza als Folge des allgemein erhöhten Stickstoffeintrags wahrscheinlich. Ein Rückgang der Mykorrhizierung könnte auch am ständigen Absinken der P-Gehalte von Buchenblättern ursächlich beteiligt sein (Flückiger und Braun 1994). Jedoch gibt es noch viele Widersprüche; so wurden etwa im Zwischenstammbereich von Altbuchen bei Böden im Karbonat-Pufferbereich mehr geschädigte Mykorrhizen gefunden als bei Böden mit höherem Säuregrad (Zhao et al. 1990).

Ebenso wie auch bei der Fichte, sind Mangelerscheinungen bei bestimmten Nährelementen allein anhand von Befunden zur Bodenchemie nicht zu verstehen. **Lebewesen in der Rhizosphäre** üben hier vielfach einen entscheidenden Einfluss aus. So treten in der Nordwestschweiz bei der Buche bereits im Frühjahr deutliche Vergilbungen auf, die auf starkem Manganmangel beruhen – trotz eines genügenden Angebots im Boden. Dies scheint darauf zu beruhen, dass Mikroorganismen in der Rhizosphäre pflanzenverfügbares Mn^{2+} in nicht verfügbares Mn^{4+} umwandeln. Durch Sterilisierung des Bodens konnten die Mn-Spiegelwerte des Buchenlaubes signifikant erhöht und die Blattvergilbung reduziert werden (Flückiger und Braun 1994). Untersuchungen des in der Mikrobenbiomasse gebunde-

nen Kohlenstoffs an einer Serie von Böden mit steigender Azidität erbrachten für Buchenbestände folgende Ergebnisse: Das Verhältnis von mikrobiellem C zum C in organischen Verbindungen nahm allgemein mit der Bodentiefe rasch ab. In stark sauren Mineralböden jedoch stieg dieses Verhältnis mit der Bodentiefe an. Dies weist auf eine Förderung der Mikroben durch die mit der Bodentiefe ansteigenden pH-Werte hin (Raubuch und Beese 2005). Der Befund ist möglicherweise bedeutsam für den Nährstoffhaushalt von Buchen-Ökosystemen.

Immer wieder ist beobachtet worden, dass Vernässung des Wurzelraums – wenn auch nur in einzelnen niederschlagsreichen Jahren – die Vitalität der Buche beeinträchtigt (Power et al. 1995). Erst in jüngster Zeit sind nun, vor allem in Bayern und Niedersachsen, Arten der Gattung *Phytophthora* als Erreger von **Wurzelfäulen** nachgewiesen worden. Am häufigsten tritt *P. cambivora* (Petri) Buism. als Krankheitserreger auf. In Süddeutschland ist daneben auch *P. citricola* Sawada häufig. Gegenüber diesen Arten ist die Buche deutlich anfälliger als die heimischen Eichenarten (Hartmann und Blank 1998 a, Jung 2005, Hartmann et al. 2005). Die pilzähnlichen Mikroorganismen der Gattung *Phytophthora* kommen im Boden vor. Sie befallen die Fein- und Schwachwurzeln von Buchen und bringen diese zum Absterben, was an der braunen, nekrotischen Rinde zu erkennen ist. Von den Wurzeln steigt das Myzel im unteren Stammteil bis etwa 2 m Höhe auf. Es verursacht hier bei Altbuchen zungenförmige, nach oben hin auslaufende Nekrosen der Rinde, die sich äußerlich durch dunkle Schleimflussflecken bemerkbar machen können. An Jungbuchen treten Wurzelhalsnekrosen auf. Befallen werden Buchen jeden Alters. Die Kronen erkrankter Altbuchen verlichten mit fortschreitender Wurzelerkrankung immer mehr, zeigen teilweise kleine, gelbliche Blätter und sterben im fortgeschrittenen Stadium vom Wipfel her ab. Dies kann zur Auflösung von Buchenbeständen führen. Jedoch kommen die *Phytophthora*-Arten auch im Wurzelraum augenscheinlich ungeschädigter Buchen vor, wenn auch in geringerer Dichte. Die Verbreitung der Erreger erfolgt vor allem durch im Bodenwasser frei bewegliche Zoosporen. Böden mit zeitweiligem Wasserüberschuss begünstigen daher die Ausbreitung der Erreger. Im gleichen Sinne wirken offenbar Perioden mit sehr hohen Niederschlägen. Folgen auf Perioden mit Wasserüberschuss ausgeprägte Trockenphasen wie im Jahre 2003, so dürfte dies besonders schädigend für Buchen sein (Jung 2005). Erkrankte Buchenbestände haben ihren Schwerpunkt auf basenreichen Böden mit hohen und mittleren pH-Werten. Besonders eng ist die Korrelation mit der Calciumsättigung der Böden in der Rhizosphäre. Bei sehr sauren, basenarmen Böden fanden sich jedoch keine Buchenbestände mit starker Schädigung (Hartmann et al. 2005). Die Bindung schwerer Schädigungen der Buche an bestimmte Standorte zeigt auffällige Ähnlichkeit mit dem Befall von Eichen durch – meist andere – *Phytophthora*-Arten (Abschn. 6.1.4.3). Die Arten, welche die Buche schädigen, sind seit langem in weiten Teilen Europas verbreitet. Daher ist zu vermuten, dass die Erkrankung nicht neuartig ist, sondern bisher übersehen wurde (Erwin und Ribeiro 1996, Hartmann et al. 2005). Offen ist allerdings, ob Umweltveränderungen zur Ausbreitung der Erkrankungen beigetragen haben. An gepflanzten Jungbuchen ist die Befallsrate auffällig höher als bei der Naturverjüngung. Dies weist auf eine Einschleppung der Erreger aus Baumschulen hin (Jung 2005, Hartmann et al. 2005).

Insgesamt gibt es bezüglich der Wurzelsysteme von Buchen noch große Kenntnislücken. Gerade im Hinblick auf die Verantwortung für das geschlossene Buchenvorkommen in Mitteleuropa wäre es dringend notwendig, die Forschung zu intensivieren.

6.1.3.7 Mitwirkung der Witterung

Die Buche ist einer breiten Spanne klimatischer Standortsbedingungen gewachsen, wie ihre Verbreitung in Mitteleuropa zeigt. So kommt sie beispielsweise in Bayern bei Jahresdurchschnittstemperaturen von 5,8 bis 9,6 °C und mittleren Jahressummen des Niederschlags zwischen etwa 500 und 2 300 mm vor. Mit zunehmender Temperatur steigen ihre Wuchsleistungen, in den warm-trockenen Gebieten erreichen diese die höchsten Werte (Felbermeier 1994). Auch in ausgesprochenen **Trockengebieten**, so etwa östlich des Harzes, bildet die Buche vitale Bestände (Leuschner 1998). Selbst auf **trockenen Standorten** setzt sie sich in Mischbeständen mit zuneh-

mendem Alter immer mehr gegen Eichen durch (Bonn 2000). Bei einem im Schwarzwald von Juli bis Oktober durchgeführten Wasserausschlussversuch an jungen Buchen wurden Unterschiede in der Reaktionsweise aus Baden-Württemberg stammender Provenienzen deutlich. Bei all diesen Buchen zeigte sich aber auch eine beachtliche Anpassungsfähigkeit an Trockenstress (Schraml und Rennenberg 2000). Die genannten Beobachtungen werden verständlich anhand der Ergebnisse des Solling-Projekts: Im ozeanisch geprägten Mittelgebirgsklima und bei einer Seehöhe von nur 500 m begrenzt in erster Linie der Mangel an photosynthetisch wirksamer Strahlung die Netto-Photosynthese der Buche (Schulze 1970, Ellenberg et al. 1986). Daher besteht auch eine positive Korrelation zwischen den Temperaturen der Monate Mai bis August und der Breite der zur gleichen Zeit gebildeten Jahrringe (Makowka et al. 1991). In **höheren Gebirgslagen**, wo infolge der Bewölkung die Sonnenscheindauer und entsprechend auch die photosynthetisch wirksame Strahlung vermindert sind (Langholz und Häckel 1985) sowie während der Vegetationsperiode niedrige Temperaturen herrschen, wirkt sich das vermutlich noch gravierender aus. Umgekehrt ist in **warm-trockenen Tieflagen** für die Vegetationszeit eine deutliche Steigerung der Jahrringbreite durch niedrige Temperaturen und die mit diesen verbundenen höheren Niederschläge nachzuweisen (Dittmar und Elling 1999).

Immer wieder ist die Vermutung ausgesprochen worden, **Trockenperioden** während der Vegetationsperiode seien entscheidend für eine verminderte Vitalität von Buchen. Im Folgejahr werden an der Buche häufig die vermehrte Bildung von Kurztrieben anstelle von Langtrieben sowie verminderte Blattzahl beobachtet (Roloff 1988). Die als Auswirkung von Dürre beobachteten Symptome klingen jedoch rasch wieder ab. Auch hat Roloff überzeugend darauf hingewiesen, dass die Buche jahrhundertelang an die in vielen unserer Wälder auftretenden extremen Trockenjahre angepasst gewesen sein muss – ohne Einbuße an Konkurrenzkraft. So hat auch das in Norddeutschland extreme Dürrejahr 1959 für die Buche außer Zuwachsverlusten keine weiteren Auswirkungen gehabt, obwohl in Waldbeständen die Gras- und Krautschicht völlig verdorrte (Möhring 1991). Demnach wirkt sich ohne Zweifel das von Jahr zu Jahr schwankende

Wasserangebot auf den Belaubungsgrad der Buche aus. Eine überzeugende Erklärung des Verlaufs der Belaubungsprozente im Ostteil von Brandenburg und Mecklenburg (Heinsdorf und Chrzon 1997) ist jedoch mit diesem Faktor allein nicht möglich, denn trotz sehr geringer Niederschläge in der Vegetationsperiode 1994 kam es im selben und im folgenden Jahr zu einem Anstieg des Belaubungsgrads. Beobachtungen in Südbayern zeigten, dass an Buchen mit zuvor geringer Belaubung während der Trockenperiode im August 2003 die Blätter fast vollständig verdorrten, während benachbarte, voll belaubte Buchen nur unwesentliche Blattverluste an stark beschatteten Ästen erfuhren (Elling und Dittmar 2004, Abb. 6-33).

Auch im **Jahrringbau** ist bei der Buche stets ein rascher Wiederanstieg des Zuwachses nach dürrebedingten Einbrüchen zu erkennen, so auch nach dem Trockenjahr 1976 (Fischer und Rommel 1989); das gilt sogar für besonders trockene Standorte (Abb. 6-30d). Bei hoher nutzbarer Wasserspeicherung der Böden ist 1976 nur eine schwache Reaktion zu erkennen (Rothe

1997, Abb. 6-30c). Besonders deutliche Hinweise auf die große **Widerstandsfähigkeit** der Buche gegen **Trockenstress** geben – trotz zweifellos vorhandener genetischer Unterschiede – vitale und wüchsige Buchen auf der Halbinsel Gargano (Süditalien). Zwar schwanken hier die Jahrringbreiten in Abhängigkeit vom Wasserangebot außerordentlich stark, zeigen also hohe Sensitivität, aber es sind keine Nachwirkungen von Trockenstress in den jeweils folgenden Jahren erkennbar (Dittmar 1999). Jedoch kann gerade bei der Buche durch **Fruktifikation** eine starke Verminderung der Jahrringbreite im gleichen oder folgenden Jahr eintreten, denn Trockenperioden im Frühsommer lösen häufig eine Mast im nächsten Jahr aus. Auch das Längenwachstum der Triebe wird sowohl durch Trockenperioden als auch Fruktifikation deutlich vermindert (Flückiger und Braun 1994).

Eine Arbeit, welche die Zukunft der Buche im südlichen Mitteleuropa angesichts der laufenden **Klimaänderung** in Frage stellt (Rennenberg et al. 2004), hat eine lebhafte Diskussion ausgelöst und auch deutlichen Widerspruch erfahren (Ammer

Abb. 6-33: An Buchen mit verlichteten Kronen ist durch die Dürre von 2003 häufig fast das gesamte Laub verdorrt. Benachbarte voll belaubte Buchen haben dagegen nur unwesentliche Blattverluste erlitten (Elling und Dittmar 2004). Krone einer Buche bei Andechs (Oberbayern) am 12.6.2002 und am 23.8.2003. (Fotos: links nach Spreng und Malzer (2003), rechts Elling).

et al. 2005, Bolte et al. 2005, Kölling et al. 2005). Rennenberg et al. gehen aus von derzeit aktuellen Szenarien für die Klimaentwicklung und stützen sich auf zwei Fallstudien in 70–80-jährigen Buchenbeständen in einer Seehöhe von 740–760 m auf der Schwäbischen Alb. Das Klima ist charakterisiert durch eine Jahresmitteltemberatur um 6,6 °C und eine Jahressumme des Niederschlags von etwa 856 mm. Ein NO- und ein SW-Hang werden einander gegenüber gestellt. An beiden Hängen ist eine Terra fusca-Rendzina aus Malmkalken entwickelt. Der Boden am steileren SW-Hang ist wesentlich skelettreicher als jener am weniger steilen NO-Hang (Geßler et al. 2004). In der Arbeit von Rennenberg et al. (2004) werden vor allem die Risiken sommerlicher Trockenheit unter künftigen Klimabedingungen diskutiert. Aus deutlichen Reaktionen physiologischer Parameter, welche die Sensitivität der Buche gegenüber Trockenheit anzeigen, wird auf deren verminderte Konkurrenzfähigkeit geschlossen. Dem stehen gewichtige Argumente entgegen (Ammer et al. 2005). Eine Fallstudie auf einem Standort mit noch weit ungünstigerer Wasserversorgung an einer Hangkante über einem West- bis Südwesthang neben Weinbergen über dem Maintal bei Würzburg (Seehöhe 295 m, Jahresmitteltemperatur 9 °C, Jahressumme des Niederschlags 650 mm, sehr skelettreiche Terra fusca über Oberem Muschelkalk) kann zum Vergleich dienen und zeigt, wie hoch selbst unter diesen extremen Bedingungen die Konkurrenzkraft der Buche ist. Es handelt sich um einen ehemaligen Mittelwald, in dem auf einer Teilfläche Buchen erhalten geblieben sind. Diese entwickeln immer breitere, stark schattende Kronen und setzen sich so allmählich gegen die Konkurrenz der Traubeneichen durch. Die Jahrringbreiten (Abb. 6-30**d**) reagieren sehr sensitiv auf die bekannten Trockenjahre, zeigen aber im Folgejahr in der Regel wieder eine vollständige Erholung. Die Dürre von 1976 hat wohl zu einer Fruktifikation im Jahre 1977 geführt, was bei einem Teil der Bäume ein Minimum erst in diesem Jahr bewirkt hat. Der Befund steht im Einklang mit Untersuchungen auf anderen Standorten, auf denen das Wachstum von Buchen durch das Wasserangebot limitiert ist. Demnach reagiert die Buche zwar sensitiver auf Trockenheit als die Traubeneiche, bleibt aber trotzdem konkurrenzstärker; dies hängt nicht nur mit der Schattenwirkung ihrer Krone

zusammen, sondern beruht auch auf höherer Konkurrenzkraft ihrer Wurzeln sowie auf der Fähigkeit zur Kompensation der bei Trockenheit erhöhten Mortalität von Feinwurzeln durch verstärktes Feinwurzelwachstum (Leuschner 1998, Leuschner et al. 2001). Die Sensitivität der Buche auf Trockenheit, die auch in Schwankungen der Jahrringbreiten zum Ausdruck kommt, darf nicht einseitig als Anfälligkeit der Buche interpretiert werden. Sie beruht ebenso auf der Fähigkeit zu rascher Erholung unter stressfreien Bedingungen (Leuschner et al. 2001).

Die extrem heiße und trockene **Vegetationsperiode** des Jahres **2003** bedarf einer besonderen Betrachtung. Hier ist es nicht nur zu Laubverlusten, sondern auch zum Absterben von Buchen gekommen. Die Ausfälle bei Jungbuchen in Naturverjüngungen hielten sich jedoch mit Raten von 5 bis maximal 15 % selbst im Trockengebiet des nordöstlichen Mitteleuropa in Grenzen (Czajkowski et al. 2005). Nach den bisher vorliegenden Beobachtungen haben anscheinend Buchen nicht in erster Linie auf durchlässigen Karbonatböden gelitten, sondern vor allem auf Tonböden, die während der Trockenperiode kaum mehr pflanzenverfügbares Wasser enthielten. Gerade im Hinblick auf die kontrovers diskutierte Frage nach der Trockenresistenz der Buche ist es dringend notwendig, die Aus- und Nachwirkungen des „Großexperiments Dürre 2003" gründlich zu untersuchen.

Spätfröste führen bei der Buche regelmäßig zum Absterben sich entfaltender Blätter und junger Triebe, denn diese erfrieren schon ab etwa −2,5 °C (Till 1956). Die Auswirkungen heftiger Spätfröste kommen im Jahrringbau jeweils durch eine Stressreaktion in Form eines sehr schmalen Jahrrings zum Ausdruck. Die Reaktion ist dann schärfer als bei einer Fruktifikation. Dies ist verständlich, denn nach einem Verlust der Belaubung beansprucht die Erneuerung von Knospen und Blättern im einzelnen Jahr die Stoffreserven stärker als eine Fruktifikation, für die Assimilate über mehrere Jahre angesammelt worden sind (Gäumann 1935). Bisher hat man nur wenig beachtet, dass Buchen in **höheren Gebirgslagen** besonders stark unter advektiven Spätfrösten zu leiden haben.

Ein sehr deutliches Beispiel liefert der Spätfrost vom 9. bis 13. Mai 1953, der in weiten Teilen des südlichen Mitteleuropa wirksam war. Es handelte sich um einen

klassischen Advektivfrost, der nur die höheren Lagen traf. Oberhalb einer Seehöhe von etwa 800–850 m ist das junge Buchenlaub erfroren (Elling et al. 1987). Die Jahrringkurven lassen einen deutlichen bis scharfen Einbruch erkennen (Abb. 6-31), der in tieferen Lagen nicht auftritt (Abb. 6-30). Nahe der oberen Verbreitungsgrenze der Buche ging diesem Frostereignis noch ein weiterer Spätfrost am 20. Mai 1952 voraus (Abb. 6-31**a** und **c**) (Dittmar und Elling 2006, Dittmar et al. 2006). Solche Ereignisse können für Buchen sehr einschneidend sein. Vereinzelt erholten sich dendrochronologisch untersuchte Bäume am Alpenrand nach dem Spätfrost vom Mai 1953 nicht mehr, sondern kümmerten danach jahrzehntelang. Auch in den Jahren 1927, 1928, 1952 und 1957 sind Buchen der höheren Lagen offenbar von Spätfrösten getroffen worden. Ebenso ist wahrscheinlich an der einschneidenden Zuwachsdepression von Buchen am Alpennordrand in etwa 1 000 m Seehöhe zwischen 1976 und 1981 der Spätfrost vom 12. Mai 1978 beteiligt; hingegen ist eine nennenswerte Auswirkung der Fröste vom 29./30. April 1976 unwahrscheinlich, denn die Blattentfaltung der Buche ist am Hohenpeißenberg (977 m) erst auf den 7. Mai 1976 datiert.

Gegenüber **Winterfrösten** ist die Buche – abgesehen von ihrer östlichen Verbreitungsgrenze – nur wenig empfindlich, denn nach den Wintern mit besonders einschneidenden Temperaturstürzen bzw. Kälteperioden (1928/29, 1939/40, 1955/56 und 1978/79) lassen die Jahrringbreiten keine deutliche Reaktion erkennen (Abb. 6-30 und 6-31). Die relativ empfindlichen Knospen sind im Allgemeinen frosthart, werden aber durch besonders strenge Fröste von $-27\,^\circ$C bereits zur Hälfte geschädigt (Till 1956, Tranquillini und Plank 1989). In einem Experiment hat die Behandlung von Buchensämlingen mit Umgebungsluft deren Überlebensfähigkeit während des Winters gegenüber den mit Filterluft behandelten Pflanzen deutlich vermindert; dies war vermutlich in erster Linie auf Wirkungen des Ozonanteils zurückzuführen (Flückiger und Braun 1989).

Rindenerkrankungen haben im Laufe des 20. Jahrhunderts immer wieder so genanntes Buchensterben ausgelöst. Die Buche bildet in der Regel keine Borke (Braun 1976), daher ist ihre Rinde gegenüber abiotischen und biotischen Einwirkungen anfällig. In der Literatur sind häufig Erscheinungsformen vermengt worden, die auf unterschiedliche Ursachen zurückgehen (Butin 1996): Die **Buchen-Rindennekrose** wird durch die Buchenwollschildlaus eingeleitet (Abschn. 6.1.3.3). Das Absterben des Kambiums und des Bastes infolge starker Sonnenstrahlung führt zum **Sonnenbrand**. Dieser wird meist durch die im **Sommer** hoch stehende Sonne verursacht und kommt demnach bevorzugt an der Stammbasis und den Wurzelanläufen vor und zwar nur an der Süd- bis Südwestseite, wenn diese der Sonnenstrahlung ausgesetzt ist. Ebenfalls an der Süd- bis Südwestseite von Stämmen entstehen im **Winter** bei strengem Frost und starker Strahlung oder heftigem Frostwechsel so genannte **Frostplatten** oder **Frostrisse** in der Rinde, verbunden mit dem Absterben des Kambiums und des Bastes. Das ist schon lange bekannt und mehrfach beschrieben worden (Seeholzer 1935, Leibundgut und Frick 1943). Kambiumschädigung durch starke Sonnenstrahlung und einen Temperatursturz am 13./14. November 1980 waren offenbar auch in jüngster Zeit die Ursachen für das Absterben der Rinde an der Stammbasis von Buchen (Flückiger und Braun 1994). Jedoch hat dies anscheinend nur lokale Bedeutung gehabt, denn im östlichen Mitteleuropa schließt zu dieser Zeit eine völlig andere Wetterlage derartige Schädigungen aus. Alle genannten Absterbevorgänge der Rinde können zum Befall durch Pilze der Gattung *Nectria* sowie zur raschen Zersetzung des Holzes durch Weißfäulepilze führen.

Die heftigen mehrjährigen **Zuwachsdepressionen** bei Hochlagenbuchen während der letzten Jahrzehnte haben im Jahrringbau früherer Zeit keine Entsprechung. Sie können demnach keinesfalls allein auf Witterungseinflüsse zurückgeführt werden (Abb. 6-31, Dittmar 1999, Elling und Dittmar 2003).

6.1.3.8 Komplexes Zusammenwirken von Teilursachen

Spezifische Symptome einer Belastung von Buchen durch **Ozon** sind neuerdings klar beschrieben worden. Darüber hinaus lassen dendrochronologische Untersuchungen die Unterschiede zwischen Buchen-Ökosystemen der tieferen und der höheren Lagen (oberhalb etwa 700 m Seehöhe) klarer erkennen, als die Symptome an den Baumkronen. In den **Tieflagen** zeigen Buchen hohe Zuwächse, meist mit steigender, in einzelnen Fällen auch mit deutlich fallender Tendenz. Standorte mit warm-trockenem Klimacharakter wirken sich günstig auf das Wachstum aus, wenngleich hier eine deutliche Abhängigkeit der Jahrringbreite von der Wasserversorgung in der jeweiligen Vegetationsperiode besteht. Zu geringes Wasserangebot vermindert offenbar während trockener und strahlungsreicher Perioden die prädisponierende natürliche Faktoren — antreibende und auslösende Faktoren — fakultativ hinzutretende Faktoren

höhere Gebirgslagen:
- kurze Vegetationsperiode, geringe Strahlung, niedrige Temperaturen, Spätfröste
- ausreichendes Wasserangebot auch bei strahlungsreicher, trockener Witterung → hohe stomatäre Leitfähigkeit auch bei strahlungsreicher, trockener Witterung → höhere Belastungen durch Ozon in Gebirgslagen

tiefere Lagen:
- relativ hohes Wasserangebot → stomatäre Leitfähigkeit bei strahlungsreicher Witterung relativ hoch
- Wassermangel bei strahlungsreicher, trockener Witterung → stomatäre Leitfähigkeit bei strahlungsreicher, trockener Witterung stark reduziert
- Angebot an Strahlung und Wärme nur wenig wachstumsbegrenzend → große Erholungsfähigkeit nach Belastungen infolge günstiger Standortsbedingungen
- basenreiche Böden mit Wasserüberschuss → Befall der Feinwurzeln durch Phytophthora-Arten

Weniger ausgeprägte Belastung durch Ozon in tieferen Lagen

Nährstoffungleichgewichte durch Eintrag von S- und N-Verbindungen

- eingeschränkte Erholungsfähigkeit infolge ungünstiger Wachstumsbedingungen
- starke Schädigung durch Ozon ? →
- deutliche Schädigung durch Ozon ? →
- nur geringe Schädigung durch Ozon
- Reduktion fungistatischer Phenole in den Wurzeln durch N-Eintrag ? →
- Reduktion des Wurzel/Spross-Verhältnisses durch Ozon und N-Eintrag ? →

fakultativ hinzutretende Faktoren:
- Prädisposition für Befall durch Parasiten und phytophage Tiere an der Krone
- Befall der Wurzeln durch parasitische Pilze ?
- Prädisposition für Wasserstress in Trockenperioden ?

Buche

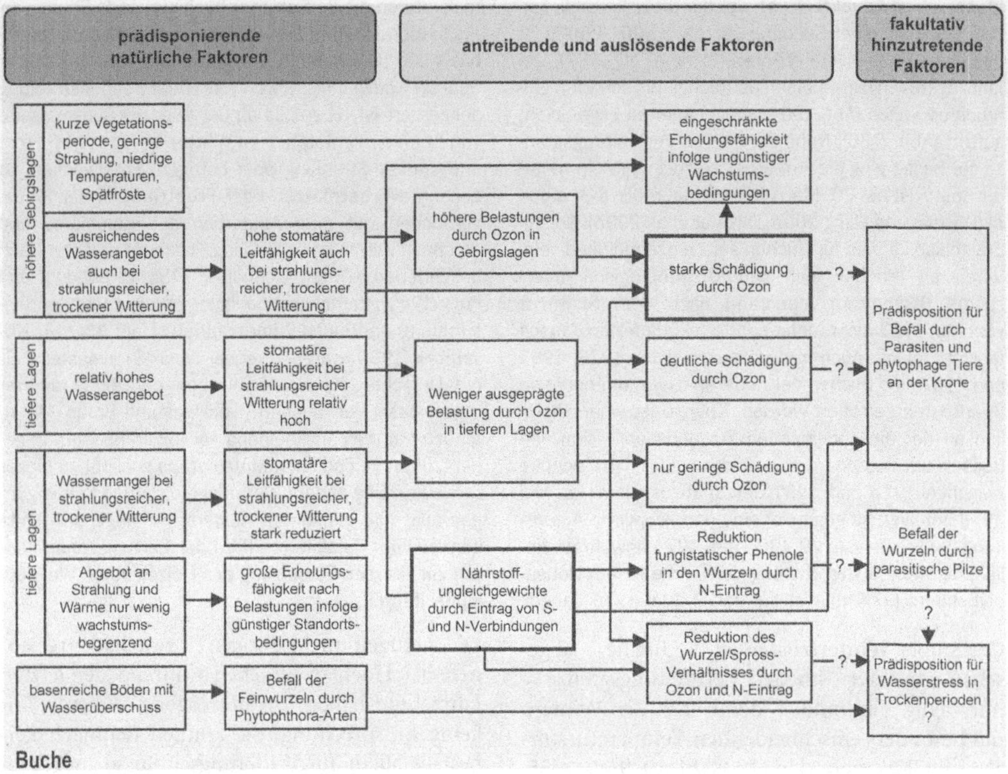

Abb. 6-34: Schema des Ablaufs von Schädigungsprozessen bei der Buche. Erläuterung in Abschn. 6.1.3.8.

stomatäre Leitfähigkeit und bewirkt daher einen gewissen **Schutz vor** dem gerade dann verstärkt entstehenden **Ozon** (Ablaufschema in Abb. 6-34). Günstige Wachstumsbedingungen machen die Buche offenbar fähig, mit Belastungen durch episodisch auftretende hohe Ozonkonzentrationen sowie die Folgen eventuell gegebener Bodenversauerung fertig zu werden. Zu den Reaktionen von Buchen in tieferen Lagen mit ständig reichlicher Wasserversorgung sind noch keine Aussagen möglich.

Die Buchen in **höheren Gebirgslagen** ab etwa 700 m Seehöhe dagegen zeigen seit der zweiten Hälfte der 1970er Jahre abrupt einsetzende **Zuwachsdepressionen** über mehrere Jahre. Diese lassen sich nach ihrer Stärke, nach ihrer Dauer und nach ihrem überregionalen Auftreten nicht mit früheren Zuwachsrückgängen vergleichen. Schon von jeher ist der Zuwachs in höheren Lagen wesentlich geringer als im Flachland, denn er wird durch **klimatische Standortsbedingungen** scharf begrenzt:

- Kurze Vegetationsperiode und niedrige Temperaturen.
- Vermindertes Angebot an photosynthetisch wirksamer Strahlung infolge starker Bewölkung und daher geringerer Sonnenscheindauer in der Vegetationsperiode.
- Einschneidende Auswirkungen von Advektiv-Spätfrösten, deren ökologische Bedeutung bisher unterschätzt worden ist.

In **kühl-feuchten Sommern** bleibt der Zuwachs gering, weil er stärker als in tieferen Lagen durch Mangel an Strahlung und Wärme limitiert ist. **Strahlungsreiche, warme Vegetationsperioden** haben der Buche in früherer Zeit einen hohen Zuwachs und das Auffüllen ihrer Assimilatreserven erlaubt. Gerade dann und besonders in Gebirgslagen treten jetzt **hohe Ozondosen** auf und hindern vermutlich die Buche an der Nutzung der für sie vorteilhaften Witterung. Denn selbst in Trockenperioden ist hier die Wasserversorgung meist noch ausreichend, sodass die Buche eine hohe stomatäre Leitfähigkeit aufrechterhalten kann. Damit aber fällt ein Schutzfaktor gegen Ozon weg, der in warmen, tieferen Lagen wirksam ist, wo Wassermangel und hohe Ozonbelastung häufig zusammentreffen.

Verstärkter **Eintrag von Stickstoff** fördert – zumindest bei niedrigen Seehöhen – bis zu einer noch nicht näher definierbaren Grenze den Holzzuwachs der Buche. Vermehrtes Stickstoffangebot und erhöhte **Ozonbelastung** bringen darüber hinaus auf zweierlei Weise gleich gerichtete Wirkungen hervor: Sie verändern das **Spross/Wurzel-Verhältnis** zu Lasten der Wurzel und führen zu verminderter Feinwurzelbildung und vermutlich auch Mykorrhizierung; dabei könnte die verminderte Erneuerung abgestorbener Feinwurzeln eine Rolle spielen. Beide Faktoren begünstigen gleichsinnig auch den Befall durch Parasiten und phytophage Tiere, da Gewebe mit höherem N-Gehalt diesen bessere Entwicklungsbedingungen bieten. Außerdem bewirkt Stickstoffeintrag verstärkte Bodenversauerung und kann zu Nährstoff-Ungleichgewichten führen. Diese Form einer **doppelten Belastung** durch **Stickstoffeintrag** und **Ozon** kann mittelfristig eine Destabilisierung bestimmter Buchen-Ökosysteme zur Folge haben. Im Zusammenhang mit Fragen nach neuartigen Schädigungsprozessen sind stets altbekannte Erkrankungen der Buche mit zu berücksichtigen. Ob die neuerdings bekannt gewordenen Wurzelerkrankungen durch *Phytophthora*-Arten (Abschn. 6.1.3.6) hier einzuordnen sind, oder ob diese durch Umweltveränderungen gefördert werden, ist noch nicht zu beurteilen. Klar ist jedoch, dass eine beträchtliche Zerstörung von Feinwurzeln durch diese pilzähnlichen Organismen zu Wasserstress bei der Buche führt.

6.1.3.9 Offene Fragen

Zwar ist in den letzten Jahren auch das Verständnis komplexer Schädigungsvorgänge in Buchen-Ökosystemen gewachsen, doch gibt es auf zahlreiche Fragen noch keine befriedigenden Antworten. So sind die Zusammenhänge zwischen den an Buchenkronen beobachteten – anscheinend unspezifischen – **Symptomen** und deren Ursachen nur unzureichend verstanden. Es fehlt daher eine zuverlässige Grundlage für die Bewertung verringerter Belaubungsgrade und veränderter Kronenstrukturen. Auch die Auswirkungen dieser Symptome auf den Holzzuwachs lassen sich nicht klar fassen.

Buchen in kühl-feuchten Hochlagen einerseits und warm-trockenen Tieflagen andererseits unterscheiden sich vermutlich stark in ihrer stomatären Leitfähigkeit und damit der Ozonaufnahme bei strahlungs- und damit ozonreicher Witterung. Unklar ist bisher, wie sich Buchen tieferer Lagen verhalten, deren Wasserversorgung durchwegs reichlich ist.

Es gibt zahlreiche Hinweise darauf, dass der Komplex der **Bodenversauerung** bei der Buche schädigende Prozesse auslöst, jedoch ist deren Bewertung angesichts recht unterschiedlicher Befunde noch kaum möglich. Völlig offen ist, ob **Nährstoffungleichgewichte** oder **Nährstoffmängel** bei der Buche prädisponierend für eine Schädigung durch Ozon wirken können – wie bei anderen Baumarten.

Kaum gelungen ist bisher die Abgrenzung zwischen naturgegebenen und neuerdings eventuell veränderten Zuständen und Prozessen innerhalb des Systems Feinwurzeln-Mykorrhiza-Mikroorganismen in der **Rhizosphäre**; die Kenntnisse in diesem Bereich sind insgesamt bruchstückhaft. Den Hinweisen auf eine drastische Verminderung fungistatischer Phenole in den Feinwurzeln sollte durch die Forschung nachgegangen werden, denn dies könnte für das Eingreifen von **Pathogenen** bedeutsam sein. Daran knüpft sich auch die Frage nach Ursachen und Entstehungsweise abnormer Kerne im Stammholz der Buche. Wie sich der Befall durch *Phytophthora*-Arten in ökosystemare Prozesse einfügt, ist ebenfalls noch nicht zu beurteilen.

Besonders im Interesse der forstlichen Praxis bedarf die neuerdings kontrovers diskutierte Frage nach der **Trockenheitsresistenz** der Buche unter heutigen und zu erwartenden Klimabedingungen dringend einer Klärung. Der „Großversuch" durch die Dürre im Sommer 2003 bietet hierfür einen hervorragenden Ansatzpunkt. Dabei ist eine sorgfältige Differenzierung nach Standorten notwendig. Denn Beobachtungen sprechen dafür, dass Buchen eher auf Tonböden als auf durchlässigen Karbonatböden gelitten haben.

Die Frage nach **möglichen Auswirkungen** von Herbiziden und Fungiziden, die von Ackerflächen über große Entfernungen durch die Luft transportiert und in Buchenwäldern deponiert werden (Stammabfluss!), ist noch kaum gestellt worden.

6.1.4 Stieleiche (*Qercus robur* L.) und Traubeneiche (*Quercus petraea* (Matt.) Liebl.)

Die Stieleiche und die Traubeneiche sind bisher als **getrennte Arten** geführt worden. Morphologische und biochemisch-genetische Untersuchungen sowie Kreuzungsexperimente haben dann begründete Zweifel an der Trennung von zwei Arten aufkommen lassen. Es ist daher vorgeschlagen worden, die Artunterscheidung aufzugeben. Innerhalb der einen Art *Quercus robur* L. wären demnach die beiden Unterarten *Quercus robur spp. robur* – Stieleiche und *Quercus robur spp. petraea* – Traubeneiche zusammengefasst (Kleinschmit et al. 1995, Steinhoff 1998). Jedoch sind auch triftige Argumente für die Beibehaltung der bisherigen Artunterscheidung vorgebracht worden (Aas 1998). Hier im Text wird einfach von Eichen gesprochen, wenn keine Trennung beabsichtigt ist. Ansonsten werden die deutschen Artbezeichnungen Stieleiche und Traubeneiche verwendet. Denn eine Unterscheidung ist im Hinblick auf die Erkrankungen und das Absterben von Eichen notwendig. Es hat sich nämlich eine deutliche **genetische Komponente** herausgestellt: Gegenüber den derzeitigen Erkrankungen ist im Durchschnitt die Stieleiche anfälliger als die Traubeneiche; noch größer können die Unterschiede zwischen einzelnen Provenienzen derselben Art sein (Svolba und Kleinschmit 2000). Im Gegensatz dazu ist aber auch über eine stetige Verschlechterung der Vitalität beider Eichenarten in Ostbrandenburg berichtet worden, ohne dass sich ein Zusammenhang zu genetischen Parametern ergeben hat (Zaspel et al. 2002).

6.1.4.1 Symptome an Krone und Stamm sowie Verbreitung und zeitlicher Ablauf derzeitiger Eichenerkrankungen

In den vergangenen Jahrhunderten ist es nur selten, im 20. Jahrhundert dagegen immer wieder in mehr oder minder großem Umfang zum Absterben von Eichen gekommen, wie mehrfach dargelegt worden ist (Delatour 1983, Hartmann und Blank 1992, Donaubauer 1993, Heinsdorf 1999). Diese Ereignisse sollen erst später diskutiert werden (Abschn. 6.1.4.8.).

Seit dem Ende der 1970er und dem Anfang der 1980er Jahre werden in Mitteleuropa an beiden Eichenarten **Symptome** einer Erkrankung oder Schädigung beobachtet. Eine Ausscheidung verschiedener Symptomkomplexe wäre hilfreich für weitere Untersuchungen (Rehfuess 1993) und ist auch wiederholt versucht worden (Führer 1987, Hartmann und Blank 1992, Hartmann et al. 1995). Jedoch hat sich gezeigt, dass die Symptome nicht in festen Kombinationen und auch nicht in einer bestimmten Abfolge (Marcu und Tomiczek 1988, Kandler und Senser 1993) auftreten und einander über fast ganz Europa hinweg insgesamt recht ähnlich sind (Oleksyn und Przybyl 1987, Hämmerli und Stadler 1989, Donaubauer 1993, Hager 1993 a, b, Jung 1998). Das muss nicht bedeuten, dass den Eichenerkrankungen einheitliche Ursachen zugrunde liegen, sondern kann auch auf den eingeschränkten Möglichkeiten der Bäume zur Ausprägung von Symptomen beruhen. Verlichtung der Baumkronen, Verkleinerung und Vergilbung der Blätter sowie Rindennekrosen am Stamm sind die wichtigsten Merkmale, die oberirdisch zu erkennen sind. Erst die Einbeziehung der Symptome an den Wurzeln sowie der Standortsbedingungen lassen eine Differenzierung nach Erkrankungstypen zu (Abschn. 6.1.4.3).

Die **Verlichtung** betrifft vor allem den Wipfel und den äußeren Bereich der Krone. Sie kommt ganz wesentlich durch die gehäufte Abgliederung von Zweigabsprüngen zustande (siehe unten). Durch das Austreiben von **schlafenden Knospen** und **Adventivknospen** können Eichen jedoch ihre Beastung und Belaubung in wenigen Jahren wieder verdichten (Roloff 1989, 1993), sofern sie vital sind. Die Kronentransparenz verändert sich demnach deutlich von Jahr zu Jahr. Fortlaufendes Absterben von Knospen, Trieben und Ästen kann zur Verlichtung der Baumkrone führen (Cech und Tomiczek 1986, Hartmann et al. 1989). Jedoch ist diese bis zu hohen Blattverlusten von etwa 60 % noch reversibel; bei Laubverlusten von mehr als 60 % tritt meist keine Erholung mehr ein und die **Mortalität** ist dann deutlich erhöht (Blank 1997, Paar et al. 1999). Bei fortgeschrittener Verlichtung entwickeln sich häufig an der Basis starker Äste und am Stamm zahlreiche **Klebäste**. Ist dieses Stadium erreicht, so führt das nach heutiger Erfahrung fast immer im Laufe einiger Jahre zum Tod des Baums. In Niedersachsen zeigte eine Untersuchung frisch abgestorbener Eichen im Sommer 1997 ein von oben nach unten fortschreitendes Zurücksterben der Krone; dabei war die Rinde am Stamm noch am Leben und brachte auch einige kurze Wasserreiser hervor (Hartmann und Blank 1998 b). **Fruktifikation** wirkt sich nicht negativ auf den Belaubungsgrad aus: Nur relativ gut belaubte Bäume tragen Eichelbehang (Heinsdorf 1999). **Blattfressende Insekten** können die Kronentransparenz zeitweise beträchtlich steigern. Starke Kronenverlichtung kommt aber weithin auch in Gebieten ohne nennenswerte Fraßtätigkeit solcher Insekten vor.

Roloff (1989, 1993, 2001) unterscheidet – ähnlich wie bei der Buche (Abschn. 6.1.3.1) – modellhaft Wachstumsphasen der Kronenentwicklung: In der **Explorationsphase** besteht der gesamte Wipfelbereich aus einem dichten Netzwerk langer Triebe, das den Luftraum gleichmäßig ausfüllt. Während der **Degenerationsphase** gehen die Längen von Haupt- und Seitentrieben zurück und der geschlossene Umriss der Krone wird durch einzeln vorspringende Äste abgelöst. In der **Stagnationsphase** bilden sich fast nur noch Kurztriebe und der Wipfel flacht sich ab. Wegen Zweigabsprüngen an der Basis der Äste und Zweige sitzen die Blätter büschelig gehäuft an den Zweigspitzen. Die **Resignationsphase** ist gekennzeichnet durch das Absterben von Ästen, besonders im Wipfelbereich, aber darüber hinaus auch an der gesamten Peripherie der Krone; diese zerfällt dadurch in einzelne Teile. Aufbauend auf diesem Modell hat Roloff vier **Vitalitätsstufen** ausgeschieden. Die Ansprache von Eichen nach solchen Kriterien schwankt von Jahr zu Jahr weit weniger als die Ansprache nach Belaubungsprozenten, welche stark von Witterung und Insektenfraß abhängen. Auf dieser Grundlage sind später Kronenstrukturstufen zur Ansprache von Eichenkronen im Winter entwickelt worden. Zwischen mittleren Blattverlusten und Kronenstrukturstu-

fen besteht eine deutliche Beziehung (Körver et al. 1999).

Im Zusammenhang mit Struktur und Verlichtung der Kronen ist auf Besonderheiten in der Verzweigung von Eichen einzugehen. Wie seit langem bekannt ist (Hartig 1851, Röse 1865, Büsgen und Münch 1929, Huber 1955), können diese – bei der Stieleiche offenbar in höherem Maß als bei der Traubeneiche – Zweige und Äste bis zu einem Durchmesser von mehr als 2 cm mithilfe einer Trennungszone aktiv als **Zweigabsprünge** (Krapfenbauer et al. 1988, Roloff und Klugmann 1998, Klugmann und Roloff 1999) abgliedern (Cladoptosis nach Büsgen und Münch 1929). Die Zweigabsprünge tragen grüne oder bereits herbstlich verfärbte Blätter und sind anhand der stempelförmigen Verbreiterung ihrer Basis und an deren glatter Bruchfläche von abgebrochenen Zweigen zu unterscheiden. Triebe, die aus einer Terminalknospe hervorgegangen sind, können nicht abgegliedert werden. Dagegen ist in allen Seitenknospen die Anlage zur Ausbildung einer Trennungszone vorhanden. Die aus ihnen entstandenen Triebe werden voll an das Wasserleitsystem des Baums angeschlossen oder als Zweigabsprünge aus diesem ausgegliedert. In welchem Umfang das eine oder das andere geschieht, hängt vom Alter und der Vitalität des Baums sowie von den Umweltbedingungen ab. Bei jungen Bäumen und großer Vitalität geht die Fähigkeit zur Abgliederung fast vollständig verloren. Abnehmende Vitalität, die sich auch in abnehmenden Trieblängen äußert, führt zu einer verstärkten Aufrechterhaltung von Trennungszonen und zu verstärkter Bildung von Absprüngen. An Umwelteinflüssen sind vor allem **Trockenperioden** beachtet worden. Gehäuftes Abwerfen von Zweigabsprüngen wird von jeher in und nach trockenen Sommern beobachtet (Röse 1865, Büsgen und Münch 1929, Huber 1955, Klugmann und Roloff 1999, Lobinger 1999) und im Sinne einer Überlebensstrategie als Anpassungsreaktion des Baums zum Ausgleich seiner Wasserbilanz aufgefasst. Auffällig viele Zweigabsprünge sind jedoch gerade auch nach besonders **nassen Vegetationsperioden** aufgetreten. Das gilt für die Beobachtungen von Huber (1955) im Alpenvorland nach den zwei besonders nassen Sommern 1954 und 1955. Im Weinviertel waren frische Zweigabsprünge nur 1987 zu beobachten (Senitza 1990), nach einer ausgesprochen regenreichen Vegetationsperiode (Schume und Huber 1995 a). Ebenso waren in Südbayern nach den niederschlagsreichen Vegetationsperioden 1993 und 2005 Zweigabsprünge zahlreich. Das könnte bedeuten, dass Absterben von Feinwurzeln infolge des Angriffs von Wurzelpathogenen (Abschn. 6.1.4.3) in diesen Fällen die Ursache verstärkten Triebabwurfs war. Gehäufte Abgliederung von Zweigabsprüngen stellt bei erkrankten Eichen wohl den wichtigsten Teilvorgang dar, der zur Kronenverlichtung führt. Zweigabsprünge treten auch bei anderen Eichenarten auf, vor allem im frühen Herbst, so z. B. bei *Quercus alba* L.; experimentell konnte der Zweigabwurf durch den Wachstumsregler Etephon (setzt Ethylen als Alterungshormon frei) wesentlich gesteigert werden (Chaney und Leopold 1972, Chaney 1979).

Zu den Besonderheiten der Eichen gehört auch die Bildung von **Johannistrieben**, die bei ausreichender Belichtung Ende Juni/Anfang Juli erscheinen; bei der Stieleiche kann die Fähigkeit zu deren Bildung bis ins hohe Alter anhalten. Durch Johannistriebe lassen sich Blattverluste, die am Anfang der Vegetationsperiode durch Spätfrost, Insektenfraß oder Hagelschlag eingetreten sind, rasch wieder ausgleichen. Jedoch kann es gerade an den Johannistrieben bei starkem Auftreten des **Eichenmehltaus** (*Microsphaera alphitoides* Griff. & Maubl.) zu beträchtlichen Laubverlusten und zum Absterben von Trieben kommen (Schwerdtfeger 1981, Butin 1996). Das bedeutet eine Schwächung von Eichen, die vermutlich vor allem auf der verminderten Einlagerung von Reservestoffen beruht. Starkes Auftreten des Eichenmehltaus ist insbesondere im Zusammenhang mit Massenvermehrungen blattfressender Insekten bedeutsam (Abschn. 6.1.4.3 und 6.1.4.7).

Daneben ist – mit Schwerpunkt in Süddeutschland – seit der ersten Hälfte der 1980er Jahre eine charakteristische **Vergilbung** der Eichenblätter verbreitet. Diese ist ohne Zweifel neuartig, sie war in den vorausgehenden Jahrzehnten nicht zu beobachten. Schon vom Austrieb an haben diese Blätter eine gelbgrüne Farbe, etwa wie unreife Zitronen. Bereits im Juni nimmt die Gelbfärbung zwischen den Blattrippen deutlich zu (Cech und Tomiczek 1986) und Ende Juli oder Anfang August sind die Blätter dann leuchtend gelb gefärbt. Dabei bleiben die Blattrippen und deren unmittelbare Umgebung oft grün oder vergilben erst zuletzt (Hartmann et al. 1995). Bei starker Vergilbung bilden sich im Laufe des Au-

gust **Nekrosen** in Form von braunen Punkten und Flecken auf den Blattspreiten und von Streifen entlang der Blattränder; diese rollen sich oft nach oben ein. Ende September oder Anfang Oktober sind die Blätter dann weitgehend gebräunt und fallen oft auch vorzeitig ab. Häufig beschränkt sich die Gelbfärbung anfangs auf einzelne Äste und wiederholt dieses Muster von Jahr zu Jahr, wie Dauerbeobachtungen anhand von Fotos gezeigt haben (Abb. 6-35). Das könnte auf dem engen Zusammenhang beruhen, der bei Eichen zwischen einzelnen Wurzelsträngen und bestimmten Kronenteilen besteht (Schmidt und Roloff 2000, Abschn. 6.1.4.3). Die Vergilbung kann schließlich die gesamte Krone erfassen. Das Symptom ist an Eichen jeden Alters zu beobachten. Betroffen sind auch vorherrschende Bäume, die als besonders vital gelten. Häufig ist ein chronischer Verlauf, bei dem über Jahre nur ein langsames Fortschreiten von Verlichtung und Vergilbung zu erkennen ist. Die Vergilbung kann aber auch rasch fortschreiten, was gewöhnlich im Zeitraum von einigen Jahren zum Absterben führt (Abb. 6-36). In manchen Fällen verändern sich jedoch die Symptome in vielen Jahren kaum (Abb. 6-38). Die **Intensität** der **Gelbfärbung schwankt** auf bestimmten Standorten (Abschn. 6.1.4.3) von Jahr zu Jahr stark und ist offenbar auch bei hohen Anteilen vergilbter Blätter noch reversibel, solange sie nicht mit stärkerer Verlichtung verbunden ist (Abb. 6-37). Bäume mit vergilbtem und grünem Laub stehen oft unmittelbar nebeneinander (Abb. 6-38). Im Weinviertel waren starke Vergilbungen nur 1987 zu beobachten, während einer ausgesprochen regenreichen Vegetationsperiode (Huber und Schume 1995); anschließend ergrünten diese Eichen wie-

Abb. 6-35:   Die Chlorose-Muster an Kronen von Stieleichen wiederholen sich häufig von Jahr zu Jahr in ähnlicher Weise. Oberbayern, bei Freising, 480 m üNN (Fotos: Elling, links 20.7.1990, rechts 20.7.1992).

Abb. 6-36: Chlorosen an den Blättern und Verlichtung der Baumkrone schreiten bei Stieleichen unterschiedlich schnell fort.
Oben langsames Fortschreiten: Oberbayern, Westufer des Ammersees, 535 m üNN (Fotos: Elling, links 12.8.1985, rechts 3.8.2004).
Unten rasches Fortschreiten: Oberbayern, bei Freising, 450 m üNN. Der Grundwasserspiegel schwankt hier zwischen 2,90 und 3,40 m unter Geländeoberfläche (Fotos: Elling, links 31.7.1994, rechts 28.7.2001).

Abb. 6-37: Die Intensität der chlorotischen Verfärbungen an den Blättern von Stieleichen schwankt von Jahr zu Jahr stark. Bei Böden im mittleren pH-Bereich, wie hier gegeben, sind die Chlorosen meist reversibel. Oberbayern, bei Freising, 480 m üNN (Fotos: Elling, links 20.7.1992, rechts 30.7.1997).

Abb. 6-38:   Zwei Stieleichen mit sehr unterschiedlicher Intensität von Chlorosen an den Blättern. Die Symptome haben sich seit Jahren kaum verändert. Oberbayern, Westufer des Ammersees, 545 m üNN (Fotos: Elling, links 2.8.1996, rechts 6.8.2004).

der (Senitza 1990). Das Zusammentreffen von stärkerer Verlichtung – beispielsweise bei gehäuftem Abwurf von Zeigabsprüngen, Absterben von Ästen oder starkem Fraß durch Schmetterlingsraupen – mit stärkerer Vergilbung kann innerhalb weniger Jahre oder sogar Monate zum **Tod einzelner Bäume** oder von **Baumgruppen** führen (Schütt und Fleischer 1987, Elling 1992, Kandler und Senser 1993, Jung et al. 1996, Jung 1998).

Zwischen dem Belaubungsgrad, den oben genannten Vitalitätsstufen (dort als Verzweigungstyp bezeichnet) und dem Anteil an verfärbter Blattfläche bestehen signifikante **Korrelationen**, wie an einem umfangreichen Beobachtungsmaterial ermittelt worden ist (Heinsdorf 1999).

Rindennekrosen am Stamm mit abgestorbenem Kambium und einer Verfärbung des Splintholzes treten in verschiedenen Formen auf: Als **Flecken** mit austretendem, dunklem Schleim oder als **Längsstreifen** bis 1 m Länge (Donaubauer 1987) oder auch 2–15 m Länge und 5–30 cm Breite (Balder und Lakenberg 1987, Hartmann und Blank 1992). Im Endstadium kann es zum **Ablösen** der gesamten **Rinde** eines Eichenstamms kommen, während die Krone noch gelbgrüne Blätter aufweist (Cech und Tomiczek 1986). An der Oberseite von Wurzelanläufen

können die Nekrosen bis etwa 15 cm unter die Bodenoberfläche reichen (Balder 1987) oder wenig über oder unter der Erdoberfläche enden (Hartmann et al. 1989). Werden kleinere Wunden von der Seite her überwallt, so bleibt am Querschnitt durch den Stamm eine Verfärbung in der Form des Buchstabens T (so genannte T-Krankheit). Teils wurde ein bevorzugtes Auftreten der Nekrosen an den Süd- bis Westseiten beobachtet, teils wurde keine auffällige Häufung in einer bestimmten Himmelsrichtung festgestellt (Spelsberg 1985, Balder und Lakenberg 1987). Das Entstehen von Rindennekrosen wird unterschiedlich datiert (Abschn. 6.1.4.2). Auf Untersuchungsflächen im Donaugebiet Bayerns konnten dagegen keine Rindennekrosen gefunden werden, sondern nur Wundleisten (Mössnang 1995).

Rindennekrosen unterscheiden sich deutlich von **Stammrissen** bei denen das Holz nicht verfärbt ist, weil die Überwallung unmittelbar eingesetzt hat (Donaubauer 1987, Jung 1998). Solche Risse, die früher pauschal als „Frostrisse" bezeichnet worden sind, gehen stets von Wunden und Faulstellen aus und können vom Inneren des Stamms zur Rinde vordringen; wohl nur dieser letzte Teilschritt kann durch Frost ausgelöst werden (Coaz 1882, Butin und Volger 1982). Die Überwallung bis zur Rinde vorgedrungener Stammrisse führt zu den bekannten vorspringenden **Wundleisten** (Mössnang 1995). Absterbende Rindenbezirke können auch auf den Larvenfraß des Zweifleckigen Eichenprachtkäfers (*Agrilus biguttatus* Fabr.) und schwach parasitische Ascomyceten zurückgehen (Abschn. 6.1.4.7).

Die erste Wahrnehmung der Erkrankung und des Absterbens von Eichen während der 1980er Jahre führte zur Vermutung der epidemischen Ausbreitung einer **Infektionskrankheit**, die von Südosten her nach Mitteleuropa vorgedrungen sei und zunächst vor allem die Traubeneiche betroffen habe. Denn Absterben von Eichen tritt bereits seit 1967 und verstärkt seit den 1970er Jahren in Südrussland auf (Oleksyn und Przybyl 1987), war ab 1979/1980 in der Slowakei zu beobachten (Leontovyc und Capec 1987), trat 1975–1978 in Ungarn bei der Stieleiche auf (Varga 1987), wurde 1978 im Nordosten Ungarns an der Traubeneiche bemerkt und schien sich von dort nach Westen auszubreiten (Igmandy 1987). Ab etwa 1982/1984 waren deutliche Erkrankungssymptome im Osten Österreichs (vor allem im Weinviertel) zu beobachten. Rasch zeigte sich jedoch, dass neben der Traubeneiche auch die Stieleiche betroffen war (Cech und Tomiczek 1986, Donaubauer 1987, Senitza 1988, 1990, 1992, Hager 1993 a, b, Hartmann et al. 1989, Ackermann und Hartmann 1992). In Frankreich ist die Stieleiche weit stärker erkrankt – wie auch schon bei früheren Eichensterben (Landmann et al. 1993). Außerdem wurden Erkrankungen der Eichen nahezu gleichzeitig aus weit voneinander entfernten Gebieten Europas beschrieben (siehe unten). Die Vorstellung von einer **Epidemie**, die sich von Südosten her nach Mitteleuropa ausgebreitet haben könnte, wurde damit hinfällig (Hager 1993 b).

Schon während der 1970er Jahre kam es in weiten Bereichen Süddeutschlands zu einem **Absterben** von Einzelbäumen und Baumgruppen der Eichen in der ackerbaulich genutzten **Feldflur**; allerdings ist das kaum beachtet worden. Auch in Norddeutschland sind erste Erkrankungssymptome an Eichen bereits seit den 1970er Jahren in geringem Umfang (Hartmann 1996), und dann ab etwa 1975 allgemein in West- und Mitteleuropa (Donaubauer 1998 b) sowie seit 1978 in Frankreich (Landmann 1993) beobachtet worden. „Eichensterben" hat demnach in der zweiten Hälfte der 1970er Jahre in **West- und Mitteleuropa** begonnen (Landmann 1993, Donaubauer 1987). Die Diskussion über das Waldsterben löste dann in der ersten Hälfte der 1980er Jahre verstärkte Aufmerksamkeit für solche Erscheinungen aus. Jetzt wurden die schüttere Belaubung von Baumkronen, ab 1982 auffällige Vergilbungssymptome an den Blättern (Schütt und Fleischer 1987, Kand-

ler und Senser 1993) sowie manchmal Nekrosen an der Rinde der Stämme allgemein wahrgenommen. Etwa ab der Mitte der 1980er Jahre waren derartige Symptome in ganz Mitteleuropa (Hämmerli und Stadler 1989) und darüber hinaus in Italien (Ragazzi et al. 1989), ja in fast ganz Europa zu beobachten. Ab 1983 trat Eichensterben im Osten **Österreichs** auf (Weinviertel) und hat sich hier bis 1991 deutlich verschärft; in den Jahren 1988 bis 1991 sind rund 10 % der auf Dauerbeobachtungsflächen erfassten Eichen abgestorben. Besonders betroffen waren Eichen mit Brusthöhendurchmessern von 11–20 und über 50 cm sowie vorherrschende und herrschende Bäume. Ein Rückgang der Absterbeprozesse war bis 1992 nicht erkennbar (Cech und Tomiczek 1986, Krapfenbauer 1987, Senitza 1988, 1990, 1992), trat aber in den folgenden Jahren ein. So war das „komplexe Eichensterben" in Österreich 1996 nicht mehr zu beobachten. Nur Spätstadien der Erkrankung machten sich im Absterben einzelner Eichen durch Prachtkäfer (*Agrilus biguttatus*), Eichensplintkäfer (*Scolytus intricatus* Ratz.) und Hallimasch (*Armillaria spp.*) noch bemerkbar (Tomiczek 1996). Jedoch stiegen die Laubverluste 1996/97 wieder an (Steyrer 1998). In **Ostdeutschland** wurde ein langsamer Absterbeprozess an Traubeneichen ab 1982–1984 beobachtet, dauerte damals aber schon viele Jahre an (Skadow und Traue 1986, Eisenhauer 1989). Bei Berlin fiel die Erkrankung seit 1986 auf (Balder 1987) und hielt auch 2004 weiter an (Kilz 2004). Im Bundesland Sachsen-Anhalt begann das Absterben – auch von jüngeren Eichen – in den Jahren 1982/83, erreichte 1993 seinen Höhepunkt und ging dann bis 1995 deutlich zurück; bis 1999 nahm die Fläche der Eichenbestände mit einer Mortalität von > 5 % erneut stark zu (Kontzog 1996, 2000). Ein – teilweise gravierendes – Absterben älterer und auch jüngerer Eichen wurde seit 1985 in den **Niederlanden** (Osterbaan 1987, 1990) und seit 1985 in bestimmten Gebieten **Westdeutschlands** beobachtet (Eichholz 1985, Kettering 1985, Hewicker 1987). In den Jahren 1987–1989 betrug die Absterberate herrschender Eichen in **Nordwestdeutschland** 2–5 je Jahr und Hektar; in den Jahren 1990–1991 setzte sich in manchen Gebieten das Absterben unvermindert fort, in anderen ging es stark zurück. Eine erneute Welle des Eichensterbens begann im Nordwesten Niedersachsens in den Jahren 1996/1997 mit hohen Ausfällen von 10 bis 40 % der Stammzahl bei allen Altersklassen (Hartmann und Blank 1998 b). Schwerpunkte der Schädigung ergaben sich in Niedersachsen im Küstenraum und im Bergland (Hartmann und Blank 1992, Ackermann und Hartmann 1992, Abschn. 6.1.4.4). Nach Beobachtungen auf Dauerbeobachtungsflächen in Nordrhein-Westfalen streuen bei **abgestorbenen Eichen** die Blattverluste drei Jahre vor dem Tod noch in breitem Rahmen zwischen 20 und 70 %. Auch im vorletzten Jahr ist die Spanne mit 25 bis

90 % noch sehr groß. Erst im Jahr vor dem Absterben verdichten sich die Blattverluste zwischen 65 und 95 % (Ziegler 1998). Insgesamt gingen in **Deutschland** die durch Absterben von Eichen verursachten Schadholzanfälle etwa ab 1995 stark zurück, stiegen aber bis 1999 teilweise wieder deutlich an (Majunke et al. 1996, Veldmann und Kontzog 1996, Kontzog 2000). Die Absterberate von Eichen mit stark verlichteter Krone ist aber immer noch hoch (Dammann et al. 2000). In der **Schweiz** kam 1988 noch kein nennenswertes Absterben von Eichen vor (Hämmerli und Stadler 1989). In den Jahren 1998/1999 waren jedoch in einem beträchtlichen Teil der Schweizer Forstkreise Vergilbungen, auffällige Kronenverlichtungen sowie Absterben von Eichen zu beobachten (Engesser et al. 1999, 2000).

Erkrankungssymptome und Absterben von einzelnen Bäumen oder Baumgruppen betreffen **Eichen jeden Alters** und aller **Baumklassen**. Immer wieder ist eine besonders starke Schädigung von vorherrschenden und herrschenden Bäumen beobachtet worden (Eichholz 1985, Spelsberg 1985, Balder 1987, Krapfenbauer 1987, Hämmerli und Stadler 1989, Hartmann et al. 1989). Erkrankungssymptome treten in Waldbeständen vielfach kleinflächig gehäuft auf. Die Stieleiche ist im Durchschnitt anfälliger und zeigt daher meist einen deutlich schlechteren Kronenzustand als die **Traubeneiche**; das hängt auch damit zusammen, dass **Stieleichen** weit häufiger auf Standorten mit Stau- und Grundwasser wachsen (Abschn. 6.1.4.5). Ein Absterben ganzer Eichenbestände ist bis jetzt nur in seltenen Ausnahmefällen vorgekommen.

Ab 1984 wurden die Erkrankungssymptome an den Kronen der Eichen auch bei der **Waldzustandsaufnahme** registriert. Der Anteil an Bäumen der Schadstufen 2–4 hat sich in **Deutschland** (alte Bundesländer) zwischen 1984 bis 1989 von weniger als 10 % auf etwa 25 % erhöht und ist 1996/1997 (bezogen auf ganz Deutschland) bis auf 47 % gestiegen; daran sind blattfressende Insekten entscheidend beteiligt (Abschn. 6.1.4.7). Obwohl deren Massenvermehrungen abgeklungen sind, hat sich der Anteil der Schadstufen 2–4 nur auf 33 % im Jahre 2001 verringert (Bundesministerium für Verbraucherschutz, Ernährung und Landwirtschaft 2001); zwischen 1984 und 2005 stieg er von 9 % auf 51 % an – auf den höchsten Stand der gesamten Beobachtungsreihe (Abb. 3-7, Bundesministerium für Ernährung, Landwirtschaft und Verbraucherschutz

2006). Im Zeitraum 1984–2000 ist der mittlere Blattverlust von Eichen in Hessen von 13 % auf 29 % angestiegen (Eichhorn et al. 2001). Ähnliches gilt für ganz Westdeutschland und in schwächerem Ausmaß auch für die **Europäische Union** im Zeitraum 1988–2000 (Paar et al. 1999, Lorenz et al. 2001). In mehreren Teilen Europas sind gerade 1998/1999 wieder verstärkt Absterbeprozesse an Stiel- und Traubeneichen aufgetreten (Oszako und Delatour 2000). Die Jahre 2003 und 2004 lassen wieder eine Zunahme der Eichen mit einer Kronentransparenz von > 25 % erkennen; dabei spielt die Trockenperiode von 2003 eine Rolle (Lorenz et al. 2005). Sehr umfangreiche Beobachtungen und Untersuchungen erfolgten an 63 Stiel- und Traubeneichenbeständen in Brandenburg und Mecklenburg-Vorpommern ab 1992. Nach einer Phase sehr geringer Belaubung in den Jahren 1993 bis 1996 (im Durchschnitt 60 bis 63 %) stieg das Belaubungsprozent in den Jahren 1997 und 1998 wieder deutlich an (auf durchschnittlich 74 % im Jahre 1998) (Heinsdorf 1999). In den Jahren 1997–2000 bewegt sich der Anteil der Schadstufen 2–4 zwischen 21 und 28 %; die 1999 gemeldete Schadholzmenge weist wieder auf eine Zunahme des Eichensterbens hin (Ministerium für Ernährung, Landwirtschaft, Forsten und Fischerei 2000). Beobachtungsflächen im Osten Brandenburgs lassen zwischen 1993 und 2001 eine deutliche Verschlechterung der anhand mehrerer Merkmale bestimmten Vitalität beider Eichenarten erkennen (Zaspel et al. 2002). Bei einer Kronenverlichtung ab 60 % ist die jährliche **Absterberate** deutlich erhöht (Paar et al. 1999). Das trifft auch zu für Eichen, die nach Kahlfraß durch den Schwammspinner nur eine geringe Fähigkeit zur Ersatztriebbildung und demnach noch im August Blattverluste von mehr als 60 % aufweisen (Schröck 1996). Eichen mit Blattverlusten ab 70 % sterben meist im Laufe von ein bis zwei Jahren ab (König 1996, Lobinger 1999, Schröck 1999).

Will man den Beginn einer Erkrankung oder Schädigung festlegen, so ist zu beachten: Die Entwicklung **sichtbarer Symptome** an Baumkronen und Stämmen kann sich gegenüber deren Ursache um ein Jahrzehnt oder mehr verzögern. Das ist beispielsweise der Fall, wenn Wurzelsysteme von Eichen bei Baumaßnahmen mit einer mächtigen Erdschicht bedeckt werden. Viele Jahre lang sind dann keine Auswirkungen zu beobachten. Erst nach mehr als 10 Jahren reißt die Rinde am Stammfuß auf, die Belaubung wird schütter und vergilbt teilweise. Zuerst stirbt die obere Krone und schließlich der ganze Baum. In der Endphase treten fast immer Hallimasch-Arten (*Armillaria spp.*) auf (Donaubauer 1993, Schume und Huber 1995 a, b). Daher ist es gerade auch bei den Eichen notwendig, aus dendrochronologischen Untersuchungen genauere Informationen über die Krankheitsgeschichte zu erhalten; denn die Jahrringbreite reagiert meist sofort auf Stress (Abschn. 3.4).

6.1.4.2 Chronologie von Erkrankungen nach Zuwachsmessungen und dendrochronologischen Befunden

Der Jahrringbau von Eichen weicht in mehrfacher Hinsicht von demjenigen der anderen behandelten Baumarten ab. Bekanntlich wird das Frühholz mit seinen weiten Gefäßen bereits vor dem Laubaustrieb aus Reservestoffen gebildet (Hartig 1857, Hartig 1894, Priestley 1935, Huber 1935). In dem ringporigen Holz variiert die **Frühholzbreite** nur wenig. Unterschiedliche Jahrringbreiten beruhen fast allein auf den Schwankungen der **Spätholzbildung** (Bréda und Granier 1996, Blank 1997). Auch gehören die Eichen zu den Baumarten, bei denen Massenvermehrungen blattfressender Insekten den Holzzuwachs drastisch reduzieren können (Blank und Riemer 1999). Schließlich liegen bei abgestorbenen Eichen oft nur wenige Jahre zwischen dem Beginn eines Zuwachsrückgangs und dem Tod des Baums.

Rindennekrosen sind in **Norddeutschland** schon seit 1973/74 an älteren Stiel- und Traubeneichen beobachtet worden (Lewinski 1984). Später sind umfangreiche **dendrochronologische Untersuchungen** zur Ökologie und Krankheits-

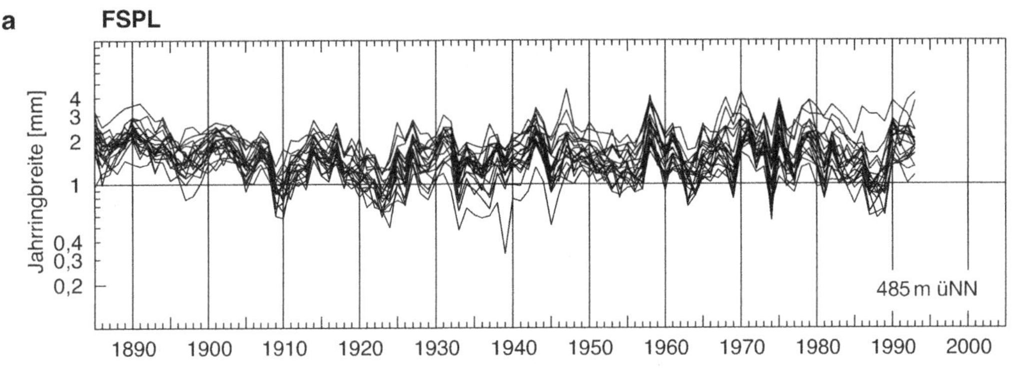

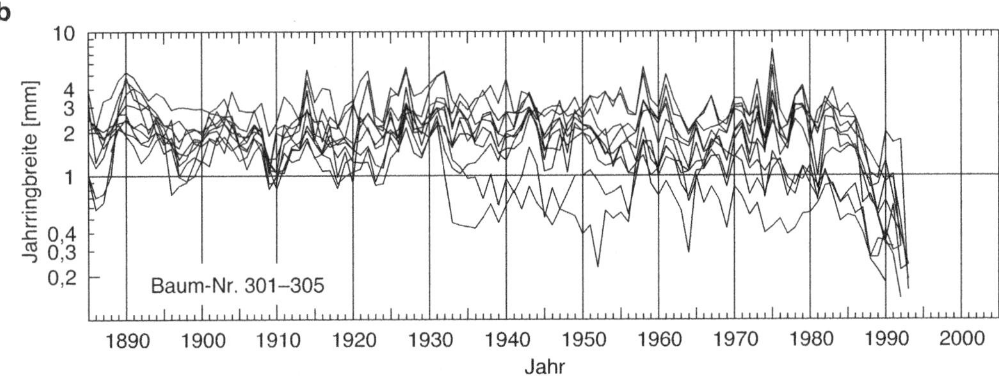

Abb. 6-39: Jahrringbreitenkurven von (a) 20 lebenden (Baumkurven) und (b) 5 abgestorbenen (Radienkurven, jeweils zwei Messradien pro Baum) Stieleichen aus Südbayern (Tertiärhügelland, Freising/Plantage, 485 m üNN) (halblogarithmische Darstellung). Nach Kleiner und Rohrbacher (1994).

geschichte der Eichen durchgeführt worden (Hartmann et al. 1989, Hartmann und Blank 1992). Der Rückgang der Ringbreiten beginnt bei stark erkrankten Eichen häufig zwischen 1979 und 1986. In den Jahren 1984, 1985 und 1986 zeigen sich oft Einbrüche, die von den Autoren als Frostschädigungen bei sehr niedrigen Temperaturen in den jeweils vorausgegangenen Wintern interpretiert werden, ebenso wie die festgestellten Bastnekrosen (Abschn. 6.1.4.5). Dendrochronologische Untersuchungen in Berlin haben jedoch gezeigt, dass dort die Zuwachseinbrüche bei Eichen **nicht synchron** auftraten: Bei den am stärksten geschädigten Bäumen erfolgten sie bereits 1983, bei einer mittleren Gruppe 1984 und 1985 und bei den vitalsten Bäumen deutet sich erst 1989 ein Rückgang der Jahrringbreiten an (Eckstein und Dujesiefken 1992). Im Rhein-Main-Gebiet sind die Nekrosen nach Ab-

schluss der Vegetationsperiode 1983 entstanden, Überwallungsversuche stammen aus dem Jahre 1984 (Eichholz 1985).

An Stiel- und Traubeneichen in **Süddeutschland** setzt ein rascher Zuwachsabfall bei abgestorbenen Bäumen nicht gehäuft in bestimmten Jahren ein, dieser beginnt vielmehr gestaffelt zwischen 1983 bis 1989. Von 1989 bis 1993 sind die betreffenden Bäume dann abgestorben (Abb. 6-39 bis 6-41). Entsprechende Befunde liegen auch für deutlich vergilbte Eichen aus dem Botanischen Garten in München vor, bei denen ebenfalls rasch verlaufende Absterbeprozesse beobachtet wurden; dort zeigten die nur schwach vergilbten Bäume keine entsprechenden Zuwachseinbrüche (Kandler und Senser 1993). Die Reaktionen der Jahrringbreiten auf Witterungseinflüsse werden später diskutiert (Abschn. 6.1.4.5).

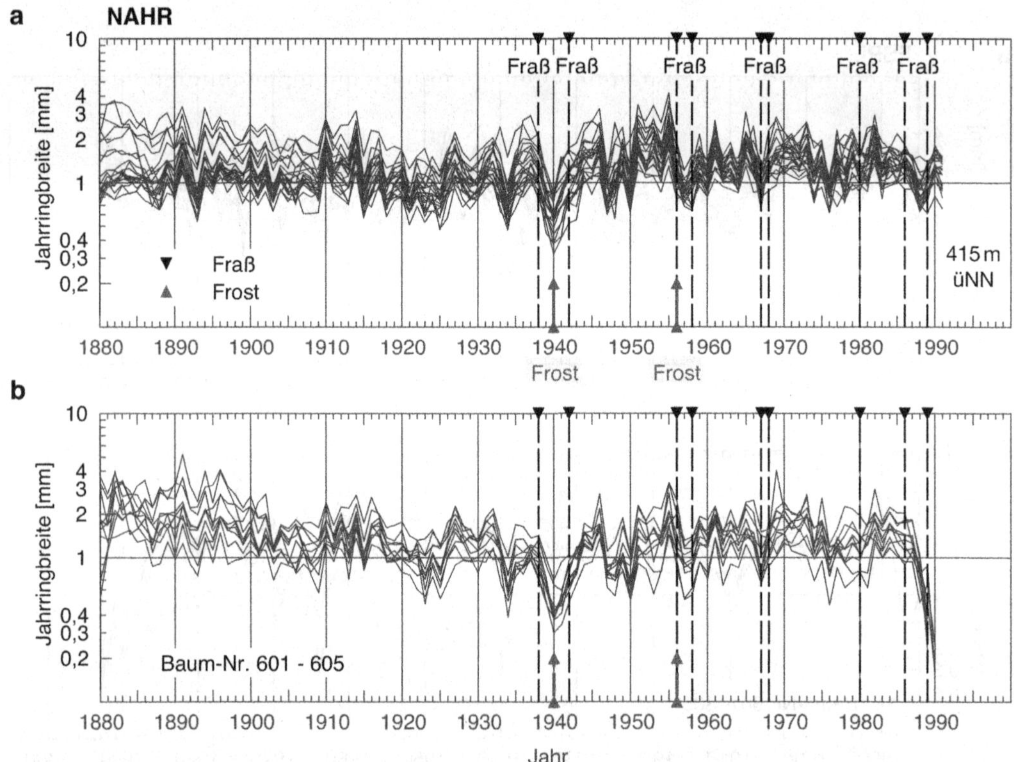

Abb. 6-40: Jahrringbreiten von (a) 20 lebenden (Baumkurven) und (b) 5 abgestorbenen (Radienkurven, jeweils zwei Messradien pro Baum) Traubeneichen aus Nordbayern (Frankenhöhe, Neustadt an der Aisch/Hoheneckerrangen, 415 m üNN). Jahre mit Fraßperioden der Eichenwicklergesellschaft und besonders scharfe Winterfröste sind farblich gekennzeichnet (halblogarithmische Darstellung). Nach Finnberg und Grimm (1992).

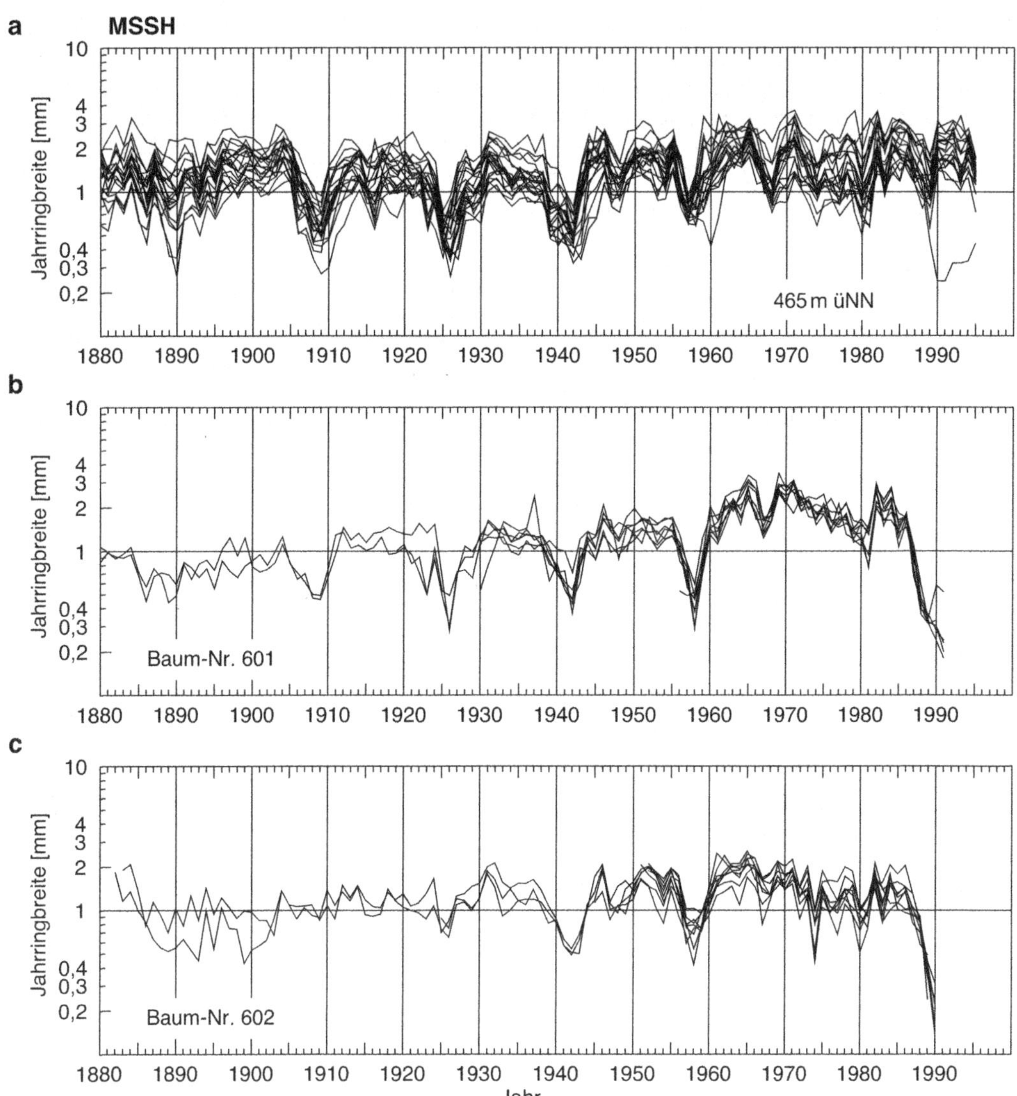

Abb. 6-41: Jahrringbreiten von (a) 20 lebenden (Baumkurven) und (b/c) 2 abgestorbenen (Radienkurven, jeweils acht Messradien) Traubeneichen aus Nordbayern (Buntsandsteinspessart, Mittelsinn/Schubertswald, schwach podsolige, sandige Braunerde, 465 m üNN). Halblogarithmische Darstellung. Nach Richter und Wohlmann (1996). Die Jahrringbreitenkurven lassen zwischen 1900 und 1960 Fraßperioden der Eichenwicklergesellschaft deutlich durch Zuwachsdepressionen erkennen (Abschn. 6.1.4.7).

6.1.4.3 Mitwirkung von Pathogenen an Wurzeln, Stamm und Krone

Das Krankheitsbild der Eichen (Abschn. 6.1.4.1) führte schon frühzeitig zur Vermutung, es könnte eine Infektionskrankheit vorliegen (Spelsberg 1985, Schütt und Fleischer 1987, Kandler und Senser 1993). Immer mehr Argumente sprachen auch dafür, dass die an Krone und Stamm beobachteten Symptome auf das **Absterben von Wurzeln** zurückgehen (Cech und Tomiczek 1986, Donaubauer 1987, Näveke und Meyer 1990). In diese Richtung weisen auch die Muster der Vergilbung an Eichenkronen, die sich oft von

Jahr zu Jahr wiederholen (Abb. 6-35); das liegt vermutlich an dem engen Zusammenhang zwischen einzelnen Wurzelsträngen und bestimmten Kronenpartien von Eichen (Schmidt und Roloff 2000). Untersuchungen brachten bei stark geschädigten Eichen stets Wurzelfäulen beträchtlichen Ausmaßes ans Licht (Hartmann et al. 1989).

Die an den beiden Eichenarten in Mitteleuropa beobachteten Symptome haben große Ähnlichkeit mit jenen, die an der Steineiche (*Quercus ilex* L.), der Korkeiche (*Q. suber* L.) und der Flaumeiche (*Q. pubescens* Willd.) im Mittelmeergebiet festgestellt und auf den Befall durch Oomyceten der **Gattung** *Phytophthora* zurückgeführt worden waren (Brasier, 1996, Gallego et al. 1999). So lag es nahe, die Beteiligung solcher Parasiten an Wurzelfäulen bei den beiden Eichenarten auch in Mitteleuropa zu untersuchen. In den 1990er Jahren konnten dann zahlreiche Arten der Gattung *Phytophthora* aus Bodenproben isoliert und identifiziert werden: *P. cactorum*, *P. cambivora*, *P. citricola* (nach *P. quercina* die häufigste Art), *P. gonapodyides*, *P. megasperma*, *P. syringae*, *P. undulata* (Blaschke 1994, Jung et al. 1996, Jung 1998, Jung et al. 2000). Dabei hat man auch mehrere bisher unbekannte Arten gefunden (Jung et al. 2002, 2003 a) und wird bei Fortführung der Untersuchungen weitere finden. Die Neubeschreibung der besonders wichtigen Art *Phytophthora quercina* (Jung) ist 1999 erfolgt (Jung et al. 1999). Diese ist neben anderen Arten inzwischen auch in Eichen-Ökosystemen Norddeutschlands (Hartmann und Blank 2002), Ostösterreichs, hier in Seehöhen zwischen 150 und 650 m (Balci und Halmschlager 2003), Frankreichs (Hansen und Delatour 1999), Nord- und Mittelitaliens (Vettraino et al. 2002) und Südschwedens (Jönsson et al. 2003) nachgewiesen worden und zeigt somit die weiteste Verbreitung und die größte Anpassungsfähigkeit an unterschiedliche Standortsbedingungen. Auch hat sich gezeigt, dass dieses aggressive Pathogen spezifisch ist für Eichenarten (Cooke et al. 2005). Die Frage allerdings, ob *P. quercina* in Europa heimisch oder durch Aktivitäten des Menschen eingeschleppt ist, kann heute noch nicht sicher beantwortet werden (Brasier und Jung 2003) und daher gehen die Meinungen auseinander. Wenn auch molekulargenetische Methoden eine Einschleppung nahe legen (Cooke et al.

2005), so spricht doch der meist chronische Verlauf der Erkrankung gegen diese These (Balci und Halmschlager 2003). Hier können erst Untersuchungen in verschiedenen Teilen der Erde Klarheit schaffen (Cooke et al. 2005). Für einige *Phytophthora*-Arten hat man spezifische Nachweisverfahren anhand molekulargenetischer Methoden (PCR) entwickelt (Schubert et al. 1999).

Die **Gattung** *Phytophthora* wurde früher systematisch bei den Pilzen (Fungi) geführt. Infolge ihrer von den Echten Pilzen abweichenden Phylogenie und ihrer teilweise ganz anderen Merkmale (z. B. diploider Thallus, Zellwände aus Zellulose und ungeschlechtliche Vermehrung durch Zoosporen) wird sie heute der Klasse **Oomycetes** innerhalb einer eigenen Abteilung Oomycota (Strasburger 1998) oder einem eigenen Reich der Chromista (Erwin und Ribeiro 1996, Hansen und Delatour 1999) zugeordnet. Auch in ihren ökologischen Eigenschaften unterscheiden sich die Arten der Gattung *Phytophthora* deutlich von den Echten Pilzen; daraus ergeben sich wichtige Konsequenzen.

Alle *Phytophthora*-Arten sind **saprophytisch** nur sehr **wenig konkurrenzkräftig** (Tsao 1990, Erwin und Ribeiro 1996). Mithilfe dickwandiger Chlamydosporen (vegetative Vermehrung) und Oosporen (generative Vermehrung) überdauern sie ungünstige Perioden bis zu mehreren Jahren. Verbessern sich die Umweltbedingungen, so keimen die Dauersporen aus, bilden Zoosporangien und diese entlassen **begeißelte Zoosporen** in das freie Bodenwasser. Bei günstigen Umweltbedingungen kann so eine außerordentlich rasche Vermehrung stattfinden (Erwin und Ribeiro 1996). Die Bildung von Sporangien ist bei den meisten Arten schon bei niedrigen Temperaturen zwischen 3 und 8 °C möglich. Durch Exsudate junger Feinwurzeln werden die Zoosporen chemotaktisch angelockt und infizieren dann unverletzte Abschlussgewebe oder frische Wunden. Das befallene Wurzelgewebe zeigt mechanische und chemische Abwehrreaktionen. Die Ausbreitung vom Infektionsort ist meist eng begrenzt. Die Entwicklung von Symptomen eines Vitalitätsverlustes an der Krone eines Baums setzt daher zahlreiche und wiederholte Infektionen voraus (Jung 1998). Insgesamt gleichen die an der Krone entwickelten Symptome den durch Dürre verursachten (Brasier 1996).

In Versuchen mit beimpften Substraten wurde die **Pathogenität** zahlreicher *Phytophthora*-Arten gegenüber Stieleichensämlingen getestet. Isolate aller einbezogenen Arten verursachten Rindennekrosen sowie teilweise ein Absterben unverholzter Langwurzeln von der Spitze her. Die Blätter der befallenen Sämlinge zeigten vielfach deutliche Interkostalchlorosen. Große **Unterschiede** in der

Aggressivität der Parasiten gegenüber Wurzeln traten hervor bei Arten und teilweise auch bei einzelnen Isolaten: *P. quercina* erwies sich unter den gewählten Versuchsbedingungen gegenüber Stieleichen als besonders aggressive Art (Jung 1998, Delatour 2003); dabei bot auch die Mykorrhizierung keinen Schutz vor der Infektion. Alle getesteten Isolate konnten aus erkranktem Gewebe reisoliert werden. Einige der Isolate produzieren offenbar **Toxine**, welche Schadsymptome auslösen können (Jung 1998). Freilich lassen sich diese Ergebnisse nicht ohne weiteres auf Altbäume im Freiland übertragen. Bei Wundinfektionen an der Rinde von Stammabschnitten haben sich jedoch vor allem *P. cambivora* und in geringerem Maß *P. citricola* als aggressiv erwiesen (Brasier und Jung 2003).

In erkrankten Eichenbeständen wurden hohe Verluste an Feinwurzeln durch **Wurzelfäulen** sowie **Rindennekrosen** an den verholzten Wurzeln beobachtet. Solche Nekrosen können durch Kallusbildung verheilen oder bei wiederholtem Absterben des Kallus zu krebsartigen Läsionen ausufern – verbunden auch mit einer Schädigung des Xylems. Ein Übergreifen der Nekrosen auf stärkere Wurzeln, Wurzelanläufe oder den Stammfuß ist dagegen nicht beobachtet worden (Hartmann und Blank 2002). An Eichen mit gutem Kronenzustand war teilweise ebenfalls eine fortgeschrittene Zerstörung von Feinwurzeln festzustellen. Jedoch wurden bei Eichen mit stark verlichteten Kronen stets eine weitgehende Zerstörung des Feinwurzelsystems und oft Rindennekrosen angetroffen; auch konnten hier wesentlich häufiger *Phytophthora*-Arten isoliert werden als bei gut belaubten Bäumen (Jung 1998). Allerdings weiß man bisher noch kaum, wie die Wurzeln von Eichen in Beständen ohne deutliche Symptome eines Vitalitätsverlustes an der Krone aussehen. Denn ein Baum kann das Absterben relativ hoher Anteile seiner Feinwurzeln tolerieren, ohne sichtbare **oberirdische Symptome** auszubilden, solange er durch die verbliebenen Wurzeln ausreichend mit Wasser und Nährstoffen versorgt wird und in der Lage ist, abgestorbene Feinwurzeln zu ersetzen (Tsao 1990). In Waldböden unterliegen *Phytophthora*-Arten einer scharfen **Konkurrenz** durch Lebewesen, die größere Fähigkeiten zu saprophytischer Lebensweise entwickelt haben; auch die antagonistischen Wirkungen zahlreicher Pilze (darunter auch Ektomykorrhiza-Bildner) und Bakterien kommen zur Geltung (Erwin und Ribeiro 1996). Beziehungen zwischen Krankheitserregern und ihren Wirten werden bekanntlich in hohem Maße durch **Umweltbedingungen** gesteuert (Gäumann 1951). Umweltveränderungen können daher Gleichgewichte im Verhältnis von Erregern zu ihren Wirten entscheidend verschieben.

Sowohl das Vorkommen der genannten *Phytophthora*-Arten als auch die Absterberate erkrankter Eichen zeigen eine klare Abhängigkeit von den **Standortsbedingungen**. Dabei sind insbesondere das Vorkommen von Grund- oder Stauwasser sowie die Bodenreaktion entscheidend. Zwar kommt Absterben von Eichen seit den 1980er Jahren auf den unterschiedlichsten Böden vor (Oosterbaan 1990, Hartmann 1996, Blank 1997, Hartmann und Blank 2002), jedoch ist die Absterberate auf **grundwassernahen** und **staunassen Böden** deutlich höher und der Kronenzustand ist hier wesentlich schlechter (Oosterbaan 1990, Oosterbaan und Nabuurs 1991, Ackermann und Hartmann 1992, Landmann 1993, Landmann et al. 1993, Schume und Huber 1995 a, Hartmann 1996, Gehrmann 1998). In dieselbe Richtung weisen auch Angaben zu Eichensterben aus früherer Zeit (Gasow 1925). Eine Begünstigung von *Phytophthora*-Infektionen durch Grund- und Stauwasser ist verständlich, da die begeißelten Zoosporen, auf denen die Verbreitung dieser Pilze hauptsächlich beruht, nur bei hoher Wassersättigung der Böden frei beweglich sind (Brasier 1996, Jung 1998). Außerdem ergibt sich eine **Gliederung nach der Bodenreaktion**. Hier lassen sich drei Typen der Erkrankung unterscheiden (Jung 1998, Jung et al. 2000):

- In **kalkhaltigen Böden (Karbonat-Pufferbereich)** sind regelmäßig *P. quercina*, *P. citricola* und andere Arten nachgewiesen worden. Diese beiden genannten Arten konnten auch aus nekrotischen Feinwurzeln isoliert werden. Stets war hier die Zerstörung des Feinwurzelsystems weit fortgeschritten. Die mit Mn-Mangel verbundene Vergilbung stellt daher die Wirkung, nicht die Ursache der Erkrankung dar. Dafür spricht auch das Auftreten interkostaler Vergilbungen bei den Bodenbeimpfungsversuchen mit *Phytophthora*-Arten (Jung 1998). Inwieweit bei den Vergilbungen – die oft nur bestimmte Äste betreffen und von Jahr zu Jahr in ähnlicher Form wiederkehren – und bei

Nekrosen an vergilbten Blättern im Xylem transportierte Toxine von befallenen Wurzeln eine Rolle spielen, ist noch nicht geklärt. Auch bezüglich einer Beteiligung von MLO oder Viren liegen widersprüchliche Befunde vor (Jung 1998). **Vergilbungssymptome**, die bei Stiel- und Traubeneiche auf kalkhaltigen Böden vorkommen, beginnen mit interkostalen Chlorosen und können schließlich die gesamte Blattfläche mit Ausnahme der unmittelbaren Umgebung der Blattrippen erfassen (Abschn. 6.1.4.1). Auf kalkhaltigen Böden tritt die Vergilbung in besonders starkem Maß und regelmäßig von Jahr zu Jahr auf. Nirgends konnte bis jetzt beobachtet werden, dass die Chlorose wieder vollkommen verschwindet. Zusätzlicher Grund- oder Stauwassereinfluss scheint die Symptome zu verschärfen. Es ist sicher, dass die Vergilbung nicht einfach als so genannte Kalkchlorose (Thomas et al. 1998) aufgefasst werden kann; denn sie war auf vielen Standorten, auf denen sie heute an jedem Baum vorkommt, noch in den 1970er Jahren nicht zu beobachten, stellt also zweifellos ein **neuartiges Symptom** dar. Die Mortalität von Eichen kann auf solchen Standorten hoch sein.

- Auch bei **mittleren pH-Werten der Böden (Silikat-/Austauscher-Pufferbereich** (pH in 0,01 m $CaCl_2$ > 3,5) und schluffiger bis toniger Bodenart sind regelmäßig *P. quercina, P. citricola* und andere Arten nachgewiesen worden. Sie wurden auch aus nekrotischen Feinwurzeln isoliert (Jung 1998). **Vergilbungssymptome** können ganz fehlen, nur einzelne Äste betreffen, schwach entwickelt oder auch sehr deutlich sein. Der Grad der Vergilbung schwankt von Jahr zu Jahr stark. Selbst Eichen mit fast vollkommen vergilbtem Laub können in folgenden Jahren wieder grün sein (Abb. 6-37). Eine überzeugende Erklärung dieses Phänomens fehlt bis jetzt. Die Mortalität ist in der Regel geringer als bei Eichen auf kalkhaltigen Böden.

- Aus **stark versauerten Böden (Aluminium-Pufferbereich)** (pH in 0,01 m $CaCl_2$ etwa < 3,5), die zugleich durchlässig und sandig sind, konnten keine Arten der Gattung *Phytophthora* isoliert werden (Jung 1998, Jung et al. 2000). Dabei mag eine Rolle spielen, dass solche Böden meist stark mit Al^{3+}-Ionen gesättigt

sind; mehrere *Phytophthora*-Arten haben sich gegenüber Al-Toxizität bzw. Bodenversauerung als empfindlich erwiesen (Schmitthenner und Canaday 1983, Shafer et al. 1985, Benson 1993, Andrivon 1995); derartige Böden unterdrücken offensichtlich die *Phytophthora*-Arten. Diese Eigenschaft von Böden ist vermutlich biologischer Natur, denn sie kann durch Sterilisierung verschwinden. **Vergilbungssymptome** treten hier kaum auf, jedoch ist eine starke Kronenverlichtung häufig. Die Mortalität der Eichen kann auch hier hoch sein. Das gilt beispielsweise für die stark versauerten Böden im Spessart (Jung 1999). Gerade dort gab es aber in den 1990er Jahren hohe Mortalitätsraten bei Eichen, wie der erhebliche Anfall von Holz aus Zwangsnutzungen zeigt (Forstdirektion Unterfranken 2000). Der Nachweis von *Phytophthora*-Arten darf deshalb nicht als allgemein gültige Erklärung für das Absterben von Eichen angesehen werden.

Eine umfangreiche Studie in **Norddeutschland** (Hartmann und Blank 2002) brachte den Nachweis von sechs *Phytophthora*-Arten in etwa der Hälfte der untersuchten Eichenbestände. Am häufigsten trat auch hier *P. quercina* auf. Dabei ergaben sich klare Zusammenhänge zu den Standortsbedingungen. Zeitweilige **Wassersättigung** des Bodens – durch Stauwasser, z. B. bei hohen Tongehalten, durch Grundwasser oder auch nur durch anhaltende Regenperioden – fördert die Ausbreitung der begeißelten Zoosporen des Pathogens. Noch deutlicher sind die Zusammenhänge zum **Chemismus** von Böden. Die Isolierungsrate von *Phytophthora*-Arten steigt signifikant mit der Calciumsättigung und dem pH-Wert der Böden. Bei pH-Werten unter etwa 3,5 (in 0,01 m $CaCl_2$) ließen sich keine *Phytophthora spp.* mehr isolieren. Diese Ergebnisse entsprechen vollkommen den oben dargestellten Befunden aus Süddeutschland sowie aus anderen Teilen Europas (Balci und Halmschlager 2003, Delatour 2003, Cooke et al. 2005).

Falls die *Phytophthora*-Arten, deren Mitwirkung an der Erkrankung und dem Absterben von Eichen bei Böden mit hohen und mittleren pH-Werten wahrscheinlich ist, nicht eingeschleppt worden sind, sondern schon immer Glieder entsprechender Waldökosysteme bilden, erhebt sich die Frage: Wie konnten diese Parasiten in fast ganz Europa zu einer Bedrohung von Eichenarten werden, obwohl das in solchem Ausmaß für frühere Zeiten (Abschn. 6.1.4.8) nicht belegt ist? Großräumige Umweltveränderungen könnten das Wirt-Parasit-Verhältnis zugunsten der Parasiten verschoben haben. So wäre es möglich, dass **milde und feuchte Winterperioden** während der letzten Jahrzehnte (Rapp und Schönwiese 1995, Jung et al. 2003 b) die Verbreitungs- und Infektionsbedingungen für die Zoosporen der *Phytophthora*-Arten verbessert haben. Auf diese Art könnte die globale Erwärmung in das Geschehen verwickelt sein (Brasier 1996, Mayer 1999). Der Eintrag von **Stickstoffverbindungen** könnte ebenfalls eine Rolle spielen (Gibbs et al. 1999). Denn es ist bei Inkubationsversuchen durch steigende Nitratkonzentrationen die Sporangienbildung mehrerer *Phytophthora*-Arten gefördert worden (Jung et al. 2003 b). In diese Richtung weisen auch Beobachtungen im Freiland (Balci und Halmschlager 2003), jedoch kann höheres Angebot an Stickstoff die Erkrankung auch abschwächen (Jung et al. 2003 b). Die bisher bekannten Reaktionen der Parasiten sind noch so uneinheitlich, dass derzeit kein sicheres Urteil möglich ist (Erwin und Ribeiro 1996). Auch die Deposition von **Herbiziden** und **Fungiziden** aus der Landwirtschaft könnte die Konkurrenzverhältnisse zwischen den Parasiten und anderen Lebewesen im Boden verschieben (Dankwardt et al. 1994, Schrems 1994, Matschke et al. 2001). Insbesondere von Triazinen (Kassaby und Hepworth 1987) und Benomyl sind solche Wirkungen schon länger bekannt. Es ist jedoch völlig unklar, ob die Deposition solcher Substanzen in Wäldern groß genug ist, um entsprechende Effekte auszulösen. Bäume können Feinwurzelverluste im Rahmen ihres Wurzelumsatzes bis zu einem gewissen Grad tolerieren und ausgleichen (Hartmann 1996, Hartmann und Blank 1998 b) – wenn nicht andere Faktoren sie daran hindern. **Ozonbelastung** der Baumkrone könnte die Versorgung der Wurzeln mit Assimilaten vermindert und dadurch die Regeneration der Feinwurzeln geschwächt haben. Auch starker **Raupenfraß** an den Blättern greift als ein Faktor ein, der die Regeneration verlorener Feinwurzeln scharf begrenzen kann. Die Rolle der Parasiten aus der Gattung *Phytophthora* ist demnach noch nicht abschließend zu beurteilen. Vermutlich unterscheiden sich die Ursachenkomplexe beim Eichensterben von Standort zu Standort.

Zwischen Nachweisen von *Phytophthora*-Arten im Boden bzw. von Wurzelfäulen einerseits und dem Kronenzustand von Eichen andererseits sind nur manchmal Zusammenhänge gefunden worden (Jung et al. 2000, Hartmann und Blank 2002, Balci und Halmschlager 2003, Delatour 2003). Das liegt wohl teilweise am unterschiedlichen Auswahlverfahren der in die Untersuchungen einbezogenen Eichenbestände. Es weist aber

auch darauf hin, dass Pathogene nur einer der Faktoren sind, die Eichen-Ökosysteme belasten können (Delatour 2003). Es ist eine gut belegte Tatsache dass aus stark versauerten Böden keine *Phytophthora*-Arten isoliert werden konnten; dennoch war auch auf solchen Standorten eine hohe Mortalität von Eichen zu beobachten (siehe oben). Daraus geht ganz klar hervor, dass diese Parasiten **keinesfalls** zu einer **generellen Erklärung** des Absterbens von Eichen herangezogen werden können (Jung 1998, Jung et al. 2000, Hartmann und Blank 2002, Cooke et al. 2005).

Ein parasitischer Pilz, der **Spindelige Rübling** (*Collybia fusipes* [Bull. ex Fr.] Quél.), der in Mitteleuropa weit verbreitet ist, erhält seit einigen Jahren im Zusammenhang mit einer Erkrankung von Eichen verstärkte Aufmerksamkeit. Die Standortsbedingungen, welche diesen Pilz fördern, sind den Ansprüchen der *Phytophthora*-Arten geradezu entgegengesetzt, wie Untersuchungen in Frankreich ergeben haben: grobkörnige, sandige Böden mit geringer Wasserspeicherung, Grund- oder Stauwasser erst in großer Bodentiefe sowie niedrige pH-Werte. Die Fruchtkörper des Pilzes wachsen in Gruppen an der Stammbasis lebender Bäume. Sie sind durch ein ausdauerndes Organ (Pseudorhiza) mit infizierten Wurzeln verbunden. Die Wundfäule kann Wurzelsysteme stark reduzieren. Orange gefärbte Wundstellen auf starken Wurzeln und am Wurzelhals sind typisch. Stieleichen sind anfälliger als Traubeneichen. Es war kein klarer Zusammenhang zwischen Wurzelfäule und dem Kronenzustand von Eichen zu erkennen, jedoch stets eine Verminderung des Zuwachses (Camy et al. 2003). Erst bei starker Destruktion der Wurzeln wurde eine deutliche Verschlechterung des Kronenzustands festgestellt. Es zeigt sich demnach ein chronischer Verlauf der Erkrankung bei geringer Mortalität (Marcais et al. 2000 a,b). Das ist wohl dadurch zu erklären, dass der Pilz lange Zeit in der äußeren Wurzelrinde lebt, ohne in die innere Rinde vorzudringen; dies spricht für eine relativ geringe Pathogenität des Pilzes (Hartmann 1996). Stieleichensämlinge unter Trockenstress zeigten in einem Experiment keine erhöhte Anfälligkeit für den Spindeligen Rübling (Camy et al. 2003). Umgekehrt traut man Wurzelverlusten infolge einer chronischen Infektion durch diesen Pilz und einer darauf folgenden Dürreperiode im Jahre 1976 eine wesentliche Mitwirkung am Eichensterben im Nordosten Frankreichs zu (Marcais et al. 2000 a,b, Abschn. 6.1.4.5). Für Norddeutschland konnte dies nicht bestätigt werden (Thomas et al. 2002). Leider sind die über den Spindeligen Rübling veröffentlichten Informationen noch widersprüchlich.

Wie bei anderen Baumarten spielt auch bei Eichen die **Mykorrhizierung** der Wurzeln eine wichtige Rolle. Stieleichen mit sichtbaren Erkrankungssymptomen hatten einen geringeren Anteil lebender Wurzeln und waren weniger stark mykorrhiziert als symptomfreie Bäume (van Driessche und Piérart 1995). Versuche mit jungen Eichen weisen auf eine höhere Vitalität und Überlebensfähigkeit mykorrhizierter Pflanzen hin (Garbaye und Churin 1997). Starke Düngung (wie in Baumschulen üblich) behindert die Bildung von Mykorrhizen (Herrmann et al. 1992). Wie bei anderen Baumarten, ist auch bei den Eichen ein Rückgang der Mykorrhizierung durch **Stickstoffverbindungen** zu erwarten, die in die Waldökosysteme eingetragen werden und sich in den Böden anreichern (Näveke und Meyer 1990).

Seit langem werden **Hallimasch-Arten** (*Armillaria spp.*) als Parasiten betrachtet, die erst bei fortgeschrittener Schwächung und daher auch erst in einem späten Stadium der Erkrankung zum raschen Tod von Eichen führen können (Falck 1924). Besonders deutlich war das in den Donauländern nach dem trockenen Sommer 1992 und einer Gradation des Schwammspinners. Dies bestätigt erneut den sekundären Charakter des Hallimaschbefalls (Cech und Tomiczek 1986, Hartmann et al. 1989, Donaubauer 1993, 1998 b, Schume und Huber 1995 a, Luisi et al. 1996, Delb und Block 1999). Eichen können jedoch auch ohne Beteiligung von Hallimasch-Arten absterben. Die Geschwindigkeit der Absterbeprozesse hat hier offensichtlich Bedeutung. Verlaufen diese rasch, so kommen Hallimasch-Arten anscheinend als Parasiten kaum zum Zug. Bei langsamem Absterben ist dagegen in einer späten Phase häufig ihre starke Beteiligung zu beobachten. Weitere Untersuchungen, die insbesondere auch die einzelnen Hallimasch-Arten unterscheiden, sind notwendig (Hartmann 1996).

Der Erreger der in Amerika vorkommenden **Eichenwelke** (*Ceratocystis fagacearum* (Bretz) Hunt) konnte — entgegen anfänglichen Vermutungen — in Europa nicht nachgewiesen werden (Cech und Tomiczek 1986, 1990). Hier heimische **Pilze** der Gattungen *Ceratocystis* und *Ophiostoma* haben sich hingegen bei Versuchen in mehreren Ländern als nicht pathogen erwiesen und scheiden daher als Erreger einer Tracheomykose aus. Die entsprechenden Hypothesen sind daher verworfen worden (Skadow und Traue 1986, Eisenhauer 1989, Cech et al. 1990, Hartmann und Blank 1992, Wulf und Kowalski 1994, Brasier 1996, Hartmann 1996, Donaubauer 1998 b, Oszako 1998, Zajonc 1999). Auch zahlreiche andere Pilzarten wurden an toten Zweigen und Stammnekrosen von Eichen erfasst. Keine von ihnen konnte für die beobachteten Absterbesymptome verantwortlich gemacht werden (Kowalski 1991, Kehr und Wulf 1993).

Der Befall durch den **Eichenmehltau** (*Microsphaera alphitoides* Griff. & Maubl.) kann zu beträchtlichen Laubverlusten und zum Absterben von Trieben führen. Starker Befall tritt vor allem im Juli an jungen, infizierbaren Blättern auf. Beachtung verdient das dann, wenn das Laub der Maitriebe durch Raupenfraß verloren gegangen ist. Zwar erscheinen nach dem Fraß der Eichenwicklergesellschaft die Blätter der Johannistriebe meist schon ab Ende Mai und werden daher in der Regel nur relativ wenig vom Mehltau befallen. Der Fraß kann sich aber auch bis in den Juni, ja sogar in den Juli hineinziehen (Baumgarten 1912), sodass die Ersatztriebe erst im Juli entstehen – also bei besonders günstigen Infektionsbedingungen. Auf jeden Fall verstärkt vorausgegangener, starker Fraß der Eichenwicklergesellschaft das Auftreten des Mehltaus deutlich (Hartmann 1996, Baier 1996). Falck wies 1924 darauf hin, dass allen Fällen des Massensterbens älterer Eichen ein »Emporsteigen des Mehltaus bis in die Kronen« vorausgegangen sei.

Dabei ist eine entscheidende Frage bis heute offen geblieben: Ist der Eichenmehltau, dessen Auftreten seit 1907 aus Nordfrankreich bekannt ist und der offenbar seit 1908 epidemisch in fast ganz Europa auftritt (Eigner 1910, Baumgarten 1912, Falck 1924, Gäumann 1951) aus **Nordamerika** eingeschleppt worden, wie mehrere Autoren vermuten (Neger 1909, 1915, Münch 1924, Klimesch 1924, Sorauer 1928, Schwerdtfeger 1944, 1961, 1970)? Oder war er schon immer in **Europa** heimisch? »Vor einigen Jahrzehnten sah man fast nur am Eichenstrauchholz den weißen Überzug des Mehltaus auf den Blättern. Nach und nach sind aber auch schon Eichenstangenhölzer befallen und in diesem Jahr wird die Klage laut, dass der Mehltau auch die Althölzer heimsucht«, heißt es über Eichenwälder am Niederrhein (Otto 1916). Hat man den Eichenmehltau übersehen oder nicht beachtet? Das ist bis heute nicht entschieden, daher äußern sich die meisten Autoren nicht über die Herkunft des Eichenmehltaus (Falck 1924, Funk 1930, Gäumann 1951, Butin 1996). Eine klare Antwort auf diese wichtige Frage – die anhand heute verfügbarer molekulargenetischer Methoden leicht möglich wäre – hätte nach wie vor große Bedeutung für die Beurteilung des Ursachenkomplexes bei Erkrankung und Absterben von Eichen.

Die Traubeneiche gilt gegenüber dem Mehltau als etwas weniger anfällig als die Stieleiche (Butin 1996). Durch Sonnenstrahlung und geringe Luftfeuchte wird die Sporenproduktion gefördert (Gäumann 1951, Schwerdtfeger 1981, Butin 1996), daher kommt es vor allem in Gebieten mit warm-trockener Klimatönung zu einer rascheren Ausbreitung von Epidemien. Hohe Belastung mit SO$_2$ hat in früherer Zeit das Verschwinden des **Eichenmehltaus** veranlasst (Wislicenus 1927, Köck 1935, Grzywacz und Wazny 1973). Die deutliche Verringerung der Emission während der 1980er Jahre kann gebietsweise zu einer Förderung dieses Pilzes geführt haben. Bei einem Versuch wurden Eichen bei zunehmender N-Belastung signifikant stärker vom Eichenmehltau befallen (Flückiger und Braun 1994). Eine Erhöhung der biologisch wirksamen UV-B-Strahlung um 30 % förderte den Mehltaubefall der Blätter an den Johannistrieben von Stieleichen und führte so auf indirektem Weg zu einer Minderung der Photosynthese (Newsham et al. 2000).

Zur möglichen Beteiligung von **Mykoplasmenartigen Organismen (MLO)** oder **Viren** an den Krankheitserscheinungen von Eichen liegen keine eindeutigen Befunde vor (Nienhaus 1987, Kandler 1990, Ahrens und Seemüller 1994, Schlag 1995, Büttner und Führling 1996, Jung 1998). Nach heutigem Wissensstand scheiden sie aber als Ursachen für das jüngste Eichensterben aus (Donaubauer 1998 b). Auch bei Eichen waren Vergilbungssymptome nicht von Pfropfreisern auf symptomfreie Unterlagen übertragbar, vielmehr ergrünten die Blätter dieser Reiser (Mehne-Jakobs 1990 b).

6.1.4.4 Nährstoffversorgung sowie Eigenschaften und Veränderungen der Böden

Beide Eichenarten gedeihen auf den unterschiedlichsten Böden (Krahl-Urban 1959). Sie zeigen auch keine Abhängigkeit der Biomasse ihrer Feinwurzeln vom pH-Wert des Oberbodens (Leuschner und Hertel 2003). Häufig stocken Eichenbestände auf nährstoffreichen Bodensubstraten mit relativ guter Basensättigung und dementsprechend auch höheren pH-Werten. Dort scheiden die Auswirkungen von **Bodenversauerung** und **Aluminiumtoxizität** als wesentliche Ursache für die Erkrankung von Eichen aus (Hager

1993 a, Thomas und Büttner 1998 b). Bei dem geringeren Anteil der stark versauerter Böden ist die Frage nach eventuellen Auswirkungen jedoch gründlicher zu prüfen. Merkmale einer beträchtlichen Bodenversauerung zeigten sich beispielsweise in Nordostdeutschland in der Tiefenstufe 10 bis 40 cm in Form hoher Al-Belegung und geringer Basensättigung der Austauscher. An einem umfangreichen Material (63 Stiel- und Traubeneichenbestände) wurde dort auch der Nährstoffausstattung der Böden nachgegangen (Heinsdorf 1999). Auffällig gering waren die leicht verfügbaren Vorräte an Magnesium. Jedoch ergaben sich insgesamt keine signifikanten Beziehungen zwischen der Standortstrophie und dem Belaubungsgrad der Eichen. Da sich auch für die Erkrankungen der Eichen kein Schwerpunkt auf basenarmen Böden abzeichnet, kann Bodenversauerung nicht zu den entscheidenden Voraussetzungen der Erkrankung gehören. Allerdings sind Böden mit geringer Basenausstattung empfindlicher gegenüber anhaltender Auswaschung infolge hoher Nitratkonzentrationen in der Bodenlösung (siehe unten).

Von Heinsdorf (1999) und anderen Forschern sind auch die **Nährelementgehalte der Blätter** untersucht worden. Wie zu erwarten, hängen diese in hohem Maße von den Bodenverhältnissen ab. Daneben sind aber auch enge Bezüge zur Kronenbelaubung zu erkennen. In ganz Mitteleuropa haben Eichen ohne erkennbare oder mit nur geringen Erkrankungssymptomen normale bis überhöhte N-Gehalte und normale Ca- und Fe-Gehalte. Bei K ist die Versorgung sehr unterschiedlich (von vorzüglich bis mangelhaft), bei P und besonders bei Mg knapp bis mangelhaft; für Mg gilt das nur bei stark versauerten Böden. Untersuchungen in den Donauländern deckten bei einer sehr breiten Spanne der Bodenverhältnisse besonders große Unterschiede in den Mn-Gehalten auf, jedoch wird auch hier die Mangelgrenze nicht unterschritten. Erst bei zunehmenden **Blattverlusten** ändert sich das Bild gravierend. So zeigten sich bei Untersuchungen in Nordrhein-Westfalen positive Korrelationen zwischen dem N/Mg- und dem N/P-Verhältnis einerseits und dem Blattverlust andererseits. Bei stärkeren Laubverlusten (Schadstufen 2 und 3) tritt zunehmend Mangel an P und Mg und sogar N auf – trotz der beträchtlichen Einträge an Stickstoffverbindungen und des vielfach überhöhten N-Angebots der Böden. Bei fortgeschrittener Erkrankung und Verlichtungsgraden über 50 % kann es schließlich zu einer deutlichen Abnahme aller Hauptnähr- und Spurenelemente kommen. Zwischen N-Depositionsraten und N-Gehalten der Blätter ergab sich mehrfach eine signifikante Korrelation. Die N-Gehalte der Blätter zeigen weithin eine steigende Tendenz (Hartmann et al. 1989, Eckstein und Dujesiefken 1992, Berger und Glatzel 1994, Schume und Huber 1995 a, b, König 1996, Thomas und Kiehne 1995, Thomas und Büttner 1992, 1998 a, b, Büttner 1997, Genßler 1998, Heinsdorf 1999). Die in Süddeutschland seit der ersten Hälfte der 1980er Jahre weit verbreiteten Vergilbungen an den Blättern von Eichen sind ohne Zweifel neuartig und können demnach nicht einfach als „Kalkchlorose" mit Mangel an Mn und Fe (Thomas et al. 2002) erklärt werden (Abschn. 6.1.4.1 und 6.1.4.3).

Stress durch die chemischen Bedingungen im Boden und Nährstoffmangel können demnach den Grad der sichtbaren Erkrankungssymptome an Eichen nicht erklären. Im Gegenteil: Untersuchungen in den Donauländern ergaben beispielsweise gerade bei hoher Basensättigung der Oberböden die stärkste Kronenverlichtung; das gilt auch für andere Gebiete. Ebenso kann die rasche Zunahme von Schadsymptomen und Mortalität während der 1980er und 1990er Jahre nicht auf die nur wenig ausgeprägten Nährstoffungleichgewichte zurückgeführt werden. Es ist demnach gut belegt und es besteht auch weithin Einigkeit darüber, dass heute die **Ernährungsstörungen** bei den Eichen eher die **Wirkung** als die **Ursache** der Erkrankung darstellen (Oosterbaan 1990, Ackermann und Hartmann 1992, Kandler und Senser 1993, Schume und Huber 1995 a, b, Hartmann 1996, Simon und Wild 1998, Thomas und Büttner 1998 b, Heinsdorf 1999). Zahlreiche Einzelbefunde weisen ganz klar auf Wurzelpathogene und Funktionsstörungen der Wurzeln bei der Aufnahme von Nährstoffen hin (Abschn. 6.1.4.3). Die Art eines so hervorgerufenen Nährstoffmangels ist sehr wahrscheinlich von den Bodeneigenschaften abhängig: Ein und dieselbe Krankheit kann auf unterschiedlichen Böden verschiedene Mineralstoffmangelsymptome auslösen. Zuerst betroffen ist jeweils das Nährelement mit dem schwächsten Angebot (Kandler und Senser 1993).

Langfristig gesehen birgt jedoch die Deposition von Schwefel- und Stickstoffverbindungen mit der Folge der Auswaschung von Calcium und vor allem Magnesium die Gefahr einer **schleichenden Schädigung** der Eichen-Ökosysteme in Mitteleuropa (Berger und Glatzel 1994, Thomas und Büttner 1998 b, Heinsdorf 1999). Bei der Untersuchung eines Eichen-Ökosystems in Nordwestdeutschland zeigten sich beispielsweise negative Bilanzen der Nährelemente Ca und Mg allein infolge der Auswaschung; Holznutzung verschärft langfristig die Defizite (Rademacher et al. 2001). Bei anhaltend hohen Einträgen an Stickstoff nähern sich viele Eichenwald-Ökosysteme in Mittel- und Nordeuropa dem Zustand der **Stickstoffsättigung** (Thomas und Kiehne 1995). Die Blattspiegelwerte für Stickstoff liegen häufig über den Normalwerten (Thomas et al. 2002). Als Folge wird eine Begünstigung blattfressender Insekten durch hohe Stickstoffgehalte des Laubes vermutet (König 1996).

6.1.4.5 Mitwirkung von Wasserhaushalt, Witterungsextremen und Veränderungen des Klimas

Defizite bei der **Wasserversorgung** werden von zahlreichen Autoren als wichtige prädisponierende Faktoren des Eichensterbens während der 1980er Jahre angesehen. Tatsächlich ist bei extremem Trockenstress – nahe dem Welkepunkt – eine Prädisposition von Eichensämlingen für den Befall durch *Armillaria spp.* experimentell belegt worden (Anselmi und Puccinelli 1993). Es sprechen aber gewichtige Argumente gegen eine Übertragung dieses Befundes auf die Bedingungen im Freiland – jedenfalls unter den Klimabedingungen Mittel- und Westeuropas. Denn Erfahrungen der forstlichen Praxis und ökologische Untersuchungen weisen bei Stiel- und Traubeneiche auf einen geringen Wasserbedarf und eine große Toleranz gegen Dürre hin (Falck 1924, Krahl-Urban 1959, Leuschner et al. 2001). Gerade auf besonders trockenen Standorten werden in Mitteleuropa Buchenwälder durch wärmeliebende Eichenmischwälder (*Quercetalia pubescentis-petraeae*) abgelöst, in denen auch die beiden hier behandelten Eichenarten vertreten sind (Ellenberg 1996). Gegen **Gasembolien** in den Gefäßen infolge hoher Wasserspannung während des

Sommers sind die Eichen wenig empfindlich; jedoch ist die Stieleiche verletzlicher als die Traubeneiche (Tyree und Cochard 1996). Auch bei erheblichem Trockenstress kommt es bei der Traubeneiche nicht zu einem frühzeitigen Schluss der Stomata und es kann deshalb eine beträchtliche Transpiration und **Photosyntheseleistung** aufrechterhalten werden. Die tief in den Boden reichenden Wurzeln der Eichen spielen dabei offenbar eine wichtige Rolle (Epron und Dreyer 1993, Bréda et al. 1993, Bréda und Granier 1996, Hartmann 1996, Blank 1997). In ihren Reaktionen auf mäßige Trockenheit scheinen sich die beiden Eichenarten nur wenig zu unterscheiden, soweit aus Versuchen mit jungen Pflanzen bekannt ist (Thomas und Gausling 2000). Erst bei sehr starkem Trockenstress, der bis zum Tod junger, in großen Behältern gepflanzter Eichen führte, ergab sich für die Stieleiche eine höhere Absterberate als für die Traubeneiche (Vivin et al. 1993). Die Eichen übertreffen in ihrer Dürretoleranz noch die Rotbuche, deren relativ große Widerstandskraft bereits belegt ist (Abschn. 6.1.3.7). Auch hat sich gezeigt, dass die vertikale Verteilung von Eichenwurzeln nicht dem Wasserangebot folgt. Wenn auch das System **tiefreichender Wurzeln** den Boden nicht dicht erschließt, so ist es doch offenbar in der Lage, auch in trockenen Perioden die Wasserversorgung sicherzustellen (Thomas 2000). All diese Beobachtungen und Befunde lassen zweifelhaft erscheinen, ob Prädisposition von Eichen durch Dürreperioden eine wesentliche Rolle spielt. Ebenso ist kaum glaubhaft, dass sich ab 1984 in Deutschland der Kronenzustand der Eichen infolge unzureichender Wasserversorgung verschlechtert haben soll, während zur gleichen Zeit die Benadelung der dürreempfindlichen Fichte zugenommen hat (Abb. 3-8 und 3-9).

Gegen eine wesentliche Beeinträchtigung von Eichen durch Wassermangel sprechen auch die Ergebnisse **jahrringanalytischer Untersuchungen**. Stieleichen im küstennahen Gebiet Norddeutschlands reagieren mit ihrer Jahrringbreite von jeher meist positiv auf hohe Temperaturen während der Vegetationszeit und kaum auf die Höhe des Niederschlags (Eckstein und Schmidt 1974). Allgemein haben **Trockenjahre** bei Stiel- und Traubeneichen in Norddeutschland nie wesentliche Zuwachseinbrüche ausgelöst (Hartmann 1996, Blank 1997, Abschn. 6.1.4.2). Dasselbe gilt auch für Süddeutschland (Abb. 6-39 bis 6-41). Selbst im warm-trockenen Klima Mainfrankens bleibt die Auswirkung von Trockenjahren auf den Zuwachs von Traubeneichen eher gering (Becker und Glaser 1991).

Auf trockenen Standorten im Harth-Wald (nahe Mulhouse, Elsass, Frankreich) zeigen die Jahrringbreiten von Stiel- und Traubeneiche zwischen 1900 und 1971 über alle Trockenjahre hinweg nahezu identische Reaktionen. Erst ab 1972 blieb der Zuwachs der Stieleiche deutlich hinter dem der Traubeneiche zurück (Bréda 2000). Angesichts wesentlich stärkerer Zuwachseinbrüche in früherer Zeit – z. B. im Trockenjahr 1934 – ist nicht nachvollziehbar, warum diese unterschiedliche Reaktion auf das – keineswegs extreme – Trockenjahr 1972 zurückzuführen sein soll. Vermutlich liegt hier eher die Wirkung als die Ursache einer Erkrankung vor.

Auch sind den **bekannten Trockenjahren** des 20. Jahrhunderts (1911, 1921, 1934, 1947, 1959, 1964 und 1976) nur dann Perioden des Eichensterbens gefolgt, wenn ein Schub der Schädigung bei Eintritt der Dürre bereits angelaufen war. In den Jahren 1982 und 1983 gab es in Mitteleuropa keine einschneidenden Trockenperioden (Spelsberg 1985). Eine kritische Prüfung hat auch für Ungarn ergeben, dass es keinen zeitlichen Zusammenhang zwischen Dürrejahren und dem Ausbruch der Eichenerkrankung gibt (Führer 1992). Vielfach hat das Absterben von Eichen bereits vor den Dürreperioden begonnen, die für eine Prädisposition verantwortlich sein sollen (Siwecki und Ufnalski 1998). Aufschlussreich sind auch Angaben über die Wassergehalte der Blätter. Bei Traubeneichen ohne deutliche Erkrankungssymptome hängen diese nicht vom Niederschlag ab. Dagegen steigen und fallen bei Bäumen mit Erkrankungssymptomen die Wassergehalte mit dem Auftreten bzw. Fehlen von Regenereignissen (Diem und Ziegler 1990). Bei Vergleichen hat sich außerdem immer wieder gezeigt, dass Eichen auf den trockeneren (und stärker versauerten) Standorten vitaler sind als auf den besser mit Wasser versorgten (Standovár und Somogyi 1998). In manchen Fällen ist sogar ein besonders schlechter Kronenzustand an Eichen mit einer optimalen Wasserversorgung beobachtet worden (Ackermann und Hartmann 1992, Hartmann 1996).

Es sprechen demnach zahlreiche Argumente gegen eine nennenswerte Vorschädigung von Eichen durch unzureichende Wasserversorgung. Reaktionen von Eichen auf Trockenperioden dürfen nur dann allein dem Wassermangel zugeschrieben werden, wenn Zerstörungen von Wurzeln durch Pathogene ausgeschlossen werden können; das ist bekanntlich nur selten der Fall. Die neuerdings zu beobachtende Empfindlichkeit erkrankter Eichen gegen Dürre ist eher die Wirkung von **Störungen der Wurzelfunktionen** – etwa durch *Phytophthora*-Arten oder andere Pathogene – als deren Ursache; denn es ist offensichtlich meistens der Parasit, welcher den Baum für Trockenstress prädisponiert (Wargo 1996). Chronische Wurzelinfektionen könnten ihrerseits wiederum die Toleranz von Eichen gegenüber dem Pathogen reduzieren. Allerdings ist bei einigen Pflanzenarten auch eine prädisponierende Wirkung von Trockenstress für die Infektion durch *Phytophthora spp.* experimentell nachgewiesen worden (Erwin und Ribeiro 1996). Die Art des Zusammenwirkens von Wurzelinfektionen und Dürre müsste daher speziell an Eichen experimentell näher untersucht werden (Brasier 1996). Auch mehrjähriger **Kahlfraß** durch Insekten kann eine geringere Regeneration der Feinwurzeln und derart eine verminderte Widerstandsfähigkeit von Eichen gegen Dürre bewirken (Hartmann 1996, Thomas et al. 2002).

Die in **Frankreich** untersuchten Absterbeerscheinungen von Eichen unterscheiden sich in mehrfacher Hinsicht von denen in Mitteleuropa. Sie betreffen nur die Stieleiche, und haben ihren Schwerpunkt auf stark versauerten, meist hydromorphen Böden (Landmann 1993). Die daraus gezogene Schlussfolgerung, die Stieleiche sei wegen ihrer geringen Widerstandskraft gegen Dürre für derartige Standorte ungeeignet, steht im Gegensatz zu den Erfahrungen der Forstwirtschaft (Altenkirch et al. 2002) sowie zu den Ergebnissen der Vegetationskunde (Ellenberg 1996). Delatour (1983) stellte fest, es seien die Phasen des Eichensterbens jeweils auf Dürreperioden gefolgt: So in Deutschland 1917 nach der Dürre von 1915, in Frankreich 1921 bis 1923 nach der Dürre von 1921 und die trockenen Jahre von 1942 bis 49 seien mit dem Absterben von Eichen zusammengetroffen. Dies ist so – ohne genaue Analyse des Witterungs- und Krankheitsverlaufs – nicht nachvollziehbar. Auch interpretiert Landmann (1993) Jahrringbreitenkurven von Eichen aus dem Wald von Troncais indem er feststellt, die Erkrankung habe 1976 begonnen. Der Abfall der Jahrringbreiten ab 1973 spricht aber dafür, dass der Erkrankungsprozess 1976 bereits im Gange war und die Dürre als verstärkender Stressor hinzukam. Für diese Auffassung sprechen auch neuere

Erkenntnisse. Man vermutet jetzt, dass eine chronische Infektion der Wurzelsysteme durch den Spindeligen Rübling (*Collybia fusipes* [Bull. ex Fr.] Quel.) die Stieleiche anfällig gemacht hat für die Dürre des Jahres 1976 (Marcais et al. 2000 a,b). Dann erhebt sich aber die Frage, warum Absterbeerscheinungen an Alteichen erst seit dem Beginn der 1980er Jahre in so großem Umfang aufgetreten sind. Möglicherweise spielen hier weitere, bisher noch nicht erkannte Faktoren eine wesentliche Rolle.

Gerade auf Standorten mit einem scharfen Wechsel zwischen **Vernässung und Austrocknung** konnten sich die Eichen noch eher gegen die ansonsten überlegene Konkurrenzkraft der Buche behaupten (Ellenberg 1996). Denn gegen Wasserüberschuss sind Eichen im Allgemeinen wenig empfindlich; das gilt besonders für die Stieleiche (Krahl-Urban 1959). Selbst auf staunassen Böden bilden Eichen tief in den sauerstoffarmen Unterboden reichende Pfahl- und Senkerwurzeln; Unterschiede zwischen den beiden Arten sind dabei nicht festgestellt worden (Kreutzer 1961, Köstler et al. 1968, Thomas 2000). Solche werden offenbar erst bei länger anhaltender Überflutung deutlich. So zeigen nur Stieleichen in der Hartholzaue eine große Überflutungstoleranz (Späth 1988). Mit all diesen Beobachtungen steht im Einklang, dass sich Stieleichen in experimentellen Untersuchungen gegen Sauerstoffmangel im Wurzelraum (**Hypoxie**) als sehr widerstandsfähig erwiesen haben – ganz im Gegensatz zur Rotbuche. Die Traubeneiche nimmt eine Zwischenstellung ein (Dreyer 1994, Wagner und Dreyer 1996, Schmull und Thomas 1999). Befunde von neueren Untersuchungen in Eichenwäldern Baden-Württembergs zeigen jedoch bei beiden Eichenarten eine signifikante Abhängigkeit der Feinstwurzeldichte in etwa 25 – 70 cm Bodentiefe von der **Gasdurchlässigkeit** des Oberbodens (10 cm). Nur dort, wo die Messungen des Gasdiffusionskoeffizienten Belüftungsstörungen anzeigten, fanden sich Eichenbestände mit einem hohen Anteil geschädigter Bäume (Gaertig et al. 2001, 2002). Es ist dringend notwendig durch weitere Untersuchungen zu klären, ob sich hier allein die mangelhafte Durchlüftung auswirkt oder ob zeitweilige Vernässung und als deren Folge der Befall der Feinstwurzeln durch Pathogene mit im Spiel sind. Aufhorchen lässt der Befund, dass die erkrankten Eichen in Bodentiefen von 10 – 60 cm signifikant höhere pH-Werte hatten als die gesunden (Gaertig et al. 2002); es erhebt sich daher die Frage, ob hier nicht *Phytophthora*-Arten wesentlich am Erkrankungsprozess beteiligt sind (Abschn. 6.1.4.3). Insgesamt sprechen zahlreiche Beobachtungen dafür, dass **Nässeperioden** im Ursachenkomplex des Eichensterbens einen wesentlichen Faktor darstellen. Häufig ist den Schüben des Absterbens besondere Nässe im Frühjahr und Sommer vorausgegangen (Krahl-Urban et al. 1944, Varga 1987, Block et al. 1995, Hartmann 1996).

Ein drastisches Beispiel bilden die Stieleichenbestände auf den Grund- und Stauwasserböden des **Bienwaldes** (Oberrheinische Tiefebene). Nach Licht- bis Kahlfraß im Jahre 1993 kam es 1994 bei Wassersättigung des Bodens und lang anhaltender Entlaubung durch den Schwammspinner und den Eichenmehltau (Abschn. 6.1.4.7) zu einem Massensterben der Raupen bei hohen Temperaturen. Die Zersetzung großer Mengen von Raupenkot und Raupen hat möglicherweise zur Sauerstoffzehrung im Boden geführt. Jedenfalls wurden das Absterben der Wurzeln und hohe Ausfälle (bis 90 %) der Eichen festgestellt. Andere Laubbaumarten haben jedoch offensichtlich den Kahlfraß überstanden (Block et al. 1995, Delb 1999), trotz der Hypoxie im Boden. Der Sauerstoffmangel allein kann daher nicht zum Absterben der Wurzeln geführt haben. Vermutlich wurden hier Parasiten der Gattung *Phytophthora* oder andere Pathogene durch Wasserüberschuss gefördert und waren an dem Geschehen beteiligt (Jung 1998).

Die – durchaus einleuchtende – Hypothese, es komme allein durch den Wechsel von Nässe und Trockenheit zu gravierenden Feinwurzelverlusten, ist bisher nicht ausreichend belegt. Eine auf entsprechenden Standorten erhöhte **Mortalität** von Eichen (Thomas und Hartmann 1996) muss nicht darauf beruhen, dass Hypoxie allein als prädisponierender Faktor wirksam war. Stauwasser könnte die Infektion durch pathogene Bodenpilze, z. B. *Phytophthora spp.*, begünstigt haben. Verminderte Resistenz gegen Trockenheit wäre dann die Wirkung der Erkrankung, nicht deren Ursache. Hier sind weitere Untersuchungen notwendig.

Eine Schädigung von Eichen durch sehr strengen **Winterfrost** ist wiederholt beobachtet worden (Abschn. 6.1.4.8). Das Gefrieren der Flüssigkeit in den weiten Frühholzgefäßen setzt diese zum größten Teil während des Winters infolge von Gasembolien außer Funktion (Tyree und Cochard 1996); vor dem Laubaustrieb der nächsten Vegetationsperiode gebildete, weite Gefäße

müssen dafür Ersatz schaffen (Abschn. 6.1.4.2). Die Traubeneiche hat sich gegen anhaltenden Frost sowie den Wechsel von Tauen und Gefrieren als die empfindlichere Art erwiesen (Thomas und Ahlers 1999). Deshalb kann sie insbesondere im Osten Mitteleuropas geschädigt werden, wo sie besonders tiefen Wintertemperaturen ausgesetzt ist (Krahl-Urban et al. 1944, Dengler 1944, Krahl-Urban 1959).

Jedoch sind hier die Reaktionen von Eichen in und nach Wintern mit besonders niedrigen Temperaturen oder Temperaturstürzen näher zu betrachten. Dabei sind anhand von Temperaturminima nur grobe Aussagen möglich (Sakai und Larcher 1987). Im Winter **1879/80** gab es bei den Eichen in der Schweiz nur relativ geringe Schädigungen durch die scharfen Fröste, lediglich Frostrisse traten häufig auf (Coaz 1882). Der Winter **1928/29** brachte in Deutschland Temperaturminima von -25 bis $-36\,^{\circ}$C und im Osten Mitteleuropas (Ostpreußen, Österreich) sogar solche um -38 bis $-40\,^{\circ}$C. Es blieben in Österreich beide Eichenarten ungeschädigt (Melzer 1931). Auch aus der Schweiz und Deutschland wird nicht über nennenswerte Schädigung der beiden Arten berichtet. Lediglich in Ostpreußen kam es zum Absterben jüngerer Eichen in Stangenhölzern (Kahl 1930) von offenbar ungeeigneter Provenienz (Graumann 1941). Alteichen starben nur vereinzelt und nur dann ab, wenn andere Ursachen schwächend mitgewirkt hatten, z. B. wiederholter Fraß durch den Eichenwickler (Kahl 1930). Im Winter **1939/40** kam es bei Temperaturen bis unter $-35\,^{\circ}$C in Ostpreußen zum Absterben von Eichen. Im übrigen Deutschland traten nur an einigen Orten, vom Nordosten bis nach Hessen, Schädigungen auf (Geiger 1948, Münch 1948). Betroffen waren fast nur Stieleichen nicht autochthoner Provenienzen (Graumann 1941). Nicht einmal im Extremwinter **1955/56** mit einem warmen Januar, einem Temperatursturz am Anfang des äußerst kalten Februars (in Eichengebieten Bayerns Temperaturminima zwischen -27 und $-30\,^{\circ}$C) wurden Eichen nennenswert geschädigt (Jahnel 1959). Vor diesem Hintergrund erscheinen die Winter **1984/85** und **1985/86** eher als harmlos; nach einem allmählichen Rückgang der Temperaturen wurden nur Minima zwischen etwa -18 und $-25\,^{\circ}$C erreicht. Das gilt auch für den Winter **1986/87**, allerdings ist hier in bestimmten Gebieten nach einem raschen Temperaturabfall in den ersten Märztagen Tiefsttemperaturen bis etwa $-20\,^{\circ}$C gemessen worden; wenn dem auch keine längere Wärmeperiode vorausgegangen war, so kann eine Schädigung doch nicht ausgeschlossen werden. Außer Frostleisten wurden aber keine Schadsymptome beobachtet, insbesondere keine Bastnekrosen (Mössnang 1995). Insgesamt ist festzustellen, dass in einer ganzen Reihe von Wintern stärker belastende Temperaturgänge vorgekommen sind als in den 1980er Jahren; trotzdem ist es in früherer Zeit nicht zu nennenswerten Schädigungen oder Absterbeprozessen gekommen (Kandler und Senser 1993).

Über **Bastnekrosen**, wie sie seit den 1980er Jahren vor allem für ältere Eichen in Norddeutschland beschrieben worden sind, ist in früherer Zeit nie berichtet worden. Die nun beobachteten Streifen mit abgestorbener Rinde sind häufig nach 1984 entstanden, wie aus dendrochronologischen Untersuchungen hervorgeht. Es wurde vermutet, dass sie auf einer Verminderung der Frostresistenz durch prädisponierende Faktoren sowie **Frosteinwirkung** in den Wintern **1984/85**, **1985/86** und **1986/87** zurückgehen (Hartmann et al. 1989). Die Temperaturminima waren in diesen Jahren aber mit Werten bis $-23\ ^{\circ}\mathrm{C}$ (Hartmann et al. 1989) weniger tief als in den oben genannten, besonders strengen Wintern des 20. Jahrhunderts. Auch gibt es bisher keine Erklärung dafür, dass diese Nekrosen nur in Form von Längsstreifen oder Flecken am Stamm vorkommen. Wäre wirklich Frost die Ursache, so sollten auch andere Muster auftreten. Schließlich sind nicht nur Süd- bis Westseiten betroffen, sondern vielfach unterschiedliche Himmelsrichtungen (Spelsberg 1985, Balder 1987). Eine Häufung an Süd- bis Westseiten der Stämme muss auch nicht unbedingt mit einer Verminderung der Frostresistenz durch Sonnenstrahlung zu tun haben (Thomas et al. 1996), sondern könnte auch mit den hier günstigeren Lebensbedingungen von Parasiten der Gattung *Phytophthora* zusammenhängen (Marcais et al. 1996). Gegen die Frostwirkung spricht außerdem, dass sich Bastnekrosen ebenso nach den milden Wintern 1987/88 und 1988/89 gebildet und weiter ausgedehnt haben (Hartmann et al. 1989). Überdies waren derartige Rindennekrosen nur an etwa 20 % der stark geschädigten Eichen festzustellen (Hartmann 1996).

Auch **dendrochronologische Befunde** können die Vorstellung von einer wesentlichen Wirkung von Winterfrösten nicht stützen. Hätten diese eine Schädigung bewirkt, so müsste in der jeweils folgenden Vegetationsperiode eine Stressreaktion durch einen sehr schmalen Jahrring erkennbar sein – wie beispielsweise bei der Tanne (Abschn. 6.1.1.4). Dendrochronologische Untersuchungen in Berlin haben jedoch gezeigt, dass die Zuwachseinbrüche bei Eichen nicht synchron erfolgten, sondern zeitlich gestaffelt – je nach dem Grad der Erkrankung – zwischen 1983 und 1989 eintraten (Eckstein und Dujesiefken 1992). In Süddeutschland zeigt sich nach keinem der länger zurückliegenden Winter mit extrem tiefen Temperaturen bzw. Kälterückfällen (1928/29, 1939/40, 1955/56, 1962/63) bei der Stiel- oder der Traubeneiche eine Stressreaktion. Die schmalen Jahrringe in den Abbildungen 6-40 und 6-41 während der Jahre 1940, 1956 und 1987 sind mit durch **Fraßperioden** der **Eichenwicklergesellschaft** verursacht und können deshalb kaum interpretiert werden (Abschn. 6.1.4.7). Jedoch kann die Reduktion von Kohlenhydraten (vor allem Zuckern), die in Geweben von Eichen als Folge von Kahlfraß auftritt, die Frosthärte herabsetzen; das ist auch experimentell belegt worden (Thomas et al. 2002).

Es war vermutet worden, das in den meisten Eichenbeständen hohe **Stickstoffangebot** könnte zu einer Verminderung der Frostresistenz geführt haben. Das ist zunächst andeutungsweise durch Untersuchungen an Altbäumen im Freiland gestützt worden (Thomas und Blank 1996). Versuche an zweijährigen Pflanzen beider Eichenarten mit normaler und übermäßiger Stickstoffversorgung erbrachten jedoch keine Belege für diese These. Mangel an Kohlenhydraten, wie er durch Dürre im Vorsommer oder Insektenfraß zustande kommt, scheint die Frosthärte weit stärker zu beeinträchtigen (Thomas et al. 1996, Thomas und Ahlers 1999, Thomas et al. 2002).

Wie seit langem bekannt, können auch **Spätfröste**, welche frisch ausgetriebene Blätter und junge Triebe abtöten, an komplexen Schädigungsprozessen von Eichen mitwirken (Thomas et al. 2002).

Witterungsabhängige Umweltbedingungen wie Dürre und Frost sind ohne Zweifel in komplexe Schädigungsprozesse der Eichen mit eingebunden. Nicht selten sind aber Witterungsereignisse für eine Schädigung verantwortlich gemacht worden, ohne dass Vergleiche mit ähnlichen Situationen in anderen Zeiträumen gezogen worden sind. Gründliche Prüfungen der zeitlichen Struktur der Reaktion von Bäumen – z. B. anhand der Jahrringbreiten über längere Zeiträume – sind in jedem Einzelfall erforderlich.

6.1.4.6 Wirkungen gasförmiger Schadstoffe

Eine Beteiligung von Immissionseinflüssen am Ursachenkomplex der Eichenerkrankungen ist gelegentlich vermutet worden (Baumgarten 1912); das blieb jedoch bisher unbestätigt (Hartmann und Blank 1992). Direkte Schädigungen der Blätter durch Schwefeldioxid und Stickstoffoxide werden allgemein ausgeschlossen. Denn zum einen werden wohl die Konzentrationen nicht erreicht, die als Schwellenwerte für eine Schädigung anzusehen sind. Zum anderen waren gerade in den 1980er Jahren, als die Erkrankungssymptome an Eichen rasch zunahmen, in Mitteleuropa die Immissionen an Schwefeldioxid stark und jene an Stickoxiden wenigstens geringfügig im Sinken begriffen. Selbstverständlich sind die Schadstoffe einzeln zu betrachten.

Die Widerstandsfähigkeit von Eichen gegenüber **Schwefeldioxid** ist besonders groß. Rasenartig ausgebreitete, niedrige Eichenbüsche waren die ersten Gehölze, die man am Anfang des 20. Jahrhunderts außerhalb der völlig vegetationslosen Rauchblößen mit ihrer extremen SO_2-Belastung antraf (Wieler 1905). Wo in Bereichen sehr starker Immissionen - wie im Kern des Ruhrgebiets – fast alle Nadelbäume abstarben, wurden von jeher Eichen als Ersatzbaumarten empfohlen (Wislicenus 1914, 1927, Wentzel et al. 1981). Auch bei der Festlegung Maximaler Immissionswerte wurden die Eichen zu den „weniger empfindlichen" Pflanzen gezählt (Verein deutscher Ingenieure 1978 a). Begasungsversuche an Stieleichen mit Schwefeldioxid (80, 120 und 160 nl/l für 32 bis 70 Tage) haben eine beträchtliche Fähigkeit von Stieleichen zur Neutralisierung der entstehenden Protonen erkennen lassen; denn durch die Wurzeln können Protonen ausgeschieden werden oder es kann die Abgabe von Hydroxylionen vermindert werden (Thomas und Runge 1992). Eine direkte Schädigung der Blätter von Eichen allein durch Schwefeldioxid kommt demnach für Mitteleuropa während der letzten Jahrzehnte nicht in Betracht. Dafür spricht auch, dass sich der Kronenzustand der Eichen gegenläufig zu demjenigen der Emission und Immission von SO_2 entwickelt hat (Schume und Huber 1995 a).

Auch gegenüber einer Belastung durch **Stickoxide** gelten Eichen als „weniger empfindlich"

(Verein deutscher Ingenieure, VDI, 1978 b). Die festgesetzten Maximalen Immissionskonzentrationen, die zur Entwicklung von Schädigungssymptomen führen, werden in ländlichen Gebieten Mitteleuropas nicht erreicht (Smidt und Gabler 1994, Umweltbundesamt 1997, Brang 1998). Eine wesentliche direkte Schädigung der Blattorgane von Eichen allein durch Stickoxide ist daher unwahrscheinlich, eher bewirken diese eine erhöhte Stickstoffversorgung.

Ganz anders ist es zu beurteilen, wenn **Schadstoffgemische** mit relativ niedrigen Gehalten an SO_2 und NO_2 zusammen mit **Ozon** vorliegen. Hier führen Stickoxide zu einer Verstärkung der schädigenden Wirkung. Dies verlangt eine Revision der vom VDI vorgenommenen Einreihung und zu einer Umgruppierung der Eichen von den „weniger empfindlichen" zu den „sehr empfindlichen" Baumarten (Guderian und Wienhaus 1997). Dem wird eher die Kritische Konzentration für NO_x gerecht, die auf 30 $\mu g/m^3$ im Jahresdurchschnitt festgelegt wurde; dieser Wert ist am Anfang der 1990er Jahre in Deutschland auf großen Flächen überschritten worden, insbesondere in Gebieten mit höherer Verkehrsdichte. Die Beurteilung der Toxizität bleibt aber unsicher, da Dosis-Wirkungs-Beziehungen nur unzureichend bekannt sind (Nagel und Gregor 1999). Indirekte Wirkungen der Stickoxide (Stickstoffeintrag, Ozonbildung) sind selbstverständlich für sich zu betrachten.

Unter den gasförmigen Schadstoffen muss dem **Ozon** das größte **Gefährdungspotenzial** zugemessen werden. Zwar kann durch eine kritische Dosis (z. B. AOT40) der Fluss von Ozon in das Innere von Blattorganen nicht beschrieben werden. Denn dieser hängt stark von der stomatären Leitfähigkeit und damit vom Wasserangebot und anderen Umweltbedingungen ab (Abschn. 5.1.3.3). Dennoch gibt es zu denken, dass die AOT40-Werte in Mitteleuropa weiträumig und teilweise stark überschritten werden. Das gilt besonders für die westlichen und südlichen Bereiche, trifft aber auch auf die Donauländer zu (Krapfenbauer 1987, Schume und Huber 1995 a, Guderian und Wienhaus 1997, Posch et al. 1997, Achermann 1998, Nagel und Gregor 1999).

Versuche mit Ozon als einzelnem Schadstoff in durchaus umweltrelevanter Konzentration (100 $\mu g/m^3$ über fünf Wochen) führten bei Eichen zu unspezifischen Vergilbungen, die sich bevorzugt in den Interkostalfeldern entwickelten (Krause und Prinz 1989). Versuche in *Open-Top*-Kammern bei niedriger Grundbelastung mit SO_2 und NO_x und simulierten O_3-Konzentrationen, wie sie für Westdeutschland typisch sind (44–59 ppb im Mai) lösten bei Stieleichen schon im ersten Versuchsjahr Chlorosen und Nekrosen an den Blättern aus (Guderian und Wienhaus 1997). Über drei Jahre bei relativ hohen O_3-Belastungen (20 ppb in der Nacht, Spitzenwerte bis etwa 100 ppb am Tag) in Großbritannien durchgeführte Versuche ergaben eine Reduktion des Wachstums von Traubeneichen um 30 %. Bewässerung verschärfte die Wirkung von Ozon. Wassermangel milderte diese, offenbar durch Absenkung der stomatären Leitfähigkeit (Broadmeadow und Jackson 2000). Umfangreichere Versuche sind an Eichen leider nicht durchgeführt worden; so verbleibt eine beträchtliche Unsicherheit bei Urteilen über deren Schädigung durch Ozon. Es sollten auch andere Umweltbedingungen in solche Experimente einbezogen werden. Denn es ist möglich, dass Eichen mit Wurzeldefekten und Mangel an bestimmten Nährstoffen auf eine Belastung durch Ozon besonders empfindlich reagieren (Abschn. 6.1.2.3).

6.1.4.7 Mitwirkung von blattfressenden und rindenbrütenden Insekten

Stockhiebe im Nieder- und Mittelwald haben über viele Jahrhunderte die wenig ausschlagfähige Buche zurückgedrängt und vor allem die **Eichen begünstigt** (Abschn. 3.1). An die Stelle von Buchenbeständen sind dadurch auf großen Flächen von Eichen beherrschte Wälder getreten. Seit dem 18. Jahrhundert wurden dann die Nieder- und Mittelwälder im großen Stil in Eichen-Hochwälder überführt oder umgewandelt; deren Oberschicht besteht meist nur aus Eichen. Dadurch haben sich die Vermehrungs- und Ausbreitungsbedingungen für diejenigen Insekten entscheidend verbessert, die mehr oder minder deutlich auf Eichen spezialisiert sind (Gasow 1925, Sperber 1993). Das gilt vor allem für Schmetterlingsarten, deren Raupenstadien sich hauptsächlich von Eichenblättern ernähren und trifft besonders

für wärmebegünstigte Tieflagen zu. Immer wieder ist berichtet worden, dass reine Eichenbestände stärker befallen werden als Mischbestände (Eigner 1910, Escherich 1931), jedoch ist diese Ansicht umstritten. Schwerdtfeger betont demgegenüber (1961), dass Mischbestände nicht weniger vom Eichenwickler befressen werden als Reinbestände. Bei einer Beurteilung dieser Frage darf man jedoch nicht nur von den einzelnen Waldbeständen ausgehen, sondern muss auch deren Umfeld berücksichtigen. Kommen für die Entwicklung der Schmetterlingsraupen geeignete Flächen nur inselartig vor und sind diese von ungeeigneten Habitaten – z. B. Nadelwäldern oder Buchenwäldern – umgeben, so unterliegen die Raupen bei ihrer Ausbreitung mithilfe von Spinnfäden im Wind (Dispersion) einer hohen Mortalität. Infolge dieser Verluste können sie nur schwer in eine Massenvermehrung eintreten. Finden die Raupen dagegen in ganzen Landstrichen günstige Bedingungen vor – wie in großflächigen Eichenwäldern – so fördert das ihre Vermehrung und Ausbreitung. Dieser Zusammenhang ist für den Gemeinen Frostspanner durch Beobachtungen belegt, in die nicht nur einzelne Waldbestände sondern darüber hinaus eine ganze Landschaft einbezogen worden sind (Wesolowski und Rowinski 2006). Der Mensch hat demnach die Vermehrung der auf Eichen spezialisierten Schmetterlingsarten wesentlich gefördert.

Die Blätter beider Eichenarten unterliegen in Bereichen ihres großflächigen Vorkommens bei länger anhaltenden oder zyklisch wiederkehrenden Massenvermehrungen dem Fraß der Raupen der **Eichenwicklergesellschaft**. Zu dieser gehören vor allem der Grüne Eichenwickler: *Tortrix viridana* L., der Kleine oder Gemeine Frostspanner: *Operophtera brumata* L., der Große Frostspanner: *Erannis* (*Hibernia*) *defoliaria* Cl. sowie eine Reihe anderer Arten (Schwerdtfeger 1961, Schwenke 1978). Häufig dominiert der Kleine Frostspanner, so 1996/97 in Niedersachsen (Hartmann et al. 1999). Die Fraßperioden können viele Jahre anhalten, beispielsweise in Westfalen elf Jahre lang von 1878 bis 1888 (Herwig 1913). Die Stieleiche wird von den Raupen der Traubeneiche vorgezogen (Lyncker 1907, Gasow 1925, Volz 1926), aber auch in ausgedehnten Traubeneichenbeständen kommt es zu Massenvermehrungen (Escherich 1931).

Während der Fraßperioden geht der **Radialzuwachs** von Eichen auf ein Drittel bis ein Viertel der normalen Werte zurück (Jüttner 1959). Bei Kahlfraß wird dann kaum noch Spätholz gebildet, ja die Spätholzbildung kann sogar ganz unterbleiben. Der Einfluss der Intensität des Blattfraßes auf die Spätholzbreite ist dann weit stärker als jener der Witterung. Die für Norddeutschland festgestellten Fraßperioden (Altenkirch 1991, Blank und Riemer 1999) gelten auch für Nordbayern und waren damit sehr großflächig wirksam. Jahrringkurven von Eichen im Spessart zeigen eindrucksvolle Zuwachsdepressionen, vor allem während der ersten Hälfte des 20. Jahrhunderts (Abb. 6-41).

Es handelt sich dort um ein **Gradationsgebiet**, d. h. es kommt zu mehrjährigen Massenvermehrungen, die durch längere fraßfreie Perioden voneinander getrennt sind (Schwerdtfeger 1961). Die deutlichen Zuwachsdepressionen fallen mit gut belegten Perioden von Massenvermehrungen der Eichenwicklergesellschaft zusammen:

- **1905–1910**, besonders stark **1907** und **1908**, belegt für Hainich (Otto 1916), Vogelsberg (Eulefeld 1909, Dingler 1927), Wetterau/Hessen (Reh 1907), Württemberg (Volz 1926, Escherich 1931), Westschweiz, Savoyen, französisches Flachland (Barbey 1906, Hämmerli und Stadler 1989).
- **1924–1927**, belegt für Bayern, besonders Spessart (großflächiger Kahlfraß in Traubeneichenbeständen), Forstamt Mittelsinn: trotz sehr starken Fraßes durch den Eichenwickler im Sommer 1925 nur Zuwachsverluste, jedoch kein Absterben (Umfassende Waldstandsprüfung 1925 für den Betriebsverband Mittelsinn), Mittelfranken (Escherich 1931), Württemberg (Volz 1926; hier 1926 starkes Auftreten des Mehltaus), Niedersachsen (Blank und Riemer 1999).
- **1938–1942**, insgesamt wegen des Kriegs sehr schlecht dokumentiert. In den Jahren 1936 bis 1939 Fraß des Eichenwicklers offenbar nur in den Permanenzgebieten der tieferen Lagen. Ab 1940 meist keine Angaben mehr, jetzt aber Fraß auch in höheren Lagen: 1940 in Thüringen und 1942 in Oberfranken (Nachrichtenblatt für den Deutschen Pflanzenschutzdienst 1936– 1943, Reichs-Pflanzenschutzblatt 1943–1944). Belegt für Neustadt/Aisch (Finnberg und Grimm 1992), Niedersachsen (Blank und Riemer 1999).
- **1956–1959**, belegt für Maingebiet (Kahlfraß ab 1956, Steger 1959), Spessart (Steger 1959, 1960, Schütte 1960, Schwerdtfeger 1961, Forstdirektion Unterfranken 1995), Mittelfranken, auch Neustadt/ Aisch (Forstdirektion Mittelfranken 1992), Niedersachsen (Blank und Riemer 1999). Zusammenbruch der Massenvermehrung unter Mitwirkung von Nahrungsmangel nach Spätfrost im April 1959 (Steger 1960, Schütte 1960).
- **1965–1968**, belegt für Spessart, Fränkische Platte (Forstdirektion Unterfranken 1995), Neustadt/Aisch (Forstdirektion Unterfranken 1995), Niedersachsen (Blank und Riemer 1999).
- **1976–1977**, belegt für Spessart, 1978 dann Bekämpfung (Hiller 1997).
- **1980**, belegt für Neustadt/Aisch (Forstdirektion Mittelfranken 1992).
- **1987–1990**, belegt für Spessart, hier 1990 auch Bekämpfung (Forstdirektion Unterfranken 1995), Niedersachsen 1987 (Blank und Riemer 1999).
- **1996–1997**, belegt für Niedersachsen (Hartmann 1996, Blank und Riemer 1999).

Stärkere Massenvermehrungen wurden im Spessart seit den Jahren 1958 und 1959 immer wieder durch den Einsatz von **Insektiziden** unterbunden, zunächst mit DDT (Steger 1959, Schwerdtfeger 1961, Sperber 1993). Derart einschneidende Zuwachsdepressionen wie in der ersten Hälfte des 20. Jahrhunderts sind seither nicht mehr vorgekommen. Trotzdem waren die Mortalität und damit die Schadholzanfälle der Eichen im Spessart in den letzten Jahrzehnten besonders hoch (Forstdirektion Unterfranken 1999).

Auch nach mehrjährigem Kahlfraß durch die Eichenwicklergesellschaft muss im Allgemeinen nicht bzw. nur vereinzelt mit dem Absterben von Eichen gerechnet werden (Falck 1924, Volz 1926, Escherich 1931, Krahl-Urban et al. 1944, Schwerdtfeger 1961, Schwenke 1978, Blank 1997). Die **Regeneration** der **Belaubung** durch einen vorgezogenen Johannistrieb verhindert selbst nach mehrjährigem Kahlfraß das Absterben von Eichen (Escherich 1931, Schwenke 1978, Hartmann 1996, Lobinger 1999, Fischer 1999). Nur extrem starker und lang anhaltender Fraß kann schließlich zum Tod älterer Bäume führen (Escherich 1931, Hämmerli und Stadler 1989). Hingegen ist seit langem bekannt, dass der Fraß durch die Eichenwicklergesellschaft zusammen mit anderen Ursachen am Eichensterben mitwirkt (Escherich 1931, S. 258 und Abschn. 6.1.4.8). Seit etwa 1908 wird nach der Wiederbelaubung von Eichen durch einen vorgezogenen Johannistrieb ein starker Befall durch den **Eichenmehltau** beobachtet. Dieses Zusammentreffen führt zu einer sehr deutlichen Schwächung, besonders dann, wenn der Fraß bis in den Juni oder gar den Juli anhält und die Ersatztriebe erst im Juli erscheinen – bei besonders günstigen

Infektionsbedingungen (Abschn. 6.1.4.3). Die Kombination von Fraß des Eichenwicklers und Befall durch den Eichenmehltau war seit Anfang des 20. Jahrhunderts an mehreren Eichensterben beteiligt (Abschn. 6.1.4.8).

Die beiden jüngsten Schübe des Eichensterbens 1985–1989 und 1996–1997 sind in Norddeutschland nach wiederholtem Kahlfraß durch eine oder mehrere Arten der **Eichenwicklergesellschaft** aufgetreten – während dieser Phasen dominiert durch den Kleinen Frostspanner (Hartmann 1996, Hartmann et al. 1999). In den Jahren 2004–2005 bauten sich erneut Massenvermehrungen des Eichenwicklers und des Gemeinen Frostspanners auf (Schröder und Scholz 2005, Wachter 2005). Auch in Hessen kam es 1995 in nahezu allen Regionen zu Lichtfraß bzw. Kahlfraß (Winterhoff 1996). Für Sachsen-Anhalt und Thüringen sind Perioden eines besonders starken Fraßes für die Jahre 1986–1989 und 1993–1995 belegt; der Anfall an Schadholz erreichte seinen Gipfel 1993 (Kontzog 1996). Auch in sächsischen Eichengebieten entwickelte sich 1994 eine Massenvermehrung der Eichenwicklergesellschaft (König 1996). In Rheinland-Pfalz zeigte sich noch 1988 nach dem Fraß der Eichenwicklergesellschaft eine deutliche Fähigkeit zur Regeneration durch Bildung von Johannistrieben, bei starkem Fraß 1993 war dies nur noch in geringerem Ausmaß der Fall (Schröck 1996).

Sogar das Zusammentreffen von **Kahlfraß** mit **weiteren Stressoren** können gesunde Eichen überstehen. So hat in Norddeutschland mehrjähriger Kahlfraß von 1956–1959 nachweislich nicht zu einem Eichensterben geführt, obwohl dieser mit dem extremen Frostereignis im Februar 1956 (Temperaturminimum in Potsdam am 1.2.1956: −21,9 °C) und zusätzlich noch mit dem gravierenden Trockenjahr 1959 zusammentraf (Hartmann und Blank 1998 b, Blank und Riemer 1999). Auch in Süddeutschland hat wiederholter Kahlfraß – beispielsweise in dem bekannten Eichengebiet des Spessarts – zwar Zuwachseinbrüche im Rhythmus der Massenvermehrungen der Eichenwicklergesellschaft ausgelöst (Abb. 6-41), jedoch kein Eichensterben. Mehr noch: In Süddeutschland und darüber hinaus sind starker Raupenfraß in den Jahren 1938–1942 und 1956–1958 mit dem wohl folgenreichsten **Temperaturstürzen** und Spätwinter-Frösten des vorigen Jahrhunderts in den Wintern 1939/40 und 1955/56 zusammengetroffen. Selbst dieser zweifache Stress hat nicht zu einem Eichensterben geführt. Der rasche Anstieg

der Jahrringbreiten zeigt, dass sich alle betroffenen Bäume in wenigen Jahren erholt haben (Abb. 6-40 und 6-41). Wäre es zu einer starken Schädigung gekommen, so müssten einzelne Bestandsglieder im Jahrringbau Nachwirkungen in Form einer verzögerten Erholung erkennen lassen (Abschn. 3.4.4). Das Zusammentreffen von mehrjährigem, starkem Fraß mit einem weiteren Stressor (Hartmann 1996) führt demnach noch nicht zwangsläufig zum Eichensterben.

Die Kombination von mehrjährigem, **starkem Blattfraß** mit ungewöhnlich **kalten Spätwintern** in den Jahren 1985–1987 wird als auslösend für das Eichensterben in Norddeutschland während der 1980er Jahre angesehen (Hartmann et al. 1989, Hartmann 1996). In Anbetracht der geschilderten Beobachtungen erscheint es zweifelhaft, ob diese Hypothese zutrifft. Eichen in Süddeutschland lassen an ihrem Jahrringbau keine klaren Auswirkungen der genannten Winterfröste erkennen, wohl aber heftige Reaktionen auf die Fraßperioden (Abb. 6-40 bis 6-41).

Deutliche **Defizite in der Belaubung** zeigen sich in Süddeutschland auch in Gebieten, in denen kein nennenswerter Befall durch blattfressende Insekten stattgefunden hat (Maschning 1996). Freilich können schon vorhandene Blattverluste durch Fraß noch massiv verschärft werden. Dabei ist zu berücksichtigen, dass Kahlfraß durch blattfressende Insekten für gesunde Eichen eine ganz andere Bedeutung hat als für vorgeschädigte (z. B. auch durch chronische Fraßbelastung) bzw. kranke (Wezel 1997, Lobinger 1999). Die in Unterfranken (Wuchsgebiet Fränkische Platte) von 1994–1998 allein nach dem Fraß der **Eichenwicklergesellschaft** beobachteten Absterberaten von 8–10 % sind so nicht erklärbar. Wird der zuvor schon schlechte Gesundheitszustand der Eichen des Wuchsgebiets ausgeklammert (Lobinger 1999), so führt das zu einer Überbewertung der Auswirkungen des Raupenfraßes. Denn bereits im Jahre 1991 befanden sich 63 % der Eichen in den Schadstufen 2 bis 4 und fast 7 % hatten mehr als 10 % vergilbte Blattmasse (Bayerische Landesanstalt für Wald und Forstwirtschaft 2000). Das weist eine sehr starke **Vorschädigung** der Eichen aus, an der wahrscheinlich Wurzelparasiten der Gattung *Phytophthora* entscheidend beteiligt sind (Jung 1998, 1999, Lobinger 1999).

In den wärmebegünstigten Bereichen (Weinbaugebieten) im Süden Deutschlands kam es in den Jahren 1992 bis 1994 zu einer Massenvermehrung des **Schwammspinners** (*Lymantria dispar* L.) in einem bis dahin nicht bekannten Ausmaß (Block et al. 1995, Schröck 1996, Winterhoff 1996, Lobinger 1999). Das ist für Eichen wesentlich gravierender als der Fraß der Eichenwicklergesellschaft, weil der Schwammspinner auch den Johannistrieb befrisst: Schon im ersten Fraßjahr können dann merkliche Ausfälle vorkommen; diese verschärfen sich im nächsten Jahr dramatisch, da Eichen mit mehr als 60 % Blattverlust (im August) im folgenden Jahr nicht mehr austreiben (Fratzian 1973, Schröck 1996, Maschning 1996, Lobinger 1999). Kahlfraß durch den Schwammspinner führt aber nicht zwangsläufig zum Absterben von Eichen, denn es sind auch Fälle bekannt, in denen nur deutliche Zuwachsverluste auftraten (Piper 1998). Hier spielen die Standortsverhältnisse und die Vitalität vor den Fraßereignissen eine ausschlaggebende Rolle.

In Rheinland-Pfalz sind an Traubeneichen der Nieder- und Überführungswälder auf anhydromorphen Böden selbst bei mehrjährigem Befall kaum gravierende Folgen aufgetreten; der Eichenmehltau war hier nur wenig verbreitet (Delb 1999). Als besonders folgenschwer erwies sich dagegen die Massenvermehrung mit Licht- und Kahlfraß durch den Schwammspinner auf den **hydromorphen Böden** im **Bienwald** während der Jahre 1993 und 1994. Infolge hoher Niederschläge standen die entlaubten Bestände im Sommer 1994 zeitweise unter Wasser (Abschn. 6.1.4.5). Die Gradation führte im Sommer 1994 noch zu Kahlfraß und brach dann zusammen, vor allem infolge von Virus- und Parasitenbefall und unabhängig von einer Bekämpfung. Auf den Schwammspinnerfraß folgte starker Mehltaubefall der Eichen. Soweit diese nach Wiederbelaubung Anfang August 1994 weniger als 30 % ihrer normalen Blattmasse aufwiesen, starben sie im folgenden Jahr ab (Schröck 1999). Hohe Ausfälle der Stieleichen (bis 90 %) sind offenbar auf das **Zusammenwirken mehrerer Stressoren** zurückzuführen. Dabei ist der zumindest teilweise schlechte Gesundheitszustand mit beträchtlichen Blattverlusten (Delb 1999, Schröck 1999) vor der Massenvermehrung des Schwammspinners zu beachten. Dafür spricht auch die Entwicklung des Holzzuwachses (Hansen 1999). Trotz der extrem ungünstigen Bedingungen im Boden sind Laubbäume anderer Arten (z. B. Buchen, Hainbuchen) nicht in nennenswertem Umfang abgestorben. Stieleichen müssen demnach in besonderem Maße prädisponiert gewesen sein. In diesem Zusammenhang ist das Auftreten von Wurzelparasiten der Gattung *Phytophthora* bemerkenswert (Block et al. 1995, Schröck 1996, Delb 1999). Es wurden im Bienwald auch Bestände mit dichtem Unterstand befallen. Dieser ermöglicht demnach keine sichere Vorbeugung gegen Massenvermehrungen des Schwammspinners.

Nach Kahlfraß durch den **Schwammspinner** war in **Unterfranken** eine Mortalität von 5 bis 20 % zu beobachten. Noch einschneidender ist der kombinierte Wickler- und Schwammspinnerfraß mit nachfolgendem Mehltaubefall, wie er 1993 großflächig auftrat und zu besonders hohen Ausfällen von zwei Drittel bis drei Viertel der Baumzahl führte (Lobinger 1999). Die genannte Arbeit untersucht innerhalb des Wuchsgebiets Fränkische Platte die Reaktionen von Eichen auf den Fraß von Eichenwickler und Schwammspinner sowie deren Kombination. Außerdem werden sekundäre Schadorganismen sowie Einflüsse der Witterung einbezogen. Auch hier wäre der Gesundheitszustand der Eichen vor der Massenvermehrung des Schwammspinners zu beachten gewesen. Denn es befanden sich nach der Waldzustandsaufnahme von 1991 bereits 63 % der Eichen in den Schadstufen 2 bis 4. Fast 7 % der Eichen zeigten eine Vergilbung von mehr als 10 % der Blattmasse als ein sehr ernstes Symptom (Bayerische Landesanstalt für Wald und Forstwirtschaft 2000); auch starben 1991 bereits in erheblichem Umfang Eichen ab. Das bedeutet eine **schwerwiegende Vorschädigung** dieser Eichen.

Besonders gravierend ist der **Mehltaubefall** (Abschn. 6.1.4.3) fast immer nach dem länger in den Sommer hinein anhaltenden Fraß des **Schwammspinners** bzw. dann, wenn beide Formen des Fraßes aufeinander folgen. Die Dauer der Entlaubung verlängert sich dadurch nochmals deutlich und das schwächt die Eichen zusätzlich (Lobinger 1999). Ähnlich ist es, wenn sich der Fraß der Eichenwicklergesellschaft weit in den Juni oder gar den Juli hineinzieht (Baumgarten 1912).

Blattfressende Insekten und eventuell zusätzlicher Mehltaubefall können demnach Eichen schwer wiegend beinträchtigen. Dennoch ist klar, dass sich heute **Eichensterben** auch **ohne** nennenswerte **Mitwirkung blattfressender Insekten** vollziehen kann. Das gilt beispielsweise für Südbayern während der 1980er und 1990er Jahre. Auch die Untersuchungen in den Donauländern ergaben hohe Anteile von Eichen, bei denen die Blattverluste nicht durch Insekten verursacht worden waren (Schume und Huber 1995 b). So sind beispielsweise in den stark durch Eichensterben gezeichneten Wäldern Niederösterreichs nach 1973 keine größeren Massenvermehrungen vorgekommen (Donaubauer 1987). Der Laubverlust durch blattfressende Insekten kann daher nicht als obligater Bestandteil des Komplexes derjenigen Stressoren angesehen werden, die zum Absterben von Eichen führen (Donaubauer 1993), er ist demnach als **fakultativ hinzutretender Faktor** (Abschn. 6.7.1) zu werten.

In Norddeutschland wurden an der Süd- bis Westseite der Stämme erkrankter Eichen Bastnekrosen beobachtet, die zunächst hellbraun sind und die sich über große Teile des Stamms ausdehnen können. Sie stammten vom Larvenfraß des **Zweifleckigen Eichenprachtkäfers** (*Agrilus biguttatus* Fabr.). Der Befall traf auch großkronige, jedoch offensichtlich geschwächte Bäume. Denn man hat gezeigt, dass der Zuwachs dieser Bäume schon mehrere Jahre zuvor stark abgesunken war. Bei großer Befallsdichte können die Larven wohl die betreffenden Rindenbezirke direkt zum Absterben bringen. Andernfalls töten anscheinend schwach parasitische Pilze (eventuell *Cytospora intermedia* Sacc.) den Bast ab. Die Stärke des Prachtkäferbefalls ist offensichtlich für die **Mortalität** bzw. die **Überlebenschancen** vorgeschädigter Eichen entscheidend. Denn ausgehend von *Agrilus*-Fraßgängen können schwach pathogene Pilze ausgedehnte Nekrosen der Rinde verursachen. Ihnen folgen dann häufig eine Reihe holzbesiedelnder Käferarten (Hartmann und Blank 1992, Donaubauer 1993, Hartmann 1996, Kontzog 1996, König 1996, Seemann 1996). Auch in Südbayern wurde der Zweifleckige Eichenprachtkäfer neben Hallimasch-Arten in zahlreichen absterbenden Eichen festgestellt, jedoch niemals bei frühen Stadien der Erkrankung; häufig waren absterbende Eichen nur vom Hallimasch befallen (Lobinger 1999, Jung 1998).

Die Auswirkungen der Aktivität verschiedener **Insekten** auf die Eichen relativieren sich, wenn man bei Hartig (1851) liest: »Wahrscheinlich gibt es keine andere Pflanze, die so vielen Insekten Futterpflanze ist, wie die Eiche; aber nicht eins derselben tritt der Eiche so feindlich entgegen, wie dies bei anderen Pflanzen der Fall ist. Bestand-tötende Insekten hegt die Eiche als eigentümliche Feinde gar nicht, selbst Baum-tötende leben nicht von ihr. Nur wenige wirken so nachteilig, dass sie den Gesundheitszustand und den Zuwachs ganzer Bestände, wenn auch vorübergehend, doch merklich schwächen«.

6.1.4.8 „Eichensterben" in früherer Zeit

Am Anfang des 20. Jahrhunderts hatten die Forstleute mit der Anfälligkeit ausgedehnter Nadelwälder gegenüber Stürmen und Massenvermehrungen von Insekten bereits böse Erfahrungen gesammelt (Abschn. 3.1.2.1). **Eichenbestände** galten demgegenüber als betriebssicher. Zwar kam es auch hier immer wieder zu Kahlfraß, beispielsweise durch die Raupen des in Massenvermehrung getretenen Eichenwicklers, jedoch führte das nicht zum Absterben von Eichen. So traf in den Jahren 1908 bis 1912 die Nachricht vom **Absterben ganzer Bestände** (Eigner 1910) die Forstleute wie ein Blitz aus heiterem Himmel: »Der Schaden lässt sich zur Zeit noch gar nicht absehen, jedenfalls aber steht ein Teil unserer westfälischen Eichenwälder vor einer Katastrophe, wie sie in diesem Umfange bisher in der ganzen Geschichte der Laubholzwirtschaft kaum vorgekommen sein dürfte« (Baumgarten 1912).

In den vergangenen Jahrhunderten sind nur vereinzelt, im 20. Jahrhundert dagegen mehrfach Eichen in größerem Umfang abgestorben. Eine ausführliche Zusammenstellung von Perioden des **Absterbens von Eichen** in Europa hat Delatour (1983) veröffentlicht. Auch für Mitteleuropa sind solche Angaben zusammengestellt worden (Hartmann und Blank 1992, Donaubauer 1993, Heinsdorf 1999, Wachter 1999, 2001). Jene Ereignisse waren stets lokal oder regional sowie zeitlich **relativ eng begrenzt** (Hartmann 1996). Sie unterscheiden sich zudem in ihren Symptomen sowie nach ihren vermuteten Ursachen vielfach deutlich untereinander sowie von derzeitigen Erkrankungen und Absterberscheinungen der beiden Eichenarten (Jung 1998). Die Aussage, es habe „das" Eichensterben schon immer oder immer wieder gegeben, ist demnach in dieser einfachen Form nicht berechtigt.

Überblickt man die – leider nicht immer präzisen – Beschreibungen von Absterbevorgängen bei den beiden Eichenarten, so drängt sich eine **Gliederung in zwei Formen** auf. Die eine Form hat ihren Schwerpunkt im östlichen Mitteleuropa, betrifft vor allem die Traubeneiche und ist mit der Wirkung extremer Winterfröste verbunden. Die andere Form kommt mehr im Westen Mitteleuropas und in Westeuropa vor, betrifft zwar beide Eichenarten, aber offenbar die Stieleiche häufiger als die Traubeneiche; die Mitwirkung von Winterfrösten wird hier zwar vermutet, ist jedoch bis jetzt nicht zweifelsfrei belegt worden (Abschn. 6.1.4.5).

Zur **ersten Form** gehört das früheste näher beschriebene Ereignis, das Absterben von Eichen nach dem **Extremwinter 1739/40**, in dem alle großen Flüsse in Mitteleuropa zufroren und lange Zeit unter Eis lagen. Die Frostperiode war um die Jahreswende unterbrochen durch Tauwetter mit gewaltigen Überschwemmungen. Im Jahre 1740 schloss sich dann ein sehr kaltes, frostreiches Frühjahr an (Hennig 1904, Weikinn 1963). Im Nordosten Mitteleuropas und westwärts bis über die Elbe hinaus starben Eichen über mehr als ein Jahrzehnt nach und nach ab (Dreyer 1927, Hausendorff 1940, Hartmann und Blank 1992). Ähnliches wiederholte sich hier nach dem strengen **Winter 1928/29**. Auch damals gingen auf einige Jahre hinaus alte Traubeneichen ein.

In der Gegend von Stralsund starben 1917 unerwartet und plötzlich Eichenbestände ab (Falck 1924). Im Frühsommer 1915 gab es hier eine Trockenperiode. 1916 war anscheinend der erste Austrieb durch Spätfrost vernichtet, der zweite durch Raupen kahlgefressen und der dritte stark durch Mehltau befallen worden. Da 1917 an Baumkronen und Stamm die Rinde einschließlich des Kambiums gebräunt und abgestorben war, die Wurzel jedoch noch lebte und Stockausschläge bildete, liegt wohl letztlich eine Schädigung durch scharfen Frost mit sehr niedrigen Temperaturen im **Winter 1916/17** (Temperaturminimum am 5.2.1917 in Potsdam: $-23{,}5\ ^{\circ}$C) vor. Diese beruht vermutlich auf einer Prädisposition infolge des Aufbrauchs der Reservestoffe im Jahre 1916 (Krahl-Urban et al. 1944). Dafür spricht auch der rasche Absterbeprozess – meist ohne Mitwirkung von Hallimasch-Arten. Es könnten ungeeignete Eichenprovenienzen beteiligt sein, denn es fällt auf, dass nur jüngere Bestände abstarben, 150-jährige hingegen ungeschädigt blieben. Nach dem **Winter 1939/40** gingen Eichen vor allem im Nordosten Mitteleuropas ein (Abschn. 6.1.4.5). Ein Fall im westlichen Polen (damals unter deutscher Besatzung Forstamt Hellefeld) wurde interdisziplinär untersucht (Krahl-Urban et al. 1944). Das Absterben 60- bis 100-jähriger Bestände aus Stieleichen (und wohl auch Traubeneichen) auf nur relativ kleiner Fläche wurde auf einen **Ursachenkomplex** zurückgeführt: Mehrjähriger starker Fraß des Goldafters (*Euproctis chrysorrhoea* L.) und des Ringelspinners (*Malacosoma neustria* L.) von 1935 bis 1940 hatte den Anfang gemacht. Dies allein könnte erfahrungsgemäß nicht zum Absterben führen. Mitgewirkt hat möglicherweise eine enorme Vernässung der stauend wirkenden Böden im Jahre 1939. Nach den strengen Winterfrösten begann das Absterben der Eichen im Frühjahr 1940 und zog sich dann mehrere Jahre hin. Es ist bekannt dass Entlaubung durch Raupenfraß die Frostresistenz stark herabsetzen kann (Abschn. 6.1.4.5). Oberhalb der winterlichen Schneehöhe war offensichtlich das Kambium abgestorben, nicht jedoch an den Wurzeln.

Da nur mittelalte Eichen (vor allem Stieleichen) abstarben, alte Stieleichen jedoch verschont blieben, drängt sich der Verdacht auf, es könnten auch ungeeignete Provenienzen beteiligt gewesen sein. In einer bemerkenswerten Arbeit wies Graumann (1941) nach, dass im Frostwinter 1939/40 in Ostpreußen eine erhebliche Schädigung 40- bis 50-jähriger Stieleichen fremder Herkunft erfolgte. Bestände gleichen Alters aus heimischer Herkunft litten dagegen kaum. Da Eichensaatgut teilweise schon seit dem 18. Jahrhundert über größere Entfernungen transportiert worden ist, muss mit ungeeigneten Provenienzen gerechnet werden. Werden Eichenherkünfte mit zu geringer Frostresistenz in Gebieten mit strenger Winterkälte verwendet, so stellt das einen schwer wiegenden Risikofaktor dar.

Die **zweite Form** des Eichensterbens beginnt am Anfang des 20. Jahrhunderts plötzlich in **Westfalen** (siehe Zitat am Anfang dieses Abschnitts, Wachter 1999). Die Raupen der Eichenwicklergesellschaft fraßen hier schon seit 1903 und standen 1908 bis 1910 in Massenvermehrung. Im Jahre 1911 hatte der Fraß bis Ende Juni, teilweise sogar bis Anfang Juli, gedauert. Der Neuaustrieb ab Anfang Juli wurde dann bei heißer Witterung vom Mehltau (hier seit 1908 erwähnt) stark befallen und vernichtet, bis hinauf in die Kronen hoher Bäume. Im August 1911 begann dann das „Massensterben". An der Traubeneiche – die von den Raupen im Mischbestand weniger stark angenommen wurde – war der Befall durch Mehltau geringer als an der Stieleiche (Baumgarten 1912). Wassermangel im Trockenjahr 1911 und schließlich starkes Auftreten von Hallimasch-Arten (Baltz 1913, Hey 1914) haben zum Absterben von Eichenbeständen auf beträchtlichen Flächen geführt. Einflüsse der Standortseigenschaften zeichnen sich ab: Stauwasser und Basenreichtum kennzeichnen die vom Eichensterben betroffenen Flächen (Wachter 1999).

Eine ähnliche Kombination der Ursachen liegt offenbar dem Eichensterben in der **Oberförsterei Lödderitz** (im Überschwemmungsgebiet der Elbniederung, westlich von Dessau) zugrunde (Falck 1918). Auch hier sind starke Laubverluste durch den Fraß der Eichenwicklergesellschaft und Mehltaubefall (gefördert im Trockenjahr 1911), durch Auftreten von Prachtkäfern und schließlich in der Endphase durch Hallimasch zusammengetroffen. Ein geringfügiges Absterben von Eichen ist ab 1911 dokumentiert, ab 1916 gingen dann Eichen im größerem Umfang ein und das setzte sich 1917 fort. Falck stellte bei zahlreichen Eichen fest, dass die Rinde an Wurzeln und Wurzelanläufen noch lebte, jedoch am Stamm und bis in die äußersten Zweigspitzen abgestorben und gebräunt war; möglicherweise hat der scharfe Frost im Winter 1916/17 (siehe oben) auch hier noch mitgewirkt. Als wesentlich ist festzuhalten: Nur im Überschwemmungsgebiet erkrankten die Eichenwälder, außerhalb blieben sie gesund. Das könnte auf Wurzelparasiten hinweisen, die durch Wasserüberschuss gefördert werden, z. B. *Phytophthora*-Arten. Falck sieht – obwohl er selbst Zweifel hatte – in der Trockenperiode von 1911 die erste Ursache der Erkrankungen; diese Aussage ist seither jahrzehntelang wiederholt worden.

Ausgehend von zunehmenden Erkrankungserscheinungen bei der Stieleiche, nicht aber der Traubeneiche, infolge des Fraßes der Eichenwicklergesellschaft und nachfolgenden Befalls durch den Mehltau in der Provinz Hannover schlugen Oelkers und Meine (1923) den **Verzicht** auf die **Stieleiche** und ihren Ersatz durch andere Baumarten vor – ähnlich wie in den letzten Jahren in Frankreich.

Im Überschwemmungsgebiet der Flussniederungen **Slavoniens** (Nordostkroatien) sind unterschiedliche Absterbeperioden angegeben worden. Klimesch (1924) weist auf das schon im ausgehenden 19. Jahrhundert aktuelle Problem hin und nennt dann die Zeiträume 1902–1912, 1916–1919 und 1920–1923. Skoric (1929) für Teilgebiete die Perioden 1909–1912 und 1922–1925 bzw. 1911–1912, 1916–1917 und 1923–1925 an. In der **Save-Niederung** kam es nach zweijährigem Raupenfraß und einer Mehltauepidemie im Sommer 1909 zum großflächigen Absterben von Eichenbeständen (Eigner 1910). Dem ist hier überall anhaltender Kahlfraß durch die Raupen des Goldafters, des Ringelspinners und vor allem des Schwammspinners vorausgegangen. Es folgten der Eichenmehltau und teilweise der Zweifleckige Eichenprachtkäfer bzw. Hallimasch-Arten und brachten schließlich Eichen auf erheblichen Flächen zum Absterben.

Die Beschreibungen dieser **zweiten Form** von Absterbeerscheinungen an Eichen weisen immer wieder darauf hin, dass Reinbestände stärker betroffen sind als Mischbestände (Eigner 1910, Baumgarten 1912, Klimesch 1924, Gasow 1925, Skoric 1929. Escherich 1931), was jedoch umstritten ist (Schwertdfeger 1961, Wachter 2001). Jedoch darf man bei Überlegungen zu diesem Problem nicht nur von einzelnen Waldbeständen ausgehen, sondern muss den Landschaftszusammenhang beachten (Abschn. 6.1.4.7). Stets aber war in allen beschriebenen Fällen Kahlfraß durch Schmetterlingsraupen dem Absterben von Eichen vorausgegangen (Gasow 1925).

Alle **Eichensterben** in der Zeit **vor etwa 1970** waren demnach lokal oder regional sowie in ihrer Dauer begrenzt. Innerhalb der ersten Form sind Extremfröste allein oder in Kombination mit Raupenfraß und Mehltaubefall als Ursachen erkennbar. Meist mehrjähriger Kahlfraß durch Raupen zusammen mit anhaltendem Mehltaubefall wird bei der zweiten Form als Ursachenkomplex deutlich (Falck 1924, Krahl-Urban et al.

1944). In einigen Fällen gibt es zusätzlich Hinweise auf Stauwasser in den Böden.

Eine **Eichenerkrankung** über **fast ganz Europa** hinweg, wie sie seit dem Ende der 1970er Jahre auftritt und nun bereits jahrzehntelang anhält, hat es offenbar in früherer Zeit nicht gegeben (Oleksyn und Przybyl 1987, Donaubauer 1993, Hartmann 1996, Jung 1998). Ohne Zweifel haben wir es hier mit einer **neuartigen Erkrankung** zu tun. Denn Eichensterben kommt nun auch dort vor, wo die altbekannten Teilursachen (Extremfröste, Raupenfraß, Mehltaubefall) am Ursachenkomplex nicht wesentlich beteiligt sind. Die Aussage, es habe „das" Eichensterben schon seit mehr als einem Jahrhundert gegeben, ist demnach in dieser einfachen Form unzutreffend. Wenn die genannten altbekannten Ursachen wirksam sind, haben sie nach wie vor große Bedeutung. Sie werden aber anscheinend von neuartigen Erkrankungsformen überlagert.

6.1.4.9 Komplexes Zusammenwirken von Teilursachen und offene Fragen

Die verschiedenen Formen von Eichensterben sind immer wieder als Kettenkrankheiten bezeichnet worden (Krahl-Urban et al. 1944, Schwerdtfeger 1944, 1970, Krahl-Urban 1959). Dieser Begriff suggeriert einen linearen Ablauf und vereinfacht dadurch zu stark. Denn Eichensterben vollzieht sich innerhalb eines **vernetzten Prozesses**, bei dem die Teilvorgänge nicht nur aufeinander folgen, sondern auch nebeneinander sowie in Kombinationen wirksam sein können (Abschn. 6.7).

Überblickt man Erkrankungen und Absterbeprozesse von Eichen in früherer Zeit und seit den 1970er Jahren, so zeigen sich jeweils entscheidende Lücken beim Verständnis von Ursachen und Abläufen. Einigkeit besteht unter den meisten Forschern darin, dass es sich um Vorgänge handelt, die durch das Zusammenwirken mehrerer verursachender Faktoren zustande kommen. Den **komplexen Charakter** des Eichensterbens hat Falck (1920) bereits am Anfang des 20. Jahrhunderts erkannt und entsprechend dem seinerzeitigen Kenntnisstand dargestellt. Wenn hier versucht wird ein Gesamtbild zu entwerfen, so soll das zum einen die gesicherten Erkenntnisse miteinander in Verbindung bringen, soweit das möglich ist. Zum anderen sollen in diesen Zusammenhang auch die – vielfach entscheidenden – offenen Fragen eingeordnet werden.

An den älteren Eichensterben vor den 1970er Jahren waren in zwei verschiedenen Faktorenkomplexen extreme Winterfröste, Kahlfraß durch Raupen bei Massenvermehrungen sowie Mehltaubefall als Ursachen beteiligt (Abschn. 6.1.4.8). An den Schüben der Eichenerkrankungen während der letzten Jahrzehnte haben die genannten Faktoren teilweise ebenfalls mitgewirkt. Daraus ist vielfach der irrige Schluss gezogen worden, es habe sich eigentlich nichts geändert. Jedoch kam es seit den 1970er Jahren auch auf großen Flächen zur Erkrankung und zum Absterben von Eichen ohne eine wesentliche Mitwirkung der genannten Faktoren. Die Erkrankungen der Eichen haben demnach eine **neue Qualität** erhalten und es ist daher berechtigt, sie als **neuartig** zu bezeichnen. Unzutreffend ist dagegen die pauschale Behauptung, es habe „das" Eichensterben schon immer gegeben.

Geht man von der – keineswegs sicheren – Vorstellung aus, dass sowohl die neuerdings nachgewiesenen *Phytophthora*-Arten als auch der Eichenmehltau von Natur aus in Europa heimisch sind, so lassen sich folgende Zusammenhänge erkennen (Abb. 6-42): In Böden des **Karbonat- und des Silikat-/Austauscher-Pufferbereichs** mit **Grund- bzw. Stauwassereinfluss** sind *Phytophthora*-Arten offenbar ständig aktiv. Bei anhydromorphen Böden ist dies anscheinend nur zeitweise der Fall. Standortsverhältnisse und Auftreten von *Phytophthora spp.* können demnach als prädisponierende natürliche Faktoren betrachtet werden. Diese konnten möglicherweise erst stärkere Auswirkungen entfalten, als durch Nieder- und Mittelwaldbetrieb sowie durch planmäßige Begründung großflächig von Eichen beherrschte Bestände geschaffen waren – weithin im Bereich natürlicher Buchenwaldgesellschaften. Dadurch fanden die Insekten der **Eichenwicklergesellschaft** ideale Vermehrungsbedingungen. Ihre Raupen fraßen die Eichen licht oder kahl – häufig in mehrjähriger Folge. Die Eichen tolerierten das. Ab etwa 1908 trat dann wuchtig und fast gleichzeitig in ganz Europa der **Eichenmehltau** in einem gravierenden Ausmaß auf und befiel die Johannistriebe. Dadurch verschärfte sich die Situation erheblich. In Jahren

mit spätem Fraß verfügten die Eichen während der ganzen Vegetationszeit kaum über eine wirksame Belaubung und das wiederholte sich häufig mehrere Jahre lang. Folgen bei einer solchen Ausgangslage **Winterfröste** mit sehr niedrigen Temperaturen, so kann das unmittelbar zum Absterben von Eichen führen, da deren Kälteresistenz vermindert ist. **Feinwurzeln**, die schon immer durch *Phytophthora*-Befall verloren gegangen waren, können nach mehrjährigem Kahlfraß und Mehltaubefall nicht mehr im notwendigen Umfang ersetzt werden. Dies führt zu Engpässen bei der Wasser- und Nährstoffversorgung und behindert dadurch im Sinne einer positiven Rückkoppelung wiederum die Regeneration der Feinwurzeln. Fallen Feinwurzeln aus und werden nicht in ausreichendem Maß neu gebildet, so muss ein Baum seine Transpiration entsprechend seiner Wasseraufnahme einschränken, um die Wasserbilanz auszugleichen; das geschieht bei Eichen vor allem durch Zweigabsprünge. Entwickelt sich schnell eine gravierende Dürre, so wird diese Reaktion des Baums nicht rechtzeitig wirksam, und es sterben Äste, Kronenteile oder der gesamte Baum ab. Der Mangel an Wasser, Nährstoffen und letztlich auch Assimilaten prädisponiert schließlich Eichen für den Befall durch sekundär eingreifende **Insekten**, wie den Zweifleckigen Eichenprachtkäfer sowie parasitische, schwach parasitische und sogar saprophytische **Pilze**. In der Endphase treten daher meist **Hallimasch-Arten** als Parasiten auf, sofern der Absterbeprozess nicht sehr schnell verläuft (wie nach heftigen Winterfrösten).

Böden im **Aluminium-Pufferbereich** unterdrücken nach heutigem Kenntnisstand die *Phytophthora*-Arten, diese können also nicht zu einer generellen Erklärung der Eichenerkrankungen herangezogen werden. Auch auf derartigen Böden sind jedoch in den 1980er und 1990er Jahren Eichen in erheblichem Umfang abgestorben. Es ist noch offen, welche Ursachen hierfür verantwortlich sind. Möglicherweise gibt es andere Pathogene, die unter solchen bodenchemischen und bodenbiologischen Bedingungen zu Wurzelfäulen führen. In der Diskussion ist der Spindelige Rübling (*Collybia fusipes*).

Alle Eichensterben vor den 1970er Jahren lassen sich auf extreme Winterfröste oder eine Kombination von Entlaubung durch Insekten und nachfolgenden Befall durch Eichenmehltau zu-

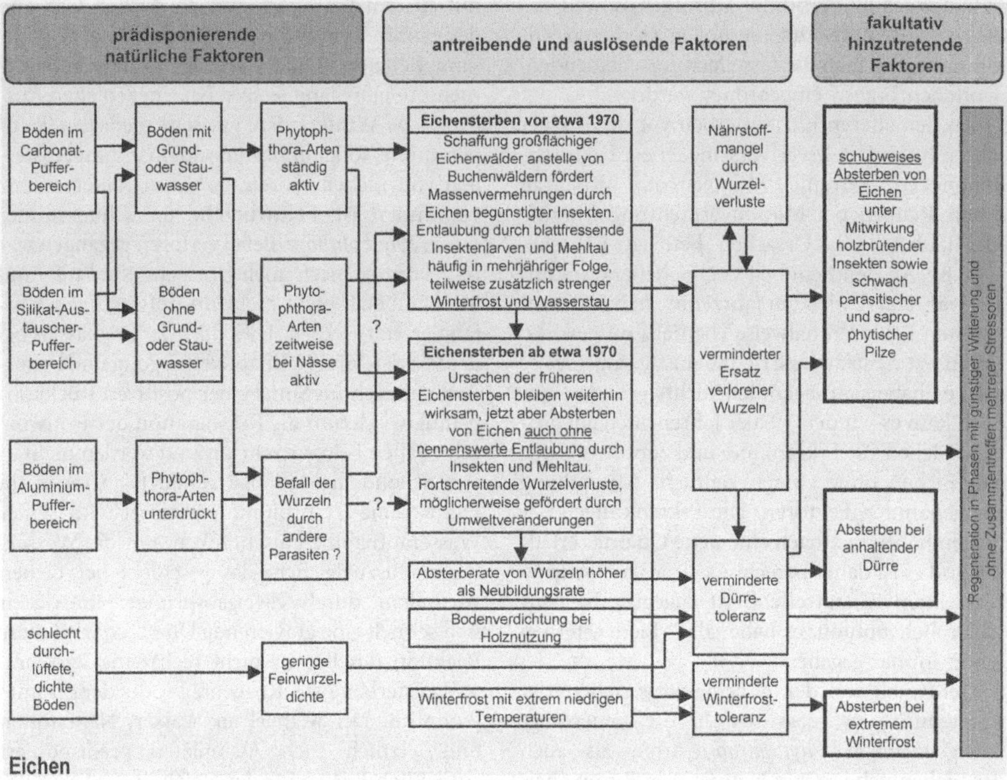

6

prädisponierende natürliche Faktoren	antreibende und auslösende Faktoren	fakultativ hinzutretende Faktoren

Böden im Carbonat-Pufferbereich → Böden mit Grund- oder Stauwasser → Phytophthora-Arten ständig aktiv

Böden im Silikat-Austauscher-Pufferbereich → Böden ohne Grund- oder Stauwasser → Phytophthora-Arten zeitweise bei Nässe aktiv

Böden im Aluminium-Pufferbereich → Phytophthora-Arten unterdrückt → Befall der Wurzeln durch andere Parasiten?

schlecht durchlüftete, dichte Böden → geringe Feinwurzeldichte

Eichensterben vor etwa 1970
Schaffung großflächiger Eichenwälder anstelle von Buchenwäldern fördert Massenvermehrungen durch Eichen begünstigter Insekten. Entlaubung durch blattfressende Insektenlarven und Mehltau häufig in mehrjähriger Folge, teilweise zusätzlich strenger Winterfrost und Wasserstau

Eichensterben ab etwa 1970
Ursachen der früheren Eichensterben bleiben weiterhin wirksam, jetzt aber Absterben von Eichen auch ohne nennenswerte Entlaubung durch Insekten und Mehltau. Fortschreitende Wurzelverluste, möglicherweise gefördert durch Umweltveränderungen

Absterberate von Wurzeln höher als Neubildungsrate

Bodenverdichtung bei Holznutzung

Winterfrost mit extrem niedrigen Temperaturen

Nährstoffmangel durch Wurzelverluste

verminderter Ersatz verlorener Wurzeln

verminderte Dürretoleranz

verminderte Winterfrosttoleranz

schubweises Absterben von Eichen unter Mitwirkung holzbrütender Insekten sowie schwach parasitischer und saprophytischer Pilze

Absterben bei anhaltender Dürre

Absterben bei extremem Winterfrost

Regeneration in Phasen mit günstiger Witterung und ohne Zusammentreffen mehrerer Stressoren

Eichen

Abb. 6-42: Schema des Ablaufs von Schädigungsprozessen bei Stieleiche und Traubeneiche. Es gibt darüber hinaus deutliche Unterschiede zwischen den beiden Arten, die hier nicht dargestellt werden können. Das Schema geht von den – keineswegs sicheren – Voraussetzungen aus, dass der Eichenmehltau (*Microsphaera alphitoides*) und die beteiligten Arten der Gattung *Phytophthora* in Mitteleuropa heimisch sind. Weitere Erläuterung in Abschn. 6.1.4.9. Es bestehen beachtliche Kenntnislücken.

rückführen. Jetzt sterben auch Eichen ab, wo weder blattfressende Insekten noch Mehltau nennenswert auftreten. So haben sich die hier behandelten Eichenerkrankungen über fast ganz Europa ausgebreitet. Die Ursachen dieser entscheidenden Veränderung im Krankheitsgeschehen liegen bis jetzt im Dunkeln. Im Kern unbeantwortet sind insbesondere **zwei wichtige Fragen**: Welche Umstände sind dafür verantwortlich, dass die vermutlich heimischen Parasiten der Gattung *Phytophthora* zu einer regelrechten Bedrohung für Eichen geworden sind? Und: Sind in denjenigen Böden, welche diese Parasiten unterdrücken, andere Erreger von Wurzelfäulen tätig und – falls ja – wodurch sind sie gefördert worden? Die Neuartigkeit des seit den 1970er Jahren beobachteten Eichensterbens spricht für eine Beteiligung anthropogener **Umweltveränderungen**. Diese wirken möglicherweise nicht auf eine direkte, leicht durchschaubare Weise auf Eichen-Ökosysteme ein.

Naturgegebene oder durch Befahrung verursachte geringe Gasdurchlässigkeit des Oberbodens ist offenbar als prädisponierender Faktor für die Schädigung von Eichen anzusehen; näher untersucht werden müsste jedoch, ob dieser Faktor für sich allein oder in Verbindung mit Pathogenen wirksam wird. Denkbar ist auch, dass durch Wurzelerkrankungen verursachte Nährstoffmangelerscheinungen die Toleranz von Eichen gegenüber einer Belastung durch **Ozon** herabsetzen. Das könnte zu verschärften Reaktionen führen, wie auch bei anderen Baumarten. Leider liegen dazu bisher keine Befunde vor.

6.2 Veränderungen der Bodenvegetation von Waldökosystemen

Die Vegetation, die in Form einer Strauchschicht, einer Krautschicht und einer Moosschicht in Waldbeständen lebt, ist von den Eigenschaften und Veränderungen des jeweiligen Kronendachs in hohem Maße abhängig. Vor allem dessen Durchlässigkeit für photosynthetisch wirksame Strahlung bestimmt weitgehend die Existenzmöglichkeit und die Konkurrenzkraft einzelner Pflanzenarten. Auch das **Innenklima** von **Waldbeständen** wirkt sich aus, denn es weicht im Hinblick auf Windverhältnisse, Temperaturen, Niederschläge und Luftfeuchte erheblich von jenem des Freilands ab. Menge, Art und Abbaubarkeit der von einem Baumbestand abgeworfenen Streu üben einen starken Einfluss auf die Lebensmöglichkeiten der Bodenvegetation aus. Dasselbe gilt für die abgestorbenen Teile der Bodenpflanzen selbst. Für den **Umsatz** der **organischen Substanzen** und die **Ernährung** der Waldpflanzen ist daher sowohl die Baum- als auch die Bodenvegetation bedeutsam. Das betrifft auch die Konkurrenz um Wasser und Nährstoffe innerhalb des Wurzelraums.

Veränderungen der Umwelt durch Klimawandel oder den Eintrag von Fremdstoffen beeinflussen die Baumschicht und die Bodenschicht von Waldökosystemen. Dies kann auf direktem Weg geschehen, etwa wenn Säuren und Säurebildner oder basisch wirkende Stäube auf dem Waldboden deponiert werden. Außerdem kommt es zu indirekten Wirkungen über die Baumschicht, so etwa dann, wenn bei verbesserter Ernährung das Kronendach dichter wird oder wenn es bei Belastung mit Schadstoffen zu einer Verlichtung der Baumkronen kommt.

Die angedeuteten Beispiele weisen auf die enge **Vernetzung** der Kompartimente Baum- und Bodenvegetation in Waldökosystemen hin. Wandeln sich Umweltbedingungen, so muss das unmittelbar oder mittelbar auch zu Veränderungen der Bodenvegetation führen. Die Erfassung eines solchen Wandels setzt eine Dokumentation ihres Zustands vor längerer Zeit, in der Regel vor Jahrzehnten voraus. Zwar gibt es in der Literatur zahlreiche Beispiele **pflanzensoziologischer Aufnah-** **men**, aber nur selten ist die Lage der betreffenden Flächen so exakt festgehalten, dass eine spätere Wiederholung möglich ist (Röder et al. 1996). Auf **Vergleiche** der Vegetation zu verschiedenen Zeitpunkten und auf denselben oder vergleichbaren Aufnahmeflächen stützen sich demnach die Befunde zahlreicher Untersuchungen. Dabei ging man teilweise von einzelnen Zeigerpflanzen aus. Meist jedoch ist die gesamte Vegetation erfasst worden. In jüngerer Zeit kamen bei zahlreichen Auswertungen die Zeigerwerte nach Ellenberg bei der Beurteilung von Veränderungen der Vegetation zum Einsatz (Ellenberg et al. 1992). Nur sehr selten sind bei Aufnahmen aus zurückliegender Zeit begleitende Untersuchungen der Böden – etwa Messungen von pH-Werten – durchgeführt worden.

6.2.1 Dichte des Kronendachs

Die Durchlässigkeit des Kronendachs von Waldbeständen für **photosynthetisch wirksame Strahlung** ist meist kleinräumig verschieden und auch zeitlich variabel. Witterungseinflüsse wie Spätfröste, Dürreperioden oder Hagelschläge können ebenso zu raschen Änderungen führen wie Durchforstungen.

Der Strahlungsgewinn der Bodenvegetation kann aber auch über längere Zeiträume **gerichteten Veränderungen** unterliegen. Das ist beispielsweise der Fall, wenn über längere Zeit keine Eingriffe in Waldbestände stattfinden und sich dadurch das Kronendach dichter schließt. Ähnliche Entwicklungen zeigen Mittel- und Niederwälder nach Einstellung der Stockhiebe (Wilmanns et al. 1986, Kuhn et al. 1987). Auch ein zunehmendes Nährstoffangebot kann zur Verdichtung des Kronendachs der Bäume führen. Chronische Schädigung von Waldbeständen verbunden mit Kronenverlichtung steigert dagegen allmählich die photosynthetisch wirksame Strahlung für die Bodenvegetation.

Vergleicht man Vegetationsaufnahmen von weit auseinander liegenden Zeitpunkten, so ist sehr häufig der Wandel der Strahlungsverhältnisse innerhalb der Waldbestände die Ursache abgelaufener Veränderungen. Anhand der Licht-Zeigerwerte kann dieser Faktor jedoch erfasst werden (Ellenberg et al. 1992).

6.2.2 Deposition von Fremdstoffen

Insbesondere im Nahbereich von Emittenten (etwa 20–25 km) ist der Eintrag von **Stäuben** in Waldökosysteme bedeutsam. Häufig reagieren solche Stäube infolge hoher Gehalte an Ca und Mg **basisch** (Abschn. 4.2.6). Das gilt besonders für die Emission aus Zementwerken und für Flugaschen aus Braunkohlekraftwerken (Däßler 1991). Der Auflagehumus und manchmal auch der Mineralboden erfahren durch Deposition solcher Stäube eine Anhebung ihrer pH-Werte. Dadurch kann im Nahbereich starker Emissionsqellen sogar die versauernde Wirkung gleichzeitig hoher Einträge an Schwefelverbindungen überkompensiert werden. Deutliche Veränderungen der Bodenvegetation von Wäldern sind für solche Flächen belegt (Lux 1964, Trautmann et al. 1970). Ganz allgemein wird in letzter Zeit die Bodenvegetation von **Kiefernbeständen** immer reicher an Gräsern und Kräutern. Vor allem Arten mit höherem Anspruch an das Nährstoff- und Basenangebot breiten sich aus. Bei gleichzeitig hoher Belastung durch SO_2 sind zudem diese Kiefernbestände besonders verlichtet (Enderlein und Stein 1964, Lux 1964). Die Aufbasung durch Stäube hat offenbar eine verstärkte Mineralisierung von Stickstoff zur Folge und fördert so das Vorkommen nitrophiler Pflanzen (Trautmann et al. 1970). Die Wirkungen der Deposition basischer Stäube und deren drastische Reduktion (in Westdeutschland vor allem von 1965 bis 1975, in Ostdeutschland ab 1990) sind zwar in Nahbereichen von Emittenten besonders augenfällig, beschränken sich aber nicht auf diese (Abschn. 4.2.6).

Angesichts der für weite Teile Mitteleuropas nachgewiesenen **Versauerung von Böden** während der letzten Jahrzehnte (Abschn. 5.2) war zunächst eine **Zunahme von Säurezeigern** in der Bodenvegetation erwartet worden. Dies hat sich jedoch nur in einigen Sonderfällen bestätigt. So haben sich am Stammfuß von Buchen infolge des Stammablaufs häufig stark versauerte Kleinstandorte mit einer veränderten Vegetation gebildet (Abschn. 6.1.3.5). Im Flattergras-Buchenwald der Westfälischen Bucht ergab sich beim Vergleich pflanzensoziologischer Aufnahmen von 1976 und 1983 eine Zunahme von Säurezeigern

(Wittig et al. 1985); hier war zumindest der südliche Teil des Untersuchungsgebiets stark durch versauernde Schwefelverbindungen belastet. Sehr deutliche Befunde zeigten sich im extrem mit SO_2 belasteten Osterzgebirge (Schmidt 1996). In allen untersuchten Waldgesellschaften kam es hier zwischen 1956 und 1991 zu drastischen Artenverlusten und zu gleichgerichteten und signifikanten Veränderungen der Reaktionszahlen nach Ellenberg im Sinne einer Oberbodenversauerung. Eine Zunahme der Stickstoffversorgung ließ sich hier nicht nachweisen.

Entgegen den Erwartungen und trotz einer für viele Standorte nachgewiesenen Bodenversauerung wurde bei zahlreichen Untersuchungen in Mittel- und Nordeuropa **keine Zunahme säureanzeigender Waldpflanzen** gefunden, vielmehr nahmen diese häufig sogar ab. Statt dessen trat sehr einheitlich eine **Zunahme von Pflanzen** in Erscheinung, die für **reichliche Stickstoffversorgung** kennzeichnend sind und die zugleich tolerant sind gegenüber versauerten Böden (Wilmanns et al. 1986, Kuhn et al. 1987, Tyler 1987, Rost-Siebert und Jahn 1988, Falkengren-Grerup und Eriksson 1990, Bürger 1991, Röder et al. 1996, Fischer 1997, 1999, Kraft et al. 2000, Kraft et al. 2003; andeutungsweise auch bei Zukrigl et al. 1993). So erhöhten sich in Laubbaumbeständen der Buntsandstein-Rhön, die dem Luzulo-Fagetum zuzurechnen sind, innerhalb von 40 Jahren die mittleren Stickstoffzahlen höchstsignifikant. Gleichzeitig gingen die Säurezeiger nach Artenzahl und Menge deutlich zurück, die mittlere Reaktionszahl stieg daher an. Dies weist auf deren komplexen Charakter hin. Die Reaktionszahl darf nicht einfach als ein Indikator für den pH-Wert verstanden werden. Ihr Anstieg ist Ausdruck einer **Verbesserung der Wachstumsbedingungen** und damit der **Konkurrenzkraft anspruchsvoller Pflanzen**. Das beruht wohl in erster Linie auf dem Stickstoffangebot, das durch Deposition wesentlich erhöht worden ist (Röder et al. 1996). In dieses Bild fügen sich auch die Befunde von Ellenberg jun. (1985) ein: Als gefährdet im Sinne Roter Listen stellten sich vor allem Pflanzenarten heraus, die nur auf stickstoffarmen Standorten konkurrenzfähig sind. Auch experimentell ist die starke Wirkung der Zufuhr von Stickstoff auf die Bodenvegetation mehrfach belegt worden (Falkengren-Grerup und Lakkenborg- Kristensen 1994, Hofmann 1995, Hallbäcken und Zhang 1998, Seidling 1998, van Dobben et al. 1999).

Fast alle **Kiefernforsten** Mitteleuropas sind durch lang anhaltende **Streunutzung** geprägt (Abschn. 3.1.1.1). Nach der Entfernung des Auflagehumus war der Boden jeweils nahezu vegetationslos. Dann siedelten sich im Verlauf einer **Sukzession** verschiedene Pflanzenarten an. Dies vollzog sich wohl weitgehend ähnlich, wie es Wagenknecht (1939) beschrieben hatte. Es dominierte schon bald die Besenheide (*Calluna vulgaris* (L.) Hull). Nach etwa 15 Jahren erreichte sie mit einer Deckung von 75 % den Höhepunkt ihres Vorkommens und ging dann in den folgenden Jahrzehnten bis auf spärliche Reste zurück. Nach etwa 20 Jahren begann sich die Heidelbeere (*Vaccinium myrtillus* L.) horstförmig auszubreiten und erst nach etwa 25 Jahren siedelte sich ganz langsam die Drahtschmiele (*Deschampsia flexuosa* (L.) Trin.) an. Begleitend traten mehrere Moosarten in einer charakteristischen Abfolge auf. Jahrzehnte nach der vollständigen **Aufgabe der Streunutzung** ist heute die Besenheide weitgehend verschwunden, Heidelbeere und vor allem Drahtschmiele breiten sich aus (Rodenkirchen 1992). Die Drahtschmiele erhält durch **zusätzliches Stickstoffangebot** einen Konkurrenzvorteil vor der Besenheide (Mickel et al. 1991). Entsprechend kann sich offenbar bei weiterer Steigerung des N-Angebots das Landreitgras (Sandrohr, *Calamagrostis epigejos* (L.) Roth), gegen die Drahtschmiele durchsetzen. Insbesondere das Zusammentreffen von guter Belichtung und reichlichem Stickstoffangebot steigert seine Konkurrenzkraft (Hofmann et al. 1990, Brünn et al. 1996, Bolte 1999). Darauf beruht anscheinend die Ausbreitung des Landreitgrases in Kiefernbeständen Norddeutschlands (Schmidt et al. 1996) während der letzten Jahrzehnte.

Geradezu umwälzende **Veränderungen der Bodenvegetation** haben sich in **Kiefernforsten** Nordostdeutschlands unter dem Einfluss hoher Stickstoffeinträge (besonders aus Massentierhaltungen) und teilweise auch basischer Stäube abgespielt (Hofmann et al. 1990, Heinsdorf und Krauß 1991, Hippeli und Branse 1992, Heinsdorf 1993, Hofmann 1995). Flechten, Moose und Zwergsträucher sind stark zurückgegangen. An ihrer Stelle haben sich in Abhängigkeit vom Nährstoffangebot der Böden und der Deposition deckenbildende Gräser mit hoher Konkurrenz-

kraft und auch Großsträucher ausgebreitet. Bei einer Freilanddeposition bis zu 20 kg N je ha und Jahr vollzogen sich die Veränderungen langsam und führten vor allem zur Ausbreitung der Drahtschmiele. Bei Freilanddepositionen zwischen 20 und 25 kg N je ha und Jahr trat ab etwa 1980 ein rascher Wandel ein, in dessen Verlauf sich das Landreitgras (Sandrohr, *Calamagrostis epigejos* (L.) Roth) vielfach flächendeckend ausbreitete. Hinzu kamen ausgesprochene Stickstoffzeiger wie Himbeere (*Rubus idaeus* L.), Große Brennnessel (*Urtica dioica* L.) und Schwarzer Holunder (*Sambucus nigra* L.). Absterben von Kiefern führte zu verstärkter Belichtung und förderte so zusätzlich den Wandel der Bodenvegetation (Seidling 1998, Bolte 1999). Infolge der deutlichen Reduktion der N-Deposition nach 1990 gewinnen Heidelbeerdecken nun anscheinend wieder an Fläche (Jenssen et al. 2000).

Als Folge von **Bodenschutzkalkungen** kommen starke Veränderungen der Bodenvegetation von Wäldern vor. Bei einer allgemeinen Zunahme der Artenzahlen treten vor allem Basen- und Stickstoffzeiger verstärkt auf. Das muss auch unter dem Blickwinkel des Naturschutzes betrachtet werden (Schmidt 2002, Kraft et al. 2003).

6.3 Veränderungen der Vegetation epiphytischer Flechten in Waldökosystemen

Bereits um die Mitte des 19. Jahrhunderts nahm man wahr, dass manche Flechtenarten aus dem Inneren von Städten verschwanden. Man brachte das auch damals schon mit den Abgasen aus Verbrennungsprozessen in Verbindung. Seither sind Flechten häufig als **Bioindikatoren** eingesetzt worden – sowohl in urban-industrialisierten als auch in ländlichen Gebieten (Guderian 1977, Arndt et al. 1987, Däßler 1991). Zahlreiche Untersuchungen sind im Gelände durchgeführt worden. Weit seltener sind Arbeiten, welche die Aussagekraft einer solchen Bioindikation experimentell überprüft haben.

6.3.1 Experimentelle Befunde zur Bioindikation anhand von Flechten

Die Empfindlichkeit von Flechten gegenüber Schwefeldioxid und anderen sauer wirkenden Schadstoffen (HF und HCl) ist durch mehrere Arbeiten anhand von Versuchen belegt. Die Begasungsversuche sind meist mit sehr hohen **Schwefeldioxidkonzentrationen** zwischen 500 und 4 000 $\mu g/m^3$ über kurze Zeit (z. B. 14 h) durchgeführt worden. Unter den gewählten Versuchsbedingungen zeigten sich große Unterschiede in der Resistenz der untersuchten **Flechtenarten**; diese wurde anhand der Photosyntheseintensität bestimmt. Der Wassergehalt des Thallus sowie die Pufferkapazität von Thallus und Substrat wirkten sich stark auf die Ergebnisse aus. Strauchflechten waren im Allgemeinen empfindlicher als Blatt- oder gar Krustenflechten, jedoch ließ sich keine klare Bindung an die Wuchsform feststellen (Türk et al. 1974, Wirth und Türk 1975, Guderian 1977). Inwieweit derart gewonnene Daten auf Freilandverhältnisse bei wesentlich niedrigeren Konzentrationen, aber langer Einwirkungsdauer von Schadgasen übertragbar sind, muss offen bleiben. Die bei solchen Versuchen gewonnene Reihenfolge der Empfindlichkeit von Flechtenarten stimmt dann auch vielfach nicht mit Beobachtungen bei Kartierungen im Gelände überein (Nash III 1988). Nach neueren Versuchen beginnen bei manchen Flechtenarten bereits bei niedrigen SO_2-Konzentrationen zwischen 4 und 12 ppb (entspricht etwa $11-32$ $\mu g/m^3$) nachweisbare Effekte (Bates et al. 1996).

Experimente mit **Ozon** sind weit seltener durchgeführt worden. Es fanden ebenfalls sehr hohe Konzentrationen Anwendung (neben der Kontrolle z. B. 500 und 800 ppb). Auch hier zeigten sich deutliche Unterschiede in der Empfindlichkeit einzelner Arten (Nash III und Sigal 1979). Jedoch haben **Begasungsversuche** bei zahlreichen Flechtenarten eine erstaunliche Resistenz gegen Ozon belegt (Prinz et al. 1982, Krause und Prinz 1989). Das gilt auch für Expositionsversuche (300 ppb während 14 Tagen über je 4 Stunden) an mehreren Flechtenarten in optimaler physiologischer Aktivität. Bei keinem der erfassten physiologischen Parameter zeigten sich Wirkungen der Ozonbelastung (Calatayud et al.

2000). Zu vergleichbaren Ergebnissen kamen auch weitere Experimente (Bates et al. 1996). Bei anderen Versuchen ergaben sich erst bei sehr hohen Ozonkonzentrationen (300 ppb) und langen Begasungszeiten ultrastrukturelle Effekte (Tarhanen et al. 1997). Besonders aufschlussreich sind Begasungsversuche in Klimakammern, bei denen die weitgehende Austrocknung von Flechten im Freiland zu Zeiten hoher Ozonkonzentrationen berücksichtigt wurde (Ruoss und Vonarburg 1995); an trockenen Flechten zeigten sich keine morphologischen Veränderungen. Effekte ergaben sich jedoch bei einer Langzeitbegasung mit umweltrelevanten O_3-Konzentrationen (tagsüber 90, nachts 40 ppb über 80 Tage) in struktureller und physiologischer Hinsicht (Scheidegger und Schroeter 1995); allerdings besteht hier eine Unklarheit bezüglich der Hydratation der Thalli während der Durchführung des Versuchs.

So ergibt sich insgesamt, dass **Flechten** nur eine **geringe Sensitivität** gegenüber **Ozon** aufweisen. Sie sind demnach wenig geeignet als Bioindikatoren für Oxidantien. Anscheinend sind Gefäßpflanzen vielfach empfindlicher und werden deshalb auch bevorzugt zur Bioindikation herangezogen (Köstner und Lange 1986, Arndt et al. 1987, Ruoss und Vonarburg 1995, Bates et al. 1996, Tarhanen et al. 1997, Nash III und Sigal 1999).

Begasungsversuche über bis zu zwei Vegetationsperioden mit umweltrelevanten Konzentrationen von **Schwefeldioxid** bzw. **Ozon** an der Blattflechte *Hypogymnia physodes* (L.) Nyl. führten zu vergleichbaren Graden der Schädigung bei diesen Gasen. Die höchsten Absterberaten ergaben sich durch kombinierte Anwendung der beiden Schadstoffe (Guderian et al. 1985).

Allgemein gültige Angaben zur „**Toxitoleranz**" als „Maß für die Empfindlichkeit einer Art gegenüber Luftbelastungen der in urbanen und industrialisierten Räumen „üblichen" Art" mit hohem SO_2- und NO_2-Anteil (Wirth 1992) sind äußerst problematisch. Denn zum einen hat sich die Zusammensetzung belasteter Luftmassen in Ballungsgebieten während der letzten Jahrzehnte durch Reduktion des Schwefeldioxids wesentlich verändert. Zum anderen weichen die Zeigerwerte der einzelnen Flechtenarten gegenüber unterschiedlichen Fremdstoffen in der Luft weit voneinander ab. Die kritische Arbeit von Schöller (1993) enthält dazu bedenkenswerte Argumente.

6.3.2 Vergleiche zwischen Immissionsbelastung und Flechtenvegetation

In einer häufig als Vorbild benutzten Arbeit haben Hawksworth und Rose (1970) für England und Wales eine Zone ohne Vorkommen epiphytischer Flechten (Zone 0) sowie 10 Zonen mit einer unterschiedlichen Zusammensetzung der Flechtenvegetation definiert und kartiert. Sie haben diesen Zonen dann Stufen der Belastung mit **Schwefeldioxid** zugeordnet. So entspricht die Stufe 1 einem Wintermittel von > 170, die Stufe 9 dagegen von $< 30 \, \mu g \, SO_2/m^3$ Luft (das entspricht etwa einem Jahresmittel von $< 10-20 \, \mu g/m^3$). Stufe 10 bedeutet dann „reine" Luft. Das Verfahren erlaubte auf qualitative Art eine rasche Einschätzung der Luftbelastung. In einem ähnlich konzipierten Projekt hat Heidt (1978) den Übergang vom industriell-urbanen Ballungsgebiet an der Ruhr zum vorwiegend landwirtschaftlich genutzten Münsterland untersucht. In einer umfangreichen Studie an Immissionsmessstationen in der Schweiz erhielten Herzig und Urech (1991) signifikante statistische Zusammenhänge zwischen den Konzentrationen von SO_2 und NO_x sowie einer Kennziffer, welche die Vitalität der Flechtenvegetation charakterisiert. Da Schwefeldioxid und Stickoxide meist zusammen auftreten, lässt sich daraus nicht ohne weiteres eine Kausalität ableiten. Es gibt jedoch weitere Hinweise auf eine Beeinträchtigung von Flechten durch **Stickoxide**, z. B. entlang von Autobahnen (Wittmann und Türk 1988) und durch die **Deposition von Stickstoffverbindungen** aus der Landwirtschaft (Ruoss et al. 1991).

Bei einer abgestuften **Ozonbelastung**, die bis zu enormen Dosen reichte (etwa zwischen 250 und 375 ppm-h von Mai bis September), konnten in Gebirgen des südlichen Kalifornien deutliche Effekte auch an Flechten nachgewiesen werden (Sigal und Nash III 1983, Nash III 1988). Inzwischen ist jedoch klar geworden, dass dort nicht nur Oxidantien, sondern auch SO_2 und NO_x in Konzentrationen auftreten, die zur Schädigung von Flechten führen können (Nash III und Sigal 1999). Unter den wesentlich geringeren Belastungen in Mitteleuropa sind Flechten zur Bioindikation von Ozon nicht geeignet. Bei einer univariaten Betrachtung ergab sich in der Studie von Herzig und Urech (1991) sogar eine zunehmende Vitalität der Flechtenvegetation bei steigender Ozonbelastung. Dies wird durch andere Befunde gestützt. In **höheren Lagen** am **Nordrand der Alpen**, wo die Ozonbelastung besonders hoch ist, jedoch die SO_2-Konzentrationen von jeher niedrig waren, hat sich die Flechtenvegetation während der letzten Jahrzehnte nicht erkennbar verändert (Wirth und Fuchs 1980, Köstner und Lange 1986, Wittmann und Türk 1988, Ruoss und Vonarburg 1995). Flechten haben offenbar einen wirksamen Schutz, denn sie sind zu Zeiten hoher Ozonbelastung meist ausgetrocknet und deshalb physiologisch inaktiv (Ruoss et al. 1991). Eine sorgfältige Analyse von Witterungsparametern und Ozonbelastung hat dies unterstrichen (Ruoss und Vonarburg 1995).

6.3.3 Passives und aktives Monitoring anhand von Flechten

Zahlreiche Untersuchungen haben sich der Erfassung der Luftqualität in **Städten** und **industriellen Ballungsgebieten** gewidmet (Jürging 1975, Steubing et al. 1983). Man hat Flechten vor allem als **sensitive Bioindikatoren** verwendet. Dazu wurden die Flechtenarten sowie die Dichte ihres Vorkommens und teilweise auch Merkmale ihrer Vitalität erfasst (Passives Monitoring). Oder man hat Flechten in Bereichen mit reiner Luft gewonnen und diese dann in den Untersuchungsgebieten exponiert; unterschiedliche Reaktionen zeigen dann Abstufungen einer Belastung an (Aktives Monitoring) (Schönbeck 1968, 1972, Steubing et al. 1983, Arndt et al. 1987).

Neben luftgetragenen Fremdstoffen sind selbstverständlich auch **andere Faktoren** für das Vorkommen und die Vitalität von Flechten in urbanen Gebieten maßgeblich. Hier sind besonders die Eigenschaften der Rinden von Baumstämmen als Substrate sowie Belichtung, Temperatur, Niederschlag und Luftfeuchte zu nennen. Es hat sich aber gezeigt, dass diese zweifellos vorhandenen Einflüsse weit schwächer sind als jene, die von der Belastung der Luft – insbesondere durch SO_2 – ausgehen. Das haben LeBlanc und Rao schon 1973 anhand einer umfassenden Argumentation dargelegt. Ganz klar zeigt sich das auch in der **Wiederbesiedlung der Stadtkerne** durch zahlreiche Flechtenarten nach der drastischen Verminderung der SO_2-Immissionen während der letzten Jahrzehnte. Das gilt sogar für die ehemals extrem belasteten Bereiche, aus denen Flechten vollständig verschwunden waren („Flechtenwüsten") – beispielsweise Teile des Ruhrgebiets (Rabe und Wiegel 1985) oder die Innenstadt von München (Jürging 1975, Kandler und Poelt 1984).

So überrascht es nicht, dass auch in **Wäldern** mit **unmittelbarem Kontakt zu städtischen Ballungsgebieten** vielfach eine starke Verarmung der Flechtenflora stattgefunden hat. Das ist z. B. gut belegt für die im Süden an das Stadtgebiet von München angrenzenden Wälder während der letzten 100 Jahre (Hertel et al. 2000). Allerdings sind daran auch Maßnahmen der Forstwirtschaft wesentlich beteiligt, so die Umwandlung von Laubwäldern in Fichtenforste. Auch in relativ weit von Ballungsräumen entfernten Gebieten wie dem **Solling** sind Flechten um 1980 fast völlig verschwunden und weithin durch Grünalgen abgelöst worden (Ellenberg et al. 1986).

Die Diskussion um das Waldsterben Anfang der 1980er Jahre löste zahlreiche Forschungsaktivitäten auch in industriefernen **Waldgebieten** aus. Verwirrung entstand zunächst durch die Beobachtung, dass stark geschädigte oder gar absterbende Bäume vielfach mit einer üppigen und scheinbar unbeeinträchtigten Flechtenvegetation besetzt waren. Gründliche Untersuchungen schufen hier allerdings rasch Klarheit. Sie legten offen, dass auch in **vermeintlichen Reinluftgebieten**, wie etwa dem Nationalpark Bayerischer Wald, die gegen SO_2 und O_3 nicht besonders empfindliche Blattflechte *Hypogymnia physodes* deutliche Reaktionen zeigt; vor allem in den Hochlagen des Rachel-Lusen-Gebiets – wo die Fichte durch die montane Vergilbung gezeichnet war – wies diese Flechtenart Merkmale verminderter Vitalität auf. Empfindlichere Flechtenarten waren aus ihrem ursprünglich bevorzugten Verbreitungsgebiet in den nebelreichen Hochlagen verschwunden bzw. nur noch an den Leeseiten der Berge zu finden (Macher und Steubing 1984, 1986). Im Schwarzwald kam es zu einer

deutlichen Verarmung der Flechtenvegetation, obwohl die Wintermittel der SO_2-Konzentration geringer waren als 15 $\mu g/m^3$ (Wirth 1987, 1988); das entspricht Jahresmittelwerten von weniger als 10 $\mu g/m^3$.

Für **Bayern** liegen mehrere Untersuchungen vor, die im ganzen Land bzw. in Teilgebieten den Zustand der Flechtenvegetation während der 1980er oder 1990er Jahre beschrieben haben (Wirth und Fuchs 1980, Macher und Steubing 1984, Köstner und Lange 1986). Fasst man deren Befunde für die Bereiche außerhalb von Ballungsgebieten knapp zusammen, so ergibt sich: In weiten Gebieten sind Artenzahl und Deckungsgrad des Flechtenbewuchses an Baumstämmen deutlich reduziert worden. Eine starke Beeinträchtigung der Flechten ist in Nordwestbayern und ganz besonders in den Mittelgebirgen Nordostbayerns festgestellt worden. Dagegen lässt sich am Nordrand der Alpen kaum eine Veränderung nachweisen. Dieses Muster ist fast deckungsgleich mit zwei Befunden, die anhand ganz anderer Methoden gewonnen sind:

- Mit den **Schwefelgehalten von Fichtennadeln**, die durch das flächendeckende Bioindikatornetz des Bayerischen Landesamts für Umweltschutz bekannt sind und die für den Zeitraum 1977–1995 ausgewertet vorliegen (Elling und Pfaffelmoser 1997); erst gegen Ende der 1980er Jahre hat sich das Muster durch die allgemeine Absenkung der SO_2-Emission grundlegend geändert (Abb. 3-4).

- Mit dem **Schädigungsgrad der Weißtanne**, über den anhand zahlreicher dendroökologischer Befunde für Bayern ebenfalls eine flächige Aussage möglich ist (Elling 1993, Ellenberg 1996). Als unterer Schwellenwert der Schwefeldioxidkonzentration für ein Verschwinden der empfindlichsten Flechtenarten wird ein Wintermittel zwischen 5–10 $\mu g/m^3$ für die Bayerischen Alpen bzw. weniger als 15 $\mu g/m^3$ (das entspricht einem Jahresmittel um 10 $\mu g/m^3$) für den Schwarzwald geschätzt (Wirth und Fuchs 1980, Köstner und Lange 1986, Wirth 1987, 1988). Das liegt sehr nah bei der Grenzkonzentration von SO_2 für eine Schädigung der Weißtanne von etwa 10 $\mu g/m^3$ als Jahresmittel (Abschn. 6.1.1.3).

Die **Bioindikation** anhand von Flechten bringt demnach hauptsächlich die **Belastung durch**

SO$_2$ zum Ausdruck. Der nördliche Alpenrand mit seinen besonders hohen **Ozondosen** tritt dagegen nicht hervor (Wirth und Fuchs 1988, Köstner und Lange 1986, Wittmann und Türk 1988). Flechten sind demnach als Indikatoren für eine Ozonbelastung wenig geeignet (Bates et al. 1996, Tarhanen et al. 1997, Ruoss et al. 1991, Ruoss und Vonarburg 1995, Nash und Sigal 1999).

Wegen des komplexen Charakters von **Schädigungsprozessen** an **Waldbäumen** lassen sich über deren Ursachen aus dem Zustand der Flechtenvegetation meist keine Schlussfolgerungen ableiten. Ein starker Rückgang von Flechten deckt sich mit deutlichen Symptomen einer Schädigung von Bäumen nur in besonderen Fällen: Das trifft nur dann zu, wenn Schwefeldioxid im Ursachenkomplex der Schädigung von Wäldern eine wesentliche Rolle spielt, z. B. bei der Fichte im Bereich vom Bayerischen Wald bis zum Fichtelgebirge sowie bei der hochgradig gegen SO$_2$ empfindlichen Weißtanne.

6.4 Beispiele für Veränderungen der Tierwelt von Waldökosystemen

Noch seltener als bei der Vegetation sind Aufnahmen zum Vorkommen bestimmter Tierarten oder Tiergruppen zu verschiedenen Zeitpunkten verfügbar. Sie wären jedoch notwendig zur Erfassung von Veränderungen bei der Zusammensetzung der Tierwelt von Waldökosystemen. Es sollen daher nur einige gut dokumentierte Beispiele geschildert werden.

6.4.1 Vorkommen von Arthropoden am Stammfuß von Buchen

Für den Umsatz der toten organischen Substanzen (Humus) in Waldökosystemen sind neben Mikroorganismen und Pilzen auch Tiere von großer Bedeutung (Ellenberg et al. 1986). Besonders bekannt ist das für Regenwürmer sowie eine Vielzahl von Arthropoden.

Infolge ihrer steil stehenden Äste und ihrer glatten Rinde leitet die Buche einen beträchtlichen Teil der Niederschläge in Form von **Stammabfluss** auf den Boden. Das führte während der letzten Jahrzehnte am Stammfuß von Buchen zu einer starken Bodenversauerung. Allerdings ist zu bedenken, dass hier zahlreiche Fremdstoffe konzentriert eingetragen werden (Abschn. 6.1.3.5). Vergleicht man diese Bereiche mit Flächen zwischen den einzelnen Bäumen, so kann man gewissermaßen das zeitliche Nacheinander bei einer Bodenversauerung durch ein räumliches Nebeneinander ersetzen. Im Wienerwald durchgeführte Untersuchungen haben eine starke Verminderung der Mesofauna des Bodens in den Stammablaufbereichen ergeben. Insbesondere ergeben sich hier bei **Milben** (*Acarina*) und **Springschwänzen** (*Collembola*) deutlich abweichende Dominanzverhältnisse (Kopeszki 1992, 1993). Während im weniger belasteten Zwischenstammbereich die Milben die stärkste Gruppe bilden, dominieren im Einsickerungsbereich des Stammablaufs die Springschwänze; bei diesen ist darüber hinaus eine starke Verschiebung in der Beteiligung einzelner Artengruppen festgestellt worden. Zahlreiche Arten der Springschwänze sind an den Stammfüßen gänzlich verschwunden. Eine einzige, offenbar säuretolerante Art (*Mesaphorura hylophila*) kommt jedoch hier in erhöhter Dichte vor – vermutlich weil ihre Konkurrenten ausfielen. Die dargestellten Befunde weisen auf eine schwer wiegende Belastung der betreffenden Buchenwald-Ökosysteme hin, wohl vor allem durch Versauerung.

6.4.2 Schädigung der Fichtenwälder in Hochlagen des Westerzgebirges und Populationsentwicklung der Tannenmeise (*Parus ater*)

Absterben von ausgedehnten Fichtenbeständen ist in den Hochlagen des Westerzgebirges bisher wesentlich weniger ausgeprägt als im Mittel- und Osterzgebirge (Abschn. 2.3.2). Im Westerzgebirge vollzieht sich der Übergang zum Syndrom der montanen Vergilbung (Abschn. 6.1.2.5). Ab etwa 1970 führten Verluste an Nadelmasse sowie das

Absterben von Bäumen zur **Verlichtung** der Fichtenbestände. Unter Mitwirkung von nadelfressenden Insekten und Borkenkäfern kam es dann ab dem Anfang der 1980er Jahre zu wesentlich stärkeren Schädigungen und auch zu größeren **Kahlschlägen**. Zeitgleich mit den Veränderungen der Waldstruktur und damit auch der Habitate verlief der Rückgang der auf kurznadelige Koniferen spezialisierten Tannenmeise (Möckel 1992). **Nahrungsmangel** – vor allem im Winter – trat einerseits durch die starke Reduktion der in benadelten Fichtenzweigen lebenden Arthropoden und andererseits ab 1981 durch das fast völlige Ausbleiben der Fruktifikation der Fichten ein. Dies führte ab 1982 zu einer rapiden Abnahme der Population der Tannenmeise; eine erhöhte Mortalität war hiefür offenbar entscheidend.

6.4.3 Bodenversauerung und Populationsentwicklung der Kohlmeise (*Parus major*)

Der in der Überschrift angedeutete Zusammenhang ist zunächst überraschend. In den Niederlanden und auch in anderen Gebieten sind hierzu jedoch sorgfältige und umfangreiche Untersuchungen durchgeführt worden (Graveland 1996, Graveland und Drent 1997). Die Befunde stellen ein geradezu klassisches Beispiel für ökosystemare Zusammenhänge dar.

Bei einer Langzeitstudie über das Territorialverhalten von **Kohlmeisen** fiel auf, dass diese während der 1980er Jahre in zunehmendem Maße **Eier** mit **dünner und poröser Schale** legten; manchmal fehlte die Schale sogar ganz. Es schlüpften aus missgebildeten Eiern nur selten Junge aus, da die Schalen zerbrachen oder die Eier austrockneten. Auch wurden Gelege mit fehlgebildeten Eiern viel häufiger verlassen als Gelege mit normalen Eiern. Manche Weibchen legten gar keine Eier, begannen aber dann auf dem leeren Nest zu brüten. Vergiftung durch Organochlorverbindungen war als Ursache nicht wahrscheinlich, da Bestände von Greifvögeln wie des Sperbers (*Accipiter nisus*) sich nach dem Verbot von DDT zur selben Zeit vollständig erholten. So entstand die Vermutung dass **Calciummangel** als Folge der sauren Deposition für

die Fehlbildungen der Eierschalen verantwortlich sei. Solche waren dann auch in Wäldern auf armen Sandböden weit häufiger als auf reicheren Böden, wie eine landesweite Aufnahme zeigte. In einem Experiment wurden Meisen nahe beim Nest mit Gehäusen von Schnecken und Eierschalen von Hühnern gefüttert um ihre Calciumversorgung zu verbessern. Das reduzierte die Störungen und verdoppelte die Anzahl der Jungen je Nest. So wurden die **Gehäuse** von **Schnecken** als die wichtigste Calcium-Quelle der weiblichen Kohlmeisen während der Legezeit erkannt. Die Untersuchung von Auflagehumus-Proben aus Eichenwäldern zeigte, dass Gehäuseschnecken tatsächlich in Wäldern ohne Eierschalen-Missbildungen bei Kohlmeisen viel häufiger waren, als dort, wo solche Fehlbildungen auftraten. Für bestimmte, schon Anfang der 1970er Jahre untersuchte Standorte ergab sich außerdem: Bis zum Anfang der 1990er Jahre hatte die Häufigkeit von Gehäuseschnecken in Wäldern mit calciumreichen Böden leicht zugenommen, auf calciumarmen Böden dagegen sehr deutlich abgenommen. Das spricht dafür, dass der Eintrag von Säurebildnern und die dadurch ausgelöste Verarmung an Calcium den Rückgang jener Schnecken verursacht hat. In dieselbe Richtung weist die deutlich erhöhte Dichte von Gehäuseschnecken nach Ausbringung eines dolomitischen Kalks. In bodensauren Buchenwäldern fördert sich zersetzendes, liegendes Totholz mit großem Durchmesser die Landschnecken; denn unter diesem sind pH-Werte und Calciumsättigung des Oberbodens höher als in der Umgebung (Müller et al. 2005).

Der **Harz** ist durch Säuredeposition und Bodenversauerung stark betroffen (Matschullat et al. 1994). Dort ist die Bestandsentwicklung der Kohlmeise über den langen Zeitraum von 1969 bis 1997 verfolgt worden (Zang 1998). Die Beobachtungsflächen liegen in zwei Höhenstufen. Zum einen in **Hochlagen** von 800–920 m, wo innerhalb der Beobachtungszeit durch Windwurf und Entnahme stark geschädigter Bäume (montane Vergilbung, Abschn. 6.1.2.5) die Waldbestände verlichtet sind. Deshalb entwickelte sich eine dichte, vom Wolligen Reitgras (*Calamagrostis villosa* Chaix J. F. Gmelin) beherrschte Bodenvegetation. Das Gebiet liegt an der oberen Verbreitungsgrenze der Kohlmeise und war deshalb von jeher nur sehr dünn besiedelt. Hier hat der

Bruterfolg der Kohlmeise um 50 % abgenommen, das reicht nicht aus für eine Erhaltung der Population. Mangel an Calcium ist daran auch hier wesentlich beteiligt, wie an Fehlbruten mit Eiern ohne Schale und Jungvögeln mit rachitisch weichen Knochen zu erkennen ist. Auch wurde hier häufiger als in anderen Gebieten „Brüten auf leerem Nest" beobachtet; dies wird ebenfalls auf Ca-Mangel zurückgeführt. Das Durchschnittsalter der brütenden Weibchen hat dramatisch auf etwa die Hälfte abgenommen, wohl vor allem infolge erhöhter Mortalität. Verlichtung der Fichten reduziert die Strukturen der Baumkronen und vermindert Dichte und Artenzahl der Spinnenfauna stark. Das führt zu Nahrungsmangel im Winter und wohl teilweise auch in der Brutzeit. Der Bestand der Kohlmeise hat in knapp 30 Jahren um etwa 50 % abgenommen. Ab 1992/93 – nach Reduktion der SO_2-Emission und großflächigen Kalkungen – blieben Fehlbruten dann aus. In **mittleren Höhenlagen** zwischen 500 und 800 m hielten sich die Bestände der Kohlmeise zunächst noch, brachen dann aber in der Mitte der 1990er Jahre regelrecht zusammen.

Calciummangel als Folge einer rasch verlaufenden Versauerung hat eine andere Bedeutung als **natürliche Basenarmut** in Waldökosystemen. Solchen natürlichen Umweltbedingungen haben sich Kohlmeisen angepasst. Die Eiablage findet mit einer gewissen Verzögerung erst dann statt, wenn das Weibchen genügend Calcium gespeichert hat, um Eier bilden zu können (Mänd et al. 2000).

Die Auswirkungen der Bodenversauerung auf Populationen von Kohlmeisen lassen eindrucksvoll erkennen, wie in stark **vernetzten Waldökosystemen** Ursache und Wirkung oft nicht in einem leicht erkennbaren Zusammenhang stehen, sondern Effekte gewissermaßen auf Umwegen zustande kommen. Graveland (1996) weist darauf hin, dass Calciummangel wahrscheinlich auch andere Vogelarten beeinträchtigt.

6.5 Wechselwirkungen zwischen Böden, Baumwurzeln und Bodenlebewesen

Bei den bisher näher untersuchten Waldökosystemen stößt man immer wieder auf ein noch unzureichend gelöstes Problem: Die vielfältigen Wechselwirkungen zwischen Böden und Baumwurzeln, an denen auch Bodenlebewesen beteiligt sind. Darauf soll hier zusammenfassend eingegangen werden.

6.5.1 Das Problem der Wirkung von Aluminiumionen

Waldböden unterscheiden sich von Natur aus stark in ihren physikalischen, chemischen und biologischen Eigenschaften. Auch sind sie in unterschiedlichem Ausmaß und oft über lange Zeiträume durch **Nutzungseingriffe** des Menschen verändert worden. Seit der Industrialisierung Mitteleuropas während des 19. Jahrhunderts unterliegen sie – gebietsweise differenziert – der **Deposition** von luftgetragenen Fremdstoffen. Landwirtschaft und Verkehr verursachen vor allem den Eintrag von Stickstoffverbindungen. Besondere Bedeutung haben Säuren und Säurebildner. Am Anfang der Überlegungen stand die Hypothese von Ulrich (1980), nach der durch Säureinträge in die Waldökosysteme freigesetzte **Aluminiumionen** zunächst zu einer Schädigung der Feinwurzeln und nach Mobilisierung des in der Wurzelrinde enthaltenen Aluminiums schließlich zum Absterben großer Teile der Wurzelsysteme von Bäumen führen. Auch die Mitwirkung pathogener Mikroorganismen wird erwähnt. Gestützt wurde die Hypothese von Ulrich durch Versuche mit Fichten- und Buchenkeimlingen in Lösungskultur (Rost-Siebert 1985), die eine Hemmung des Längenwachstums sowie eine Störung der Aufnahme von Ca- und Mg-Ionen ergaben. Auch weitere entsprechende Experimente (Jorns und Hecht-Buchholz 1985, Simon und Rothe 1985, Metzler und Oberwinkler 1986) brachten eindeutig Symptome von Schädigung und Nährstoffmangel hervor.

Dem wurden verschiedene Argumente entgegengehalten: Die Bedingungen in Lösungskultur sind mit denen von Waldböden nicht vergleichbar, denn in diesen können Al-Ionen durch komplexe Bindung entgiftet werden. Zwischen dem Grad der Schädigung von Waldbeständen auf versauerten Bodensubstraten und den Al-Gehalten von Wurzeln, Bast und Nadeln ergaben sich keine Zusammenhänge. Waldbäume, ganz besonders Nadelbäume, die schon immer auf sehr sauren Böden vorkommen, müssen über wirksame Abwehrmechanismen verfügen (Rehfuess 1981, 1983, Zöttl 1983). Tatsächlich **verteidigen sich Waldbäume** in mehreren Auffanglinien **gegen die toxischen Wirkungen von Al-Ionen**. Nicht mykorrhizierte Feinwurzeln erzeugen im Bereich ihrer Wurzelhaube eine schleimige Substanz, die als Mucigel (*mucilage*) bezeichnet wird. Dieses besteht vor allem aus Polysacchariden und Polyuronsäuren, hat ein sehr hohes Bindungsvermögen für Aluminium und schützt daher die Wurzelgewebe wirksam vor der Aufnahme von Al-Ionen (Horst et al. 1982). Ebenso kann die Bindung von Aluminium im Apoplasten zum Schutz der Wurzelzellen beitragen (Horst 1995). So sind Aluminiumionen zwar in den Wänden der Wurzelrindenzellen zu finden, sie gehen aber nur in geringen Mengen in das Xylem und in den Sproß über. Das gilt selbst unter den besonders ungünstigen Bedingungen einer Lösungskultur mit hoher Al^{3+}-Konzentration und dem sehr niedrigen pH-Wert von 3,0. Jedoch führte dieses Milieu zu einer extremen Verarmung an Magnesium und Calcium in Wurzelrindenzellen und Nadeln (Bauch und Schröder 1982, Stienen und Bauch 1988). Weiter bildet die bei Waldbäumen meist vorhandene Ektomykorrhiza einen Schutz (George und Marschner 1996). Sie vermag eine Schädigung der Feinwurzeln durch Festlegung von Aluminium in Polyphosphaten auszuschließen. Allerdings kann dieser Abwehrmechanismus auch überfordert werden (Kottke und Martin 1994). Unterschiede zwischen einzelnen Baumarten sind ebenfalls deutlich geworden. So trifft nicht zu, dass Nadelbaumarten allgemein toleranter gegenüber Al-Ionen in höherer Konzentration sind als Laubbaumarten. Denn die Fichte ist offensichtlich empfindlicher als die Buche (Abschn. 6.1.2.6 und 6.1.3.5).

In den letzten Jahren haben sich einige allgemein akzeptierte Befunde herauskristallisiert: Im Auflagehumus und im humusreichen oberen Mineralboden werden **Al-Ionen** weitgehend durch organische Substanzen **komplexiert** und dadurch **entgiftet**. In humusarmen tieferen Horizonten stark versauerter Mineralböden dominieren dagegen Al^{3+}-Ionen meistens sehr einseitig (Prietzel und Feger 1991, Matzner und Murach 1995). Inwieweit diese potenziell toxischen Ionen hier tatsächlich schädigend auf Baumwurzeln wirken, wird bis heute – vor allem in Deutschland – kontrovers diskutiert. An der internationalen Literatur ist inzwischen eine weitgehende Klärung der strittigen Fragen abzulesen (Sverdrup und Warfvinge 1993 a,b, Godbold 1994, Cronan 1994, Cronan und Grigal 1995, Ulrich 1995, Brunner et al. 1999). Allerdings sind die Zusammenhänge verwickelt (Godbold und Jentschke 1998). Eine ausführliche Darstellung enthält Abschnitt 5.2.2.3.

Von Anfang an ist in dieser Diskussion nicht klar definiert worden, was unter „Schädigung" zu verstehen sei. **Aluminiumtoxizität** liegt nicht nur dann vor, wenn destruktive Veränderungen der Feinwurzeln bzw. Mykorrhizen zu beobachten sind. Bereits die Hemmung des Wachstums mindert die Aufnahme von Ca und Mg, welche vor allem in den apikalen Zonen wachsender Wurzeln stattfindet. Stark mit toxischen Al-Species belastete Bodenbereiche werden demnach kaum mehr durchwurzelt (Smit et al. 1987, Marschner 1987, 1992, 1998, Godbold 1994). Da die Toxizitätsschwellen von verschiedenen Randbedingungen abhängen (Cronan 1994), schwanken die Angaben über Grenzwerte. Sverdrup und Warfvinge (1993 b) sowie Cronan und Grigal (1995) haben den Nutzen von Calcium/Aluminium-Verhältnissen bzw. (Ca + Mg + K = BC)/Al-Verhältnissen als Risikoindikatoren für Al-Stress überprüft und kommen nach Abwägung der Unsicherheiten zu einem positiven Urteil. Jedoch wird neuerdings die Al-Konzentration der Bodenlösung als der bessere Indikator empfohlen (van Schöll et al. 2004). Allerdings können die Ergebnisse von Versuchen in Nährlösungen nicht ohne weiteres auf Waldökosysteme übertragen werden. Das scheitert schon daran, dass **Wurzeln** im Freiland in **einzelnen Bodenhorizonten** ganz **unterschiedlichen Bedingungen** ausgesetzt sind – im Gegensatz zu

Nährlösungen oder Sandkulturen. Auch sind bei den meisten Experimenten unrealistisch hohe Konzentrationen basischer Kationen verwendet worden; damit tritt auch eine Schädigung erst bei wesentlich höheren Al-Konzentrationen auf (Sverdrup und Warfvinge 1993 b).

Eine Reihe neuerer Befunde aus dem **Freiland** spricht ebenfalls für eine Beeinträchtigung von Baumwurzeln in einem von Al-Ionen dominierten Milieu (Smit et al. 1987, Schulze et al. 1989, Ebben 1990, Marschner 1992, 1998, Murach und Parth 1999, Block und Meiwes 2000). So ist beispielsweise gezeigt worden, dass die Fichte **basenreiche Böden** durch ihre Senkerwurzeln mit zunehmendem Alter immer tiefer erschließt und dabei etwa 2 m Tiefe erreicht. Das Wurzelsystem von Fichten auf **basenarmem Boden** dagegen zeigt zahlreiche abgestorbene Wurzelspitzen und verkümmerte Wurzelenden. Infolge des Absterbens von Feinwurzeln verkahlen Abschnitte der Langwurzeln. Die Erschließung des Unterbodens stockt bei einer Tiefe von etwa 70 cm und schreitet mit zunehmendem Alter nicht weiter nach unten fort. Die Böden der beiden untersuchten Standorte behindern die Tiefendurchwurzelung nicht durch ihre physikalischen Eigenschaften, wie etwa mangelnde Durchlüftung (Puhe 1994). Allerdings stützen sich diese Beobachtungen bis jetzt nur auf wenige Fallbeispiele. Bei stark versauerten Böden konzentrieren sich die Wurzeln der Fichte besonders ausgeprägt im humosen Oberboden. Feinwurzeln sterben bei starker Versauerung schneller ab; ihr Verlust muss durch erhöhte Neubildung ausgeglichen werden (Fritz et al. 2000). Eine Freilandstudie zeigte eine deutliche Reduktion der Durchwurzelungstiefe von Fichte und Buche bei einer Basensättigung von weniger als 20 % in den oberen 40 cm des Bodens (Braun et al. 2005). Eine zunehmende Verflachung des Wurzelsystems von Fichten infolge der Basenverarmung des Unterbodens wird als Ursache für ein erhöhtes Windwurfrisiko diskutiert (Eichhorn 1991, Ulrich 1995) und kann zu erhöhter Anfälligkeit bei Trockenstress führen.

Die biologischen Wirkungen von Al-Ionen beschränken sich freilich nicht auf Baumwurzeln. So ist anhand der Ah-Horizonte von Böden eine starke Abnahme der Biomasse von Mikroorganismen bei steigender Konzentration von Al-Ionen nachgewiesen worden (Illmer et al. 1995).

6.5.2 Lebewesen in der Rhizosphäre

Fehlfunktion und **Degeneration** von **Wurzeln** sowie **unzureichende Nährstoffversorgung** spielen eine wichtige Rolle bei zahlreichen Prozessen der Erkrankung bzw. Schädigung von Waldbäumen. Nach den jetzt vorliegenden Erkenntnissen sind **Organismen der Rhizosphäre** hieran wesentlich beteiligt. So hat beispielsweise der Magnesiummangel bei der montanen Vergilbung der Fichte (Abschn. 6.1.2) gezeigt, dass derartige Mangelerscheinungen allein anhand bodenchemischer Befunde nicht verständlich werden. Vielmehr spielen die Lebewesen desjenigen Bodenbereichs, der unter dem Einfluss der lebenden Wurzeln steht, der **Rhizosphäre** – d. h. zumeist: der **Mykorrhizosphäre** – eine wichtige Rolle. Neben den symbiontischen Mykorrhizapilzen leben hier vor allem saprophytische und parasitische Pilze. Hinzu kommen zahlreiche endophytisch lebende Pilzarten, die in sehr unterschiedlichem Ausmaß auch saprophytisch oder parasitisch aktiv werden können. Auch Bakterien einschließlich der Actinomyceten stehen mit mykorrizierten Feinwurzeln in vielfältigen Wechselbeziehungen. Diese sind offensichtlich allgemein von zentraler Bedeutung, wenn es zu einer Schädigung von Waldökosystemen kommt.

6.5.2.1 Mykorrhiza

Die große Bedeutung der **Ektomykorrhiza** für Wachstum und Gesundheit der meisten Waldbaumarten ist im Grundsatz schon lang bekannt. Jedoch hat die Forschung – vor allem im deutschen Sprachraum – dieses Thema im 20. Jahrhundert jahrzehntelang kaum mehr beachtet. Deshalb gab es hier fast keine detaillierten Kenntnisse, als nach 1981 die Untersuchung der neuartigen Waldschäden vehement einsetzte. Seither ist die Forschung auf diesem Gebiet wieder intensiviert worden (Agerer 1987 – 1995, 1986, 1997, Kottke et al. 1993, Varma und Hock 1999).

Die **Erfassung** des **Mykorrhizierungsgrads** von Baumwurzeln im Wald stellt nach wie vor ein schwieriges Problem dar. Obwohl die Kenntnis der jeweils beteiligten Pilzarten an sich notwendig wäre (Agerer 1986), wird wegen des großen Aufwands bei Untersuchungen hierauf häufig verzichtet. Einen wesentlichen Fortschritt bei der **Beurteilung** der **Vitalität** von **Mykorrhizen** hat die Methode der Vitalfluorochromierung mit Fluoresceindiacetat (Ritter et al. 1986) gebracht. Bei der Erfassung der **Dichte** mykorrhizierter bzw. nicht mykorrhizierter **Feinwurzeln im Boden** werden unterschiedliche Maße verwendet, deren Ergebnisse häufig nicht miteinander vergleichbar sind: Es macht einen großen Unterschied, ob die Zahl der Wurzelspitzen je Volumeneinheit des Bodens oder der Prozentsatz ihrer Mykorrhizierung erfasst wird (Meyer 1973). Andere Autoren haben bei Versuchen mit getopften Bäumen die Zahl der Kurzwurzeln auf eine Längeneinheit der Seitenwurzeln bezogen (Reich et al. 1985). Bei der Interpretation der gewonnenen Zahlen ist ebenfalls Vorsicht geboten. So reagiert die Fichte auf geringes Wasser- und Nährstoffangebot eines Standorts durch Bildung einer wesentlich höheren Zahl von Feinwurzeln als bei günstigeren Bedingungen (Kern et al. 1961, Fiedler et al. 1963). Zudem können sich die mykorrhizierten Feinwurzeln in ihrer **Lebensdauer** sehr unterscheiden. Eine **geringe Neubildungsrate** der Mykorrhizen muss kein Schädigungssymptom sein, sondern kann auch auf einen sehr effizienten Einsatz der im Wurzelsystem festgelegten Kohlenhydrate hinweisen (Meyer 1973, Babel 1981, Kottke et al. 1993).

Methodisch einfacher ist die **Erfassung der Fruchtkörper von Pilzen**, welche mit Waldbäumen eine Mykorrhiza bilden. Ihre Artenzahl und ihre Häufigkeit ergeben Maße für das Vorkommen von Ektomykorrhizen im Boden. Entsprechende Beobachtungen zeigen einheitlich: Während der letzten Jahrzehnte läuft in weiten Gebieten Europas ein **Rückgang** der **Ektomykorrhizapilze** ab. Das gilt ganz besonders für jene Arten, die auf Nadelbäume spezialisiert sind. Hingegen sind Artenzahl und Häufigkeit bei saprophytischen Pilzen etwa gleich geblieben, bei holzbewohnenen Pilzen haben sie sogar zugenommen (Arnolds 1991). Der genannte Autor diskutiert die verwickelten Ursachen für den Rückgang der Ektomykorrhizabildner. Das **Anwachsen** von **Auflagehumus-Decken**, das vor allem in ehemals streugenutzten Wäldern zu beobachten ist, scheint in Verbindung mit dem Aufkommen einer von Gräsern beherrschten Vegetation als Hindernis zu wirken. Gleiches gilt für die damit verbundene Zunahme des N-Angebots. Im Übrigen hält Arnolds die Deposition von Luftverunreinigungen für den entscheidenden Faktor. Zwar reagieren die Pilzarten auf Bodenversauerung sehr unterschiedlich, viele von ihnen sind in dieser Hinsicht sehr tolerant (Meyer 1984, Shafer et al. 1985, Willenborg 1990, Arnolds 1991). Auch senken bestimmte Mykorrhizabildner den pH-Wert in ihrer Umgebung aktiv ab, beispielsweise durch beträchtliche Mengen an Oxalsäure (Unestam und Damm 1994). Vor allem aber scheint der **Eintrag** von **Stickstoffverbindungen** in Waldökosysteme die Ektomykorrhizapilze zurückzudrängen. Das ist eigentlich altbekannt und steht im Einklang mit den Ergebnissen zahlreicher neuerer Untersuchungen (Meyer 1984, 1985, Paulus und Bresinsky 1989, Gorissen et al. 1993, Brandrud 1995, Agerer 1997). Allerdings ist zu berücksichtigen, dass die Erfassung allein der Fruchtkörper die Mykorrhizierung der Wurzeln nicht wirklich abbildet (Wallenda und Kottke 1998). Auch der Rückgang der Mykorrhizierung bei Experimenten mit saurem Regen, der anhand von Schwefelsäure und Salpetersäure im Verhältnis 2:1 erzeugt war, wird als **Wirkung** des **erhöhten Stickstoffangebots** interpretiert (Reich et al. 1985, 1986). Ebenso ist der einschneidende Rückgang der Fruchtkörper mykorrhizabildender Pilze nach sehr hoch dosierter Düngung mit Kalk oder Dolomit (Fiedler und Hunger 1963) wohl als Stickstoffeffekt zu verstehen.

Waldbäume und Pilze, die durch die Mykorrhiza symbiontisch miteinander verbunden sind, dürfen nicht isoliert gesehen werden. Denn die mykorrhizierten Feinwurzeln unterhalten mit Bakterien einschließlich der Actinomyceten sowie mit endophytischen, saprophytischen und auch parasitischen Pilzen in der **Mykorrhizosphäre** enge **Wechselbeziehungen**. Die Wurzeln steuern diese aktiv durch Abgabe einer Vielzahl organischer Stoffe in Form von **Exsudaten** (Bowen und Theodorou 1973, Marx 1973). Deren Menge ist von der Wirksamkeit der Photosynthese abhängig. Die Auscheidungen enthalten Substanzen, welche bestimmte Organismen der Rhizosphäre fördern bzw. hemmen. Es finden sich vor allem wirksame **Hemmstoffe** gegenüber **Pathogenen**. Durch die Wurzeln in Form von Exsudaten ausgeschiedene organische Stoffe sowie abgestoßene und abgestorbene Wurzelgewebe

sind als **Energiequelle** lebenswichtig für zahlreiche **heterotrophe Mikroorganismen**. Diese können das Wachstum von Mykorrhizapilzen und die Bildung der Mykorrhiza fördern oder hemmen, vor allem durch Stoffe, welche sie abscheiden. Insbesondere **Phytohormone** (z. B. Auxin) und Vitamine (z. B. Thiamin) scheinen Mykorrhizapilze zu unterstützen. Die lebhafte Produktion zahlreicher **Enzyme** durch Organismen in der Rhizosphäre wird nicht nur in Verbindung mit lebenden Zellen wirksam; im Boden immobilisiert oder in Lösung vorkommend katalysieren diese eine Vielzahl biochemischer Reaktionen und tragen vor allem zum Abbau und der Mineralisierung organischer Substanzen sowie zum Aufschluss anorganischer Verbindungen bei und fördern so die Nährstoffversorgung der Wurzeln. Auf der anderen Seite kann beispielsweise die Ausscheidung von **Antibiotika** durch Rhizosphären-Lebewesen die Entwicklung einer Mykorrhiza stören. **Antagonistische Beziehungen** unter den Lebewesen in der Mykorrhizosphäre, die sich in Konkurrenz, Ausscheidung von Antibiotika und Parasitismus ausdrücken können, entscheiden ohne Zweifel mit über die Zusammensetzung der hier siedelnden Lebensgemeinschaften. Verbreitet führen die antibiotischen Ausscheidungen von Ektomykorrhizapilzen und Bakterien zur Unterdrückung von Pathogenen und schädigenden Mikroorganismen in der Rhizosphäre sowie zum Abbau mikrobiell erzeugter Toxine. Auch kann offenbar eine Mykorrhiza die **Abwehr** von Pflanzen **gegen** den Befall der Wurzeln durch **Pathogene mobilisieren** (Harley 1948, Bowen und Theodorou 1979, Strzelczyk et al. 1987, Strzelczyk und Kampert 1987, Jagnow et al. 1991, Buscot et al. 1992, Unestam und Damm 1994, Schinner und Sonnleitner 1996). Leider gibt es bis jetzt nur **bruchstückhafte Kenntnisse** über diese ökologisch wichtigen Zusammenhänge. Dennoch ist klar: Das Gefüge der verwickelten Wechselbeziehungen ist **durch Umweltveränderungen leicht störbar.** Dabei können sowohl Veränderungen in der Chemie der Böden als auch beim Stoffwechsel unter Stress lebender Bäume als Auslöser wirksam werden. Bereits geringe **Verschiebungen** eines **Gleichgewichts** zwischen Pathogenen und den sie kontrollierenden Organismen können einzelnen Gliedern der Ökosysteme gefährlich werden.

Ein Teil der Fehlentwicklungen geht wahrscheinlich auf die **Deposition** zurück, insbesondere auf die Versauerung und Anreicherung der Böden mit Stickstoff. In anderen Fällen sind derartige Zusammenhänge bisher nicht belegt worden. Ganz deutliche Auswirkungen hat eine sehr hohe Immission von Luftschadstoffen, vor allem von **Schwefeldioxid.** So kommt es im Oberschlesischen Industriegebiet beim Fortschreiten von mittlerer über hohe bis zu sehr hoher Belastung zu immer stärkeren Veränderungen der Mykorrhizen an den Wurzeln der Waldkiefer (*Pinus sylvestris* L.): Zu beobachten sind eine drastische Abnahme lebender Mykorrhizen, Verarmung an Mykorrhizatypen sowie verstärktes Auftreten ektendotropher Formen mit dünnem oder fehlendem Pilzmantel, die als Anomalien gewertet werden. Bei Laubbaumarten (z. B. *Alnus incana* und *Betula verrucosa*) ergaben sich geringere Störungen. Inwieweit sich die Immissionen über Störung der Photosynthese bzw. Veränderung der Bodenbedingungen auswirken, ist nicht zu sagen (Kowalski 1987). Vermutlich besteht eine Rückkoppelung zwischen den beiden genannten Faktoren (Hampp und Schaeffer 1998). Über sehr starken Rückgang der Fruchtkörper von Ektomykorrhizapilzen bzw. der Mykorrizierung von Wurzeln bei hoher Belastung durch SO$_2$ berichten auch Fellner (1989) und Korotaev (1993). Die Einwirkung von **Ozon** auf Waldbäume kann ebenfalls signifikante Veränderungen der Mykorrhizierung zur Folge haben. Jedoch sind die Ergebnisse bis jetzt widersprüchlich (Shafer und Schoeneberger 1994, Hampp und Schaeffer 1998).

Auch in **geschädigten Nadelwäldern Mitteleuropas**, die keiner besonders hohen Belastung durch Luftschadstoffe unterliegen, sind deutliche Vitalitätsverluste und ein Rückgang der Mykorrhizierung nachgewiesen worden. Alle vorliegenden Befunde beziehen sich auf **stark versauerte Böden** mit niedrigen pH-Werten und ausgeprägter Basenarmut; die jeweils vorhandenen Nadelbäume, Tannen und vor allem Fichten, zeigten starke Schadsymptome an den Baumkronen. Auf Flächen hingegen, die vor Jahrzehnten gekalkt worden waren, befanden sich mykorrhizierte Feinwurzeln und Baumkronen in einem wesentlich vitaleren Zustand (Kottke et al. 1993, Kattner 1993). Das weist in erster Linie auf Versauerung und Basenverluste der Böden als einen antreibenden Faktor für Fehlentwicklungen im Bereich der Feinwurzeln hin; der Stickstoffeintrag fällt dabei wohl besonders ins Gewicht.

Schon seit dem Ende der 1970er Jahre sind immer wieder **Hinweise auf Veränderungen im Feinwurzelbereich** geschädigter Waldbäume aufgetaucht (Blaschke 1981). Ein Rückgang der mit Mykorrhizen versehenen Feinwurzeln wie auch der Übergang von Mykorrhizapilzen von einer symbiontischen zu einer quasi parasitischen Lebensweise wurden diskutiert (Meyer 1984). Wegen fehlender methodischer Grundlagen konnten aber zunächst kaum überzeugende Ergebnisse gewonnen werden (Blasius et al. 1985, Kottke et al. 1986, Agerer 1986, Ritter et al. 1986). Wenn auch auf diesem schwierigen Gebiet nur langsam Fortschritte zu erzielen sind, so ist doch heute sicher, dass zumindest bei bestimmten Formen von Waldschädigungen ein **Rückgang der Mykorrhizierung** wesentlich an der Entwicklung der beobachteten Nährstoffmangelerscheinungen beteiligt ist. Allerdings darf hier nicht die Mykorrhiza allein betrachtet werden. Denn in jüngster Zeit ist die große Bedeutung der in der Rhizosphäre siedelnden Lebewesen experimentell nachgewiesen worden (Estivalet et al. 1990, Devêvre et al. 1995, Abschn. 6.1.2.6). Auch diese Fehlentwicklungen gehen einher mit einem deutlichen Rückgang der Mykorrhizierung.

6.5.2.2 Wurzelpathogene

Forschungsergebnisse aus den letzten Jahrzehnten lassen erkennen, dass die **Ektomykorrhiza** im Grundsatz die Feinwurzeln ihres Partners vor der **Infektion** durch **Pathogene**, beispielsweise aus den Gattungen *Phytophthora*, *Pythium*, *Rhizoctonia* und *Fusarium* schützen kann.

Vier Mechanismen werden vor allem **diskutiert**: Die Nutzung überschüssiger Kohlenhydrate durch den Pilz und dadurch eine Verminderung der Anziehungskraft der Wurzel für Pathogene, der mechanische Schutz durch den Pilzmantel, die Ausscheidung von Antibiotika sowie die Förderung von Rhizoshären-Organismen, von denen eine Schutzwirkung ausgeht; auch Hemmstoffe, die von den Zellen der Wurzelrinde als Antwort auf das Eindringen des symbiontischen Pilzes erzeugt werden, kommen infrage (Zak 1964, Marx 1972, 1973). Als Beispiel kann die induzierte, systemisch wirkende Chitinase-Aktivität in Wurzeln nach Besiedlung durch einen Mykorrhizapilz gelten (zitiert nach Agerer 1997). Die Absenkung des pH-Werts in der Umgebung von Ektomykorrhizen, beispielsweise durch Ausscheidung von Oxalsäure, hemmt bestimmte Wurzelpathogene stark (Unestam und Damm 1994).

Die Bedeutung all dieser Faktoren ist an **Modellsystemen** nachgewiesen bzw. wahrscheinlich gemacht worden. Es erscheint sicher, dass der Pilzmantel um die Wurzelspitzen selbst dann eine wirksame **Barriere** gegen das **Eindringen von Pathogenen** bildet, wenn die betreffenden Pilze keine Antibiotika produzieren. Beispielsweise überlebten nicht mykorrhizierte Sämlinge der Kiefernart *Pinus clausa* den Angriff von *Phytophthora cinnamomi* nur zu 40 %. Durch eine Mykorrhiza mit *Pisolithus tinctorius* an nur 25 % der Feinwurzeln stieg die Überlebensrate der Kiefernsämlinge auf 70 % (Marx 1973). Dies ist ein gewichtiger Befund. Darüber hinaus ist das Vorkommen zahlreicher gegen Pilze und Bakterien wirkender Antibiotika seit Jahrzehnten gut belegt. Deren Wirkungsspektren sind sehr verschieden (Marx 1973). Bedenkt man das und berücksichtigt gleichzeitig, dass bereits die Mykorrhizierung eines gewissen Anteils der Feinwurzeln die Überlebenschance von Bäumen stark erhöhen kann, so erscheint die vielfach belegte **Verarmung der Ektomykorrhiza-Pilzarten** (Meyer 1984, 1985, Arnolds 1991) als ein schwerwiegendes Risiko für Waldbäume.

Untersuchungen über den **Angriff parasitischer Pilze** haben in den letzten Jahren unsere Kenntnisse wesentlich erweitert (Schönhar 1987, Forbrig 1987, Kattner 1990). Auch auf das regelmäßige Vorkommen **endophytisch** in Feinwurzeln lebender Pilze ist hingewiesen worden (Courtois und Ruschen 1987). Die **vielfachen Beziehungen** der beteiligten Lebewesen sind jedoch nach wie vor kaum zu überblicken. Noch immer beruhen Aussagen über komplexe natürliche Ökosysteme weitgehend auf Vermutungen (Shafer und Schoeneberger 1994). Häufig ist auch nicht klar, **welche** der beobachteten **Effekte** als **Ursachen** und welche als **Wirkungen** anzusehen sind. Unabhängig davon scheint jedoch festzustehen: Geht die Vitalität der Mykorrhiza zurück oder stirbt sie gar ab, so ebnet dies den Weg für den Angriff pathogener Pilze. Entsprechende Untersuchungen sind vor allem an der Fichte durchgeführt worden (Abschn. 6.1.2.6). Niedrige pH-Werte und ausgeprägte Basenarmut der Böden scheinen die wichtigsten Voraussetzungen für den Rückgang der Mykorrhiza und das Eindringen pathogener Pilze in die Gewebe der Wurzeln zu bilden (Kottke et al. 1993, Kattner 1993). Allerdings sind die kausalen Zusammenhänge bisher nicht geklärt.

Die für die Wasser- und Nährstoffaufnahme eines Baums verantwortlichen, meist mykorrhizierten **Feinwurzeln** unterliegen einem dauernden **Umsatz**, sie müssen ständig neu gebildet werden. Nach einer begrenzten Lebensdauer sterben sie wieder ab. Dabei werden sie durch ein Abschlussgewebe abgetrennt und dann durch Bodentiere, Bakterien und vor allem durch saprophytische Pilze zersetzt. Einige von diesen entfalten stets oder nur unter bestimmten Umweltbedingungen **parasitische Eigenschaften** und forcieren derart das Absterben von Feinwurzeln. Die Bedeutung solcher Pathogene für Waldbäume ist nach wie vor schwer einzuschätzen, da die Kenntnisse über das Ausmaß des Befalls natürlich alternder Feinwurzeln durch parasitische Pilze noch gering sind. Immerhin ist bei der Fichte belegt worden, dass der an Feinwurzeln parasitierende Pilz *Trichoderma viride* (Pers. ex Gray) bei Fichten mit deutlichen Erkrankungssymptomen an der Krone (Verlichtung und Vergilbung) wesentlich häufiger auftritt als an symptomfreien Fichten. An den **Wurzeln** der erkrankten Bäume zeigten sich deutliche **Anomalien** wie Nekrosen, Verdickungen und Stauchungen. Der Pilz hat seinen Verbreitungsschwerpunkt in stark sauren Böden und ist hier auch am aggressivsten (Kattner und Schönhar 1990, Schönhar 1991). Die genannten Befunde stehen sehr wahrscheinlich untereinander in einem kausalen Zusammenhang.

Die **Beziehung** zwischen **Wurzelpathogenen** und ihrem **Wirt** kann durch die Einwirkung von **saurem Regen** verändert werden. Dabei sind sowohl Hemmung als auch Förderung der Pathogene beobachtet worden. Das hat bereits Shriner (1978) anhand von Versuchen gezeigt, in denen er verschiedene Wirt-Parasit-Systeme mit Wasser beregnet hat, in dem der pH-Wert durch Schwefelsäure erniedrigt war. Bemerkenswert ist insbesondere die Unterdrückung der Reproduktion von *Phytophthora cinnamomi* (Rand.) durch simulierten sauren Regen (Shafer und Schoeneberger 1994). Dies ist vor allem im Zusammenhang mit dem Befall von Eichen durch *Phytophthora*-Arten bedeutsam (ausführlich in Abschn. 6.1.4.3).

Auch die Einwirkung von **gasförmigen Luftschadstoffen** kann Wirt-Parasit-Verhältnisse verschieben, wie vor allem Untersuchungen an verschiedenen Kiefernarten (*Pinus spp.*) gezeigt haben. Sowohl an älteren Bäumen im Freiland als auch an Sämlingen unter kontrollierten Bedingungen fanden James et al. (1980) bei Versu-

chen unter Belastung der Luft mit **Oxidantien** eine erhöhte Empfänglichkeit der Wurzeln gegenüber der Infektion durch den Wurzelschwamm (*Heterobasidion annosum* (Fr.) Bref.). Da derartige Zusammenhänge im Freiland kaum eindeutig erfasst werden können, haben Bonello et al. (1993) ein **Modellsystem** zugrunde gelegt. Sämlinge der Waldkiefer (*Pinus sylvestris* L.) wurden einer Begasung durch **Ozon** (200 ppb, 28 Tage je 8 Stunden) sowie einem biotischen Stress durch den parasitischen Wurzelschwamm (*Heterobasidion annosum* (Fr.) Bref.) ausgesetzt. Ozonbegasung verstärkte das Auftreten von Erkrankungssymptomen signifikant, eine definierte Mykorrhiza jedoch verhinderte diese Effekte vollständig. Eine Reihe biochemischer Veränderungen traten nur unter Einwirkung des Pathogens auf, Ozon allein löste sie nicht aus. Wird im Freiland die Mykorrhiza zurückgedrängt, beispielsweise durch Säuredeposition, so kann Ozon zu einem unter Mitwirkung des Pathogens ablaufenden Schädigungssyndrom beitragen.

6.5.2.3 Schädigende Mikroorganismen

Nicht allein Pathogene können zu Fehlentwicklungen im Bereich der Feinwurzeln führen. Untersuchungen zur montanen Vergilbung der Fichte in den Vogesen haben eine weitere gefährliche Veränderung ans Licht gebracht (Abschn. 6.1.2.6): In der **Rhizosphäre** siedelnde **Mikroorganismen**, wahrscheinlich Pilze, behindern die Nährstoffaufnahme durch die Feinwurzeln entweder direkt oder durch Störung der Mykorrhizierung. Sie treten auch in nicht erkrankten Waldbeständen auf, dominieren aber hier nicht einseitig. Ihr Vorkommen wird entweder durch Bodenversauerung oder einen veränderten physiologischen Zustand der Wurzeln gefördert. Jedoch können auch hier Ursachen und Wirkungen noch nicht klar getrennt werden.

6.5.3 Verwundbarkeit des Wurzelbereichs

Die **verwickelten ökologischen Beziehungen** zwischen den **Lebewesen** in der **Rhizosphäre** sind leicht störbar, sowohl durch natürliche Vorgänge als auch durch anthropogene Umweltveränderungen. Als wichtige **natürliche Einflussfaktoren** können beispielsweise Wasserüberschuss und unzureichende Belüftung im Boden die Mykorrhizierung behindern und zugleich Parasiten der Gattung *Phytophthora* fördern (Zak 1964). Nutzungseingriffe sowie die **Deposition** von **Fremdstoffen** aus der Atmosphäre haben den chemischen Zustand von Böden verändert und wirken so direkt oder indirekt auf Waldbäume ein. So werden vor allem Versauerung und Anreicherung der Böden mit **Stickstoff** wirksam. Daneben spielen in stärker belasteten Gebieten wahrscheinlich unmittelbare Einwirkungen von Luftschadstoffen – wie Schwefeldioxid oder Ozon – auf die Blattorgane eine wesentliche Rolle für die Vitalität der Wurzeln.

Verlorene Feinwurzeln werden von Bäumen jeweils **ersetzt**. So reagieren auch erkrankte Individuen, solange sie dazu noch in der Lage sind. Solange heftige parasitische Angriffe ausbleiben, ist deshalb bei Erkrankungen des Wurzelsystems nicht mit einem raschen Verlauf zu rechnen. Es sind vielmehr **schleichende Veränderungsprozesse** zu erwarten. Das trifft auch zu, wenn anthropogene Einwirkungen das **Verhältnis** von **Sproß und Wurzel** zugunsten des Sprosses verschieben. Nach den vorliegenden Befunden ist das sowohl bei Belastung durch **Ozon** als auch bei **Stickstoffanreicherung** in den Böden zu erwarten. Da diese beiden Einflüsse heute weithin gemeinsam wirken, könnten sie beträchtliche Effekte auslösen. Träfe dies zu, so würden Waldökosysteme anfälliger gegen Witterungsextreme wie Sturm und Dürre. Eine bevorzugte Allokation am Sproß ist möglicherweise auch an dem **erhöhten (oberirdischen!) Holzzuwachs** beteiligt, der in jüngster Zeit großflächig beobachtet wird (Spiecker et al. 1996).

Abschließend ist nochmals auf die großen Unterschiede hinzuweisen, die auch bezüglich der Wurzelsysteme und ihrer Erkrankungen von Baumart zu Baumart und von Standort zu Standort bestehen (Abschn. 6.1).

6.6 Bedeutung einzelner Faktoren

Trotz des Strebens nach Erforschung alter und neuer Formen der Erkrankung bzw. Schädigung von Wäldern sind bisher noch zahlreiche wichtige Fragen offen geblieben. Eins aber ist vollkommen klar geworden: Es genügt nicht, nach „dem" verantwortlichen Schadstoff zu suchen, einen bestimmten Krankheitserreger ausfindig zu machen oder allein extreme Witterungsereignisse ins Auge zu fassen. Sind solche Faktoren stark genug, so können sie durchaus für sich allein wirksam werden und zur Schädigung, zur Erkrankung oder gar zum Absterben von Wäldern führen; derartige Vorgänge sind vielfach aus früherer Zeit gut beschrieben und können dann eindeutig auf ihre jeweiligen Ursachen zurückgeführt werden. Im Gegensatz zu solchen **monokausalen Prozessen** haben wir es bei der Schädigung von Waldökosystemen fast immer mit **komplexen Vorgängen** zu tun, bei denen natürliche und anthropogene Faktoren zusammenwirken. Im Abschnitt 6.1 ist versucht worden, dies anhand von Waldökosystemen mit häufig vorkommenden Baumarten deutlich zu machen, soweit es beim heutigen Kenntnisstand möglich ist. In Abschnitt 6.7 wird grundsätzlich auf die Verflechtung der Wirkungen einzelner Faktoren zu komplexen Schädigungsprozessen eingegangen. Zuvor sollen hier diejenigen Einzelfaktoren kurz angesprochen werden, die wesentlich am Zustandekommen der komplexen Schädigungsvorgänge beteiligt sind.

6.6.1 Waldnutzung

Die Bedeutung der Nutzungsgeschichte für Waldökosysteme ist in letzter Zeit immer stärker herausgearbeitet worden. Durch die intensive Beschäftigung mit Schädigungsvorgängen ist klar geworden, dass ohne Beachtung dieser – oft lange Zeit zurückliegenden – Eingriffe der heutige Zustand von Wäldern häufig nicht zu verstehen ist. Der **Entzug organischer Substanzen** durch Gewinnung von Futterlaub, Waldweide und Streunutzung – sowie selbstverständlich auch durch die Holznutzung – hat bei Waldböden wesentlich zu Verlusten an der Säureneutralisierungskapazität und damit zur Bodenversauerung beigetragen. Allerdings dürfen die Auswirkungen solcher Eingriffe nicht überbewertet werden. Denn nachdem die besonders schädlichen Nutzungsformen im 19. und 20. Jahrhundert wirksam zurückgedrängt worden waren, erholten sich die geschundenen Wälder zusehends – bei einer noch relativ geringen Belastung durch Immissionen. Jedoch hat schon zu dieser Zeit die **Umwandlung** von **Laubbaum- in Nadelbaumbestände** die Bodenversauerung verstärkt (Abschn. 3.1.2.2). Mit der Zunahme der Immissionen ist durch die in Nadelbaumbeständen wesentlich höheren Depositionsraten eine weitere Verschärfung eingetreten. In Gebirgen haben **kahlschlagartige Nutzungen** zum Abbau mächtiger Decken von Auflagehumus geführt. Dadurch hat sich die Wasser- und vor allem die Nährstoffversorgung von Waldbäumen gravierend verschlechtert (Abschn. 3.1.2.2 und 6.1.2.5).

6.6.2 Immissionen

Mit der **Industrialisierung** begannen auf großen Flächen wesentliche Veränderungen der Umweltbedingungen. Die Gewinnung von Metallen aus sulfidischen Erzen führte im Nahbereich um die Emittenten zu schwerer Schädigung von Wäldern durch Schwefeldioxid in hohen Konzentrationen. Kohle wurde jetzt auch in anderen Bereichen zum entscheidenden Energieträger. Ihre Verbrennung hatte die Freisetzung von Schwefeldioxid in stärker verdünnter Form zur Folge. Ab den 1950er Jahren kam es dann mehr und mehr zu einem Ersatz der Kohle durch Erdölprodukte. Infolgedessen stieg die Emission an SO_2 zu dieser Zeit nicht so schnell an, wie es bei ausschließlicher Verbrennung von Kohle der Fall gewesen wäre. Im gesamten Zeitraum zwischen 1852 und 1973 fand eine gewaltige Steigerung des Ausstoßes an **Schwefeldioxid** statt (Abb. 3-3). Die Immission von Schwefelverbindungen hat nicht nur in industrienahen Gebieten sondern in fast ganz Mitteleuropa in Waldökosysteme eingegriffen. Das gilt für die Einwirkung von Schwefeldioxid auf Blattorgane wie auch für die beschleunigte Auswaschung von Waldböden durch deponierte Schwefelsäure (Abschn. 3.2, 5.1.1 und 5.2).

Besonders drastisch waren die Auswirkungen bei der gegen Schwefeldioxid hochgradig empfindlichen **Weißtanne** (Tannensterben). Die rasche Zunahme der Vitalität noch erholungsfähiger Tannen nach der sehr deutlichen Reduktion der SO_2-Immissionen zeigt, dass die komplexe Schädigung im Wesentlichen durch die Aufnahme von Schwefeldioxid über die Baumkrone angetrieben wurde und dass die Versauerung der Böden in diesem Fall nur eine untergeordnete Bedeutung hatte (Abschn. 6.1.1). Auch für die chronische Schädigung der **Fichte** ist die unmittelbare Einwirkung von Schwefeldioxid bedeutsam. Sie kann aber bei mäßigen Konzentrationen nur dann zur Wirkung kommen, wenn zugleich die Böden durch Deposition von Säuren und Säurebildnern ausgewaschen und verarmt sind (Abschn. 5.1.1 und 6.1.2). Während der Zeit hoher SO_2-Emission haben Waldböden – vor allem unter **Nadelwald** – bedeutende Mengen an Sulfat durch Adsorption bzw. Ausfällung aufgenommen. Nach der starken Verminderung der Deposition gehen Sulfationen in die Bodenlösung über und werden ausgewaschen – begleitet von Kationen in äquivalenter Menge. So trägt die „Altlast" an Schwefelverbindungen nach wie vor zum Verlust von Basenkationen (Ca, Mg, K) und zur Versauerung von Böden bei. Bei den **Laubbaumarten**, die von jeher als „rauchhart" gelten, sind eine Reihe von Schadwirkungen durch die Einwirkung von Schwefeldioxid und Bodenversauerung nachgewiesen, diese stehen aber hier nicht im Zentrum des Ursachenkomplexes (Abschn. 6.1.3 und 6.1.4). Tritt Schwefeldioxid zusammen mit anderen gasförmigen Schadstoffen (Stickoxide, Ozon) auf, so verschärft dies in der Regel die Auswirkungen.

Eine unmittelbare Schädigung der Vegetation durch **Stickoxide** allein ist bei den in Mitteleuropa auftretenden Konzentrationen weitgehend auszuschließen (Abschn. 5.1.2.3). Jedoch spielen Stickoxide – die vor allem auf die Emissionen von Fahrzeugen zurückgehen – indirekt eine wichtige Rolle. Denn sie verstärken durch Deposition von Salpetersäure vielfach die Auswaschung und Versauerung von Böden und liefern gleichzeitig ein erhöhtes Angebot an pflanzenverfügbarem Stickstoff. Dadurch können Ungleichgewichte im Angebot von Nährstoffen entstehen (Abschn. 5.3.2 und 7.2), wie sie heute in weiter Verbreitung anzutreffen sind. Erst in jüngerer

Zeit ist erkannt worden, dass diese Effekte erheblich durch die Emission von **Ammoniak** aus der Landwirtschaft verstärkt werden. Denn innerhalb von Waldökosystemen wird das eingetragene Ammonium zu Nitrat umgesetzt. Als Ursache von **Bodenversauerung** haben die Stickstoffverbindungen in Mitteleuropa inzwischen die Schwefelverbindungen auf den zweiten Platz verdrängt. Die Deposition von Stickstoffverbindungen überschreitet in Mitteleuropa weithin die Kritischen Belastungsgrenzen und hat sich in den letzten Jahrzehnten nur weit weniger verringert, als jene von Schwefelverbinungen (Abschn. 5.2). Von der Entbasung sind nicht nur Böden unter Nadelbaumbeständen betroffen. Auch unter Laubbaumbeständen läuft infolge früherer und auch heute noch anhaltend hoher Säureeinträge auf zahlreichen Standorten eine Bodenversauerung ab (Rothe 1997, Innes et al. 1998, von Wilpert und Buberl 1998, von Wilpert et al. 2000). Daneben wirkt offenbar die Anreicherung der Böden mit Stickstoff unmittelbar auf die Wurzeln von Waldbäumen ein, indem sie fungistatische Phenole reduziert und dadurch den Befall durch Pathogene fördert (Tomova et al. 2005). Diese Veränderungen stellen langfristig gesehen ein erhebliches Risiko für Waldökosysteme dar.

Außerdem spielen Stickoxide zusammen mit Kohlenwasserstoffen eine zentrale Rolle für die Entstehung von **Ozon** in den bodennahen Luftschichten (Abschn. 4.2.2.5). Eine Schädigung durch Ozon ist für mangelhaft mit Magnesium versorgte Fichten experimentell belegt (Abschn. 6.1.2.3). Bei der Buche ist eine Schädigung dann wahrscheinlich, wenn hohe Ozonbelastung und reichliches Wasserangebot zusammentreffen, wie das häufig – aber nicht nur – in Gebirgslagen der Fall ist (Abschn. 6.1.3.8). Die Belastung durch Ozon bedeutet vor allem für Gebirgswälder ein ernstes Risiko (Smidt und Herman 2004). Weitere Untersuchungen zu diesem Problemkreis sind dringlich.

Waldökosysteme sind nicht auf großer Fläche gleichmäßig durch Deposition von Schwefel- und Stickstoffverbindungen geschädigt. Vielmehr wird der Grad ihrer Beeinträchtigung durch natürliche **Bodeneigenschaften** modifiziert. Bodenversauerung ist bei hohen Niederschlägen und schwacher Pufferung der Substrate zunächst ein natürlicher Vorgang, wie Ergebnisse von der Süd-

halbkugel klar zeigen (Matzner und Davis 1996). Deposition von Schwefel- und Stickstoffverbindungen hat darüber hinaus während der letzten Jahrzehnte die Entbasung verschärft und dadurch Böden stark verändert (Abschn. 5.2 und 5.3.4). Dies hat weithin zu Mangelerscheinungen bzw. Ungleichgewichten bei der **Ernährung** von Waldbäumen geführt. Mangelernährung tritt zuerst und am stärksten auf Standorten mit einem von Natur aus geringen Nährstoffangebot auf. Die anhaltend hohen Einträge an Stickstoffverbindungen werden weitere Veränderungen zur Folge haben. Jedoch sind Ernährungsstörungen vielfach allein anhand bodenchemischer Befunde nicht verständlich; denn wichtige Einflüsse gehen vom Wechselspiel der **Lebewesen** in der **Rhizosphäre** aus (Abschn. 6.5.2).

6.6.3 Klima- und Witterungseffekte

Als Umweltfaktoren spielen Klima und Witterung eine wichtige Rolle für Waldökosysteme. Auch wenn altbekannte oder neuartige Waldschäden durch anthropogene Belastungen angetrieben werden, treten sie nicht unter beliebigen **Klimabedingungen** auf. Ein besonders deutliches Beispiel liefert die montane Vergilbung der Fichte in Hochlagen der Mittelgebirge. Das niederschlagsreiche Klima führt zu einer starken Auswaschung der Böden, welche durch Säureeinträge noch entscheidend verschärft wird. Handelt es sich um schon von Natur aus stark versauerte Böden, so kann Mg-Mangel auftreten, der seinerseits eine erhöhte Empfindlichkeit der Fichte gegenüber Ozon auslöst (Abschn. 6.1.2).

Witterungsextreme wie Sturm, Winterfrost, Spätfrost oder Dürre greifen von jeher in das Leben von Wäldern ein und können für sich allein zur Schädigung oder gar zum Absterben von Waldbäumen führen. Noch gravierender sind die Auswirkungen, wenn zwei oder gar mehrere derartige Faktoren in enger zeitlicher Folge auftreten. Daneben sind Witterungsextreme häufig zusammen mit anthropogenen Belastungen wirksam. So hat offenbar die Immission von Schwefeldioxid die Resistenz der Weißtanne (Abschn. 6.1.1.4) und der Fichte (Abschn. 6.1.2.7) gegenüber **tiefen Wintertemperaturen** und besonders **Temperaturstürzen** deutlich vermindert.

Bei den beiden Eichenarten wird eine Mitwirkung von **Winterfrösten** diskutiert (Abschn. 6.1.4.5). **Spätfröste**, die junge Triebe und Blattorgane abtöten, bringen zwar ältere Bäume nicht zum Absterben, haben aber trotzdem als Stressoren große Bedeutung, da sie zu einem beträchtlichen Verbrauch von Reservestoffen führen. Dies wiegt dann schwer, wenn Bäume gleichzeitig mit anderen Problemen zu kämpfen haben. Insbesondere die empfindliche Buche kann stark unter Spätfrösten leiden. Dies gilt nicht nur für Tallagen, in denen sich bei Strahlungswetter Kaltluft staut (Strahlungsfrost), sondern es treten auch durch Zufuhr kalter Luftmassen in höheren Gebirgslagen Fröste auf (Advektivfrost) und führen hier zum Verlust von Blättern und jungen Trieben (Abschn. 6.1.3.7, Elling und Dittmar 2003, Dittmar und Elling 2006, Dittmar et al. 2006); dies ist bisher zu wenig beachtet worden.

Die Bedeutung von **Dürreperioden** für die Schädigung von Waldökosystemen ist vielfach – und nicht selten kontrovers – diskutiert worden. Ohne Frage disponieren Trockenperioden auf schwach wasserversorgten Standorten besonders die Fichte für den Befall durch Borkenkäfer. Gewiss führen sie dort auch zu einer starken Reduktion des Zuwachses in der betreffenden und eventuell noch der folgenden Vegetationsperiode. In Trockenjahren sind sogar Jahrringausfälle nachgewiesen. Jedoch kommt es auch bei sehr starker Austrocknung des Bodens kaum zum Absterben von Feinwurzeln (Abschn. 6.1.2.7), was früher vermutet wurde. Offenbar sind unsere mitteleuropäischen Waldbäume ausreichend an gelegentlich auftretende Dürreperioden angepasst. Sie begegnen diesen meist erfolgreich mit einer sehr starken Einschränkung ihrer Transpiration durch Verengung der Spaltöffnungen sowie durch den Abwurf von Blattorganen. Nur sehr selten kommt es daher zum Absterben von Waldbäumen unmittelbar als Folge von Trockenheit. Die immer wieder erörterte Frage, ob Dürre zu einer Prädisposition von Bäumen für Erkrankungen oder Schädigungen anderer Art führen kann, bedarf einer differenzierten Antwort. Es gibt einige wenige Beispiele, für die das wahrscheinlich zutrifft, etwa eine Verminderung der Winterfrostresistenz infolge unzureichender Bildung von Reservestoffen oder eine

Prädisposition für den Befall von Eichen durch Parasiten der Gattung *Phytophthora* (Abschn. 6.1.4.5). Für die Masse der Fälle gilt umgekehrt: Nicht die Dürre wirkt prädisponierend für die Erkrankung, sondern diese beeinträchtigt oder zerstört die Dürreresistenz von Waldbäumen. Das beruht auf dem Rückgang oder Verfall der **Wurzelsysteme**. Im Abschnitt 6.1 sind mehrere Beispiele diskutiert. So ist etwa die gesunde Weißtanne infolge ihres tief in den Boden reichenden Wurzelsystems in hohem Maße widerstandsfähig gegen Trockenheit. Über längere Zeit erkrankte Tannen dagegen, die große Anteile ihrer Wurzelmasse verloren hatten, sind in und nach dem Trockenjahr 1976 massenhaft abgestorben. Entsprechende Beobachtungen haben immer wieder zu dem vereinfachenden Fehlschluss geführt, es handle sich dabei allein um Dürrewirkung.

Auch **historische Untersuchungen** zu den Auswirkungen von **Dürreperioden** in einem Jahr oder in aufeinander folgenden Jahren (z. B. 1865–1870 und 1945–1953) haben gezeigt, dass eine unmittelbare Gefährdung von Waldökosystemen in Mitteleuropa durch Dürre keine wesentliche Rolle spielt (Plochmann und Hieke 1986, Pfister et al. 1988). Nur zu Massenvermehrungen des Buchdruckers (*Ips typographus* L.) ist es als Folge von Dürre in Fichtenbeständen immer wieder gekommen. Ebenso geht aus der gründlichen Untersuchung von Pfister et al. (1988) für die Schweiz hervor, dass es nach einer Folge von Dürrejahren 1945 bis 1953 (mit dem seit 1540 extremsten Trockenjahr 1947) nicht zu Waldschädigungen gekommen ist, die denen der Jahre nach 1970 vergleichbar gewesen wären. Seit 1964 ist die Häufigkeit von Dürrejahren sogar zurückgegangen. In den Jahren 1976 und 1983 traten hier sommerliche Trockenperioden auf, wie sie im langjährigen Durchschnitt alle sieben Jahre einmal zu erwarten sind.

Erst in den letzten Jahren sind zu geringe **Gasdurchlässigkeit** von Böden sowie **Vernässung** durch Stauwasser oder hoch stehendes Grundwasser als schädigende Faktoren näher ins Blickfeld gerückt, besonders bei den Eichenarten (Abschn. 6.1.4.5). Inwieweit Nässeperioden im Winter oder Sommer allein durch Sauerstoffzehrung (Hypoxie) schädigend wirken können, ist nicht ausreichend untersucht. Offensichtlich hat Vernässung aber eine indirekte Wirkung, da sie die Infektion von Wurzeln durch Parasiten der Gattung *Phytophthora* fördert (Abschn. 6.1.4.3).

6.6.4 Biotische Faktoren

Lebewesen aus der Gruppe der Konsumenten sind auf vielfältige Weise an Prozessen der Schädigung von Waldökosystemen beteiligt. Blattfressende **Insekten** verursachen den Verbrauch von Reservestoffen und damit eine gravierende Schwächung von Waldbäumen. Besondere Bedeutung hat dies für die Eichen. So hat etwa die Eichenwicklergesellschaft schon seit mehr als einem Jahrhundert immer wieder Eichen kahl gefressen und dadurch starke Zuwachsverluste ausgelöst. Ohne das Eingreifen weiterer Stressoren kam es kaum zum Absterben von Eichen. Das Zusammentreffen mehrerer Stressoren führte jedoch schon damals zu ausgeprägten „Eichensterben". An diesen war jeweils als Parasit auch der Eichenmehltau beteiligt (Abschn. 6.1.4). Ebenso können rindenbrütende Borkenkäfer auf verschiedene Art in Schädigungsvorgänge verwickelt sein (Abschn. 6.1).

Die laufende Klimaänderung hat seit etwa 1980 eine deutliche Erwärmung gebracht (Abschn. 4.3.3). Eine Häufung von Perioden mit heißer und niederschlagsarmer Witterung von 2003 bis 2006 hat in bestimmten Gebieten zu einer enormen Vermehrung des **Buchdruckers** (Ips typographus L.) geführt. Auf großen Flächen mussten befallene **Fichtenbestände** eingeschlagen werden. Betroffen sind vor allem Gebiete mit warm-trockener Klimatönung (z.B. Neckarland, Mittelfranken).

Verschiedene Formen von Ungleichgewichten oder Mängeln der **Nährstoffversorgung** sind kennzeichnend für Erkrankungs- und Schädigungsprozesse bei Waldbäumen. Vielfach sind diese nicht allein anhand von Befunden der Bodenchemie zu verstehen. Das Wechselspiel in der Rhizosphäre, an dem zahlreiche saprophytische, symbiontische und parasitische **Lebewesen** beteiligt sind, ist nur bruchstückhaft bekannt (Abschn. 6.5). Wo immer Untersuchungen stärker geschädigter Waldökosysteme wenigstens die Feinwurzeln einbezogen haben, sind Degenerationserscheinungen und Erkrankungssymptome zutage getreten. Hier liegen die größten Defizite im Hinblick auf ein Verständnis der komplexen Erkrankungs- bzw. Schädigungsprozesse.

6.7 Zusammenwirken einzelner Faktoren bei der Schädigung von Waldökosystemen

6.7.1 Begriffliche Erfassung komplexer Schädigungsprozesse

Geht es um Gesundheit oder Krankheit von Bäumen oder Wäldern, so werden von jeher die von der Phytopathologie (Gäumann 1951) bzw. Forstpathologie (Donaubauer 1998 a) entwickelten Begriffe angewandt. Sollen die Reaktionen von **Waldökosystemen** beschrieben werden, so bedürfen diese Begriffe einer inhaltlichen Erweiterung, denn nicht nur Pflanzen oder Tiere sondern z. B. auch die Böden können von Umweltveränderungen betroffen sein. Sind diese natürlicher Art, so spricht man von einer **Störung**. Anthropogene Einwirkungen führen zur **Belastung** eines Ökosystems. Werden bestimmte Toleranzgrenzen überschritten, so kommt es zur **Schädigung** einzelner oder mehrerer Kompartimente des Ökosystems, beispielsweise des Bodens (Abschn. 2.3). Es ist in diesem Zusammenhang auch von Ökosystem-Pathologie gesprochen worden (Smith 1984).

Manion (1981) hat ein **Konzept** entwickelt, das sich als hilfreich für das Verständnis und die Darstellung der Erkrankungen von Bäumen bzw. Wäldern erwiesen hat. Zwar steht hier der Baumbestand im Mittelpunkt, es wird jedoch das gesamte Ökosystem betrachtet, einschließlich seiner natürlichen bzw. anthropogenen Veränderungen. Aufbauend auf der Tradition der Phytopathologie, diese jedoch weiterentwickelnd, unterscheidet Manion drei Typen:

- **Biotische Erkrankungen** (*biotic plant diseases*) beruhen auf der Interaktion von drei Faktoren, nämlich der Pflanze, eines Pathogens und der Umwelt.
- **Abiotische Erkrankungen** (*abiotic plant diseases*) werden verursacht durch abiotische Faktoren wie hohe oder niedrige Temperatur, phytotoxische Gase oder Störung der Ernährung.

- **Komplexe Erkrankungen** (*decline plant diseases*) sind bedingt durch die Interaktion mehrerer biotischer und abiotischer Faktoren; diese können natürlich oder anthropogen sein. Manion teilt sie ein in langfristig wirkende prädisponierende (*predisposing*), kurzfristig wirkende auslösende (*inciting*), und langfristig wirkende begleitende (*contributing*) Faktoren.

Der Ablauf komplexer Erkrankungen ist von anderen Autoren schon wiederholt in ähnlicher Form, jedoch nicht in der Klarheit dargestellt worden wie von Manion. Dessen Konzept schließt auch die seit langem bekannte Möglichkeit des Eingreifens schwacher oder fakultativer Parasiten mit ein, welche Houston (1992) betont hat. Manion (1981) definiert **komplexe Erkrankungen (*decline*)** als verursacht durch die Interaktion einer Reihe austauschbarer, speziell angeordneter abiotischer und biotischer Faktoren, die einen schrittweisen Verfall hervorrufen; dieser endet oft mit dem Tod von Bäumen. Jedoch muss es bei komplexen Erkrankungen nicht zwingend zu einem ständigen Niedergang kommen (Donaubauer 1998 a); denn auch hier sind unter bestimmten Bedingungen **Erholungsprozesse** möglich. Die Anpassungsfähigkeit von Waldbäumen ist wohl bei der Diskussion um neuartige Waldschäden nicht selten unterschätzt worden (Hildebrand 2003). Der Ansatz von Manion hat wesentlich zum besseren Verständnis vielfältiger komplexer Erkrankungen beigetragen, seien sie unter Mitwirkung anthropogener Faktoren zustande gekommen oder nicht. Da in diesem Buch Wirkungen anthropogener Umweltveränderungen im Vordergrund stehen, wird dieser Bereich innerhalb der komplexen Erkrankungen als eine eigene Gruppe ausgeschieden: Entsteht eine komplexe Erkrankung unter Mitwirkung eines oder mehrerer anthropogener Belastungsfaktoren, so wird sie als **komplexe Schädigung** bezeichnet. Der Begriff bezieht sich nicht nur auf Pflanzen, sondern schließt alle Kompartimente von Ökosystemen mit ein, beispielsweise auch die Böden (Abschn. 3.2).

Die für komplexe Erkrankungen häufig verwendeten Begriffe „Kettenkrankheit" oder „Kettenerkrankung" suggerieren einen linearen Ablauf und sind daher abzulehnen. Denn die verursachenden Faktoren und ihre jeweiligen Wirkungen bilden insgesamt ein vernetztes System.

Das Zusammenwirken der einzelnen Faktoren, das bei komplexen Erkrankungen zu einem allmählichen Verfall und schließlich auch zum Tod führen kann, hat Manion in Form einer Spirale anschaulich gemacht. Diese Art der Darstellung findet jedoch ihre Grenze, wenn zwischen den einzelnen Faktoren zahlreiche Wechselwirkungen erkennbar werden (Arndt 1990). Das ist der Fall, sobald der Ablauf komplexer Erkrankungen durchschaubar wird, sobald sich abzeichnet, wie das Eingreifen bestimmter Faktoren den Weg ebnet für die nachfolgende Wirkung anderer Faktoren. Solche Zusammenhänge lassen sich leichter in Form eines **Ablaufschemas** darstellen (Abb. 6-16, 6-27, 6-34 und 6-42). Im Interesse einer besseren Übersicht war es auch notwendig, die von Manion stammende Einteilung zu verändern und die einzelnen Faktoren neu zu ordnen. Demnach werden im Rahmen einer **komplexen Schädigung** drei Gruppen unterschieden:

- **Prädisponierende natürliche Faktoren** beschreiben die naturgegebenen Voraussetzungen, unter denen die komplexe Schädigung auftreten kann.
- **Antreibende und auslösende Faktoren** wirken lang- bzw. kurzfristig, können natürlichen Ursprungs oder anthropogen sein und sind kausal eng untereinander verknüpft.
- **Fakultativ hinzutretende Faktoren** sind nicht notwendigerweise Bestandteile des Symptomkomplexes. Wenn sie eingreifen, können sie jedoch den Schädigungsprozess entscheidend verschärfen und so schließlich zum Tod von Bäumen bzw. Wäldern führen.

Die Schädigung von Waldökosystemen findet nicht gleichmäßig auf großer Fläche statt, sondern ist an bestimmte natürliche Faktoren gebunden. Dazu zählen beispielsweise die Eigenschaften von Baumarten und besonders die jeweiligen Standortsbedingungen. Diese entscheiden weitgehend darüber, ob Belastungen von Ökosystemen zu einer Schädigung einzelner Kompartimente führen oder nicht (Wargo 1996). Es ist deshalb notwendig, jeweils die **prädisponierend wirkenden natürlichen Faktoren** herauszustellen.

Ferner ist es nicht sinnvoll, langfristig wirkende **antreibende** und kurzfristig wirkende **auslösende Faktoren** getrennt voneinander zu behandeln. So reduziert beispielsweise die langfristige

Einwirkung von Schwefeldioxid die Frostresistenz von Nadelbäumen. Dies wird erst im Sinne einer Schädigung wirksam, wenn die Kälteresistenz bei einem Temperatursturz überfordert ist. Hier ist die durch den kurzzeitig wirkenden Faktor ausgelöste Schädigung erst zu begreifen, wenn der über längere Zeit antreibende Faktor erkannt ist. Nur das **Zusammenwirken** der beiden Faktoren macht den Ablauf verständlich. Diese dürfen daher nicht verschiedenen Gruppen von Ursachen zugewiesen werden, wenn man den Prozess einer Schädigung verstehen und darstellen will. So können auch Fehlinterpretationen vermieden werden, die anhand bestimmter Symptome die Ursache einer Schädigung allein auf einen kurzfristig wirkenden Faktor zurückführen wollen. Sowohl antreibende als auch auslösende Faktoren sowie auch ihre Kombinationen können prädisponierend sein für das Eingreifen weiterer Faktoren.

Schließlich können **fakultativ hinzutretende Faktoren**, die nicht am Symptomkomplex beteiligt sein müssen, den Verfall von Waldbeständen entscheidend beschleunigen. Hier sind vor allem Pilze und Insekten zu nennen, die geschädigte und geschwächte Bäume schließlich rasch zum Absterben bringen können. Deshalb sind solche Faktoren außerordentlich bedeutsam, sofern sie auftreten (Wentzel 1983 c, Wargo 1996).

6.7.2 Welche Rolle spielen anthropogene Umweltveränderungen, insbesondere Luftschadstoffe?

Längst ist klar: Ein allgemeines Waldsterben, wie es Anfang der 1980er Jahre von einigen Forschern als Folge von Schadstoffeinträgen in Waldökosysteme befürchtet worden war, hat nicht stattgefunden. Denn die Konzentration bzw. Deposition der Schadstoffe ist auf dem größten Teil der Fläche Mitteleuropas nicht so hoch, dass sie rasche Absterbeprozesse auslösen könnte. Dagegen hat die Forschung der letzten Jahrzehnte eine Fülle von Belegen dafür erbracht, dass Luftschadstoffe auf vielfältige Weise an Prozessen einer **komplexen Schädigung** von **Waldökosystemen** beteiligt sind. So konnten auch »diejenigen Thesen, welche die drastischen Umweltveränderungen der letzten Jahrzehnte als Ursachen einbeziehen, nicht widerlegt werden« (Hildebrand 2003). Der komplexe Verlauf von Schädigungsvorgängen ist darüber hinaus von grundlegender Bedeutung für das Verständnis der Funktion von Waldökosystemen. Es genügt eben nicht, nur die Konzentration bestimmter Fremdstoffe in der Luft zu messen, die Auswirkungen des Standorts auf die Ernährung von Waldbäumen allein zu betrachten, das Eingreifen von Witterungsextremen zu erfassen oder ein bestimmtes Pathogen dingfest zu machen. Die Erforschung von Schädigungsverläufen in Waldökosystemen mit ihrem komplexem Charakter kann insofern als ein wichtiger kollektiver Lernprozess verstanden werden.

Im Abschnitt 6.1 ist für Waldökosysteme mit bestimmten Baumarten und im Abschnitt 6.6 in allgemeiner Form dargestellt worden, welche Faktoren als Ursachen an den komplexen Schädigungsprozessen mitwirken. Als **gasförmige Schadstoffe**, die unmittelbar auf Blattorgane einwirken, sind vor allem Schwefeldioxid und Ozon sowie deren Kombinationen zu nennen. Schwefel- und – heute bereits überwiegend – Stickstoffverbindungen, die als Säuren bzw. Säurebildner die **Versauerung** und Auswaschung von Böden antreiben, sind wesentlich an komplexen Schädigungsformen beteiligt. Dabei stellen sich **Ungleichgewichte** zwischen verloren gegangenen Nährstoffen und dem im Übermaß angebotenen Stickstoff ein. Die genannten Faktoren kommen nicht für sich allein zur Wirkung, sondern sind eingebunden in komplexe Schädigungsvorgänge von Waldökosystemen an denen auch Nutzungsfolgen, Eigenschaften und Veränderungen von Waldböden, Klima, Witterungsextreme sowie zahlreiche Lebewesen beteiligt sind (Abb. 6-16, 6-27, 6-34 und 6-42). Dies führt meist nicht zu raschem Absterben von Waldbeständen, sondern zu einem **schleichenden, in Schüben erfolgenden Niedergang**. Charakteristisch ist eine zunehmende Ausprägung der Symptome bei großen Unterschieden von einem Individuum zum anderen, Rückgang des Wachstums sowie das Eingreifen von Insekten und schwach parasitischen Pilzen (Manion 1981). Deutliche Minderung von Belastungen kann eine **Regeneration** von Waldökosystemen einleiten. Das gilt jedoch für stärker geschädigte Bäume nur insoweit, als die Individuen noch erholungsfähig sind.

Komplexe Schädigungsvorgänge können durch Experimente unter kontrollierten Bedingungen, durch experimentelle Manipulation von Waldbeständen oder auch anhand anderer Methoden im Freiland untersucht werden. Doch stellt sich immer die Frage nach der **Übertragbarkeit** der Befunde auf andere Fälle. Unterschiedliche Belastungsfaktoren können infolge eines begrenzten Reaktionsvermögens von Bäumen ähnliche oder sogar gleiche Symptome an Bäumen hervorrufen. Auf der anderen Seite kann ein und dieselbe Belastung je nach den Standortsbedingungen unterschiedliche Auswirkungen haben (Kandler 1993). Aussagen über komplexe Schädigungsprozesse werden daher stets mit einer gewissen **Unsicherheit** behaftet bleiben. Zwei entgegengesetzte Warnungen von Manion (1981) sollte man in diesem Zusammenhang nicht aus den

Augen verlieren. Zum einen darf man sich bei komplexen Erkrankungen nicht ohne weiteres zufrieden geben, wenn man ein **bestimmtes Pathogen** entdeckt hat; denn dieses kann auch als Glied in einem Netz miteinander verflochtener Ursachen wirksam sein. Zum anderen gilt es auch offen zu bleiben. Denn solange vermeintlich komplexe Erkrankungen unzureichend verstanden sind, können sie durch Fortschreiten der Forschung eventuell auch auf eine **einzelne Ursache** zurückgeführt werden.

Immer deutlicher zeichnet sich ab, dass auch die **laufende Klimaänderung** zu den anthropogenen Umweltveränderungen gehört (Abschn. 4.3.3). Sie wird die Forstwirtschaft zu einschneidenden Anpassungsmaßnahmen im Sinne des **Waldumbaus** zwingen (Abschn. 9).

7 Belastbarkeit von Waldökosystemen

Zum Schutz der Gesundheit des Menschen, der Vegetation, bestimmter Ökosysteme oder allgemein der Umwelt sind mehrfach **Grenzwerte** für luftgetragene Fremdstoffe durch gesetzgeberische Maßnahmen von Staaten, durch nationale Organisationen oder durch internationale Vereinbarungen festgelegt worden. Solche Grenzwerte beruhen auf dem jeweiligen Stand naturwissenschaftlicher Erkenntnisse. An zahlreichen Stellen dieses Buchs ist dargelegt worden, wie problematisch ein solches Vorhaben ist. So hängt etwa die Belastbarkeit der Vegetation mit gasförmigen Schadstoffen nicht nur von der Pflanzenart und dem jeweiligen Entwicklungsstadium von Pflanzen ab, sondern ist von zahlreichen weiteren inneren und äußeren Bedingungen abhängig. Beispielsweise variieren der Transport von Schadgasen zu ihrem Wirkort sowie die Fähigkeit von Pflanzen zur Entgiftung mit deren Wasser- und Nährstoffversorgung (Abschn. 4.2.3 und 5.1). Die Befunde über Wirkungen von Schadstoffgemischen sind noch immer häufig widersprüchlich. Auch indirekte Wirkungen, wie etwa eine verminderte Frostresistenz, müssen in die Überlegungen einbezogen werden. Noch schwieriger ist es, subtile Veränderungen von Ökosystemen zu erkennen, beispielsweise die Prädisposition von Pflanzen für den Befall von Pathogenen, die Förderung von Insektenpopulationen oder die Verschiebung der Konkurrenz unter den Lebewesen (Jäger et al. 1989, Wienhaus et al. 1994, Abschn. 6.1 bis 6.5).

Außerdem unterlag die Festsetzung von Grenzwerten häufig der Einwirkung starker **Interessengruppen**, vor allem dann, wenn vorhandene Belastungen vermindert werden sollten. So war es beispielsweise in Westdeutschland in den Jahrzehnten vor der Diskussion über das Waldsterben nicht gelungen, Emission und Immission von Schwefeldioxid auf ein für Nadelwälder erträgliches Maß zu senken (Abschn. 3.2.3, Tab.

7-1). Nach der im Verein Deutscher Ingenieure (VDI) zuständigen Arbeitsgruppe sollte die Festlegung Maximaler Immissionskonzentrationen zwar „rein wirkungsbezogen" und ohne Rücksicht auf die „technische Realisierbarkeit" erfolgen. Jedoch wird ausdrücklich festgehalten, dass sich die betreffenden Grenzwerte nicht an den „ungünstigsten Standorten" oder „Extrembedingungen" orientieren, sondern eine „Kompromissformel" darstellen (Zahn 1978); hier schimmert das erkenntnisleitende Interesse durch. Entscheidende Fortschritte sind erst seit den 1980er Jahren erzielt worden. Sie beruhen zum einen auf dem politischen Druck, den die Medienkampagne zum „Waldsterben" ausübte (Abschn. 3.2.4). Zum anderen wurde die Festlegung von Belastungsgrenzen in der Mitte der 1980er Jahre in die Luftreinhaltepolitik der UN-Wirtschaftskommission für Europa (UN/ECE) eingebunden (Nagel und Gregor 1999). So konnte der wissenschaftliche Diskurs, der schließlich zur Empfehlung von Belastungsgrenzen führte, dem Einfluss von Interessengruppen weitgehend entzogen werden.

Der Atmosphäre beigemischte Fremdstoffe werden erst oberhalb bestimmter Konzentrationen bzw. Mengen als Schadstoffe wirksam (grundsätzliche Ausführungen in Abschn. 4.1). Belastungsgrenzen für Luftschadstoffe können auf unterschiedliche Art definiert werden (Achermann 1998, Nagel und Gregor 1999). Heute sind die folgenden Definitionen üblich. Die **Kritische Konzentration (*Critical Level*)** gibt eine Luftschadstoffkonzentration in der Atmosphäre an, bei deren Überschreitung nach heutigem Stand des Wissens mit schädlichen Auswirkungen auf bestimmte Rezeptoren zu rechnen ist. Die **Kritische Eintragsrate (*Critical Load*)** legt entsprechend eine flächenbezogene Grenze für die Deposition fest, bis zu der langfrisig keine schädlichen Auswirkungen auf empfindliche Rezeptoren fest-

Tab. 7-1: Grenzwerte für Schwefeldioxid (SO_2)

Grenzwert	Zeitbezug	Staat Organisation	Gültigkeit	Rezeptor	Quelle, Jahr
400 μg/m³	Jahresmittel	D	1964–1974	menschliche Gesundheit	TA-Luft[1]
140 μg/m³	Jahresmittel	D	1974–2002	Vorsorge gegen schädliche Umwelteinwirkungen (TA-Luft 1986)	TA-Luft[1] (1974, 1983, 1986)
50 μg/m³ 80 μg/m 120 μg/m³	Mittelwert Vegetationsperiode von 7 Monaten	VDI	ab 1978	abgestuft für sehr empfindliche, empfindliche und weniger empfindliche Pflanzen	Verein Deutscher Ingenieure, VDI-Richtlinie 2310, Blatt 3, August 1978
30 μg/m³	Jahresmittel	CH	1985 (Stand 2000)	Immissionsgrenzwert	Luftreinhalte-Verordnung vom 16.12.1985, Stand 28.3.2000
50 μg/m³	Jahresmittel	IUFRO	seit 1978	Wälder auf mittleren bzw. guten Standorten	International Union of Forest Research Organisations (IUFRO). Zitiert nach Wentzel (1983 b)
25 μg/m³	Jahresmittel	IUFRO	seit 1978	Wälder auf extremen bzw. armen Standorten	
50 μg/m³	Tagesmittel April – Oktober	AU	1984–2001	Fichtenwälder	Zweite Verordnung gegen forstschädliche Luftverunreinigungen (BGBl. Nr. 199/1984)
100 μg/m³	Tagesmittel				
20 μg/m³	Jahresmittel	UN/ECE	seit 1988	Critical Level für empfindliche Arten von Bäumen und anderen Pflanzen	UN/ECE: Critical Levels Workshop, Bad Harzburg (1988)
20 μg/m³	Jahresmittel	EG	seit 1999/ 2001	Ökosysteme	Richtlinie 1999/30/EG von 1999, in Kraft seit 2001
20 μg/m³	Jahresmittel	D	seit 2002	Ökosysteme	TA-Luft[1] (Juli 2002) und Verordnung über Immissionswerte für Schadstoffe in der Luft, 22. BImSchV (September 2002)
20 μg/m³	Jahresmittel	AU	seit 2001	Ökosysteme und Vegetation	Verordnung über Immissionsgrenzwerte (BGBl. Teil II, 14.8.2001)
50 μg/m³	Tagesmittel				
10 μg/m³	Jahresmittel	UN/ECE	seit 1996	Critical Level für Blaualgen – Flechten	UN/ECE (1996)
10 μg/m³	Jahresmittel			Weißtanne	Vorschlag zum Schutz der Weißtanne nach Abschnitt 6.1.1.3 dieses Buchs

1) Technische Anleitung zur Reinhaltung der Luft – TA-Luft

zustellen sind. Speziell beim Ozon wird auch eine **Kritische Dosis** in Form des AOT40-Werts verwendet (Abschn. 5.1.3.3).

Die Festlegung Kritischer Belastungsgrenzen erfolgt auf der Grundlage von Experimenten unter kontrollierten Bedingungen sowie von epidemiologischen Untersuchungen. In beiden Fällen erhebt sich die Frage nach der **Übertragbarkeit** der Befunde auf andere Objekte. Darin liegt die grundsätzliche Problematik bei der Festlegung von Belastungsgrenzen, die allgemeine Geltung beanspruchen.

7.1 Grenzwerte für Spurengase (*Critical Levels*)

7.1.1 Schwefeldioxid

Von der Mitte des 19. bis zum Ende des 20. Jahrhunderts war Schwefeldioxid in Mitteleuropa mit Abstand der bedeutendste Luftschadstoff. Ein langwieriger Weg führte von der Anerkennung akuter, chronischer und latenter Schädigung (Tab. 2-2) schließlich zur Definition einer Kritischen Konzentration (*Critical Level*). Damit verbunden war eine stufenweise und starke Verringerung der verwendeten Grenzwerte (Tab. 7-1). Der heute allgemein übliche Grenzwert von 20 μg/m^3 Luft geht zurück auf die Arbeitstagung der Wirtschaftskommission für Europa in Bad Harzburg (UN/ECE 1988). Er wurde später in Richtlinien der Europäischen Gemeinschaften übernommen und schließlich von deren Mitgliedern in nationales Recht umgesetzt (Tab. 7-1). Infolge der starken Absenkung der Emission von SO$_2$ (Abb. 3-3) wird dieser **Grenzwert** heute in fast ganz Mitteleuropa **eingehalten**. Es ist allerdings zweifelhaft, ob Fichten in Hochlagen von Mittelgebirgen auf sauren Böden durch diesen Grenzwert ausreichend geschützt werden. Bei SO$_2$-Konzentrationen von 15–25 μg/m^3 im langjährigen Durchschnitt wurden hier schon vor längerer Zeit Nadelverluste und Rückgänge des Radialzuwachses um etwa 20 % festgestellt (Materna 1973). Bei SO$_2$-Konzentrationen von 11–34 μg/m^3 zeigten junge Fichten bei Freiluft-Begasungen signifikante Verminderungen

ihres Zuwachses (McLeod und Skeffington 1995). In dieselbe Richtung weisen deutliche Zuwachsdepressionen der Fichte im Bayerischen Wald zur Zeit der höchsten Belastung durch SO$_2$ gegen Ende der 1970er Jahre (Abb. 6-22**d**) – trotz der in diesem Gebiet relativ niedrigen Konzentrationen, wie sie aus Abbildung 6-14 hervorgehen; dabei ist zu bedenken, dass die Bodenversauerung nicht nur durch die Deposition von Schwefel-, sondern auch von Stickstoffverbindungen verschärft wird (Abschn. 5.2). Die kritische Konzentration von 20 μg/m^3 gewährleistet nicht den Schutz **besonders sensitiver Pflanzen**, wie inzwischen anerkannt ist. Deshalb setzte man für empfindliche Flechtenarten den *Critical Level* auf 10 μg/m^3 im Mittel eines Jahres herunter (UN/ECE 1996). Ähnlich verhält sich hinsichtlich der Toxizität von SO$_2$ die Weißtanne; das ist bemerkenswert, denn sie kann mit ihren Stomata den Eintritt von SO$_2$ ins Nadelinnere begrenzen, während bei empfindlichen Flechten keine derartige Limitation besteht und SO$_2$ über die gesamte Oberfläche in den Thallus eindiffundieren kann. Auch für den Schutz der Weißtanne wird daher eine Kritische Konzentration von 10 μg/m^3 vorgeschlagen. In den Abschnitten 6.1.1.3 und 6.3.3 ist dies ausführlich begründet.

7.1.2 Stickstoffoxide

Unter den Stickstoffoxiden (NO$_x$) dominiert in der Atmosphäre gewöhnlich das Stickstoffdioxid deutlich. NO$_x$ wird daher bei Konzentrationsangaben meist als NO$_2$ ausgedrückt. In seiner unmittelbaren **Toxizität** gegenüber Pflanzen steht das Stickstoffdioxid deutlich hinter dem Schwefeldioxid zurück. Jedoch ist NO$_2$ in bis heute kaum überschaubare Wechselwirkungen mit anderen Luftschadstoffen verwickelt (Abschn. 5.1.4). Noch immer ist das Stickstoffangebot in manchen Waldökosystemen für Pflanzen ein Faktor, der das Wachstum begrenzt. In diesem Fall kann NO$_2$ die Versorgung verbessern – sofern dessen toxische Wirkungen von den Pflanzen durch Entgiftungsmechanismen zu beherrschen sind (ausführlich in Abschn. 5.1.2).

Die heute in ganz Mitteleuropa gültige **Kritische Konzentration** von 30 μg/m^3 als Jahresmittel (Tab. 7-2) wird in ländlichen Gebieten noch

Tab. 7-2: Grenzwerte für Stickstoffoxide (NO_x)

Grenz-wert	Zeitbezug	Staat Organi-sation	Gültigkeit	Rezeptor	Quelle, Jahr
350 $\mu g/m^3$	Mittelwert Vegetations-periode von 7 Monaten	VDI	ab 1978	empfindliche Pflanzen	Verein Deutscher Ingenieure, VDI-Richtlinie 2310, Blatt 5, September 1978
80 $\mu g/m^3$	Jahresmittel	D	1986 bis 2002	menschliche Gesundheit	TA-Luft[1] (1988)
30 $\mu g/m^3$	Jahresmittel	UN/ECE	seit 1988	*Critical Level* für NO_2 bei gleichzei-tiger Anwesenheit von SO_2 und O_3	UN/ECE: Critical Levels Workshop, Bad Harzburg (1988)
30 $\mu g/m^3$	Jahresmittel	UN/ECE	1996	alle Vegetations-typen	UN/ECE (1996)
30 $\mu g/m^3$	Jahresmittel	CH	1985 (Stand 2000)	Immissionsgrenz-wert	Luftreinhalte-Verordnung vom 16.12.1985, Stand 28.3.2000
30 $\mu g/m^3$	Jahresmittel	EG	seit 1999/ 2001	Vegetation	Richtlinie 1999/30/EG von 1999, in Kraft seit 2001
30 $\mu g/m^3$	Jahresmittel	AU	seit 2001	Ökosysteme und Vegetation	Verordnung über Immissionsgrenz-werte (BGBl. Teil II, 14.8.2001)
30 $\mu g/m^3$ [2]	Jahresmittel	D	seit 2002	Vegetation	TA-Luft (Juli 2002) und Verordnung über Immissionswerte für Schad-stoffe in der Luft, 22. BlmSchV (September 2002)

1) Technische Anleitung zur Reinhaltung der Luft – TA-Luft
2) NO_x angegeben als NO_2

immer auf bedeutenden Flächen überschritten, vor allem im Südteil Mitteleuropas (Smidt et al. 2004). In Ballungsgebieten und ihrer unmittelbaren Umgebung sind Überschreitungen in beträchtlicher Höhe die Regel. Dennoch ist eine Schädigung der Vegetation allein durch Stickoxide bei den in Mitteleuropa auftretenden Konzentrationen weitgehend auszuschließen (Abschn. 5.1.2.3). Grenzwerte für Gemische von Schadgasen fehlen leider bis heute (Smidt und Herman 2004).

Die Problematik der Stickstoffoxide liegt eher bei deren **indirekten Wirkungen** auf die Umwelt. Damit sind zum einen die Eutrophierung von Ökosystemen und die Mitwirkung an der Versauerung von Böden gemeint (Abschn. 5.2 und 5.3.2). Zum anderen tragen Stickstoffoxide ganz wesentlich zur Produktion von bodennahem Ozon bei (Abschn. 4.2.2.5).

7.1.3 Ozon

Weltweit ist in den nächsten Jahrzehnten mit einer erheblichen Zunahme der durch Ozon belasteten Flächen zu rechnen (Emberson et al. 2003). Nicht zuletzt deshalb stand die Suche nach geeigneten Grenzwerten für Ozon (O_3) während der letzten Jahre im Mittelpunkt zahlreicher internationaler Tagungen. Durch diese entfernte man sich von dem früheren Konzept der Festlegung von Grenzwerten nach den mittleren

Tab. 7-3: Grenzwerte für Ozon (1 ppb = 2,0 $\mu g/m^3$, 1 $\mu g/m^3$ = 0,5 ppb)

Grenzwert	Zeitbezug	Staat Organisation	Gültigkeit	Rezeptor	Quelle, Jahr
40 – 150 ppb	8 h-Mittelwert	VDI	1987	Pflanzen, gestaffelt nach Empfindlichkeit	Verein Deutscher Ingenieure (VDI), VDI-Richtlinie 2310, Blatt 6 (1987)
35 – 160 ppb	8 h-Mittelwert	VDI	1989	Vegetation, gestaffelt nach Empfindlichkeit	Verein Deutscher Ingenieure (VDI), VDI-Richtlinie 2310, Blatt 6 (1989)
50 ppb	98 % der 0,5 h-Mittelwerte eines Monats	CH	1985 (Stand 2000)	Immissionsgrenzwert	Luftreinhalte-Verordnung vom 16.12.1985, Stand 28.3.2000
30 ppb	Mittelwert Vegetationsperiode	WHO	1987	terrestrische Vegetation	World Health Organisation (1987), zitiert nach Jäger et al. (1989)
32,5 ppb	24 h-Mittelwert	EG	1992	Vegetation	Richtlinie 93/72/EEC (1992), zitiert nach VDI-Richtlinie 2310, Blatt 6, Juni 2002
32,5 ppb	24 h-Mittelwert	D	1994	Vegetation	Verordnung über Immissionswerte für Schadstoffe in der Luft, 22. BImSchV (1994/2002)
AOT40 = 10 000 ppb·h	April – September Tageslichtstunden über 50 W/m²	UN/ECE	seit 1996	Wald	UN/ECE: Workshop on Critical Levels for Ozone, Kuopio (1996), zitiert nach VDI-Richtlinie 2310, Blatt 6, Juni 2002
AOT40 = 9 000 ppb·h (5-Jahresmittel)	Mai – Juli Tageslichtstunden zwischen 8 und 20 Uhr	EG	seit 2002	Schutz der Vegetation	Richtlinie 2002/3/EG vom 12.2.2002, Zielwert für das Jahr 2010
AOT40 = 3 000 ppb·h (5-Jahresmittel)	Mai – Juli Tageslichtstunden zwischen 8 und 20 Uhr	EG	seit 2002	Schutz der Vegetation	Richtlinie 2002/3/EG vom 12.2.2002, langfristiges Ziel für das Jahr 2020

Konzentrationen des Ozons in kürzeren oder längeren Zeiträumen (Tab. 7-3). Da bei niedrigen Konzentrationen des O_3 in der Atmosphäre die antioxidativen Schutzreaktionen von Blättern für eine Entgiftung ausreichen (Abschn. 5.1.3.2), haben höhere O_3-Konzentrationen im Hinblick auf eine Schädigung besonderes Gewicht. Man hat versucht, das durch die Festlegung einer **Kritischen Dosis zu berücksichtigen**, bei der nur die Beträge summativ berücksichtigt werden, welche 40 ppb überschreiten (**AOT40**, Einzelheiten in Abschn. 5.1.3.3). Jedoch ist klar, dass dadurch nur die Belastung der Atmosphäre ausgedrückt werden kann, nicht die Aufnahme des Ozons durch die Stomata in Blattorgane. Entscheidend ist hierfür die jeweilige stomatäre Leitfähigkeit, die unter anderem von der Belichtung, von der Temperatur und besonders vom Wasserhaushalt (Sättigungsdefizit der Luft und verfügbarer Bodenwasservorrat) abhängt. Denn durch die Modellierung von Emberson et al. (2000 b) ist gezeigt worden, dass die Gebiete mit den höchsten AOT40-Werten keineswegs mit den Bereichen der größten Ozonaufnahme durch die Blätter der Buche zusammenfallen (Abschn. 5.1.3.3 und 6.1.3.4). Man spricht deshalb beim AOT40-Wert von einer ersten Festlegung (Level I) und strebt Grenzwerte an, die auf dem Fluss von Ozon ins Innere der Blattorgane beruhen (Level II). Die Diskussion darüber ist noch in vollem Gang. Modelle jedoch, die den jeweiligen Vorrat an pflanzenverfügbarem Bodenwasser außer Acht lassen, können dabei nicht erfolgreich sein (Dittmar et al. 2005 c).

Die in den Staaten Mitteleuropas gültigen Grenzwerte sind aus Tabelle 7-3 zu entnehmen. Man kann die AOT40-Werte zum Schutz von Wäldern in Höhe von 10 000 ppm-h als Hilfsmittel für einen ersten Einblick in die Belastung durch Ozon verwenden. Es zeigt sich, dass diese **Grenzdosis** in Mitteleuropa großräumig und zum Teil beträchtlich **überschritten** wird (Posch et al. 1997); vor allem in Gebirgslagen erreichen die AOT40-Summen ein Mehrfaches des Grenzwertes von 10 000 ppb-h (Smidt et al. 2004). Der von der EG festgelegte Zielwert für das Jahr 2010 stellt gegenüber dem geltenden AOT40-Wert einen beträchtlichen **Rückschritt** dar. Denn er bezieht sich nicht mehr auf sechs Monate (April–September) sondern nur noch auf drei Monate (Mai–Juli) und lässt daher mit 9 000

ppb-h wesentlich höhere Belastungen zu. Das mag für landwirtschaftliche Kulturen geeignet sein, ist aber für Waldbäume unangemessen. Die heftige Belastung im August 2003, die am Nordrand der Alpen bei mehreren Laubbaumarten akute Ozonsymptome hervorgerufen hat (Dittmar et al. 2004), bliebe so außer Betracht.

Ohne Zweifel stellt die Ozonbelastung ein Gefährdungspotenzial für Wälder in Mitteleuropa dar (Guderian und Wienhaus 1997, Dittmar et al. 2004, Smidt und Herman 2004, Dittmar et al. 2005 c). Deshalb ist es dringend notwendig, die Bemühungen um eine auf Flüssen beruhende Quantifizierung der Wirkungen von Ozon auf Pflanzen – und speziell auch auf Waldbäume – intensiv fortzusetzen (Level II).

7.2 Grenzwerte für Depositionen (*Critical Loads*)

Eine wichtige Erkenntnis im Zusammenhang mit der Luftreinhaltepolitik war die Beobachtung, dass Schadstoffe wie SO_2, NO_x, NH_x und Schwermetalle nicht nur direkt, d. h. konzentrationsabhängig auf die Pflanzen wirken, sondern auch über ihre **Akkumulation** und **Transformation im Boden** wirksam werden. Damit stand fest, dass der herkömmliche Ansatz, für die Gase Grenzwerte in der Atmosphäre abzuleiten, bei denen Pflanzen nicht geschädigt werden, zu kurz greift. Dieser Ansatz berücksichtigt nur einen Wirkungspfad, den der direkten akuten, auch der chronischen phytotoxischen Einflüsse auf den Photosyntheseapparat infolge hoher Konzentrationen in der Luft. Schwellenwerte für diese Wirkungen werden als *Critical Levels* bezeichnet und sind für SO_2, NO_x, NH_x und O_3 begründet und dargestellt (Abschn. 5.1 und 7.1).

Für indirekte, chronische Wirkungen (Versauerung, Eutrophierung, Schwermetallakkumulation) infolge langfristig hoher Depositions-(Eintrags-)raten mit Wirkungen über den Boden auf das gesamte Ökosystem musste ein neues Konzept entwickelt werden, das auf Stoffflüssen fußte und die systeminternen Akkumulations- und Umsetzungsprozesse berücksichtigt. Damit wurde das „*Critical-Load*-Konzept" in den 1980er Jahren (Nilson 1986) in die europäische

Umweltdiskussion eingeführt. Ziel des *Critical Loads*-Ansatzes ist eine räumlich differenzierte Gegenüberstellung (Kartierung) von wirkungs-, ökosystem- und stoffspezifischen Belastbarkeiten (*Critical Loads*) mit aktuellen Depositionsbelastungen als naturwissenschaftlich begründete Basis für die Planung von Luftreinhaltemaßnahmen. Das Grundprinzip lässt sich durch die nachfolgende Definition wiedergeben. **Critical Loads sind** die höchsten Belastungsraten, die langfristig zu keinen schädlichen Effekten in Ökosystemen führen, d. h. Raten, die ohne Beeinträchtigung der Strukturen und Funktionen vom Ökosystem toleriert werden (Nagel und Gregor 1999, Warfvinge und Sverdrup 1995, Umweltbundesamt 1996). Die *Critical Loads* stellen eine langfristig ausgerichtete Eintragsschwelle dar, die sich an einem Zeitraum von ca. 100 Jahren orientiert. Eine Überschreitung der *Critical Loads*-Werte zeigt eine Überschreitung der systeminternen Reparatur- und Regelungsmechanismen an.

7.2.1 *Critical Loads* für Säure und eutrophierenden Stickstoff

Für die **Ableitung der *Critical Loads*** stehen verschiedene Ansätze zur Verfügung. Empirische Ansätze, die die Depositionsraten in Relation zur Empfindlichkeit von Pflanzen- und Pflanzengesellschaften setzen, finden noch bei der N-Deposition Anwendung (siehe unten). Für Säureeinträge werden einfache Massenbilanzen (*simple mass balances*, SMB) verwendet. Die kritischen Eintragsschwellen für versauernde Schwefel- und Stickstoffverbindungen werden im SMB-Ansatz nach folgender Gleichung berechnet (Umweltbundesamt 1996, Klap et al. 2000 b, Bolte und Wolff 2001, Nagel und Gregor 1999).

$$Cl_{(S+N)} = CL_{(S)} + CL_{(N)} = BC^*_{dep} - Cl^*_{dep} + Bc_w - BC_u + N_i + N_u + N_{de} + ANC_{le(crit)} \quad (61)$$

CL = *Critical Load* (Kritischer Eintragsschwellwert) [eq ha^{-1} a^{-1}]

S = Schwefelverbindungen [eq ha^{-1} a^{-1}]

N = Stickstoffverbindungen [eq ha^{-1} a^{-1}]

BC^*_{dep} = Depositionsrate basischer Kationen (*seesalzkorrigiert) [eq ha^{-1} a^{-1}]

Cl^*_{dep} = Depositionsate Chloridionen (*seesalzkorrigiert) [eq ha^{-1} a^{-1}]

Bc_w = Freisetzungsrate basischer Kationen durch Verwitterung [eq ha^{-1} a^{-1}]

BC_u = Netto-Aufnahmerate basischer Kationen im Baumbestand [eq ha^{-1} a^{-1}]

N_i = Stickstoff-Immobilisierungsrate [eq ha^{-1} a^{-1}]

N_u = Stickstoff-Aufnahmerate im Baumbestand [eq ha^{-1} a^{-1}]

N_{de} = Stickstoff-Denitrifikationsrate [eq ha^{-1} a^{-1}]

$ANC_{le(crit)}$ = Kritische Sickerwasser-Austragsrate der Säureneutralisationskapazität [eq ha^{-1} a^{-1}]

In dieser Massenbilanz zur Berechnung der *Critical Loads* für den Eintrag von Säurebildnern und Säuren werden die wichtigsten Säure produzierenden Bodenprozesse den Säure verbrauchenden bzw. puffernden Prozessen gegenübergestellt. Dabei soll der Vorrat an puffernden Substanzen im Boden langfristig erhalten bleiben.

Versauerung wird sowohl durch **Schwefel-** als auch durch **Stickstoffeinträge** verursacht. Diese werden aus der Atmosphäre über nasse Deposition (Regen, Schnee usw.) und trockene Deposition (Gase, Partikel) in Ökosysteme eingetragen. Trockene Deposition ist landnutzungsabhängig und meist größer als die Nassdeposition. Die Säureinträge sind also um ein Mehrfaches höher als die durch Messnetze erfassten Säureeinträge durch Niederschläge allein (Abschn. 4.2.5).

Neben Schwefeldioxid und Stickstoffoxiden und ihren sauren Folgeprodukten sind auch **Ammoniakemissionen** in die Luft (vor allem aus der Tierhaltung) letztlich säurewirksam: Das in den Boden eingetragene Ammoniak/Ammonium wird dort nitrifiziert. Sobald das entstehende Nitrat mit dem Sickerwasser ausgetragen wird, versauert der Boden.

In der Massenbilanz zur Berechnung der *Critical Loads* für den **eutrophierenden Stickstoffeintrag** in Waldböden werden die Stickstoffeinträge den Prozessen gegenübergestellt, die Stickstoff im Ökosystem Wald binden oder unschädlich entfernen. Berücksichtigt werden die Holzernte, die langfristige Bindung von Stickstoff im Auflagehumus, die Denitrifikation sowie der unbedenkliche Austrag über das Sickerwasser. Die kritischen Depositionsschwellen für eutrophierenden Stickstoff werden im SMB-Ansatz nachstehender Gleichung berechnet (Bolte und

Wolff 2001, Umweltbundesamt 1996, Klap et al. 2000 b).

$$CL_{nut(N)} = N_i + N_u + N_{de} + N_{le(acc)} \qquad (62)$$

N_i = Stickstoff-Immobilisierungsrate [kg ha^{-1} a^{-1}]

N_u = Stickstoff-Aufnahmerate im Baumbestand [kg ha^{-1} a^{-1}]

N_{de} = Stickstoff-Denitrifikationsrate [kg ha^{-1} a^{-1}]

$N_{le(acc)}$ = Tolerierbarer Stickstoffaustrag mit dem Sickerwasser [kg ha^{-1} a^{-1}]

Derzeit werden auf nationaler Ebene die kritischen Eintragsraten für Schwefel und Stickstoffverbindungen für Waldökosysteme mit dem SMB-Ansatz ermittelt, da nur hierfür flächendeckend die notwendigen Informationen vorliegen. Für die deutschen Level II-Standorte mit ihrer guten Datenbasis liegen auch die *Critical Load*-Werte vor, die mit dem *steady state model-PROFILE* berechnet wurden. Dieses von Warfvinge and Sverdrup (1995) entwickelte Modell basiert ebenfalls auf der Massenbilanz, betrachtet aber die Stoffkonzentrationen in der Bodenlösung als wirkungsrelevanten Indikator (Becker et al. 2000). Die Funktion des Modells beruht auf einem Wasserhaushaltsmodul und chemischen Prozessbeschreibungen in verschiedenen Horizonten sowie der Gesamtbilanz des Ökosystems (Becker 2002). Das Modell stellt kritische Konzentrationen, wie den pH-Wert oder das Basen/Al-Verhältnis, in Relation zu den ökosystemspezifischen *Critical Loads*.

Die Abbildungen 7-1 und 7-2 zeigen die *Critical Loads* für Säure und Stickstoff in Deutschland für Wälder und natürliche Ökosysteme. Sie veranschaulichen die deutlichen regionalen Unterschiede.

Die Abbildungen 7-3 zeigt die Entwicklung der **Überschreitung der *Critical Loads* für Säuredepositionen** in den Jahren 1987 bis 1995. Sie dokumentieren den gravierenden Wandel, der in kurzer Zeit stattfand.

Die **Schwefel- und Stickstoffdepositionen überschreiten die *Critical Loads* für Säure** auf einem Großteil der deutschen Waldböden. Besonders hohe Überschreitungen fanden sich Mitte der 1990er Jahre noch immer in Thüringen und Sachsen, in denen Böden mittlerer Empfindlichkeit hohen Säureeinträgen aus Deutschland, der Tschechischen Republik und Polen ausgesetzt

sind. Diese Überschreitungen werden allerdings in den nächsten Jahren aufgrund von Minderungen insbesondere von SO_2-Emissionen weiter abnehmen, sodass die Böden nicht mehr flächendeckend weiter versauern. Hohe Überschreitungen sind auch auf den empfindlichen norddeutschen Sandböden zu verzeichnen, die durch relativ hohe Ammoniakemissionen aus der Intensivtierhaltung belastet werden. Hier werden Böden weiter schnell versauern, da die zu erwartenden Minderungen der landwirtschaftlichen Schadstoffemissionen wesentlich geringer sind als die aus Industrie und Verkehr. Abbildung 7-4 zeigt die Entwicklung der **Überschreitungen von *Critical Loads* für N-Eutrophierung.** *Critical Loads* werden heute immer noch auf rund 90 % der Waldfläche überschritten; die durch Emissionsminderungen bedingten Verbesserungen sind wesentlich schwächer als bei der Versauerung. Besonders hohe Überschreitungen finden sich in den von der Intensivtierhaltung geprägten Gebieten Nordwestdeutschlands, die neben hohen Stickstoffbelastungen aus Ammoniakemissionen auch hohe Empfindlichkeiten aufweisen (Abb. 7-2). In den nächsten Jahren ist insbesondere wegen der nur unwesentlich abnehmenden Ammoniakemissionen keine wesentliche Besserung zu erwarten, sodass mit einer weiteren flächendeckenden Eutrophierung naturnaher Ökosysteme gerechnet werden muss.

Die Überschreitungen von *Critical Loads* stellen das **langfristige Schadrisiko** durch Depositionen dar; *Critical Loads* sollen nachhaltig stabile ökochemische Randbedingungen für Ökosysteme sicherstellen. Sie gehen von Gleichgewichtsbedingungen im Boden aus. Tatsächlich gibt es aber erhebliche **zeitliche Verzögerungen** zwischen den Überschreitungen von *Critical Loads* und dem Auftreten von schädlichen Bedingungen z. B. in der Bodenlösung, sowie zwischen dem Unterschreiten von *Critical Loads* und dem Auftreten unschädlicher Bedingungen.

Es kann Jahrzehnte dauern, bis Ökosysteme auf *Critical Loads*-Überschreitungen reagieren, und mehrere Jahrhunderte bis zur Erholung auf vorindustrielles Niveau. Daher sind absolute Schadprognosen mittels *Critical Loads*-Überschreitungen prinzipiell nicht möglich. Hierzu bedarf es der Anwendung dynamischer Stoffhaushaltsmodelle, die im Gegensatz zu den Gleichgewichtsmodellen zeitlich variable Rand-

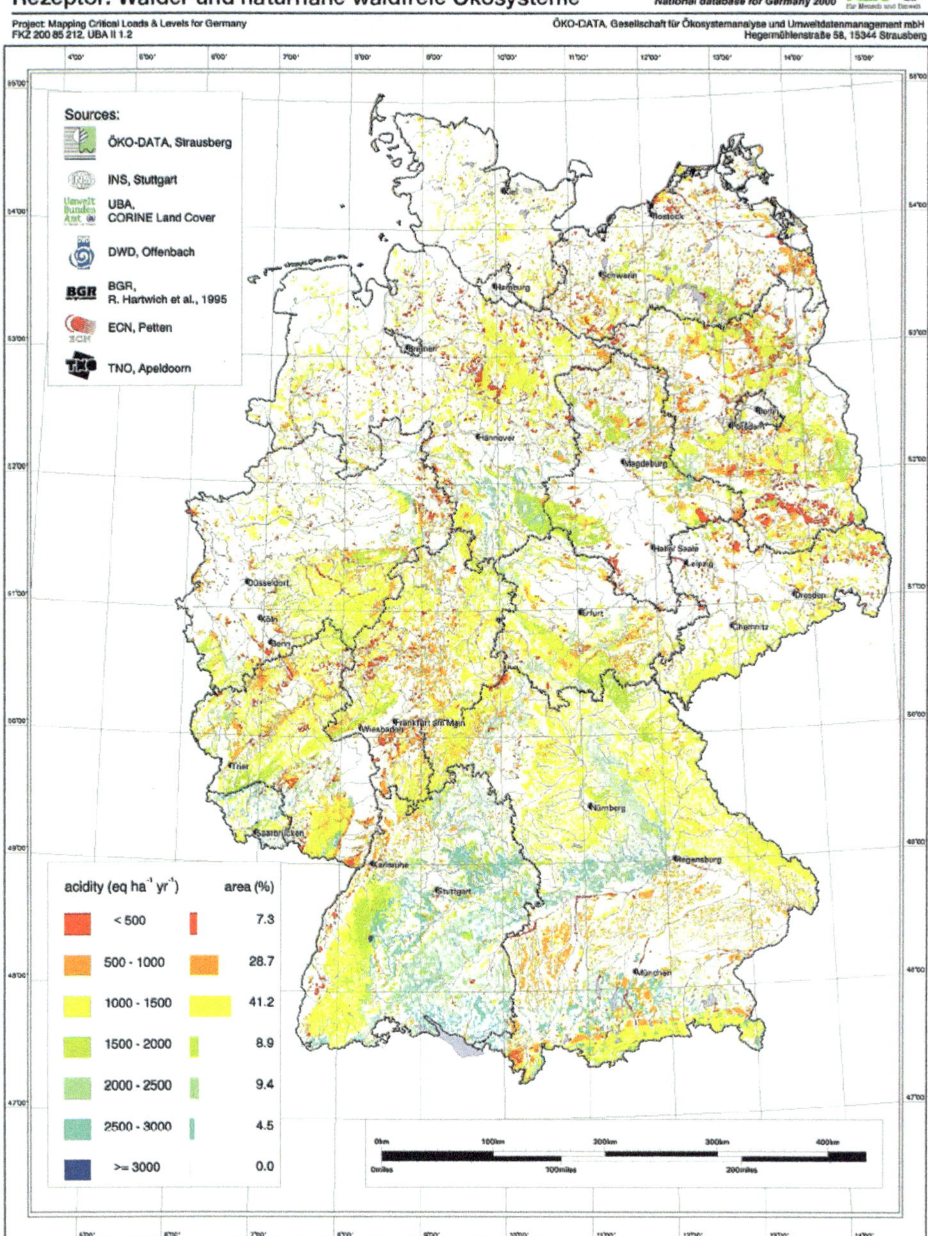

Abb. 7-1: *Critical Loads* für Säure. Rezeptor: Wälder und naturnahe waldfreie Ökosysteme (ÖKO-DATA 2000).

7

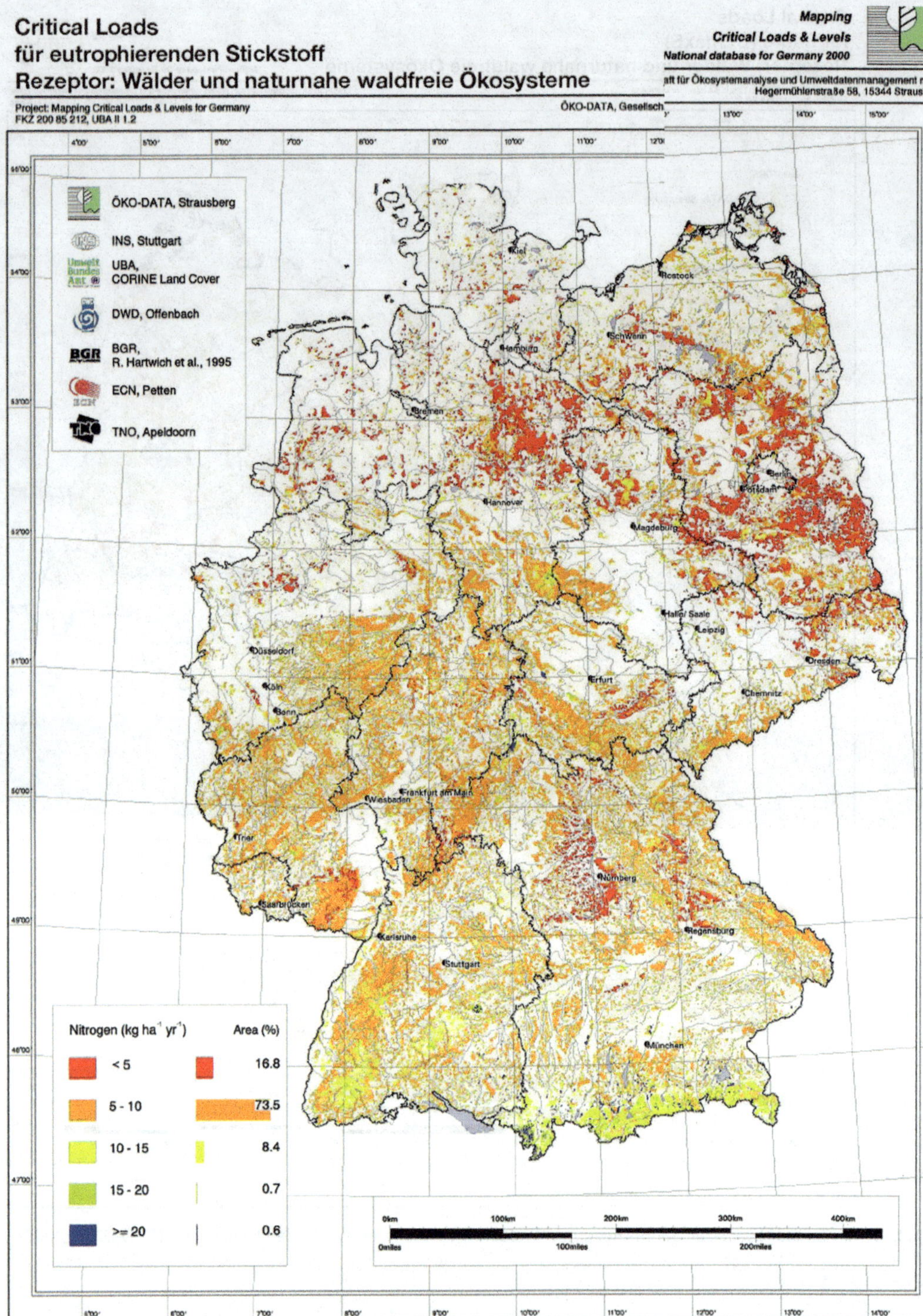

Abb. 7-2: *Critical Loads* für eutrophierenden Stickstoff. Rezeptor: Wälder und naturnahe waldfreie Ökosysteme (ÖKO-DATA 2000).

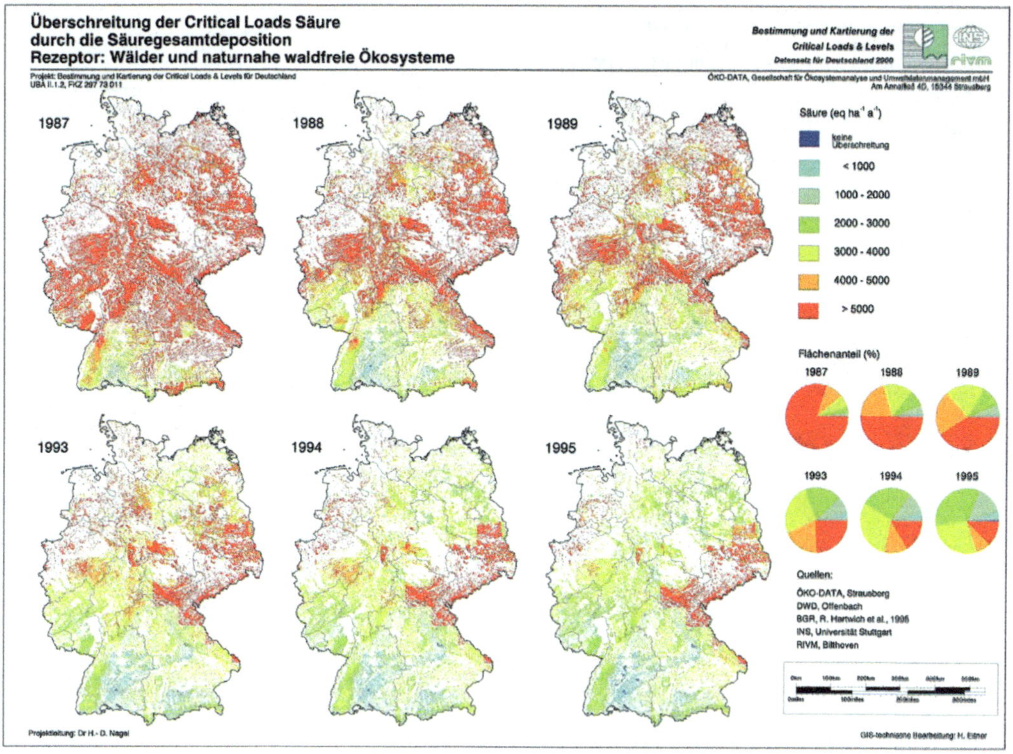

Abb. 7-3: Überschreitung der *Critical Loads* für Säure durch die Säuregesamtdeposition. Rezeptor: Wälder und naturnahe waldfreie Ökosysteme (ÖKO-DATA 2000).

bedingungen, Verzögerungseffekte und Rückkopplungen einbeziehen (z. B. SAFE, VSD). Diese Modelle können daher unter verschiedenen Belastungsszenarien den zeitlichen Ablauf der weiteren Versauerung/Eutrophierung oder aber der Erholung von Standorten prognostizieren. Diese Modelle befinden sich in Erprobung und bedürfen dringend der Weiterentwicklung. Ihr Einsatz ist jedoch an eine hohe Informationsdichte gekoppelt, die ebenfalls erstellt werden muss.

Ein Problem bei der Bewertung der *Critical Loads*-Überschreitungen für Stickstoff besteht in der sicheren Abschätzung der trocken deponierten Anteile an der Gesamtdeposition. Ein Abgleich der mithilfe von Kronenraumbilanzen und mit Widerstandsmodellen ermittelten trockenen Depositionen ist dringend erforderlich.

Eutrophierende und versauernde Immissionen bewirken nicht nur akute und chronische Schäden an Pflanzen (Blatt- oder Waldschäden), sondern führen auch zu einer **Monotonisierung** und damit **Reduktion der Artenvielfalt**. Pflanzen und Pflanzengesellschaften, die auf neutrale Bodenverhältnisse oder Magerstandorte angewiesen sind (das ist die Mehrzahl der Arten der Roten Liste) haben unter den derzeit herrschenden Immissionen längerfristig keine Überlebenschance, sie werden von eutrophilen und im sauren Milieu konkurrenzstarken Arten verdrängt. Da die meisten Tierarten an spezielle Pflanzenarten gebunden sind, trifft der in Deutschland weiterhin beobachtete Rückgang bei der Vielfalt der Pflanzenarten auch die Vielfalt der Tierarten.

Insbesondere die in Deutschland herrschenden diffusen Stickstoffimmissionen, die die Böden eutrophieren und versauern, müssen daher weiterhin drastisch vermindert werden.

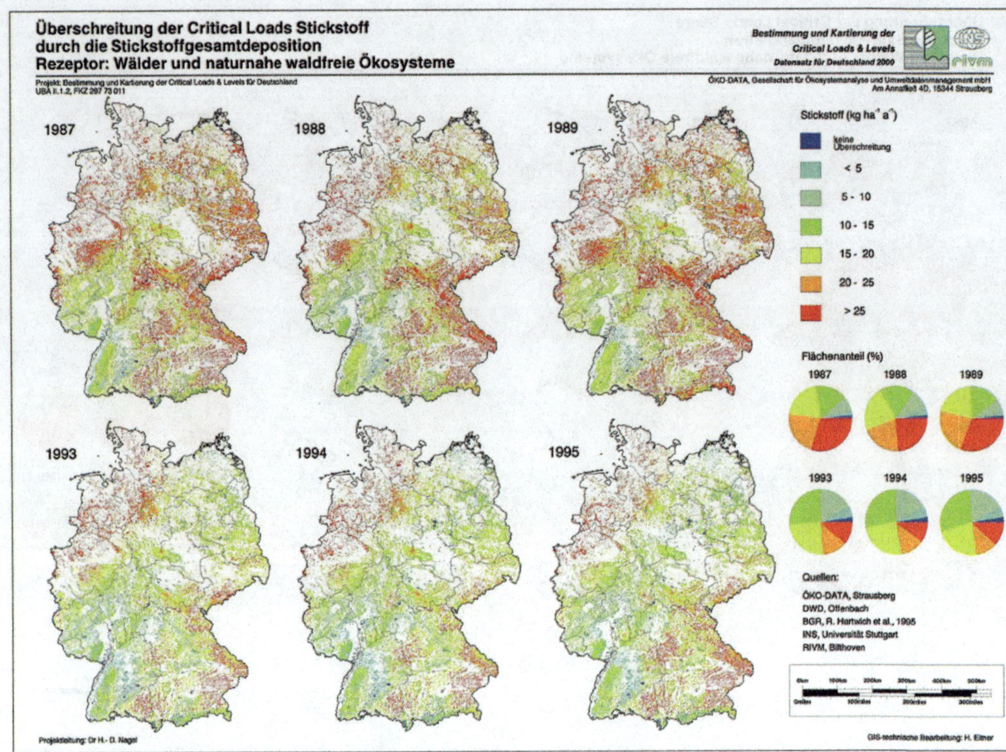

Abb. 7-4:   Überschreitung der *Critical Loads* für Stickstoff durch die Stickstoffgesamtdeposition. Rezeptor: Wälder und naturnahe waldfreie Ökosysteme (ÖKO-DATA 2000).

7.2.2 Empirische *Critical Loads* für eutrophierenden Stickstoff

Ein anderer Weg, „*Critical Loads*" für Stickstoff zu ermitteln, besteht in der empirischen Untersuchung derjenigen **Eintragsraten**, bei denen **sichtbare Veränderungen in den Ökosystemen** erkennbar sind. Im Rahmen dieses Verfahrens werden von den vielfältigen Wirkungen infolge hoher Stickstoffdepositionen ausschließlich die Wirkungen durch Anreicherung von Stickstoff, die erhöhte Verfügbarkeit, Nährstoffungleichgewichte und Artenverschiebungen sowie die erhöhte Empfindlichkeit gegenüber sekundären Stress- und Störfaktoren wie Trockenheit, Frost, Schädlinge etc., die summarisch als „Eutrophierung" bezeichnet werden, betrachtet. Eutrophierende Einträge in Ökosysteme bewirken nicht nur chronische Schäden an Pflanzen, sondern führen auch zu einem Verlust biologischer Vielfalt.

Experimentell wurde nachgewiesen, dass eine **spontane Erholung** der **Vegetation** von einmal eingetretenen Veränderungen in Stickstoffverfügbarkeit und Artenzusammensetzung nur sehr langfristig und mit großem Managementaufwand möglich ist.

Die empirischen „*Critical Loads*" wurden auf der Basis internationaler Publikationen über beobachtete Veränderungen der Struktur und Funktion von natürlichen und naturnahen Ökosystemen ermittelt. Die methodische Grundlage bildeten Düngungsexperimente, Mesokosmos-Studien, korrelative und retrospektive Studien sowie dynamische Modellierung.

In mehreren Workshops wurden die Resultate abgeglichen und leicht modifiziert. In einem Internationalen Workshop (2002) wurden die in der Tabelle 7-4 aufgeführten Werte beschlossen. Sie finden sich im Kapitel zu empirischen Critical Loads im Modellierungs- und Kartierungshandbuch der UN/ECE-Luftreinhaltekonvention

Tab. 7-4: Empirische *Critical Loads* der Stickstoffdeposition (kg N/ha·a)

Wälder und Forsten	*Critical Load* in kg N/ha·a	Verläss-lichkeit	Überschreitungsmerkmale
Bodenprozesse			
Laub- und Nadelwälder	10 – 15	#	erhöhte N-Mineralisation, Nitrifikation
Nadelwälder	10 – 15	##	erhöhte Nitratauswaschung
Laubwälder	10 – 15	(#)	erhöhte Nitratauswaschung
Bäume			
Laub- und Nadelbäume	15 – 20	#	geändertes N/Makronährstoffverhältnis, Abnahme von P, K, Mg und Anstieg der N-Konzentration im Blattgewebe
Wald in gemäßigtem Klima	15 – 20	(#)	erhöhte Empfindlichkeit gegenüber Krankheitserregern und Schädlingen, Änderungen der Konzentration pilzlicher Phenole
Mykorrhiza			
Wälder in gemäßigtem Klima und boreale Wälder	10 – 20	(#)	reduzierte Sporocarpproduktion, Veränderung/ Reduktion der Bodenartenvielfalt
Bodenvegetation			
Wälder in gemäßigtem Klima und boreale Wälder	10 – 15	#	Änderung der Artenvielfalt, Zunahme stickstoffliebender Arten, erhöhte Anfälligkeit für Parasiten
Flechten und Algen			
Wälder in gemäßigtem Klima und boreale Wälder	10 – 15	(#)	Zunahme von Algen, Rückgang von Flechten

verlässlich: wenn mehrere Publikationen über verschiedene Studien vergleichbare Werte zeigen
\# recht verlässlich: wenn die Ergebnisse einiger Studien vergleichbar sind
(#) Expertenmeinung: wenn keine empirischen Daten für diese Ökosystemklasse verfügbar sind, werden *Critical Loads* anhand von Experimenten über ähnliche Ökosysteme geschätzt

(CLRTAP) (Umweltbundesamt 2004; www.icp-mapping.org/).

Empirische „Critical Loads" werden von mehreren europäischen Ländern als Alternative zur Massenbilanz genutzt und bilden eine wichtige Grundlage der europäischen Luftreinhaltepolitik. Die Ableitung ist jedoch mit Unsicherheiten behaftet, da es schwierig ist, die N-Wirkungen von anderen Einflüssen zu trennen und die Depositionen der Vergangenheit zu quantifizieren. Durch das großflächige Auftreten der N-Einträge ist es darüber hinaus kaum möglich, unbelastete Referenzflächen zu finden. Da die N-Wirkung auch von chemischen und physikalischen Faktoren beeinflusst wird, werden die niedrigen Werte der Tabelle 7-4 für kalte oder trockene Standorte, die hohen Werte für warme oder feuchte Standorte empfohlen.

Die „*Critical Loads*" beziehen sich auf **Gesamtstickstoffeinträge**. Es ist jedoch bekannt, dass Bryophyten und Flechten sowie schwach gepufferte Ökosysteme stärker auf Einträge von reduziertem NH_4^+ als auf oxidiertes NO_3^+ reagieren, was bei der Bewertung zu berücksichtigen ist.

7.2.3 *Critical Loads* für Schwermetalle

Durch die zunehmende Versauerung entsteht ein wachsendes **Risiko für die Mobilisierung von Schwermetallen** aus den Humusauflagen und dem humosen Oberboden. Dies gilt insbesondere für Schwermetalle, deren Löslichkeit stark vom pH-Wert abhängt wie Cd, Zn und Ni. Unter Verwendung der mit dem *Critical Load*-Konzept gemachten Erfahrungen wird zukünftig auch die Wirkung von Schwermetallen in Böden untersucht und ein Ansatz zur Festlegung von Belastungsgrenzen entwickelt. Erste Erfahrungen für Kupfer, Blei und Cadmium liegen vor (De Vries et al. 2004, Schütze 2003, 2004). Die Kalkulation Kritischer Eintragsraten erfolgt wie bei den Säuren auf der Basis von Massenbilanzen unter der Annahme von Gleichgewichtszuständen im Boden. Die *Critical Loads* von Schwermetallen und ihre Überschreitungen sind daher stark von den jeweiligen Schwellenwerten abhängig, die für die jeweiligen Schwermetalle aufgrund ökotoxikologischer Kriterien festzulegen sind. Für die **Berechnung** wird in Deutschland folgende Gleichung zugrunde gelegt (Schütze 2004):

$$CL_{SM} = SM_{BM} + SM_{AWkrit} + SM_{tol} + SM_{verw} \quad (63)$$

CL_{SM} = *Critical Load* des Schwermetalls

SM_{BM} = Schwermetallaufnahme durch die Biomasse

SM_{AWkrit} = Kritischer Schwermetallaustrag durch vertikale Auswaschung

SM_{tol} = Tolerierbare Schwermetallanreicherung

SM_{verw} = Schwermetallnachlieferung durch Verwitterungsprozesse

Es wird davon ausgegangen, dass in Wäldern Schwermetalle nur atmogen eingetragen werden und dass sie auch durch Verwitterung freigesetzt werden. Kritische Schwermetallausträge werden aus der Sickerwassermenge und den jeweiligen Schwermetallkonzentrationen berechnet.

Um die Bodenfunktionen langfristig aufrecht zu erhalten, wird ein Akkumulationszeitraum von t = 200 Jahren angesetzt. Als Vorsorgewerte werden die von Bachmann (1997) (Tab. 7-5) nach Bodenart differenzierten Werte zugrunde gelegt. Zur Ermittlung der Bodenmasse werden die Bodentiefe und die Trockendichte benötigt.

Multipliziert mit der Dichte und Tiefe der betrachteten Bodenschicht und geteilt durch die Anzahl der Jahre des Anreicherungszeitraums ergibt sich aus der Differenz zwischen Vorsorge- und Hintergrundwert die tolerierbare jährliche Schwermetallanreicherung in g ha^{-1} a^{-1}:

Tab. 7-5: Vorsorgewerte für Metalle in mineralischen Böden (Bachmann et al. 1997)[1] in mg/kg Gesamtgehalt TS (Königswasserextrakt)

Stoff	Bodenart Ton	Bodenart Lehm/Schluff	Bodenart Sand
Cd	1,5	1	0,4
Pb	100	70	40
Cu	60	40	20
Cr	100	60	30
Hg	1	0,5	0,1
Ni	70	50	15
Zn	200	150	60
As	20	15	10

Festgesteinsböden mit zum Teil naturbedingt hohem Hintergrundgehalt gelten als unbedenklich, soweit nicht durch zusätzliche Einträge oder Freisetzung nachteilige Auswirkungen auf die Bodenfunktionen zu erwarten sind.

1) Diese Werte entsprechen den Vorsorgewerten der BBodSchV vom 12.7.1999

$$SM_{tol} = [(VW - HW) \times TRD \times d] / t \quad (64)$$

VW   = Vorsorgewert

HW   = Hintergrundwert

TRD = Trockenrohdichte

d   = Bodentiefe

t   = Zeitperiode in Jahren

Auf der Basis von 242 Standorten in Europa haben Smeets et al. (2000) mit dem *steady state model* die in der Tabelle 7-6 aufgeführten **Critical Loads für Schwermetalle** berechnet. Diese basieren auf den *No effect concentrations* (Bååth 1989, Bengtsson and Tranvik 1989, Witter 1992, Tyler 1992) und den *Lowest Observed Effect Concentrations* (Balsberg-Påhlsson 1989) für Pflanzen. Da letztere in Hydrokulturen ermittelt wurden, wurde ein Sicherheitsfaktor von 10 zugrunde gelegt. Die Daten zeigen, dass die *Critical Loads* auf einem Teil der Flächen überschritten werden. Dies gilt insbesondere für Blei. Die Daten zeigen aber auch, dass die Bewertung stark von der Festlegung der *Critical Loads* abhängig ist. Für Zn liegen keine aktuellen Depositionsraten vor, aus der Literatur ist jedoch zu entnehmen, dass die Einträge überwiegend unter den *Critical Loads* liegen.

Über die in der Bodenlösung auftretenden **Schwermetall-Species** und deren **Toxizität** be-

Tab. 7-6: Aktuelle Depositionsraten (AD), *Critical Loads* (CL-NOEC) und (CL-LOEC) sowie prozentuale Überschreitungen (CL-NOEC) (Smeets et al. 2000)

Schwermetall	AD in g/ha	CL-NOEC in g/ha·a	CL-LOEC in g/ha·a	CL-NOEC/Überschreitung in %
Cd	0,4	0,55	1,3	29/6
Cu	3,9	12,5	2,7	8/51
Pb	20	5,8	10,0	91/78
Zn		11,2	20,7	

CL-NOEC = Critical Load auf der Basis No Effect Concentration
CL-LOEC = Critical Load auf der Basis Lowest Observed Effect Concentration

stehen nur rudimentäre Kenntnisse. Wenig untersucht wurden bisher die Wirkungen von Mischbelastungen, die in Waldböden die Norm darstellen, sowie baum- oder mikroorganismenspezifische Adaptationsmechanismen und Toleranzen. Dies bedeutet, dass gegenwärtig die *Critical Loads* für Schwermetalle nur ein grobes Bild ergeben und weiterer differenzierter Betrachtung und Bearbeitung bedürfen (Schütze 2004, De Vries et al. 2002, Hettelingh et al. 2002).

8 Schutzmaßnahmen, abgeleitet aus den kausalanalytischen Erkenntnissen

8.1 Reduktion anthropogener Emissionen

Nach wie vor hat eine deutliche Minderung anthropogener Emissionen erste Priorität unter den möglichen Schutzmaßnahmen.

Als wichtiger Erfolg der Umweltpolitik kann die rasche Absenkung des Ausstoßes von **Schwefeldioxid** verbucht werden, die als Folge der öffentlichen Diskussion über das Waldsterben im Westen Deutschlands erreicht worden ist (Abschn. 3.2.4, Abb. 3-3). Auch in der Schweiz und Österreich ist eine entscheidende Verminderung der Emission erzielt worden (Brang 1998, Smidt und Herman 2004). Seit 1990 ist auch in Ostdeutschland ein starker (Umweltbundesamt 1999 b) und in anderen Staaten Mitteleuropas ein deutlicher Rückgang der Emission festzustellen. Jedoch sind noch bei weitem nicht alle Möglichkeiten zur Minderung ausgeschöpft. Es sind daher weitere Anstrengungen notwendig. Denn noch immer ist gebietsweise die Belastung von Waldökosystemen durch Aufnahme von SO_2 über die Blattorgane zu hoch. Dies verschärft die Wirkungen der nach wie vor ablaufenden Versauerung und Nährstoffverarmung der Böden, welche durch die Auswaschung von Sulfationen angetrieben wird. Diese stammen nicht nur aus der aktuellen Deposition, sondern auch aus der Altlast im Boden gespeicherter Schwefelverbindungen.

Der Eintrag von **Stickstoffverbindungen** in Waldökosysteme stellt ein besonders ernstes und noch unzureichend gelöstes Problem dar. Erfolge bei der Verminderung der Emission von **Stickoxiden** sind bei den Großfeuerungen der Kraft- und Heizwerke sowie der Industrieanlagen festzustellen. Trotz der Einführung des Katalysators ist der Ausstoß durch den Straßenverkehr noch zu wenig zurückgegangen; denn die Vermehrung der Fahrzeuge, größere Fahrstrecken und höhere Fahrgeschwindigkeiten haben die durch den Katalysator erreichte Reduktion teilweise kompensiert. So bleibt die weitere Absenkung der Stickoxidemissionen aus dem Verkehr in ganz Mitteleuropa ein wichtiges Anliegen. In letzter Zeit ist klar geworden, dass die Freisetzung von **Ammoniak** durch die Landwirtschaft (vor allem Massentierhaltung und Gülleausbringung) in ländlich geprägten Gebieten heute vielfach an erster Stelle der Ursachen für die Versauerung von Waldböden steht. Denn in diesen findet auch bei niedrigen pH-Werten eine vollständige Nitrifikation statt. Die **Auswaschung** von **Nitrationen** hat daher große Bedeutung für die Basenverarmung von Waldböden (Abschn. 5.2). Demnach wäre auch eine starke Absenkung der Emission von Ammoniak eine wichtige und notwendige Schutzmaßnahme. Denn ein großer Teil der Wälder Mitteleuropas hat den Zustand der Stickstoffsättigung bereits erreicht oder steuert darauf zu (Spangenberg und Kölling 2001). Zudem ist selbst bei einem nur mäßigen Temperaturanstieg infolge der laufenden Klimaveränderung mit verstärkter Nitratfreisetzung aus dem Humus zu rechnen (Kolb und Rehfuess 1997).

Immer eindringlicher werden in letzter Zeit die Hinweise auf eine Schädigung von Waldökosystemen durch **bodennahes Ozon** (Abschn. 5.1.3, 6.1.2 und 6.1.3). Dessen Belastungsspitzen sind hauptsächlich auf Stickoxide und Kohlenwasserstoffe aus dem Straßenverkehr zurückzuführen, aus denen bei strahlungsreichem Wetter während des Transports in ländliche Gebiete Ozon entsteht (Abschn. 4.2.2.5). In Mitteleuropa hat während der letzten Jahrzehnte die Belastung von Waldökosystemen durch Ozon erheblich zugenommen. Wegen des Anstiegs der Ozonkonzentrationen mit der Seehöhe gilt das besonders für Gebirgswälder (Smidt und Herman 2004, Dittmar et al. 2005 c). Auch aus diesem Grund hätte eine drastische Senkung der Emissionen der Fahrzeugflotte zentrale Bedeutung für den Schutz der Wälder.

Die Emission von **Kohlendioxid und anderen Spurengasen**, welche den **Treibhauseffekt** der Atmosphäre verstärkt, verursacht mit großer Sicherheit in erster Linie die aktuelle Klimaänderung (Abschn. 4.3.3). Mit dieser ist sehr wahrscheinlich eine größere Häufigkeit von extremen Wetterlagen wie Orkanen, Dürreperioden und Überschwemmungen verbunden. Dies birgt schwer abschätzbare Risiken für Waldökosysteme. Eine weltweit erhebliche Reduktion der Emission an CO_2 bei der Energiegewinnung und dem Verkehr wäre gerade auch für den Schutz von Wäldern eine wichtige Maßnahme.

Aus der Analyse der Ursachen der Schädigung von Waldökosystemen ergibt sich die Notwendigkeit der **Verminderung anthropogener Emissionen** durch folgende konkrete Maßnahmen:

- Weitere Reduktion der Emission von Schwefeldioxid durch Entschwefelung von Brennstoffen bzw. Abgasen, soweit dies noch nicht geschehen ist.
- Wesentliche Absenkung der Emission von Ammoniak durch die Landwirtschaft.
- Einschränkung des Energieverbrauchs und Förderung regenerativer Formen der Energiegewinnung.
- Entwicklung und Einsatz von Fahrzeugantrieben ohne Emission von Schadstoffen.

Der letztgenannte Punkt hat für Waldökosysteme eine herausragende Bedeutung. Denn er könnte Säuredeposition und Ozonbelastung vermindern sowie die Risiken der laufenden Klimaänderung abschwächen. Die Emission von Ammoniak durch die Landwirtschaft und von Stickoxiden durch den Verkehr sind in letzter Zeit nicht wesentlich vermindert worden. Die Umweltpolitik beschränkt sich hier weitgehend auf Abwarten, obwohl die Notwendigkeit wirksamer Gegenmaßnahmen längst klar ausgesprochen und gut begründet worden ist.

8.2 Waldbau und Waldnutzung

Die Möglichkeiten von Schutzmaßnahmen im Rahmen der Waldbehandlung sind eng begrenzt. Es geht auf der einen Seite darum, die Ausfilterung von Schadstoffen aus der Atmosphäre möglichst gering zu halten. Auf der anderen Seite kommt es darauf an, die Böden vor Verlusten an Säureneutralisierungskapazität infolge des Entzugs von Biomasse zu bewahren, soweit das möglich ist.

Laubbäume, die im Winterhalbjahr keine Blätter tragen, filtern mit ihrer Krone wesentlich weniger Stoffe aus der Atmosphäre als **Nadelbäume**. Das gilt für Wasser in Nebeltröpfchen ebenso wie für Fremdstoffe (Ulrich et al. 1979, Matzner 1988, Rothe 1997, Abschn. 5.2.1). Außerdem tragen Nadelbäume durch ihre schwer zersetzbare und zugleich relativ basenarme Streu zur Bodenversauerung bei (Rehfuess 1990, Abschn. 3.1.2.2). Hinzu kommt noch ein weiterer Faktor: Die Humusvorräte, welche frühere Laubholzbestände in den Unterböden angesammelt haben, werden unter Fichtenbeständen allmählich abgebaut. Den dabei in Form von Nitrat anfallenden Stickstoff kann die Fichte offenbar nur unvollkommen nutzen (Kreutzer 1984, 1989, Feger et al. 1993, Rothe 1997, Abschn. 3.1.2.2). Die Auswaschung von Nitrat führt dann zur Bodenversauerung (Abschn. 5.2.2). Durch die Verwendung von Laubbäumen bzw. hohen Laubbaumanteilen bei der Mischung mit Nadelbaumarten können Eintrag von Säuren und Säurebildnern in Waldökosysteme sowie interne Säureproduktion wirksam begrenzt werden (von Wilpert et al. 2000).

Die **Ernte von Biomasse** in Wäldern durch Waldweide, Futterlaubgewinnung, Streunutzung und Niederwaldwirtschaft (Abschn. 3.1.1 und 3.1.2) spielt heute nur noch lokal eine Rolle. Jedoch hat in den letzten Jahren der Entzug an Biomasse und Nährstoffen durch die Holznutzung wieder zugenommen. Während Stammholz früher innerhalb der Waldbestände entrindet wurde, geschieht dies heute maschinell an der Waldstraße oder in Sägewerken. Diese Art der Holznutzung stellt im Rahmen der Stoffbilanzen von Waldökosystemen eine wesentliche Größe dar. Noch schwerer wiegen die Entzüge an Biomasse und Nährstoffen durch den Einsatz moderner Holzerntemaschinen, so genannte Harvester. Bei der Entnahme von Nadelbäumen werden meist die Äste samt den Nadeln als Fahrunterlage für die Maschine auf die Rückegasse gepackt – also von der Waldfläche entfernt. Bei der Nutzung von schwachen Stämmen, Baumkronen und Ästen als **Energieholz** in Form von **Hackschnitzeln** sind wegen des hohen Anteils an Rinde und teilweise auch Blattorganen die Nährstoffentzüge noch bedeutend höher (Joosten und Schulte 2003, Abschn. 3.1.2.2). Die Forstwirtschaft muss sich durch gründliche Untersuchungen Klarheit darüber verschaffen, auf welchen Standorten derartige Nutzungsformen tolerierbar sind (Habereder 1997, Rehfuess 2000). Das Zusammentreffen von hohen **Ernteentzügen** durch die Forstwirtschaft mit nach wie vor hohen **Auswaschungsverlusten** der Böden infolge der Deposition von Säurebildnern wird mittel- bis langfristig zu Problemen führen, wie neuerdings mehrere Fallstudien gezeigt haben. Das gilt insbesondere für Standorte mit geringer Nachlieferung verlorener Nährstoffe durch die Verwitterung (Sverdrup und Rosen 1998, Vejre 1999, Alewell et al. 2000, Rademacher et al. 2001, Joosten und Schulte 2003). Denn zu hohe Nährstoffentzüge und als deren Folge unausgeglichene Nährstoffbilanzen sind mit dem für die Forstwirtschaft seit langer Zeit gültigen Grundsatz der **Nachhaltigkeit** nicht vereinbar.

Die laufende Klimaerwärmung bringt mehr und mehr die am weitesten verbreitete Baumart Fichte in Bedrängnis. **Waldumbau** mit deutlicher Reduktion der Fichtenanteile ist notwendig (Abschn. 9).

8.3 Düngung und Kalkung

Die Entwicklung der Böden des **humiden Klimabereichs** ist durch eine **fortschreitende Versauerung**, einem Rückgang der pH-Werte und der Basensättigung (K^+, Mg^{2+}, Ca^{2+}, Na^+) sowie einer Zunahme der Freisetzung und Mobilität von Kationensäuren (Mn^{2+}, Al^{2+}, Fe^{3+} und Schwermetallen verbunden (Abschn. 5). Das Ausmaß einer Reaktion ist von den jeweiligen Standortbedingungen und der Art und Intensität menschlicher Eingriffe abhängig.

Durch den Jahrhunderte währenden **Nährstoffexport** infolge der **Waldnutzungen** erfuhren die überwiegend armen Waldböden eine extreme Verarmung an Stickstoff (Abschn. 5.3.2) und Phosphor sowie basisch wirkenden Kationen wie Calcium, Magnesium und Kalium (Abschn. 5.3.4), verbunden mit einer zunehmenden Versauerung. Das heißt, die von Natur aus nährstoffarmen und degradationsgefährdeten Böden wurden durch den Menschen in starkem Maße weiter in ihren Standorteigenschaften gemindert. Zwar setzte mit der Industrialisierung und der Entwicklung der modernen Landwirtschaft eine stoffliche Entlastung der Wälder ein, diese war jedoch verbunden mit einer rapide steigenden Belastung durch Säurebildner, die den positiven Effekt bei weitem überkompensierten (Abschn. 4.2.5).

Die Folgen der intensiven Nutzung und der Depositionen von Säurebildnern in hohen Raten haben die natürlichen Prozesse der **Bodendegradation** in einer Weise **beschleunigt**, dass heute eine weitgehende Nivellierung der chemischen Bodenzustände am unteren Ende der Nährstoffausstattung bei hohem Versauerungsgrad festzustellen ist. Nach der Waldbodenzustandserhebung (BZE) weisen 60 % der Oberböden (0 – 10 cm) pH-Werte (H_2O) unter 4,2 auf und befinden sich im Al-, Al/Fe- oder Fe-Pufferbereich bei Basensättigungen von deutlich weniger als 15 %. In den Humusauflagen betrug der mittlere pH-Wert (H_2O) 4,01, in 10 % der Fälle war er sogar geringer als 3,45. Ohne die diffusen Einträge von Calcium, Magnesium und Kalium, die jedoch aufgrund der Luftreinhaltungsgesetzgebung gegenwärtig stark rückläufig sind, reicht in vielen Fällen der Vorrat an mobilisierbaren Nährstoffen nicht aus, um die nächste Baumgeneration ausreichend zu versorgen. Die **Verwitterungsraten** in den Böden sind häufig zu gering, um vorhandene Defizite auszugleichen und um eine Entsauerung der Böden in ökologischen Zeiträumen zu ermöglichen.

Vor diesem Hintergrund ist die Diskussion zu führen, ob und gegebenenfalls in welchem Umfang zum Schutz der Böden vor weiteren Nähr-

Tab. 8-1: Ziele von Kalkungs- und Düngungsmaßnahmen

Ökosysteme	
abiotische	• Erhöhung der Basensättigung (M_b-Kationen) • Erhöhung der effektiven Austauschkapapazität • Erhöhung des pH-Werts • Verminderung der Löslichkeit von M_a-Kationen und Schwermetallen • Erhöhung der $Ca^{2+} + Mg^{2+}/Al^{3+}$-Molverhältnisse
biotische	• Verbesserung des Feinwurzelwachstums • Vertiefung des Wurzelsystems • Verbesserung der Wasser- und Nährstoffversorgung der Bäume • Schaffung ausgeglichener Nährstoffverhältnisse in den Blättern und Nadeln • Minderung des Trockenheits- und Windwurfrisikos • Schaffung eines Milieus für Bodenwühler • Aufbau einer vielfältigen Krautschicht • Erhöhung der biotischen Diversität • Veränderung der Humusform in Richtung Mull • Auflösung steiler chemischer Gradienten
Nachbarsysteme	
	• Minderung der Belastung des Grundwassers und von Oberflächengewässern • Reduktion der N_2O- und NO_x-Emissionen

stoffverarmungen und Versauerungen oder zur partiellen Regradation **basenhaltige Dünger** ausgebracht werden sollen, oder ob diese Maßnahmen aus Gründen des Biotop- und Artenschutzes und des Umweltschutzes vollständig zu unterlassen sind. Aufgrund anstehender Zertifizierungen und der Definition „guter forstlicher Praxis" bedürfen diese Fragen dringend einer Antwort und einer wissenschaftlich fundierten Untermauerung.

Möglichkeiten der Forstwirtschaft zur Stabilisierung der Ökosysteme und Vitalisierung der

Bestände bestehen einerseits in der Ausbringung basenhaltiger Stoffe wie magnesiumhaltige Kalke, Basaltmehl oder Kompost auf degradierte Böden oder andererseits in der gezielten Anwendung von Nährstoffen, die im Mangel sind. Mit den Maßnahmen wird beabsichtigt, die in der Tabelle 8-1 aufgeführte Wirkungskette zu induzieren. Während es sich bei den **Kalkungsmaßnahmen** um längerfristige Umstellungen des Gesamtsystems handelt, die entweder einer zunehmenden Degradierung vorbeugen (Schutz- oder Kompensationskalkungen) oder zur Regradation der vom Menschen negativ beeinflussten (degradierten) Ökosysteme führen sollen (Regradationskalkungen), dienen **Düngungsmaßnahmen** der Beseitigung akuter Mängel durch die gezielte Zufuhr schnell löslicher Nährstoffe.

8.3.1 Kalklöslichkeit

Bei der Auflösung von Kalk werden stets H-Ionen verbraucht. Diese können aus der Luft (Bildung von Kohlensäure aus CO_2 und Wasser) aus saurem Regen (Mineralsäuren aus Luftverunreinigungen) oder aus dem Boden (Kationensäuren, z. B. Al-Ionen, biotische Umsetzungen) stammen. Die Auflösung der Kalke geht in zwei Schritten vor sich. Der erste läuft im pH-Bereich $8-6{,}5$ ab, der zweite im Bereich $7-4{,}5$. Da HCO_3^- mobil ist, wird durch dieses Anion die Entsauerungsfront mit dem Sickerwasser langsam in den Mineralboden verlagert.

Calcit:

$$\text{Schritt 1:} \quad CaCO_3 + H_2O + CO_{2(g)} \rightarrow$$
$$2\,HCO_3^- + Ca^{2+} \qquad (65)$$
$$\text{Schritt 2:} \quad 2\,HCO_3^- + 2\,H^+ + 2\,A^- \rightarrow$$
$$2\,CO_2\uparrow + 2\,H_2O + 2\,A^- \qquad (66)$$

$$CaCO_3 + 2\,H^+ + 2\,A^- + H_2O + CO_{2(g)} \rightarrow$$
$$Ca^{2+} + 2\,CO_2\uparrow + 2\,H_2O + 2\,A^- \qquad (67)$$

Dolomit:

$$\text{Schritt 1:} \quad CaMg(CO_2)_2 + 2\,H_2O + 2\,CO_{2(g)} \rightarrow$$
$$4\,HCO_3^- + Ca^{2+} + Mg^{2+} \qquad (68)$$
$$\text{Schritt 2:} \quad 4\,HCO_3^- + 4\,H^+ + 4\,A^- \rightarrow$$
$$4\,CO_2 + 4\,H_2O\uparrow + 4\,A^- \qquad (69)$$

$$CaMg(CO_2)_2 + 4\,H^+ + 4\,A^- + 2\,H_2O + 2\,CO_{2(g)} \rightarrow$$
$$Ca^{2+} + Mg^{2+} + 4\,CO_2\uparrow + 4\,H_2O + 4\,A^- \qquad (70)$$

Als Beispiel für eine Reaktion im versauerten Mineralboden sei genannt:

$$AlOHSO_4 + 2\ H_2O \leftrightarrow$$
$$Al(OH)_3 + 2\ H^+ + SO_4^{2-} \qquad (71)$$

$$Ca^{2+} + 2\ HCO_3^- + 2\ H^+ + SO_4^{2-} \rightarrow$$
$$Ca^{2+} + SO_4^{2-} + 2\ H_2O + 2\ CO_2 \qquad (72).$$

Je nach den örtlichen Bedingungen wird der Kalk mit Verblasungsgeräten oder mittels Hubschrauber ausgebracht. Eine Einarbeitung in den Boden verbietet sich, da dies mit einer unzulässigen Schädigung der Wurzelsysteme verbunden wäre.

Modellrechnungen von Prenzel (1985) ergaben, dass bei einer jährlichen Niederschlagsmenge von 1 000 mm, einer CO_2-Konzentration von 0,03 %, einer Temperatur von 10 °C und einem sehr hohen Säureeintrag von 10 kmol $ha^{-1}a^{-1}$ pro Jahr 20 $kmol_c$/ha gelöst werden können. Dies entspricht pro ha und Jahr einer Tonne Kalk. Felduntersuchungen von Mindrup (2001) ergaben Auflösungsraten gleicher Größenordnung. Dabei spielte die Körnung und die Baumart eine Rolle.

Grobkörniger Dolomit unter Buche: 0,82 t $ha^{-1}\ a^{-1}$
Feinkörniger Dolomit unter Buche: 0,99 t $ha^{-1}\ a^{-1}$
Grobkörniger Dolomit unter Fichte: 0,96 t $ha^{-1}\ a^{-1}$
Feinkörniger Dolomit unter Fichte: 1,30 t $ha^{-1}\ a^{-1}$

Diese Untersuchungen fanden unter hoher Säurebelastung und hohen Niederschlagsraten statt. Unter vielen Standorten und bei heute stark reduzierten Säureeinträgen muss jedoch mit deutlich **reduzierten Auflösungsraten** gerechnet werden. Bei aktuellen Lösungsraten ist theoretisch nur mit einem moderaten Eingriff in den Bodenchemismus zu rechnen. Dies ist erwünscht, da frühere Maßnahmen mit Branntkalk (CaO) zu einer starken Mineralisierung der Humusauflagen und Nährstoffverlusten führten. Die Erkenntnisse zum Lösungsverhalten von Kalken in Ackerböden, wie sie von Barber (1967), Adams (1981) und Hugenroth (1975) gewonnen wurden, lassen sich auf Waldböden nicht übertragen, da in Ackerböden eine innige Durchmischung des Kalks mit dem Mineralboden erfolgt.

8.3.2 Kompensations- oder Schutzkalkungen

Die Diskussion über die anthropogenen Säureeinträge in Waldökosysteme und deren Rolle für die Destabilisierung unserer Wälder hat die Kalkung in einem neuen Licht erscheinen lassen. Wurde in der Vergangenheit in erster Linie an eine Melioration der Waldböden gedacht, um die in den Humusauflagen gespeicherten Nährstoffe zu mobilisieren und den Bäumen verfügbar zu machen (Süchting 1943, Wiedemann 1948, Wittich 1958, Wittich 1959, Ulrich und Kauffel 1970, Ulrich 1970, Ulrich 1971, Ulrich 1975), steht heute die **Neutralisation saurer Depositionen** und die **Zufuhr von Mg und Ca** im Zentrum der Maßnahmen. Diese Art der Kalkung mit gemahlenem Gesteinsmehl unterschiedlicher Körnung wird als Kompensations- oder Schutzkalkung bezeichnet und wird seit Beginn der 1970er Jahre immer wieder gefordert (Ulrich und Keuffel 1970, Gussone 1983, 1987, Ulrich 1986, Evers 1989, Hüttl 1989).

In der Tabelle 8-2 sind die jährlichen Säurebelastungen pro Hektar für karbonatfreie Böden sowie die zur Neutralisierung notwendigen Kalk-Äquivalente zusammengestellt.

Es wird deutlich, dass die internen Protonenproduktionen die gleiche Größenordnung wie die Pufferraten durch die Silikatverwitterung aufweisen. Dies bedeutet, dass eine nachhaltige Waldnutzung, bei der nur das Derbholz entnommen wird, zu keiner oder nur zu geringer Versauerung führt. Durch die **Deposition von Säuren und Säurebildnern**, aber auch durch **verstärkten Bio-**

Tab. 8-2: Säure-Belastungen und Kalkbedarf von Waldökosystemen

	$kmol_c\ ha^{-1}\ a^{-1}$	Kalk-Äquivalente kg $CaCO_3\ ha^{-1}\ a^{-1}$
Deposition	0,5 – 4,0	25 – 200
Interne Protonenproduktion	0,4 – 1,1	20 – 55
Verwitterung	0,2 – 1,1	10 – 55
Bilanz und Kalkbedarf	0,7 – 4,0	35 – 200

Tab. 8-3: Kriterien für die Kalkungsbedürftigkeit von Waldböden

Kalkung erforderlich	• Ca-Sättigung im OH-Horizont	< 10 v. H.
	• pH (in KCl) im Mineralboden	< 4,2
	• Ca + Mg-Sättigung am Austauscher (Ake)	< 15 v. H.
	• Ca/Al-Verhältnis (mol/mol) in der Bodenlösung	< 1
Kalkung dringend erforderlich	• Ca-Sättigung im OH-Horizont	< 10 v. H.
	• pH (in H_2O) im OH-Horizont	< 3,0
	• pH (in H_2O) im Mineralboden	< 4,2
	• pH (in KCl) im Mineralboden	< 3,8
	• Ca + Mg-Sättigung am Austauscher (Ake)	< 5 – 15 v. H.
	• H + Fe-Sättigung am Austauscher (Ake)	> 2 – 5 v. H.
	• Ca/Al-Verhältnis (mol/mol) in der Bodenlösung	< 0,3

masseexport, kann es jedoch zu **erheblichen Zusatzbelastungen** der Bäume und Bodenbiota kommen, da die Protonen in sauren Böden über die Bildung toxischer Kationensäuren (Al^{3+}, Mn^{2+}, Fe^{3+}) gepuffert werden. Zur ökologisch unschädlichen Pufferung der zusätzlichen Säuremengen werden 35 bis 200 kg $CaCO_3$ pro ha und Jahr benötigt. Auf dieser Basis wurden die Kalkmengen für die Schutzkalkung errechnet, die je nach Standortbedingungen zwischen 2 – 4 t/ ha eines dolomitischen Kalks betrugen. Als Kriterien für die Beurteilung der Kalkungsbedürftigkeit werden der pH-Wert, die Ca-Sättigung im OH-Horizont, die Basensättigung des Mineralbodens sowie das Ca/Al-Molverhältnis der Bodenlösung herangezogen (Tab. 8-3).

Bei anhaltender Säurebelastung wird aufgrund der Belastungshöhe und der Standortbedingungen entschieden, in welchen zeitlichen Abständen die **Maßnahme wiederholt** werden muss. **Schützenswerte Bestände** werden von den Maßnahmen generell ausgenommen. Die Ausführungsbedingungen sind in den Bundesländern unterschiedlich, sie werden in Merkblättern und Leitfäden jeweils beschrieben, z. B. MURL (1998), FVA Baden-Württemberg (2000) und Sächsische Landesanstalt für Forsten (2000).

8.3.2.1 Wirkungen

Boden und Bodenlösung

Seit den 1980er Jahren wurden auf rund einem Drittel der Waldfläche Schutzkalkungen mit einer Aufwandhöhe von 3 – 4 t/ha durchgeführt. Zur Anwendung kamen zum weitaus größten Teil **dolomitische Kalke,** um neben der Säurebelastung auch häufig sichtbare Magnesiummängel zu beseitigen. In Regionen mit extrem hohen Belastungen war es erforderlich, die Kalkungen zu wiederholen.

Wie oben beschrieben, ist die Auflösung der auf den Oberflächen ausgebrachten Kalke ein langsam ablaufender Prozess, der sich nur verzögert in den Mineralboden fortsetzt. Exemplarisch ist dies von Kreutzer et al. (1995) am Höglwald-Experiment untersucht worden (Abb. 8-1).

In diesem Fall wurden 1984 4 t/ha Dolomit ausgebracht. Die Abbildung 8-1 zeigt die Verläufe der Ca- und Mg-Mengen in verschiedenen Bodenkompartimenten. Es ist erkennbar, dass der Lösungsprozess nach sechs Jahren abgeschlossen und damit das Pufferpotenzial des ausgebrachten Kalks erschöpft ist. Gleichzeitig ist erkennbar, dass sich die freigesetzten Ionen sehr unterschiedlich verhalten, sich aber insgesamt noch im Wurzelbereich befinden. Während sich die **Ca^{2+}-Ionen** noch zum weitaus größten Teil in den **Humusauflagen** aufhalten und nur ein kleiner Anteil in den Abschnitt 0 – 20 cm des Mineralbodens verlagert wurde, befand sich beim **Magnesium** der überwiegende Teil bereits im **Mineralboden** bis zu Tiefen von mehr als 40 cm. Dieses Verhalten ist im Einklang mit der geringeren Bindungsstärke des Magnesiums und der daraus resultierenden größeren Mobilität. Ein Befund, der im Hinblick auf die langfristige Nährstoffversorgung zu beachten ist. Es zeigt sich jedoch, dass die Schutzkalkung bezüglich ihrer Pufferwirkung zeitlich begrenzt ist, was sich aus den geringen Mengen erklärt, dass aber die Veränderungen des chemischen Bodenzustands und damit auch die der Bodenlösung länger anhalten und zu eine Verbesserung des chemischen Milieus

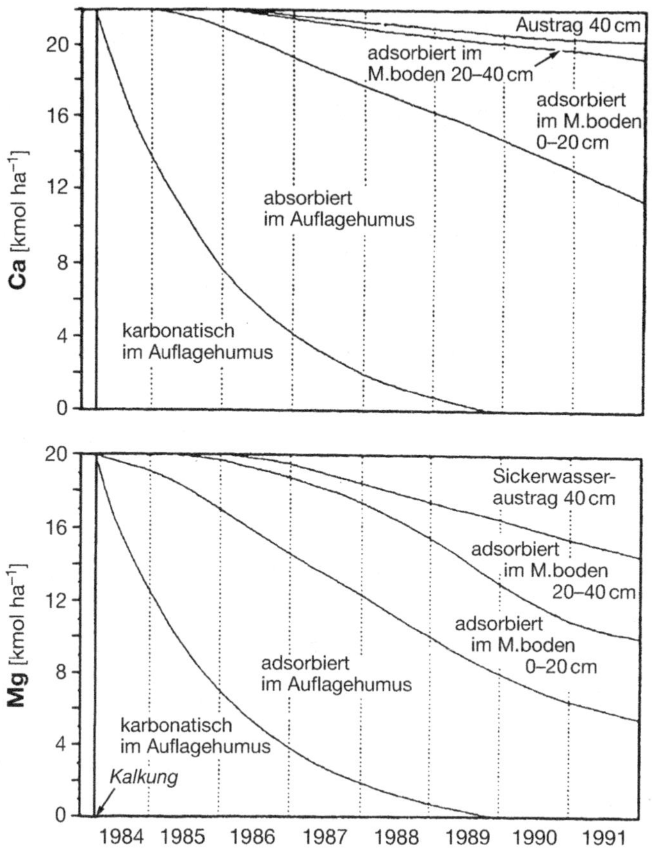

Abb. 8-1: Verteilung und Bindungsform von düngerbürtigem Mg und Ca in verschiedenen Bodenkompartimenten seit Applikation von 4 t/ha dolomitischem Kalk im Herbst 1984 und den Folgejahren bis 1991 (Högelwald/Oberbayerisches Tertiärhügelland; podsolige Braunerde). Verändert aus Kreutzer (1995).

für Wurzeln und Bodenbiota führen. Letzteres wird in Erhöhungen der Basensättigung des Austauschers und in Erweiterungen der Ca/Al-, Mg/Al-, Ca/H- und Mg/H-Ionenverhältnisse der Bodenlösung sichtbar. In einer Vielzahl von Untersuchungen wurden diese Befunde bestätigt (Beese und Prenzel 1985, Eberl 2001, Nohrstedt 2002, Wenzel 1989, Marschner 1990, 1995, Marschner und Wilczynski 1991, Marschner et al. 1992, von Zezschwitz 1998, Mindrup und Meiwes 1995, Adams and Evans 1989).

Wie lange diese Wirkungen anhalten, ist von den jeweiligen Standortbedingungen abhängig und lässt sich nur ungefähr abschätzen. Längerfristig muss jedoch mit einer **Tiefenverlagerung** und **Auswaschung** gerechnet werden. So lagen in neun Kalkungsversuchen die Ca- und Mg-Austräge im Mittel um 1,6 kmol$_c$ über denen der Kontrollen (Marschner 1990, Matzner et al. 1983, Meyer 1992, Türk 1992). Andererseits konnten Immer et al. (1989) 70 Jahre nach der

Kalkung noch erhöhte pH-Werte feststellen. In Schweden wurden noch 70 Jahre nach einer Meliorationskalkung erhöhte Ca-Konzentrationen im Boden festgestellt (Nihlgard et al. 1988), so auch in Finnland nach 24 Jahren (Derome et al. 1986). Alle diese Beispiele zeigen, dass die Kalkungsmaßnahmen einen längerfristigen Einfluss auf die Waldökosysteme haben werden, insbesondere dann, wenn die Säurebelastungen weiter rückläufig sind.

Bezüglich des Verhaltens von **Schwermetallen** sind die Ergebnisse widersprüchlich. In einigen Fällen wurde eine erhöhte Mobilität festgestellt (Lamersdorf 1985, Schierl et al. 1986, Schierl und Kreutzer 1991), während andere Autoren keine Veränderungen beobachteten (Marschner et al. 1992). Schüler (1995) fand sogar einen deutlichen Rückgang der Schwermetallkonzentrationen und einen verminderten Austrag aus den Humusauflagen. In einigen Fällen wurde eine erhöhte Mobilität des Cadmiums konstatiert. Die gesteigerte mikrobielle Umsetzung führt zu einer Erhöhung des gelösten Kohlenstoffs im Oberboden (Hildebrand und Schack-Kirchner 1990, Göttlein und Pruscha 1991), wodurch sich die Möglichkeit der Bildung von metallorganischen Komplexen erhöht. Nach den bisherigen Kenntnissen ist dieser Prozess aber auf den Oberboden beschränkt und führt nicht zu erhöhten Auswaschungen von Schwermetallen aus den Ökosystemen. Kalke können aber auch selbst Schwermetalle enthalten. Mit den üblichen Aufwandmengen einer Schutzkalkung können Mengen ausgebracht werden, die mehrjährigen Depositionsbelastungen entsprechen. Das Problem der Schwermetallbelastung wird jedoch deutlich gemindert, wenn aufgrund erhöhter Bioturbation eine Verteilung im Boden erfolgt.

Bodenorganismen

Die Bodenmikroorganismen reagieren auf die Kalkung mit erhöhter Aktivität und einer Vergrößerung der Biomassen. Lang und Beese (1985), Persson (1988 a, b), Schierl und Kreutzer (1989), Illmer und Schinner (1991), Badalucco et al. (1992), Wolters (1989), Wolters et al. (1995), Papen et al. (1991) und Lang (1986) konnten zeigen, dass die Zahlen der **Bakterien** zunehmen, während Fiedler und Fiedler (1961) sowie Ivarson (1977) auf Rückgänge der **Pilze** hinweisen. Agerer (1991) fand bei Pilzen ein indifferentes Verhalten. Auch die **Bodentiere** weisen nach der Kalkung Veränderungen in der Zusammensetzung ihrer Gesellschaft auf. Regenwurmarten, Schnecken, Doppelfüßler und Asseln werden gefördert, während Fadenwürmer, Enchyträen, Springschwänze und Milben zurückgehen (Persson, 1988, Schauermann 1985, Makeschin 1991, Tauchert und Eisenbeis 1992). Generell konnte jedoch festgestellt werden, dass es zwar Veränderungen in den Populationsgrößen gab, dass aber das Artenspektrum erhalten blieb. Bei den Regenwürmern wurden lediglich die noch als Restpopulationen vorhandenen Streubewohner gefördert. Eine Einwanderung von bodenbewohnenden Arten wurde nicht beobachtet (Wolters und Schauermann 1989). Eine abschließende Analyse dieser Veränderungen im Hinblick auf die Diversität der Bodenorganismen und ihrer Funktionen ist aufgrund der vorliegenden Daten nicht möglich, oftmals befürchtete

gravierende Einschnitte wurden bei der gängigen Kalkungspraxis bisher nicht festgestellt.

Stoffumsätze

Es kann als gesichert gelten, dass Kalkungen zu einem erhöhten **Abbau der organischen Substanz** führen können. Dies zeigen eine Vielzahl von Untersuchungen, bei denen erhöhte CO_2-Freisetzungen oder O_2-Aufnahmen festgestellt wurden (Lang 1986, Badolucco et al. 1992, Zelles et al. 1990). Jedoch muss nach der Qualität der Humusauflagen differenziert werden. Bei sehr starker N-Limitierung, C/N > 60, erniedrigte sich die CO_2-Emission; bei C/N-Verhältnissen zwischen 27 und 37 trat keine Veränderung ein, während bei C/N-Verhältnissen < 24 ein verstärkter Abbau erfolgte (Persson et al. 1990). Dies erklärt die zum Teil widersprüchlichen Resultate verschiedener Autoren.

Die C/N-Verhältnisse der organischen Substanz haben auch einen maßgeblichen Einfluss auf die Stickstoffmineralisation. Bei weiten C/N-Verhältnissen > 25 wird in der Regel nicht mit einer Netto-N-Mineralisation gerechnet, da es über die mikrobiellen Aktivitäten erst zu einer Verengung der C/N-Verhältnisse kommt. Mit zunehmender N-Sättigung und Verengung der C/N-Verhältnisse muss eine erhöhte N-Freisetzung erwartet werden. Da unter diesen Bedingungen (Lang 1986, Papen et al. 1991, Wölfelschneider 1994) auch die Nitrifikanten zunehmen und der Nitrifikationsgrad steigt, besteht die **Gefahr von Nitratauswaschungen**, wenn die Bäume und die krautige Vegetation dieses zusätzliche N-Angebot nicht nutzen können (Türk 1992, Marschner 1990). Bei längerfristig angelegten Versuchen war erkennbar, dass nach einer initialen Erhöhung der Nitratkonzentrationen im Sickerwasser ein deutlicher Rückgang erfolgte (Matzner 1985, von Wilpert et al. 1993). Überschreitungen der Grenzwerte für Trinkwasser wurden äußerst selten oder nur temporär festgestellt.

Standörtliche Unterschiede sind die Ursache, dass in der Literatur oft von gegensätzlichen Resultaten berichtet wird (Lang 1986, Ibrom und Runge 1989, Rodenkirchen und Forster 1991, Lützow et al. 1992, Nohrstedt 2002, Kreutzer et al. 1991), um nur einige zu nennen. Als Konsequenz ergibt sich, dass weitere und wiederholte

9 Ausblick

Die Erforschung von Schädigungsvorgängen in Wäldern während der letzten Jahrzehnte kann als ein **Lernprozess** verstanden werden. Zunächst wurden vor allem toxische Wirkungen einzelner Schadstoffe diskutiert. Dann zeigte sich rasch, dass monokausale Erklärungsansätze nicht greifen. Vielmehr sind natürliche Standortsfaktoren sowie die Geschichte der Nutzung von Waldökosystemen mit in das Geschehen verwickelt. Anstatt eines großflächigen, raschen Absterbens von Wäldern, wie es zeitweise befürchtet worden war, haben wir es meist mit **schleichenden Veränderungen** von Waldökosystemen zu tun. Diese verlaufen so langsam, dass sie der unmittelbaren Beobachtung nur schwer zugänglich sind. Sie verlaufen aber vielfach weit schneller, als es unter natürlichen Bedingungen zu erwarten wäre. Das gilt vor allem für Veränderungen des chemischen und biologischen Zustands von Böden unter den anthropogenen Stoffeinträgen der letzten Jahrzehnte. Das trifft auch zu für Waldbestände, die unter einer chronischen, jedoch von Jahr zu Jahr stark wechselnden Belastung durch Ozon zu leiden haben. Die Schädigung von Waldökosystemen durch Umweltveränderungen ist also Realität (Hildebrand 2003). Auch durch langsame, nur scheinbar unbedenkliche Vorgänge sind im Interesse einer nachhaltigen Entwicklung unserer Waldökosysteme die Forschung wie auch die Politik weiterhin gefordert.

Zahlreiche offene Fragen muss die **Forschung** noch beantworten. Das gilt für grundlegende Probleme, die in physiologischen bzw. ökophysiologischen Experimenten unter kontrollierten Bedingungen bearbeitet werden müssen. Vor allem das Zusammenwirken verschiedener Faktoren in Schädigungsprozessen ist vielfach unzureichend verstanden. Da es sich als schwierig erwiesen hat, Ergebnisse von Laborversuchen ins Freiland zu übertragen, ist auf Experimente und Beobachtungen in Waldbeständen nicht zu verzichten. Dabei kommt es nicht nur auf die Flüsse von Stoffen an, sondern es müssen auch saprophytisch, symbiontisch und parasitisch lebende Organismen im Kontext **ökosystemarer Abläufe** in die Untersuchungen einbezogen werden. Das ist vor allem notwendig im Bereich Rhizosphäre-Mykorrhiza-Feinwurzeln, denn hier bestehen noch besonders schwer wiegende Kenntnislükken.

Von dem Schub durch die „Waldschadensforschung" haben auch anwendungsorientierte Untersuchungsvorhaben profitiert. So ist es heute bei **Dauerbeobachtungsflächen** bereits Standard, dass die Flüsse der Stoffe bilanziert werden. Dies geschieht nicht nur auf nationaler Ebene sondern auch in einem Netz von Beobachtungsflächen innerhalb Europas (so genannte **Level II-Flächen**). Damit ist ein Überwachungssystem für Wälder eingerichtet worden, das in seiner langfristigen Konzeption von größter Bedeutung ist (Haußmann et al. 1999). Man kann hoffen, dass diese Flächen gewissermaßen als Kristallisationskerne für zusätzliche – möglichst interdisziplinär angelegte – Untersuchungen wirken. Darüber hinaus sind Anstrengungen nötig, speziell auf diesen Beobachtungsflächen das Messprogramm um wichtige Parameter – wie etwa die Belastung durch Ozon – zu ergänzen. Dabei sollten nicht allein die Ozonkonzentrationen der Luft bzw. die AOT40-Werte berücksichtigt werden. Denn da hier in der Regel auch meteorologische Parameter und Wasserhaushaltsgrößen gemessen werden, hat man Eingangsdaten für eine Modellierung der Ozonflüsse ins Innere der Blattorgane (Dittmar et al. 2005 c). Daraus ergäbe sich eine tragfähige Grundlage für europaweite Vergleiche.

Die drastische Absenkung der Emission von Schwefeldioxid kann als der wichtigste **Erfolg** der **Umweltpolitik** während der beiden letzten Jahrzehnte verbucht werden. Das hat nachweislich zu einer wesentlichen Entlastung von Waldökosystemen geführt. Dabei wird die ambivalente Rolle der Diskussion um das „Waldsterben" deutlich. Wir wissen heute, dass die Befürchtung eines großflächigen Absterbens von Wäldern überzogen war. Es ist aber vollkommen klar, dass die rasche Reduktion des SO_2-Ausstoßes ohne die an Horrorvisionen gekoppelte Medienkampagne nicht zustande gekommen wäre. Auch wissen wir in keiner Weise, wie sich unsere Waldökosysteme ohne diese Entschwefelungsmaßnahmen entwickelt hätten.

Auf der anderen Seite steht die **Umweltpolitik** vor einer Reihe **unerledigter Aufgaben** – obwohl die Forschung zu diesen eindeutige Befunde vorgelegt hat. Das gilt für eine wesentliche Reduktion der Abgase aus dem **Straßenverkehr**, denn Stickoxide tragen zu Bodenversauerung und Eutrophierung bei und sind zusammen mit Kohlenwasserstoffen auch für Belastungsspitzen beim Ozon verantwortlich. Das gilt auch für wirksame Maßnahmen gegen die Ammoniakverflüchtigung in der **Landwirtschaft**. Und das gilt schließlich für den insgesamt zu hohen Stickstoffeintrag in Waldökosysteme, der aus beiden genannten Quellen gespeist wird. Der Anteil an Waldökosystemen mit Stickstoffsättigung, die in erheblichen Mengen Stickstoff in Form von Nitrat an das Grundwasser abgeben, nimmt rasch zu.

Das gefährdet auch die Gewinnung von hochwertigem Trinkwasser. Wenn die Umweltpolitik eine **nachhaltige Entwicklung** im Auge hat, dann muss sie sich diesen Problemen stellen.

Gefordert ist aber nicht zuletzt auch die **Forstwirtschaft**. Seit etwa 1980 ist im Zuge der laufenden **Klimaänderung** ein starker Temperaturanstieg erfolgt (Abschn. 4.3.3). Einen ersten Höhepunkt brachte der Sommer 2003, der wärmste seit 500 Jahren. Auch in den Jahren 2005 und 2006 gab es sehr heiße und zugleich niederschlagsarme Witterungsabschnitte. Das hat insbesondere in warm-trockenen Gebieten Süddeutschlands (Neckarland, Mittelfranken) zu einer enormen Vermehrung des Buchdruckers (*Ips typographus* L.) geführt. Auf großen Flächen mussten befallene Fichtenbestände eingeschlagen werden. Die bereits erfolgte und die erwartete weitere Klimaerwärmung zwingen zum **Waldumbau**. Die Anteile der am weitesten verbreiteten Baumart Fichte müssen entscheidend zurückgenommen werden – ganz besonders in Bereichen mit warm-trockener Klimatönung.

Literaturverzeichnis

Aas, G. (1998): Morphologische und ökologische Variation mitteleuropäischer *Quercus*-Arten: Ein Beitrag zum Verständnis der Biodiversität. IHW-Verlag, Eching bei München

Abetz, P. (1988): Untersuchungen zum Wachstum von Buchen auf der Schwäbischen Alb. All. Forst- u. J.-Ztg.**159**:215-223

Acevedo, J., Noelahn C. (1993): Environmental UV radiation Commission of the European Communities, Bruxelles

Achermann, B. (1998): Langzeitrisiko für den Wald: Überschreitung kritischer Belastungsgrenzen. In: Brang (1998):52-57

Ackermann, J., Hartmann, G. (1992): Kronenschäden in Eichenbeständen Niedersachsens nach Farbinfrarot-Luftbildern aus den Jahren 1988/89. Forst und Holz **47**:452-460

Adams, F. (1981): Alleviating chemical toxicities: liming acid soils. In: Arkin and Taylor (Hrsg.): Modifying the root environment to reduce crop stress. ASAE Monograph **4**:269-301

Adams, W. A., Evans, G. M. (1989): Effects of lime applications to parts of an upland catchment on soil properties and the chemistry of drainage waters. J. Soil Sci. **40**:585-597

Agerer, R. (1986): Die exakte Kenntnis der Ectomycorrhizen als Voraussetzung für Feinwurzeluntersuchungen im Zusammenhang mit dem Waldsterben. Allg. Forst-Z. **41**:497-504

Agerer, R. (1987-1995): Colour atlas of ectomykorrhizae. Einhorn-Verlag E. Dietenberger, Schwäbisch Gmünd

Agerer, R. (1991): Streuzersetzende Großpilze im Höglwaldprojekt: Reaktionen im vierten Jahr der Behandlung. In: Kreutzer, K., Göttlein, A. (Hrs.): Ökosystemforschung Höglwald, Forstwiss. Forsch. **39**:99-102

Agerer, R. (1997): Mycorrhizae: Ectotrophic and endotrophic mycorrhizae. Progress in Botany **58**:521-524

Agerer, R., Brand, F., Gronbach, E. (1986): Die exakte Kenntnis der Ectomykorrhizen als Voraussetzung für Feinwurzeluntersuchungen im Zusammenhang mit dem Waldsterben. Allg. Forst-Z. **41**:497-508a

Ahrens, U., Seemüller, E. (1994): Detection of mycoplasmalike organisms in declining oaks by polymerase chain reaction. Eur. J. For. Path. **24**:55-63

Aichmüller, R. (1962): Der Einfluß von Umwelt und Erbgut auf Stärkenwachstum, Verzweigung und Benadelung der Fichte. Forstwiss. Cbl. **81**:156-181

Aldinger, E. (1987): Elementgehalte im Boden und in Nadeln verschieden stark geschädigter Fichten-Tannenbestände auf Praxiskalkungsflächen im Buntsandstein-Schwarzwald. Freiburger Bodenkundl. Abhandlg. **19**, 265 S.

Aldinger, E. (1989): Nährelementversorgung von Fichten (*Picea abies* Karst.) und Tannen (*Abies alba* Mill.) im gleichen Bestand. Mitt. Ver. Forstl. Standortsk. u. Forstpflanzenzüchtg. **34**:59-66

Alewell, C. (2003): Acid inputs into the soils from acid rain. In: Rengel, Z. (Hrsg.): Handbook of Soil Acidity. Marcel Dekker Inc., New York. 83-115

Alewell, C., Manderscheid, B., Gerstberger, P. Matzner, E. (2000): Effects of reduced atmosheric deposition on soil solution chemistry and elemental contents of spruce needles in NE-Bavaria, Germany. J. Plant Nutr. Soil Sci. **163**:509-516

Altenkirch, W. (1991): Zyklische Fluktuation beim Kleinen Frostspanner (*Operophthera brumata* L.). Allg. Forst- u. Jagd-Z. **162**:2-7

Altenkirch, W., Majunke, C., Ohnesorge, B. (2002): Waldschutz auf ökologischer Grundlage. Eugen Ulmer, Stuttgart

Alva, A. K., Edwards, D. G., Asher, C. J., Blamey, F. P.C. (1986): Relationships between root length of soybean and calculated activities of aluminum monomers in nutrient solution. Soil Sci. Soc. Am. J. **50**:959-962

Ammer, C. et al. (2005): Zur Zukunft der Buche (*Fagus sylvatica* L.) in Mitteleuropa. All. Forst- u. J.-Ztg.**176**:60-67

Ammon, W. (1937): Das Plenterprinzip in der schweizerischen Forstwirtschaft. Folgerungen aus 30 Jahren Bewirtschaftung von Plenterwald. 1. Aufl.. P. Haupt, Bern

Andersen, A., Ott, R, Schramm, E. (1986): Der Freiberger Hüttenrauch 1849-1865. Umweltwirkungen, ihre Wahrnehmung und Verarbeitung. Technikgeschichte **53**:169-200

Andreae, H. (1993): Verteilung von Schwermetallen in einem forstlich genutzten Wassereinzugsgebiet am Beispiel der Sösemulde, Westharz. Ber. FZW, Göttingen **A 99**:1-161

Andreae, H. (1994): Deposition anorganischer Komponenten. In: Matschullat et al. (1994):107-111

Andrivon, D. (1995): Inhibition by aluminum of mycelial growth and of sporangial production and germination in *Phytophthora infestans*. Eur. J. Plant Path. **101**:527-533

Anglberger, H., Halmschlager, E. (2003): The severity of *Sirococcus* shoot blight in mature Norway spruce stands with regard to tree nutrition, topography and stand age. Forest Ecology Managem. **177**:221-230

Anglberger, H., Sieghardt, M., Katzensteiner, K., Halmschlager, E. (2003): Needle nutrient status of *Sirococcus* shoot blight-diseased and healthy Norway spruces. For. Path. **33**:21-29

Anonymus (1983): Gefährdung der Wälder durch Luftverunreinigungen. Aufruf an die Regierung der Bundesrepublik Deutschland und die Bürger der Bundesrepulik Deutschland

Anselmi, N., Puccinelli, P. (1993): Studies on *Armillaria* attacks on declining oak trees. In: Luisi, N., Lerario, P., Vannini, A. (Hrsg.) (1993)

Arbeitsgemeinschaft der Großforschungseinrichtungen (1993): Atmosphärisches Ozon. Prozesse und Wirkungen. Vortragsveranstaltung am 6.12.1993 in Bonn-Bad Godesberg

Arbeitskreis „Krone" der Bund-Länder Arbeitsgruppe Level II (2001): Dauerbeobachtungsflächen Waldschäden im Level II-Programm – Methoden und Ergebnisse der Kronenansprache seit 1983. Bundesministerium für Verbraucherschutz, Ernährung und Landwirtschaft (Hrsg.)

Armbruster, M., MacDonald, J., Diese, N. B., Matzner, E. (2002): Throughfall and output fluxes of Mg in European forest ecosystems: a regional assessment. For Ecology Managem. **164**:137-147

Arndt, U. (1990): Synoptic discussion of methods and results. Environ. Pollut. **68**:435-451

Arndt, U., Nobel, W., Schweizer, B. (1987): Bioindikatoren: Möglichkeiten, Grenzen und neue Erkenntnisse. Ulmer, Stuttgart

Arndt, U. et al. (1990): Visible injury responses. Environ. Pollut. **68**:355-366

Arnolds, E. (1991): Decline of ectomycorrhizal fungi in Europe. Agric. Ecosystems Environ. **35**:209-244

Asada, K., Kiso, K. (1973): Initiation of aerobic oxidation of sulfite by illuminated spinach chloroplasts. Eur. J. Biochem. **33**:253-257

Asard, H., Horemans, N., Caubergs, R. J. (1995): Involvement of ascorbic acid and a b-type cytochrome in plant plasma membrane redox reactions. Protoplasma **184**:36-41

Asche, N. (1997): Nährelementgehalte in Buchenblättern unter besonderer Berücksichtigung der zeitlichen Variation auf basenarmen Standorten in Nordrhein-Westfalen. Forstwiss. Cbl. **116**:394-402

Asche, N. (1998): Beeinflusst die Waldkalkung das Wurzelsystem der Buche? Vortr. Sekt. Waldernährung, Göttingen

Asman, W. A.H., Drukker, B. (1988): Modelled historical concentrations and depositions of ammonia and ammonium in Europe. Atmospheric Environment **22**:725-735

Asman, W. A.H., Drukker, B., Janssen, A. J.(1987): Estimated historical concentrations and depositions of ammonia and ammonium in Europe and their origin (1870-1980). Report R-87-2, Institute for Meteorology and Oceanography, State University of Utrecht and Netherlands Energy Research Foundation, Petten, The Netherlands

Athari, S. (1983): Zuwachsvergleich von Fichten mit unterschiedlich starken Schadsymptomen. Allg. Forst-Z. **38**:653-655

Athari, S., Kramer, H. (1989 a): Problematik der Zuwachsuntersuchungen in Buchenbeständen mit neuartigen Schadsymptomen. Allg. Forst- u. J.-Ztg. **160**:1-8

Athari, S., Kramer, H. (1989 b): Beziehungen zwischen Grundflächenzuwachs und verschiedenen Baumparametern in geschädigten Buchenbeständen. Allg. Forst- u. J.-Ztg. **160**:77-83

Augustin, S., Wolff, B. (2003): Beziehungen zwischen Critical Loads Überschreitungen und Daten des Forstlichen Umweltmonitorings. Berichte Freiburger Forstl. Forschung, **49**:115-123

Automobil Revue (1999): Das „Waldsterben" ist gestorben. Hallwag Verlag, Bern

Axelsson, E., Axelsson, B. (1986): Changes in carbon allocation patterns in spruce and pine trees following irrigation and fertilisation. Tree Physiology **2**:189-204

Bååth, E. (1989): Effects of heavy metals in soil on microbial processes and populations. A literature review. Water Air and Soil Pollution **47**:335-379

Babel, U. (1981): Humusmorphologische Untersuchungen in Nadelholzbeständen mit Wuchsstörung. Mitt. Ver. Forstl. Standortskunde u. Forstpflanzenzüchtung **29**:7-20

Bachmann, G., Bannick, C. G., Giese et al. (1997): Fachliche Eckpunkte zur Ableitung von Bodenwerten im Rahmen des Bundes-Bodenschutzgesetzes. Handbuch Bodenschutz **24**. Lfg. IX/97, Nr. 3500, Berlin

Badalucco, L. Grego, S., Dellòrco, S., Nannipieri, P. (1992): Effect of liming on some chemical, biochemical, and microbial properties of acid soils under spruce (*Picea abies* L.). Biol. Fert. Soils **14**:76-83

Baier, R. (2005): Verjüngung der Fichte auf degradierten Schutzwaldstandorten. Vortrag beim 9. Statusseminar des Kuratoriums der Bayerischen Staatsforstverwaltung. Zentrum Wald, Forst, Holz Weihenstephan:Waldforschung aktuell

Baier, R., Göttlein, A. (2004): Böden der Kalkalpen. AFZ-DerWald **59**:481-483

Baier, U. (1996): Zur Situation der Eichenerkrankungen in Thüringen. In: Wulf und Kehr 1996:20-23

Balci, Y., Halmschlager, E. (2003): Incidence of *Phytophthora* species in oak forests in Austria and their possible involvement in oak decline. For. Path. **33**:157-174

Balder, H., Lakenberg, E. (1987): Neuartiges Eichensterben in Berlin. Allg. Forst-Z. **42**:684-685

Balsberg-Påhlsson, A. M. (1989): Toxicity of heavy metals (Zn, Cu, Cd, Pb) to vascular plants. A literature review. Water Air and Soil Pollution **47**:287-319

Balsberg Påhlsson, A.-M. (1992): Influence of nitrogen fertilization on minerals, carbohydrates, amino acids and phenolic compounds in beech (*Fagus sylvatica* L.) leaves. Tree Physiology **10**:93-100

Baltz (1900): Rauchschaden am Walde. Deutsche Forst-Ztg. **15**:150-154, 170-173

Baltz (1913): Das Absterben der Eichen in Westfalen. Z. f. Forst- u. Jagdwes. **45**:793-796

Barber, S. (1967): Liming materials and practices. In: Pearson and Adams (Hrsg.): Soil acidity and liming, Agron. Monograph **12**:125-160, ASA, Madison, WI

Barbey, A. (1906): Schädigungen des grünen Eichenwicklers in den Niederwaldungen am Fuß des Waadtländer Jura. Schweiz. Z. Forstwes. **57**:301-304

Bart, P. (1987): Kronenmerkmale und Jahrringbau von geschädigten Hochlagenfichten im Nationalpark Bayerischer Wald. Diplomarbeit Fachhochschule Weihenstephan

Bates, J. W., McNee, P. J., McLeod, A. R. (1996): Effects of sulphur dioxide and ozone on lichen colonization of conifers in the Liphook Forest Fumigation Projekt. New Phytol. **132**:653-660

Bauch, J. (1983 a): Biologische Veränderungen in Stamm und Wurzeln umweltbelasteter Waldbäume. GSF-Bericht **A 3/83**:49-57

Bauch, J. (1983 b): Biological alterations in the stem and root of fir and spruce due to pollution influence. In: Ulrich, B., Pankrath, J. (Hrsg.): Effects of accumulation of air pollutants in forest ecosystems. D. Reidel. 377-386

Bauch, J., Michaelis, W. (Hrsg.) (1988): Das Forschungsprogramm Waldschäden am Standort „Postturm", Forstamt Farchau/Ratzeburg. GKSS-Forschungszentrum Geesthacht

Bauch, J. und Schröder, W. (1982): Zellulärer Nachweis einiger Elemente in den Feinwurzeln gesunder und erkrankter Tannen (*Abies alba* Mill.) und Fichten (*Picea abies* Karst.) Forstw. Cbl. **101**:285-294

Bauch, J., Klein, P., Frühwald, A., Brill, H. (1978): Veränderungen der Holzeigenschaften von Weißtannen (*Abies alba* Mill.) durch das „Tannensterben". Allg. Forst-Z. **33**:1448-1449

Bauch, J., Klein, P., Frühwald, A., Brill, H. (1979): Alterations of wood characteristics in *Abies alba* Mill. due to „fir-dying" and considerations concerning its origin. Eur. J. For. Path. **9**:321-331

Bauch, J., Stienen, H., Ulrich, B., Matzner, E. (1985): Einfluss einer Kalkung bzw. Düngung auf den Elementgehalt in Feinwurzeln und das Dickenwachstum von Fichten aus Waldschadensgebieten. AFZ **17**:1148-1150

Baule, H., Fricker, C. (1967): Die Düngung von Waldbäumen. BLV Bayerischer Landwirtschaftsverlag München

Baumgarten (1914): Das Absterben der Eichen in Westfalen. Z. f. Forst- u. Jagdwes. **46**:174-177

Baumgarten, M. (1998): Charakterisierung des physiologischen Zustands von Altbuchen in zwei Höhenlagen des Bayerischen Waldes unter Berücksichtigung der Standortfaktoren und der Ozonbelastung. Dissertation, Typoskript-Edition, Hieronymus München

Baumgarten, M., Häberle, K.-H., Werner, H., Fabian, P., Matyssek, R. (1999): Ozone – a constraint on beech in the Bavarin Forest? The indicative value of AOT40. In: Fuhrer, J., Achermann, B. (1999): Critical Levels for ozone – Level II. Preliminary Background Papers of a Workshop at Gerzensee, Switzerland, 11.-15. April 1999

Baumgarten M. et al. (2000): Seasonal ozone response of mature beech trees (*Fagus sylvatica*) at high altitude in Bavarian Forest (Germany) in comparison with young beech grown in the field and in phytotrons. Environ. Pollut. **109**:431-442

Baumgarten, O. (1912): Insekten- und Pilzschäden an den Eichenbeständen der Provinz Westfalen. Z. f. Forst- u. Jagdwes. **44**:154-161

Baumgartner, P. (1991): Die Entwicklung der Waldschadenproblematik in den Medien während der letzten fünf Jahre. Schweiz. Z. Forstwes. **142**:1-17

Bäumler, R., Zech, W. (1993): Stoffeinträge und Stoffdynamik zweier Kleineinzugsgebiete im Flysch (Tegernseer Alpen). GSF-Bericht **39/93**:207-217

Bayerische Akademie der Wissenschaften (Hrsg.) (1993): Zustand und Gefährdung der Laubwälder. F. Pfeil, München

Bayerische Landesanstalt für Wald und Forstwirtschaft (2000): Persönliche Mitteilung

Bayerische Landesanstalt für Wald und Forstwirtschaft (2001): Waldzustandsbericht 2001 sowie vorausgehende Berichte

Bayerisches Landesamt für Umweltschutz (1977-1995): Lufthygienische Jahresberichte

Bayerisches Staatsministerium für Landwirtschaft und Forsten (2002-2005): Waldzustandsberichte 2002-2005

Beck L., Mittmann, H-W. (1982): Zur Biologie eines Buchenwaldbodens. 2. Klima, Streuproduktion und Bodenstreu. Carolinea **40**:65-90

Becker, B., Glaser, R. (1991): Baumringsignaturen und Wetteranomalien. Forstwiss. Cbl. **110**:66-83

Becker, M. (1989): The role of climate on present and past vitality of silver fir forests in the Vosges mountains of northeastern France. Can. J. For. Res. **19**:1110-1117

Becker, M., Bräker, O.-U., Kenk, G., Schneider, O., Schweingruber, F.-H. (1990): Kronenzustand und Wachstum von Waldbäumen im Dreiländereck Deutschland-Frankreich-Schweiz in den letzten Jahrzehnten. Allg. Forst-Z. **45**:263-274

Becker, R., Block, J., Schimming, C.-G., Spranger, T., Wellbrock, N. (2000): Critical Loads für Waldökosysteme – Methoden und Ergebnissse für Standorte des Level II-Programms. Arbeitskreis A der Bund-Länder Arbeitsgruppe Level II. Herausgeber: Bundesministerium für Verbraucherschutz, Ernährung und Landwirtschaft (BMVEL) Bonn

Beer, V. (1997): Pigmentgehalt an Fichten unterschiedlichen Schädigungsgrades. Allg. Forst-Z./Der Wald **52**:35-36

Beese, F. (1986): Parameter des Stickstoffumsatzes in Ökosystemen mit Böden unterschiedlicher Acidität. Göttinger Bodenkundl. Ber. **90**:1-344

Beese, F., Meiwes, K.-J. (1995): 10 Jahre Waldkalkung: Stand und Perspektiven AFZ **50**:946-949

Beese, F., Prenzel, J. (1985): Das Verhalten von Ionen in einem Buchenwald-Ökosystem auf podsoliger Braunerde mit und ohne Kalkung. AFZ **43**:1162-1164

Beese, F., Waraghai, A. (1985): Ionenstatus und Säure-Neutralisationsverhalten von Buchenblättern und Kalkung. AFZ **17**:1164-1166

Beese, F. et al. (1991): Phänologie und Inhaltsstoffe von Buchenblättern in Relation zur Acidität von Böden. Ber. Forschungszentr. Waldökosysteme, Reihe B, Bd. **25**

Beilke, S., Elshout, A. J. (Hrsg.) (1983): Acid deposition. Reidel Publ. Co., Dordrecht

Bengtsson, G., Tranvik L. (1989): Critical metal concentrations for forest soil invertebrates. A review of the limitations. Water Air and Soil Pollution **47**:381-417

Benson, D. M. (1993): Suppression of *Phytophthora* parasitica on *Catharanthus roseus* with Aluminum. Phytopathology **83**:1303-1308

Berchtold, R., Alcubilla, M., Evers, F. H., Rehfuess, K. E. (1981): Standortskundliche Studien zum Tannensterben: Nadel- und bastanalytischer Vergleich zwischen befallenen und gesunden Bäumen. Forstw. Cbl. **100**:236-253

Berger, J. (1949): Das Massensterben der Tanne im Wienerwald. Österr. Vierteljahresschr. f. Forstwes. **90**:1-11 und 81-90

Berger, R., Katzensteiner, K. (1994): Massenauftreten der Kleinen Fichtenblattwespe *Pristiphora abietina* (Christ.) (Hym., Thentrinidae) im Hausruck. 2: Immissionsökologischer Einfluß. J. Appl. Ent. **118**: 253-266

Berger, T. (1995): Eintrag und Umsatz langzeitwirksamer Luftschadstoffe in Waldökosystemen der Nordtiroler Kalkalpen. In: Herman und Smidt (1995):133-143

Berger, T. W., Glatzel, G. (1994): Deposition of atmospheric constituents and its impact on nutrient budgets of oak forests (*Quercus petraea* and *Quercus robur*) in Lower Austria. For. Ecology Managem. **70**: 183-193

Bergmann, W. (1992): Nutritional disorders of plants: development, visual and analytical diagnosis. Gustav Fischer Verlag, Jena

Bernes (Hrsg.) Monitor (1989): Climate and the natural environment. Environmental Protection Board. Solna 1989

Bernhard (1924): Diskussionsbeitrag zu Mayer (1924)

Bertsch, P. M. (1989): Aqueous polynuclear aluminum species. In: G. Sposito, G. (Hrsg.): The environmental chemistry of aluminum. CRC Press, Boca Raton, FL. 87-115

Beyschlag, W., Ryel, R. J., Dietsch, C. (1994): Shedding of older needle age classes does not necessarily reduce photosynthetic primary production of Norway spruce. Trees **9**:51-59

Bick, H. (1998): Grundzüge der Ökologie. G. Fischer, Stuttgart, Jena, Lübeck, Ulm

Billen, N., Schätzle, H., Seufert, G., Arndt, U. (1990): The Hohenheim long-term experiment. Performance of some growth variables. Environ. Pollut. **68**:419-434

Bittlingmaier, L., Reinhardt, W., Siefermann-Harms, D. (Hrsg.) (1995): Waldschäden im Schwarzwald. Ecomed, Landsberg

Blake, L (2005): Acid rain and soil acidification. In: D. Hillel et al. (Hrsg.) Encyclopedia of soils in the environment. Elsevier Academic Press, Oxford **1**: 1-11

Blank, L. W., Payer, H. D., Pfirrmann, D., Rehfuess, K. E. (1990): Effects of ozone, acid mist and soil characteristics on clonal Norway spruce (*Picea abies* (L.) Karst.) – overall results and conclusions of the joint 14 month tree exposure experiment in closed chambers. Environ. Pollut. **64**:385-395

Blank. R. (1997): Ringporigkeit des Holzes und häufige Entlaubung durch Insekten als spezifische Risikofaktoren der Eichen. Forst und Holz **52**:235-242

Blank, R., Riemer, T. (1999): Quantifizierung des Einflusses blattfressender Insekten auf den Spätholzzuwachs der Eiche in Nordwestdeutschland. Forst und Holz **54**:569-576

Blaschke, H. (1981): Mykorrhizastatus und pathogene Vorgänge im Feinwurzelbereich als Symptome des Tannensterbens. Eur. J. For. Path. **11**:375-379

Blaschke, H. (1982): Das Vorkommen einer *Phytophthora*-Fäule an Feinwurzeln der Weißtanne (*Abies alba* Mill.). Eur. J. For. Path. **12**:232-238

Blaschke, H. (1994): Decline symptoms on roots of *Quercus robur*. Eur. J. For. Path. **24**:386-398

Blaschke, L., Schulte, M., Raschi, A., Slee, N., Rennenberg, H., Polle A. (2001): Photosynthesis, soluble and structural carbon compounds in two mediterranean oak species (*Quercus pubescens* and *Quercus ilex*) after lifetime growth at naturally enhanced CO_2 concentrations. Plant Biology **3**:288-297

Blaschke, L., Forstreuter M., Sheppard L., Murray M., Leith, I. K., Polle, A. (2002): Lignification in beech (*Fagus sylvatica* L.) grown at elevated CO_2 concentrations: evidence for interaction with nitrogen metabolism and influence on leaf maturation, Tree Physiology, im Druck

Blaschke, M. (2006): Persönliche Mitteilung

Blasius, D., Kottke, I., Oberwinkler, F. (1985): Zur Bewertung der Güte von Fichtenwurzeln geschädigter Bestände. Forstwiss. Cbl. **104**:318-325

Bligny, R., Gout, E., Kaiser, W., Heber, U., Walker, D. A., Douce, R. (1997): pH regulation in acidstressed leaves of pea plants grown in the presence of nitrate and ammonium salts: studies involving 31P-spectroscopy and chlorophyll fluorescence. Biochim. Biophys. Acta **1320**:142-152

Block, J., Meiwes, K.-J. (2000): Verwendung von Indikatoren für Aluminiumstress im Rahmen des Level II-Programms. Forstarchiv **71**:44-48

Block, J., Delb, H., Hartmann, G., Seemann, D., Schröck, W. (1995): Schwere Folgeschäden nach Kahlfraß durch Schwammspinner im Bienwald. AFZ/Der Wald **50**:1278-1281

Block, J., Schröck, W., Wunn, U. (2004): Entwicklung des „Blattverlustes" ist ein aussagekräftiger Vitalitätsindikator. AFZ-DerWald **59**:431-432

BMELF (1997): Deutscher Waldbodenbericht Band 1 und 2. Bundesministerium für Ernährung, Landwirtschaft und Forsten, Bonn

Bolte, A. (1999): Canopy thinning, light climate and distribution of *Calamagrostis epigeios* (L.) Roth in a Scots pine forest (*Pinus sylvestris* L.). Verh. Ges. Ökologie **29**:9-18

Bolte, A. (2005): Zur Zukunft der Buche in Mitteleuropa. AFZ-DerWald **60**:1077-1078

Bolte, A., Wolff, B. (2001): Validierung von Critical Loads Überschreitungen mit Indikatoren des aktuellen Wirkungsgeschehens. Arbeitsbericht Institut für Forstökologie und Walderfassung 2001/4. Bundesforschungsanstalt für Forst- und Holzwirtschaft.

Abschlussbericht zum UBA-Forschungsprojekt: FKZ 298 43 209

Bonello, P., Heller, W., Sandermann jr., H. (1993): Ozone effects on root-disease susceptibility and defense responses in mycorrhizal and non-mycorrhizal seedlings of Scots Pine (*Pinus sylvestris* L.). New Phytol. **124**:653-663

Bonn, S. (2000): Konkurrenzdynamik in Buchen/Eichen-Mischbeständen und zu erwartende Modifikationen durch Klimaänderungen. Allg. Forstu. J.-Ztg. **171**:81-88

Borggreve, B. (1895): Waldschäden im Oberschlesischen Industriebezirk nach ihrer Entstehung durch Hüttenrauch, Insektenfraß etc. Eine Rechtfertigung der Industrie gegen folgenschwere falsche Anschuldigungen. Sauerländer, Frankfurt a. M.

Borgmann,W. (Hrsg.) (1. Band 1927, 2. Band 1930): Heß-Beck: Forstschutz. 5. Aufl.. Neumann, Neudamm

Borken, W., Beese, F. (2000): Regradation belasteter Waldböden: Chancen und Risiken der Kompostausbringung. Allg. Forstz. **55**:318-321

Borken, W., Muhs, A., Beese, F. (2002): Changes in microbial and soil properties following compost treatment of degraded temperate forest soils. Soil biology and biochemistry **34**:413-412

Borken, W., Xu, X. J., Beese, F. (2004 a): Ammonium, nitrate and dissolved organic nitrogen in seepage water as affected by compost amendment to European beech, Norway spruce, and Scots pine forests. Plant and Soil **258**:121-134

Borken, W., Xu, X. J., Beese, F. (2004 b): Leaching of dissolved organic carbon and carbon dioxide emission after compost application to six nutrient-depleted forest soils. Journal of Environmental Quality **33**:89-98

Borrmann, K. (1996): Vierzig Jahre Naturwaldforschung im Heilige Hallen-Bestand. AFZ/DerWald **51**:1292-1296

Börtitz, S., Däßler, H.-G. (1992): J. A. Stöckhardts grundlegende Beiträge zur Immissionsforschung und deren heutige Bedeutung. Wiss. Z. TU Chemnitz **34**:281-292

Bosch, C., Rehfuess, K. E. (1988): Über die Rolle von Frostereignissen bei den „neuartigen" Waldschäden. Forstwiss. Cbl. **107**:123-130

Bosch, C., Pfannkuch, E., Baum, U., Rehfuess, K. E. (1983): Über die Erkrankung der Fichte (*Picea abies* Karst.) in den Hochlagen des Bayerischen Waldes. Forstw. Cbl. **102**:167-181

Bosch, C., Pfannkuch, E., Rehfuess, K. E., Runkel, K. H., Schramel, P., Senser, M. (1986): Einfluss einer Düngung mit Magnesium und Calcium, von Ozon und saurem Nebel auf Forsthärte, Ernährungszustand und Biomasseproduktion junger

Fichten (*Picea abies* [L.] Karst.). Forstwiss. Cbl. **105**:218-229

Bowen, G. D., Theodorou, C. (1973): Growth of ectomycorrhizal fungi around seeds and roots. In: Marks und Kozlowski (Hrsg.) (1973):107-150

Bowen, G. D., Theodorou, C. (1979): Interactions between bacteria and ectomycorrhizal fungi. Soil Biol. Biochem. **11**:119-126

Boxler-Baldoma, C., Lütz, C., Heumann, H.-G., Siefermann-Harms, D. (2006): Structural changes in the vascular bundles of light-exposed and shaded spruce needles suffering from Mg deficiency and ozone pollution. J. Plant Physiol. **163**:195-205

Boxman, A. W., Roelofs, J. G.M. (1998): Long-term effects of a reduced nitrogen input to a Scots pine stand in the Netherlands (NITREX). Environmental Pollution

Boxman, D., Krabbendam, H., Bellemakers, M. J.S., Roelofs, J. G.M. (1991): Effects of ammonium and aluminium on the development and nutrition of *Pinus nigra* in hydroculture. Environ. Pollut. **73**:119-136

Boxman, A. W., van der Ven, P. J.M., Roelofs, J. G.M. (1998 a): Ecosystem recovery after a decrease of nitrogen input to a Scots pine stand at Ysselsteyn, the Netherlands. For. Ecology Managem. **101**:155-163

Boxman, A. W., Blanck, K., Brandrup, T. E., Emmett, B. A., Gundersen, P., Hogervorst, R. F., Kjønaas, O. J., Persson, H. A. (1998 b): Vegetation and soil biota response to experimentally-changed nitrogen imputs in coniferous forest ecosystems of the NITREX project. Forest Ecology Managem. **101**:65-79

Brahy, V., Titeux, H., Delvaux, B. (2000): Incipient podzolization and weathering caused by complexation in a forest Cambisol on loess as revealed by a soil solution study. Europ. J. Soil Sci. **51**:475-484

Bräker, O. U. (1991): Der Radialzuwachs an unterschiedlich belaubten Buchen in zwei Beständen bei Zürich und Basel. Schweiz. Z. Forstwes. **142**:427-433

Brandl, H. (1985): Zur Bedeutung bestandesgeschichtlicher Untersuchungen in der Forstgeschichte am Beispiel des „Tannensterbens" im Schwarzwald. Allg. Forst- u. J.-Ztg. **156**:142-146

Brandrud, T. E. (1995): The effects of experimental nitrogen addition on the ectomycorrhizal fungus flora in an oligotrophic spruce forest at Gardsjön, Sweden. For. Ecology Managem. **71**:111-122

Brandrud, T. E., Timmermann, V. (1998): Ectomycorrhizal fungi in the NITREX site at Gardsjön, Sweden; below and above-ground responses to experimentally-changed nitrogen inputs 1990-1995. For. Ecology Managem. **101**:207-214

Brang, P. (1989): Untersuchungen zur Zerfallsdynamik in unberührten Bergföhrenwäldern im Schweizerischen Nationalpark. Schweiz. Z. Forstwes. **140**:155-163

Brang, P. (1998): Sanasilva-Bericht 1997. Ber. d. Eidgenöss. Forschungsanst. f. Wald, Schnee u. Landschaft, Nr. **345**

Brasier, C. M. (1996): *Phytophthora cinnamomi* and oak decline in southern Europe. Environmental constraints including climate change. Ann. Sci. For. **53**:347-358

Brasier, C. M., Jung, T. (2003): Progress in understanding *Phytophthora* diseases of trees in Europe. In: McComb, J. A., Hardy, G. E. StJ, Tommerup, I. C. (2003):4-18

Brassel, P. (1992): Erkenntnisse aus den Waldschadeninventuren 1985 bis 1991. Eidgenöss. Forschungsanst. f. Wald, Schnee u. Landschaft: Forum für Wissen (1992):27-34

Braun, A., Schröter, H. (1997): Entwicklung der Vitalität von Tannen auf Dauerbeobachtungsflächen. AFZ/DerWald **52**:1372-1375

Braun, H. J. (1976/1977): Das Rindensterben der Buche, *Fagus sylvatica* L., verursacht durch die Buchenwollschildlaus *Cryptococcus fagi* Bär.. Eur. J. For. Path. **6**:136-146 und **7**:76-93

Braun, S., Flückiger, W. (1995): Effects of ambient ozone on seedlings of *Fagus sylvatica* L. and *Picea abies* (L.) Karst.. New Phytol. **129**:33-44

Braun S., Rihm, B., Schindler, Ch., Flückiger, W. (1999): Growth of mature beech in relation to ozone and nitrogen deposition: An epidemiological approach. Water Air Soil Pollut. **116**:357-364

Braun, S., Cantaluppi, L., Flückiger, W. (2005): Fine roots in stands of *Fagus sylvatica* and *Picea abies* along a gradient of soil acidificatin. Environ. Pollut. **137**:574-579

Brechtel, H.-M., Pohlmann, H. (1990): Regionale Unterschiede der jährlichen Niederschlagsdeposition von Säurebildnern im Freiland und unter Fichtenaltbeständen in der Bundesrepublik Deutschland. VDI-Berichte Nr. **837**:343-372

Bréda, N. (2000): Water shortage as a key factor in the case of the oak dieback in the Harth Forest (Alsatian plain, France) as demonstrated by dendroecological and ecophysiological study. In: Oszako, T., Delatour, C. (Hrsg.) (2000): Recent Advances on Oak Health in Europe. Warsaw, Forest Research Institute

Bréda, N., Cochard, H., Dreyer, E., Granier, A. (1993): Water transfer in a mature oak stand (*Quercus petraea*): seasonal evolution and effects of a severe drought. Can. J. For. Res. **23**:1136-1143

Bréda, N., Granier, A. (1996): Intra- and interannual variations of transpiration, leaf area index and radial growthof a sessile oak stand (*Quercus petraea*). Ann. Sci. For. **53**:521-536

Bredemeier, M. (1987): Stoffbilanzen, interne Protonenproduktion und Gesamtsäurebelastung des Bodens in verschiedenen Waldökosystemen Norddeutschlands. Ber. d. Forschungszentrums Waldökosysteme/Waldsterben, Reihe A: Bd. 33 Bredemeier, M., Matzner, E. (1986): In: IMA-Querschnittsseminar Deposition. Höfken, K. D., Bauer, H. (eds.), GSF München. BPT-Bericht 8/86:46

Bredemeier, M., Matzner, E. (1986): In: IMA-Querschnittsseminar Deposition. Höfken, K. D., Bauer, H. (eds.), BPT-Bericht 8/86, GSF, München

Bredemeier, M. et al. (1998): The Solling roof project – site characteristics, experiments and results. For. Ecology Managem. 101:281-293

Breemen, N. Van, Mulder, J., Driscoll, C. T. (1983): Acidification and alkalinization of soils. Plant and soil 75:282-308

Breemen, N. Van, Driscoll, C. T., Mulder, J. (1984): The role of acidic deposition and internal proton sources in acidification of soils and waters. Nature 307:599-604

Brenninger, C., Tranquillini, W. (1983): Photosynthese, Transpiration und Spaltöffnungsverhalten verschiedener Holzarten nach Begasung mit SO_2. Eur. J. For. Path. 13:228-238

Bretschneider, M., Schwarzfischer, C. (1993): Emittentenbezogene Untersuchung des Zuwachses an Fichten und Tannen am Blomberg nahe Bad Tölz. Diplomarbeit Fachhochschule Weihenstephan

Brill, H., Klein, P., Frühwald, A., Bauch, J. (1980): Alterations of biological and technological wood characteristics in *Abies alba* Mill. due to fir-dying. Mitt. d. Bundesforschungsanst. Forst- u. Holzwirtsch. Hamburg-Reinbek 131:195-205

Brill, H., Bock, E., Bauch, J. (1981): Über die Bedeutung von Mikroorganismen im Holz von *Abies alba* Mill. für das Tannensterben. Forstw. Cbl. 100:195-206

Bringmark, L., Bringmark, E., Samuelsson, B. (1998): Effects on mor layer respiration by small experimental additions of mercury and lead. The Science of the Total Environment 213:115-119

Broadmeadow, M. S.J., Jackson, S. B. (2000): Growth responses of *Quercus petraea*, *Fraxinus excelsior* and *Pinus sylvestris* to elevated carbon dioxide, ozone and water supply. New Phytol. 146:437-451

Bruckmann, P., Pfeffer, H.-U. (1992): Langjährige Entwicklung der Luftqualität in urbanen Gebieten am Beispiel des Ballungsraumes Rhein-Ruhr. VDI-Berichte 952:151-166

Brüggemeier, F.-J., Rommelspacher, T. (1992): Blauer Himmel über der Ruhr. Geschichte der Umwelt im Ruhrgebiet 1840-1990. Klartext, Essen

Brumme, R., Beese, F. (1992): Effects of liming and nitrogen fertilization on emissions of CO_2 and N_2O from a temperate forest. J. Geophys. Res. 97:851-858

Brüning, D. (1959): Forstdüngung – Ergebnisse älterer und jüngerer Versuche. Neumann Verlag Radebeul

Brünn, S., Gries, D., Schmidt, W. (1996): Reaktion von *Calamagrostis epigejos* (L.) ROTH auf Unterschiede im Licht- und Stickstoffangebot. Verh. Ges. Ökologie 26:775-780

Brunner, I., Rigling, D., Egli, S., Blaser, P. (1999): Response of Norway spruce seedlings in relation to chemical properties of forest soils. For. Ecology Managem. 116:71-81

Brunold, Ch., Rüegsegger, A., Brändle, R. (Hrsg.) (1996): Stress bei Pflanzen. P. Haupt, Bern

Bucher, J. B., Bucher-Wallin, I. (Hrsg.) (1989): Air pollution and forest decline. Proc. 14th Int. Meeting for Specialists in Air Pollution Effects on Forest Ecosystems, IUFRO P2.05, Interlaken, Switzerland, Oct. 2-8, 1988. Birmensdorf

Buckl, A., Lindner, M. (1995): Nachweis des Schädigungsverlaufs von Fichte und Tanne im Forstamt Bodenwöhr in Abhängigkeit von Schwefeldioxidemissionen aus dem Raum Schwandorf anhand der Jahrringchronologie. Diplomarbeit Fachhochschule Weihenstephan

Buijsman, E., Maas, H. F.M., Asman, W. A.H. (1987): Anthropogenic NH_3 emissions in Europe. Atmospheric Environment (Reihe A) 21:1009-1022

Bundesamt für Statistik und Bundesamt für Umwelt Wald und Landschaft (1997): Umwelt in der Schweiz 1997. Bern

Bundesforschungsanstalt für Forst- und Holzwirtschaft (1999): Der Waldzustand in Europa. Kurzbericht 1999. Hamburg

Bundesministerium für Ernährung, Landwirtschaft und Forsten (1995-2000): Berichte über den Zustand des Waldes 1994-1999. Bonn

Bundesministerium für Ernährung, Landwirtschaft und Forsten (o. J.): Bundeswaldinventur 1986–1990 – eine Wertung. Bonn

Bundesministerium für Ernährung, Landwirtschaft und Verbraucherschutz (2006): Bericht über den Zustand des Waldes 2005, Berlin

Bundesministerium für Verbraucherschutz, Ernährung und Landwirtschaft (2001-2005): Berichte über den Zustand des Waldes 2000-2004, Bonn/Berlin

Bundt, M., Krauss, P., Blaser, P., Wilcke, W. (2001 b): Forest fertilization with wood ash: Effect on the distribution and storage of polycyclic hydrocarbons (PAHs) and polychlorinated biphenyls (PCBs). J. Env. Qual. 30:1296-1304

Bundt, M., Zimmermann, S., Blaser, P., Hagedorn, F. (2001 a): Sorption and transport of metals in preferential flow paths and soil matrix after the addition of wood ash. Europ. J. Soil Sci. 52:423-431

Bürger, R. (1991): Immissionen und Kronenverlichtung als Ursachen für Veränderungen der Waldbodenvegetation im Schwarzwald. Tuexenia **11**:407-424

Buscot, F., Weber, G., Oberwinkler, F. (1992): Interactions between *Cylindrocarpon destructans* and ectomycorrhizas of *Picea abies* with *Laccaria laccata* and *Paxillus involutus*. Trees **6**:83-90

Büsgen, M., Münch, E. (1929): The structure and life of forest trees. Chapman & Hall, London

Butin, H. (1996): Krankheiten der Wald- und Parkbäume. 3. Aufl.. G. Thieme, Stuttgart, NewYork

Butin, H., Volger, C. (1982): Untersuchungen über die Entstehung von Stammrissen („Frostrissen") an Eiche. Forstwiss. Cbl. **101**:295-303

Butin, H., Wagner, Ch. (1985): Mykologische Untersuchungen zur „Nadelröte" der Fichte. Forstwiss. Cbl. **104**:178-186

Büttner, C., Führling, M. (1996): Studies on virus infection of diseased *Quercus robur* (L.) from forest stands in northern Germany. Ann. Sci. For. **53**:383-388 Büttner, G. (1990): Bodenchemische Veränderungen infolge hoher Stickstoffbelastung. In: Ammoniak in der Umwelt: 4.1-4.17. Landwirtschaftsverlag, Münster-Hiltrup

Büttner, G. (1990): Bodenchemische Veränderungen infolge hoher Stickstoffbelastung. In: Ammoniak in der Umwelt. KTBL-Schriften, Landwirtschaftsverlag Münster-Hiltrup, 4.1-4

Büttner, G. (1992): Stoffeinträge und ihre Auswirkungen in Fichtenökosystemen im nordwestdeutschen Küstenraum. Berichte d. Forschungszentrums Waldökosysteme. Reihe A, Bd. **84**

Büttner, G. (1997): Die Entwicklung der Ernährungssituation niedersächsischer Waldbäume. Forst und Holz **52**:718-720

Büttner, G. (1999): Aluminium-Streß in niedersächsischen Waldböden. Forst und Holz **54**:577-580

Büttner, G., Lamersdorf, N., Schulz, R., Ulrich, B. (1986): Deposition und Verteilung chemischer Elemente in küstennahen Waldstandorten. Ber. FZW, **B1,** Göttingen

Büttner, G., Hartmann, G., Thomas, F. M. (1993): Vorzeitige Vergilbung und Nährstoffgehalte des Buchenlaubes in Südniedersachsen. Forst und Holz **48**:627-630

Calatayud, A., Temple, P. J., Barreno, E. (2000): Chlorophyll a fluorescence emission, xanthophyll cycle activity, and net photosynthetic rate responses to ozone in some foliose and fruticose lichen species. Photosynthetica **38**:281-286

Caldwell, M. M., Teramura, A., Tevini, M. (1989): The changing solar ultraviolet climate and the ecological consequences for higher plants. Trends in Ecology and Evolution **4**:363-367

Camy, C., De Villebonne, D., Delatour, C., Marcais, B. (2003): Soil factors associated with infection by *Col-*

lybia fusipes and decline of oaks. For. Path. **33**:253-266

Cech, T., Tomiczek, C. (1986): Erste Erkenntnisse zum Eichensterben in Ostösterreich. Forstl. Bundesversuchsanst. Wien, Informationsdienst, 235. Folge, Oktober 1996

Cech, T., Krehan, H. Tomiczek, C. (1990): Eichensterben in Europa. Forstschutz aktuell Nr. 4, 6/1990. Forstliche Bundesversuchsanstalt Wien

Cech, T. L., Hartmann, G., Tomiczek, C. (Hrsg.) (1998): Disease/environment interactions in forest decline. Proceedings of a IUFRO-Workshop March 16-21, Wien

Ceulemans R, Janssens IA & Jach ME (1999) Effects of CO_2 enrichment on trees and forests: lessons to learned in view of future ecosystem studies. Annals of Botany **84**:577-590.

Chaney, W. R. (1979): Leaf and twig abscission relationships in a mature white oak. Can. J. For. Res. **9**:345-348

Chaney, W. R., Leopold, A. C. (1972): Enhancement of twig abscission in white oak by etephon. Can. J. For. Res. **2**:492-495

Chapin III, F. S. (1991): Effects of multiple environmental stresses on nutrient availability and use. In: Mooney et al. (1991):67-88

Chodak, M., Borken, W., Ludwig, B., Beese, F. (2001): Effect of temperature on the mineralization of C and N of fresh and mature compost in sandy material. J. Plant Nutr. Soil Sci. **164**: 289-294

Christmann, A., Christmann, J., Schiller, P., Frenzel, B. (1996): Phytohormones in needles of healthy and declining silver fir (*Abies alba* Mill.): I. Indole-3-acetic acid. Trees **10**:331-338

Clarkson, D. T. (1988): The uptake and translocation of manganese by plant roots. In: Graham, R. I., Hannam, R. J., Uren, N. C. (eds.), Manganese in soils and plants. pp 101-111. Kluwer Academic Publishers, Dordrecht, The Nederlands

Coaz, J. (1882): Der Frostschaden des Winters 1879/80 und des Spätfrostes vom 19./20. Mai 1880. Stämpfli, Bern

Conklin, P. L., Williams, E. H., Last, R. L. (1996): Environmental stress sensitivity of an ascorbate acid-deficient *Arabidopsis* mutant. Proc. Natl. Acad. Sci. USA. **93**:9970-9974

Conklin, P. L., Pallanca, J. E., Last, R. L., Smirnoff, N. (1997): L-ascorbic acid metabolism in the ascorbate-deficient *Arabidopsis* mutant vtc1. Plant Physiol. **115**:1277-1285

Cooke, D. E.L. et al. (2005): Genetic diversity of European populations of the oak fine-root pathogen *Phytophthora quercina*. For. Path. **35**:57-70

Cotrufo, M. F., Ineson, P., Scott, A. (1998): Elevated CO_2 reduces the nitrogen concentration of plant tissues. Global Change Biology **4**:43-54

Coughtrey, P. J., Jones, C. H., Martin, M. H., Shales, S. W. (1979): Litter accumulation in woodlands contaminated by Pb, Zn, Cd and Cu. Oecologia, **39**:51-60

Courtois, H., Ruschen, G. (1987): Haben wurzelinfizierende Mikropilze Einfluß auf das „Waldsterben"? Allg. Forst- u. J.-Ztg. **158**:189-194

Cramer, H. H. (1990): Zur Entwicklung der Waldschäden von 1984-1989 – Eine Analyse der Schadenserhebungen. Schriftenreihe der Wilhelm-Münker-Stiftung, Heft **30**. Siegen

Cramer, H. H. (1984): Über die Disposition mitteleuropäischer Forsten für Waldschäden. Pflanzenschutz-Nachrichten Bayer **37**:97-207

Cronan, C. S. (1994): Aluminum biogeochemistry in the Albios Forest ecosystems: the role of acidic deposition in aluminum cycling. In: Godbold und Hüttermann (1994):51-81

Cronan, C. S. und D. F. Grigal (1995): Use of calcium/aluminium ratios as indicators of stress in forest ecosystems. J. Environ. Qual. **24**:209-226

Czajkowski, T., Kühling, M., Bolte, A. (2005): Einfluss der Sommertrockenheit im Jahre 2003 auf das Wachstum von Naturverjüngungen der Buche (*Fagus sylvatica* L.) im nordöstlichen Mitteleuropa. Allg. Forst- u. J.-Ztg. **176**:133-143

Dammann, I., Schröck, H. W., Herrmann, T. (2000): Ansätze zur integrierten Auswertung von Kronenzustandsdaten im Rahmen des Level II-Programms. Forstarchiv **71**:59-64

Dankwardt, A., Wüst, S., Elling, W., Thurman, E. M., Hock, B. (1994): Determination of atrazine in rainfall and surface water by enzyme immunoassay. ESPR-Environ. Sci. Pollut. Res. **1**:196-204

Dannecker, K. (1941): Daseinskampf der Weißtanne in ihren Heimatgebieten. Allg. Forst- u. J.- Ztg. **117**:129-148

Däßler, H.-G. (1987): Tharandter Immissionsforschung – von Stöckhardt bis zur Gegenwart. Sozialist. Forstwirtsch. **37**:18-21

Däßler, H.-G. (1991): Einfluß von Luftverunreinigungen auf die Vegetation. 4. Aufl..G. Fischer, Jena

Däßler, H.-G., Pelz, E. (1964): Die Fichtenwälder im Erzgebirge sind in Gefahr. Sozialist. Forstwirtsch. **14**:345-347

Däßler, H.-G., Ranft, H. (1986): Untersuchungen zur komplexen Wirkung von Immissions- und Frosteinfluß auf Fichtenwald in Mittelgebirgslagen. Allg. Forst-Z. **41**:340-343

Däßler, H.-G., Stein, G. (1968): Luftanalytische Untersuchungen im Erz- und Elbsandsteingebirge mit ständig betriebenen SO_2- und Staubmessstellen. Luft- und Kältetechnik **7**:315-318

Davidson, S. R., Ashmore, M. R., Garretty, C. (1992): Effects of ozone and water deficit on the growth and physiology of *Fagus sylvatica*. For. Ecology Managem. **51**:187-193

Dean, T. J., Long, J. N. (1986): Variation in sapwood area – leaf area relations within two stands of Lodgepole pine. Forest Sci. **32**:749-758

Delatour, C. (1983): Les dépérissements de chênes en Europe. Rev. Forest. Franc. **35**:265-282

Delatour, C. (2003): *Phytophthoras* and oaks in Europe. In: McComb, J. A., Hardy, G. E. StJ, Tommerup, I. C. (2003)

Delatour, C., Guillaumin, J. J. (1995): Role of *Armillaria* in the decline of silver fir in the Vosges and the Massif Central (Short Report). In: Landmann, G., Bonneau, M. (Hrsg.) (1995)

Delb, H. (1999): Folgeschäden nach der Schwammspinner-Kalamität von 1992 bis 1994 in Rheinland Pfalz. In: Delb und Block (1999):41-117

Delb, H., Block, J. (Hrsg.) (1999): Untersuchungen zur Schwammspinner-Kalamität von 1992 bis 1994 in Rheinland Pfalz. Mitt. Forstl. Versuchsanstalt Rheinland-Pfalz Nr. **45/99**

Delfs, J. (1999): Plaggenhieb und Streunutzung in der Lüneburger Heide. Forst und Holz **54**:762-767

DeLucia E. H., Day T. A., Vogelmann T. C. (1992): Ultraviolet-B and visible light penetration into needles of two species of subalpine conifers during foliar development. Plant Cell Environment **15**:921-929

Dengler, A. (1944): Frostschäden an Stiel- und Traubeneichen. Z. f. Forstwes. **76./70**:155-158

Der Bundesminister für Ernährung, Landwirtschaft und Forsten (1992): Bundeswaldinventur 1986-1990. Bonn

Der Bundesminister für Ernährung, Landwirtschaft und Forsten (1993): Terrestrische Waldschadenserhebung – Aufgabe, Methoden und Stellenwert.

Der Rat von Sachverständigen für Umweltfragen (1983): Waldschäden und Luftverunreinigungen. Sondergutachten März 1983. W. Kohlhammer, Stuttgart und Mainz

Der Spiegel (1981): Säureregen: Da liegt was in der Luft. **47/81**:96-110, **48/81**:188-200, **49/81**:174-190

Devêvre, O., Garbaye, J., Perrin, R. (1993): Experimental evidence of the deleterious soil microflora associated with Norway spruce decline in France and Germany. Plant and Soil **148**:145-153

Devêvre, O., Garbaye, J., Le Tacon, F., Perrin, R., Estivalet, D. (1995): Role of rhizosphere microfungi in the decline of Norway spruce in acidic soils. In: Landmann und Bonneau (1995):331-352

Devêvre, O., Garbaye, J., Botton, B. (1996): Release of complexing organic acids by rhizosphere fungi in Norway spruce yellowing in acidic soils. Mycol. Res. **100**:1367-1374

De Vries, W. (1994): Soil response to acid deposition at different regional scales. PhD thesis, Agricultural University of Wageningen.

De Vries, W., Breeuwsma, A. (1984): Causes of soil acidification. Netherlands Journal of Agricultural Sciences **32**:159-161

De Vries, W., Klap, J. M., Erisman, J. W. (2000 a): Effects of environmental stress on forest crown condition in Europe. Part I. Water Air Soil Pollut. **119**:317-333

De Vries, W. et al. (2000 b): Intensive monitoring of forest ecosystems in Europe. EU-UN/ECE

De Vries, W., Schütze, G., Römkens, P., Hettelingh, J.-P. (2002): Guidance for the calculation of Critical Loads for cadmium and lead in terrestrial and aquatic ecosystems, in Hettelingh et al. (2002)

De Vries, W., Schütze, G., Lofts, S. et al. (2004): Calculation of Critical Loads for cadmium, lead and mercury. Background document to a mapping manual on Critical Loads of cadmium, lead and mercury. Alterra Report 1104. Alterra, Wageningen.

Dickson, R. E., Isebrands, W. E. (1991): Leaves as regulators of stress response. In: Mooney et al. (1991):3-34

Diem, B., Ziegler, R. (1990): Wasser-, Chlorophyll-, Kohlehydrat- und Stickstoffgehalt immissionsgeschädigter Eichen. Allg. Forst-Z. **45**:261-262

Dingler, M. (1927) in Heß-Beck (1927)

Dittmar, C. (1999): Radialzuwachs der Rotbuche (*Fagus sylvatica* L.) auf unterschiedlich immissionsbelasteten Standorten in Europa. Bayreuther Bodenkundl. Ber., Band **67**

Dittmar, C., Elling, W. (1999): Jahrringbreite von Fichte und Buche in Abhängigkeit von Witterung und Höhenlage. Forstw. Cbl. **118**:251-270

Dittmar, C., Elling, W. (2004): Radial growth of Norway spruce [*Picea abies* (L.) Karst.] at the Coulissenhieb site in relation to environmental conditions and comparison with sites in the Fichtelgebirge and Erzgebirge. In: Matzzner, E. (Hrsg.): Biogeochemistry of forested catchments in a changing environment. Ecological Studies **172**:291-311, Chapter 18. Springer-Verlag, Berlin, Heidelberg

Dittmar, C., Elling, W. (2006): Phenological phases of common beech (*Fagus sylvatica* L.) and their dependence on region and altitude in Southern Germany. Eur. J. Forest Res. **125**:181-188

Dittmar, C., Zech, W., Elling, W. (2003): Growth variations of common beech (*Fagus sylvativa* L.) under different climatic and environmental conditions in Europe – a dendroecological study. For. Ecology Managem. **173**:63-78

Dittmar, C., Elling, W., Günthardt-Goerg, M., Mayer, F.-J., Gilge, S., Winkler, P., Fricke, W. (2004): Ozonbelastung und Schadsymptome im Extremsommer 2003. AFZ-DerWald **59**:683-685

Dittmar, C., Ewald, J., Elling, W. (2005 a): Vitalität der Buche anhand ungeeigneter Methodik falsch bewertet. AFZ-DerWald **60**:485-488

Dittmar, C., Ewald, J., Elling, W. (2005 b): Die vermeintliche Steuerung des Blattverlustes der Buche (*Fagus sylvatica* L.) durch die Witterung. Allg. Forst- u. J.-Ztg. **176**:220-228

Dittmar, C., Pfaffelmoser, K., Rötzer, T., Elling, W. (2005 c): Quantifying ozone uptake and its effects on the stand level of common beech (*Fagus sylvatica* L.) in southern Germany. Environ. Pollut. **134**:1-4

Dittmar, C., Fricke, W., Elling, W. (2006): Impact of late frost events on radial growth of common beech (*Fagus sylvatica* L.) in Southern Germany. Eur. J. Forest Res. **125**:249-259

Dittrich, A. P.M., Pfanz, H., Heber, U. (1992): Oxidation and reduction of sulfiter by chloroplasts and formation of sulfite addition compounds. Plant Physiol. **98**:738-744

Dixon, M., Webb, E. C. (1958): Enzymes. Acad. Press, New York

Dixon, R. K., Brown, S., Houghton, R. A., Solomon, A. M., Trexler, M. C., Wisnieweski, J. (1994): Carbon pools and flux of global forest ecosystems. Science **263**:185-190.

Dobben, H. F. van, Braak, C. J.F. ter, Dirkse, G. M. (1999): Undergrowth as a biomonitor for deposition of nitrogen and acidity in pine forest. For. Ecology Managem. **114**:83-95

Dobbertin, M. (1998): Sterberate, Nutzungsrate und Einwuchsrate. Sowie: Zuwachs und Kronenverlichtung. In: Brang (1998)

Dohrenbusch, A., Jaehne, S., Meyer, A.-C. (1999): Reaktionen eines Fichtenaltbestandes auf ein verändertes Wasser- und Nährstoffangebot. AFZ/Der Wald **54**:60-62

Donaubauer, E. (1975): Forstschäden durch Luftverunreinigungen. Allg. Forstzeitung **86**:176-177

Donaubauer, E. (1987): Auftreten von Krankheiten und Schädlingen der Eiche und ihr Bezug zum Eichensterben. Österr. Forsztg. **98**(3):46-48

Donaubauer, E. (1993): Zustand und Gefährdung der Laubwälder. In: Bayerische Akademie der Wissenschaften (1993):13-23

Donaubauer, E. (1995): Das Walderkrankungssyndrom im Gleinalmgebiet – Synopse der Ergebnisse. Mitt. Forstl. Bundesversuchsanst. Wien, Nr. **163/5**:131-143

Donaubauer, E. (1998 a): Complex diseases – terms, problems and examples. In: Cech et al. (Hrsg.) (1998):43-48

Donaubauer, E. (1998 b): Die Bedeutung von Krankheitserregern beim gegenwärtigen Eichensterben in Europa – eine Literaturübersicht. Eur. J. For. Path. **28**:91-98

Dotzler, M. (1991): Infektionsversuche mit *Rhizosphaera kalkhoffii* und *Lophodermium piceae* an unterschiedlich gestreßten Jungfichten (*Picea abies* (L.) Karst.). Eur. J. For. Path. **21**:107-123

Draijers, G. P.J., Erisman, E. P. (1995): A canopy budget model to assess atmospheric depositon from throughfall measurements. Water, Air and Soil Pollution **85**:2253-2258

Drake, B., Gonzales-Meler, M. A., Long S. P. (1997): More efficient plants: a consequence of rising atmospheric CO_2? Annual Review of Plant Physiology and Plant Molecular Biology **48**:609-639

Dreyer (1927): Bestandsgeschichtliches aus der preuß. Staatsoberförsterei Dannenberg im Regierungsbezirk Lüneburg. Z. f. Forst- u. Jagdwes. **41**:513-536

Dreyer, E. (1994): Compared sensitivity of seedlings from 3 woody species (*Quercus robur* L., *Quercus rubra* L. and *Fagus silvatica* L.) to water-logging and associated root hypoxia: effects on water relations and photosynthesis. Ann. Sci. For. **51**:417-429

Driessche, I. van, Piérart, P. (1995): Ectomycorhization et état sanitaire du hêtre et du chêne en forêt de Soignes. Belg. J. Bot. **128**:57-70

Dünisch O., Bauch, J. (1994): Influence of Mineral Elements on Wood Formation of Old Growth Spruce (*Picea abies* (L.) Karst.). Holzforschung **48**:5-14

Ebben, U. (1990): Die toxische Wirkung von Aluminium auf das Wachstum und die Elementgehalte der Feinwurzeln von Altbuchen und Altfichten. Ber. Forschungszentr. Waldökosyst., Reihe A, Band **64**

Ebben, U., Avenhaus, U. (1989): Toxic effects of heavy metals and aluminium on tree roots. Internat. Kongress: Wissensstand und Perspektiven. 283-284

Eberl, C. (2001): Wirkung der praxisüblichen Kompensationskalkung auf Indikatoren des Humus-, Mineralboden- und Kronenzustandes in Niedersachsen und Schleswig-Holstein. Freiburger Forstliche Forschung **33**:167-181

Ebermayer, E. (1876): Die gesammte Lehre der Waldstreu. J. Springer, Berlin

Eckmüllner, O. (1990): Benadelung und Splintflächen von Fichten aus Wuchsgebieten Österreichs. Holz-Zentralbl. **116**:266-267

Eckstein, D., Dujesiefken, D. (1992): Eichensterben. Ein Problem in Berlin? Senatsverwaltung für Stadtentwicklung und Umweltschutz (Hrsg.). Kulturbuch-Verlag, Berlin

Eckstein, D., Krause, C. (1989): Dendroecological studies on spruce trees to monitor environmental changes around Hamburg. IAWA-Bulletin **10**:175-182

Eckstein, D., Saß, U. (1989): Dendroecological assessment of decline and recovery of fir and spruce in the Bavarian Forest. In: Bucher, J. B., Bucher-Wallin (Hrsg.): Air pollution and forest decline. Birmensdorf

Eckstein, D., Schmidt, B. (1974): Dendroklimatologische Untersuchungen an Stieleichen aus dem maritimen Klimagebiet Schleswig-Holsteins. Angew. Botanik **48**:371-383

Eckstein, D., Aniol, R. W., Bauch, J. (1983): Dendroklimatologische Untersuchungen zum Tannensterben. Eur. J. For. Path. **13**:279-288

Eckstein, D., Richter, K., Aniol, R.W., Quiehl, F. (1984): Dendroklimatologische Untersuchungen zum Buchensterben im südwestlichen Vogelsberg. Forstwiss. Cbl. **103**:274-290

Eckstein, D., Krause, C., Bauch, J. (1989): Dendroecological investigation of spruce trees (*Picea abies* (L.) Karst.) of different damage and canopy classes. Holzforschung **43**:411-417

Eder, R. (1978): Die Zuwachsdiagnose von Waldbäumen als Möglichkeit zur Beurteilung der Immissionsbelastung im Raum Ingolstadt-Kelheim. Schr.reihe Naturschutz und Landschaftspflege, Bayer. Landesamt f. Umweltschutz, Heft **9**:55-67

Edwards D. G., Asher, C. J. (1982): Tolerance of crop and pasture species to manganese toxicity. In: Scaife, A. (ed), Proceedings of the Ninth Plant Nutrition Colloquium. pp. 145-150. Commonwealth Agricultural Bureaux: Slough, Warwick, England

Ehlich, W., Pfadenhauer, K. (1992): Jahrringbau von zwei Fichtenbeständen mit sehr unterschiedlicher Nährstoffversorgung in Nordostbayern. Diplomarbeit Fachhochschule Weihenstephan

Eichholz, U. (1985): Sterben von Eichenjungbeständen in Südhessen. Allg. Forst-Z. **40**:47-48

Eichhorn, J. (1991): Wurzeluntersuchungen an sturmgeworfenen Bäumen der Frühjahrsorkane 1990 in Hessen. Forschungsberichte der Hessischen Forstlichen Versuchsanstalt, Band **12**:91-160

Eichhorn, J. (1995): Stickstoffsättigung und ihre Auswirkungen auf das Buchenwaldökosystem der Fallstudie Zierenberg. Ber. Forschungszentr. Waldökosyst.. Reihe A, Band **124**

Eichhorn, J., Paar, U. (2000): Kronenzustand der Buche in Hessen und in Europa. AFZ/DerWald **55**:600-602

Eichhorn, J., Paar, U., Schönfelder, E. (1995): Waldschadenserhebung der Buche. Allg. Forst-Z. **50**: 791-794

Eichhorn, J., Haussmann, T., Paar, U., Reinds, G. J., de Vries, W. (2001): Assessments of impacts of nitrogen deposition on beech forests: results from the Pan-European Intensive Monitoring Programme. The Scientific World **1**:423-432

Eichhorn, J., Kirchhoff, A., Gossenauer-Marohn, H., Baumgarten, S., Rau, H. M. (2001): Beiträge zur Risikobeurteilung der Eiche in Hessen. AFZ/DerWald **56**:204-206

Eichhorn, O. (1981): Zoologische Aspekte des Tannensterbens. Forstw. Cbl. **100**:270-275

Eidgenössische Anstalt für das forstliche Versuchswesen (Hrsg.) (1988): Schweizerisches Landesforstinventar, Ergebnisse der Erstaufnahme 1982-1986. Berichte Nr. **305**

Eigner (1910): Mehltaubeschädigungen im fürstl. Thurn und Taxis'schen Forstamtsbezirke Lekenik. Naturw. Z. f. Forst- u. Landwirtsch. **8**:498-500

Eisenbarth, E. (2001): Buchen-Komplexkrankheit in Rheinland-Pfalz. AFZ-DerWald **56**:1220-1221

Eisenbarth, E., Wilhelm, G. J., Berens, A. (2001): Buchen-Komplexkrankheit in der Eifel und den angrenzenden Regionen. AFZ-DerWald **56**:1212-1217

Eisenhauer, D.-R. (1989): Untersuchungen zur Entwicklung der ökologischen Stabilität von Eichenbeständen im nordöstlichen Harzvorland. Beitr. Forstwirtschaft **23**:55-62

Eisenhauer, D.-R., Helbig, M., Bäucker, B., Hering, S., Braun, H. (2001): Waldschäden, Bestandessukzession und Waldumbau in den sächsischen Mittelgebirgen. AFZ/DerWald **56**:998-1002

Eisenhauer, D.-R., Hering, S., Irrgang, S., Paul, M., Tröber, U. (2003): Zur Wiedereinbringung der Weißtanne (*Abies alba* Mill.) in Sachsen (1992-2002). Forst und Holz **58**:275-281

Ellenberg, H. (1972): Belastung und Belastbarkeit von Ökosystemen. Tagungsbericht der Gesellschaft für Ökologie, Tagung Giessen (1972):19-26

Ellenberg, H. (1995): Allgemeines Waldsterben – ein Konstrukt? Naturw. Rdsch. **48**:93-96

Ellenberg, H. (1996): Vegetation Mitteleuropas mit den Alpen. 5. Aufl., E. Ulmer, Stuttgart. Bezüglich der Schädigung von Nadelbäumen siehe S. 376-378

Ellenberg, H., Mayer, R., Schauermann, J. (Hrsg.) (1986): Ökosystemforschung. Ergebnisse des Sollingprojekts 1966-1986. E. Ulmer, Stuttgart

Ellenberg, H. et al. (1992): Zeigerwerte von Pflanzen in Mitteleuropa. Scripta Geobotanica Band **18**. Verlag Erich Goltze, Göttingen

Ellenberg jun., H. (1985): Veränderungen der Flora Mitteleuropas unter dem Einfluss von Düngung und Immissionen. Schweiz. Z. Forstwes. **136**:19-39

Elling, R. (2000): Reaktionen der Tanne auf Belastung durch Schwefeldioxid an einem Beispiel im Raum Kelheim. Facharbeit Camerloher-Gymnasium Freising

Elling, W. (1986): Verlauf, Grad und Ursachen der Schädigung von Tannen in Bayern. Holz-Zbl. **112**, Nr. 125:1802-1805

Elling, W. (1987): Eine Methode zur Erfassung von Verlauf und Grad der Schädigung von Nadelbaumbeständen. Eur. J. For. Path. **17**:426-440

Elling, W. (1990): Schädigungsverlauf und Schädigungsgrad von Hochlagen-Fichtenbeständen in Nordostbayern. Allg. Forst-Z. **45**:74-77

Elling, W. (1992): Waldschäden und Waldschadensforschung. Eine kritische Zwischenbilanz. Naturw. Rdsch. **45**:184-189

Elling, W. (1993): Immissionen im Ursachenkomplex von Tannenschädigung und Tannensterben. Allg. Forst-Z. **48**:87-95

Elling, W. (2001): Emissions of power plants and growth of silver fir. In: Kaennel Dobbertin, M., Bräker, O. U. (Hrsg.): International Conference Tree Rings and People. Davos, 22-26 September 2001. Abstracts. Birmensdorf, Swiss Federal Research Institute WSL

Elling, W. (2003): Schädigung von Fichten und Massenvermehrung des Buchdruckers im Nationalpark Bayerischer Wald. In: Seminarvorträge anlässlich der Gründungsfeier im Zentrum Wald-Forst-Holz Weihenstephan

Elling, W., Dittmar, C. (2003): Neuartige Zuwachsdepressionen bei Buchen. AFZ-DerWald **58**:42-45

Elling, W., Dittmar, C. (2004): Kronenzustand und Trockenstress bei Buchen. AFZ-DerWald **59**:687-688

Elling, W., Pfaffelmoser, K. (1997): Auswertung der Schwefeldaten des flächendeckenden Bioindikatornetzes Fichte. Projektbericht an das Bayerische Landesamt für Umweltschutz

Elling, W., Bauer, E., Klemm, G. Koch, H. (1987): Klima und Böden. Nationalpark Bayerischer Wald, Heft **1**, 2. Aufl.

Elling, W., Häckel, H., Ohmayer, G. (1990): Schätzung der aktuell nutzbaren Wasserspeicherung des Wurzelraums von Waldbeständen mit Hilfe eines Simulationsmodells. Forstwiss. Cbl. **109**:210-219

Elling, W., Bretschneider, M., Schwarzfischer, C. (1999): Zuwachsdepression an Tannen durch Schwefel-Emissionen. Allg. Forst-Z. **54**:896-898

Elling, W., Bretschneider, M., Schwarzfischer, C. (2000): Zuwachsdepression an Tannen durch Emissionen des Kraftwerks Penzberg. Jahresber. 1999 Fachhochschule Weihenstephan:64-72

Elling, W., Dittmar, C., Pfaffelmoser, K. (2005): Trennung von Witterungseinflüssen und Schwefeldioxidbelastung als Ursachenfaktoren für das Jahrringwachstum der Tanne. Schlussbericht an das Bundesministerium für Bildung und Forschung

Elvingson, P., Ågren, C. (2004): Air and the Environment. The Swedish NGO Secretariat on Acid Rain Elanders Infologistics AB, Mölnlycke, Sweden

Emberson, L. D., Wieser, G., Ashmore, M. R. (2000 a): Modelling of stomatal conductance and ozone flux of Norway spruce: comparison with field data. Environ. Pollut. **109**:393-402

Emberson, L. D., Ashmore, M. R., Cambridge, H. M., Simpson, D., Tuovinen, J.-P. (2000 b): Modelling stomatal ozone flux across Europe. Environ. Pollut. **109**:403-413

Emberson, L., Ashmore, M., Murray, F. (Hrsg.) (2003): Air pollution impacts on crops and forests. A global assessment. Imperial College Press, London

Enderlein, H., Stein, G. (1964): Der Säurezustand der Humusauflage in den rauchgeschädigten Kiefernbeständen des Staatlichen Forstwirtschaftsbetriebes Dübener Heide. Archiv f. Forstwesen **13**:1181-1191

Enderlein, H., Vogl, M. (1966): Experimentelle Untersuchungen über die SO_2-Empfindlichkeit verschiedener Koniferen. Archiv f. Forstwes. **15**:1207-1224

Endres, M. (1911): Lehrbuch der Waldwertrechnung und Forststatik. J. Springer, Berlin

Endres, M. (1913): Großflächenwirtschaft und Kleinflächenwirtschaft. Forstwiss. Cbl. **35**:401-412

Engesser, R., Forster, B., Meier, F., Odermatt, O. (1999): Forstschutzsituation 1998 in der Schweiz. AFZ/Der Wald **54**:350-351

Engesser, R., Forster, B., Meier, F., Odermatt, O. (2001): Waldschutzsituation 2000 in der Schweiz. AFZ/Der Wald **56**:358-359

Enquete-Kommission des Deutschen Bundestages (1994 a): Mehr Zukunft für die Erde, Economica Verlag, Bonn. 63-73

Enquete-Kommission des Deutschen Bundestages (1994 b): Mobilität und Klima, Economica Verlag, Bonn. 17-18

Enquete-Kommission des Deutschen Bundestages (1994 c): Klimaänderung gefährdet die globale Entwicklung, Economica Verlag, Bonn. S. 37

Epron, D., Dreyer, E. (1993): Photosynthesis of oak leaves under water stress: maintenance of high photochemical efficiency of photosystem II and occurrence of non-uniform CO_2 assimilation. Tree Physiol. **13**:107-117

Ericsson, T. (1995): Growth and shoot:root ratio of seedlings in relation to nutrient availability. Plant and Soil **168-169**:205-214

Ericsson, T., Rytter, L., Vapaavuori, E. (1996): Physiology of carbon allocation in trees. Biomass and Bioenergy **11**:115-127

Erwin, D. C., Ribeiro, O. K. (1996): *Phytophthora* diseases worldwide. APS Press, St. Paul, Minnesota

Erwin, D. C., Partnicki-Garcia, S., Tsao, P. H. (Hrsg.) (1983): *Phytophthora*: its biology, taxonomy, ecology and pathology. APS, St. Paul, Minnesota

Esch, A., Mengel, K. (1998): Combined effects of acid mist and frost on the water status of young spruce trees (*Picea abies*). Chemosphere **36**:645-650

Escherich, K. (1931): Die Forstinsekten Mitteleuropas. Band 3. P. Parey, Berlin

Estivalet, D., Perrin, R., Le Tacon, F., Bouchard, D. (1990): Nutritional and microbiological aspects of decline in the Vosges Forest area (France). For. Ecology and Managem. **37**:233-248

Eulefeld (1909): Brief vom Vogelsberg. Beobachtungen im Walde. 1908. Allg. Forst- u. J.-Ztg. **85**:148-149

Evers F. H. (1979): Ernährungszustand gesunder und erkrankter Tannenbestände. Forst und Holz **34**:366-369

Evers, F. H. (1981): Ergebnisse ernährungskundlicher Erhebungen zur Tannenerkrankung in Baden-Württemberg. Forstwiss. Cbl. **100**:253-265

Evers, F. H. (1989): Düngung im Wald – Möglichkeiten und Grenzen. KfK/PEF-Berichte **50**:35-60

Evers, F. H. (1994): Magnesiummangel, eine verbreitete Erscheinung in Waldbeständen – Symptome und analytische Schwellemwerte. Mitt. Ver. Forstl Standortkunde u. Forstpflanzenzüchtung **37**:7-16

Evers, F. H., Schöpfer, W. (1988): Darstellung der Ernährungs- und Belastungsverhältnisse der Fichte. Allg. Forst- u. J.-Ztg. **159**:146-154

Evers, F. H. et al. (1979): Untersuchungen zur Tannenerkrankung. Allg. Forst-Z. **34**:565-568

Evers, J., Franz, C. Körver, F., Ziegler, C. (1997): Waldbäume. Bilderserien zur Einschätzung von Kronenverlichtungen bei Waldbäumen. M. Faste, Kassel

Ewald, J. (2005): Ecological background of crown condition, growth and nutritional status of *Picea abies* (L.) Karst. in the Bavarian Alps. Eur. J. For. Res. **124**:9-18

Ewald, J., Reuther, M., Nechwatal, J., Lang, K. (2000): Monitoring von Schäden in Waldökosystemen des bayerischen Alpenraumes. Bayer. Staatsmin. für Landesentwicklung und Umweltfragen, Materialien **155**

Fabian P. (1992): Atmosphäre und Umwelt, Springer Verlag, S. 80

Falck (1918): Eichenerkrankung in der Oberförsterei Lödderitz und in Westfalen. Z. f. Forst- u. Jagdwes. **50**:123-132

Falck (1920): Über das Massensterben der deutschen Eichen. Mitt. d. Dtsch. Landwirtsch.-Ges. **35**:221-223

Falck. R. (1924): Über das Eichensterben im Regierungsbezirk Stralsund nebst Beiträgen zur Biologie des Hallimaschs und Eichenmehltaus. Allg Forstu. J.-Ztg. **100**:298-317

Falkengren-Grerup, U., Eriksson, H. (1990): Changes in soil, vegetation and forest yield between 1947 and 1988 in beech and oak sites of southern Sweden. For. Ecology Managem. **38**:37-53

Falkengren-Grerup, U., Lakkenborg-Kristensen, H. (1994): Importance of ammonium and nitrate to the performance of herb-layer species from deciduous forests in southern Sweden. Env. Experim. Botany **34**:31-38

Falkengren-Grerup, U., Brunet, J., Diekmann, M. (1998): Nitrogen mineralisation in deciduous forest in south Sweden in gradients of soil acidity and deposition. Environmental Pollution

Fangmeier, A., Hadwiger-Fangmeier, A., van der Eerden, L., Jäger, H. J. (1994): Effects of atmospheric ammonia on vegetation – a review. Environ. Pollut. **86**:43-82

Fass, H. J. (1995): Untersuchungen zu Waldhumusformen, Streuabbau und Humifizierung unterschiedlich gekalkter Waldböden in einem Kiefern-Buchen-Bestand im Pfälzerwald. Dipl.-Arb. a. d. Univ. Trier, FB VI-Bodenkunde (unveröffentl.)

FCI, Fonds der Chemischen Industrie (Hrsg.) (1995): Umweltbereich Luft. Oehms Druck GmbH, Frankfurt

Feger, K.-H. (1993): Bedeutung von ökosysteminternen Umsätzen und Nutzungseingriffen in den Stoffhaushalt von Waldlandschaften. Freiburger Bodenkundl. Abhandl. Heft **31**

Feger, K. H., Raspe, S. (1992): Ernährungszustand von Fichtennadeln und -wurzeln in Abhängigkeit vom Nährstoffangebot im Boden. Forstwiss. Cbl. **111**: 73.86

Feger, K. H., Brahmer, G., Zöttl, H. W. (1993): Projekt ARINUS: VII. Zwischenbilanz und Perspektiven. Kernforschungszentrum Karlsruhe – Projekt Europäisches Forschungszentrum für Maßnahmen zur Luftreinhaltung: KfK-PEF **104**: 23-40

Feger, K. H., Raspe, S., Zöttl, H. (1998): Veränderung des Ernährungszustandes nach Düngung. In: Raspe, S., Feger, K. H., Zöttl, H. (Hrsg.) Ökosystemforschung im Schwarzwald. Verbundprojekt ARINUS. Ecomed Verlag Landsberg, 394-409

Felbermeier, B. (1994): Die klimatische Belastbarkeit der Buche. Forstwiss. Cbl. **113**:152-174

Feldner, R. (1981): Waldgesellschaften, Wald- und Forstgeschichte und waldbauliche Planung im Naturschutzgebiet Ammergauer Berge. Dissertationen der Universität für Bodenkultur in Wien:**16**, 164 S.

Fellner, R. (1989): Mycorrhizae-forming fungi as bioindicators of air pollution. Agric. Ecosystems Environ. **28**:115-120

Fels M., Junkermann W. (1994): The occurence of organic peroxides in air at a mountain site. Geophys. Res. Lett. **21**:341-344

Feuchter, H., Schmidt, H. (1991): Ablauf von Baumerkrankungen und Auswirkungen von vorübergehenden Zuwachsdepressionen bei Fichte und Weißtanne in einem Bergmischwald des Forstamtes Mittenwald. Diplomarbeit Fachhochschule Weihenstephan

Fiedler, E., Fiedler, H. J. (1961): Bodenmikrobiologische Untersuchungen an einer Kalkungsfläche des Tharandter Waldes. Arch. Forstwes. **10**:733-751

Fiedler, H.-J., Hunger, W. (1963): Über den Einfluß einer Kalkdüngung auf Vorkommen, Wachstum und Nährelementgehalt höherer Pilze im Fichtenbestand. Arch. Forstwes. **12**:936-962

Fiedler, H. J., Hunger, W., Zant, R. (1963): Untersuchungen über die Bodendurchwurzelung der Fichte. Arch. Forstwes. **12**:1214-1223

Fiedler, H. J., Nebe, W., Hoffmann, F. (1973): Forstliche Pflanzenernährung und Düngung. Gustav Fischer Verlag, Stuttgart

Fink. S. (1989): Pathological anatomy of conifer-needles subjected to gaseous air pollutants or mineral deficiencies. Aquilo Ser. Bot. **27**:1-6

Fink, S. (1993): Microscopic criteria for the diagnosis of abiotic injuries to conifer needles. In: Huettl und Mueller-Dombois (1993)

Fink, S., Braun, H. J. (1978): Zur epidemischen Erkrankung der Weißtanne *Abies alba* Mill. Allg. Forstu. J.-Ztg. **149**:145-150, 184-195

Finnberg, S., Grimm, M. (1992): Untersuchungen zur Schädigung von Traubeneichen und Rotbuchen im Forstamt Neustadt/Aisch. Diplomarbeit Fachhochschule Weihenstephan

Fischer, A. (1995): Forstliche Vegetationskunde. Pareys Studientexte 82. Blackwell, Berlin, Wien

Fischer, A. (1996): Forschung auf Dauerbeobachtungsflächen im Wald – Ziele, Methoden, Analysen, Beispiele. Arch. für Nat.-Lands. **35**:87-106

Fischer, A. (1997): Vegetation dynamics in European beech forests. Annali di Botanica **55**:59-76

Fischer, A. (1999): Floristical changes in Central European forest ecosystems during the past decades as an expression of changing site conditions. EFI Proceedings **27**:53-64

Fischer, A., Jehl, H. (1999): Vegetationsentwicklung auf Sturmwurfflächen im Nationalpark Bayerischer Wald aus dem Jahre 1983. Forstl. Forschungsber. München Nr **176**:93-101

Fischer, A., Klotz, S. (1999): Zusammenstellung von Begriffen, die in der Vegetations-Dauerbeobachtung eine zentrale Rolle spielen. Tuexenia **19**:3-11

Fischer, A., Abs, G., Lenz, F. (1990): Natürliche Entwicklung von Waldbeständen nach Windwurf. Forstw, Cbl. **109**: 309-326

Fischer, H., Rommel, W.-D. (1989): Jahrringbreiten und Höhentrieblängen von Buchen mit unterschiedlicher Belaubungsdichte in Baden-Württemberg. Allg. Forst-Z. **44**:264-268

Fischer, R. (1999): Folgen von Insektenfraß für den Gesundheitszustand der Eichen. AFZ/DerWald **54**: 355-356

Fischer, R., Lorenz, M., de Vries, W. (2000): Waldzustandserfassung in Europa. AFZ-DerWald **55**:1367-1370

Fischer, U. (2000): Erste Ergebnisse zur Luftschadstoffbelastung an ausgewählten Level II-Standorten. Forstarchiv **71**:41-44

Fiscus; E. L., Booker, F. L. (1995): Is increased UV-B a threat to crop photosynthesis and productivity? Photosynthesis Research **43**:81-92

Flemming, G. (1992): Meteorologie und immissionsbedingte Waldschäden: Ergebnisse aus den ostdeutschen Ländern. Wetter und Leben **44**:139-145

Flückiger, W., Braun, S. (1984): Untersuchungen über Waldschäden in der Nordwestschweiz. Schweiz. Z. Forstwes. **135**:389-444

Flückiger, W., Braun, S. (1989): Waldschadensbericht. Untersuchungen an Buchenbeobachtungsflächen. Schönenbuch

Flückiger, W., Braun, S. (1993): Stickstoffeinträge in Waldökosysteme der Schweiz und ihre Bedeutung für den Nährstoffhaushalt. GSF-Bericht **39/93**:275-281

Flückiger, W., Braun, S. (1994): Waldschaden-Bericht. Schönenbuch

Flückiger, W. Braun, S. (1998): Nitrogen deposition in Swiss forests and its possible relevance for leaf nutrient status, parasite attacks and soil acidification. Environ. Pollut. **102**:69-76

Flückiger, W., Braun, S. (1999 a): Wie geht es unserem Wald? Institut für Angewandte Pflanzenbiologie, CH-4124 Schönenbuch

Flückiger, W., Braun, S. (1999 b): Nitrogen and its effect on growth, nutrient status and parasite attacks in beech and Norway spruce. Water Air Soil Pollut. **116**:99-110

Fölster, H. (1985): Proton consumption rates in Holocene and present day weathering of acid forest soils. In: J. I. Drever (ed.): The chemistry of weathering Reidel Publ. Comp. Dordrecht 197-209

Foerster, W., Böswald, K., Kennel, E. (1993): Überraschend hoher Zuwachs in Bayern: Vergleich der Inventurergebnisse von 1971 und 1987. Allg. Forst-Z. **48**:1178-1180

Fond der Chemischen Industrie (1995): Folienserie des Fonds der Chemischen Industrie, **22**, Textheft. Frankfurt/Main

Forbrig, R. (1987): Anatomische und histologische Untersuchungen an pilzinfizierten Fichtenkeimlingen (*Picea abies* Karst.). Allg. Forst- u. J.-Ztg. **158**:222-229

Forschungsbeirat Waldschäden/Luftverunreinigungen der Bundesregierung und der Länder (Hrsg.) (1986): 2. Bericht

Forschungsbeirat Waldschäden/Luftverunreinigungen der Bundesregierung und der Länder (Hrsg.) (1989): 3. Bericht

Forstdirektion Mittelfranken (1992): Persönliche Mitteilung

Forstdirektion Unterfranken (1995, 1999, 2000): Persönliche Mitteilungen

Foyer, C. H., Mullineaux, P. M. (Hrsg.) (1995): Causes of photooxidative stress and amelioration of defense systems in plants. CRC Press, Boca Raton

Frankfurter Zeitung und Handelsblatt vom 20.10.1895 und 24.11.1895

Franz, C. (1989): Zuwachsreaktionen von Fichten auf die extreme Frostsituation des Winters 1955/56 und deren mögliche Ursachen. Diplomarbeit Fachhochschule Weihenstephan

Franz, F. (1983): Auswirkungen der Walderkrankungen auf Struktur und Wuchsleistung von Fichtenbeständen. Forstw. Cbl. **102**:186-200

Franz, F. (1988): Vorratsentwicklung und Zuwachsleistung unter dem Aspekt der neuartigen Waldschäden. Allg. Forst-Z. **43**:1284-1285

Franz, F., Röhle, H., Meyer, F. (1993): Wachstumsgang und Ertragsleistung der Buche. Allg. Forst-Z. **48**:262-267

Fränzle, O., Müller, F., Schröder, W. (1997-2000): Handbuch der Umweltwissenschaften. Ecomed, Landsberg am Lech

Fratzian, A. (1973): Zuwachs und Lebensfähigkeit von Eichenbeständen nach Fraß des Schwammspinners, *Lymantria dispar* L., in Rumänien. Anz. Schädlingskde. Pflanzen-Umweltschutz **46**:122-125

Freer-Smith, P. H., Dobson, M., Taylor, G. (1989): Factors controlling the rates of O_3 uptake by spruce and beech. In: Bucher und Bucher-Wallin (1989)

Freilinger, R., Weber, J. (1995): Jahrringuntersuchungen und Erfassung von Kronenmerkmalen an Fichte (*Picea abies*) in einer Höhe von 1250 m ü.NN auf einem westexponierten Hang (Forstamt Bodenmais) und einem ostexponierten Hang (Forstamt Bayerisch Eisenstein der Fürstl. Hohenzollernschen Hofkammer). Diplomarbeit Fachhochschule Weihenstephan

Fritz, E., Godbold, D. L., Wehr, K., Kotzian, K., Hüttermann, A. (1989): Röntgenanalyse von Feinwurzeln – eine sichere Methode zum Nachweis von Aluminium- und Schwermetallstreß im einzelnen Baum. Forst Holz **10**:159-262

Fritz, H.-W., Jentschke, G., Godbold, D. L. (2000): Feinwurzeluntersuchungen in versauerten Fichtenbeständen. AFZ/DerWald **55**:788-791

Fröhlich, J. (1940): Der Fichtenurwald an der oberen Waldgrenze in den Ostkarpathen. Cbl. f. d. ges. Forstwes. **66**:125-131

Fröhlich, J. (1942): Die Tanne in Südosteuropa. Centralbl. f. d. ges. Forstwes. **68**:81-91

Fröhlich, J. (1954): Urwaldpraxis. Neumann, Radebeul und Berlin

Fuchs, A., Pauli, A. (1986): Fichtenerkrankung im Forstamt Freyung. Allg Forst-Z. **41**:1127

Führer, E. (1987): Eichen-Erkrankungen in Mitteleuropa. Österr. Forstztg. **98**:33-34

Führer, E., Neuhuber, F. (Hrsg.) (1998): Zustandsdiagnose und Sanierungskonzepte für das Waldgebiet Glein. Forstliche Schriftenreihe Universität für Bodenkultur, Wien, Band **13**

Führer, E., Nopp, U. (2001): Ursachen, Vorbeugung und Sanierung von Waldschäden. Facultas-Univ.-Verlag, Wien

Führer, E. G. (1992): Der Zusammenhang zwischen der Dürre und der Erkrankung der Traubeneichenbestände in Ungarn. Forstwiss. Cbl. **111**:129-136

Führer, G., Payer, H. D., Pfanz, H. (1993): Effects of air pollutants on the photosynthetic capacity of young Norway spruce trees – Response of single needle age classes during and after different treatments with O_3, SO_2, or NO_2. Trees **8**:85-92

Fuhrer, J., Achermann, B. (Hrsg.) (1994): Critical Levels for ozone, a UN-ECE Workshop Report. Eidgenöss. Forschungsanst. f. Agrikulturchemie und Umwelthygiene, Liebefeld-Bern

Fuhrer, J., Skärby, L., Ashmore, M. R. (1997): Critical Levels for ozone effects on vegetation in Europe. Environ. Pollut. **97**:91-106

Funk, G. (1930) in Heß-Beck (1930)

FVA Baden-Württemberg (2000): Bodenschutzkalkung im Wald, Postfach 708, 79007 Freiburg

Gaertig, T., Schack-Kirchner, H., Hildebrand, E. E. (2001): Steuert Gasdurchlässigkeit im Boden Feinstwurzeldichte und Vitalität der Eiche? AFZ/DerWald **56**:1344-1347

Gaertig, T., Schack-Kirchner, H., Hildebrand, E. E., Wilpert, K. von (2002): The impact of soil aeration on oak decline in southwestern Germany. Forest Ecology Managem. **159**:15-25

Gallego, F. J., Perez de Algaba, A., Fernandez-Escobar, R. (1999): Etiology of oak decline in Spain. Eur. J. For. Path. **29**:17-27

Garbaye, J., Churin, J.-L. (1997): Growth stimulation of young oak plantations inoculated with the ectomycorrhizal fungus *Paxillus involutus* with special reference to summer drought. For. Ecology Managem. **98**:221-228

Garber, K. (1967): Luftverunreinigung und ihre Wirkungen. Bornträger, Berlin

Gärtner, E. J., Urfer, W., Eichhorn, J., Grabowski, H., Huss, H. (1990): Mangan – ein Bioindikator für den derzeitigen Schadzustand mittelalter Fichten in Hessen. Forstarchiv **61**:229-233

Gärtner, E. J., Urfer, W., Eichhorn, H., Grabowski, H., Huss, H. (1990): Die Nadelverluste mittelalter Fichten (*Picea abies* (L.) Karst.) in Hessen in Abhängigkeit von Nadelinhaltsstoffen, Bodenelementgehalten und Standortsfaktoren. Forschungsberichte Hess. Forstl. Versuchsanstalt, Band **10**.

Gasch, G., Grünhage, L., Jäger, H.-J.,Wentzel, K. F. (1988): Das Verhältnis der Schwefelfraktionen in Fichtennadeln als Indikator für Immissionsbelastungen durch Schwefeldioxid. Angew. Botanik **62**:73-84

Gasow, H. (1925): Der grüne Eichenwickler (*Tortrix viridana* Linné) als Forstschädling. Arbeiten a. d. Biol. Reichsanst. f. Land- u. Forstwirtsch. **12**, Heft 6

Gauger, Th., Anshelm, F., Köble, R. (1999): Kritische Luftschadstoff-Konzentration und Eintragsraten sowie ihre Überschreitung für Wald- und Agrarökosysteme sowie waldfreie Ökosysteme, Teil 1: Deposition Loads 1987-1989 und 1993-1995. Institut für Navigation der Universität Stuttgart, Endbericht 297 85 079 im Auftrag des Umweltbundesamtes

Gauger, Th., Köble, R., Anshelm, F. (2000): Kritische Luftschadstoff-Konzentrationen und Eintragsraten sowie ihre Überschreitung für Wald und Agrarökosysteme sowie naturnahe waldfreie Ökosysteme. Bericht 297 85 079, UBA Berlin

Gäumann, E. (1935): Der Stoffhaushalt der Buche (*Fagus silvatica* L.) im Laufe eines Jahres. Ber. Schweiz. Bot. Ges. **44**:157-334

Gäumann, E. (1951): Pflanzliche Infektionslehre. Birkhäuser, Basel

Gayer, K. (1886): Der gemischte Wald. P. Parey, Berlin

Gayer, K. (1898): Der Waldbau. 4. Aufl., P. Parey, Berlin

Gehrmann, J. (1998): Charakterisierung der Eichenstandorte aus Sicht der Bodenzustandserhebung (BZE). In: LÖBF (1998):11-14

Gehrmann, J., Andreae, H., Fischer, U., Lux, W., Spranger, T. (2001): Luftqualität und atmosphärische Stoffeinträge an Level II-Dauerbeobachtungsflächen in Deutschland. Arbeitskreis B der Bund-Länder-Arbeitsgruppe Level II. Herausgeber Bundesministerium für Verbraucherschutz, Ernährung und Landwirtschaft (BMVEL) Bonn

Geiger, R. (1948): Die meteorologischen Bedingungen des harten Winters 1939/40. Forstwiss. Cbl. **67**:3-10

Genßler, L. (1998): Ernährungslage der Eichen in NRW aus Sicht der immissionsökologischen Waldzustandserhebung (IWE). In: LÖBF (1998):15-19

George, E., Marschner, H. (1996): Nutrient and water uptake by roots of forest trees. Z. Pflanzenernähr. Bodenk. **159**:11-21

Gerlach, C. (1909): Die Ermittelung des Säuregehaltes der Luft in der Umgebung von Rauchquellen und der Nachweis seines Ursprungs. In: Wislicenus, H. (Hrsg.) (Reprint 1985): Waldsterben im 19. Jahrhundert. VDI-Verlag, Düsseldorf

Gerlach, C. (1910): Ermittelung des Holzmassenverlustes infolge von Rauchschäden. In: Wislicenus H. (Hrsg.) (Reprint 1985):Waldsterben im 19. Jahrhundert. VDI-Verlag, Düsseldorf

Gerlach, C. (1922): Ein Beitrag zur Rauchschadenfrage. Silva **10**:61

Gerlach, F. (1928): Beitrag zum Weißtannensterben. Forstl. Wochenschr. Silva **16**:353-355

Gerosa, G., Spinazzi, F., Ballarin Denti, A. (1999): Tropospheric ozone in Alpine forest sites: Air quality montoring and statistical data analysis. Water Air Soil Pollut. **116**:345-350

Geßler, A. (2001): Der Stickstoffhaushalt von Buchen in einem stickstoffgesättigten Waldökosystem. Forstarchiv **72**:118-122

Geßler, A., Keitel, C., Nahm, M., Rennenberg, H. (2004): Water shortage affects the water and nitrogen balance in Central European beech forests. Plant Biology **6**:289-298

Ghosh, S., Innes, J. L., Hoffmann, C. (1995): Observer variation as a source of error in assessment of crown condition through time. For. Sci. **41**:235-254

Gibbs, J. N., Lipscombe, M. A., Peace, A. J. (1999): The impact of *Phytophthora* disease on riparian populations of common alder (*Alnus glutinosa*) in southern Britain. Eur. J. For. Path. **29**:39-50

Gigon, A., Grimm, V. (1997): Stabilitätskonzepte in der Ökologie: Typologie und Checkliste für die Anwendung. In: Fränzle, Müller, Schröder: Handbuch der Umweltwissenschaften, III-2.**3**:1-19

Gilroy, S., Hughes, W. A., Trewavas, A. J. (1989): A comparison between Quin-2 and Aequorin as indicators of cytoplasmic calcium levels in higher plant cell protoplasts. Plant Physiol. **90**:482-491

Gimmler, H., Kaaden, R., Kirchner, U., Weyand, A. (1984): Chloride sensitivity of *Dunaliella* enzymes. Z. Pflanzenphysiol. **114**:131-150

Glatzel, G. (1990): The nitrogen status of Austrian forest ecosystems as influenced by atmospheric deposition, biomass harvesting and lateral organomass exchange. Plant and Soil **128**:67-74

Glatzel, G. (1991): The impact of historic land use and modern forestry on nutrient relations of Central European forest ecosystems. Fertilizer Research **27**:1-8

Glatzel, G., Kazda, M. (1985): Wachstum und Mineralstoffernährung von Buche (*Fagus sylvatica*) und Spitzahorn (*Acer platanoides*) auf versauertem und schwermetallbelastetem Bodenmaterial aus dem Einsickerungsbereich von Stammabflußwasser in Buchenwäldern. Z. Pflanzenernähr. Bodenk. **148**:429-438

Glatzel, G., Puxbaum, H. (1983): Untersuchungen der Zusammensetzung von sauren Stammabläufen. VDI-Bericht Nr. **500**:187-194

Glatzel, G., Sonderegger, E., Kazda, M., Puxbaum, H. (1983): Bodenveränderungen durch schadstoffangereicherte Stammablaufniederschläge in Buchenbeständen des Wienerwaldes. Allg. Forst-Z. **38**:693-694

Glatzel, G., Jandl, R., Sieghardt, M., Hager, H. (1992): Magnesiummangel in mitteleuropäischen Waldökosystemen. Forstl. Schriftenr. Univ. f. Bodenkultur, Wien, Band **5**, 198 S.

Glavac, V., Krause, A., Wolff-Straub, R. (1970): Über die Verteilung der Hainsimse (*Luzula luzuloides*) im Stammabflußbereich der Buche im Siebengebirge bei Bonn. Schr. Reihe Vegetationskunde Heft **5**:187-192

Glavac, V., Parlar, H., Michalas, F., Dröfke, P. (1991): Phytotoxische Stoffe in Böden immissionsbelasteter Buchenwälder. VDI-Bericht Nr. **901**:419-434

Göbl, F. (1990, 1995 a): Mykorrhiza- und Feinwurzeluntersuchungen im Waldschadensgebiet Gleingraben und Gleinalpe (Steiermark). Mitt. Forstl. Bundesversuchsanst. Wien, **163/3**:5-38, **163/5**:5-18

Göbl, F. (1993): Mykorrhiza- und Feinwurzeluntersuchungen in Fichtenbeständen des Böhmerwaldes. Österr. Forstztg. **104**(2):35-38

Göbl, F. (1995 b): Mykorrhiza- und Feinwurzeluntersuchungen in einem Wald-Weidegebiet. In: Herman und Smidt (1995):201-213

Göbl, F., Thurner, S. (1995): Bewertung von Waldstandorten durch eine Zustandserhebung von Mykorrhizen und Feinwurzeln. In: Herman und Smidt (1995):105-112

Godbold, D. L. (1991): Die Wirkung von Aluminium und Schwermetallen auf *Picea abies* Sämlinge. Schriftenreihe der Forstlichen Fakultät und der Niedersächsischen Forstlichen Versuchsanstalt. Band **104**.

Godbold, D. L. (1994): Aluminum and heavy metal stress: From the rhizosphere to the whole plant. In: Godbold und Hüttermann (1994):231-264

Godbold, D. L., Hüttermann, A. (1986): The uptake and toxicity of mercury and lead to spruce (*Picea abies* Karst.) seedlings. Water, Air, Soil, Poll. **31**:509-515.

Godbold, D. L., Hüttermann, A. (Hrsg.) (1994): Effects of acid rain on forest processes. Wiley-Liss, New York

Godbold, D. L., Jentschke, G. (1998): Aluminium accumulation in root cell walls coincides with inhibition of root growth but not with inhibition of magnesium uptake in Norway spruce. Physiologia Plantarum **102**:553-560

Godbold, D. L., Fritz, E., Hüttermann, A. (1988): Aluminum toxicity and forest decline. Proc. Natl. Acad. Sci. USA **85**:3888-3892

Godbold, D.L., Hoosbeek, M.R., Lukac, M., Cotrufo, M.F., Janssens, I.A., Ceulemans, R., Polle, A., Velthorst, E.J., Scarascia-Mugnozza, G., DeAngelis, P., Miglietta, F., Peressotti, F. (2006): Mycorrhizal hyphal turnover as a dominant process for carbon input into soil organic matter. Plant and Soil **281**:15-24

Gomez, L. L., Braun, H. (1995): Die Weißtanne (*Abies alba* Mill.) in Sachsen unter besonderer Berücksichtigung ihrer genetischen Konstitution. Schriftenreihe Sächs. Landesanst. Forsten H. **5**:5-19

Gonzáles Cascón, M. R., Alcubilla, M., Rehfuess, K. E. (1989): Entwicklung von Tannensämlingen (*Abies alba* Mill.) in Abhängigkeit von der Basensättigung natürlicher Substrate. Allg. Forst- u. J.-Ztg. **160**:233-241

Gora, V., König, J., Lunderstädt, J. (1994): Physiological defence reactions of young beech trees (*Fagus sylva-*

tica) to attack by *Phyllaphis fagi*. For. Ecology Managem. **70**:245-254

Gorissen, A., Jansen, A. E., Olsthoorn, A. F.M. (1993): Effects of a two-year application of ammonium sulphate on growth, nutrient uptake, and rhizoshere microflora of juvenile Douglas-fir. Plant and Soil **157**:41-50

Goss, M. J., Carvalko, M. J.G. P.R., Kirkby, E. A. (1991): Predicting toxic concentrations of manganese in acid soils. In: R. J. Wright et al. (eds.) Plant-soil interactions at low pH. Kluwer Academic Publishers

Göttlein, A., Kreutzer, K. (1991): Der Standort Höglwald im Vergleich zu anderen ökologischen Fallstudien. In: Kreutzer und Göttlein (1991)

Göttlein, A., Pruscha, H. (1991): Wasserlöslichkeit organischer Bodeninhaltsstoffe. In: Kreutzer, K., Göttlein, A. (Hrsg): Ökosystemforschung Höglwald. Forstwiss. Forsch. **39**:221-228

Götz, B. (1996): Ozon und Trockenstress. Inaugural-Dissertation der Forstwissensch. Fakultät der Universität München. Libri Botanici **16**

Graedel, T. E., Crutzen, P. J. (1994): Chemie der Atmosphäre, Spektrum Akademischer Verlag, Berlin

Grams, T.E.E., Anegg, S., Häberle, K.-H., Langebartels, C., Matyssek, R. (1999): Interactions of chronic exposure to elevated CO_2 and O_3 levels in the photosynthetic light and dark reactions of European beech (Fagus sylvatica). New Phytologist **144**:95-107

Grauer, U. E. and W. J. Horst (1990): Effect of pH and nitrogen source on aluminium tolerance of rye (*Secale cereale* L.) and yellow lupin (*Lupinus luteus* L.). Plant and Soil **127**:13-21.

Graumann (1941): Frostwirkung an ostpreußischen Eichen von verschiedener Herkunft. Z. f. Forst- u. Jagdwes. **73**:283-287

Graveland, J. (1996): Eggshell defects in forest passerines caused by decline of snail abundance on acidified soils. Vogelwelt **117**:67-73

Graveland, J., Drent, R. H. (1997): Calcium availability limits breeding success of passerines on poor soils. J. Animal Ecology **66**:279-288

Green, A.E.S., Cross, K.R., Smith, L.A. (1980): Improved analytical characterization of ultraviolet skylight. Photochem. Photobiol. **31**:59-65

Gregg, J. W., Jones, C. G., Dawson, T. E. (2003): Urbanization effects on tree growth in the vicinity of New York City. Nature **424**:183-187

Greiner, P., Graf, E., Kerscher, G. (1985): Ablauf von Baumerkrankungen in Mischbeständen am Forstamt Waldmünchen. Diplomarbeit Fachhochschule Weihenstephan

Griffin, D. H., Manion, P. D., Kruger, B. M. (1993): Mechanisms of „disease" predisposition by environmental stress. In: Luisi, N., Lerario, P., Vannini, A. (Hrsg.) (1993)

Gross, K. (1987): Gaswechselmessungen an jungen Fichten und Tannen während Begasung mit Ozon und Schwefeldioxid (allein und in Kombination) im Kleinphytotron. Allg. Forst- u. J.-Ztg. **158**:31-36

Großmann, M., Steen, D. von (1986): Aufnahme der Kronenmerkmale und Erfassung des Jahrringbaus von Alttannen und Altfichten im Forstamt Dinkelsbühl sowie Untersuchung der Witterung in Jahren geringen Zuwachses. Diplomarbeit Fachhochschule Weihenstephan

Gruber, F. (1990): Verzweigungssystem, Benadelung und Nadelfall der Fichte (*Picea abies*). Birkhäuser, Basel

Gruber, F. (2001): Wipfelwachstum von Altbuchen (*Fagus sylvatica* L.) auf einem Kalkstandort (Göttingen/ Södderich) in Abhängigkeit von der Witterung. Allg. Forst- u. J.-Ztg. **172**:183-189

Gruber, F. (2004 a): Die Steuerung des sogenannten „Blattverlustes" der Buche (*Fagus sylvatica* L.) durch die Witterung. Allg. Forst- u. J.-Ztg. **175**:83-94

Gruber, F. (2004 b): Vitalität der Buche anhand des „Blattverlustes" falsch bewertet. AFZ-DerWald **59**:320-322

Gruber, F., Lee, D.-H. (2005 a): Allometrische Beziehungen zwischen ober- und unterirdischen Baumparametern von Fichten (*Picea abies* [L.] Karst.). Allg. Forst- u. J.-Ztg. **176**:14-19

Gruber, F., Lee, D.-H. (2005 b): Architektur der Wurzelsysteme von Fichten (*Picea abies* [L.] Karst.) nach dem Schichtebenenmodell auf sauren Standorten. Allg. Forst- u. J.-Ztg. **176**:33-44

Gruber, F., Merz, G., Avemark, W. (1994): Ergebnisse großräumiger kronenmorphologischer Untersuchungen an Fichte und Tanne in Baden-Württemberg. Forst und Holz **49**:619-628

Grüner, M., Simbeck, C. (1992): Kronenmerkmale und Jahrringbau von Fichten der subalpinen Stufe im Bereich der Wettersteinwand bei Garmisch-Partenkirchen. Diplomarbeit Fachhochschule Weihenstephan

Grünhage, L., Jäger, H.-J. (1988): Entwicklung der Nährstoff- und Schwermetallgehalte in Fichtennadeln aus dem Rhein-Main-Gebiet. Angew. Bot. **62**:85-91

Grünhage, L., Jäger, H.-J., Haenel, H.-D., Löpmeier, F.-J., Hanewald, K. (1999): The European Critical Levels for ozone: improving their usage. Environ. Pollut. **105**:163-173

Grünhage, L., Haenel, H.-D., Jäger, H.-J. (2000): The exchange of ozone between vegetation and atmosphere: micrometeorological measurement techniques and models. Environ. Pollut. **109**:373-392

Grzywacz und Wazny (1973): The impact of industrial air pollutants on the occurrence of several important pathogenic fungi of forest trees in Poland. Eur. J. For. Path. 3:129-141

Guderian, R. (1977): Air pollution. Phytotoxicity of acidic gases and its significance in air pollution control. Ecological Studies, Vol. 22. Springer, Berlin, Heidelberg, New York

Guderian, R. (1985): Air pollution by photochemical oxidants. Ecological Studies 52. Springer, Berlin, Heidelberg, New York, Tokyo

Guderian, R., Stratmann, H. (1962): Freilandversuche zur Ermittlung von Schwefeldioxydwirkungen auf die Vegetation, I.Teil. Forschungsberichte des Landes Nordrhein-Westfalen Nr. 1118. Westdeutscher Verlag, Köln und Opladen

Guderian, R., Stratmann, H. (1968): Freilandversuche zur Ermittlung von Schwefeldioxydwirkungen auf die Vegetation, III.Teil. Forschungsberichte des Landes Nordrhein-Westfalen Nr. 1920. Westdeutscher Verlag, Köln und Opladen

Guderian, R., Wienhaus, O. (1997): „Neuartige Waldschäden" und Luftverunreinigungen. AFZ/Der Wald 52:891-895

Guderian, R., Haut, H. van, Stratmann, H. (1960): Probleme der Erfassung und Beurteilung von Wirkungen gasförmiger Luftverunreinigungen auf die Vegetation. Z. für Pflanzenkrankheiten und Pflanzenschutz 67:257-264

Guderian, R., Küppers, K., Six, R. (1985): Wirkungen von Ozon, Schwefeldioxid und Stickstoffdioxid auf Fichte und Pappel bei unterschiedlicher Versorgung mit Magnesium und Calcium sowie auf die Blattflechte Hypogymnia physodes. VDI-Bericht 560:657-701

Gulder, H.-J., Kölbel, M. (1993): Waldbodeninventur in Bayern. Forstl. Forschungsber. München, Nr. 132

Gulder, H.J., Kölbel, M., Schubert, A. (1993): Waldbodeninventur und Wald-Bodendauerbeobachtungsflächen in Bayern – Ergebnisse für das Hochgebirge. GSF-Bericht 39/93:194-205

Gundersen, P. (1995): Nitrogen deposition and leaching in European forests – preliminary results from a data compilation. Water, Air and Soil Polllution 85:1179-1184

Gundersen, P. (1998): Effects of enhanced nitrogen deposition in a spruce forest at Klosterhede, Denmark, examined by NH_4NO_3 addition. For. Ecol. Manage. 101:251-268

Gundersen, P. et al. (1998): Impact of nitrogen deposition on nitrogen cycling in forests: a synthesis of NITREX data. For. Ecology Managem. 101:37-55

Gunia, S. (1985): Einige Bemerkungen über die Weißtanne (Abies alba Mill.) nördlich des natürlichen Verbreitungsgebietes in Polen. Schriften Forstl. Fak. Univ. Göttingen, Band 80:7-12

Günthardt-Goerg, M. S., Vollenweider, P. (2001): Diagnose von Umwelteinflüssen auf Bäume. Schweiz. Z. Forstwes. 152:183-192

Günthardt-Goerg, M. S. et al. (1999): Responses of young trees (five species in a chamber exposure) to near-ambient ozone concentrations. Water Air Soil Pollut. 116:323-332

Günthardt-Goerg, M. S., McQuattie, C. J., Maurer, S., Frey, B. (2000): Visible and microscopic injury in leaves of five deciduous tree species related to current critical ozone levels. Environ. Pollut. 109:489-500

Gussone, H. A. (1983): Die Praxis der Kalkung im Walde der Bundesrepublik Deutschland. Forst- und Holzwirt 38:63-71

Gussone, H. A. (1987): Kompensationskalkungen und die Anwendung von Düngemitteln im Walde. Forst- und Holzwirt 42:158-163

Haber, W. (1993): Ökologische Grundlagen des Umweltschutzes. Economica Verlag, Bonn

Habereder, R. (1997): Auswirkungen maschineller Durchforstungstechnik (Harvester) auf den Nährelementvorrat im Boden. Forst und Holz 52:31-34

Häberle, K.-H. (1995): Wachstumsverhalten und Wasserhaushalt eines Fichtenklones (Picea abies (L.) Karst.) unter erhöhten CO_2- und O_3-Gehalten der Luft bei variierter Stickstoff- und Wasserversorgung. Forstliche Forschungsberichte München, Nr. 150

Häberle, M., Herrmann, K. (1984): Entwicklung von Emissionen und Immissionen wichtiger Luftschadstoffe. Wasser, Luft und Betrieb 28:31-36

Haderlein, T., Rupert, O. (1986): Kronenmerkmale und Jahrringbau von Altbuchen sowie Auswirkungen des Klimas auf den Zuwachsverlauf von Tannen, Fichten und Buchen im Frankenwald. Diplomarbeit Fachhochschule Weihenstephan

Haemmerli, F. (1992): Waldkrankheiten in Vergangenheit und Gegenwart. Eidgenöss. Forschungsanst. f. Wald, Schnee u. Landschaft: Forum für Wissen (1992), S. 13-26

Hager, H. (1993 a): Das Programm zur Erforschung der Eichenerkrankungen in Österreich und einige vorläufige Ergebnisse. In: Bayerische Akademie der Wissenschaften (1993):69-79

Hager, H. (1993 b): Neuere Forschungsergebnisse zum Eichensterben. Österr. Forstztg. 104(7):56-57

Hahn, J., Sladkovic, R, (1993): Eintrag von ökologisch bedenklichen Stoffen durch nasse Deposition im Bayerischen Nordalpenraum. GSF-Bericht 39/93:36-48

Hallbäcken, L. (1992): Long term changes of base cation pools in soil and biomass in a beech and a spruce forest of southern Sweden. Z. Pflanzenernähr. Bodenk. 155:51-60

Hallbäcken, L., Zhang, L.-Q. (1998): Effects of experimental acidification, nitrogen addition and liming on ground vegetation in a mature stand of Norway spruce (*Picea abies* (L.) Karst.) in SE Sweden. For. Ecology Managem. **108**:201-213

Halmschlager, E., Gabler, A., Andrae, F. (2000): The impact of *Sirococcus* shoot blight on radial and height growth of Norway spruce (*Picea abies*) in young plantations. For. Path. **30**:127-133

Hamberger, J. (1991): Geschichte des Waldes der Stadt Iphofen. Forstl. Forschungsber. München, Nr. **112**

Hämmerli, F., Stadler, B. (1989): Eichenschäden. Schweiz. Z. Forstwes. **140**:357-374

Hampp, R., Schaeffer, C. (1998): Mycorrhiza – carbohydrate and energy metabolism. In: Varma und Hock (Hrsg.) (1998):273-303

Hampp, R., Ziegler, I. (1977): Sulfate and sulfite translocation via the phosphate translocator of the inner envelope membrane of chloroplasts. Planta **137**:309-312

Hanneberg, P. (Hrsg.) (1993): Acidificastion and air pollution. Swedish Environment Protection Agency, Solna 1993

Hansen, E., Delatour, C. (1999): *Phytophthora* species in oak forests of north-east France. Ann. For. Sci. **56**:539-547

Hansen, J. (1999): Radialzuwachsverlauf und Gefäßstruktur der Jahrringe von Eichen in ausgewählten Beständen des Bienwaldes im Rahmen der Schwammspinner-Kalamität 1993/94. In: Delb und Block, (1999):151-175

Hantschel, R., Horn, R., Kaupenjohann, M., Zech, W. (1988): In: The Effects of Atmospheric Pollutants on the Spruce-Fir Forests of the Eastern United Stats and the FRG. Hertel, G. D. (ed.), Proc. Symp. Oct. 1987, Burlington, USDA, Forest Service

Harley, J. L. (1948): Mycorrhiza and Soil Ecology. Biol. Rev. **23**:127-158

Harris, R. P., Ancellet, G., Bishop, L., Hofmann, D. J., Kerr, J. B., McPeters, R. D., Prendez, M., Randel, W., Staehlin, J., Subbaraya, B. H., Volz-Thomas, A., Zawodny, J. M., Zerfos, C. S. (1995): Ozone measurements. In: Scientific assessment of ozone depletion (1994), WMO Global ozone research and monitoring project. Project Report **37**, UNEP, Kenya

Härtel, O. (1976): Wie lassen sich Pflanzenschäden definieren? Umschau in Wissenschaft u. Technik **76**:347-348

Hartig, G.L. (1791): Anweisung zur Holzzucht für Förster. Marburg

Hartig, G. L. (1804): Anweisung zur Taxation und Beschreibung der Forste. G. F. Heyer, Gießen und Darmstadt

Hartig, R. (1890): Eine Krankheit der Fichtentriebe. Z. f. Forst- u. Jagdwesen **22**:667-670

Hartig, R. (1894): Über die Entstehung und die Eigenschaften des Eichenholzes. Forstl. naturwiss. Z. **3**:1-13, 49-68, 172-191, 193-203

Hartig, R. (1896): Über die Einwirkung des Hütten- und Steinkohlenrauches auf die Gesundheit der Nadelwaldbäume. Rieger, München

Hartig, T. (1851): Vollständige Naturgeschichte der forstlichen Culturpflanzen Deutschlands. A. Förstner, Berlin

Hartig, T. (1857): Beiträge zur physiologischen Forst-Botanik. Allg. Forst- u. J.-Ztg. **33**:281-296

Hartmann, G. (1996): Ursachenanalyse des Eichensterbens in Deutschland – Versuch einer Synthese bisheriger Befunde. In: Wulf und Kehr (1996):125-154

Hartmann, G., Blank, R. (1992): Winterfrost, Kahlfraß und Prachtkäferbefall als Faktoren im Ursachenkomplex des Eichensterbens in Norddeutschland. Forst und Holz **47**:443-452

Hartmann, G., Blank, R. (1998 a): Buchensterben auf zeitweise nassen Standorten unter Beteiligung von *Phytophthora*-Wurzelfäule. Forst und Holz **53**:187-193

Hartmann, G., Blank, R. (1998 b): Aktuelles Eichensterben in Niedersachsen – Ursachen und Gegenmaßnahmen. Forst und Holz **53**:733-735

Hartmann, G., Blank, R. (2002): Vorkommen und Standortbezüge von *Phytophthora*-Arten in geschädigten Eichenbeständen in Nordwestdeutschland. Forst und Holz **57**:539-545

Hartmann, G., Saborowski, J., Uebel. R., Voretzsch, A. (1986): Entwicklung und Verteilung von Waldschäden an Fichte im Harz. Forst- und Holzwirt **41**:413-420

Hartmann, G., Blank, R., Lewark, S. (1989): Eichensterben in Norddeutschland. Forst und Holz **44**:475-487

Hartmann, G., Nienhaus, F., Butin, H. (1995): Farbatlas Waldschäden, 2. Aufl.. E. Ulmer, Stuttgart

Hartmann, G., Habermann, M., Krüger, F., Niemeyer, H. (1999): Waldschutzsituation 1998/99 in Niedersachsen und Schleswig-Holstein. Forst und Holz **54**:219-226

Hartmann, G., Habermann, M., Niemeyer, H. (2001): Waldschutzsituation 2000/2001 in Niedersachsen und Schleswig-Holstein. Forst und Holz **56**:211-214

Hartmann, G., Blank, R., Kunca, A. (2005): Wurzelhalsfäule der Buche durch *Phytophthora cambivora*. Forst und Holz **60**:139-144

Haselhoff, E. (1932): Grundzüge der Rauchschadenskunde. 167 S. Gebrüder Borntraeger, Berlin

Haselhoff, E., Bredemann, G., Haselhoff, W. (1932): Entstehung, Erkennung und Beurteilung von Rauchschäden. 472 S. Gebrüder Bornträger, Berlin

Haselhoff, E., Lindau, G. (1903): Die Beschädigung der Vegetation durch Rauch. Gebrüder Borntraeger, Leipzig

Hasenauer, H., Nemani, R. R., Schadauer, K., Running, S. W. (1999): Forest growth response to changing climate between 1961 and 1990 in Austria. For. Ecology Managem. **122**:209-219

Hättenschwiler, S., Miglietta, F., Raschi, A., Körner, C. (1997): 30 years of in situ tree growth under elevated CO_2: a model for future forest responses? Global Change Biology **3**, 463-471.

Haug, I., Weber, G., Oberwinkler, F. (1988): Intracellular infection by fungi in damaged spruce trees. Eur. J. For. Path. **18**:112-120

Hauhs, M. (1985): Wasser- und Stoffhaushalt im Einzugsgebiet der Langen Bramke (Harz). Berichte des Forschungszentrums Waldökosystem/Waldsterben der Universität Göttingen **17**

Haury, H.-J., Aßmann, G., Froese, B., Jahn, T. (1996): Patient Wald – sterbenskrank oder kerngesund? Journalistenseminar der Information Umwelt. GSF-Forschungszentrum Neuherberg, Bd.**20**

Hausendorff, E. (1940): Frostschäden an Eichen. Z. f. Forst- u. Jagdwes. **72**:3-35

Häussling, M., George, E., Lorenz, K., Kreutzer, K., Marschner, H. (1991): Einfluß von saurer Beregnung auf Wachstum von Langwurzeln und pH-Werte in der Rhizosphäre von Fichten im Versuch Höglwald. In Kreutzer und Göttlein (1991):44-48

Haußmann, T., Becker, R., Gehrmann, J., Schulze, I.-M., Kölling, C. (1999): Konzept und Ergebnisse des forstlichen Umweltmonitorings in Deutschland. AFZ/DerWald **54**:1358-1360

Haut, H. van, Stratmann, H. (1960): Experimentelle Untersuchungen über die Wirkung von Schwefeldioxyd auf die Vegetation. Forschungsberichte des Landes Nordrhein-Westfalen Nr. **884**

Haut, H. van, Stratmann, H. (1970): Farbatlas über Schwefeldioxid-Wirkungen an Pflanzen. W. Giradet, Essen

Havranek, W. M., Wieser, G. (1998): Sind Fichten in Hochlagen durch Ozon gefährdet? Allg. Forst-Z. **53**:432-433

Hawksworth, D. L., Rose, F. (1970): Qalitative scale for estimating sulphur dioxide air pollution in England and Wales using epiphytic lichens. Nature **227**:145-148

Heath, R. L., Taylor Jr., G. E. (1997): Physiological processes and plant responses to ozone exposure. Ecological Studies **127**:317-368

Hedin, L. O. et al. (1994): Steep declines in atmospheric base cations in regions of Europe and America. Nature **367**:351-354

Heidt, V. (1978): Flechtenkartierung und die Beziehung zur Immissionsbelastung des südlichen Münsterlandes. Biogeographica **12**

Heimerich, R. (1993): Auswirkung der Meereshöhe auf den Mineralstoffhaushalt von nordhessischen Bu-

chenbeständen. Ber. Forschungszentr. Waldökosyst., Reihe A, Bd. **101**

Heimerich, R. (1995): Veränderung der Bleikonzentrationen in Buchenwaldökosystemen mit zunehmender Höhenlage. Forstarchiv **66**:3-8

Heinrichs, H., Brumsack, H. J. (1997): Anreicherung von umweltrelevanten Metallen in atmosphärisch transportierten Schwebstäuben aus Ballungszentren. In: Matschullat, J., Tobschall, H. J., Voigt, H.-J. (Hrsg.): Geochemie und Umwelt. Springer Verlag, Berlin

Heinsdorf, D. (1993): The role of nitrogen in declining Scots pine forests (*Pinus sylvestris*) in the lowland of east Germany. Water Air Soil Pollut. **69**:21-35

Heinsdorf, D. (1999): Über den Vitalitätszustand von Eichenbeständen im nordostdeutschen Tiefland unter besonderer Berücksichtigung der Schorfheide. Beitr. Forstwirtsch. u. Landsch.ökol. **33**:8-16

Heinsdorf, D., Chrzon, S. (1997): Entwicklung der Belaubung mittelalter Buchenbestände in Nordostdeutschland von 1987 bis 1996. Forst und Holz **52**:182-189

Heinsdorf, D., Krauß, H.-H. (1991): Massentierhaltung und Waldschäden auf dem Gebiet der ehemaligen DDR. Forst und Holz **46**:356-361

Heinsdorf, D., Krauss, H. H., Hippeli, P., Behm, R. (1990): Bericht über boden- und nadelanalytische Untersuchungen nach „Revitalisierungsdüngungen". Beitr. Forstwirtsch. **24**:74-85

Heiß, U. (1992): Jahrringanalyse und Erfassung von Kronenmerkmalen an einem Fichten-Bestand auf 800 m Meereshöhe im Forstamt Schmallenberg (Sauerland). Diplomarbeit Fachhochschule Weihenstephan

Heldt, H. (1998): Biochemie der Pflanzen, Spektrum Verlag

Heldt, H. W. (1996): Pflanzenbiochemie. Spektrum Akad. Verlag, Heidelberg

Hellmold, C., Lampert, J. (1989): Untersuchungen des Jahrringbaus von Tannen (*Abies alba* Mill.) und Fichten (*Picea abies*) im Forstamt Schöllkrippen. Diplomarbeit Fachhochschule Weihenstephan

Hennig, R. (1904): Katalog bemerkenswerter Witterungsereignisse. A. Asher, Berlin

Heidt, V. (1978): Flechtenkartierung und die Beziehung zur Immissionsbelastung des südlichen Münsterlandes. Biogeographica, Bd. **12**

Herman, F. (1994): Nährstoffgehalte von Fichtennadeln sowie Schadstoffgehalte in Fichtennadel- und Borkenproben des Untersuchungsgebietes Achenkirch. In: Herman und Smidt (1994)

Herman, F., Smidt, S. (Hrsg.) (1994): Ökosystemare Studien im Kalkalpin. Forstl. Bundesversuchsanst. Wien, FBVA-Berichte **78/1994**

Herman, F., Smidt, S. (Hrsg.) (1995): Ökosystemare Studien im Kalkalpin. Forstl. Bundesversuchsanst. Wien, FBVA-Berichte **87/1995**

Herman, F., Smidt, S. (Hrsg.) (1996): Ökosystemare Studien im Kalkalpin. Forstl. Bundesversuchsanst. Wien, FBVA-Berichte **94/1996**

Herrmann, S., Ritter, T., Kottke, I., Oberwinkler, F. (1992): Steigerung der Leistungsfähigkeit von Forstpflanzen (*Fagus silvatica* L. und *Quercus robur* L.) durch kontrollierte Mykorrhizierung. Allg. Forst- u. J.-Ztg. **163**:72-79

Herrmann, T., Prinz, E., Schröter, H. (1999): Entwicklung des Kronenzustandes auf Fichten-Beobachtungsflächen in Baden-Württemberg. Ber. Freiburger Forstl. Forschg., Heft **9**

Hertel, H., Schwaiger, J., Vorwerk, B. (2000): Die Flechtenflora der Staatsforste am Südrand Münchens, einst und jetzt. Hoppea, Denkschr. Regensb. Bot. Ges. **61**:445-524

Herwig (1913): Der Eichenwicklerfraß in Westfalen. Allg. Forst u. J.-Ztg. **89**:316-319

Herzig, R., Urech, M. (1991): Flechten als Bioindikatoren. Bibliotheca Lichenologica **43**. J. Cramer, Berlin, Stuttgart

Heß, R. (1890) Der Forstschutz, 2. Aufl., Band **2**. B. G. Teubner, Leipzig

Heß-Beck (1927): Forstschutz. 5. Aufl., Band **1**. J. Neumann, Neudamm

Heß-Beck (1930): Forstschutz. 5. Aufl., Band **2**. J. Neumann, Neudamm

Hessisches Ministerium des Innern und für Landwirtschaft, Forsten und Naturschutz (1998): Wald in Gefahr. In: Wald in Hessen (Schriftenreihe)

Hettelingh, J. P., Slootweg, J., Posch, M., Dutchak, S., Ilyn, I. (2002): Preliminary Modelling and Mapping of Critical Loads of Cadmium and Lead in Europe, RIVM Report 259 101 011, CCE MSC-East Moscow and CCE Bilthoven

Hewicker, J.-A. (1987): Eichensterben im FA Lappwald. Allg. Forst-Z. **42**:685

Hewitt, C. N., Kok, G. L. (1991): Formation and occurence of organic peroxides in the troposphere: laboratory and field observations. J. Atm. Chem. **32**:353-361

Hey (1914): Das Absterben der Eichen in Westfalen. Z. f. Forst- u. Jagdwes. **46**:595-598

Hildebrand, E. E. (1986): Zustand und Entwicklung der Austauschereigenschaften von Mineralböden aus Standorten mit erkrankten Waldbeständen. Forstwiss. Cbl. **105**:60-76

Hildebrand, E. (2003): Neuartige Waldschäden – Realität oder Sturm im Wasserglas? AFZ-DerWald **58**:1311-1313

Hildebrand, E., Hochstein, E. (1993): Wie kann man Gesundheit oder Krankheit von Wäldern messen? Biologie in unserer Zeit **23**:170-177

Hildebrand, E. E., Schack-Kirchner, H. (1990): Der Einfluss der Korngröße oberflächig ausgebrachter Dolomite auf Lösungsverhalten und vertikale Verteilungstiefe. Forst Holz **45**:139-142

Hiller, E. (1997): Untersuchungen über den Einfluß von Witterung, Konkurrenz und Insektenfraß auf die Zuwachsentwicklung eines Eichenbestandes im Spessart. Diplomarbeit Universität München

Hippeli, P., Branse, C. (1992): Veränderungen der Nährelementkonzentrationen in den Nadeln mittelalter Kiefernbeständeauf pleistozänen Sandstandorten Brandenburgs in den Jahren 1964 bis 1988. Forstwiss. Cbl. **111**:44-60

Hoch, R. (1997): Ökosystemare Langzeitwirkungen von Meliorationskalkungen, dargestellt an alten Kalkungsversuchen. FVA-Einblick **5**:7-8

Hochbichler, E., Putzgruber, N., Krapfenbauer, A. (1994): Biomassen- und Nährstoffuntersuchungen in einem 40jährigen Buchenbestand (*Fagus sylvatica* L.). Cbl. ges. Forstwes. **111**:1-22

Hock, B., Elstner, E. F. (Hrsg.) (1995): Schadwirkungen auf Planzen. Spektrum Akad. Verlag, Heidelberg

Hofmann, C., Förster, H., Rehfuess, K. E. (1994): Bodenkundliche und hydrologische Untersuchungen in den Hochlagen des inneren Bayerischen Waldes. Forstl. Forschungsber. München Nr. **139**

Hofmann, G. (1995): Kiefernökosysteme im Wandel. Der Wald **45**:262-267

Hofmann, G., Heinsdorf, D., Krauß, H.-H. (1990): Wirkung atmogener Stickstoffeinträge auf Produktivität und Stabilität von Kiefern-Forstökosystemen. Beitr. Forstwirtsch. **24**:59-73

Hofmann, G., Anders, S., Beck, W., Chrzon, S., Matthes, B. (1991): Buchenwälder und ihr Vitalitätszustand in Ostdeutschland. Beitr. Forstwirtsch. **25**:157-168

Hofstetter, J., Godt, J., Glavac, V. (1990): Mineralstoffgehalte fraktioniert aufgefangenen Stammablaufwassers von Altbuchen zweier Standorte. Allg. Forst-Z. **45**:777-780

Högberg, P., Jensén, P. (1994): Aluminium and uptake of base cations by tree roots: a critique of the model proposed by Sverdrup et al. Water Air Soil Pollut. **75**:121-125

Holdenrieder, O. (1986): Beobachtungen zum Vorkommen von *Armillaria obscura* und *Armillaria cepistipes* an Tanne in Südbayern. Eur. J. For. Path. **16**:375-379

Holmsgaard, E. (1962): Influence of weather on growth and reproduction of beech. Communicationes Instituti Forestalis Fenniae **55.5**:1-5

Holzberger, R. (1995): Das sogenannte Waldsterben. Zur Karriere eines Klischees: Das Thema Wald im journalistischen Diskurs. W. Eppe, Bergatreute

Holzmann, M. (1998): Untersuchungen zu Schädigungen und Wachstumsverlauf von Hochlagenfichten anhand von Kronenmerkmalen und Jahrringbau im Bereich des Forstamtes Fichtelberg/Ofr.. Diplomarbeit Fachhochschule Weihenstephan

Hoque, E.; Remus, G. (1999): Natural UV-screening mechanisms of Norway spruce (*Picea abies* (L.) Karst.) needles. Photochemistry and Photobiology **69**:177-192.

Horak, M., Tesche, M. (1993): Wirkungen von Luftverunreinigungen auf Wirt-Parasit-Beziehungen. Forstwiss. Cbl. **112**:93-97

Horemans, N., Asard, H., Caubergs, R. J. (1997): The ascorbate carrier of higher plant plasma membranes preferentially translocates the fully oxidized (dehydroascorbate) molecule. Plant Physiol. **114**:1247-1253

Horndasch, M. (1993): Die Weißtanne (*Abies alba* Mill.) und ihr tragisches Schicksal im Wandel der Zeiten. Selbstverlag, Augsburg

Horst, W. J. (1987): Aluminium tolerance and calcium efficiency of cowpea genotypes. J. Plant Nutr. **10**:1121-1129

Horst, W. J. (1988): The physiology of manganese toxicity. In: Graham, R. D., Hannam, R. J., Uren, N. C. (Hrsg.): Manganese in soils and plants. Kluwer Academic Publishers, Dordrecht, Niederlande. 175-188

Horst, W. J. (1995): The role of the apoplast in aluminium toxicity and resistance of higher plants: a review. Z. Pflanzenernähr. Bodenk. **158**:419-428

Horst, W. J., Wagner, A., Marschner, H. (1982): Mucilage protects root meristems from aluminium injury. Z. Pflanzenphysiol. **105**:435-444

Hörteis, J., Schmidt, A. (1986): Das Tannensterben in der Oberpfalz vor 60 Jahren – Ein Vergleich mit der heutigen Situation. Allg. Forst-Z. **41**:433-435

Horváth, B., Lamersdorf, N., Raben, G., Borken, W., Beese, F. (2005): Initiale Effekte nach Kompostausbringung beim Waldumbau. Forstarchiv **76**:3-15

Houdijk, A. L.F.M, Roelofs, J. G.M. (1993): The effects of atmospheric nitrogen deposition and soil chemistry on the nutritional status of *Pseudotsuga menziesii*, *Pinus nigra*, and *Pinus sylvestris*. Environ. Pollut. **80**:79-84

Houston, D. R. (1992): A host-stress-saprogen model for forest dieback decline - diseases. In: Manion und Lachance (1992):3-25

Huber, B. (1935): Die physiologische Bedeutung der Ring- und Zerstreutporigkeit. Ber. d. dtsch. bot. Ges. **53**:711-719

Huber, B. (1955): Zweigabsprünge. Allg. Forst-Z. **10**:620-621

Huber, B. (1956): Winterfrost 1956 und Rauchschaden. Allg. Forst-Z. **11**:609-610

Huber, C., Kreutzer, K., Röhle, H., Rothe, A. (2004): Response of artificial acid irrigation, liming, and N-fertilisation on elemental concentrations in needles, litter fluxes, volume increment, and crown transparency of a N saturated Norway spruce stand. Forest Ecology Managem. **200**:3-21

Huber, S., Englisch, M. (1997): Auswertung der Waldbodeninventuren im Bereich von Arge Alp und Arge Alpen-Adria. Hrsg.: Bayerisches Staatministerium für Landesentwicklung und Umweltfragen, München

Huettl, R. F. (1993): Forest soil acidification. Angew. Bot. **67**:66-75

Huettl, R. F., Mueller Dombois, D. (Hrsg.) (1993): Forest decline in the Atlantic and Pacific region. Springer, Berlin, Heidelberg

Hugenroth, P. (1975): Relative Lösungsgeschwindigkeit von Ca und Mg aus carbonatischer Bindung in verschiedenen Lösungssystemen und im Boden. Mitteilgn. Dtsch. Bodenkundl. Gesellsch. **22**:285-394

Hunger, W. (1994): Die Waldböden des Erzgebirges. Mitt. Ver Forstl. Standortsk. u. Forstpflanzenz. Nr. **37**:17-21

Hüttl, R. F. (1985): „Neuartige" Waldschäden und Nährelementversorgung von Fichtenbeständen (*Picea abies* Karst.) in Südwestdeutschland. Freiburger Bodenkdl. Abh. **16**, 195 S.

Hüttl, R. F. (1988): Vergleichende Analyse von Düngungsversuchen in der Bundesrepublik Deutschland und in den USA. IMA-Querschnitt-Seminar, Bayreuth, 20.-21. Nov. 1988

Hüttl, R. F. (1989): Liming and fertilization as mitigation tools in declining forest ecosystems. Water, Air, and Soil Pollut. **44**:93-118

Hüttl, R. F. (1990): Nutrient supply and fertilizer experiments in view of N saturation. Plant and Soil **128**:45-58

Hüttl, R. (1991): Die Nährelementversorgung geschädigter Wälder in Europa und Nordamerika. Freiburger Bodenkundl. Abh. **28**:1-440

Hüttl, R. F., Fink, S. (1988): Diagnostische Düngungsversuche zur Revitalisierung geschädigter Fichtenbestände (*Picea abies* Karst.) in Südwestdeutschland. Forstwiss. Cbl. **107**:173-183

Hüttl, R. F., Schaaf, W. (Hrsg.) (1997): Magnesium deficiency in forest ecosystems. Kluwer Academic Publishers, Great Britain

Hüttl, R. F., Zöttl, H. W. (1993): Liming as a mitigating tool in Germany's declining forests – reviewing results from former and recent trials. For. Eology Managem. **61**:325-338

Hüve, K., Dittrich, A., Kindermann, G., Slovik, S., Heber U. (1995): Detoxification of SO_2 in conifers differing in SO_2 tolerance. A comparison of *Picea abies*, *Picea pungens* and *Pinus sylvestris*. Planta **195**:578-585

Hüve, K., Veljovic-Jovanovic, S., Wiese, C., Heber, U. (2000): Oxygen and light accelerate recovery from SO2-induced inhibition of leaf photosynthesis and from cytoplasmic acidification. J. Plant Physiol. **156**:537-546

Ibrom, A., Runge, M. (1989): Die Stickstoff-Mineralisation im Boden eines Sauerhumus-Buchenwaldes unter dem Einfluss von Kalkung oder Stickstoffdüngung. Ber. Forschungszentr. Waldökosysteme, Göttingen. A49:129-140

Igmandy, Z. (1987): Die Welkeepidemie von *Quercus petraea* (Matt.) Lieb. in Ungarn (1978-1986). Österr. Forstztg. 98(3):48-50

Illmer, P., Schinner, F. (1991): Effects of lime and nutrient salts on the microbial activities of forest soils. Biol. Fert. Soils 11:261-266

Illmer, P., Marschall, K., Schinner, F. (1995): Influence of available aluminium on soil micro-organisms. Lett. Appl. Microbiol. 21:393-397

Immer, A., Schmidt, W., Beese, F. (1989): Langzeitwirkungen von Düngungsmaßnahmen auf die Bodenvegetation und den bodenchemischen Zustand in einem Fichtenforst. In: Forschungsbeirat Waldschäden/Luftverunreinigungen (Hrsg.) Intern. Kongress Waldschadensforschung: Wissenstand und Perspektiven, Friedrichshafen 2.-6.10.1989, Poster-Kurzfassungen 11:739-740

Innes, J. L. (1988): Forest health surveys: problems in assessing observer objectivity. Can. J. For. Res. 18:560-565

Innes, J. L. (1993): Forest health. 1st Assessment and status. CAB International, Wallingford

Innes, J. L. (1994): The occurence of flowering and fruiting on individual trees over 3 years and their effects on subsequent crown condition. Trees 8:139-150

Innes, J. L. (1998): Role of diagnostic studies in forest monitoring programmes. Chemosphere 36:1025-1030

Innes, J. L., Achermann, B., Volz, R., Brang, P. (1998): Ist der Wald durch anthropogene Belastungen gefährdet? Ber. Eidgenöss. Forschungsanst. f. Wald, Schnee u. Landschaft 345:43-51

Innes, J. L., Ghosh, S., Dobbertin, M., Rebetez, M., Zimmermann, S. (1997): Kritische Belastungen und die Sanasilva-Inventur. Forum für Wissen 1997. Säure und Stickstoffbelastungen – ein Risiko für den Schweizer Wald? 73-83

Innes, J. L., Skelly, J. M., Schaub. M. (2001): Ozone and broadleaved species. A guide to the identification of ozone-induced foliar injury. Paul Haupt, Bern

IPCC (2001). Climate change. Albritton et al. Intergovernmental Panel on Climate Change. Cambridge UK, Cambridge University Press

Ivarson, K. C. (1977): Changes in decomposition rate, microbial population and carbohydrate content of an acid peat bog after liming and reclamation. Can. J. Soil Sci. 57:129-137

Jacobsen, C., Schönfelder, E., Eichhorn, J. (2001): Ökosystembilanzen hessischer Buchen-Dauerbeobachtungsflächen (Level II). In: Jahresberichte 1998, 1999, 2000 der Hessischen Landesanstalt für Forsteinrichtung, Waldforschung und Waldökologie:47-51

Jäger, H.-J., Bender, J., Weigel, H,-J. (1989): Stand der Diskussion über Richtwerte für Schadstoffkonzentrationen in der Luft. Angew. Botanik 63:559-575

Jagnow, G., Höflich, G., Hoffmann, K.-H. (1991): Inoculation of non-symbiotic rhizosphere bacteria: possibilities of increasing and stabilizing yields. Angew. Botanik 65:97-126

Jahnel, H. (1959): Über Frostresistenz bei Waldbäumen. Archiv f. Forstwes. 8:697-725

Jakob, B., Heber, U. (1998): Ineffectiveness of apoplastic ascorbate to prevent the oxidation of fluorescent amphiphilic dyes in leaves by ambient and elevated concentrations of ozone. Plant Cell Physiol. 39:313-322

James, R. L., Cobb, F.W., Miller, P. R., Parmeter J.R. (1980): Effects of oxidant air pollution on susceptibility of pine roots to Fomes annosus. Phytopathology 70:560-563

Jandl, R. (1996): Magnesiumversorgung der österreichischen Wälder. Centralbl. ges. Forstwes. 113:71-82

Jandl, R., Sleten, R. S. (1999): Mineralization of forest soil carbon: Interactions with metals. J. Plant Nutr. Soil Sci. 162:623-629.

Jansen, M., Chodak, M., Saborowski, J., Beese, F. (2005): Erfassung von Humusmengen und -qualitäten in organischen Auflagen in Rein- und Mischbeständen von Buchen und Fichten unterschiedlichen Alters. Allg. Forst- u. J.-Ztg. 176:Jg.9/10, 176-186

Jazewitsch, W. von (1953): Jahrringchronologie der Spessart-Buchen. Forstwiss. Cbl. 72:234-247

Jehl, H. (1995): Die Waldentwicklung auf Windwurfflächen im Nationalpark Bayerischer Wald. In: Nationalparkverwaltung Bayerischer Wald (Hrsg.): 25 Jahre auf dem Weg zum Naturwald.

Jenssen, M., Butterbach-Bahl, K., Hofmann, G., Papen, H. (2000): Modellierung von Beziehungen zwischen der Emission von N-Spurengasen aus Waldböden und den Vegetationsstrukturen in Kiefernökosystemen des nordostdeutschen Tieflandes. Beitr. Forstwirtsch. Landsch.ökologie 34:116-122

Jongbloed, R. H., Peijnenburg, J., Mensink, B. J.W. G., Traa, T. P., Luttik, R. (1994): A model for environmental risk assessment and standard setting based on biomagnification. Top predators in terrestrial ecosystems. Report 719101012, National Institute of Public Health and the Environment (RIVM), Bilthoven, The Netherlands, 85 S.

Jönsson, A. M., Kivimäenpää, M., Stjernquist, I. (2001): Frost hardiness in bark and needles of Norway spruce in southern Sweden. Trees 15:171-176

Jönsson, C., Schöpp, W., Warfinge, P., Sverdrup, H. (1993): Modelling long term impact on soil acidification for three sites in Northern Europe. Reports in

Ecology and Environmental Engineering, University of Lund **1**:1-27

Jönsson, U., Lundberg, L., Sonesson, K., Jung, T. (2003): First records of soilborne *Phytophthora* species in Swedish oak forests. For. Path. **33**:175-179

Joosten, R., Schulte, A. (2003): Schätzung der Nährstoffexporte bei einer intensivierten Holznutzung in Buchenwäldern (*Fagus sylvatica*). Allg. Forst-u. J.-Ztg. **174**:157-168

Jorns, A., Hecht-Buchholz, C. (1985): Aluminiuminduzierter Magnesium- und Calciummangel im Laborversuch bei Fichtensämlingen. Allg. Forst.-Z. **40**:1248-1252

Jugoviz, R. (1928): Dauerwaldgedanken in den österreichischen Alpenländern. Allg. Forst- u. J.-Ztg. **104**:4-12

Jung, T. (1998): Die *Phytophthora*-Erkrankung der europäischen Eichenarten. LINCOM, München, Newcastle

Jung, T. (1999): Persönliche Mitteilung

Jung, T. (2005): Wurzel- und Stammschäden an Buchen (*Fagus sylvatica* L.) durch bodenbürtige *Phytophthora*-Arten in Bayern. Forst und Holz **60**:131-139

Jung, T., Blaschke, H., Lang, K.-J., Oßwald, W. (1996): *Phytophthora*-Wurzelfäule der Stiel- und Traubeneiche. Allg. Forst-Z. **51**:1470-1474

Jung, T., Cooke, D.E.L., Blaschke, H., Duncan, J.M., Oßwald, W. (1999): *Phytophthora quercina* sp. nov., causing root rot of European oaks. Mycol. Res. **103**:785-798

Jung, T., Blaschke, H., Oßwald, W. (2000): Involvement of soilborne *Phytophthora* species in Central European oak decline and the effect of site factors on the disease. Plant Pathology **49**:706-718

Jung, T., Hansen, E.M., Winton, L., Oßwald, W., Delatour, C. (2002): Three new species of *Phytophthora* from European oak forests. Mycol. Res. **106**:397-411

Jung, T. et al. (2003 a): *Phytophthora pseudosyringae* sp. nov., a new species causing root and collar rot of deciduous tree species in Europe. Mycol. Res. **107**:772-789

Jung, T., Blaschke, H., Oßwald, W. (2003 b): Effect of environmental constraints on *Pytophthora*-mediated oak decline in Central Europe. In: McComb, J.A., Hardy, G.E. StJ., Tommerup, I.C. (2003)

Jürging, P. (1975): Epiphytische Flechten als Bioindikatoren der Luftverunreinigung. Bibliotheca Lichenologica **4**. J. Cramer, Vaduz

Jüttner, O. (1959): Ertragskundliche Untersuchungen in wicklergeschädigten Eichenbeständen. Forstarchiv **30**:78-83

Kabata-Pendias, A., Pendias, H. (1984): Trace elements in soils and plants. CRC Press, Boca Raton.

Kacser, H., Burn, J.A. (1979): Molecular democracy: who shares the controls? Biochem. Soc. Trans. **7**:1149-1160

Kaennel, M., Schweingruber, F.H. (1995): Multilingual glossary of dendrochronology. Paul Haupt, Bern

Kahl (1930): Frostschäden des Winters 1928/29. Jahresbericht des Deutschen Forstvereins (1930):213-250

Kahle, H. (1988): Wirkungen von Blei und Cadmium auf Wachstum und Mineralstoffhaushalt von Jungbuchen (*Fagus sylvatica* L.) in Sandkultur. Dissertationes Botanicae, Band **127**. J Cramer, Berlin und Stuttgart

Kahle, H., Breckle, S.-W. (1987): Wirkungen ökotoxischer Schwermetalle auf Buchenjungwuchs. Der Minister für Umwelt, Raumordnung und Landwirtschaft des Landes Nordrhein-Westfalen: Statuskolloquium „Luftverunnreinigungen und Waldschäden" vom 29./30. Oktober 1986

Kahle, H., Bertels, C., Noak, G., Ruther, P., Breckle, S.W. (1989): Wirkungen von Blei und Cadmium auf Wachstum und Mineralstoffgehalt von Buchenjungwuchs. AFZ **29/30**:783-788.

Kahle, H.-P. (1994): Modellierung der Zusammenhänge zwischen der Variation von klimatischen Elementen des Wasserhaushalts und dem Radialzuwachs von Fichten (*Picea abies* (L.) Karst.) aus Hochlagen des Südschwarzwalds. Diss. Univ. Freiburg

Kahle, H.-P., Park, Y.-I., Spiecker, H. (1997): Inter- und intraannuelle Wachstumsreaktionen von Fichten (*Picea abies* (L.) Karst.) entlang von Höhen- und Expositionsgradienten. FZKA-PEF **153**:111-122

Kaiser, G., Martinoia, E., Schröppel-Meier, G., Heber, U.(1989): Active transport of sulfate into the vacuole of plant cells provides halotolerance and can detoxify SO_2. J. Plant Physiol. **133**:756-763

Kaiser, K., Kaupenjohann, M. (1998): Salts and acids as determinants of the solution composition of acidic forest soils – anion effects. Z. Pflanzenerähr. Bodenk. **161**:115-120

Kaiser W.M., Dittrich, A.P.M., Heber, U. (1993): Sulfate concentrations in Norway Spruce needles in relation to atmospheric SO_2: a comparison of trees from various forests in Germany with trees fumigasted with SO_2 in growth chambers. Tree Physiol. **12**:1-13

Kandler, O. (1983): Waldsterben: Emissions- oder Epidemie-Hypothese? Naturw. Rdsch. **36**:488-490

Kandler, O. (1985): „Waldsterben": Immissions- versus Epidemie-Hypothesen. In: Kortzfleisch, G. von (Hrsg.): Waldschäden, S. 20-50. R. Oldenbourg, München und Wien

Kandler, O. (1987): Dynamik der „akuten Vergilbung" der Fichte. Allg. Forst-Z. **42**:715-723

Kandler, O. (1988): Epidemiologische Bewertung der Waldschadenserhebungen 1983 bis 1987 in der

Bundesrepublik Deutschland. Allg. Forst- u. J. Ztg. **159**:179-194

Kandler, O. (1990): Mykoplasmen in Laubhölzern. Naturwiss. Rdsch. **43**:427-431

Kandler, O. (1992 a): The German forest decline situation: a complex disease or a complex of diseases. In: Manion und Lachance (1992)

Kandler, O. (1992 b): No relationship between fir decline and air pollution in the Bavarian Forest. For. Sci. **38**:866-869 n

Kandler, O. (1993): Development of the recent episode of Tannensterben (fir decline) in eastern Bavaria and the Bavarian Alps. In: Huettl, R. F., Mueller-Dombois, D. (Hrsg.) (1993), S. 216-226

Kandler O. (1994): Vierzehn Jahre Waldschadensdiskussion. Naturwiss. Rundschau **47**:419-430

Kandler, O., Poelt, J. (1984): Wiederbesiedlung der Innenstadt von München durch Flechten. Naturwiss. Rundschau **37**:90-95

Kandler, O., Senser, M. (1993): Eichenvergilbung im Raum München: eine Fallstudie. In: Bayerische Akademie der Wissenschaften (1993):153-168

Kandler, O., Dover, C., Ziegler, P. (1979): Kälteresistenz der Fichte. I. Steuerung von Kälteresistenz, Kohlehydrat- und Proteinstoffwechsel durch Photoperiode und Temperatur. Ber. Dtsch. Bot. Ges. **92**:225-241

Kangasjärvi, J., Talvinen, J., Utriainen, M., Karjalainen, R. (1994): Plant defence systems induced by ozone. Plant Cell Envir. **17**:783-794

Kaps, S., Stegmaier, C. (2001): Wachstumsverhalten von Tanne (*Abies alba* L. [Karst.]) und Fichte (*Picea abies* L. [Karst.]) auf warm trockenem Standort im Wuchsbezirk „Taubergrund mit westlicher fränkischer Platte". Diplomarbeit Fachhochschule Weihenstephan

Karlsson, P. E., Pleijel, H., Karlsson, G. P., Medin, E. L., Skärby, L. (2000): Simulations of stomatal conductance and ozone uptake to Norway spruce saplings in open-top chambers. Environ. Pollut. **109**:443-451

Karlsson, P. E. et al. (2004): A cumulative ozone uptake – response relationship for the growth of Norway spruce saplings. Environ. Pollut. **128**:405-417

Karlsson, P. E. et al. (2005): Economic assessment of the negative impacts of ozone on crop yields and forest production. A case study of the estate Östads Säteri in southwestern Sweden. Ambio **34**:32-40

Kassaby, F. Y., Hepworth, G. (1987): *Phytophthora cinnamomi*: Effects of Herbicides on radial growth, sporangial production, inoculum potential and root disease in *Pinus radiata*. Soil Biol. Biochem. **19**:437-441

Kattner, D. (1990): Zur Pathogenität von *Trichoderma hamatum* (Bon.) Bain. an Fichtenkeimlingen (*Picea abies* Karst.). Allg. Forst- u. J.-Ztg. **161**:1-6

Kattner, D. (1992): Der Einfluß von Trockenstreß auf die Besiedelung von Fichtenfeinwurzeln (*Picea abies* Karst.) durch *Trichoderma viride* und andere endophytische Mikropilze. Forstw. Cbl. **111**:383-389

Kattner, D. (1993): Langzeitwirkung einer Calciumdüngung auf die Besiedelung von Fichtenwurzeln durch Mikropilze. Allg. Forst-u. J.-Ztg. **163**:138-142

Kattner, D., Schönhar, S. (1990): Untersuchungen über das Vorkommem mikroskopischer Pilze in Feinwurzeln optisch gesunder Fichten (*Picea abies* Karst.) auf verschiedenen Standorten. Mitt. Ver. Forstl. Standortsk. u. Forstpflanzenzüchtg. **35**:39-43

Katzensteiner, K., Glatzel, G. (1997): Causes of magnesium deficiency in forest ecosystems. In: Hüttl und Schaaf (1997):227-251

Katzensteiner, K., Glatzel, G., Kazda, M. (1992): Nitrogen-induced nutritional imbalances – a contributing factor to Norway-spruce decline in the Bohemian Forest (Austria). For. Ecology Managem. **51**:29-42

Katzensteiner, K. et al. (1995): Revitalisation experiments in magnesium deficient Norway spruce stands in Austria. Plant and Soil **168-169**:489-500

Kaufmann, M. R., Troendle, C. A. (1981): The relationship of leaf area and foliage biomass to sapwood conducting area in four subalpine forest tree species. Forest Sci. **27**:477-482

Kaupenjohann, M. (1989): Chemischer Bodenzustand und Nährelementversorgung immissionsbelasteter Fichtenbestände in NO-Bayern. Bayreuther Bodenk. Ber. **11**

Kaupenjohann, M. (1995): Wirkungen der Kalkung auf Bäume und Bodenvegetation. AFZ **17**:942-945

Kaupenjohann, M., Zech, W. (1987): Walddüngung und neuartige Waldschäden: Ergebnisse aus Kalkungs- und Düngungsversuchen. In: Glatzel, G. (Hrsg.): Möglichkeiten und Grenzen der Sanierung geschädigter Waldökosysteme. Universität für Bodenkultur, Wien. 82-98

Kazda, M., Katzensteiner, K. (1993): Factors influencing the soil solution chemistry in Norway spruce stands in the Bohemian Forest, Austria. Agric. Ecosyst. Environ. **47**:135-145

Kehr, R. D., Wulf, A. (1993): Fungi associated with above-ground portions of declining oaks (*Quercus robur*) in Germany. Eur. J. For. Path. **23**:18-27

Keller, H., Müller, J. (1958): Beiträge zur Erfassung der durch schweflige Säure hervorgerufenen Rauchschäden an Nadelhölzern. Forstliche Forschungen, Heft **10**

Keller, T. (1977): Begriff und Bedeutung der „latenten Immissionsschädigung". Allg. Forst- u. J.-Ztg. **148**:115-120

Keller, T. (1978 a): Einfluß niedriger SO_2-Konzentrationen auf die CO_2-Aufnahme von Fichte und Tanne. Photosynthetica **12**:316-322

Keller, T. (1978 b): Frostschäden als Folge einer „latenten" Immissionsschädigung. Staub-Reinhalt. Luft **38**:24-26

Keller, T. (1979): Der Einfluss langdauernder SO_2-Begasungen auf das Wurzelwachstum der Fichte. Schweiz. Z. Forstwes. **130**:429-435

Keller, T. (1981): Folgen einer winterlichen SO_2-Belastung für die Fichte. Gartenbauwiss. **46**:170-178

Keller, T. (1989): Oberirdische Wirkung von Luftschadstoffen: Neuere Ergebnisse. In: Schmidt-Vogt, H. (1989): Die Fichte, Band **II/2**:280-314

Keller, W., Imhof, P. (1987): Zum Einfluss der Durchforstung auf die Waldschäden. Schweiz. Z. Forstwes. **138**:39-54

Kellner, K., Rudolph, E., Strauss, R. (1974): Untersuchung der lufthygienischen Belastbarkeit des Donauraumes zwischen Ingolstadt und Neustadt. Schr. reihe Luftreinhaltung, Bayer. Landesamt f. Umweltschutz

Kenk, G. (1983): Zuwachsuntersuchungen in geschädigten Tannenbeständen in Baden-Württemberg. Allg. Forst-Z. **38**:650-652

Kenk, G. (1985): Statusseminar „Zuwachs und ökonomische Bewertung". Göttingen, 30. Januar 1985

Kenk, G. (1993): Growth in „declining" forests of Baden-Württemberg (southwestern Germany). In: Huettl und Mueller-Dombois (1993)

Kern, K. G., Moll, W., Braun, H. J. (1961): Wurzeluntersuchungen in Rein- und Mischbeständen des Hochschwarzwaldes. (Vfl. Todtmoos 2/I-IV). Allg. Forst- u. J.-Ztg. **132**:241-260

Kerstiens, G., Lendzian, K. J. (1989): Interaction between ozone and plant cuticles. I. Ozone deposition and permeability. New Phytol. **112**:13-19

Kettering, H. (1985): Zu: Sterben von Eichenjungbeständen in Südhessen. Allg. Forst-Z. **40**:161

Kilbinger, A., Jacoby, T., Penningsfeld/Urban, Rempe, A., Stratmann, H. (1953): Bericht der Deutschen Forschungsgemeinschaft für Gewächshaus und Hydrokultur e. V. über Ergebnisse der Jahre 1951/52. Schriftenreihe der Kohlenstoffbiologischen Forschungsstation e. V., Heft **4**

Kilian, W. (1992): Säurehaushalt – Austauschbare Kationen. In: Österreichische Waldbodenzustandsinventur. Mitt. Forstl. Bundesversuchsanst. Wien, **168/I**, **168/II**, S. 89-144

Kilian, W. (1993): Ergebnisse der Österreichischen Waldbodenzustandsinventur (Kurzfassung). GSF-Bericht **39/93**:170-178

Kilz, E. (2004): Eichenschäden = Eichensterben? AFZ-DerWald **59**:689

Kindermann, G., Hüve, K., Slovik, S., Lux, H., Rennenberg, H. (1995): Emission of hydrogen sulfide by twigs of conifers – a comparison of Norway spruce (*Picea abies* (L.) Karst.), Scots pine (*Pinus sylvestris*

L.) and Blue spruce (*Picea pungens* Engelm.). Plant and Soil **168-169**:421-423

Kinraide, T. B. (1990): Assessing the rhizotoxicity of the aluminate ion, $Al(OH)_4^-$. Plant Physiol. **93**:1620-1625

Kinraide, T. B. (1991): Identity of the rhizotoxic aluminium species. Plant Sol **134**:167-178

Kinraide, T. B. and D. R. Parker (1987): Cation amelioration of aluminum phototoxicity in wheat. Plant Physiol. **83**:546-551.

Kinraide, T. B., Parker, D. R. (1989): Assessing the phytotoxicity of mononuclear hydroxy-aluminum. Plant Cell Environ. **12**:479-487

Kirchner, M., Kammerlohr, R., Kohmanns, B., Rediske, G., Schödl, M., Welzl, G. (1994): Erfassung der Immissionsbelastung im Alpenraum mit Passivsammlern. Bayer. Staatsministerium für Landesentwicklung und Umweltfragen, Materialien Nr. **116**

Kirchner, M. et al. (2000): Fallstudie Buche im Dreiländereck Böhmen, Oberösterreich, Bayern. Bayer. Staatsministerium für Landesentwicklung und Umweltfragen, Materialien Nr. **151**

Kivimäenpää, M., Jönsson, A. M., Stjernquist, I., Selldén, G., Sutinen, S. (2004): The use of light and electron microscopy to assess the impact of ozone on Norway spruce needles. Environ. Pollut. **127**: 441-453

Klädtke, J. (1995): Untersuchung zum Wachstum der Wälder in Europa. In: UBA (ed.): Wirkungskomplex Stickstoff und Wald. Texte **28/95**:120-130

Klap, J. M., Voshaar, J. H.O., de Vries, W., Erisman, J. W. (2000 a): Effects of environmental stress on forest crown condition in Europe. Part IV. Water Air Soil Pollut. **119**:387-420

Klap, J. M., Reinds, G. J., Bleeker, A., de Vries, W. (2000 b): Environmental stress in German forests: Assessment of critical deposition levels and their exedances and meteorological stress for crown monitoring sites in Germany. Alterra-Rapport **134**:74 S.

Klein. E. (1987): Breiten sich Rindenpilz-Schäden bei Hochlagenfichten aus? Allg. Forst-Z. **42**:356-358

Kleiner, C., Rohrbacher, M. (1994): Untersuchungen zu Schädigungen an Stieleiche und Rotbuche anhand von Kronenmerkmalen und Jahrringbau im Forstamt Freising. Diplomarbeit am Fachbereich Forstwirtschaft, Fachhochschule Weihenstephan, 103 S.

Kleinschmit, J. R.G., Kremer, A., Roloff, A. (1995): Sind Stiel- und Traubeneiche zwei getrennte Arten? AFZ/Der Wald **50**:1453-1456

Klemm et al. (1989): Leaching and uptake of ions through above-ground Norway spruce tree parts. In: Schulze et al. 210-237

Kley, D., Kleinman, M., Sandermann H. Jr., Krupa, S. (1999): Photochemical oxidants: state of the science. Environ. Pollut. **100**:19-24

Klimesch, J. (1924): Eichensterben in Jugoslawien. Wiener Allg. Forst- u J.-Ztg. **42**:271-273

Kluge, H. (1993): Nur die Buchen überlebten. Forst und Holz **48**:462-466

Klugmann, K., Roloff, A. (1999): Ökophysiologische Bedeutung von Zweigabsprüngen (Kladoptosis) unter besonderer Berücksichtigung der Symptomatologie von *Quercus robur* L.. Forstwiss. Cbl. **118**:271-286

Klumpp, G., Guderian, R. (1989): Wirkung verschiedener Kombinationen von O_3, SO_2 und NO_2 auf Photosynthese und Atmung. Staub – Reinhaltung Luft **49**:255-260

Klumpp, A., Klumpp, G., Guderian, R. (1988): Wuchsleistung und äußere Schädigungsmerkmale bei Buche nach Einwirkung von Ozon, Schwefeldioxid und Stickstoffdioxid. Allg. Forst-Z. **43**:731-734

Koch, E. (1983): Der Weg zum blauen Himmel über der Ruhr. VGB-Kraftwerkstechnik, Essen

Koch, H. G. (1958): Der Holzzuwachs der Waldbäume in verschiedenen Höhenlagen Thüringens in Abhängigkeit von Niederschlag und Temperatur. Archiv f. Forstwes. **7**:27-49

Koch, M., Landgraf, M. (2003): Jahrringuntersuchungen an Buchenbeständen auf 845 m und 1190 m ü. NN im Nationalpark Bayerischer Wald. Diplomarbeit Fachhochschule Weihenstephan

Koch, W. (1957): Der Tagesgang der „Produktivität der Transpiration". Planta **48**:418-452

Koch, W. (1989): Der Reinluft/Standortsluft-Vergleich an Fichte. Forstwiss. Cbl **108**:73-82

Koch, W. (1993): SO_2 einst und jetzt – im Zusammenhang mit Waldschäden. Rundgespräche der Kommission für Ökologie, Band **7**:95-103 „Probleme der Umweltforschung in historischer Sicht". Verlag Dr. Friedrich Pfeil, München

Köck, G. (1935): Eichenmehltau und Rauchgasschäden. Z. Pflanzenkrankheiten Pflanzenschutz **45**:44-45

Köhl, M., Traub, B., Päivinen, R. (1997): Internationale forstliche Statistiken: Wald in Zahlen oder Zahlensalat? Schweiz. Z. Forstwes. **148**:961-972

Kolb, E., Rehfuess, K. E. (1997): Auswirkungen einer Temperaturerhöhung in einem Freilandexperiment auf den Stickstoffaustrag aus Bodensäulen mit verschiedenartiger Humusform. Z. Pflanzenernähr. Bodenk.**160**:539-547

Kolb, T. E., Matyssek, R. (2001) Limitations and perspectives about scaling ozone impact in trees. Environ. Pollut. **115**:373-393

Kölbl, H., Neumann, M. (1991): Jahrringuntersuchungen und Erfassung von Kronenmerkmalen an Fichte (*Picea abies*) und Tanne (*Abies Alba*) am Forstamt Bodenmais. Diplomarbeit Fachhochschule Weihenstephan

Kölling, C., Pauli, B., Häberle, K.-H., Rehfuess, K. E. (1997): Magnesium deficiency in young Norway spruce (*Picea abies* (L.) Karst.) trees induced by NH_4NO_3 application. Plant and Soil **195**:283-291

Kölling, C., Walentowski, H., Borchert, H. (2005): Die Buche in Mitteleuropa. AFZ-DerWald **60**:696-701

Kollist, H., Moldau, H., Oksanen, E., Vapaavuori, E. (2001): Ascorbate transport from the apoplast to the symplast in intact leaves. Physiol. Plant. **113**:377-383

Kölnische Zeitung, Abendausgabe vom 28.5.1895

König, E. (1979): Entwicklungstendenzen bei der Tannenerkrankung. Forst- u. Holzwirt **34**:361-366

König, J. (1996): Situation und Ursachenanalyse der Eichenschäden in Sachsen. In: Wulf und Kehr (1996):24-31

Königliches Ministerial-Forsteinrichtungs-Bureau (1849): Wirthschaftsregeln für den bayerischen Wald. Forstwirthschaftliche Mittheilungen Heft **3**:1-34, München

Konnert, M. et al. (2000): Genetische Variation der Buche (*Fagus sylvatica* L.) in Deutschland: Gemeinsame Auswertung genetischer Inventuren über verschiedene Bundesländer. Forst und Holz **55**:403-407

Kontic, R., Bräker, O. U., Nizon, V., Müller, R. (1990): Jahrringanalytische Untersuchungen im Sihlwald. Schweiz. Z. Forstwes. **141**:55-76

Kontzog H.-G. (1996): „Eichensterben" in Sachsen-Anhalt - Entwicklung des Schadgeschehens. In: Wulf und Kehr 1996:8-12

Kontzog, H. G. (2000): Current state of health of oaks in Saxony-Anhalt. In: Oszako, T., Delatour, C. (Hrsg.) (2000)

Kopeszki, H. (1992): Veränderungen der Mesofauna eines Buchenwaldes bei Säurebelastung. Pedobiologia **36**:295-305

Kopeszki, H. (1993): Auswirkungen von Säure- und Stickstoff-Deposition auf die Mesofauna, insbesondere Collembolen. Forstwiss. Cbl. **112**:88-92

Körner, C., Miglietta, F. (1994): Long term effects of naturally elevated CO_2 on mediterranean grassland and forest trees. Oecologia **99**:343-351

Korotaev, A. A. (1993): Untersuchungen der Feinwurzelsysteme und Mykorrhiza der durch Luftverunreinigungen geschädigten Fichten. Forstwiss. Cbl. **112**:111-115

Korpel, S. (1995): Die Urwälder der Westkarpaten. G. Fischer, Jena, New York

Körver, F., Paar, U., Kirchhoff, A., Gawehn, P., Eichhorn, J. (1999): Winteransprache zur Erfassung der Kronenstruktur bei Alteichen. AFZ/Der Wald **54**:357-360

Köstler, J. N., Brückner, E., Bibelriether, H. (1968): Die Wurzeln der Waldbäume. P. Parey, Hamburg und Berlin

Köstner, B., Lange, O. L. (1986): Epiphytische Flechten in bayerischen Waldschadensgebieten des nördlichen Alpenraumes. Ber. ANL **10**:185-210

Köth-Jahr, I. (1993): Forschungsschwerpunkt Luftverunreinigungen und Waldschäden: Ziele, Ergebnisse, Schlußfolgerungen. Ministerium f. Umwelt, Raumordnung und Landwirtschaft d. Landes Nordrhein-Westfalen. Düsseldorf

Kottke, I., Martin, F. (1994): Demonstration of aluminium in polyphosphate of *Laccaria amethystea* (Bolt. ex Hooker)Murr. by means of electron energy-loss spectroscopy. J of Microscopy **174**:225-232

Kottke, I., Rapp, C., Oberwinkler, F. (1986): Zur Anatomie gesunder und „kranker" Feinstwurzeln von Fichten: Meristem und Differenzierungen in Wurzelspitzen und Mykorrhizen. Eur. J. For. Path. **16**:159-171

Kottke, I., Weber, R., Ritter, T., Oberwinkler, F. (1993): Vitality of mycorrhizas and health status of trees in diverse forest stands in West Germany. In: Huettl, R. F., Mueller-Dombois, D. (Hrsg.) (1993), S. 189-201

Kowalski, S. (1987): Mycotrophy of trees in converted stands remaining under strong pressure of industrial pollution. Angew. Botanik **61**:65-83

Kowalski, T. (1991): Oak decline: I. Fungi associated with various disease symptoms on overground portions of middle-aged and old oak (*Quercus robur* L.). Eur. J. For. Path. **21**:136-151

Kowalski, T., Lang, K. J. (1984): Die Pilzflora von Nadeln, Trieben und Ästen unterschiedlich alter Fichten (*Picea abies* (L.) Karst.) mit besonderer Berücksichtigung vom Fichtensterben betroffener Altbäume. Forstwiss. Cbl. **103**:349-360

Koziol, M. J., Whatley, F. R. (Hrsg.): Gaseous air pollutants and plant metabolism. Butterworths, London 1984

Kraft, M., Schreiner, M., Reif, A., Aldinger, E. (2000): Veränderung von Bodenvegetation und Humusauflage im Nordschwarzwald. AFZ/DerWald **55**:222-224

Kraft, M., Reif, A., Schreiner, M., Aldinger, E. (2003): Veränderungen der Bodenvegetation und der Humusauflage im Nordschwarzwald in den letzten 40 Jahren. Forstarchiv **74**:3-15

Krahl-Urban, J. (1959): Die Eichen. P. Parey, Hamburg und Berlin

Krahl-Urban, J., Liese, J., Schwerdtfeger, F. (1944): Das Eichensterben im Forstamt Hellefeld. Z. für Forstwes. **76/70**:70-86

Kramer, H. (1988): Waldwachstumslehre. P. Parey, Hamburg und Berlin

Kramer, H., Athari, S., Akca, A., Dong, P. H. (1985): Inventur und Wachstum in erkrankten Fichtenbeständen. Schr. Forstl. Fak. Univ. Göttingen, Band **82**

Krämer, M., Nolte, M. (1995): Waldumbau Erzgebirge. BINE-Projekt-Info Nr. **3**/Juni 1995

Krämer, P., Suda, M. (1987): Das Waldsterben in den Massenmedien. Allg. Forst-Z. **42**:1291-1294

Kramer, W. (1992): Die Weißtanne (*Abies alba* Mill.) in Ost- und Südosteuropa. G. Fischer, Stuttgart

Krapfenbauer, A. (1987): Merkmale der Eichenerkrankung – und Hypothesen zur Ursache. Österr. Forstztg. **98**(3):42-45

Krapfenbauer, A., Buchleitner, E. (1981): Holzernte, Biomassen- und Nährstoffaustrag, Nährstoffbilanz eines Fichtenbestandes. Cbl. ges. Forstwesen **98**:193-223

Krapfenbauer, A., Bodner, Gasch (1988): Kronenverlichtung über die Bildung von Trenngeweben und Zweigabwürfen in Verbindung mit den Eichenerkrankungen. Österr. Forstztg. **99**(1):52-53

Kratz, W., Lohner, H. (1997): Auswertung der Waldschadensforschungsergebnisse (1982-1992) zur Aufklärung komplexer Ursache-Wirkungsbeziehungen mit Hilfe systemanalytischer Methoden. Umweltbundesamt (Berlin), Berichte **6/97**

Krause, G. H.M. (1988): Impact of air pollutants on above-groundplant parts of trees. In: Mathy, P. (ed.), Air pollution and ecosystems. Reidel Publ. Co, Dordrecht 168-216

Krause, G. H.M., Höckel, F.-E. (1995): Long-term effects of ozone on *Fagus sylvatica* L. – An open-top chamber exposure study. Water, Air Soil Pollut. **85**:1337-1342

Krause, H. M., Prinz, B. (1989): Experimentelle Untersuchungen der LIS zur Aufklärung möglicher Ursachen der neuartigen Waldschäden. Ber. Landesanst. für Immissionsschutz Nordrhein-Westfalen Nr. **80**

Krauss, P., Markstätter, C., Riederer, M. (1997): Attenuation of UV radiation by plant cuticles from woody species. Plant Cell Environment **20**:1079-1085.

Krauß, H.-H. (1992): Beitrag zu Ernährung und Wachstum der Buche im nordostdeutschen Tiefland. Beitr. Forstwirtsch. Landschaftsökol. **26**:17-23

Krehan, H. (1989): Das Tannensterben in Europa. Schriftenr. Forstl. Bundesversuchsanst. Wien, Nr. **39**

Kreutzer, K. (1961): Wurzelbildung junger Waldbäume auf Pseudogleyböden. Forstwiss. Cbl. **80**:356-392

Kreutzer, K. (1972): Über den Einfluß der Streunutzung auf den Stickstoffhaushalt von Kiefernbeständen. Forstw. Cbl. **91**:263-270

Kreutzer, K. (1978): Bodenkundliche und ernährungsphysiologische Untersuchungen zum Kiefernsterben im Raum Ingolstadt Kelheim. Schr.reihe Naturschutz und Landschaftspflege, Bayer. Landesamt f. Umweltschutz **9**:45-54

Kreutzer, K. (1979): Ökologische Fragen zur Vollbaumernte. Forstw. Cbl. **98**:298-308

Kreutzer, K. (1984): Stickstoffaustrag in Abhängigkeit von Kulturart und Nutzungsintensität – in der Forstwirtschaft. DVGW-Schriftenreihe Wasser Nr. 38:69-82

Kreutzer, K. (1989): Änderungen im Stickstoffhaushalt der Wälder und die dadurch verursachten Auswirkungen auf die Qualität des Sickerwassers. DVWK-Mitteilungen 17:121-139

Kreutzer, K. (1995): Effects of forest liming on soil processes. Plant and Soil 168/69:447-470

Kreutzer, K., Bittersohl, J. (1986): Untersuchungen über die Auswirkungen des sauren Regens und der kompensatorischen Kalkung im Wald. Forstwiss. Cbl. 105:273-282

Kreutzer, K., Göttlein, A. (Hrsg.) (1991): Ökosystemforschung Höglwald: Beiträge zur Auswirkung von saurer Beregnung und Kalkung in einem Fichtenaltbestand Forstwissenschaftliche Forschungen, Heft 39. P. Parey, Hamburg und Berlin

Kreutzer, K., Heil, K. (1989): Untersuchungen zum Stoffhaushalt in einem Fichtenbestand (*Picea abies* Karst.) der Hochlagen des Bayerischen Waldes. GSF-Bericht 6/89:51-60

Kreutzer, K., Göttlein, A., Pröbstle, P. (1991): Dynamik und chemische Auswirkung der Auflösung von Dolomitkalk unter Fichte. In: Kreutzer, K., Göttlein, A. (Hrsg.): Ökosystemforschung Höglwald. Forstwiss. Forsch. 39:186-204

Kreutzer et al. (1998): Atmospheric deposition and soil acidification in five coniferous forest ecosystems: a comparison of the control plots of the EXMAN sites. For. Ecology Managem. 101:125-142

Kristöfel, F. (2000): Ergebnisse der terrestrischen Kronenzustandserhebungen im Rahmen des Waldschaden-Beobachtungsystems für das Jahr 2000. http://fbva.forvie.ac.at/500/1308.html

Kristöfel, F., Neumann, M. (1995): Kronenzustandsverbesserungen – Ein anhaltender Trend? Österr. Forstztg. 106(12):40-42

Kristöfel, F., Neumann, M. (1999): Eiche und Tanne geht es weiterhin schlecht. Österr. Forstztg. 110(1):30-31

Kristöfel, F., Neumann, M. (2001): Kronenzustand verschlechtert. Österr. Forstztg. 112(12):18-19

Kronzucker, H. J., Siddiqui, M. Y., Glass, A. D.M. (1997): Conifer root discrimination against soil nitrate and the ecology of forest succession. Nature 385:59-61

Krug, E. C., Frink, C. R. (1983): Acid Rain on acid soils: a new perspective. Sciene 221:520-525

Krupa, S. V. (2003): Effects of atmospheric ammonia (NH_3) on terrestrial vegetation: a review. Environ. Pollut. 124:179-221

Krupa, S. V., Grünhage, L., Jäger, H. J., Nosal, M., Manning, W. J., Legge, A. H., Hanewald, K. (1995): Ambient ozone (O_3) and adverse crop response: auni-

fied view of cause and effect. Envir. Pollut. 87:119-126

Kubelka, L. et al. (1993): Forest regeneration in the heavily polluted NE „Krusné Hory" Mountains. Prague

Kuhn, N., Amiet, R., Hufschmid, N. (1987): Veränderungen in der Waldvegetation der Schweiz infolge Nährstoffanreicherungen aus der Atmosphäre. Allg. Forst u. J.-Ztg. 158:77-84

Küster, H. (1998): Geschichte des Waldes. C. H. Beck, München

Kyoto Protocol (1997): The Kyoto protocol to the convention on climate change. http://www.cop3.de/home/html

Laisk, A., Kull, O., Moldau, H. (1989): Ozone concentration in leaf intercellular spaces is close to zero. Plant Physiol. 90:1163-1167

Lamersdorf, N. (1985): Der Einfluss von Düngungsmaßnahmen auf den Schwermetall-Output in einem Buchen- und einem Fichten-Ökosystem des Sollings. AFZ 43:1155-1158

Lamersdorf, N. P., Borken, W. (2004): Clean rain promotes fine root growth and soil respiration in a Norway spruce forest. Global Change Biology 10:1351-1362

Lamersdorf, N. P. et al. (1998): Effect of drought experiments using roof installations on acidification/nitrification of soils. For. Ecology Managem. 101:95-109

Landmann, G. (1993): Role of climate, stand dynamics and past management in forest decline: a review of ten years of field ecology in France. In: Huettl und Mueller-Dombois (1993)

Landmann, G., Bonneau, M. (Hrsg.) (1995): Forest Decline and Atmospheric Deposition Effects in the French Mountains. Springer, Berlin, Heidelberg

Landmann, G., Becker, M., Delatour, C., Dreyer, E., Dupouey, J.-L. (1993): Oak dieback in France: historical and recent records, possible causes, current investigations. In: Bayerische Akademie der Wissenschaften (1993):97-114

Landmann, G., Hunter, I. R., Hendershot, W. (1997): Temporal and spatial development of magnesium deficiency in forest stands in Europe, North America and New Zealand. In: Hüttl und Schaaf (1997):23-64

Landolt, W., Bühlmann, U., Bleuler, P., Bucher, J. B. (2000): Ozone exposure-response relationships for biomass and root/shoot ratio of beech (*Fagus sylvatica*), ash (*Fraxinus excelsior*), Norway spruce (*Picea abies*) and Scots pine (*Pinus sylvestris*). Environ. Pollut. 109:473-478

Landolt, W., Lüthi-Krause, B. (1991): Wirkungen umweltrelevanter Ozon-Konzentrationen auf verschiedene Pflanzen. In Stark, M. (Hrsg.) (1991):127-134

Lang, E. (1986): Stickstoff-Mineralisation und heterotrophe Nitrifikation in einer podsoligen Braunerde unter Buche im Solling. Göttinger Bodenk. Ber. **89**:1-119

Lang, E., Beese, F. (1985): Die Reaktion der mikrobiellen Bodenpopulation eines Buchenwaldes auf Kalkungsmaßnahmen. AFZ **17**:1166-1169

Lange, O. L., Zellner, H., Grebel, J., Schramel, P., Köstner, B., Czygan, F.-C. (1987): Photosynthetic capacity, chloroplast pigments and mineral content of te previous year's spruce needles with and without the new flush: Analysis of the forest decline phenomenon of needle bleaching. Oecologia **73**:351-357

Langebartels, C., Ernst, D., Payer, H.-D., Heller, W., Sandermann, H. (1993): Ozonwirkungen auf Pflanzen. In: Arbeitsgemeinschaft der Großforschungseinrichtungen (1993):28-30

Langebartels, C. et al. (1997): Ozone responses of trees: results from controlled chamber exposures at the GSF phytotron. In: Sandermann, H., Wellburn, A. R., Heath, R. L. (1997):163-200

Langholz, H., Häckel, H. (1985): Messungen der photosynthetisch aktiven Strahlung und Korrelationen mit der Globalstrahlung. Meteorol. Rdsch. **38**:75-82

Lanz, W., Skwara, P., Grodzki, W. (1993): Borkenkäferbefall immissionsgeschädigter Fichtenbestände in Schlesien. Allg. Forst-Z. **48**:670-673

Larsen, J. B. (1986): Das Tannensterben: Eine neue Hypothese zur Klärung des Hintergrundes dieser rätselhaften Komplexkrankheit der Weißtanne (*Abies alba* Mill.). Forstw. Cbl. **105**:381-396

Larsen, J. B. (1994): Die Weißtanne (*Abies alba* Mill.) und ihre waldbaulichen Probleme im Lichte neuerer Erkenntnisse. In: Wolf, H. (Hrsg.) (1994):1-10

Larsen, J. B., Friedrich, J. (1988): Wachstumsreaktionen verschiedener Provenienzen der Weißtanne (*Abies alba* Mill.) nach winterlicher SO_2-Begasung. Eur. J. For. Path. **18**:190-199

Larsen, J. B., Qian, X. M., Scholz, F., Wagner, I. (1988): Ecophysiological reactions of different provenances of European Silver Fir (*Abies alba* Mill.) to SO_2 exposure during winter. Eur. J. For. Path. **18**:44-50

Lautenschlager, K. (1984): Osmotic potential and gas exchange in healthy and diseased silver firs (*Abies alba* Mill.). Eur. J. For. Path. **14**:359-372

Lavola, A. (1998): Accumulation of flavonoids and related compounds in birch induced by UV-B irradiance. Tree Physiology **18**:53-58.

LeBlanc, F., Rao, D. N. (1973): Evaluation of the pollution and drought hypotheses in relation to lichens and bryophytes in urban environments. Bryologist **76**:1-19

Lee, J. C., Skelly, J. M., Steiner, K. C., Zhang, J. W., Savage, J. E. (1999): Foliar response of black cherry (*Prunus serotina*) clones to ambient ozone exposure in central Pennsylvania. Environ. Pollut. **105**:325-331

Legge, A. H. (1990): Sulphur and nitrogen compounds in the atmosphere. In: Legge, A. H., Krupa, S. V. (eds.) Acidic Deposition: Sulphur and Nitrogen Oxides. St. Paul, MN: Lewis Publishers 3-128

Leghissa, R. (1986): Waldsterben, eine ganz normale Karriere? Diplomarbeit Fachhochschule Weihenstephan

Lehtijärvi, A., Barklund, P. (2000): Seasonal patterns of colonisation of Norway spruce needles by *Lophodermium piceae*. For.Path. **30**:185-193

Leibundgut, H. (1959): Über Zweck und Methodik der Struktur- und Zuwachsanalyse von Urwäldern. Schweiz. Z. Forstwes. **110**:111-124

Leibundgut, H. (1978): Über die Dynamik europäischer Urwälder. Allg. Forst-Z. **33**:686-690

Leibundgut, H. (1982): Europäische Urwälder der Bergstufe. P. Haupt, Bern

Leibundgut, H., Frick, L. (1943): Eine Buchenkrankheit im schweizerischen Mittelland. Schweiz. Z. Forstwes. **94**:297-306

Leiningen, W. zu (1924): Über das Tannensterben im Wienerwalde. Forstwiss. Cbl. **46**:173-183

Lendzian, K. J. (1987): Aufnahme und zellphysiologische Wirkungen von Luftschadstoffen. Naturwiss. **74**:282-288

Leonardi, S., Flückiger, W. (1986): Zur Auswaschung von Nährstoffen aus der Baumkrone. Allg. Forst-Z. **41**:825-828

Leontovyc, R., Capek, M. (1987): Eichenwelken in der Slowakei. Österr. Forstztg. **98**(3):51-52

Leuschner, C. (1998): Mechanismen der Konkurrenzüberlegenheit der Rotbuche. Ber. Reinh. Tüxen-Ges. **10**:5-18. Hannover

Leuschner, C., Hertel, D. (2003): Fine root biomass of temperate forests in relation to soil acidity, climate, age and species. Prog. Bot. **64**:405-438

Leuschner et al. (2001): Drought responses at leaf, stem and fine root levels of competitive *Fagus sylvatica* L. and *Quercus petraea* (Matt.) Liebl. trees in dry and wet years. Forest Ecol. Managem. **149**:33-46

Leuschner, C., Hertel, D., Schmid, I., Koch, O. Muhs, A., Hölscher, D. (2004): Stand fine root biomass and fine root morphology in old-growth beech forests as a function of precipitation and soil fertility. Plant and Soil **258**:43-56

Lewinski, E. von (1984): Neu auftretende Kambiumschäden an Eiche – Folge von Immissionen? Forst und Holz **39**:118-120

Liberloo, M., Calfapietra, C., Lukac, M., Godbold, D., Luo, Z. B., Polle, A., Hoosbeek, M. R., Kull, O., Marek, M., Raines, C., Taylor, G., Scarascia-Mugnozza, G., Ceulemans, R. (2006): Woody biomass production during second rotation of a bio-energy *Populus* plantation increases in a future high CO_2 world. Global Change Biology **12**:1094-1106

Liebold, E., Drechsler, M. (1991): Schadenszustand und -entwicklung in den SO_2-geschädigten Fichtengebieten Sachsens. Allg. Forst-Z. **46**:492-494

Liebold, E., Flemming, G. (1989): Die Windgeschwindigkeit als zusätzlicher Belastungsfaktor im SO_2-geschädigten Fichtengebiet. Sozialist. Forstwirtsch. **39**:23-30

Liebold, E., Zimmermann, F., Wienhaus, O. (1997): Die Beziehungen neuartiger Waldschäden aller Fichtenbestände eines großen Waldgebietes im Mittleren Thüringer Wald zum ökologischen Komplex der Klima- und Bodenfaktoren. Forstwiss. Cbl. **116**:140-157

Lindsay, W. L. (1979): Chemical equilibria in soils. Wiley, New York. 468 S.

Ling, K. A., Power, S. A., Ashmore, M. R. (1993): A survey of the health of *Fagus sylvatica* in southern Britain. J. Appl. Ecol. **30**:295-306

Liski, J., Kauppi, P. (2000): Woody biomass and the carbon cycle. In: Forest resources in Europe, CIS, North America, Australia, Japan and New Zealand. UN-ECE/FAO contribution to the global forest resources assessment 2000. Main report. New York, United Nations ISBN 92-1-11116735-3. 155-171

Liu, J.-C., Trüby, P. (1989): Bodenanalytische Diagnose von K- und Mg-Mangel in Fichtenbeständen (*Picea abies* Karst.). Z. Pflanzenernähr. Bodenk. **152**:307-311

Liu, J. C., Keller, T., Runkel, K. H., Payer, H. D. (1994): Bodenkundliche Untersuchungen zu Ursachen des Nadelverlusts der Fichten (*Picea abies* (L.) Karst.) auf Kalkstandorten der Alpen. Forstwiss. Cbl. **113**:86-100

Liu, J. Firsching, B. M., Payer, H.-D. (1995): Untersuchungen zur Wirkung von Stoffeinträgen, Trockenheit, Ernährung und Ozon auf die Fichtenerkrankung am Wank in den Kalkalpen. GSF-Bericht **18/95**, 236 S.

LÖBF - Landesanstalt für Ökologie, Bodenordnung und Forsten/Landesamt für Agrarordnung Nordrhein-Westfalen (Hrsg) (1998): Die Situation der Eiche in Nordrhein-Westfalen und angrenzenden Gebieten. Recklinghausen

Lobinger, G. (1999): Zusammenhänge zwischen Insektenfraß, Witterungsfaktoren und Eichenschäden. Berichte aus der Bayerischen Landesanstalt für Wald und Forstwirtschaft Nr.**19**

Lochner, H., Schirbel, G. (1991): Jahrringanalysen und Kronenmerkmale von zwei Fichtenbeständen auf 800 m Meereshöhe im Forstamt Weißenstadt. Diplomarbeit Fachhochschule Weihenstephan

Lokke, H., Bak, J., Falkengren-Grerup, U., Finlay, R. D., Ilvesniemi, H., Holm Nygaard, P., Starr, M. (1996): Critical loads of acidic deposition for forest soils: is the current approach adequate? Ambio **25**:510-516

Lonsdale, D. (1980): *Nectria coccinea* infection of beech bark: variations in disease in relation to predisposing factors. Ann. Sci. For. **37**:307-317

Lorenz, K., Feger, K.-H., Kandeler, E. (2001): The response of soil microbial biomass and activity of a Norway spruce forest to liming and drought. J. Plant Nutr. Soil Sci. **164**:9-19

Lorenz, M. (1995): Von der Kronenzustandserhebung zum intensiven Monitoring. Allg. Forst-Z. **50**:1094-1096

Lorenz, M., Becher, G., Fischer, R., Seidling, W. (2000): Forest condition in Europe (1999). UN/ECE and EC, Geneva and Brussels

Lorenz, M., Seidling, W., Mues, V., Becher, G., Fischer, R. (2001): Forest condition in Europe (2000). UN/ECE and EC, Geneva and Brussels

Lorenz, M. et al. (2004, 2005): Forest Condition in Europe. Federal Research Centre for Forestry and Forest Products, Hamburg

Losert, C. (1997): Die Auswirkungen von Kalkung und Mineralsalzdüngung auf die Feinstwurzelentwicklung und das Nährstoffangebot im Boden in einem Kiefern-Buchen-Waldökosystem auf Buntsandstein im Pfälzerwald. Dipl-Arb. a. d. Univ. Mainz, Geograph Inst. (unveröffentl.)

Löwe, H., Seufert, G., Raes, F. (2000): Comparison of methods used within member states for estimating CO_2 emissions and sinks according to UNFCCC and EU monitoring mechanisms: forest and other wooded land. Biotechnol. Agron. Soc. Environ. **4**:315-319

Luedemann, G., Matyssek, R., Fleischmann, F., Grams, T. E.E. (2005): Acclimation to ozone affects host/pathogen interaction and competitiveness for nitrogen in juvenile *Fagus sylvatica* and *Picea abies* trees infected with *Phytophthora citricola*. Plant Biol. **7**:640-649

Luisi, N., Lerario, P., Vannini, A. (Hrsg.) (1993): Recent advances in studies on oak decline. Proceedings of the International Congress in Selva di Fasano (Brindisi), Italy – Sept. 13-18 (1992)

Luisi, N., Sicoli, G., Lerario, P. (1996): Observations of *Armillaria* occurrence in declining oak woods of southern Italy. Ann. Sci. For. **53**:389-394

Lukes, M., Wilpert, K. von, Hildebrand, E. E. (1996): Elementflüsse in einem Fichtenökosystem mit hoher Ammoniumdeposition. Forst und Holz **51**:796-801

Lunderstädt, J. (1992): Stand der Ursachenforschung zum Buchensterben. Forstarchiv **63**:21-24

Lütz, C., Czapalla, S. (1996): Standort- und jahreszeitabhängige Änderungen im Photosyntheseapparat von Fichtennadeln am Schulterbergprofil. In: Herman und Smidt (1996)

Lutz. B., Zaiser, C. (1989): Ablauf von Baumerkrankungen in einem Bergmischwald des Forstamtes Bad

Reichenhall, Abteilung Gransberg. Diplomarbeit Fachhochschule Weihenstephan

Lützow, M. von, Zelles, I., Scheunert, L., Ottow, J. C.G. (1992): Seasonal effects of liming, irrigation, acid precipitation on microbial biomass N in a spruce (*Picea abies* L.) forest soil. Biol. Fert. Soils **13**:130-134

Luwe, M. W.F., Takahama, U., Heber, U. (1993): Role of ascorbate in detoxification ozone in the apoplast of spinach (*Spinacia oleracea* L.) leaves. Plant Physiol. **101**:969-976

Lux, H. (1964): Beitrag zur Kenntnis des Einflusses der Industrieexhalationen auf die Bodenvegetation in Kiefernforsten (Dübener Heide). Archiv f. Forstwes. **13**:1215-1223

Lyncker (1907): Eichenwickler und Traubeneiche. Naturwiss. Z. f. Land- u. Forstwirtsch. **5**:414-415

Lyr, H. (1996): Effect of root temperature on growth parameters of various European tree species. Ann. Sci. For. **53**:317-323

Macher, M., Steubing, L. (1984): Flechten und Waldschäden im Nationalpark Bayerischer Wald. Beitr. Biol. Pflanzen **59**:191-204

Macher, M., Steubing, L. (1986): Flechten als Bioindikatoren zur immissionsökologischen Waldzustandserfasssung im Nationalpark Bayerischer Wald. Verh. Ges. Ökologie **14**:335-342

Maderer, J. (2003): Ursachen und Verlauf der Tannenschädigung im mittleren Bereich Bayerns anhand von Jahrringanalysen und Kronenmerkmalen eines Mischbestands bei Markt Berolzheim (Forstamt Treuchtlingen). Diplomarbeit Fachochschule Weihenstephan

Madronich, S., McKenzie, R., Calwell, M. M., Björn, L. O. (1995): Changes in ultraviolet radiation reaching the earth's surface. Ambio **24**:143-152

Magel, E., Ziegler, H. (1987): Die „Lametta"-Tracht – ein Schadsymptom? Allg. Forst-Z. **42**:731-733

Maier-Maercker, U. (1998): Predisposition of trees to drought stress by ozone. Tree Physiology **19**:71-78

Majer, C. (1989): Hinweise auf anthropogene Einwirkungen auf den Boden. Mitt. Forstl. Bundesversuchsanst. Wien **163/1**:25-31

Majunke, C., Walter, C., Heydeck. P. (1996): Waldschutzsituation 1995/96 in Brandenburg, Mecklenburg-Vorpommern und Berlin. Forst und Holz **51**:240-243

Makeschin, F. (1991): Auswirkungen von saurer Beregnung und Kalkung auf die Regenwurmfauna (Lumbricidae: Oligochaeta) im Fichtenaltbestand Höglwald. In: Kreutzer, K., Göttlein, A. (Hrsg.) Ökosystemforschung Höglwald. Forstwiss. Forsch. **39**:117-127

Makeschin, F., Rodenkirchen, H. (1994): Saure Beregnung und Kalkung: Auswirkungen auf Bodenbiologie und Bodenvegetation. Allg. Forstz. **49**:759-764

Mäkinen, H. (1997): Wachstum von Fichten (*Picea abies* (L.) Karst.) auf den ARINUS-Flächen. FZKA-PEF **156**:1-130

Mäkinen, H., Spiecker, H. (1998): Zuwachsreaktion auf Witterung und Düngung. In: Raspe et al. (1998): 433-470

Mäkinen, H. et al. (2002): Radial growth variation of Norway spruce (*Picea abies* (L.) Karst.) across latitudinal and altitudinal gradients in central and northern Europe. Forest Ecology Management **171**:243-259

Makowka, I., Stickan, W., Worbes, M. (1991): Jahrringbreitenmessung an Buchen (*Fagus sylvatica* L.) im Solling; Analyse des Klimaeinflusses auf den jährlichen Holzzuwachs. Ber. Forschungszentr. Waldökosyst., Reihe B, Band **18**:83-159

Malessa, V. (1994): Prognosemodell zur Darstellung der Versauerungsentwicklung in der Sösemulde. In: Matschullat et al. (1994):451-460

Mänd, R., Tilgar, V., Leivits, A. (2000): Reproductive response of Great tits, *Parus major*, in a naturally base-poor forest habitat to calcium supplementation. Can. J. Zool. **78**:689-695

Manderscheid, B. (1999): Hochauflösende Messungen zur Untersuchung der zeitlichen Dynamik von Stoffflüssen in Waldökosystemen. In: Stoffhaushalt von Waldökosystemen. Berichte Freiburger Forstliche Forschung, Heft **7**

Manion, P. D. (1981): Tree disease concepts. Prentice-Hall, Englewood Cliffs

Manion, P. D., Lachance, D. (Hrsg.) (1992): Forest decline concepts. American Phytopathological Society Press, St. Paul, Minnesota

Mantel, K. (1990): Wald und Forst in der Geschichte. M. u. H. Schaper, Alfeld-Hannover

Marcais, B., Dupuis, F., Desprez-Loustau, M. L. (1996): Modelling the influence of winter frosts on the development of the stem cancer of red oak, caused by *Phytophthora cinnamomi*. Ann. Sci. For. **53**:369-382

Marcais, B., Cael, O., Delatour, C. (2000 a): Die Rolle des Spindeligen Rüblings in den Eichenwäldern Nordost-Frankreichs. AFZ/DerWald **55**:364-367

Marcais, B., Cael, O., Delatour, C. (2000 b): Relationship between presence of basidiomes, above-ground symptoms and root infection by *Collybia fusipes* in oaks. Eur. J. For. Path. **30**:7-17

Marcu, G., Tomiczek, C. (1988): Eichensterben und Klimastress – eine Literatur-Übersicht. Forstl. Bundesversuchsanstalt Wien, FBVA-Bericht Nr. **30**

Marks, G. C., Kozlowski, T. T. (Hrsg.) (1973): Ectomycorrhizae. Academic Press, New York und London

Marschner, B. (1990): Elementumsätze in einem Kiefernforstökosystem auf Rostbraunerde unter Einfluss einer Kalkung/Düngung. Ber. Forschngszentr. Waldökosysteme A60. Göttingen

Marschner, B., Wilczynski, A. (1991): The effect of liming on quantity and chemical composition of soil organic matter in a pine forest in Berlin, Germany. Plant Soil **137**:229-236

Marschner, B., Stahr, K., Renger M. (1992): Lime effects on pine forest floor leachate chemistry and element fluxes. J. Environ. Qual. **21**:410-419

Marschner, H. (1987): Nährstoff-, Wasseraufnahme und pH-Veränderungen entlang intakter Langwurzeln von Fichten. In: Tagungsberichte KFA Jülich v. 30.3.-3.4.1987, S. 314-315

Marschner, H. (1991): Mechanisms of adaptation of plants to acid soils. Plant and Soil, **134**:1-20.

Marschner, H. (1992): Bodenversauerung und Magnesiumernährung der Pflanzen. In: Glatzel et al. (1992):1-15 Marschner, H. (1995): Mineral Nutrition of Higher Plants. Academic Press, London

Marschner, H. (1995 a): Mineral Nutrition of Higher Plants. Academic Press, London

Marschner, H. (1995 b): Wirkungen von Kalkungen auf Bodenmechanismus und Stoffausträge. AFZ **17**:932-935

Marschner, H. (1998): Mineral nutrition of higher plants. 2. Aufl. Academic Press, London

Marx, D. H. (1972): Ectomycorrhizae as biological deterrents to pathogenic root infections. Ann. Rev. Phytopathol. **10**:429-454

Marx, D. H. (1973): Mycorrhizae and feeder root diseases. In: Marks und Kozlowski (Hrsg.) (1973): 351-382

Maschning, E. (1996): Zur Situation der Eichenschäden in Bayern. In: Wulf und Kehr (1996):32-36

Materna, J. (1973): Kriterien zur Kennzeichnung einer Immissionseinwirkung auf Waldbestände. In: Proc. of the 3. International Clean Air Congress. VDI-Verlag, Düsseldorf, S. 121-123

Materna, J. (1987 a): Waldschäden in der CSSR. Österr. Forstztg. **98**(1):17-19

Materna, J. (1987 b): Zusammenhang zwischen Schäden an Fichte und Kiefer und Temperaturstürzen in immissionsbelasteten Gebieten. GSF-Bericht **10/87**:265-268

Matschke, J., Uehre, P., Machackova, I. (2001): Imbalancen von Phytohormonen. AFZ/DerWald **56**:643-645

Matschullat, J., Heinrichs, H., Schneider, J., Ulrich, B. (Hrsg.) (1994): Gefahr für Ökosysteme und Wasserqualität. Springer-Verlag, Berlin, Heidelberg

Matyssek, R. (1998): Ozon – ein Risikofaktor für Bäume und Wälder. Biol. in uns. Zeit **28**:348-361 Matyssek, R., Innes, J. L. (1999): Ozone – a risk factor for trees and forests in Europe? Water Air Soil Pollut. **116**:199-226

Matyssek, R., Innes, J. L. (1999): Ozone – a risk factor for trees and forests in Europe? Water Air Soil Pollut. **116**:199-226

Matyssek, R., Sandermann, H. (2003): Impact of ozone on trees: an ecophysiological perspective. Progress in Botany **64**:349-404

Matyssek, R., Maurer, S., Günthardt-Goerg, M.S., Landolt, W., Saurer, M., Polle, A. (1997 a): Nutrition determines the "strategy" of Betula pendula for coping with ozone stress. Phyton **37**:157-168

Matyssek, R., Havranek, W. M., Wieser, G., Innes, J. L. (1997 b): Ozone and the forests in Austria and Switzerland. In: Sandermann et al. (1997)

Matzner, E. (1985): Auswirkungen von Düngung und Kalkung auf den Elementumsatz und die Elementverteilung in zwei Waldökosystemen im Solling. Allg. Forstz. **41**:1143-1147

Matzner, E. (1988): Der Stoffumsatz zweier Waldökosysteme im Solling. Ber. d. Forschungszentrums Waldökosysteme/Waldsterben, Reihe A, Band **40**

Matzner, E., Davis, M. (1996): Chemical soil conditions in pristine *Nothofagus* forests of New Sealand as compared to German forests. Plant and Soil **186**:285-291

Matzner, E., Murach, D. (1995): Soil changes induced by air pollutant deposition and their implication for forests in Central Europe. Water Air Soil Pollut. **85**:63-76

Matzner, E., Thoma, E. (1983): Auswirkungen eines saisonalen Versauerungsschubes im Sommer/Herbst 1982 auf den chemischen Bodenzustand verschiedener Waldökosysteme. Allg. Forst-Z. **38**:677-683

Matzner, E., Khanna, P. K., Meiwes K. J., Ulrich, B. (1983): Effects of fertilizatin on the fluxes of chemical elements through different forest ecosystems. Plant Soil **74**:343-358

Mauve, K. (1931): Ueber Bestandesaufbau, Zuwachsverhältnisse und Verjüngung im galizischen Karpathen-Urwald.

Mayer, F.-J. (1999): Beziehungen zwischen der Belaubungsdichte der Waldbäume und Standortparametern. Forstl. Forschungsber. München, Nr. **177**

Mayer, H., Neumann, M. (1981): Struktureller und entwicklungsdynamischer Vergleich der Fichten-Tannen-Buchen-Urwälder Rothwald/Niederösterreich und Corkova Uvala/Kroatien. Forstw. Cbl. **100**: 111-132

Mayer, H., Ott, E. (1991): Gebirgswaldbau und Schutzwaldpflege. 2. Aufl.. G. Fischer, Stuttgart, New York

Mayer, H., Neumann, M., Schrempf, W. (1979): Der Urwald Rothwald in den Niederösterreichischen Kalkalpen. Jahrb. z. Schutze der Bergwelt **44**:79-117

Mayer, H., Neumann, M., Sommer, H.-G. (1980): Bestandesaufbau und Verjüngungsdynamik unter dem Einfluß natürlicher Wilddichten im kroatischen Urwaldreservat Corkova Uvala/Plitvicer Seen. Schweiz. Z. f. Forstwes. **131**:45-70

Mayer, S. und Stephani (1924): Die wirtschaftliche Bedeutung und waldbauliche Behandlung der Weißtanne. Ber. deutsch. Forstver., Bamberg. 85-140

McComb, J. A., Hardy, G. E. StJ., Tommerup, I. C. (Hrsg.) (2003): *Phytophthora* in forests and natural ecosystems. 2nd International IUFRO Working Party 7.02.09 Meeting, Albany, W. Australia 30th Sept. - 5th Oct. 2001. Murdoch University Print

McLeod, R. (1995): An open-air system for exposure of young forest trees to sulphur dioxide and ozone. Plant Cell Environ. **18**:215-225

McLeod, R., Skeffington, R. A. (1995): The Liphook Forest Fumigation Project: an overview. Plant Cell Environ. **18**:327-335

McNulty, S. G., Aber, J. D., Boone, R. D. (1991): Spatial changes in forest floor and foliar chemistry of spruce-fir across New England. Biogeochem. **14**:13-29

McNulty, S. G., Aber, J. D., Newman, S. D. (1996): Nitrogen saturation in a high elevation New England spruce-fir stand. For. Ecol. Manage. **84**:109-121

Meesenburg, H., Meiwes, K. J., Schultz-Sternberg, R. (1994): Entwicklung der atmogenen Stoffeinträge in niedersächsische Waldbestände. Forst und Holz **49**:236-238

Meesenburg, H., Meiwes, K. J., Rademacher, P. (1995): Long term trends in atmospheric deposition and seepage output in northwest German forest ecosystems. Water Air Soil Pollut. **85**:611-616

Mehlhorn, H., Wellburn, A. (1994): Man-induced causes of free radical damage: O_3 and other gaseous pollutants. In: Foyer, C. H., Mullineaux, P. M. (Hrsg.): Causes of photooxidative stress and amelioration of denfense systems in plants. CRC Press, Boca Raton, S. 155-176.

Mehne, B. M. (1990 a): Sind Viren oder primitive Mikroorganismen verursachend für die „neuartigen" Waldschäden? Allg. Forst-Z. **45**:387-388

Mehne-Jakobs, B. M. (1990 b): Untersuchungen zur Überprüfung der Epidemiehypothese als Erklärungsansatz zu den „neuartigen" Waldschäden. Allg. Forst- u. J.-Ztg. **161**:231-239

Mehne-Jakobs, B. (1994): Auswirkungen eines experimentell induzierten Magnesiummangels auf die Zusammensetzung der Chloroplastenpigmente bei Fichte (*Picea abies* (L.) Karst). Allg. Forst- u. J-Ztg. **165**:221-227

Mehne-Jakobs, B. (1995): The influence of magnesium deficiency on carbohydrate concentrations in Norway spruce (*Picea abies*) needles. Tree Physiol. **15**:577-584

Mehne-Jakobs, B., Gülpen, M. (1997): Influences of different nitrate to ammonium ratios on chlorosis, cation concentrations and the binding forms of Mg and Ca in needles of Mg-deficient Norway spruce. Plant and Soil **188**:267-277

Mehringer, H., Bauch, J., Frühwald, A. (1988): Holzbiologische Untersuchungen an Buchen aus Waldschadensgebieten. Holz als Roh- u. Werkstoff **46**:447-455

Meister, G. (1969): Ziele und Ergebnisse forstlicher Planung im oberbayerischen Hochgebirge. Forstw. Cbl. **88**:97-130

Meiwes, K. J. (1984): Kalkungen. In: Matschulat, J. et al. (Hrsg.). Gefahr für Ökosysteme und Wasserqualität. Springer Verlag Berlin 415-431

Meiwes, K. J., Meesenburg, H., Bartens, H., Rademacher, P., Khanna, P. K. (2002): Akkumulation von Auflagehumus im Solling. Mögliche Ursachen und Bedeutung für den Nährstoffkreislauf. Forst u. Holz **57**:428-433.

Mellert, K. H., Prietzel, J., Straussberger, R., Rehfuess, K. E. (2004): Long-term nutritional trends of conifer stands in Europe: results from the RECOGNITION projekt. Eur. J. For. Res. **123**:305-319

Melzer, H. (1931): Frostschäden des Winters 1928/29 in Österreich. Cbl. ges. Forstwes. **57**:49-75

Mengel, K., Lutz, H.-J., Breininger, M. T. (1987): Auswaschung von Nährstoffen durch sauren Nebel aus jungen intakten Fichten (*Picea abies*). Z. Pflanzenernähr. Bodenk. **150**:61-68

Mengel, K., Hogrebe, A. M.R., Esch, A. (1989): Effect of acidic fog on needle surface and water relations of *Picea abies*. Physiol. Plant. **75**:201-207

Metzler, B., Oberwinkler, F. (1986): Charakteristische Meristemschäden in Fichtenwurzeln durch niedrigen pH-Wert und Aluminium-Ionen. Allg. Forst-Z. **41**:649-651

Meyer, F. H. (1973): Mycorrhizae in native and man-made forests. In Marks uns Kozlowski (1973):79-105

Meyer, F. H. (1977): Distribution of ectomycorrhizae in native and man-made forests. In: Marks, G. C., Kozlowski, T. T. (Hrsg.) (1973):79-105

Meyer, F. H. (1984): Mykologische Beobachtungen zum Baumsterben. Allg Forst-Z. **39**:212-228

Meyer, F. H. (1985): Einfluß des Stickstoff-Faktors auf den Mykorrhizabesatz von Fichtensämlingen im Humus einer Waldschadensfläche. Allg. Forst-Z. **40**:208-219

Meyer, H. (1955): Hat die Bärenfelser Wirtschaft die Rückgängigkeit der Tanne (*Abies alba*) aufzuhalten vermocht? Forst u. Jagd **5**:342-343

Meyer, H. (1957): Beitrag zur Frage der Rückgängigkeitserscheinungen der Weißtanne (*Abies alba* Mill.) am Nordrand ihres Naturareals. Archiv f. Forstwes. **6**:719-787

Meyer, M. (1992): Untersuchungen zur Restabilisierung geschädigter Waldökosysteme im norddeutschen Küstenraum (Fallstudie Wingst II). Ber. Forschungszentr. Waldökosysteme A94, Göttingen

Michaelis, W. (1997): Air pollution. Dimensions, trends and interactions with a forest ecosystem. Springer, Berlin

Michaelis, W., Bauch, J. (Hrsg.) (1992): Luftverunreinigungen und Waldschäden am Standort „Postturm", Forstamt Farchau/Ratzeburg. GKSS-Forschungszentrum Geesthacht

Michels, P. (1943): Der Naßkern der Weißtanne. Holz als Roh- u. Werkstoff **6**:87-99

Mickel, S., Brunschön, S., Fangmeier, A. (1991): Effects of nitrogen-nutrition on growth and competition of *Calluna vulgaris* (L.) Hull and *Deschampsia flexuosa* (L.) Trin. Angew. Botanik **65**:359-372

Mies, E., Zöttl, H. (1985): Zeitliche Änderung der Chlorophyll- und Elementgehalte in den Nadeln eines gelb-chlorotischen Fichtenbestandes. Forstwiss. Cbl. **104**:1-8

Miller, P. R., McBride, J. R. (Hrsg.) (1999): Oxidant air pollution impacts in the montane forests of southern California. Springer-Verlag, New York

Mindrup, M. (2001): Das Lösungs- und Neutralisationsverhalten von dolomitischen Kalken in sauren Waldböden. Diss. Fak. f. Forstwiss. und Waldökologie, Göttingen

Mindrup, M., Meiwes, K. J. (1995): Bewertung von Kalken für den Wald. AFZ **17**:928-931

Ministerium für Arbeit, Gesundheit und Soziales des Landes Nordrhein-Westfalen (Hrsg.) (1981): Hohe Schornsteine als Element der Luftreinhaltepolitik in Nordrhein-Westfalen. Düsseldorf

Ministerium für Ernährung , Landwirtschaft, Forsten und Fischerei des Landes Mecklenburg-Vorpommern (2000, 2001): Waldzustandsbericht 2000, 2001. Schwerin

Miszalski, Z., Ziegler, I. (1979): Increase in chloroplastic thiol groups by SO_2 and its effect on light modulation of NADP-dependent glyceraldehye 3-phosphate dehydrogenase. Planta **145**:383-387

Möckel, R. (1992): Auswirkungen des „Waldsterbens" auf die Populationsdynamik von Tannen- und Haubenmeisen (*Parus ater, P. cristatus*) im Westerzgebirge. Ökol. Vögel **14**:1-100

Möhring, K. (1987): Kritische Anmerkungen zur Waldschadenserhebung 1986. Forstarchiv **58**:10-12

Möhring, K. (1991): Anmerkungen zum Waldzustandsbericht 1990. Forstarchiv **62**:45-50

Möhring, K. (1997): Wurzelschäden und Kronenentwicklung an Waldbäumen im Solling. Ber. Forschungszentr. Waldökosysteme, Reihe B, Bd. **53**

Möller, A. (1920): Kiefern- Dauerwaldwirtschaft. Z. f. Forst- u. Jagdwes. **52**:4-41

Möller, A. (1922): Der Dauerwaldgedanke. Sein Sinn und seine Bedeutung. J. Springer, Berlin

Mooney, H. A. (Hrsg.) (1991): Ecosystem experiments. Scope. John Wiley & Sons, New York

Mooney, H. A., Winner, W. E. (1991): Partitioning response of plants to stress. In: Mooney et al. (1991):129-141

Mooney, H. A., Winner, W. E., Pell, E. J., Chu, E. (1991): Response of plants to multiple stresses. Academic Press, San Diego, New York, Boston

Mössmer, R. (1985): Verteilung der Waldschäden in den Bayerischen Alpen. Forstw. Cbl. **104**:101-122

Mössnang, M. (1995): Terrestrische Kronenzustandserhebung im Vergleich zur Lusftbildauswertung und Analyse von Frostschäden. In: Rösel und Reuther (1995):291-305

Mueller-Dombois, D. (1987): Waldsterben auf Hawaii. Geogr. Rundschau **39**:39-43

Mueller-Dombois, D. (1993): Forest decline in the Hawaiian Islands: a brief summary. In: Huettl, R. F., Mueller-Dombois, D. (Hrsg.) (1993)

Müller, B. (1921): Das Tannensterben im Frankenwalde. Forstwiss. Centralbl. **43**:121-130

Müller, E., Stierlin, H. R. (1990): Sanasilva-Kronenbilder. Eidg. Forschungsanst. f. Wald, Schnee und Landschaft. 2. Aufl.. Birmensdorf

Müller, J., Strätz, C., Hothorn, T. (2005): Habitat factors for land snails in European beech forests with a special focus on coarse woody debris. Eur. J. For. Res. **124**:233-242

Müller, M., Köhler, B., Tausz, M., Grill, D., Lütz, C. (1996): The assessment of ozone stress by recording chromosomal aberrations in root tips of spruce trees [*Picea abies* (L.) Karst.]. J. Plant Physiol. **148**:160-165

Müller-Starck, G. (1993): Auswirkungen von Umweltbelastungen auf genetische Strukturen von Waldbeständen am Beispiel der Buche (*Fagus sylvatica* L.). Schr. Forstl. Fak. Univ. Göttingen, Band **112**

Münch, E. (1924): Die künftige Leistungsfähigkeit der deutschen Forstwirtschaft vom Standpunkt der Biologie betrachtet. Tharandter Forstl. Jb. **75**:1-27

Münch, E. (1948): Forstliche Frostschäden im Winter 1939/40. Forstwiss. Cbl. **67**:10-17

Murach, D. (1991): Feinwurzelumsätze auf bodensauren Fichtenstandorten. Forstarchiv **62**:12-17

Murach, D., Parth, A. (1999): Feinwurzelwachstum von Fichten beim Dach-Projekt im Solling. AFZ/Der Wald **54**:58-60 Murach, D., Schünemann, E. (1985): Reaktion der Feinwurzeln auf Kalkungsmaßnahmen. Allg. Forstz. **40**:1151-1154

Murach, D., Schünemann, E. (1985): Reaktion der Feinwurzeln auf Kalkungsmaßnahmen. Allg. Forstz. **40**:1151-1154

Murach, D., Rapp, C., Ulrich, B. (1988): Boden- und Feinwurzelinventur auf den Versuchsflächen am Standort „Postturm", Forstamt Farchau/Ratzeburg. In: Bauch und Michaelis (Hrsg.) (1988):189-214

MURL des Landes Nordrhein-Westfalen (1998): Bodenschutzkalkung in Nordrhein-Westfalen, Schwarnstr. 3, 40476 Düsseldorf

Murri, M., Schlaepfer, R. (1987): Zusammenhänge von Kroneneigenschaften und Durchmesser- bzw. Grundflächenzuwachs von Fichte auf zwei Gebirgsstandorten. Forstwiss. Cbl. **106**:328-340

Mutsch, F. (1995): Einstufung der Böden im Raum Achenkirch nach chemischen Parametern. In: Herman und Smidt (1995):55-68

Myneni, R. B., Keeling, C. D., Tucker, C. J., Asrar, G., Nemani, R. R. (1997): Increased plant growth in the northern high latitudes from 1981 to 1991. Nature **386**:398-702

Nachrichtenblatt für den Deutschen Pflanzenschutzdienst **16** (1936) bis **23** (1943)

Nagel, H.-D., Gregor, H. D. (1999): Ökologische Belastungsgrenzen – Critical Loads & Levels. Springer-Verlag, Berlin, Heidelberg

Nagel, H.-D., Becker, R., Eitner, H., Hübener, P., Kunze, F., Schlutow, A., Schütze, G., Weigelt-Kirchner R. (2004): Critical Loads für Säure und eutrophierenden Stickstoff. Umweltforschungsplan des Bundesministeriums für Umwelt, Naturschutz und Reaktorsicherheit. Luftreinhaltung, S. 1-172

Nash III, T. H. (1988): Correlating fumigation studies with field effects. Bibl. Lichenol. **30**:201-216

Nash III, T. H., Sigal, L. L. (1979): Gross photosynthetic response of lichens to short-term ozone fumigations. Bryologist **82**:280-285

Nash III, T. H., Sigal, L. L. (1999): Epiphytic lichens in the San Bernardino Mountains in relation to oxidant gradients. In: Miller und McBride (1999): 223-234

Näsholm, T., A. Nordin, A.-B. Edfast, P. Högberg (1997): Identification of coniferous forests with incipient nitrogen saturation through analysis of arginine and nitrogen-15 abundance of trees. J. Environ. Qual. **26**:302-309.

Näveke, P., Meyer, F. H. (1990): Feinwurzelsysteme unterschiedlich geschädigter Eichen im Lappwald. Allg. Forst-Z. **45**:382-384

Nebe, W. (1972): Langfristige Wirkungen reiner Kalkungen auf das Baumwachstum. Beitr. Forstwirtsch. **1**:17-21

Nebe, W. (1991): Veränderung der Stickstoff- und Magnesiumversorgung immissionsbelasteter älterer Fichtenbestände in ostdeutschen Mittelgebirgen. Forstwiss. Cbl. **110**:4-12

Nechwatal, J., Oßwald, W. (2001): Comparative studies on the fine root status of healthy and declining spruce and beech trees in the Bavarian Alps and occurrence of *Phytophthora* and *Pythium* species. For. Path. **31**:257-273

Neger, F. W. (1908): Das Tannensterben in den sächsischen und anderen deutschen Mittelgebirgen. Tharandter Forstl. Jb. **58**:201-225

Neger, F. W. (1909): Die systematische Stellung des Eichenmehltaupilzes. Naturw. Z. f. Forst- u. Landwirtsch. **7**:114-119

Neger, F. W. (1910): Über bemerkenswerte, in sächsischen Forsten auftretende Baumkrankheiten. Tharandter Forstl. Jb. **61**:141-167

Neger, F. W. (1915): Der Eichenmehltau (*Microsphaera alni* [Wallr.], var. quercina). Naturw. Z. f. Forst- u. Landwirtsch. **13**:1-30

Neite, H. (1989): Zum Einfluss von pH-Wert und organischem Kohlenstoff auf die Löslichkeit von Eisen, Blei, Mangan und Zink in Waldböden. Zeitschr. f. Pflanzenern. u. Bodenkde. **152**:441-445

Neitzke, M., Runge, M. (1985): Keimlings- und Jungpflanzenentwicklung der Buche (*Fagus sylvatica* L.) in Abhängigkeit vom Al/Ca-Verhältnis des Bodenextraktes. Flora **177**:237-249

Némec, A. (1952): Beitrag zur Frage des Absterbens der Fichte im Erzgebirge mit besonderer Berücksichtigung der Rauchschäden (tschech.). Lesnická knihovna vyzkumných ústavu lesnickych, Praha **1**: 167-226

Nentwig, W., Bacher, S., Beierkuhnlein, C., Brandl, R., Grabherr, G. (2004): Ökologie. Elsevier, München

Neumann, M. (1993): Zuwachsuntersuchungen an Fichte in verschiedenen Seehöhenstufen im österreichischen Zentralalpenbereich. Cbl. ges. Forstwes. **110**:221-274

Neumann, M., Pollanschütz, J. (1982): Untersuchungen über Auswirkungen gasförmiger Immissionen auf Waldbestände im Raum Gailitz-Arnoldstein. Carinthia II, Sonderheft **39**:265-288

Neumann, M., Schadauer, K. (1995): Die Entwicklung des Zuwachses in Österreich an Hand von Bohrkernanalysen. Allg. Forst-Z.. **166**:230-235

Newsham, K. K., Oxborough, K., White, R., Greenslade, P. D., McLeod, A. R. (2000): UV-B radiation constrains the photosynthesis of *Quercus robur* through impacts on the abundance of *Microsphaera alphitoides*. For. Path. **30**:265-275

Ngo, T., Ringel, C., Beer, V., Wienhaus, O. (2001): Vergleich der Nadelinhaltsstoffe Ascorbat, Chlorophyll und Stärke in Fichten *Picea abies* [L.] Karst.) auf unterschiedlich belasteten Standorten. Forstwiss. Cbl. **120**:205-219

Nicolussi, K., Bortenschlager, S., Körner, C. (1995): Increase in tree-ring width in subalpine *Pinus cembra* from the central alps that may be CO_2-related. Trees **9**:181-189

Nienhaus F. (1985): Zur Frage der parasitären Verseuchung von Forstgehölzen durch Viren und primitive Mikroorganismen. Allg. Forst-Z. **40**:119-124

Nienhaus, F. (1987): Viren und primitive Prokaryonten in Eichen. Österr. Forstztg. **98**(3):64-65

Nihlgard, B. (1985): The ammonium hypothesis – An additional explanation to the forest dieback in Europe. Ambio **14**:2-8

Nihlgard, B., Lindgren, L. (1977): Plant biomass, primary production and bioelements of three mature beech forests in South Sweden. Oikos **28**:95-108

Nihlgard, B., Nilsson S. I., Popovic, B. (1988): Effects of lime on soil chemistry. In: Andersson, F., Persson, T. (Hrsg): Liming as a measure to improve soil and tree condition in areas affected by air pollution. Swed. Environ. Prot. Board. Report **3518**:27-39

Nilsson, J. (Hrsg.) (1986): Critical Loads for nitrogen and sulfur. The Nordic Council of Ministers. Report 1986: 11, Kopenhagen, Dänemark

Nilsson, L. O., Hüttl, R. F., Johansson, U. T., Mathy, P. (1993): Nutrient uptake and cycling in forest ecosystems. Proceedings Symposium in Halmstad, Sweden, 7-10 June 1993 European Commission, Brüssel

Noble, A. D., Sumner, M. E. (1988 a): Calcium and Al interactions and soybean growth in nutrient solutions. Commun. Soil Sci. Plant Anal. **19**:1119-1131

Noble, A. D., Sumner, M. E., Alva, A. K. (1988 b): Comparison of aluminon and 8-hydroxyquinoline methods in the presence of fluoride for assaying phytotoxic aluminum. Soil Sci. Soc. Am. J. **52**:1059-1063

Noble, A. D., Sumner, M. E., Alva, A. K. (1988): The pH dependence of aluminium phytotoxicity alleviation by calcium sulfate. Soil Sci. Soc. Am. J. **52**:1398-1402

Nogler, P. (1981): Auskeilende und fehlende Jahrringe in absterbenden Tannen. Allg. Forst-Z. **36**:709-711

Nohrstedt, H. O. (2002): Effects of liming and fertilization on chemistry and nitrogen turnover in acidic forest soils in SW Sweden. Water Air Soil Pollut. **139**:343-354

Norby, R., Wullschleger, D., Gunderson, C., Johnson, D., Ceulemans, R. (1999): Tree responses to rising CO_2 in field experiments: implications for future forests. Plant Cell Environm. **22**:683-714

Norby, R. J., DeLucia, E. H., Gielen, B., Calfapietra, C., Giardina, C. P., King, J. S., Ledford, J., McCarthy, H. R., Moore, D. J.P., Ceulemans, R., De Angelis, P., Finzi, A. C., Karnosky, D. F., Kubiske, M. E., Lukac, M., Pregitzer, K. S., Scarascia-Mugnozza, G. E., Schlesinger, W. H., Oren, R. (2005): Forest response to elevated CO2 is conserved across a broad range of productivity. Proc. Natl. Acad. Sci. USA **102**:18052-18056

Nowak, D., Hunsdiek, J. (1990): Jahrringuntersuchungen an Fichte (*Picea Abies*) und Weißtanne (*Abies alba*) aus den unteren Hanglagen des Nationalparks Bayerischer Wald. Diplomarbeit Fachhochschule Weihenstephan

Nowotny, I., Dähne, J., Klingelhöfer, D., Rothe, G. M. (1998): Effect of artificial soil acidificationa and liming on growth and nutrient status of mycorrhizal roots of Norway spruce (*Picea abies* L. Karst.), Plant and Soil **199**:29-40

Obernberger, I. (1997): Nutzung fester Biomasse in Verbrennungsanlagen. Schriftenreihe Thermische Biomassennutzung, dvb-Verlag, Graz

Obländer, W., Wörth, R., König, E., Braunger, H., Schröter, H. (1983): Ergebnis und Interpretation von zweijährigen Schwefeldioxid-Immissions-Messungen an Tannenbeobachtungsflächen im Schwarzwald und in angrenzenden Wuchsgebieten. Allg. Forst- u. J.-Ztg. **154**:175-180

Oelkers, Meine (1923): Trauben- und Stieleiche in der Provinz Hannover. Z. f. Forst- u. Jagdwes. **55**:209-218

Olberg, A., Röhrig, E. (1955): Waldbauliche Untersuchungen über die Weißtanne im nördlichen und mittleren Westdeutschland. Schriftenr. Forstl. Fak. Univ. Göttingen, Band **12**

Oleksyn, J., Przybyl, K. (1987): Oak decline in the Soviet Union – Scale and hypotheses. Eur. J. For. Path. **17**:321-336

Oosterbaan, A. (1987): Eichensterben auch in den Niederlanden. Allg. Forst-Z. **42**:922

Oosterbaan, A. (1990): Investigations on oak decline in The Netherlands. Poceedings of the International Symposium Kornik Poland May 15-18 (1990)

Oosterbaan, A., Nabuurs, G. J. (1991): Relationships between oak decline and groundwater class in The Netherlands. Plant and Soil **136**:87-93

Oren, R., Ellsworth, D. S., Johnsen, K. H., Phillips, N., Ewers, B. E., Maier, C., Schäfer, K., McCarthy, H., Hendrey, G., McNulty, S., Katul, G. (2001): Soil fertility limits carbon sequestration by forest ecosystems in a CO_2-enriched atmosphere. Nature **411**: 469-472.

Ost, H. (1896): Untersuchung von Rauchschäden. Chemiker-Zeitung **20**:165-171

Ost, H. (1907): Der Kampf gegen schädliche Industriegase. Z. angew. Chemie **20**:1689-1693

Oszako, T. (1998): Toxicity of Ophiostoma Quercus metabolites for pedunculate oak leaves. In: Cech et al. (1998):123-130

Oszako, T., Delatour, C. (Hrsg.) (2000): Recent advances on oak health in Europe. Warszaw, Forest Research Institute

Otto, H. (1916): Eichenwickler und Mehltau in niederrheinischen Waldungen. Dtsch. Forst-Z. **31**:561

Paar, U. et al. (1999): Stabilitätsentwicklung der Eiche am Beispiel von Kronenveränderungen. Forst und Holz **54**:227-230

Paffrath, D., Peters, W. (1988): Betrachtung der Ozonvertikalverteilung im Zusammenhang mit den neuartigen Waldschäden. Forstw. Cbl. **107**:152-159

Panten, H. (1998): Untersuchungen zur Wirkung von UV-B-Strahlung, Ozon und Bodentrockenheit auf Fichten (*Picea abies* (L.) Karst.) Dissertation, Wissenschaftsverlag Dr. W. Maraun Frankfurt

Papen, H., Berg, R. von, Hellmann, B., Rennenberg, H. (1991): Einfluss saurer Beregnung und Kalkung auf chemolithotrophe und heterotrophe Nitrifikation in Böden des Höglwaldes. In: Kreutzer, K., Göttlein, A. (Hrsg.): Ökosystemforschung Höglwald. Forstwiss. Forsch. **39**:111-116

Papen, H., Hellmann, B., Papke, H., Rennenberg, H. (1993): Emission of N-oxides from acid irrigated and limed soils of a coniferous stand in Bavaria. In: Oremland, R. S. (Hrsg.): Biogeochemistry of global change. Radiatively active trace gases. Chapman & Hall, New York. 245-260

Parlar, H., Angerhöfer, D. (1995): Chemische Ökotoxikologie. Springer, Berlin

Parzefall, R., Wildfeuer, R. (1988): Schädigung und Jahrringbau von Fichte und Tanne im Kelheimer Frauenforst. Diplomarbeit Fachhochschule Weihenstephan

Paulus, W., Bresinsky, A. (1989): Soil fungi and other microorganisms. In: Schulze et al.. 110-120

Pearson, M., Mansfield, T. A. (1993): Interacting effects of ozone and water stress on the stomatal resistance of beech (*Fagus sylvatica* L.). New. Phytol. **123**:351-358

Pearson, M., Mansfield, T. A. (1994): Effects of exposure to ozone and water stress on the following season's growth of beech (*Fagus sylvatica* L.). New Phytol. **126**:511-515

Pechmann, H. von (1958): Über die Heilungsaussichten bei hagelbeschädigten Waldbeständen. Forstwiss. Cbl. **77**:357-373

Peintner, U., Moser, M. (1995): Artenvielfalt und Abundanz von Basidiomyzeten im Projektgebiet Achenkirch. In Herman und Smidt (1995):69-93

Pelz, E, (1962): Einführung in die Rauchschadenprobleme im Erzgebirgsteil der DDR. Wiss. Z. TU Dresden **11**:643-648

Pelz, E., Materna, J. (1964): Beiträge zum Problem der individuellen Rauchhärte der Fichte. Archiv f. Forstwes. **13**:177-210

Persson, H. (1983): The importance of fine roots in boreal forests. Root ecolgy and its practical application. Verlag Gumpenstein, Irdning (Österreich). 595-608

Persson, H., Ahlström, K. (2002): Fine-root response to nitrogen supply in nitrogen manipulated Norway spruce catchment areas. Forest Ecology Managem. **168**:29-41

Persson, T. (1988 a): Effects of acidification and liming on soil biology. In: Anderson, F., Persson, T. (Hrsg.): Liming as a measure to improve soil and tree conditions in areas affected by air pollution. Swed. Environ. Prot. Board Report **3518**:53-70

Persson, T. (1988 b): Effects of liming on soil fauna in forests. A literature review. Swed. Environ. Prot. Board Report **3418**

Persson, T., Wirén, A., Andersson, S. (1990): Effects of liming on carbon and nitrogen mineralization in coniferous forests. Water Air Soil Pollut. **54**:351-364

Petercord, R. (1999): Entwicklung bewirtschafteter Buchen-Edellaubholz-Mischbestände unter dem Einfluß der Buchenwollschildlaus (*Cryptococcus fagisuga* LIND.) unter besonderer Berücksichtigung physiologischer und genetischer Aspekte. Hainholz Forstwissenschaften, Band **7**. Hainholz Verlag, Göttingen und Braunschweig

Peters, K. (1995): Methoden zur Bestimmung der trockenen Deposition auf Pflanzenoberflächen. UWSF – Z. Umweltchem. Ökotox. **7**:337-352

Petropoulou, Y., Kyparissis, A., Nikopoulos, D., Manetas, Y. (1995): Enhanced UV-B radiation alleviates the adverse effects of summer drought in two mediterranean pine species under field conditions. Physiologia Plantarum **94**:37-44

Pfadenhauer, J. (1975): Beziehungen zwischen Standortseinheiten, Klima, Stickstoff-Ernährung und potentieller Wuchsleistung der Fichte im Bayerischen Flyschgebiet. Dissertationes Botanicae, Band **30**. J.Cramer, Vaduz

Pfanz, H., Beyschlag, W. (1991): Photosynthetic performance of Norway spruce in relation to the nutrient status of the needles. A study in the forests of the Ore Mountains. GSF-Bericht **24/91**:523-527

Pfanz, H., Beyschlag W. (1993): Photosynthetic performance and nutrient status of Norway spruce (*Picea abies* (L.) Karst.) at forest sites in the Ore Mountains (Erzgebirge). Trees **7**:115-122

Pfeil, W. (1842): Erziehung der Weißtanne. Kritische Blätter für Forst- u. Jagdwissenschaft **17**(1):155-170

Pfister, C., Bütikofer, N., Schuler, A., Volz, R. (1988): Witterungsextreme und Waldschäden in der Schweiz. Bundesamt für Forstwesen und Landschaftsschutz, Bern, 70 S.

Picard, B., Arbeiter, C., Mederer, T., Till, M. (1999): Jahrringbau von Fichten (*Picea abies*) im Bereich der Borkenkäfer-Massenvermehrung in den Hochlagen des Nationalparks Bayerischer Wald. Diplomarbeit Fachhochschule Weihenstephan

Piovesan, G., Adams, J. M. (2001): Masting behaviour in beech: linking reproduction and climatic variation. Can. J. Bot. **79**:1039-1047

Piovesan, G., Bernabei, M., Di Filippo, A., Romagnoli, M., Schirone, B. (2003): A long-term tree ring beech chronology from a high-elevation old-growth forest of Central Italy. Dendrochronologia **21/1**:13-22

Piper, R. (1998): Auswirkungen eines Schwammspinnerkahlfraßes auf den Radialzuwachs bei Stieleichen. AFZ/Der Wald **53**:54-55

Pleßow, K. (2000): Herkunft und Verbleib schwermetallreicher atmosphärischer Schwebstäube. Dissertation, Math-Nat. Fachbereich, Georg-August-Universität, 113S.

Pleßow, K., Heinrichs, H. (2001): Anthropogene Spurenelemente in Aerosolen industrie- und verkehrsferner Gebiete. In: Umweltgeochemie in Wasser, Boden und Luft. Gesellschaft für Umwelt-Geowissenschaften. Springer Verlag, Berlin

Plochmann, R., Hieke, C. (1986): Schadereignisse in den Wäldern Bayerns. Forstliche Forschungsberichte München, Nr. **71**

Pollanschütz, J., Halbwachs, G. (1985): Auswirkungen der Luftschadstoffe auf Pflanzen. Allg. Forst-Z. (Wien) **96**:228-230

Polle, A. (1998): Photochemical oxidants: uptake and detoxification mechanisms. In: DeKok, L. J., Stulen, I., (Hrsg.): Responses of plant metabolism to air pollution. Backhuys Publ., Leiden. 95-116

Polle, A., Mössnang, M., Schönborn, A. von, Sladkovic, R., Rennenberg, H. (1992): Field studies on Norway spruce trees at high altitudes. New Phytol. **121**:89-99

Polle, A., Wieser, G., Havranek, M. (1995): Quantification of ozone influx and apoplastic ascorbate content in needles of Norway spruce trees (Picea abies, L., Karst.) at high altitude. Plant Cell Environment **18**:681-688

Polle, A., Matyssek, R., Günthardt-Goerg, M. S., Maurer, S. (2000): Defense strategies against ozone in trees: the role of nutrition. In: Agrawal, S. B. und M. (Hrsg.) (2000): Environmental pollution and plant responses. Lewis Publishers, Boca Raton, Florida

Polle, A., McKee, I., Blaschke, L. (2001 a): Altered physiological and growth responses to elevated [CO_2] in offspring from holm oak (Q.ilex) mother trees with lifetime exposure to naturally elevated CO_2. Plant Cell Environm. **24**:1075-1083

Polle, A., Mai, C., Gross, K. (2001 b): Kohlenstoffallokation in strukturelle Biomasse. In: Langenfeld-Heyser, R., Polle, A., Fritz, E. (Hrsg.): Transportprozesse in Bäumen. 78-90

Posch, M., Hettelingh, J.-P., de Smet, P. A.M., Downing, R. J. (Hrsg.) (1997): Calculation and mapping of critical thresholds in Europe: Status Report 1997. Coordination Center for Effects, National Institute of Public Health and the Environment, Bilthoven, Netherlands

Power, S. A. (1994): Temporal trends in twig growth of Fagus sylvatica L. and their relationships with environmental factors. Forestry **67**:13-29

Power, S. A., Ashmore, M. R. (1996): Nutrient relations and root mycorrhizal status of healthy and declining beech (Fagus sylvatica L.) in southern Britain. Water Air Soil Pollut. **86**:317-333

Power, S. A., Ashmore, M. R., Ling, K. A. (1995): Recent trends in beech tree health in southern Britain and the influence of soil type. Water Air Soil Pollut. **85**:1293-1298

Prenzel, J. (1985 a): Die maximale Löslichkeit von oberflächlich ausgebrachten Kalken. AFZ, **41**:1142

Prenzel, J. (1985 b): Verlauf und Ursachen der Bodenversauerung. Z. Dt. Geol. Ges. **136**:293-302

Prenzel, J. (2006): Parameter Sensitivity of an Equilibrium Model of Soil Acidification. In Press

Prenzel, J., Schulte-Bisping, H. (1991): Ionenbindung in deutschen Waldböden - Eine Auswertung von 2500 Bodenuntersuchungen aus 25Jahren. Berichte des Forschungszentrums Waldökosysteme Göttingen, Serie **B 29**

Pretzsch, H. (1996): Growth trends of forests in southern Germany. In: Spiecker et al. (1996)

Pretzsch, H. (1999): Waldwachstum im Wandel. Forstwiss. Cbl. **118**:228-250

Pretzsch, H. (2002): Grundlagen der Waldwachstumsforschung. Blackwell. Berlin, Wien

Pretzsch, H., Utschig, H. (2000): Wachstumstrends der Fichte in Bayern. Mitt. d. Bayerischen Staatsforstverwaltung, Heft **49**. München

Pretzsch, H., Dursky, J., Pommerening, A., Fabrika, M. (2000): Waldwachstum unter dem Einfluss großregionaler Standortveränderungen. Forst und Holz **55**:307-314

Priehäußer, G. (1953): Tanne und Fichte auf einem periglazialen Blockmeer im Bayerischen Wald. Allg. Forst-Z. **8**:368-370

Priestley, J. H. (1935): Radial growth and extension growth in the tree. Forestry **9**:84-95

Prietzel, J. Feger, K. H. (1991): Al-Spezies im Sickerwasser saurer Waldböden – Einfluß von Wasserbewegung und Löslichkeitsgleichgewichten. Z. Pflanzenernähr. Bodenk. **154**:271-281

Prinz, B., Krause, G. H.M., Stratmann, H. (1982): Waldschäden in der Bundesrepublik Deutschland. LIS-Berichte **28**

Prinz, B., Köth-Jahr, I., Krause, G. H. M. (1994): Resümee der Waldschadensforschung im Land Nordrhein-Westfalen. Allg Forst-Z. **49**:778-780

Prüess, A. (1994): Einstufung mobiler Spurenelemente in Böden. In: Bodenschutz. Rosenkranz, D., Einsele, G., Harress, H. M. (Hrsg.). Berlin

Puhe, J. (1994): Die Wurzelentwicklung der Fichte (Picea abies (L.) Karst.) bei unterschiedlichen chemischen Bodenbedingungen. Ber. Forschungszentr. Waldökosyst. Reihe A, Band **108**

Puhe, J. (2003): Growth and development of the root system of Norway spruce (*Picea abies*) in forest stands – a review. For. Ecology Managem. **175**: 253-273

Puhe, J., Persson, H., Börjesson, I. (1986): Wurzelwachstum und Wurzelschäden in skandinavischen Nadelwäldern. Allg. Forst-Z. **41**:488-492

Puhe, J., Ulrich, B., Dohrenbusch, A. (2000): Global Climate Change and Human Impacts on Forest Ecosystems: Postglacial Development, Present Situation and FutureTrends in Central Europe. Springer-Verlag, Berlin

Purczeld, P., Chon, C. J., Portis, A. R., Heldt, H. W., Heber, U. (1978): The mechanism of the control of carbon fixation by the pH in the chloroplast stroma. Studies with nitrite-mediated proton transfer across the envelope. Biochim. Biophys. Acta **501**:488-498

Pye, J. M. (1988): Impact of ozone on the growth and yield of trees: a review. J. Environ. Qual. **17**:347-360

Rabe, R., Wiegel, H. (1985): Wiederbesiedlung des Ruhrgebiets durch Flechten zeigt Verbesserung der Luftqualität an. Staub, Reinhalt. Luft **45**:124-126

Raben, G., Andreae, H., Leube, F. (1996): Schadstoffbelastungen in sächsischen Waldökosystemen. Allg. Forst-Z./Der Wald **51**:1244-1248

Raben, G., Andreae, H., Symossek, F. (1998): Consequences of reduced immissions on the ecochemical conditions of forest ecosystems in Saxony (Germany). Chemosphere **36**:1007-1012

Rabotti, G., Ballarin-Denti, A. (1998): Biochemical responses to abiotic stress in beech (*Fagus sylvatica* L.) leaves. Chemosphere **36**:871-875

Rademacher, P. (1986): Morphologische und physiologische Eigenschaften von Fichten (*Picea abies* (L.) Karst.), Tannen (*Abies alba* Mill.), Kiefern (*Pinus sylvestris* L.) und Buchen (*Fagus sylvatica* L.) gesunder und erkrankter Waldstandorte. GKSS-Forschungszentrum Geesthacht

Rademacher, P. (2001): Atmospheric Heavy metals and Forest Ecosystems. UN/ECE. Forschungsbericht. Geneva.

Rademacher, P., Kriebitzsch, W. U. (1992): Diagnostischer Düngungsversuch an Fichte am Standort „Postturm". GKSS-Forschungszentrum Geesthacht **GKSS 92/E/100**:287-306

Rademacher, P., Meesenburg, H., Müller-Using, B. (2001): Nährstoffkreisläufe in einem Eichenwald-Ökosystem des nordwestdeutschen Pleistozäns. Forstarchiv **72**:43-54

Ragazzi, A., Dellavalle Fedi, I., Mesturino, L. (1989): The oak decline: a new problem in Italy. Eur. J. For. Path. **19**:105-110

Raisch, W. (1983): Bioelementverteilung in Fichtenökosystemen der Bärhalde (Südschwarzwald). Freiburger Bodenkundl. Abhandl. Heft **11**

Ramge, P., Badeck, F. W., Plochl, M., Kohlmaier, G. H. (1993): Apoplastic antioxidants as decisive elimination factors within the uptake process of nitrogen dioxide into leaf tissues. New Phytol. **125**:771-785

Rao, D. N., Agrawal, M., Nandi, P. K. (1988): Air pollutant mixtures and their effects on plants: a review. Perspectives in Environmental Botany **2**:217-249

Rapp, C. (1991): Untersuchungen zum Einfluß von Kalkung und Ammoniumsulfat-Düngung auf Feinwurzeln und Ektomykorrhizen eines Buchenaltbestandes im Solling. Ber. Forschungszentr. Waldökosyst., Reihe A, Band **72**

Rapp, J., Schönwiese, C.-D. (1995): Trendanalyse der räumlich-jahreszeitlichen Niederschlags- und Temperaturstruktur in Deutschland 1891-1990 und 1961-1990. Ann. Meteorol. **31**:33-34

Raspe, S., Feger, K. H., Zöttl, H. W. (Hrsg.) (1998): Ökosystemforschung im Schwarzwald. Verbundprojekt ARINUS. Ecomed, Landsberg

Raubuch, M., Beese, F. (2005): Influence of soil acidity on depth gradients of microbial biomass in beech forest soils. E. J. Forest Res. **124**:87-93

Raven, J. A. (1988): Acquisition of nitrogen by the shoots of land plants: its occurrence and implications for acid-base regulation. New Phytol. **109**:1-20

Raven, J. A., Smith, F. A. (1976): Cytoplasmic pH regulation and electrogenic H+ extrusion. Curr. Adv. Plant Sci. **24**:649-660

Rebel, K. (1922): Waldbauliches aus Bayern. 1. Band. C. Huber, Diessen vor München

Redfern, D. B., Boswell, R. C. (2004): Assessment of crown condition in forest trees: comparison of methods, sources of variation and observer bias. Forest Ecology Managem. **188**:149-160

Reemtsma, J. B. (1986): Der Magnesium-Gehalt von Nadeln niedersächsischer Fichtenbestände und seine Beurteilung. All. Forst- u. J.-Ztg.**157**:196-200

Reemtsma, J. B. (1988): Ernährungsverhältnisse der Fichte im niedersächsischen Küstenraum. Tagung der Sektion Waldernährung im DVFF, Wingst, 27.-28. Sept. 1988

Reh, L. (1907): Insekten-Schäden im Frühjahr 1907. Naturwiss. Z. f. Land- u. Forstwirtsch. **5**:492-499

Rehfuess, K. E. (1969): Der Ernährungszustand süddeutscher Tannenbestände (*Abies alba* Mill.) in Abhängigkeit von den Nährelementvorräten im Boden. Forstw. Cbl. **88**:359-372

Rehfuess, K. E. (1981): Über die Wirkungen der sauren Niederschläge in Waldökosystemen. Forstw. Cbl. **100**:363-381

Rehfuess, K. E. (1983): Über Fichtenerkrankungen in den Hochlagen des Bayerischen Waldes. VDI-Bericht Nr. **500**:273-278

Rehfuess, K. E.. (1985): Vielfältige Formen der Fichtenerkrankung in Süddeutschland. In: Niesslein, E., Voss, G.: Was wir über das Waldsterben wissen. S. 124-130

Rehfuess, K. E. (1987): Perceptions on Forest Diseases in Central Europe. Forestry **60**:1-11

Rehfuess, K. E. (1989): Acidic deposition – extent and impact on forest soils, nutrition, growth and disease phenomena in Central Europe: a review. Water Air Soil Pollut. **48**:1-20

Rehfuess, K. E. (1990): Waldböden: Entwicklung, Eigenschaften und Nutzung. 2. Aufl.. Paul Parey, Hamburg, Berlin

Rehfuess, K. E. (1993): Abschlussdiskussion. In: Bayerische Akademie der Wissenschaften (Hrsg.) (1993)

Rehfuess, K. E. (1995): Gefährdung der Wälder in Mitteleuropa durch Luftschadstoffe und Möglichkeiten der Revitalisierung durch Düngung. Ber. d. Reinh.-Tüxen Ges. **7**:141-156

Rehfuess, K. E. (2000): Anthropogene Veränderungen von Waldböden – Folgerungen für die Bewirtschaftung. Forst und Holz **55**:3-8

Rehfuess, K. E., Rodenkirchen, H. (1984): Über die Nadelröte-Erkrankung der Fichte (*Picea abies* Karst.) in Süddeutschland. Forstwiss. Cbl. **103**:248-262

Reich, P. B., Amundson, R. G. (1985): Ambient levels of ozone reduce net photosynthesis in tree and crop species. Science **230**:566-570

Reich, P. B., Schoettle, A. W., Stroo, H. F., Troiano, J., Amundson, R. G. (1985): Effects of O_3, SO_2, and acidic rain on mycorrhizal infection in northern red oak seedlings. Can. J. Bot. **63**:2049-2055

Reich, P. B., Schoettle, A. W., Stroo, H. F., Amundson, R. G. (1986): Acid rain and ozone influence mycorrhizal infection in tree seedlings. J. Air Pollut. Control Ass. **36**:724-726

Reichs-Pflanzenschutzblatt **1** (1939) bis **2** (1944)

Reiter, H., Alcubilla, M., Rehfuess, K. E. (1983): Standortskundliche Studien zum Tannensterben: Ausbildung und Mineralstoffgehalte der Wurzeln von Weißtannen (*Abies alba* Mill.) in Abhängigkeit von Gesundheitszustand und Boden. All. Forst- u. J.-Ztg.**154**:82-92

Reithmeier, S., Schrauder, M. (2002): Wachstumsverhalten von Quercus petraea L. und Fagus sylvatica L. auf warm-trockenem Standort im Wuchsbezirk Südliche Fränkische Platte. Diplomarbeit Fachhochschule Weihenstephan

Remmert, H. (1991): Das Mosaik-Zyklus-Konzept und seine Bedeutung für den Naturschutz: Eine Übersicht. Akad. Natursch. Landschaftspfl.-Laufen/Salzach (Hrsg.): Laufener Seminarbeiträge **5/91**:5-15

Remmert, H. (1992): Ökologie. 5. Aufl.. Springer-Verlag, Berlin, Heidelberg, New York

Rennenberg, H., Polle, A., Reuther, M. (1997): Role of ozone in forest decline on Wank mountain (Alps). In: Sandermann, H., Wellburn, A. R., Heath, R. L. (Hrsg.): Ozone and forest decline. Ecological Studies **127**:135-162, Springer Verlag, Berlin

Rennenberg, H., Seiler, W., Matyssek, R., Gessler, A., Kreuzwieser, J. (2004): Die Buche (*Fagus sylvatica* L.) - ein Waldbaum ohne Zukunft im südlichen Mitteleuropa? All. Forst- u. J.-Ztg.**175**:210-224

Reuß, C. (1881): Hüttenrauchschaden in den Waldungen des Oberharzes. Z. für Forst- u. Jagdwes. **13**:65-91

Reuß, C. (1893): Rauchbeschädigung in dem von Thiele-Winckler'schen Forstreviere Myslowitz-Kattowitz. J. Jäger und Sohn, Goslar

Reuß, C. (1896): Rauchbeschädigung in dem Gräflich v. Tiele-Winckler'schen Forstreviere Myslowitz-Kattowitz. Nachtrag zu dem Werke gleicher Bezeichnung v. Jahre 1893. J. Jäger und Sohn, Goslar

Reuss, J. O., Johnson, D. W. (1986): Acid deposition and the acidification of soils and waters. Ecol. Studies **59**:1-119

Reuter, F., Wienhaus, O. (1995): Die gegenwärtige Situation der SO_2-Belastung in den Grenzgebirgen des Freistaates Sachsen auf der Grundlage mobiler Messungen. Der Wald **45**:158-160

Richter, F., Wohlmann, G. (1996): Jahrringuntersuchungen und Kronenansprache an Traubeneiche und Rotbuche auf Braunerde im Forstamt Mittelsinn/Spessart. Diplomarbeit Fachhochschule Weihenstephan

Riebeling R. (1991): Waldernährung und Waldwachstum. Allg. Forst-Z. **46**:62-67

Riek, W., Dietrich, H.-P. (2000): Ernährungszustand der Hauptbaumarten an den deutschen Level II-Standorten. Forstarchiv **71**:65-69

Riek, W., Wolff, B. (1998): Magnesiumversorgung von Fichtenbeständen im Ursachenkomplex „neuartiger Waldschäden". Forst und Holz **53**:471-476

Riffeser, L., Ambros, M. (2001): Kronenmerkmale und Jahrringuntersuchungen von Fichte und Tanne unterhalb der Messstelle Brotjacklriegel des Umweltbundesamtes. Diplomarbeit Fachhochschule Weihenstephan

Ringquist, E. R., Konstantinova, T. (2005): Assessing the effectiveness of international environmental agreements: the case of the 1985 Helsinki Protocol. Am. J. Political Sci. **49**:86-102

Ritter, T., Kottke, I., Oberwinkler, F. (1986): Nachweis der Vitalität von Ektomykorrhizen. Biologie in uns. Zeit **16**:179-185

Ritter, T., Weber, G., Kottke, I., Oberwinkler, F. (1989): Interrelationship between vitality of ectomycorrhizae and occurrence of microfungi. Ann. Sci. For. **46**:745-749

Roberts, T. M., Skeffington, R. A., Brown, K. A., Blank L. (1988): In: Woody Plant Growth in a Changing Physical and Chemical Environment, Lavender, D. P. (ed.), UNFRO, Vancouver

Rodenkirchen, H. (1992): Effects of acidic precipitation, fertilization and liming on the ground vegetation in coniferous forests of southern Germany. Water Air Soil Pollut. **61**:279-294

Rodenkirchen, H. (1993): Wirkung von Luftverunreinigungen auf Flora und Fauna von forstlichen Ökosystemen. Forstw. Cbl. **112**:70-75

Rodenkirchen, H., Forster, E. A. (1991): Untersuchung zur potentiellen Stickstoffnettomineralisation und Nitrifikation in der organischen Auflage eines Fichtenbestandes nach Kalkung und künstlicher saurer Beregnung. In: Kreutzer, K., Göttlein, A. (Hrsg.): Ökosystemforschung Höglwald. Forstwiss. Forsch. **39**:103-110

Röder, H., Fischer, A., Klöck, W. (1996): Waldentwicklung auf Quasi-Dauerflächen im Luzulo-Fagetum der Buntsandsteinrhön (Forstamt Mittelsinn). Forstwiss. Cbl. **115**:321-335

Roeckner E. (1992): Past, present and future levels of greenhouse gases in the atmosphere and model projections of related climatic changes. Journal of Experimental Botany **43**:1097-1109

Roelofs, J. G.M., Kempers, A. J., Houdijk, A. L.F. M., Jansen, J. (1985): The effect of air-borne ammonium sulphate on *Pins nigra* var. *maritime* in the Netherlands. Plant and Soil **84**:45-56

Roelofs, J. G.M., Boxman, A. W., van Dijk, H. F.G., Houdijk, A. L.F. M. (1988): Nutrient fluxes in canopies and roots of coniferous trees as affected by N-enriched air-pollution. In: Bervaes, J., Mathy, P., Evers, P. (eds.): Relation between Above and Below Ground Influence of Air Pollutants on Forest Trees, CEC Air Pollution Report No. 16, Proceedings of an international symposium, Wageningen, NL, 15-17 Dec. 1987, 205-221

Roether, V. (1979 a): Immissionen – Hauptursache für die Tannenerkrankung? Allg. Forst-Z. **34**:582-583

Roether, V. (1979 b): Immissionen – Hauptursache für das Tannensterben? Holz-Zentralbl. **105**:1443-1446

Rogers, R., Hinckley, T. M. (1979): Foliar weight and area related to current sapwood area in oak. Forest Sci. **25**:298-303

Röhle, H. (1987): Entwicklung von Vitalität, Zuwachs und Biomassenstruktur der Fichte in verschiedenen bayerischen Untersuchungsgebieten unter dem Einfluß der neuartigen Walderkrankungen. Forstliche Forschungsberichte München **Nr. 83**

Röhle, H. (1995): Zum Wachstum der Fichte auf Hochleistungsstandorten in Südbayern. Mitt. Staatsforstverw. Bayerns, Heft **48**

Roll-Hansen, F. (1985): The *Armillaria* species in Europe. Eur. J. For. Path. **15**:22-31

Roloff, A. (1985): Auswirkungen von Immissionsschäden in Buchenbeständen. Allg. Forst-Z. **40**:905-908

Roloff, A. (1987): Morphologie der Kronenentwicklung von *Fagus sylvatica* L. (Rotbuche) unter besonderer Berücksichtigung neuartiger Veränderungen, Teil I. Flora **179**:355-378

Roloff, A. (1988): Morphologie der Kronenentwicklung von *Fagus sylvatica* L. (Rotbuche) unter besonderer Berücksichtigung neuartiger Veränderungen, Teil II. Flora **180**:297-338

Roloff, A. (1989): Morphological changes in the crowns of European beech (*Fagus sylvatica* L.) and other deciduous tree species. In: Ulrich, B. (Hrsg.) (1989)

Roloff, A. (1989/1993): Kronenentwicklung und Vitalitätsbeurteilung ausgewählter Baumarten der gemäßigten Breiten. Schr. Forstl. Fak. Univ. Göttingen, Band **93**

Roloff, A. (2001): Baumkronen. Eugen Ulmer, Stuttgart

Roloff, A., Klugmann, K. (1998): Ursachen und Dynamik von Eichen-Zweigabsprüngen. AFZ/Der Wald **53**:202-207

Roloff, A., Römer, H.-P. (1989): Beziehungen zwischen Krone und Wurzel bei der Rotbuche (*Fagus sylvatica* L.). All. Forst- u. J.-Ztg.**160**:200-204

Röse, A. (1865): Ueber die „Absprünge" der Bäume. Botanische Zeitung **23**:109-115

Rösel, K., Reuther, M. (Hrsg.) (1995): Differentialdiagnostik der Schäden an Eichen in den Donauländern. GSF-Bericht **11/95**

Rössler, G. (1991): Die Entwicklung von Kronenverlichtung und Nadelvergilbung in der Periode 1986-1990. Mitt. Forstl. Bundesversuchsanst. Wien **163/4**:5-30

Rössler, G. (1995): Zuwachskundliche Untersuchung über den Einfluß von Düngung und Kronenzustand auf das Zuwachsverhalten von Fichten im Gleingraben. Mitt. Forstl. Bundesversuchsanst. Wien **163/5**:19-52

Rost-Siebert, K. (1983): Aluminium-Toxizität und -Toleranz an Keimpflanzen von Fichte (*Picea abies* Karst.) und Buche (*Fagus silvatica* L.). Allg. Forstz. **38**:686-689

Rost-Siebert, K. (1985): Untersuchungen zur H- und Al-Ionen-Toxizität an Keimpflanzen von Fichte (*Picea abies*, Karst.) und Buche (*Fagus sylvatica*, L.) in Lösungskultur. Ber. d. Forschungsz. Waldökosysteme/Waldsterben Band **12**

Rost-Siebert, K., Jahn, G. (1988): Veränderungen der Waldbodenvegetation während der letzten Jahrzehnte – Eignung zur Bioindikation von Immissionswirkungen? Forst und Holz **43**:75-81

Rothe, A. (1997): Einfluß des Baumartenanteils auf Durchwurzelung, Wasserhaushalt, Stoffhaushalt und Zuwachsleistung eines Fichten-Buchen-Mischbestandes am Standort Höglwald. Forstliche Forschungsberichte München Nr. **163**

Rothe, G. M., Vogelei, A. (1991): Biomasse, Stärke- und Saccharosegehalte von Fichtenfeinstwurzeln (*Picea abies* (L.) Karst.) in Abhängigkeit von Standort und Jahreszeit – Höglwald und Hils im Vergleich. In: Kreutzer und Göttlein (1991)

Rousseaux, M. C., Ballare, C. L., Giordano, C. V., Scopel, A. L., Zima, A. M., Szwarcberg-Bracchitta, M., Searles, P. S., Caldwell, M. M., Diaz, S. B. (1999): Ozone depletion and UVB radiation: impact on plant DNA damage in southern South America. Proceedings of the National Academy of Sciences of the United States of America. **96**:15310-15315.

Rozema, A. J., Van De Staaij, J., Björn, L. O., Caldwell, M. M. (1997): UV-B as an environmental factor in plant life: stress and regulation. Trend in Ecology and Evolution **12**:22-28

Rozsnyay, Z. (1994): Mit den Bandkeramikern begann die Forstgeschichte Mitteleuropas. Forst und Holz **49**:227-230

Rubner, H (1983): Seit wann sterben unsere Wälder durch Schwefel? Mittelbayer. Ztg v. 19./20.2.1983

Rubner, H., Landa, M. (1987): Die Anfänge der Rauchschadensforschung in Mitteleuropa. Allg. Forst-Z. **42**:625-626

Rudolph (1912): Beiträge zur Kenntnis der sogenannten Septoria-Krankheit der Fichte. Naturwiss. Z. f. Land. u. Forstwirtsch. **10**:411-415

Rudolph, E. (1978): Wirkungen von Luftverunreinigungen auf pflanzliche Indikatoren in Bayern. Schr.-Reihe Naturschutz und Landschaftspflege, Bayer. Landesamt f. Umweltschutz, Heft **9**:7-44

Ruetze, M., Schmitt, U., Liese, W. (1989): Strukturelle Veränderungen in Tannen- und Fichtennadeln aus Begasungsexperimenten. Mitt. Bundesforschungsanst. f. Forst- u. Holzwirtsch. Hamburg **163**:197-214

Ruhland, C. T., Day, T. A. (1996): Changes in UV-B radiation screening effectiveness with leaf age in *Rhododendron maximum*. Plant Cell Environm. **19**:740-746.

Rühling, A., Tyler, G. (1991): Effects of simulated nitrogen deposition to the forest floor on the macrofungal flora of a beech forest. Ambio **20**:261-263

Rumpf, S., Ludwig, B., Mindrup, M., Meiwes, K. J. (2001): Änderung der Kationenspeicherung in einem Podsol nach Ausbringung von Holzasche. Freiburger Forstliche Forschung **33**:193-197

Ruoss, E., Vonarburg, C. (1995): Lichen diversity and ozone impact in rural areas of Central Switzerland. Crypt. Bot. **5**:252-263

Ruoss, E., Vonarburg, C., Joller, T. (1991): Möglichkeiten und Grenzen der Flechtenbioindikation bei der Bewertung der Umweltsituation in der Zentralschweiz. VDI-Berichte **901**:81-102

Ryan, P. R., Kinraide, T. B., Kochian, L. V. (1994): Al$_3$ und $-$Ca$_2$ + interactions in aluminium rhizotoxicity. I. Inhibition of root growth is not caused by reduction of calcium uptake. Planta **192**:98-103

Sächsische Landesanstalt für Forsten (2000): Leitfaden für die Bodenschutzkalkung in Sachsen. Schriftenreihe der Sächsischen Landesanstalt für Forsten, Heft **21**/2000

Sachsse, H. (1991): Kerntypen der Rotbuche. Forstarchiv **62**:238-242

Sakai, A., Larcher, W. (1987): Frost survival of plants. Ecological Studies **62**. Springer-Verlag, Berlin, Heidelberg, New York

Sander, T., König, S., Rothe, G. M., Janßen, A., Weisgerber, H. (2000): Genetic variation of European beech (*Fagus sylvatica* L.) along an altitudinal transect at mount Vogelsberg in Hessen, Germany. Molecular Ecology **9**:1349-1361

Sandermann, H. (1996): Ozone and plant health. Ann. Rev. Phytopathol. **34**:347-366

Sandermann, H., Wellburn, A. R., Heath, R. L. (Hrsg.) (1997): Forest decline and ozone: a comparison of controlled chamber and field experiments. Ecological Studies **127**, Springer, Berlin

Sandermann, H., Ernst, D., Heller, W., Langebartels, C. (1998): Ozone: an abiotic elicitor of plant defense responses. Trends in Plant Sci. **3**:47-50

Sandhage-Hofmann, A., Zech, W. (1993): Dynamik und Elementgehalte von Fichtenfeinwurzeln in Kalkgesteinsböden am Wank Bayerische Kalkalpen). Z. Pflanzenernähr. Bodenk. **156**:181-190

Santantonio, D. (1989): Dry matter partitioning and fine-root production in forests – new approaches to a difficult problem. In: Pereira, J. S., Landsberg, J. J. (1989): Biomass Production by Fast-Growing Trees. NATO ASI Series, Series E: Applied Sciences-Vol. **166**. Kluwer Academic Publishers, Dordrecht, Boston, London

Saxe, H. (1994): Relative sensitivity of greenhouse pot plants to long term exposures of NO and NO$_2$ containing air. Environm. Pollut. **85**:283-290

Saxe H., Ellsworth, D.S, Heath J. (1998): Tree and forest functioning in an enriched CO$_2$ atmosphere. New Phytologist **139**:395- 436.

Scamoni, A. et al. (1976): Natürliche Vegetation. In Atlas der DDR, Blatt **12**. Gotha-Leipzig

Schaaf, W. (1992): Elementbilanz eines stark geschädigten Fichtenökosystems und deren Beeinflussung durch neuartige basische Magnesiumdünger. Bayreuther Bodenk. Ber. **23**:1-124

Schaaf, W. (1995): Effects of Mg(OH)$_2$ fertilization nutrient cycling in heavily damaged Norway spruce ecosystems (NE Bavaria/FRG). Plant and Soil **168/169**:505-511

Schadauer, K. (1991): Die Ermittlung von Genauigkeitsmaßen terrestrischer Kronenzustandsinventuren im Rahmen der Österreichischen „Waldzustandsinventur". Cbl. ges. Forstwes. **108**:253-282

Schäffer, J. (2006): Brauchen wir ein langfristiges Bodenschutzkonzept? FVA-Einblick **10**:7-10

Schauermann, J. (1985): Zur Reaktion von Bodentieren nach Düngung von Hainsimsen-Buchenwäldern und Siebenstern-Fichtenforsten im Solling. Allg. Forst-Z. **41**:1159-1161

Scheidegger, C., Schroeter, B. (1995): Effects of ozone fumigation on epiphytic macrolichens: Ultrastructure, CO_2 gas exchange and chlorophyll fluorescence. Environ. Pollut. **88**:345-354

Scheidter, F. (1919): Das Tannensterben im Frankenwalde. Naturwiss. Z. f. Forst- u. Landwirtsch. **17**:69-90

Scherzinger, W. (1996): Naturschutz im Wald. E. Ulmer, Stuttgart

Schieler, K., Schadauer, K. (1993): Zuwachs und Nutzung nach der Österreichischen Forstinventur 1986/90. Österr. Forst-Z. **104**(4):22-23

Schierl, R., Kreutzer, K. (1989): Dolomitische Kalkung eines Fichtenbestandes auf saurer Parabraunerde: Auswirkungen auf Bodenchemie und Vegetation. Kali-Briefe (Büntehof) **19**(6):417-423

Schierl, R., Kreutzer, A. (1991): Einfluss von saurer Beregnung und Kalkung auf die Schwermetalldynamik im Höglwaldexperiment. In: Kreutzer, K., Göttlein, A. (Hrsg): Ökosystemforschung Höglwald. Forstwiss. Forsch. **39**:204-211

Schierl, R., Göttlein, A., Hohmann, E., Trübenbach, D., Kreutzer, K. (1986): Einfluss saurer Beregnung und Kalkung auf Humusstoffe sowie die Aluminium- und Schwermetalldynamik in wässrigen Bodenextrakten. Forstw. Cbl. **105**:309-313

Schimitschek, E. (1969): Grundzüge der Waldhygiene. P. Parey, Hamburg

Schinner, F., Sonnleitner, R. (1996): Bodenökologie: Mikrobiologie und Bodenenzymatik. Band I. Springer, Berlin, Heidelberg

Schlag, M. G. (1995): The condition of the phloem in declining oaks. Eur. J. For. Path. **25**:83-94

Schlager, H., Graf, J., Krautstrunk, M. (1993): Ozonbildung und Photosmog im Alpenraum. In: Arbeitsgemeinschaft der Großforschungseinrichtungen (1993):16-17

Schmid-Haas, P. (1989): Der Nachweis der Ursache des Tannensterbens an einem Beispiel. Forstwiss. Cbl. **108**:244-254

Schmid-Haas, P. (1990): Kronenverlichtung und Waldwachstum. Schweiz. Z. Forstwes. **141**:189-209

Schmid-Haas, P. (1991): Ursächliche Zusammenhänge zwischen Nadelverlust, Zuwachs, Sturmgefährdung und Fäule. Schweiz. Z. Forstwes. **142**:505-512

Schmid-Haas, P. (1993): Kronenverlichtung und Sterberaten bei Fichten, Tannen und Buchen. Forstw. Cbl. **112**:325-333

Schmid-Haas, P. (1998): Zur Gesundheit des Waldes. Wald und Holz **6/98**:7-11

Schmid-Haas, P., Bachofen, H. (1991): Sturmgefährdung von Einzelbäumen und Beständen. Schweiz. Z. Forstwes. **142**:477-504

Schmid-Haas, P. et al. (1997): Infektionen der Stützwurzeln, Kronenverlichtung und Zuwachs bei Fichten und Tannen. Mitt. Eidgen. Forschungsanst. f. Wald, Schnee u. Landschaft **72**(2):131-244

Schmidt, C., Roloff, A. (2000): Beziehungen zwischen Wurzelsträngen und Kronenteilen bei Bäumen. AFZ/DerWald **55**:786-787

Schmidt, M. (1991): Zusammenhang zwischen Blattverlust und Fruktfikation bei Buche. Allg. Forst-Z. **46**:501-503

Schmidt, O., Mehringer, H. (1989): Bakterien im Stammholz von Buchen aus Waldschadensgebieten und ihre Bedeutung für Holzverfärbungen. Holz als Roh- u. Werkstoff **47**:285-290

Schmidt, P. A. (1996): Veränderungen der Flora und Vegetation von Wäldern unter Immissionseinfluß. Pulsatilla **1**:6-20

Schmidt, R. (1927): Denkschrift über die Walderhaltung im Ruhrkohlenbezirk. Herausgegeben vom Verbandsdirektor des Siedlungsverbandes Ruhrkohlenbezirk, Essen

Schmidt, R. (1928): Bisherige Tätigkeit des Ausschusses für Rauchbekämpfung beim Siedlungsverband Ruhrkohlenbezirk. Bericht herausgegeben vom Verbandsdirektor des Siedlungsverbandes Ruhrkolenbezirk, Essen

Schmidt, W. (2002): Einfluss der Bodenschutzkalkungen auf die Waldvegetation. Forstarchiv **73**:43-54

Schmidt, W., Pfirrmann, H., Brünn, S. (1996): Zur Ausbreitung von *Calamagrostis epigejos* in niedersächsischen Kiefernwäldern. Forst und Holz **51**:369-372

Schmidt-Vogt, H. (1989): Die Fichte, Band II/2: Krankheiten, Schäden, Fichtensterben. P. Parey, Hamburg und Berlin

Schmitt U., Ruetze, M. (1990): Structural changes in spruce and fir needles. Environ. Pollut. **68**:345-354

Schmitt U., Liese, W., Ruetze, M. (1986): Ultrastrukturelle Veränderungen in grünen Nadeln geschädigter Fichten. Angew. Botanik **60**:441-450

Schmitt, U., Bäucker, E., Lehmann, L. (1997): Zur Morphologie von Nadeln geschädigter Fichten aus dem Ost-Erzgebirge. Forstwiss. Cbl. **116**:381-393

Schmitthenner, A. F., Canaday, C. H. (1983): Role of chemical factors in development of *Phytophthora* diseases. In: Erwin, D. C. et al. (1983):189-196

Schmitz-Dumont, W. (1896): Versuche über die Einwirkung von Fluorwasserstoff in der Atmosphäre auf Pflanzen. Thar. Forstl Jb. **46**:50-57

Schmull, M., Thomas, F. M. (1999): Auswirkungen temporärer Staunässe auf Wachstum und Wasserhaushalt junger Laubbäume (*Quercus robur* L., *Q. petraea* [Matt.] Liebl., *Fagus sylvatica* L.). Bielefelder ökol. Beitr. **14**:287-292

Schneider, J., Loibl, W., Spangl, W. (1996): Kumulative Ozonbelastung der Vegetation in Österreich. Berechnung und Darstellung nach dem Konzept der kritischen Belastungsgrenzen („Critical Levels").

Reports UBA-96-127, Bundesministerium für Umwelt, Wien

Schneider, O., Hartmann, P, Schlaepfer, R., Petter, D. A. (1988): Relationship between tree ring width and crown transparency of spruce (*Picea abies* Karst.). Dendrochronologia **6**:9-31

Schnitzler, J. P., Jungblut, T., Heller, W., Köfferlein, M., Hutzler, P., Heinzmann, U., Schmelzer, E., Ernst, D., Langebartels, C., Sandermann, H. (1996): Tissue localisation of U. V.-B-screening pigments and of chalcone synthase mRNA in needles of Scots pine seedlings. New Phytol. **132**:247-258

Schöll, L. van, Keltjens, W. G., Hoffland, E., Breemen, N. van (2004): Aluminium concentration versus the base cation to aluminium ratio as predictors for aluminium toxicity in *Pinus sylvestris* and *Picea abies* seedlings. For. Ecology Managem. **195**:301-309

Schöller, H. (1993): Zur Problematik von Bioindikator-Modellen am Beispiel der Flechten. Natur und Museum **123**:292-314

Schön, M., Walz, R. (1994): Emissionen der klimarelevanten Spurengase N_2O und CH_4 in der Bundesrepublik. Spektrum der Wissenschaft, S. 109-115

Schönbeck, H. (1968): Einfluß von Luftverunreinigungen (SO_2) auf transplantierte Flechten. Naturwiss. **55**:451-452

Schönbeck, H. (1972): Untersuchungen in Nordrhein-Westfalen über Flechten als Indikatoren für Luftverunreinigungen. Schriftenreihe Landesanstalt Immissions- und Bodennutzungsschutz des Landes Nordrhein-Westfalen (Essen), Heft **26**:99-104

Schönborn, A., Mößnang, M. (1991): Elementgehalte von Fichten entlang eines Höhenprofils im bayerischen Alpenraum. GSF-Bericht **26/91**:225-235

Schöne, D. (1992): Standorts- und immissionsbedingte Ernährungsstörungen bei Douglasien im Mosel-Eifelraum. Allg. Forst. u. Jagd.-Z. **163**:53-559.

Schönhar, S. (1985): Untersuchungen über das Vorkommen pilzlicher Parasiten an Feinwurzeln der Tanne (*Abies alba* Mill.). All. Forst- u. J.-Ztg.**156**: 247-251

Schönhar, S. (1987): Untersuchungen über das Vorkommen pilzlicher Parasiten an Feinwurzeln 70- bis 90-jähriger Fichten (*Picea abies* Karst.). Mitt. Ver. Forstl. Standortskd. Forstpflanzenzüchtg. **33**: 77-80

Schönhar, S. (1989): Untersuchungen über Feinwurzelschäden und Pilzbefall in Fichtenbeständen des Schwarzwaldes. All. Forst- u. J.-Ztg.**160**:229-231

Schönhar, S. (1991): Infektionsversuche an Fichtenkeimlingen mit Wurzelpilzen auf Bodensubstraten mit stark saurer und neutraler Reaktion. All. Forst- u. J.-Ztg.**162**:134-136

Schönhar, S. (2001): Infektionswege der Rotfäule bei Fichte. AFZ-DerWald **56**:1323-1324

Schönherr, J. (1980): Neue Erkenntnisse über Buchenschädlinge. Allg. Forst-Z. **35**:513-514

Schöpfer, W. (1985 a): Zur Genauigkeit terrestrischer Waldschadensinventuren. Forst und Holz **40**:221-224

Schöpfer, W. (1985 b): Das Schulungs- und Kontrollsystem der terrestrischen Waldschadensinventuren. Allg. Forst-Z. **40**:1353-1357

Schöpfer, W. (1987): Zur Problematik eines großräumigen Zuwachsrückgangs in erkrankten Fichten- und Tannenbeständen Südwestdeutschlands. Forst- und Holzwirt **42**:487- 493

Schöpfer, W., Hradetzky, J. (1984): Der Indizienbeweis: Luftverschmutzung maßgebliche Ursache der Walderkrankung. Forstw. Cbl. **103**:231-248

Schöpfer, W., Hradetzky, J. (1986): Zuwachsrückgang in erkrankten Fichten- und Tannenbeständen. Forstw. Cbl. **105**:446-470

Schöpfer, W., Hradetzky, J. (1988): Vergleich von Kronenkennwerten als Vitalitätsweiser für Fichte und Tanne. Forst und Holz **43**:132-136

Schöpfer, W., Hradetzky, J., Kublin, E. (1994): Wachstumsänderungen der Fichte in Baden-Württemberg. Forst und Holz **49**: 633-644

Schöpfer, W., Hradetzky, J., Kublin, E. (1997): Wachstumsvergleiche von Fichte und Tanne in Baden Württemberg. Forst und Holz **52**:443-448

Schraml, C., Rennenberg, H. (2000): Sensitivität von Ökotypen der Buche (*Fagus sylvatica* L.) gegenüber Trockenstress. Forstwiss. Cbl. **119**:51-61

Schrauder, M., Reithmeier, S. (2002): Wachstumsverhalten von *Quercus petraea* L. und *Fagus sylvatica* L. auf warm-trockenem Standort im Wuchsbezirk Südliche Fränkische Platte. Diplomarbeit Fachhochschule Weihenstephan

Schrems, J. (1994): Zusammenhänge zwischen Standortsfaktoren und Eichenschäden in drei Forstbetrieben im Weinviertel. Diplomarbeit Universität für Bodenkultur, Wien

Schröck, H.-W. (1996): Zusammenhang zwischen insektenfraßbedingten Blattverlusten und dem Kronenzustand von Eichenbeständen. In: Wulf und Kehr (1996):48-60

Schröck, H.-W. (1999): Einfluß eines Licht- und Kahlfraßes durch Schwammspinnerraupen (*Lymantria dispar*) auf die Vitalität eines Stieleichenbestandes (*Quercus robur* L.) auf einem hydromorphen Standort im Bienwald. In: Delb und Block (1999):134-150

Schröder, H., Scholz, F. (2005): Ansteigende Eichenwickler-Kalamität in Nordrhein-Westfalen. AFZ-DerWald **60**:172-173

Schroeder, J. von (1895): Über die Beschädigung der Vegetation durch Rauch, eine Beleuchtung der Borggreve'schen Theorien und Anschauungen über Rauchschäden. Graz und Gerlach, Freiberg

Schroeder, J. von, Reuß, C. (1883): Die Beschädigung der Vegetation durch Rauch und die Oberharzer Hüttenrauchschäden. Parey, Berlin

Schroeder, J. von, Schertel, A. (1884): Die Rauchschäden in den Wäldern der Umgebung der fiscalischen Hüttenwerke bei Freiberg. Jahrb. für das Berg- und Hüttenwesen **1**:93-120

Schröter, E. (1907): Die Rauchquellen im Königreiche Sachsen und ihr Einfluß auf die Forstwirtschaft. Tharandter. Forstl. Jb. **57**:211-430

Schröter, H. (1983): Entwicklung des Gesundheitszustandes von Tannen und Fichten auf Beobachtungsflächen der FVA in Baden-Württemberg. All. Forstu. J.-Ztg.**154**:123-131

Schröter, H., Aldinger, E. (1985): Beurteilung des Gesundheitszustandes von Fichte und Tanne nach der Benadelungsdichte. Allg. Forst-Z. **40**:438-442

Schubert, R. et al. (1999): Detection and quantification of *Phytophthora* species which are associated with root-rot diseases in European decidouos forests by species-specific polymerase chain reaction. Eur. J. For. Path. **29**:169-188

Schuck, H. J. (1981): Untersuchungen über die Wasserleitung in am Tannensterben erkrankten Weißtannen (*Abies alba* Mill.). Forstw. Cbl. **100**:184-189

Schüler, G. (1995): Waldkalkung als Bodenschutz. Allgem. Forstzeitschr. **50**:430-433

Schüler, G. (1998): Nutzen und Risiken der Waldkalkung. Vortr. „Symposium Waldböden in Gefahr", Solms (1998)

Schulte, A., Blum, W. E.H. (1997): Schwermetalle in Waldökosystemen. In: Matschullat, J., Tobschall, H. J., Voigt, H.-J. (Hrsg.): Geochemie und Umwelt. Springer Verlag, Berlin

Schulz, R. (1987): Vergleichende Betrachtung des Schwermetallhaushalts in Waldökosystemen. Ber. FZW Göttingen, **A 34**:1-174

Schulze, E.-D. (1970): Der CO_2-Gaswechsel der Buche (*Fagus silvatica* L.) in Abhängigkeit von den Klimafaktoren im Freiland. Flora **159**:177-232

Schulze, E.-D. (1983): Root:shoot interactions and plant life forms. Neth. J. agric. Sci. **31**:291-303

Schulze, E.-D. (1989): Air pollution and forest decline in spruce (*Picea abies*) forest. Science **244**:776-783

Schulze, E.-D., Lange, O. L., Oren, R. (Hrsg.) (1989): Forest decline and air pollution. A study of spruce (*Picea abies*) on acid soils. Ecological Studies **77**. Springer-Verlag, Berlin, Heidelberg

Schulze, E.-D., Freer-Smith, P. H. (1991): An evaluation of forest decline based on field observations focussed on Norway spruce, *Picea abies*. Proc. of the Royal Soc. of Edinburgh **97B**:155-168

Schume, H., Huber, S. (1995 a): Gesamtauswertung. In: Rösel und Reuther (1995):17-224

Schume, H., Huber, S. (1995 b): Zusammenhänge zwischen Ernährungszustand, Vitalitätsparametern

und trieb- bzw. knospenschädigenden Insekten. In: Rösel und Reuther (1995):227-290

Schütt, P. (1977): Das Tannensterben. Forstw. Cbl. **96**:177-186

Schütt, P. (1978): Die gegenwärtige Epidemie des Tannensterbens. Eur. J. For. Path. **8**:187-190

Schütt, P. (1981): Die Verteilung des Tannennaßkerns in Stamm und Wurzel. Forstw. Cbl. **100**:174-179

Schütt, P. (1984): Der Wald stirbt an Streß. C. Bertelsmann, München

Schütt, P. (1985): Das Waldsterben – eine Pilzkrankheit? Forstwiss. Cbl. **104**:169-177

Schütt, P., Cowling, E. B. (1985): Waldsterben, a general decline of forests in Central Europe: symptoms, development and possible causes. Plant Disease **69**:548-558

Schütt, P., Fleischer, M. (1987): Eichenvergilbung — eine neue, noch ungeklärte Krankheit der Stieleiche in Süddeutschland. Österr. Forstztg. **98**(3):60-62

Schütt, P., Lang, K. J. (1980): Buchen-Rindennekrose. Waldschutz-Merkblatt **1**. P.Parey, Hamburg und Berlin

Schütte, F. (1960): Der Einfluß von Spätfrösten (1959) auf die Belaubung der Eichen und die Populationsdichte des Eichenwicklers. Z. angew. Entomol. **46**: 217-220

Schütze, G. (2003): Schwermetallhaushalt und Critical Loads – Auswertung von Daten des forstlichen Umweltmonitorings, Bericht über den Workshop Integrierende Auswertung der Daten des Forstlichen Umweltmonitorings (Level I/II) vom 24.-26. Februar 2003 in Bonn-Röttgen. 245-248. BMVEL (Hrsg.).

Schütze, G. (2004): Critical Loads of cadmium, lead and mercury. In: Manual on methodologies and criteria for modelling and mapping Critical Loads & Levels and air pollution effects, risks and trends. ICP Modelling and Mapping. UBA Schriftenreihe **52/04**:39-73.

Schwanz, P., Polle, A. (2001): Differential responses of antioxidative systems to drought in pendunculate oak (*Quercus robur*) and maritime pine (*Pinus pinaster*) grown under high CO_2 concentrations. Journal of Experimental Botany **52**:133-143.

Schwarzl, B., Weiss, P. (1998): Waldzustand und Umweltfaktoren. AFZ/DerWald **53**:843-845

Schweingruber, F. H. (1988): Tree rings. Basics and applications of dendrochronology. Reidel Publishing Company, Dordrecht

Schweingruber, F. H. (1989): Läßt sich fehlendes Datenmaterial zur Waldschadenssituation anhand von Postkarten ergänzen? Allg. Forst-Z. **44**:266-268

Schweingruber, F. H. (1993): Jahrringe und Umwelt – Dendroökologie. Eidgenöss. Forschungsanst. f. Wald, Schnee u. Landschaft, Birmensdorf

Schweingruber, F. H. (2001): Dendrökologische Holzanatomie. Haupt; Bern, Stuttgart, Wien

Schweingruber, F. H., Kontic, R., Winkler-Seifert, A. (1983): Eine jahrringanalytische Studie zum Nadelbaumsterben in der Schweiz. Ber. d. Eidgen. Anst. f. d. forstl. Versuchswesen, Nr. **253**

Schweingruber, F. H. et al. (1986): Abrupte Zuwachsschwankungen in Jahrringabfolgen als ökologische Indikatoren. Dendrochronologia **4**:125-183

Schweizer, B., Arndt, U. (1990): CO_2/H_2O gas exchange parameters of one- and two-year-old needles of spruce and fir. Environ. Pollut. **68**:275-292

Schwenke, W. (1972-1986): Die Forstschädlinge Europas. 5 Bände. Paul Parey, Hamburg und Berlin

Schwenke, W. (1978): Die Forstschädlinge Europas. 3. Band: Schmetterlinge. P. Parey, Hamburg und Berlin

Schwerdtfeger, F. (1944): Die Waldkrankheiten. P. Parey, Berlin

Schwerdtfeger, F. (1961): Das Eichenwickler-Problem. Forschung und Beratung, Reihe C, Heft **1**, Landwirtschaftsverlag, Hiltrup

Schwerdtfeger, F. (1970): Die Waldkrankheiten. 3. Aufl. P. Parey, Berlin

Schwerdtfeger, F. (1981): Die Waldkrankheiten. 4. Aufl. P. Parey, Hamburg und Berlin

Schwertmann, U., Süsser, P., Nätscher, P. (1987): Protonenpuffersubstanzen in Böden. Z. Pflanzenernähr. Bodenk. **150**:174-178

Sedlaczek, W. (1933): Über Tannenkrankheiten und Tannensterben im nördlichen Wienerwald und anderen Gebieten Österreichs. Cbl. f. d. ges. Forstwes. **59**:257-268, 297-310

Seeholzer, M. (1935): Rindenschäle und Rindenriß an Rotbuche im Winter 1928/29. Forstwiss. Cbl. **57**:237-246

Seeliger, J. (1983): Möglichkeiten und Grenzen der Reduktion von Immissionen aus der Sicht der Emittenten. Allg. Forst-Z. **38**:12-14

Seeling, U. (1992): Abnorme Kernbildung bei Rotbuche (*Fagus sylvatica* L.) und ihr Einfluß auf holzbiologische und holztechnische Kenngrößen. Ber. Forschungszentr. Waldökosyst., Reihe A, Bd. **77**

Seemann, D. (1996): Untersuchungsergebnisse zur Eichenforschung in Baden-Württemberg. In: Wulf und Kehr (1996):37-47

Seidling, W. (1998): Über Vorkommen und Umweltbezüge des Land-Reitgrases in den Berliner Forsten. Forstarchiv **69**:19-27

Seidling, W. (2000): Multivariate statistics within integrated studies on tree crown condition in Europe – an overview. UN/ECE and EC, Genf, Brüssel

Seitschek, O. (1981): Verbreitung und Bedeutung der Tannenerkrankung in Bayern. Forstw. Cbl. **100**: 138-148

Semb, A., Pacyna, J. M. (1988): Toxic Trace Elements and Chlorinated Hydrocarbons: Sources, Atmospheric Transport and Deposition. Miljörapport 1988: 10, Nordic Council of Ministers, Kopenhagen

Senitza, E. (1988): Eichen-Schadinventur 1987 im niederösterreichischen Weinviertel. Österr. Forstztg. **99**(4):29-30

Senitza, E. (1990): Keine Besserung des Eichensterbens. Österr. Forstztg. **101**(3):17-20

Senitza, E. (1992): Sterben unsere Eichen aus? Österr. Forstztg. **103**(9):22-24

Senser, M. (1990): Influence of soil substrate and ozone plus acid mist on the frost resistance of young Norway spruce. Environ. Pollut. **64**:265-278

Setzer, B., Mohr, H. (1998): Ammoniumstreß bei Jungpflanzen von Tanne und Fichte. All. Forst- u. J.-Ztg.**169**:26-29

Seufert, G., Hoyer, V.,Wöllmer, H., Arndt, U. (1990): General methods and materials. Environ. Pollut. **68**:205-229

Seufert, G., Hoyer, V., Evers, F. H. (1997): Schadgas-Ausschlußexperiment bei Fichten am Edelmannshof: Beschreibung der Versuchsanlage und Untersuchungen zum Stoffhaushalt. FZKA-PEF Nr. **163**

Shafer, S. R., Bruck, R. I., Heagle, A. S. (1985): Influence of simulated acidic rain on *Phytophthora cinnamomi* and *Phytophthora* root rot of blue lupine. Phytopathology **75**:996-1003

Shafer, S. R., Schoeneberger, M. M. (1994): Air pollution and ecosystem health: the mycorrhizal connection. In: Pfleger, F. L., Linderman, R. G. (Hrsg.): Mycorrhizae and plant health. Am. Phytopathol. Soc. Press, St. Paul, S. 153-187

Shriner, D. S. (1978): Effects of simuated acidic rain on host-parasite interactions in plant diseases. Phytopathology **68**:213-218

Sieber, T. (1988): Endophytische Pilze in Nadeln von gesunden und geschädigten Fichten (*Picea abies* [L.] Karsten). Eur. J. For. Path. **18**:321-342

Siefermann-Harms, D. (1996): Destabilization of the antenna complex LHC II during needle yellowing of a Mg-deficient spruce tree exposed to ozone pollution – comparison with other types of yellowing. J. Plant Physiol. **148**:195-202

Siefermann-Harms, D. et al. (1997): Untersuchungen zur Vergilbung einer Fichte auf montanem, durch Mg-Mangel und Ozonbelastung gekennzeichnetem Standort. Forschungsbericht FZKA-PEF **165**

Siefermann-Harms, D., Boxler-Baldoma, C., Wilpert, K. von, Heumann, H.-G. (2004): The rapid yellowing of spruce at a mountain site in the Central Black Forest (Germany). Combined effects of Mg deficiency and ozone on biochemical, physiological and structural properties of the chloroplasts. J. Plant Physiol. **161**:423-437

Siefermann-Harms, D., Payer, H. D., Schramel, P., Lütz, C. (2005): The effect of ozone on the yellowing process of magnesium-deficient clonal Norway spruce grown under defines conditions. J. Plant Physiol. **162**:195-206

Sigal, L. L., Nash III, T. H. (1983): Lichen communities on conifers in southern California mountains: An ecological survey relative to oxidant air pollution. Ecology **64**:1343-1354

Simon, A., Wild, A. (1998): Mineral nutrients in leaves and bast of pedunculate oak (*Quercus robur* L.) at different states of defoliation. Chemosphere **36**:955-959

Simon, B., Rothe, G. M. (1985): Aluminium-bedingte Stoffwechsel-Änderungen in Fichtenkeimlingen. Allg. Forst.-Z. **40**:931-936

Siwecki, R., Ufnalski, K. (1998): Review of oak stand decline with special reference to the role of drought in Poland. Eur. J. For. Path. **28**:99-112

Skadow, W., Traue, H. (1986): Untersuchungsergebnisse zum Vorkommen einer Eichenerkrankung im nordöstlichen Harzvorland. Beitr. Forstwirtsch. **20**:64-74

Skärby, L. et al. (1995): Tropospheric ozone – a stress factor for Norway spruce in Sweden. Ecological Bulletins **44**:133-146 (Copenhagen)

Skärby, L., Ro-Poulsen, H., Wellburn, F. A.M., Sheppard, L. J. (1998): Impacts of ozone on forests: a European perspective. New Phytol. **139**:109-122

Skelly, J. M. et al. (1998): Investigations of ozone induced injury in forests of southern Switzerland: Field surveys and open-top chamber experiments. Chemosphere **36**:995-1000

Skelly, J. M. et al. (1999): Observation and confirmation of foliar ozone symptoms of native plant species of Switzerland and Southern Spain. Water Air Soil Pollut. **116**:227-234

Skoric, V. S.H. S. (1929): Das massenhafte Eingehen der slavonischen Eiche. In: Petrini, S. (Hrsg.): Proc. Int. Congr. For. Exp. Stat., 375-362. Stockholm

Skovsgaard, J. P., Henriksen, H. A. (1996): Increasing site productivity during consecutive generations of naturally regenerated and planted beech (*Fagus sylvatica* L.) in Sweden. In: Spiecker et al. (1996): 89-97

Slovik, S. (1996): Chronic SO_2- and NO_x-pollution interferes with the K^+ and Mg^{2+} budget of Norway spruce trees. J. Plant Physiol. **148**:276-286

Slovik, S., Kaiser, W. M., Körner, C., Kindermann, G., Heber, U. (1992): Quantifizierung der physiologischen Kausalkette von SO_2-Immissionsschäden. Allg. Forst-Z. **47**:800-805 und 913-920

Slovik, S., Balaczs, A., Siegmund, A. (1996 a): Canopy throughfall of *Picea abies* (L.) Karst. as depending on trace gas concentration. Plant and Soil **178**:295-310

Slovik, S., Siegmund, A., Führer, H.-W., Heber, U. (1996 b): Stomatal uptake of SO_2, NO_x and O_3 by spruce crowns (*Picea abies*) and canopy damage in Central Europe. New Phytol. **132**:661-676

Smeets, W., van Pul, A., Ecrens, H., Sluyter, R., Pearce, D. W., Howarth, A., Visschedijk, A., Pulles, M. P.J., de Hollander, G. (2000): Technical report on chemicals, particulate matter, human health, air quality and noise. RIVM report 48 150 50 15

Smejkal, G. M., Bindiu, C., Visoiu-Smejkal, D. (1997): Banater Urwälder. 2. Aufl., Mirton-Verlag, Temeswar

Smidt, S. (1989 a): Luftschadstoffmesungen am Höhenprofil „Zillertal". Phyton **29**:69-83

Smidt, S. (1989 b): Messungen der nassen Freilanddeposition am Höhenprofil „Zillertal". Phyton **29**:85-95

Smidt, S. (1989 c): Immissionsmessungen im Gleinalmgebiet. Mitt. Forstl. Bundesversuchsanst. Wien **163/2**:225-263

Smidt, S. (1993): Die Ozonsituation in alpinen Tälern Österreichs. Cbl. ges. Forstwes. **110**:205-220

Smidt, S. (1996): Bewertung der Luftschadstoff- und Depositionsmessergebnisse im Raum Achenkirch (1990-1995). In: Herman und Smidt (1996)

Smidt, S., Gabler, K. (1994): Entwicklung von SO_2-, NO_2- und Ozon-Jahresmittelwerten in Österreich. Cbl. ges. Forstwes. **111**:183-196

Smidt, S., Herman, F. (2004): Evaluation of air pollution-related risks for Austrian mountain forests. Environ. Pollut. **130**:99-112

Smidt, S., Mutsch, F. (1993): Messungen der nassen Freilanddeposition an alpinen Höhenprofilen. GSF-Bericht **39/93**:21-29

Smidt, S., Block, J., Jandl, R., Gehrmann, J. (1999): Trends von Luftschadstoffkonzentrationen und -depositionen an Waldmessstationen in Österreich und Deutschland. Cbl. ges. Forstwes. **116**:193-209

Smit, H. P., van Breemen, N., Keltiens, W. G. (1987): Effects of soil acidity on Douglas fir seedlings. Neth. J. Agric. Sci. **35**: 533-536, 537-540

Smith, W. H. (1981): Air pollution and forests. Springer, Berlin

Smith, W. H. (1984): Ecosystem pathology: a new perspective for phytopathology. For. Ecology Managem. **9**:193-219

Sobotka, A. (1967): The influence of industrial exhalations on the structure of nutrient roots of Norway spruce (*Picea excelsa* Link.). IUFRO-Kongress München 1967, Papers V, Sektion **24**:532-535

Solberg, S. (1999): Crown density changes of Norway spruce and the influence from increased age on permanent monitoring plots in Norway during 1988-1997. Eur. J. For. Path. **29**:219-230

Solberg, S. (2004): Summer drought: a driver for crown condition and mortality of Norway spruce in Norway. For. Path. **34**:93-104

Sorauer, P. (1928): Handbuch der Pflanzenkrankheiten. 2. Band. P. Parey, Berlin

Sorauer, P. (1911): Die mikroskopische Analyse rauchbeschädigter Pflanzen. In: Wislicenus, H. (Hrsg.): Waldsterben im 19. Jahrhundert (Reprint 1985). VDI-Verlag, Düsseldorf

Sorauer, P., Ramann, E. (1899): So genannte unsichtbare Rauchbeschädigungen. Botan. Centralbl. **80**:50-56, 106-116, 156-168, 205-216, 251-262

Spangenberg, A., Kölling, C. (2001): Sind Bayerns Wälder stickstoffgesättigt? AFZ/DerWald **56**:1074-1076

Späth V. (1988): Zur Hochwassertoleranz von Auenwaldbäumen. Natur u. Landschaft **63**:312-315

Spelsberg, G. (1984): Rauchplage. Hundert Jahre Saurer Regen. Alano, Aachen

Spelsberg, G. (1985): Schäden an Eichen-Jungbeständen auch in Nordrhein-Westfalen. Allg. Forst-Z. **40**:501-502

Spelsberg, G. (1987): Zum Problem der Beurteilung des Zuwachses in geschädigten Beständen. Allg. Forst u. Jagd-Z. **158**:205-211

Sperber, G. (1968): Die Reichswälder bei Nürnberg – aus der Geschichte des ältesten Kunstforstes. Mitt. Staatsforstverwaltg. Bayerns, Heft **37**

Sperber, G. (1993): Wieviel Natur verträgt der Mensch? Nationalpark Nr. **80** (3/93)

Spiecker, H. (1987): Düngung, Niederschlag und der jährliche Volumenzuwachs einiger Fichtenbestände Südwestdeutschlands. All. Forst- u. J.-Ztg.**158**:70-76

Spiecker, H. (1991): Zur Dynamik des Wachstums von Tannen und Fichten auf Plenterwald-Versuchsflächen im Schwarzwald. Allg. Forst-Z. **46**:1076-1080

Spiecker, H. (1995): Growth dynamics in a changing environment-long-term observations. Plant and Soil **168-169**:555-561

Spiecker (1998): Overview of recent growth trend in Europe. Water Air Soil Pollut. **116**:33-46

Spiecker, H., Mielikäinen, K., Köhl, M., Skovsgaard, J. (Hrsg.) (1996): Growth trends in European forests. Springer-Verlag, Berlin, Heidelberg, New York

Spreng, S., Malzer, T. (2003): Kronenmerkmale und Jahrringbau von Buche im Bereich des Forstamtes Starnberg auf den Flächen Försterangerl und Kirchgrub. Diplomarbeit Fachhochschule Weihenstephan

Srámek, V. (1998): SO₂ air pollution and forest health status in northwestern Czech Republik. Chemosphere **36**:1067-1072

Standovár, T., Somogyi, Z. (1998): Corresponding patterns of site quality, decline and tree growth in a sessile oak stand. Eur. J. For. Path. **28**:133-144

Stark, M. (Hrsg.) (1991): Luftschadstoffe und Wald. Verlag der Fachvereine, Zürich

Steen, D. von, Großmann, M. (1986): Aufnahme der Kronenmerkmale und Erfassung des Jahrringbaus von Alttannen und Altfichten im Forstamt Dinkelsbühl sowie Untersuchung der Witterung in Jahren geringen Zuwachses. Diplomarbeit Fachhochschule Weihenstephan

Stefan, K. (1991): Zur Nährelementversorgung der Fichtennadeln von gedüngten und ungedüngten Bäumen im Gleinalmgebiet. Mitt. Forstl. Bundesversuchsanst. Wien **163/4**:65-140

Stefan, K. (1994): Die Nährelementversorgung der Fichte (*Picea abies*) nach den Ergebnissen des österreichischen Bioindikatornetzes von 1983 bis 1990. Ecoinforma **5**:253-264

Stefan, K., Herman, F. (1995): Ergebnisse chemischer Nadelanalysen aus dem Tiroler Kalkalpin. In: Herman und Smidt (1995):231-244

Steger, O. (1959): Zur Eichenwicklerbekämpfung 1958 im Hochspessart. Forstwiss. Cbl. **78**:108-120

Steger, O. (1960): Spätfröste und Massenwechsel von *Tortrix viridana* L. (Lep. Tortr.). Z. f. angew. Entomol. **46**:213-216

Stein, G., Däßler, H.-G. (1968): Die Forstliche Rauchschadengroßraumdiagnose im Erz- und Elbsandsteingebirge 1964/67. Wiss. Z. TU Dresden **17**:1397-1404

Steinhoff, S. (1998): Kontrollierte Kreuzungen zwischen Stiel- und Traubeneiche. All. Forst- u. J.-Ztg.**169**:163-168

Stern (1981): Über allen Wipfeln ist Gift. 40/81:99-106

Steubing, L., Kirschbaum, U., Poos, F., Cornelius, R. (1983): Monitoring mittels Bioindikatoren in Belastungsgebieten. In: Umlandverband Frankfurt: Ökologie und Planung in Verdichtungsgebieten

Stevenson, F. J., Vance, G. F. (1989): Naturally occurring aluminum-organic complexes. In: G. Sposito (Hrsg.): The environmental chemistry of aluminum. CRC Press, Boca Raton, FL. 117-145

Steyrer, G. (1998): Crown Condition of Oak and Pine in Austria since 1989. In: Cech et al. (1998):169-175

Stienen, H., Bauch, J. (1988): Element content in tissues of spruce seedlings from hydroponic cultures simulating acidification and deacidification. Plant and Soil **106**:231-238

Stitt, M., Krapp, A. (1999): The interaction between elevated carbon dioxide and nitrogen nutrition: the physiological and molecular background. Plant Cell and Environment **22**:583-621.

Stock, R. (1988): Aspekte der regionalen Verbreitung „Neuartiger Waldschäden" an Fichte im Harz. Forst und Holz **43**:283-286

Stock, R. (1994): Waldschäden in Fichtenbeständen des Westharzes. In: Matschullat et al. (1994):83-98

Stöckhardt, J. A. (1871): Untersuchungen über die schädliche Einwirkung des Hütten- und Steinkohlenrauches auf das Wachsthum der Pflanzen, insbesondere der Fichte und Tanne. Tharandter Forstl. Jb. 21:218-254

Stockwell, W. R., Kramm, G., Scheel, H.-E., Mohnen, V. A., Seiler, W. (1997): Ozone formation, destruction and exposure in Europe and the United States. In: Sandermann, H., Wellburn, A. R., Heath, R,L. (Hrsg.): Ozone and forest decline. Ecological Studies Vol. 127:1-38, Springer Verlag, Berlin

Stoklasa, J. (1923): Die Beschädigungen der Vegetation durch Rauchgase und Fabrikexhalationen. Urban und Schwarzenberg, Berlin und Wien

Strasburger (1998): Lehrbuch der Botanik für Hochschulen. G. Fischer, Suttgart, Lübeck, Jena, Ulm

Stratmann H. (1955): Luftverunreinigung durch Rauchgase aus Dampfkesselanlagen. Mitt. der Vereinigung der Großkesselbesitzer, H. 34/35

Stribley, G. H., Ashmore, M. R. (2002): Quantitative changes in twig growth pattern of young woodland beech (Fagus sylvatica L.) in relation to climate and ozone pollution over ten years. For. Ecology Managem. 157:191-204

Strid, A., Chow, W., Anderson, J. M. (1994): UV-B damage and protection at the molecular level in plants. Photosynthesis Research 39:475-489

Strubelt, O. (1996): Gifte in Natur und Umwelt. Spektrum Akad. Verlag, Heidelberg

Strunz, I., Rösler, R., Elling, W. (1999): Entwicklung von Kronenzustand und Jahrringbreite an Tannen im Bayerischen Wald. Allg. Forst-Z. 54:899-901

Strzelczyk, E., Kampert, M. (1987): Growth of mycorrhizal fungi cultured with bacteria. Angew. Botanik 61:157-162

Strzelczyk, E., Dahm, H., Kampert, M., Pokojska, A., Rozycki, H. (1987): Activity of bacteria and Actinomycetes associated with mycorrhiza of pine (Pinus sylvestris L.). Angew. Botanik 61:53-64

Süchting, H. (1943): Güteverbesserung der Waldböden und Steigerung der Holzerzeugung durch Kalkung. Intersylva 3:1-20

Suda, M. (1984): Das Thema Waldsterben in den Massenmedien. Inhaltsanalyse der Süddeutschen Zeitung. Diplomarbeit Universität München

Sullivan, J. H., Teramura, A. (1992): The effects of UV-B radiation on loblolly pine. II Growth of field grown seedlings. Trees 6:115-120.

Suske, J., Acker, G. (1989): Endophytic needle fungi: culture, ultrastructural and immunocytochemical studies. In: Schulze et al. (1989):121-136

Sverdrup, H., Rosen, K. (1998): Long-term base cation mass balances for Swedish forests and the concept of sustainability. For. Ecology Managem. 110:221-236

Sverdrup, H., Warfvinge, P. (1993 a): The effect of soil acidification on the growth of trees, grass and herbs as expressed by the (Ca+Mg+K)/Al ratio. Reports in Ecology and Environmental Engineering 2:1-177

Sverdrup, H., Warfvinge, P. (1993 b): The (Ca+Mg+K)/Al-ratio as an indicator of soil acidification effects on tree growth. In: Nilsson et al. (1993)

Sverdrup, H., Warfvinge, P. (1995 a): The (Ca+Mg+K)/Al ratio as an indicator of soil acidification effects on tree growth. In: Nilsson, L. O. et al. (Hrsg.): Nutrient uptake and cycling in forest ecosystems. Ecosystem Research Report 21

Sverdrup, H., Warfvinge, P. (1995 b): Critical Loads of Acidity for Swedish forest ecosystems. Ecol. Bulletin

Sverdrup, H., Warfvinge, P., Rosén, K. (1992): A model for the impact of soil solution calcium-aluminum ratio, soil moisture and temperature on tree base cation uptake. Water Air Soil Pollut. 61:365-384

Svolba, J., Kleinschmit, J. (2000): Herkunftsunterschiede beim Eichensterben. Forst und Holz 55:15-17

Tabaku, V., Meyer, P. (1999): Lückenmuster albanischer und mitteleuropäischer Buchenwälder unterschiedlicher Nutzungsintensität. Forstarchiv 70:87-97

Takahama, U., Veljovic-Jovanovic, S., Heber, U.(1992): Effects of the air pollutant SO_2 on leaves: Inhibition of sulfite oxidation in the apoplast by ascorbate and of apoplastic peroxidase by sulfite. Plant Physiol. 100:261-266

Tamm, C. O. (1991): Nitrogen in terrestrial ecosystems. Ecological Studies, Vol. 81, Springer Verlag Berlin

Tarhanen, S., Holopainen, T., Oksanen, J. (1997): Ultrastructural changes and electrolyte leakage from ozone fumigated epiphytic lichens. Annals of Botany 80:611-621

Tauchert, J., Eisenbeis, G. (1992): Auswirkungen der Waldkalkung auf die Bodenmakrofauna. Ergebnisse aus dem Fichtenstandort im Hunsrück bei Idar-Oberstein. Mitt. Forstl. Versuchanstalt Rheinland-Pfalz 21:147-160

Taylor, G., Davies, W. J. (1990): Root growth of Fagus sylvatica: impact of air quality and drought at a site in southern Britain. New Phytol. 116:457-464

Taylor, G. J. (1988 a): The physiology of aluminum phytotoxicity. In: Sigel, H., Sigel, A. (Hrsg.): Metal ions in biological systems 24:123-163. Marcel Dekker Inc., New York.

Taylor, G. J. (1988 b): The physiology of aluminum tolerance. In: Sigel, H., Sigel, A. (Hrsg.): Metal ions in biological systems 24:165-198. Marcel Dekker Inc., New York

Termura, A. H. (1998): Terrestrial plant responses to a changing solar UV-B radiation environment. In: (DeKok, L. J., Stulen, I. (Hrsg.): Responses of plant metabolism to air pollution and global change. Backhuys Publishers Leiden, Niederlande. 209-214.

Tesche, M., Feiler, S., Michael, G., Ranft, H., Bellmann, C. (1989): Physiologische Reaktionen der Fichte (Picea abies) auf komplexen SO_2- und Trockenstreß. Eur. J. For. Path. 19:281-292

Tevini, M. (2000): UV-B effects on plants. In: Agrawal, S., Agrawal, M. (Hrsg.): Environmental pollution and plant responses. CRC Press, Boca Raton, USA. 83-97

Themlitz, R. (1960): Die individuelle Schwankung des Schwefelgehaltes gesunder und rauchgeschädigter Kiefern und seine Beziehung zum Gehalt an den übrigen Hauptnährstoffen. Allg. Forst- u. J.-Ztg. 131:261-264

Thomas, F. M. (2000): Vertical rooting patterns of mature Qercus trees growing on different soil types in northern Germany. Plant Ecology 147:95-103

Thomas, F. M., Ahlers, U. (1999): Effects of excess nitrogen on frost hardiness and freezing injury of above-ground tissue in young oaks (Qercus petraea and Q. robur). New Phytol. 144:73-83

Thomas, F. M., Blank, R. (1996): The effect of excess nitrogen and of insect defoliation on the frost hardiness of bark tissue of adult oaks. Ann. Sci. For. 53:395-406

Thomas, F. M., Büttner, G. (1992): Der Ernährungszustand von Eichen in Niedersachsen. Forst und Holz 47:464-470

Thomas, F. M., Büttner, G. (1998 a): Zusammenhänge zwischen Ernährungsstatus und Belaubungsgrad in Alteichenbeständen Nordwestdeutschlands. Forstwiss. Cbl. 117:115-128

Thomas, F. M., Büttner, G. (1998 b): Nutrient relations in healthy and damaged stands of mature oaks on clayey soils: two case studies in nothwestern Germany. For. Ecology Managem. 108:301-319

Thomas, F. M., Gausling, T. (2000): Morphological and physilogical responses of oak seedlings (Quercus petraea and Q. robur) to moderate drought. Ann. Sci. For. 57:325-333

Thomas, F. M., Kiehne, U. (1995): The nitrogen status of oak stands in northern Germany and its role in oak decline. In: Nilsson, L. O., Hüttl, R. F., Johansson, U. T. (Hrsg.) (1995): Nutrient uptake and cycling in forest ecosystems. Kluwer Academic Publishers, Dordrecht, Boston, London. 671-676

Thomas, F. M., Runge, M. (1992): Proton neutralization in the leaves of English oak (Quercus robur L.) exposed to sulfur dioxide. J. Exp. Bot. 43:803-809

Thomas, F. M., Blank, R., Hartmann, G. (1996): Der Einfluß von Stammexposition, Stickstoff-Status und Blattfraß auf die Frosthärte des Bastes von Alteichen. Verh. Ges. Ökol. 26:153-160

Thomas, F. M., Brandt, T., Hartmann, G. (1998): Leaf chlorosis in pedunculate oaks (Quercus robur L.) on calcareous soils resulting from lime-induced manganese/iron-deficiency: soil conditions and physiological reactions, J. Appl. Bot. 72:28-36

Thomas, F. M., Blank, R., Hartmann, G. (2002): Abiotic and biotic factors and their interactions as causes of oak decline in Central Europe. For. Path. 32:277-307

Tiegs, E. (1934): Rauchschäden. In: Handbuch der Pflanzenkrankheiten. P. Parey, Berlin

Tietema, A. (1998): Microbial carbon and nitrogen dynamics in coniferous forest floor material collected along a European nitrogen deposition gradient. For. Ecol. Manage. 101:29-36

Tietema, A., Beier, C. (1995): A correlative evaluation of nitrogen cycling in the forest ecosystems of the EC projects NITREX and EXMAN. For. Ecol. Manage. 71:143-151

Till, O. (1956): Über die Frosthärte von Pflanzen sommergrüner Laubwälder. Flora 143:499-542

Tognetti, R., Cherubini, P., Innes, J. L. (2000): Comparative stem-growth rates of Mediterranean trees under background and naturally enhanced CO_2 concentrations. New Phytologist 146:59-74.

Tomiczek, C. (1990): Forstpathologische Erhebungen im Gebiet der Glein. Mitt. Forstl. Bundesversuchsanst. Wien 163/3:39-97

Tomiczek, C. (1995): Schlußfolgerungen aus den forstpathologischen Untersuchungen in der Gleinalpe. Mitt. Forstl. Bundesversuchsanst. Wien 163/5: 127-130

Tomiczek, C. (1996): Zur aktuellen Forstschutzsituation in Österreich. Österr. Forst-Z. 107(8):38-39

Tomova, L., Braun, S., Flückiger, W. (2005): The effect of nitrogen fertilization on fungistatic phenolic compounds in roots of beech (Fagus sylvatica) and Norway spruce (Picea abies). For. Path. 35:262-276

Tranquillini, W., Plank, A. (1989): Ökophysiologische Untersuchungen an Rotbuchen (Fagus sylvatica L.) in verschiedenen Höhenlagen Nord- und Südtirols. Centralbl. ges. Forstwesen 106:225-246

Trautmann, W., Krause, A., Wolff-Straub, R. (1970): Veränderungen der Bodenvegetation in Kiefernforsten als Folge industrieller Luftverunreinigungen im Raum Mannheim-Ludwigshafen. Schriftenr. Vegetationskunde 5:193-207

Triebenbacher, C. (2001): Untersuchungen zu Schädigung und Wachstumsverlauf der Fichten im Osterzgebirge am Forstamt Altenberg anhand von Kronenmerkmalen und Bohrspananalysen. Diplomarbeit Fachhochschule Weihenstephan

Trimbacher, C., Weiss, P. (1999): Needle surface characteristics and element contents of Norway spruce in relation to the distance of emission sources. Environ. Pollut. 105:111-119

Tsao, P. H. (1990): Why many Phytophthora root rots and crown rots of tree and horticultural crops remain undetected. Bulletin OEPP/EPPO 20:11-17

Türk, R., Wirth, V., Lange, O. L. (1974): CO_2-Gaswechsel-Untersuchungen zur SO_2-Resistenz von Flechten. Oecologia (Berl.) 15:33-64

Türk, T. (1992): Die Wasser- und Stoffdynamik in zwei unterschiedlich geschädigten Fichtenstandorten im Fichtelgebirge. Bayreuther Bodenk. Ber. **21**:1-252

Tyler, G. (1976): Heavy metals in soil biology and biochemistry. Soil Biol. Biochem. **8**:327-332.

Tyler, G. (1987): Probable effects of soil acidification and nitrogen deposition on the floristic composition of oak (*Quercus robur* L.) Forest. Flora **179**:165-170

Tyler, G (1992): Critical Concentrations of Heavy Metals in the Mor Horizon of Swedish Forests. SNV-Report **4078**. Solna

Tyree, M. T., Cochard, H. (1996): Summer and winter embolism in oak: impact on water relations. Ann. Sci. For. **53**:173-180

Uebel, R., Nagel, J. (1989): Flächenhafte Waldschadenserfassung im Harz 1988 mit CIR-Luftbildern. Forst und Holz **44**:488-493

Ulrich, B. (1970): Die Reaktionen von Calciumcarbonat bei der Einarbeitung von Kalkmangel in stark versauerten Waldböden mit Auflagehumus. AFJZ **141**:5-9

Ulrich, B. (1971): Grundsätzliches zur Forstdüngung. AHW **26**:433-435

Ulrich, B. (1972): Chemische Wechselwirkungen zwischen Waldökosystemen und ihrer Umwelt. Forstarchiv **43**:41-43

Ulrich, B. (1975): Die Umweltbeeinflussung des Nährstoffhaushaltes eines bodensauren Buchenwaldes. Forstw. Cbl. **94**:280-287

Ulrich, B. (1980): Die Wälder in Mitteleuropa: Messergebnisse ihrer Umweltbelastung, Theorie ihrer Gefährdung, Prognose ihrer Entwicklung. Allg. Forst-Z. **35**:1198-1202

Ulrich, B. (1981 a): Eine ökosystemare Hypothese über die Ursachen des Tannensterbens (*Abies alba* Mill.). Forstw. Cbl. **100**:228-236

Ulrich, B. (1981 b): Ökologische Gruppierung von Böden nach ihrem chemischen Zustand. Z. Pflanzenernähr. Bodenk. **144**:289-305

Ulrich, B. (1983): Interactions of forest canopies with atmospheric constituents. In: Ulrich, B., Pankrath, J. (eds.): Effects of air pollutants in forest ecosystems. Reidel Publ. Co, Dordrecht

Ulrich, B. (1986): Die Rolle der Bodenversauerung beim Waldsterben: Langfristige Konsequenzen und forstliche Möglichkeiten. Forstw. Cbl. **105**:421-435

Ulrich, B. (Hrsg.) (1989): Internat. Congr. on Forest Decline Research, Lake Constance, October 2-6, 1989, Vol. I

Ulrich, B. (1989/1997): In Forschungsbeirat Waldschäden/Luftverunreinigungen: 3. Bericht. Kernforschungszentrum Karlsruhe (1989). Zit. Umweltbundesamt Berichte **6/97** (1997): Auswertung der Waldforschungsergebnisse (1982-1992) zur Aufklärung komplexer Ursache-Wirkungsbeziehungen

mit Hilfe systemanalytischer Methoden. Erich Schmidt, Berlin

Ulrich, B. (1994 a): Nutrient and acid-base budget of central european forest ecosystems. In: Godbold, D. L., Hüttermann, A. (Hrsg.): Effects of acid rain on forest processes. Wiley Liss, Inc. New York. 1-50

Ulrich, B. (1994 b): Process hierarchy in forest ecosystems. In: Godbold, D. L., Hüttermann, A. (eds.). Effects of acid rain on forest processes. Wiley-Liss, Inc. 353-397

Ulrich, B. (1995): The history and possible causes of forest decline in central Europe, with particular attention to the German situation. Environ. Rev. **3**:262-276

Ulrich, B. (1997): Chemische Prozesse im Ökosystem-Kompartiment Boden. In: Matschullat, J., Tobschall, H. J., Voigt, H.-J. (Hrsg.) (1997): Geochemie und Umwelt. Springer Verlag, Berlin

Ulrich, B., Keuffel, W. (1970): Auswirkungen einer Bestandeskalkung zu Fichte auf den Nährstoffhaushalt des Bodens, Forstarchiv **41**:30-35

Ulrich, B., Malessa, V. (1988): Tiefengradient der Bodenversauerung. Z. Pflanzenern. Bodenk. **152**:81-84

Ulrich, B., Mayer, R., Sommer, U. (1975): Rückwirkungen der Wirtschaftsführung über den Nährstoffhaushalt auf die Leistungsfähigkeit der Standorte. Forstarchiv **46**:5-8

Ulrich, B., Mayer, R., Khanna, P. K. (1979): Deposition von Luftverunreinigungen und ihre Auswirkungen in Waldökosystemen im Solling. Schr. a. d. Forstl. Fak. d. Univ. Göttingen, Band **58**

Ulrich, B., Mayer, R., Matzner, E. (1986): Vorräte und Flüsse der chemischen Elemente. In: Ellenberg, H. (Hrsg.) (1986)

Ulrich, B., Meyer, H., Jänich, K. Büttner, G. (1989): Basenverluste in den Böden von Hainsimsen-Buchenwäldern in Südniedersachsen zwischen 1954 und 1986. Forst und Holz **44**:251-253

Ulrich, E., Belin, C., Ducel, H. (1992): The behaviour of O_3, NO, NO_2, SO_2 and V. O.Cs in a declining silver fir forest in the Vosges Mountains (France). GSF-Bericht **4/92**:392-402

Umweltbundesamt (1991): Flugzeugmessungen zur Untersuchung der Verteilung und des grenzüberschreitenden Transportes von Luftverunreinigungen im Süden der ehemaligen DDR. Monatsber a. d. Messnetz **8/91**:34-73

Umweltbundesamt (1993): Emissionen der Treibhausgase Distickstoffoxid und Methan in Deutschland. Berichte **9/93**, Erich Schmidt, Berlin

Umweltbundesamt (1994): Daten zur Umwelt 1992/93. Erich Schmidt, Berlin

Umweltbundesamt (1996): Manual on methodologies and criteria for mapping critical levels/loads and areas where they are exceeded. Compiled by Werner,

B., Spranger, T., Texte **71/96**, Umweltbundesamt Berlin

Umweltbundesamt (1997): Daten zur Umwelt. Ausgabe 1997. Erich Schmidt, Berlin

Umweltbundesamt (1999 a): Jahresbericht 1998 aus dem Messnetz des Umweltbundesamtes, Berlin

Umweltbundesamt (1999 b): Luft kennt keine Grenzen, 5. Aufl., Berlin

Umweltbundesamt (2001): Daten zur Umwelt. E. Schmidt Verlag

Umweltbundesamt (2003): Ozonsituation 2003 in der Bundesrepublik Deutschland, Kurzbericht

UN/ECE (1988): Critical Levels Workshop, Bad Harzburg, 14-18 March, 1988. Final Draft Report

UN/ECE (1994): Critical levels for ozone. In: Fuhrer, J., Achermann, B. (Hrsg.). UN/ECE Workshop Report, Bern, Schriftenreihe FAC 16

UN/ECE (1996): Manual on metodologies and criteria for mapping Critical levels/loads. Umweltbundesamt, Texte **71/96**. Berlin

UN/ECE (2000): Forest condition in Europe, Technical Report. Geneva and Brussels

Unestam, T., Damm, E. (1994): Biological control of seedling diseases by ectomycorrhizae. In: Diseases and Insects in Forest Nurseries, Dijon (France), October 3-10, 1993, Ed. INRA, Paris. 173-178

Untheim, H. (1996): Has site productivity changeded? A case study in the eastern Swabian Alb, Germany. In: Spiecker et al. (1996):133-147

Untheim, H. (2000): Höhen- und Volumenwachstum hat bei Fichte und Buche zugenommen. AFZ/Der Wald **55**:1188-1191

Utschig, H. (1989): Waldwachstumskundliche Untersuchungen im Zusammenhang mit Waldschäden: Forstliche Forschungsberichte München Nr. **97**

Vahala, J., Ruonala, R., Keinänen, M., Tuominen, H., Kangasjärvi, J. (2003): Ethylene insensitivity modulates ozone-induced cell death in birch. Plant Physiol. **132**:185-195

Van Mechelen, L., Groenemans, R., van Ranst, E. (1997): Forest soil condition in Europe, results of a large scale soil survey. Technical report. EC, UN-ECE.

Vandre, R. (1992): Langfristige Auswirkungen der Waldkalkung, ökologische Bestandsaufnahme einer alten Praxiskalkung im Fichtelgebirge. Diplomarbeit am Lehrstuhl für Bodenkunde und Bodengeographie, Universität Bayreuth.

Varga, F. (1987): Erkrankung und Absterben der Bäume in den Stieleichenbeständen Ungarns. Österr. Forst-Z. **98**(3):57-58

Varma, A., Hock, B. (Hrsg.) (1999): Mycorrhiza. 2. Aufl.. Springer-Verlag, Berlin, Heidelberg, New York

Vejre, H. (1999): Stability of Norway spruce plantations in western Denmark – soil nutrient aspects. For. Ecology Managem. **114**:45-54

Vejre, H., Ingerslev, M., Raulund-Rasmussen, K. (2001): Fertilization of Danish forests: A review of experiments. Scandinavian J. Forest Res. **16**:502-513

Veldmann, G., Kontzog, H.-G. (1996): Waldschutzsituation 1995/96 in Sachsen-Anhalt. Forst und Holz **51**:244-246

Veljovic-Jovanovic, S., Bilger, W., Heber, U. (1993): Inhibition of photosynthesis, stimulation of zeaxanthin formation and acidification in leaves by SO_2 and reversal of these effects. Planta **191**:365-376

Verein Deutscher Ingenieure (1978 a): Maximale Immissions-Werte für Schwefeldioxid. VDI-Richtlinien, VDI 2310, Blatt **2**

Verein Deutscher Ingenieure (1978 b): Maximale Immissions-Werte für Stickstoffdioxid. VDI-Richtlinien, VDI 2310, Blatt **3**

Verein Deutscher Ingenieure (2002): Maximale Immissions-Konzentrationen für Ozon. VDI-Richtlinien, VDI 2310, Blatt **6**

Vetter, B., Völkl, S. (1990): Jahrringanalysen und Erfassung von Kronenmerkmalen in einem Fichten-Tannen-Bestand am FoA Immenstadt. Diplomarbeit Fachhochschule Weihenstephan

Vettraino, A. M. et al. (2002): Occurrence of *Phytophthora* species in oak stands in Italy and their association with declining oak trees. For. Path. **32**:19-28

Vins, B. (1961): Störungen der Jahresringbildung durch Rauchschäden. Naturwiss. **48**:484-485

Vins, B. (1962): Die Auswertung jahrringchronologischer Untersuchungen in rauchgeschädigten Fichtenwäldern des Erzgebirges. Wiss. Z. TU Dresden **11**:579-580

Vins, B. (1966): Störungen in der Jahrringbildung als Fehlerquellen bei der Zuwachsbohrung. Mitt. Schweiz. Anst. forstl. Versuchsw. **42**:217-232

Vins, B. (1977): Erkennung und Beurteilung immissionsgeschädigter Wälder an Hand von Jahrringanalysen. Allg. Forst-Z. (Wien) **88**:146-148

Vins, B., Kucera, J. (1974): Dynamik der Waldschäden in den Gebieten von hohen SO_2 Immissionen. IX. Internationale Tagung über die Luftverunreinigung und Forstwirtschaft, IUFRO, Marianske Lazne (Tschechoslowakei) 15. bis 18. Okt. 1974, Tagungsbericht 215-228

Vins, B., Ludera, J. (1967): Anwendung von Jahrringanalysen zum Nachweis von Rauchschäden. Lesnicky casopis **13**:409-444

Vins, B., Pollanschütz, J. (1977): Erkennung und Beurteilung immissionsgeschädigter Wälder an Hand von Jahrringanalysen. Allg. Forstztg. **88**:146-148

Visser, H., Molenaar, J. (1992 a): Estimating trends and stochastic response functions in dendroecology with an application to fir decline. For. Sci. **38**:221-234

Visser, H., Molenaar, J. (1992 b): Air pollution stress in the Bavarian Forest? For. Sci. **38**:870-872

Vivin, P., Aussenac, G., Levy, G. (1993): Differences in drought resistance among 3 deciduous oak species grown in large boxes. Ann. Sci. For. **50**:221-233

Vollbrecht, G. Agestam, E. (1995): Modelling Incidence of Root Rot in Picea abies Plantations in southern Sweden. Scand. J. For. Res. **10**:74-81

Vollenweider, P., Ottiger, M. Günthardt-Goerg, M. S. (2003): Validation of leaf ozone symptoms in natural vegetation using microscopical methods. Environ. Pollut. **124**:101-118

Volz (1926): Beitrag zum Vorkommen des grünen Eichenwicklers. Forstl. Wochenschr. Silva **14**:369-371

Wachter, A. (1978): Deutschsprachige Literatur zum Weißtannensterben (1830-1978). Z. Pflanzenkrankh. Pflanzensch. **85**:361-381

Wachter, H. (1964): Über die Beziehungen zwischen Witterung und Buchenmastjahren. Forstarchiv **35**: 69-78

Wachter, H. (1999): Untersuchungen zum Eichensterben in Nordrhein-Westfalen, Teil I (1900-1950). Ministerium für Umwelt, Raumordnung und Landwirtschaft des Landes Nordrhein-Westfalen - Landesforstverwaltung

Wachter, H. (2001): Untersuchungen zum Eichensterben in Nordrhein-Westfalen, Teil II (1951-2000). Schriftenreihe Landesforstverwaltung Nordrhein-Westfalen, Heft **13**

Wachter, H. (2005): Vergleichende Beobachtungen zum Frostspannerfraß an Eichen 1997 und 2005. Forst und Holz **60**:424-425

Wagatsuma, T., Kaneko, M. (1987): High toxicity of hydroxy-aluminum polymer ions to plant roots. Soil Sci. Plant Nutr. **33**:57-67.

Wagatsuma, T. and Akiba R. (1989): Low surface negativity of root protoplasts from aluminum-tolerant plant species. Soil Sci. Plant Nutr. **35**: 443-452.

Wagatsuma, T., Kaneko, M., Hayasaka, Y. (1987): Destruction process of plant root cells by aluminum. Soil Sci. Plant Nutr. **33**:161-175.

Wagenknecht, E. (1939): Untersuchungen über die Vegetationsentwicklung nach Streunutzung in einem märkischen Kiefernrevier. Z. f. Forst- u. Jagdwes. **71**:59-78

Wagner, F. (1981): Ausmaß und Verlauf des Tannensterbens in Ostbayern von 1975 bis 1980. Forstwiss. Cbl. **100**:148-160

Wagner, P. A., Dreyer, E. (1997): Interactive effects of waterlogging and irradiance on the photosynthetic performance of seedlings from three oak species displaying different sensitivities (*Qercus robur*, *Q. petraea* and *Q. rubra*). Ann. Sci. For. **54**:409-429

Wahlmann, B., Braun, E., Lewark, S. (1986): Radial increment in different tree heights in beech stands affected by air pollution. IAWA-Bulletin n. s. **7**:285-288

Wallenda, T., Kottke, I. (1998): Nitrogen deposition and ectomycorrhizas. New Phytol. **139**:169-187

Wallin. G., Skärby, L. (1992): The influence of ozone on the stomatal and non stomatal limitation of photosynthesis in Norway spruce, *Picea abies* (L.) Karst., exposed to soil moisture deficit. Trees **6**:128-136

Wallin, G. et al. (2002): Impact of four years exposure to different levels of ozone, phosphorus and drought on chlorophyll, mineral nutrients, and stem volume of Norway spruce, Picea abies. Physiologia Plantarum **114**:192-206

Walter, A., Perfler, R. (1992): Kronenmerkmale und Jahrringbau von Fichten der subalpinen Stufe im Bereich FoA Sonthofen und FoA Füssen. Diplomarbeit Fachhochschule Weihenstephan

Walter, M. (1993 a): Der pH-Wert und das Vorkommen niedermolekularer Fettsäuren im Naßkern der Buche (*Fagus sylvatica* L.). Eur. J. For. Path. **23**:1-10

Walter, M. (1993 b): Wassergehalt und Kationenkonzentration im Naßkern der Buche (*Fagus sylvatica* L.). Forstwiss. Cbl. **112**:257-268

Walthert, L., Zimmermann, S., Blaser, P., Luster, J., Lüscher, P. (2004): Waldböden der Schweiz. Band 1. Grundlagen und Region Jura. Birmensdorf, Eidg. Forschungsanstalt WSL, Bern, Hep Verlag. 768 S.

Wargo, P. M. (1996): Consequences of environmental stress on oak: predisposition to pathogens. Ann. Sci. For. **53**:359-368

Warfvinge, P., H. Sverdrup (1995): Critical loads of acidity to Swedish forest soils, methods, data and results. Reports in ecology and environmental engineering, report 5, Department of Chemical Engineering II, Lund University, Lund Sweden

Warfvinge, P., Kreutzer, K., Rothe, A., Weis, W. (1998): Modeling the effects of acid deposition on the biogeochemistry of the Hoeglwald spruce stand, FRG. Forest Ecol. Managem. **101**:319-330

Webster, R., Rigling, A., Walthert, L. (1996): An analysis of crown condition of Picea, Fagus and Abies in relation to environment in Switzerland. Forestry **69**:347-355

Weikert, R. M., Wedler, M., Lippert, M., Schramel, P., Lange, O. L. (1989): Photosynthetic performance, chloroplast pigments, and mineral content of various needle age classes of spruce (*Picea abies*) with and without the new flush: an experimental approach for analyzing forest decline phenomena. Trees **3**:161-172

Weikinn, C. (1963): Quellentexte zur Witterungsgeschichte Europas von der Zeitenwende bis zum Jahre 1850. Band **1**, Teil 4. Akademie-Verlag, Berlin

Weis, W. (1997): Auswirkungen experimentell erzeugter Trockenperioden auf Wasser- und Stoffhaushalt im Boden eines Fichtenökosystems am Standort Höglwald. Hieronymus, München

Weise, U. (1991): Ertragsniveau und Zuwachsgang der Weißtanne. Allg. Forst-Z. **46**:192-195

Wellburn, A. R. (1990): Why are atmospheric oxides of nitrogen usually phytotoxic and not alternative fertilizers? New Phytol. **115**:395-429

Wellburn, A. R., Wellburn, F. A. M. (1997): Air pollution and free radical protection responses of plants. In: Scandalios, J. G. (ed.): Oxidative Stress and the Molecular Biology of Antioxidant Defenses. Cold Spring Harbor Laboratory Press, Cold Spring Harbor, MA, USA: 861-876

Welp, G., Brümmer, G. W. (1989): Wirkungen von Schwermetallen auf Bodenorganismen. In: Beurteilung von Schwermetallkontaminationen im Boden. DECHEMA-Fachgespräche Umweltschutz. 253-269.

Wentzel, K. F. (1956 a): Die Verantwortlichkeit von Industrie- und Hausfeuerung für Wald-Rauchschäden und Luftverschmutzung. Forstarchiv **27**:84-89

Wentzel, K. F. (1956 b): Winterfrost 1956 und Rauchschäden. Allg. Forst-Z. **11**:541-543

Wentzel K. F. (1960): Wald und Luftverunreinigung. Jahresber. des Deutsch. Forstvereins (1960):156-184

Wentzel, K. F. (1962): Konkrete Schadwirkungen der Luftverunreinigung in der Ruhrgebietslandschaft. Natur und Landschaft **37**:118-124

Wentzel, K. F. (1963 a): Waldbauliche Maßnahmen gegen Immissionen. Allg. Forst-Z. **18**:101-106

Wentzel K. F. (1963 b): Wirksame Rauchschadenverhütung durch Abgasreinigung. Allg. Forst-Z. **18**:114-117

Wentzel, K.F. (1967): Vorschläge zur Klassifikation der Immissionserkrankungen. Forstarchiv **38**:77-79

Wentzel, K. F. (1971): Habitus-Änderung der Waldbäume durch Luftverunreinigung. Forstarchiv **42**:165-172

Wentzel K. F. (1978): Immissionsgrenzwerte für den Wald. Schweiz. Z. Forstwesen **129**:368-380

Wentzel, K. F. (1979): Die Schwefel-Immissionsbelastung der Koniferenwälder des Raumes Frankfurt/Main. Forstarchiv **50**:112-121

Wentzel, K. F. (1980): Weißtanne = immissionsempfindlichste einheimische Baumart. Allg. Forst-Z. **35**:373-374

Wentzel, K. F. (1982 a): Immissionen oder Saurer Regen – wovon sterben Wälder und Seen? Forst- und Holzwirt **37**:410-413

Wentzel, K. F. (1982 b): Saure Niederschläge – Bestandesaufnahme und Konsequenzen der Bundesländer. Jahresber. des Deutsch. Forstvereins (1982):144-159

Wentzel, K. F. (1983 a): Die Immissions – Epidemie kam keineswegs überraschend. Forst- und Holzwirt **38**:453-458

Wentzel, K. F. (1983 b): IUFRO-studies on maximal SO_2 immissions standards to protect forests. In: Ulrich, B., Pankrath, J. (Hrsg): Effects of Accumulation of Air Pollutants in Forest Ecosystems. D. Reichel Publishing Company. Boston, Tokyo. 295-302

Wentzel, K. F. (1983c): Maximale SO_2-Konzentrations-Werte zum Schutze der Wälder. Aquilo Ser. Bot. **19**:167-176

Wentzel, K. F. (1985): Hypothesen und Theorien zum Waldsterben. Forstarchiv **56**:51-56

Wentzel, K. F. (1989): Waldschadenserkenntnisse. Allg. Forst-Z. **44**:1327-1328

Wentzel, K. F. (1990): Was gibt es Neues beim „Waldsterben"? Jahrbuch für Waldfreunde **16**:54-59

Wentzel, K. F. (1992): Plausibilität oder Kausalität. Allg. Forst-Z. **47**:921-927

Wentzel, K. F. (2001): Was bleibt vom Waldsterben? Hamburg, Hochsch.-Verlag

Wentzel, K. F., Tesar, V., Seibt, G., Materna, J. (1981): Waldbau in verunreinigter Luft. Forst und Holz **36**:533-542

Wenzel, B. (1989): Kalkungs- und Meliorationsexperimente im Solling: Initialeffekte auf Boden, Sickerwasser und Vegetation. Ber. Forschungszentr. Waldökosysteme A51, Göttingen

Werner, W., Venanzoni, R., Wittig, R. (1987): Trunk base phenomena in Italian beech forests. A comparison with Central European conditions. Acta Oecol./Oekol. Plant. **8**:359-374

Wesely, M. L. (1989): Parameterization of surface resistance to gaseous dry deposition in regional numerical models.Atmas. Envir. **16**:1293-1304

Wesolowski, T., Rowinski, P. (2006): Tree defoliation by winter moth *Operophtera brumata* L. during an outbreak affected by structure of forest landscape. Forest Ecology Managem. **221**:299-305

Wezel, G. (1997): Untersuchungen zu den Folgen von Schwammspinnerfraß. FVA-Einblick **1**/1997:1

Whitby, K. T., Sverdrup, G. M. (1980): California aerosols: their physical and chemical characteristics. Adv. Environ. Sci: Technol. **10**:477-517

Wiedemann, E. (1927): Untersuchungen über das Tannensterben. Forstw. Cbl. **49**:759-781, 815-827, 845-853

Wiedemann, E. (1948): Grundsätzliche Fragen der Kalkdüngung in der Forstwirtschaft. Der Wald braucht Kalk, BLV München. 7-14

Wiedemann, H. (1991): Feinwurzeluntersuchungen in Buchenwaldökosystemen in Abhängigkeit vom Bodenchemismus. Ber. Forschungszentr. Waldökosyst., Reihe A, Band **76**

Wieler, A. (1897): Über unsichtbare Rauchschäden bei Nadelbäumen. Z. f. Forst- u. Jagdwesen **29**:513-529

Wieler, A. (1903): Über unsichtbare Rauchschäden. Z. f. Forst- u. Jagdwesen **35**:204-225

Wieler, A. (1905): Untersuchungen über die Einwirkung schwefliger Säure auf die Pflanzen. Gebrüder Borntraeger, Berlin

Wieler, A. (1912): Pflanzenwachstum und Kalkmangel im Boden. Gebrüder Borntraeger, Berlin

Wieler, A. (1922): Die Beteiligung des Bodens an den durch Rauchsäuren hervorgerufenen Vegetationsschäden. Z. f. Forst- u. Jagdwesen **54**:534-543

Wieler, A. (1932): Ein Beitrag zum Verständnis des Wesens der aktuellen Bodenazidität und ihres Einflusses auf das Wurzelwachstum. Jahrb. für wiss. Botanik **76**:333-406

Wienhaus, O. (1996): Waldschäden alter und neuer Art im Erzgebirge. In: Haury et al. (1996)

Wienhaus, O. (2003): Waldschadenssituation und ihre Entwicklung in Ostdeutschland. AFZ-DerWald **58**:1314-1315

Wienhaus, O., Liebold, E., Zimmermann, F. (1994): Beziehungen zwischen Standort, Klima und immissionsbedingten Waldschäden in den Fichtenbeständen der Mittelgebirge. Forst und Holz **49**:411-415

Wieser, G., Havranek, W. M. (1993): Ozone uptake in the sun and shade crown of spruce: quantifying the physiological effects of ozone exposure. Trees **7**: 227-232

Wieser, G., Havranek, W. M. (1995): Environmental control of ozone uptake in *Larix decidua* Mill.: a comparison between different altitudes. Tree Physiology **15**:253-258

Wieser, G., Havranek, W. M. (1996): Evaluation of ozone impact on mature spruce and larch in the field. J. Plant Physiol. **148**:189-194

Wieser, G., Häsler, R., Götz, B., Koch, W., Havranek, W. M. (2000): Role of climate, crown position, tree age and altitude in calculated ozone flux into needles of *Picea abies* and *Pinus cembra*: a synthesis. Environ. Pollut. **109**:415-422

Wieser, G., Matyssek, R., Köstner, B., Oberhuber, W. (2003): Quantifying ozone uptake at the canopy level of spruce, pine and larch trees at the alpine timberline: an approach based on sap flow measurement. Environ. Pollut. **126**:5-8

Wilcke, W., Zech, W. (1997): Polycyclic aromatic hydrocarbons (PAHs) in forest floors of the northern Czech mountains. Z. Pflanzenernähr. Bodenk. **160**:573-579

Wildfeuer, R., Parzefall, R. (1988): Schädigung und Jahrringbau von Fichte und Tanne im Kelheimer Frauenforst. Diplomarbeit Fachhochschule Weihenstephan

Wildt, J., Kley, D., Rockel, A., Rockel, P., Segschenider, H.-J. (1997): Emission of NO from several higher plant species. J. Geophysical Res. **102**:5919-5927

Wilke, M. (1988): Langzeitwirkungen potenzieller anorganischer Schadstoffe auf die mikrobielle Aktivität einer sandigen Braunerde. Z. Pflanzenern. Bodenk. **151**:131-136.

Willekens, H., Van Camp, W., Montagu, M., Inze, D., Langebartels, C., Sandermann jr., H. (1994): Ozone, sulfur dioxide and ultraviolet B have similar effects on mRNA accumulation of antioxidant genes in *Nicotiana plumbaginifolia* L.. Plant Physiol. **106**:1007-1014

Willenborg, A. (1990): Die Bedeutung der Ektomykorrhiza für die Waldbäume. Forst und Holz **45**:11-14

Wilmanns, O., Bogenrieder, A., Müller, W. H. (1986): Der Nachweis spontaner, teils autogener, teils immissionsbedingter Änderungen von Eichen-Hainbuchenwäldern – eine Fallstudie im Kaiserstuhl/ Baden. Natur u. Landschaft **61**:415-422

Wilpert, K. von (1995): Zu: Bedeutung von ökosysteminternen Umsätzen und Nutzungseingriffen für den Stoffhaushalt von Waldlandschaften. All. Forst- u. J.-Ztg.**166**:203-204

Wilpert, K. von (2003): Drift des Stoffhaushalts im Fichten-Düngungsversuch Pfalzgrafenweiler. Allg. Forst- u. J.-Ztg. **174**:21-30

Wilpert, K. von (2006): Waldbauliche Steuerung des Stoffhaushalts von Waldökosystemen. FVA-Einblick **10**:2-4

Wilpert, K. von, Buberl, G. (1998): Der chemische Bodenzustand in Laub- und Nadelholzbeständen. Allg. Forst-Z. **53**:517-519

Wilpert, K. von, Hildebrand, E. E. (1994): Stoffeintrag und Waldernährung in Fichtenbeständen Baden Württembergs. Forst und Holz **49**:629-632

Wilpert, K. von, Hildebrand, E. E., Huth, T. (1993): Ergebnisse des Praxisgroßdüngeversuchs. Abschlussbericht über die Anfangsaufnahme (1985/86) und die Endaufnahmen (1989/90). Mitt. Forstl. Versuchs. Forschungsanstalt Baden-Württemberg **171**:1-133

Wilpert, K. von, Kohler, M., Zirlewagen, D. (1996): Die Differenzierung des Stoffhaushalts von Waldökosystemen durch die waldbauliche Behandlung auf einem Gneisstandort des Mittleren Schwarzwaldes. Mitteilungen der Forstlichen Versuchs- und Forschungsanstalt Baden-Württemberg, Heft **197**

Wilpert, K. von, Zirlewagen, D., Kohler, M (2000): To what extent can silviculture enhance sustainability of forest sites under the immission regime in central Europe? Water, Air, Soil Pollut. **122**:105-120

Wilson, R., Elling, W. (2004): Temporal instability in tree-growth/climate response in the Lower Bavarian Forest region: implications for dendroclimatic reconstruction. Trees **18**:19-28

Wimmer, R. et al. (2002): Anatomical, chemical and mechanical trends in Norway spruce (*Picea abies* [L.] Karst.) tree rings as indicators of environmental stresses, partcularly SO_2-Pollution. Chaper **12**:239-260. In: Lomsky, B., Materna, J., Pfanz, H. (Hrsg.): SO_2-Pollution and forest decline in the Ore mountains. Forestry and Game Management Research Institute, Ministry of Agriculture of the Czech Republic

Winkler, C. (1880): Mitteilungen über die Versuche zur Beseitigung des Hüttenrauchs bei der Schneeberger Ultramarinfabrik zu Schindlers Werk bei Bockau in Sachsen In: Waldsterben im 19. Jahrhundert (1985). VDI-Verlag, Düsseldorf

Winkler, P., Pahl, S. (1993): Eintrag von Spurenstoffen durch Nebel auf Wälder. GSF-Bericht **39/93**:126-134

Winterhoff, B. (1996): Situation der Eichenerkrankungen in Hessen und Ansprachemerkmale bei der Bonitierung von Eichen. In: Wulf und Kehr (1996):16-19

Wirth, V. (1987): Die Flechten Baden-Württembergs. Verbreitungsatlas. Eugen Ulmer, Stuttgart

Wirth, V. (1988): Phytosociological approaches to air pollution monitoring with lichens. Bibl. Lichenol. **30**:91-107

Wirth, V. (1992): Zeigerwerte von Flechten. In: Ellenberg, H. et al. (1992): Zeigerwerte von Pflanzen in Mitteleuropa

Wirth, V., Fuchs, M. (1980): Zur Veränderung der Flechtenflora in Bayern. Forderungen und Möglichkeiten des Artenschutzes. Schriftenr. Naturschutz Landschaftspfl. Heft **12**:29-43

Wirth, V., Türk, R. (1975): Über die SO_2-Resistenz von Flechten und die mit ihr interferierenden Faktoren. Verh. Ges. Ökologie **4**:215-237

Wislicenus, H. (1898): Resistenz der Fichte gegen saure Rauchgase bei ruhender und thätiger Assimilation. Tharandter Forstl. Jb. **48**:152-172

Wislicenus, H. (1901 a): Über eine Waldluftuntersuchung in den sächsischen Staatsforstrevieren und die Rauchgefahr im Allgemeinen. 26 S. Graz und Gerlach, Freiberg

Wislicenus H.(1901 b): Zur Beurteilung und Abwehr von Rauchschäden. Z. angew. Chemie **14**:689-712

Wislicenus, H. (1908): Über die Grundlagen technischer und gesetzlicher Maßnahmen gegen Rauchschäden. In: Wislicenus, H. (Reprint 1985): Waldsterben im 19. Jahrhundert VDI-Verlag, Düsseldorf

Wislicenus, H. (Hrsg.) (1908-1916): Sammlung von Abhandlungen über Abgase und Rauchschäden. P. Parey, Berlin. Reprint (1985): Waldsterben im 19. Jahrhundert. VDI-Verlag, Düsseldorf

Wislicenus, H. (1914): Experimentelle Rauchschäden. In: Wislicenus, H. (Reprint 1985): Waldsterben im 19. Jahrhundert. VDI-Verlag, Düsseldorf

Wislicenus, H. (1918): Über die äußeren und inneren Vorgänge der Einwirkung stark verdünnter saurer Gase und saurer Nebel auf die Pflanzen. Mitt. a. d. Königl. Sächs. forstl. Versuchsanst. **1**:85-175

Wislicenus H. (1927): In: Schmidt (1927)

Wislicenus, H. (1933): Grundsätzliches zur technischen Abgas- und Rauchschädenfrage und zu den Aussichten auf ihre Lösung. Angew. Chemie, Beiheft Nr. **3**:1-10

Wissemeier, A. H., Klotz, F., Horst, W. J. (1987): Aluminium induced callose synthesis in root of soybean (*Glycine max* L.). J. Plant Physiol. **129**:487-492.

Witter, E. (1992): Heavy metal concentrations in agricultural soils critical to microorganisms. Swedish Environmental Protection Agency, Report 4079.

Wittich, W. (1958): Meliorationsmaßnahmen im Wald. FHW. 105-108

Wittich, W. (1959): Bodenkundliche und pflanzenphysiologische Grundlagen der Kalkung im Walde. In: Der Wald braucht Kalk, BLV. 16-29

Wittig, R. (1986): Acidification phenomena in beech (*Fagus sylvatica*) forests of Europe. Water Air Soil Pollut. **31**:317-323

Wittig, R., Ballach, H.-J., Brandt, C. J. (1985): Increase of number of acid indicators in the herb layer of the millet grass-beech forest of the Westphalian Bight. Angew. Botanik **59**:219-232

Wittkopf, S. (2005): Bereitstellung von Hackgut zur thermischen Verwertung durch Forstbetriebe in Bayern. Forstliche Forschungsberichte München, Nr. **200**

Wittmann, H., Türk, R. (1988): Immissionsbedingte Flechtenzonen im Bundesland Salzburg (Österreich) und ihre Beziehungen zum Problemkreis „Waldsterben". Ber. Akad. Naturschutz Landschaftspflege **12**:247-258

Wolf, H. (Hrsg.) (1994): Weißtannen-Herkünfte. Contributiones Biologiae Arborum, Vol. **5**. Ecomed, Landsberg am Lech

Wölfelschneider, A. (1994): Einflussgrößen der N- und S-Mineralisierung auf unterschiedlich behandelten Fichtenstandorten im Schwarzwald. Freiburger Bodenkundl. Abh. **34**, 191 S.

Wolff, B., Riek, W. (1997): Deutscher Waldbodenbericht 1996 – Ergebnisse der bundesweiten Bodenzustandserhebung im Wald von 1987-1993 (BZE), Band **1**. Bundesministerium für Ernähr., Landwirtsch. und Forsten, Bonn.

Wölfle, C., Häberle, K.-H., Kölling, C., Rehfuess, K. E. (2000): Über den Einfluß von wiederholter Ammoniumnitrat-Düngung auf Substrat, Ernährungszustand und Wachstum junger Fichten (*Picea abies* [L.] Karst.) in den Hochlagen des Bayerischen Waldes – Ergebnisse eines Container-Experiments. Forstwiss. Cbl. **119**:114-127

Wolters, V. (1989): The influence of omnivorous elaterid larvac on microbial carbon cycle in different forest soils. Oecologia 80:**405**-413

Wolters, V., Schauermann, J. (1989): Die Wirkung von Meliorationskalkung auf die ökologische Funktion von Lumbriciden, Ber. Forschungszentr. Waldökosysteme, Göttingen **89**:141-151

Wolters, V., Ekschmitt, K., Scholle, G. (1995): Wirkungen auf Bodenorganismen und biologische Umsetzungsprozesse. AFZ **50**:936-941

Wonisch, A., Müller, M., Tausz, M., Soja, G., Grill, D. (1999): Simultaneous analyses of chromosomes in root meristems and of the biochemical status of needle tissues of three different clones of Norway spruce trees challenged with moderate ozone levels. Eur. J. For. Path. **29**:281-294

Woodcock, H., Vollenweider, P., Dubs, R., Hofer, R.-M. (1995): Crown alterations induced by decline: a study of relationships between growth rate and crown morphology in beech (*Fagus sylvatica* L.). Trees **9**:279-288

Worbes, M., Bonn, S., Riemer, T. (1995): Methoden zur Erfassung von Zuwachsverlusten und mögliche Einflußfaktoren auf das Jahrringbild von Bäumen in geschädigten Waldbeständen. Forstw. Cbl. **114**: 313-325

Wright, R. J., Baligar, V. C., Wright, S. F. (1987): Estimation of phytotoxic aluminum in soil solution using three spectrophotometric methods. Soil Sci. **144**:224-232

Wright, R. J., Baligar, V. C., Ritchey, K. D., Wright, S. F. (1989): Influence of soil solution aluminum on root elongation of wheat seedlings. Plant and Soil **113**: 294-298

Wulf, A., Kehr, R. (Bearb.) (1996): Eichensterben in Deutschland. Mitt. d. Biol. Bundesanstalt f. Land- u. Forstwirtschaft, Heft **318**

Wulf, A., Kowalski, T. (1994): Die Wachstumsgeschwindigkeit als Unterscheidungsmerkmal zwischen *Ophiostoma piceae* und *Ophiostoma querci*. Eur. J. For. Path. **24**:123-127

Wulf, A., Maschning, E. (1992): *Sirococcus*-Triebsterben der Fichte. Mitt. d. Biol. Bundesanst. f. Land- u. Forstw. Nr. **283**

Würfel, M., Häberlein, I., Follmann, H. (1993): Facile sulfitolysis of the sisulfide bonds in oxidized thioredoxin and glutaredoxin. Eur. J. Biochem. **211**:609-614

Yin, Z.-H. (1990): Durch Licht oder Luftschadstoff induzierte pH-Änderungen in verschiedenen Kompartimenten der Blätter Höherer Pflanzen. Dissertation Universität Würzburg

Zahn, R. (1978): Begründung der MIK-Werte für SO_2 zum Schutze der Vegetation. VDI-Berichte Nr. **314**: 275-279

Zahn, S., Andritzky, J., Hofweber, P. (1988): Jahrringanalysen und Erfassung von Kronenmerkmalen bei einem Fichten-Kiefern-Tannen-Bestand im Forstamt Mitterteich. Diplomarbeit Fachhochschule Weihenstephan

Zajonc, J. (1999): *Ceratocystis*- und *Ophiostoma*-Pilze an erkrankten Eichen. AFZ/Der Wald **54**:779-780

Zak, B. (1964): Role of mycorrhizae in root disease. Ann. Rev. Phytopathology **2**:377-392

Zang, H. (1998): Auswirkungen des „Sauren Regens" (Waldsterben) auf eine Kohlmeisen- (*Parus major-*) Population in den Hochlagen des Harzes. J. Ornithol. **139**:263-268

Zaspel, I., Hertel, H., Stauber, T. (2002): Waldschäden und genetische Strukturen in Beständen einheimischer Eichenarten. Beitr. Forstwirtsch. Landsch.ökol. **36**:111-115

Zawada, J. (2003): The increment appearance in the revitalisation of silver fir (*Abies alba* Mill.) in the Polish forests and its silvicultural consequences. Mitt. Forschungsanst. Waldökologie u. Forstwirtschaft Rheinland-Pfalz Nr. **50**/03:144-151

Zech, W. (1983): Kann Magnesium immissionsgeschädigte Tannen retten? Allg. Forst-Z. **38**:237

Zech, W., Popp, E.(1983): Magnesiummangel, einer der Gründe für das Fichten- und Tannensterben in NO-Bayern. Forstwiss. Cbl. **102**:50-55

Zech, W., Suttner, T. Popp, E. (1985): Elemental analyses and physiological responses of forest trees in SO_2-polluted areas of NE-Bavaria. Water Air Soil Pollut. **25**:175-183

Zelles, L., Stepper, K., Zsonay, A. (1990): The effect of lime on microbial activity in spruce (*Picea abies* L.) forests. Biol. Fert. Soils **9**:78-82

Zezschwitz, E. von (1985): Qualitätsänderungen des Waldhumus. Forstwiss. Cbl. **104**:205-220

Zezschwitz, E. von (1987): Reliefeinflüsse auf die Belastung der Waldböden durch Protonen und N-Verbindungen. All. Forst- u. J.-Ztg.**158**:136-147

Zezschwitz, E. von (1995): Schwermetallgehalte des Waldhumus im rheinisch-westfälischen Bergland. Berichte des Forschungszentrums Waldökosysteme, Reihe B, Band **43**

Zezschwitz, E. von (1998): Wirkungen von Kompensationskalkungen auf Stoffumsätze im Boden. Forstarchiv **69**:135-144

Zhao, Z., Haselwandter, K., Glatzel, G. (1990): Untersuchungen über Zusammenhänge zwischen Oberboden-pH-Werten und Buchenmykorrhizen im Wienerwald. Cbl. ges. Forstwes. **107**:113-125

Zhou, X., Lee, Y. N. (1992): Aqueous solubility and reaction kinetics of hydroxymethyl hydroperoxide. J. Phys. Chem. **96**:265-272

Zieger, E. (1955): Die heutige Bedeutung der Industrie-Rauchschäden für den Wald. Archiv f. Forstwes. **4**:66-79

Zieger, E. (1956/57): Die Wirkung der Industrie-Rauchschäden auf den Wald, ihre Berücksichtigung bei der Raumplanung und die Notwendigkeit ihrer gesetzlichen Regelung. Wissenschaftl. Z. d. TH Dresden 6:777-787

Ziegler, C. (1998): Absterbeprozesse auf Eichen-Dauerbeobachtungsflächen. In: LÖBF (1998):20-24

Ziegler, I. (1975): The effect of SO_2 pollution on plant metabolism. Res. Rev. 56:79-105

Zierhofer, W. (1998): Umweltforschung und Öffentlichkeit: Das Waldsterben und die kommunikativen Leistungen von Wissenschaft und Forschung. Westdeutscher Verlag, Opladen, Wiesbaden

Zimmermann, F. et al. (1997): Winterschäden 1995/96 in den Kamm- und Hochlagen des Erzgebirges. AFZ/DerWald 52:579-582

Zimmermann, F., Fiebig, J., Wienhaus, O. (1998): Immissionen und Depositionen. In: Untersuchung von Waldökosystemen im Erzgebirge als Grundlage für einen ökologisch begründeten Waldumbau. Forstwiss. Beitr. Tharandt 4:39-49

Zimmermann, F., Bäucker, E., Fiebig, J., Wienhaus, O. (1999): Sulfatakkumulation und Kationenabscheidung in Mesophyllvakuolen von Fichten (Picea abies [L.] Karst.) im Osterzgebirge. Forst und Holz 54:160-165

Zimmermann, F., Opfermann, M., Bäucker, E., Fiebig, J., Nebe, W. (2000): Ernährungsphysiologische Reaktionen der Fichte auf unterschiedliche Schwefeldioxidbelastung im Erzgebirge und im Thüringer Wald. Forstwiss. Cbl. 119:193-207

Zimmermann, L., Feger, K. H. (1997): Der Bodenwasserhaushalt an einem Fichtenstandort im Hochschwarzwald – Messung und Modellierung zur Deutung der montanen Nadelvergilbung. Z. Pflanzenernähr. Bodenk. 160:141-149

Zimmermann, W. (1991): Zur politischen Karriere des Themas Waldsterben. Schweiz. Z. Forstwes. 142:19-31

Zoller, H., Haas, J. N. (1995): War Mitteleuropa ursprünglich eine halboffene Weidelandschaft oder von geschlossenen Wäldern bedeckt? Schweiz. Z. Forstwes. 146:321-354

Zöttl, H. W. (1964): Düngung und Feinwurzelentwicklung in Fichtenbeständen. Mitt. Staatsforstverwaltung Bayerns 34:333-342

Zöttl, H. W. (1983): Zur Frage der toxischen Wirkung von Aluminium auf Pflanzen. Allg. Forst-Z. 38:206-208

Zöttl, H. W. (1990): Ernährung und Düngung der Fichte. Forstwiss. Cbl. 109:130-137

Zöttl, H. W., Hüttl, R. F. (1985): Schadsymptome und Ernährungszustand von Fichtenbeständen im südwestdeutschen Alpenvorland. AFZ 40:197-199

Zöttl, H. W., Mies, E. (1983): Die Fichtenerkrankung in den Hochlagen des Südschwarzwaldes. All. Forst- u. J.-Ztg.154:110-114

Zukrigl, K. (1991): Succession and regeneration in the natural forests of Central Europe. Geobios 18:202-208

Zukrigl, K., Eckhart, G., Nather, J. (1963): Standortskundliche und waldbauliche Untersuchungen in Urwaldresten der niederösterreichischen Kalkalpen. Mitt. d. Forstl. Bundes-Versuchsanst. Mariabrunn, Heft 62

Zukrigl, K., Egger, G., Rauchecker, M. (1993): Untersuchungen über Vegetationsveränderungen durch Stickstoffeintrag in österreichische Waldökosysteme. Phytocoenologia 23:95-114

Zycha, H. (1948): Über die Kernbildung und verwandte Vorgänge im Holz der Rotbuche. Forstwiss. Cbl. 67:80-109

Index